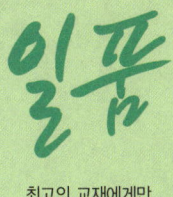

최고의 교재에게만
허락되는 이름

「일품」 합격수험서로 녹색자격증 취득한다!

자격증 취득은 원리에 충실해야 합니다. 최적의 길잡이가 되어드리겠습니다.

「일품」 합격수험서로 녹색직업 부자된다!

다른 수험서와 차별화된 차이점은 조그마한 부분에서부터 시작됩니다.

365일 저자상담직통전화
010-7209-6627

지난 40여 년 동안 수많은 수험생들이 세화출판사의 안전수험서로 합격의 기쁨을 누렸습니다.

많은 독자들의 추천과 선택으로 대한민국 안전수험서 분야 1위 석권을 꾸준히 지키고 있는 도서출판 세화는 항상 수험생들의 안전한 합격을 위해 최신기출문제를 백과사전식 해설과 함께 빠르게 증보하고 있습니다.
저희 세화는 독자 여러분의 안전한 합격을 응원합니다.

40년의 열정, 40년의 노력, 40년의 경험

정부가 위촉한 대한민국 산업현장 교수!
안전수험서 판매량 1위 교재 집필자인
정재수 안전공학박사가 제안하는
과목별 **321** 공부법!!

[되고 법칙]

돈이 없으면 벌면 되고 잘못이 있으면 고치면 되고 안되는 것은 되게 하면 되고, 모르면 배우면 되고, 부족하면 메우면 되고, 잘 안되면 될때까지 하면 되고, 길이 안보이면 길을 찾을때까지 찾으면 되고, 길이 없으면 길을 만들면 되고, 기술이 없으면 연구하면 되고, 생각이 부족하면 생각을 하면 된다.

*수험정보나 일정에 대하여 궁금하시면 세화홈페이지(www.sehwapub.co.kr)에 접속하여 내려받으시고 게시판에 질문을 남기시거나 궁금한 점이 있으시면 언제든지 아래의 번호로 전화하세요.

3단계 대비학습 | 365일 합격상담직통전화 **010-7209-6627**

1 필기 합격

3단계 | 합격단계 | • 합격날개 •
과목별 필수요점 및 문제

⬇

2단계 | 기본단계 | • 필수문제 •
최근 3개년 3단계 과년도

⬇

1단계 | 만점단계 | • 알짬QR •

1주일에 끝나는 합격요점

2 필기 과년도   **33년치 3주 합격**

3단계 | 합격단계 | • 기사─공개문제 22개년도
(2003~2024년) 기출문제
• 산업기사─공개문제 23개년도
(2002~2024년) 기출문제

⬇

2단계 | 기본단계 | • 기사─미공개문제 11개년도
(1992~2002년) 기출문제
• 산업기사─미공개문제 10개년도
(1992~2001년) 기출문제

⬇

1단계 | 만점단계 | • 알짬QR •

• 1주일에 끝나는 계산문제총정리
• 미공개 문제 및 지난과년도

산업안전 우수 숙련 기술자 (숙련 기술장려법 제10조)

정/직한 수험서!
재/수있는 수험서!
수/석예감 수험서!

• 특허 제 10-2687805호 •

아래와 같은 방법으로 공부하시면 반드시 합격합니다.

자격증 취득은 기초부터 차근차근 다져나가는 것이 중요합니다. 필기에서는 과목별 요점정리와 출제예상문제를, 과년도에서는 최근 기출문제와 계산문제 총정리를, 실기 필답형에서는 합격예상작전과 과년도 기출문제를, 실기 작업형에서는 최근 기출문제 풀이 중심으로 공부하시면 됩니다.

필기시험 합격자에게는 2년간 실기시험 수험의 응시가 주어지고, 최종 실기시험 합격자는 21C 유망 녹색자격증 취득의 기쁨이 주어지게 됩니다.

일품 필기 ➡ 일품 필기 과년도 ➡ 일품 실기 필답형 ➡ 일품 실기 작업형

---

3 실기 필답형 **4주 합격**

| **3**단계 | 합격단계 | 과목별 필수요점 및 출제예상문제 |

⬇

| **2**단계 | 기본단계 | • 기본 : 과년도 출제문제 (1991~2000년)
 • 필수 : 과년도 출제문제 (2001~2024년) |

⬇

| **1**단계 | 만점단계 | • 알짬QR •
 • 실기필답형 1주일 최종정리
 • 1991~2010년 기출문제 |

4 실기 작업형 **1주 합격**

| **3**단계 | 합격단계 | 과년도 출제문제 (2017~2024년) |

⬇

| **2**단계 | 기본단계 | 각 과목별 필수 요점 및 문제 |

⬇

| **1**단계 | 만점단계 | • 알짬QR •
 • 2000~2016년 기출문제 |

*산재사고로 피해를 입으신 근로자 및 유가족들에게
심심한 조의와 유감을 표합니다.

2026
개정13판 총13쇄

ISO 9001:2015
한국산업기술진흥협회
ISO 9001:2015 인증
안전연구소 인정

녹색자격증
녹색직업

CBT 실전 연습
AI 기출문제 학습앱
맞추다 MACHUDA
https://machuda.kr

세계유일무이
365일 저자상담직통전화
010-7209-6627

ONLY ONE 지도사 합격 　 NCS기준 적용 백과사전식 　 **11**개년 기출문제 해설

산업안전지도사
[기계안전공학]

안전공학 박사/명예교육학 박사
대한민국 산업현장 교수/기술지도사

정재수 지음

 동영상 강의

에듀피디	정재수의 안전닷컴
에어클래스	온캠퍼스
이패스코리아	한솔아카데미

2차 전공필수

"산업안전 우수 숙련기술자" 선정

산업안전, 건설안전 기사 · 지도사 · 기능장 · 기술사 등 관련 자격 및 의문사항에 대하여
365일 성심 성의껏 답변해 드리고 있습니다. 저자와 상담 후 교재를 구입하세요.

www.sehwapub.co.kr

대한민국 최초, 최다, 최고, 최상, 최적 적중률의 안전관리 완벽합격!

● 특허 제10-2687805호 ●
명칭 : 국가직무능력표준에 따른 자격사 교육 콘텐츠 생성 자동화 방법, 장치 및 시스템

도서출판 세화

머리말

세계 어떤 기업, 정부, 공공기관도 산업재해예방 기준을 100% 달성할 수는 없을 것이다. 그러나 안전을 위한 조직적 절차를 개발하고 보완할 경우 사업에 수반되는 고위험과 산업현장의 사고 건수를 선진국에서는 강력한 안전제도의 관리조치에 의한 안전대책을 취하고 있다.

유럽회원국은 지속적으로 연구를 진행해왔고 안전보건실패에 의한 손실이 회사의 총매출액(TURN OVER)3~5%에 달했음을 확인하였다. 우리나라 정부에서도 중대재해가 발생하면 기업은 반드시 망할 것이라 고용노동부장관이 강조한 사실이 있다.

이러한 손실은 오늘날 경제기후에 의하면 아주 심각하다. 우리나라도 이에 따른 방안으로 산업의 경제력 향상을 위한 기술개발투자의 증대와 함께 산업재해 절감을 위한 선진 안전 기획단도 출범하였다.

특히 재해 예방기관의 전문화로 산업안전 지도사의 CONSULTING 업무가 법적으로 확정되어 안전분야의 산업안전 지도사로서는 최고의 직업으로 부각되고 있는 것이 오늘의 현실이다. 그러나 지도사 자격을 취득하기 위해서는 단시간의 준비만으로 쉽게 취득할 수 있는 것이 아니라고 생각한다.

필자는 이러한 점을 착안하여 어떻게 하면 짧은 시간 내에 가장 효과적으로 자격을 취득할 수 있는가에 대한 연구와 고민 끝에 실제 출제가능문제를 단답형, 논술형으로 구분 서술하여 수험생들이 공부하는 데 도움이 되도록 작성했고 문제 및 해설을 체계적으로 심층분석하고 분야별 요점정리를 통하여 반드시 합격할 수 있도록 하였다.

앞으로 계속 내용을 보완하여 산업안전 지도사(기계안전공학) 합격수험서로서 대한민국 최초 저서이자 최고의 책으로 거듭 나도록 독자와 함께 노력을 다할 것이다.

끝으로 이 책을 펴내는데 밤낮으로 세계 최고 최상의 출판사가 되기를 노력하시는 도서출판 세화 박용 사장님께 영원히 고마움을 잊지 않을 것이며 영원히 사랑해 주시는 나의 하나님께 감사드립니다.

저 자

자격시험 안내사항

산업안전 지도사(기계안전공학)

 자격시험 안내사항

1. 시험일정 정보

시험관련 상세정보는 산업안전지도사 홈페이지(www.q-net.or.kr/site/indusafe)와 산업보건지도사(www.q-net.or.kr/site/indusani)참조

2. 시험과목 및 시험방법

(1) 시험과목

구 분	교시	시 험 과 목			시 험 시 간	배점
제1차 시 험	1	공통 필수 (3)	■ 공통필수Ⅰ (산업안전보건법령) ■ 공통필수Ⅱ (산업안전일반6범위 / 산업위생일반5범위) ■ 공통필수Ⅲ (기업진단·지노)		90분 - 5지 택일형 : 과목당 25문제	과목당 100점
제2차 시 험	1	전공 필수 (택1)	산업 안전 지도사	■ 기계안전공학 ■ 전기안전공학 ■ 화공안전공학 ■ 건설안전공학	100분 -주관식 논술형 4개(필수 2/ 택1) - 주관식 단답형 5문제(전항 작성)	-주관식 논술형 : 75 점(25점*3문제) -주관식 단답형:(5점*5문제)
	1	전공 필수 (택1)	산업 보건 지도사	■ 직업환경의학 ■ 산업위생공학		
제3차 시 험	-	-		■ 면접시험	1인당 20분 내외	10점

(2) 과목별 출제범위

1) 제1차시험(3과목)

	산업안전지도사		산업보건지도사		시험방법
1차	과 목	출제범위	과 목	출제범위	
공통 필수	산업 안전 보건 법령 (Ⅰ)	「산업안전보건법」, 같은 법 시행령, 같은 법 시행규칙, 「산업안전보건기 준에 관한 규칙」	산업 안전 보건 법령 (Ⅰ)	산업안전지도사와 동일	객관식 5지 택일형

산업안전 지도사(기계안전공학)

	산업안전지도사		산업보건지도사		시험방법
	과 목	출제범위	과 목	출제범위	
1차 공통 필수	산업 안전 일반 6범위 (Ⅱ)	산업안전교육론, 안전관리 및 손실방지론, 신뢰성공학, 시스템안전공학, 인간공학, 산업재해 조사 및 원인 분석 등	산업 위생 일반 5범위 (Ⅱ)	산업위생개론, 작업관리, 산업위생보호구, 건강관리, 산업재해 조사 및 원인 분석 등	객관식 5지 택일형
	기업 진단· 지도 (Ⅲ)	경영학(인적자원관리, 조직관리, 생산관리), 산업심리학, 산업위생개론	기업 진단· 지도 (Ⅲ)	경영학(인적자원관리, 조직관리, 생산관리), 산업심리학, 산업안전개론	

2) 제2차시험(택 1과목)

구분		산업안전지도사				산업보건지도사	
		기계안전분야	전기안전분야	화공안전분야	건설안전분야	산업의학분야	산업보건분야
과목		기계안전공학	전기안전공학	화공안전공학	건설안전공학	직업환경의학	산업위생공학
전공 필수	시험 범위	- 기계·기구·설비의 안전 등 (위험기계·양중기·운반기계·압력용기 포함) - 공장자동화설비의 안전기술 등 - 기계·기구·설비의 설계·배치·보수·유지 기술 등	- 전기기계·기구 등으로 인한 위험방지 등(전기방폭설비 포함) - 정전기 및 전자파로 인한 재해예방 등 - 감전사고 방지 기술 등 - 컴퓨터·계측 제어 설비의 설계 및 관리 기술 등	- 가스·방화 및 방폭설비 등, 화학장치·설비안전 및 방식기술 등 - 정성·정량적 위험성 평가, 위험물 누출·확산 및 피해 예측 등 - 유해위험물질 화재폭발 방지론, 화학공정 안전관리 등	- 건설공사용 가설구조물·기계·기구 등의 안전기술 등 - 건설공법 및 시공 방법에 대한 위험성 평가 등 - 추락·낙하·붕괴·폭발 등 재해 요인별 안전대책 등 - 건설현장의 유해·위험요인에 대한 안전기술 등	- 직업병의 종류 및 인체발병경로, 직업병의 증상 판단 및 대책 등 - 역학조사의 연구방법, 조사 및 분석 방법, 직종별 산업 의학적 관리대책 등 - 유해인자별 특수건강진단 방법, 판정 및 사후관리 대책 등 - 근골격계 질환, 직무스트레스 등 업무상 질환의 대책 및 작업관리방법 등	- 산업환기설비의 설계, 시스템의 성능검사·유지관리기술 등 - 유해인자별 작업환경측정 방법, 산업위생통계 처리 및 해석, 공학적 대책 수립기술 등 - 유해인자별 인체에 미치는 영향·대사 및 축적, 인체의 방어기전 등 - 측정시료의 전처리 및 분석 방법, 기기 분석 및 정도관리기술 등

산업안전 지도사(기계안전공학)

3. 시험과목

(1) 제2차 시험

1) 산업안전지도사

구분	과목명 (응시분야)	출제범위
제2차 시험	기계안전공학	○ 기계·기구·설비의 안전 등(위험기계·양중기·운반기계·압력용기 포함) ○ 공장자동화설비의 안전기술 등 ○ 기계·기구·설비의 설계·배치·보수·유지기술 등
	전기안전공학	○ 전기기계·기구 등으로 인한 위험 방지 등(전기방폭설비 포함) ○ 정전기 및 전자파로 인한 재해예방 등 ○ 감전사고 방지기술 등 ○ 컴퓨터·계측제어 설비의 설계 및 관리기술 등
	화공안전공학	○ 가스·방화 및 방폭설비 등, 화학장치·설비안전 및 방식기술 등 ○ 정성·정량적 위험성 평가, 위험물 누출·확산 및 피해 예측 등 ○ 유해위험물질 화재폭발 방지론, 화학공정 안전관리 등
	건설안전공학	○ 건설공사용 가설구조물·기계·기구 등의 안전기술 등 ○ 건설공법 및 시공방법에 대한 위험성 평가 등 ○ 추락·낙하·붕괴·폭발 등 재해요인별 안전대책 등 ○ 건설현장의 유해·위험요인에 대한 안전기술 등

2) 산업보건지도사

구분	과목명 (응시분야)	출제범위
제2차 시험	산업의학	○ 직업병의 종류 및 인체발병경로, 직업병의 증상 판단 및 대책 등 ○ 역학조사의 연구방법, 조사 및 분석방법, 직종별 산업의학적 관리대책 등 ○ 유해인자별 특수건강진단 방법, 판정 및 사후관리대책 등 ○ 근골격계질환, 직무스트레스 등 업무상 질환의 대책 및 작업관리 방법 등
	산업위생공학	○ 산업환기설비의 설계, 시스템의 성능검사·유지관리기술 등 ○ 유해인자별 작업환경측정 방법, 산업위생통계 처리 및 해석, 공학적 대책 수립기술 등 ○ 유해인자별 인체에 미치는 영향·대사 및 축적, 인체의 방어기전 등 ○ 측정시료의전처리 및 분석 방법, 기기 분석 및 정도관리기술 등

4. 출제영역

(1) 산업안전지도사

과목명	주요항목	세부항목
산업안전보건법령	1. 산업안전보건법 2. 산업안전보건법 시행령 3. 산업안전보건법 시행규칙 4. 산업안전보건기준에 관한 규칙	1. 총칙 등에 관한 사항 2. 안전·보건관리체제 등에 관한 사항 3. 안전보건관리규정에 관한 사항 4. 유해·위험 예방조치에 관한 사항(산업안전보건기준에 관한 규칙 포함) 5. 근로자의 보건관리에 관한 사항 6. 감독과 명령에 관한 사항 7. 산업안전지도사 및 산업보건지도사에 관한 사항 8. 보칙 및 벌칙에 관한 사항
산업안전일반	1. 산업안전교육론	1. 교육의 필요성과 목적 2. 안전·보건교육의 개념 3. 학습이론 4. 근로자 정기안전교육 등의 교육내용 5. 안전교육방법(TWI, OJT, OFF.J.T 등) 및 교육평가 6. 교육실시방법(강의법, 토의법, 실연법, 시청각교육법 등)
	2. 안전관리 및 손실방지론	1. 안전과 위험의 개념 2. 안전관리 제이론 3. 안전관리의 조직 4. 안전관리 수립 및 운용 5. 위험성평가 활동 등 안전활동 기법
	3. 신뢰성공학	1. 신뢰성의 개념 2. 신뢰성 척도와 계산 3. 보전성과 유용성 4. 신뢰성 시험과 추정 5. 시스템의 신뢰도
	4. 시스템안전공학	1. 시스템 위험분석 및 관리 2. 시스템 위험분석기법(PHA, FHA, FMEA, ETA, CA 등) 3. 결함수분석 및 정성적, 정량적 분석 4. 안전성평가의 개요 5. 신뢰도 계산 6. 유해위험방지계획

과목명	주요항목	세부항목
산업안전일반	5. 인간공학	1. 인간공학의 정의 2. 인간-기계체계 3. 체계설계와 인간요소 4. 정보입력표시(시각적, 청각적, 촉각, 후각 등의 표시장치) 5. 인간요소와 휴먼에러 6. 인간계측 및 작업공간 7. 작업환경의 조건 및 작업환경과 인간공학 8. 근골격계 부담 작업의 평가
	6. 산업재해조사 및 원인분석	1. 재해조사의 목적 2. 재해의 원인분석 및 조사기법 3. 재해사례 분석절차 4. 산재분류 및 통계분석 5. 안전점검 및 진단
기업진단·지도	1. 경영학(인적자원관리, 조직관리, 생산관리)	1. 인적자원관리의 개념 및 관리방안에 관한 사항 2. 노사관계관리에 관한 사항 3. 조직관리의 개념에 관한 사항 4. 조직행동론에 관한 사항 5. 생산관리의 개념에 관한 사항 6. 생산시스템의 설계, 운영에 관한 사항 7. 생산관리 최신이론에 관한 사항
	2. 산업심리학	1. 산업심리 개념 및 요소 2. 직무수행과 평가 3. 직무태도 및 동기 4. 작업집단의 특성 5. 산업재해와 행동 특성 6. 인간의 특성과 직무환경 7. 직무환경과 건강 8. 인간의 특성과 인간관계
	3. 산업위생개론	1. 산업위생의 개념 2. 작업환경노출기준 개념 3. 작업환경 측정 및 평가 4. 산업환기 5. 건강검진과 근로자건강관리 6. 유해인자의 인체영향

나. 산업보건지도사

과목명	주요항목	세부항목
산업안전보건법령	1. 산업안전보건법 2. 산업안전보건법 시행령 3. 산업안전보건법 시행규칙 4. 산업안전보건기준에 관한 규칙	1. 총칙 등에 관한 사항 2. 안전·보건관리체제 등에 관한 사항 3. 안전보건관리규정에 관한 사항 4. 유해·위험 예방조치에 관한 사항(산업안전보건기준에 관한 규칙 포함) 5. 근로자의 보건관리에 관한 사항 6. 감독과 명령에 관한 사항 7. 산업안전지도사 및 산업보건지도사에 관한 사항 8. 보칙 및 벌칙에 관한 사항
산업위생일반	1. 산업위생개론	1. 산업위생의 정의, 목적 및 역사 2. 작업환경노출기준 3. 산업위생통계 4. 작업환경측정 및 평가 5. 산업환기 6. 물리적(온열조건 이상기압, 소음진동 등) 유해인자의 관리 7. 입자상물질의 종류, 발생, 성질 및 인체영향 8. 유해화학물질의 종류, 발생, 성질 및 인체영향 9. 중금속의 종류, 발생, 성질 및 인체영향
	2. 작업관리	1. 업무적합성 평가 방법 2. 근로자의 적정배치 및 교대제 등 작업시간 관리 3. 근골격계 질환예방관리 4. 작업개선 및 작업환경관리
	3. 산업위생보호구	1. 보호구의 개념 이해 및 구조 2. 보호구의 종류 및 선정방법
	4. 건강관리	1. 인체 해부학적 구조와 기능 2. 순환계, 호흡계 및 청각기관구조와 기능 3. 유해물질의 대사 및 생물학적 모니터링 4. 직무스트레스 등 뇌심혈관질환 예방 및 관리 5. 건강진단 및 사후 관리
	5. 산업재해 조사 및 원인 분석	1. 재해조사의 목적 2. 재해의 원인분석 및 조사기법 3. 재해사례 분석절차 4. 산재분류 및 통계분석 5. 역학조사 종류 및 방법
기업진단·지도	1. 경영학(인적자원관리, 조직관리, 생산관리)	1. 인적자원관리의 개념 및 관리방안에 관한 사항 2. 노사관계관리에 관한 사항 3. 조직관리의 개념에 관한 사항 4. 조직행동론에 관한 사항 5. 생산관리의 개념에 관한 사항 6. 생산시스템의 설계, 운영에 관한 사항 7. 생산관리 최신이론에 관한 사항

산업안전 지도사(기계안전공학)

과목명	주요항목	세부항목
기업진단 · 지도	2. 산업심리학	1. 산업심리 개념 및 요소 2. 직무수행과 평가 3. 직무태도 및 동기 4. 작업집단의 특성 5. 산업재해와 행동 특성 6. 인간의 특성과 직무환경 7. 직무환경과 건강 8. 인간의 특성과 인간관계
	3. 산업안전개론	1. 안전관리의 개념 및 이론 2. 기계, 화학설비의 위험관리 개요 3. 전기, 건설작업의 위험관리 개요 4. 안전보건경영시스템 개요 5. 위험성 평가 등 안전활동기법 6. 안전보호구 및 방호장치

산업안전 지도사(기계안전공학)

2 산업안전 지도사(기계안전공학) 답안 작성 요령

논술식 답안 형식	안전관리(참고)(Keyword 40 point)	산업안전일반(참고)(재해요인/대책)	기계안전공학(원인/대책)

1. 서언
2. 유형
3. 특징
4. 도입사유
5. 사전검토
6. Flowchart
7. 재해현황
8. 재해발생원인
  • 직접원인
  • 간접원인
9. 안전대책
  • 인적(3E)
  • 물적(시설)
  • 법령준수
10. 향후 나아갈 방향
11. 결언
	1. 산업안전관리론
	  ① 안전보건조직
	  ② 안전보건관리
	  ③ 산업재해 발생 및 대책
	  ④ 안전점검 및 진단
	2. 안전보건교육 및 산업심리
	  ① 안전보건교육
	  ② 산업심리
	3. 인간공학 및 시스템 안전공학
	4. 사고 4요소
	  ① MEN(인적)
	  ② Machine(물적·기계적)
	  ③ Media(작업적)
	  ④ Management(관리)
	5. 3E
	  ① Engineering
	    (기술·공학·설계)
	  ② Education
	    (안전교육·훈련)
	  ③ Enforcement
	    (규제·단속·감독)
	6. 3S
	  ① Standardization(표준화)
	  ② Specification(전문화)
	  ③ Simplification(단순화)
	7. 신기술
	  ① EC화
	  ② High-Tech화
	  ③ Robot화(자동화)
	  ④ CAD화
	  ⑤ System화
	  ⑥ P.Q화
	8. 결언
	  ① 경영자
	  ② 안전보건관리책임자
	  ③ 안전관리자
	  ④ 근로자
	  ⑤ 민·관·산·학연
		1. 직접원인
		  1) 불안전 상태
		    ① 물자체
		    ② 안전방호장치
		    ③ 복장보호구
		    ④ 작업장소
		    ⑤ 작업환경
		    ⑥ 생산공정
		    ⑦ 경계표시
		    ⑧ 설비결함
		  2) 불안전한 행동
		    ① 위험장소 접근
		    ② 안전장치 기능 제거
		    ③ 복장보호구 잘못 사용
		    ④ 기계기구 잘못 사용
		    ⑤ 불안전한 속도 조작
		    ⑥ 위험물 취급 부주의
		    ⑦ 불안전한 상태 방치
		    ⑧ 불안전한 자세 동작
		    ⑨ 감독연락 불충분
		2. 간접원인(3E)/대책
		  1) 기술적 원인(Engineering)
		    ① 건물기계장치 설계불량
		    ② 구조자료의 부적합
		    ③ 생산공정의 부적당
		    ④ 점검 및 보존 불량
		  2) 교육적 원인(Education)
		    ① 안전인식 부족
		    ② 안전수칙 오해
		    ③ 경험훈련 부족
		    ④ 작업방법·교육 불충분
		    ⑤ 유해위험 작업교육 불충분
		  3) 작업관리상 원인
		    (Enforcement)
		    ① 안전관리조직 경함
		    ② 안전수칙 미제정
		    ③ 작업준비 불충분
		    ④ 인원배치 부적당
		    ⑤ 작업지시 부적당
		3. 안전시설대책
		  ① 안전 난간대
		  ② 추락 방호망
		  ③ 보호방호 설비
		  ④ 환기 설비
		  ⑤ 안전보건 표지판
		  ⑥ 그 밖의 안전 설비
			1. 원인
			  ① 기계재료
			  ② 기계요소
			  ③ 재료역학
			  ④ 안전관리
			  ⑤ 시험미비
			  ⑥ 설계미비
			  ⑦ 자재관리
			  ⑧ 공정순서
			  ⑨ 급속진행(공기 단축)
			  ⑩ 인력관리
			  ⑪ 기계장비관리
			  ⑫ 노무관리
			  ⑬ 공기단축
			  ⑭ 규격미달
			  ⑮ 작업습관
			2. 대책
			  ① 기술축적
			  ② 기계화
			  ③ 경량화
			  ④ 근대화
			  ⑤ 공정관리
			  ⑥ 규격관리
			  ⑦ 시공관리
			  ⑧ 시험관리
			  ⑨ 품질관리
			  ⑩ 안전관리
			  ⑪ 자재관리
			  ⑫ 장비관리
			  ⑬ 원가관리
			  ⑭ 근대화
			  ⑮ 표준화
			3. 나아갈 방향
			  ① CAD
			  ② EC화
			  ③ C·M화
			  ④ P·Q
			  ⑤ ISO.9000
			  ⑥ ISO.18,000
			  ⑦ Robot화
			  ⑧ System화
			  ⑨ Computer화
			  ⑩ Total system화
			4. 산업안전지도사 자세
			  ① 실력 안전
			  ② 품위 안전
			  ③ 봉사 안전

단답형 답안 형식
1. 정의
2. 특성
3. 대책(방법)
4. 향후개발방향
5. 결론(요약식이라 하면 된다. 즉 기사수준)

〈합격결론〉
1. 산업안전보건기준에 관한 규칙(기계편)
2. KOSHA GUIDE (기계편 M)

3 산업안전 지도사(기계안전공학) 시험준비 방법

1. 산업안전 지도사 자격취득의 목적

(1) NCS 기준 적용 FTA 시장 개방 및 품질 기계안전 확보에 대응
  ① 전문가로서 책임과 권한부여
  ② 전문기술인으로 사회에 공헌
  ③ 집중적 공부를 통한 개인의 발전 및 명예 향상

(2) 신분의 변화
  ① 기술인 최고의 권위, 명예
  ② 전문가로서의 대우, 권한활동
  ③ 사회적 신분보장

2. 산업안전 지도사 시험준비

(1) 산업안전 지도사 시험의 요구사항
  ① 폭넓은 이해 : 숲을 보는 Mind로 공부
  ② 문제의 핵심파악 : Frame 작성의 중요성 - 문제가 요구하는 핵심포함
  ③ 현대기술 발달의 흐름 파악
  ④ 당면한 문제와 대응책(주요 현안) 및 현재와 비교
  ⑤ 문제의 정확한 전개

(2) 산업안전 지도사의 구비 조건

  학습이론 + 실무경험 + 능력 = 산업안전 지도사 합격

(3) 대응방법
  ① 단기간(3~6개월) 집중적 투자 - 시간, Mind 600시간 ≒ 일
  ② 예상문제 준비(시험을 위한 Critical한 Item부터 시작하여 본인의 역량에 맞게 문제를 넓혀가는 방법이 바람직함)
    ㉮ 1단계 30~50문제

㉯ 2단계 70문제
㉰ 3단계 100문제 이상
③ 공부하는 방법
㉮ 한국산업인력공단 규격답안지 볼펜사용(시험장에서 답안 작성 때와 동일한 조건으로 공부)
㉯ 본인 스스로 다양한 Frame 작성하여 답안작성을 숙달시킬 것
(3문제 출제인 경우 100분 중 30 + 30 + 30분 문제풀이, 10분 Frame 작성
㉰ 각종 정보지 활용 및 응용 – 안전저널, 안전 정보지, 안전학회지 기타(PC통신) 등
㉱ 가능한 Team운영 및 동료직원과 함께 공부
㉠ 상호 생활 통제 기능
㉡ 정보의 공유

(4) 용어 해설의 이해 – 단답형 출제대비
① 수시로 틈틈히 시간활용(메모노트 상시휴대)
② 용어해설 문제가 통상 10문제씩 출제되므로 1문제당 1페이지 정도는 작성이 필요하므로 상기 Frame이 요구됨
③ 반드시 자신감 유지 및 합격자신

(4) 8M(5M + MINUTES, MIND, MANAGEMENT)의식

5M → Money, Method, Machine, Material, Men

3. 답안작성 요령

출제기준을 분석해 보면 시사성 있는 문제, 최근에 계속적으로 사회적 Issue가 되고 있는 사항들을 중점적으로 쉽게 출제가 되고 있으며, 지도사 준비를 위한 참고서는 유일무일 본서뿐이며 보다 고득점을 위한 답안작성의 차별화가 요구되고 있다. 그 중에 특별히 강조하고 싶은 내용은

① Hardware문제(총론을 제외한 사항)를 답할 경우에도 Software(관리기술) 즉, 총론을 이해하고 적용하는 측면에서의 접근이 필요하다.

단면적이고 논리적인 답변보다는 현장감이 느껴지는 적극적, 실용적, 능동적, 직간

접 경험을 토대로 한 주관적인 답안작성이 요구됨.
② 문제가 요구하는 내용에 국한시켜 생각하지 말고 현장안전 관리자의 입장에서 관련된 사항 모두를 연관하여 접근하는 자세가 필요
  ㉮ 답안의 차별화 – 고득점 확보
  ㉯ 논리, 경험, 주관 등 삽입
  ㉰ 외래어(영어, 한자 등) 사용
  ㉱ Flow Chart, Graph 등 삽입
  ㉲ 답안의 표준화 준비–서론, 결론 부분 특히 준비
  ㉳ 문제의 요점파악 FRAME 작성
    • 서론(개요, 머리말)
    • 도입배경
    • 역할/목적
    • 필요성, 기대효과
    • 의의/정의
    • 문제점, 대응방안(방향), 예상되는 문제점, 개선방안(방향)
    • 장점, 단점, 특징

안전관리헌장

개정 : 안전행정부고시 제2014-7호

재난 및 안전관리기본법 제7조에 의하여 안전관리헌장을 다음과 같이 개정 고시합니다.

2014년 1월 29일
안전행정부장관

안전은 재난, 안전사고, 범죄 등의 각종 위험에서 국민의 생명과 건강 그리고 재산을 지키는 가장 중요한 근본이다.

모든 국민은 안전할 권리가 있으며, 안전문화를 정착시키는 일은 국민의 행복과 국가의 미래를 위해 반드시 필요하다.

이에 우리는 다음과 같이 다짐한다.

I. 모든 국민은 가정, 마을, 학교, 직장 등 사회 각 분야에서 안전수칙을 준수하고 안전 생활을 적극 실천한다.

I. 국가와 지방자치단체는 국민의 안전기본권을 보장하는 안전종합대책을 수립하고, 안전을 위한 투자에 최우선의 노력을 하며, 어린이, 장애인, 노약자는 특별히 배려한다.

I. 자원봉사기관, 시민단체, 전문가들은 사고 예방 및 구조 활동, 안전 관련 연구 등에 적극 참여하고 협력한다.

I. 유치원, 학교 등 교육 기관은 국민이 바른 안전 의식을 갖도록 교육하고, 특히 어릴 때부터 안전 습관을 들이도록 지도한다.

I. 기업은 안전제일 경영을 실천하고, 위험 요인을 없애 사고가 발생하지 않도록 적극 노력한다.

산업안전 지도사(기계안전공학)

▶NCS 자격검정 활용

가. 자격종목
1) 개념
자격종목은 국가기술자격의 등급을 직종별로 구분한 것으로 국가기술자격 취득의 기본단위를 말함(국가기술자격별 2조). 자격종목 개편은 국가기술자격 종목 신설의 필요성, 기존 자격종목의 직무내용, 범위 및 난이도, 산업현장 적합도 등을 고려하여 새로운 국가기술자격을 신설하거나 기존의 국가기술자격을 통합, 폐지하는 것을 의미함.

2) 구성요소
자격종목 개편은
① 자격종목   ② 직무내용
③ 검토대상 능력군   ④ 검정필요여부
⑤ 출제기준과 비교   ⑥ 검토의견
⑦ 추가·삭제가 포함되어야 함.

구성요소	세부 내용
자격종목	검토대상 국가기술자격 종목 제시
직무내용	자격종목의 직무내용 제시
검토대상 능력군	검토대상 능력군의 능력단위, 능력단위요소, 수행준거 제시
검정필요여부	수행준거 중 자격검정에 필요한 부분 제시
출제기준과 비교	검정이 필요한 수행준거와 출제기준을 비교
검토의견	비교를 통해 현행 국가기술자격의 출제기준 검토
추가·삭제	출제기준 검토를 통해 추가나 삭제가 필요한 부분 제시

나. 출제기준
1) 개념
출제기준은 자격검정의 대상이 되는 종목의 과목별 출제의 대상범위를 나타낸 것으로 출제문제 작성방법과 시험내용범위의 기준을 의미함(국가기술자격법 시

행규칙 제38조)

2) 구성요소
출제기준은
① 직무분야
② 자격종목
③ 적용기간
④ 직무내용
⑤ 필기검정방법
⑥ 문제수
⑦ 시험기간
⑧ 필기과목명
⑨ 필기과목 출제 문제수
⑩ 실기검정방법
⑪ 시험기간
⑫ 실기과목명
⑬ 필기, 실기과목별 주요항목
⑭ 세부항목
⑮ 세세항목이 포함되어야 함

구성요소		세부내용
직무분야		해당 자격이 활용되는 직무분야
자격종목		국가기술자격의 등급을 직종별로 구분한 것 국가기술자격 취득의 기본단위
적용기간		작성된 출제기준이 개정되기 전까지 실제 자격검정에 적용되는 기간
직무내용		자격을 부여하기 위하여 개인의 능력의 정도를 평가해야 할 내용
필기과목	필기검정방법	필기시험의 검정방법 현행 국가기술자격에서는 객관식, 단답형 또는 주관식 논문형이 있음
	문제수	필기시험의 전체 문제수 제시
	시험기간	필기시험 시간
	필기과목명	기술자격의 종목별 필기시험과목
	출제 문제수	필기시험의 문제수

산업안전 지도사(기계안전공학)

차 례

제1편 기계·기구·설비의 안전 등(위험기계·양중기·운반기계·압력용기 포함 등)

제1장 기계의 안전 조건 ·· 1-3
제1절 기계의 위험 및 안전조건 ·· 1-3
제2절 기계의 방호 ·· 1-7
제3절 구조적 안전 ·· 1-11
제4절 기능적 안전 ·· 1-16
제5절 기초역학 ·· 1-27

제2장 기계 공작법의 기본 ··· 1-38
제1절 기계공작법의 분류 ·· 1-38
제2절 공작 기계의 기본 운동과 절삭 조건 ·· 1-41
제3절 칩의 생성과 구성인선 ··· 1-46
제4절 공구의 수명 ·· 1-51
제5절 절삭 온도와 절삭제 ·· 1-57
제6절 절삭공구 재료 ·· 1-62

제3장 공작 기계의 안전 ··· 1-65
제1절 선반(Lathe) ·· 1-65
제2절 밀링(Milling) ·· 1-68
제3절 플레이너(Planer)와 셰이퍼 방호 ·· 1-71
제4절 드릴(Drill) ·· 1-75
제5절 연삭기(Grinding Machine) ··· 1-78
제6절 목재 가공용 기계 ··· 1-85

제4장 프레스 및 전단기의 안전 ·· 1-90
제1절 프레스 재해 방지의 근본적인 대책 ·· 1-90
제2절 금형(Die)의 안전화 ·· 1-99

제5장 위험 기계·기구의 안전 ·· 1-102
제1절 롤러기 ··· 1-102
제2절 원심기(Centrifugal Machine) ·· 1-106

17

제3절 아세틸렌 용접 장치 및 가스 집합 용접 장치 ·················1-107
제4절 보일러(Boiler) ·················1-114
제5절 압력 용기 및 공기 압축기 ·················1-116
제6절 산업용 로봇 ·················1-120

제6장 운반 기계 및 양중기 ·················1-121
제1절 지게차(Fork Lift) ·················1-121
제2절 컨베이어(Conveyer) ·················1-124
제3절 리프트(Lift) ·················1-127
제4절 크레인 등 양중기 ·················1-129

제2편 공장 자동화설비의 안전기술

제1장 공장자동화 설비 ·················2-3
제2장 에너지의 발생 ·················2-14
제3장 액추에이터 ·················2-31

제3편 기계·기구·설비의 설계, 배치, 보수·유지기술

제1장 설비진단의 개요 ·················3-3
제2장 기계·기구·설비의 설계, 배치, 보수·유지기술 ·················3-12

제4편 단답형 및 논술형 예상문제·실전모의시험

제1장 단답형 예상문제 및 실전모의시험 ···················· 4-3

제2장 논술형 예상문제 및 실전모의시험 ···················· 4-54

제5편 산업 안전보건 용어 정리

제1장 산업 안전보건 용어 정리 ···································· 5-3

제2장 예상문제 및 실전모의시험 ································· 5-94

산업안전 지도사(기계안전공학)

부록1 모범답안 작성(예)

부록2 과년도문제 백과사전식 해설

　　　　제5회 2015년　7월 27일
　　　　제6회 2016년　6월 25일
　　　　제7회 2017년　6월 24일
　　　　제8회 2018년　8월 16일
　　　　제9회 2019년　6월 15일
　　　　제10회 2020년 11월　4일
　　　　제11회 2021년　6월 15일
　　　　제12회 2022년　6월 11일
　　　　제13회 2023년　6월 17일
　　　　제14회 2024년　6월　8일
　　　　제15회 2025년　6월 14일

특별부록

답안지 양식 및 답안작성 시 유의사항
참고문헌

산업안전 지도사(기계안전공학)

제 1 편

기계·기구·설비의 안전 등(위험기계· 양중기·운반기계·압력용기 포함 등)

- **제1장** 기계의 안전조건
- **제2장** 기계 공작법의 기본
- **제3장** 공작 기계의 안전
- **제4장** 프레스 및 전단기의 안전
- **제5장** 위험 기계·기구의 안전
- **제6장** 운반 기계 및 양중기

제1장 기계의 안전 조건

제1절 기계의 위험 및 안전 조건

1 기계의 위험성 원인

① 기계는 운동하고 있는 작업점을 가진다.
② 기계는 작업점이 큰 힘을 가진다.
③ 기계는 동력 전달 부분이 있다.
④ 기계는 부품의 고장은 반드시 있다.

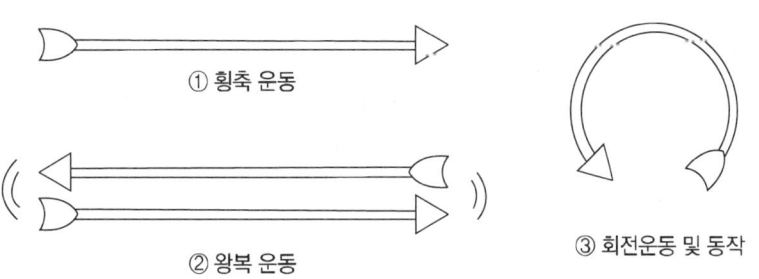

[그림] 기계의 운동 및 동작 형태

보충설명

기계(machine : 機械)
① 다수의 부품으로 구성된 것으로 일정한 상대운동에 의해 유용한 일을 하는 동적 장치를 가리킨다.
② 최초의 기계는 제분기에서 시작하였다.
③ 오늘날에는 원동기, 작업기, 전달장치의 3가지로 크게 구분이 가능하다.
④ 넓은 의미로는 에너지를 변환시키거나 전달시키는 장치의 총칭이다.
⑤ 1875년 독일의 F.루르는 운동학상 기계의 정의를, "기계란 저항 있는 물체의 조합으로 한정된 상대운동을 하고, 공급된 에너지를 유효한 일로 바꾸는 것이다"라고 하였다.

2 기계·기구·설비의 위험점

1. 정의

기계의 운동은 형태에 따라서 분류하면 회전운동, 왕복운동 또는 미끄럼운동, 회전과 미끄럼운동의 조합, 진동운동으로 나눌 수 있다.

2. 위험점의 분류

(1) 협착점(squeeze point)

왕복운동을 하는 동작 부분과 움직임이 없는 고정 부분 사이에서 형성되는 위험점으로 사업장의 기계 설비에서 많이 볼 수 있다. 예를 들면 프레스기, 전단기, 성형기, 조형기, 굽힘 기계(bending machine) 등이 있다.

(2) 끼임점(shear point)

고정 부분과 회전하는 동작 부분이 함께 만드는 위험점으로 연삭숫돌과 덮개, 교반기의 날개와 하우징, 프레임에서 암의 요동 운동을 하는 기계 부분 등이다.

(3) 절단점(cutting point)

고정 부분과 운동 부분이 만드는 위험점이 아니고 회전하는 운동부 자체의 위험이나 운동하는 기계 부분 자체의 위험에서 초래되는 위험점이다. 예를 들면 밀링의 커터, 띠톱이나 둥근 톱의 톱날, 벨트의 이음 부분 등이다.

(4) 물림점(nip point)

회전하는 두 개의 회전체에는 물려 들어가는 위험성이 존재한다. 이때 위험점이 발생되는 조건은 회전체가 서로 반대 방향으로 맞물려 회전되어야 한다. 예를 들면 롤러와 롤러의 물림, 기어와 기어의 물림 등이 있다.

(5) 접선 물림점((tangential nip point)

회전하는 부분의 접선 방향으로 물려 들어갈 위험이 존재하는 점이다. 예를 들면 벨트와 풀리, 체인과 스프로킷, 랙과 피니언 등이 맞물리는 부분이다.

(6) 회전 말림점(trapping point)

회전하는 물체에 작업복, 머리카락 등이 말려드는 위험이 존재하는 점이다. 예를 들면, 회전하는 축, 커플링, 돌출된 키나 고정나사, 회전하는 공구 등이 이에 해당된다.

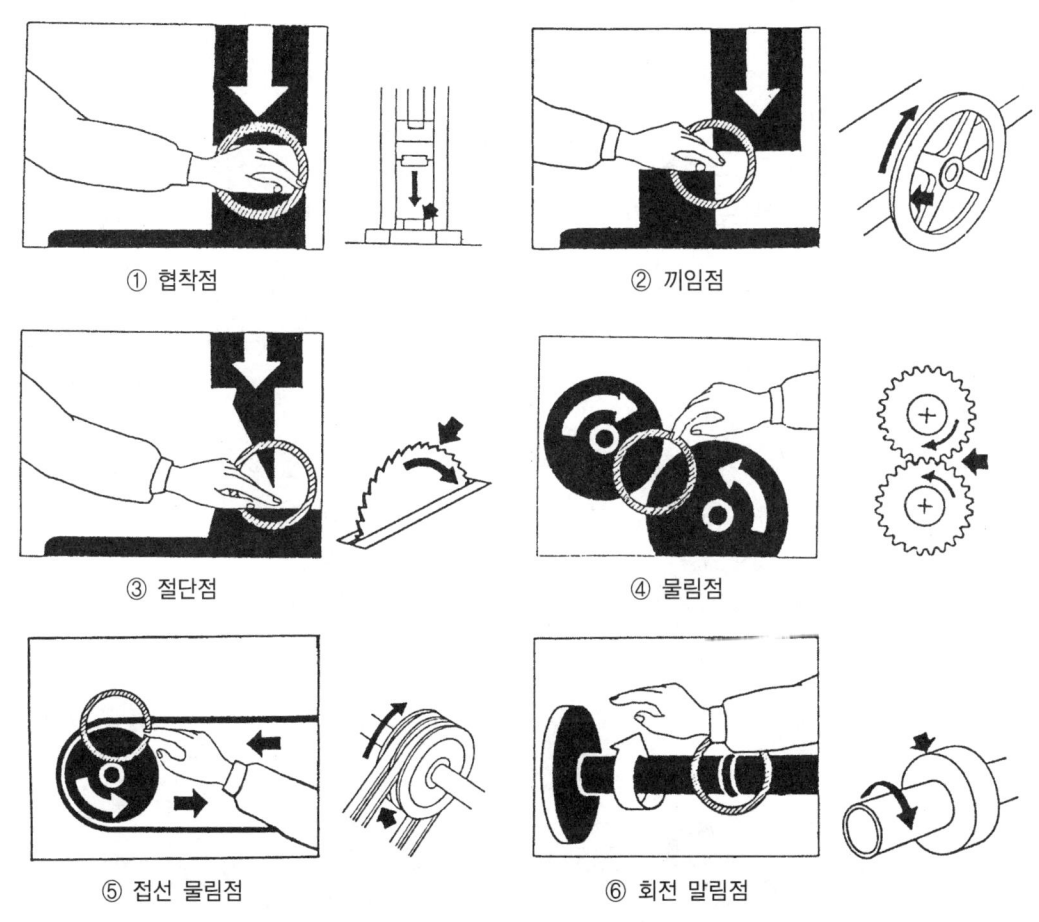

① 협착점 ② 끼임점
③ 절단점 ④ 물림점
⑤ 접선 물림점 ⑥ 회전 말림점

[그림] 기계 설비 위험점

3. 위험의 5요소(위험요소 분류시 점검 사항) 2023. 단답형

(1) 1요소 : 함정(trap)

기계 요소의 운동에 의해서는 트랩점(trapping point)이 발생하지 않는가?
① 손과 발등이 끌려 들어가는 트랩("inrunning nip" point)
② 닫힘운동(closing movement)이나 이송운동(passing movement)에 의해서 손과 발 등이 쉽게 트랩되는 곳

(2) 2요소 : 충격(impact)

움직이는 속도에 의해서 사람이 상해를 입을 수 있는 부분은 없는가?

① 고정된 물체에 사람이 이중 충돌(人 → 物)

② 움직이는 물체가 사람에게 충돌(物 → 人)

③ 사람과 물체가 쌍방 충돌(人 ⇄ 物)

(3) 3요소 : 접촉(contact)

날카로운 물체, 연마체, 뜨겁거나 차가운 물체 또는 흐르는 전류에 사람이 접촉함으로써 상해를 입을 수 있는 부분은 없는가?(접촉 상태로 움직이거나 정지해 있는 기계 모두 포함)

(4) 4요소 : 말림, 얽힘(entanglement)

머리카락, 장갑, 옷, 넥타이 등이 움직이는 기계 설비에 말려 들어갈 위험은 없는가?

(5) 5요소 : 튀어나옴(ejection)

가공 중인 기계로부터 기계 요소나 가공물이 튀어나올 위험은 없는가?

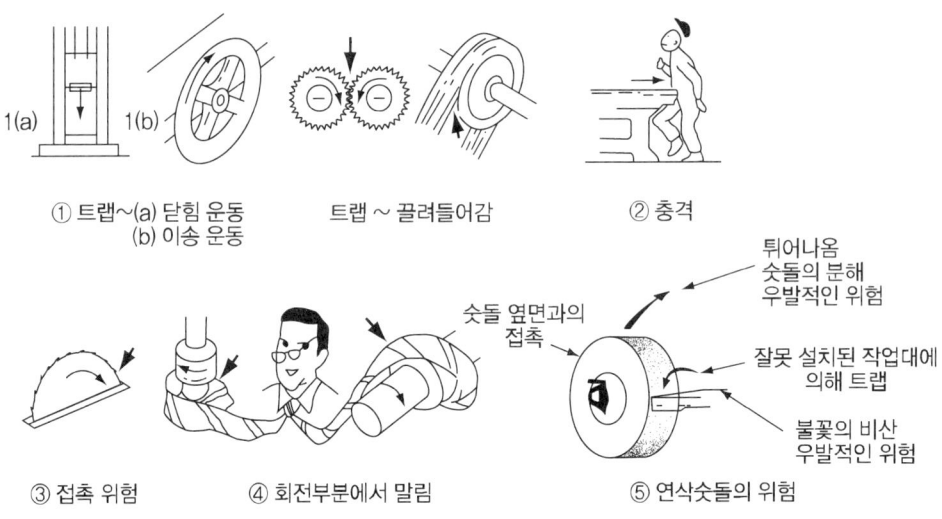

[그림] 기계 설비 위험 5요소

제2절 기계의 방호

1 기계·설비의 안전을 확보하기 위한 기본 원칙 3가지

1. 기계·설비의 근본적 안전화
2. 간접적 안전 조치
3. 참조적 안전 조치

2 기계·설비의 근원적인 안전화 확보를 위한 고려 사항

1. 외관상의 안전화

   ① 가드 설치(기계 외형 부분 및 회전체 돌출 부분)
   ② 별실 또는 구획된 장소에 격리(원동기 및 동력 전도 장치)
   ③ 안전 색체 조절(기계 장비 및 부수되는 배관)

   [표] 기계·기구 및 색상

급정지 스위치	적 색	대형 기계	밝은 연녹색	기름 배관	암황적색
시동 스위치	녹 색	증기 배관	암적색	물 배관	청 색
고열을 내는 기계	청녹색, 회청색	가스 배관	황색	공기 배관	백 색

2. 기능적 안전화

(1) 자동화된 기계 설비의 기능적 안전화

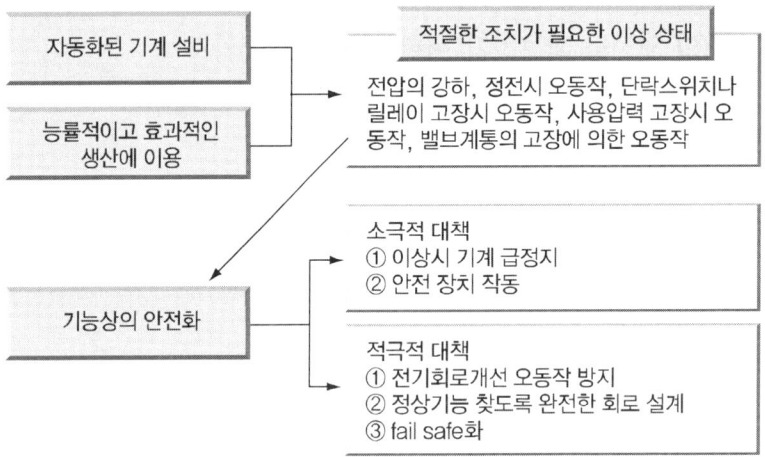

(2) 위험성이 높은 기계는 병렬방식이나 리던던시 시스템 채택

① 직렬방식은 1요소 고장이 시스템 전체의 고장으로 연결
② 병렬방식은 1요소 고장이 다른 요소에 직접 영향을 주지 않아서 안전

3. 구조 부분(강도)의 안전화

(1) 재료의 결함

① 조직의 결함으로 인하여 예상 강도를 얻지 못한다.
② 재료 내부의 미소 크랙으로 인한 피로 파괴
③ 가공 조건이나 사용 환경에 부적합한 재료의 사용

(2) 설계의 잘못

설계 잘못의 주된 원인으로 부하 예측과 강도 계산의 오류를 생각할 수 있으며 이들을 고려하여 적절한 안전 계수를 도입하여야 한다.

> **참고**
>
> 안전율(F_1) = 극한강도/최대 설계응력 = 파단하중(S)/최대 허용하중(L)
>
> $$F_2 = \frac{S - K\sigma_s}{L + K'\sigma_L} \qquad F_3 = \frac{S_{\min}}{L_{\max}}$$
>
> 여기서, S : 재료의 평균강도, L : 부하의 평균응력, $S_{\min}$: S의 최소치,
> $L_{\max}$: L의 최대치, σ_S : S의 표준편차, σ_L : L의 표준편차, K' : 1~3의 정수

(3) 가공 잘못

최근과 같이 고급강을 재료로 사용하는 경우는 필요한 기계적 특성을 얻기 위하여 적절한 열처리를 필요로 한다. 이때 열처리의 결함이 재해의 원인이 되기도 하다. 또 용접 부위의 크랙의 혼입과 같은 용접 가공 불량이나 용접 후의 열처리 잘못으로 인한 잔류 응력이 취성 파괴를 일으키며 기계 가공의 잘못으로 인한 응력 집중은 피로파괴의 원인이 된다.

(4) 사용상의 잘못

① 주위 환경(온도, 습도)
② 설치 방법
③ 과도한 부하
④ 조작 방법

(5) Cardullo의 안전율

안전율 $F = a \times b \times c \times d$

여기서, a : 사용재료의 극한강도 / 사용재료의 탄성강도 = 극한강도 / 허용하중
b : 하중의 종류(정하중에서 $b = 1$, 교번하중에서 b = 극한강도 / 피로한도)
c : 하중속도(정하중에서 $c = 1$, 충격하중에서 $c = 2$)
d : 재료의 조건(응력추정의 한도 기타 ≤ 2)

4. 작업의 안전화

① 정상 작업이 안전하게 행해질 수 있을 것. 선반 등의 예를 들면 스위치 공구대나 여러 가지 재료의 배치 등이 적절하며 이것들을 취급하는 데 곤란을 느끼지 않아야 한다.
② 조작 장치는 관계 작업자가 조작하기 쉬워야 한다.
③ 자동 기구를 가진 기계는 사이클의 마지막과 처음에 시간적 지연을 가질 것

④ 기계에는 구동 에너지를 차단할 수 있는 급정지 조작 장치를 설치하고 보통 작업 위치로서 쉽게 조작할 수 있을 것
⑤ 급정지 장치가 작동했을 때 복귀(reset)되지 않는 한 동작되지 않아야 할 것
⑥ 특히 가공 작업 전후의 취급 작업은 위험성이 많으므로 작업에 따른 특별한 공구를 사용할 것
⑦ 주동작 이외의 다른 동작은 가능한 한 적게 하여 피로를 줄일 것
⑧ 정보 전달의 방법을 고찰해야 할 것

5. 보수 유지의 안전화(보전성 향상을 위한 고려 사항)

① 보전용 통로와 작업장을 확보해야 한다.
② 기계는 분해하기 쉬워야 한다.
③ 작업 조건에 맞는 기계가 되어야 한다. 예를 들면 주변의 유해 가스나 분진 등에 대해서 저항력을 갖추어야 한다.
④ 기계의 부품은 호환성이 있어 교환이 용이해야 한다.
⑤ 주유 방법이 쉽게 개선되어야 한다.

[표] 기계 고장률의 기본모형

구 분	형 태	수 명
초기고장	감소형(DFR : Decreasing Failure Rate)	디버깅기간, 번인 기간
우발고장	일정형(CFR : Constant Failure Rate)	내용 수명
마모고장	증가형(IFR : Increasing Failure Rate)	정기진단(검사)

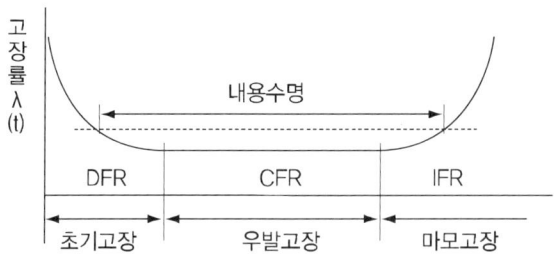

[그림] 기계의 고장률(욕조곡선)

6. 표준화

제3절 구조적 안전

1 기계 설비의 본질 안전

1. 기계 설비의 본질적 안전 조건

① 안전 기능이 기계 장치에 내장되어 있을 것
 이것은 안전 기능이 기계의 설계 단계에서 이미 반영 조치된 것으로서 별도로 추가하지 않는 것을 의미한다.
② fool proof의 기능을 가질 것
 이것은 작업자가 기계의 취급시 실수를 범하더라도 사고나 재해로 연결되지 않는 기능을 말한다.
③ fail safe의 기능을 가질 것
 이것은 기계·설비 또는 그 부품이 파손되거나 고장이 발생해도 기계·설비가 항상 안전한 방향으로 작동되는 기능을 말한다.

2. 기계 설비의 풀 프루프(fool proof)

(1) 정 의

본질 안전화 요건의 하나인 풀 프루프(fool proof)란 인간이 기계 등의 취급을 잘못해도 그것이 바로 사고나 재해와 연결되는 일이 없는 기능을 말한다. 본래의 풀 프루프는 조작 순서를 잘못함이나 오조작에 대응하는 것으로서 예를 들면, 카메라의 이중 촬영 방지구는 위험과는 직접 연결되지 않으나, 전형적인 풀 프루프이다. 그러나 많은 기계 재해는 그 취급 잘못에 기인한다는 관점에서 본다면 인간의 조작에 대한 안전 장치의 대부분은 풀 프루프를 위한 것이라고 한다. 풀 프루프는 본래 인간의 착오, 미스 등 이른바 휴먼 에러(human error)를 방지하기 위한 것으로서 기계 설비의 위험 부분을 방호하는 덮개나 울, 이동식 가이드의 인터로크(interlock)가 전제 조건이 된다.

(2) 풀 프루프의 예

① 동력 전달 장치의 덮개를 벗기면 운전이 정지된다.
② 프레스의 경우 실수하여 손이 금형 사이로 들어갔을 때 슬라이드의 하강이 자동적으로 정지된다.

③ 승강기의 경우 과부하가 되면 경보가 울리고 작동이 되지 않는다.
④ 크레인의 와이어 로프가 무한정 감기지 않도록 권과 방지 장치를 설치한다.
⑤ 로봇이 설치된 작업장에 방책문을 닫지 않으면 로봇이 작동되지 않는다.
⑥ 전기 세탁기의 탈수기가 돌아가는 도중에 뚜껑을 열면 탈수기가 정지한다. 또한 탈수기의 정지 스위치를 누른 후 정지가 될 때까지 뚜껑이 열리지 않는다.

한편 인간이 실수를 일으키기 어렵게 하는 구조나 기능도 넓은 의미의 풀 프루프라고 할 수 있는 것이다. 예컨대, 조작과 기계의 운동 방향의 일치, 계기나 표시를 보기 쉽게 하는 것 등, 이른바 인간 공학적 설계 역시 넓은 의미에서의 풀 프루프에 관련되는 것이다.

[표] 절삭 가공 기계에 사용되는 주된 fool proof 기구

구 분	Fool Proof	방호영역
가 드 (guard)	고정 가드 (fixed guard)	개구부로부터 가공물과 공구 등을 넣어도 손은 위험 영역에 머무르지 않는다.
	조정 가드 (adjustable guard)	가공물과 공구에 맞도록 형상과 크기를 조절한다.
	경고 가드 (warning guard)	손이 위험 영역에 들어가기 전에 경고한다.
	인터로크 가드 (interlock guard)	기계가 작동중에 개폐되는 경우 기계가 정지한다.
조작기구	양수 조작식	양손으로 동시에 조작하지 않으면 기계가 작동하지 않고 손을 떼면 정지 또는 역전 복귀한다.
	인터로크 가드 (interlock guard)	조작기구를 겸한 가드로서 가드를 닫으면 기계가 작동하지 않고, 열면 정지한다.
(interlock기구) (lock기구)	인터로크	기계식, 전기식, 유공압식 또는 이들의 조합으로 2개 이상의 부분이 상호 구속된다.
	키식 인터로크 (key type interlock)	열쇠를 사용하여 한쪽을 잠그지 않으면 다른 쪽이 열리지 않는다.
	키 로크 (key lock)	1개 또는 상호 다른 여러 개의 열쇠를 사용한다. 전체의 열쇠가 열리지 않으면 기계가 조작되지 않는다.
트립 기구 (trip 기구)	접촉식 (contact type)	접촉판, 접촉봉 등에 신체의 일부가 접촉하면 기계가 정지 또는 역전 복귀한다.
	비접촉식 (non-contact-type)	광전자식, 정전 용량식 등으로 신체의 일부가 위험영역에 접근하면 기계가 정지 또는 역전 복귀한다. 신체의 일부가 위험 영역에 들어가면 기계는 작동하지 않는다.

구 분	Fool Proof	방호영역
오버런 기구 (overrun 기구)	검출식 (dectecting)	스위치를 끈 후 관성 운동과 잔류 전하를 검지하여 위험이 있는 동안은 가드가 열리지 않는다.
	타이밍식 (timing)	기계식 또는 타이머 등을 이용하여 스위치를 끈 후 일정 시간이 지나지 않으면 가드가 열리지 않는다.
밀어내기 기구 (push&pull 기구)	자동가드	가드의 가동부분이 열렸을 때 자동적으로 위험 영역으로부터 신체를 밀어낸다.
	손을 밀어냄 손을 끌어당김	위험한 상태가 되기 전에 손을 위험 지역으로 밀어내거나 끌어당겨 제자리로 온다.
기동 방지 기구	안전블록	기계의 기동을 기계적으로 방해하는 스토퍼 등으로서 통상 안전블록과 같이 쓴다.
	안전플러그	제어 회로 등으로 설계된 접점을 차단하는 것으로 불의의 작동을 방지한다.
	레버 로크	조작 레버를 중립 위치에 놓으면 자동적으로 잠긴다.

3. 페일 세이프(fail safe)

(1) 정 의

본질 안전화의 또 하나의 요건인 페일 세이프(fail safe)란 기계나 그 부품에 고장이나 기능 불량이 생겨도 항상 안전하게 작동하는 구조와 그 기능을 말한다. 좁은 의미로는 기계를 안전하게 작동한다는 것은 기계를 정지시키는 것으로 생각되고 있으나, 넓은 의미로는 반드시 정지에만 한정되지는 않는다.

(2) fail safe의 기능면 3단계

① fail passive : 부품이 고장나면 통상 기계는 정지하는 방향으로 이동한다.
② fail active : 부품이 고장나면 기계는 경보를 울리는 가운데 짧은 시간 동안의 운전이 가능하다.
③ fail operational : 부품의 고장이 있어도 기계는 추후의 보수가될 때까지 안전한 기능을 유지한다. 이것은 병렬 계통 또는 대기 여분(stand-by redundancy) 계통으로 한 것이다.

기계 운전 중에서 fail-operational이 운전상 제일 선호하는 방법이고 산업 기계에서는 일반적으로 fail-passive를 많이 채택하고 있다. fail safe 기구는 강도와 안전성을 유지할 목적으로 구조적 fail safe와 기능의 유지를 목적으로 하는 기능적 fail safe가 있으며, 후자는 다시 기계적 fail safe와 전기적 fail safe로 나뉘어진다.

(3) 구조적 fail safe

구조적 fail safe의 대표적인 예는 항공기이다. 항공기의 fail safe 대책은 다음에서 보는 바와 같이 구조상으로 검토가 이루어진다.

① **다경로 하중 구조(多經路荷重構造)** : 하중을 전달하는 부재가 여러 개 있어 일부가 파괴되어도 나머지 부재가 지탱하는 구조
② **분할 구조(分割構造)** : 한 개의 큰 부재가 통상 점유하는 장소를 2개 이상의 부재를 조합시켜 하중을 분산 전달하는 구조
③ **떠맡는(교대) 구조** : 어떤 부재가 파괴되면 그 부재가 받던 하중을 다른 부재가 떠맡는 구조
④ **하중 경감 구조(荷重輕減構造)** : 구조물의 일부가 파손되면 파손부의 하중이 다른 부분으로 옮겨가게 되어 하중이 경감되므로 파괴가 되지 않는 구조

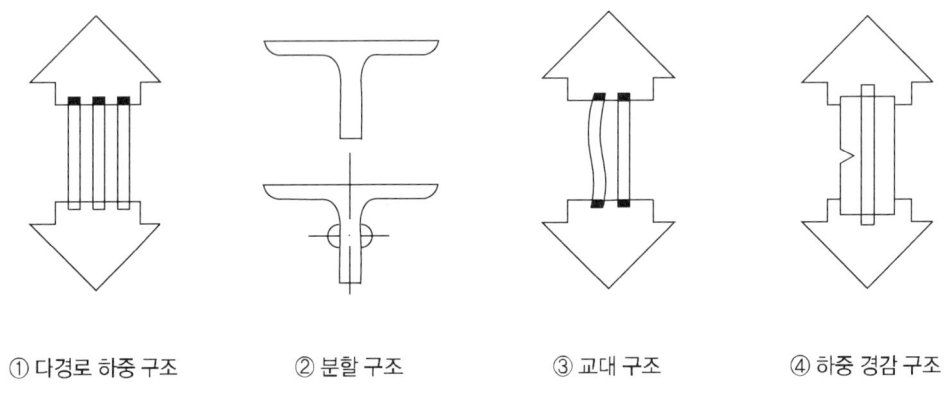

① 다경로 하중 구조　② 분할 구조　③ 교대 구조　④ 하중 경감 구조

[그림] 구조적 fail safe

(4) 기능적 fail safe

대표적는 예는 철도 신호이다. 철도 신호는 고장이 발생했을 때 청색 신호가 반드시 적색 신호가 되어 열차가 정지하는 것으로 끝나지만, 만일 적색 신호로 있어야 할 신호가 청색으로 된다면 중대 재해가 발생하게 된다. 이처럼 철도 신호가 고장이 났을 때는 반드시 적색 신호로 되는 것이 fail safe이다. 기능적 fail safe는 산업 안전의 목적으로도 여러 곳에 사용되고 있다. 특히 기계적 fail safe는 대기 여분(stand-by redundancy)의 개념이 전제되어야 한다.

기계적 fail safe의 예를 들면 아래와 같다.
① 증기보일러의 안전 밸브와 급수 탱크를 복수로 설치하는 것
② 프레스 제어용으로 설치된 복식 전자 밸브 중 한쪽의 밸브가 고장이 나면 클러치, 브레이크의 압축 공기를 배기시켜 프레스를 급정지시키도록 한다.

③ 화학 설비에 안전 밸브 또는 긴급 차단 장치를 설치하여 이상시에는 이들이 작동하여 설비를 보호하는 것
④ 석유 난로가 일정 각도 이상으로 기울어지면 자동적으로 불이 꺼지도록 소화 기구를 내장시킨 것
⑤ 승강기 정전시 마그네틱 브레이크가 작동하여 운전을 정지시키는 경우와 정격 속도 이상의 주행시 조속기(governor)가 작동하여 긴급 정지시키는 것

[표] 안전 설계 방법

종류	작동 방법 및 특징
Fail safe	설비 또는 장치의 일부가 고장이라도 안전한 방향으로 동작하는 방법
Back up	주된 기능의 뒷면에 대기하다가 주기능의 고장시 그의 기능을 대신하는 방법
다중계화 (多重系化)	단일 또는 동일한 기능을 다중으로 설치하여 선택적으로 바꾸기도 하고 병렬로도 사용하는 방법
고장진단 및 회복설비	설비 및 장치가 고장난 경우 고장을 찾아 가능한 한 빨리 기능을 회복하는 방법
Fool proof	사람이 작업하는 시스템에서 작업자가 실수를 하거나 오조작을 하여도 안전하게 유지되게 하는 방법
안전율 적용	정격치보다 낮은 값으로 사용하는 등 안전 여유를 갖고 설계하여 사용하는 방법
위험부위 고장의 감소	위험한 부위의 출력에 직결되는 고장 빈도율을 적게 하는 방법

⑥ 크레인의 하중계와 같이 직접 하중을 받는 스프링과 프레스의 카운터 밸런스용의 스프링을 압축 스프링으로 한 것

전기적 fail safe로는 개폐시의 예비 회로를 예로 들 수 있다. 예비 회로는 병렬 회로와 직렬 회로가 있어 각각의 개폐와 fail safe 회로로 구성되어 있다. 예비 회로는 보통 때에는 작동을 하지 않다가 주회로가 고장이 났을 때만 작동하는 것으로 대기 여분 회로라고도 한다.

제4절 기능적 안전

1 구조상 가드(guard)의 분류

1. 고정 가드(fiexed guard)

(1) 동력 전달부용 가드(완전 밀폐용)

일반적으로 작업용 가드 설계에 필요한 원칙이 동력 전달부용 가드 설계에도 적용된다. 그러나 재료의 송급이나 가공재의 배출을 위한 개구부는 고려할 필요가 없다. 단지 고려해야 할 개구부는 윤활, 조정이나 검사를 위한 것들이고 개구부는 가드로부터 제거되어서는 안 되는 나사나 힌지로 고정된 커버나 미닫이 형태가 되어야 하며 사용하지 않을 때는 항상 닫혀 있어야 한다. 또한 동력 전달부용 가드는 신체의 일부와 움직이는 기계 부분과 닿지 않게 설계되어야 한다. 동력 전달 부분의 덮개나 바닥으로부터 2[m]상의 높이에 설치된 벨트로서 풀리간의 거리가 3[m] 이상, 폭이 15[cm] 이상 및 속도가 매초 10[m] 이상일 때에는 고정식 울을 그 밑에 설치한다.

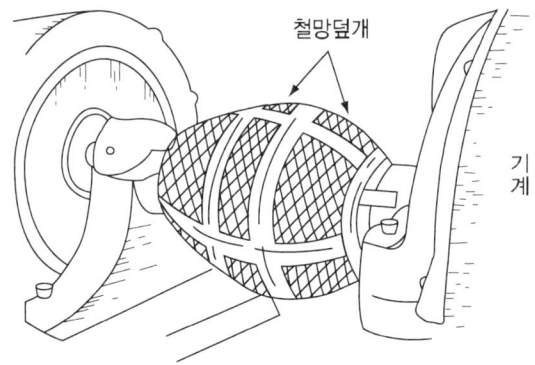

[그림] 커플링에 설치된 덮개

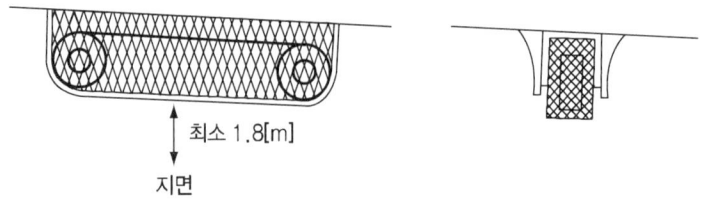

① 천장에 설치된 벨트 풀리

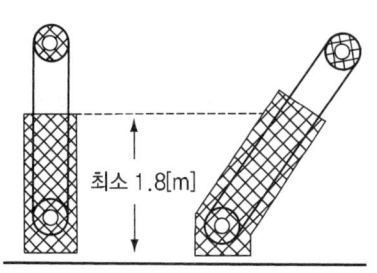
② 천장과 바닥 위에 설치된 벨트 풀리

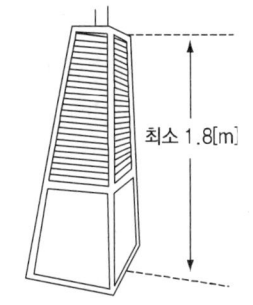
③ 수직축에 대한 울의 설치

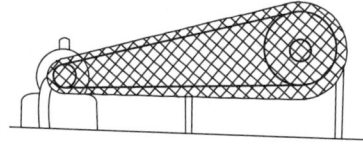
④ 벨트에 대한 울의 설치

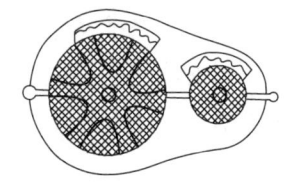
⑤ 치차의 덮개 설치

[그림] 동력 전달 부분의 방호 덮개 방법

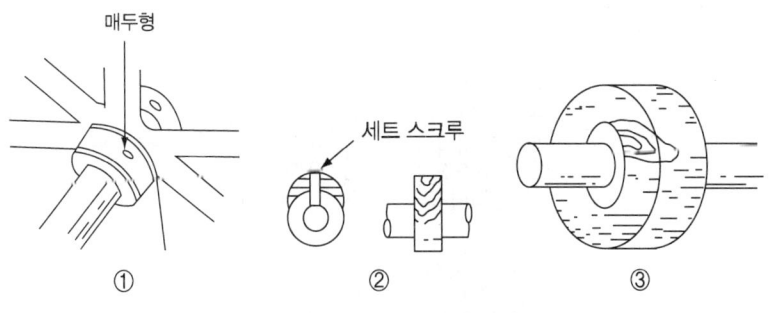

[그림] 세트 볼트의 방호 방법

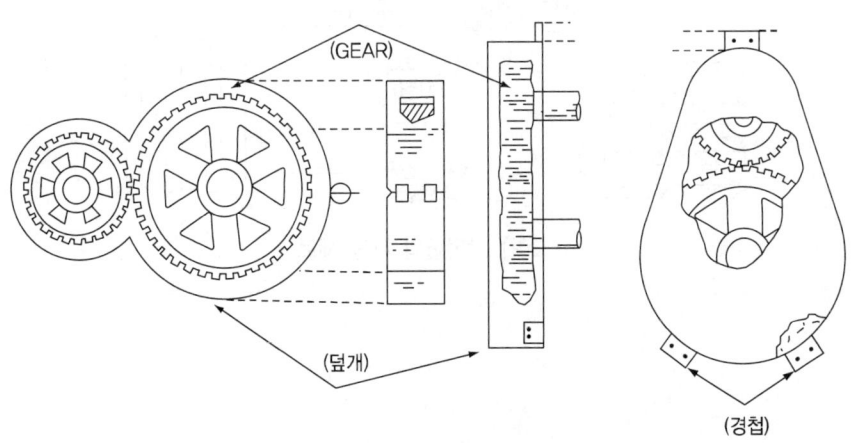

[그림] 치차의 안전 덮개

(2) 작업점용 가드

작업점용 가드는 재료의 송급 및 가공재의 배출에 장애가 되지 않으며 아울러 작업자의 손이 안전울에 제어되어 위험점에 근접하지 못하게 하는 것을 말한다. 이 가드는 일차 가공 작업에 널리 적용되고 있다.

(3) 고정형 가드(fixed guard)의 구비 조건

① 충분한 강도를 유지할 것
② 단순한 구조이어야 하며 조정이 용이하여야 한다.
③ 일반 작업, 점검 조정 작업이나 주유 작업에 방해가 되면 안 된다.
④ 안전울과 기계의 운동 부분 사이에 신체의 일부가 들어가지 않게 제작할 것
⑤ 안전울을 만드는 개구부의 치수(opening size)는 그림을 참고할 것

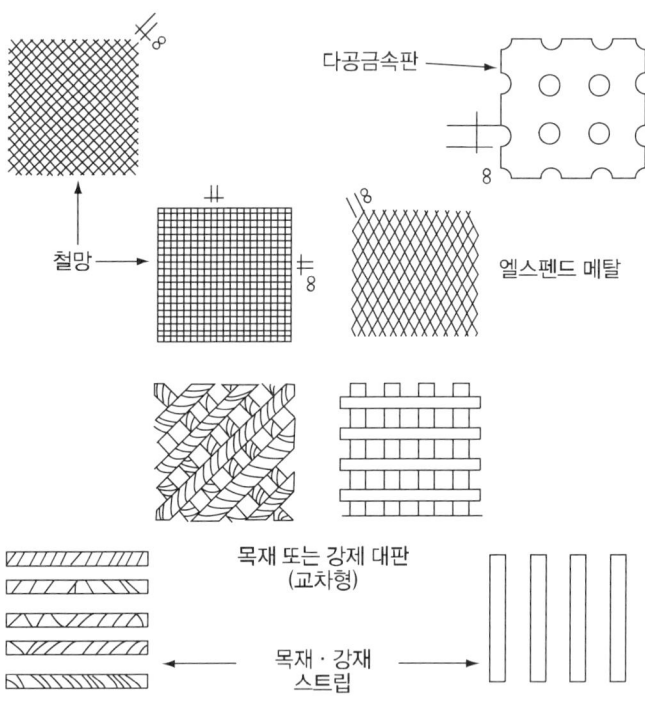

[그림] 안전울의 사용 재료

> **참고**
>
> (1) ILO 기준
>
> $Y = 6 + 0.15X (X < 160[\text{mm}])$
>
> $Y = 300[\text{mm}] (X \geq 160[\text{mm}])$
>
> 여기서 X는 개구면에서 위험 구역 근접점까지의 최단 거리, Y는 X에 대한 필요 개구부 높이. 단 위의 식은 가드의 위치로부터 위험 구역까지 300[mm] 이상 떨어진 경우에 적용하는 것은 비현실적이다.
>
> (2) 위험점이 대형기계의 전동체(회전체)인 경우
>
> $$y = \frac{X}{10} + 6\text{mm} \,(단, \ X < 760\text{mm에서 유효})$$

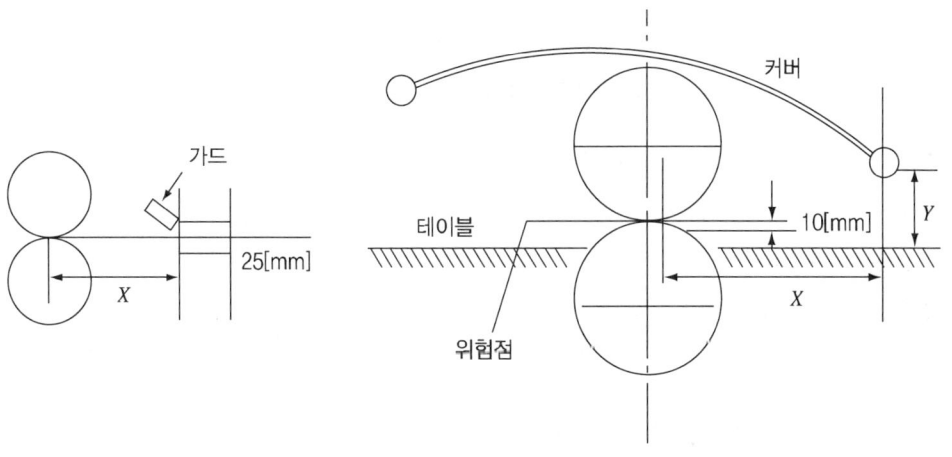

[그림] 이송 롤의 방호 덮개

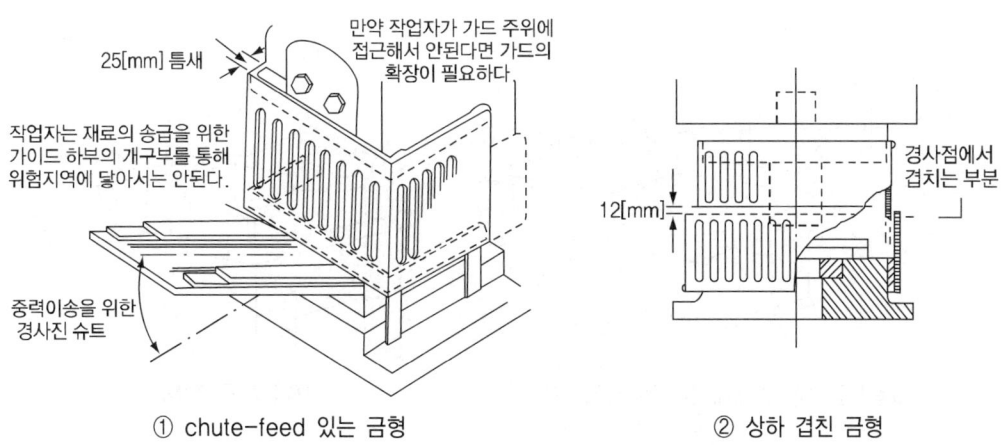

① chute-feed 있는 금형　　② 상하 겹친 금형

[그림] 금형의 안전울

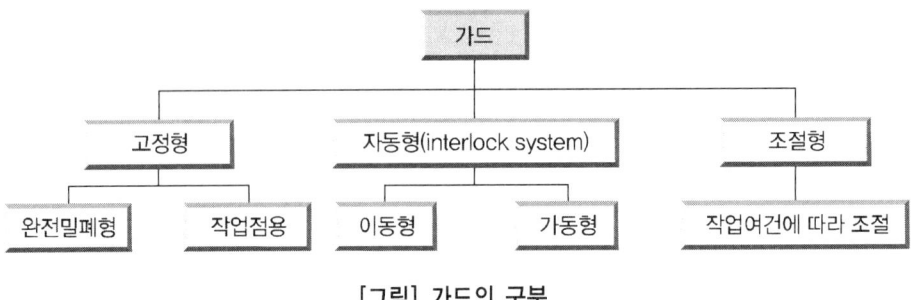

[그림] 가드의 구분

2. 조정 가드(adjustable guard)의 정의 및 종류

방호하고자 하는 위험 구역에 맞추어 적당한 모양으로 조절하는 것이며 기계에 사용하는 공구를 바꿀 때 이에 맞추어 조정하는 가드를 말한다. 예를 들면 동력식 수동 대패 기계의 날접촉 예방 장치, 톱니 접촉 예방 장치, 프레스의 안전울 등을 들 수 있다.

(1) 조정 가드(adjustable guard)

이는 고정 가드와 함께 설치하나 작업자가 작업하는 일에 맞게 위치해야 하는 조절 가능한 요소들로 구성된다. 조정 가드를 사용할 때 작업자는 그것들로부터 보호를 받도록 조절하는 방법을 충분히 훈련받아야 한다.

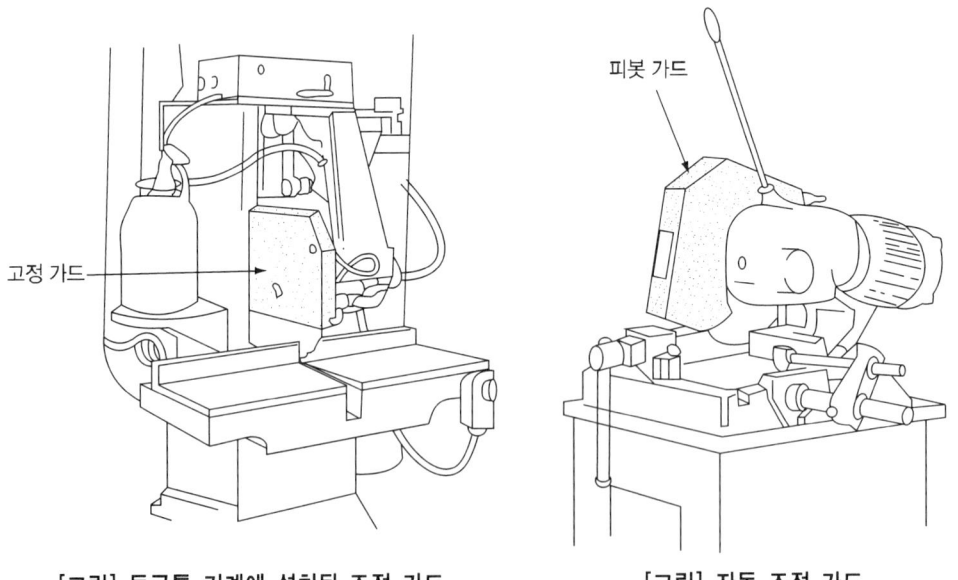

[그림] 둥근톱 기계에 설치된 조정 가드   [그림] 자동 조정 가드

(2) 자기 조정 가드(self-adjustable guard)

자기 조정 가드는 재료의 이송에 의해서 가드가 열려지는 경우를 제외하고는 위험 지역에 작업자가 접근하는 것을 방지해 준다. 이들은 대개 스프링 등과 연결되어 사용된다.

3. 연동 가드(interlocked guard)

(1) 정 의

가드를 자주 움직이거나 열 필요가 있는 것에서는 그것을 고정시키는 것이 매우 불편하며 이때 가드들은 기계적, 전기적, 공기압식 등의 방법으로 기계 제어에 연동시킨다. 이 경우 2가지 중요한 조건은 첫째, 가드가 닫혀지기 전까지는 기계의 작동이 시작되면 안 되고 둘째, 가드가 열리는 순간 기계의 작동이 멈추어져야 한다. 만약에 완전 정지까지 시간이 걸리는 경우는 지연 해체 장치(delay release mechanism)를 설치할 필요가 있으며 예기치 않은 운동을 막기 위해서는 시동 제어(start control)와 연결되어 있어야 한다. 연동(interlocked) 가드는 힌지, 미끄럼 운동을 하게 설치하고 때때로 제거할 수 있어야 한다. 특히 그 시스템은 페일 세이프(fail safe) 개념으로 설계되어야 한다. 인터로크 가드는 작업자의 안전을 확신할 수 있어야 하며 또한 쉽게 접근할 수 있게 설치되어야 한다. 그러나 때로는 가드가 열렸을 때 기계가 움직이는 상황이 필요할 때도 있다. 예를 들면 기계의 설치, 청소, 고장 처리 등이며 이때 기계의 최소 속도 등이 엄격하게 지켜지는 상황하에서만 허용되어야 한다. 연동 방법(interlocking method)은 동력 공급 방식, 기계의 운전 배열, 보호되어야 하는 위험의 정도, 그리고 안전 장치의 작동 불량에 따른 결과 등에 따라 선택된다. 선택된 시스템은 가능한 한 단순하며 직접적인 것이 좋다. 복잡한 시스템은 잠재적인 위험 요인을 가지고 있어 눈에 보이지 않는 작동 불량의 위험성을 가지고 있으며 이에 대한 이해와 보수·유지가 매우 어렵다. 연동 기구(interlocking mechanism)는 동력에 의해 가드를 닫는 경우와 그 자체 운동으로 가드를 닫는 것으로 나눌 수 있다. 아래에 설명하는 방법들은 각기 사용될 수도 있으나 효과적인 연결 시스템을 얻기 위해서는 조합해서 사용할 수도 있다.

(2) 종 류

① 직접 수동 스위치 인터로크(direct manual switch or valve interlock)
② 기계적 인터로크(mechanical interlock)
③ 캠 구동 리밋 스위치 인터로크(cam-operated limit switch interlock)
④ 키 교환 시스템 인터로크(key exchange system, trapped key interlock)
⑤ 캡티브 키 인터로크(captive key interlock)
⑥ 시간 지연 인터로크(time delay arrangement interlock)

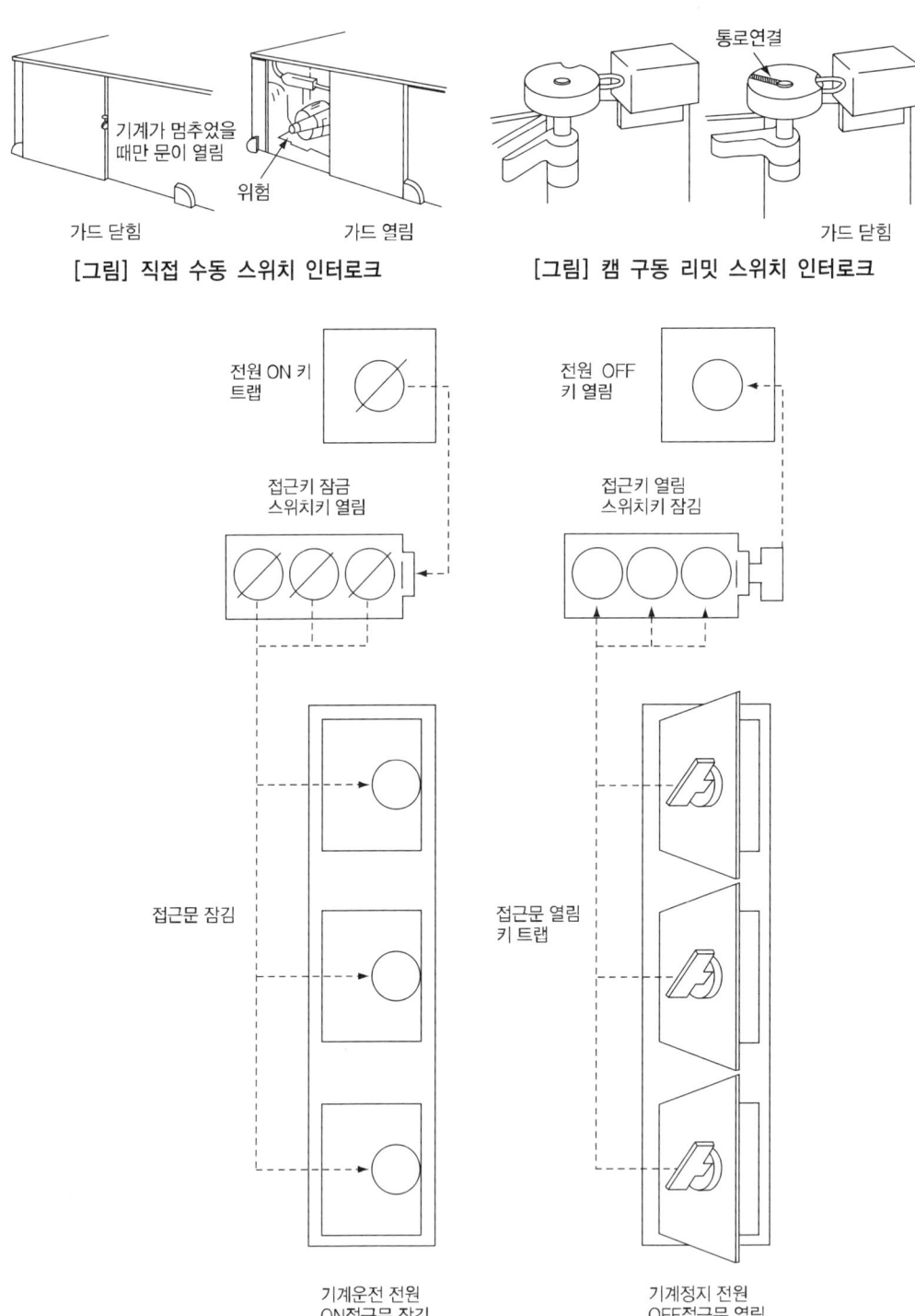

[그림] 직접 수동 스위치 인터로크

[그림] 캠 구동 리밋 스위치 인터로크

[그림] 키 교환 시스템 인터록

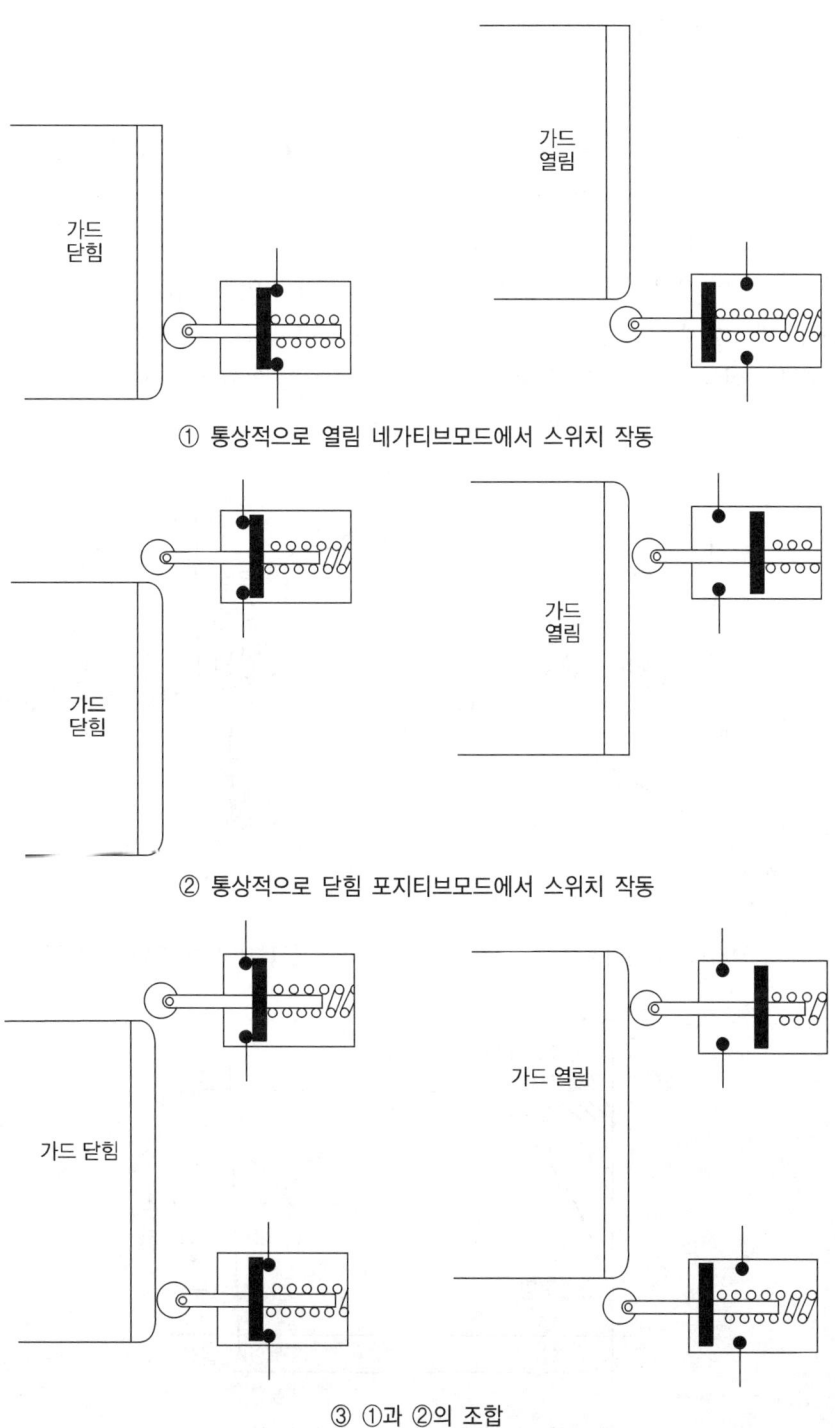

① 통상적으로 열림 네가티브모드에서 스위치 작동

② 통상적으로 닫힘 포지티브모드에서 스위치 작동

③ ①과 ②의 조합

[그림] 캠 구동 리밋 스위치 인터로크

4. 자동 가드(automatic guard)

자동 가드는 고정 가드나 연동 가드가 실용적이지 못할 때 사용된다. 그러한 가드는 작업자가 작업 중인 기계의 위험 부분에 접촉하는 것을 방지해 주어야 하고 위험한 경우 기계를 중단시킬 수 있어야 한다. 자동 가드는 작업자와 무관하게 기능하여야 하며 그것의 작동은 기계가 작동하는 한 반복되어져야 한다. 그러므로 연결 기구(linkage)나 레버(lever)를 통해 기계에 연결되어 기계에 의해 작동케 된다. 손으로 제품의 이송·배출 등을 하여야 하는 경우 작업자는 반드시 수공구를 사용해야 한다. 그림은 동력식 수동 대패 기계에 적용된 자동 가드의 예를 보여 주고 있다. 정지 중에는 날 전부가 가드에 의해서 둘러싸여 있고 절단 행정이 수립됨에 따라 차차 열리게 해 주는 연결 시스템을 가지고 있는 가드이다.

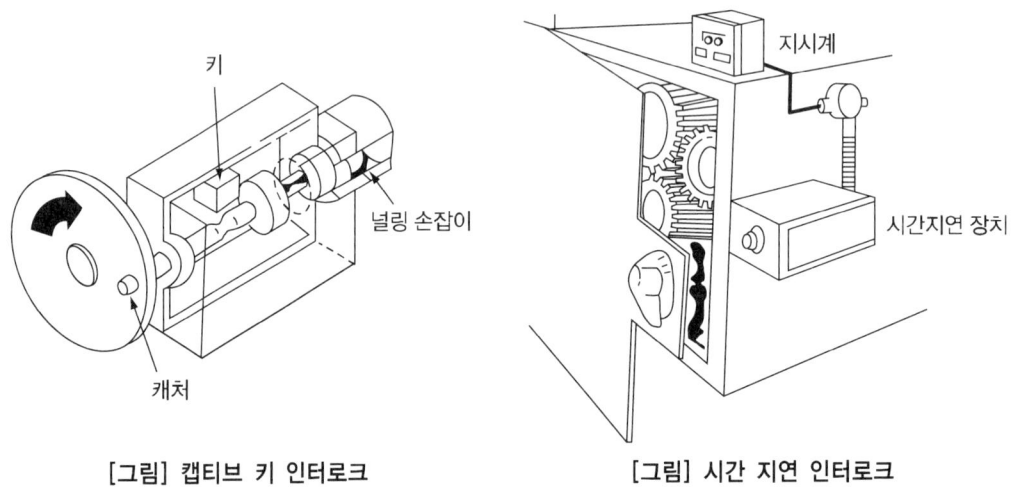

[그림] 캡티브 키 인터로크   [그림] 시간 지연 인터로크

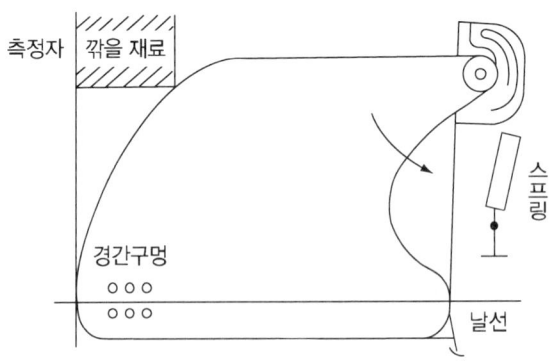

[그림] 대패 기계의 날 접촉 예방 장치

5. 방호울(distance guard)

방호울은 위험 부분으로부터 적절한 거리에 설치되어 있는 울타리를 말한다. 작업자가 위험 지역 내의 접근을 금하기 위하여 고정 방벽을 설치하는 경우 일반적으로 방벽의 높이는 2,500[mm] 정도가 되어야 한다. 그러나 사정상 방벽의 높이가 2,500[mm] 정도로 설치할 수 없을 경우 위험점의 높이와 울의 높이 그리고 위험점으로부터 수평 거리(그림) 사이에는 표의 설치 기준에 따른다.

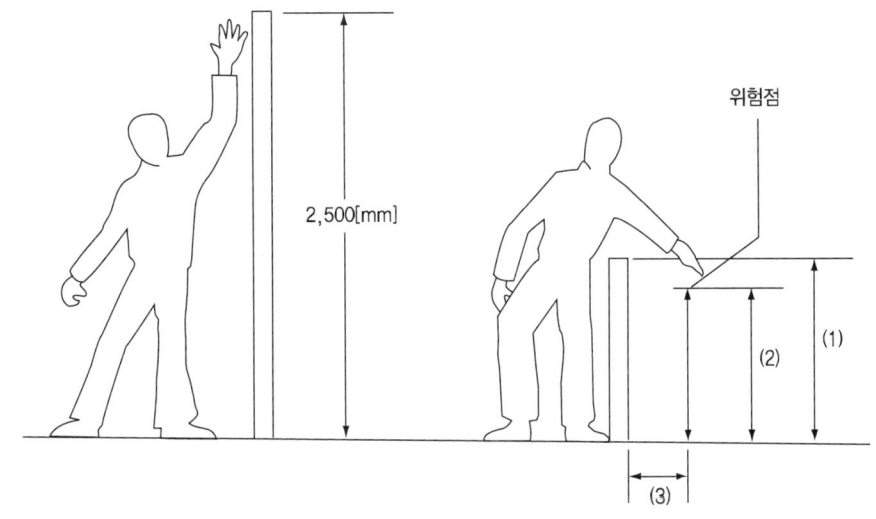

[그림] 수직방호 높이 계산

[표] 방호울의 설치에 따른 기준

위험부의 높이 (2)[mm]	보호 구조물의 높이(1) [mm]							
	2,400	2,200	2,000	1,800	1,600	1,400	1,200	1,000
	위험점으로부터의 거리(3)[mm]							
2,400	—	100	100	100	100	100	100	100
2,200	—	250	350	400	500	500	600	600
2,000	—	—	350	500	600	700	900	1,100
1,800	—	—	—	600	900	900	1,000	1,100
1,600	—	—	—	500	900	900	1,000	1,300
1,400	—	—	—	100	800	900	1,000	1,300
1,200	—	—	—	—	500	900	1,000	1,400
1,000	—	—	—	—	300	900	1,000	1,400
800	—	—	—	—	—	600	900	1,300
600	—	—	—	—	—	—	500	1,200
400	—	—	—	—	—	—	300	1,200
200	—	—	—	—	—	—	200	1,100

[표] 가드에 필요한 공간[공간 함정(Trap)방지를 위한 최소틈새]

신체부위	몸	다리	발과 팔	손목	손가락
트랩 방지 위한 최소틈새	500[mm]	180[mm]	120[mm]	100[mm]	25[mm]
트랩의 예					

제5절 기초역학

1 응력과 변형률

1. 하중과 응력

(1) 하중(load)

기계나 구조물 등이 외부에서 받는 힘으로 인장하중, 압축하중, 전단하중, 굽힘하중, 비틀림하중이 있다.

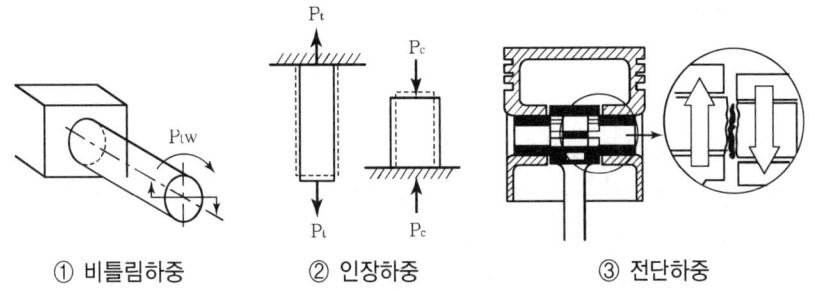

① 비틀림하중　　② 인장하중　　③ 전단하중

[그림] 하중의 작용상태

[표] 하중의 종류 및 특징

종류		특징
정하중		정지상태에서 힘을 가했을 때 변화하지 않는 하중 또는 서서히 변화하는 하중
동하중 (하중의 크기가 수시로 변화)	반복하중	하중이 주기적으로 반복하여 작용하는 하중
	교번하중	하중의 크기 및 방향이 변화하는 인장력과 압축력이 서로 연속적으로 거듭되는 하중
	충격하중	비교적 짧은 시간에 급격히 작용하는 하중(안전율을 가장 크게)

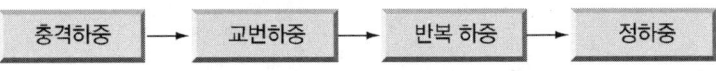

[그림] 하중에 따른 안전율의 크기 순서

(2) 응력(stress)

물체에 외부에서 하중이 작용하면 이에 저항하는 내력이 생긴다. 이 내력은 단면적으로 하중을 나눈 것을 말한다.

① **인장응력** : 물체의 단면에 인장하중의 작용에 따라 생기는 응력

$$\sigma_t = \frac{P_t}{A} = \frac{\text{인장하중}}{\text{단면적}}$$

② **압축응력** : 물체의 단면에 압축하중의 작용에 따라 생기는 응력

$$\sigma_c = \frac{P_c}{A} = \frac{\text{압축하중}}{\text{단면적}}$$

③ **전단응력** : $\gamma = \frac{P_s}{A} = \frac{\text{전단하중}}{\text{단면적}}$

(3) 열응력

물체는 가열하면 팽창하고 냉각하면 수축한다. 이때 물체에 자유로운 팽창 또는 수축이 불가능하게 장치하면 팽창 또는 수축하고자 하는 만큼 인장 또는 압축응력이 발생하는데, 이와 같이 열에 의해서 생기는 응력을 열응력이라 한다.

그림에서 온도 $t_1[℃]$에서 길이 l인 것이 온도 $t_2[℃]$에서 길이 l'로 변하였다면

① 신장량$(\delta) = l' - l = \alpha(t_2 - t_1)l = \alpha \Delta t\, l$ (α : 선팽창계수, Δt : 온도의 변화량)

② 변형률$(\varepsilon) = \frac{\delta}{l} = \frac{\alpha(t_2 - t_1)l}{l} = \alpha(t_2 - t_1) = \alpha \Delta t$

③ 열응력$(\sigma) = E\varepsilon = E\alpha(t_2 - t_1) = E\alpha \Delta t$ (E : 세로탄성계수 혹은 종탄성계수)

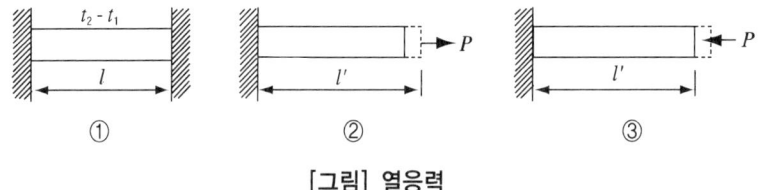

[그림] 열응력

2. 탄성과 변형

(1) 변형률

물체에 하중이 작용하면 변형이 되며 이 변형량과 원길이와의 비를 변형률이라 한다.

$$\varepsilon = \frac{R}{l} = \frac{실제길이 - 원길이}{원길이}$$

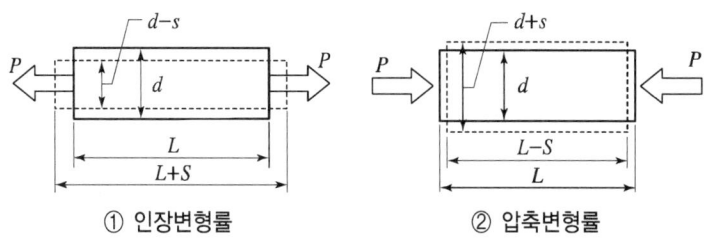

① 인장변형률   ② 압축변형률

[그림] 변형률의 종류

(2) 하중과 신장량의 관계

하중이 증가하면 할수록 신장량은 커진다.(비례한도 내에서)

(3) 훅의 법칙

각 재료의 탄성한도 이내에서는 신장량(δ)은 인장력(P)과 봉의 길이(l)에 비례하고 봉의 단면적(A)에 반비례한다.

$$\delta = \frac{1}{E} \cdot \frac{Pl}{A} = \frac{Pl}{AE}$$

(4) 푸아송의 비

횡수축도를 종신장도로 나눈 값으로 재료에 따르는 일정수이다.

$$\frac{1}{m} = \mu = \frac{횡수축도}{종신장도} = \frac{가로변율}{세로변율}$$

(5) 세로탄성계수(종탄성계수)

$E = \dfrac{\sigma}{\varepsilon}$, 변형률에 대한 응력의 비는 탄성계수이다.

(6) 크리프(creep)현상과 안전율

① **크리프현상** : 금속재료에 일정한 하중이 작용하면 그 응력에 대한 변형은 일정하다고 생각하였지만 이것은 탄성한계 이하의 응력으로서 상온의 경우이고, 고온이 되면 시간과 더불어 변형률이 커지고 연속적으로 변형하며 장시간 이와 같은 상태가 계속되면

파괴되는 현상

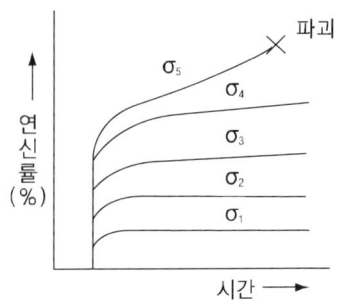

[그림] 크리프 시험

② 안전율 : 기계나 구조물의 설계에 있어서 사용재료의 허용응력을 어느 정도로 하는가가 중요하다. 재료의 허용응력은 재료의 품질, 하중의 종류, 부품의 모양, 사용장소, 공작정도 등에 따라 다르므로 정확하게 응력을 계산하기는 어려운 일이다. 그러므로 재료의 기초강도와 허용응력의 비로 나타내어지는 안전율(safety factor)을 알맞게 선정해서 결정한다.

$$\text{안전율}(S_f) = \text{기초강도} \times \text{허용응력} \qquad \text{안전율} > 1$$

여기서, 기초강도는 정하중일 때에는 극한강도, 반복하중에서는 피로강도, 크리프일 때에는 크리프한도로 잡는다. 따라서, 일반적으로 안전율을 구하는 식은 다음과 같으며 표는 몇 가지 재료의 안전율을 나타낸 것이다.

$$S_f = \frac{\sigma_u}{\sigma_a} = \frac{\text{극한강도}}{\text{허용응력}}$$

[표] 하중에 따른 안전율

재료 \ 하중	정하중	동하중		충격하중
		반복하중	교번하중	
연강	3	5	8	12
주철	4	6	10	15
목재	7	10	15	20
벽돌, 석재	20	30	—	—

② 안전율을 고려한 설계법
  ㉮ 디레이팅
  ㉯ 리던던시

[표] 기초강도의 결정

재료의 조건	기초강도
연성재료(상온에서 정하중 작용)	극한강도 또는 항복점
취성재료(상온에서 정하중 작용)	극한강도
고온에서 정하중 작용	크리프강도
반복응력 작용	피로한도

④ 안전율의 산정 방법

$$\text{안전율} = \frac{\text{기초강도}}{\text{허용응력}} = \frac{\text{최대응력}}{\text{허용응력}} = \frac{\text{파괴하중}}{\text{최대사용하중}} = \frac{\text{극한강도}}{\text{최대설계응력}} = \frac{\text{파단하중}}{\text{안전하중}}$$

* 안전여유 = 극한강도 - 허용응력(극한하중 - 정격하중)

[표] 안전율의 결정인자(고려사항)

재료의 균질성	연성재료는 내부결함에 대한 영향이 취성재료에 비해 작다. 취성재료는 연성재료에 비해 안전율을 크게 한다.
응력 계산의 정확성	형상이 복잡하거나 응력 작용상태가 복잡한 것은 안전율을 크게 한다.
응력의 종류	정하중은 가장 작게, 충격하중은 가장 크게 한다.
불연속 부분	불연속 부분에는 응력집중이 생기므로 안전율 크게 한다.
하중 견적의 부정확	관성력, 잔류응력 존재시 안전율 크게 한다.
공작방법 및 정밀도	기계수명을 좌우하는 인자이므로 방법에 따라 안전율을 다르게 적용한다.
기타(사용상 변화의 가능성 등)	사용수명에 영향을 줄 수 있는 특정부분의 마모, 온도변화 등이 예상될 경우 안전율을 크게(다른 인자에 비해 영향력 적고, 해당 특정환경에 적용) 한다.

2 비틀림 및 보 속의 응력

1. 비틀림모멘트

① 축의 한끝을 고정하고 축심에 직각인 평면내에서 다른 끝에 짝힘을 작용시키면, 축은 비틀리고 그 내부에는 이에 저항하는 응력을 일으켜 외력과 작용하여 평형을 이룬다.
② 축선 둘레에 짝힘이 작용하여 축이 비틀리는 현상을 비틀림(torsion, twist)이라 하고, 이때 작용하는 모멘트를 비틀림모멘트 또는 토크라 한다.

2. 보(beam)

(1) 보의 종류

① 외팔보 : 한끝은 고정되고 다른 끝이 자유롭게 되어 있는 보
② 단순보 : 양끝을 자유롭게 지지한 보
③ 내다지보 : 보의 일부가 지점의 바깥쪽으로 나와 있는 보
④ 고정보 : 양끝이 고정된 보
⑤ 연속보 : 세 곳 이상의 점에서 지지된 보
⑥ 고정지지보 : 한끝은 고정되고 다른 끝은 자유롭게 지지된 보

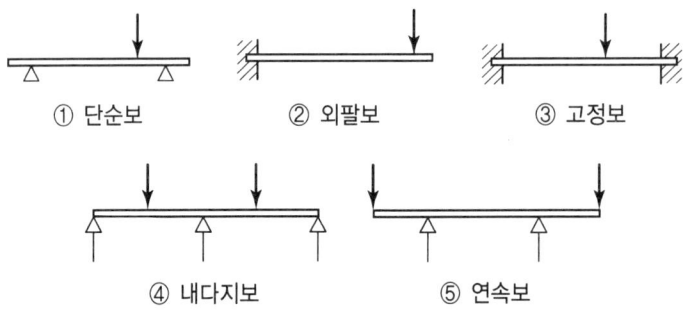

[그림] 보의 종류

[표] 각종 단면형의 성질

단면형	단면적 A	단면 2차모멘트	단면계수 Z	단면 2차반경 회전반경 K^2
직사각형 ($b \times h$)	bh	$\frac{1}{12}bh^3$	$\frac{1}{6}bh^2$	$\frac{1}{12}h^2$ ($K=0.289h$)
중공 직사각형	$b(h_2-h_1)$	$\frac{1}{12}b(h_2^3-h_1^3)$	$\frac{1}{6}\frac{b(h_2^3-h_1^3)}{h_2}$	$\frac{1}{12}\cdot\frac{h_2^3-h_1^3}{h_2-h_1}$
정사각형	h^2	$\frac{1}{12}h^4$	$\frac{1}{6}h^3$	$\frac{1}{12}h^2$
중공 정사각형	$h_2^2-h_1^2$	$\frac{1}{12}(h_2^4-h_1^4)$	$\frac{1}{6}\frac{(h_2^4-h_1^4)}{h_2}$	$\frac{1}{12}\cdot\frac{(h_2^3-h_1^3)}{h_2-h_1}$
정사각형(대각)	h^2	$\frac{1}{12}h^4$	$\frac{\sqrt{2}}{12}h^3$	$\frac{1}{12}h^2$
삼각형	$\frac{bh}{2}$	$\frac{1}{36}bh^3$	$e_1=\frac{2}{3}h,\ e_2=\frac{1}{3}h$ $Z_1=\frac{1}{24}bh^2,$ $Z_2=\frac{1}{12}bh^2$	$\frac{1}{18}h^2$ ($K=0.236h$)
정육각형	$\frac{3\sqrt{3}b^2}{2}$ $=2.60b^2$	$\frac{5\sqrt{3}}{16}b^4$ $=0.5413b^4$	$e=\frac{\sqrt{3}}{2}b=0.866b$ $Z=\frac{5}{8}b^3=0.625b^3$	$\frac{5}{24}b^2$ ($K=0.456b$)
원	$\frac{\pi d^2}{4}$ $=0.785d^2$	$\frac{\pi}{64}d^4$	$\frac{\pi}{32}d^3$	$\frac{1}{16}d^2$

단면형	단면적 A	단면 2차모멘트	단면계수 Z	단면 2차반경 회전반경 K^2
(중공원 단면, d_m, d_1, d_2)	$\dfrac{\pi(d_2^2 - d_1^2)}{4}$	$\dfrac{\pi}{64}(d_2^4 - d_1^4)$	$\dfrac{\pi}{32}\dfrac{d_2^4 - d_1^4}{d_2}$ $\fallingdotseq 0.8 d_m^2 t$ (t/d_m이 작을 때)	$\dfrac{1}{16}(d_2^2 + d_1^2)$
(타원 단면, a, $2b$)	πab	$\dfrac{\pi}{4}a^3 b$	$\dfrac{\pi}{4}a^2 b$	$\dfrac{1}{4}a^2$

3 재료시험

1. 파괴시험

(1) 인장시험

시험편을 시험기에 장치하고 서서히 인장하여 시험편이 파괴될 때까지의 하중과 신장의 관계를 선도(線圖)로 나타내고 재료의 항복점, 인장강도, 신장, 교축 등을 조사할 목적으로 행하는 것을 인장시험이라 한다.

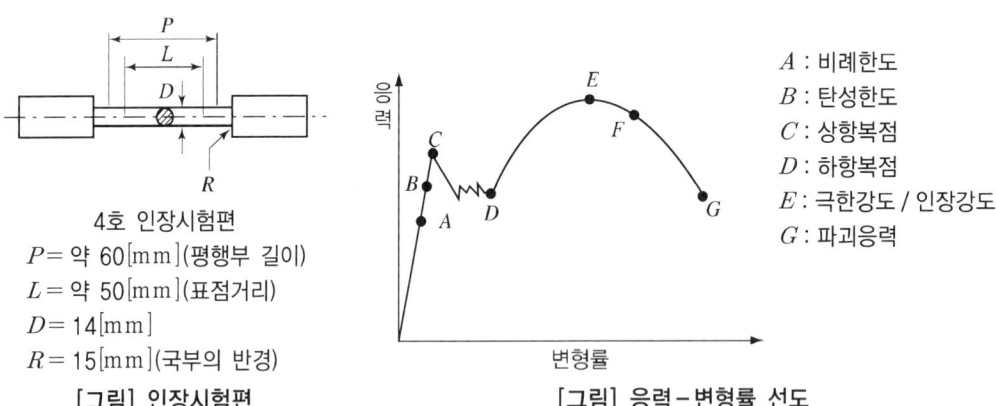

4호 인장시험편
P = 약 60[mm](평행부 길이)
L = 약 50[mm](표점거리)
D = 14[mm]
R = 15[mm](국부의 반경)
[그림] 인장시험편

A : 비례한도
B : 탄성한도
C : 상항복점
D : 하항복점
E : 극한강도 / 인장강도
G : 파괴응력
[그림] 응력-변형률 선도

(2) 충격시험

재료의 점성강도와 취성을 조사할 목적으로 행하여지는 것이며 시험기는 샤르피와 아이조드의 2종이 있다.

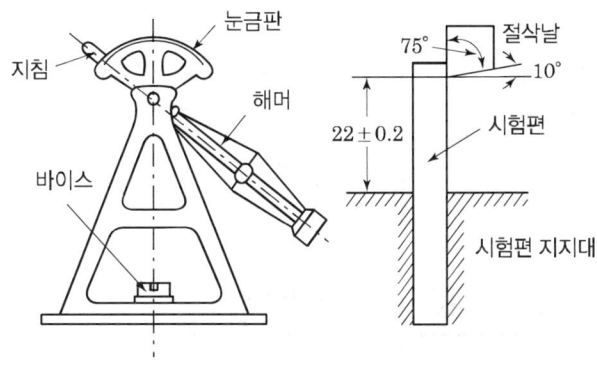

[그림] 아이조드 충격시험

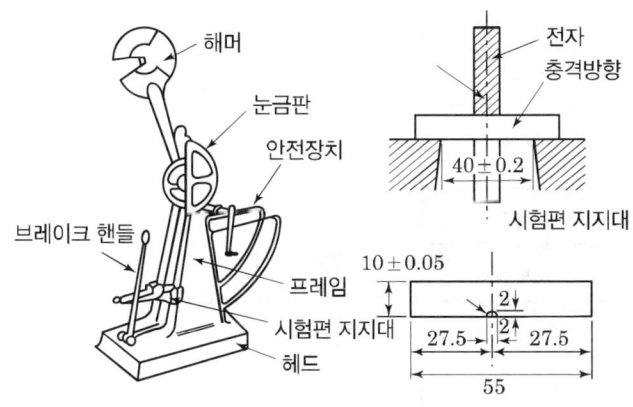

[그림] 샤르피 충격시험

(3) 경도시험

금속재료의 기계적 성질 중에서도 중요한 것이며, 재료의 내마모성이나 절삭능력 등을 판정하는 기본이 되는 것이다.

(4) 기타 재료시험

① **피로시험** : 재료에 몇 번이고 반복하여 하중을 작용시켜도 파괴되지 않는 응력의 한도를 측정하는 시험

② **굽힘시험** : 규정방법으로 굽혀진 부분의 외측에 균열이나 그 밖의 결점이 나타나는가의 여부를 살피는 시험

③ 스파크시험 : 금속재료를 그라인더로 연삭할 때에 발생하는 스파크의 색과 모양에서 그 재료에 함유된 원소의 종류와 양을 판정하는 시험

2. 비파괴시험

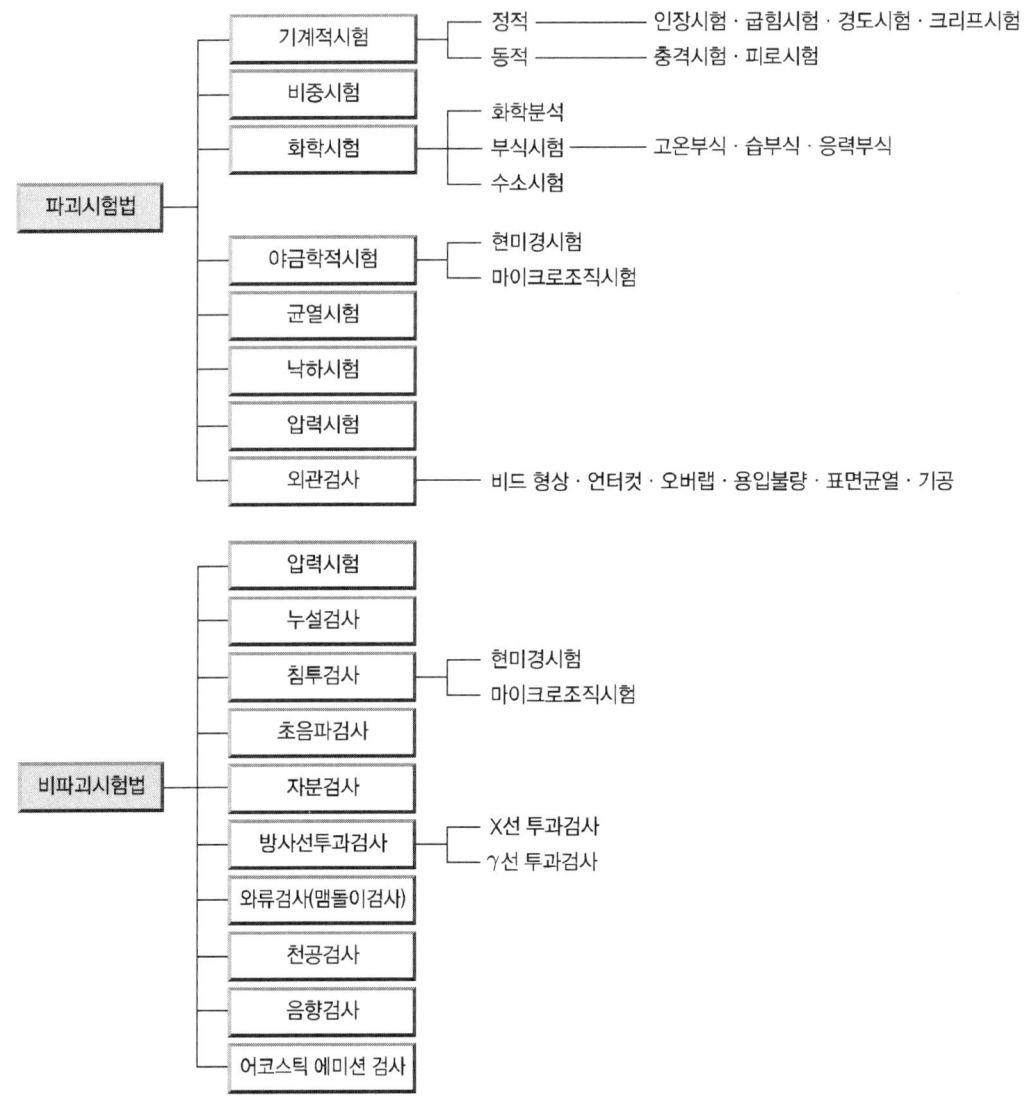

(1) 가공경화(working hardening)

금속이 가공에 의하여 변형될 때에, 보다 단단해지고 부서지기 쉬워지는 성질

(2) 응력집중(stress concentration)

응력이 국부적으로 증대하는 현상으로, 재료에 구멍이 있거나 노치 등이 있을 때, 이에 외력이 작용하면 국부적으로 응력이 커져 재료가 파괴됨

(3) 피로(fatigue)

재료에 반복하여 하중을 가하면, 반복하는 횟수가 많아짐에 따라 재료의 강도가 저하되는 현상

(4) 피로파괴

① 기계나 구조물 중에는 피스톤이나 커넥팅 로드 등과 같이 인장과 압축을 되풀이해서 받는 부분이 있는데, 이러한 경우 그 응력이 인장(또는 압축)강도보다 훨씬 작다 하더라도 이것을 오랜 시간에 걸쳐서 연속적으로 되풀이하여 작용시키면 드디어 파괴되는데, 이같은 현상을 재료가 "피로"를 일으켰다고 하며 이 파괴현상을 "피로파괴"라 한다.

② 피로파괴에 영향을 주는 인자로는 치수효과(Size Effect), 노치효과(Notch Effect), 부식(Corrosion), 표면효과 등이 있다.

③ SN곡선

㉮ 어떤 응력 S를 반복했을 때, 파괴하기까지의 반복횟수(N)을 나타낸 곡선

㉯ 경사부 응력은 유한회 반복수에 견디는 최대응력을 표시, "시간강도"라고 한다.

㉰ 수평부 응력은 무한회 반복을 주어도, 재료가 파괴되지 않는 최대 응력이다.

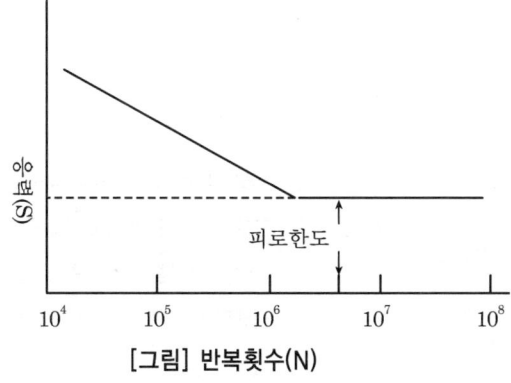

[그림] 반복횟수(N)

제2장 기계 공작법의 기본

제1절 기계 공작법의 분류

1 기계 공작법의 범위

기계 공작법은 재료를 가공 및 성형하여 우리의 일상 생활에 유용한 기계, 기구, 장치 등을 만드는 과학 기술 중에서 주로 기계적 방법으로 금속 재료에 변형을 일으키게 하는 것을 기계 공작(mechanical technology)이라 하고, 절삭가공과 비절삭가공 방법이 있다. 절삭가공은 절삭공구를 사용하여 칩(chip)을 발생시키면서 필요로 하는 모양으로 가공하는 방법이며, 절삭가공의 목적에 사용되는 기계를 공작 기계(machine tool)라 하고, 비절삭가공은 소재와 제품의 형태는 변하여도 체적이 심하게 변하지 않은 가공을 좁은 의미에서 소성가공이라고 부르며, 비절삭가공의 목적에 사용되는 기계를 금속 가공기계라고 부른다.

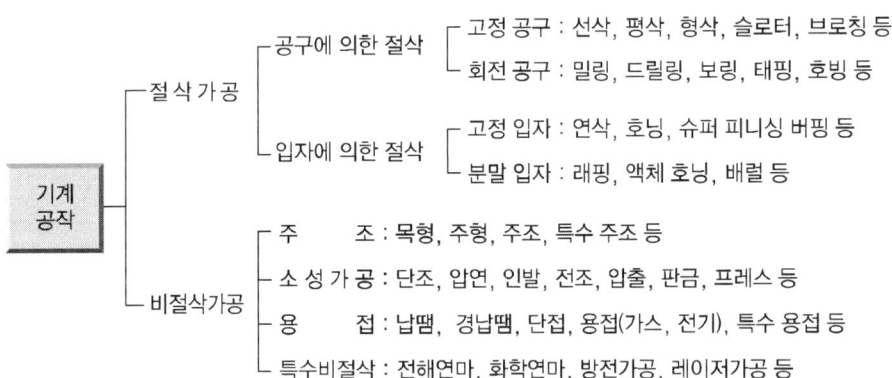

2 기계 제작의 공정

기계 공장에서 소재로부터 완성된 제품을 만들기 위한 기계 제작 공정은 [표]와 같다.

[표] 기계 제작의 공정

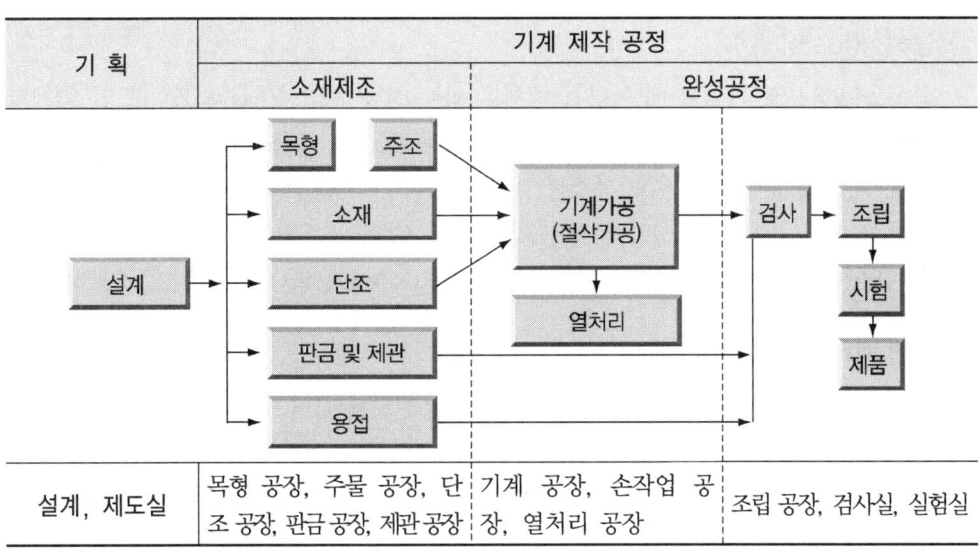

기계 제작에 따른 일반적인 공장을 열거하면 다음과 같다.
① **목형 공장(pattern shop)** : 주물에 필요한 목형을 만든다.
② **주물 공장(foundry)** : 목형을 이용하여 주형을 만들고 중공부에 용융 금속을 주입하여 주물(casting)을 만든다.
③ **단조 공장(forging shop)** : 강철 또는 기타 금속 재료를 가열하고, 이것을 사람의 힘 혹은 기계의 힘으로 필요한 소재 또는 제품을 만든다. 가공 목적에 따라 압연, 인발, 압출, 판금 및 제관 등에 따라 각종 공장들이 있다.
④ **열처리 공장(heat treatment shop)** : 단조품, 주조품 또는 기계가공된 부분품의 기계적 성질을 조절하기 위하여 필요한 열처리를 한다.
⑤ **다듬질 공장(finishing shop)** : 소재를 수가공 또는 기계가공하는 과정에 따라 손다듬질공장과 기계 공장으로 나눈다.
⑥ **조립 공장(assembly and fitting shop)** : 기계가공 공장에서 완성된 부분품을 조립하여 완성한다.
⑦ **검사 및 시험실(inspection and testing room)** : 부품 및 제품의 검사 및 시험을 한다.
각 공장들은 생산 능률을 향상시키고 우수한 제품을 생산하기 위하여 공정관리(工程管理) 및 품질관리(品質管理)를 통한 상호 연락과 협조가 필요하다.

3 기계 제작에 이용되는 금속의 성질

금속 재료를 가공하는 데 있어서 각 금속 합금의 물리적인 여러 가지 성질을 이용하여 그 성질에 적합한 가공 방법을 선택하여야 한다. 일반 가공에 적당한 성질은 다음과 같다.

(1) 융해성(fusibility)

금속을 고온도로 가열할 때 녹아서 액체로 되는 성질이다. 용융(鎔融)할 때 곧 액체화하는 것과 천천히 액체로 변화하는 것 등 여러 종류가 있다. 또 유동성(fluidity)이라는 것은 용융해서 액체 상태에 있는 용융 금속이 표시하는 점성(Viscosity)에 관한 성질로서 가공성의 난이(難易)를 표시한다. 이들 성질을 이용한 가공법에는 주조(casting), 용접(welding) 등이 있으며 용융 온도 유동성, 냉각속도, 수축률, 주조 응력 등의 관계가 중요하다.

(2) 전연성(malleability)

금속을 타격하여 유동(流動)하게 하든가 또는 압연(壓延)하여 두께가 감소되고 연신(延伸)되는 등의 성질이다. 이 정도를 표시하는 데는 재료의 같은 용적에 대하여 타격 또는 압연하여 파괴됨이 없이 공작물의 높이 두께 지름 등의 변화를 결정한다. 일반적으로 순 금속은 합금에 비해 연성과 전성이 크다. 이 성질을 이용한 가공법에는 단조(forging), 압출(extrusion), 압연(rolling), 인발(drawing), 전조(roll forming), 프레스가공(press working) 등이 있다.

(3) 접합성(weldability)

금속의 융해성(融解性)을 이용하여 개개의 금속 일부분에 열을 가하여 용해(熔解)하고 그 융액(融液)이 친화력(親化力)에 의하여 두 부분을 일체로 연접(連接)하는 것과 접합할 두 면에 압력을 가하여 밀착(密着)하게 하고 마찰력에 의하여 반영구적으로 접합하는 것이다. 금속에 따라 친화력이 다르므로 접합의 난이도가 있으며, 압착력(壓着力)도 재료에 따라서 강도(强度)가 다르므로 제한을 받는다. 이 성질을 이용하는 가공법에는 용접(welding), 단접(forge welding), 납땜(soldering), 경납땜(brazing), 리벳이음(riveting) 등이 있다.

(4) 절삭성(machinability)

절삭공구를 사용하여 가공할 때 관계되는 성질로서 절삭공구(切削工具), 가공물(加工物), 절삭 조건(切削條件) 등에 따라 각종 인자들이 영향을 미친다. 절삭 공구와 관계 있는 인자는 절삭 속도, 공구 수명, 절삭깊이, 이송(feed) 및 공구형상과 각도이며 가공물과 관계있는 인자는 재질, 경도(硬度), 조직 등이고 절삭 조건에 관계있는 인자는 작업 조건, 절삭제(切削劑), 절삭저항(抵抗) 및 칩의 형상 등이 개입되어 있어 절삭 문제는 많은 연구가 필요하다. 이 성질을 이용한 가공법에는 절삭(cutting), 연삭(grinding) 등이 있다.

제2절 공작 기계의 기본 운동과 절삭 조건

1 공작 기계의 기본 운동

① 공작기계(Machine Tool)는 "기계를 만드는 기계(Mother Machine)"이다. 기계를 만든다는 것은 기계의 부품을 만드는 것이며, 다양한 제조방법 중에서 절삭가공과 소성가공을 이용하는 기계이다.

② 공작 기계가 목적으로 하는 절삭가공을 수행하기 위해서 절삭운동, 이송운동 및 위치조정 운동의 3가지 기본 운동을 한다.

(1) 절삭운동(cutting motion)

절삭할 때 칩의 길이 방향으로 절삭공구가 움직이는 운동으로서, 다음과 같은 절삭운동이 있다.
① 공구를 일정 위치에 고정하고 가공물을 운동시키는 절삭운동 : 선반, 플레이너 등
② 가공물은 일정위치에 고정하고 공구를 운동시키는 절삭운동 : 셰이퍼, 드릴링, 밀링, 브로칭 등
절삭공구와 가공물의 운동속도와의 차, 즉 상대속도를 절삭속도라 하며, 보통 단위는 [m/min]이다.

(2) 이송운동(feed motion)

절삭공구 또는 가공물을 절삭 방향으로 이송하는 운동이며, 절삭 단면을 알맞게 조절하기 위한 목적으로 진행되는 운동이다. 일반적으로 다음과 같은 원칙이 있다.
① 1회의 이송량은(feed) 공구의 폭보다 적게 한다.
② 이송운동 방향은 절삭운동 방향과 직각이며, 가공면과 평행 또는 직각으로 한다.
③ 이송운동은 절삭운동과 일정한 관계가 있고, 규칙적으로 진행한다.
이송운동의 속도는 1회전(또는 1왕복)당의 피드량(mm)이며, 단순히 "피드"라 한다.

(3) 위치조정운동(positioning motion)

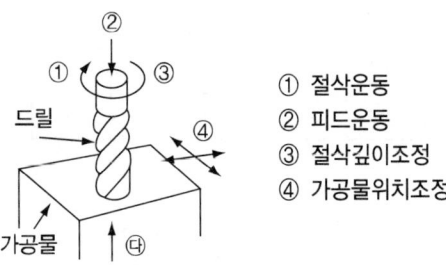

① 절삭운동
② 피드운동
③ 절삭깊이조정
④ 가공물위치조정

[그림] 공작 기계의 기본 운동(예)

공작물과 공구간의 절삭 조건에 따른 절삭깊이 조정을 말하며, 절삭운동과 이송운동을 시작하려면 다음과 같은 조정 작업이 필요하다.
① 기계의 운동 중심과 가공물의 중심 또는 가공면의 상대 위치조정 작업이 필요하다.
② 이송 방향의 공구와 가공물간의 거리를 미리 단축시키는 작업이 필요하다.
③ 필요한 치수를 얻을 수 있도록 절삭깊이와 피드 위치조정 등이 필요하다.
일반적으로 위치조정에는 피드 장치와 보완(補完) 장치를 겸하여 사용한다. 이와 같은 절삭 방식(기본 운동)의 예를 들면 [그림]과 같다.
또한 공작 기계의 각종 가동 계열에 대한 기본 운동의 조합을 [표]에 나타내었다.

[표] 공작 기계의 종류와 기본 운동의 조합

가공계열 명칭	공작 기계의 명칭	절삭운동 공구운동 직선	절삭운동 공구운동 회전	절삭운동 가공물운동 직선	절삭운동 가공물운동 회전	피드운동 공구운동 직선	피드운동 공구운동 회전	피드운동 가공물운동 직선	피드운동 가공물운동 회전
선삭(turning)	선반	—	—	—	○	○	—	—	—
보링(boring)	보링머신	—	○	—	—	○	—	—	—
드릴링(drilling)	드릴링머신	—	○	—	—	○	—	△ 단속	—
셰이핑(shaping)	셰이퍼	○ 왕복	—	—	—	—	—	○ 단속	—
플레이닝(planing)	플레이너	—	—	○ 왕복	—	○ 단속	—	—	—
슬로팅(slotting)	슬로팅머신	○ 왕복	—	—	—	—	—	—	—
밀링(milling)	밀링머신	—	○	—	—	—	—	○	—
소잉(sawing)	핵소잉머신	○ 왕복	—	—	—	○	—	—	—
호빙(hobbing)	호빙머신	—	○	—	—	○	—	—	—
브로칭(broaching)	브로칭머신	○ 편도	—	—	—	특수공구 브로칭 사용방법에 따라 피드 운동 불요			
연삭(grinding)	외경머신	—	○	—	—	○	—	—	○
연삭(grinding)	평면연삭기	—	○	—	—	—	—	○	○

2 절삭 조건

공작물의 표면 거칠기와 치수 정밀도는 공구의 각도와 모양뿐만 아니라, 절삭속도, 이송속도, 절삭깊이, 절삭제 등의 영향을 받는다.

(1) 절삭속도(cutting speed)

가공물이 단위 시간에 공구의 인선을 통과하는 속도로 표시하며, 절삭속도(V = m/min)는 다음 식과 같다. 단, 속도 단위가 feet/min일 경우는 1피트(feet)를 12인치(inch)로 환산한다.

$$V = \frac{\pi DN}{1,000} [\text{m/min}]$$

D : 가공물의 지름[mm]
N : 회전수[rpm]
V : 절삭속도[m/min]

(2) 이송속도(feed speed)

이송운동의 속도를 말하며, 선삭에서는 주축(spindle)의 1회전마다의 이송 [mm/rev]로 표시하며 평삭에서는 공구 또는 가공물의 1왕복마다의 이송 [mm/stroke], 밀링 작업에서는 [mm/min], [mm/rev](커터 1회전에 대한 이송), [mm/tooth](커터 1개당의 이송)으로 표시한다.

(3) 절삭깊이(depth of cut)

가공물의 표면과 절삭되는 면과의 거리, 즉 공구의 절삭깊이를 말하며, 보통 단위는 [mm]로 표시한다.

(4) 절삭동력(cutting power)

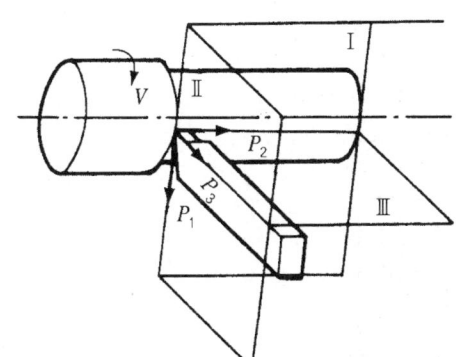

P_1[kg] : 주절삭력
P_2[kg] : 이송분력
V[m/min] : 절삭속도
S[mm/rev] : 이송속도
n[rpm] : 회전수
η : 기계효율(%)

[그림] 절삭저항의 3분력

공작 기계의 전 소비동력(N)은 실제 절삭동력(Nn), 이송 동력(Nf), 손실동력(Nl)의 합으로 나타낼 수 있다. 즉, $N = Nn + Nf + Ne$

$$Nn = \frac{P_1 \times V}{60 \times 75}[\text{HP}] = \frac{P_1 \times V}{60 \times 102}[\text{kW}]$$

$$Nf = \frac{P_2 \times n \times S}{60 \times 75 \times 10^3}[\text{HP}] = \frac{P_2 \times n \times S}{60 \times 102 \times 10^3}[\text{kW}]$$

$$Ne = N - Nn = Nn\left(\frac{1-\eta}{\eta}\right)$$

기계효율(η)은 $\eta = \dfrac{Mn}{N}[\%]$

3 절삭저항(cutting resistance)

(1) 절삭저항의 3분력

절삭공구가 가공물을 절삭할 때 가공물이 공구 인선에 주는 힘을 절삭저항이라고 하며, 서로 직각으로 된 3개의 분력으로 생각할 수 있다.
① **주분력**(P_1) : 절삭 방향에 평행한 분력
② **배분력**(P_2) : 피드방향에 평행한 분력
③ **횡분력**(P_3) : 절삭깊이 방향의 분력
　각 분력의 크기는 대략 다음과 같다.
　$P_1 : P_2 : P_3 ≒ 10 : (2 \sim 4) : (1 \sim 2)$

절삭면적은 이송과 절삭깊이의 곱으로 나타내며 이송에 의하여는 칩의 두께가 변하고 절삭깊이에 의하여는 칩의 폭이 변한다.

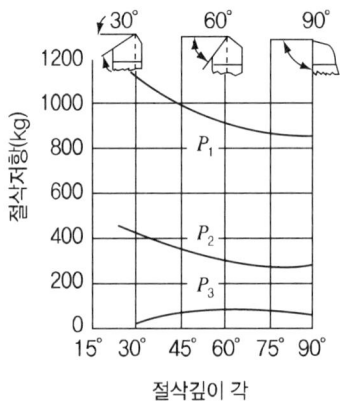

[그림] **절삭분력과 절삭깊이 각**

(2) 절삭저항을 변화시키는 요소

① **가공물의 재질** : 같은 종류의 재료일 때에는 단단할수록 주분력이 크다.
② **공구 날끝의 모양** : 날끝이 둥근 바이트는 직선의 것에 비하면 절삭저항의 변화는 적으나 절삭저항은 크다. 경사각이(약 30°까지) 커질수록 주분력은 감소한다.
③ **절삭면적** : 절삭 면적이 클수록 주분력은 커진다. 다만 절삭면적이 같더라도 원통깎기일 때에는 절삭깊이를 작게 하고 이송을 크게 하면 주분력은 약간 작아진다.
④ **절삭속도** : 절삭속도가 클수록 주분력은 감소하지만 절삭속도가 적용 절삭속도 범위에서는 그 변화가 작다.

제3절 칩의 생성과 구성인선

1 칩의 생성(chip formation)

절삭가공할 때의 발생되는 칩의 형태는 절삭공구의 모양, 절삭속도, 절삭깊이, 이송, 공작물의 재질 등에 따라서 다르며, 이중 어느 한 조건이라도 부적당하게 되면 그 정도에 따라서 불만족한 칩이 생성되고 가공면의 상태도 불량해 진다. 칩의 생성모양은 다음과 같이 나눌 수 있다.

(1) 유동형 칩(flow type chip)

칩이 공구의 경사면 위를 연속적으로 흘러 나가는 모양의 칩으로 연속칩이라고 하며 공구 선단부에서는 칩이 전단응력에 의하여 항상 상부에 슬라이딩이 생겨서 절삭작용이 진행되므로 진동이 적고 가공 표면이 양호하다. [그림]의 (a)와 같이 유동형의 칩은 공작물의 재질이 연하고 인성이 많을 때, 윗면 경사각이 클 때, 절삭깊이가 작을 때, 고속절삭할 때 등의 경우에 발생한다.

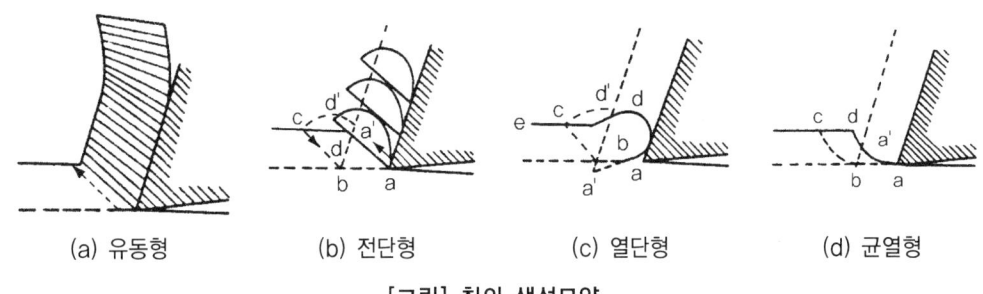

(a) 유동형 (b) 전단형 (c) 열단형 (d) 균열형

[그림] 칩의 생성모양

(2) 전단형 칩(shear type chip)

[그림]의 (b)와 같이 전단형 칩은 공구 선단이 a로부터 b로 진행하면 a, b, c, d 부분이 압축되어 a′, b, cd′로 변형하고 이어서 면을 따라 전단이 생겨 칩이 분리된다. 전단형의 칩은 주로 공작물의 재질이 연한 재료를 작은 상면 경사각으로 저속할 때 발생하며, 가공면 거칠기는 유동형보다 좋지 못하다.

(3) 열단형 칩(tear type chip)

공작물의 재질이 공구에 점착하기 쉬울 때 공구의 상면 경사각이 작을 때 절삭깊이가 클 때 등 재료가 공구 윗면에 점착하여 흘러 나가지 못하고, 공구의 전진에 따라 압축되어 [그림]의 (c)와 같이 공구 날끝으로부터 앞의 밑쪽인 a′ 방향으로 균열이 생기고 bc 면을 따라 전단이 생겨 분리되는 모양의 칩이다.

(4) 균열형 칩(crack type chip)

주철과 같은 메진 재료를 저속으로 절삭할 때 [그림]의 (d)와 같이 bc 방향으로 순간적으로 균열이 발생하는 칩의 형태이다.

[표] 칩의 형태(일반 분류법)

구분	유동형	전단형	열단형	균열형
형태	공구의 경사면 위를 유동하는 것 같이 이동	경사 윗방향에 생기는 미끄럼 간격이 다소 큼	공구선단보다 전진방향이 하부쪽에 균열이 발생되면서 절삭	공구선단보다 상향방향을 향해 균열발생
원인	연성재료를 고속절삭할 때 : 공구경사각이 크고 절삭깊이가 작을 때	연성재료를 저속절삭할 때 : 공구경사각이 작고 절삭깊이가 큰 경우	점성이 있는 재료를 저속절삭할 때 : 공구경사각이 작고 절삭깊이가 큰 경우	절삭속도가 느린 경우 : 공구경사각이 작고 절삭깊이가 큰 경우

2 절삭 조건에 따른 칩의 형태

[그림]은 공구의 경사각과 절삭깊이에 따른 칩의 형태변화를 연구하여 얻은 값을 표시한 것이다. 가공물은 연강으로 하고 절삭속도를 일정하게 하였을 때 절삭깊이를 작게 하고 경사각을 크게 히면 유동형 칩이 형성된다는 것을 알 수 있다. 이와 같이 동일 재료를 절삭하여도 그때의 절삭 조건에 의하여 각종 형식의 절삭작용이 생기게 된다. 따라서 정밀가공은 각종 절삭 조건을 충분히 고려하여 결정해야 할 것이다.

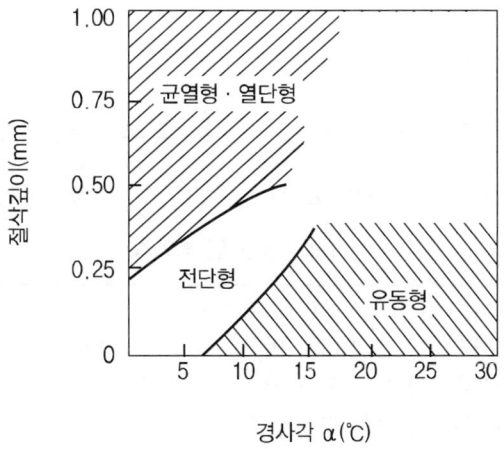

[그림] 절삭 조건에 따른 칩의 형태

[표] 절삭 조건과 칩의 상태

칩의 구분	가공물의 재질	공구경사각	절삭속도	절삭깊이
유동형 칩	연하고 점성이 큼	크다	크다	크다
전단형 칩	↓	↓	↓	↓
열단형 칩	↓	↓	↓	↓
균열형 칩	굳고 취성이 큼	작다	작다	작다

3 구성인선(built-up edge)

(1) 구성인선의 발생

보통 연한 재료의 절삭 영역에서 국부적인 고온, 고압에 의하여 공구의 절삭날 부근에 공작물의 미소한 입자가 압착 또는 용착되어 나타나는 것으로 매우 굳어서 절삭날의 역할을 하는 경우도 있다. 구성인선은 공구각을 변화시키며, 가공면 거칠기가 나쁘고, 공구의 떨림현상 등을 나타나게 한다. 구성인선의 발생 과정은 [그림]과 같은 과정을 반복하면서 작업이 진행된다.

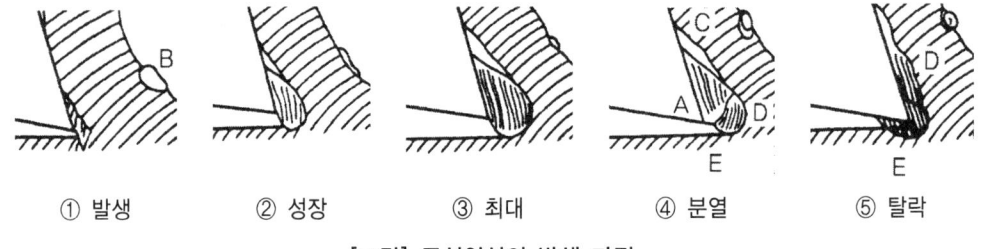

① 발생 ② 성장 ③ 최대 ④ 분열 ⑤ 탈락

[그림] 구성인선의 발생 과정

(2) 구성인선의 방지 대책

구성인선의 발생, 탈락의 주기는 매우 짧은 시간으로 보통 $\frac{1}{10} \sim \frac{1}{200}$ [sec] 정도이며, 구성인선의 원인과 방지책은 다음 표와 같다.

[표] 원인 및 방지책

원인	① 바이트의 온도가 올라갈 때 ② 경사각이 작을 때(30° 이하) ③ 절삭속도가 늦을 때(50[m/min] 이하) ④ 절삭깊이가 크고 이송이 적을 때 ⑤ 경사면의 거칠기가 좋지 않을 때

방지책	① 절삭깊이를 작게 할 것 ② 경사각을 크게 할 것 ③ 공구의 날 부분을 예리하게 할 것 ④ 절삭속도를 빠르게 할 것 ⑤ 윤활성이 있는 절삭제를 사용할 것

보통 고속도강의 공구를 사용하여 탄소강을 절삭할 때 구성인선이 생기기 쉬운 절삭속도는 10 ~ 25[m/min]이고, 약 120 ~ 150[m/min] 임계속도에서는 발생하지 않으므로 고속 절삭이 필요하게 된다.

4 칩 브레이커(chip breaker)

선반 작업에서 칩이 짧게 끊어지도록 바이트에 칩 브레이커를 만든다. 이것은 연속칩이 생겨 작업의 방해 및 가공물의 표면 손상 등을 방지하는 데 효과가 있다. 칩 브레이커에는 여러 가지 형식이 있으며, 일반적으로 사용되는 칩 브레이커의 종류는 [그림]과 같이 평행형, 각도형, 홈달린형, 역각도형 등이다.

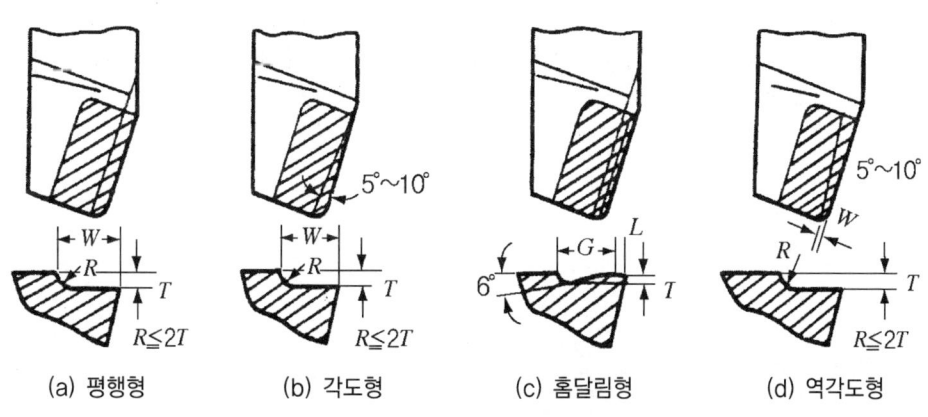

[그림] 칩 브레이커의 종류

(1) 평행형과 각도형

[그림]의 (a), (b) 강인한 재료의 절삭 및 0.13 ~ 0.5[mm/rev] 정도의 작은 이송에 주로 사용된다.

(2) 홈달림형

[그림]의 (c)와 같이 일반적으로 G = 이송의 3~4배, L = 이송의 1~1.5배, T = 0.25

[mm] 이하이며, 절삭깊이가 여러 가지로 변화할 때 사용된다.

(3) **역각도형** : [그림]의 (d) 절삭깊이가 크게 변화할 경우 사용된다.

칩 브레이커에서 제일 문제가 되는 것은 폭(W)으로써 폭이 넓으면 칩의 감기가 나빠지고 절단면도 적어지며, 반대로 폭이 좁으면 칩이 작게 감기어 극단의 경우에는 접혀져서 막혀 버린다. [표]는 칩 브레이커의 폭(W)을 나타낸 것이다.

[표] 칩 브레이커의 폭(W)

이송[mm/rev] 절삭깊이[mm]	0.2~0.3	0.3~0.42	0.45~0.55	0.55~0.7	0.7~0.8
0.1~1	1.6	2.0	2.5	2.8	3.2
1.6~6.5	2.5	3.2	4.0	4.5	4.8
8~13	3.2	4.0	5.0	5.2	5.8
14~20	4.0	5.0	5.5	6.0	6.5

일반적으로 칩 브레이커를 널리 사용하고 있으나 다음과 같은 결점이 있다.

① 칩 브레이커 홈의 연삭에 의해 초경합금의 일부를 손실(損失)한다.

② 연삭의 시간과 숫돌의 소모가 많다.

③ 이송에 대하여 칩 브레이커로서의 유효한 치수가 정해져 있으므로 절삭 작용에 사용되는 이송범위가 한정된다. 따라서 이러한 결점 때문에 클램프형(clamp type) 바이트가 널리 사용된다.

제4절 공구의 수명

1 공구의 수명(tool life)

절삭공구를 계속 사용하여 절삭날이 마멸되면 절삭성이 저하될 뿐만 아니라 가공 치수의 정밀도가 떨어지고, 표면 거칠기가 나빠지며, 소요 절삭동력이 증가하게 된다. 이와 같이 절삭날이 손상될 때까지의 실제 절삭 시간의 합을 공구 수명으로 하여 분(min)으로 나타낸다. 공구의 수명은 마멸이 가장 주요 원인이며 열도 그 원인이 된다. 절삭 작업에서 공구는 강한 압력상태에서 칩 및 가공물들과 마찰을 한다. 그러므로 공구의 경사면 및 여유면에 마모가 생겨서 공구의 날 끝은 처음 형상을 유지할 수 없게 된다. 이와 같은 원인들이 겹쳐서 공구날 끝이 깎이지 않게 되어 재연삭을 필요로 하게 된다.

2 공구인선의 파손

공구는 물리 및 화학적 반응으로 인하여 마모가 발생하며 절삭공구의 파손 즉 공구가 완전히 기능을 상실하게 된다. 일반적으로 공구의 마모는 다음 3가지 종류로 나눌 수 있다.

(1) 크레이터링(cratering)

절삭공구의 경사면(rakesurface)상을 슬라이드(slide)할 때 마찰력에 의하여 공구 상면에 오목 파진 부분이 생기게 된다. 즉 변형에 의하여 현저하게 가공 경화된 칩에 의한 공구 표면이 긁히는(scratch) 작용으로 인하여 절삭되어 떨어지거나(기계적 파괴, 마모) 또는 고온, 고압 등으로 공구가 절착(切着)과 융착(融着)을 일으켜서 그 표층(表層)이 절삭 도중에 떨어져 나가므로 융착 마모로 생각할 수 있다. 크레이터링은 유동형 칩을 만드는 경우에 주로 발생하며, 크레이터의 발생, 성장을 지연시키는 방법은
① 공구날 위의 압력을 감소시킨다.(경사각이 크면 클수록 공구날 위의 압력을 감소시킨다.)
② 공구 상면의 칩의 흐름에 대한 저항을 감소시킨다.(주로 공구 상면을 기름 숫돌로 곱게 다듬질 작업을 한다.)

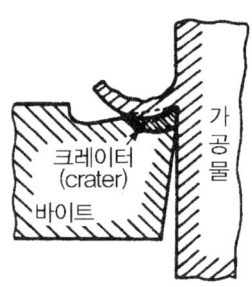

[그림] 크레이터링

(2) 플랭크 마모(flank wear)

절삭 공구의 플랭크가 절삭면에 평행하게 마모되는 것을 말하며, 플랭크(공구 측면)와 절삭면과의 마찰에 의하여 일어난다. 주철을 절삭할 때와 같이 분말상 칩이 생길 때에는 특히 뚜렷하고 다른 경우에도 다소 발생한다.

본래 공구에는 여유각이 있으므로 플랭크의 가공면에 대해 마찰량은 플랭크 마모의 폭(width of wear land)으로 표시하는 것이 보통이다. 미국에서는 이 길이가 0.03″가 되었을 때를 공구 수명이라고 보는 것이 상식적으로 되어 있다. 플랭크 마모는 가공면이 공구 측면에 접하고 연삭 작용이 이루어지는 과정에서 자주 나타나며, 공구의 측면 마멸로 인하여 가공면은 거칠어진다.

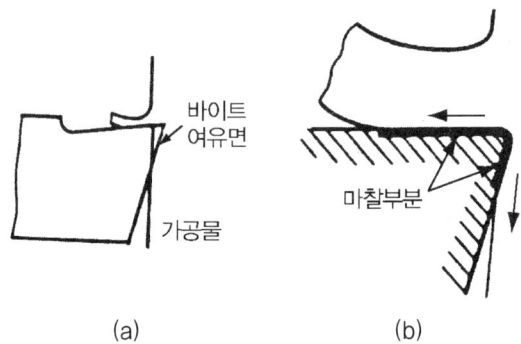

[그림] 바이트 여유면의 플랭크 마모(flank wear)

(3) 치핑(chipping)

공구인선의 일부가 파괴되어 탈락하는 것으로, 크레이터링, 플랭크 마모 현상과 같이 천천히 진행하는 것이 아니다. 일반적으로 밀링 작업 및 평삭(平削) 등과 같이 절삭날이 충격을 받는 경우에 일어나기 쉽고, 초경질 합금과 같이 충격에 비교적 약한 공구 재료를 사용하는 경우에 특히 문제가 된다.

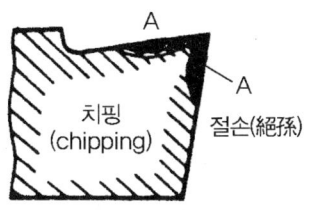

[그림] 치핑(chipping)

3 공구의 수명과 판정

(1) 공구의 수명식

공구의 수명과 절삭속도의 관계는 다음과 같이 표시할 수 있다.(Taylor의 식)

$VR^n = C$

V : 절삭속도(m/min)

T : 공구 수명(min)

n : n은 상수이며 고속도강(0.05~0.2), 초경합금(0.125~0.25), 세라믹공구(0.4~0.55)

일반적으로 n = $\frac{1}{10}$ ~ $\frac{1}{5}$ 로 주로 사용됨

C : C는 공구, 공작물, 절삭 조건에 따라 변하는 값이며 공구 수명이 1[min]일 때의 절삭속도이다.

[표] 공구 수명 상수 C의 값

가공재료	18-4-1 HSS		초경경구 건식절삭
	건식절삭	습식절삭	
탄소강 SM 15C	154	214	787
SM 25C	126	176	630
SM 35C	100	140	494
SM 45C	80	112	398
SM 60C	51	72	256
Ni-Cr강	87	122	398
주철 HB 100	115	158	570
HB 150	73	105	362
HB 200	41	56	204
주 강	70	112	398
황 동	350	-	1750
경합금	1320	-	6590

(2) 공구의 수명 판정

절삭공구의 수명을 판정하는 방법은 여러 가지 있으나, 대표적인 것은 다음과 같다.
① 완성가공면 또는 절삭가공한 직후에 가공 표면에 광택이 있는 색조(무늬) 또는 반점이 생길 때
② 공구인선의 마모가 일정량에 달하였을 때
③ 완성가공된 치수의 변화가 일정량에 달하였을 때
④ 절삭저항의 주분력에는 변화가 나타나지 않더라도 배분력 또는 이송분력이 급격히 증가하였을 때이다.

고속도강공구에 대하여는 ① 또는 ④가 적용하기 쉽고 경질합금공구에 대해서는 ②가 많이 사용된다. 마모량의 기준으로서는 선단 여유면의 마모된 부분의 폭이 약 0.8[mm]에 도달하였을 때가 적당하다고 한다. 고속도강 또는 경질합금공구로써 강재를 고속절삭하였을 때 생기는 경사면의 마모로 인하여 생긴 크레이터(crater)의 깊이가 어떤 값에 달하였을 때의 공구 수명으로 할 때도 있다.

4 공구 수명에 영향을 주는 바이트 각도

(1) 공구 수명과 경사각

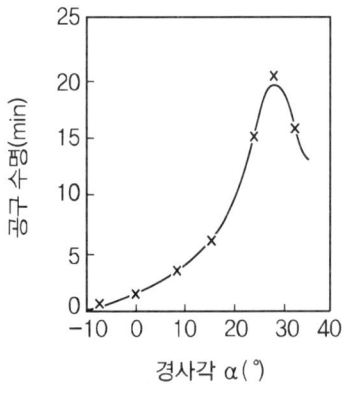

[그림] 고속도강 바이트의 경사각(α)과 공구 수명의 관계

가공물 : ① 18-8스테인리스강바이트
② 18-4-1 SKH(고속도강)
③ $t = 1\sim2.5$mm
④ $V = 30$m/min, 건식절삭

고속도강과 같이 열에 민감한 절삭공구에서는 경사각의 증가와 더불어 절삭온도는 감소하므로 경사각은 공구 수명에 크게 영향을 미친다. 고속도강은 인성이 크지만 $\alpha = 30°$를 넘으

면 인선의 강도가 부족하여 치핑이 생기므로 30°가 한계점이다.

초경공구에서는 α = 15°(경사각) 이상으로 하는 것은 좋지 않으며, 초경공구의 수명은 플랭크 마모뿐만 아니라 크레이터에 대한 경사각의 영향도 있다.

(2) 공구 수명과 여유각(clearance angle)

여유각은 플레이너 및 셰이퍼 작업에서는 약 4° 정도로 하고, 선삭에서는 약 6°로 하며, 공작물의 재질 경도에 대해서는 경도가 큰 금속은 여유각을 작게 하고 연한 금속은 크게 한다.

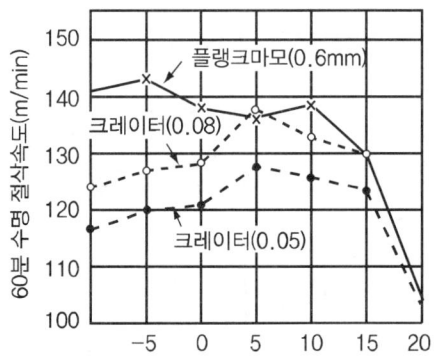

[그림] 공구 수명 60[min]에 대한 경사각(α)과 절삭속도의 관계

가공물 : SM25C t = 1.5[mm]
바이트 : 초경합금
피드 : 0.4[mm/rev]

5 절삭 조건과 공구 수명과의 관계

경제적인 절삭 조건을 [그림]에서 보는 바와 같이 절삭 조건이 증가하면 생산성은 증가하지만 공구의 수명은 감소되므로 절삭 조건을 알맞게 선정하여야 한다.

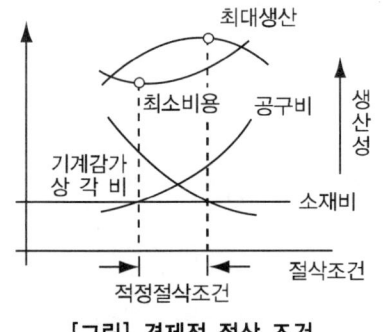

[그림] 경제적 절삭 조건

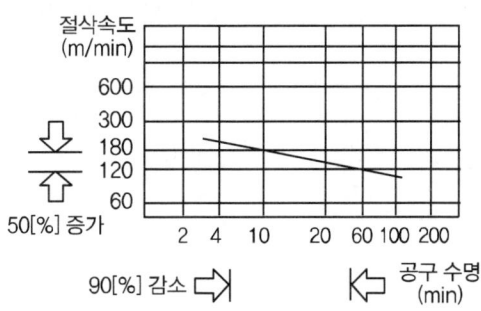

[그림] 절삭속도와 공구 수명

절삭 조건의 3요소(절삭속도, 이송, 절삭깊이)가 공구 수명에 미치는 영향은 절삭속도 > 이송 > 절삭깊이의 순서이며, [그림]은 절삭속도와 공구 수명을 표시한 것으로 절삭속도가 50[%] 증가하면 공구 수명은 90[%] 감소되므로 작업목적에 따라 적합하게 선정되어야 한다.

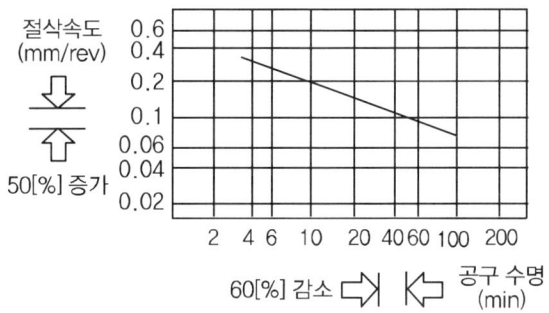

[그림] 이송량과 공구 수명

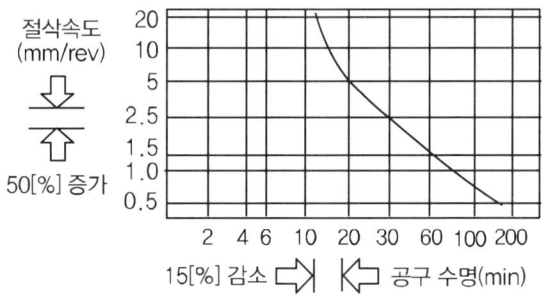

[그림] 절삭깊이와 공구 수명

[그림]은 이송량과 공구 수명 관계를 표시한 것으로 이송량이 50[%] 증가하면 공구의 수명은 60[%] 감소한다. 또한 [그림]은 절삭깊이와 공구 수명 관계를 나타낸 것으로 절삭깊이를 50[%] 증가하면 공구의 수명은 15[%] 감소한다.

즉, 공구 수명은 절삭속도, 이송, 절삭깊이의 순으로 영향을 받으므로 경제적인 절삭을 위해서는 가능한 절삭깊이를 크게 하는 것이 유리하다.

제5절 절삭온도와 절삭제

1 절삭온도(cutting temperature)

절삭을 할 때 공급된 에너지는 여러 가지 형태의 일로 소비되며, 이 소비 에너지의 대부분은 열로 변한다. 이 때 발생된 열의 일부는 칩(chip)에 의하여 제거되고, 일부는 공구에 전달되며, 또한 일부는 가공물의 내부에 들어가서 일정한 양의 절삭부에 어떤 온도를 나타내게 된다. 이 온도가 절삭온도이다.

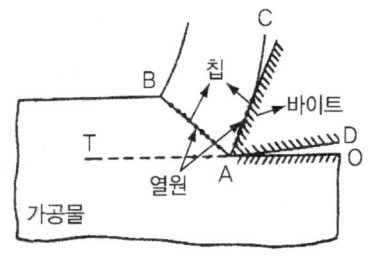

[그림] 2차원 절삭의 절삭열의 발생

절삭에서 나타나는 열은 다음 3가지로 생각할 수 있다.
① 전단면에 전단소성변형에 의한 열(전단면 A, B부분에서 나타나는 전단변형과 칩의 소성변형)
② 칩과 공구 상면과의 마찰열(칩이 경사 표면 AC에 대하여 가압하면서 통과시 생기는 마찰)
③ 공구 선단이 절삭 표면인 AO면을 통과할 때 생기는 마찰 등으로 열이 생기게 된다. 일반적으로 가공물의 경도가 높을수록 질식온도는 높아지며, 절사온도가 높아지면 공구의 날끝 온도가 올라가 공구의 마모가 빨라지게 된다. 공구재료가 발전함에 따라 절삭속도는 높아졌다. 예로서, 연강 재료는 탄소공구강을 사용하였을 때는 절삭속도 10[m/min] 정도이나, 고속도강은 30[m/min] 정도이고, 초경질합금인 경우는 100[m/min] 이상의 절삭속도로 가공하게 되었다.

2 절삭속도와 절삭공구의 온도

절삭속도의 한계는 공구의 온도가 절삭속도의 증가와 함께 상승하는 범위 내에서 있을 수 있다.
절삭속도가 증가함에 따라서 절삭열은 대부분 칩과 같이 빠져 나가며, 절삭온도가 어떤 범위를 넘으면 공구의 온도는 오히려 저하되는 현상이 일어난다. [그림]은 절삭온도와 절삭속도와의 관계를 밀링 커터로 고속절삭 시험 연구한 결과를 나타낸 것이다.

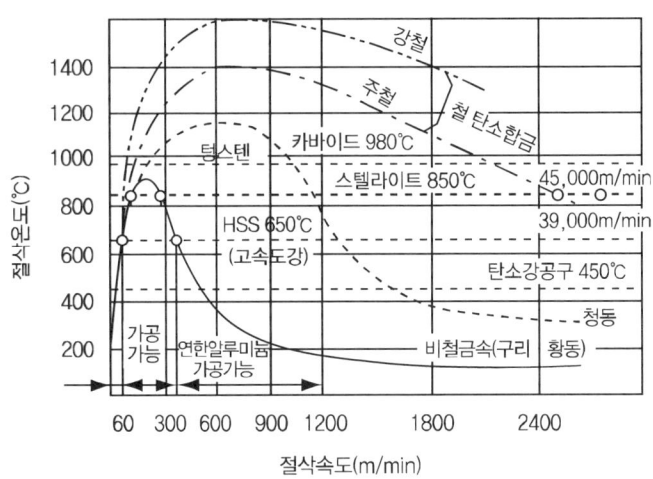

[그림] 절삭온도와 절삭속도와의 관계

3 절삭제(cutting fluids)

기계가공에서 절삭성능을 높이기 위하여 여러 가지 절삭제(切削劑)를 사용하며, 보통 절삭제는 냉각작용과 윤활 및 방청작용으로 절삭성능을 향상시킬 수 있는 역할을 한다.

(1) 절삭제의 사용 목적
 ① 공구인선을 냉각시켜 공구온도 상승에 따르는 경도(硬度) 저하를 막는다.
 ② 가공물을 냉각시키고, 가공온도 상승에 의한 가공 정밀도가 저하되는 것을 방지한다.
 ③ 공구의 마모를 적게 하며, 윤활 및 방청작용을 하여 가공 표면을 양호하게 한다.
 ④ 칩의 제거(除去)작용을 하여 절삭 작업을 용이하게 한다.

(2) 절삭제의 종류
 절삭제의 종류는 여러 가지가 있으며, 주로 사용되는 절삭제의 종류는 다음과 같다.
 ① **수용성(水溶性) 절삭유(soluble oil)** : 원액에 물을 타서 사용하는 것으로 냉각성이 크며 성분과 유성에 따라 강재 및 그 합금의 절삭 및 연삭용, 비철금속 등의 고속절삭과 연삭 작업에 사용된다. 비교적 다량의 광물성 기름에 소량의 유화제(乳化劑), 방청제 등을 첨가한 것으로 10~20배의 물로 희석하여 사용한다.
 ② **유화유(乳化油)(emulsion oil)** : 광유에 비눗물(soap water)을 첨가하여 유화한 것으로 냉각작용도 비교적 양호하고, 윤활성도 있고, 또한 값이 싸므로 일반 절삭제로 널리 사용하고 있다.
 ③ **광유(鑛油)(mineral oil)** : 경유, 머신 오일, 스핀들 오일, 석유 및 기타의 광유 또는 혼합유

로서 윤활 작용은 다소 좋으나, 냉각작용은 비교적 약하므로 경절삭(硬切削)에 주로 사용된다.

④ 동식물유(動植物油)(fatty oil) : 돈유(lard oil), 올리브유(olive oil), 종자유(seed oil), 피마자유, 콩기름 기타 경유 등으로서 윤활작용이 강력하고, 냉각작용은 좋은 편이 아니나, 완성가공 및 저속절삭, 나사절삭, 기타 마모를 방지할 필요가 있을 때 주로 사용된다.

⑤ 광물유와 동식물유의 혼합유 : 혼합 비율을 바꾸어 각종 성능을 가진 절삭제를 만들 수 있으므로 작업에 따라 적당한 혼합비를 사용한다. 특히 가공물이 강인한 재질에는 동식물의 양을 많이 포함한 것을 사용하며 강력절삭 등에 주로 쓰인다.

⑥ 석유(石油)(petroleum oil) : 여러 가지 종류가 있으며 작업에 따라 5~20배의 석유와 황유(지방유 6~12[%] 황을 화학적으로 결합시킨 것)와 혼합하여 사용하고, 고속절삭에 쓰이며 니켈, 스테인리스강, 단조강 등을 절삭하는 데 사용된다.

⑦ 첨가제(添加劑) : 칩과 공구 사이의 마찰은 지극히 고압 및 고온 상태의 마찰이므로 여러 가지 종류의 첨가제를 사용하여(극압(極壓) 윤활유와 같은) 우수한 윤활효과를 얻을 수 있도록 한다. 첨가제로서 사용되는 물질에는 유황 또는 유화물(硫化物), 흑연 아연분 등을 동식물 계통의 절삭제에 첨가하고 인산염, 규산염 등은 수용성 절삭제에 첨가하여 사용된다. 최근에는 표면 활성제로 4염화탄소도 첨가한다.

[표] 기계 가공별 절삭제의 선택

금속 또는 합금	내면 브로칭	표면 브로칭	태핑 및 니시깎기	기어절삭 (셰이핑 포함)	기어 다듬질	드릴링과 리밍	깊은 구멍 뚫기와 리밍	보링	선삭	자동 나사깎기 작업	밀링	나사 전조	나사 연삭	총형 연삭	일반 연삭
알루미늄	F	F	H				C	C	C	C	D	H	H	F
황 동	F	F	F	F	F	F	C	C	C	F	F	F			
청동(중경도)	F	F	F	F	F	F	F	F	F	F	F	F			
청동(고경도)	E	F	E	F	F	F	F	F	F	F	F	F			
구 리	F	F	F				C	C	C	C	F	F			
마그네슘	F	F	F				D	D	D	D	D	D	D	D	D
모넬메탈	H	H	H	H	H	H	G	G	G	H	G				
니 켈										H					
주철(고경도)	C	C	C				C			C					
주철(저중경도)	C	C	C				C								
강 0.30 ℃까지	G	G	G	G	G	G	C	C	F	C	H	L	L	C	
강 0.30 ℃이상	H	H	H	H	H	H	G	G	G	C	H	M	M	C	
열처리 한 강	H	H	H	J	J	J	H	G	G	C	H	M	M	C	
합금강	J	J	J	J	J	J	K	K	K	H	K	H	N	C	K
스테인리스 강	J	J	J	J	J	J	J	K	K	H	K	H	M	M	K

(A) 공기　　(B) 물　　(C) 수용성유　　(D) 순광물성유　　(E) 순지방질유
(F) 광물성-지방질유의 혼합유　(G) 황화 광물성유 (H) 황화 광물성유-지방질유　　(I) 황화 염화광물성유
(J) 황화 염화 광물성유-지방질유　(K) 중절삭용 수용성유(첨가제 있음)
연삭유 : (L) 굳고 높은 화학작용
　　　　 (M) 보통 화학작용
　　　　 (N) 무르고 낮은 화학작용

(3) 절삭유의 작용

① 냉각작용
② 윤활작용
③ 세척작용
④ 칩 배출작용

4 윤활제(lubricant)

윤활의 목적은 마찰면 사이에 적당한 윤활제(潤滑劑)를 적당한 양을 공급하여 고체마찰(固體摩擦)을 액체마찰 또는 경계(境界)마찰로 함으로써 마찰부의 발열, 마찰 및 마모 상태가 공작 기계의 사용상 지장이 없도록 감소시키는 데 있다. 윤활법의 종류는 다음과 같다.

(1) 핸드 오일링(Hand oiling)

오일컵, 기름 구멍, 기름 받개, 나사 구멍 등을 통하여 베어링 또는 안내면의 윤활부에 연결된 급유관에 급유된다. 이 방법은 급유가 불완전하고 윤활유의 소모가 많으며 간단한 전동장치에 사용된다.

(2) 적하 급유법(drop feed oiling)

저속 및 중속 축의 급유에 주로 사용되며, 유리에 눈금이 새겨진 적하 급유법이 널리 사용된다.

(3) 오일링(oil ring) 급유법

고속 주축의 급유를 균등히 할 목적에 주로 사용된다. 회전축보다 큰 링이 축에 걸쳐 회전하면서 기름통에서 링을 통하여 축 윗면에 급유한다.

(4) 분무(oil mist) 급유법

분무(spray)상태의 기름을 함유하고 있는 압축 공기를 공급하여 윤활하는 방법으로서 압축 공기압력은 $1[kg/cm^2]$ 전후이다. 이 방법은 고속 내면 연삭기 고속 드릴 및 초고속 베어링의 윤활에 사용된다.

(5) 그리스(grease)의 윤활

그리스 윤활법에는 수동 급유법, 충전 급유법, 컵 급유법, 스핀들 급유법 등이 주로 사용되며 그리스 사용의 이점과 결점은 다음과 같다.

① 이점(利點) : 비산이나 유출되지 않으므로 급유 횟수가 적어 경제적이며, 사용 온도 범위가 넓으며, 장시간 사용에 적합하고 양호한 윤활 성능을 가진다.
② 결점(缺點) : 급유, 교환, 세정 등 취급이 약간 까다롭고 이물질(異物質)이 혼합된 경우 제거가 곤란하며 고속회전에는 일반적으로 사용되지 않는다.

[표] 윤활유 및 그리스의 종류와 용도

종 류	품 명	용 도
스핀들유 (spindle oil)	백색스핀들유 60 스핀들유 150 스핀들유	정방기(精紡機), 고속 전동기 베어링, 경기계 윤활유,(백색 스핀들유, 60 스핀들유는 3,000~15,000[rpm]용, 150 스핀들유 500~3,000[rpm])
다이나모유 (dynamo oil)	80 다이나모유 110 다이나모유	중형 또는 대형 전동기, 롤러 베어링 또는 볼베어링, 고속 베어링 윤활유
터빈유 (turbine oil)	90 터빈유	중형 이하의 증기 터빈 및 발전기
	140 터빈유	중형 이상의 증기 터빈, 발전기 및 베어링용
	180 터빈유	감속 선박용 터빈, 고온 운전용 수력 터빈
머신유 (machine oil)	120 머신유 160 머신유	일반기계의 저속, 중속, 베어링, 차축용 석유 기관의 실린더와 베어링, 슬라이딩 베어링에서 120 머신유는 1,000[rpm] 이하용으로 사용
냉동기유 (冷凍機油)	150 냉동기유 300 냉동기유	암모니아 냉동기(소형에는 150 냉동기유, 그리고 대형에는 300 냉동기유)
모빌유 (mobil oil)	5W, 10W, 20W	자동차 기관, 기타 저온 엔진용
	20번, 30번, 40번 50번, 모빌유	자동차 기관, 소형 또는 중형 디젤기관, 석유 기관 또는 가스 기관, 중형 압연기, 소형 압축기, 베어링 및 기어 박스의 윤활용
디젤기관유 (disel oil)	250 디젤기관유 350 디젤기관유 450 디젤기관유	디젤기관, 가스 기관, 압축기, 진공 펌프 및 밸브, 진공 펌프 등에 윤활·기타 고하중(高荷重) 저회전 속도용 베어링, 베어링 박스의 윤활
실린더유 (cylinder oil)	90 실린더유 120 실린더유 과일 실린더유	증기기관의 실린더 및 밸브의 윤활, 자동차의 기어 및 각종 고하중 베어링의 윤활용
그리스 (grease)	커프 그리스 파이버 그리스 기타 그리스	일반 기계의 그리스컵용, 파이버 그리스는 일반 기계용 그리스보다 고온 고속에 사용·볼 베어링, 롤러 베어링

제6절 절삭공구 재료

1 공구 재료의 구비 조건

절삭가공을 능률적으로 향상시키기 위하여서는 공구의 수명을 길게 하고, 절삭속도를 높게 하는 것이 요망되므로 새로운 공구의 재질이 출현되고 있다. 일반적으로 공구의 재료로서 요구되는 조건은 다음과 같다.
① 가공 재료보다 경도가 클 것
② 고온에서도 경도가 감소되지 않아야 한다.
③ 인성강도와 내마모성이 클 것
④ 쉽게 원하는 모양으로 제작할 수 있어야 한다.
⑤ 사용상 취급이 편리하고 가격이 싸고 경제적이어야 한다.

2 공구 재료의 종류

공구 재료로서 가장 오랜 역사를 갖고 있는 것은 탄소 공구강, 합금 공구강이며, 고속도강과 초경합금이 출현되었고 최근에는 새로운 공구 재료들이 연구 개발되고 있다.

(1) 탄소 공구강(carbon tool steel)

탄소량이 0.6~1.5[%] 범위가 탄소강이며, 탄소 함유량 0.9~1.3[%]인 탄소강을 담금질하여 뜨임 열처리를 하면 높은 경도와 강도 그리고 강성을 가지게 되므로 절삭공구로 사용되고 있다. 그러나 200[℃] 이상의 온도에서는 뜨임 효과로 인하여 경도가 저하되므로 고속절삭용으로는 많이 사용되지 않는다.(KS D 3751 참조 : 탄소 공구강의 조성과 용도)

(2) 합금 공구강(alloy tool steel)

탄소량이 0.8~1.5[%]에 소량의 크롬, 텅스텐, 니켈, 바나듐 등을 첨가한 강이며, 탄소 공구강보다는 절삭성이 양호하고 내마멸성과 고온 경도가 높아 저속절삭용 및 총형 공구용으로 주로 사용되고 있다.(KS D 3753 참조 : 합금 공구강의 조성과 용도)

(3) 고속도 공구강(high speed steel)

고속도강은 내열성과 내마모성이 커서 고속절삭이 가능하며 온도가 600[℃] 정도까지 열을 주어도 연화하지 않는 특징이 있으며, 대표적인 것으로 텅스텐(18[%]), 크롬(4[%]), 바나듐

(1[%])인 18-4-1의 형이 있고, 우수한 절삭 능력을 얻기 위하여 코발트, 바나듐 등의 함유량을 많이 첨가한 특수 고속도강 등이 사용된다.(KS D 3522 참조)

(4) 소결 초경합금(sintered hard metal)

소결 초경합금은 탄화텅스텐, 탄화티타늄 등의 분말에 코발트 분말을 결합제로 하여 혼합한 다음 가압, 성형한 것을 800~1,000[℃]에서 소결(sintering)한 후에 수소 기류 중에서 1400~1500[℃]에서 소결시키는 분말 야금법으로 만들어진다.(KS D 6301 참조)

또한 1926년 탄화텅스텐 분말을 코발트로 소결한 특허를 독일에서 얻은 이후 공구로서 실용화되어 위디아(widia)라고 발매한 후 미국에서는 카볼로이(carboloy), 일본에서는 텅갈로이(tungaloy), 영국에서는 미디아(midea) 등의 상품명으로 알려지고 있다.

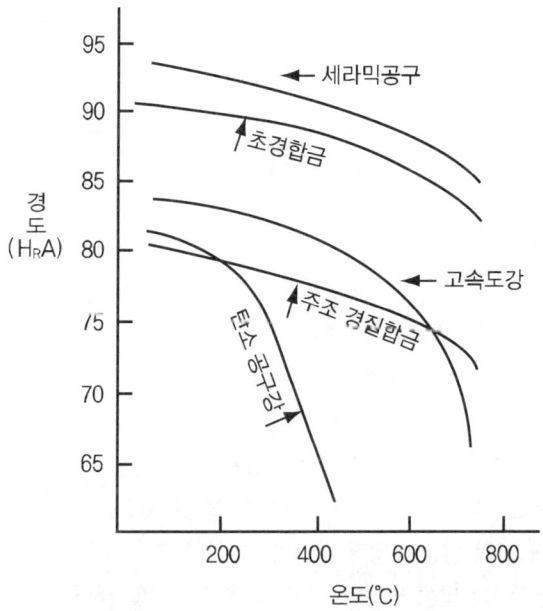

[그림] 공구 재료의 온도와 경도

(5) 주조 경질합금(cast alloyed hard metal)

대표적인 것으로 스텔라이트(stellite)가 있으며, 강철공구와 다르게 단조 및 열처리가 되지 않는 특징이 있고, 고온 경도와 내마모성이 크므로 고속 절삭공구로서 특수 용도에 사용된다. 보통 공구 선단에 전기 용접 또는 동납으로 땜하여 사용한다.

(6) 세라믹 공구(ceramic tool)

산화알루미늄 가루에 규소 및 마그네슘의 산화물 또는 다른 산화물의 첨가물을 넣고 소결한 것으로 경질합금보다 더욱 고속절삭에 사용할 수 있다. 고온에서도 경도가 높고 내마멸성이 좋으며, 초경합금보다 더욱 높은 속도로 절삭할 수 있으나, 경질합금보다 인성이 적고 취성(brittleness)이 있어 충격 및 진동에 약하다. 옥사이드(oxide) 공구 또는 카바이드(carbide) 공구라고도 한다.

(7) 서멧 공구(cermet tool)

서멧(cermet) 공구는 탄화텅스텐보다 경도 및 고온 특성이 우수한 탄질화티탄(TiCN)을 주체로 한 공구로서 종래 탄화티탄(TiC) 주체의 서멧에 비하여 인성을 한층 보강시킨 고강도 공구이며, 초경합금에 비해 고속절삭이 가능하고 공구 수명이 길다.

(8) 다이아몬드 공구(diamond tool)

다이아몬드 공구는 경도가 가장 높고 내마멸성도 크며 또한 절삭속도가 가장 높고 능률적이므로 최고급 특수 공구로 사용된다. 특히 초정밀 완성 가공에 적합하며, 비철금속의 정밀절삭에 적합하나, 취성의 성질이 있고, 너무 고가인 결점이 있다. 일반적으로 강철이나 주철을 절삭하는 데에는 사용을 하지 않고 있다.

● 참고 문제

01 앞교재 내용에 있으니 연습장에 즉시 써보세요.
02 출제위원 누구든지 출제할 수 있는 문제입니다.
- 문제 1 : 절삭저항의 3분력을 설명하시오.
- 문제 2 : 공구 마모의 3가지 과정을 설명하시오.
- 문제 3 : 절삭 조건과 공구 수명과의 관계를 설명하시오.
- 문제 4 : 칩(chip)의 생성 모양에 대하여 설명하시오.
- 문제 5 : 구성인선의 발생 원인과 그 방지 대책을 기술하시오.

제3장 공작 기계의 안전

제1절 선반(Lathe)

1 선반의 종류

1. 보통 선반(engine lathe)

가장 일반적으로 사용되는 것으로 단차식과 기어식이 있다. 다종 소량 생산과 수리에 사용한다. 슬라이딩(sliding), 단면절삭(surfacing), 나사깎기(screw cutting)를 할 수 있으므로 3S 선반이라고 한다.

2. 정면 선반(face lathe)

지름이 큰 것을 깎을 때 사용한다. 스윙이 크고 베드 길이가 짧으며, 심압대가 없는 것이 많다.

3. 탁상 선반(bench lathe)

탁상 위에 설치하고 시계 등의 부속품을 절삭하는 데 사용한다.

4. 수직 선반(vertical lathe)

테이블이 수평으로 회전하며 공작물을 절삭하는 것으로 무거운 공작물을 절삭할 때 사용한다.

5. 터릿 선반(turret lathe)

반자동 선반이며 공구대에 6~8개의 절삭공구를 설치하여 능률적으로 절삭할 수 있다.

6. 자동 선반(automatic lathe)

공작물을 설치하면 자동으로 절삭하는 선반이다.

7. 기타 선반

수치 제어 선반인 NC 선반은 다종 소량 생산에 좋으며, 한 가지만 대량 생산할 수 있는 단능 선반에는 차량 선반, 차축 선반, 크랭크축 선반 등이 있다.

2 선반 가공 방식의 종류

선반은 공작물을 주축에 고정한 후 회전시키며 바이트를 이송하여 절삭하는 공작 기계이다. 선반에서 할 수 있는 작업은 다음과 같다.

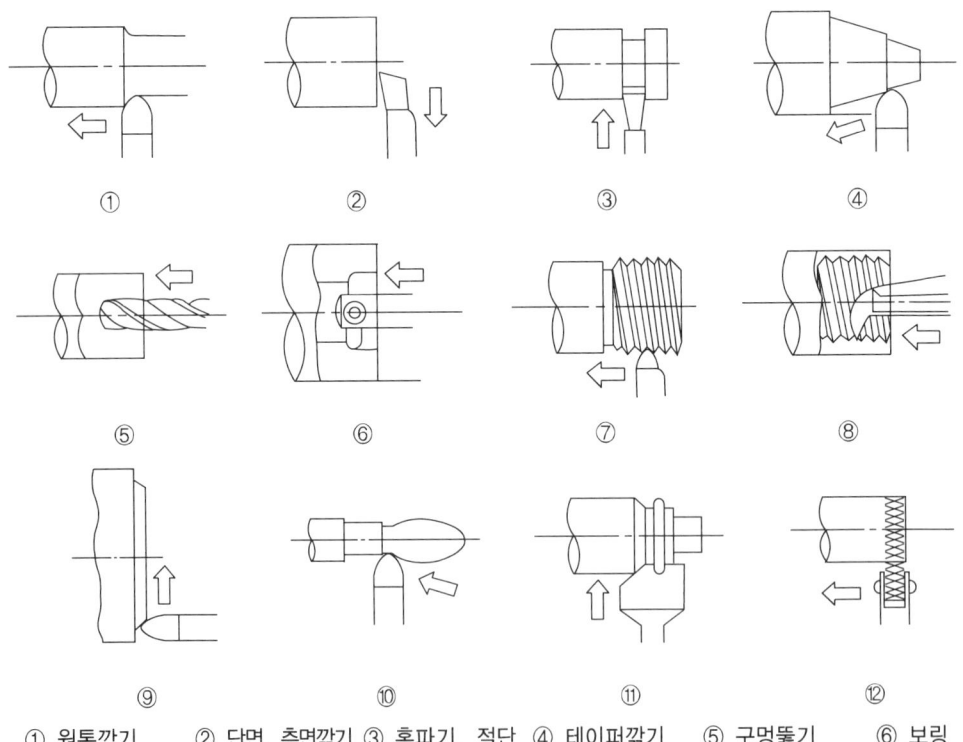

① 원통깍기 ② 단면, 측면깍기 ③ 홈파기, 절단 ④ 테이퍼깍기 ⑤ 구멍뚫기 ⑥ 보링
⑦ 수나사깍기 ⑧ 암나사깍기 ⑨ 정면깍기 ⑩ 곡면깍기 ⑪ 총형깍기 ⑫ 널링

[그림] 선반의 기본작업의 종류

3 선반 재해 방지 대책

① 기계 위에 공구나 재료를 올려놓지 않는다.
② 이송을 걸은 채 기계를 정지시키지 않는다.
③ 기계 타력 회전을 손이나 공구로 멈추지 않는다.
④ 가공물 절삭공구의 장착은 확실하게 한다.
⑤ 절삭공구의 장착은 짧게 하고 절삭성이 나쁘면 일찍 바꾼다.
⑥ 절삭분 비산시 보호 안경을 착용한다. 비산을 막는 차폐막을 설치한다.
⑦ 절삭분 제거시는 브러시나 긁기봉을 사용한다.
⑧ 절삭 중이나 회전 중에 공작물을 측정하지 않으며, 장갑낀 손을 사용하지 않는다.

4 선반 작업시 안전 순서

① 가공물을 착탈시에는 반드시 스위치를 끄고 바이트를 충분히 연 다음 행한다.
② 캐리어(공구대)는 적당한 크기의 것을 선택하고 심압대는 스핀들을 지나치게 내놓지 않는다.
③ 물건의 장착이 끝나면 척 렌치류는 곧 벗겨놓는다.
④ 무게가 편중된 가공물의 장착에는 균형추를 부착한다. 장착물은 방진구에 사용 커버를 씌운다.
⑤ 긴 재료가 돌출되었을 때는 빨간 천 등을 부착하여 위험 표시를 하거나 커버를 씌운다.
⑥ 바이트 착탈은 기계를 정지시킨 다음에 한다.

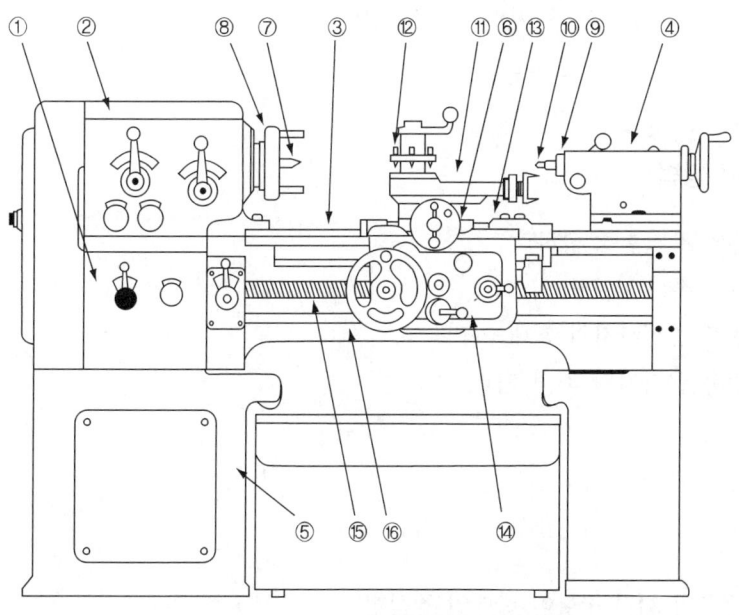

① 이송 변환 기어 상자
② 주축대
③ 베드
④ 심압대
⑤ 다리
⑥ 왕복대
⑦ 회전 센터
⑧ 면판
⑨ 심압축
⑩ 정지 센터
⑪ 복식공구대
⑫ 공구대
⑬ 새들
⑭ 에이프런
⑮ 리드 스크루
⑯ 이송축

[그림] 선반 주요 부분의 명칭

제2절 밀링(Milling)

1. 정의

밀링 머신(milling machine)은 다인(多刃 : 많은 절삭날)의 회전 절삭공구인 커터로서 공작물을 테이블에서 이송시키면서 절삭하는 절삭가공 기계이다.

2. 종류

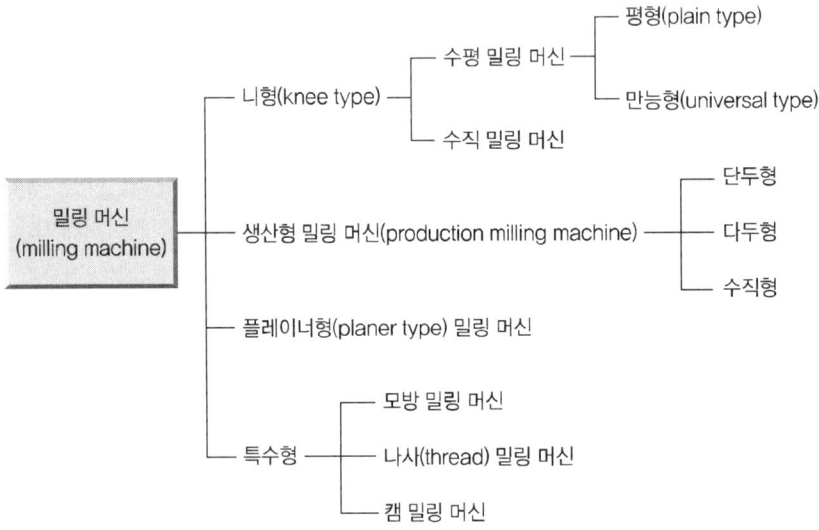

3. 밀링 머신의 크기 표시 방법

① 테이블의 이동량(좌우 × 전후 × 상하)
② 테이블의 크기(길이 × 폭)
③ 테이블 윗면에서 주축 중심까지의 최대 거리
④ 테이블 윗면에서 주축 끝까지의 최대 거리

4. 절삭 방향

(1) 상향절삭

공작물의 이송과 절삭공구의 회전 방향이 반대인 절삭형

(2) 하향절삭

공작물의 이송과 절삭공구의 회전 방향이 같은 방향의 절삭형

(3) 정면절삭(합성절삭)

위의 상향절삭, 하향절삭이 동시에 일어나는 절삭형, 이것은 정면 밀링 커터, 엔드 밀에 의한 평면절삭이 해당된다.

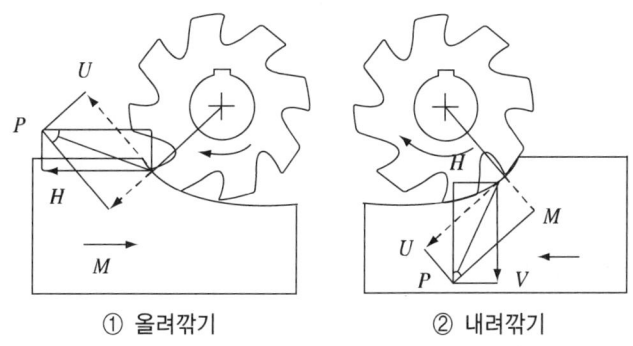

① 올려깎기   ② 내려깎기

P : 합력 U : 접선력 M : 반지름분력
H : 수평분력 V : 수직분력

[그림] 상향절삭과 하향절삭

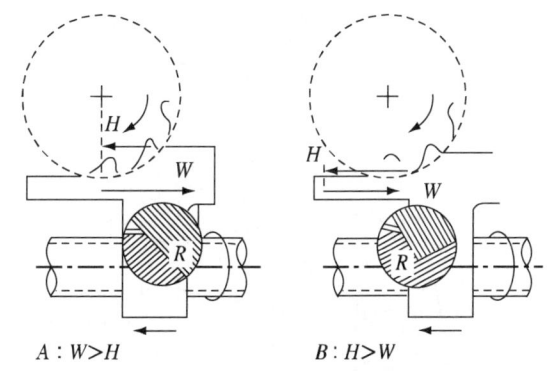

$A : W > H$ $B : H > W$

W : 안내면에서의 미끄럼대의 저항
H : 절삭력의 수평 분력 R : 합력

[그림] 하향절삭과 백래시 영향

(4) 상향절삭과 하향절삭의 비교

상향절삭과 하향절삭에 대한 장단점은 각각 다르며 작업의 형태에 따라 적당한 방향을 택해야 한다.

[표] 상향절삭과 하향절삭의 장단점

구 분	상향절삭	하향절삭
장 점	① 칩이 날을 방해하지 않는다. ② 밀링 커터의 진행 방향과 테이블의 이송 방향이 반대이므로 이송기구의 백래시가 제거된다. ③ 절삭 동력이 적게 소비된다.	① 커터가 공작물을 아래로 누르는 것과 같은 작용을 하므로 공작물 고정이 간단하다. ② 커터의 마모가 적고 또한 동력 소비가 적다. ③ 가공면이 깨끗하다.
단 점	① 커터가 공작물을 올리는 작용을 하므로 공작물을 견고히 고정해야 한다. ② 커터의 수명이 짧다. ③ 동력 낭비가 많다. ④ 가공면이 깨끗하지 못하다.	① 칩이 커터와 공작물 사이에 끼어 절삭을 방해한다. ② 떨림이 나타나 공작물과 커터를 손상시키며 백래시(back lash) 제거 장치가 없으면 작업을 할 수 없다.

5. 밀링 작업시 안전 수칙

① 절삭공구 설치시 시동 레버와 접촉하지 않도록 한다.
② 공작물 설치시 절삭공구의 회전을 정지시킨다.
③ 상하 이송용 핸들은 사용 후 반드시 벗겨놓는다.
④ 가공 중에는 얼굴을 기계에 가까이 대지 않도록 한다.
⑤ 절삭공구에 절삭유를 줄 때는 커터 위에서부터 주유한다.
⑥ 칩이 비산하는 재료는 커터 부분에 커버를 하든가 보안경을 착용한다.

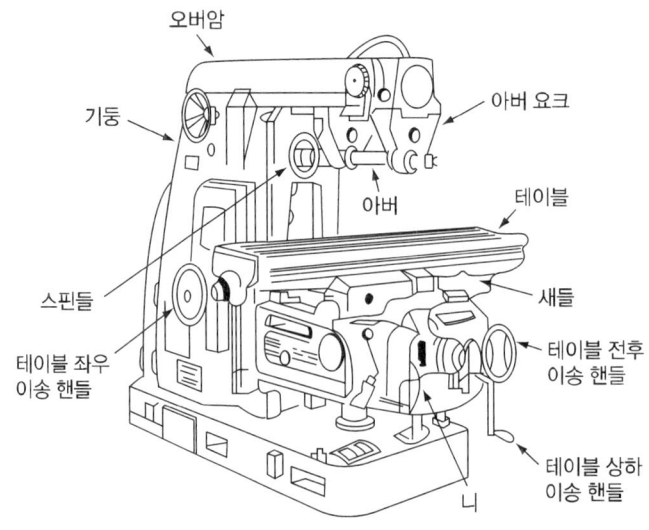

[그림] 수평 밀링 머시인의 구조

제3절 플레이너(Planer)와 셰이퍼 방호

1 플레이너(planer : 평삭기)

1. 플레이너

플레이너는 평삭기라고도 하며 큰 공작물의 평면절삭에 주로 사용한다. 테이블은 직선왕복운동을 하고 바이트는 이송운동한다.

2. 플레이너의 종류

플레이너에는 직주가 2개인 쌍주식 플레이너와 하나인 단주식 플레이너가 있다. 쌍주식 플레이너는 직주가 2개이므로 공작물의 폭에 제한을 받으며, 단주식 플레이너는 공작물의 폭에 제한을 받지 않으나 쌍주식보다는 강력 절삭을 할 수 없다.

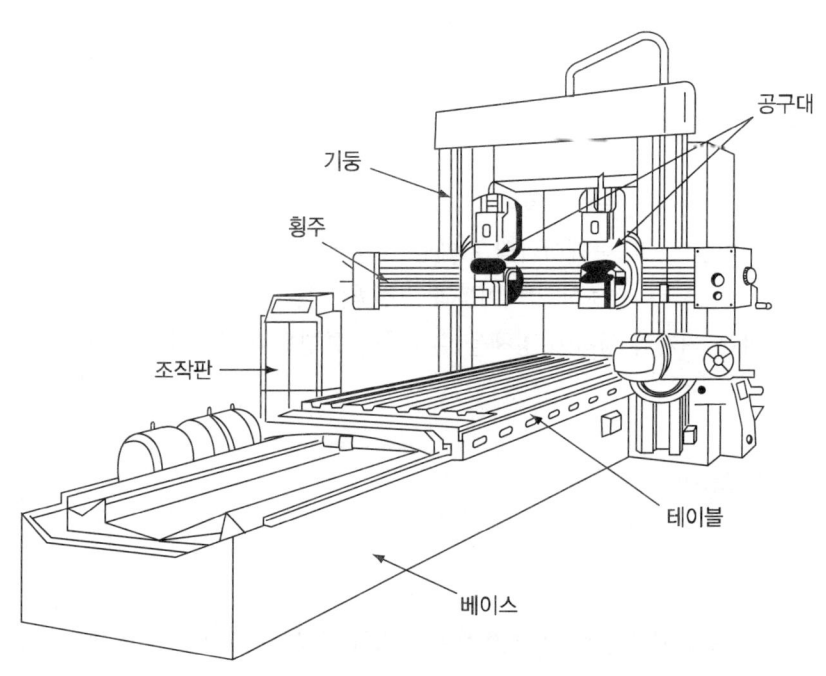

[그림] 쌍주식 플레이너

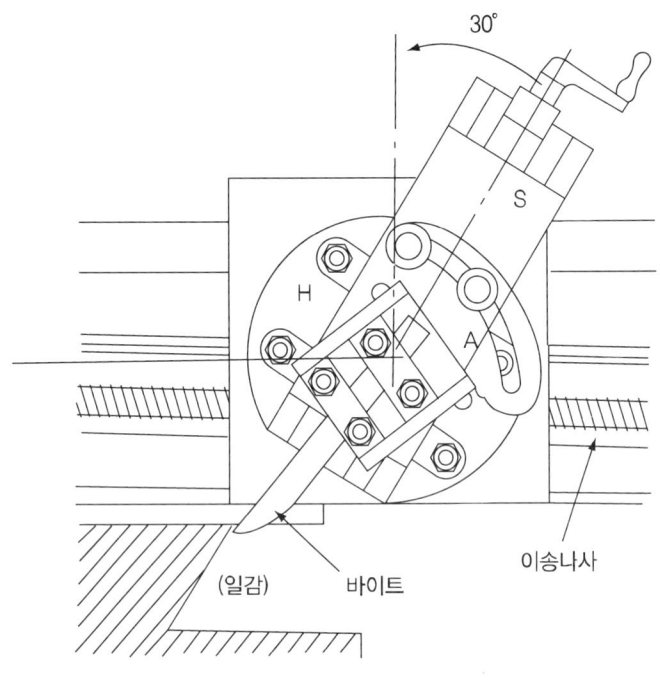

[그림] 툴 헤드의 경사

3. 플레이너의 안전 대책

작업장에서는 이동 테이블에 사람이나 운반 기계가 부딪치지 않도록 플레이너의 운동 범위에 방책을 설치한다. 또 플레이너의 프레임 중앙부의 피트에는 덮개를 설치해서 물건이나 공구류를 두지 않도록 해야 하고 테이블과 고정벽 또는 다른 기계와의 최소 거리가 40[cm] 이하가 될 때는 기계의 양쪽에 방책을 설치하여 통행을 차단하여야 한다.

2 셰이퍼(shaper : 형삭기)

1. 셰이퍼

셰이퍼는 바이트를 왕복운동시켜 테이블에 고정한 공작물을 절삭하는 기계로 이송은 공작물을 고정한 테이블 쪽에서 한다. 주로 작은 평면, 홈, 각도 등을 절삭하는 데 사용하며, 형삭기라고도 한다.

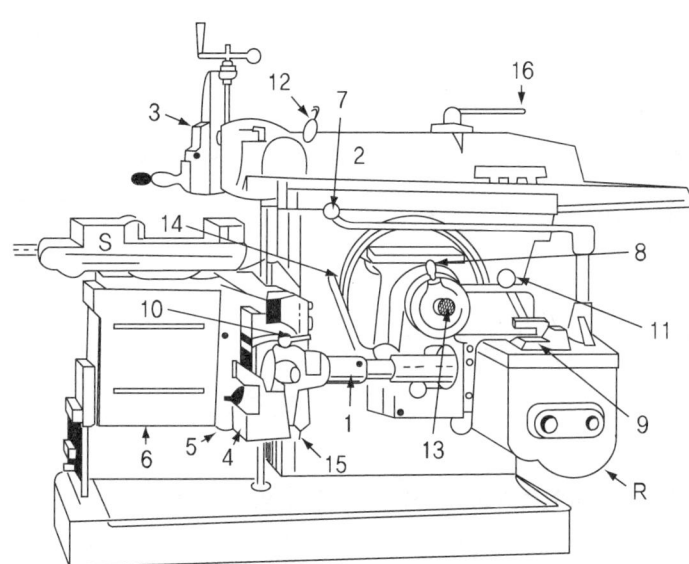

1. 직주(直走 : pillar or column)
2. 램
3. 셰이퍼 공구대
4. 횡주(橫侏 : cross raill)
5. 새들(saddle)
6. 테이블
7. 기동(起動) 레버
8. 이송용 레버
9. 변환 기어 레버
10. 이송 방향 조절 레버
11. 백기어 레버
12. 램(ram)위치 지정축
13. 스트로크 조정 장치
14. 램 고정용 레버
15. 기어상자
16. 바이스

[그림] 크랭크식 셰이퍼의 각 부 명칭

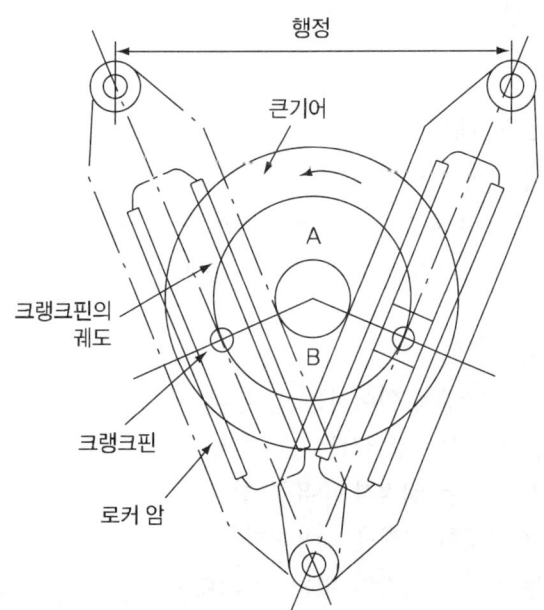

[그림] 급속 귀환 장치

2. 절삭속도

(1) 플레이너 절삭 속도 $V[\text{m}/\text{min}]$

여기서, n : 1분간의 테이블의 왕복 횟수, l : 행정 길이[m], T_s : 절삭 행정시 소요 시간 [sec], T_r : 귀환 행정시 소요 시간[sec], V_r : 귀환 행정 속도[m/min], V_r : 절삭 행정 속도[m/min]라 하면

$$V = CnL, \quad n = \frac{V}{Cl} \quad \text{단,} \quad C = l + \frac{T}{T} \quad \text{또는} \quad C = l + \frac{Ts}{T_r}$$

(2) 셰이퍼 절삭속도

셰이퍼의 절삭속도는 절삭 행정시의 바이트의 전진속도로서 절삭 속도 $V[\text{m}/\text{min}]$, 1분간 바이트의 왕복 횟수 n, 행정 길이 $l[\text{m}]$, 바이트의 절삭 행정 시간과 1회 왕복하는 시간과의 비를 $a(a = 3/5 \sim 2/3)$이라고 하면,

$$V = \frac{nl}{a}, \quad n = \frac{aV}{l}$$

(3) 플레이너 작업시 안전 대책

① 테이블의 행정에 따라서 미리 안전 방책을 배치한다.
② 테이블의 행정 내에 장해물이 없는가를 확인한 후 시동한다.
③ 작업 중 테이블에 발을 올려 놓지 않도록 한다.

(4) 셰이퍼 작업시 안전 대책

① 운전 중 램의 운전 방향에 있어서는 안 된다.
② 램의 행정 내의 장애물이 있어서는 안 된다.
③ 기계를 운전하기 전에는 점검과 주유를 한다.
④ 복장은 간편하고 단정한 복장을 착용한다.
⑤ 셰이퍼 바이트는 절삭에 지장이 없는 한 최대로 짧게 고정한다.
⑥ 절삭 중에는 운동방향에 서지 않는다.

제4절 드릴(Drill)

1 정 의

1. 드릴링(drilling)

드릴을 사용하여 구멍을 뚫는 작업이며, 이때 사용하는 기계를 드릴링 머신이라고 한다. 드릴링 머신은 절삭공구인 드릴이 회전하며 상하로 움직인다. 공작물은 테이블 위에 고정하는 경우가 많다.

2. 보링(boring)

이미 뚫린 구멍을 크게 하여 소정의 치수로 만드는 작업으로 이때 사용하는 기계를 보링 머신이라고 한다. 절삭공구(보링 바이트)는 회전하며 상하로 움직인다. 공작물은 테이블 위에 고정한다.

2 드릴 작업

1. 드릴링 머신의 종류와 구조

(1) 탁상 드릴링 머신(bench drilling machine)

비교적 작은 물건에 구멍을 뚫을 때에 사용하며 보통 Ø13[mm] 이하의 드릴링 작업에 많이 쓰인다. 테이블은 좌우, 상하로 움직일 수 있으며 스핀들 끝쪽에는 드릴 척을 고정해서 사용하고 큰 구멍을 뚫을 때는 척 대신 슬리브나 소켓을 끼워 사용할 수 있도록 모스 테이퍼 구멍으로 되어 있다.

(2) 직립 드릴링 머신(upright drilling machine)

수직 드릴링 머신이라고도 하며 비교적 큰 구멍을 뚫을 때에 쓰인다.
주축의 이송은 자동과 수동으로 할 수 있으며, 테이블은 옆으로 회전할 수 있다.

(3) 레이디얼 드릴링 머신(radial drilling machine)

제품이 대형이어서 이동하기 어려운 가공물의 구멍뚫기에 사용하며 구조는 직주에 수평으로 된 레이디얼 암(arm)이 있다. 이 암은 직주의 상하 또는 주위로 회전운동을 할 수 있도록 되어 있다. 드릴링 헤드(drilling head)는 암 위에서 좌우로 이동시킬 수 있다. 레이디얼 드릴링 머신 중에서 스핀들을 경사시킬 수 있도록 되어 있는 것을 만능식 드릴링 머신이라 한다.

(4) 보링(boring)

조절할 수 있는 한 개의 절삭날을 갖고 있는 절삭공구를 사용하여 구멍을 키우는 작업이다.

(5) 카운터 보링(counter boring)

구멍의 끝을 넓혀 턱지게 하는 작업으로 머리가 둥근형(육각머리볼트)으로 된 나사자리 등을 만들 때 이용한다.

(6) 카운터 싱킹(counter sinking)

접시꼴나사 등의 자리를 만들기 위하여 구멍의 끝을 원추형으로 만드는 작업이다.

(7) 스폿 페이싱(spot facing)

너트나 캡 스크루(cap screw)의 자리를 평평하게 하기 위하여 구멍의 주위를 매끈하게 다듬는 작업이다.

(8) 태핑(tapping)

탭을 사용하여 암나사를 만드는 작업이다. 드릴링 머신은 역회전이 곤란하므로, 태핑시에는 역회전이 가능한 전동기나 태핑 어태치먼트(tapping attachiment)를 사용해야 한다.

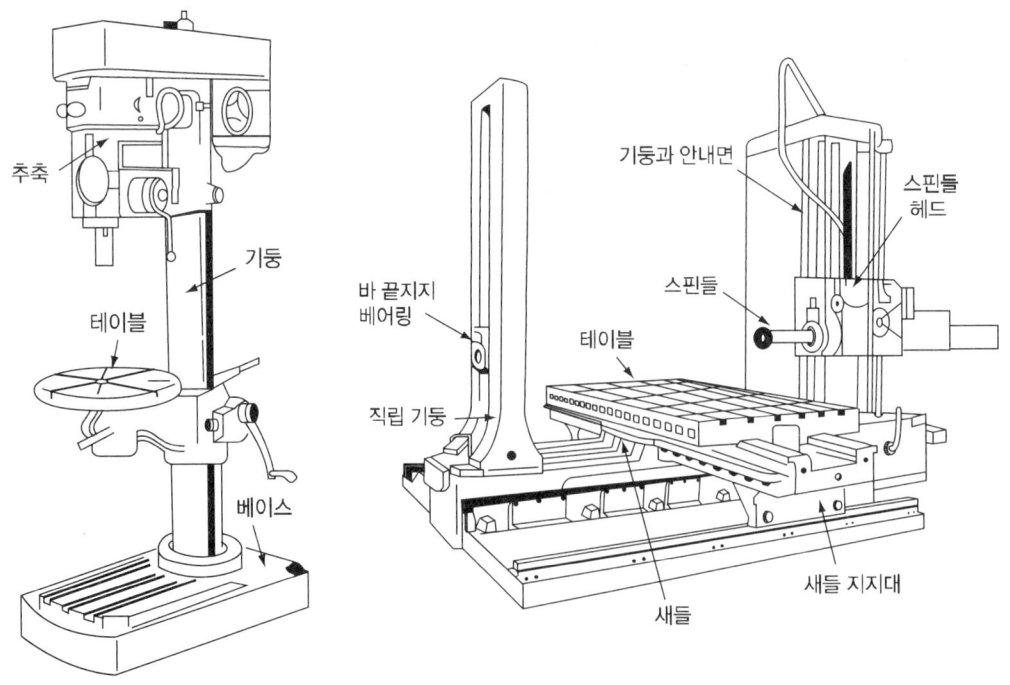

[그림] 탁상 드릴링 머신   [그림] 수평식 테이블 보링 머신

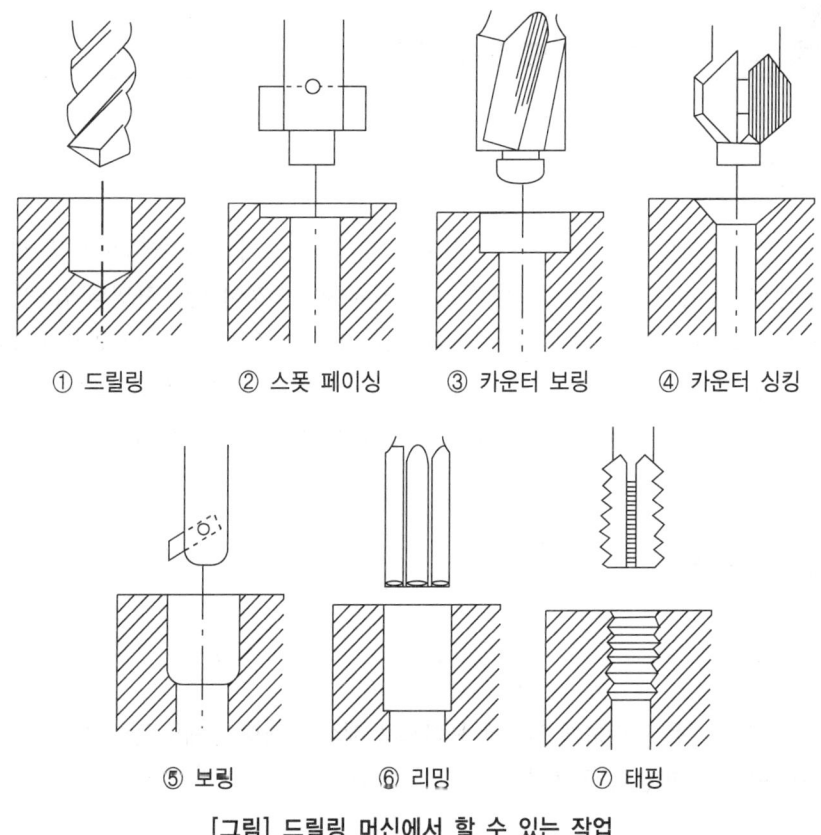

[그림] 드릴링 머신에서 할 수 있는 작업

2. 드릴 작업시 안전 대책

① 회전하고 있는 주축이나 드릴에 손이나 걸레를 대거나 머리를 가까이 하지 말 것
② 드릴을 사용 전에 점검하고 상처나 균열이 있는 것은 사용하지 않는다.
③ 가공 중에 드릴의 절삭률이 불량해지고 이상음이 발생하면 중지하고 즉시 드릴을 바꾼다.
④ 드릴의 착탈은 회전이 완전히 멈춘 다음 행한다.
⑤ 작은 물건은 바이스나 클램프 등을 사용하여 장착하고 직접 손으로 지지하는 것을 피한다.
⑥ 가공 중 드릴이 깊이 먹어 들어가면 기계를 멈추고 손돌리기로 드릴을 뽑아낸다.
⑦ 드릴이나 소켓을 뽑을 때는 공구를 사용하고 해머 등으로 두드려서는 안 된다.
⑧ 드릴이나 척을 뽑을 때는 되도록 주축을 내려서 낙하거리를 작게 하고 테이블 등에 나뭇조각 등을 놓고 받는다.
⑨ 레이디얼 드릴링 머신은 작업 중 컬럼(column)과 암(arm)을 확실하게 체결하여 암을 선회시킬 때 주위에 조심한다. 정지시는 암을 베이스의 중심 위치에 놓는다.

제5절 연삭기(Grinding Machine)

1 개요 및 정의

연삭기는 고속회전을 하는 연삭숫돌로 표면을 절삭함으로써 금속 공업의 표면 정밀도를 높이는 연삭가공을 하는 공작 기계를 말하며, 연삭저항에 의하여 숫돌 표면의 입자가 결합제의 결합력보다 커지면 떨어져 나가면서 새로운 입자가 숫돌 표면에 나타나 연삭이 계속되는 자생작용 기능을 갖고 있다. 연삭기의 연삭용 숫돌을 동력의 회전체에 부착하여 고속으로 회전시키면서 가공 재료를 연마 또는 절삭(grinding)하는 기계를 말한다.

2 연삭기의 종류

1. 기계식 연삭기

제품 외부 및 내부를 정밀하게 연삭할 목적으로 제작된 대형 기계로 만능 연삭기, 원통 연삭기, 평면 연삭기, 만능 공구 연삭기 등을 말한다.

2. 탁상용 연삭기

일반적으로 많이 사용되는 연삭기로서 가공물을 손에 잡고 연삭숫돌에 접촉시켜 가공하는 것으로 양두 연삭기 등을 말한다.

3. 휴대용 연삭기

손으로 연삭기를 휴대하고 공작물 표면에 연삭숫돌을 접촉시켜 가공하는 연삭기를 말한다.

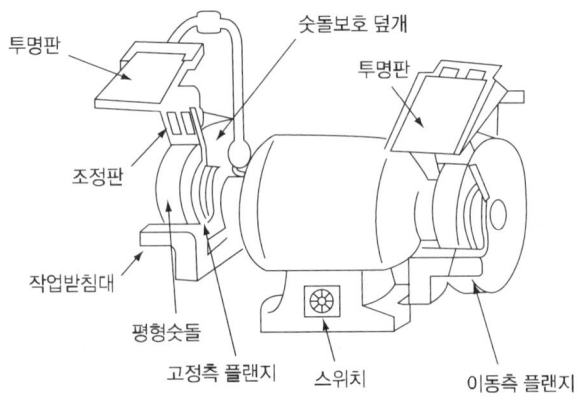

[그림] 탁상용 연삭기

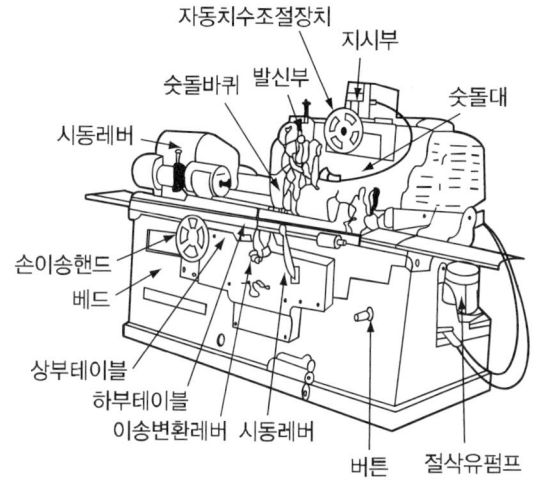

[그림] 원통 연삭기

3 연삭가공의 특징

① 경화된 철과 같은 굳은 재료를 절삭하는 방법이며, 가열한 후 천천히 냉각시켜 희망하는 모양으로 매우 작은 여유를 두고 기계 가공한 후 열처리하여 경화한 후 여분의 재료를 깎아낸다.
② 아주 매끈한 표면을 만들기 때문에 접촉면으로 적당하다.
③ 단시간에 정확한 치수로 가공된다. 매우 소량의 재료를 깎아내므로 연삭기는 연삭숫돌의 조절을 적당히 할 수 있어야 하며 또한 공작물도 정확히 설치되어야 한다.
④ 연삭 압력 및 저항은 작게 작용하며 자석척을 사용하여 공작물을 고정할 수 있다.

4 연삭가공시 관련 재해 및 잠재 위험

① **첫째** : 숫돌에 직접 접촉되어 일어나는 것
② **둘째** : 연삭분이 눈에 튀어 들어가서 일어나는 것
③ **셋째** : 숫돌이 파괴되어 파편이 작업자에 맞아서 일어나는 치명적인 재해 등이 있다. 특히 연삭기에 의한 재해는 작업 당사자만이 아니라 다른 데서 작업하는 근로자도 재해를 당할 수 있는 위험이 있어 각별한 안전 관리가 요구되는 절삭 기계이다.

5 연삭숫돌의 파괴 원인 및 방지 대책

1. 숫돌의 파괴 원인

숫돌의 파괴는 숫돌의 강도 이상으로 큰 힘이 작용했기 때문이며 그 원인은 상당히 복잡하다. 숫돌의 일반적인 파괴 원인으로 다음과 같은 것을 들 수 있다.
① 숫돌의 속도가 너무 빠를 때
② 숫돌에 균열이 있을 때
③ 플랜지가 현저히 적을 때
④ 숫돌의 치수(특히 구멍 지름)가 부적당할 때
⑤ 숫돌에 과대한 충격을 줄 때
⑥ 작업에 부적당한 숫돌을 사용할 때
⑦ 숫돌의 불균형이나 베어링의 마모에 의한 진동이 있을 때
⑧ 숫돌의 측면을 사용할 때
⑨ 반지름 방향의 온도 변화가 심할 때

2. 숫돌의 강도와 바른 고정 방법

숫돌의 강도는 결합제, 숫돌의 입도, 조직, 형상 등에 의하여 정해지고 있으며 결합제가 인장과 굽힘에는 약하므로 이와 같은 힘이 작용되지 않도록 해야 한다. 숫돌의 바른 고정 방법은 부적절한 힘이 숫돌에 걸리지 않도록 하는 것이므로 표준이 되는 평형 숫돌은 좌우 대칭의 표준 플랜지를 사용하여 플랜지 지름이 작게 되면 숫돌의 과대 파괴 속도가 저하하기 때문에 숫돌 지름의 1/3 이상 있어야 하는 것이다.

3. 연삭기의 방호 장치

연삭숫돌 덮개의 재료나 강도는 연삭기의 안전 기준에 관한 기술상의 지침 기준에 따라야 한다. 또 숫돌이 파괴되었을 때 파편의 비산 방향은 그림과 같다.

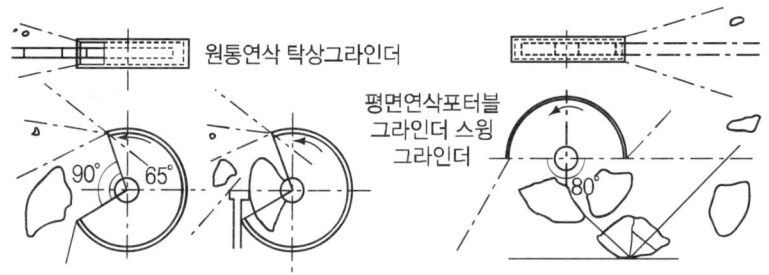

[그림] 안전 덮개의 개구각과 비산 방향

연삭기의 파괴된 숫돌이 비산으로부터 작업자 및 그 보조자가 보호되어야 하므로 덮개를 설치하여야 하고, 숫돌 파괴시에 견딜 수 있는 강도가 충분히 큰 재료로 만들어야 하며, 덮개의 두께는 숫돌 바퀴의 크기, 회전수 등을 고려하여 충분한 강도를 갖도록 제작되어야 한다.

6 연삭기 덮개

1. 덮개의 재료

연삭숫돌의 덮개 재료는 다음에 정하는 기계적 성질을 갖는 압연 강판이어야 한다.
① 인장강도가 28[kg/mm^2] 이상이고 동시에 신장도가 14[%] 이상일 것
② 휴대용 연삭기의 덮개 및 밴드형 덮개 이외의 덮개 재료는 표와 같다.

[표] 연삭숫돌의 사용 속도

연삭숫돌의 최고 사용 주속도[m/분]	2,000 이하	3,000 이하	3,000 이상
덮개 재료	주철, 가단주철 또는 주강	가단주철 또는 주강	주강

[주] 단, 가단주철은 인장강도의 값이 32[kg/mm^2] 이상이고, 동시에 신장도가 8[%] 이상이어야 한다. 주강은 인장강도의 값이 37[kg/mm^2] 이상, 신장도가 15[%] 이상이고, 인장 강도값의 0.6배의 값에 신장도를 더한 값이 48 이상일 것

③ 절단숫돌에 사용되는 덮개의 재료는 인장강도의 값이 18[kg/mm^2] 이상이며 신장도 2[%] 이상의 알루미늄 재료로도 할 수 있다.

2. 덮개의 두께

① 압연 강판을 재료로 연삭숫돌에 사용하는 덮개의 두께 기준은 고용노동부 고시 및 기술 지침에 제시되고 있다.
② 주철, 가단주철 또는 주강을 재료로 사용하는 덮개의 두께는 재료의 종류에 따라 표의 계수를 곱해서 얻은 값 이상이어야 한다.

[표] 재료의 안전계수

재료의 종류	안전계수
주 철	4.0
가단주철	2.0
주 강	1.6

[주] 안전계수는 안전율로 여러 가지 인자를 고려하여 각각의 경우에 대하여 결정되는 문제이므로 일반적으로 통용되는 값을 결정한다는 것은 매우 어려운 일이고 실제적으로는 종래부터 얻어진 경험에서 안전 실제율을 결정하는 수가 많다.

[표] 밴드 타입 안전 덮개의 두께

[단위 : mm]

숫돌의 외부 지름	밴드의 최소 두께	리벳 최소 지름	숫돌의 두께(±)	최대 돌출량(C)
205 미만	1.6	4.8	13	6.4
205~615	3.2	6.4	25	13
			50	19
			75	25
615~760	6.4	9.5	100	38
			125	50

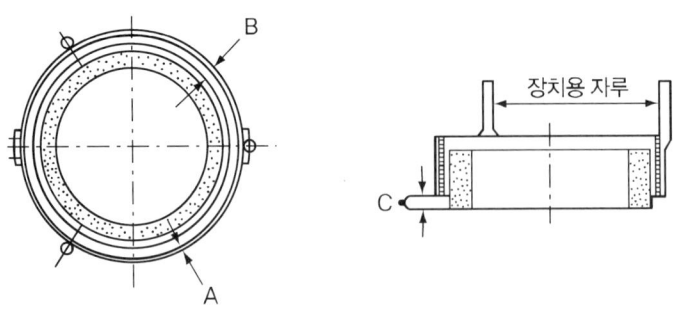

[그림] 컵형 숫돌의 밴드형 덮개

3. 덮개의 설치 방법

덮개의 노출각은 스핀들(spindle) 중심의 정점에서 측정하여 덮개 없이 노출된 각도를 말하며 숫돌 파괴시 비산되는 파편으로부터 작업자를 보호하기 위한 것이기 때문에 잘못된 각도로 설치된 덮개는 설치하지 않는 것과 같으므로 덮개의 설치나 안전 점검시 각별히 유의해야 할 사항이다.

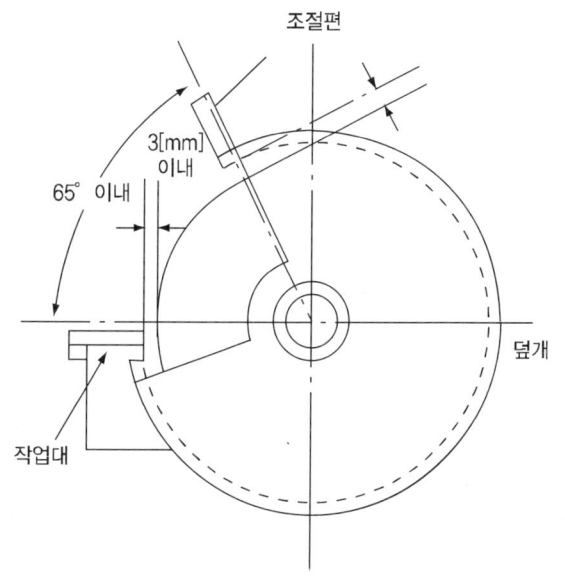

[그림] 덮개의 표준 조건

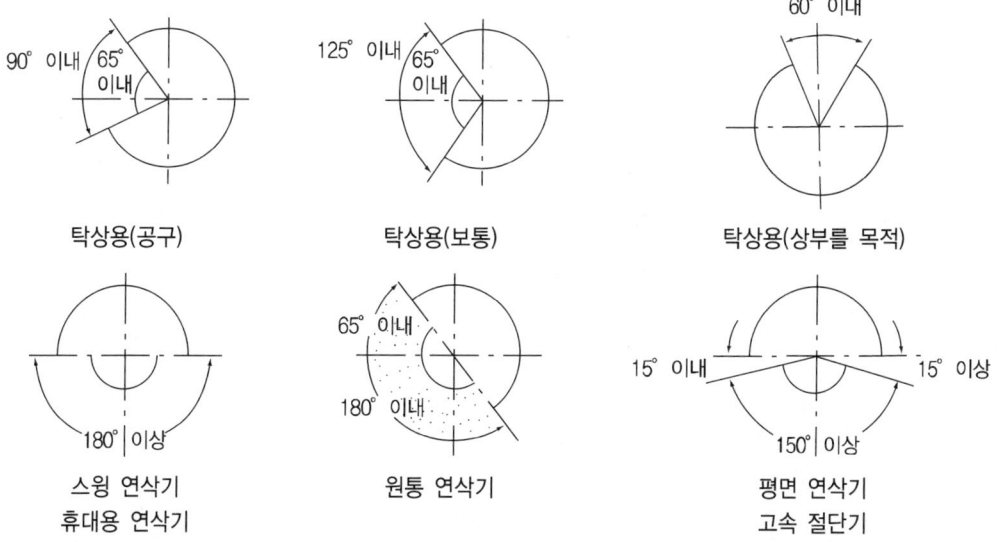

[그림] 연삭기 덮개의 표준 형상(개구부각)

덮개의 형상은 작업 내용에 따라서 다르지만 근본적으로 형상에 치우치지 말고 개구부각을 될 수 있는 대로 작게 할수록 파괴된 파편이 튀어나오는 정도를 작게 할 수 있으며, 작업간 생성되는 분진의 흡인 효과를 향상시키는 데도 적당하다. 공구 연삭에 가장 널리 사용되는 탁상용 연삭기는 그림과 같이 연삭 작업 중 피삭물이 끌려 들어가는 것을 방지하기 위해 작업대를 숫돌 원주면에서 항상 3[mm] 이내로 근접시키고 사용하여야 한다. 숫돌 파편의 방호 효과를 향상시키기 위해 덮개의 두께와 같은 조절편을 항상 5[mm] 이내로 조정해 두어야 한다.

이러한 덮개에 대한 규정 이외에도 알아두어야 할 안전 작업 방법으로는 첫째, 숫돌 속도 제한 장치를 작업자 임의로 개조시키지 않도록 한다.

둘째, 연삭기의 축 회전수[rpm]는 영구히 지워지지 않도록 표시해야 하며 그 위치는 작업자가 쉽게 볼 수 있는 위치에 표시하도록 한다.

셋째, 연삭숫돌의 파괴시는 작업자는 물론 인근 근로자도 보호해야 하므로 안전 덮개와 인접한 근로자를 보호하기 위해서 칸막이나 격리된 작업으로 보호되어야 한다.

넷째, 연삭숫돌의 교체시는 3분 이상 시운전하고 정상 작업 전에는 최소한 1분 이상 시운전하고 이상 유무를 파악하도록 교육에 철저를 기해야 하며, 연삭숫돌의 최고 사용 회전속도를 초과하지 않도록 조치한다.

다섯째, 산업안전보건법 안전보건기준에 의거, 연삭숫돌의 최대 회전속도를 초과해서는 안 된다.

여섯째, 투명 비산 방지판을 설치하여야 한다.

제6절 목재 가공용 기계

1 목재 가공 둥근톱

1. 개요 및 정의

둥근톱(circular sawing machine)은 강철 원판의 원 주위에 톱니를 깎아서 만든 원형 톱날을 작업공구로 사용하며, 이 톱날을 고속으로 회전시켜 절단 작업을 하는 위험한 목공 기계의 일종이다. 목재 취급 사업장 재해의 약 40[%]가 목공 기계(둥근톱, 대패, 띠톱)에서 발생하며, 둥근톱은 이 중에서는 가장 위험성이 높은 기계이다. 둥근톱은 테이블 아래 장치된 주축에 견고하게 부착된 톱날로 구성되어 있으며 벨트와 풀리로 작동된다.

기술 개발과 산업체의 요구에 따라 고정된 주축에 대해서 절단 깊이의 변화에 따라 테이블의 위치를 조절할 수 있는 기계 장치가 고안되었으며 그 역으로 고정된 테이블에 대하여 주축의 위치를 조정할 수 있는 기계 장치도 있다.

목재 가공용 둥근톱이란 강철 원판의 둘레에 톱니를 만들어 이것을 회전체에 부착, 회전시키면서 가공 작업을 하는 기계를 말하여, 톱의 노출 높이가 작업면에서 100[mm] 이상인 것에 한한다.

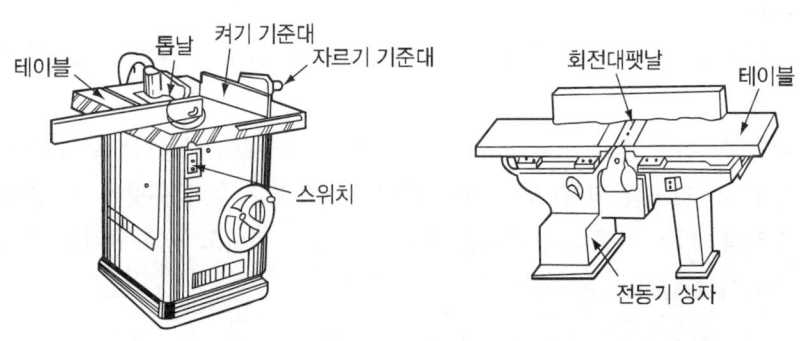

[그림] 목재 가공용 둥근톱   [그림] 동력식 수동 대패

2. 관련 재해 및 방지 대책

목재 가공용 둥근톱에 의한 재해로는 톱날에 신체의 일부가 직접 접촉하여 생길 수 있는 재해와 목재 가공 중 가공재의 반발에 의한 재해가 있다. 따라서 재해 예방을 위해서는 재료를 자동 이송하거나 자동 제어 시스템으로 하는 것이 바람직하며, 오늘날 수동 이송 방식은 자

동 이송 방식으로 대체되어 가고 있는 추세이다. 자동 이송 방식이 곤란한 경우에는 톱니 접촉 예방 장치 및 반발 예방 장치를 반드시 설치하여야 한다.

3. 방호 장치

(1) 테이블 아래 톱날의 덮개

가장 큰 톱날에 대해 충분한 여유가 있도록 설계하여야 하며 덮개는 박판 금속이 적당하며 톱날을 갈아 끼울 수 있도록 분리 가능하게 설치한다.

(2) 톱니 접촉 예방 장치(보호 덮개)

① 설치 조건 : 보호 덮개는 분할날에 대면하고 있는 부분과 가공재를 절단하는 부분 이외의 톱날을 덮을 수 있는 구조이어야 하며 작업자가 톱니의 절삭 부분을 볼 수 있어야 한다.

② 톱니 접촉 예방 장치의 성능 기준
   ㉮ 작업을 하지 않을 때는 톱날을 완전히 덮어야 한다.
   ㉯ 가공 목재의 높이에 따라 즉시 조정 가능해야 한다.
   ㉰ 가공 목재를 보는 작업자의 시야를 방해하지 않을 정도로 충분히 좁아야 한다.
   ㉱ 덮개가 이완된 상태로 작업하거나 아래로 내려 눌러지면서 톱날과 접촉해서는 안 된다.
   ㉲ 톱밥이나 나뭇조각이 축적되어도 기능을 잃지 않도록 튼튼히 설계되어야 한다.

③ 종류
   ㉮ 가동식 : 본체 덮개 또는 보조 덮개가 항상 가공재에 자동적으로 접촉되어 톱니를 덮을 수 있도록 되어 있는 것이다. 일반적으로 사용되는 것이 이 방법이다.
   ㉯ 고정식 : 박판 가공의 경우에만 사용할 수 있는 것이고 구조 규격은 그림에 나타낸 것이어야 한다.

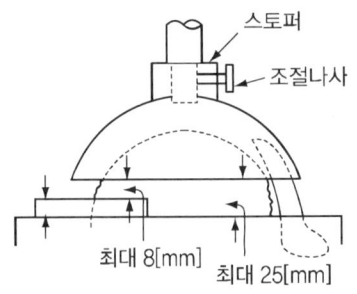

[그림] 고정식 톱니 접촉 예방 장치

(3) 반발 예방 장치(분할날)

① 설치 조건

㉮ 반발 예방 장치는 경강(硬鋼)이나 반경강을 사용하여, 톱날로부터 2/3 이상에 걸쳐 12[mm] 이상 떨어지지 않게 톱날의 곡선에 따라 만든다.

㉯ 반발 예방 장치의 끝부분은 둥글게 하며 톱날에 인접한 끝은 저항이 적도록 비스듬히 깎아야 한다.

㉰ 탄화(炭化) 잇날로 된 세트(set) 없는 톱날의 경우에는 반발 예방 장치의 두께는 톱날과 같게 하여야 한다.

㉱ 반발 예방 장치의 분할날(riving knife)이 대면하는 둥근톱니의 선단과의 간격은 12[mm] 이내가 되도록 하여야 한다.

② 성능 기준

㉮ 반발 예방 장치는 수평 또는 수직으로 조정 가능할 수 있어야 한다.

㉯ 반발 예방 장치가 충분한 역할을 하기 위해서는 분할날의 두께는 톱두께의 1.1배 이상이며 톱의 처진폭 이하로 해야 한다. 아래 그림은 톱니형의 분할날이며 톱니의 지름이 610[mm]를 초과하는 경우 현수식 분할날을 사용한다.

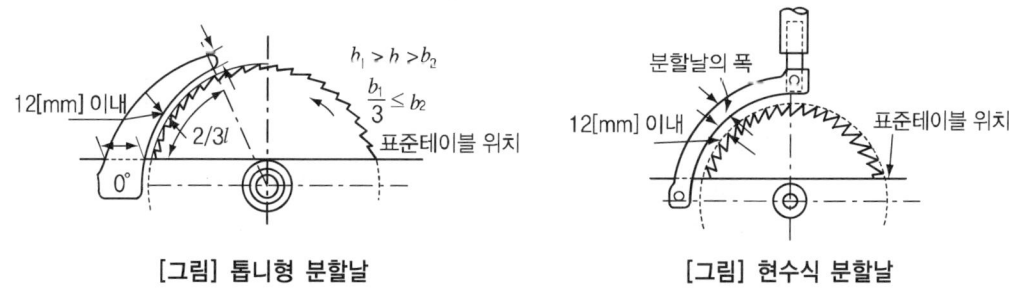

[그림] 톱니형 분할날 　　　　 [그림] 현수식 분할날

4. 안전 작업 방법

둥근톱 기계는 외관상으로 단순해 보이며 조작이 쉽게 보여 무자격자들에 의해서도 쉽게 사용되고 있는 경향이 있으나 원래 둥근톱 기계는 위험한 기계이다. 둥근톱을 취급하는 작업자는 둥근톱을 제어하는 지식과 보호 장비의 옳은 취급과 안전한 작업 방법이 요구된다. 목공 작업의 기본 안전 규칙을 열거하면 다음과 같다.

① 둥근톱 취급에 있어서는 전문가에 의해서 교육 훈련된 유자격자만 취급할 수 있도록 해야 한다.

② 보호 장비의 적절한 사용은 주어진 안전 장비의 설명서에 따라 사용한다.

③ 둥근톱의 취급 자격은 안전 장비를 사용하지 못하는 사람이나 불안전하게 사용하는 사

람에 대해서는 주지 않는다.
④ 안전 작업 방법의 교육은 안전 작업 기술 교육에 역점을 두어야 한다.
⑤ 제재 목재가 작아진 것은 작업자의 손이 톱날에 접근되는 것을 방지하기 위해서는 슈바(suva)핸들이 부착된 밀기 막대(push stick)의 사용이 필요하다. 슈바핸들은 어떤 나무에도 2~3초 내에 견고하게 부착할 수 있다.
⑥ 큰 가공 물체를 제재할 때는 밀기 막대는 중요하지 않지만 손이 옳은 위치에 놓였는가를 확인한다.

2 동력식 수동 대패

1. 개요 및 정의

회전축에 너비가 넓은 대팻날을 2장 또는 4장 고정시켜 이것을 고속으로 회전시키면서 평면, 홈, 측면, 경사면 등을 깎는 기계를 기계 대패(wood planer)라 하며, 목재의 표면을 초벌 절삭하거나 중간 정도까지 대패질하는 데 사용한다. 기계 대패를 사용하면 나뭇결, 재료의 경도 및 두께에 관계없이 능률적으로 대패질할 수 있다. 기계 대패에는 목재를 먹이는 방법(이송 방법)에 따라 수동식 기계 대패(hand planer)와 자동식 기계 대패(automatic planer)가 있다. 보통 조인터(jointer)라고 하는 수동식 기계 대패는 한쪽 면을 대패질할 수 있으며 소량 가공에 많이 사용하고 자동식 기계 대패는 1면 절삭형(single planer), 2면 절삭형(double planer) 및 4면 절삭형(four side planer) 등이 있으며 정밀하고 대량 가공에 많이 사용된다. 휴대용 전기 기계 대패는 간단한 가공물의 초벌 절삭에 주로 사용한다. 기계 대패의 크기는 가공 재료의 최대 너비로 나타낸다.

동력식 수동 대패란 회전축에 대팻날을 고정시켜 이것을 동력에 의해 고속으로 회전시키면서 작업자가 가공재를 수동으로 송급시켜 평면, 측면, 경사면 등을 깎는 기계를 말한다.

2. 방호 조치

(1) 테이블 아래 대팻날의 방호

테이블 아래의 대팻날과 동력 전달부를 방호하는 장치

(2) 날접촉 예방 장치

대팻날과의 접촉 사고의 예방을 위해 설치하는 장치로 날부분을 완전히 덮어야 한다. 또한 필요에 따라서는 가공 목재의 높이에 따라 즉시 조정되어야 한다.

(3) 밀기 막대(push stick)

손으로 가공 목재(특히 짧은 목재)를 가공하는 기계 대패에 있어서 작업자의 손이 대팻날에 쉽게 접촉할 수 있으므로 이를 방지하기 위해 사용하는 보조기구

3. 날접촉 예방 장치

(1) 가동식

가공재의 절삭에 필요하지 않은 부분은 항상 자동적으로 덮고 있는 구조를 말한다. 그 대표적인 것이지만 복귀용 스프링이 강하면 치수를 중시하는 목재업에서는 정규를 미동시켜 치수를 조정한다. 그러나 항상 위험 범위를 덮고 있으므로 작업자의 교육이나 점검 정비가 철저하다면 안전 장치의 효과를 향상시킬 수 있다.

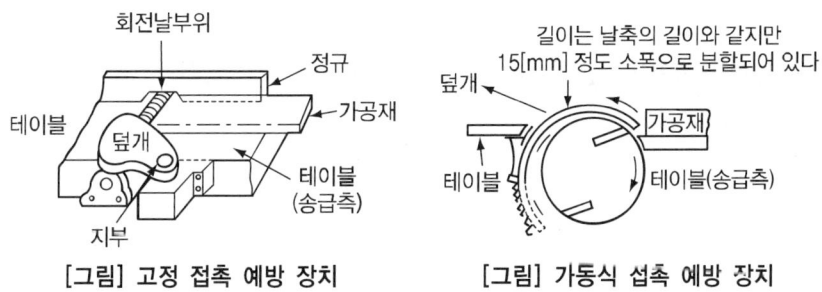

[그림] 고정 접촉 예방 장치   [그림] 가동식 섭속 예방 장치

(2) 고정식

가공재의 폭에 따라서 그때마다 덮개의 위치를 조절하여 절삭에 필요한 대팻날만을 남기고 덮는 구조를 말한다. 따라서 덮개를 부착하는 조절이 용이하게 되도록 조절 나사를 설치하여야 한다. 또 가공재를 송급하지 않을 때는 대팻날 전부를 덮도록 덮개의 길이는 대팻날을 기준으로 하여야 한다. 덮개와 가공재 송급측 테이블면 사이에 손이 들어가지 않도록 8[mm] 이하의 틈새로 부착하여야 한다.

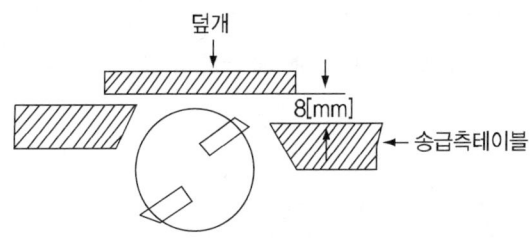

[그림] 덮개와 테이블 간의 틈새

제4장 프레스 및 전단기의 안전

제1절 프레스 재해 방지의 근본적인 대책

1 정의

1. 프레스(press)

프레스란 금형을 사이에 두고 금속 또는 비금속 물질을 압축·전단 또는 조형하는 데 사용하는 기계를 말한다.

2. 전단기

원재료를 전단하기 위해 사용하는 기계로 회전 전단기는 포함하지 않는다.

2 프레스의 종류 및 요약

① 기계 프레스란 기계적인 힘에 의해 슬라이드를 구동하는 프레스를 말한다.
② 핀 클러치 프레스란 기계 프레스 중 클러치가 슬라이딩 핀 구조로 된 것을 말한다.
③ 키 클러치 프레스란 기계 프레스 중 클러치가 롤링 키 구조로 된 것을 말한다.
④ 크랭크 프레스란 기계 프레스 중 크랭크축 등의 편심 기구를 갖는 것을 말한다.
⑤ 액압 프레스란 동력을 액압에 의해 전달하여 슬라이드를 구동하는 프레스를 말한다.

3 프레스의 재해 상황 및 방호 대책

프레스란 동력에 의하여 금형을 사이에 두고 금속 또는 비금속 물질을 압축, 전단 또는 조형하는 기계를 말하며, 전단기란 동력 전달 방식이 프레스와 유사한 구조의 것으로서 원재료를 재단하기 위하여 사용하는 기계를 말한다. 프레스는 대부분 동종 제품을 양산하는 데 소요되는 설비로서 하루 수천회 또는 그 이상, 1년간에는 수백만번 단순 동작을 반복하면서 제품을 가공하는 동안 수없이 위험 구역 내에 신체의 일부가 노출되는 위험한 기계이다. 그 중에서 단 한 번의 실수에 의해 평생 불구의 원인이 되는 등 대부분의 사고가 신체적 장해를 남기는 비참한 재해를 일으킨다.

프레스에 의한 재해는 위험 구역 내에 사람의 신체 일부가 절대로 들어갈 수 없는 조치가 되어 있지 않으므로 인하여 작업 중 우연히 금형 사이에 손을 넣는 경우나 기계와 안전 장치의 점검, 조정 등이 불충분한 경우 기계의 고장에 의해 슬라이드가 불의에 작동한 경우에 자주 발생한다. 이러한 프레스 재해는 70[%] 이상이 크랭크 프레스에 의한 재해로 이루어지고 있으며 현재의 프레스 총 대수의 90[%] 이상이 기계 프레스이다.

표는 재해 발생시의 행동별 비율로서 재료 송급 추출할 때의 재해 발생이 41[%]로 가장 많이 차지하고 있다. 또한 이것은 재료의 위치 수정시와 시제품 작업을 포함하면 70[%] 이상이 된다. 작업 조건을 보면 손을 직접 넣을 수 있는 작업의 범위가 70[%] 이상이 위험한 작업을 행할 수 있는 조건이다.

[표] 재해 발생시의 행동

작업행동	구성비[%]
• 재료 송급 및 추출시 행동	41
• 금형 시험 제품 작업 중 행동	16
• 공급한 재료의 위치 수정 중	14
• 금형 설치시 금형 조정 중	13
• 기타 행동	16

따라서 프레스는 기계의 고장에 의한 재해와 안전 장치의 사용 결함에 의한 재해를 충분히 검토해야 하며 먼저 작업점 이외의 부분인 플라이휠과 벨트, 이송 장치 등의 부속 장치의 위험 부분에 충분한 덮개를 설치하여 말려 들어가지 않도록 하여야 한다. 작업점에 대한 방호는 다음과 같이 하는 것이 좋다.

① 안전 장치를 사용할 것
② 이송 장치와 수공구를 사용할 것
③ 금형을 개선할 것

④ 그 밖의 안전 대책을 병용할 것

단조 프레스는 금형이 냉간시에 작업을 시작하면 금형의 일부가 파열되어 튀어 달아나는 수가 있으므로 조심하여야 한다. 금형의 파편은 작업자에게 치명적인 것이다. 그러므로 작업자는 금형의 재질에 대하여 세심한 주의와 점검이 절대 필요한 것이다. 그리고 해머베드와 설치부가 균열되어 파손을 일으킬 것인가를 잘 살펴야 한다. 단조 프레스의 안전 장치는 금형 사이에 몸을 넣을 때 프레임에 설치된 안전 블록(safety block)을 펀치부 아래에 끼워 넣어 펀치부가 돌연 낙하하지 않도록 하여야 한다. 안전 블록 인출식도 있다. 금속 전단기는 프레스와 같은 위험성을 가지고 있는 기계이므로 안전 대책은 프레스의 경우와 같다.

4 프레스의 안전 장치 및 방호 대책

1. 게이트 가드식

(1) 가드식의 예

가드식은 앞에서 다루었던 interlock가 적용된 가드와 비슷하다. 기계를 작동하려면 우선 게이트(문)가 위험점을 폐쇄하여야 비로소 기계가 작동되도록 한 장치를 말한다. 그 사례는 그림과 같다. 가드식 안전 장치는 게이트가 하강식, 상승식, 수평식 등이 있으며 작업 조건에 따라서 게이트의 작동을 선정하여야 한다.

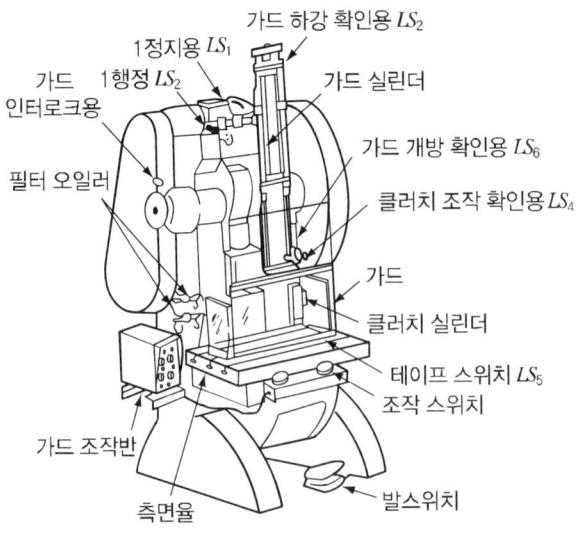

[그림] 가드식 안전장치

(2) 가드식의 특징

① 일반적으로 이차 가공에 적합하다.
② 기계 고장으로 인한 이상 행정에도 안전하다.
③ 공구 파손시에도 안전하다.
④ 상사점(上死點) 개방 방식은 작업 능률이 떨어진다.

2. 수인식

작업자의 손과 기계의 운동 부분을 케이블이나 로프로 연결하고 기계의 위험한 작동에 따라서 손을 위험 구역 밖으로 끌어내는 장치를 말하며, 국내 금속 가공업체에서 주로 사용되는 핀 클러치 구조의 크랭크 프레스에 적합하다. 다만 이 장치를 효과적으로 사용하려면 케이블이나 로프의 길이를 작업자가 적극적으로 조정하고, 감독자에 의한 사용 상황의 관리가 중요하다. 이 수인식 안전 장치는 손을 구속하게 되므로 작업간 손의 활동 범위를 고려해서 선택, 적용하여야 한다.

① 끈의 수인량과 금형의 틈새, 수인끈의 수인량은 프레스 전단기의 안전 기준에 관한 기술 지침에 의해서 사용되는 기계의 정반 안길이의 1/2 이상이어야 한다.
② 수인식의 특징
  ㉮ 장점
    ㉠ 슬라이드의 연속 낙하에도 재해 방지가 가능하다.
    ㉡ 여분의 조작이 필요하지 않다.
    ㉢ 되돌림식에서는 끈의 길이가 적당하며 수공구를 사용할 필요도 없이 안전하다.
  ㉯ 단점
    ㉠ 작업 반경에 제한을 두기 때문에 행동에 제약을 받는다.
    ㉡ 작업자를 구속하므로 생산성의 저하 우려와 작업자의 거부감을 일으킨다.
    ㉢ 매 작업마다 조정이 필요하다.
    ㉣ 스트로크가 짧은 프레스의 경우 되돌리기가 불충분하다.

3. 손쳐내기식

기계가 작동할 때 레버나 링크 혹은 캠으로 연결된 제수봉이 위험 구역의 전면에 있는 작업자의 손을 우에서 좌, 좌에서 우로 쳐내는 것을 말한다.

(1) 손쳐내기식의 조건

기계의 슬라이드 작동에 의해서 제수봉의 길이 및 진폭을 조절할 수 있는 구조로 되어야 하며, 손의 안전을 확보할 수 있는 방호판이 구비되어야 한다. 이 방호판의 폭은 금형폭의 1/2 (금형의 폭이 200[mm] 이하에서 사용하는 방호판은 100[mm] 이상이어야 하며 또 높이가 행정 길이(행정 길이가 300[mm]를 넘는 것은 300[mm]의 방호판) 이상이 되어야 한다. 제수봉의 진폭은 금형폭 이상으로 되어야 한다.

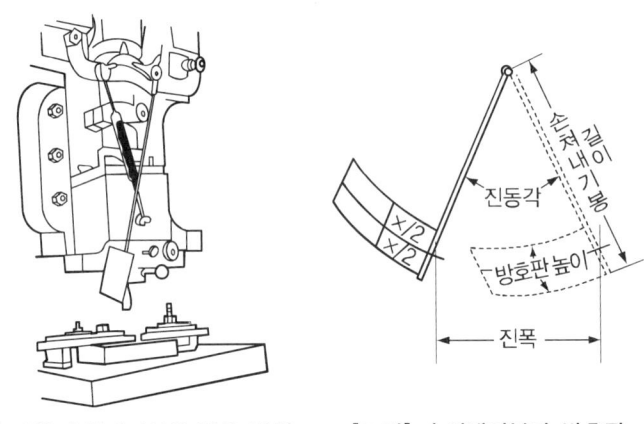

[그림] 손쳐내기식의 방호 장치   [그림] 손쳐내기봉과 방호판

사업장에서 손쳐내기식 안전 장치를 설치한 후 그 사용에 실패하는 이유는 작업에 지장을 주는 것은 물론, 손쳐내기판이 스윙할 때 위험 구역 밖에서도 강타당하게 되면 이때 방호판이 완충물로 되어 있지 않으면 방호판에 맞아 손이 부어오르고 그래서 그 작업자가 의도적으로 사용을 기피하는 경향 때문이다. 또 방호 구역의 제한을 받으며, 작업자의 시야 및 정신 집중의 혼란을 야기시키고, 손쳐내기봉이 변형되기 쉽고, 스트로크 끝에서 방호가 불충분하지만 특징으로는 다음과 같은 것이 있다.

(2) 손쳐내기식의 특징

① 장점

㉮ 가격이 저렴하다.
㉯ 설치가 용이하다.
㉰ 수리·보수가 용이하다.
㉱ 신뢰성이 높다(이론적으로는 작업면에 재해가 일어날 이유가 없다).

② 단점

㉮ 양쪽 측면이 무방호 상태이다.
㉯ 대형 프레스는 손의 구속이 안 된다.

4. 양수 조작식

기계를 가동할 때 위험한 작업 전에 손을 놓이지 않도록 조작 단추나 조작 레버를 2개 준비하고 양손으로 동시에 단추나 레버를 작동시키도록 한 것이다.

이때 단추나 레버의 거리는 300[mm] 이상 격리시켜야 한다. 누름 단추는 조작이 용이하고 더욱이 접촉, 진동으로 불의의 기계가 기동할 때 위험이 없는 것이어야 한다. 양수 조작식 안전 장치는 양수 조작식과 양수 기동식으로 구분한다.

(1) 양수 조작식의 조건

양손으로 누름 단추 등의 조작 장치를 계속 누르고 있으면 기계는 계속 작동하지만 두 손 중 한 손만 조작 장치에서 떼면 기계는 즉시 정지한다. 고용노동부 고시 중 안전에 관한 기술 지침에 의무화되어 있는 양수 조작식은 이런 종류의 것이다. 급정지 기구를 따로 구비할 필요가 없는 기계에 적용할 때 양수 조작식이라 한다. 예를 들면 마찰식 클러치가 있는 프레스기를 말한다.

(2) 양수 조작 장치의 안전 확보

작업 현상에서 자주 볼 수 있는 것은 1점 조작을 하는 행위이다. 이 불안전한 행위를 방지하지 못하고, 이 장치의 효과를 확보하려면 다음의 조건들을 만족시켜야 한다.

① 일정 시간(예를 들면 1초 이내)에 누름 단추를 동시에 조작하여야만 작동되는 것
② 기계의 작동 후 위험점에 손이 도달하지 못하도록 안전 거리를 확보하는 것

누름 단추나 조작 레버는 위험 한계에 안전 거리 이상 떼어서 부착하여야 한다. 현재 일반 기계나 장치에 사용되고 있는 사례에서 양수 기동 장치들은 재검토를 필요로 하는 많은 문제점이 있는 것으로 본다. 이러한 미비점을 만족시키려면 일반적으로 조작 장치와 위험점간에 충분한 안전 거리를 취할 필요가 있다. 여기서 작용하는 사람의 손의 기준 속도를 초속 1.6[m]로 해서 계산되어 다음과 같은 계산식이 정해져 있다.

$$D = 1.6(T_l + T_s)$$

여기서

D : 안전 거리(단위 [mm])

T_l : 누름 버튼에서 손이 떨어질 때부터 급정지 기구가 작동을 개시하기까지의 시간[ms]

T_s : 급정지 기구가 작동을 개시할 때부터 슬라이드가 정지할 때 까지의 시간[ms]

여기서 급정지 시간의 측정은 크랭크 각도 90° 위치에서 측정한다.

(3) 양수 기동식

양손으로 누름 단추 등의 조작 장치를 동시에 1회 누르면 기계가 작동을 개시하는 것을 말한다. 정지는 정지 단추를 조작하거나 1행정(一行程)을 한 뒤 자동 정지하는 경우가 많다. 프레스기는 슬라이드 핀 클러치가 적용된 기계에 양수 조작식을 말하며, 반드시 1행정 1정지 기구가 구비되어야 하고, 위험 한계에 손이 미칠 위험이 있으므로 급정지 기구가 구비되어야만 한다. 이 방식은 리밋 스위치에 의해 슬라이드 혹은 링크축의 움직임을 감지하는 방식, 콘덴서의 충전방전에 의한 방식, 타이머 방식 등이 있다.

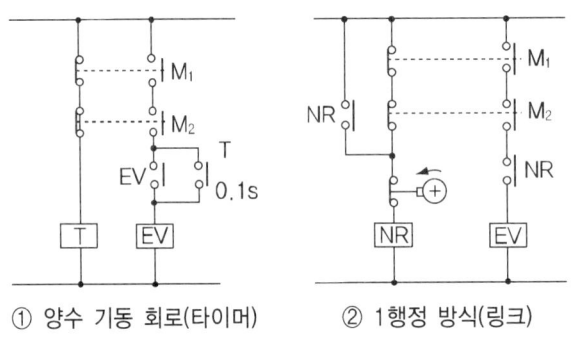

① 양수 기동 회로(타이머)   ② 1행정 방식(링크)

[그림] 양수 기동식 회로

$D_m = 1.6\,T_m$

D_m = 양손으로 누름 단추를 조작하고 슬라이드가 하사점에 도달하기까지의 소요 최대 시간(단위[ms])

$T_m = \left(\dfrac{1}{\text{클러치가 걸리는 개소수}} + \dfrac{1}{2} \right) \times 60{,}000 / \text{매분 행정수(spm)}$ (단위 [ms])

(4) 양수 조작식의 특징

① 급정지 성능이 약화하지 않는 한 작업자를 슬라이드에 의한 위험 거리에서 완전히 방호한다.
② 굽힘 가공 등 2차 가공에 사용되며 급정지 성능이 양호하면 안전 거리가 짧아 작업 기능이 향상된다.
③ 클러치·브레이크의 기계적인 고장에 의한 이상 행정에는 효과가 없다.

5. 광전자식

광전자식 안전 장치는 작업자 신체의 일부가 위험 구역 내에 접근할 경우 센서에 의해 감지되고 동력 전달 장치로 전달되어 작동하던 슬라이드를 급정지시키는 장치이다. 위험 구역의 전면에 센서를 설치해 두고 프레스 작업자가 센서에 감지되면 이를 검출해서 위험 구역에 손이 미치기 전에 슬라이드를 정지시키고 광선의 차단을 멈추어도 재동작해서는 안 되므로 재동작 조작이 필요하다. 또한 현장에서 빈번한 고장으로 근로자들이 회피하는 경향이 있으며, 설치상의 난점이 있는 단점도 있으나 시계가 차단되지 않고 작업에 지장을 주지 않는다는 장점이 있으므로 많이 사용하고 있다.

그러나 급정지 장치가 없는 핀 클러치 방식의 재래식 프레스에는 사용할 수 없다. 광전자식 안전 장치에서는 검출에 의한 광축과 위험 구역과의 거리는 최대 정지 소요 시간을 실측해서 $D = 1.6(T_l + T_s)$에 대입하여 계산해 낸다. 또한 이 장치 사용에 있어서는 프레스 방호 높이(행정 + 슬라이드 조절량)에 따라 광축수를 결정한다. 광축의 위치는 위험 단계에서 안전 거리 이상 떨어져야 한다. 안전 거리를 구하는 방법은 양수 조작식과 동일하다.

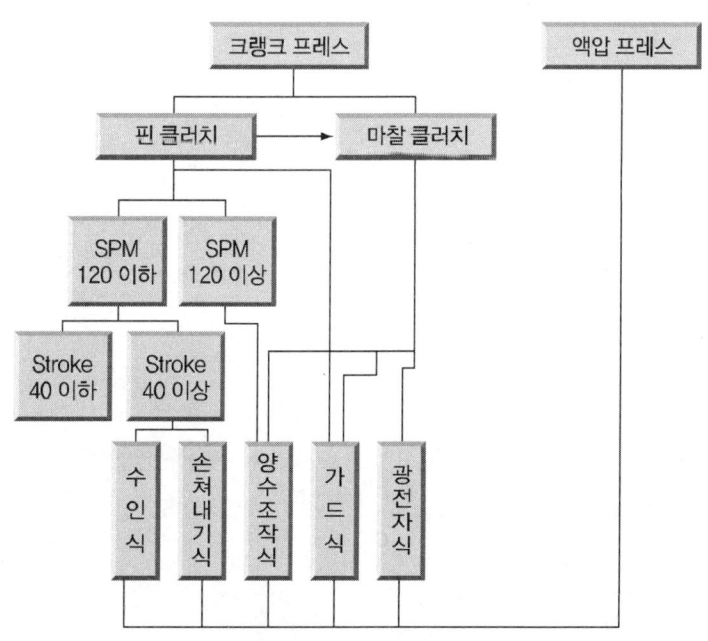

[그림] 안전 장치의 선택 기준

(1) 광축의 수

프레스 전단기의 안전보건기준에 관한 기술 지침을 만족시키려면 광전자식 검출 기구의 투광기 및 수광기는 프레스의 스트로크 길이와 슬라이드 조절량을 합계한 길이의 전장에 걸쳐서 유효하게 작동하여야 하지만, 이 합계한 길이가 400[mm]를 초과하는 경우에 유효하게 작동하는 길이가 400[mm]로 되어 있다. 또 투광기 및 수광기의 광축수는 2개 이상으로 하고, 광축 상호간의 간격은 50[mm] 이하이다.

단, 안전 거리가 500[mm]를 초과하는 경우에는 광축 간격은 70[mm] 이하로 하여도 된다.

(2) 광전자식의 특징

연속 운전 작업 및 발 스위치 조작에 사용되며 급정지 성능이 열화하지 않는 한 작업자를 슬라이드에 의한 위험에서 방호한다.

굽힘 가공 등 2차 가공 및 순차 이송(progressive) 가공 등에 사용되며, 급정지 성능이 양호하면 안전 거리가 짧아 작업 능률이 향상된다.

클러치 브레이크의 기계적인 고장에 의한 이상 행정에는 효과가 없다.

제2절 금형(Die)의 안전화

1 안전 블록의 설치

프레스 등의 금형을 부착·해체 또는 조정 작업을 하는 때에는 신체의 일부가 위험 한계 내에 들어갈 때에 슬라이드가 불시에 하강함으로써 발생하는 위험을 방지하기 위하여 안전 블록을 사용하여야 한다.

2 프레스의 금형 설치시 안전 조치

1. 금형 사이에 신체의 일부가 들어가지 않도록 안전망을 설치할 것

2. 다음 부분의 빈틈이 8[mm] 이하가 되도록 금형을 설치할 것

   ① 상사점에 있어서 상형과 하형과의 간격
   ② 가드 포스트와 부시와의 간격

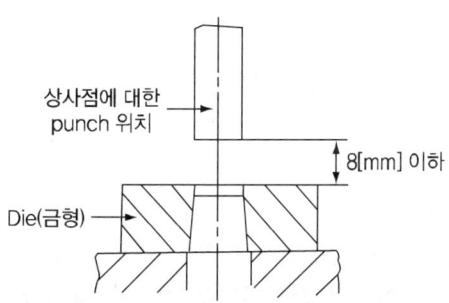

[그림] 상사점에 대한 punch하면과 die면이 8[mm] 이하

3. 금형 사이에 손을 넣을 필요가 없도록 다음 조치를 강구할 것

   ① 재료를 자동적으로 또는 위험 한계 밖으로 송급하기 위한 롤 피드, 슬라이딩 다이 등을 설치할 것
   ② 가공물과 스크랩이 금형에 부착되는 것을 방지하기 위한 스트리퍼, 녹아웃(knock out) 등을 설치할 것

③ 가공물 등을 자동적으로 또한 위험 한계 밖으로 반출하기 위한 공기 분사 장치 등을 설치할 것

3 프레스 현장의 안전상 특징

① 공정마다 위험과 직결된다 : 상해
② 기계 고장 발생 빈도가 많다 : 마모, 파손, 이탈, 변형
③ 공정마다 방호 방법, 안전 장치, 작업 표준이 다르다.
④ 공정마다 금형이 다르다 : 제품의 크기, 무게
⑤ 소음과 진동으로 고장 예지가 어렵다 : 예지 불가
⑥ 반복 작업의 지루함 : 감각 차단 현상
⑦ 안전 장치 및 수공구 사용 기피성이 많다 : 귀찮음
⑧ 2인 1조 협조할 작업이 많다 : 신호 불일치
⑨ 페달의 발을 떼지 않는다 : 살인 페달
⑩ 수칙 준수가 안 된다 : 사고 후 눈물로

4 수공구의 활용

1. 프레스 작업의 안전화 및 작업 개선 대책

① 프레스 작업자가 작업 중 손, 손가락 등의 절단 위험이나 철판 취급에 의한 베임 등의 재해를 방지할 수 있다.
② 프레스 작업시에 철판을 취급하면서 신체를 비트는 행동이 없어진다.
③ 철판 등을 취급하는 작업량이 감소되므로 재료를 발에 떨어뜨리는 위험이 없다.
④ 팔의 피로도를 절감할 수 있다.
이상과 같은 개선 효과에 의해 종래의 프레스 작업으로부터 작업자는 기계 감시 작업으로 전환되므로 안전 작업의 추진을 도모할 수 있다.

2. 프레스 기계의 안전 대책

① 크랭크 기구의 프레스에서는 슬라이드 스트로크의 조정을 확실하게 하고 과부하가 되지 않도록 한다.

② 마찰 프레스는 공전타를 해서는 안 된다.
③ 유압 프레스는 프레스 본체에서 기름이 누설되어서는 안 된다. 작업 전에 클러치가 들어가는 모양, 페달의 되돌림, 브레이크 효과를 조사한다. 운전중 램 밑에 손을 넣지 않도록 하고 형틀에 막혀 있는 조각들은 브러시로 제거한다. 형틀을 설치할 때는 형맞춤은 수동으로 하여 확실하게 맞추어 고정한다. 폭이 좁은 재료의 송급에는 클램프를 사용하고 판재 등의 긴 재료를 가공하는 경우에는 손 위치에 주의하고 마지막 구멍은 바꿔서 든다.
④ 페달로 작업하는 프레스는 연속 작업 이외는 반드시 1회마다 페달에서 발을 뗀다. 클러치 페달 위에는 견고하게 덮개를 설치하여 공구 등이 떨어져도 안전 유지가 되도록 한다. 가공물은 슬라이드 중심에 놓고 기계 능력을 초과하는 두께나 크기의 것은 가공하지 않는다. 강판의 칩을 지정 장소에 보관하고 통로에 방치하지 않는다. 프레스 작업에는 손가락 절단이 많으므로 이에 적합한 안전 장치를 설치하여야 한다.
㉮ 손이 위험 장소에 들어가지 않도록 안전망책을 부착한다.
㉯ 손이 위험 장소에 있을 때에 프레스를 정지시키는 게이트 가드식이나 광전자식 안전 장치를 한다.
㉰ 손이 위험 장소에 있으면 기능적으로 손을 위험 장소에서 뿌리치게 하는 풀아웃(pull-out) 장치, 스위프 가드(sweep guard)식 조작시 반드시 두손을 사용하는 양수 조작 장치, 자동 송급 장치, 운동 장치를 계속 눌러도 프레스는 1왕복 밖에 하지 않는 2왕복 장치, 금형 교환 중 잘못 운전해도 슬라이드가 하강하지 않는 인터로크 장치, 클러치가 들어가 기계가 시동할 때 경보가 울리는 경보 장치 등의 안전 장치가 부착되어야 한다.

[표] 프레스기 안전 장치

금형 안에 손이 들어가지 않는 구조 (No-Hand-in-Die Type)	금형 안에 손이 들어가는 구조 (Hand-in-Die Type)
① 안전울이 부착된 프레스 ② 안전금형을 부착한 프레스 ③ 전용 프레스 ④ 자동 송급, 배출 기구가 있는 프레스 ⑤ 자동 송급, 배출 장치를 부착한 프레스	① 프레스기의 종류, 압력능력 S.P.M. 행정길이·작업방법에 상응하는 방호 장치 ㉮ 가드식 ㉯ 수인식 ㉰ 손쳐내기식 ② 정지 성능에 상응하는 프레스 ㉮ 정지 성능에 상응하는 성능 ㉯ 감응식 광전자식(비접촉) 　　　　　　　　　Inter-Lock(접촉)

전환 스위치에 의한 { 행정 / 조작 / 방호장치 } 등의 전환 조치

제5장 위험 기계·기구의 안전

제1절 롤러기

1. 개요 및 정의

일반적으로 롤러를 이용하여 금속 또는 비금속 재료를 가공하는 기계를 전부 롤러기라 하며 금속 재료를 상온 또는 고온에서 롤 사이에 연속적으로 통과시켜 금속의 소성을 이용하여 판재, 대판, 형재 등을 성형하는 기계를 압연 롤러기라 하며 고무, 고무 화합물 또는 플라스틱 등과 같은 점성이 있는 비금속 재료를 가공하는 롤러기를 고무 롤러기라 부르고 있다. 이외에도 섬유 공업, 제지 공업, 인쇄 등에서도 여러 형태의 롤러기가 사용되고 있는 등 여러 업종에서 널리 사용되고 있다. 롤러기란 2개 이상의 원통형을 1조로 해서 각각 반대 방향으로 회전하면서 가공 재료를 롤러 사이로 통과시키고, 롤러의 압력에 의하여 소성·변형시키거나 연화하는 기계·기구로서 고무, 고무 화합물 또는 합성 수지를 연화하는 것에 한한다.

2. 종 류

(1) 밀(mill)기

수평으로 설치되어 서로 반대 방향으로 회전하는 두 개의 인접한 금속 롤러로 구성되어 있는 기계로서 고무 및 플라스틱 화합물의 기계적 작용에 사용된다.

밀(mill)기에 있어서 크기에 상관없이 설치시 작동 롤러 높이는 1.3[m](50인치)가 되도록 설치하여야 한다.

(2) 캘린더(calender)기

반대 방향으로 회전하는 두 개 또는 그 이상의 금속 롤이 장치된 기계로서 고무나 플라스틱 화합물을 연속적으로 판가공하거나 고무 및 플라스틱 화합물로서 재료를 두 바퀴의 상대적 압력을 이용하거나 코팅하는 데 사용되는 기계이다.

3. 관련 재해

고무 및 플라스틱 화합물의 반죽은 점성이 있는 재료이므로 작업자가 롤러기에서 작업을 할 때 재료(고무, 플라스틱)를 롤이 서로 맞물리는 점, 즉 바이트(bite)에 밀어넣는 과정이나 청소 작업 중에 신체 일부(손) 또는 옷이 말려 들어가서 발생되는 재해가 가장 많으며 기타 회전 풀리, 전도 벨트 등과 신체의 일부가 접촉되어 발생되는 재해가 있을 수 있다.

4. 재해 방지 대책

① 작업자가 정상 작업 또는 수리 등의 작업을 할 때 움직이는 기계 부위에 접촉되지 않도록 덮어야 한다 : 고정 가드
② 조작을 위하여 작업점에 접근되지 않도록 통제하여야 한다 : 양수 조작식, 전자식 원격 조작
③ 근로자의 신체의 어느 부분이라도 위험점에 머물러 있는 한 작동되지 않도록 한다 : 전자 감응식
④ 손이나 발등을 위험점이나 범위 내에 넣을 필요가 없도록 설계를 개선하여 위험에 노출되는 기회를 근본적으로 배제한다 : 재료의 자동 이송 장치, 특수 공구 사용

5. 방호 장치

롤의 작업점에 대한 방호로서는 물림점에 손이 들어가지 못하고 재료만 들어갈 수 있는 고정 덮개를 사용해야 하는데 특히 캘린더용으로 사용되는 것이며, 이것이 불가능할 때에는 롤 전체를 커버로 덮어 씌우고 그것을 열게 되면 전원이 끊어지는 장치를 마련하는 것이 안전상으로 필요하게 된다. 그림에서 볼 수 있는 것은 한 끝을 자유롭게 지지한 암의 끝에 부착한 매끄러운 소형 롤 1개가 고정롤의 물림점에 놓이게 되고 재료의 이송시에 고정롤면에 접근하게 되면 하나는 위 또는 아래로 이동해서 고정롤과 접촉하고 회전 방향이 반대 방향으로 되기 때문에 손을 노출하게 된다. 롤의 물림점에 재료를 이송할 때는 이들 가드가 작업에 지장을 주게 되는 경우가 많다. 따라서 로프 피드(rope feed)라고 해서 두 줄의 로프 사이에 재료를 끼워서 재료의 일부를 먼저 물리면서 이송하는 방법에서부터 공기 노즐을 사용해서 이송한다든가 이송용의 수공구를 사용하는 등 여러 가지 방법이 고안되고 또 일부는 사용 단계에 있는 것도 있다. 물림부에서 손이 끼이게 되는 위험성에 대해서는 현재로서는 완전히 제거한다는 것은 사실상 어려운 것이다. 따라서 손이 끼일 경우를 생각해서 레버 또는 끈의 조작으로 가동 중에 있는 기계에 대한 급정지 장치를 마련해 두지 않으면 안 된다. 그런데 이 경우의 급정지 장치는 단순히 동력을 차단한다거나 클러치를 푸는 것만으로는 기계의 관성력 운동으로 말미암아 재해를 일으키게 되므로 크게 주의하여야 한다. 또 조작 레버의 위

치도 피해자가 있을 경우에는 그것을 손쉽게 움직일 수 있는 위치에 마련되어야 한다.

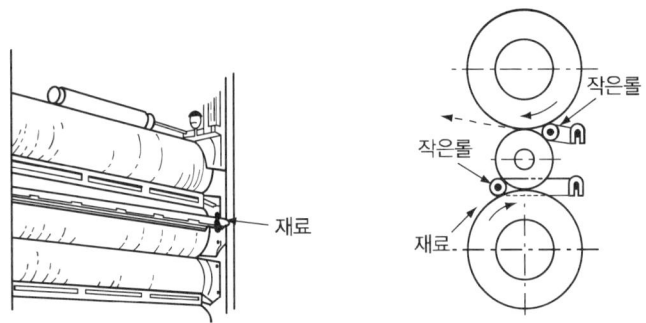

[그림] 캘린더의 물림점에 대한 안전 장치

수평형 조작 레버를 마련한 경우이고 수직형 롤에 조작 레버를 마련한 경우를 예시한 것인데 어느 경우도 밀거나 끌어당겨도 급정지 장치가 즉시 작동할 수 있도록 되어 있다.

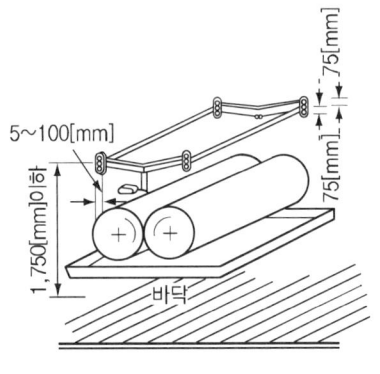

[그림] 수평 롤의 조작 레버

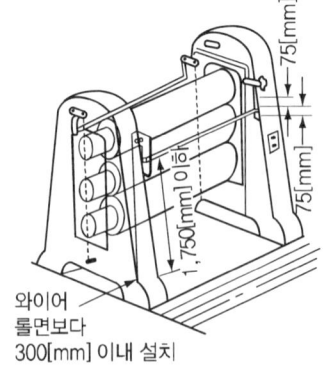

[그림] 수직 롤의 조작 레버

위험성이 높은 고무재 롤인 경우와 같이 강력한 점착성 재료를 취급하는 롤에서는 표에서 볼 수 있는 것과 같은 급정지의 성능에 대한 표준이 있다. 이 표준에는 주로 속도에서부터 정지까지의 최대 거리가 마련되고 있다.

[표] 롤의 급정지 거리 및 표면속도 산출공식

앞면롤러의 표면속도[m/min]	급정지 거리	표면속도 산출공식
30 미만	앞면 롤 원주의 1/3	$V = \dfrac{\pi DN}{1,000}$
30 이상	앞면 롤 원주의 1/2.5	

6. 롤러기 가드의 개구부 간격

ILO(국제 노동 기구)에서 정한 프레스 및 전단기의 작업점이나 롤러기의 맞물림점에 설치하는 가드의 개구부 간격은 다음 식에서 구한다.

$Y = 6 + 0.15X$

여기서 X : 가드와 위험점간의 거리[mm] Y : 가드의 개구부 간격[mm]

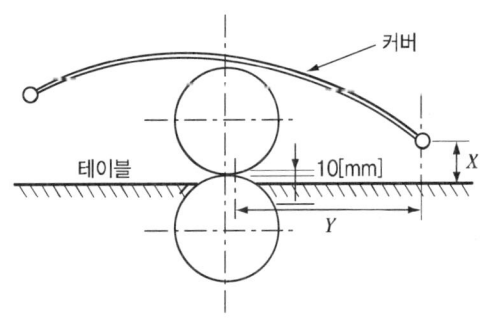

[그림] 롤러기와 가드

[표] 롤러기 급정지장치 위치

급정지장치 조작부의 종류	위치	비고
손으로 조작하는 것	밑면에서 1.8[m] 이내	위치는 급정지장치의 조작부의 중심점을 기준으로 함
작업자의 복부로 조작하는 것	밑면에서 0.8[m] 이상, 1.1[m] 이내	
작업자의 무릎으로 조작하는 것	밑면에서 0.6[m] 이내	

제2절 원심기(Centrifugal Machine)

1 원심기의 개요 및 사용 방법

① 원심기에는 덮개를 설치하고 내용물을 꺼낼 때 기계의 운전이 정지되어 있어야 한다.
② 원심기의 최고 사용 회전수를 초과하여 사용하여서는 안 된다.

[그림] 세척기의 안전 장치   [그림] 원심분리기의 안전 장치

2. 원심기의 안전 기술

(1) 덮개의 설치

원심기에는 덮개를 설치하여야 한다.

(2) 운전의 정지

원심기로부터 내용물을 꺼낼 때는 운전을 정지하여야 한다.

(3) 최고 사용 회전수의 초과 사용 금지

원심기의 회전수를 초과 사용하여서는 안 된다.

(4) 비파괴검사의 실시

고속회전체(회전축의 중량이 1톤을 초과하고 원주속도가 매초당 120[m] 이상인 것에 한한다)의 회전시험을 하는 때에는 미리 회전축의 재질 및 형상 등에 상응하는 종류의 비파괴검사를 실시하여 결함유무를 확인하여야 한다.

제3절 아세틸렌 용접장치 및 가스집합 용접장치

1 개요 및 정의

① 발생기는 카바이드와 물을 반응시켜 아세틸렌 용접장치에서 사용되는 아세틸렌을 발생시키는 장치로 투입식, 주입식, 침지식 등이 있다. 도관은 발생기로부터 작업 현장으로 가스를 공급하기 위한 배관을 말하고, 취관이란 그 선단에 붙인 팁(노즐)으로부터 가스의 유출을 조절하는 기구로 아세틸렌의 사용 압력에 따라 저압식과 중압식으로 나누어진다.

② 가스집합 용접장치는 가스집합장치의 용기를 도관에 의해 연결한 장치 또는 인화성 가스의 용기를 도관에 의해 연결한 장치로서 해당 용기의 내용적 합계가 수소 혹은 용해 아세틸렌 용기에 있어서 400[l] 이상, 그외의 가연성 가스 용기는 1,000[l] 이상의 것을 말한다.

③ 인화성 가스는 20[℃], 표준압력(101.3[kPa])에서 공기와 혼합하여 인화되는 범위에 있는 가스(혼합물을 포함한다)를 말하며, 가스집합용접 장치는 안전기, 압력 조정기, 도관, 취관 등에 의해 구성되며 압력 조정기란 산소 실린더, 용해 아세틸렌, 아세틸렌 배관 등의 압력은 매우 고압이므로 이것을 실세로 용접 작업에 필요한 압력으로 저하시켜 적당한 유량으로 확보하기 위한 장치이다.

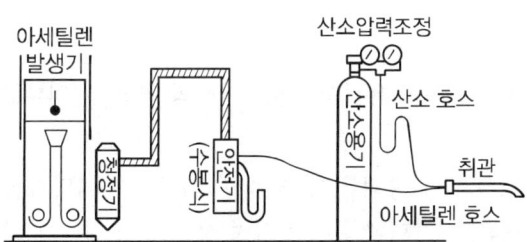

[그림] 아세틸렌 용접장치

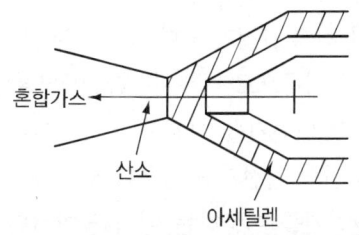

[그림] 불변압식 취관의 인젝터 내부 구조

2 관련 재해 및 대책

석유 등잔이나 초에 불을 붙이면 그을음과 함께 빨간 불꽃이 핀다. 바로 연소 현상이다. 용접 취관에 점화할 때 아세틸렌을 서서히 분출시키면 이와 같은 현상이 똑같이 일어나는데 이것은 인화성 가스와 공기가 혼합·확산되면서 타는 것이다. 가스의 폭발은 공기와 산소에 인화성 가스가 혼합된 상태에서 점화원이 주어질 때 순간적으로 일어나는 현상이다. 공기, 인화성 가스, 점화원의 3가지 조건 중 어느 한 가지라도 결핍되면 폭발은 일어나지 않는다. 이 세 가지의 결합에서만이 가능한 것이다. 순수한 아세틸렌은 원래 무색이며 방향(芳香)을 가진 기체이나 카바이드를 원료로 제조한 것은 불순물을 함유하고 있다. 비중은 대기압에서 공기의 중량을 1로 했을 때의 가스 비중은 0.906으로 공기보다 가볍다. 아세틸렌의 폭발 위험성은 혼합 가스 형성에 의한 폭발 위험이 예상된다. 그 외에 아세틸렌 자신의 분해 폭발을 들 수가 있다. 따라서 이들 장치에 대한 잠재 위험으로 취관의 팁이 막히면 산소 또는 불꽃이 아세틸렌 도관 내로 흘러들어가 수봉식 안전기에 유입된다. 만일 안전기가 불안전하면 아세틸렌 발생기 내에 들어가 폭발을 일으킬 위험이 있다. 또한 도관의 파이프에 가스 누설이 생겨 부근에 있는 발화원과 결합되어 화재를 일으키는 사고도 있을 수 있다. 여기에서는 수봉식 안전기만 취급하고 있으므로 용해 아세틸렌은 해당되지 않으나 고압 가스 안전 관리법에 의한 안전기를 설치하여야 한다. 도관은 구리의 함유량이 70[%] 이상의 구리 합금을 사용하여서는 안 된다.

3 재해 방지 대책

아세틸렌 용접장치 및 가스집합 용접장치에는 가스의 역화 및 역류를 방지할 수 있는 안전기를 설치하여야 한다.
안전기의 설치 필요성은 가스 용접 등의 작업 중 취관에서 역화하거나, 취관 내에서 산소의 아세틸렌 통로로의 역류, 아세틸렌의 이상 압력 상승 등의 상태가 될 수 있는 한 국부적으로 한정되도록 하고 대형 사고가 되는 것을 방지하는 것이 필요하다. 특히 취관을 통해 거꾸로 흐르는 역화 현상은 완전히 저지되어야 한다. 이때문에 이용되는 것이 안전기이고 이러한 안전기에는 수봉식 안전기와 건식 안전기(역화 방지기라고도 한다)가 있다. 수봉식 안전기는 가스 압력에 따라 저압용과 중압용으로 나누어진다. 아세틸렌 용접장치, 가스집합 용접장치를 이용하는 경우에는 수봉식 안전기를 설치하는 것이 의무화되어 있다. 최근에는 이외에 더욱 안전성을 높이기 위해 건식 안전기를 병용하거나 가스집합 용접장치를 사용하지 않고 작업하는 경우에도 건식 안전기를 이용하는 일이 많아졌다.

4 안전기

1. 수봉식 안전기

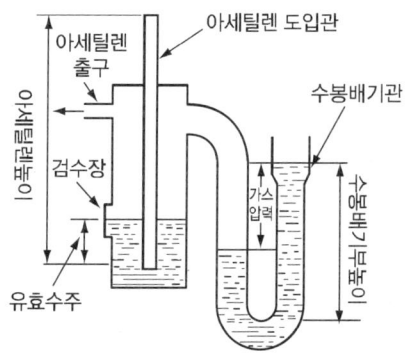

[그림] 수봉식 안전기의 구조

[그림] 산소용기의 각인

(1) 저압용 수봉식 안전기

게이지 압력이 $0.07[kg/cm^2]$ 이하의 저압식 아세틸렌 용접 장치 안전기의 성능 기준은 다음과 같다.

① 주요 부분은 두께 2[mm] 이상의 강판 또는 강관을 사용하여 내부 압력에 견디어야 한다.
② 도입부는 수봉식이어야 한다.
③ 수봉 배기관을 갖추어야 한다.
④ 도입부 및 수봉 배기관은 가스가 역류하고 역화 폭발을 할 때 위험을 확실히 방호할 수 있는 구조이어야 한다.
⑤ 유효 수주는 25[mm] 이상으로 유지하여 만일의 사태에 대비하여야 한다.

⑥ 수위를 용이하게 점검할 수 있어야 한다.
⑦ 물의 보급 및 교환이 용이한 구조로 해야 한다.
⑧ 아세틸렌과 접촉하는 부분은 동관을 사용하지 않아야 한다.

(2) 중압용 수봉식 안전기

게이지 압력 $0.07[kg/cm^2]$ 이상 $1.3[kg/cm^2]$ 이하의 아세틸렌을 사용하는 중압용도 저압용과 동일한 모양의 수봉 배기관을 이용할 수 있지만 그 높이가 13[mm] 필요하게 되므로 실용적이 아니어서 거의 사용되고 있지 않다. 실제로는 기계적 역류 방지 밸브, 안전 밸브 등을 갖춘 것이 이용되고 유효 수주는 50[mm] 이상이어야 한다.

2. 건식 안전기(역화 방지기)

아세틸렌 용접장치 또는 가스집합 용접장치를 이용하는 경우에는 이미 서술한 것과 같이 수봉식 안전기를 갖추어야 한다. 그러나, 최근에는 아세틸렌 용접장치를 이용하는 것이 극히 드물고, 용해 아세틸렌, LP 가스 등의 용기를 이용하는 일이 많아지고 있다. 그러나 이러한 작업에 있어서도 안전에 대한 충분한 대책이 필요하다. 이 때문에 이용되는 것이 건식 안전기이다. 건식 안전기에는 소결 금속식과 우회로식의 두 가지 형식의 것이 있다.

(1) 소결 금속식 건식 안전기

소결 금속식 건식 안전기의 구조 및 동작 원리는 그림과 같다. 이 안전기의 동작 원리는 역화되어 온 화염이 소결 금속에 의해 냉각 소화되고, 또 역화 압력에 의해 폐쇄 밸브가 작동하여 가스 통로를 닫게 되어 있다.

(2) 우회로식 건식 안전기

우회로식 건식 안전기의 원리 및 구조, 작동은 그림과 같고, 역화의 압력파와 연소파를 분리해서 연소파가 우회로를 통과하고 있는 사이에 압력파에 의해서 압착자를 작동시켜 가스 통로를 폐쇄시키고 역화를 저지하게 한 장치이다.

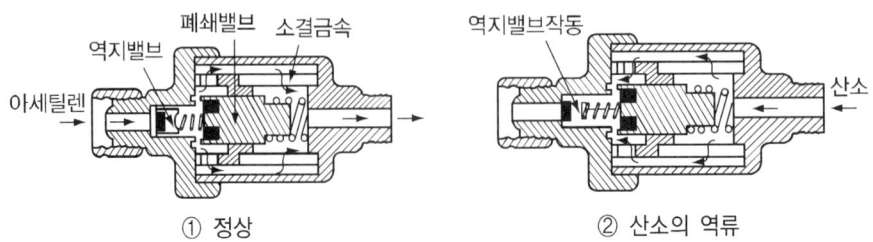

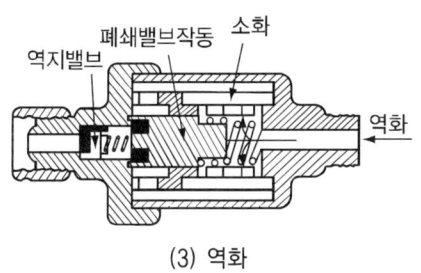

(3) 역화

[그림] 소결 금속식 건식 안전기의 구조 및 동작원리

3. 취급상의 주의점

① 수봉식 안전기는 1일 1회 이상 점검하고 항상 지정된 수위를 유지해 둘 것
② 수봉부의 물이 얼었을 때는 더운 물로 용해할 것. 자주 얼 경우에는 에틸렌글리콜이나 글리세린 등과 같은 부동액을 첨가해도 좋다.
③ 중압용 안전기의 파열판은 상황에 따라서 적어도 연 1회 이상은 정기적으로 교환하는 것이 바람직하다. 이 작업은 휴일 또는 작업 중지시에 행하고 완전히 공기빼기를 하고 나서 사용할 것
④ 수봉식 안전기는 지면에 대해 수직으로 설치할 것
⑤ 건식 안전기는 아무나 함부로 분해하거나 수리하지 말 것

4. 안전기 설치 요령

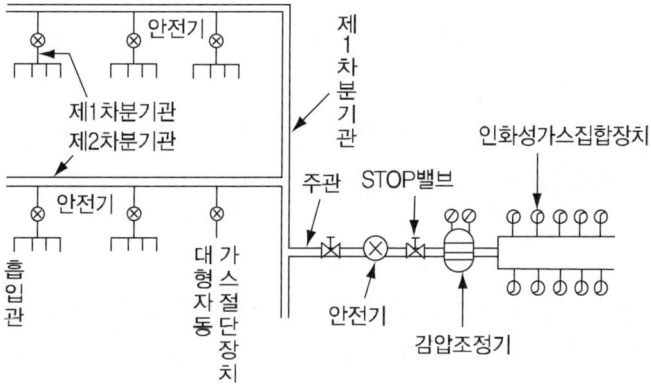

[그림] 안전기 설치 방법

제3절 아세틸렌 용접 장치 및 가스 집합 용접 장치

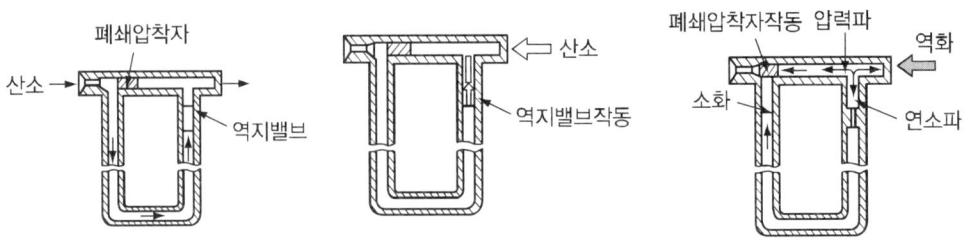

[그림] 우회로식 건식 안전기

① 취관 하나에 대하여 2 이상의 안전기를 설치하도록 시행 규칙에서 규정하고 있다.
② 집합 장치의 설치 장소도 화기 사용 설비로부터 5[m] 이상 격리되어야 하며 고정식은 전용의 장치실을 설치하고 장치를 하지 않으면 안 된다.

5. 가스 용접 작업 안전

(1) 가스 용기의 취급 방법

① 인화성 가스 용기의 저장 및 사용은 통풍이 잘되고 불연성 재료로 만들어진 장소이어야 한다.
② 손으로 이동하는 경우에는 용기를 눕히지 말고, 조금 기울여서 밑테두리를 돌려서 이동한다.
③ 인화성 가스 저장실에는 휴대용 전등만을 사용한다.
④ 전기 용접장치나 전기 회로에 접촉하지 말 것

(2) 압력 조정기의 취급 방법

① 압력 조정기를 설치하기 전에 용기의 안전 밸브를 가볍게 2~3회 개폐하여 내부 구멍의 먼지를 불어낸다.
② 압력 조정기 체결 후에는 조정 핸들을 풀고 서서히 용기의 밸브를 연다.
③ 장시간 사용하지 않을 때는 용기 밸브를 잠그고, 조정 핸들을 풀어준다.

(3) 토치 취급 방법

① 작업에 적당한 팁을 선택하고 적당히 산소와 아세틸렌의 압력을 조정 유지한다.
② 우선 조정기의 밸브를 열고 토치의 콕 및 조정 밸브를 열어서 호스 및 토치 중의 공기를 제거한 후에 사용한다.
③ 토치에 점화할 때는 점화용 기구를 사용하고 성냥은 사용하지 말아야 한다.
④ 팁이 가열될 때에는 냉각시키고, 산소 가스만이 적게 통하게 하여 서서히 냉각시킨다.

⑤ 작업을 시작하기 전에는 호스나 토치의 연결 부분이 완전히 체결되었는가를 확인하여 사용한다.

[표] 용기(bombe) 검사 압력

가스 종류	가스명칭	내압시험압력[kg/cm^2]
압축가스	산 소	충전압력(35[℃] → 150[kg/cm^2])의 $3\frac{3}{5}$배 이상(내압시험압력 50[kg/cm^2])
용해가스	아세틸렌	충전압력(15[℃] → 150[kg/cm^2])의 3배 이상(내압시험압력 250[kg/cm^2])
용해가스	프로판	30[kg/cm^2] 이상 내압시험압력 실시

[표] 충전 가스 용기(bombe)의 도색

가스명	도 색	충전 Hole에 있는 나사의 좌우
산 소	녹 색	우(R)
수 소	주황색	좌(L)
탄산가스	청 색	우(R)
염 소	갈 색	우(R)
암모니아	백 색	우(R)
아세틸렌	회 색	우(R)
프로판	회 색	좌(L)
아르곤	회 색	우(R)

제4절 보일러(Boiler)

1. 정 의

보일러란 강철제 용기 내의 물에 연료의 연소열을 전하여 소요 증기를 발생시키는 장치를 말한다.

2. 보일러의 구조

보일러는 일반적으로 연료를 연소시켜 얻어진 열을 이용해서 보일러 내의 물을 가열하여 필요한 증기 또는 온수를 얻는 장치로서 연소로(燃燒爐), 보일러 본체, 부속 장치 및 부속품으로 되어 있다.

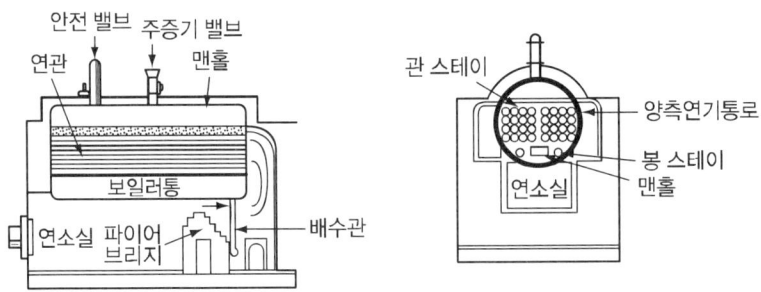

[그림] 노통 연관 보일러

3. 관련 재해

보일러에 관련된 주된 재해는 보일러 본체의 파열과 연소실이나 연도에 있어서 연료 가스의 폭발이다. 보일러 본체의 파열은 보일러의 재료, 구조 및 공작의 불량에 의한 것, 안전 밸브의 기능 불량 때문에 증기 압력의 과다한 상승에 의한 것, 보일러 수위의 이상 저하에 의해 전열면이 파열되어 재료 강도가 저하하는 경우 등이다. 이와 같이 저수위 사고는 자동 제어 장치 등 자동화의 보급에 따라 오히려 증가하는 경향이다. 이것은 자동 제어 장치를 과신하여 보일러의 보수 점검 및 감시를 소홀히 하기 때문에 자동 제어 장치가 고장이 나도 조기에 조치를 취하는 것이 불가능하다. 연소실이나 연소의 가스 폭발은 보일러 점화 작업 잘못이나 연소 중 이상 소화시에 연료가 차단되지 않고 미연 가스가 노(爐)내로 유입되는 경우이다. 이와 같은 가스 폭발 사고는 최근 연료가 중질유에서 경질유로 전환되고 특히 가스 연료의 보급에 따라 증가하고 있다. 이것은 연소 장치나 제어 장치의 구조 부적절이나 보수 점검을 소홀히 한 것, 조작의 잘못 등에 의한 것이 많다.

4. 재해 방지 대책

① 산업안전보건법에 정해진 설계 및 성능 검사에 합격된 것을 설치하고 사용 중에는 정기적으로 성능 검사를 실시하며 운전 중에는 ㉮ 항상 보일러의 압력, 수위, 연소 상태를 감시(자동 제어 장치를 가지고 있는 보일러에 대해서도 필요하다) ㉯ 압력 방출 장치, 수면계, 급수 장치, 보일러수의 농도, 자동 제어 장치 등에 대하여 일상 점검을 확실히 행할 필요가 있고 특히 본체, 연소 장치, 자동 제어 장치, 부속 장치 등에 대하여 안전 검사를 실시하고 정비를 해야 한다.
② 보일러의 취급에는 보일러의 크기에 따라 보일러 자격 면허를 가진 자 또는 소정의 기능 강습을 받은 자를 선임해야 한다.

5. 보일러의 운전시 준수 사항

① 가동 중인 보일러에는 작업자가 항상 정위치를 떠나지 아니할 것
② 압력 방출 장치·압력 제한 스위치를 매일 작동 시험하여 정상 작동 여부를 점검할 것
③ 압력 방출 장치는 봉인된 상태에서 정상 작동되도록 하고 1일 1회 이상 작동 시험을 할 것
④ 고저 수위 조절 장치와 급수 펌프와의 상호 기능 상태를 점검할 것
⑤ 보일러의 각종 부속 장치의 누설 상태를 점검할 것
⑥ 노내의 환기 및 통풍 장치를 점검할 것

6. 압력 방출 장치 및 압력 제한 스위치의 점검

① 압력 방출 장치는 1년에 1회 이상 표준 압력계를 이용하여 토출 압력을 시험한 후 납으로 봉인할 것
② 압력 방출 장치는 1일 1회 이상 작동 상태를 점검할 것
③ 압력 제한 스위치는 1일 1회 이상 작동 시험을 하고 이상 발견시 즉시 보수할 것

제5절 압력 용기 및 공기 압축기

1 압력 용기

1. 정 의

압력 용기란 화학 공장의 탑류, 반응기, 열교환기, 저장 용기 및 공기 압축기의 공기 저장 탱크로서 상용 압력이 0.2[kg/cm^2] 이상이 되고 상용 압력(단위 [kg/cm^2])과 용기 내 용적 (단위 : [m^3])의 곱이 1 이상인 것을 말한다.

2. 용어의 정의

① 최고 사용 온도란 장치(용기)의 운전을 정상 상태로 할 때, 그 기능을 정상적으로 발휘하는 범위 내에서 사용될 수 있는 최상한의 온도를 말한다.
② 최저 사용 온도란 정상 운전 중 또는 운전 개시 및 운전 정지 때와 같은 경우에도 장치 (용기) 내의 온도가 이보다 절대로 내려가지 않는다는 최하한의 온도를 말한다.
③ 최고 사용 압력이란 장치(용기)의 운전을 정상 상태로 할 때, 그 기능을 정상적으로 발휘하는 범위 내에서 사용될 수 있는 최고의 압력을 말한다.
④ 최저 사용 압력이란 정상 운전 중 또는 운전 개시 및 운전 정지 때와 같은 경우에도 장치(용기) 내의 압력이 이보다 절대로 내려가지 않는다는 최하한의 압력을 말한다.
⑤ 최대 허용 압력이란 압력 용기의 제작에 사용된 재질의 두께를 기준으로 하여 산출된 최대 허용 압력을 말한다.
⑥ 설계 압력이란 최소 허용 두께 또는 용기의 여러 부분의 물리 특성을 결정하는 목적으로 용기 설계에서 사용되는 압력을 말한다. 다만, 설계에 있어서 용기의 특정 부분의 두께를 정하기 위하여는 적정 수두를 설계 압력에 더하여야 한다.

3. 용기의 구조

(1) 제1종 압력 용기
① 구조 : 제1종 압력 용기에는 소독기, 반응기, 축열기 등이 있고 증기를 발생시키는 압력 용기로서 원통형 다관식, 재킷 부착형, 각형 등의 여러 형식이 있다.

② 관련 재해 : 제1종 압력 용기에 관련된 재해는 본체의 파열, 누설된 위험물이 화기에 접촉되어 일어나는 폭발 등이 많다. 본체의 파열은 안전 밸브의 기능 불량으로 내부 압력의 과도한 상승과 덮개판의 체결 불량에 의한 것이 많다. 폭발은 반응기 등에서 이상 반응이 일어나 급격히 압력이 상승하기도 하고 덮개판 또는 연결부의 체결 불량, 개스킷의 파손에 의해 인화성의 위험물이 누설되어 인화 폭발하는 것 등이 있다.

③ 재해 방지 대책 : 재해 방지 대책으로서는 설비 및 관리에 있어서 거의 보일러와 같은 점에 유의해야 하지만 취급에 있어서는 위험물의 종류에 따라 면허를 가진 자나 소정의 기능 교육을 받은 자를 작업 책임자로 선임하여 작업의 지휘를 해야 한다. 제1종 압력 용기를 취급하는 자에게는 용기의 위험성, 작업표준 등을 교육하여 관련 재해 방지에 노력해야 한다.

(2) 제2종 압력 용기

① 구조 : 제2종 압력 용기는 압축 공기 저장조, 가스 탱크 등 압력 기체를 보유하는 용기이며 주로 원통형이 많다.

② 관련 재해 : 제2종 압력 용기의 재해는 내부의 압력 상승이 과다한 경우나 부식에 의해 현저한 판두께의 감소에 의한 파열이 많고 인화성 가스의 누출에 의한 용기 내에 정제된 기름 성분의 폭발 등이 발생하고 있다.

③ 재해 방지 대책

㉮ 구조상 안전한 것을 설치함은 물론이고 사용 중에는 안전 밸브의 기능 유지, 재킷식 간접 가열의 것은 드레인 배출, 압축 공기 저장조 내에 머물고 있는 수분, 유분 등의 배출, 안전검사 실시 및 이상 부위의 보수 등에 유의하여야 한다.

㉯ 제2종 압력 용기를 취급하는 자에게는 우선 그 용기의 위험성과 작업 표준을 교육하고 관련 재해의 방지에 노력하여야 한다.

4. 압력 용기의 안전 기준

(1) 압력 방출 장치의 설치 기준

① 다단형 압축기 또는 직렬로 접속된 공기 압축기에는 과압 방지 압력 방출 장치를 각 단마다 설치할 것

② 압력 방출 장치가 압력 용기의 최고 사용 압력 이전에 작동되도록 설정할 것

③ 압력 방출 장치를 설치한 후에는 1일 1회 이상 작동 시험을 하는 등 성능이 유지될 수 있도록 항상 점검·보수할 것

④ 압력 방출 장치는 1년에 1회 이상 표준 압력계를 이용하여 토출 압력을 시험한 후 납으로 봉인하여 사용할 것
⑤ 운전자가 토출 압력을 임의로 조정하기 위하여 납으로 봉인된 압력 방출 장치를 해체하거나 조정할 수 없도록 조치할 것

(2) 압력계의 설치 기준
① 압력계는 부르동관 압력계에 적합한 것 또는 이와 동등 이상의 성능을 가진 것일 것
② 압력계에 콕을 사용할 때는 사이펀관의 수직 부분에 부착하고, 또한 그 핸들을 관축과 동일 방향으로 놓았을 때 열려 있는 것일 것
③ 압력계 눈금판의 최대 지시도는 최고 허용 압력의 1.5~3배의 압력을 지시하는 것일 것

2 공기 압축기

1. 공기 압축기의 정의

공기 압축기란 임펠러(impeller) 또는 회전자의 회전운동이나 피스톤의 왕복운동으로 기체 압송의 압력 또는 토출 공기 압력이 $1[\text{kgf}/\text{cm}^3]$ 이상인 기계를 말한다.

2. 공기 압축기의 종류

(1) 왕복 공기 압축기

왕복 공기 압축기는 왕복운동을 하는 피스톤 또는 다이어프램으로 실린더의 내용적을 늘리는 행정으로 흡입 밸브에서 대기를 흡입하고 줄이는 행정으로 압력이 토출 공기 압력에 도달한 시점에서 토출 밸브에서 토출한다.

(2) 스크루 공기 압축기

스크루 공기 압축기는 암수 두 개의 스크루형 회전자의 회전운동으로 공기를 압송하는 공기 압축기이며 트윈형과 싱글형이 있다.

(3) 베인 공기 압축기

베인 공기 압축기는 실린더 안에 축과 편심한 회전자를 장착하여 그 회전자에 생긴 홈에 가동 날개의 베인을 삽입, 실린더와 회전자 및 인접 베인 사이의 회전에 따라 용적의 변화로 대기를 투입구에서 흡입, 압축에서 압력으로 변환하여 토출구에서 토출한다.

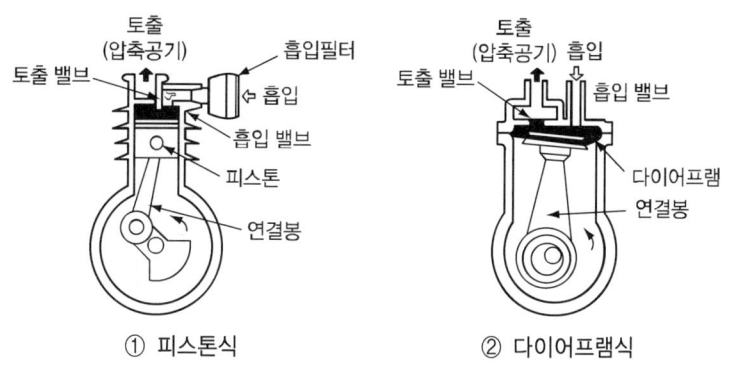

[그림] 왕복 공기 압축기

3. 공기 압축기의 안전 기준

(1) 공기 압축기의 설치 장소 선정시 고려 사항

① 습기, 진애, 도료가 많은 곳은 통풍이 양호한 장소에 설치할 것
② 급유 및 점검 등이 용이한 장소일 것
③ 건축물의 벽면에 근접하여 설치할 경우에는 벽에서 30[cm] 이상 떨어져 있을 것
④ 타 기계 설비와의 이격 거리는 최소 1.5[m] 이상 유지될 것
⑤ 옥외에 설치하는 경우에는 가능한 한 직사광선의 영향을 받지 않을 것
⑥ 필요에 따라 방음실, 방음벽 등의 방음 대책이 강구되어 있을 것
⑦ 실온이 40[℃] 이상 되는 고온 장소에는 설치하지 말 것

(2) 공기 압축기의 운전 전 확인 사항

① 각 부의 외관 및 조임 상태
② V벨트의 장력 상태
③ 윤활유의 상태
④ 언로드 밸브의 작동 상태
⑤ 압력계 및 안전 밸브 등의 이상 유무
⑥ 현저한 소음, 진동 등의 유무
⑦ 연결 부위의 이상 유무

제6절 산업용 로봇

1. 산업용 로봇의 정의

플레이트 및 기억 장치를 가지고 기억 장치 정보에 의해 머니퓰레이트의 굴신, 신축, 상하 이동, 좌우 이동, 선회 동작 및 이들의 복합 동작을 자동적으로 행할 수 있는 장치를 말한다.

2. 산업용 로봇의 안전 기준

(1) 산업용 로봇의 사용 지침 작성시 내용

① 로봇의 조작 방법 및 순서
② 작업 중의 머니퓰레이트의 속도
③ 2인 이상 근로자에게 작업을 시킬 때의 신호 방법
④ 이상 발견시 조치
⑤ 이상 발견시 로봇을 정지시킨 후 이를 재가동시킬 때의 조치

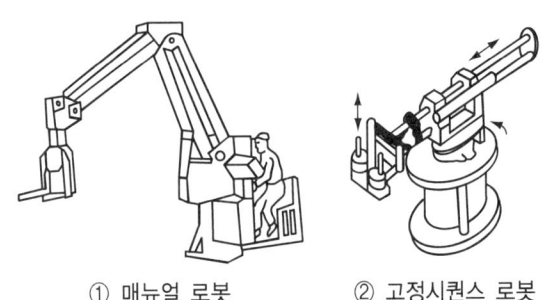

① 매뉴얼 로봇　　② 고정시퀀스 로봇

[표] 조립용 로봇의 용도별 분류(2024년 논술형)

용 도	종 류
Arc용접	수직다관절(5축, 6축)
Spot용접	수직다관절(6축), 직교좌표형(4축)
조립	수직다관절, 원통좌표, 직각좌표
도장	수직다관절(전기식, 유압식)
handling	수직다관절, GANTRY
사출기 취출	취출 로봇
transfer	전용기
palletizing	Robot Type Palletizer

제6장 운반 기계 및 양중기

제1절 지게차(Fork Lift)

1 지게차의 정의

지게차라 함은 포크에 의해서 하물을 하역하여 비교적 좁은 장소에서 중량물을 운반하는 것으로 일명 포크 리프트라고도 한다.

2 지게차의 안전 조건

지게차가 안정성을 유지하기 위해서는 다음의 조건에 만족되어야 한다.

$W \cdot a < G \cdot b$

여기서 W : 화물 중량
G : 지게차 자체 중량
a : 앞바퀴부터 하물의 중심까지의 거리
b : 앞바퀴부터 차의 중심까지의 거리

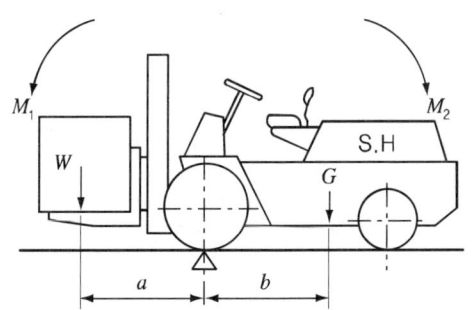

$M_1 = W \times a$: 하물의 모멘트
$M_2 = G \times b$: 차의 모멘트

[그림] 지게차의 안정성 유지

[표] 지게차의 안정 조건

안정도	지게차의 종류	
하역작업시 전후 안정도 4[%] (5톤 이상의 것은 5.3[%])		위에서 본 상태
주행시의 전후 안정도 18[%]		
하역 작업시의 좌우 안정도 6[%]		위에서 본 상태
주행시의 좌우 안정도 $(15 + 1.1V)$[%] V : 최고속도[km/hr]		

안정도 = $\dfrac{h}{l} \times 100$[%]

3 포크 리프트의 재해 분석

① 포크 리프트와의 접촉 : 37[%]
② 하물의 낙하 : 27[%]
③ 포크 리프트의 전도 전락 : 14[%]
④ 추락 : 15~16[%]
⑤ 기타 : 5~6[%]

4 포크 리프트 운전 중의 주의 사항

① 정해진 하중이나 높이를 초과하는 적재는 하지 말 것
② 운전자 이외의 사람은 승차시키지 말 것
③ 급격한 후퇴는 피할 것
④ 정해진 구역 밖에서 운전을 하지 말 것
⑤ 난폭 운전, 과속을 하지 말 것
⑥ 견인시는 반드시 견인봉을 사용할 것
⑦ 물건의 낙하는 위험을 방지하기 위해 견고한 헤드 가드를 설치해야 한다.
⑧ 포크 리프트는 방향 지시기, 경보 장치를 갖추고 안전하게 사용한다.

제2절 컨베이어(Conveyer)

1 정 의

컨베이어는 물품을 연속적으로 옮기기 때문에 효율적인 운반 방법으로서 각 방면에 널리 쓰이고 있으나 때로는 작업자에게 스트레스도 크고, 또 위험한 기계이기도 하기 때문에, 노무관리나 안전 관리 측면에서 특별한 주의가 요망된다.

2. 컨베이어의 종류 및 구조

종 류	구 조	각종 공사의 응용분야	비 고
롤러 컨베이어 (roller conveyer)	롤러 또는 휠(wheel)을 많이 배열하여 그것으로 하물을 운반하는 컨베이어	시멘트 포장품의 이동	
스크루 컨베이어 (screw conveyer)	도랑 속의 하물을 스크루에 의하여 운반하는 컨베이어	시멘트의 운반	
벨트 컨베이어 (belt conveyer)	프레임의 양끝에 설치한 풀리에 벨트를 엔드레스(endless)로 감고 그 위에 하물을 싣고 운반하는 컨베이어	댐이나 대형 토공에서 시멘트, 골재, 토사의 운반 및 소규모 공사의 생산 운반	
체인 컨베이어 (chain conveyer)	앤드레스로 감아 걸은 체인에 의하여, 또는 체인에 슬랫(slat), 버킷(bucket) 등을 부착하여 하물을 운반하는 컨베이어	시멘트, 골재, 토사의 운반	

3. 가장 많이 사용되는 벨트 컨베이어의 특징

① 연속적인 작업 가능
② 무인화 작업 가능
③ 운반과 동시에 물건을 승·하역 가능

4. 컨베이어의 안전 장치

비상 정지 장치

5. 화물의 낙하 위험 방지

덮개 및 울 설치

6. 컨베이어의 역전 방지 장치

① 라쳇식
② 롤러식
③ 벤드식

7. 컨베이어의 이탈 방지 장치

① 전자식 브레이크
② 유압 조작식 브레이크

8. 컨베이어의 일반적인 주의 사항

① 인력으로 적하하는 컨베이어 적하장에는 하중, 무게의 제한 표시를 하여야 한다.
② 기어, 사슬, 활차 또는 기타 이동부에는 상해 예방용 가드나 덮개가 장치되어 있어야 한다.
③ 컨베이어의 모든 기계 부분을 정기적으로 점검하여 과도하게 파손된 곳이 발견될 때에는 즉시 교체하여야 한다.
④ 지면으로부터 ?[m] 이상 높이에 설치된 컨베이어는 승강 계단을 설치하여야 한다.
⑤ 지하도나 피트(pit) 내에 이동하는 컨베이어는 점검, 급유, 보수 작업을 안전하게 할 수 있는 도장, 조명, 배기 또는 대피구가 마련되어 있어야 한다.

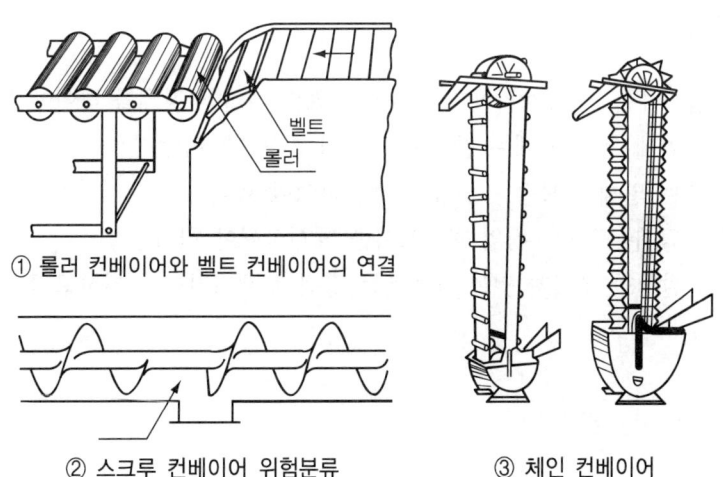

[그림] 컨베이어의 종류

9. 컨베이어의 사용상 주의 사항

① 조작 스위치는 전체 컨베이어를 주시하기 쉬운 곳에 설치하여야 한다.
② 계층을 달리하거나 벽으로 가려진 장소를 통과하도록 설계되어 있는 컨베이어는 칸막이 장소별로 시동 또는 정지 장치가 되어 있어야 한다.
③ 쉽게 조작이 가능한 장소에 비상 정지 장치를 설치하여야 한다.
④ 정전시나 고장 발생시에 대비하여 통행 이동 방지 장치가 되어 있어야 한다.
⑤ 시계를 방해할 정도로 심한 가루나 먼지를 발생시키는 컨베이어 상부에는 배기 후드를 설치하는 한편, 작업에 지장이 없을 정도의 충분한 조명 장치를 하여야 한다.
⑥ 인화성 물질을 운반하는 컨베이어 부근에는 발화 내지 폭발하는 온도 이하의 온도가 유지되도록 하고 모든 전기 시설은 방폭형으로 하여야 한다. 먼지나 분압의 폭발을 대비하여 발화원 또는 발열원을 엄금하여야 한다.
⑦ 컨베이어 시설에는 정전시 발생 위험 예방을 위한 접지 및 결합 장치를 하여야 한다.
⑧ 컨베이어 부근에서 조업하는 종사원의 복장은 몸에 알맞은 것으로 착용시키고 말려들거나 이동하는 기계 부분에 접촉될 우려가 있는 물품을 휴대시켜서는 안 되며 가급적 안전화를 착용시켜야 한다.
⑨ 컨베이어 부근에서 발생되는 사고 중 컨베이어가 가동 중에 떨어지는 물체로 인하여 상해를 당하는 사례가 가장 많음을 감안하여 물체를 안전하게 올려 놓도록 하여야 한다.

10. 보수상의 주의 사항

① 보수 작업시에는 전원 스위치를 내리고 개폐기 자물쇠 장치를 하여야 한다. 여러명이 동시에 작업에 임할 때에는 감독자가 열쇠를 보관하여야 한다.
② 가동 중에는 일체의 보수나 급유를 엄금하여야 한다.
③ 기점과 종점에는 "보수 작업 중" 표시를 게시하여야 한다.
④ 정전기가 발생한 우려가 있는 개소에는 정전기 제거기를 설치하고 접지시켜야 한다.

제3절 리프트(Lift)

1. 리프트의 정의와 종류

(1) 정의

"리프트"란 동력을 사용하여 사람이나 화물을 운반하는 것을 목적으로 하는 기계 설비를 말한다.

(2) 종류

① 건설용 리프트 : 동력을 사용하여 가이드레일을 따라 상하로 움직이는 운반구를 매달아 사람이나 화물을 운반할 수 있는 설비 또는 이와 유사한 구조 및 성능을 가진 것으로 건설현장에서 사용하는 것

② 산업용 리프트 : 동력을 사용하여 가이드레일을 따라 상하로 움직이는 운반구를 매달아 화물을 운반할 수 있는 설비 또는 이와 유사한 구조 및 성능을 가진 것으로 건설현장 외의 장소에서 사용하는 것

③ 자동차 정비용 리프트 : 동력을 사용하여 가이드레일을 따라 움직이는 지지대로 자동차 등을 일정한 높이로 올리거나 내리는 구조의 리프트로서 자동차 정비에 사용하는 것

④ 이삿짐운반용 리프트 : 연장 및 축소가 가능하고 끝단을 건축물 등에 지지하는 구조의 사다리형 붐에 따라 동력을 사용하여 움직이는 운반구를 매달아 화물을 운반하는 설비로서 화물자동차 등 차량 위에 탑재하여 이삿짐 운반 등에 사용하는 것

2. 용어의 정의

① 운반구란 카, 케이지, 하대 기타 운반 목적물을 적재할 수 있는 운반구를 말한다.
② 적재 하중이란 리프트의 구조나 재료에 따라 운반구에 하물을 적재하고 상승할 수 있는 최대 하중을 말한다.
③ 정격속도란 운반구에 하물을 적재하고 상승하는 경우의 최고 속도를 말한다.

3. 리프트의 안전 기준

(1) 리프트의 유지 및 관리시 유의 사항
① 임의로 구조를 변경하지 말 것
② 방호 장치를 제거하거나 기능을 정지시킨 후 사용하지 말 것
③ 리프트의 조작을 운반구 밖에서 하는 경우 윈치의 조작자를 지정하여 아무나 조작하지 못하게 할 것
④ 리프트의 안전 관리는 사업장의 책임자가 월 1회 이상 확인할 것
⑤ 리프트의 정격하중, 정격속도 등을 쉽게 볼 수 있는 곳에 마멸되지 않도록 부착할 것
⑥ 리프트의 상태와 현장 실정에 적합한 정비 및 관리가 이루어지도록 할 것

(2) 건설용 리프트의 조립 또는 해체시 조치 사항
① 작업 지휘자를 선임하여 그 사람의 지휘하에 작업을 실시할 것
② 작업을 할 구역에 관계 근로자 외의 자의 출입을 금지하고 그 취지를 보기 쉬운 장소에 표시할 것
③ 폭풍·폭우 및 폭설 등의 악천후 작업에 있어서 근로자에게 위험을 미칠 우려가 있을 때에는 작업을 중지시킬 것

제4절 크레인 등 양중기

1 양중기의 정의 및 종류

양중기란 함은 다음의 기계를 말한다.
① 크레인[호이스트(hoist)를 포함한다]
② 이동식 크레인
③ 리프트(이삿짐운반용 리프트의 경우에는 적재하중이 0.1톤 이상인 것으로 한정한다)
④ 곤돌라
⑤ 승강기

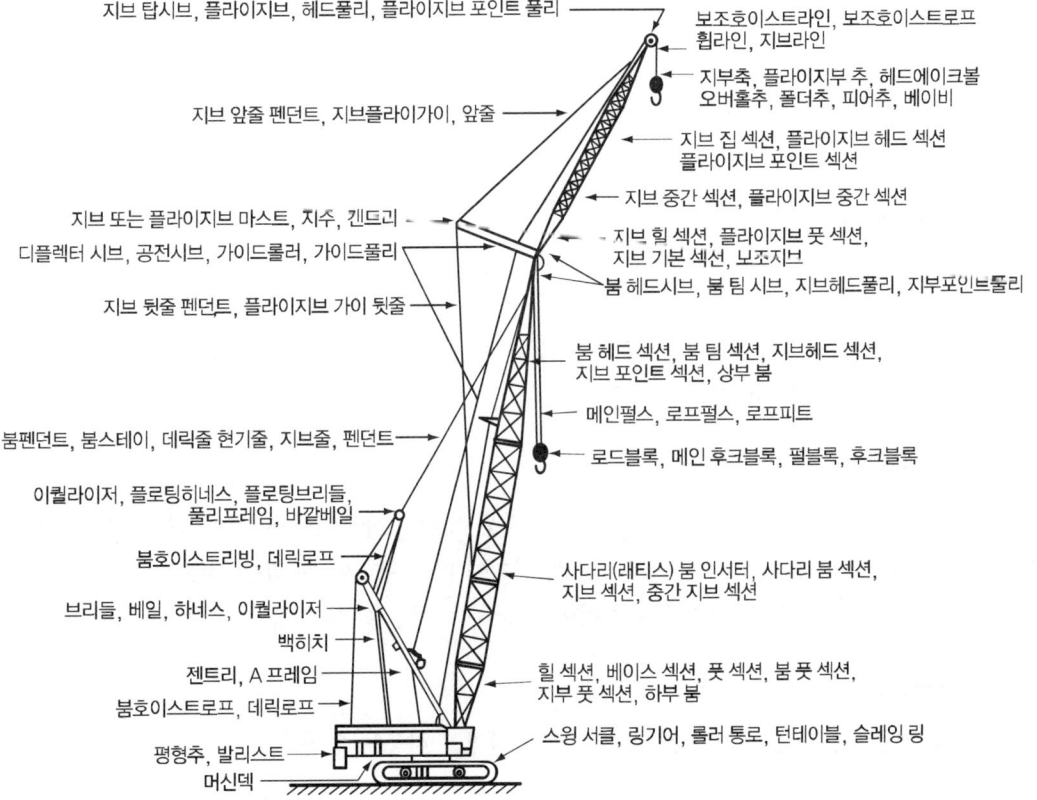

[그림] 크롤러 크레인의 각 부 명칭

2 크레인의 안전

1. 크레인의 정의

① "크레인"이란 동력을 사용하여 중량물을 매달아 상하 및 좌우[수평 또는 선회(旋回)를 말한다]로 운반하는 것을 목적으로 하는 기계 또는 기계 장치를 말하며, "호이스트"란 훅이나 그 밖의 달기구 등을 사용하여 화물을 권상 및 횡행 또는 권상동작만을 하여 양중하는 것을 말한다.

② 크레인, 이동식 크레인, 데릭, 엘리베이터, 건설용 리프트 등(이하 크레인 등이라고 한다)의 운반 기계는 건설 공사나 공장에서 자재, 제품 등의 중량물을 운반하기 위해서 이용되고 있으며 건설물과 기계 설비의 대형화에 따라서 점차 그 사용이 증가하고 있다. 그러나 크레인 등의 운반 기계 사용의 확대와 더불어 그들에 의한 재해가 많이 발생되고 있으며 크레인 등의 능력의 증대나 구조의 복잡화에 따라 재해가 대형화될 수 있다.

③ 크레인 등에 의한 재해는 주로 기계의 구조 부분의 결함에 의한 것과 중량물의 취급 및 운전 기능의 미숙에 의해서 발생하고 있다.

2. 용어의 정의

(1) 권상하중

크레인의 구조와 재료에 따라 부하하는 것이 가능한 최대 하중의 것으로, 이 가운데에는 훅, 크레인 버킷 등의 달아올리는 기구의 중량이 포함된다.

(2) 정격하중

정격 하중이란 크레인으로서 지브가 없는 것은 매다는 하중에서 지브가 있는 크레인에서는 지브 경사각 및 길이와 지브 위의 도르래 위치에 따라 부하할 수 있는 최대의 하중에서 각각 훅, 크레인 버킷 등의 달기구의 중량에 상당하는 하중을 뺀 하중을 말한다.

(3) 적재하중

적재 하중이란 짐을 싣고 상승할 수 있는 최대의 하중을 말한다.

(4) 정격속도

정격속도란 크레인의 정격하중에 상당하는 짐을 싣고 주행, 선회, 승강 또는 트롤리의 수평 이동 최고 속도를 말한다.

3. 양중기의 위험성

(1) 크레인 등의 위험성

크레인 등에 의한 재해로서는 매단 물건의 낙하에 의한 것, 매단 물건 또는 기체의 일부에 부딪히거나 협착되는 것, 기체의 전도에 의한 것, 기체의 파괴에 의한 것이 대부분을 차지하고 다른 일반 기계에 비하여 크레인 등은 다음과 같은 위험성을 가지고 있다.

① **공중으로 달아올리는 물건의 낙하** : 크레인 등은 걸이(와이어 로프, 체인 등의 걸이 용구를 사용하여 화물을 걸거나 벗기는 것을 말함) 불량이나 난폭한 운동에 따른 충격 등에 의해서 화물이 달기 기구로부터 이탈되기도 하고 와이어 로프, 체인 등의 걸이 용구의 절단, 기체의 파손에 의해 공중에 매달아 올리고 있는 화물이 낙하하는 위험성이 있다.

② **매단 화물이나 기체에 충돌 또는 협착** : 걸이가 불안정하거나 운전 기능이 미숙한 자가 크레인 등을 조작하여 화물을 이동시키면 부근의 작업자가 화물이나 크레인 등의 기체의 일부에 충돌하거나 협착될 위험이 있다.

③ **기체의 전도** : 크레인 등에서 정격하중 이상의 물건을 달거나 지반이 불안정한 장소에 크레인 등을 설치하거나 또 난폭한 운전 조작을 하면 기체가 안정성을 잃고 전도될 위험이 있다.

④ **기체의 파괴** : 크레인 등의 설계, 재료, 공작이 불량한 경우, 충격적으로 운전을 하는 경우, 과부하를 기체에 가하는 경우 등은 기체가 파괴될 위험성이 있다. 크레인 등에는 이들의 위험성이 있고 구조상의 안전을 확보하기 위해서 일정 규모 이상의 큰 크레인 등에는 설계 검사와 완성 검사를 받아야 한다. 또 운전자 및 걸이 작업자는 일정 자격을 가진 자로 하여야 한다.

(2) 크레인

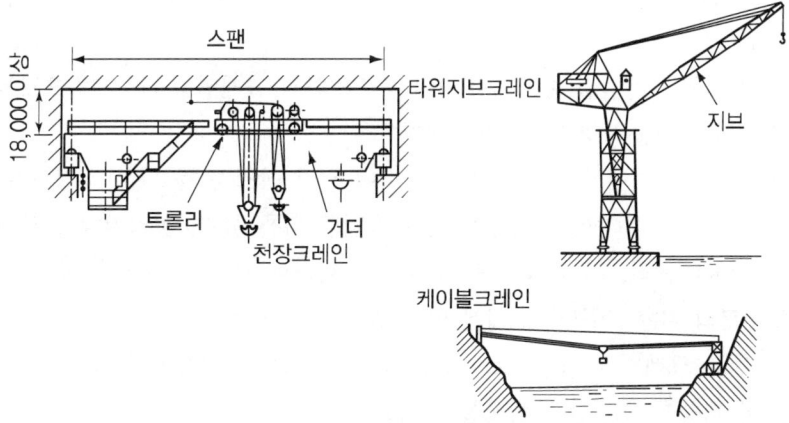

[그림] 크레인의 종류

크레인은 각종 원료나 제품을 간헐적으로 운반하는 기계 장치이며 직접적인 생산 수단, 즉 재료의 형상이나 성질을 바꾸는 작업의 중간 공정이나 전후 공정에 널리 쓰이고 있다. 크레인은 권상, 주행 및 선회 등의 3차원 이동 기능을 가지는 편리한 기계로서 그의 구조·형상에 따라 천장 크레인·갠트리(gantry) 크레인·지브 크레인·케이블 크레인 등으로 분류되고 있다.

크레인은 본체인 구조 부분과 물건을 달아올려서 운반하기 위한 작동 부분이 있다.

구조 부분은 일반적으로 강판, 형강, 강관 등을 부재로 하여 이들을 용접 또는 볼트로써 체결한다. 작동 부분은 권상 장치, 주행 장치, 횡행 장치, 선회 장치, 기복 장치 등이고 주로 전동기에 의해서 치차, 와이어 로프 등으로 작동된다.

(3) 크레인 관련 재해

크레인에 의한 재해는 매단 물건의 낙하 또는 착압에 의한 것이 많고 지브 등의 파손, 기체의 도괴, 전도, 크레인에서의 추락의 순서로 되어 있다.

① **매단 물건의 낙하에 의한 재해** : 매단 물건의 낙하에 의한 재해의 대표적인 예로서 다음과 같은 재해가 있다.
   ㉮ 매단 물건의 중량에 비하여 가는 지름이나 마모된 걸이용 와이어 로프를 사용했기 때문에 와이어 로프가 절단된다.
   ㉯ 매단 물건에 대하여 걸이 방법의 잘못, 즉 물건의 형상, 중심의 위치를 충분히 고려하지 않음으로써 물건이 로프에서 이탈한다.
   ㉰ 크레인의 운전 조작이 난폭하거나 조작하는 크레인에 익숙하지 않기 때문에 물건을 낙하시킨다.
   ㉱ 크레인의 권과 방지 장치 등 안전 장치의 점검이 불충분하게 이루어졌기 때문에 안전 장치가 작동되지 않아서 권상용 와이어 로프가 절단되어 매단 물건이 낙하한다.

② **협착에 의한 재해** : 크레인에 의해서 협착되는 재해의 대표적인 예로서 다음과 같은 재해가 있다.
   ㉮ 크레인의 보수 점검 중에 운전자가 부주의하여 크레인을 작동시킴으로써 점검자가 크레인과 건물의 기둥 사이에 협착
   ㉯ 운전자의 위치에서 사각에 있는 장소에 걸이 작업자 등 다른 작업자가 있는 것을 알지 못하고 운전했기 때문에 매단 물건과 다른 물건, 공작기계들 사이에서 협착
   ㉰ 크레인의 운전, 걸이 방법 등이 나빠서 바닥에 내리는 물건이 전도되어 협착

③ **구조 부분의 절손, 기체의 도괴에 의한 재해** : 다음과 같은 원인으로서 지브 크레인의 도괴, 천장 크레인 거더(girder) 절손 등의 재해가 발생하고 있다.
   ㉮ 정격 하중을 초과한 중량물을 들어올림
   ㉯ 구조상의 설계 불량

㉰ 점검이 충분히 행하여지지 않았기 때문에 부재의 균열 등의 결함을 발견하지 못함
㉱ 용접, 시공, 기타 공작이 사용 부재에 대하여 부적절함

④ **추락에 의한 재해** : 추락에 의한 재해로서 크레인을 사용하여 설치 공사 중 또는 크레인의 각 부분의 점검 정비 중에 높은 곳에서 추락하는 재해가 발생하고 있다.

4. 재해 방지 대책

크레인에 대해서는 소정의 구조 요건을 갖추고 검사에 합격한 안전한 것을 사용할 것. 일상의 취급에서는 다음 사항을 유의하여야 한다.
① 본체는 권상용 와이어 로프, 달기 기구 등의 정기적 점검의 실행과 필요한 경우에 수리, 교환을 실시
② 권과 방지 장치 등의 점검 정비의 이행
③ 정격하중의 준수
④ 매단 물건의 이동 범위 내의 안전을 확인
⑤ 매단 물건의 내릴 장소, 놓을 장소의 안전 확인
⑥ 출입 금지 구역의 설정
⑦ 운전자의 시각에 사람이 들어올 위험이 있는 경우에 접촉 방지 조치
⑧ 소정의 자격을 가진 운전자 및 걸이 작업자의 채용

3 이동식 크레인

1. 정의 및 구조

(1) 정 의

"이동식 크레인"이란 원동기를 내장하고 있는 것으로서 불특정 장소에 스스로 이동할 수 있는 크레인으로 동력을 사용하여 중량물을 매달아 상하 및 좌우(수평 또는 선회를 말한다)로 운반하는 설비로서「건설기계관리법」을 적용 받는 기중기 또는「자동차관리법」제3조에 따른 화물·특수자동차의 작업부에 탑재하여 화물운반 등에 사용하는 기계 또는 기계 장치를 말한다.

(2) 구 조

이동식 크레인에는 트럭 크레인, 크롤러 크레인, 플로팅 크레인(floating crane) 등이 있다. 이동식 크레인은 구조 부분과 작동 부분 외에 크레인 자체를 불특정 장소에 이동시키기 위한

대차(臺車), 크롤러, 배 등을 가진다. 동력으로는 내연 기관이 이용되고 유압도 같이 사용되는 것이 많다.

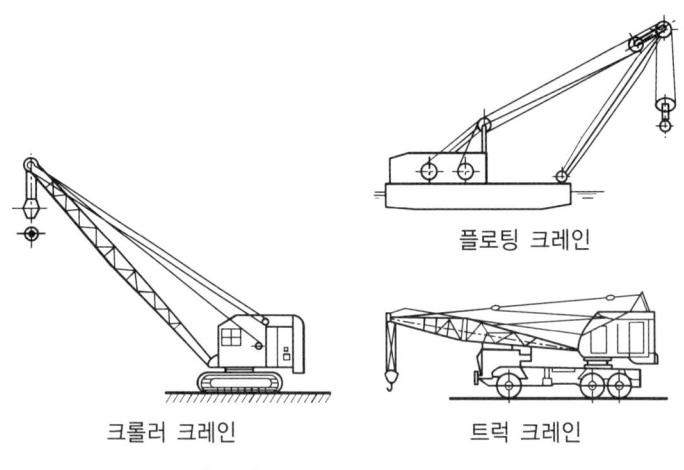

[그림] 이동식 크레인의 종류

2. 관련 재해

이동식 크레인에 관한 재해의 주된 것은 지브의 절손, 기체의 도괴, 전도에 의한 것이 가장 많고 매단 물건의 낙하, 협착에 의한 재해가 그 다음이다. 재해의 내용은 크레인과 거의 같은 형태이지만, 이동식 크레인의 전도가 특히 두드러진다. 이것들은 아우트리거(outrigger)를 사용하지 않거나, 연약한 지반, 경사지에서 적절한 깔판을 사용하지 않거나, 과부하 상태에서 사용한 경우 또는 운전자가 기능이 미숙한 경우에 재해가 발생하고 있다. 기타 이동식 크레인의 카운터 웨이터와 대차 사이에 협착되는 경우도 많다. 운전자가 그 사각에 다른 작업자가 있는 것을 모르고 이동식 크레인을 주행, 선회를 하여 재해가 발생하고 있다.

3. 재해 방지 대책

크레인의 재해 방지 대책과 공통적인 사항이 많지만 기타의 사항으로서는 특히 전도 재해를 방지하기 위해서 다음 사항을 준수하는 것이 절대적으로 필요하다.
① 아우트리거의 사용
② 크레인의 설치 위치 선정(연약 지반, 경사지를 피하고 부득이한 경우 깔판을 사용할 것)
③ 과부하의 금지
④ 운전자의 안전 교육 실시 및 운전자의 사각을 보충하기 위하여 감시자를 배치할 것

4 데 릭

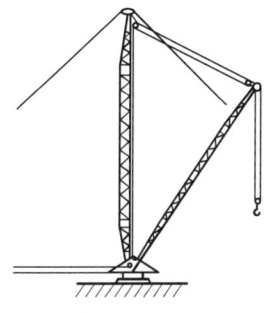

[그림] 가이 데릭   [그림] 진폴 데릭

1. 구조

데릭은 동력을 사용하여 물체를 들어올리는 기계 장치이며 주기둥, 붐, 달아올리는 기구 및 부속 장치로 되어 있다. 가이 데릭(guy derrick), 지주식 데릭(stiffleg derrick), 진 폴 데릭(gin pole derrick) 등이 있다. 데릭은 일반적으로 주기둥 또는 붐, 윈치, 와이어 로프, 달기 기구 및 이들의 부속물로 이루어졌고 건설물의 철골, 건설용 리프트의 타워에 직접 붐을 부착시킨 구조 등이 있다. 동력으로는 전기 및 내연 기관이 주로 이용된다.

2. 관련 재해와 그 대책

데릭에 의한 재해는 설치수의 감소에 따라서 감소하고 있지만 매단 물건의 낙하에 의한 재해 및 본체의 도괴에 의한 재해가 눈에 띈다. 그들 재해는 크레인 및 이동식 크레인과 같은 대책으로서 방지가 가능하다.

5 크레인의 안전 기준

1. 와이어 로프의 안전율

와이어 로프의 안전율 산출 공식은 다음과 같다.

$$S = \frac{NP}{Q}$$

여기서 S : 안전율

N : 로프의 가닥수

P : 로프의 파단강도[kg]

Q : 허용응력[kg]

[표] 와이어 로프의 안전율

와이어 로프의 종류	안전율
권상용 와이어 로프	5.0
지브의 기복용 와이어 로프 및 케이블	
크레인의 주행용 와이어 로프	
지브의 지지용 와이어 로프	4.0
가이 로프 및 고정용 와이어 로프	
케이블 크레인의 메인 로프	2.7
레일 로프	

2. 크레인 작업시 간격을 0.3[m] 이하로 해야 할 곳

① 크레인의 운전실 또는 운전대를 통하는 통로의 끝과 건설물 등의 벽체와의 간격

② 크레인 거더의 통로의 끝과 크레인 거더와의 간격

③ 크레인 거더의 통로의 끝과 건설물 등의 벽체와의 간격

3. 와이어 로프에 걸리는 하중 계산

① 와이어 로프에 걸리는 총하중

$$총하중(W) = 정하중(W_1) + 동하중(W_2)$$
$$여기서\ 동하중(W_2) = \frac{W_1}{g} \cdot \alpha$$
단, g : 중력가속도(9.8[m/s^2])
α : 가속도[m/s^2]

② 슬링 와이어 로프(sling wire rope)의 한 가닥에 걸리는 하중

$$하중 = \frac{화물의\ 무게(W_1)}{2} \div \cos\frac{\theta}{2}$$

4. 크레인의 손에 의한 공통적인 표준 신호

운전 구분	1. 운전자 호출	2. 주권 사용	3. 보권 사용
수신호	호각 등을 사용하여 운전자와 신호자의 주의를 집중시킨다.	주먹을 머리에 대고 떼었다 붙였다 한다.	팔꿈치에 손바닥을 떼었다 붙였다 한다.
호각신호	아주 길게 아주 길게	짧게 길게	짧게 길게

운전 구분	4. 운동 방향 지시	5. 위로 올리기	6. 천천히 조금씩 위로 올리기
수신호	집게손가락으로 운전 방향을 가리킨다.	한손을 들어올려 손목을 중심으로 작은 원을 그린다.	한손을 지면과 수평하게 들고 손바닥을 위쪽으로 하여 2,3회 작게 흔든다.
호각신호	짧게 길게	아주길게 아주길게	짧게 길게

운전 구분	7. 아래로 내리기	8. 천천히 조금씩 아래로 내리기	9. 수평 이동
수신호	팔을 아래로 뻗고(손끝이 지면을 향함) 2,3회 흔든다.	한손을 지면과 수평하게 들고 손바닥을 지면쪽으로 하여 2, 3회 작게 흔든다.	손바닥을 움직이고자 하는 방향의 정면으로 하여 움직인다.
호각신호	짧게 길게	짧게 길게	강하고 짧게

운전구분	10. 물건 걸기	11. 정지	12. 비상 정지
수신호	양손을 몸 앞에다 대고 두 손을 깍지낀다.	한 손을 들어올려 주먹을 쥔다.	양손을 들어올려 크게 2,3회 좌우로 흔든다.
호각신호	짧게 길게	아주 길게	아주 길게 아주 길게

운전 구분	13. 작업 완료	14. 뒤집기	15. 천천히 이동
수신호	거수경례 또는 양손을 머리 위에 교차시킨다.	양손을 마주보게 들어서 뒤집으려는 방향으로 2,3회 절도있게 역전시킨다.	방향을 가리키는 손바닥 밑에 집게손가락을 위로 해서 원을 그린다.
호각신호	아주 길게	짧게 길게	길게 짧게

운전구분	16. 기다려라	17. 신호 불명	18. 기중기의 이상발생
수신호	오른손으로 왼손을 감싸 2,3회 적게 흔든다.	운전자는 손바닥을 안으로 하여 얼굴 앞에서 2,3회 흔든다.	운전자는 사이렌을 울리거나 한쪽 손의 주먹을 다른 손의 손바닥으로 2,3회 두드린다.
호각신호	길게	짧게 짧게	강하고 짧게

5. 붐이 있는 크레인 작업시의 신호 방법

운전 구분	1. 붐 위로 올리기	2. 붐 아래로 내리기	3. 붐을 올려서 짐을 아래로 내리기
수신호	(그림)	(그림)	(그림)
	팔을 펴 엄지손가락을 위로 향하게 한다.	팔을 펴 엄지손가락을 아래로 향하게 한다.	엄지손가락을 위로 해서 손바닥을 오므렸다 폈다 한다.
호각신호	짧게 길게	짧게 짧게	짧게 길게

운전 구분	4. 붐을 내리고 짐을 올리기	5. 붐을 늘리기	6. 붐을 줄이기
수신호	(그림)	(그림)	(그림)
	팔을 수평으로 뻗고 엄지손가락을 밑으로 해서 손바닥을 폈다 오므렸다 한다.	두 주먹을 몸허리에 놓고 두 엄지손가락을 밖으로 향한다.	두 주먹을 몸허리에 놓고 두 엄지손가락을 서로 안으며 마주 보게 한다.
호각신호	짧게 길게	강하고 짧게	길게 길게

6. 마그네틱 크레인 사용 작업시의 신호 방법

운전 구분	1. 마그넷 붙이기	2. 마그넷 떼기
수신호	(그림)	(그림)
	양쪽 손을 몸 앞에다 대고 꽉 낀다.	양손을 몸앞에서 측면으로 벌린다 (손바닥을 지면으로 향하도록 한다).
호각신호	길게 짧게	길게

7. 곤돌라 및 승강기

(1) "곤돌라"란 달기발판 또는 운반구, 승강장치, 그 밖의 장치 및 이들에 부속된 기계부품에 의하여 구성되고, 와이어 로프 또는 달기 강선에 의하여 달기발판 또는 운반구가 전용 승강장치에 의하여 오르내리는 설비를 말한다.

(2) "승강기"란 건축물이나 고정된 시설물에 설치되어 일정한 경로에 따라 사람이나 승강장으로 옮기는 데에 사용되는 설비로서 각 목의 것을 말한다.
   ① **승객용 엘리베이터**: 사람의 운송에 적합하게 제조·설치된 엘리베이터
   ② **승객화물용 엘리베이터**: 사람의 운송과 화물 운반을 겸용하는데 적합하게 제조·설치된 엘리베이터
   ③ **화물용 엘리베이터**: 화물 운반에 적합하게 제조·설치된 엘리베이터로서 조작자 또는 화물취급자 1명은 탑승할 수 있는 것(적재용량이 300[kg] 미만인 것은 제외한다.)
   ④ **소형화물용 엘리베이터**: 음식물이나 서적 등 소형 화물의 운반에 적합하게 제조·설치된 엘리베이터로서 사람의 탑승이 금지된 것
   ⑤ **에스컬레이터**: 일정한 경사로 또는 수평로를 따라 위·아래 또는 옆으로 움직이는 디딤판을 통해 사람이나 화물을 승강장으로 운송시키는 설비

(3) 재해 방지 대책

   엘리베이터 등에 있어서는 소정의 구조 요건을 갖춘 안전한 것을 사용하는 것은 물론이고 일상의 취급에 있어서는 다음 사항을 유의해야 한다.
   ① 운전자에게 엘리베이터 등의 구조, 성능, 특히 안전 장치에 대하여 충분한 지식을 부여할 것
   ② 그날의 운전을 시작하기 전에 시운전을 행할 것은 물론이고 정기적으로 중요 부분의 점검을 행할 것
   ③ 정원 또는 적재하중을 초과해서 운전하지 말 것
   ④ 조작 장치의 구조, 과열, 누전, 이상음 등의 이상을 발견한 경우는 즉시 책임자에게 보고하고 지시를 받을 것

[표] 와이어 로프의 안전율

종 류		안전율
권상용 와이어 로프	승용	10
	화물용	6
조속기 로프		4

6 에스컬레이터의 설치 기준

① 사람 또는 화물이 끼이거나 장애물에 충돌하지 않도록 할 것
② 경사도는 30° 이하로 할 것. 다만, 6[m] 이하의 높이에는 35°까지 허용한다.
③ 디딤판의 양측에 이동 손잡이를 설치하고 이동 손잡이의 상단부가 디딤판과 동일 방향, 동일 속도로 연동하도록 할 것
④ 디딤판에서 60[cm] 높이에 있는 이동 손잡이간의 거리(내측판간의 거리)는 1.2[m] 이하로 할 것
⑤ 디딤판의 정격속도는 매분 30[m] 이하로 할 것

7 와이어 로프

와이어 로프는 고장력의 강철선이 서로 조합되어서 구성된 것이므로 지름에 비하여 강도가 크고, 소선간의 미끄럼 때문에 가동성이 크고 드럼 등에 간단히 감을 수 있으므로 운반상 편리한 특징을 가지며 철강, 기계, 건설, 토목, 광산 및 선박 등의 모든 분야에 사용되어 아주 나쁜 조건에 노출되는 데도 불구하고 극도의 안전성이 요구되는 기계 요소이다. 만약 한번 절단 사고를 일으키게 되면 시설을 파괴하기도 하고 사상자를 내는 등 안전상 중요한 것이다. 따라서 와이어 로프의 사용에 임해서는 용도에 알맞은 구조의 선정과 적절한 취급 및 보수 관리가 요구된다.

1. 와이어 로프의 구조

와이어 로프는 양질의 탄소강을 와이어 드로잉 가공한 소선(wire)을 수십 가닥 모아서 스트랜드(strand)를 만들고 이 스트랜드를 몇 가닥 가지고 심강의 주위에 일정 피치로 꼬아서 만든 것이다. 로프의 끝마무리 방법에 따라 로프 자체의 파단강도의 75~100[%]까지 성능이 나올 수 있다.

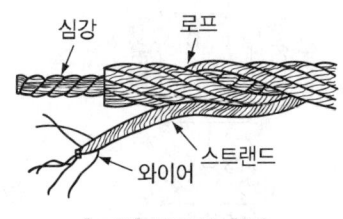

[그림] 로프의 형태

[표] 클립의 수와 간격 및 올바른 장치법

로프 직경[mm]	클립의 수	클립간의 간격[mm]	장치 방법
9~16	4	80	올바른 방법
18	5	110	
22.4	5	130	
25	6	150	잘못된 방법
28	6	180	
31.5	7	200	잘못된 방법
35.5	7	230	
37.5	8	250	

2. 고리 걸이용 로프 쇠사슬

인양 작업, 운반 작업에 사용되는 고리 걸이용 로프, 쇠사슬 또는 섬유 로프 등은 인장력이 강하고 적당한 신축성이 있어야 하며, 내마모성이 강해야 하고 취급하기 쉬워야 하며 킹크(kink)나 변형이 없어야 하고, 내열성, 내후성이 양호해야 한다.

고리 걸이용 로프의 안전 지침으로는

① 고리 걸이용 로프 및 이에 끼우거나 걸어 매는 부속을 사용할 때는 중량 초과 또는 마모 정도 등을 매일 감독자에게 검사받아야 한다.
② 원래 응력의 20[%] 이상 감소된 것은 사용을 금지시켜야 한다.
③ 고리 걸이용 로프를 사용하지 않을 때는 잘 보관해야 한다.
④ 인양물이 날카로울 때에는 고리 걸이용 로프 사이에 보호물(pad)을 끼워 넣어야 한다.

 달기 체인의 안전 장치로는

 ㉮ 하역 운반 작업에 쓰이는 쇠사슬은 작업 개시 전에 항상 점검해야 한다.
 ㉯ 체인은 금이 갔거나 부러졌거나 용접이 떨어진 것은 사용하지 말아야 한다.
 ㉰ 쇠사슬의 길이가 5[%] 이상 늘어났거나 직경이 10[%] 이상 감소한 것은 사용하지 말아야 한다.

표시하는 바와 같이 매어 다는 각도에 따라서 로프에 걸리는 장력이 달라지므로 주의를 요한다.

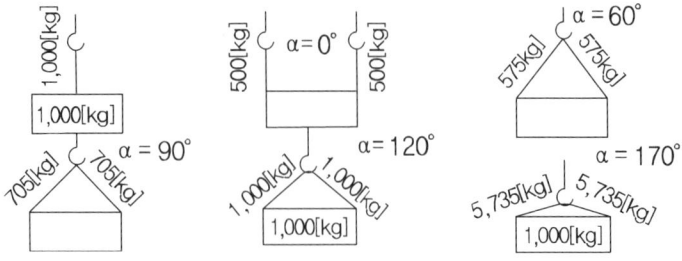

[그림] 슬링 와이어의 매다는 각도와 로프에 걸리는 하중

매다는 각도는 작을수록 좋은데 부득이한 경우라도 60° 이내로 사용하는 것이 바람직하다. 매달아 올릴 때는 로프가 미끄러지지 않도록 주의하고 물체의 중심을 매달도록 하지 않으면 안 된다.

또 한 줄 매달기는 짐이 회전하거나 이 부분이 빠질 위험이 있으므로 가급적 피해야 한다. 부득이 한 줄 매달기를 한 경우는 로크 가공한 것이든가, Z 꼬임, S 꼬임을 한 쌍으로 해서 로크 가공한 슬링을 사용하여야 한다.

3. 와이어 로프의 사용 기준 `2024. 단답형 출제`

와이어 로프가 다음 각 항 중에서 하나에 해당하는 경우에는 절단의 위험이 있기 때문에 사용해서는 안 된다.
① 이음매가 있는 것
② 와이어로프의 한 꼬임[스트랜드(strand)를 말한다. 이하 같다]에서 끊어진 소선(素膳)[필러(pillar)선은 제외한다]의 수가 10[%] 이상(비자전로프의 경우에는 끊어진 소선의 수가 와이어로프 호칭지름의 6배 길이 이내에서 4개 이상이거나 호칭지름 30배 길이 이내에서 8개 이상)인 것
③ 지름의 감소가 공칭지름의 7[%]를 초과하는 것
④ 꼬인 것
⑤ 심하게 변형되거나 부식된 것
⑥ 열과 전기충격에 의해 손상된 것

4. 와이어 로프의 강도

로프는 사용함에 따라 점차 강도가 저하한다. 강도가 저하하는 율이나 손상의 정도는 로프와 접하는 것(시브, 드럼 등)의 재질, 경도, 표면의 거칠기, 하중의 대소, 와이어 로프의 취급·손실방법 등에 따라 차이가 크다.

5. 운전 및 보수

와이어 로프를 새로 장치한 뒤는 바로 정상 운전에 들어가지 말고, 처음에는 작은 짐을 매달아 저속으로 예비 운전을 행하고 차츰 하중과 속도를 올려서 정상운전에 들어가야 한다. 와이어 로프는 사용중 마모 및 모양이 망가지는 등 외관상의 부식의 정도, 단선 등에 관해서 정기적으로 검사를 실시하여 항상 로프의 상태를 파악해 두지 않으면 안된다. 전체 길이의

특정한 부분이 손상된 경우는 한쪽 끝을 잘라버려서 손상부분을 변경시키거나 또는 위와 아래를 뒤바꾸거나 해서 국부적인 손상을 적게 하도록 해야 한다. 또 사용중에 오일을 바르는 것을 게을리하지 말아야 한다.

6. 와이어 로프의 꼬임모양과 꼬임방향

(1) 보통 꼬임 방법(Regular Lay)
① 스트랜드의 꼬임방향과 소선의 꼬임방향이 반대이다.
② 소선의 외부 접촉 길이가 짧다.
③ 주로 기계, 건설, 선박 수산 등에 많이 이용된다.
④ 로프 자체의 변형이 적다.
⑤ 킹크가 잘 생기지 않는다.
⑥ 하중을 걸었을 때 저항성이 크다.

(2) 랭 꼬임 방법(Lang's Lay)
① 스트랜드의 꼬임방향과 소선의 꼬임방향이 같다.
② 소선의 외부 접촉 길이가 길다.
③ 접촉면적이 커서 마모에 의한 손상이 적기 때문에 내구성 유연성이 좋다.
④ 마모에 대한 저항성, 유연성이 우수하나 풀리기 쉽다.
⑤ 로프 끝이 자유로이 회전하는 경우나 킹크가 생기기 쉬운 곳에는 적당하지 않다.

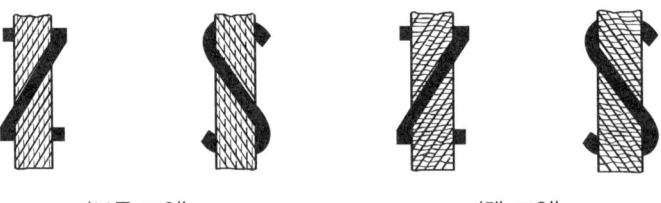

〈보통 꼬임〉   〈랭 꼬임〉

[그림] 와이어 로프의 꼬임모양 및 꼬임방향

산업안전 지도사 (기계안전공학)

제 2 편

공장자동화 설비의 안전기술

제1장 공장자동화 설비
제2장 에너지의 발생
제3장 액추에이터

제1장 공장자동화 설비

1 자동화의 정의

1. 자동화 개념

① Acting of itself : 스스로 작동하는 것
② 자동화 적용 : 공장 자동화(FA), 사무 자동화(OA), 수치제어(NC) 공작기계, 산업용 로봇, CAD/CAM System, PLC, 자동창고, 무인 반송 차, FMS 등의 자동화기기 및 설비

2. 자동화 발전

(1) 기계화 발전

① 도구, 수작업 ⇨ 기계, 수 동력 ⇨ 증기, 전기동력
② 저 원가 생산을 위한 단일 품목 생산 방식
③ 분업화, 전문화로 단능 기계화
④ 숙련공 ⇨ 단능공

(2) 기계적 자동화

① 트랜스퍼 머신(Transfer machine) : 제품의 연속 생산, 가공순서에 따른 연속 배치로 자동운반 장치에 의한 유기적 결합
② 머시닝 센터(Machining center) : 단일 품목의 양산, 다품종 소량생산 목적으로 수치제어 공작기계, 자동공구 교환, 가공품의 자동 착·탈 적응제어(adaptive control) 등을 유기적 관계
③ 프로세스 자동화(Process automation) : 석유, 화학, 시멘트 공업 등 장치공업에 활용

(3) 미래 자동화

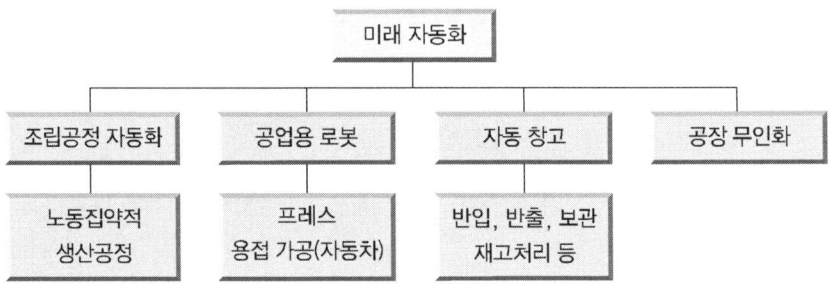

[그림] 미래 자동화

2 자동화 시스템

1. 자동화 도입

> **참고**
> ▶ 자동화 선정 시 고려사항
>
> ① 자동화 목적
> ② 제품의 수명 및 경향 파악 : 투자 기간, 투자효과, Life cycle
> ③ 노동력 : 단순 작업 기피 및 고령화, 인건비 상승
> ④ 기술력
> ⑤ 투자 효과

2. 시스템의 개요

자동화 시스템은 입력부와 제어부, 출력부로 구성되어 있고, "외부로부터의 에너지를 공급받아 공간상으로 제한된 운동을 함으로써 인간의 노동을 대신하는 구조물"이란 기계의 정의에서 자동화 기계는 외부의 에너지를 공급받아 일하는 **액추에이터**(actuator, 작동요소)와 액추에이터의 작업완료 여부 및 상태를 감지하여 **제어부**(controller)에 공급하여 주는 센서(sensor) 및 센서로부터 입력되는 제어 정보를 분석하고 처리하여 필요한 제어 명령을 주는 **제어 신호 처리장치**(Signal processor)의 3부분으로 크게 나눌 수 있다. 기계는 작업을 수행하는 액추에이터가 제한된 공간 내에서 제한된 운동을 하는데 이 구속 장치가 기계구조(mechanism)가 된다.

제2편 공장자동화 설비의 안전기술

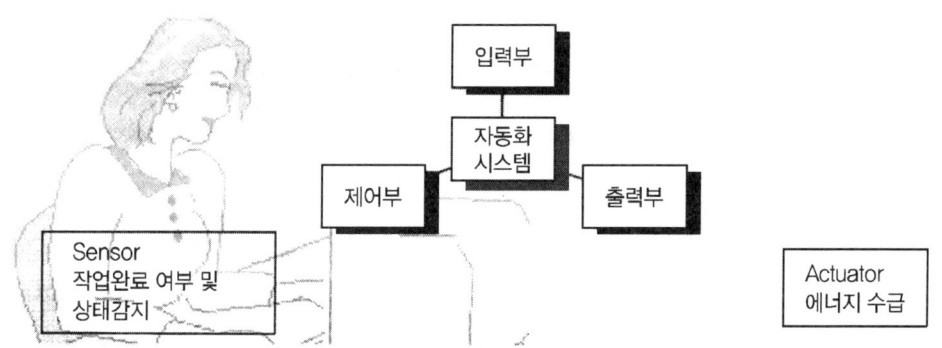

[그림] 자동화시스템

[그림]에서 센서와 액추에이터는 서로 고정되어야 하나 제어신호 처리장치는 제어정보(control signal)를 주고받는 선으로만 연결되어도 충분하다. 이 그림은 자동화 장치를 하드웨어(hardware)만을 의미하므로 소프트웨어(software)기술과 네트워크(network), 인터페이스(interface)기술 등이 동반되어야 한다. 따라서 자동화의 펜타곤(pentagon)이라 칭하는 5대 요소를 다음 [그림]과 같이 표현할 수 있다.

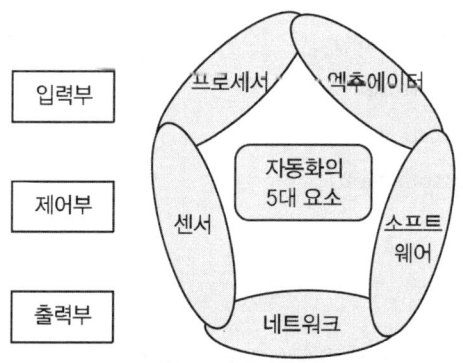

[그림] 자동화의 5대요소

3. 자동화의 장·단점

① 생산성 향상
② 원가절감 및 인건비 축소로 이익의 극대화
③ 품질의 균일화 및 고급화

④ 투자비용이 많이 요구됨
⑤ 설계, 설치, 운영 및 유지 보수에 높은 기술이 필요
⑥ 전문화로 생산 탄력성 결여

4. 자동화의 전개 단계

① 1단계 : 순수 인력에 의한 수작업 단계
② 2단계 : 기계에 의하여 작업이 이루어지는 기계화 단계
③ 3단계 : 부분 자동화 단계
④ 4단계 : 완전 자동화 단계

5. 자동화의 종류

① FA(Factory Automation)
② OA(Office Automation)
③ HA(Home Automation)
④ LA(Laboratory Automation)
⑤ BA(Building Automation)
⑥ SA(Sales Automation)
⑦ IA(Information Automation)

6. 자동화의 단점 대책

(1) 저 투자성 자동화(LCA ; Low Cost Automation)

① 원리가 간단하고 확실하여 자체 능력으로 설비가 가능
② 기존 설비나 장비로 최소의 시간을 투입
③ 단계별 자동화 구축(시설, 투자, 비용을 고려)
④ 자체 기술력으로 자동화 추진(기술적 종속, 기술유출, 유지, 보수비용 급증)

(2) 유연 생산 시스템(FMS ; Flexible Manufacturing System)

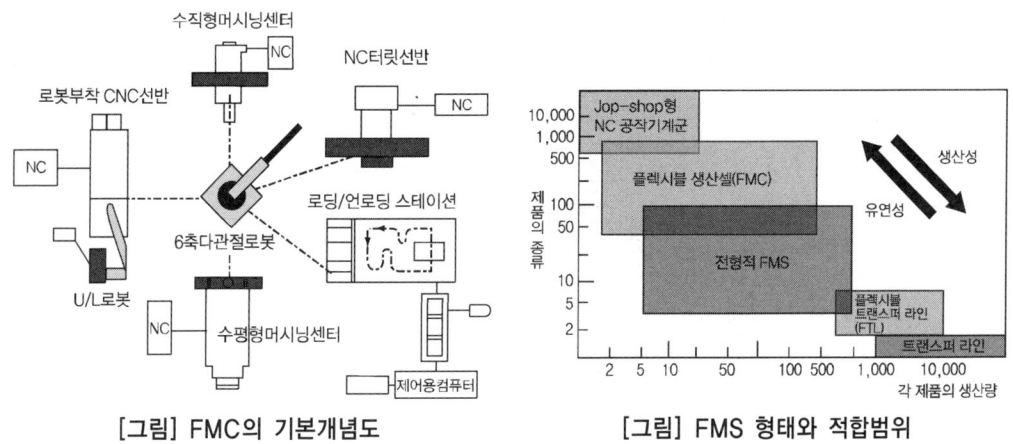

[그림] FMC의 기본개념도   [그림] FMS 형태와 적합범위

[그림]에서 FMC, 전형적 FMS, FTL 3가지가 대표적이며 각각의 구성은 다음과 같다.
① FMC(Flexible Manufacturing Cell) : 1대의 NC(수치제어) 공작기계를 핵심으로 하여 자동공구교환장치(ATC), 자동 팔렛교환장치(APC), 팔렛 매거진을 배치한 것
② 전형적 FMS : 복수의 NC 공작기계가 가변 루트인 자동반송 시스템으로 연결되어 유기적으로 제어
③ FTL(Flexible Transfer Line) : 다축 헤드 교환방식 등의 유연한 기능을 가진 공작 기계군을 고정 루트인 자동반송장치로 연결한 것

[그림]에서의 분류는 시스템 형태의 큰 틀을 결정하는 데는 중요하나, 시스템 형태의 상세한 정보는 포함되어 있지 않으므로 [그림]에서와 같은 기본 설계의 흐름에서 결정된다.

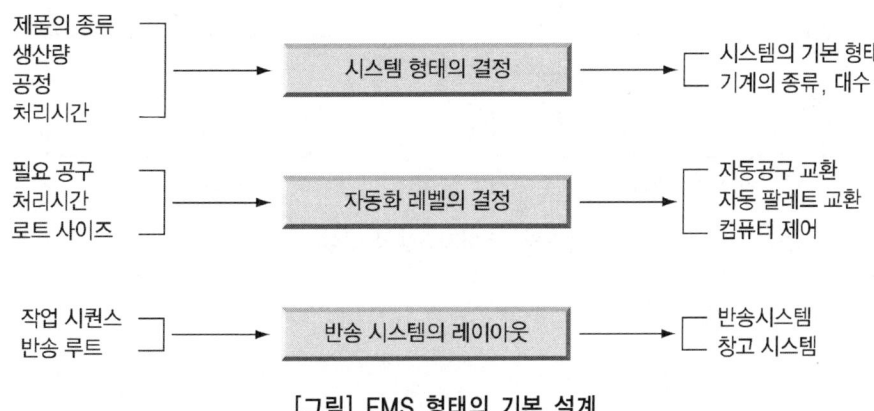

[그림] FMS 형태의 기본 설계

자동화란 물류의 흐름을 자동화하는 공장자동화뿐만 아니라 정보의 흐름을 자동화하는 정보자동화까지 포함되어야 한다. 정보자동화란 곧 기업의 의사결정 과정을 위한 모든 자료를 컴퓨터에 입력하여 통제하는 것을 말한다. 이는 자재소요계획량(MRP), 작업일정 계획, 재고관리, 원가관리 등 기업의 주요 의사결정 과정이 컴퓨터에 의해 통합되고 자동화하는 것을 의미한다.

[표] 공장자동화와 정보자동화의 특징

	공장자동화	정보자동화
적용분야	• CAM • 로봇 • 자동 운반	• CAD • Group Technology • 제조 계획 및 관리
요소기술	제어 기술, 시스템 설계 기술	정보통신 기술, 소프트웨어 기술

7. 자동화 시스템의 구성

자동화 시스템의 구성은 기계장치 및 제어시스템으로 되어 있으며, 이들은 각각 입력부, 제어부, 출력부의 세부분으로 크게 구분하며 신호의 흐름 형태는 [그림]과 같다.

[그림] 제어시스템의 구성

3 제어와 자동제어

> **참고**
> ▶ 제어의 정의
>
> ① 적은 에너지로 큰 에너지를 조절하기 위한 시스템
> ② 기계나 설비의 작동을 자동으로 변화시키는 구성성분의 전체
> ③ 기계의 재료나 에너지의 유동을 중계하는 것으로서 수동이 아닌 것
> ④ 사람이 직접 개입 않고 어떤 작업을 수행시키는 것

KSA 3008 자동제어용어(일반)에서는 "제어란 어떤 목적에 적합하도록 되어 있는 대상에 필요한 조작을 가하는 것"으로 정의하고 있다. 일반적으로 제어를 "시스템 내의 하나 또는 여러 개의 입력변수가 약속된 법칙에 의하여 출력변수에 영향을 미치는 공정"이라고 규정한다.

1. 제어계

(1) 제어계의 작업목표

① 공정상태 확인
② 공정상태에 따른 자료의 분석
③ 처리 결과 피드백

(2) 제어계의 공정 진행

① 센서는 처리 상태를 확인하고 측정한 제어신호를 발생
② 측정된 제어신호를 프로세서에 공급
③ 프로세서는 제어신호를 분석 처리하여 액추에이터에 필요한 제어신호 송출
④ 프로그램은 프로세서가 분석처리할 작업지침을 포함
⑤ 해당되는 프로그램이 프로세서에서 처리
⑥ 프로세서에서 발생된 제어신호는 액추에이터로 전달(작업수행)
⑦ 복잡한 제어시스템에서는 여러 개의 프로세서들이 네트워크로 연결될 수 있다.

2. 제어 시스템의 분류

(1) 제어정보 표시형태에 의한 분류

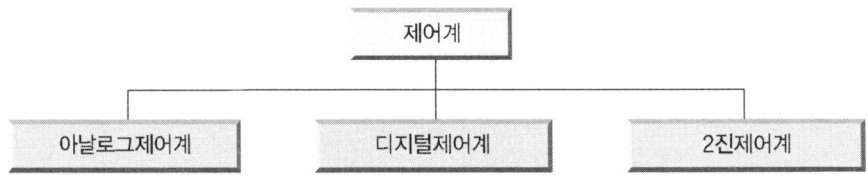

[그림] 제어정보 표시형태에 의한 분류

① 아날로그제어계 : 연속적인 물리량을 표시(예 온도, 속도, 길이, 조도, 질량 등)
② 디지털제어계 : 시간과 정보를 불연속적으로 표현
③ 2진제어계 : 하나의 제어 변수로 2가지의 가능한 값으로 제어(예 유/무, on/off, yes/no, 1/0, 전진/후진, 정회전/역회전, 기동/정지 등)

(2) 신호처리 방식에 의한 분류

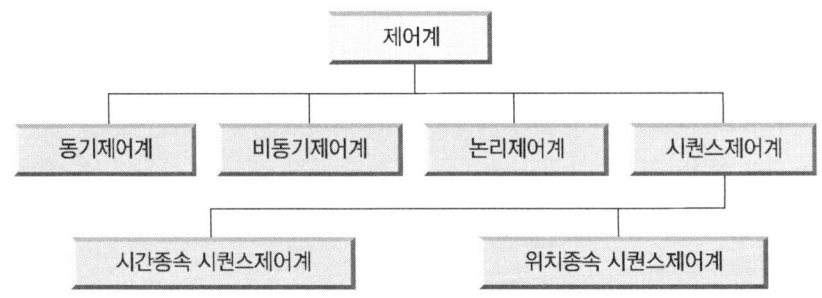

[그림] 신호처리 방식에 의한 분류

① 동기제어계(Synchronous Control System) : 실제의 시간과 관계된 신호에 의하여 제어가 이루어진다.
② 비동기제어계(Asynchronous Control System) : 시간과 관계없이 입력신호에 의해서만 제어가 진행
③ 논리제어계(Logic Control System) : 요구되는 입력조건에 만족되면 상응하는 신호가 출력되는 시스템. 메모리기능이 없으며, 여러 개의 입·출력이 사용될 경우 이의 해결을 위해 불대수(Boolean algebra)가 이용된다.
④ 시퀀스제어계(Sequence Control System) : 제어프로그램에 의해 미리 결정된 순서대로 제어신호가 출력되어 순차적인 제어를 행하는 것으로서 시간종속과 위치종속 시퀀스제어계로 구분한다.

㉮ 시간종속 시퀀스제어계(Time Sequence Control System) : 시간의 변화에 따라 수행하는 제어시스템. 전단계의 작업완료 여부와 관계없이 다음단계의 작업이 수행될 수 있다.

㉯ 위치종속 시퀀스제어계(Process-Dependent Sequence Control System) : 전단계의 작업완료 여부를 리밋스위치나 센서 등을 이용하여 확인한 후 다음단계의 작업을 수행

(3) 제어 과정에 따른 분류

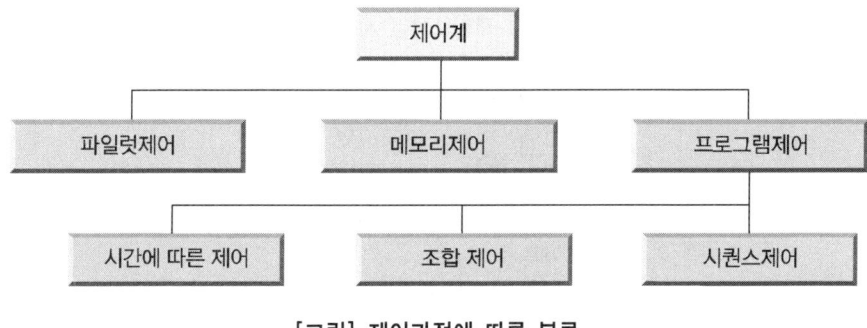

[그림] 제어과정에 따른 분류

① 파일럿제어(Pilot Control) : 입력조건이 만족되면 출력신호를 발생(논리제어)
② 메모리제어(Memory Control) : 어떤 신호가 입력되어 출력신호가 발생 후 입력신호가 없어도 출력신호가 유지, 즉 다음 입력신호가 있을 때까지 출력신호를 계속 기억
③ 시간에 따른 제어(Time Schedule Control) : 시간에 따라 수행(예 옥외광고)
④ 조합제어(Coordinated Motion Control) : 제어명령은 시간에 따라 입력되나 수행은 시퀀스 제어와 동일
⑤ 시퀀스제어(Sequence Control) : 전 단계 작업종료 여부를 리밋스위치나 센서 등에 의해서 확인 후 다음 작업 수행

3. 제어와 자동제어

일반적으로 **제어**는 출력이 제어 자체에 아무런 영향을 미치지 않는 시스템을 말하며, **자동제어**는 출력이 제어 자체에 영향을 미치는 시스템을 말한다.

(1) 제어(Control)

시스템의 하나 또는 여러 개의 입력변수가 약속된 법칙에 의하여 출력에 영향을 미치는 공정(개회로 제어시스템)

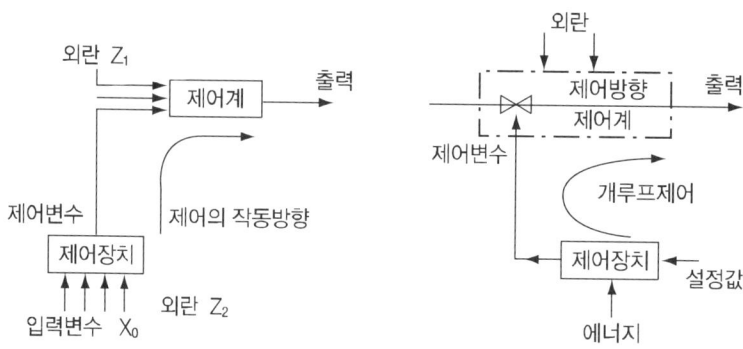

[그림] 개회로제어 시스템

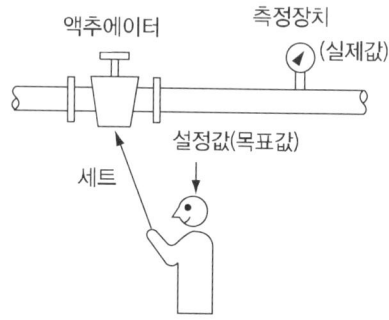

[그림] 개회로 시스템의 예

(2) 자동제어(Automatic Control)

제어하고자 하는 하나의 변수가 계속 측정되어 지령값과 비교하여 변수를 지령값에 맞도록 수정(폐회로제어 시스템)

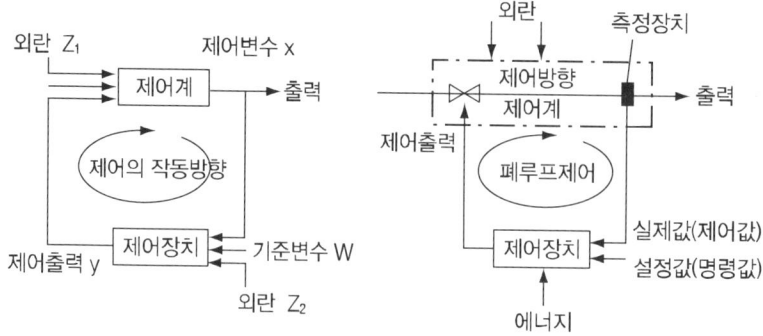

[그림] 폐회로 시스템

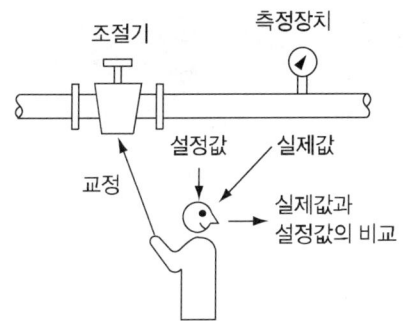

[그림] 폐회로 시스템의 예

① 제어 시스템을 선정할 경우
  ㉮ 외란 변수에 의한 영향을 무시할 정도로 작을 때
  ㉯ 특징과 영향이 확실한 하나의 외란변수만 존재할 때
  ㉰ 외란변수의 변화가 아주 작을 때
② 자동제어 시스템을 선정할 경우
  ㉮ 여러 개의 외란변수가 있을 때
  ㉯ 외란변수의 특징과 값이 변할 때

제2장 에너지의 발생

1 개 요

에너지의 흐름을 중심으로 한 기계의 구성은 제어부와 동력부로 크게 나눌 수 있다. 제어부(control section)는 센서(signal input)와 프로세서(signal processing)로 구성되고 각각 서로 다른 에너지원을 가질 수 있으나 가능하면 한 가지의 에너지원을 사용하는 것이 에너지를 절약하는 것이며 최근에는 프로세서를 전기를 에너지원으로 하는 PLC가 일반적이다.

동력부(power section)는 일을 할 수 있는 부분인 액추에이터(drive section)와 액추에이터에 에너지를 공급하기 전 일의 형태를 제어하는 동력제어부(power control section), 에너지 공급원(power supply section)으로 구성된다. 동력제어부는 액추에이터의 운동 방향, 운동 속도, 힘의 제어 역할을 하며 제어의 양은 프로세서의 신호로 통제된다. 주된 에너지는 전기, 유압, 공기압이다.

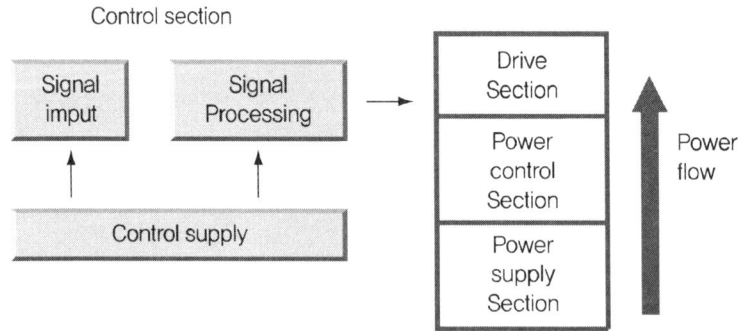

[그림] 에너지의 흐름도

자동화된 산업용 기계에 사용되는 에너지는 각각의 기계가 어떤 형태의 일을 하는지, 일의 크기가 어떤지에 따라 최적화된 서로 다른 에너지를 생산하여 기계에 공급할 수 있어야 한다. [표]는 각각의 에너지가 가지고 있는 특성을 나타낸다.

[표] 에너지의 특성 비교

	전기	유압	공압
누설	누전	주변 환경오염	에너지의 손실
주변환경 오염	재역에 따라 폭발의 위험이 있을 수 있으나 온도변화와는 무관	온도변화에 민감하고 누유가 발생하면 화재의 위험이 있음	주변 환경의 영향을 받지 않고 온도변화에 둔감함
에너지의 저장	곤란함. 배터리를 이용하여 소량은 저장 가능	축압기를 이용하여 소량 저장 가능	아주 쉬움
에너지의 전달	제한 없음	최대 100[m]까지 유체의 속도 : 2~6[m/s] 신호적달 속도 : 100[m/s]	최대 100[m]까지 유체의 속도 : 20~40[m/s] 신호적달 속도 : 40~200[m/s]
작업속도		최대 0.5[m/s]	최대 1.5[m/s]
비용	낮음	높음	아주 높음
직선운동	곤란함. 속도제어 많은 비용이 요구됨	실린더를 이용 큰 힘을 발생. 속도제어 아주 우수	큰 힘은 곤란함 부하에 따라 변함
회전운동	간단하고 경제적임	큰 토크 가능하나 고속은 곤란함	고속은 가능하나 비효율적
위치 정밀도	±1[μm]는 용이	±1[μm]는 용이하나 비용이 많이 든다.	부하변동이 없는 경우 0.1[mm]까지 가능
속도의 안정성	기구학적으로 높은 안정성 확보	비압축성 유체이므로 높은 안정성	압축성 유체이므로 낮음
힘	과부하의 문제 기구학적으로 손실 유발	과부하에 문제없음 큰 힘을 얻음	과부하에 문제없음 큰 힘을 얻을 수 없음

2 공압 에너지의 발생

압축기 → 냉각기 → 저장탱크 → 건조기

공압 발생장치는 공기를 압축하는 공기 압축기, 압축된 공기를 냉각하여 수분을 제거하는 냉각기, 압축공기를 저장하는 공기탱크, 압축공기를 건조시키는 공기 건조기 등으로 구성되어 있다.

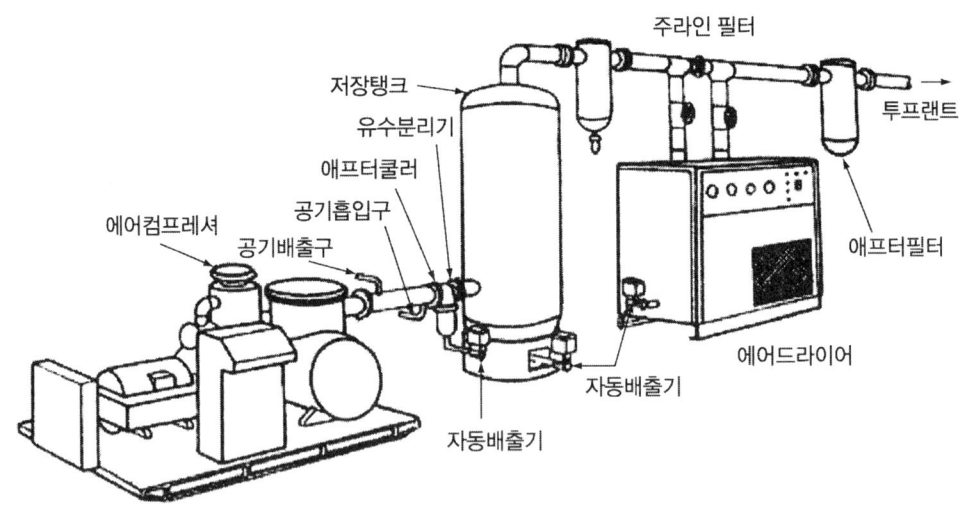

[그림] 압축공기의 생산

1. 공기 압축기

공압 에너지를 만드는 기계로서 공압장치는 이 압축기를 출발점으로 하여 구성된다. 공기 압축기(air compressor)는 대기 중의 공기를 흡입, 압축하여 $1[\text{kg/cm}^2]$ 이상의 압력을 발생시키는 것을 말한다.

① 송풍기(blower) : $0.1 \sim 1[\text{kg/cm}^2]$ 미만
② 환풍기(fan) : $0.1[\text{kg/cm}^2]$ 미만
③ 공기 압축기(air compressor) : 질량 가속도에 의하여 체적의 변화로 압축공기를 얻음

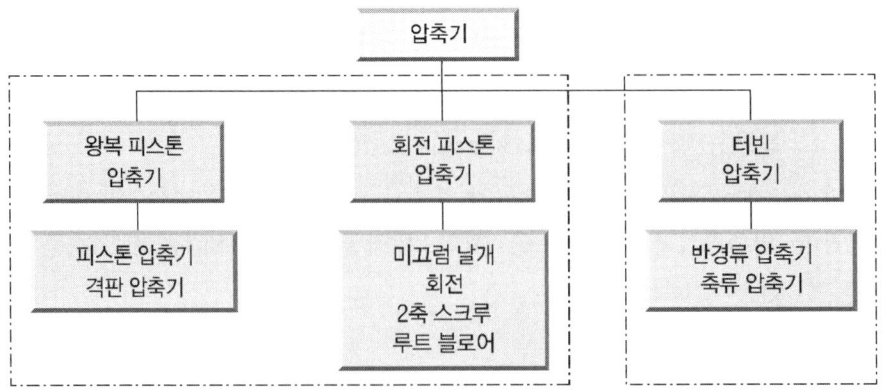

[그림] 공기 압축기의 형식

2. 냉각기(After Cooler)

압축기로부터 배출된 압축공기는 고온으로 다량의 수증기를 포함하고 있으며, 냉각되면 응축수로 되어 공압장치의 기기에 여러 가지의 좋지 않은 영향을 주므로 압축기로부터 토출되는 고온의 압축공기를 건조기로 공급하기 전 건조기의 입구온도조건(35~40[℃])에 알맞도록 1차 냉각시키고 수분을 제거해야 한다. 이 때 사용되는 것이 냉각기(after cooler)이며 공랭식과 수랭식 두 가지가 있다.

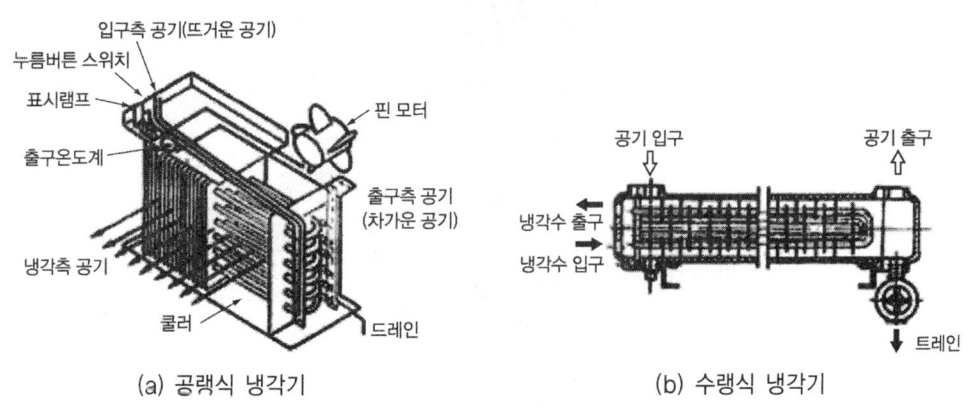

[그림] 애프터물러

3. 저장탱크

① 압축공기를 안정되게 공급
② 맥동현상을 감소
③ 포화증기를 액화시킴
④ 정전에 대비
⑤ 압축기 스위칭 회수를 감소

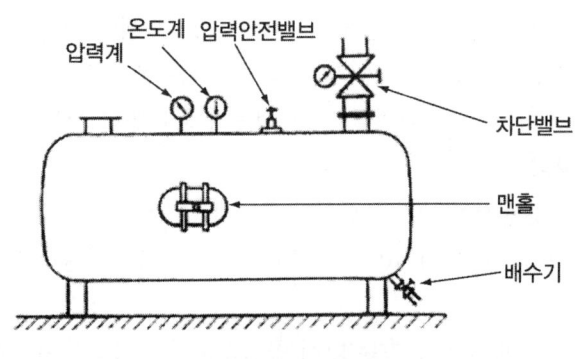

[그림] 공기 저장탱크

4. 건조기

(1) 냉동식 공기 건조기

압축공기를 냉동기로 강제적으로 냉각하여 수분을 응축 저지하게 되어 있다. 입구로부터 들어간 압축공기는 공기온도 평형기에서 제습된 공기로 예냉된 다음, 냉각실로 들어가 냉매에 의해 2~5[℃]까지 냉각되어 제습된다.

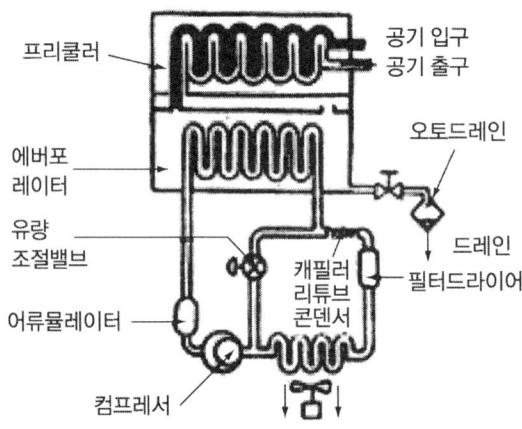

[그림] 냉동식 건조기

① **열 교환부** : 공기 압축기로부터 들어온 고온 다습한 공기는 공기 예열실에서 제습된 상태로 에어 쿨러로 들어가며 이곳에서 냉매의 증발열에 의해 냉각된다. 이때 응축된 기름이나 수분은 자동배출기에 의해 자동적으로 외부에 배출되며, 냉각된 공기는 다시 공기 예냉실로 들어가 이곳에 들어오는 고온 다습한 공기와 열 교환하고 건조되어 따뜻한 공기로 공급된다.
② **냉동 회로부** : 냉동기로부터 압축 토출 된 고온고압의 냉매 가스는 열 교환기를 통과하여 콘덴서에 이르면 강제 냉각되어 고압의 액화냉매로 바뀌며 모세관을 통과할 때 압력이 급격히 저하되어 공기냉각기로 들어가 습하고 뜨거운 공기의 열을 빼앗아 급격하게 증발되어 가스화하며 다시 열 교환기를 거쳐 냉동기에 흡입됨으로써 1사이클이 완료된다.
③ **사용 시 주의 사항**
　㉮ 공기건조기의 콘덴서에 냉각용 공기가 공급이 잘 될 수 있는 실내에 설치하여야 한다.
　㉯ 공기건조기의 입구온도가 40[℃]를 넘지 않도록 애프터쿨러와 주 라인필터 다음에 설치한다.
　㉰ 공기건조기에서 배출된 공기는 다시 공기건조기에 흡입되어 순환되지 않도록 주의한다.

㉣ 파이프가 응력에 견딜 수 있도록 엘보를 충분히 사용한다.
㉤ 바이패스 관을 설치하여 수리 시에도 압축공기를 사용할 수 있도록 한다.

(2) 흡착식 공기 건조기

물리적 건조방법으로 습기에 대하여 강력한 친화력을 갖는 실리카 겔, 활성 라루미나 등의 고체 흡착 건조제를 두 개의 타워 속에 가득 채워 습기와 미립자를 제거하여 초 건조 공기를 토출하며, 건조제를 재생(제습청정)시키는 방식이며, 최대 -70[℃] 정도까지의 저 노점을 얻을 수 있다.

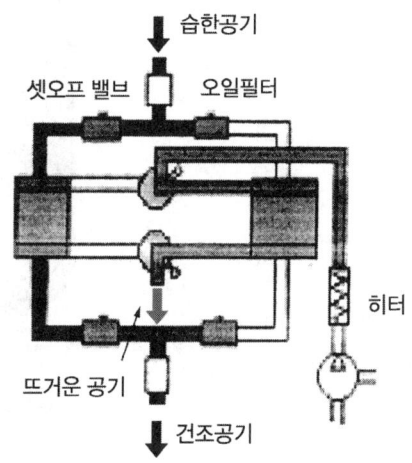

[그림] 흡착식 건조기

① 사용 시 주의 사항
㉮ 공기 입는 비 방폭형 계기의 설치가 안정되고 심한 진동이 없는 장소에 설치한다.
㉯ 공기 출구는 온도가 급격히 변하지 않으며, 0~70[℃]의 범위를 넘지 않고 상대습도가 90[%] 이하인 장소에 설치한다.
㉰ 바이패스 밸브는 가능한 주 배관에 설치한다.
㉱ 흡착제는 1년에 1회 정도 교환한다.
㉲ 공기건조기 앞에는 반드시 유분제거필터와 프리필터를 설치하여야 한다.
㉳ 프리필터는 월 1회 정도 점검을 하거나, 차압계를 설치하고 압력차가 $1[kg/cm^2]$ 이상이 되면 필터를 교환하여야 한다.

② 시운전 시 주의 사항
㉮ 공기 입구측 밸브를 서서히 열고 배관라인의 누설과 압력계의 상승을 확인한다.
㉯ 전원 스위치를 넣는다(이때 한쪽 타워의 압력은 정상운전압력이 되고 다른 쪽은 압

력이 "0"이 된다).
㉰ 재생라인의 밸브를 조정하여 압력이 $1.2[kg/cm^2] \sim 1.4[kg/cm^2]$이 되도록 조정한다.
㉱ 머플러에서 재생공기가 배출되는지 확인한다.
③ 건조제 : 포화상태가 되면 건조시켜 재생하여야 하며, 보통 2개의 용기를 서로 바꾸어 교대로 사용하며 재생시킨다.

(3) 흡수식 공기 건조기

화학적 건조방법으로서 압축공기가 건조제를 통과하여 공기 중의 수분이 건조제에 닿으면 화합물이 형성되어 수분이 혼합물로 용해되어 공기는 건조된다. 보통 2~4년마다 건조제를 교환하며, 사용되는 공기량이 적은 경우에 적용된다. 특징은 다음과 같다.
① 장비의 설치가 간단하다.
② 건조기 내에 이동물질이 없어 마모가 적다.
③ 외부 공급에너지가 필요 없다.

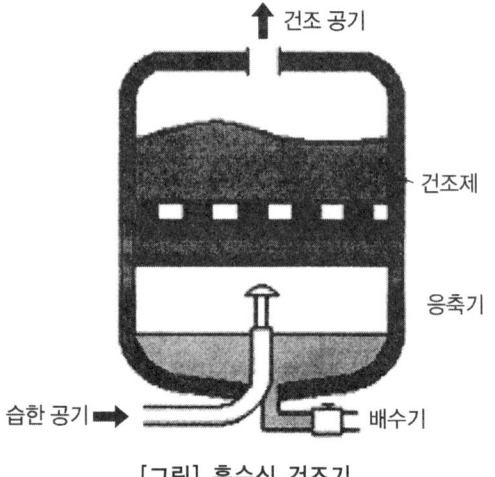

[그림] 흡수식 건조기

5. 압축공기의 분배

배관 설치는 환형으로 배치하며, 녹 등 이물질이 없어야 하고 응축 등 이물질이 발생되면 경사진 배관을 통해 한곳으로 모은 다음 제거시켜야 한다.

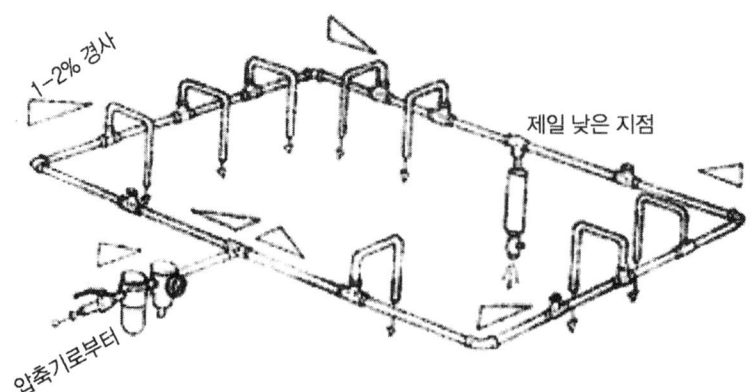

[그림] 공압 배관

6. 압축공기의 준비

① 수분, 먼지 등 이물질이 들어가지 못하도록 입구부에 공기 여과기인 필터(50[μm] 메시)를 설치한다.
② 자동 배수기를 설치하여 물을 제거시켜야 한다.
③ 서비스 유닛을 설치 : 감압밸브(사용하는 압력으로 조절), 윤활기(윤활과 부식 방지, 마모방지), 감압 밸브(사용 압력으로 조절)

3 유압 에너지의 발생

유압 동력원은 기계적인 에너지를 유압 에너지로 변환시켜 유압 시스템에 필요한 유압 에너지를 공급해 주며 구동장치, 펌프, 압력 릴리프 밸브, 커플링, 기름 탱크, 필터, 냉각기, 가열기 및 유압 유 등으로 구성되어 있다.

1. 구동 장치

유압 동력원의 구동 장치는 전기모터 또는 내연기관을 사용한다. 유압 장치는 고정식과 이동식 유압 장치로 구분하는데 고정식은 주로 전기모터를 이용한다.

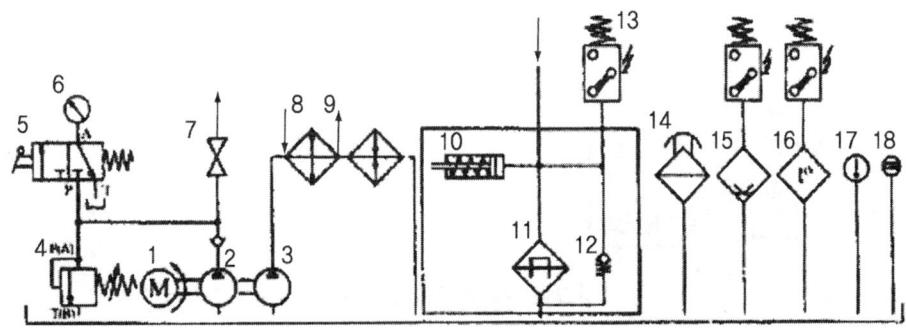

1. 전기모터 2. 유압 펌프 3. 유압 펌프 4. 릴리프밸브 5. 압력 표시 밸브 6. 압력계
7. 셋 오프 밸브 8. 냉각기 9. 히터 10. 오염 지시기 11. 자석식 필터 12. 바이패스 밸브
13. 압력 스위치 14. 오일 보충구 15. 유량 센서 16. 온도 센서 17. 온도계 18. 유면계

[그림] 유압 유니트의 구성

2. 유압 펌프

> **참고**
> ▶ 용적식 펌프의 장점
>
> ① 높은 압력(70 [kg/cm²]) 이상을 낼 수 있다.
> ② 크기가 작고 체적효율이 높다.
> ③ 작동조건에 따라 효율의 변화가 적다.
> ④ 여러 가지 압력 및 유량에서 원활히 작동한다.

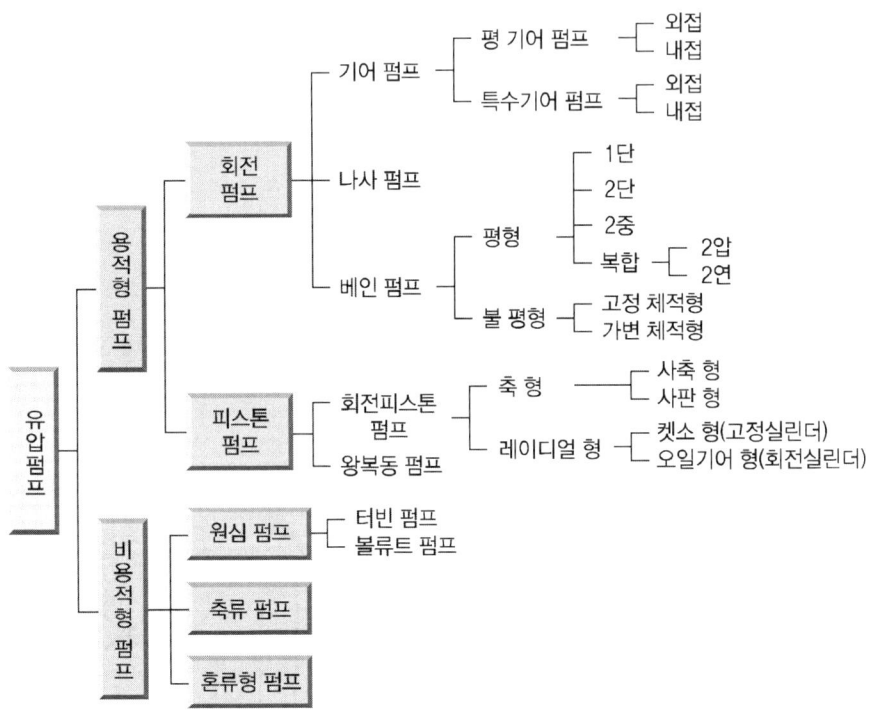

[그림] 유압 펌프의 종류

3. 커플링

커플링(coupling)은 모터와 펌프를 연결시켜 동력을 전달하며, 두 장치의 완충 역할을 하난. 커플링의 종류에는 고무 커플링, 스파이럴 베벨 커플링, 플라스틱 삽입 사각치선 커플링 등이 있다.

4. 기름탱크

유압 작동 유를 보관하는 기름탱크는 방열, 공기 제거, 오염물질의 침전, 기름탱크 내외부 온도 차에 의한 응축수 제거 및 모터, 펌프, 배관 등의 설치 장소로도 이용되고 있다.

5. 필터

유압 장치의 보수에 있어서 고장의 75[%]는 오일의 불순물에 의한다. 특히 서보 밸브를 이용하는 유압 장치에서는 미세한 먼지가 작동을 불안전하게 하는 원인이 되는 경우가 많다.

(1) 구조에 따른 분류
  ① 단층 필터 : 한 개의 층으로 직물, 강, 세룰로즈, 플라스틱, 섬유 등의 얇은 층으로 만들어진 것이다. 필터 내외의 압력 차에 의해 구멍의 크기가 변경되어 정해진 공칭 직경보다 큰 이물질이 통과할 수 있다.
  ② 적층식 필터 : 복층 직물, 셀룰로스, 플라스틱, 유리섬유, 금속섬유, 소결 금속 등으로 제작되고 여러 겹으로 되어 있어 여과 성능이 우수하고 공칭직경보다 작은 이물질이 많이 제거된다.

(2) 설치 장소에 따른 분류
  ① 흡입 필터 : 펌프의 흡입관에 설치하여 펌프로 흡입되는 유압유를 여과하는 것으로 여과등급이 25~238[μm]인 스트레이너를 부착하기도 한다.
  ② 복귀 필터 : 유압 회로의 되돌아오는 쪽에 부착하는 것으로 여과 등급은 5~40[μm] 정도이다.
  ③ 압력 필터 : 압력 관이나 이물질에 민감한 유압 부품 앞에 설치하며 여과 등급은 3~40[μm] 정도가 사용되고 간접 작동 형 밸브나 서보 밸브에는 필히 사용하여야 한다.

(3) 기타 : 필터의 등급은 [μm]로 표시

[표] SAE 표준 필터 등급

입자크기 [μm]	100[mℓ] 중의 입자 수						
	Class 0	Class 1	Class 2	Class 3	Class 4	Class 5	Class 6
5~10	2,700	4,600	9,700	24,000	32,000	87,000	128,000
10~25	670	1,340	2,680	5,360	10,700	21,400	42,000
25~50	93	210	380	780	1,510	3,130	6,500
50~100	16	28	56	110	225	430	1,000
100 이상	1	3	5	11	21	41	92

[표] 유압유의 등급과 용도

여과 등급(μm)	필요 등급	용도
1~5	Class 0~Class 1	서보시스템
10	Class 2~Class 3	피스톤 펌프 및 모터, 유량제어밸브, 감압밸브를 포함한 유압 시스템
20~25	Class 4~Class 5	기어 펌프, 베인 펌프
40	Class 6	자주 작동하지 않거나 정밀 부품이 없는 유압 시스템

6. 냉각장치와 가열장치

(1) 오일 냉각기에는 수랭식, 공랭식, 냉동식이 있다.

오일의 온도가 상승 → 점도의 저하, 윤활제의 분해 → 작동부가 녹아 붙는 등의 고장 또는 유압 펌프의 효율 저하, 오일 누출 등의 원인

[표] 오일 운전의 온도 범위

조건	온도범위
시동 최저 온도	10~15[℃]
준비 운전 온도	15~40[℃]
운전 온도	40~70[℃]
운전 한계 온도	70~80[℃]
위험 상한 온도	80[℃] 이상

(2) 가열기

한랭 시에는 오일의 점도가 높으면 → 펌프의 흡입 불량, 펌프 효율의 저하

가열기(heater)의 최저 온도는 일반적으로 20[℃] 전후이다.

7. 압력 릴리프 밸브

① 유압시스템의 최대압력을 설정하여 유압부품, 배관 등의 손상을 방지하고 유압시스템의 최대 출력도 제한한다.
② 과부하(Over load)시 오일탱크로 방출시켜 펌프 및 모터를 보호한다.

8. 유압 작동유

유압 작동유는 석유계와 난연성 작동유의 두 가지로 크게 구분할 수 있다.

(1) 석유계 작동유

일반 산업용으로 널리 사용되며, 원유로부터 정제한 윤활유의 일종으로 파라핀(paraffin)기의 원유를 증류, 분리하여 정제한 것으로 산화방지, 방청 등의 첨가제를 첨가한 것이다. 이 석유계 작동유는 고온에서 열화성이나 휘발성 문제가 있어 사용 온도가 100[℃] 이상이거나 발화의 위험이 있는 곳의 사용은 금해야 한다.

(2) 난연성 작동유

내화성이 우수하여 화재의 위험이 있는 곳에 사용하며 화학적 성질에 따라 특성이 달라지는 합성형 유압유와 수성형 유압유로 구분된다.

4 전기 에너지의 발생

전기는 열, 빛, 자기, 화학작용의 형태로 나타나는 에너지이다. 전기는 전압, 전류, 저항의 3요소가 있다.

1. 전압의 발생

유도(induction)작용, 전기-화학적인 처리, 열, 빛, 결정 변형
이온 전하 분리에 의한 방법으로 전압의 크기는 전압계로 측정하며, 단위는 볼트(Volt, V)로 표시한다.

(1) 유도 작용에 의한 전압 발생

[그림]에서 도선을 자석의 양극 안에 움직이거나 자석을 움직이면 교류 전압이 유도된다. 이처럼 자석을 사용한 전압 발생 방법을 유도라 하며 이때의 전압은 교류이고, 유효 도선의 길이가 길수록, 자속선을 절단하는 속도가 빠를수록, 도선수가 많을수록, 자속밀도가 클수록 전압의 세기는 커진다.

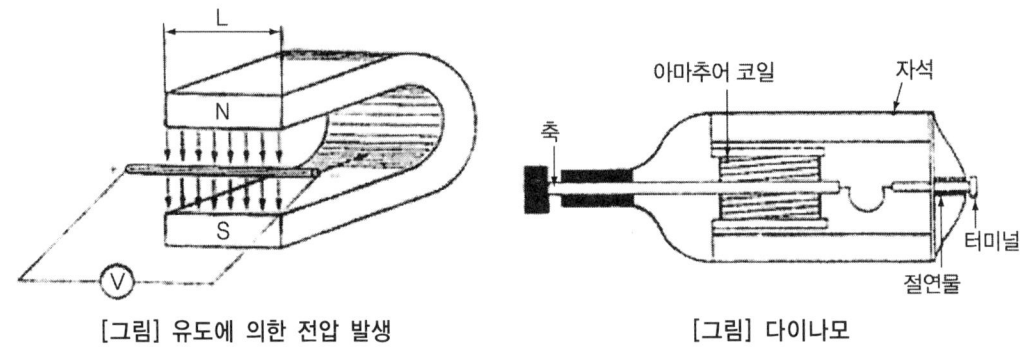

[그림] 유도에 의한 전압 발생   [그림] 다이나모

[그림]은 자전거용 발전기인데 고정자와 회전자로 구성되어 있어 회전자가 자전거의 바퀴에 의하여 회전하면 전압이 유도되는 유도 작용에 의한 전압발생기이다.
회전속도가 빠르면 자속의 절단 속도가 증가하여 높은 전압이 유도되며 보통 6[V]의 전압이 만들어진다.

(2) 전기분해에 의한 전압 발생

갈바니 전지는 이온화 경향이 다른 아연과 구리의 두 금속판이 소금물과 같은 전도 액 속에 담겨있는 것. 두 개의 판이 전해액 속에 잠기면 구리판에서 전자가 부족하게 되고, 아연판은 남는 전자가 생기게 된다. 즉, 두 금속판은 전기를 띠고 전자는 아연판으로부터 구리판으로 흐르게 되어 전압이 발생하는 것이다. 이때 발생하는 전압은 직류전압이다. 자동차의 배터리나 플래시의 배터리가 이런 종류이며 직류전압이 전해액 속의 서로 다른 두 개의 도체로부터 얻어진다. 전자는 음극에서 양극으로 외부 회로를 타고 흐르며 전극의 물질에 따라 전압의 세기가 결정된다.

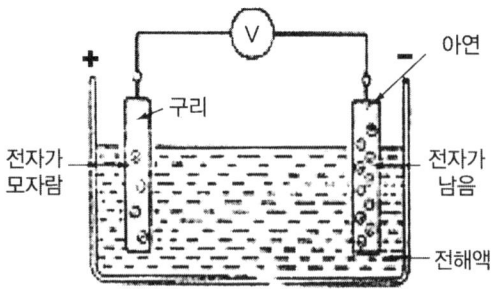

[그림] 갈바니 전지

(3) 열에 의한 전압 발생

구리선과 콘스탄탄 선의 한쪽 끝을 엮어서 가열하면 직류전압이 발생한다. 이 전압은 매우 작아 (mV)정도가 되고, 이것을 열전대(thermocouple)라 한다. 열전대에서 발생하는 전압은 매우 작아 에너지원으로의 사용보다는 온도 감지용으로 사용된다. 재료로는 구리-콘스탄탄, 철-콘스탄탄, 니켈-크롬-니켈 또는 니켈-백금이 사용된다.

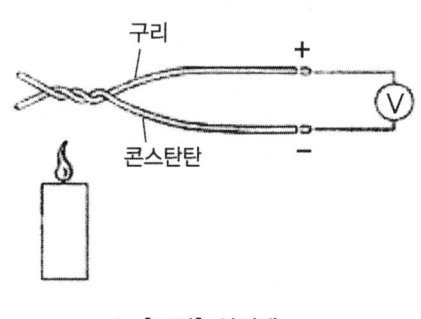

[그림] 열전대

(4) 빛에 의한 전압 발생

[그림]과 같이 빛이나 X선을 쪼이면 전자를 방출하는 소자가 있는데 이런 광전 작용은 광 전압 효과를 기초로 한 것으로 직류전압에 해당되며 노출계, 전기 감지기, 인공위성의 전력 공급기 등에 이용된다.

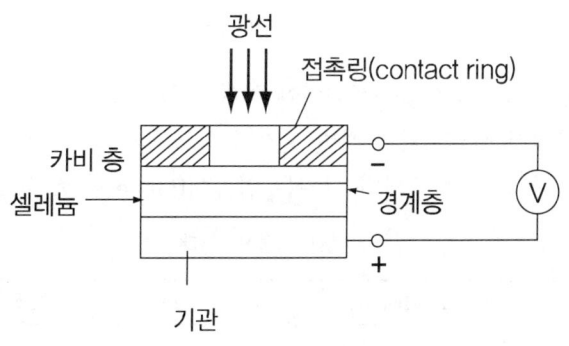

[그림] 광전효과

(5) 결정 변형에 의한 전압 발생

[그림]과 같이 수정에 인장력이나 압력을 가하면 수정의 표면 사이에 전위차가 생긴다. 이 때 인장력이나 압력의 크기를 변화시키면 교류전압이 발생한다. 이 효과를 압전효과(piezoelectricity)라 한다. 결정 마이크로폰, 레코드플레이어의 결정 픽업 등에 사용된다.

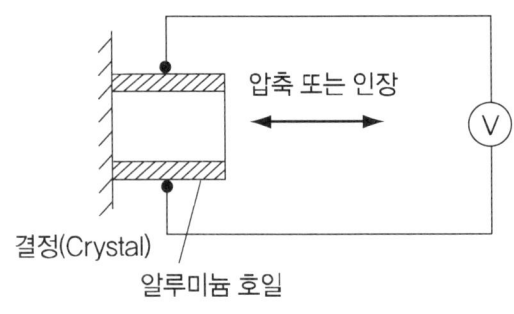

[그림] 압전효과

2. 전류

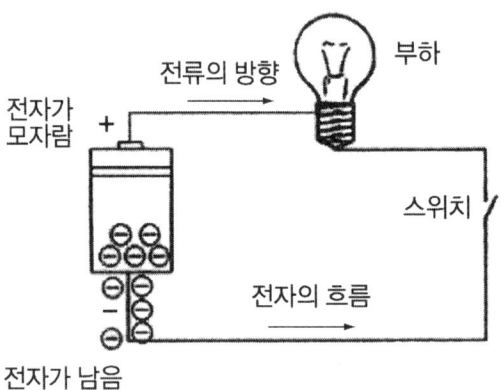

[그림] 전기의 흐름

전류가 흐르기 위해서는 회로가 구성되어야 하며 구성요소는 전원, 스위치, 도선, 부하로 되어 있다. [그림]에서 스위치가 닫히면 전자가 음극에서 양극으로 이동한다. 전류의 강도는 저항과 전압에 의해 좌우되며 단위는 암페어(ampere, A)로 표시한다.

[표] 전류의 형태

구분	전류의 형태	특징
직류(DC)		전류의 세기와 방향이 바뀌지 않는다.
교류(AC)		전류의 세기와 방향이 주기적으로 바뀐다.

구분	전류의 형태	특징
맥류	(시간에 따른 파형)	교류와 직류의 모든 성질을 가지고 있다.

[표] 전류의 영향과 효과

구분	그림 표시	존재	응용
열 효과		항상 존재하나 항상 바람직하지는 않음	전기히터
자장 효과		항상 존재하나 항상 바람직하지는 않음	릴레이, 전자석
조광 효과		전류나 가스가 필라멘트에 흐를 때 발생	전구
화학적 효과		전류가 전해질 속을 흐를 때 발생	축전지

3. 저항

부하에 전기 에너지를 공급하기 위해서는 도선을 통해 전원에서 부하까지 전류가 흘러야 한다. 이때 전류 강도에 영향을 미치는 세 가지 요소가 도체저항, 부하저항, 절연저항이다.

(1) 도체저항

전류가 흐르는 도선의 저항이며, 단면적이 작을수록, 길이가 길수록 증가한다. 이 저항은 재료에 따라 달라지는데 저항이 작아서 전류가 잘 흐르는 것을 도체라 하고 금, 은, 구리, 알루미늄 등이 여기에 속한다. 반대로 높은 저항을 가진 것을 부도체라 한다.

(2) 부하저항

부하의 시간 당 에너지 소비율에 관련되는 것으로 부하저항에서 전기에너지의 일부는 열로 전환된다.

(3) 절연저항

도체를 절연하는 저항으로 전도성이 낮은 물질, 즉 저항이 높은 물질을 사용한다. 절연체에는 유리, 고무, PVC 등이 있다.

4. 전기 안전

인체는 신체의 일부를 움직일 때 뇌로부터 100(mV) 정도의 미소전압(펄스 상태)이 신경을 통해 전달된다. 전달속도는 120(m/s)정도로 매우 빠르며 전기충격은 아니다. 인체에 흐르는 전류의 세기에 따라 감지 전류, 가수전류, 불수전류, 장시간 불수전류로 구분한다.

(1) 감지전류

인체에 전류가 흐르는 상태를 감지할 정도로 약간 따끔거리는 정도이다.

(2) 가수전류

쇼크 또는 이탈전류라 하며 근육은 자유스럽고 이탈 가능한 상태이지만 고통을 수반한다.

(3) 불수전류

근육에 경련이 일어나며 전선을 잡은 채로 손을 뗄 수 없는 상태로 고통을 수반한다. 이 상태가 오래되면 의식불명이 되거나 호흡곤란으로 질식되므로 전기에서 격리시켜 바로 인공호흡을 실시하여야 한다.

[표] 전류의 세기에 따라 인체가 받는 영향

구 분	직류		교류(60Hz)	
	남자	여자	남자	여자
감지전류	5.2[mA]	3.5[mA]	1.1[mA]	0.7[mA]
가수전류	62[mA]	41[mA]	9[mA]	6[mA]
불수전류	74[mA]	50[mA]	16[mA]	10.5[mA]
장시간 불수전류	90[mA]	60[mA]	23[mA]	15[mA]

제3장 액추에이터

1 개요

액추에이터(actuator)는 각종 에너지를 기계적 에너지로 변환하여 인간의 손이나 발의 기능을 수행하는 구동요소이다. 구동부는 제어부가 반드시 부속되어 있다. 제어부에 의해 필요한 신호의 발생과 처리과정을 통하여 구동부에 신호를 전달함으로써 액추에이터에 요구되는 동작을 실현한다. 이러한 동작은 운동, 다양한 형태(기계적, 전기적, 열적)의 일 또는 상태를 감지한다.

액추에이터는 운동 형태에 따라 선형운동과 회전운동으로 분류하고 각각을 사용하는 에너지에 따라 공압, 유압, 전기식 액추에이터로 세분할 수 있다.

2 선형운동

1. 공압 선형 액추에이터

① 압축공기를 이용하여 직선왕복운동을 발생시켜 작업을 수행하는 기기
② 일반적인 작업속도는 1~2[m/s], 충격실린더는 10[m/s]의 속도를 낼 수 있다.
③ 공기압의 압력이 높지 않기 때문에 큰 힘을 낼 수 없고 사용한계는 약 2[ton](294000 [KN] 실린더 지름 250~300[mm])정도이다.
④ 과부하에 안전하며 힘과 속도를 조절할 수 있으나 압축성 때문에 균일한 작업속도를 얻을 수 없음. 특히 20[mm/s] 이하의 저속일 경우 스틱 슬립(stick slip)현상이 발생

[표] 공압 선형 액추에이터의 분류

(1) 공압 단동 실린더

① 피스톤 실린더 : 피스톤의 외부가 유연한 물질로 덮여 있어서 내부 벽과 밀봉역할을 한다.

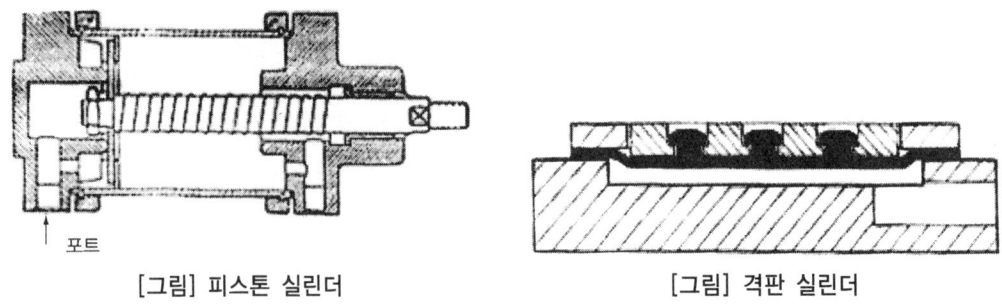

[그림] 피스톤 실린더　　　　　　[그림] 격판 실린더

② **격판 실린더** : 팬 케이크 실린더(pan cake cylinder) 또는 클램핑 실린더(clamping cylinder)라고 부르며, 내장된 격판(보통 고무나 플라스틱 또는 금속으로 만들어져 있다)은 피스톤의 기능을 대신하며 피스톤 로드가 격판의 중앙에 부착되어 있다. 마찰력이 적고 행정거리가 짧다.

③ **롤링 격판 실린더** : 압축공기가 들어오면 격판이 실린더 내벽을 따라 부풀어서 피스톤 로드를 바깥쪽으로 밀게 된다. 행정거리가 50~80[mm] 정도로 보통 격판 실린더에 비해 길게 할 수 있다.

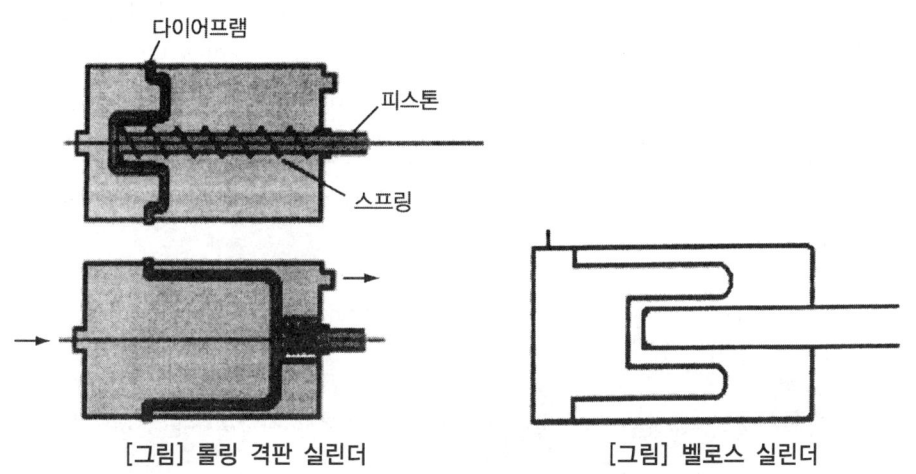

[그림] 롤링 격판 실린더   [그림] 벨로스 실린더

④ 벨로스 실린더 : 상사 플레이트(plate)와 그 사이에 고무재질의 벨로스로 구성된 귀한 스프링이 없는 단동 실린더로서, 행정거리는 무부하 시 최고, 최저의 높이 차이로 나타낸다. 진동 감쇠기로도 사용되며, 정밀위치제어가 필요할 경우 측면에 가이드를 설치한다.

(2) 공압 복동실린더

복동실린더는 전진운동뿐만 아니라 후진운동 시에도 일을 하여야 할 경우에 사용되며, 실린더의 행정거리는 피스톤 로드의 구부러짐(bucking)과 휨(bending)을 고려하여 2[m] 정도로 제한한다.

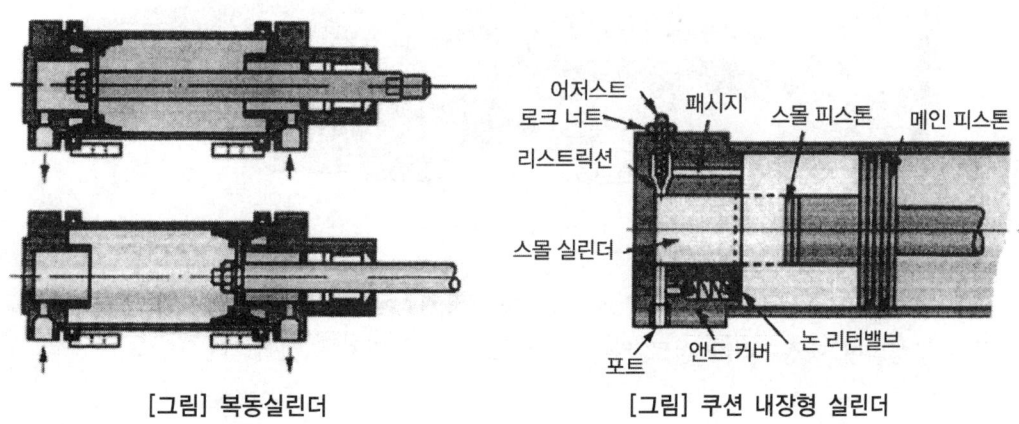

[그림] 복동실린더   [그림] 쿠션 내장형 실린더

① 쿠션 내장형 실린더 : 끝 부분에 닿기 전에 쿠션 피스톤이 공기의 배기통로를 차단하면 공기는 작은 통로를 빠져 나가므로 배압이 형성되어 실린더의 속도가 감소하게 된다.
② 양 로드형 실린더 : 피스톤 로드가 양쪽에 있는 것으로 피스톤 로드를 지지하는 베어링이 양쪽에 있게 되어 축방향의 힘도 어느 정도 견딜 수 있으며 왕복운동이 원활하다. 또한 위치감지용 요소도 작업을 하지 않는 쪽에 붙일 수 있고 전, 후진 시 추력이 같은 이점이 있으나, 실린더의 설치 공간이 커진다.

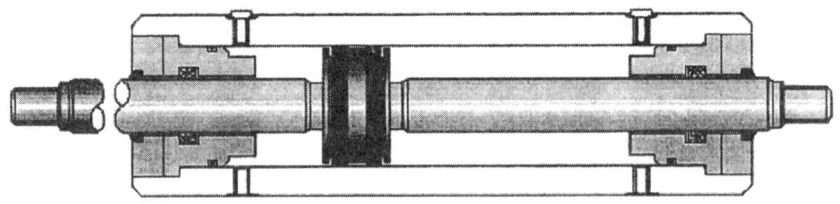

[그림] 양 로드형 실린더

③ 탠덤 실린더(Tandem cylinder) : 두 개의 복동실린더가 한 개의 실린더 형태로 조립되어 있는 것이다.
  두 개의 피스톤에 압축공기가 공급되기 때문에 실린더가 낼 수 있는 힘은 거의 두 배가 된다.
  실린더의 지름이 한정되고 큰 힘을 요하는 곳에 사용되나 행정거리는 짧다.

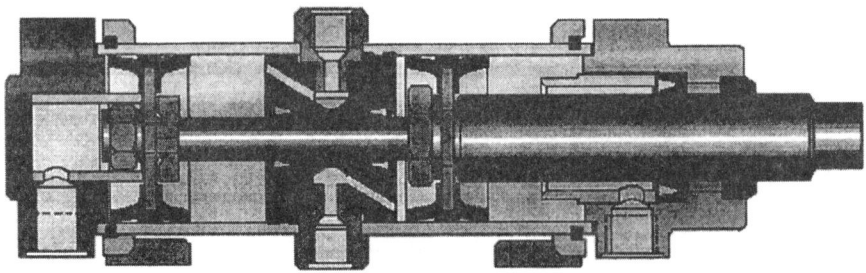

[그림] 탠덤 실린더

④ 다 위치제어 실린더(Multi-Position Cylinder) : 두 개 또는 여러 개의 복동실린더로 구성되며 행정거리가 서로 다른 실린더로 4개의 위치를 제어한다.

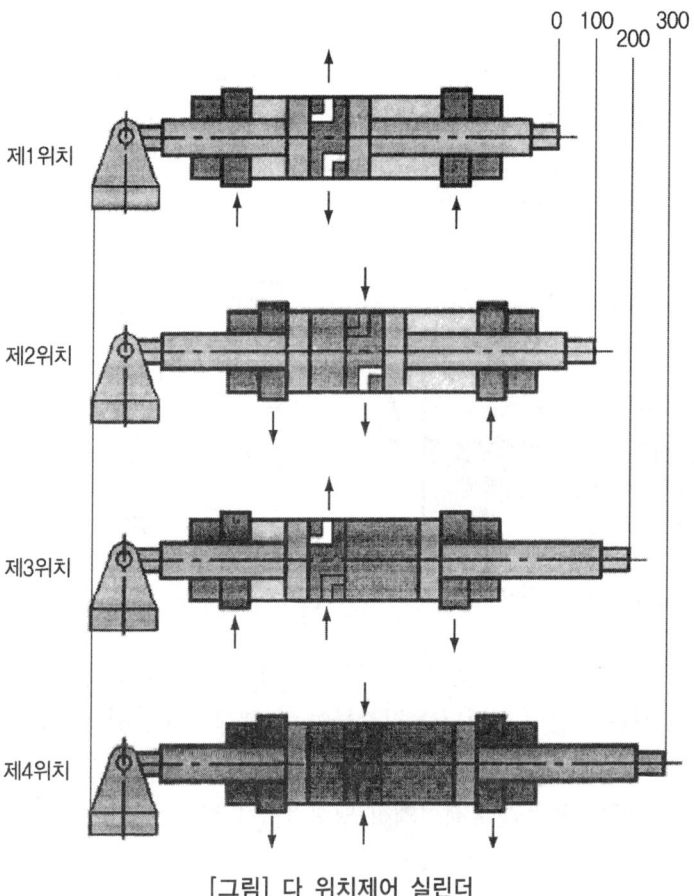

[그림] 다 위치제어 실린더

⑤ **충격 실린더(Impact Cylinder)** : 일반적인 복동실린더를 성형(forming)작업에 사용하려면 추력에 제한을 받게 되므로 큰 운동 에너지를 얻기 위해 설계된 것이 충격실린더(impact cylinder)이다. 속도는 7.5~10[m/s]이고 작은 크기에도 큰 충격에너지(25~500[N·m])를 얻을 수 있으나, 행정거리가 길면 속도나 충격에너지가 급속히 저하되므로 성형 길이가 긴 경우에는 적합하지 않다. 프레싱, 플랜징, 리벳팅, 펀칭작업 등에 사용된다.

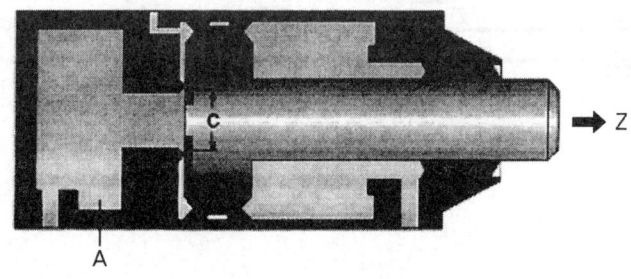

[그림] 충격 실린더

⑥ 케이블 실린더 : 양쪽에 피스톤에 케이블이 부착되어 있는 복동실린더의 일종이며 케이블에 장력을 발생시킨다. 문의 개폐, 작은 크기로 큰 행정거리가 요구되는 곳에 적합하고, 피스톤 로드 대신에 와이어를 사용해서 피스톤에 연결, 도르래를 매개로 해서 부하에 연결시켜 일을 하는 실린더이다. 로드가 나오는 길이만큼 설치 공간이 줄어들지만 와이어 실링부의 내구성이 떨어진다.

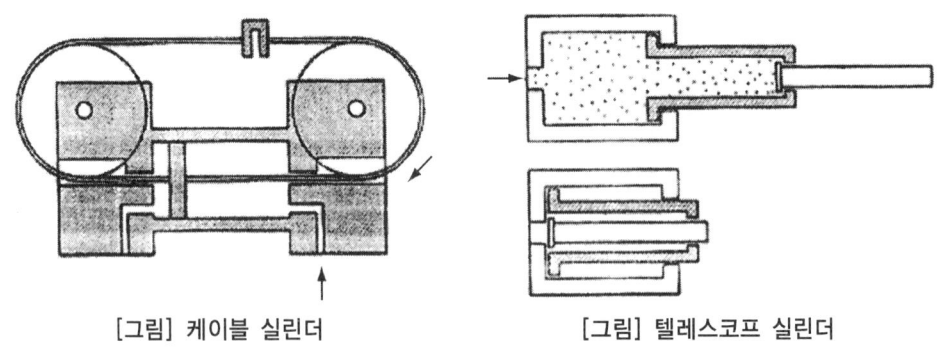

[그림] 케이블 실린더   [그림] 텔레스코프 실린더

⑦ 텔레스코프 실린더 : 짧은 실린더 본체로 긴 행정거리를 낼 수 있는 다단 튜브형의 로드가 있으며 작은 공간에 실린더를 장착하여 긴 행정거리를 필요로 하는 경우에는 적합하다. 그러나 실린더의 지름이 커야 하고 로드의 좌굴에 대한 조치가 필요하다.
⑧ 로드리스 실린더 : 제한된 공간상에서 행정거리가 필요한 곳에 사용되며, 외부와 피스톤 사이에 강한 자력에 의해 운동을 전달하므로 실링 효과가 우수하고 비 접촉시 센서에 의해 위치제어가 가능하다.

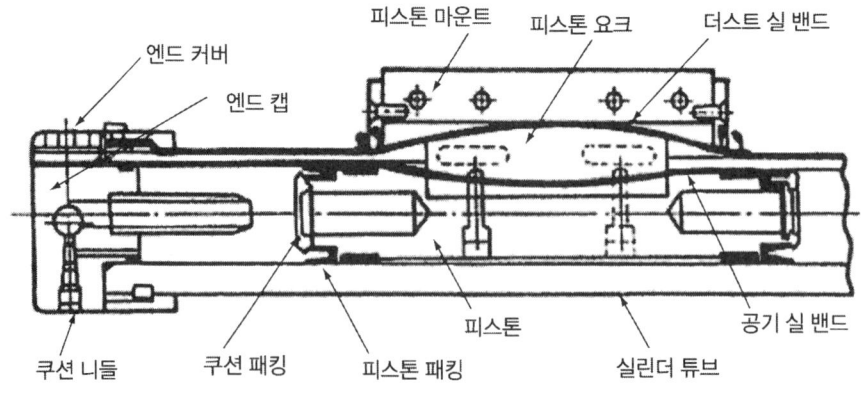

[그림] 로드리스 실린더

2. 유압 선형 액추에이터

① 높은 압력(50~300 [bar])를 사용하기 때문에 큰 힘을 얻는다.
② 비압축성 유체로 정밀한 속도제어, 정확한 위치제어가 가능하다.
③ 고압이므로 취급에 많은 주의 필요하다.
④ 압력 전달속도가 1000[m/s]로서 공압보다 빠르므로 응답성이 우수하다.
⑤ 온도변화에 따른 유체에 점도변화가 있으므로 가열 및 냉각이 필요하다.
⑥ 작업속도가 최대 0.5[m/s]로서 매우 느리다.
⑦ 작동유는 회수하여 재생이 가능하며, 주기적인 교환이 필요하다.
⑧ 윤활유가 필요 없다.

(1) 유압 단동실린더

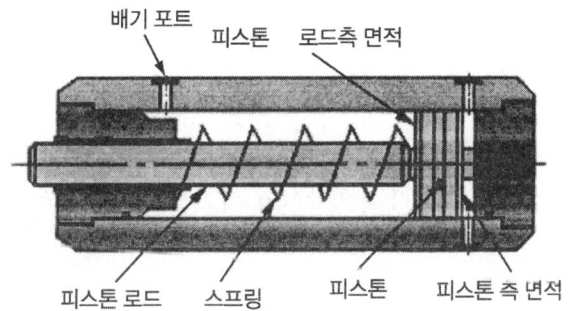

[그림] 피스톤형 단동실린더

단동실린더란 유압을 피스톤의 한쪽 또는 램(플런저)의 단면에 공급하는 실린더를 말하며, 유체의 압력으로 추력을 발생시키고 반대 행정은 외력에 의해 동작을 행한다.

(2) 유압 복동 실린더

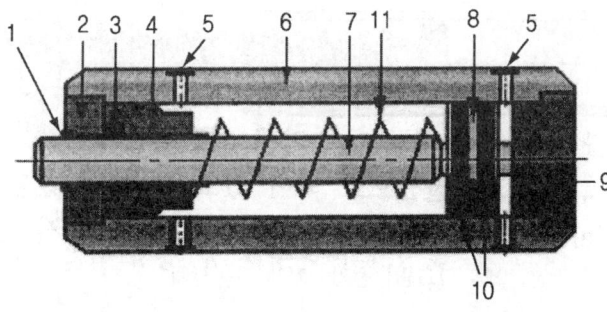

1. 와이퍼 실 2. 로크너트 3. 피스톤 로드 실 4. 피스톤 로드 베어링 5. 배기 포트
6. 실린더 배럴 7. 피스톤 로드 8. 피스톤 9. 엔드 캡 10. 피스톤 실 11. 스프링

[그림] 유압 복동 실린더

복동 실린더란 유압을 피스톤의 양측에 공급하는 것이 가능한 구조의 실린더로 일의 방향은 피스톤 로드가 나오는 방향, 들어가는 방향 어느 것이나 가능하다.

① **차동 실린더** : 면적 비 2 : 1(피스톤 측 면적 : 피스톤 로드 측 면적)인 실린더로서 피스톤의 후진운동 속도가 전진운동 속도의 2배가 된다.

② **양 로드 실린더** : 피스톤 양측 출력, 속도가 같은 곳

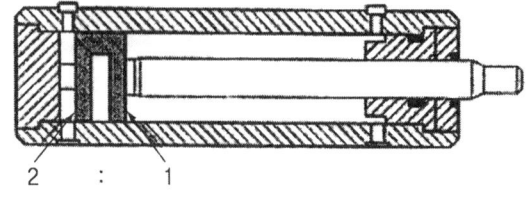

[그림] 차동실린더

③ **쿠션 내장형 실린더** : 충격 방지용
④ **텔레스코프 실린더** : 실린더 길이가 짧으나 행정길이가 길다.
⑤ **탠덤 실린더** : 행정거리가 짧고 큰 힘이 요구되는 곳

3. 전기 선형 액추에이터

전기 선형 액추에이터는 2가지의 기본적인 형태가 있다. 1차 구동요소로서 일반적인 모터가 사용되며, 적당한 기계장치를 이용하여 회전운동을 직선운동으로 전환하는 전기-기계 구동장치(웜, 웜휠과 스핀들)와 구동전환 장치가 없는 리니어모터가 있다.

(1) 전기-기계 구동장치

1차 구동요소로서 전기모터를 사용하고 웜과 웜휠을 통해 나선식 스핀들을 구동시키는 전기-기계구동장치이다. 전기모터에 의해 나선식 스핀들이 회전하면서 피스톤 로드를 [그림]과 같이 화살표 방향으로 왕복 구동시킨다.

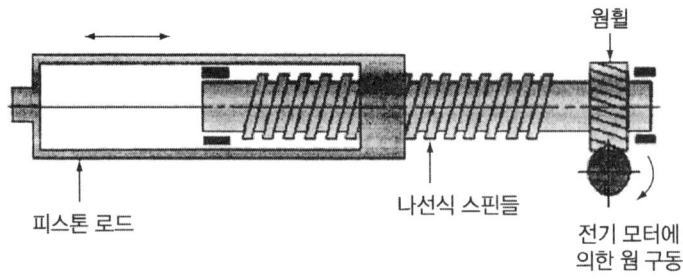

[그림] 전기-기계 구동장치

(2) 리니어 모터

직선운동을 일으키는 전기 선형 액추에이터이다. 3상 모터의 스테이터에 해당되는 리니어 모터 윗부분은 빗 모양의 얇은 인덕터판과 홈에 내장된 교류전선으로 되어 있고 두 개의 인덕터는 서로 반대로 위치한다. 라우터는 아마추어(armature)가 담당하고 두 개의 인덕터 사이에 있으며 알루미늄 도체로 되어 있다.

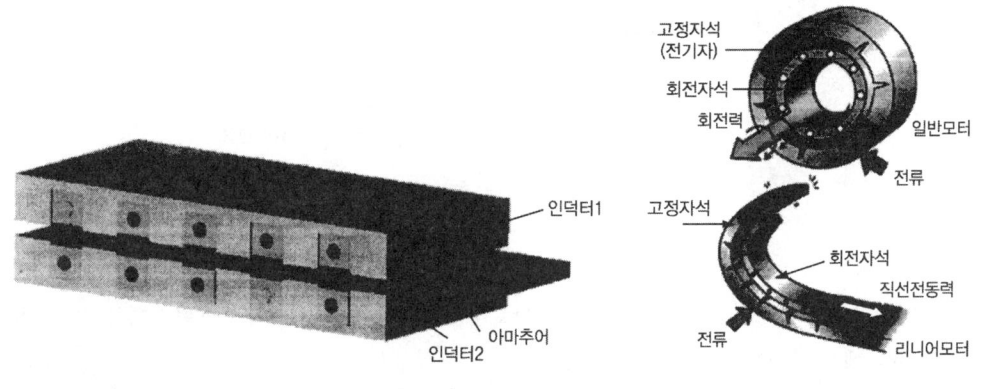

[그림] 리니어 모터

(3) 선형 스텝 모터

선형 액추에이터에서 로터는 나선식 스핀들이 내장된 기어로 구성되고 스텝모터의 각 회전(회전스텝)은 나선식 스핀들을 정해진 거리만큼 전·후진시킨다. 회전각과 이송거리는 스핀들 리드 h를 360°로 나눈 값과 회전 값 α의 곱으로 나타낸다.

$$S = \frac{h}{360°} \times \alpha$$

선형 액추에이터는 정확한 위치제어가 가능하며 한 스텝당 최소이송거리는 0.05[mm]까지 얻을 수 있다. 즉, 총 이송거리에 따라 스텝의 횟수가 결정되며 명령치와 실행치의 비교를 위한 피드백 신호가 필요하다. 디지털 정보는 리니어모터에서 직접사용 가능하므로 디지털 시스템에서의 사용이 가능하고 화학적 분석기의 미터 링 펌프 구동, 의료 및 전자산업, 가스 및 액체의 유량 밸브의 정확한 작동이 필요한 곳에 사용된다.

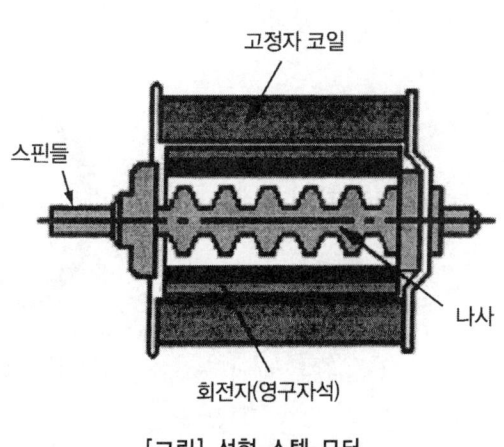

[그림] 선형 스텝 모터

3 회전운동

1. 공압 회전 액추에이터

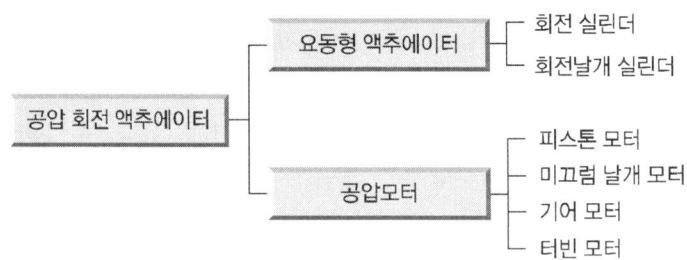

[그림] 공압 회전 액추에이터의 분류

(1) 공압 요동형 액추에이터

① 회전 실린더 : 직선운동을 회전운동으로 바꾸는 액추에이터, 회전범위 : 45°, 90°, 180°, 290°에서 720°까지 행정거리 및 회전각 조절 가능

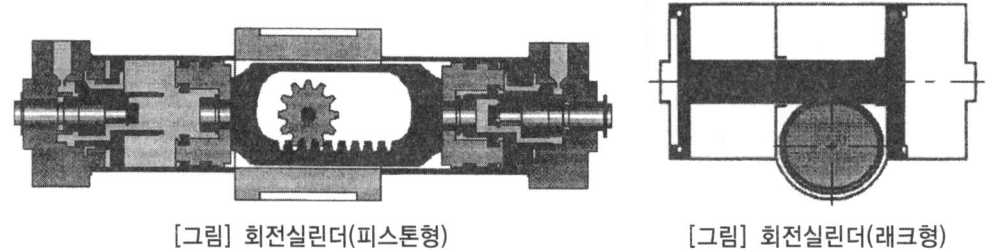

[그림] 회전실린더(피스톤형)　　　[그림] 회전실린더(래크형)

② 회전날개 실린더

[그림] 회전날개 실린더

회전 실린더와 마찬가지로 한정된 각도를 가지며 회전각도는 일반적으로 300°를 넘지 못한다. 또한 밀봉에 문제점이 많고 지름과 폭 때문에 큰 토크를 얻을 수가 없다. 회전 날개실린더는 유압에서 많이 사용된다.

(2) 공압 모터

공압모터는 무부하 시 즉, 토크가 전혀 걸려있지 않을 때, 최고 회전속도를 나타내고 부하의 증가에 따라 회전속도가 감소하여 최종적으로 회전이 정지된다. 회전 정지 부하토크를 정지토크라 하고 기동토크는 정지토크 보다 75~80[%] 정도 낮다. 공기소모량은 회전수에 비례하여 증가하고 회전수는 최대 출력의 80[%] 정도로 사용한다. 공압모터는 역회전이 가능하다.

① **피스톤 모터** : 레이디얼 피스톤 모터와 축류식 피스톤 모터로 구분
   회전속도 5000[rpm], 출력 1.5~1.9[kW](2~25마력) 정도

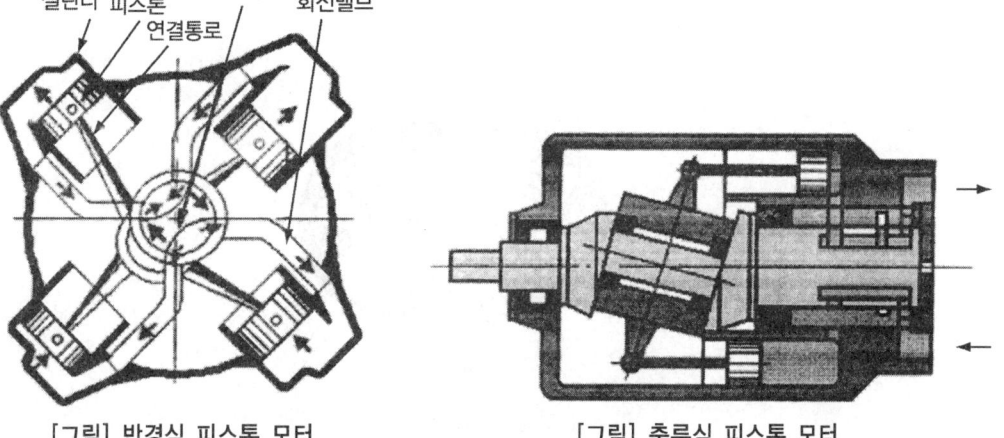

[그림] 반경식 피스톤 모터   [그림] 축류식 피스톤 모터

② **미끄럼 날개 모터** : 구조가 간단하고 가벼우며 밀봉효과가 있어 가장 많이 사용된다. 실린더형의 하우징 안쪽에 베어링이 있고 그 안에 편심 라우터가 있으며 이 라우터에는 가늘고 긴 홈(slot)이 있어서 날개(vane)를 안내하는 역할을 한다. 날개가 회전하면 원심력에 의해 실린더 내벽 쪽으로 운동하게 되어 각각의 방을 밀폐시킨다. 날개는 3~10개 정도이고 로터의 속도는 3000~8500[rpm]으로 역회전이 가능하고 0.1~17[kW] 정도의 출력을 갖는다.

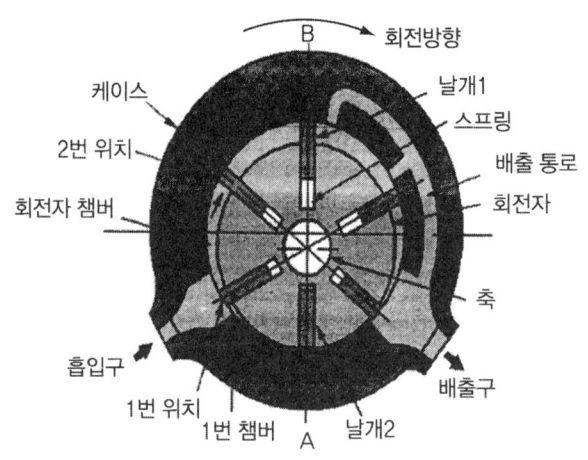

[그림] 미끄럼 날개 모터

③ 기어 모터 : 두 개의 맞물린 기어에 압축공기를 공급하여 토크를 얻는 방식이다. 축에 고정하며 매우 높은 출력(60마력)을 갖고 역회전도 가능하고 직선 또는 사선형 기어도 사용된다.

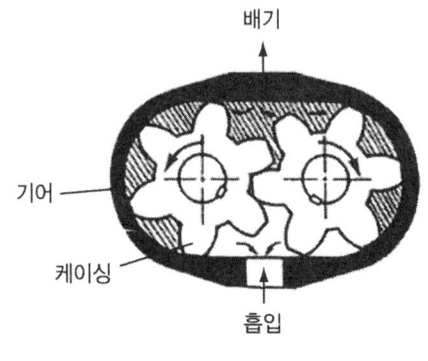

[그림] 기어모터

④ 터빈 모터 : 터빈 모터는 저 출력 고속(약 500,000[rpm] 정도)이 요구되는 곳에 사용된다.

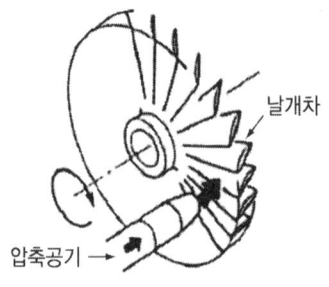

[그림] 터빈 모터

2. 유압 회전 액추에이터

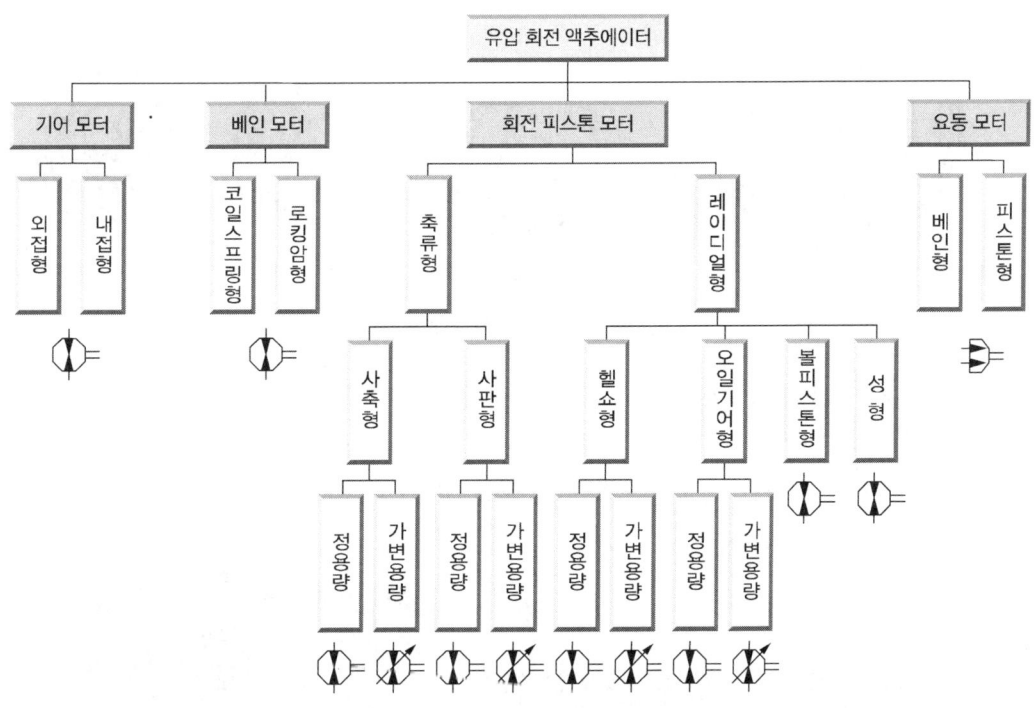

[표] 유압 회전 액추에이터의 분류

(1) 요동형 유압 모터

① 베인형 요동 모터 : 이 요동 모터는 밀폐 내에 슈와 베인을 갖고 출력축은 베인과 일체로 되어 있다. [그림]과 같이 베인과 슈가 한 조인 것을 싱글 베인, 베인과 슈가 축 대칭인 위치에서 2조인 것을 더블 형, 3조인 것을 트리플 베인 형이라 한다. 출력토크와 회전각 도는 싱글 베인이 280° 이내, 더블 베인은 100° 이내이며 싱글에 2배, 트리플은 60° 이내로 3배가 된다. 구조가 간단하고, 소형이며 높은 토크를 발생시킬 수 있으나, 부하 회전의 앤드스토퍼는 모터 측에 걸리지 않도록 외부에 따로 설치해야 한다.

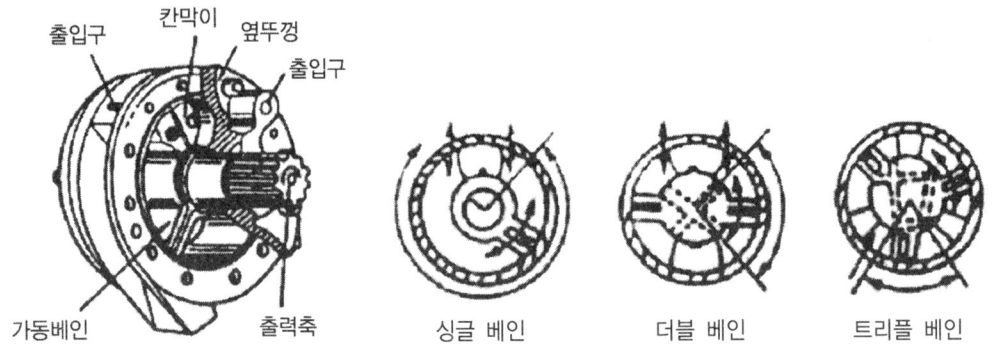

[그림] 베인형 요동 유압모터

② 피스톤형 요동 모터 : 실린더에 유압유를 공급하여 피스톤의 직선, 왕복운동을 회전, 왕복운동으로 변환하는 기구를 가진 것으로 회전 각도의 제한 없이 임의로 정해진다. 사용 시 설치 면적이 길어지는 경향은 있지만 출력 토크를 크게 할 수 있다.

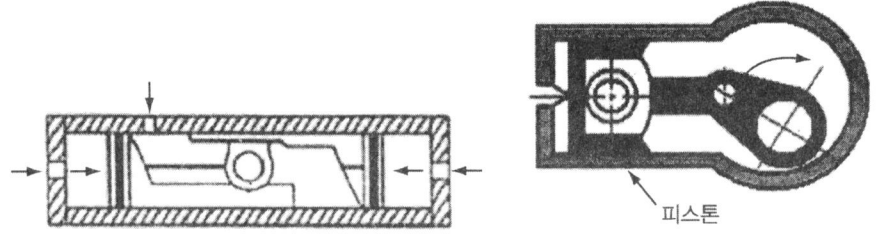

[그림] 피스톤형 요동 모터

(2) 유압 모터

유압 모터는 유압 작동유를 공급받아 유압 에너지를 구동축을 통해 기계적 에너지로 변환하여 준다.
회전은 작동유의 압력에 따라 비례하고 회전속도는 유량에 비례한다. 유압모터의 작동원리와 구조는 공압모터와 유사하고 운반기계의 구동장치, 프레스 중장비, 사출기, 주조기, 압연기 등에서 사용된다.
① 기어형 유압 모터 : 기어 형 유압펌프와 구조가 같고 모터가 기동할 때, 저속일 때 성능향상을 위해 마찰저항이

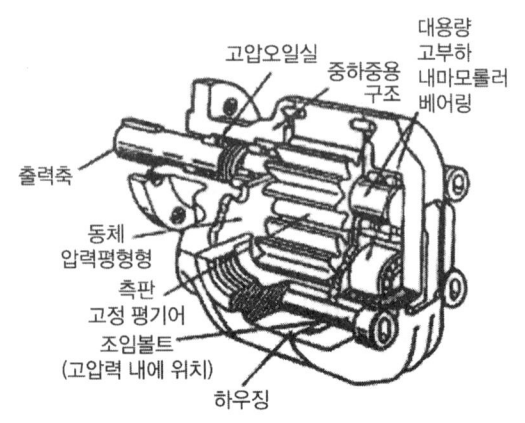

[그림] 기어모터의 구조

적은 롤링 축수를 사용하는 경우가 많다. 기어 측면 실용측 판은 운전 중 브레이크작용을 하는 경우가 있어 고정 측 판 식이 많이 이용된다. 기어 치형은 인벌류트 치형을 주로 사용하고 내접형에는 트로코이드 치형을 사용한다. 기어 모터는 구조가 간단하고 내구성이 우수하여 건설기계 등에 이용된다.

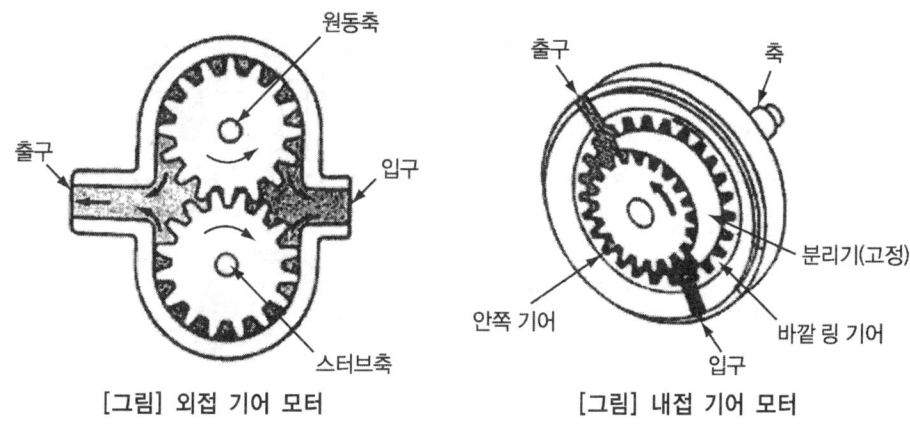

[그림] 외접 기어 모터　　　[그림] 내접 기어 모터

② 베인형 유압 모터 : 베인형은 공급 유량에 비해 소형이고 고속 회전 중에도 소음이 적다. 평형형과 비평형형으로 구분되며, 일반적인 베인형 모터는 평형형으로 사용된다. 구조는 베인 펌프와 같지만 성시 시에도 베인을 항상 밀어 두어야 하므로 로킹 암이나 스프링으로 미는 기구로 되어 있다. 베인 모터가 회전하는 기구는 캠링 고정형이지만 반대로 베인 축을 고정하고 캠을 회전시키는 방식도 있다.

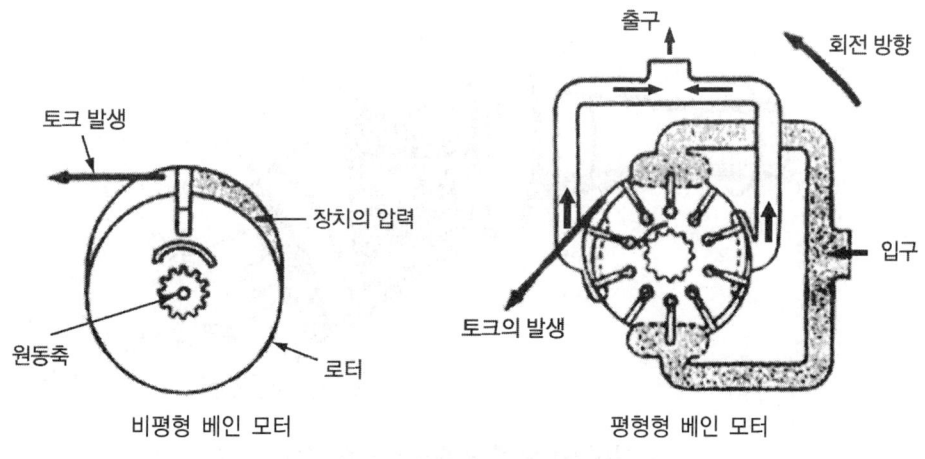

[그림] 베인형 유압 모터

③ 피스톤형 유압 모터
  ㉮ 사판식 액셜 피스톤 유압 모터 : 고정 용량형이나 일정 출력형일 경우 가변 용량형도 사용된다. 모터의 용량을 변화시키는 방법은 사판의 경사 각도를 파일럿 압력을 사용하는 것이 일반적이며 고압에서 사용할 수 있고, 시스템 전체가 콤팩트하므로 이용 범위가 넓다. 피스톤형 유압 모터 중 가장 간단한 구조로 가격이 저렴하다.

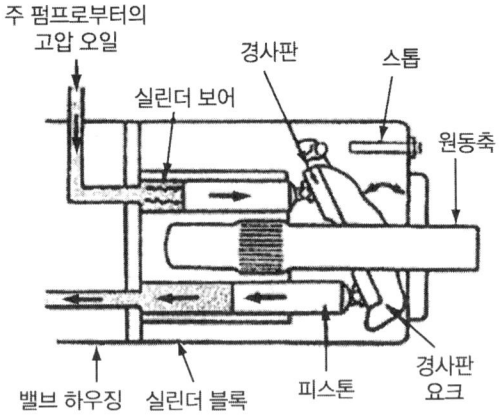

[그림] 사판식 액셜 피스톤 유압 모터

  ㉯ 사축식 액셜 피스톤 유압 모터 : 회전축과 실린더 블록축 심이 각도를 갖고 있어 외관상 케이싱이 경사져 있다. 회전부에 롤링 축수를 사용하고 레이디얼, 트러스트 하중을 이용하여 회전마찰을 적게 하여 기계효율을 증대시킨다. 누유 부분은 피스톤 조립부와 실린더 블록과 밸브 플레이트와의 섭동부분만이기 때문에 누유량이 적고, 용적효율도 양호하여 모터 전 효율이 높고 제어성이 우수하다. 경사각을 변화시켜 흡입량을 변화시키고 회전속도 및 출력토크를 변화시킬 수 있다.

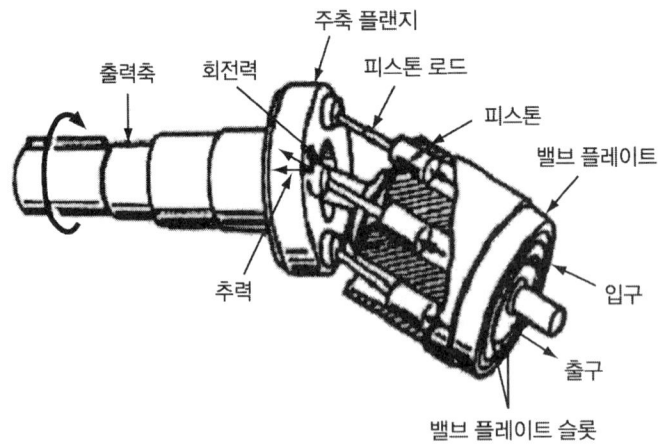

[그림] 사축식 액셜 피스톤 유압 모터

㉥ 레이디얼 피스톤형 유압 모터 : 성형 유압 모터라고도 부르며 저속 고 회전력 모터로서 대표적인 형태이다. 구조는 간단하고 출력축에는 편심 캠을 설치하여 이것에 대해 방사성으로 실린더를 여러 개 레이디얼 방향으로 배열하여 피스톤의 추력에 의해 편심 캠을 회전시킨다. 축 끝에는 회전 밸브를 부착하고 유압유를 분배하여 실린더에 유입시킨다. 실린더 수는 5-7개 정도 단열 형이지만 대용량일 경우 복열도 있다. 용량이 크고 저속 고 토크이며 감속기가 없고 가격이 저렴하며, 설치공간도 적어 사용범위가 넓다.

[그림] 레이디얼 피스톤형 유압 모터

3. 전기 회전 액추에이터

모터인 전기 회전 액추에이터는 전기에너지를 기계에너지로 변환하는 회전기를 뜻하며 종류는 대단히 많으나 직류전동기, 유도전동기, 동기전동기가 많이 사용된다.

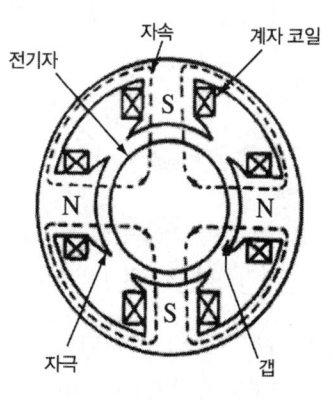

[그림] 4극기의 계자 구성

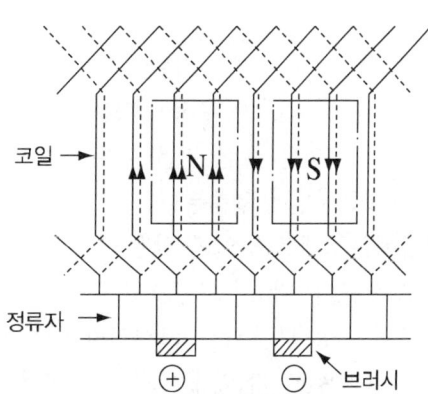

[그림] 전기자 권선의 접속

(1) 직류전동기

① **계자** : 강한 자계를 만드는 부분으로 영구자석을 사용한 것도 있지만 대부분 연철에 코일을 부착한 전자석으로 이용한다. N극과 S극의 짝수 개 계자 코일이 자극에 감겨져 있으며 1쌍의 N극과 S극을 2극이라 한다. 모터는 보통 4극이며, P쌍의 N극과 S극으로 구성된 모터를 2P극이라 한다.

② **전기자** : 회전력을 발생시키는 부분으로 주 전류를 통하게 한다. 토크를 발생하는 전기자 코일과 그것을 지지하고 토크를 회전축에 전달하는 전기자 철심의 두 부분으로 구성되어 있다. 각 코일은 철심 표면 가까이에 홈에 묻히거나 철심 표면상에 강력한 접착제로 고정된다.

③ **정류자** : 전기자 코일에 흐르는 전류의 방향을 계자와의 관계에 따라 바꾸는 부분으로 전기자 코일에 흐르는 전류를 정류하는 장치이다.

각 전기자 코일은 정류자에 접속되는 것과 동시에 접속된다. 모터의 (+)단자에 유입된 전류는 탄소를 원료로 한 탄소 브러시와 그곳에 접속된 정류자편(구리 또는 은이 함유된 구리)을 거쳐 코일의 화살표 방향으로 흘러 (-)단자에서 전원으로 돌아온다. 정류자 작용에 따라 N극과 S극 아래에 온 코일에는 항상 같은 방향의 전류가 흐르도록 되어 있고 그 사이에는 마이카(mica)판이 절연재로 사용되고 있다.

(2) 동기전동기

직류전동기의 계자 고정, 전기자 회전의 역할을 역전하여 회전시키고 전기자를 고정시킬 수 있다. 전기자의 각 도체는 N극과 S극 아래에 올 때마다 전류 방향이 역전해 있었으므로 전기자를 고정시키기 위해 전기자 권선에 교류 전원을 접촉시켜 N극, S극의 움직임에 동조시켜 전기자 도체의 전류 방향을 바꿔야 한다. 계자가 전자석으로 구성될 경우에는 계자 코일은 슬립 링을 거쳐 외부의 직류전원에 접속된다.

전기자에는 3세트 코일이 같은 간격으로 배치되는데 이 코일을 각각

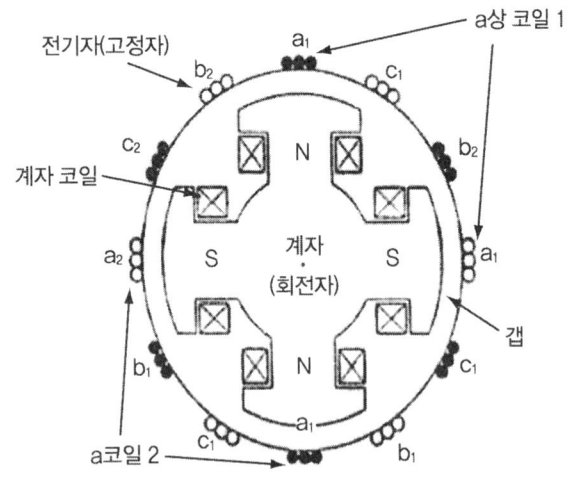

[그림] 동기전동기(4극)의 설명도
(기전력 관계를 나타낸다)

a상 코일, b상 코일, c상 코일이라 하고 이 코일은 다시 2조씩 분할되어 있다.

따라서 코일은 6개가 있게 되고 이 코일은 60°씩 철심 내면에 배치되어 있다. 각상 2조의 코일은 가진 것을 4극기라 한다.

(3) 유도전동기

고정자는 동기전동기와 같다. 회전자에도 고정자와 같은 권선을 하며 고정자를 1차 측, 회전자를 2차 측이라 한다.

고정자 권선은 1차 권선이고, 회전자 측 권선은 2차 권선이다. 2차 권선은 슬립 링을 거쳐서 외부회로와 접속되어 있다. 보통은 가변저항기가 외부에 접속되어 있다. 유도전동기의 회전자는 동기전동기와 달리 같은 상수로 꼭 필요는 없다. 2차 코일일수록 늘려 다상으로 해도 된다. 상수를 많이 하고 2차 측을 단락한 것이 농형이다. 이 농형 도체(구리 또는 알루미늄)가 회전용 철심에 들어 있다.

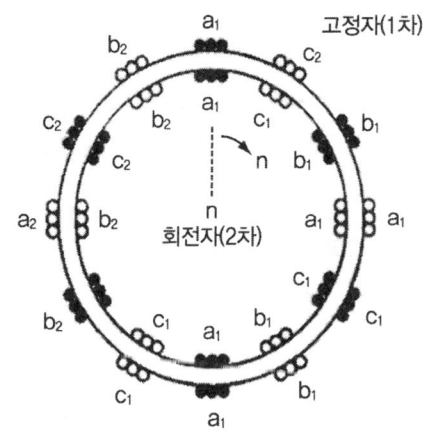

[그림] 4극 권선형 유도전동기의 개념도

(4) 스테핑 모터

스테핑 모터는 1개의 전기 펄스가 가해질 때 1스텝만 회전하고 그 위치에서 일정의 유지 토크로 정지하는 모터이다.

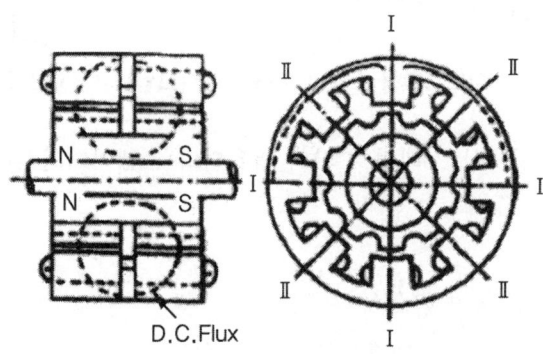

[그림] PM형 스테핑 모터

구조는 돌극 형의 고정자와 회전자로 되어 있으며 펄스를 가해준 고정자의 위치에서 정지하는데 펄스를 가하는 조정자의 위치에서 정지하는데 펄스를 가하는 고정자의 순서를 반대로 하면 역회전시킬 수 있다. VR형은 회전 부분이 철심으로만 구성되어 있고, PM형은 철심과 영구자석으로 구성되어 있다.

스테핑 모터는 구조가 간단하고 완전한 브리스 모터로 견고하며 신뢰성이 높고, 펄스 수에 비례하는 회전 각도를 얻을 수 있어 D/A 변환기, 디지털 플로터, CNC 공작기계 등에 이용되고 있다.

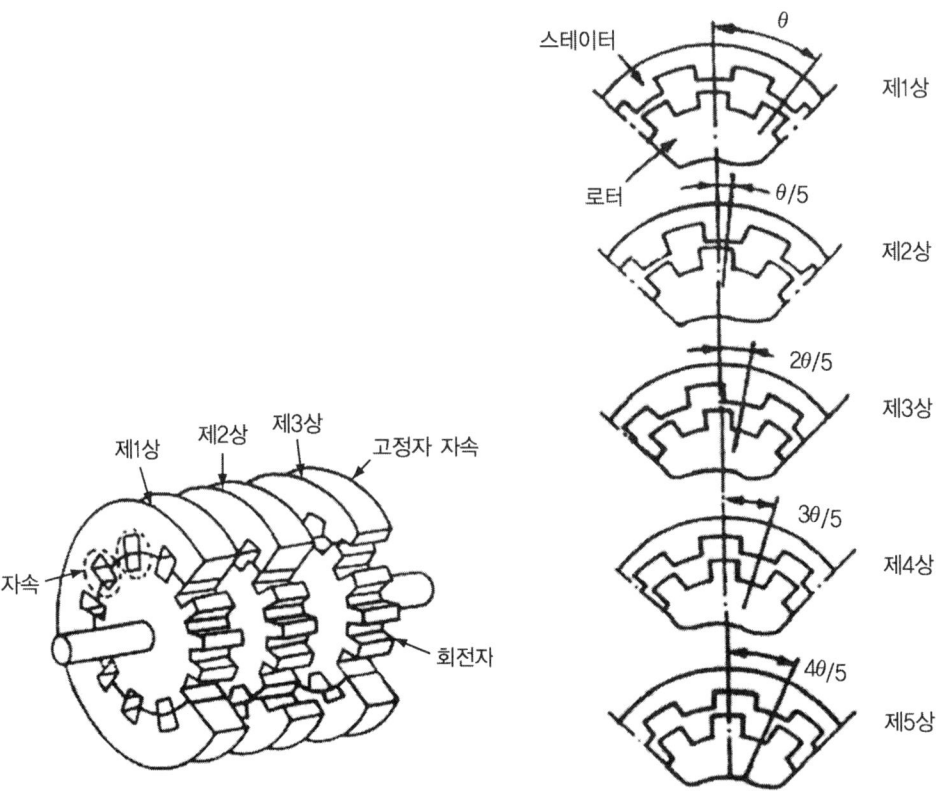

[그림] 이극(異極) 가스 케이드 VR형 스테핑 모터   [그림] 고정자와 회전자의 위치 관계

[그림]은 철심(VR)형 5상 스테핑 모터의 라우터와 스테이터의 관계를 표시한다.

P : 철심의 돌극 수

$\theta°$: 톱니의 피치

1펄스에 따른 회전 각도 = $\theta°/P$

산업안전 지도사(기계안전공학)

제 3 편

기계·기구·설비의 설계, 배치, 보수·유지기술

제1장 설비진단의 개요
제2장 기계·기구·설비의 설계, 배치, 보수·유지기술

제1장 설비진단의 개요

1 개 요

1. 설비진단의 정의

(1) 진단이란?

의사가 환자를 진찰하여 병상을 판단하는 것

(2) 설비점검이란?

설비의 동작불가능 시간에 오감을 이용하여 행하여지는 장비의 예방보전 방법

(3) 설비진단(設備診斷)이란?

설비의 동작 시간에 계측기를 사용하여 정량적으로 행하여지는 장비의 이상 유무, 예측 사용시간, 수리 시기, 교체 시기 등을 판단하는 기법

(4) 설비노하(設備老化)의 파라미터

진동, 소음, 충격, 온도, 기름의 오염 등은 설비의 노화를 나타내는 파라미터

2. 설비관리의 주요업무

기계설비는 최근에 와서 대형화, 고속화, 연속화 복잡화하여 설비이상이 생산과 품질에 비중이 크므로 설비보전을 효율적이고 정확성이 요구되므로 설비관리의 중요업무는 다음과 같다.

① 보수나 교환의 시기나 범위결정
② 수리작업이나 교환작업의 신뢰성 확보
③ 예비품 발주시기 결정
④ 개량 보전방법의 결정

(1) 설비진단기술이란?

설비의 상태를 정량적으로 파악하여 신뢰성이나 성능을 진단 예측하고 이상이 있으면 그 원인, 위치, 위험도 등을 식별 평가하여 그 수정 방법을 결정하는 기술을 설비진단기술이라 한다.

(2) 설비상태의 진단 요소

① 설비에 걸리는 스트레스(stress)
② **고장이나 열화** : 설비를 사용함으로써 설비의 정도, 내구성, 생산제품의 품질 정도가 떨어지는 현상 즉 설비의 노화
③ 강도 및 성능

(3) 설비진단 기술의 필요성

① 설비의 정상가동을 위하여
② 설비의 상태를 정량적으로 파악 분석하여 장비의 수리시기 예측을 위하여
③ 장비의 수명예측을 위하여

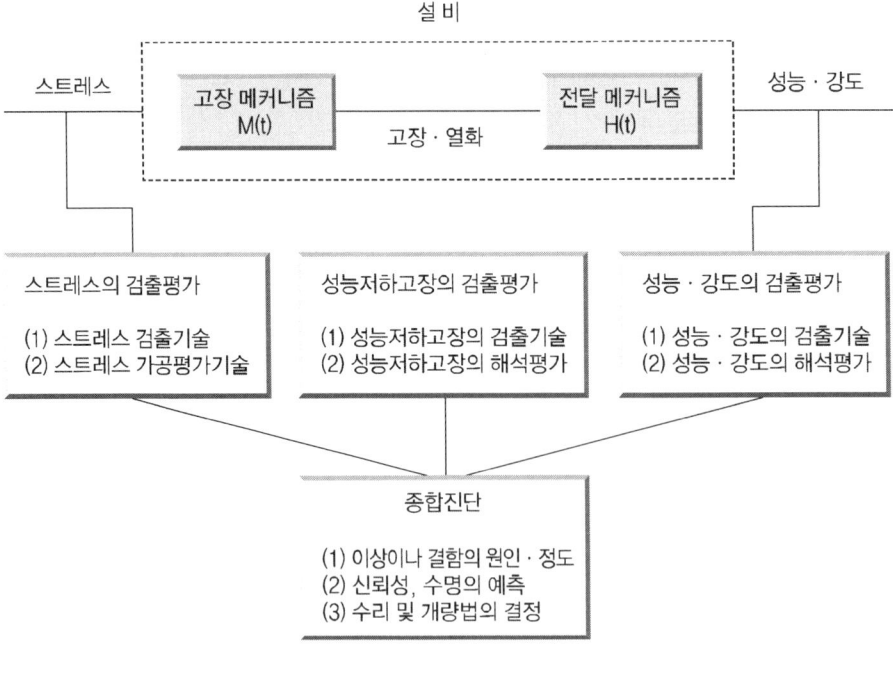

[그림] 설비진단기술의 개념도

3. 설비진단기술의 구성

(1) 설비진단기술의 기본 시스템

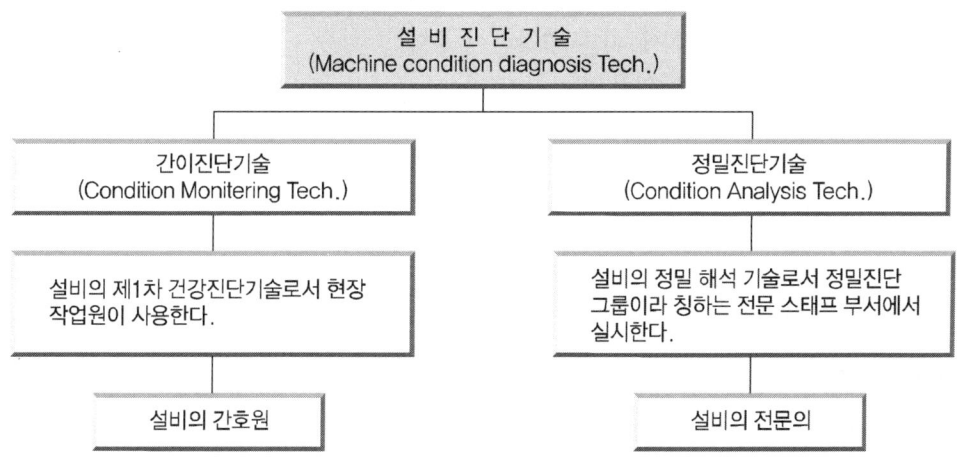

(2) 정밀진단기술의 기능

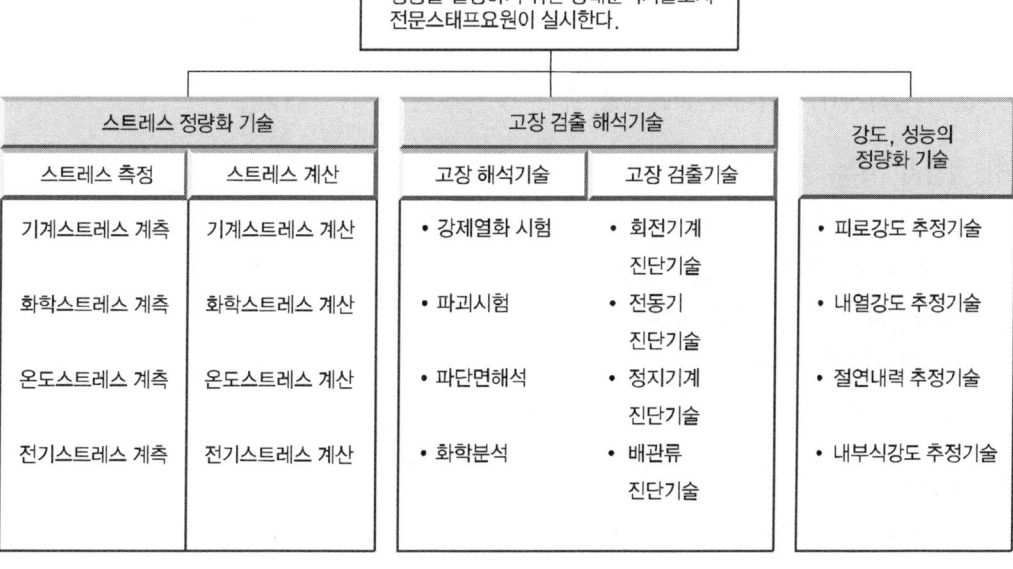

4. 설비진단기술의 필요성

(1) 설비측면 : 데이터(data)에 의한 신뢰성(信賴性)

　① 설비의 대형화, 다양화에 따른 오감 점검 불가능
　② 설비의 대형화, 다양화에 따른 고장손실 증대
　③ 설비의 신뢰성 설계를 위한 데이터의 필요성

(2) 조업면 : 클레임(claim) 방지

　① 고장에 의한 제품 불량의 통제
　② 고장에 의한 납기 지연, 클레임 방지
　③ 생산단위 대형화로 인한 고장손실이 많아질 때

(3) 정비계획면 : 고장의 미연 방지

　① 과잉정비 지양
　② 인위적 고장 방지 및 전문기술자 확보의 필요성
　③ 설비진단에 의한 재고기간 단축
　④ 고장의 미연 방지 및 확대 방지

(4) 설비관리면 : 정량적(定量的)

　① 정량적인 점검이 불가능할 때
　② 열화상태의 부품파악이 곤란할 때
　③ 기술축척과 설비대책이 곤란할 때

(5) 점검면 : 우수 점검자 확보

　① 대형, 고속기계의 진단곤란
　② 데이터에 의한 기록유지 곤란
　③ 점검자의 기술수준에 따른 격차
　④ 점검개소의 증대
　⑤ 우수점검자의 확보 미흡

(6) 에너지면 : 자원 절약

　① 설비의 수명연장(고장 조기발견)
　② 에너지절약(가벼운 고장시 수리하여 고장확대 방지)

(7) 환경 안전면 : 사고, 오염 방지
  ① 설비고장에 의한 환경 오염 방지
  ② 설비고장에 의한 재해사고 방지

5. 설비진단 기술의 도입 효과

(1) 일반적인 효과
  ① 점검원이 경험적인 기능과 진단기기를 사용하면 보다 정량화되어 숙달되면 동일 레벨의 이상 판단
  ② 설비(부품)의 수명 예측
  ③ 정밀진단을 실행함에 따라 설비의 열화부위, 열화내용을 알 수 있기 때문에 오버홀이 불필요하다.
  ④ 중요설비, 부위를 감시함에 따라 돌발적인 중대고장 방지

(2) 효과 예시

기술 도입 초기		보수비저감률%						
		10	20	30	40	50	60	70
	1년째	■						
	2년째	■■■						
	3년째	■■■■■						
현상		■■■■■■■■						

2 설비진단 기법

1. 개요

■ 설비진단 기술의 성격
  ① 설비의 상태 파악을 위한 센서기술
  ② 이상의 예지를 위한 해석·평가 기술

[표] 설비의 진단 기술

구분	내용
회전계	1. 회전기계장치 종합 진동진단 기술 　① 대상장치예 　　• 펌프　　• 유압펌프　　• 블로어　　• 터빈 　　• 모터　　• 감속기　　• 롤러　　• 스크린 등 　② 간이진단기술~정밀진단기술 　③ 저속회전(10[rpm] 이하)~고속회전영역 　④ 회전체 밸런싱조정 2. 각종 파라미터 계측~통합해석기술 　① 계측 바로미터 예 　　• 진동(변위, 속도, 가속도)　　• 토크 　　• 응력　　• 온도　　• 압력　　• 전류 　　• 전압 　② 윤활유 진단기술 등과 조합한 진동진단
구조계	1. 각종 파라미터 계측~평가기술 　① 계측 바로미터 예 　　• 토크　　• 응력　　• 압력　　• 온도 등 　② 정지응력·잔류응력계측기술 　③ FEM해석기술 2. 피로 수명평가(예측)기술 　① 응력 등 발생빈도계측 　　• 해석 기술 　② 균열발생~균열진전 수명해석기술 3. 균열·결함, 부식평가기술 　① NDT기술(MT, ET, UT 등)　　② AE계측 기술 　③ 부식진단기술(와류법, 극치통계법)
윤활·마모계	1. 윤활유 열화평가기술 　① 대상 : 작동유, 베어링유, 기어유 등 　② 진단항목 : 점도, 수분, 협잡물, 전산가동 2. 이상마모 진단기술 　① 페로그래피 분석기술 　② 그리스 중 철분농도계측에 의한 저속회전 영역(100[rpm])의 베어링 이상진단 3. 유압 실린더의 리크 진단기술
전기기기·제어계	1. 전기기기 열화진단기술 　① 고압교류전동기 절연진단 기술 　② 대형 직류전동기절연, 정류진단기술 　③ 유압변압기 유중 가스 분석기술 　④ 교류전동기로터바 절손검출기술 　⑤ 전력케이블 절연진단기술 2. 자동제어계 진단·조정기술 　① 아날로그 제어계 진단·조정기술 　② 제어계 주파수 특성해석기술

2. 설비진단의 기법

(1) 진동법

① 진단기술 중에서 가장 폭넓게 이용
② 진동은 설비전체의 진동에서 소리를 듣는 것과 초음파 진동까지

☑ 실용화된 수준

① 회전기계에 생기는 각종 이상(언밸런스, 베어링 결함 등)의 검출, 평가 기술
② 블로우, 팬 등의 밸런싱 진단·조정기술
③ 유압 밸브의 리크 진단기술
④ 진동 이외의 파라미터(온도, 압력 등)의 설비이상 해설기술

☑ 진동에 사용되는 기기

① 점검용의 포터블 타입-봉, 다이얼게이비, 청진기 등
② 상설 사용하는 모니터링 타입
③ 이상판정 논리를 가진 타입
④ 주파수 해석을 하는 타입

(2) 오일분석법

베어링 등 금속과 금속이 습동하는 부분의 마모 진행상황을 윤활유에 포함된 마모금속의 양, 형태, 재질(성분)등으로 판단

① 페로그래피법

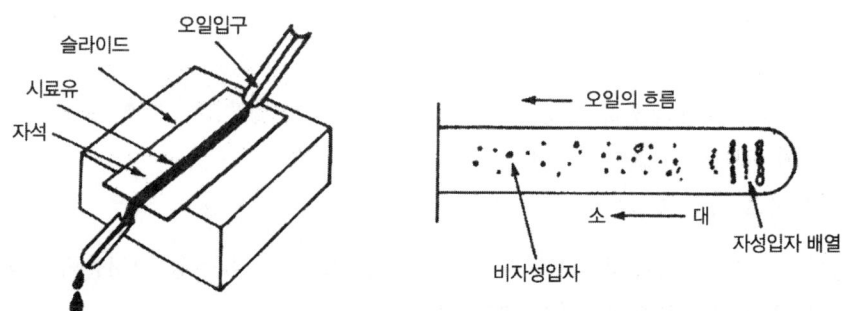

[그림] 페로그래피법

채취한 오일샘플을 용재에 희석하여 경사면에 흘려서 마모입자의 크기, 형상, 열처리 된재질 등을 관찰

✅ **종류**

  ㉠ 정량페로그래피
  ㉡ 분석페로그래피

② SOAP법 : 채취한 시료를 연소하여 그때 생긴 금석성분 특유의 발광 또는 흡광 현상을 분석하여 윤활유 중 마모성분과 농도를 알 수 있다.

✅ **종류**

  ㉠ 원자흡광법
  ㉡ 발광분광법 – 회전전극법, ICP법(고주파유도법)

[표] SDAP분석장치 특징

	원자흡광법	회전전극법	ICP법
원리	금속성분의 흡수 스펙트럼을 측정	금속성분의 발광 스펙트럼을 측정	
연소방식	아세틸렌 불꽃(약 2,000[℃])	고압방전(약 15,000[V])	플라즈마(7,000~9,000[℃])
시료전처리	금속성분과 산 등에 의한 용해	직접측정	희석하여 사용
측정입자경	특히 제한 없음	비교적 큰입자까지 가능	작은입자(~10[μ])
분석시간	1원소마다 측정하므로 시간이 걸린다.	원자흡광에 비교하여 신속	

(3) 응력법

설비 구조물에서는 균열발생의 원인은 과대한 응력, 반복 응력에 의한 피로축적 등이 원인이므로 그 응력분석하여 응력을 사용한도 이하로 사용

✅ **문제해결 순서**

  ㉮ 각 부재의 실제응력 측정
  ㉯ 설비내부의 실제응력의 분포 해석
  ㉰ 설비의 피로에 의한 수명을 해석

① **응력 측정** : 금속저항 변형게이지가 주로 사용되고 잔류응력 등 정지응력은 측정 불가
② **응력분포 해석** : 유한해석법이 널리 사용
③ **피로수명예측**
  ㉮ 균열발생 수명 : 몇 개의 균열이 발생하는지 예측
  ㉯ 균열전진 수명 : 균열전진 및 파괴 예측

[표] 설비분류 및 진단법

설비분류	진단부위	진동법	온도	오일분석	응력(압력)	AE법	음향법	회전검출	기타	금후의 과제(문제점)
회전계	롤러베어링	◎ 진단계 주파수해석	△ 적외온도계	O 페로그래피 S·O·A·P		△ AE 센서	△ US검지 마이크로핀			저속회전진단 수명예측기술
	미끄럼베어링	O 상동	△ 상동	O 상동		O 상동	△ 상동			마모측정기술 AE진단기술
	기어	◎ 상동		O 상동	△ 응력분포 토크맥동법		△ 마이크로핀	△ 회전손상(로터리 인코딩)		치면손상정량화 비분해진단기술
구동기계계	커플링	O 상동						O 회전위상차		기어커플링마모, 오일부족 비분해진단기술
	축·로터	O 상동			◎ 응력빈도 토크계측	O 상동				크랙 모니터링 기술
	와이어								O 전자탐상	
	롤					△ 상동			O 롤프로필	인라인 크랙진단 인라인프로필
유체기계계	펌프팬 컴프레서	◎ 상동	△ 정밀온도계 (효율계측)	O 상동	△ 압력맥동		△ 마이크로핀 (잡음)		△ US유량계	내부마모진단
	밸브류	O 상동	△ 온도차	O 상동					△ 전자서브밸브 (전달함수)	누설(내부, 외부) 검출기술
	실린더	O 상동		O 상동	O 압력강화	△ 상동				누설검출기술 (패킹손상예지)
구조물계	볼트·너트	△ 위상차							△ 볼트이완 (전달함수)	이완검출기술
	압연기계 하우정				◎ 응력빈도 (수명예측)	O 상동			△ 와류탐상	크랙검출기술
	로체 배관 압력용기		O 적외온도계		◎ 응력계측 (수명예측)	△ 상동	◎ US탐상		△ 상동	크랙진단 부식간이진단

[주] ◎ : 실용화   O : 일부실용화   △ : 연구개발중

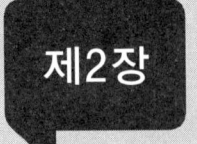

제2장 기계·기구·설비의 설계, 배치, 보수·유지기술

1 개 요

1. 보수관리란

자동화 시스템에서 발생되는 대부분의 고장은 보수관리의 미비에서 기인하기 때문에 고장이 발생한 후 당황하는 것은 전혀 의미가 없다. 그러므로, 시스템을 사전에 좋은 상태가 되도록 유지하며 고장 후에도 빠르게 정상상태가 될 수 있도록 하는 것으로서의 보수관리는 시스템 관리의 요건이 된다.

(1) 보수관리의 목적
① 자동화 시스템을 항상 최량의 상태로 유지한다.
② 고장의 배제와 수리를 신속하고, 확실하게 한다.

(2) 보수관리의 가치
① 경제적이다. : 보수관리는 복잡하고, 귀찮으며, 예산조치(교환, 수리 등)가 필요하기 때문에 유지비가 약간 높아질 수 있으나, 실질적으로는 경제적이다.
② 생산계획의 확실성이 보장된다.
 ㉮ 수리를 위한 공장 휴지의 예고를 경영자, 생산 담당자가 알 수 있다.
 ㉯ 예기치 않은 기계의 고장, 파손이 생산 도중에서 발생되는 것을 방지한다.
 ㉰ 수리기간이 정기적이고, 수리기간을 단축할 수가 있다.
 ㉱ 기계의 내용 연수가 길어진다. 항상 정도가 유지되며 생산품의 품질이 균일하다.
 ㉲ 자금계획, 재고계획, 판매계획이 올바르게 입안된다.
 ㉳ 시간과 노력이 절약되고, 요점을 놓치는 일이 없다.

2. 설비의 신뢰성 [2020.11.4 적중]

신뢰성이란 한 계통의 설비 전부나 한 대의 설비 또는 한 개의 부품 같은 것들의 기능이 얼마 동안이나 안정하게 사용될 수 있는지에 대한 정도나 성질을 말하며 설비 보전이나 비싼 설비장치의 관리에서는 매우 중요한 척도가 된다. 신뢰성을 척도(%)로 표시하는 경우에 신뢰도라 하며 신뢰성을 나타내는 척도로는
① 신뢰도
② 평균 고장 간격 시간(Mean Time Between Failure)
③ 평균 고장 수리 시간(Mean Time To Repair)
④ 고장률
등이 있다.

신뢰성으로 설비를 설명하면 다음과 같은 편리한 점들이 있다.
㉮ 사용시간과 고장발생과의 관계를 알 수 있다.
㉯ 운전 조업중인 설비의 장래 가동 상황을 예측하고 수정할 수 있다.
㉰ 설비의 수명이 판명된다.
㉱ 설비의 운전 조업 계획에 참고가 된다.
㉲ 설비의 운전 조업을 시간적으로 예측할 수 있으므로 정비수리나 생산계획 수립에 도움이 된다.
이러한 이유로 설비관리에서는 신뢰성이 주요한 척도로 많이 활용되고 있다.

> **참고**
>
> A. 신뢰도 = $\dfrac{\text{설비 또는 한 계통 설비의 총 수} - \text{운전하고자 하는 시간까지의 고장 수}}{\text{설비 또는 한 계통 설비의 총 수}} \times 100[\%]$
>
> B. MTBF(평균 고장 간격 시간)
> x_i : 각 고장까지의 시간
> r : 고장 발생수
>   MTBF = $\dfrac{x_1 + x_2 + x_3 + \cdots + x_i + \cdots + x_n}{r}$
>
> C. MTTR(평균 고장 수리 시간)
> x_t : 각 고장 수리 시간
> r : 고장 발생수
>   MTTR = $\dfrac{x_1 + x_2 + x_3 + \cdots + x_t + \cdots + x_n}{r}$
>
> D. 고장률은 MTBF(평균 고장 간격 시간)의 역비이다.

3. 보수관리의 용어

보수관리란 곧 설비의 효율화를 의미하며, 설비의 효율화란 설비의 가동상태를 양적·질적인 면으로 파악해, 높은 부가가치를 만들어내는 데에 최대한 활용하는 것이다.

즉, 양적인 측면에서는 설비의 가동시간의 증대와 단위시간 내의 완성도를 증대시켜야 하며, 질적인 면에서는 불량품의 감소와 품질의 안정화 및 향상과 설비의 고유능력을 충분하게 발휘·유지시켜 사람과 설비의 최고 극한상태로 끌어올려, "고장무" "불량무"를 달성하는 일을 말한다.

(1) 설비의 6대 로스(loss)

설비의 효율화에 악영향을 미치는 로스는 크게 여섯 가지로 구분할 수 있는데, 고정정지로스, 작업 준비·조정로스, 공전·순간정지로스, 속도저하로스, 불량·수선로스와 초기유동관리 수율 로스가 그것이다.

이 중, 고장정지로스와 작업 준비·조정로스는 정지로스에 해당하며, 작업 준비·조정로스와 속도저하로스는 속도로스, 불량·수선로스와 초기 유동관리 수율 로스는 불량로스라 한다. 정지로스 중 고장정지로스는 돌발적, 만성적으로 발생하는 고장정지에 따르는 시간적인 로스를 의미하며, 작업 준비·조정로스는 준비작업 기종 대체에 수반하는 시간적인 로스, 즉 생산을 정지하고 나서 다음 작업을 준비하여 최초의 양품이 되기까지의 정지시간을 말한다.

속도 로스 중 공전·순간정지로스는 일시적인 트러블에 의한 설비의 정지 또는 공전에 의한 로스로 본래 정지로스의 구분에 해당하지만 시간에 대한 정량화가 곤란한 경우가 많기 때문에 이 구분의 로스로써 구분한다. 속도저하로스 이론 사이클타임과 실제 사이클타임과의 차를 로스로써 포착한다.

불량 로스인 불량·수선로스는 공정 중에 불량이 되는 물량적 로스이며, 초기 유동관리 수율 로스는 초기 생산시에 발생되는 물량적 로스(작업시나 작업준비 기종 대치시에 발생되는 로스)를 의미한다.

(2) 고장의 발생

고장은 설비 각 부분의 미결함이 진행되는 것을 방치한 결과이며, 결코 돌발적으로 일어나는 것이 아니다. 따라서 경시변화로 일어나는 열화진행을 저지하는 근본대책을 취하지 않고 고장난 각 부분만 부분적으로 복원한다면 고장은 열화의 진행순으로 잇따라 발생하게 된다. 고장의 발생순서는 다음과 같다.

① 미결함의 발생(잠재)
② 미결함의 현재화

③ 진동의 발생, 온도의 상승에 의한 기능저하형 고장(만성)
  ㉮ 품질의 불규칙성 발생
  ㉯ 수율저하의 발생
  ㉰ 순간정지의 발생
④ 돌발고장, 돌발불량발생 - 기능정지형 고장

고장에는 열화, 복원, 미결함이 있다. 열화는 설비를 올바른 사용법으로 사용하고 있어도 시간이 흐름에 따라 물리적으로 변동하여 초기의 성능이 저하하는 자연열화(예 급유를 해야 할 곳에 적정한 양과 주기로 행해도 물리적으로 열화가 진행하는 경우)와 당연히 해야 할 일(급유, 청소)을 하지 않기 때문에 인위적으로 열화를 촉진시키는 경우인 강제열화가 있다.(이러한 경우는 당연히 어떤 범위의 수명이 원래 이하로 단축되어 자연열화 때보다 짧아지게 된다.)

이와 같은 열화를 원래의 올바른 상태로 되돌리는 것을 복원이라 한다. 모든 설비는 시간이 흐르면 열화하는 것이므로 열화의 정도를 측정하여 어느 한도 이상이면 원위치로 되돌려야 한다.

다음으로 미결함이 있는데 이는 결함으로 볼 수 없을 정도의 미소결함 또는 징후이며, 고장·불량에 주는 영향이 적다고 생각되는 것으로, 종래의 상식으로 볼 때 아무것도 아닌 것으로 간주되어 주의를 하지 않는 것이다. 예를 들면 먼지, 더러움, 흔들림 등이 여기에 해당한다.

(3) 설비 개선의 사고법

이와 같은 결함에 대한 설비 개선의 사고법을 복원, 바람직한 모습의 추구, 미결함의 배제, 조정의 조절화, 기능에 관련하여 살펴볼 수 있다. 설비 개선에 관련하여 먼저 설비의 사용법을 연구하여 숙지해야 하는 것은 물론이며, 운전과 보존활동에서 기본적사고로 행하여야 하는 다음의 다섯 가지가 생활화하여야 한다.

① **복원** : 복원이란 앞에서 설명한 바와 같이 결함이 있는 현재의 상태를 원래의 바른 상태로 되돌리는 일이다. 이와 같은 복원의 방법은 개선적이며 전체적으로 이루어져야 한다. 모든 설비는 시간경과와 함께 조금씩 변화하는 것이며, 그 변화의 정도를 검지하여 그 형편의 정도에 의해 원래의 바른 상태로 되돌리는 일이 복원이다. 바른 상태란 설비의 기능을 유지하기 위해 구비해야 할 조건이며, 그 발견 방법은 청소·계측·기준·적정조건·점검방법·예지방법의 표준화에 있다고 할 수 있다.

② **바람직한 모습의 사고법** : 설비 보전에서 바람직한 모습은 설비의 기능·성능을 최고로 발휘, 유지시키기 위해 구비해야 할 조건을 위하여 공학원리·원칙에서 또는 기능 중심으로 생각한 경우 이상적인 상태를 생각하는 것이다. 이 때 원인을 알고 있는 경우는

그 기준이 잘 지켜지게 되고, 원인을 알지 못하는 경우는 기준이 느슨하게 된다. 따라서, 바람직한 모습을 위한 사고의 방법으로는 사용 조건적, 설치 정밀도적, 조립정밀도적, 기능적, 환경적, 외관 형상적, 칫수 정밀도적, 재질·강도적인 사고가 필요하다.

③ **미결함의 사고법** : 미결함이란, 이 이상 세분화될 수 없는 상태의 불합리화로, 결과에 대한 영향이 적다고 일반적으로 생각되는 먼지, 더러움, 기계부분의 흔들림, 마모, 녹, 새는 일, 흠, 변형 등을 말한다. 만성로스는 미결함을 방치하고 있기 때문에 기인한다고 해도 과언은 아니다. 일반적으로 초기단계에서 대·중결함을 중점적으로 관리하는 일은 실효성도 있으며 트러블의 감소에 유효하다. 그러나 대·중결함에 중점을 두어도 만성로스는 감소하지 않는 경우가 많다. 즉, 만성로스는 미결함의 방치로 인하여 발생하는 것이다. 이 만성로스의 해결방법으로는 원리를 생각하여 이상한 것을 철저하게 제거하는 사고가 필요하다. 이와 같이 사고할 때 만성로스를 해결하지 못하여도 로스 요인을 집약화할 수 있고, 로스 해결의 실마리를 비교적 쉽게 찾을 수 있다. 만성로스가 발생되고, 그 원인을 모르는 경우 미결함을 제쳐두고 로스의 큰 원인만을 찾아 해결하려는 것은 좋은 방법이 되지 못한다.

④ **조정의 조절화의 사고법** : 먼저 조정의 정의는 인간이 아니면 안 되는 것으로 인간의 경험, 판단에 의한 수단, 기술을 최대한으로 활용하는 것이며, 경험의 축적과 시행착오에 의해 몸으로 익히는 것으로, 개인·개인의 기능차가 나타나기 쉬운 것이다.

조절의 정의는 기계에 대치되는 것, 또는 기계적으로 되는 것이다. 조절이란 자동화와 계측방법의 개발에 의한 수치화, 설비 및 치공구의 정밀도 향상 등에 의한 작업의 단순화가 용이하게 되는 일이다. 조정작업을 검사하여 조정을 어떻게 조절하는가가 중요하다.

⑤ **기능(Skill)의 사고법** : 기능의 정의는 모든 현상에 대하여 체득한 것을 근거로 바르게 또한 반사적(생각하는 일 없이)으로 행동할 수 있는 힘이며 장시간에 걸쳐 지속될 수 있는 능력이다. 인간은 어떤 현상을 발견했을 경우 그것을 오감에 의하여 감지하고 그 현상을 두뇌의 판단으로 정확하게 인지하여 원인을 처리한다.

그리고, 그와 같이 행동을 반사적으로 실행할 수 있도록 끊임없이 훈련한 결과를 말한다. 따라서, 기능은 시간의 함수이다.

기능에 요구되는 능력은 현상을 발견하기 위한 주의력과 발견력, 현상을 바르게 판단할 수 있는 판단력, 현상에 대한 올바른 조치를 취하는 처치력과 행동력, 원래의 상태를 회복시키는 회복력, 현상을 미연에 방지하는 예방력과 현상을 예지하는 예지력이다. 이와 같은 기능훈련을 3단계로 나누어 볼 수 있는데 머리 속에서 알고 있는 것(지식으로만 알고 있고 현장경험이 없는 단계), 할 수 있는 것(할 수는 있지만 결과가 불규칙적이고 재현성이 없으며, 훈련이 부족한 단계), 자신을 갖고 할 수 있는 것(어떤 경우라도 실수없이 할 수 있는 단계)이 그것이다.

(4) 기계의 점검 요점

만일 이상이나 고장이 발생한다면 회사에 치명적인 영향을 미치는 기계장치나 기계류 기계계통일수록 더욱 자주 점검한다.

한 대 한 대의 설비 점검에서는 이상이 발생하거나 고장으로 될 요인이 큰 각 부분으로부터 중점적으로 점검하는데, 일상적인 점검은 일일점검으로 묶어 자주보전에도 포함시키고 또 예지보전에도 포함시켜서 생산원들에게 맡기고, 보전 근무자들은 매일 출근 직후의 담당구역의 순회점검, 월간점검, 연간정비점검의 일들을 맡는다.

여러 종류의 기계들을 종합하여 기계의 이상이나 고장으로 될 점들을 아래 [표]에 정리해 보았다.

[표] 기계의 점검 요점

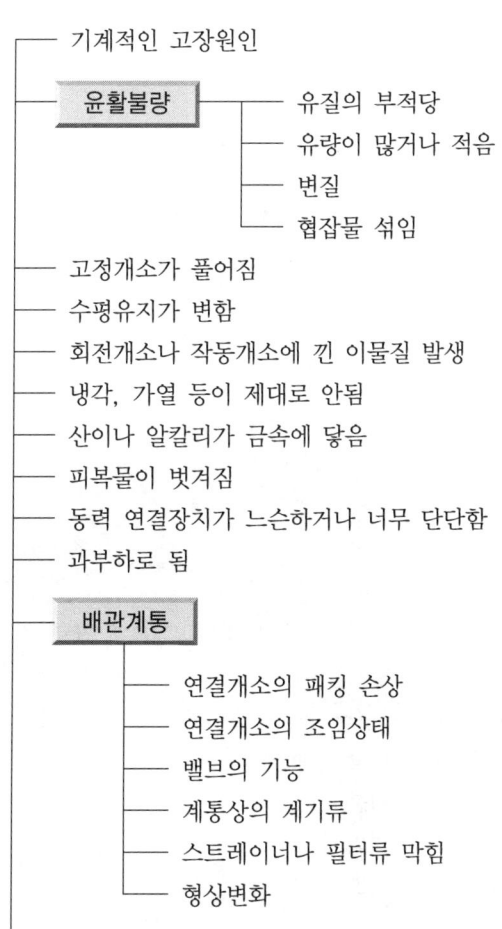

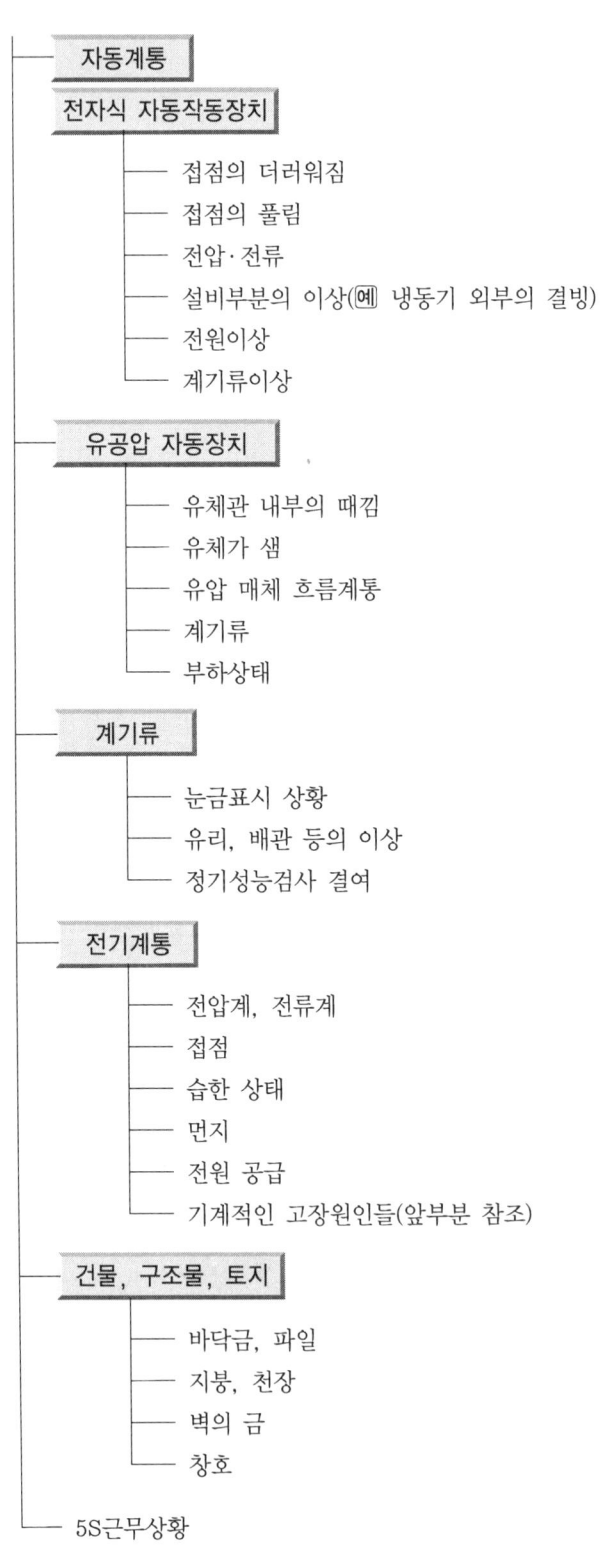

2 자동화 시스템의 보수유지 방법

1. 공압 시스템의 보수유지

공압 시스템의 사용되는 각각의 공압요소는 높은 내구수명과 동작횟수를 지니고 있다. 이것이 공압요소의 큰 장점이다.

공압요소는 일반적으로 극히 견고하고 지속적으로 사용될 수 있도록 설계되어 있으나 이와 같은 내구도를 장기간 유지하기 위해서는 부품의 올바른 선택과 요소 크기의 적절한 선정 그리고 무엇보다도 깨끗한 압축공기의 준비가 필요하다.

공압 시스템의 고장을 빨리 발견하고 조치를 취하려면 회로도가 알기 쉬운 형태로 그려져야 하고 배관 역시 제어 캐비넷 배치도와 회로도가 알기 쉬운 형태로 그려져야 하고 배관 역시 제어 캐비넷 배치도와 회로도가 잘 일치되어 이해하기 쉽도록 깨끗하고 가지런히 구성되어야 하며, 사용되는 부품들도 쉽게 교체 가능한 범용 제품들이 사용되어야 한다.

(1) 오동작 및 고장

① 오동작 및 고장은 공압부품과 배관이 자연마모되었거나 손상된 상태 하에서 일어날 가능성이 크다.
② 자연마모 및 손상은 외부 환경의 영향과 압축공기의 상태에 의해 가속화한다.
　㉮ 부품의 마모는 기능장애, 공압의 누설, 부품의 파손을 야기시킬 수 있다.
　㉯ 오염된 공기는 공압부품 내부의 마모를 증가시키고, 막힘 등에 의한 기능장애를 일으킬 수 있다.
　㉰ 배관은 내·외부 환경요인에 의해 막히거나, 갈라지거나 구부러질 수 있다.
　㉱ 이물질들이 누적되면 배관이나 공압부품이 저항을 받아 압력강하와 그로 인한 부정확한 스위칭이 발생할 수 있다.
　㉲ 부정확한 스위칭은 누설에 의한 압력강하와 공급압력의 맥동현상으로도 일어날 수 있다.
　㉳ 실린더의 부정확한 설치나 과부하에 의해서도 초기 마모가 발생할 수 있다.
　㉴ 센서의 부착이 정확하지 않거나 신호배관이 너무 긴 경우에도 오동작이 발생할 수 있다.
③ 처음 제어 시퀀스를 구성할 때 충분한 검토가 있어야 한다. 이러한 오동작을 예방하기 위한 방법은 아래와 같다.
　㉮ 주변환경 조건과 제어 시퀀스에 잘 조화되는 올바른 부품을 사용한다.
　㉯ 큰 부하나 횡방향의 부하를 받는 경우 적절한 마운팅 형태를 선택하고 견고한 실린더를 사용한다.

㉰ 가속력이 큰 경우에는 완충장치를 달아 작동력을 흡수하도록 한다.
㉱ 먼지와 이물질이 많은 경우에는 자체 정화커버를 사용한다.
㉲ 실린더와 신호입력요소의 마운팅 조절나사는 확실하게 고정한다.
㉳ 신호의 지연을 방지하기 위해 배관을 가능한 한 짧게 한다.
㉴ 제어 및 파워 밸브의 배기는 보장되도록 한다.

(2) 공압 시스템에서의 고장

일반적으로 초기 고장이 배제된 경우, 공압 시스템은 고장 없이 일정시간은 잘 동작하게 된다.

초기에 약간의 마모가 있는 상태라도 마모의 효과나 결함이 그 부품에 직접적으로 영향을 미치지 않는 경우에는 발견하기 쉽지 않다. 때문에 아주 복잡한 제어 시스템도 여러 가지 자료의 도움을 받아 작은 부분으로 잘게 쪼개어 상세히 분석하는 것이 필요하다. 작업자는 고장을 즉시 제거할 수 있어야 하고 적어도 이러한 원인을 밝혀 두어서 다음에 대비하여야 한다.

① **공급유량 부족으로 인한 고장** : 공급유량이 부족한 상황에서의 공압 시스템의 단면이 갑자기 커지면 오동작이 야기된다. 이러한 오동작은 계속적으로 일어나는 것이 아니고 산발적으로 일어나기 때문에 고장의 원인을 파악하는데 큰 어려움이 있다.

이러한 상황이 발생되면 갑작스런 압력강하로 실린더는 충분한 추력을 발생시킬 수 없을 뿐만 아니라 밸브의 오동작으로 작동 시퀀스가 틀려질 수도 있다. 이러한 현상은 배관 내의 이물질 축적이나 공기의 누설로도 발생할 수 있다.

② **수분으로 인한 고장** : 수분으로 인한 부식 작용으로 손상을 입는 것을 제외하고도 밸브에 있어서 상당한 악영향을 미친다.

즉, 밸브가 임의의 제어 위치에서 상당히 오랜 시간 머물러 있는 경우에는 고착을 일으켜 제대로 동작이 일어나지 못하도록 한다. 특히 윤활유와 섞여서 에멀션(emulsion)상태가 되거나 수지(resination)상태가 되어 밸브의 동작을 가로막기 때문에 주의하여야 한다.

③ **이물질로 인한 고장** : 배관의 연결 작업이나 용접 작업시 발생하는 이물질들이 밀봉 테이프, 용접 비드, 파이프의 녹 등 공압 시스템으로 유입되면 다음과 같은 고장을 불러일으킨다.

㉮ 슬라이드 밸브의 고착
㉯ 포핏 밸브의 시트부에 융착되어 누설 야기
㉰ 유량제어 밸브에 융착되어 속도 제어를 방해

④ 공압 기기의 고장
  ㉮ 공압 타이어의 고장
    ㉠ 제어신호가 존재함에도 불구하고 출력신호가 발생되지 않는다.
      원인 : 제어라인에서의 공기의 누설이 있을 가능성이 크다. 유량조절용 밸브의 조절나사를 완전히 열고 공기의 새는 소리를 확인한다. 만약 공기의 새는 소리가 들리지 않으면 밸브가 고착 상태일 가능성이 크다.
  ㉯ 솔레노이드 밸브에서의 고장
    ㉠ 전압이 걸려 있는데도 아마추어가 작동하지 않는다.
      원인 : 아마추어가 고착된 경우, 높을 때, 또는 주변 온도가 너무 높아 솔레노이드 코일이 소손된 경우이다. 또는 전압이 너무 낮은 경우일 수도 있다.
    ㉡ 솔레노이드에서 "웅웅…" 소리가 난다.
      원인 : AC솔레노이드인 경우에만 일어난다. 솔레노이드 아마추어가 완전히 끌리지 않게 되면 이러한 소리가 난다.
      이때 솔레노이드에서는 약간씩 열이 발생하게 되는데 적절한 조치를 취해주면 처치할 수 있다.(솔레노이드 액추에이터 주위에 얇은 구리선을 감아주면 일시적인 수습이 될 수 있다.)
  ㉰ 공압 밸브에서의 고장
    ㉠ 밸브의 제어 위치가 전환되지 않는다.
      원인 : 포핏 밸브의 경우
      ⓐ 과도한 마찰이나 스프링의 손상으로 기계적인 스위칭 동작에 이상이 발생
      ⓑ 실링 시트가 손상을 입은 경우
      ⓒ 실림 플레이트에 구멍이 발생된 경우 또는 너무 유연하여 충분한 힘을 가해 줄 수 없는 경우
    ㉡ 슬라이드 밸브에서의 고장
      ⓐ 과도한 마찰이나 스프링의 손상으로 기계적인 스위칭 동작에 이상이 발생
      ⓑ 배기공의 막힘으로 인한 배압 발생
      ⓒ 실링의 손상으로 인한 누설이 발생
      ⓓ 평판 슬라이드 밸브에서 압력 스프링의 손상으로 누설이 발생되는 경우
  ㉱ 실린더에서의 고장 : 행정거리가 긴 경우 무거운 하중을 달고 운동하는 경우 로드 실의 마모가 일어나기 쉽고, 피스톤 로드에 윤활유가 고착되어 불안정한 상태의 운동이 야기될 수 있다. 이 경우 피스톤 로드에 검은 윤활유 피막이 덮여 있는지를 확인한다. 실린더에서의 기능 이상을 예방하기 위한 방법은 다음과 같다.
    ㉠ 보수유지 및 실링 교체시 실린더 내부를 깨끗이 청소하여 기름과 이물질을 제거

후 새 그리스를 주입한다.
ⓒ 반지름 방향의 하중이 작용하지 않도록 사용한다. 만약 이러한 하중이 작용하면 피스톤 로드 베어링이 빨리 마모되어 내구 수명이 짧아진다.
ⓒ 윤활된 공기를 사용하고 윤활량은 적절히 조정함으로써 과도한 윤활을 가급적 피해야 한다.

2. 유압 시스템의 보수유지

(1) 유압 시스템의 구성

유압 시스템은 다음 [그림]과 같이 액추에이터 유닛, 컨트롤 유닛, 파워 유닛으로 크게 나눈다.

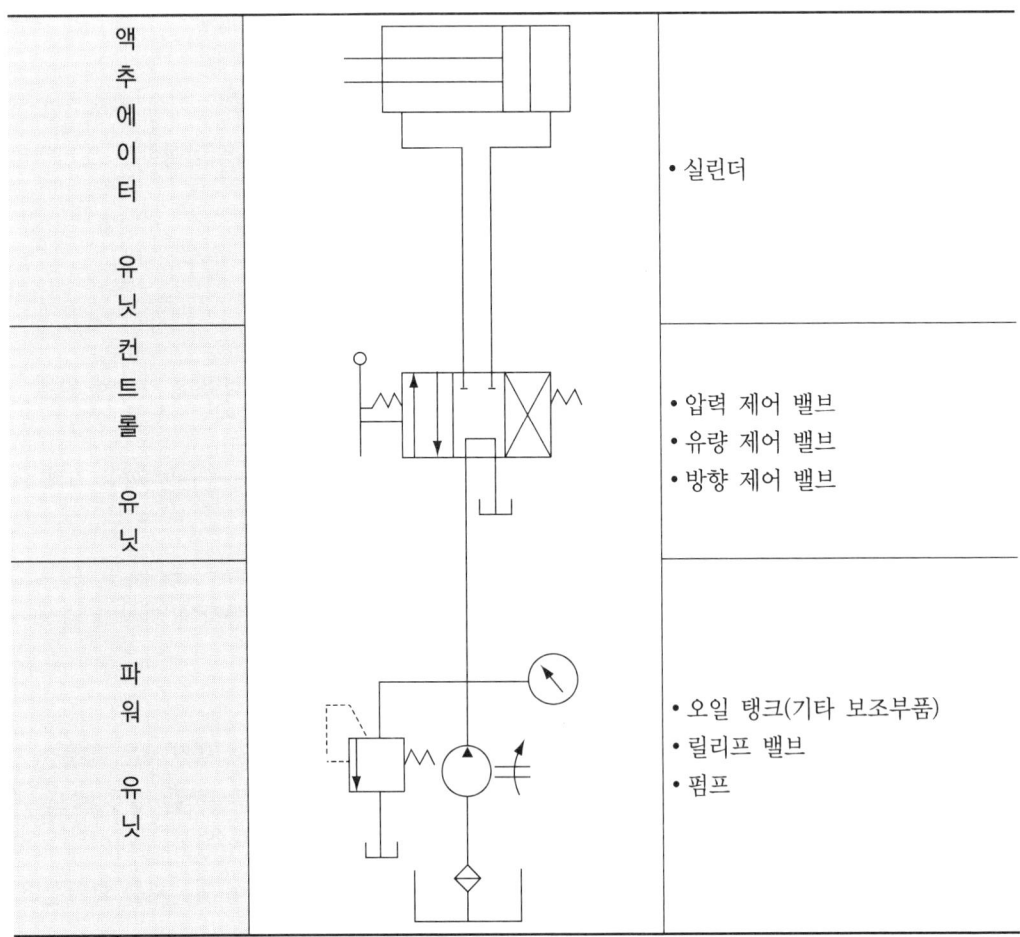

[그림] 유압 시스템의 구성

(2) 유압 시스템의 고장 원인

결함	원인
① 토출 유량의 감소	㉠ 탱크 내의 유면이 낮다. ㉡ 펌프의 흡입 불량 ㉢ 펌프의 회전수가 너무 낮다. 또는 공운전을 한다. ㉣ 펌프의 회전 방향이 잘못되어 있다. ㉤ 작동유의 점성이 너무 높다.(흡입이 곤란하다) ㉥ 작동유의 점성이 너무 낮다.(내부 누설이 증대된다) ㉦ 펌프의 파손 또는 고장, 성능 저하 ㉧ 공기의 침입 ㉨ 릴리프 밸브의 조정 불량 ㉩ 실린더, 밸브의 가공정도 불량, 시일의 파손으로 인한 내부 누설의 증대
② 압력의 저하(실린더의 추력 감소)[2020.11.4 출제]	㉠ 릴리프 밸브의 작동 불량 또는 조정 불량 ㉡ 각종 밸브의 작동, 조정 불량 ㉢ 내부 누설의 증가 ㉣ 외부 누설의 증가 ㉤ 펌프의 흡입 불량 ㉥ 펌프의 고장 또는 성능 저하 ㉦ 구동 동력의 부족
③ 실린더의 불규칙적인 작동	㉠ 공기의 함입 ㉡ 밸브의 누설량 변화에 의한 압력 변화 ㉢ 펌프의 성능 불량 ㉣ 밸브의 작동 불량 ㉤ 배관 내의 공기 낌 ㉥ 마찰 저항의 증대 ㉦ 과부하 작동 ㉧ 어큐뮬레이터의 압력 변화 ㉨ 작동유의 점성 증대 ㉩ 파손 변형 ㉪ 내부 누설의 증대 ㉫ 외부 누설의 증대
④ 펌프에서의 소음	㉠ 펌프의 흡입 불량 ㉡ 공기의 침입 ㉢ 에어필터의 막힘 ㉣ 펌프 부품의 손상, 마모 ㉤ 이물질의 침입 ㉥ 구동방식의 불량 ㉦ 펌프 회전이 너무 빠른 경우 ㉧ 외부 진동의 대책 ㉨ 작동유의 점성이 높다.

결함	원인
⑤ 펌프의 마모 및 파손	㉠ 작동유의 부적절한 선택 ㉡ 저급 작동유의 사용 ㉢ 작동유의 오염 ㉣ 작동유의 낮은 점성 ㉤ 공기의 침입 ㉥ 구동 방식의 불량 ㉦ 펌프의 능력이상의 고압 사용 ㉧ 작동유 부족에 의한 공운전 ㉨ 이물질의 침입 ㉩ 펌프 케이싱의 지나친 조임 ㉪ 이상 고압의 발생 ㉫ 펌프의 흡입 불량
⑥ 전동기의 과열 및 소음, 파손	㉠ 구동방식의 불량 ㉡ 전동기의 동력이 작은 경우 ㉢ 전동기의 고장 ㉣ 전동기와 펌프와의 중심이 어긋남 ㉤ 장치 볼트의 이완, 커플링의 진동
⑦ 작동유의 과열	㉠ 작동 압력이 높음 ㉡ 작동유의 점성이 높다. ㉢ 작동유의 점성이 낮음 ㉣ 펌프 내의 마찰 증대 ㉤ 오일쿨러의 고장 ㉥ 유량이 적음 ㉦ 장시간 고압에서의 운전 ㉧ 회로가 국부적으로 교축
⑧ 밸브의 작동 불량	㉠ 밸브의 습동 불량 ㉡ 밸브 스프링의 작동 불량 ㉢ 파일럿의 작동이 너무 늦든가 빠르다. ㉣ 내부 누설이 크다. ㉤ 솔레노이드의 과열, 소손 ㉥ 장치 자체의 불량 ㉦ 작동유의 온도가 높다.

결함	원인
⑨ 비금속 실의 파손	㉠ 삐어져 나옴 　• 압력이 높다. 　• 틈새가 너무 크다. 　• 삽입구의 불량 　• 삽입 자체의 불량 ㉡ 실의 노화 　• 유온이 높다. 　• 저온도 경화 　• 자연 노화 ㉢ 회전·비틀림(횡하중의 발생에 따라 생김) ㉣ 실 표면의 손상, 마모 　• 연삭 마모 　• 윤활 불량 ㉤ 실의 팽윤 　• 작동유와의 적합성 문제 　• 열화한 작동유 ㉥ 실의 파손, 접착, 변형 　• 압력이 너무 높다. 　• 작동 조건의 불량 　• 윤활 불량 　• 삽입 작업의 불량 ㉦ 실의 선정 불량(재질, 치수가 적합하지 않음)
⑩ 금속 실의 결함	㉠ 실린더의 내면 불량 　• 전원도 불량 　• 진각도 불량 　• 치수가 너무 크다. ㉡ 마모가 크다. 　• 재질의 불량 　• 이물질에 의한 연삭 마모 　• 표면 다듬질의 불량 ㉢ 삽입 자체의 불량 　• 부착 자체의 불량 　• 엔드클리어런스 불량 　• 파목의 위치 불량 　• 홈의 가공치수 불량 ㉣ 내부 누설이 크다. 　• 실린더의 내면 불량 　• 마모가 크다. 　• 삽입 자세의 불량

결함	원인

⑪ 배관 불량	㉠ 기름 누설
	  • 배관 접속법의 불량
	  • 배관 재질의 불량
	  • 실 불량
	  • 기계적 파손
	㉡ 공기의 침입
	  • 배관 접속법의 불량
	  • 실 불량
	㉢ 배관의 진동
	  • 펌프, 밸브의 진동이 전달되어 발생된 공기
	  • 이상 공압에 의한 충격
	㉣ 배관의 파손
	  • 배관 접속법의 불량
	  • 강도 부족, 재질의 불량

⑫ 작동유의 불량	㉠ 작동 온도의 불량 ㉡ 작동유의 품질 불량 ㉢ 이물질, 물, 공기의 침입 ㉣ 제어 회로 설계의 불량 ㉤ 재질과의 적합성 불량 ㉥ 물리적, 화학적 성질의 변화

3. 전기 시스템의 보수유지

(1) 단상, 3상 전동기의 고장 원인

결함	원인
① 기동 불능일 때의 고장	㉠ 퓨즈의 단락 ㉡ 축받이의 불량 ㉢ 과부하 ㉣ 상 결선의 단선 ㉤ 코일 또는 군의 단락 ㉥ 회전자 동봉의 움직임 ㉦ 내부 건설의 오류 ㉧ 축받이의 고착 ㉨ 컨트롤러의 불량 ㉩ 권선의 접지

결함	원인
② 회전이 원활하지 못할 때의 고장	㉠ 퓨즈의 단락 ㉡ 코일의 단락 ㉢ 축받이의 불량 ㉣ 상 결선의 단선 및 오류 ㉤ 병렬 결선에서의 단선 ㉥ 권선의 접지 ㉦ 회전자 동봉의 움직임 ㉧ 전압 또는 주파수의 부적당
③ 전동기가 저속으로 회전시	㉠ 코일의 단락 또는 군의 단락 ㉡ 코일 또는 군 결선의 반대 ㉢ 축받이의 불량 ㉣ 과부하 ㉤ 결선의 착오 ㉥ 회전자 동봉의 움직임
④ 전동기의 과열	㉠ 과부하 ㉡ 축받이의 불량 또는 축조임 과다 ㉢ 코일의 단락 또는 군의 단락 ㉣ 단상 운전 ㉤ 회전자 동봉의 움직임

(2) 단상, 3상의 전동기 제어 시스템이 고장 원인

결함	원인
① 주접촉자를 폐로했을 때 전동기가 기동하지 못하는 고장	㉠ 과부하 히터 코일의 단선 또는 결선 착오 ㉡ 주접촉자가 완전히 폐로되지 못한 경우 ㉢ 단자에서 결선의 부분 단선 또는 접속 불량, 단자 파손 ㉣ 피그테일(pigtail)결선의 불량 또는 단선 ㉤ 저항 요소 또는 단권 변압기의 단선 ㉥ 접촉자의 접촉 불량 ㉦ 기계적인 고장, 연동장치의 동작 불량
② 기동 버튼을 누를 때 접촉자가 폐로하지 못하는 고장	㉠ 지지 코일의 단선 ㉡ 기동 버튼 접촉자의 파손 또는 접촉 불량 ㉢ 단자 결선의 불량 또는 단선 ㉣ 과부하 계전기 접촉자의 개로 ㉤ 저전압 ㉥ 코일의 단락 ㉦ 기계적인 고장
③ 기동 버튼을 개방했을 때 주접촉자가 개로하는 고장	㉠ 접촉자 접촉면의 오손, 접촉 불량 ㉡ 푸시 버튼 장치와 제어기기의 결선 착오

결함	원인
④ 기동 버튼을 누를 때 전원 퓨즈가 용단하는 고장	㉠ 접촉자의 정지 ㉡ 코일의 단락 ㉢ 접촉자의 단락
⑤ 전자 개폐기가 동작중 소음을 발생	㉠ 셰이딩 코일의 단선으로 인하여 붙었다 떨어졌다 한다. ㉡ 철심면의 오손
⑥ 전자석 코일의 소손 또는 단락	㉠ 과전압 ㉡ 오손, 잡물 혼입, 기계적 고장으로 공극거리가 커져 과전류가 흐름 ㉢ 사용 빈도의 과다

(3) 직류전동기의 고장 원인

결함	원인
① 스위치 ON시 전동기가 기동하지 않는 고장	㉠ 퓨즈의 단락 ㉡ 브러시의 오손 또는 브러시 고착 ㉢ 전기자 회로의 단선 ㉣ 계자권선의 단선, 단락 또는 접지 ㉤ 전기자 권선 또는 정류자편의 단락 ㉥ 축받이의 불량 ㉦ 브러시 지지기에서의 접지 ㉧ 과부하 ㉨ 제어기의 불량
② 전동기가 저속으로 회전	㉠ 전기자 또는 정류자에서의 단락 ㉡ 축받이의 불량 ㉢ 전기자 코일의 단선 ㉣ 중성축으로부터 벗어난 위치에 브러시 고정 ㉤ 과부하 ㉥ 전압 부적당
③ 전동기가 정격속도 이상으로 회전	㉠ 분권계자 회로의 단선 ㉡ 직권전동기를 무부하로 운전 ㉢ 계자권선의 단락 또는 접지 ㉣ 차동 복권전동기로 결선
④ 운전시 브러시로부터 스파크가 일어나는 경우	㉠ 정류자와 브러시 접촉 불량 ㉡ 정류자면의 오손 ㉢ 전기자 회로의 단선 ㉣ 보극의 극성 불량 ㉤ 계자권선의 단락 또는 접지 ㉥ 전기자 리드선에 대한 결선 착오 ㉦ 브러시를 중심점 이외의 곳에 고정 ㉧ 계자 회로의 단선 ㉨ 운모편의 돌출

결함	원인
⑤ 회전시 소음이 발생	㉠ 축받이의 불량 ㉡ 정류자 면의 높이 불균일 ㉢ 정류자 면의 거침
⑥ 전동기의 과열	㉠ 과부하 ㉡ 스파크 ㉢ 축받이의 조임 과다 ㉣ 코일의 단락 ㉤ 브러시 압력의 과다

(4) 직류전동기 제어 시스템의 고장 원인

결함	원인
① 핸들을 이동하여도 전동기가 기동하지 않는 고장	㉠ 퓨즈의 단락 ㉡ 저항 요소의 단선 ㉢ 암과 접촉점 사이의 접촉 불량 ㉣ 전동기 결선 착오 ㉤ 전기자회로 또는 계자회로상의 단선 ㉥ 저전압 ㉦ 과부하 ㉧ 단자에 대한 결선의 풀림 또는 파손 ㉨ 지지코일의 단선
② 핸들을 최종 위치로 가져 왔을 때 핸들이 고정되지 않음	㉠ 소손, 리드선의 단선, 접촉 불량 등으로 인한 지지코일의 단선 ㉡ 저전압 ㉢ 코일의 단락 ㉣ 결선의 착오 ㉤ 과부하 접촉자의 개로
③ 핸들을 돌릴 때 퓨즈가 용단	㉠ 저항요소, 접촉자 또는 결선에서의 접지 ㉡ 핸들 이동 속도의 과다 ㉢ 저항 단락
④ 전동기가 과열하는 현상	㉠ 전동기의 과부하 ㉡ 핸들 이동 속도가 느림 ㉢ 저하 요소 또는 접촉자의 단락

4. 수치제어 시스템의 보수유지

(1) 윤활
윤활 지침서에 따라 바르게 윤활을 함으로써 유압 시스템의 높은 성능을 보장할 수 있다.
① 기어박스 윤활 시스템
  ㉮ 설치 3개월 후 교체   ㉯ 매 6개월 주기로 교체
② 메인 스핀들 베어링
  ㉮ 고점도 그리스로 도포   ㉯ 서비스 주기중 보충이 필요없음
③ 가이드 윤활 시스템 : 매 60시간 주기로 보충
④ 파워 척의 윤활 : 매일 윤활 점검

(2) 냉각수
① 냉각펌프 : 실드 볼 베어링은 그리스로 도포
② 냉매
  ㉮ 필요에 따라 보충
  ㉯ 냉매의 종류는 함수계 냉매와 비함수계 냉매 사용
③ 탱크의 청결도 유지

(3) 백래시의 보정
일반적으로 CNC머신의 백래시 보정은 다음의 3단계로 진행한다.
① 백래시 정도를 측정
② 백래시에 영향을 미치는 요인을 검출
③ 백래시 보정을 위한 데이터의 재입력

(4) 터릿(Turret) 클램핑 스피드 조정
일반적으로 터릿 헤드를 클램핑시 커플링 부근에서 덜컹거리는 소음이 발생하면 클램핑 스피드를 다음과 같은 순서로 조정한다.
① 로크 너트를 제거 후, 세트 나사를 조정하여 스피드를 조정한다.
② 조정 작업이 완료되면 로크 너트를 재장치한다.

(5) 터릿 인덱싱 스피드 조정
터릿 인덱싱 스피드가 너무 빠르거나 너무 느리면 인덱싱 에러가 발생된다.
① 스위블 스피드 조정
  ㉮ 터릿 클램핑 스피드 조정시와 같은 방법으로 조정한다.
  ㉯ 스위볼 스피드는 기본적으로 1회전당 3초 정도이다.

② 감속 조정

㉮ 터릿 클램핑 스피드 조정시와 같은 방법으로 조정한다.

㉯ 감속 정도는 인덱싱이 부드러운 동작을 할 수 있도록 조정한다.

(6) 헤드스톡(Head Stock)과 테일스톡(Tail Stock)의 재정렬

(7) 테이퍼 지브 스트립의 조정

① 캐리지 지브 조정 : 지브의 조정이 적당하지 않으면 운동방향, 펄스응답, 위치정도뿐만 아니라 기계적인 절단표면에 악영향을 일으키므로 베드면에 10[㎛] 이내의 캐리지 유격을 유지하도록 조정한다.

② 크로스 슬라이드 지브 조정 : 크로스 슬라이드에 장착되는 테이퍼 지브는 생산·출고시 조정되어 있으며 오랜 시간 사용경과 후에는 마모되므로 재조정되어야 한다.

조정 작업이 끝난 후 볼트를 너무 세게 조이면 D.C서보 모터의 과부하에 영향을 준다.

(8) 벨트의 장력 조정

벨트가 너무 낡거나 장력이 느슨해지면 장력을 재정하든지 또는 새로운 벨트로 교환해야 한다. 벨트의 장력 조정은 설치 후 3개월 이내에 실시하고 이후 매 6개월에 1회 정도 실시한다.

① 메인 모터와 기어 박스 사이의 V벨트 장력 조정

㉮ 모터 베이스 고정볼트를 풀고 베이스와 모터는 조정나사를 이용해 앞으로 당긴다.

㉯ V벨트의 장력 상태를 확인한다.

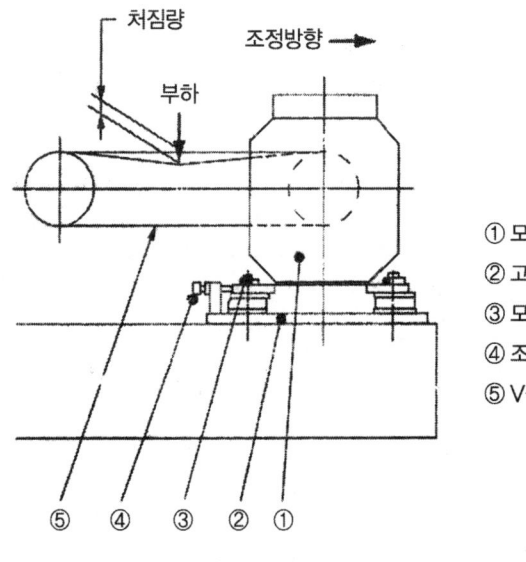

[그림] 모터와 기어 박스

② 기어 박스와 헤드스톡의 V벨트 장력 조정
  ㉮ 고정볼트와 너트를 풀고 조정나사를 이용해 아래 방향으로 트랜스미션 베이스를 당긴다.
  ㉯ V벨트의 장력 상태를 확인한다.
  ㉰ 고정볼트와 너트를 재체결한다.

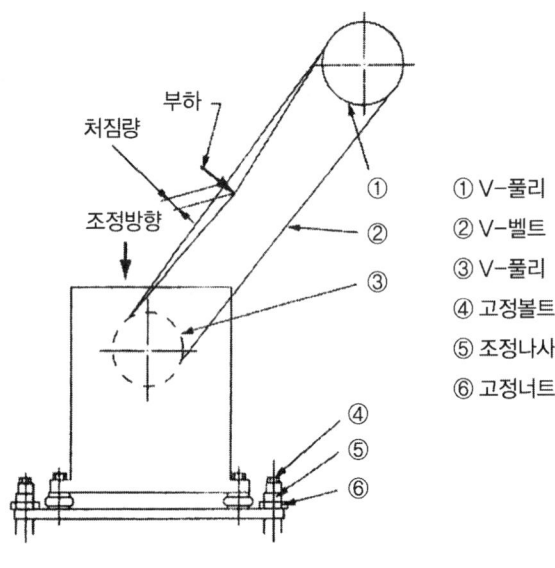

[그림] V벨트의 장력 조정

산업안전 지도사(기계안전공학)

제4편

단답형 및 논술형 예상문제·실전모의시험

제1장 단답형 예상문제 및 실전모의시험
제2장 논술형 예상문제 및 실전모의시험

제1장 단답형 예상문제 및 실전모의시험

문제 1

기계 설비에 발생하는 사고의 6요소(위험점 6가지)를 쓰시오.

해답
① 협착점
③ 절단점
⑤ 접선물림점
② 끼임점
④ 물림점
⑥ 회전말림점

문제 2

격리형 방호장치 종류를 3가지 쓰시오.

해답
① 완전차단형 방호장치
② 덮개형 방호장치
③ 안전 방책

문제 3

위험점의 방호 방법 5가지를 쓰시오.

해답
① 격리형 방호장치
③ 접근 거부형 방호장치
⑤ 포집형 방호장치
② 위치 제한형 방호장치
④ 접근 반응형 방호장치

문제 4

원동기, 회전축, 치차, 풀리, 벨트의 위험 방지 조치(방호장치)를 4가지 쓰시오.

해답
① 덮개
② 울
③ 슬리브
④ 건널다리

문제 5

양도 등이 제한되는 기계 기구를 쓰시오.

해답
① 프레스 또는 전단기
② 아세틸렌 용접 장치 또는 가스 집합 용접 장치
③ 방폭용 전기 기계, 기구
④ 교류 아크 용접기
⑤ 크레인
⑥ 곤돌라
⑦ 롤러기
⑧ 연삭기
⑨ 목재 가공용 둥근톱
⑩ 동력식 수동 대패
⑪ 리프트
⑫ 압력 용기
⑬ 보일러
⑭ 산업용 로봇

문제 6

유해 또는 위험 방지를 위하여 필요한 조치를 하여야 할 기계 기구, 설비 및 건축물을 쓰시오.

해답
① 사무실 및 공장용 건축물
② 이동식 크레인
③ 타워 크레인
④ 불도저
⑤ 로더
⑥ 버킷 굴삭기
⑦ 항타기
⑧ 항발기
⑨ 천공기
⑩ 페이퍼 드레인 머신
⑪ 스크레이프
⑫ 드래그라인
⑬ 어스 드릴

문제 7

방호장치를 하지 않은 유해·위험 기계, 기구에 대해서는 법으로 어떻게 규제하고 있는가?

∴ 해답 양도, 대여, 설치, 사용, 진열 금지

문제 8

방호장치의 일반 원칙을 4가지 쓰고 성능 검정 합격시 표시 사항을 쓰시오.

∴ 해답
(1) 일반 원칙
   ① 작업점의 방호
   ② 작업 방해의 제거
   ③ 기계 특성에 적합하고 성능 보장
   ④ 외관상 안전화
(2) 성능 검정 합격시 표시 사항
   ① "한국산업안전공단 검정필"이라는 문자
   ② 합격 번호
   ③ 합격 연월일
   ④ 위험 기계 기구명
   ⑤ 안전 장치명
   ⑥ 모델명

문제 9

방호장치에 대하여 근로자의 준수 사항, 사업주의 조치 사항, 동력에 의하여 작동되는 일반 기계·기구의 방호 조치를 쓰시오.

∴ 해답
(1) 근로자의 준수 사항
   ① 방호 조치를 해체하고자 할 경우에는 사업주의 허가를 받아 해체할 것
   ② 방호 조치를 해체한 후 그 사유가 소멸된 때에는 지체없이 원상으로 회복시킬 것
   ③ 방호 조치의 기능이 상실된 것을 발견한 때에는 지체없이 사업주에게 신고할 것
(2) 사업주의 조치 사항
   방호 조치의 기능 상실에 대한 신고가 있을 때에는 즉시 수리, 보수 및 작업 중지 등 적절한 조치를 할 것

(3) 동력에 의해 작동되는 기계·기구의 일반적 방호 조치 사항
   ① 작동 부분상의 돌기 부분은 묻힘형으로 하거나 덮개를 부착할 것
   ② 동력 전달 부분 및 속도 조절 부분에는 덮개를 부착하거나 방호망을 설치할 것
   ③ 회전 기계의 물림점(롤러·기어 등)에는 덮개 또는 울을 설치할 것

문제 10

기계 설비의 안전 조건을 쓰시오.

해답
① 외형의 안전화
② 작업점의 안전화
③ 기능의 안전화
④ 구조의 안전화
⑤ 보전 작업의 안전화

문제 11

작업점에 대한 방호 대책을 쓰시오.

해답
① 손을 작업점에 넣지 않도록 하게 할 것
② 작업점에는 작업자가 절대로 가까이 가지 않도록 하게 할 것
③ 기계를 조작할 때는 작업점에서 떨어지게 할 것
④ 작업자가 작업점에서 떨어지지 않는 한 기계를 작동하지 못하게 할 것

문제 12

덮개의 구비 조건을 쓰시오.

해답
① 덮개는 충분한 강도를 가지며 쉽게 파손되지 않아야 한다.
② 덮개는 구조가 간단해야 하며 조정이 용이하여야 한다.
③ 덮개는 주유, 점검, 작업을 할 경우에 방해가 되지 않아야 한다.
④ 덮개 자체가 위험성을 가지지 않아야 한다.
⑤ 이동식 덮개는 연동장치를 설치하여야 한다.

문제 13

기계의 원동기, 회전축, 치차, 풀리, 플라이휠 및 벨트 등의 방호 장치를 4가지 쓰고 건널다리의 손잡이 높이를 쓰시오.

해답 (1) 방호장치
① 덮개
② 울
③ 슬리브
④ 건널다리
(2) 건널다리의 손잡이 높이 : 90[cm] 이상~120[cm] 이내

문제 14

산업안전보건법상 기계의 날부분의 청소, 검사, 수리, 대체, 조정 작업을 할 때의 방호대책을 쓰시오.

해답 ① 기계 정지 후 실시한다.
② 해당 기계의 기동장치에 시건장치 및 표지판 부착을 한다.

문제 15

방호장치의 일반 원칙을 쓰시오.

해답 ① 작업점의 방호
② 작업 방해의 제거
③ 기계특성에 적합하고 성능 보장
④ 외관상 안전화

문제 16

방호 조치에 대한 산업 안전 보건법의 근로자의 준수사항과 사업주의 조치사항을 쓰시오.

해답 (1) 근로자의 준수사항
① 방호 조치를 해체하고자 할 경우에는 사업주의 허가를 받아 해체할 것
② 방호 조치를 해체한 후 그 사유가 소멸된 때에는 지체없이 원상으로 회복시킬 것
③ 방호 조치의 기능이 상실된 것을 발견한 때에는 지체없이 사업주에게 신고할 것
(2) 사업주의 조치 사항
방호 조치의 기능 상실에 대한 신고가 있을 때에는 즉시 수리, 보수 및 작업 중지 등 적절한 조치를 취할 것

문제 17

기계 설비의 layout시에 고려해야 할 사항을 쓰시오.

해답
① 작업 공정을 검토한다.
② 기계 설비 주위의 충분한 간격을 유지한다.
③ 공장 내외의 안전 통로를 확보한다.
④ 원재료, 제품 등의 저장소의 넓이를 충분히 확보한다.
⑤ 기계 설비의 보수 점검을 용이하게 할 수 있도록 한다.

문제 18

방호장치의 설치 목적 및 방호 장치의 종류를 쓰시오.

해답 (1) 설치 목적 : 기계의 위험 부위에 대한 인체의 접촉을 방지하기 위함이다.
(2) 방호장치의 종류
① 한계 스위치
② 급정지장치
③ 비상정지장치
④ 안전밸브
⑤ 과부하방지장치
⑥ 권과방지장치
⑦ 덮개

문제 19

방호 덮개를 용도에 따라 구분하여 쓰시오.

∷ 해답
① 위험 부위에 인체의 접촉 또는 접근을 방지하기 위한 것
② 가공물, 공구 등의 낙하·비래에 의한 위험을 방지하기 위한 것
③ 방음, 집진 등을 목적으로 하기 위한 것

문제 20

동력전도장치의 점검 사항을 쓰시오.

∷ 해답
① 회전 상태의 점검 : 기어, 클러치 등 섭동 부분의 이상 유무
② 정지 상태의 점검 : 볼트, 너트 등의 풀림 상태 유무

문제 21

동력 기계의 동력차단장치를 쓰시오.

∷ 해답
① 스위치
② 클러치
③ 벨트이동장치

문제 22

동력으로 작동되는 프레스기에 설치하는 방호장치의 종류 5가지를 쓰시오.

∷ 해답
① 양수 조작식
② 게이트 가드식
③ 수인식
④ 손쳐내기식
⑤ 감응식

문제 23

방호장치 선정시 고려할 사항을 쓰시오.

해답
① 적용의 범위
② 방호의 정도
③ 보수의 난이
④ 신뢰도
⑤ 작업성
⑥ 정비

문제 24

기계 고장의 기본 모형 3가지를 쓰시오.

해답
① 초기고장
② 우발고장
③ 마모고장

문제 25

페일 세이프(Fail safe)를 구조에 따라 분류하시오.

해답
① 다경로 하중 구조
② 하중 해방 구조
③ 저균열 속도 구조
④ 조합 구조
⑤ 이중 구조

문제 26

방호 원리에 따라 방호장치를 4가지로 분류하고 각각의 방호장치 종류를 쓰시오.

해답
① 완전차단형 방호장치 : 덮개, 안전 방책
② 위치 제한형 방호장치 : 양수 조작식 방호장치
③ 접근거부형 방호장치 : 수인식 방호장치, 손쳐내기식 방호 장치
④ 접근반응형 방호장치 : 광전자식 방호장치

문제 27

기계 설비의 안전 조건 중 보전 작업의 안전화에 추진 사항을 쓰시오.

해답
① 정기 점검의 실시
② 급유 방법의 개선
③ 구성 부품의 신뢰도 향상
④ 분해, 교환의 철저화
⑤ 보전용 통로나 작업장 확보

문제 28

방호 덮개의 구비 조건을 쓰시오.

해답
① 확실한 방호 기능을 가져야 한다.
② 작업자의 작업 행동과 기계 특성에 적합해야 한다.
③ 작업자에게 불편 또는 불쾌감을 주어서는 안 된다.
④ 통상적인 마모 또는 충격에 견딜 수 있어야 한다.
⑤ 생산에 방해를 주어서는 안 된다.
⑥ 사용이 간편하고 작용이 용이해야 한다.

문제 29

원동기에 연결된 노출된 벨트 옆 작업대 위에서 근로자가 떨어져 벨트에 손이 휘말리는 안전 사고를 당했다. 안전대책을 세우시오.

해답
① 작업대나 작업장의 바닥은 미끄러지지 않게 한다.
② 원동기, 회전축이나 벨트에는 덮개를 설치한다.
③ 작업대 난간에는 손잡이나 울을 설치한다.

문제 30

동력전도장치에서 (1) 작동 부분상의 돌기 부분, (2) 동력 전도 부분 및 속도 조절 부분에 취할 방호장치를 쓰시오.

∴ 해답
① 묻힘형으로 하거나 덮개를 부착한다.
② 덮개나 방호망을 부착한다.

문제 31

고속 회전체란 원주 속도가 얼마를 초과하는 것을 말하는가, 비파괴 검사를 실시해야 할 대상을 쓰시오.

∴ 해답
① 고속 회전체의 원주 속도 : 25[m/sec] 초과
② 비파괴 검사 대상 : 회전축의 중량이 1[t]을 초과하고 원주 속도가 120[m/sec] 이상인 것

문제 32

기계 설비의 안전화에서 중점 사항을 쓰시오.

∴ 해답
① 작업에 필요한 적당한 공구 사용
② 불필요한 동작을 피하도록 작업의 표준화
③ 안전한 기동장치의 배치(동력차단장치, 시건장치)
④ 급정지장치, 급정지 버튼 등의 배치
⑤ 인칭(촌동) 기능의 활용
⑥ 조작장치의 적당한 위치 고려

문제 33

다음에 해당되는 방호장치의 예를 쓰시오.
① 접근거부형 방호장치
② 접근반응형 방호장치
③ 위치제한형 방호장치
④ 포집형 방호장치

해답
① 접근거부형 방호장치 : 수인식 또는 손쳐내기식 안전 장치
② 접근반응형 방호장치 : 감응식 안전장치
③ 위치제한형 방호장치 : 양수 조작식 안전장치
④ 포집형 방호장치 : 반발예방장치 또는 덮개

문제 34

작업점에 대한 가드 설계 원칙 중 허용 개구부(안전 간극)의 정의를 설명하고 설계상 최대 안전 간극은 얼마인가?

해답
① 허용 개구부(안전 간극) : 작업자가 손가락 등을 가드 사이로 넣어서 재료를 송급할 필요가 있을 때에 손가락 끝이 위험 부위(작업점)에 닿지 않도록 설계된 간극이다.
② 설계상 최대 안전 간극 : $1/4[inch]$

문제 35

회로적 페일 세이프(fail safe)의 종류 2가지를 쓰시오.

해답
① 철도 신호
② 개폐기의 용장 회로

문제 36

풀 프루프(Fool proof)란?

해답 근로자가 기계 등의 취급을 잘못해도 그것이 바로 사고나 재해와 연결되는 일이 없도록 하는 확고한 안전 기구를 말한다.

문제 37

작업점(Point of operation)이란?

해답 기계 설비에서 특히 위험을 발생하게 할 우려가 있는 부분으로서 일이 물체에 행해지는 점 또는 가공물이 직접 가공되는 부분이다(롤러기의 맞물림점 등).

문제 38

기계 설비의 본질적 안전화대책을 쓰시오.

해답 ① 페일 세이프(Fail safe)의 기능을 가질 것
② 풀 프루프(Fool proof)의 기능을 가질 것
③ 안전 기능이 기계 설비에 내장되어 있을 것

문제 39

방호장치의 구비 조건을 쓰시오.

해답
① 사용의 용이성　　② 신뢰성
③ 보전성　　　　　　④ 안전성
⑤ 무효 대책　　　　⑥ 페일 세이프

문제 40

위험 장소에 따른 방호장치를 분류하여 쓰시오.

∴ 해답
(1) 격리형 방호장치
   ① 완전 차단형 방호장치
   ② 덮개형 방호장치
   ③ 안전방책
(2) 위치 제한형 방호장치 : 양수조작식
(3) 접근 거부형 방호장치
   ① 수인식
   ② 손쳐내기식
(4) 접근 반응형 방호장치 : 감응식

문제 41

위험원에 따른 방호장치를 분류하여 쓰시오.

∴ 해답
(1) 포집형 방호장치
   ① 반발예방장치
   ② 덮개
(2) 감지형 방호장치

문제 42

기계방호장치 선정시 고려사항 6가지를 쓰시오.

∴ 해답
① 적용의 범위   ② 신뢰도
③ 방호의 정도   ④ 작업성
⑤ 보수의 난이   ⑥ 정비

문제 43

방호장치 종류 중 ① 인터록장치, ② 리밋스위치, ③ 급정지장치를 설명하시오.

해답
① 인터록 장치(interlock system) : 일종의 연동기구로서 목적 달성을 위하여 한 동작 또는 수 개의 동작을 하기도 하며, 동작 완료시에는 자동적으로 안전 상태를 확보하는 장치
② 리밋스위치(limit switch) : 기계설비의 안전장치에서 과도하게 한계를 벗어나 계속적으로 감아올리거나 하는 일이 없도록 제한해 주는 장치
   종류 : 권과방지장치, 과부하방지장치, 과전류차단장치, 압력제한장치
③ 급정지장치 : 작업 중 작업의 위치에서 근로자가 동력 전달을 차단하는 장치

문제 44

프레스 및 전단기의 안전장치를 5가지 쓰시오.

해답
① 수인식
② 손쳐내기식
③ 게이트 가드식
④ 양수 조작식
⑤ 감응식

문제 45

양수 조작식 및 감응식 안전장치의 설치 요령을 각각 3가지씩 쓰시오.

해답
(1) 양수 조작식 안전장치
   ① 반드시 두 손을 사용하여 작동되도록 설치할 것
   ② 누름 단추(조작부)의 간격은 300[mm] 이상으로 할 것
   ③ 거리[cm] = 160 × 프레스를 작동 후 작업점까지의 도달 시간(초) 이상에 설치할 것
(2) 감응식 안전장치
   ① 위험 구역을 충분히 감지할 수 있는 것으로 설치할 것
   ② 광축의 수는 2개 이상이어야 하고 광축간의 간격은 50[mm] 이하일 것
   ③ 투광기에서 발생시키는 빛 이외의 광선에 감응하지 말 것

문제 46

교류 아크 용접 기계의 방호장치명, 방호장치의 성능 및 부착 요령을 쓰시오.

해답 (1) 방호장치 : 자동전격방지장치
(2) 성능
① 아크 발생을 중지한지 1.0초 이내에 주접점이 개로될 것
② 2차 무부하 전압이 25[V] 이내일 것
(3) 방호장치의 부착 요령
① 직각으로 부착할 것
② 용접기의 이동, 진동, 충격 등으로 이완되지 않도록 이완 방지 조치를 할 것
③ 작동 상태를 알기 위한 표시등은 보기 쉬운 곳에 설치할 것
④ 작동 상태를 시험하기 위한 테스터 스위치는 조작하기 쉬운 위치에 설치할 것

문제 47

목재가공용 둥근톱 기계의 방호장치를 2가지 쓰고 설치 요령을 3가지 쓰시오.

해답 (1) 방호장치
① 날접촉예방장치
② 반발예방장치
(2) 설치 요령
① 날접촉예방장치는 분할날에 대면하고 있는 부분과 가공재를 절단하는 부분 이외의 톱날을 덮을 수 있는 구조일 것
② 반발방지기구는 목재의 송급 쪽에 설치하고 목재의 반발을 충분히 방지할 수 있도록 설치할 것
③ 분할날은 톱날로부터 12[mm] 이내로 설치하고 그 두께는 톱두께의 1.1배 이상일 것

문제 48

3,000[rpm]의 연삭숫돌의 지름이 20[cm]일 때 원주속도[V]는 몇 [m/min]인가?

해답 원주속도$[V] = \dfrac{\pi DN}{1000}$[m/min]
$= \dfrac{3.14 \times 200 \times 3000}{1,000} = 1,884$[m/min]

문제 49

롤러의 작업점(running nip point)의 전방 40[mm]의 거리에 가드를 설치하고자 한다. 가드의 개구부 간격은 얼마로 하여야 하는가? (ILO 기준에 의함)

∴ 해답 $Y = 6 + 0.15X$ ⎡ Y : 가드 개구부 간격
　　　　　　　　　　　　⎣ X : 가드와 위험점간의 간격 ⎦

$Y = 6 + 0.15X = 6 + 0.15 \times 40 = 12[\text{mm}]$

참고 방적기 또는 제면기의 경우 $Y = 6 + \dfrac{X}{10}$ 이다.

문제 50

방적기 및 제면기는 어떤 구조일 때 안전 장치를 설치하는가, 또 이때 설치해야 할 안전 장치를 3가지 쓰시오.

∴ 해답
(1) 구조 : 비터, 실린더 등 회전체가 부착된 것
(2) 방호장치
　① 시건장치
　② 연동장치
　③ 덮개

문제 51

보일러의 장해 및 사고 원인을 쓰시오.

∴ 해답
① 프라이밍　　　　　② 포밍
③ 캐리오버　　　　　④ 불완전 연소
⑤ 역화　　　　　　　⑥ 2차 연소
⑦ 연소 가스의 누설　⑧ 노의 진동음

문제 52

보일러의 안전장치 종류를 쓰시오.

해답
① 고저수위조절장치 ② 압력방출장치
③ 안전밸브 ④ 압력제한스위치
⑤ 계기류의 유지 관리

문제 53

프레스 및 전단기의 방호장치에 표시해야 할 사항을 쓰시오.

해답
(1) 프레스기
① 제조번호
② 제조자명
③ 제조연월일
④ 사용할 수 있는 프레스의 종류 및 금형 크기의 범위
(2) 전단기
① 제조번호
② 제조자명
③ 제조연월일
④ 사용할 수 있는 전단기의 종류
⑤ 사용할 수 있는 전단 두께
⑥ 사용할 수 있는 전단 공구의 길이

문제 54

프레스의 페달에 U자형 덮개를 씌우는 이유를 간단히 쓰시오.

해답 불시에 페달을 밟거나 작업중 물체가 떨어져도 작동되지 않도록 하기 위한 조치

문제 55

연삭기의 안전장치인 덮개의 설치 요령을 쓰시오.

해답
① 탁상용 연삭기의 노출 각도는 90° 이내로 하고 주축에서 수평면 위로 이루는 원주 각도는 65° 이내, 수평면 이하에서 작업시는 125° 이내로 할 것.
② 연삭숫돌의 상부를 사용하는 것을 목적으로 하는 탁상용 연삭기는 60° 이내로 할 것
③ 휴대용 연삭기는 180° 이내로 할 것
④ 평면, 절단연삭기는 150° 이내로 하되 숫돌의 주축에서 수평면 밑으로 이루는 덮개의 각도가 15° 이상이 되도록 할 것

문제 56

탁상용 연삭기의 방호장치를 2가지 쓰고 각각 설치 요령을 쓰시오.

해답
(1) 방호장치명
  ① 덮개
  ② 방호판
(2) 설치 요령
  ① 덮개의 설치 요령 : 덮개의 노출 각도는 90° 이내, 주축에서 수평면 위로 이루는 원주각도는 65° 이내, 수평면 이하에서 작업시는 125° 이내로 할 것
  ② 방호판의 설치 요령 : 방호판은 인터로크(interlock)로 할 것

문제 57

아세틸렌 및 가스 집합 용접장치의 안전장치인 안전기의 성능 및 각 기계의 설치 요령(설치 장소)을 쓰시오.

해답
(1) 안전기의 성능
  ① 주요 부분은 두께 2[mm] 이상의 강판 또는 강관을 사용할 것
  ② 도입부는 수봉 배기관을 갖춘 수봉식일 것
  ③ 유효 수주는 25[mm] 이상 되도록 할 것
  ④ 물의 보충 또는 교환이 용이하고 수위를 쉽게 점검할 수 있는 구조일 것
(2) 아세틸렌 용접장치의 설치 요령(설치 장소) : 취관마다 설치할 것
(3) 가스 집합 용접장치의 설치 요령(설치 장소)
  주관에 1개 이상, 취관에 1개 이상, 도합 2개 이상 설치

문제 58

1,000[rpm]의 속도로 회전하는 롤러기의 앞면 롤러의 지름이 60[cm]인 경우 앞면 롤의 표면 속도 및 급정지장치의 급정지 거리를 구하시오.

해답 (1) 앞면 롤의 표면 속도
$$V = \frac{\pi DN}{1,000} = \frac{\pi \times 600 \times 1,000}{1,000} = 1,884 [m/min]$$
(단, D[mm] : 롤러의 지름, N[rpm] : 롤러의 회전 속도)

(2) 급정지 거리
앞면 롤의 표면 속도가 30[m/분] 이상이므로 앞면 롤 원주 길이의 $\frac{1}{2.5}$에서 급정지되어야 하므로 급정지 거리
$$= \pi D \times \frac{1}{2.5} = \pi \times 60 \times \frac{1}{2.5} = 75.36 [cm]$$

문제 59

숫돌의 회전수[rpm]가 2,000인 연삭기에 지름 300[mm]의 숫돌을 사용하고자 할 때에 숫돌 사용 원주속도는 얼마 이하로 하여야 하는가?

해답 $V = \dfrac{\pi DN}{1,000} = \dfrac{3.14 \times 300 \times 2,000}{1,000} = 1,884 [m/min]$

문제 60

롤러기의 방호장치인 급정지장치의 종류 3가지와 성능 및 설치 요령을 쓰시오.

해답 (1) 종류
① 손으로 조작하는 것
② 복부로 조작하는 것
③ 무릎으로 조작하는 것

(2) 성능

앞면롤의 표면속도[m/분]	급정지 거리
30 미만	앞면롤 원주의 1/3
30 이상	앞면롤 원주의 1/2.5

(3) 설치 요령
① 조작부는 롤러기의 전면 및 후면에 각각 1개씩 수평으로 설치하고 그 길이는 롤의 길이 이상일 것
② 조작부에 사용하는 줄은 사용중에 늘어나거나 끊어지지 않을 것
③ 조작부는 다음의 위치에 설치할 것
㉮ 손으로 조작하는 것 : 밑면에서 1.8[m] 이내
㉯ 복부로 조작하는 것 : 밑면에서 0.8[m] 이상 1.1[m] 이내
㉰ 무릎으로 조작하는 것 : 밑면에서 0.6[m] 이내

문제 61

유압 프레스 동력전달장치 부분의 검사 항목을 쓰시오.

해답
① 램의 이상 유무
② 슬라이드 작동 상태
③ 리밋 스위치 검출 장치 및 설치 부분의 이상 유무
④ 안전 블록의 이상 유무

문제 62

산업용 로봇 작업시 안전 작업 지침에 포함되어야 할 사항을 5가지 쓰시오.

해답
① 로봇의 조작 방법 및 순서
② 작업중의 머니퓰레이터의 속도
③ 2인 이상의 근로자에게 작업을 시킬 때의 신호 방법
④ 이상 발견시의 조치
⑤ 이상 발견시 로봇의 운전을 정지시킨 후 이를 재가동시킬 때의 조치

문제 63

드릴링 머신으로 얇은 판에 구멍을 뚫을 때 안전 대책을 세우시오.

해답
① 목재를 제품의 밑에 받치고 작업을 한다.
② 장갑을 착용하지 않는다.

③ 보안경을 착용한다.
④ 칩 제거는 운전 정지 후 브러시로 한다.
⑤ 얇은 철판을 완전히 고정시킨다.

문제 64

아세틸렌 용접장치, 가스 집합 용접장치의 안전기 설치 방법을 쓰시오.

해답 (1) 아세틸렌 용접장치
① 아세틸렌 용접장치에 대하여는 그 취관마다 안전기를 설치하여야 한다.
② 가스 용기가 발생기와 분리되어 있는 아세틸렌 용접장치에 대하여는 발생기와 가스용기 사이에 안전기를 설치하여야 한다.
(2) 가스 집합 용접장치
주관 및 분기관에 안전기를 설치할 것(이 경우 하나의 취관에 대하여 2개 이상의 안전기를 설치하여야 한다).

문제 65

인터로크 장치(interlock system)란?

해답 어떤 목적을 달성하기 위하여 한 동작 또는 몇개 동작을 행하는 경우도 있으며, 동작 종료시에는 자동적으로 안전 상태를 확보하도록 한 기구로 일종의 연동(連動) 기구이다.

문제 66

프레스 금형의 부착, 해체, 조정 작업시 슬라이드의 불시 하강에 의한 위험방지 장치 사항을 쓰시오.

해답 안전 블록 설치(Safety Block)

문제 67

프레스 작업시 관리감독자의 직무를 쓰시오.

해답
① 프레스 등 및 그 방호장치를 점검하는 일
② 프레스 등 및 그 방호장치에 이상이 발견될 때 즉시 필요한 조치를 하는 일
③ 프레스 등 및 그 방호장치에 전환 스위치를 설치할 때 해당 전환 스위치의 열쇠를 관리하는 일
④ 금형의 부착, 해체 또는 조정 작업을 직접 지휘하는 일

문제 68

프레스 금형 작업시 안전 수칙을 쓰시오.

해답
① 기계의 사용법을 완전히 숙지할 때까지는 함부로 기계에 손대지 않는다.
② 작업 전에 급유하며 몇 번 운전하여서 활동부의 움직임 및 작업 상태를 점검해야 한다.
③ 형틀의 고정 후 시험 작업을 해야 한다.
④ 안전장치의 작동 상태를 점검해야 하며 잘못된 것은 조정을 한다.
⑤ 운전 중에는 램 밑에 손이 들어가지 않게 주의를 해야 한다.
⑥ 2명 이상이 작업할 때에는 신호를 정확하게 하며 조작에 안전을 기하여야 한다.
⑦ 작업이 끝난 후에는 반드시 스위치를 내려야 한다.
⑧ 페달을 불필요하게 밟지 않아야 한다.
⑨ 손질, 수리, 조정, 급유중에는 기계를 정지시키고 한다.
⑩ 이송장치나 배출 장치를 사용해야 하며 손의 사용은 가급적 줄여야 한다.
⑪ 다이의 구조를 고려하여서 위험 작업을 줄여야 한다.

문제 69

아세틸렌 용접장치의 발생기실 구조 기준을 쓰시오.

해답
① 벽은 불연성 재료로 하고 철근 콘크리트, 그 밖에 이와 동등 이상의 강도를 가진 구조로 할 것
② 지붕 및 천장에는 얇은 철판이나 가벼운 불연성 재료를 사용할 것
③ 바닥 면적의 1/16 이상의 단면적을 가진 배기통을 옥상으로 돌출시키고, 그 개구부를 창 또는 출입구로부터 1.5[m] 이상 떨어지도록 할 것

문제 70

아세틸렌 용접장치의 가스 발생기실의 설치 장소를 쓰시오.

해답
① 전용 발생기실 내에 설치할 것
② 발생기실은 건물의 최상층에 위치할 것
③ 화기를 사용하는 설비로부터 상당한 거리를 둔 장소일 것
④ 옥외에 설치시 개구부를 다른 건축물로부터 1.5[m] 이상 이격시킬 것

문제 71

보일러 취급시 포밍 이상 현상과 포밍의 발생 원인을 쓰시오.

해답
(1) 포밍 이상 현상
보일러 관수 중의 용존 고형물, 유지분에 의하여 수면 위에 거품이 발생하고 심하면 보일러 밖으로 흘러넘치는 현상이다.
(2) 포밍의 발생 원인
① 고수위인 경우
② 증기 밸브를 급개한 경우
③ 부유물, 유지분이 많이 함유되었을 경우
④ 증기 부하가 과대한 경우
⑤ 보일러가 농축된 경우
⑥ 기수 분리 장치가 불완전한 경우
⑦ 증기부가 적고 수부가 큰 경우

문제 72

손쳐내기식 방호장치의 설치 방법 3가지를 쓰시오.

해답
① 금형 크기의 1/2 이상의 크기를 가진 손쳐내기판을 손쳐내기 막대에 부착시킨다.
② 손쳐내기 막대는 길이 또는 진폭을 조정할 수 있는 구조로 한다.
③ 손쳐내기판은 작업자의 손을 강타하지 못하도록 고무 등 완충물을 설치하여야 한다.

문제 73

프레스 재해 중 금형에 의한 재해 원인을 쓰시오.

해답
① 금형의 설치, 해체 및 조정중에 금형이 낙하한다.
② 금형에 달려 올라간 재료를 떼어내려고 한다.
③ 금형의 설치, 해체 및 조정중에 페달을 밟는다.
④ 금형의 설치, 해체 및 조정중에 클러치가 작동된다.

문제 74

연삭숫돌의 파괴 원인을 쓰시오.

해답
① 최고 사용 원주속도를 초과하였다.
② 제조시의 결함으로 숫돌에 균열이 발생하였다.
③ 플랜지의 과소, 지름의 불균일이 발생하였다.
④ 부적당한 연삭숫돌을 사용하였다.
⑤ 작업 방법이 불량하였다.

문제 75

프레스 및 전단기의 양수 조작식 방호장치 설치 요령을 쓰시오.

해답
① 반드시 두 손을 사용하여야 작동되도록 설치할 것
② 누름 단추(조작부)의 간격은 300[mm] 이상으로 할 것
③ 조작부의 설치거리[cm]는 「160×프레스를 작동 후 작업점까지의 도달 시간(초)」 이상에 설치할 것
④ 누름 버튼은 묻힘형으로 설치할 것

문제 76

압력 용기의 방호장치를 쓰시오.

해답
① 압력방출장치
② 언로드 밸브

문제 77

보일러 저수위(이상 감수)의 발생원인을 쓰시오.

해답
① 급수장치 및 수면계의 고장
② 분출 밸브 등의 누수
③ 급수관의 이물질 축적
④ 급수내관의 스케일 축적

문제 78

보일러의 수격 작용(water hammer)이란?

해답 관 내를 흐르는 유체에서 급격히 밸브를 닫으면 유체의 운동 에너지가 압력의 에너지로 변화해 고압이 발생되어 유체 속에서 음속에 가까운 압력파가 밸브에서 탱크로 갔다가 반사되는 현상

문제 79

1행정 1정지식 프레스에 설치하는 방호장치를 쓰시오.

해답
① 양수 조작식
② 게이트 가드식

문제 80

산업안전보건법에서 장갑의 착용 금지 기계를 2가지 쓰시오.

해답 ① 드릴기 ② 모떼기 기계

문제 81

휴대용 연삭기에 설치해야 하는 방호장치명과 방호장치 설치 요령을 쓰시오.

해답
① 방호장치 : 덮개
② 설치 요령 : 노출 각도는 180° 이하, 숫돌과 덮개의 간격은 10[mm] 이내

문제 82

공기 압축기 운전 개시 전(기동시) 주의사항을 5가지 쓰시오.

해답
① 압축기에 부착된 볼트, 너트 등의 조임 상태 점검
② 냉각수 계통의 밸브를 열어 냉각수의 순환 상태 점검
③ 크랭크 케이스 등에 규정량의 윤활유 공급 여부 점검
④ 압력 조절 밸브, 드레인 밸브를 전부 열어 압력 지시 이상 유무 확인
⑤ 압력계 및 온도계 이상 유무 확인

문제 83

공기 압축기 운전중 주의사항을 쓰시오.

해답
① 압력계의 지시 상태
② 각 단의 흡입, 토출 가스 온도 상태
③ 냉각수량 변화
④ 실린더 주유기의 급유 상태와 유량 조절
⑤ 윤활유 압력의 변화
⑥ 드레인의 색깔 변화
⑦ 피스톤 로드 패킹의 누설과 온도 상승
⑧ 각 부의 소음, 진동 상태
⑨ 각종 밸브류, 플랜지, 조인트 등에서의 가스 누설 상태
⑩ 자동장치의 작동 상태
⑪ 전력의 소비량 이상 유무

문제 84

수공구의 재해발생 원인을 쓰시오.

해답
① 사용하는 공구의 선정을 잘못하였다.
② 사용 전의 점검 및 정비가 불충분하였다.
③ 사용 방법에 익숙하지 못했다.
④ 사용 방법을 잘못하였다.

문제 85

다음은 작업장의 온도이다. ①~⑦항에 적합한 온도[℃]를 쓰시오.

심한 육체 작업	①
심한 기계 작업	②
가벼운 기계 작업	③
목공 작업	④
도장 작업	⑤
사무실	⑥
식당	⑦

해답
① 7~9[℃]
② 8~10[℃]
③ 10~12[℃]
④ 15~18[℃]
⑤ 24~26[℃]
⑥ 18~20[℃]
⑦ 20~23[℃]

문제 86

공작 기계의 칩 비산 방지를 위한 방호장치를 쓰시오.

해답
① 칩 브레이커
② 칩받이
③ 칩 비산 방지 투명판
④ 칸막이

문제 87

목재가공용 기계의 관리감독자 직무 4가지를 쓰시오.

해답
① 목재가공용 기계를 취급하는 작업을 지휘하는 일
② 목재가공용 기계 및 그 방호장치를 점검하는 일
③ 목재가공용 기계 및 방호장치에 이상이 발견될 경우 즉시 보고 및 필요한 조치를 하는 일
④ 작업 중지 및 지그·공구 등의 사용 상황을 감독하는 일

문제 88

공구의 재해 4대 원칙을 쓰시오.

해답
① 결함이 없는 공구를 사용한다.
② 작업에 적당한 공구를 선택한다.
③ 공구의 올바른 취급 및 사용을 한다.
④ 공구는 안전한 장소에 보관한다.

문제 89

전기 용접 작업시 안전 수칙을 쓰시오.

해답
① 용접시에는 소화기 및 소화수를 준비해야 한다.
② 우천시에는 옥외 작업을 금해야 한다.
③ 홀더는 항상 파손되지 않는 것을 사용해야 한다.
④ 용접봉을 갈아 끼울 때에는 홀더의 충전부에 몸이 닿지 않도록 주의해야 한다.
⑤ 작업시에는 반드시 보호 장비를 착용해야 한다.
⑥ 벗겨진 홀더는 사용하지 않도록 해야 한다.
⑦ 작업의 중단시는 전원의 스위치를 끄고서 커넥터를 풀어준다.
⑧ 피용접물은 코드를 완전히 접지시켜야 한다.
⑨ 환기장치가 완전한 일정한 장소에서 용접을 한다.
⑩ 보호 장갑, 에이프런, 정강이받이 등을 착용해야 한다.

문제 90

목재가공용 둥근톱의 반발예방장치인 분할날을 설명하고 형태를 그리시오.

해답 (1) 분할날의 정의
분할날은 톱의 후면 톱니 아주 가까이에 설치되어 가공재의 모든 두께에 걸쳐 쐐기 작용을 하며 가공재가 톱에 밀착되는 것을 방지하는 것이다.
(2) 분할날의 형상 : 12[mm] 이내 2/3 표준 테이블 위치

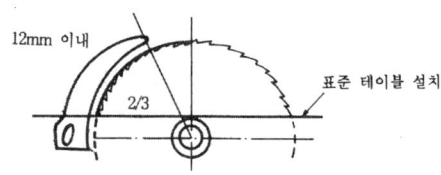

문제 91

프레스기의 게이트 가드식 방호장치를 설치하시오.

해답 ① 금형의 크기에 따라 게이트의 크기를 선택하여 설치한다.
② 게이트가 위험 부분을 차단하지 않으면 작동되지 않도록 확실히 연동되어야 한다.

문제 92

수공구의 안전 수칙을 쓰시오.

해답 ① 본래의 용도 이외에는 결코 사용하지 않는다.
② 바른 방법으로 사용한다.
③ 정리 상자 등을 이용해서 난잡하게 되지 않도록 한다.

문제 93

자동 전격 방지기 정기 점검 사항을 쓰시오(1년 1회 이상).

해답
① 전격 방지기의 용접기 외함 접속 상태
② 전격 방지기와 용접기의 배선 상태
③ 표시등의 파손 유무
④ 퓨즈의 이상 유무
⑤ 전자 접촉기의 주접점과 보조 접점의 마모 상태
⑥ 테스터 스위치의 작동 및 파손 유무

문제 94

산소 용접 작업시 안전 수칙을 쓰시오.

해답
① 산소 용접 작업시에는 차광 안경을 착용한다.
② 점화시에는 아세틸렌 밸브를 먼저 열고 점화한 뒤에 산소 밸브를 연다.
③ 충전된 산소통은 직사광선이 직접 투사하는 곳에 놓지 않도록 해야 한다.
④ 작업 후에는 산소 밸브를 먼저 닫고 아세틸렌 밸브를 닫는다.
⑤ 점화는 성냥불이나 담배불로 하지 않도록 한다.
⑥ 역화가 일어났을 때에는 즉시 산소 밸브를 잠근다.
⑦ 산소의 발생기에서 5[m] 이내, 발생기실에서 3[m] 이내의 장소에서 흡연과 화기를 사용하거나 불꽃이 일어나는 행위를 금하여야 한다.
⑧ 아세틸렌의 사용 압력은 $1[kg/cm^2]$을 사용하고 산소 용접기의 압력은 $150[kg/cm^2]$ 이하를 사용해야 한다.
⑨ 사용중에는 용기의 개폐 밸브용 핸들은 만일을 대비하여서 용기 가까이에 둔다.
⑩ 아세틸렌의 누출 검사는 비눗물을 사용하여 검사한다.
⑪ 용접 작업중에 유해 가스, 연기, 분진 등이 심할 경우에는 방진 마스크를 사용한다.
⑫ 실린더 저장소에서 50피트 이내에 "금연"이란 표지를 달아두어야 한다.
⑬ 압축 가스의 실린더 저장소는 건물 또는 다른 가연성 물질의 저장소로부터 40피트 이상 떨어져 있어야 한다.

문제 95

보일러의 이상 연소 발생 원인, 이상 연소 발생시 조치 사항을 쓰시오.

∴ 해답
(1) 이상 연소의 발생 원인
① 수분이 많이 함유된 연료를 사용할 때
② 연료와 공기의 혼합비가 부적합할 때
③ 연도에 굴곡부와 같은 포켓이 있을 때
(2) 이상 연소시 조치 사항
① 수분이 적은 연료 사용
② 2차 공기량 및 통풍량 조절
③ 연소실 내의 급격 연소
④ 연소실과 연도의 개조

문제 96

목공 작업시 목공날은 작업자의 어느 방향으로 하여야 하는가?

∴ 해답 작업자와 반대 방향

문제 97

롤러기의 급정지장치의 설치 위치를 쓰시오.

∴ 해답
① 손조작 로프식 : 밑면에서 1.8[m] 이내
② 복부로 조작하는 것 : 밑면에서 0.8[m] 이상 1.1[m] 이내
③ 무릎으로 조작하는 것 : 밑면에서 0.6[m] 이내

문제 98

방호 조치를 하지 않으면 양도, 대여, 설치, 진열 및 사용이 제한되는 기계·기구를 쓰시오.

∴ 해답
① 프레스 또는 전단기
② 아세틸렌 용접 장치 또는 가스 집합 용접 장치
③ 방폭용 전기 기계·기구
④ 크레인
⑤ 롤러기
⑥ 목재 가공용 둥근톱
⑦ 리프트
⑧ 보일러

⑨ 교류 아크 용접기
⑩ 곤돌라
⑪ 연삭기
⑫ 동력식 수동 대패
⑬ 압력 용기
⑭ 산업용 로봇

문제 99

장갑을 끼고 드릴 기계로 가공물에 구멍을 뚫고 있다. 위험 요인 및 안전 대책을 쓰시오.

해답 (1) 위험 요인
① 장갑 때문에 드릴에 말려들어갈 우려가 있다.
② 가공물을 고정하지 않았다.
③ 보안경을 착용하지 않아 칩이 눈에 들어갈 수 있다.
(2) 안전 대책
① 장갑 착용을 금지한다.
② 가공물을 클램프 등으로 확실히 고정한다.
③ 보안경을 착용한다.
④ 벨트에 커버를 설치한다.

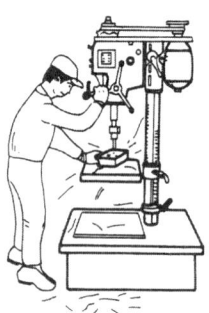

문제 100

밀폐공간근로자 작업시 관리감독자 직무 4가지를 쓰시오.

해답 ① 산소가 결핍된 공기나 유해가스에 노출되지 아니하도록 작업시작 전에 작업 방법을 결정하고 이에 따라 해당 근로자의 작업을 지휘하는 일
② 작업을 행하는 장소의 공기가 적정한지 여부를 작업시작 전에 확인하는 일
③ 측정장비·환기장치 또는 송기마스크 등을 작업시작 전에 점검하는 일
④ 근로자에게 송기마스크 등의 착용을 지도하고 착용상황을 점검하는 일

문제 101

프레스기의 no-hand in die 방식에 있어서 본질적 안전화 추진 사항을 쓰시오.

해답 ① 전용 프레스의 도입
② 자동 프레스의 도입
③ 안전울을 부착한 프레스
④ 안전 금형을 부착한 프레스

문제 102

양중기 종류 5가지를 쓰시오.(세부사항까지 쓰시오.)

∵ 해답
① 크레인[호이스트(hoist)를 포함한다]
② 이동식크레인
③ 리프트(이삿짐운반용 리프트의 경우에는 적재하중이 0.1톤 이상인 것으로 한정한다.)
④ 곤돌라
⑤ 승강기

참고 산업안전보건기준에 관한 규칙 제132조(양중기)

문제 103

전단기에 설치하는 방호장치에 표시 사항을 쓰시오.

∵ 해답
① 제조번호
② 제조자명
③ 제조연월
④ 사용할 수 있는 전단기의 종류
⑤ 사용할 수 있는 전단기의 절단 두께
⑥ 사용할 수 있는 절삭 공구의 길이

문제 104

자동 전격 방지기의 사용전 점검사항을 쓰시오.

∵ 해답
① 전격 방지기 외함의 접지 상태 이상 유무
② 전격 방지기 외함의 변경, 파손 및 결함 상태 이상 유무
③ 전격 방지기와 용접기의 배선 및 접속 부분 피복의 손상 유무
④ 전자 접촉기의 작동 상태 이상 유무
⑤ 소음 발생의 유무

문제 105

교류 아크 용접기의 자동 전격 방지기의 종류와 성능을 쓰시오.

∴ 해답 (1) 종류
 ① 자동 시동형 ② 수동 시동형
(2) 성능
 ① 아크 발생을 중지한 지 1.0초 이내에 주접점이 개로될 것
 ② 이때 2차 무부하 전압이 25[V] 이내일 것

문제 106

산업용 로봇의 작업 규정에 포함되어야 할 내용을 쓰시오.

∴ 해답
① 기동 방법, 스위치 취급 방법 등 작업에 있어서 필요로 하는 산업용 로봇의 조작 방법 및 수순
② 교시 등의 작업을 행하는 경우에는 해당 작업중인 머니퓰레이터의 속도
③ 복수 노동자의 작업을 시킬 경우 신호 방법
④ 이상시 작업자가 취할 내용에 따른 조치
⑤ 비상정지장치가 작동하여 산업용 로봇의 운전이 정지된 후 이것을 재가동시키기 위해 필요한 이상 사태의 해제 확인, 안전 확인 등의 조치

문제 107

연삭기 덮개의 노출 각도 측정 요령을 쓰시오.

∴ 해답 연삭기 스핀들 중심의 정점에서 측정하여 덮개없이 노출된 각도를 기록한다.

문제 108

수봉식 안전기의 사용 압력을 쓰시오.

∴ 해답
① 저압용 수봉식 안전기 : $0.07[kg/cm^2g]$ 미만
② 중압용 수봉식 안전기 : $0.07 \sim 1.3[kg/cm^2g]$ 미만

문제 109

마찰 프레스기의 방호장치명과 설치 요령을 쓰시오.

해답 (1) 방호장치명 : 감응식(광선식) 방호 장치
(2) 설치 요령
① 광축의 수는 2개 이상으로 할 것
② 광축간의 간격은 50[mm] 이하로 할 것
③ 광축의 설치 거리는 위험점으로부터 $1.6(T_l+T_s)$의 거리 이상에 설치할 것
  T_l : 손이 광선을 차단 후 급정지 기구가 작동하기까지의 시간[ms]
  T_s : 급정지기구 작동 직후로부터 슬라이드가 정지할 때까지의 시간[ms]
④ 투광기에서 발생시키는 빛 이외의 광선에 감응해서는 안 될 것

문제 110

가스 집합 용접장치의 가스 저장실의 구조를 쓰시오.

해답 ① 벽은 불연성 재료를 사용할 것
② 지붕, 천장은 가벼운 불연성 재료를 사용할 것
③ 가스 누출시는 정체되지 않도록 할 것

문제 111

보일러(Boiler)의 안전 수칙을 쓰시오.

해답 ① 가동중인 보일러에는 작업자가 항상 정위치할 것
② 압력 방출 장치, 압력 제한 스위치를 매일 작동 시험하여 정상 여부를 점검할 것
③ 압력 방출 장치는 봉인된 상태에서 항상 작동되도록 하고 1일 1회 이상 작동 시험을 할 것
④ 고저수위 조절 장치와 상호 기능 상태를 점검할 것
⑤ 보일러의 각종 부속 장치의 누설 상태를 점검할 것
⑥ 노내의 환기 및 통풍 장치를 점검할 것

문제 112

산업용 로봇 작업 지침에 포함되어야 할 사항을 쓰시오.

해답
① 로봇의 조작 방법 및 순서
② 작업중의 머니퓰레이터의 속도
③ 2인 이상의 근로자에게 작업을 시킬 때의 신호 방법
④ 이상 발견시의 조치
⑤ 이상 발견시 로봇의 운전을 정지시킨 후 이를 재가동시킬 때의 조치

문제 113

아세틸렌 용접장치의 안전기 및 역화 방지기 성능 시험의 종류를 쓰시오.

해답
① 내압 시험
② 기밀 시험
③ 역류 방지 시험
④ 역화 방지 시험

문제 114

프레스(press) 작업의 안전 대책을 쓰시오.

해답
① 본질적 안전화 도모
② 금형의 안전화 도모
③ 방호장치 설치
④ 안전검사 및 작업시작 전 점검
⑤ 금형의 설치, 해체, 조정시 특별안전교육 실시
⑥ 관리감독자 배치
⑦ 수공구 활용

문제 115

프레스 기계의 광전자식 방호장치 설치 요령을 쓰시오.

해답
① 위험 구역을 충분히 감지할 수 있는 것으로 설치할 것
② 광축의 수는 2개 이상이어야 하고 광축간의 간격은 50[mm] 이하일 것
③ 투광기에서 발생시키는 광선 이외의 것에 감응하지 말 것
④ 광축의 설치 위치는 위험점으로부터 $1.6[T_1+T_m]$의 거리[mm]에 설치할 것

문제 116

다음은 탁상용 연삭기의 단면도인데 이 연삭기에 방호장치 (1) 덮개 (2) 방호판의 설치요령을 쓰시오.

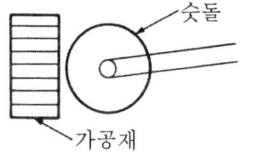

해답
(1) 덮개 설치 요령
 ① 덮개의 노출 각도는 90° 이내
 ② 숫돌 주축에서 수평면 위로 이루는 각도는 65° 이내
 ③ 덮개의 조정편과 숫돌간의 간격은 10[mm] 이내
 ④ 작업 받침대와 숫돌간의 간격은 3[mm] 이내
(2) 방호판 설치 요령 : 방호판은 인터로크(Interlock)로 한다.

문제 117

보일러의 방호장치 중 압력제한스위치와 고저 수위조절장치를 설명하시오.

해답
(1) 압력제한스위치
 압력제한스위치란 상용 압력 이상의 압력이 상승할 경우, 보일러의 파열을 방지하기 위하여 최고 사용 압력과 상용 압력 사이에서 버너 연소를 차단하여 열원을 제거시켜 정상 압력을 유지시키는 장치를 말한다.
(2) 고저수위조절장치
 고저수위조절장치란 수위가 고저의 위험 수위로 변하면 작업자가 쉽게 감지할 수 있도록 고저수위점을 알리는 경보등, 경보음을 발하고 자동적으로 급수 또는 단수를 시켜 수위를 조절해 주는 장치를 말한다.

문제 118

확동식 클러치 프레스기에 부착된 양수 기동식 안전장치에 있어서 클러치가 걸리는 개소 수가 4군데, spm이 200일 때 양수 기동식 조작부 설치 거리는?

∴ 해답 $D_m = 1.6 T_m = 1.6 \left(\dfrac{1}{4} + \dfrac{1}{2} \right) \times \dfrac{60,000}{200} = 1.6 \times 225 = 360 \, [\text{mm}]$

문제 119

아세틸렌 용접장치 및 가스 집합 용접장치에 설치하는 방호장치와 성능을 쓰시오.

∴ 해답
(1) 방호 장치 : 안전기
(2) 성능
   ① 주요 부분은 두께 2[mm] 이상의 강판 또는 강관을 사용한다.
   ② 도입부는 수봉 배기관을 갖춘 수봉식으로 하되 유효수주는 25[mm] 이상 되도록 한다.
   ③ 물의 보충 및 교환이 용이하며 수위는 쉽게 점검할 수 있는 구조이어야 한다.

문제 120

연삭기는 ILO 및 산업안전보건법에 의거, 숫돌의 지름이 얼마 이상일 때 덮개를 설치해야 하는가, 또 시운전 방법을 쓰시오.

∴ 해답
(1) 숫돌 지름 : 5[cm] 이상
(2) 시운전 방법
   ① 작업 시작 전 1분 이상 실시
   ② 숫돌 교체시는 3분 이상 실시

문제 121

롤러기의 방호장치 설치 방법을 쓰시오.

해답
① 로프식 급정지장치 조작부는 롤러기의 전, 후면에 각각 1개씩 수평으로 설치하고 그 길이는 롤러의 길이 이상이어야 한다.
② 조작부에 사용하는 줄은 사용중에 늘어나거나 끊어지지 않아야 한다.
③ 손조작 로프식은 밑면에서 1.8[m] 이내, 복부 조작식은 밑면에서 0.8[m] 이상 1.1[m] 이내, 무릎 조작식은 밑면에서 0.6[m] 이내에 설치한다.
④ 급정지장치는 롤러기의 가동장치를 조작하지 않으면 가동하지 않는 구조이어야 한다.

문제 122

습식 아세틸렌 가스 발생기의 종류를 쓰시오.

해답
① 투입식
② 주수식
③ 침지식

문제 123

롤러기의 running nip point(작업점)의 전방 30[mm] 거리에 가드를 설치하고자 한다. 가드의 개구부 간격을 계산하시오.

해답
공식 : $Y = 6 + 0.15X$ (Y : 가드의 개구부 간격, X : 가드와 작업점간의 간격)
가드의 개구부간격 $Y = 6 + 0.15X = 6 + 0.15 \times 30 = 10.5[mm]$
∴ 개구부 간격 = 10.5[mm]

문제 124

프레스기의 게이트 가드식 방호장치의 설치 방법을 쓰시오.

해답
① 게이트가 위험 부분을 차단하지 않으면 작동되지 않도록 확실하게 연동되어야 한다.
② 금형의 크기에 따라 게이트의 크기를 선택하여 설치한다.

문제 125

감응식 방호장치의 종류를 쓰고 이 중에서 가장 많이 쓰이는 것을 쓰시오.

해답 (1) 종류
① 용량식
② 초음파식
③ 광전자식
(2) 가장 많이 쓰이는 것 : 광전자식

문제 126

보일러에 부착시키는 방호장치를 쓰시오.

해답
① 안전 밸브(압력방출장치) ② 압력제한스위치
③ 가용전 ④ 고저수위경보기
⑤ 방폭문

문제 127

동력전도장치의 종류를 쓰고, 방호장치 설치 요령을 쓰시오.

해답 (1) 동력전도장치의 종류
① 기어 ② 벨트와 풀리
③ 플라이휠 ④ 스프로킷과 체인
⑤ 랙과 피니언 ⑥ 샤프트
(2) 방호장치 설치 요령
① 방호망 또는 방호 커버를 부착한다.
② 방호망책의 높이는 최저 한계 1.8[m]이고, 방호 커버는 장착이 용이하고 견고해야 한다.

문제 128

크랭크 프레스의 페달에 U자형 덮개를 설치하는 목적을 쓰시오.

해답 근로자가 부주의로 페달을 밟거나 낙하물의 불시 낙하로 인하여 페달이 작동되어 사고가 나는 것을 막기 위함이다.

문제 129

롤러기의 방호장치명과 설치 요령을 4가지 쓰시오.

해답 (1) 방호장치 : 급정지장치
(2) 설치 요령
① 조작부에 사용하는 줄은 사용중에 늘어나거나 끊어지지 않는 합성 섬유 로프이어야 한다.
② 로프식 조작부는 롤러의 전·후면에 각각 1개씩 로프를 설치하고 그 길이는 롤러의 길이 이상이어야 한다.
③ 급정지장치는 롤러의 기동장치를 조작하지 않으면 가동되지 않는 구조이어야 한다.
④ 조작부의 설치 위치는 다음의 위치에 설치한다(손조작 로프식은 밑면으로부터 1.8[m] 이내, 복부 조작식은 밑면으로부터 0.8~1.1[m] 이내, 무릎 조작식은 밑면으로부터 0.6[m] 이내).

문제 130

탁상용 연삭기 덮개의 노출 각도를 4가지로 각각 구분하여 쓰시오.

해답 ① 덮개의 최대 노출 각도 : 90°이내
② 숫돌 주축에서 수평면 위로 이루는 원주 각도 : 65° 이내
③ 수평면 이하의 부분에 연삭할 경우 노출 각도 : 125°까지 증가
④ 숫돌의 상부 사용을 목적으로 할 경우 노출 각도 : 60°

문제 131

프레스 기계의 게이트 가드식 방호장치의 특징을 4가지 쓰시오.

해답
① 일반적으로 2차 가공에 적합하다.
② 금형의 교환 빈도수가 적은 프레스에 적합하다.
③ 기계 고장에 의한 행정, 공구 파손시에도 적합하다.
④ hand in die의 작업 방식 중 가장 안전한 장치이다.

문제 132

금속의 용접, 용단 또는 가열 작업에 사용하는 가스 등의 용기 취급시 준수사항을 쓰시오.

해답
① 용기의 온도를 40[℃] 이하로 유지할 것
② 전도의 위험이 없도록 할 것
③ 충격을 가하지 말 것
④ 운반시 캡을 씌울 것
⑤ 밸브의 개폐는 서서히 할 것
⑥ 용해 아세틸렌의 용기는 세워 둘 것
⑦ 용기 부식, 마모 또는 변형 상태를 점검한 후 사용할 것

문제 133

목재가공용 둥근톱의 방호장치 설치 요령을 쓰시오.

해답
① 날접촉예방장치는 분할날에 대면하고 있는 부분과 가공재를 절단하는 부분 이외의 톱날을 덮을 수 있는 구조로 한다.
② 반발 방지 기구는 목재 송급 쪽에 설치하되 목재의 반발을 충분히 방지할 수 있도록 설치한다.
③ 분할날은 톱날로부터 12[mm] 이상 떨어지지 않게 설치하되 그 두께는 톱두께의 1.1배 이상이어야 한다.

문제 134

보일러(Boiler)의 점화 전 점검사항을 쓰시오.

해답
① 수면계의 수위 조정
② 분출장치의 점검 및 방출
③ 연소장치와 통풍장치의 점검
④ 자동제어장치의 점검
⑤ 급수장치와 계통의 점검
⑥ 노 및 연도 내의 환기 점검
⑦ 압력계의 점검

문제 135

셰이퍼(Shaper)의 안전장치를 쓰시오.

해답
① 칩받이
② 칸막이
③ 방책

문제 136

회전을 하고 있는 롤러기의 청소시 안전 사항을 쓰시오.

해답
① 메인 스위치를 끈 다음에 롤러를 수동으로 회전시키면서 작업을 한다.
② 장갑을 착용하지 않는다.
③ 다른 한 손은 롤러에서 뗀다.

문제 137

프레스 기계 재해 중 페달에 의한 재해 원인을 쓰시오.

해답
① 페달을 두 번 밟았다.
② 페달 위에 재료를 떨어뜨렸다.
③ 금형의 설치, 해체 또는 조정중 페달을 밟았다.
④ 페달에 발을 얹어놓은 채 작업하다가 잘못 밟았다.

문제 138

다음 용어를 간략하게 정의하여 쓰시오.
① 달아올리기 하중
② 규정 하중
③ 적재 하중
④ 정격 속도

해답
① 달아올리기 하중 : 크레인, 이동식 크레인 또는 데릭의 구조 및 재료에 따라 부하시킬 수 있는 최대 하중을 말한다.
② 규정 하중 : 지브(jib)를 갖지 않는 크레인, 또는 붐(boom)을 갖지 않는 데릭에 있어서는 달아올리기 하중으로부터 지브를 갖는 크레인(이하 지브 크레인이라 함), 이동식 크레인 또는 붐을 갖는 데릭에 있어서는 그 구조 및 재료와 아울러 지브 혹은 붐의 경사각 및 길이 또는 지브 위에 놓이는 도르래의 위치에 따라 부하시킬 수 있는 최대 하중으로부터 각각 훅(hook), 버킷(buket) 등의 달아올리기 기구의 중량에 상당하는 하중을 뺀 하중을 말한다.
③ 적재 하중 : 엘리베이터, 간이 리프트 또는 건설용 리프트의 구조 및 재료에 따라서 운반기에 사람 또는 짐을 올려놓고 승강시킬 수 있는 최대 하중을 말한다.
④ 정격 속도 : 크레인, 이동식 크레인 또는 데릭에 있어서는 그것에 정규 하중에 상당하는 하중의 짐을 달아올리기, 주행, 선행 트롤리(trolley)의 횡행(橫行) 등의 작동을 행하는 경우에 있어서 각각 최고의 속도와, 엘리베이터, 간이 엘리베이터 또는 건설용 리프트에 있어서는 운반기의 적재 하중에 상당하는 하중의 짐을 상승시키는 경우의 최고속도를 말한다.

문제 139

승강기의 방호장치인 파이널 리밋 스위치를 설명하고 그 성능을 쓰시오.

해답
(1) 파이널 리밋 스위치의 정의
파이널 리밋 스위치란 카가 승강로의 상부에 있을 경우 바닥에 충돌하는 것을 방지해 주는 장치를 말한다.
(2) 파이널 리밋 스위치의 성능
① 자동적으로 동력을 차단하여 작동을 제어하는 기능을 가지고 있는 것일 것
② 용이하게 조정하거나 점검을 할 수 있는 구조일 것

문제 140

크레인에 설치할 권과방지장치가 갖추어야 할 성능을 쓰시오.

해답
① 과부하를 방지하기 위하여 자동적으로 동력을 차단하고 작동을 제동하는 기능을 가진 것일 것
② 훅, 글러브, 버킷 등 달기기구의 상부와 드럼, 로프카, 트로피 프레임, 그 밖에 해당 상부가 접촉할 우려가 있는 하부와의 간격이 0.25[m]가 되도록 조정할 수 있는 구조일 것
③ 용이하게 점검할 수 있는 구조일 것
④ 점검이 개방되면 권과가 방지되는 구조로 할 것

문제 141

리프트의 체인이 갖추어야 할 조건을 쓰시오.

해답
① 체인의 안전율은 5 이상일 것
② 신장률은 제조 당시 길이의 5[%] 이하일 것
③ 킹크의 단면 감소가 제조 당시 단면 지름의 10[%] 이하일 것
④ 균열이 없을 것

문제 142

승강기는 몇 [t] 이상인 경우에 안전장치를 부착해야 하는가. 또 안전장치를 쓰시오.

해답
(1) 0.25[t]
(2) 안전장치
  ① 과부하방지장치
  ② 비상정지장치
  ③ 인터로크장치

문제 143

곤돌라, 컨베이어, 크레인, 데릭의 방호장치를 구분해서 쓰시오.

∴ 해답
(1) 곤돌라(Gondola)
① 권과방지장치　　　② 비상정지장치
③ 경보장치　　　　　④ 브레이크(Brake)장치
(2) 컨베이어
① 비상정지장치　　　② 덮개 또는 울
(3) 크레인
① 권과방지장치　　　② 과부하방지장치
③ 경보장치　　　　　④ 경사각지시장치
⑤ 해지장치　　　　　⑥ 안전벨트
(4) 데릭
① 권과방지장치　　　② 과부하방지장치
③ 경보장치　　　　　④ 브레이크

문제 144

400[kg]의 하물을 두 줄 걸이 로프로 상부 각도 60°의 각으로 들어올릴 때 와이어 로프의 한 줄에 걸리는 하중을 구하시오.

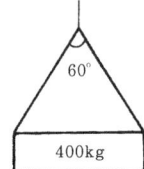 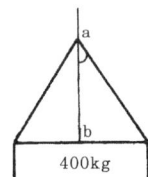

∴ 해답
$\theta = \dfrac{60°}{2} = 30°$, $b = \dfrac{400}{2}[kg] = 200[kg]$

그러므로 $\dfrac{b}{a} = \cos\theta$ 에서

$a = \dfrac{b}{\cos\theta} = \dfrac{200}{\cos 30°} = \dfrac{200}{\dfrac{\sqrt{3}}{2}} = \dfrac{400}{\sqrt{3}} = 231[kg]$

문제 145

포크리프트 작업시 안전 대책을 쓰시오.

해답
① 통로의 경사도를 고려한다.
② 마스트 뒷편에 낙하 방지 가드를 설치한다.
③ 운전석 상부에 헤드 가드(head guard)를 설치한다.
④ 차량의 안정도를 유지한다.
⑤ 운전중 급브레이크를 피한다.

문제 146

차량계 하역 운반 기계 작업시 작업 방법을 쓰시오.

해답
① 운전자 외의 탑승을 금지한다. ② 작업 지휘자를 배치한다.
③ 적재 제한을 지킨다. ④ 속도 제한을 지킨다.
⑤ 급발진, 급정차 또는 급선회를 금한다.

문제 147

리프트 체인의 구비 조건을 쓰시오.

해답
① 체인의 안전율은 5 이상일 것
② 신장률은 제조 당시 길이의 5[%] 이하일 것
③ 킹크의 단면 감소가 제조 당시 단면 지름의 10[%] 이하일 것
④ 균열이 없을 것

문제 148

곤돌라의 방호장치를 쓰시오.

해답
① 권과방지장치 ② 과부하방지장치
③ 제동장치 ④ 경보장치

문제 149

이동식 크레인의 고리걸이 용구 섬유 로프의 제한 사항을 쓰시오.

해답 ① 꼬임이 끊어진 것
② 심하게 손상 또는 부식된 것

문제 150

컨베이어의 방호장치를 3가지 쓰시오.

해답 ① 이탈 및 역주행방지장치
② 비상정지장치
③ 덮개, 울

문제 151

리밋 스위치(Limit switch)를 설명하고 종류를 쓰시오.

해답 (1) 리밋 스위치
기계 설비의 안전장치에서 과도하게 한계를 벗어나 계속적으로 감아올리거나 하는 일이 없도록 제한해 주는 장치이다.
(2) 종류
① 과부하방지장치   ② 권과방지장치
③ 과전류차단장치   ④ 압력제한장치

문제 152

양중기의 종류 5가지를 쓰시오.

해답 ① 크레인   ② 이동식 크레인
③ 리프트   ④ 곤돌라
⑤ 승강기(최대하중이 0.25t 이상)

문제 153

산업안전보건법의 컨베이어의 방호장치를 쓰시오.

해답
① 이탈 및 역주행방지장치
② 비상정지장치
③ 덮개, 울

문제 154

크레인의 와이어 로프에 3[ton]의 중량을 걸어 20[m/s²]의 가속도로 감아올릴 때 로프에 걸리는 총하중은?

해답 $W = W_1 + W_2$
여기서, W : 총하중
W_1 : 정하중
W_2 : 동하중 $= \left(\dfrac{W_1 \times \alpha}{g}\right)$

$\therefore W = W_1 + \dfrac{W_1 \times \alpha}{g}$
$= 3,000 + \dfrac{3,000 \times 20}{9.8} = 9,122.45 [\text{kg}]$

문제 155

양중기의 과부하방지장치 및 권과방지장치 기능을 쓰시오. 2023. 단답형

해답
① 과부하방지장치 : 정격 하중 이상으로 적재될 경우 동작이 정지될 것
② 권과방지장치 : 권상용 와이어 로프가 어느 정도 감기게 되면 자동적으로 스위치가 끊어져 권상용 전동기의 회전을 멈추도록 할 것

문제 156

승강기에 설치해야 할 방호장치를 쓰시오.

해답
① 과부하방지장치
② 비상정지장치
③ 출입문 인터로크
④ 경보장치
⑤ 파이널 리밋 스위치
⑥ 조속기

문제 157

크레인에 설치해야 하는 과부하방지장치의 종류를 쓰시오.

해답
① 기계식 과부하방지장치
② 전기식 과부하방지장치
③ 전자식 과부하방지장치

문제 158

리프트의 종류를 5가지 쓰시오.

해답
① 건설용 리프트
② 산업용 리프트
③ 케이블 리프트
④ 경사 리프트
⑤ 유압 리프트

문제 159

구내 운반차의 사용시 준수 사항을 쓰시오.

해답
① 경보음을 갖출 것
② 전조등, 후미등을 갖출 것
③ 유효한 제동 장치를 갖출 것

문제 160

압력용기의 (1) 방호장치, (2) 설치방법을 쓰시오.

해답 (1) 방호장치 : 압력방출장치
(2) 압력방출장치의 설치방법
① 다단형 압축기 또는 직렬로 접속된 공기압축기에는 각 단마다 설치한다.
② 압력용기의 최고사용압력 이전에 작동되도록 설정하여야 한다.
③ 1년에 1회 이상 국가 교정기관으로부터 교정을 받은 압력계를 이용하여 토출압력시험 후 납으로 봉인하여 사용하여야 한다.

문제 161

공기 압축기 운전 개시 전 주의사항을 쓰시오.

해답 ① 압축기에 부착된 볼트, 너트 등의 조임 상태 점검
② 냉각수 계통의 밸브를 열어 냉각수의 순환 상태 점검
③ 크랭크 케이스 등에 규정량의 윤활유 공급 여부 점검
④ 압력 조정 밸브, 드레인 밸브를 전부 열어 압력 지시 이상 유무 확인
⑤ 압력계 및 온도계 이상 유무 확인

문제 162

공기 압축기 운전 중 주의사항을 쓰시오.

해답 ① 압력계의 지시 상태
② 각 단의 흡입, 토출가스 온도 상태
③ 냉각수량 변화
④ 실린더 주유기의 급유 상태와 유량조절
⑤ 윤활유 압력의 변화
⑥ 드레인의 색깔 변화
⑦ 각 부의 소음, 진동 상태
⑧ 자동장치의 작동 상태

제2장 논술형 예상문제 및 실전모의시험

문제 1

기계를 정의하시오.

1 기계의 정의

기계(machine)라는 용어는 여러 가지 뜻으로 풀이되고 있다. 가장 보편적으로 사용되고 있는 일반적인 정의는 다음과 같다.
즉, 기계란 여러개의 저항체의 결합체로써 각부분이 서로 연결되어 일정한 구속운동을 통하여 주어진 에너지(energy)를 필요한 일(work)로 변환 또는 전달하여 주는 구조물이다.

2 기계의 구성요소

1. 필요한 상대운동을 할 수 있도록 2개 이상의 부품으로 이루어져야 한다. 즉 물체의 조합일 것

    예) 톱, 줄 해머로서 철과 나무의 두 물체로 구성이 되어 있으나 그 사이에는 관계운동이 없으므로 기계라 하지 않고 공구(tool)라고 한다.
    철탑, 교량도 물체로 조합이 되어 있으나 상호 관계 운동이 없으므로 이를 구조물(structure)이라 한다.

2. 각 부품은 에너지를 변환 또는 전달시키는데 파괴되지 않도록 충분한 강도를 가지고 있어야 한다. 즉 각 개체는 강제일 것

    예) 우주에 있는 모든 물질은 저항력이 없는 것이 없으나 사용방법에 따라서는 기계의 구성 재료가 될 수 없는 경우가 있다. 즉 피대(belt)나 로프(rope)같은 것은 인장력이 작용하

는 부분에 사용하면 충분히 기계 구성 부분이 될 수 있다. 같은 이유로서 액체도 용기에 넣는 것만으로는 역할을 못하나 수압기와 같이 밀폐된 용기에 넣으면 압력전달용으로서 기계 구성 부분으로 사용된다.

3. 각 부품의 상대운동은 언제나 한정된 운동을 하여야 한다.

   예 기계의 각 부분이 자유로 무질서한 운동을 해서는 안되며 일정한 궤도에 따라서 예정된 제한운동을 한다는 것이다.

4. 외부로부터 얻은 에너지를 변환시켜서 한층 더 유용한 기계적 일로 변환시켜 주어야 한다.

   예 기계가 에너지를 받아서 외부에 대해서 유효한 일을 해야하므로 반드시 운동과 힘이 동반된다. 운동을 하지 못하는 것, 힘을 전달하지 못하는 것, 또 외부에 대해서 일하지 못하는 것들은 기계라고 말할 수 없다. 즉 측정기구 같은 것은 외부에 대해서 유효한 일을 못하므로 기구(instrument)라고 한다. 또한 압력용기, 배관, 열교환기와 같이 생산제조공정의 필수이지만 그 자체로는 외부에 대해 일을 하지 못하므로 이를 설비(equipment)라고 하여 용도에 따라 화학설비, 일반설비로 구분한다.
   한편 공장의 시설물을 얘기할 때 사무실, 정비소, 저장시설(탱크류), 소방시설, 외곽 철조망 등과 같은 것들은 직접 생산공정에 해당되는 것이 아니고 보조기능을 갖는 것들로 이를 시설(facilities)이라고 구분하여 부른다.

3 결 론

기계의 구성요소 중에서 어느 하나라도 만족시켜 주지 못하면 엄밀한 의미에 있어서 기계라고 말할 수 없다.

문제 2

기계를 분류하시오.

1 작업별분류

기계의 종류는 그의 수를 헤아릴 수 없을 정도로 여러 가지 모양과 형태를 가지고 있어서 이것을 분류한다는 것은 대단히 어려운 일이지만 우선 작업의 종류에 따라서 기계를 분류하면 동력기계, 작업기계, 전달기계의 3종류로 크게 분류시킬 수 있다.

2 동력 기계

여러 가지 형태의 에너지, 즉 열에너지, 수력에너지, 전기적 에너지 등과 같은 에너지를 유용한 기계적 에너지로 바꾸어 주는 기계를 동력기계라고 한다. 예를 들면 증기가 가지고 있는 열에너지를 이용하여 기계적 일로 바꾸어 주는 증기기관 또는 증기터빈, 휘발유나 중유를 연소시켜서 이것이 가지고 있는 열에너지를 역시 기계적 일로 변환시켜 주는 디젤기관, 가솔린기관 등의 내연기관, 물의 낙차를 이용하여 그의 위치에너지를 기계적 에너지로 변환시켜 주는 수차 등은 모두 원동기로서 동력기계에 속한다. 그리고 동력기계에는 동력의 중계역할을 하여주는 동력중계기계도 포함된다. 동력기계의 자세한 분류는 표와 같이 할 수 있다.

[표] 동력기계의 분류

```
                    ┌ 풍력 및 수력기관 ┬ 풍력원동기(풍차)
                    │                 └ 수력원동기(수차)
           ┌ 원동기 ┤
           │        │                ┌ 증기원동기(증기기관, 증기터빈)
동력기계 ──┤        └ 열기관 ────────┤
           │                         └ 내연기관(가솔린기관, 가스터빈)
           │              ┌ 수압기계
           └ 동력중계기계 ┼ 공기기계
                          └ 전동기
```

3 작업기계

동력기계로부터 얻어지는 기계적 에너지를 받아서 직접 작업을 하게 되는 기계를 작업기계라고 한다. 따라서 동력기계가 동력의 생산자라고 할 때 작업기계는 동력의 소비자가 된다. 작업기계는 그 종류가 대단히 많지만 그의 작업 내용에 따라서 분류하여 보면 물체의 위치만을 변경시켜 주는 작업을 하는 기계, 물체의 형태만을 변경시켜 주는 기계, 물체의 위치와 형태를 동시에 변경시켜 주는 작업을 하는 기계 등으로 나눌 수 있다. 이와 같은 작업 기계의 분류를 표로 만들면 다음과 같다.

[표] 작업기계의 분류

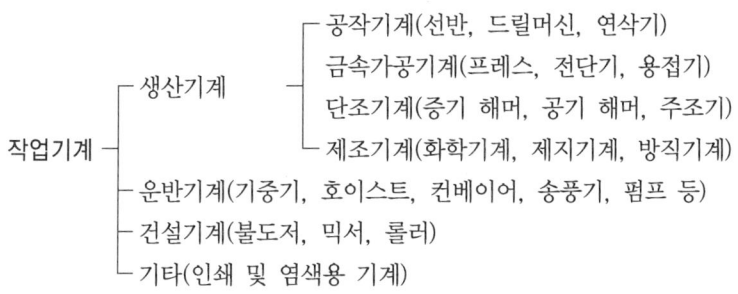

4 전달기계

전달기계란 동력기계와 작업기계의 중간에 위치하여 동력기계로부터 기계적 에너지를 받아서 운동의 방향 및 속도를 작업기계에 적합하도록 조정 전달하여 주는 기계를 말한다. 여기서 에너지를 전달하여 주는 방법으로는 직접 접촉에 의하는 방법과 기타 벨트나 체인을 이용하는 방법, 유체를 이용하는 방법, 전기를 이용하는 방법 등 여러 가지 방법이 있으며 대략 표와 같이 분류된다.

[표] 전달기계의 분류

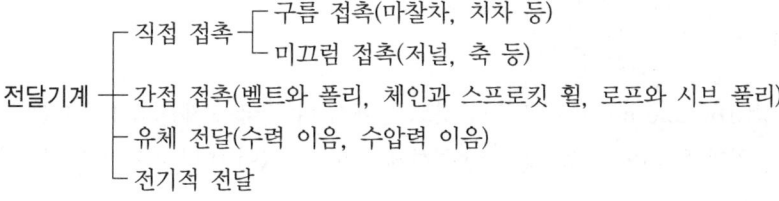

5 결 론

① 기계는 동력기계, 작업기계, 전달기계로 분류된다.
② 기계는 모양과 형태만으로 분류하기는 어렵다.

문제 3

기계 재료를 분류하시오.

1 재료의 분류

기계 재료는 그 범위가 넓고 종류가 많으나 크게 나누면 표와 같이 금속 재료와 비금속 재료로 분류한다.

[표] 기계 재료의 분류

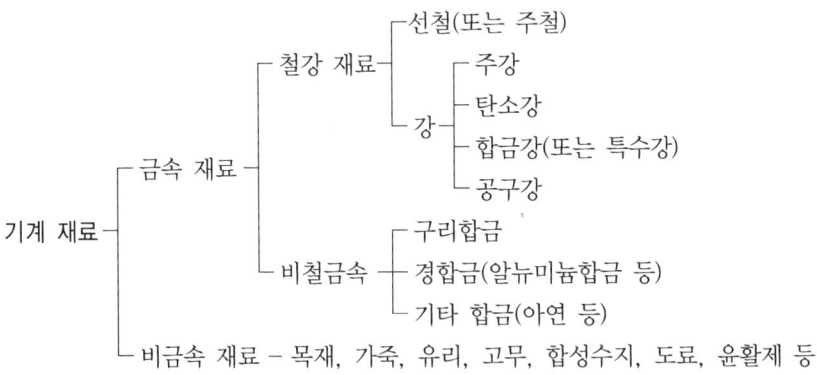

2 철과 강

철과 강(iron and steel)은 강도나 경도 등에서 다른 금속 재료보다 우수한 점이 많고 성분이나 열처리에 의해 그 성질을 광범위하게 바꿀 수 있어 여러 가지 용도에 적합하게 사용할 수가 있다.

강은 철과 탄소의 합금(철합금)이며 소량의 규소(Si), 망간(Mn), 인(P), 황(S) 등이 함유되어 있다. 이 성분 원소 가운데 가장 중요한 것이 탄소(C)이고 탄소의 양에 따라 그 성질이 현저하게 달라진다.

1. 강(steel)

탄소의 양이 0.03~1.7[%]까지이며 나머지는 철(Fe)인 경우를 말한다. 탄소의 함유량에 따른 강의 분류와 용도는 다음과 같다.

[표] 강의 분류와 용도

명 칭	성 분	용 도
극연강	C : 0.08~0.12	리벳, 새시
연강	C : 0.72~0.2	철근, 볼트, 너트, 형강
반연강	C : 0.2~0.3	보일러판
반경강	C : 0.3~0.4	축, 기어, 핀
경강	C : 0.4~0.5	실린더, 레일, 외륜
초경강	C : 0.5~0.8	축, 나사, 망치
고탄소강	C : 0.8~1.6	톱날
	C : 0.8~0.9	피아노선, 바늘
	C : 0.9~1	스프링, 칼날
	C : 1~1.1	바이트
	C : 1.1~1.2	송곳, 커터
	C : 1.2~1.3	줄
	C : 1.3~1.4	면도날
	C : 1.4~1.5	다이스
공구강	C : 0.7~1.7	공구

2. 철(iron)

철은 선철(pig iron)과 주철(cast iron)로 나뉜다. 선철은 철광석을 석회석과 코크스와 같이 용광로(blast furnace)에서 용융시켜 생산된 철을 말하는데 탄소가 1.7~ 4.5[%] 함유하고 있다.

주철은 선철에 파쇠(scrap) 외에 여러 가지 원소(규소, 인, 황, 망간)를 넣어 용융한 것을 말하는데 탄소가 2.5~4.5[%] 함유된다.

일반적으로 주철이라 하면 탄소의 함유량을 1.7~6.67[%]로 보고 있다.

3 결론

① 기계 재료는 금속 재료와 비금속 재료로 분류할 수 있다.
② 탄소 함유량에 따라 철과 강 및 주철로 분류한다.
③ 탄소 함유량의 C[%]에 따라 보통 2.0[%] 이상을 주철이라 한다.

문제 4

기계 요소를 분류해서 쓰시오.

1 개 요

기계 요소(machine element)란 기계를 구성하고 있는 부분을 분해해 나갈 때 더 이상 나누면 부품으로 생각할 수 없는 최소 단위를 말한다.

2 기계 요소의 분류

기계 요소를 그 기능에 따라 분류하면 표와 같이 결합용 부품, 운동 부품 및 유체용 부품으로 나눌 수 있다.

[표] 기계 요소의 분류

```
               ┌ 결합용 부품 ┬ 분해가능부품 - 나사, 볼트, 너트, 키, 핀
               │             └ 영구결합부품 - 리벳
               │             ┌ 운동전달부품 - 축, 축이음, 베어링, 기어, 캠, 링크, 전동장치
기계 요소 ─────┼ 운동부품   ─┼ 회전체 플라이 - 휠
               │             └ 운동제어장치 - 브레이크, 래칫, 스프링
               └ 유체용 부품 ┬ 압력용기
                             └ 배관부품 - 관, 관이음, 밸브, 누설방지장치
```

3 결합용 부품

결합(fastening)용 부품은 분할된 부품을 일체로 결합하는 데 쓰이는 부품을 말하며 볼트, 너트, 리벳 등이 있다.

기계 부품은 기능상으로나 또는 제작(가공), 조립, 보수, 수송 등의 작업면에서 볼 때 일체로 하지 않고 분할하는 편이 유리한 경우가 있다.

이렇게 분할 제작된 부품의 결합 방식에는 영구 결합과 분해 가능한 결합이 있다. 영구 결합은 완성된 후에 분리할 필요가 없는 경우에 하게 되고, 분해 가능한 결합은 정비, 점검 및 부품 교환 등 필요할 때 분리할 수 있는 결합 방식이다.

4 운동 부품

기계는 본래 정해진 운동을 하게 되어 있다. 즉 동력을 받아서 일정한 운동(구속운동)을 통해 어떤 일을 하는 것이므로 운동 관계의 기계 요소가 많은 비율을 차지하고 있다.

그리고 기계를 구성하는 각 부품의 운동은 극히 복잡하게 보이나 분석해 보면 평면적인 회전 운동과 직선운동 및 입체적인 나선운동과 구면운동이 있다. 기계의 운동 부품을 그 기능에 따라 분류하면 다음 3가지가 있다.

① 운동 전달 부품 : 구동체에서 피구동체로 운동을 전달하기 위한 부품이며 운동 전달 부품에는 축, 축이음, 베어링, 마찰차, 기어, 캠, 링크 및 벨트 장치 등이 있다.
② 회전체 : 회전함으로써 운동 에너지를 저장하고, 이를 이용하여 기계 전체의 운동을 원활하게 하는 운동 부품으로 플라이휠 이나 그 작용을 하는 회전체이다.
③ 운동 제어 부품 : 기계의 운동을 적극적으로 감속, 정지시키거나 운동 중인 기계의 충격을 완화하거나 또는 부품의 움직임에 따라 적당한 저항력을 주는 부품 또는 장치이며, 운동 제어 부품에는 브레이크, 래칫, 스프링 등이 있다.

5 유체용 부품

공기, 물, 오일, 증기 등 유체의 압력 또는 속도를 이용한 유체기계, 예를 들면 압축공기를 이용한 해머, 유압 배력 장치 및 유체 수송 계통에 공통된 기본적인 부품을 말하며 유체용 부품에는 압력 용기(고압, 저압용), 관 및 관이음, 밸브 등이 있다.

6 결론

① 기계 요소는 부품의 최소 단위(machine element)이다.
② 기계 요소는 결합용 부품, 운동용 부품, 유체용 부품으로 분류한다.
③ 결합용 부품의 대표적인 것은 볼트, 너트이다.
④ 운동 부품은 운동 전달 부품, 회전체, 운동 제어 부품 등으로 분류한다.
⑤ 유체용 부품에는 압력 용기, 관 및 관이음, 밸브 등이다.

문제 5

기계 설비의 위험성에 대하여 논하시오.

1 위험의 정의

산업 안전 업무에 종사하는 안전 관리자, 현장의 관리 감독자 및 기타 안전 관계자에게 하나의 목표를 삼고 있는 것이 위험의 방지이다. 위험이 없다면 안전하기 때문에 안전하기 위하여는 위험을 사전에 제거하는 것이 무엇보다도 중요하다.
그러면 위험이란 무엇인가?
위험에 관한 용어의 정의와 그 단어가 갖고 있는 뜻을 올바르게 이해하는 것이 안전에 입문하는 길이기도 하다.

1. 위험의 의미

국어사전을 찾아보면 '위험이란 위태함, 안전하지 못함을 뜻한다. 너무 간결하여 상황의 구분이 잘 나타나지 않으므로 영어로 알아보는 것도 좋을 듯싶다. 우리나라의 말로 해석을 하면 어느 것이나 위험이다. 그리고 이들 단어도 학자에 따라 각기 해석하는 의미가 다를 수도 있다.
위험이란 영어로 'danger, peril, jeopardy, hazard 및 risk' 등이다.' 이들의 의미를 구분하여 본다면 danger는 일반적인 말로서 당장 닥친 위험, 확실한 위험에만 국한하지 않는 반면 peril은 임박한 또는 일어날 가능성이 매우 높은 위험을 말한다.
jeopardy는 재앙과 같이 커다란 위험에 노출되어 있는 경우이고, hazard는 본래부터 존재하여 현실에서 우연히 일어나는 위험으로 산업 안전에서 주로 많이 쓰인다. risk는 자기 책임하에 스스로 부딪치는 모험심이 있는 위험을 말하는데 보험 업계에서 많이 쓰인다.

2. 안전 측면에서의 위험

위험의 단어들 중에서 산업 안전 분야에서 많이 쓰이는 것은 peril, hazard 및 risk이다. 이 3가지 단어를 하나의 사례로 설명하면 그 의미를 쉽게 이해할 수가 있다. 우리나라에도 겨울철에 눈이나 비가 오고 나면 도로의 사정이 평소와 달리 빙판길이 된다. 이러한 때에는 차량의 추돌 사고가 일어나기 쉽고 그로 인하여 차량의 파손과 인명의 피해가 발생한다. 이 경우 빙판길이 된 비정상적인 위험한 상태를 나타내고자 하면 hazard란 단어를 쓴다. 그리고 추돌 사고가 일어난 사실, 즉 위험으로 인하여 일어난 사고를 peril이란 용어로 표현하며 이와 유사한 것으로 accident가 있는데 이것은 우연히 일어난 사고를 말한다.

한편 사고가 일어나 차량이나 인명의 피해 정도를 나타내는 단어는 risk를 사용한다. 피해에 대한 손실(loss) 차원의 의미를 갖는 것으로 보험 회사에서 주로 쓰인다.

[그림] 안전측면의 위험

3. 법상에서의 위험

산업안전보건법(이하 "법"이라 한다)에서 사용되고 있는 위험이란 용어의 의미를 알아본다. 우선 법 제2조(정의)를 보면 안전 보건 진단이란 잠재적인 위험성의 발견과 그 개선 대책의 수립을 목적으로 실시하는 조사, 평가를 말한다고 되어 있다. 여기서의 위험이란 노출된 것뿐만 아니라 숨어 있는 것까지를 폭넓게 말하는 것으로 이해해야 한다. 다시 말하면 숨어 있는 위험한 상태, 위험한 요소를 사전에 찾아내어 적절한 대책을 수립하는 것이 안전의 지름길이라는 의미이다.

또한 법 제14조에 의하면 사업주는 해당 사업장의 관리 감독자에게 해당 직무와 관련된 안전

· 보건상의 업무를 수행하도록 하여야 하며, 위험 방지가 특히 필요한 작업에 있어서는 해당 작업의 관리 감독자를 지정하여 안전 업무를 수행하도록 하여야 한다로 되어 있다.

여기서 유의하고 보아야 할 것은 위험 방지라는 용어이다. 법에서 위험방지라는 용어가 이곳에서 나오고 있는데 이는 방지라는 단어가 예방이라는 것보다 구체적이고 적극적인 의미를 갖고 있기 때문이다. 한편 재해는 예방이란 단어와 짝을 이루면서 사용되고 있다. 위험 방지와 재해 예방에 굳이 차이가 있다면 재해의 원인이 되는 위험을 보다 중요시하여 이것을 제거하는 것이 근본적인 조치라는 것을 강조하는 데 있다.

2 기계 설치의 위험성

기계에 의한 재해는 과거에 비하면 상당히 감소되었지만 아직도 전체 재해의 약 1/3을 차지하고 있는 실정이다. 특히 최근에는 기계의 대형화, 고속화 등의 경향에 따라 사망 재해 등의 중대 재해가 발생하기 쉬운 상황에 있다. 그러나 기계·설비의 위험성의 특징은 상당한 부분이 인간의 감각으로써 예측이 가능하기 때문에 적절한 방지 대책을 실시한다면 기계 재해의 많은 부분을 방지할 수 있다.

기계에는 금속의 절삭, 절단 또는 목재의 절삭 등에 사용하는 가공용 기계, 중량물의 운반 등에 사용하는 하역운반 기계, 건설 현장 등에서 토질의 굴삭이나 정지 등에 사용하는 건설용 기계 등 많은 종류가 있지만 여기에서는 주로 제조업에서 사용하는 가공용 기계와 운반기계를 중심으로 알아본다. 한편 가공용 기계는 가공물의 종류, 가공 능력의 차이 등에 따라서 많은 형식으로 나누어지기 때문에 이들의 위험성에 대하여 일률적으로 나열하는 것은 불가능하지만 공통된 위험성을 다음에 기술한다.

1. 운동하고 있는 작업점을 가진다.

가공용 기계는 공급된 가공물을 가공하기 위하여 공구가 회전운동이나 왕복운동을 함으로써 이루어지는 작업점을 가지고 있다. 가공 작업의 대부분은 작업자가 직접 가공물을 작업점에 공급하기 때문에 잘못하여 작업점에 손이 들어가거나 신체의 균형을 잃어서 작업점에 접촉하기도 하여 공구나 날 등에 의하여 손 등이 절단되거나 협착되는 등의 재해가 발생한다. 따라서 기계의 운전 중 이들의 위험에 대해서는 손 등의 신체와 작업점을 어떠한 방법으로든지 격리시키지 않으면 재해를 방지할 수가 없다.

2. 작업점이 큰 힘을 가진다.

기계의 작업점은 일반적으로 전동기를 동력원으로 하고 있다. 전동기의 스위치를 넣으면 작업점은 항상 운동을 하고 그것에 의해 작업점은 큰 에너지를 가진다. 또 작업점은 전동기에 직결되어 있는 것은 적고 전동기의 속도를 도중에서 2단 또는 3단 등으로 감속하여 사용하고 있다. 그것은 작업점의 속도를 작업하기 쉬운 속도로 하기 위해서나 작업점에 큰 힘을 얻기 위한 목적도 있지만 감속에 의해서 작업점은 전동기의 토크에 비하여 2배 또는 3배 이상의 큰 토크를 가질 수 있다. 이와 같이 큰 에너지나 토크를 가지고 있는 작업장에 만약 작업자의 손이 접촉되거나 회전하고 있는 작업점에 손이 말려드는 경우, 작업자의 힘으로 작업점의 운동을 정지시키기는 것은 불가능하다. 따라서 손이 절단되기도 하고 말려 들어서 으스러지기도 한다. 기계는 이러한 위험성에 대하여 작업점을 급정지시키기 위한 장치를 갖추고 있지만 큰 에너지나 토크를 가지고 운동하고 있는 작업점을 순간적으로 정지시키는 것은 불가능하다. 이 경우에 가장 효과적인 대책은 손과 작업점을 격리시키는 것이다.

3. 동력 전달 부분이 있다.

기계는 대부분 전동기에서 작업점까지 풀리, 치차, 벨트, 축 등의 동력의 전달 부분이 있고 이들은 보통 회전운동을 하고 있다. 따라서 이 부분도 항상 작업자의 손과 의복 등이 말려들 위험성을 가지고 있다. 한면 조용히 회전하고 있는 풀리나 축도 의복 등이 말려들면 강한 힘으로 작업자를 끌어당긴다. 이러한 위험성에 대해서는 이들 동력 전달 부분을 울타리나 덮개 등을 사용하여 작업자와 접촉되지 않도록 할 필요가 있다.

4. 부품의 고장은 반드시 있다.

기계는 대단히 많은 부품으로 구성되어 있으며 상호간의 운동에 의하여 기계의 기능을 발휘한다. 그러나 운동 부분은 부품의 마모를 반드시 수반하며 가공물을 가공할 때 충격이나 진동 등에 의해 부품의 균열과 파손이 발생한다. 기계에는 전기부품이 많이 사용되고 있지만 이들도 수명이 있다. 이러한 기계 부품이나 전기 부품의 결함과 고장은 기계의 정상적인 운동을 저해하여 정지해야 할 위치에 정지하지 못하거나 정지하여 있는 것이 불의에 운동을 시작하기도 한다. 이러한 이상 운동에 의해서 재해가 발생한다.

따라서 기계는 적절한 점검과 보수를 하지 않으면 안 된다.

3 결론

① 기계의 위험은 안전 측면, 법적인 위험으로 대별된다.
② 기계 설비의 위험성은 운동하고 있는 작업점, 작업점이 가지는 힘, 동력 전달 부분 등이 있다.
③ 기계의 위험은 특히 부품의 고장이 반드시 있다.

문제 6

기계 설비의 안전성 확보 방안에 대하여 쓰시오.

1 기계의 위험성

기계에 의한 재해는 작업자와 기계·설비의 작업점과의 상호 접촉이 이루어질 때 기계가 가지고 있는 과실 유발적 특성과 인간이 갖고 있는 부주의 특성이 서로 만나 재해가 일어난다는 것이다.
따라서 재해 예방은 이 두 가지 특성이 갖고 있는 재해의 요인을 사전에 제거하여야만 가능하다는 결론이 나온다.
기계의 특성으로 들 수 있는 것은 기계가 갖고 있는 돌출부, 예리한 부분, 모서리 그리고 회전부 등으로 이것들이 작업자에게 실수를 유발하게 되고 결국은 재해로 이어진다고 하여 과실 유발적 특성이라 한다.
한편 인간은 본래 부주의한 동물이라는 얘기가 있듯이 여러 가지 신체적, 정신적인 이유로 인하여 의식적이건 무의식적이건간에 실수나 오조작을 하게 되는데 이를 인간의 특성으로 보고 있다.
이처럼 기계적인 것과 인간적인 특성이 갖고 있는 각기의 문제점을 올바르게 이해하고 그에 따른 안전 대책을 강구하지 않으면 안 된다.

2 재해 요인으로 본 기계·설비

미국의 하인리히가 주장한 도미노(domino) 이론에 의하면 모든 재해는 사고의 결과이고 사고는 불안전 상태와 불안전 행동으로 구분되는 직접 원인에 기인한다고 한다. 그리고 직접 원인은 그 전단계로 2차 원인과 기초 원인으로 구분 되는 간접 원인에 기인한다. 이들 모두가 연쇄적으로 발생할 때 결국은 재해가 일어난다는 것이다. 이 중에서 기계·설비에 관한 원인을 규명하는 것으로는 직접 원인 중의 불안전 상태를 말하는데 이에 대한 비율은 미국 안전협회의 통계로 볼 때 18[%]에 해당되고 반면에 사람으로 인한 원인사고 즉 불안전 행동인 경우는 19[%]이고 이들 요인 복합적으로 연계되어 재해요인으로 나타나는 경우는 63[%]이다.

물적 원인이라고 표현되는 불안전 상태에는 기계·설비로 볼 수 있는 대상물체가 갖고 있는 자체 결함과 이를 보완하기 위한 방호장치의 결함, 대상물체의 배치, 작업환경, 작업 방법 또는 그 작업 공정이 갖고 있는 문제점 등이 포함된다.

한편 산업 현장 작업자의 불안전한 행동으로 보는 인적 요인으로는 여러 가지가 있겠으나 대체로 다음과 같은 원인으로 구분된다. 즉 교육 훈련의 부족으로 작업자의 능력이 부족한 경우와 주의력의 결여에서 비롯되는 실수 그리고 정신적, 육체적 피로 등에서 오는 심리적인 불안정한 상태 등이 재해의 직접적인 원인이 되고 있다.

우리나라는 재해의 직접 원인 즉 불안전한 상태와 불안전한 행동의 재해원인 점유의 비율이 16[%]와 84[%]라는 통계가 나와 있다.

그러나 재해 예방을 위하여는 작업 공정에 투입되는 기계·설비 자체부터 안전이 선행되어야 한다는 원칙에서 물적 대책의 일환인 기계·설비의 안전화 방안을 알아본다.

3 기계·설비 안전의 3대 기본 원칙

산업 재해의 원인으로는 작업자의 불안전한 행동이 대부분을 차지하지만 기계·설비의 과실 유발적 특성 관점에서 보더라도 근원적인 안전을 위하여는 기계·설비의 안전이 우선 고려되어야 한다.

이에 따라 기계·설비의 안전을 확보하기 위한 3대 기본 원칙을 설명하고자 한다.

1. 기계·설비의 근원적 안전화

모든 산업 현장에서 발생되는 재해는 결국 기계·설비와 작업자간의 관계에서 일어난다고 볼 수 있다. 따라서 모든 기계·설비가 작업 현장에 설치, 사용되기 전인 설계·제작 단계에서 안전성이 확보되어야 한다는 것이 근원적 안전화이다.

예를 들면 프레스 작업에 있어서 제일 많이 발생하는 재해로 금형 부분에 손이나 손가락이 절단되는 경우인데, 이의 방지를 위하여 재료의 송급이나 배출을 자동화하거나 다른 용구로 처리하도록 설계·제작되는 것을 말한다.

또한 각종 방호장치가 부착되고 기계적인 결함이 없도록 설계·제작되어 납품되는 프레스를 우리는 안전프레스라고 하는데 이것이 바로 기계·설비의 근원적 안전화가 확보된 경우이다.

2. 간접적 안전조치

산업안전보건법 안전규칙에서 규정하고 있는 각종 방호장치 등이 이에 해당된다. 모든 기계·설비가 근원적으로 안전을 확보한다고 하나 구조상, 기능상 등의 이유로 그 한계성이 있으므로 이의 보완대책으로 기계·설비에 각종 방호조치를 추가적으로 취함으로써 작업자가 작업중 불안전한 행동으로 인한 재해요인이 있더라도 이들 안전 조치로 하여금 차단, 제거할 수 있도록 한 것이 간접적 안전조치이다. 예를 들면 프레스에 부착되는 각종 방호장치 즉 가드식, 손쳐내기식, 양수조작식, 광전자식, 수인식 등과 화학 설비 중 압력 용기에 취부되는 안전 밸브, 안전파열판, 압력 방출 장치 등이 이에 해당된다.

3. 참조적 안전 조치

근원적 안전화나 간접적 안전 조치의 시행이 불가능하거나 불확실할 때 검토하는 방법이다. 간접적 안전 조치의 실시도 작업의 특성상 불가능한 경우 작업자의 신체 일부가 위험한 한계에서 정해진 거리 밖에 위치하도록 규정하는 안전수칙의 제정, 작업 전후에 안전 점검의 실시, 안전 교육 실시 등이 참조적 안전 조치이다.

4 기계·설비의 안전화를 위한 고려 사항

기계·설비에 대한 근원적인 안전이라 하면 설계과정에서부터 안전을 확보하는 것을 의미한다.

그러나 모든 기계·설비는 그 설계 단계에서 안전을 완전하게 확보하기란 거의 불가능하다. 왜냐하면 안전만을 강조한 기계·설비의 경우 그 규모, 기능, 경제적인 면 등을 고려해 볼 때 과연 제작할 필요가 있는가에는 의문이 남는다.

따라서 어느 경우이든 설계에는 그 한계성이 존재하게 되므로 우리는 최적의 조건을 고려하지 않으면 안 된다. 더 나아가 설계에서부터 제작, 설치 그리고 사용하는 모든 과정에서 각기의 공정에 맞은 근원적인 안전 조건이 확보되어야 한다. 이러한 관점에서 기계·설비에 대한 근원적인 안전화를 확보하기 위하여 고려되어야 할 사항은 다음과 같다.

1. 외형의 안전화

모든 기계·설비는 그 고유의 특성에 따라 외부로 나타나는 위험 부위, 즉 돌출부가 있는 경우와 회전 부위가 노출되거나 예리한 부위가 있는 경우가 있다. 따라서 이 외형상의 위험 부위가 재해의 요인이 되므로 이들을 설계시 고려하여 묻힘형으로 하든가 아니면 앞서 고찰한 간접적인 안전 조치의 하나인 덮개를 설치하여 외형상 안전화를 기하여야 한다.

2. 기능의 안전화

어느 기계·설비이든 각각의 고유한 기능이 있는데 그 기능에 이상이 발생할 경우는 우리가 예상하지 못한 상황까지 확대되는 경우가 종종 있다. 따라서 어느 경우이든 이상이 발생되는 즉시 안전 조치가 취하여지도록 하지 않으면 안 된다.
즉 이상시 안전화가 자동적으로 확보되는 것을 페일 세이프(fail safe)라 한다. 이는 이상시 초래할 재해의 손실을 최소화시킬 수 있는 최선의 대책이다.
이와 같은 예로는 정전시 엘리베이터가 마그네틱 브레이크가 작동하여 비상정지한다든가, 내진 소화기를 부착한 석유 난로가 기울어졌을 경우 자동으로 불이 꺼지는 경우라든가, 프레스의 브레이크나 클러치가 고장났을 경우 슬라이드가 급정지하는 경우와 화학 공장의 기계·설비에 여유 기기(standby equipment) 설치와 이중의 안전설비를 들 수가 있다. 시스템의 경우는 이상 현상이 확대되지 않도록 연동 장치(interlock)를 함께 고려하여야 한다.

3. 구조의 안전화

기계·설비의 설계 단계와 제작 단계에 있어서 고려하여야 할 사항으로서 적정한 재료의 선정, 충분한 강도의 유지, 적정한 안전율 적용, 제작에 따른 신뢰성 등이 포함된다. 그러나 기계·설비의 기본 설계상 완전 제거할 수 없는 구조적 결함이 있게 마련이고 이것이 작업자로 하여금 무의식중의 실수로 사고를 유발하게 된다. 이를 기계가 갖고 있는 과실 유발적 특성이라고 정의하고 있다.
따라서 종래 기계 중심의 설계 개념이 근래에 와서는 인간이 유발하기 쉬운 실수요소를 사전에 제거하는 방향으로 바뀌어가고 있다. 즉 인간 존중의 차원에서 모든 기계·설비가 최적의 조건으로 설계·제작되도록 특히 강조하고 있다.

이러한 관점에서 인간의 실수가 있더라도 안전이 보장되게끔 각종 방호 장치 등 안전 조치가 취해지고 있는데 그 예로 승강기의 경우 과부하 방지 장치가 부착되었고, 프레스의 경우는 무의식중에 손이 금형 사이로 들어갔을 때 경보를 울려주는 광전자식 방호 장치가 해당되며 회전 부분에 취부한 덮개를 벗겼을 때 운전이 정지되게끔 한 것이라든지 크레인에 설치한 권과 방지 장치 등을 들 수가 있다.

이를 안전상의 용어로 풀 프루프(fool proof)라고 한다.

4. 작업의 안전화

모든 재해가 사고의 결과임은 주지의 사실이고 사고는 불안전한 행동에 대부분 기인한다는 것을 이미 설명한 바가 있다. 따라서 작업자가 얼마나 안전하게 작업을 수행하느냐에 재해 예방의 관건이 달려 있다고 해도 과언이 아니다.

이를 위하여 안전 관리자와 관리 감독자는 물론 일반 작업자, 신규 채용자는 신규채용시, 작업 내용 변경에는 각기 해당되는 교육을 반드시 받도록 규정하고 있는 것이다. 그러나 모든 사고는 작업자의 안전 의식과 주의력에 결정적으로 좌우되는 관계로 부단한 자기 노력이 무엇보다도 요망된다.

한편 사업주와 관리 감독자는 모든 작업에 따른 위험 요소를 예지하고 그에 따른 안전 작업 수칙과 안전 보건 관리 규정을 제정하여 반복적인 교육과 훈련을 실시하여 습관화, 생활화가 될 수 있도록 해야 하며 위험 요소는 과감히 제거, 개선하도록 하는데 인색하여서는 안된다. 모든 안전의 확보는 사업주의 안전 의식에 달려 있다는 것이 공통된 의견이다.

5. 보수·유지의 안전화

생산 현장에 투입된 모든 기계·설비는 연속적인 운전과 사용으로 인하여 고유의 기능과 정밀도가 저하될 수 있고 재료의 피로 현상, 마모, 훼손, 변형 등 원치 않는 조건으로 제기능 유지와 수명을 다할 수가 없다. 인간에게 수명이 있는 것과 같이 기계·설비도 재료 및 구조 상으로 내구성 즉 수명이 있다. 그러나 여기서 중요시하는 것은 단순한 내구성보다는 안전하게 제기능을 유지, 발휘할 수 있도록 한다는 것이다.

일본의 예로서 석유 화학 공장의 대폭발·화재 사고의 원인을 보면 [그림]과 같다.

통계에서 볼 때 보전 관리(유지·보수)가 얼마나 중요한가를 알 수 있으며 이것이 곧 안전 관리의 관건이라는 확신을 갖게 해준다.

따라서 정기적인 점검과 보수를 통하여 정상의 기능이 유지되도록 하여야만 생산성도 높이고 재해 예방도 도모할 수 있는 것이다.

요즈음 대부분의 생산 현장에서 자체적인 점검 계획을 수립하여 예방 점검에서부터 일상점검까지 점검표에 의해 실시하고 있는 것은 매우 바람직하며 적극 권장되어야 한다.

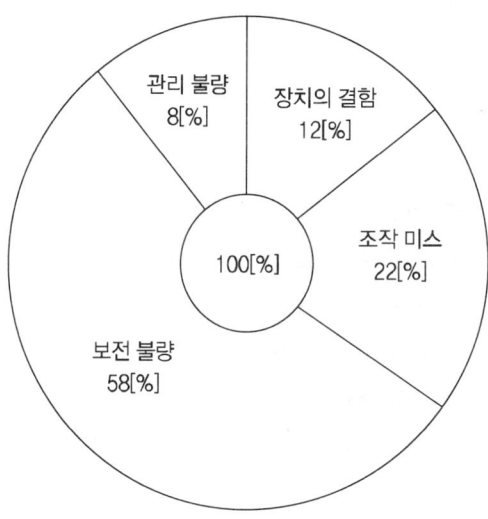

[그림] 일본의 석유화학공장의 사고 원인

6 결 론

① 위험 기계 설비 대상은 산업안전보건법에 방호 장치, 법정 검사, 안전 검사, 사전 검사 안전 기준 등에서 명시하고 있다.
② 기계 설비의 3대 기본 원칙은 근원적 안전화, 간접적 안전 조치, 참조적 안전조치로 위험을 예방할 수 있다.
③ 기계 설비의 안전화를 위한 고려 사항은 외형의 안전화, 기능의 안전화, 구조의 안전화, 작업의 안전화, 보수 유지의 안전화 등이 있다.

문제 7

기계적인 위험의 종류를 쓰시오.

1 기계적 위험의 개요

기계·기구 기타의 설비로 인한 위험을 기계적인 위험이라고 한다. 일반적으로 기계류에는 각각 특유의 작업 부분이라고 하는 작업점이 있으며 작업점에서 정해진 작업이 행해지는 것 같이 원동기에서 발생한 힘을 동력 전달 장치로 공급하고 있다.

그 일부에는 원동기로 인해 생긴 힘을 작업점에 필요한 운동조건(회전 또는 왕복운동)으로 변화시키는 부수 운동 부분을 포함하고 있다.

기계적 위험에는 이들 기계의 작업점 및 동력 전달 부분의 기계적 운동 한계 내에 근로자의 신체 일부가 들어가 있는 경우의 「접촉적 위험」이 가장 일반적이며, 그 밖에 기계가 행하는 작업으로 인한 원재료, 가공물 등의 비래·낙하 등의 「물리적 위험」 그리고 연삭기의 연삭숫돌의 파괴, 보일러의 파열 등의 「구조적 위험」 등이 있다.

2 기계적 위험의 종류

위험의 종류	사고의 유형	대상기계
접촉적 위험	협착(틈에 끼임)	동력전달기구, 공작기계, 금속가공기계
	말려 들어감	제조기계, 공작기계, 동력전달기구, 식품기계
	격돌, 찔림	운반기계, 건설기계, 목공기계
물리적 위험	비래·낙하 추락·전도	건설기계, 금속가공기계 운반기계
구조적 위험	파열	보일러, 압력용기, 배관
	파괴	고속회전기절단
	절단	와이어 로프

3 결 론

① 기계적인 위험은 접촉적, 물리적, 구조적 위험이 있다.
② 기계적 위험을 근본적으로 줄이기 위해서는 fail safe나 fool proof 대책이 필요하다.

문제 8

기계 설비의 위험점 종류를 쓰시오.

1 위험점의 종류

기계의 운동은 형태에 따라서 분류하면 회전운동, 왕복운동, 또는 미끄럼운동, 회전과 미끄럼운동의 조합, 진동운동으로 나눌 수 있다. 이들의 운동 중에서 형성되는 위험점에는 다음과 같은 것이 있다.

1. 협착점(squeeze point)

왕복운동을 하는 동작 부분과 움직임이 없는 고정 부분 사이에서 형성되는 위험점으로 사업장의 기계설비에서 많이 볼 수 있다. 예를 들면 프레스, 성형기, 조형기, 굽힘 기계(bending machine) 등이 있다.

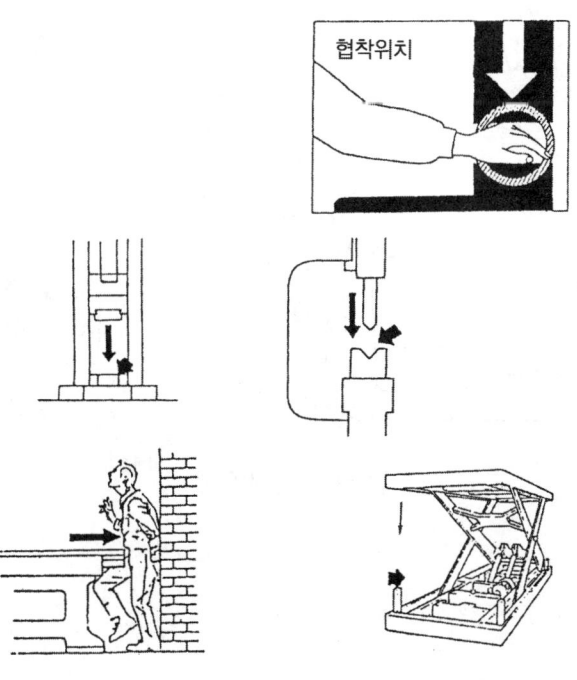

[그림] 협착점의 예

2. 끼임점(shear point)

고정 부분과 회전하는 동작 부분이 함께 만드는 위험점으로 연삭숫돌과 덮개, 교반기의 날개와 하우징, 프레임에서 암의 요동운동을 하는 기계 부분 등이다.

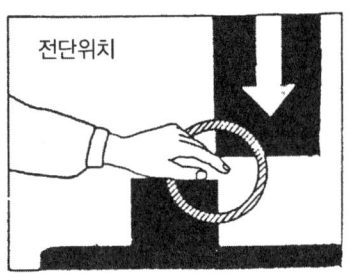

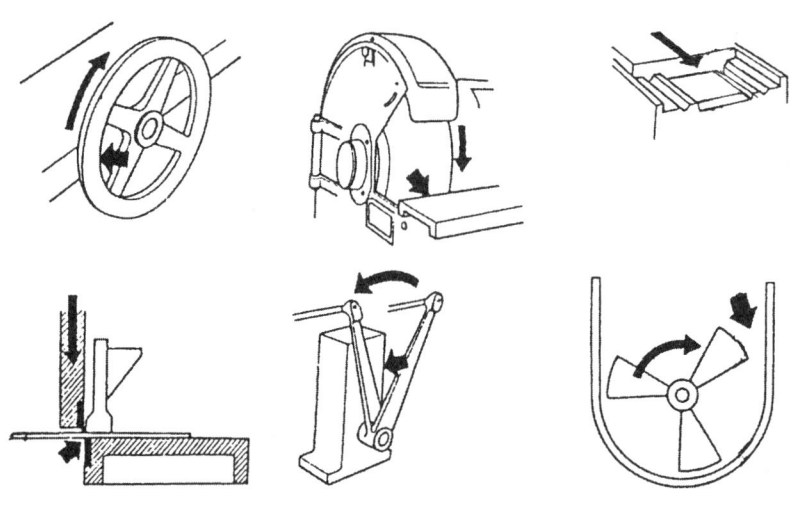

[그림] 끼임점의 예

3. 절단점(cutting point)

고정 부분과 운동 부분이 만드는 위험점이 아니고 회전하는 운동부 자체의 위험이나 운동하는 기계 부분 자체의 돌출부에서 초래되는 위험이다. 예를 들면 밀링의 커터, 띠톱이나 둥근 톱의 톱날, 벨트의 이음 부분 등이다.

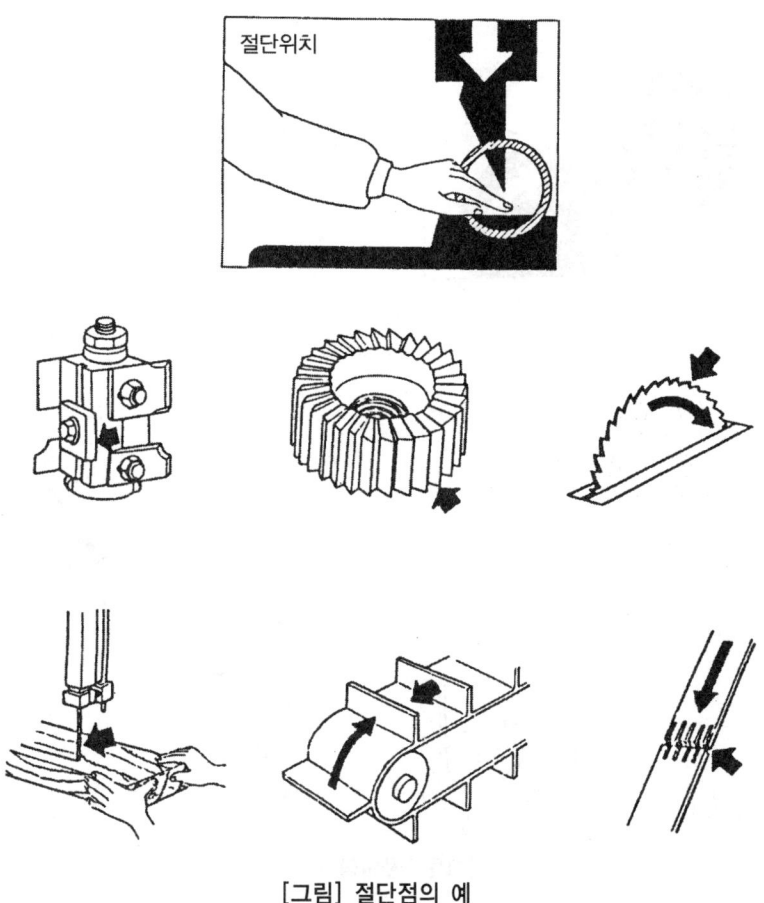

[그림] 절단점의 예

4. 물림점(nip point)

회전하는 두 개의 회전체에는 물려 들어가는 위험성이 존재한다. 이때 위험점이 발생되는 조건은 회전체가 서로 반방향으로 맞물려 회전되어야 한다. 예를 들면 롤러와 롤러의 물림, 기어와 기어의 물림 등이 있다.

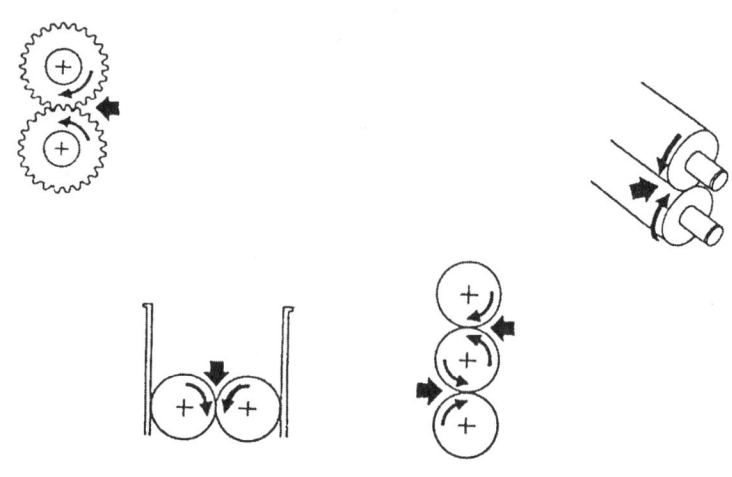

[그림] 물림점의 예

5. 접선 물림점(tangential nip point)

회전하는 부분의 접선 방향으로 물려들어갈 위험이 존재하는 점이다. 예를 들면 벨트와 풀리, 체인과 스프로킷, 랙과 피니언 등이 맞물리는 부분이다.

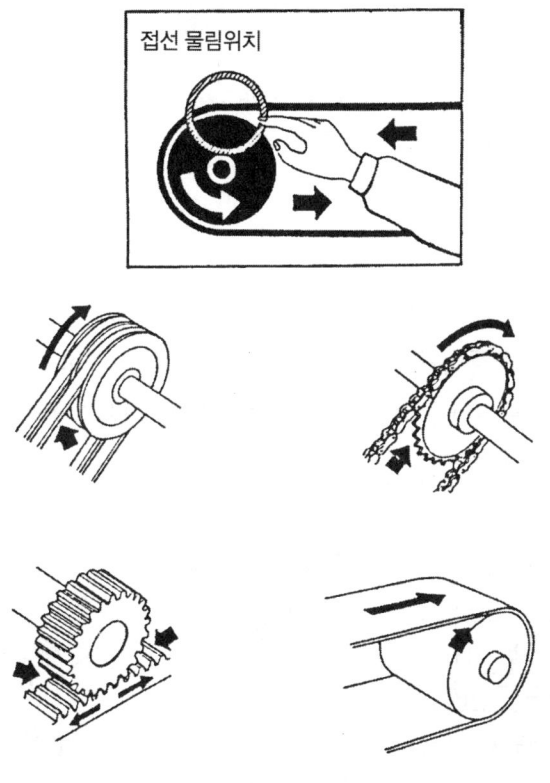

[그림] 접선 물림점의 예

6. 회전 말림점(trapping point)

회전하는 물체에 작업복, 머리카락 등이 말려드는 위험이 존재하는 점이다. 예를 들면 회전하는 축, 커플링, 돌출된 키나 고정 나사, 회전하는 공구 등이 이에 해당된다.

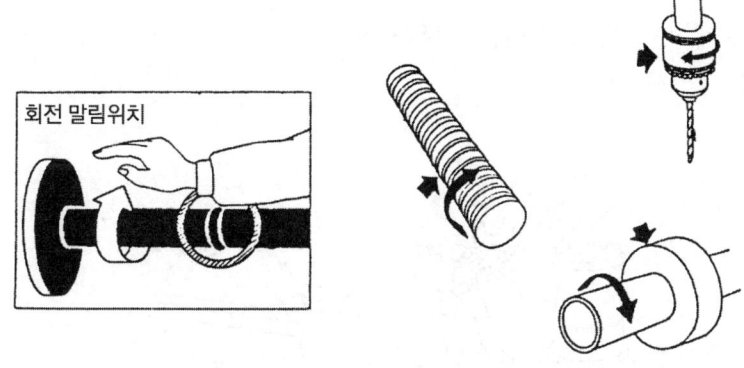

[그림] 회전 말림점의 예

2 기계·설비의 위험성 평가 〔기계설비 위험요소 5가지 2023. 출제〕

기계의 위험부를 결정하는 방법으로서 다음의 5가지 사항에 대한 요점을 가지고 설비나 작업에 있어서의 위험성을 평가할 필요가 있다.

1. 함정(트랩 : trap)

기계 요소의 운동에 의해서 트랩점(trapping point)이 생긴다.
① 손과 발등이 끌려 들어가는 트랩('in running nip' point)
② 닫힘운동(closing movement)이나 이송운동(passing movement)에 의해서 손과 발등이 쉽게 트랩되는 곳

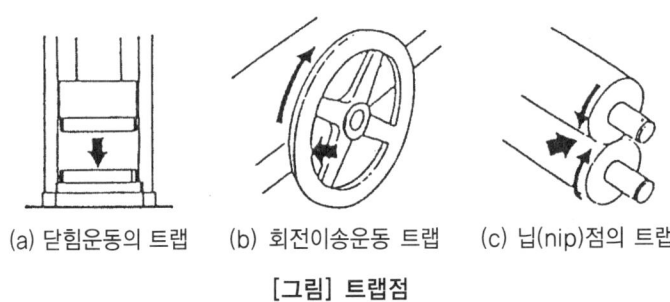

(a) 닫힘운동의 트랩   (b) 회전이송운동 트랩   (c) 닙(nip)점의 트랩

[그림] 트랩점

2. 충격(impact)

움직이는 속도나 힘에 의해서 사람이 상해를 입을 수 있는 부분은 없는가?

3. 접촉(contact)

날카로운 물체, 연마제, 뜨겁거나 차가운 물체 또는 전류에 사람이 접촉함으로써 상해를 입을 수 있는 부분은 없는가?

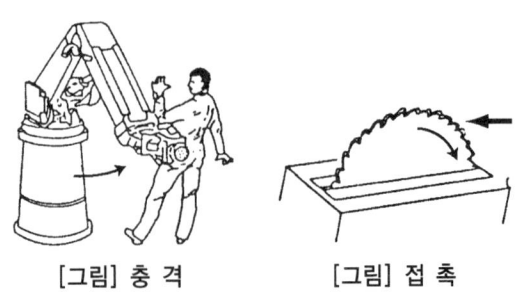

[그림] 충 격   [그림] 접 촉

4. 말림(entanglement, 얽힘)

머리카락, 장갑, 옷 등이 회전하는 기계에 말려 들어갈 위험은 없는가?

5. 튀어나옴(ejection)

가공 중인 기계로부터 기계 요소나 가공물이 튀어나올 위험은 없는가?

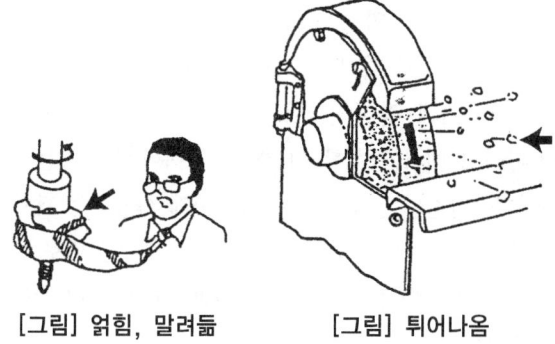

[그림] 얽힘, 말려듦   [그림] 튀어나옴

3 결론

① 위험점의 종류는 협착점, 끼임점, 절단점, 물림점, 접선 물림점, 회전 말림점 등이 있다.
② 5가지의 위험 요소는 트랩, 충격, 접촉, 말림, 튀어나옴 등이 있다.

문제 9

기계 설비의 본질적 안전 대책을 논하시오.

1 본질 안전화의 개념

본질 안전이란 본래는 본질 안전 방폭 전기 기기(intrinsic safetyexplosion protected electrical equipment)에서 나온 말로 인화성 가스나 분진과 같은 폭발성 분위기 속에서 사용되는 계측용, 통신용 등의 전기 기기가 그 내부 또는 외부의 분위기에 착화하는 일이 없는 구조를 말한다. 이에 대한 기계·장치의 본질안전화란 더욱 일반적이며 넓은 개념이다. 그러나 기계의 본질 안전이라고 해서 기계를 어떠한 환경속에서나 또는 아무렇게나 사용해도 안전하다는 의미는 아니다. 안전원리의 기본은 정당하게 사용하는 데에 있다. 본질 안전 기계라고 해도 올바른 안전지식과 높은 안전 의식으로 사용해야만 비로소 그 진가를 발휘할 수가 있다. 기계·설비의 본질안전 개념은 꼭 꼬집어 이것이다 라고 단정할 수는 없지만 일단 다음의 내용을 포함하는 것으로 한다.

① 안전 기능이 기계·장치에 내장되어 있을 것
  이것은 안전 기능이 기계의 설계 단계에서 이미 반영 조치된 것으로서 별도로 추가하지 않는 것을 의미한다.
② fool proof의 기능을 가질 것
  이것은 작업자가 기계의 취급시 실수를 범하더라도 안전 장치의 설치로 사고나 재해로 연결되지 않는 기능을 말한다.
③ fail safe의 기능을 가질 것
  이것은 기계·설비 또는 그 부품이 파손되거나 고장이 발생해도 병렬계통이나 대기여분으로 기계·설비가 항시 안전한 방향으로 유지하는 기능을 말한다.

2 안전 장치의 내장

fool proof에 앞선 간단한 구상으로서 종래까지 개발되어 외부에 설치하던 안전 장치의 기능을 구조적으로 기계·설비의 일부로 내장시킨 것이다. 이의 대표적인 것이 안전 프레스이다. 즉 작업자를 슬라이드에 의한 위험으로부터 보호하기 위하여 안전 기구를 장착한 프레스로서 행정, 조작, 위치 등의 전환 스위치를 어떠한 위치에서 조작하더라도 자동적으로 안전을 확보할 수 있다.

또한 전환 스위치와 안전 기구는 완전한 인터로크(interlock)가 되어 있다. 다른 예로는 교류 아크 용접기용 자동 전격 방지 장치를 들 수 있는데 이것도 용접을 하지 않을 때는 2차측 무부하 전압이 1초 이내에 25V(전원전압의 변동이 있을 경우 30V) 이하로 떨어뜨려 작업자의 감전 사고를 방지하도록 개발된 것으로 요즈음 교류 용접기에는 반드시 부착하도록 되어 있으나, 이것도 정격 용량이 크지 않은 용접기에는 자동 전격 방지 장치를 아예 내장시키도록 개발 중에 있다.

3 풀 프루프(fool proof)

본질 안전화 요건의 하나인 풀 프루프(fool proof)란 인간이 기계 등의 취급을 잘못해도 그것이 바로 사고나 재해와 연결되지 않는 기능을 말한다. 본래의 풀 프루프는 조작순서를 잘못하거나 오조작에 대응하는 것으로서, 예를 들면, 카메라의 이중 촬영방지기구는 위험과는 직접 연결되지 않으나, 전형적인 풀 프루프(fool proof)이다. 그러나 많은 기계재해는 그 취급 잘못에 기인한다는 관점에서 본다면 안전장치의 대부분은 풀 프루프를 위한 것이라고 할 수 있다.

풀 프루프(fool proof)는 본래 인간의 착오·미스 등 이른바 휴먼 에러(humman error)를 방지하기 위한 것으로서 기계·설비의 위험부분을 방호하는 덮개나 울, 이동식 가드의 인터록(interlock)이 전제 조건이 되며 그 실례는 다음과 같다.

① 동력전달장치의 덮개를 벗기면 운전이 정지된다.
② 프레스의 경우 실수하여 손이 금형 사이로 들어갔을 때 슬라이드의 하강이 자동적으로 정지된다.
③ 승강기의 경우 과부하가 되면 경보가 울리고 작동이 되지 않는다.
④ 크레인의 와이어 로프가 무한정 감기지 않도록 권과 방지 장치를 설치한다.
⑤ 로봇이 설치된 작업장에 방책문을 닫지 않으면 로봇이 작동되지 않는다.
⑥ 전기 세탁기의 탈수기가 돌아가는 도중에 뚜껑을 열면 탈수기가 정지한다. 또는 탈수기의 정지 스위치를 누른 후, 정지가 될 때까지는 뚜껑이 열리지 않는다.

한편 인간이 실수를 일으키기 어렵게 하는 구조나 기능도 광의의 풀 프루프라고 할 수 있는 것이다. 예컨대, 조작과 기계의 운동 방향의 일치, 계기나 표시를 보기 쉽게 하는 것 등, 이른바 인간 공학적 설계 역시 넓은 의미에서의 풀 프루프에 관련되는 것이다.

작업자가 기계 조작을 잘못하거나 이상 발생 및 고장이 있어도 위험한 상태가 되지 않도록 설계 단계에서 안전화를 도모하는 개념으로 가공 기계에 상용되는 풀 프루프는 표와 같다.

[표] 가공 기계에 사용되는 주된 fool proof

밀어내기기구	명칭 또는 형식	기 능
가드 (Guard)	고정가드 (Fixed Guard)	개구부로 부터 가공물과 공구 등을 넣어도 손은 위험 영역에 머무르지 않는다.
	조절가드 (Adjustable Guard)	가공물과 공구에 맞도록 형상과 크기를 조절한다.
	경고가드 (Warning Guard)	손이 위험영역에 들어가기 전에 경고한다.
	인터로크 가드 (Interlock Guard)	기계가 작동중에 개폐되는 경우 기계가 정지한다.
조작기구 (Control 기구)	양수조작 (Two hand control)	양손으로 동시에 조작하지 않으면 기계가 작동하지 않고, 손을 떼면 정지 또는 역전 복귀한다.
	인터로크 가드 (Interlock Guard)	조작기구를 겸한 가드로써 가드를 닫으면 기계가 작동하고 열면 정지한다.
로크기구 (Lock 기구)	인터록 (Interlock)	기계식, 전기식, 유공압식 또는 이들의 조합으로 2개 이상의 부분이 상호 구속된다.
	키식 인터로크 (Key Type Interlock)	열쇠를 사용하여 한쪽을 잠그지 않으면 다른 쪽이 열리지 않는다.
	키 로크 (Key lock)	1개 또는 상호 다른 여러 개의 열쇠를 사용한다. 전체의 열쇠가 열리지 않으면 기계가 조작되지 않는다.
트립 기구 (Trip 기구)	접촉식 (Contact Type)	접촉판, 접촉봉 등에 신체의 일부가 접촉하면 기계가 정지 또는 역전 복귀한다.
	비접촉식 (Non-Contact Type)	광전자식, 정전용량식 등으로 신체의 일부가 위험 영역에 들어가면 기계는 작동하지 않는다.
오버런 기구 (Overrun 기구)	검출식(Detecting)	스위치를 끈 후 관성운동과 잔류전하를 검지하여 위험이 있는 동안은 가드가 열리지 않는다.
	타이밍식 (Timing)	기계식 또는 타이머 등을 이용하여 스위치를 끈 후 일정 시간이 지나지 않으면 가드가 열리지 않는다.
밀어내기 기구 (push&pull 기구)	자동 가드 (Auto Guard)	가드의 가동부분이 열렸을 때 자동적으로 위험영역으로부터 신체를 밀어낸다.
	손을 밀어냄 손을 끌어당김	위험한 상태가 되기 전에 손을 위험지역으로부터 밀어내거나 끌어당겨 제자리로 온다.
기동 방지 기구	안전 블록 (Safety Block)	기계의 기동을 기계적으로 방해하는 스토퍼 등으로서 통상 안전블록과 같이 쓴다.
	안전 플러그 (Safety Plug)	제어회로 등으로 설계된 접점을 차단하는 것으로 불의의 작동을 방지한다.
	레버 로크 (Lever Lock)	조작레버를 중립위치에 놓으면 자동적으로 잠긴다.

4 페일 세이프(fail safe)

본질 안전화의 또 하나의 요건인 페일 세이프(fail safe)란 기계나 그 부품에 고장이나 기능불량이 생겨도 항상 안전하게 유지하는 구조와 그 기능을 말한다. 협의로는 기계를 안전하게 유지한다는 것은 기계를 정지시키는 것으로 생각되고 있으나, 광의로는 반드시 정지에만 한정되지는 않는다. fail safe는 기능면에서 다음의 3단계로 분류한다.

① fail passive : 부품이 고장나면 통상 기계는 정지하는 방향으로 이동한다.
② fail active : 부품이 고장나면 기계는 경보를 울리는 가운데 짧은 시간 동안의 운전이 가능하다.
③ fail operational : 부품의 고장이 있어도 기계는 추후의 보수가 될 때까지 안전한 기능을 유지한다. 이것은 병렬 계통 또는 대기 여분(standby redundancy) 계통으로 한 것이다.

위 ①②③ 중에서 ③이 운전상 제일 선호하는 방법이고 산업 기계에서는 일반적으로 ①을 많이 채택하고 있다.

5 페일 세이프 기구

fail safe 기구는 강도와 안전성을 유지할 목적으로 구조적 fail safe와 기능의 유지를 목적으로 하는 기능적 fail safe가 있으며 후자는 다시 기계적 fail safe와 전기적 fail safe로 나뉘어 진다.

1. 구조적 fail safe

구조적 fail safe의 대표적인 예는 항공기이다. 항공기의 fail safe 대책은 다음 그림에서 보는 바와 같이 구조상으로 검토가 이루어진다.

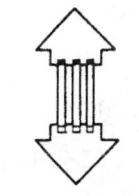 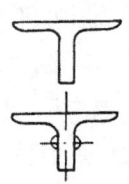 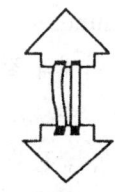 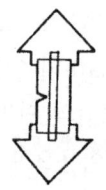

① 다경로 하중 구조   ② 분할구조   ③ 교대구조   ④ 하중 경감구조

[그림] 구조적 fail safe

① 다경로 하중 구조(多經路荷重構造) : 하중을 전달하는 부재가 여러 개 있어 일부가 파손되어도 나머지 부재가 지지하는 구조
② 분할 구조(分割構造) : 한 개의 큰 부재가 통상 점유하는 장소를 2개 이상의 부재를 조합시켜 하중을 분산 전달하는 구조
③ 떠맡는 교대 구조(交代構造) : 어떤 부재가 파손되면 그 부재가 받던 하중을 다른 부재가 떠맡는 구조
④ 하중 경감 구조(荷重輕減構造) : 구조물의 일부가 파손되면 파손부의 하중이 다른 부분으로 옮겨가게 되어 하중이 경감되므로 파괴가 되지 않는 구조

2. 기능적 fail safe

대표적인 예는 철도 신호이다. 철도 신호는 고장이 발생했을 때 청색 신호가 반드시 적색 신호가 되어 열차가 정지하는 것으로 끝나지만, 만일 적색 신호이어야 할 신호가 청색으로 된다면 중대 재해가 발생하게 된다. 이처럼 철도 신호가 고장이 났을 때는 반드시 적색 신호로 되는 것이 fail safe이다.

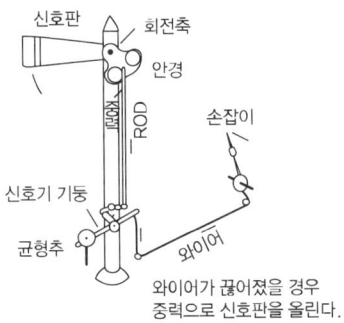

[그림] 신호기의 페일 세이프

기능적 fail safe는 산업 안전의 목적으로도 여러 곳에 사용되고 있다. 특히 기계적 fail safe는 대기 여분(standby redundancy)의 개념이 전제되어야 한다.
기계적 fail safe의 예를 들면 아래와 같다.
① 증기 보일러의 안전밸브와 급수 탱크를 복수로 설치하는 것
② 프레스 제어용으로 설치된 복식 전자 밸브 중 한쪽의 밸브가 고장이 나면 클러치·브레이크의 압축공기를 배출시켜 프레스를 급정지시키도록 한 것
③ 화학 설비에 안전밸브 또는 긴급 차단 장치를 설치하여 이상시에는 이들이 작동하여 설비를 보호하는 것

④ 석유 난로가 일정 각도 이상으로 기울어지면 자동적으로 불이 꺼지도록 소화 기구를 내장시킨 것
⑤ 승강기 정전시 마그네틱 브레이크가 작동하여 운전을 정지시키는 경우와 정격속도 이상의 주행시 조속기(governor)가 작동하여 급정지시키는 것
⑥ 크레인의 하중계와 같이 직접 하중을 받는 스프링과 프레스의 카운터 밸런스용의 스프링을 압축 스프링으로 한 것

전기적 fail safe로는 개폐시의 예비 회로를 예로 들 수가 있다. 예비회로는 병렬회로와 직렬 회로가 있어 각기의 개폐의 fail safe 회로로 구성되어 있다. 예비회로는 보통 때에는 작동을 하지 않다가 주회로가 고장이 났을 때만 작동하는 것으로 대기여분회로라고도 한다.

6 본질 안전화의 문제점

풀 프루프(fool proof)가 진보하면 인간은 그 기계가 가지는 위험성을 전혀 의식하지 않아도 안전하게 작업을 할 수 있게 된다. 이것은 안전상 바람직한 것이기는 하나 그 반면에 기계의 위험성을 알지 못하므로 예상도 못한 무모한 취급을 하게 된다든가 보전시나 사고 때문에 풀 프루프(fool proof)를 해제하여야 할 때에 오히려 위험을 증대시킬 우려가 있다. 또 페일 세이프(fail safe)를 위하여는 통상 상당수의 기계 부품이나 회로 소자 등을 추가할 필요가 있고 이들의 고장으로 기계가 정지할 가능성이 높아지고 신뢰성은 저하된다. 극단적으로 말하면 안전하기는 하나 작동하지 않는 기계가 출현하기에 이른다. 나아가 본질 안전도 또한 현실의 안전 우선이라는 국민적 정서와 기업의 손실 방지 차원에서 도모해 나가지 않으면 안되나 거기에 소요되는 경비에도 한계가 있다고 할 것이다. 이와 같이 본질안전화에는 몇 가지 문제점이 있고 완전 무결이란 것은 기술적으로도 경제적으로도 있을 수 없다. 본질 안전의 이상을 향하여 한걸음씩 전진하는 것이 안전 기술자에 과하여진 업무인 동시에 기계의 본질, 작업자에 대한 교육, 훈련, 직장 사기(morale)의 향상 등 안전 관리면에서의 종합적 대책이 수립될 때 비로소 본질 안전화의 진가가 발휘될 수 있는 것이라고 생각된다.

7 결 론

기계·설비의 본질 안전에도 문제점이 있으므로 표와 같이 요소를 고려하여 종합적인 안전 설계를 해야 한다.

[표] 안전 설계 방법

번호	방호기능	안전대책
1	Fail safe	설비 또는 장치의 일부가 고장이 생겨도 안전방향으로 동작하는 방법
2	Fool proof	사람이 작업하는 시스템에서 작업자가 실수를 하거나 오조작을 하여도 안전하게 유지되게 하는 방법
3	Fail soft	설비 및 장치의 일부가 고장이 난 경우 일부 기능의 저하를 가져오더라도 전체 기능은 정지하지 않는 방법
4	다중계화(多重系化)	단일 또는 동일한 기능을 다중(多重)으로 설치하여 선택적으로 바꾸기도 하고 병렬로도 사용하는 방법
5	고장진단 및 회복설비	설비 및 장치가 고장이 난 경우 고장을 찾아 가능한 한 빨리 기능을 회복하는 방법
6	Back up	주된 기능의 뒷편에 대기하다가 주기능의 고장시 그의 기능을 대신하는 방법
7	안전율 적용	정격치보다 낮은 값으로 사용하는 등 안전여유를 갖고 설계하여 사용하는 방법
8	위험부위고장의 감소	위험한 부위의 출력에 직결되는 고장 빈도율을 적게 하는 방법

문제 10

기계 설비의 위험 관리 체계를 논하시오.

1 위험 관리의 개요

산업 재해의 위험이 따르지 않는 작업은 없다. 산업 재해는 작업 속 잠재되어 있는 각종의 위험원(危險源)과 사고 발생 조건에 의하여 일어난다.
따라서 산재 예방 업무는 위험원과 사고 발생 조건을 제어(control)하는 위험관리에 초점을 맞추어 추진하여야 할 것이다.

2 위험 관리

위험 관리란 기계·설비나 또는 그것의 운용상의 안전을 확보·유지 또는 향상시키기 위하여 조치하는 전반적인 활동을 뜻하는데 그것은 기계·설비 등에 잠재되어 있는 위험원과 사고 발생 조건을 확인(identification)하고 제어함으로써 가능하게 된다.

여기서 위험원이란 인적 상해와 재산상 및 환경상의 손해 또는 이들의 복합적 손해를 입힐 잠재성이 있는 상태를 뜻하며, 사고 발생 조건이란 특정한 기간 또는 특정한 상황에서 위험원에 사람이 접촉될 수 있는 가능성을 제공하는 조건을 뜻한다. 따라서 작업 속에 잠재되어 있는 기계적, 전기적, 화학적 및 물리적 에너지 등과 작업 환경상의 유해 요인은 위험원이고, 이러한 위험원에 인체의 접촉을 가능하게 하는 불안전한 상태나 불안전한 행동은 사고 발생 조건이 된다. 위험 관리를 위해서는 먼저 위험원과 사고 발생 조건을 확인하여야 한다. 위험은 어느 곳에나 존재하지만 불행하게도 재해를 당할 때까지 그 위험은 드러나지 않는 것이 많다. 과거에 발생된 사고(accident)나 아차사고(near accident) 등에 관한 정보를 수집·분석하고 현상을 파악하여 무엇이 위험원인가, 위험원이 어디에 있는가를 점검하고 그 위험원이 어떻게 하여 사고로 발전되는가를 확인한다.

위험원과 사고 발생 조건이 확인되면 위험을 제어하여야 하는데 위험 제어 수단으로서 5가지의 원칙을 활용한다.

① 가장 효과적인 것은 위험원을 제거하는 일이다.
② 위험원을 제거할 수 없는 경우에는 위험원을 근로자로부터 격리한다.
③ 격리가 불가능한 경우에는 위험원을 덮어씌우는 방호를 고려할 수 있다.
④ 방호 또한 불가능한 경우에는 위험에 대하여 인간측을 보호하는 보강 조치를 고려해야 할 것이다.
⑤ 보강 대책으로도 불가능한 경우에는 위험에 대하여 근로자 스스로가 극복해 나가는 대응 조치의 강구가 불가피할 것이다.

이상의 위험 관리 개요을 체계화하면 아래 표와 같다.

[표] 위험 관리 개요

전제조건	위험원과 사고발생조건 확인
위험제어 원칙 1	위험원의 제거
위험제어 원칙 2	위험원의 격리
위험제어 원칙 3	위험원의 방호
위험제어 원칙 4	위험에 대한 사람측면의 보강
위험제어 원칙 5	위험에 대한 사람의 대응

3 위험 관리의 체계

위험 제어를 위해서는 먼저 작업 속에 잠재되어 있는 위험원과 사고 발생 조건을 확인하는 일이 전제되어야 한다.
즉, 예상 사고와 위험원 및 사고 발생 조건을 확인한다.

1. 예상 사고를 확인한다.

동종 작업이나 유사 작업에서 발생된 사고나 아차 사고 등을 검토하면 앞으로 발생가능한 사고를 예상할 수 있다.

2. 위험원을 확인한다.

작업 속에 잠재되어 있는 각종의 에너지와 작업 환경상의 유해 요인 등이 곧 위험원이다. 따라서 작업 공정을 분석하여 하나씩 검토하면 위험원을 찾을 수 있다.

3. 사고 발생 조건을 확인한다.

동종 작업과 유사 작업에서 발생된 사고나 아차 사고 사례 연구 및 작업에 대한 안전 보건 점검을 통해 사고 발생 조건을 확인할 수 있다.
주요 작업의 위험원과 사고 발생 조건 확인 사례는 아래표와 같다.

[표] 프레스 작업

예상사고	위험원	사고발생조건
손가락 협착	작업점에 상부금형이 하강 접촉	1. 금형의 부착, 해체, 조정 중 클러치 오작동 또는 금형의 낙하 2. 손을 금형 위에 올려 놓은 상태에서 페달을 오조작 또는 페달 위헤 재료를 떨어뜨려 오작동 3. 계속적인 반복동작으로 불시에 발생되는 사고조건의 불인지, 지각능력 둔화

[표] 정전 작업

예상사고	위험원	사고발생조건
감전	전기에너지 (25[V] 이상)	1. 정전작업시 타인의 오조작 2. 주변의 고압활선에 접촉 3. 잔류 전하에 접촉

[표] 건조 설비

예상사고	위험원	사고발생조건
폭발 및 화재	인화성 가스	1. 열원으로 사용하는 인화성 가스가 건조실 내부로 스며듦 2. 건조시에 발생되는 가스가 외부로 배출되지 못하고 건조기 내부에 충만됨
	온도의 이상	건조설비 온도조절기의 고장으로 건조온도가 인화성 가스, 증기의 발화점 이상으로 상승

[표] 고소 작업

예상사고	위험원	사고발생조건
추 락	위치에너지 (2[m] 이상의 높이)	1. 작업발판 설치 불량 2. 난간이 없거나 난간의 강도 부족 3. 위험장소에서의 무리한 자세로 동작

4 결 론

① 위험 제어의 원칙은 위험원의 제거, 위험원의 격리, 위험원의 방호, 위험에 대한 사람 측면의 보강, 위험에 대한 사람의 대응책이 필요하다.
② 위험 관리 체계는 예상 사고를 확인하고, 위험원을 확인하고, 사고 발생 조건을 확인한다.
③ 기계 설비의 위험 체계는 위험원을 제거하고, 위험 관리 체계가 완전할 때 안전 사고는 예방될 수 있다.

문제 11

기계적 위험 제어의 원칙과 방법을 논하시오.

1 위험원의 제거

위험 제어 체계의 첫단계는 작업 속에 잠재되어 있는 위험원을 제거하는 일이다. 위험원의 제거란 사고를 발생시킬 수 없도록 위험원 자체를 근원적으로 배제하는 것이다. 여기에는 「대체」와 「작업 방법을 변경한다」라는 두 가지 방법이 활용된다.

1. 대체한다.

위험원이 잠재되어 있는 것을 위험원이 없는 안전한 것으로 교체함으로써 위험원을 제거한다. 이때에 동일한 목적을 수행할 수 있는 다른 것으로 대체할 수 있고 또한 동일한 제품의 새로운 것으로 교체할 수도 있다.

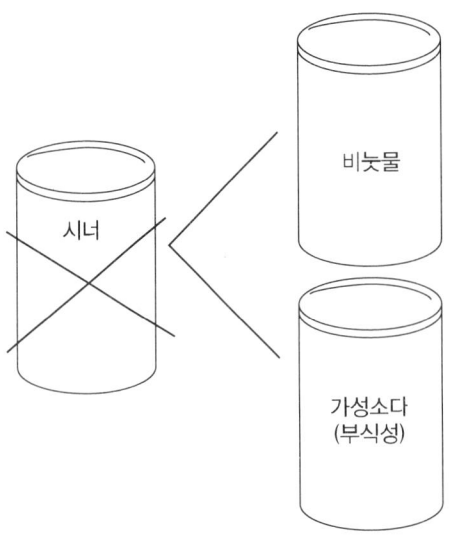

[그림] 세척 작업시 시너 대신에 비눗물이나 가성소다(5~10%) 사용

2. 작업 방법을 변경한다.

현행의 작업 방법 속에 위험원이 잠재되어 있는 경우에는 위험원을 없애는 안전한 작업 방법으로 변경함으로써 위험원을 제거한다.

[그림] 스프레이 도장 작업을 침전 도장 방식으로 변경

2 위험원의 격리

이 원칙은 위험원을 사람으로부터 격리하는 것이다. 따라서 위험원은 존재하지만 사고 발생으로 이어지지 않는다.

이 원칙에는 「울 또는 칸막이를 설치한다」, 「자동화 등 원격 제어 방식을 채택한다」라는 두 가지 방법이 활용된다.

1. 울 또는 칸막이를 설치한다.

유해·위험원이 잠재되어 있는 작업 장소에 울이나 칸막이 등을 설치함으로써 위험원에 근로자가 접촉될 수 있는 가능성을 배제한다. 이 방법은 기계·설비의 위험, 추락 위험, 화재 폭발 위험 장소에 활용할 수 있다.

[그림] 충전부가 노출된 전기 시설에 울 설치

2. 자동화 등 원격 제어 방식을 채택한다.

위험원이 잠재되어 있는 작업을 자동화하거나 원격 조작 방식을 채택하면 위험원에 대한 인체의 접촉 필요성이 배제되기 때문에 사람으로부터 위험원을 격리하는 효과를 거둘 수 있다.

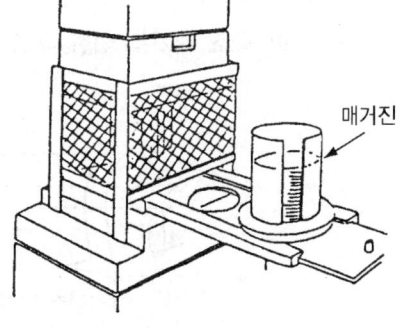

[그림] 매거진(magazine)을 갖춘 플런저 송급 장치

3 위험원의 방호

이 원칙은 위험원을 덮어 씌우는 것으로 위험원은 존재하지만 사람과의 접촉은 되지 않으므로 위험하지 않게 된다. 여기에는 「기계의 작업점에 방호 장치를 설치한다」, 「덮개를 설치한다」라는 두 가지 방법이 적용된다.

1. 기계의 작업점에 방호 장치를 설치한다.

기계의 경우 작업점에서 가장 많은 사고가 발생하는데 이러한 기계의 작업점에는 방호 장치를 설치하여 위험원을 방호한다. 방호 장치의 종류로는 연동식 방호장치, 양수 조작식 방호장치, 광전자식 방호 장치 등이 있다.

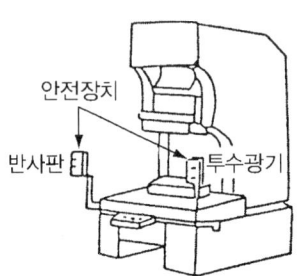

광선으로 위험 부위를 감응하도록 하고 손이 광선을 차단하는 경우, 기계의 작동을 멈추게 하는 구조

[그림] 광전자식 방호 장치

2. 덮개를 설치한다.

기계의 회전축이나 치차, 롤러 등에 작업자의 옷이나 머리카락이 말릴 수 있으며, 맨홀 등의 개구부에는 추락 위험이 있고, 용기 등에서 새어 나오는 유해·위험 인자는 화재·폭발 및 작업성 질병의 원인이 되기도 한다. 이러한 위험 부위에는 그 위험원의 특성에 따라 덮개, 가드 및 국소 배기를 위한 후드 등을 설치하여 위험원을 방호한다.

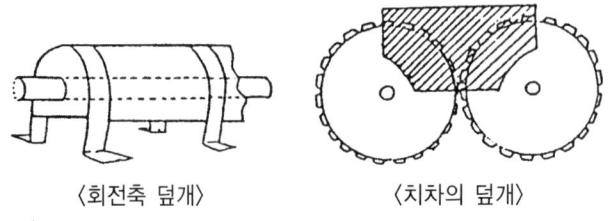

〈회전축 덮개〉   〈치차의 덮개〉

[그림] 덮 개

4 위험에 대한 사람측면의 보강

위험원에 대한 제거, 격리, 방호 등의 기술적 대책 강구가 곤란하거나 불안전한 경우에는 위험에 대하여 사람측면을 보강함으로써 안전성을 확보할 수 있다.
여기에는 「도구나 장비를 사용한다」, 「보호구를 착용한다」라는 두 가지 방법이 적용된다.

1. 도구나 장비를 사용한다.

유해·위험 작업시 유해·위험 요인에 작업자의 신체적 접촉이 불가피한 경우에는 도구나 장비를 사용하여 유해·위험 요인에 대한 신체의 접촉 기회를 최대한 배제한다.

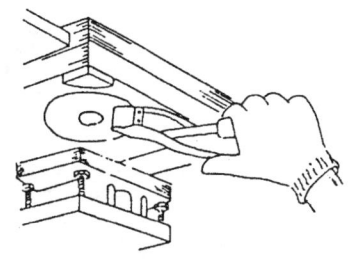

프레스 작업시 수공구(집게)를 사용하여 가공재를 송급 및 취출하면 손이 위험부위에 접촉될 기회(위험)가 배제된다.

[그림] 집게의 사용

2. 보호구를 착용한다.

보호구를 착용하여 사람을 보호함으로써 위험에 대처한다.
유해·위험의 특성에 따라 그것에 적용될 수 있는 보호구를 착용하여야 하며, 필요한 수량을 준비해 두어야 한다.

[그림] 보호구의 착용

5 위험에 대한 인간측의 대응

위험원에 대한 제거, 격리, 방호 등의 기술적 대책은 물론 보강 대책으로도 불만족스러울 경우에는 근로자 자신이 안전 행동을 통하여 유해·위험 상황에 대응해 나가야 한다.
대응 원칙에는 「안전한 위치·자세를 확보한다」, 「안전 행동의 기준을 정하여 이행한다」라는 두 가지 방법이 적용된다.

1. 안전한 위치와 자세를 확보한다.

안전한 위치와 자세를 확보하면 위험에 대응된다.
작업 위치와 선자세, 의자에 앉은 자세로 구분하여 대응 방법을 강구한다.

[그림] 크레인 운전 반경 내 출입 제한

2. 안전 행동의 기준을 정하여 이행한다.

작업자 본인이 안전 행동 기준을 정하여 실천하면 위험에 대응된다.

물건을 들어올릴 때에는 허리를 곧게 하고 다리의 힘으로 일어선다.

[그림] 중량물 운반 요령

6 위험 관리 모델의 구성

위험 관리 수단으로 5가지의 원칙(rule)과 10가지의 방법(method)을 활용한다. 위험 관리 5가지 원칙과 10가지 방법을 체계화하면 다음 표와 같다.

[표] 위험 관리 5원칙 10가지 방법

원칙(rule)	방법(method)	
제 거	• 대체	• 작업 방법의 변경
격 리	• 울 또는 칸막이의 설치	• 자동화 및 원격 조작
방 호	• 방호장치 설치	• 덮개나 후드 설치
보 강	• 도구나 장비 착용	• 보호구 상용
대 응	• 안전한 위치, 자세 확보	• 안전행동의 기준 제정 및 이행

10가지 방법을 순환 체계로 구성하면 위험 관리 모델은 다음 그림과 같다.

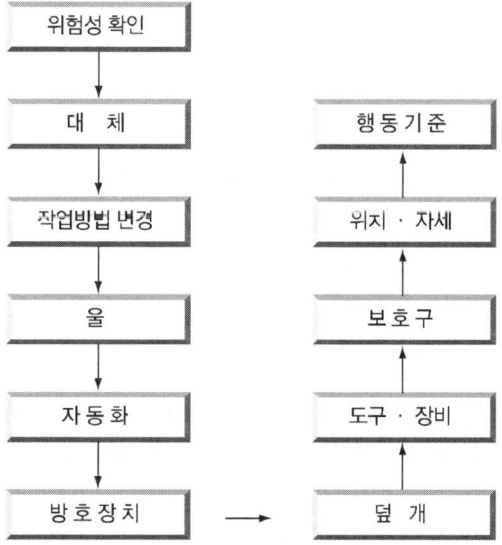

[그림] 위험 관리 모델 구성

문제 12

기계 설비 방호 장치의 일반 원칙 및 법적 사항을 쓰시오.

1 용어의 법적 개념

1. 방호 장치

산업 안전 보건법 개정 전에 사용하던 "안전 장치"와 동의어로서 산업안전보건법 시행령의 방호 조치 대상 기계·기구 및 설비나 시설을 사용함에 있어서 이로 인하여 작업자에게 상해를 입힐 우려가 있는 부분에 작업자를 보호하기 위하여 일시적 또는 영구적으로 설치하는 기계적·물리적 안전 장치를 말하는 것이다.
따라서 방호 장치는 제거, 설치, 조정·정비가 가능하나 임의적인 것이어서는 안되며 그 성능이 정확하지 않으면 안 된다.

2. 방호 조치

산업안전보건법에 의하면 위해·위험한 작업을 필요로 하거나 동력에 의하여 작동하는 기계·기구로서 대통령령이 정하는 것은 고용노동부장관이 정하는 위험 방지를 위한 방호 조치를 하지 아니하고는 이를 양도·대여·설치 또는 사용하거나 양도·대여의 목적으로 진열하여서는 안 된다고 되어 있다.
방호 조치란 이와 같이 기계·기구에 의한 위험 작업, 기타 작업에 의한 위험으로부터 근로자를 보호하기 위하여 행하여지는 위험기계·기구에 대한 방호장치의 설치, 보호구의 착용, 출입 금지, 대피, 안전 교육 실시 등의 모든 행위를 말하는 것이다.

2 방호 장치의 일반 원칙 및 법적 사항

1. 방호장치가 구비해야 할 일반원칙

방호 장치는 어디까지나 작업자를 보호하는 데 있으나 작업자의 작업을 방해해서는 안 된다. 따라서 방호 장치가 구비해야 할 일반 원칙은 다음과 같다.
① **작업의 편의** : 방호장치로 인하여 작업 방해가 되어서는 안 된다. 작업 방해가 된다는 것은 작업에 불안전 행동의 원인을 주는 결과가 될 뿐만 아니라 생산성에도 영향을 주

기 때문이다.
② **작업점의 방호** : 방호 장치는 작업자를 위험으로부터 보호하기 위한 것이므로 위험한 작업 부분은 완전히 정확하게 방호되지 않으면 안 된다. 일부분이라도 노출되거나 틈을 주어서는 안 된다.
③ **외관상의 안전화** : 외관상으로 불안전한 설치나 불안전한 모습은 작업자에 심리적으로 불안감을 줌으로써 불안전 행동의 원인으로 작용하게 된다.
④ **기계 특성과 성능 보장** : 방호 장치는 해당 기계의 특성에 적합하지 않으면 제성능을 발휘하지 못하며 또한 방호 장치의 성능이 보장되지 않으면 방호 장치로서의 제기능을 다하지 못하게 된다.

2. 방호 장치의 법적 사항

방호 장치를 제조 또는 수입하는 자는 산업안전보건법에 의거 그 방호 장치에 대하여 고용노동부 장관이 실시하는 성능 검정을 받도록 되어 있으며, 이와 같은 방호 장치를 사업장에서 사용할 경우에는 고용노동부 장관이 실시하는 성능검정에 합격한 방호 장치를 사용해야만 한다.

3. 동력 기계·기구의 방호 조치 추가 사항

기계·기구 중 동력에 의하여 작동되는 기계·기구에는 방호 장치 이외의 다음과 같은 방호 조치를 해야 한다.
① 작동 부분상의 돌기 부분은 묻힘형으로 하거나 덮개를 부착할 것
② 동력 전달 부분 및 속도 조절 부분에는 덮개를 부착하거나 방호망을 설치할 것
③ 회전 기계의 물림점(롤러·기어 등)에는 덮개 또는 울을 설치할 것

4. 방호 조치에 대한 근로자 준수 및 사업주 조치 사항

근로자는 산업안전보건법에 의한 방호 조치사항에 대해 다음의 사항을 준수하도록 되어 있다.
① 방호 조치를 해체하고자 할 경우에는 사업주의 허가를 받아 해체할 것
② 방호 조치를 해체한 후 그 사유가 소멸된 때에는 지체없이 원상으로 회복시킬 것
③ 방호 조치의 기능이 상실된 것을 발견한 때에는 지체없이 사업주에게 신고할 것. 사업주는 근로자가 방호 조치의 이상을 발견하고 신고를 하였을 때에는 즉시 수리·보수 및 작업 중지 등 적절한 조치를 하여야 한다.

문제 13

방호 장치 선정시 고려 사항을 쓰시오.

1 기계 점검시 고려 사항

어떤 때에 어떤 방호 장치가 필요한지 아닌지를 결정하는 문제가 어렵고 더 중요할 때가 많다. 아래 각 질문들은 안전 관리자와 안전 기술자가 기계와 장비의 안전점검을 할 때 꼭 필요한 사항들은 다음과 같다.
① 정상적 생산시나 보수 작업시 기계의 운동 부위에 사람이 접촉할 가능성이 있는가?
② 회전하거나 움직이는 스크루, 키, 머리나사, 버(burr) 등이 노출되어 작업자의 옷이 걸릴 가능성이 있는가?
③ 공구, 지그 또는 작업 고정물이 필요할 때 이들이 작업에 방해되지 않는 곳에 편리하게 보관되어 있는가?
④ 작업 영역에 조명이 잘 되어 있는가? 그리고 작업점에 부가적인 조명이 필요한가?
⑤ 개인 보호구가 필요한 작업 과정의 경우 작업자는 이를 사용하는가?
⑥ 바닥에 부스러기 등이 제거되어 주위 환경이 만족스러운가?

2 방호 장치 선정시 고려 사항

작업자를 보호하는 데 어떤 방호 장치가 필요한가에 대한 질문에 대한 의미있는 대답을 줄 수 있는 것이다. 방호 장치의 설치가 기계에 대해서 필요하다고 판단되면 방호 장치의 선정시에 아래와 같은 사항을 고려해야 한다.
① **방호의 정도** : 단지 위험을 알리는 것인지, 아니면 위험의 방지를 목적으로 하는 것인지
② **적용의 범위** : 기계의 유형과 성능 조건에 적응되는 방호 장치여야 한다.
③ **보수의 난이** : 안전 장치의 고장시에 보수하기 쉬운지, 어려운지
④ **신뢰도** : 방호 능력의 신뢰도를 어떻게 할 것인가
⑤ **경비** : 경비를 어느 정도로 잡을 것인가
⑥ **작업성** : 작업을 저해해서는 안 된다.

3 방호 장치의 종류

기계·설비의 방호는 위험 장소에 대한 방호와 위험원에 대한 방호로 분류할 수 있다.

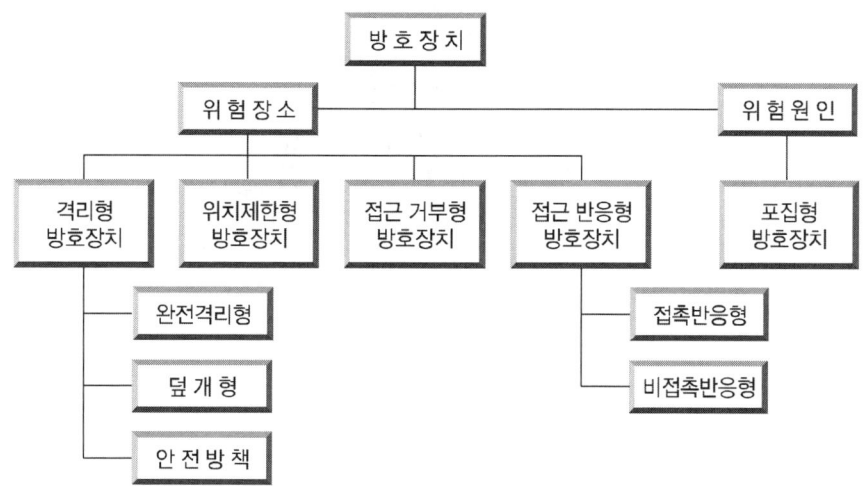

[그림] 방호 장치의 분류

4 격리형 방호 장치

위험한 작업점과 작업자 사이에 서로 접근되어 일어날 수 있는 재해를 방지하기 위해 차단벽이나 망을 설치하는 원리이며, 사업장에서 가장 흔히 볼 수 있는 방호형태이다.

1. 완전 차단형 방호 조치

어떠한 방향에서도 위험 장소까지 도달할 수 없도록 완전히 차단하는 것이다. 사람이 옷을 입어 알몸을 가리듯 모든 기계 동작 부분을 덮어씌우는 방법이다.

사업장에서는 체인 또는 벨트 등의 동력 전달 장치에서 그 예를 쉽게 볼 수 있다. 다음 그림은 완전 차단형 방호 장치의 예이다.

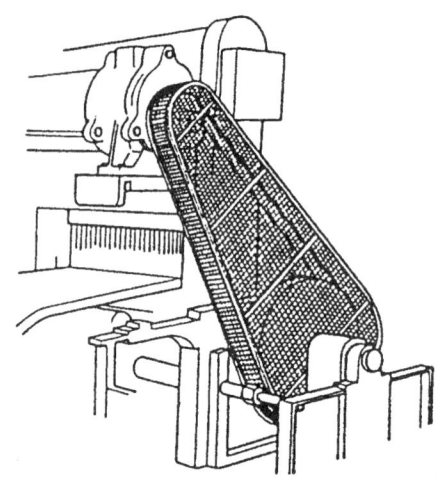

[그림] 완전 차단형 방호장치

2. 덮개형 방호 장치

작업점 외에 직접 사람이 접촉하여 말려들거나 다칠 위험이 있는 위험 장소를 덮어씌우는 방법으로 우리 사업장에서 쉽게 볼 수 있는 방호 방법이고 그 사용처도 동력 전달 장치뿐만 아니라 모든 기계·기구의 동작부분이나 위험점에까지 확대될 수 있어 앞으로 더 많은 보급이 기대된다.

V벨트나 평벨트 또는 기어가 회전하면서 접선 방향으로 물려 들어가는 장소에 많이 설치한다.

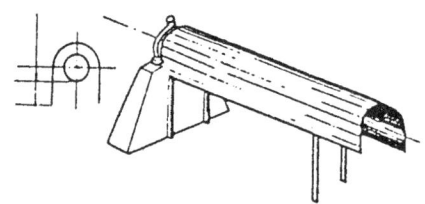

[그림] 회전축의 덮개형 방호 장치

3. 안전 방책(安全防柵)

위험한 기계·기구의 근처에 접근하지 못하도록 방호울을 설치하는 방법으로 대마력(大馬力)의 원동기나 발전소의 터빈 또는 고전압을 사용하는 전기 설비의 주위에 울타리를 설치하는 예가 대표적이다.

승강기의 수직 통로의 전체를 둘러싸는 것도 안전 방책이라 할 수 있다. 사람의 출입을 제한할 수 있는 방법으로 많이 활용되며 다음 그림은 안전 방책의 대표적인 예이다.

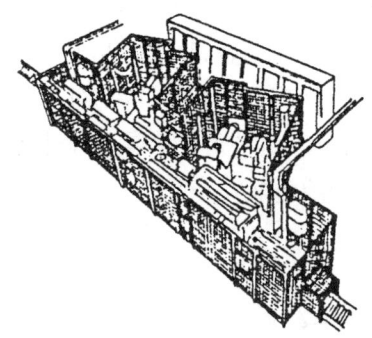

[그림] 안전 방책의 예

5 위치제한형 방호 장치

위험을 초래할 가능성이 있는 운동을 계속하는 기계에서 작업자나 또는 직접 그 기계와 관련되어 있는 조작자의 신체 부위가 위험 한계 밖에 있도록 의도적으로 기계의 조작 장치를 기계에서 일정 거리 이상 떨어지게 설치해 놓고 조작하는 두 손 중에서 어느 하나가 떨어져도 기계의 동작이 멈춰지게 하는 장치이다.

대표적인 예로는 프레스에 많이 사용하는 양수 조작식 안전 장치가 있다.

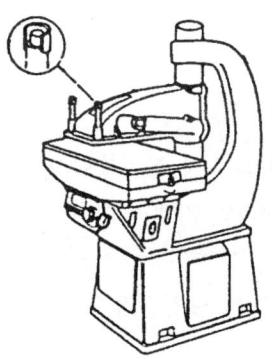

[그림] 프레스의 양수 조작식 안전 장치

6 접근 거부형 방호 장치

작업자나 그의 신체 부위가 위험 한계 내로 접근하면 기계의 동작 위치에 설치해 놓은 기계적 장치가 접근하는 신체 부위를 안전한 위치로 밀거나 당겨내는 장치이다.

책 제본기에서 손을 쳐내는 장치 또는 프레스의 수인식 또는 손쳐내기식 등은 이 원리를 이용한 방호 장치이다. 사업장에서는 이 장치를 위험 기계의 동작 슬라이드나 행정을 왕복하는 기계 요소에 부착·설치하여 이용한다.

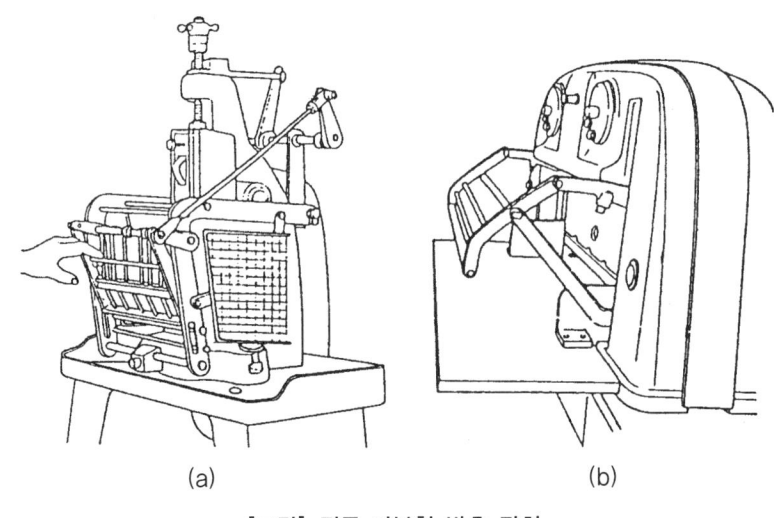

[그림] 접근 거부형 방호 장치

7 접근 반응형 방호 장치

접근 반응형 방호 장치는 작업자의 신체 부위가 위험 한계 또는 그 인접한 거리 내로 들어오면 이를 감지하여 그 즉시 동작하던 기계를 정지시키거나 스위치가 꺼지도록 하는 기능을 갖고 있다.

사업장에서의 사용 예를 들면 프레스·전단기 또는 압력을 이용해서 사용하는 기계 등에서 많이 볼 수 있다.

이 예는 광전자식·압력 감지 방식·압력 호스식 등이 있다.

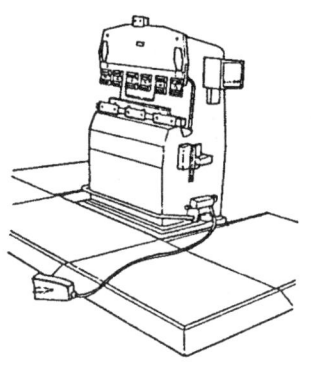

[그림] 유압 프레스의 접근 반응형 방호 장치

8 포집형 방호 장치

위험 장소에 대한 방호 장치가 아니고 위험원에 대한 방호 장치로, 예를 들면 회전하는 연삭 숫돌이 파괴되어 비산될 때 회전 방향으로 튀어나오는 비산 물질이 덮개를 치면서 회전 방향으로 밀려나게 되고 이때 덮개가 따라 움직이면서 작업자의 신체부위로 비산하게 될 때 파괴된 연삭숫돌의 조각들을 포집하는 장치이다. 또 목재 가공 작업에서 작업 물질이나 재료가 튀어오르는 것을 방지하기 위해 설치하는 반발 예방 장치도 포집형 방호 장치에 속한다.

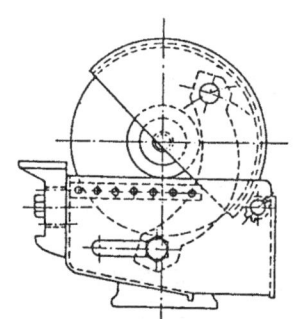 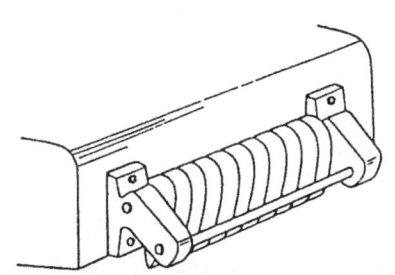

[그림] [연삭기의 포집형 방호 장치]   [그림] 자동일면 대패기계의 포집형 방 호장치

문제 14

가드(Guard)의 분류와 조건을 논하시오.

1 가드의 분류

가드를 구조상으로 분류하면 다음 표와 같다.

[표] 가드의 분류

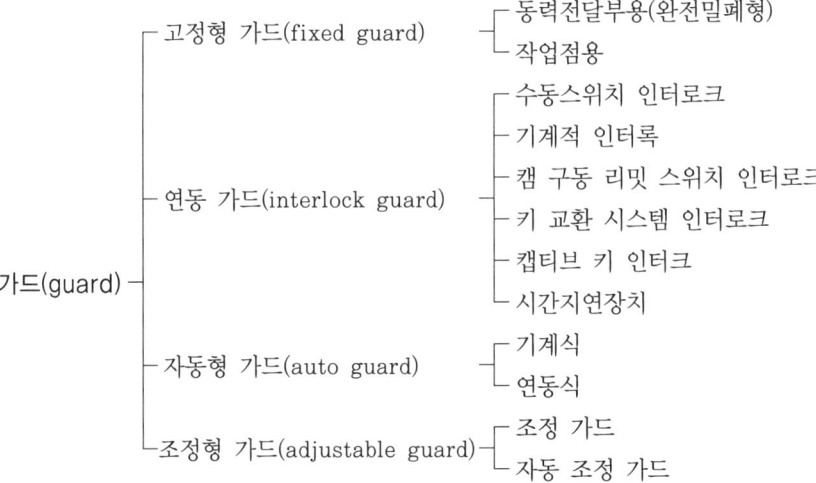

2 가드의 재료

가드의 재료는 강판, 철망, 환봉, 유공 철판, 투명 플라스틱 등 각종 재료가 사용되지만 현장의 환경에 적응하는 재료를 채택하여야 한다.

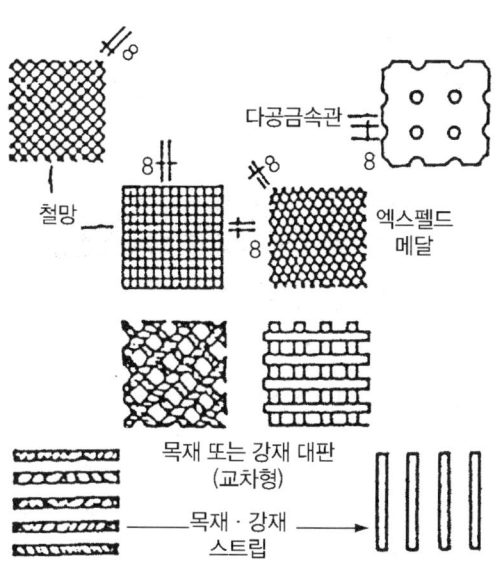

[그림] 가드의 사용 재료

3 가드의 설치 조건

1. 가드의 설치 조건은 다음과 같다.

① 충분한 강도를 유지할 것
② 단순한 구조이어야 하며 조정이 용이하여야 한다.
③ 일반 작업, 점검 조정 작업이나 주유 작업에 방해가 되면 안 된다.
④ 안전울과 기계의 운동 부분과의 사이에 신체의 일부가 들어가지 않게 제작하여야 할 것
⑤ 안전울을 만드는 개구부의 치수(opening size)는 그림을 참고할 것

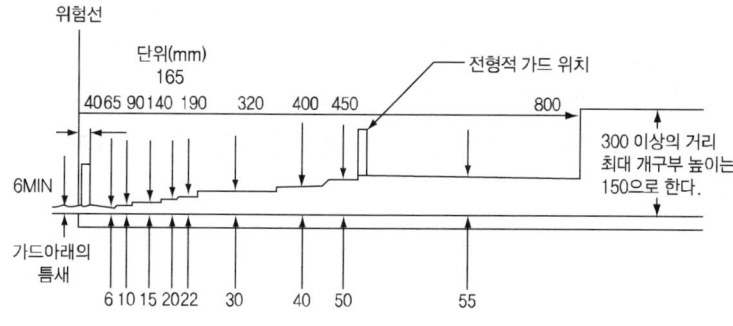

[그림] 개구부의 표준 치수

개구부 치수는 다음 식에 의해서 산출한다.

$$y = 6 + 0.15x \, (x < 160[\text{mm}])$$
$$y = 300[\text{mm}] \, (x \geq 160[\text{mm}])$$

여기서 x는 개구면에서 위험구역 근접점까지의 최단 거리, y는 x에 대한 필요 개구부 높이. 단, 위의 식은 가드의 위치로부터 위험 구역까지가 300[mm] 이상 떨어진 경우에 적용하는 것은 비현실적이다.

2. 가드에 필요한 트랩 공간(trapping space)

작업 중 작업자는 신체의 각 부분이 트랩에 들어가서 상해를 입는 수가 많다. 특히 가드에 트랩이 필요할 경우 신체 각 부분과 트랩 사이에는 그림에 주어지는 최소 틈새를 유지해야 안전하다.

[표] 각 트랩의 최소 틈새

A신체부위▶	몸	다리	발	팔	손목	손가락
최소틈새▶	500[mm]	180[mm]	120[mm]	—	100[mm]	25[mm]

3. 방호울(distance guard)

방호울은 위험 부분으로부터 적절한 거리에 설치되어 있는 울타리를 말한다. 작업자가 위험 지역 내의 접근을 금하기 위하여 고정 방벽을 설치하는 경우 일반적으로 방벽의 높이는 2,500[mm] 정도가 되어야 한다. 그러나 사정상 방벽의 높이가 2,500[mm] 정도로 설치할 수 없을 경우 위험점의 높이와 울의 높이 그리고 위험점으로부터 수평거리 c 사이에는 표와 같은 관계가 있다.

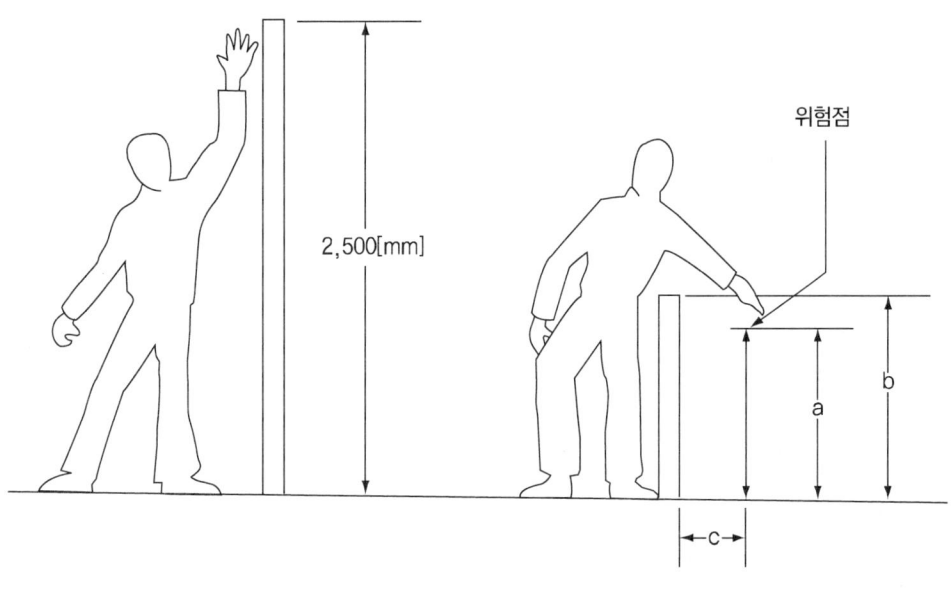

[그림] 수직 방호벽 높이 계산

[표] 방호울의 설치에 따른 기준

위험부의 높이 a[mm]	보호 구조물의 높이 b(mm)							
	2400	2200	2000	1800	1600	1400	1200	1000
	위험점으로부터의 거리 c(mm)							
2400	—	100	100	100	100	100	100	100
2200	—	250	350	400	500	500	600	600
2000	—	—	350	500	600	700	900	1100
1800	—	—	—	600	900	900	1000	1100
1600	—	—	—	500	900	900	1000	1300
1400	—	—	—	100	800	900	1000	1300
1200	—	—	—	—	500	900	1000	1400
1000	—	—	—	—	300	900	1000	1000
800	—	—	—	—	—	600	900	1300
600	—	—	—	—	—	—	500	1200
400	—	—	—	—	—	—	300	1200
200	—	—	—	—	—	—	200	1100

문제 15

가드(Guard)의 종류와 특징을 논하시오.

1 고정 가드(fixed guard)

고정 가드는 작업자를 보호하는 가장 확실한 방법이다.

작업자가 위험 지역으로 접근하는 것을 금지시키나 재료의 송급이나 가공재의 배출은 가능하게 한다. 이러한 장치는 기계에 부착되어 있거나 공구 금형이 일체를 이루는 것이 보통이다. 고정 가드를 설치할 때에는 상당한 주의를 기울여야 하는데 일반적으로 범하는 실수는 개구부(opening)를 만들 때 너무 크게 만들어서 가드를 통해서 전단점이나 펀치점에 작업자의 접근이 가능하게 되는 경우이다.

이 가능성을 줄이기 위해서 개구부나 가드는 기계 부품과의 사이가 어느 정도 정해진 거리 이상이 되어서는 안 된다.

[표] 안전 개구부 간격

작업점으로부터 개구부까지의 거리[mm]	최대개구부[mm]
13~38	6
38~64	9
64~89	13
89~140	16
140~165	19
165~190	22
190~318	32
318~394	38
394~445	47
445~800	54
800 이상	150

현재 사용되고 있는 가드가 만약에 비효과적인 경우 이의 재배치 문제도 매우 중요하다. 덧붙여 방책이나 울의 설계에 대해 다음과 같은 요건을 만족하여야 한다.

① 고정 가드는 설계에 있어서 간단해야 하고 충분한 강도를 유지해야 한다. 또한 가드를 설치하고 조절하는 것이 용이해야 하며 스크루, 나사 또는 용접에 의해 기계에 굳건히 부착되어야 한다.

② 안전울은 수리, 급유 또는 기계 조정 작업에 있어서 방해가 되면 안된다.
③ 안전울 자체가 어떤 움직이는 부분에 의해서 편치점이나 전단점과 같은 위험점을 갖고 있어서는 안 된다.
④ 안전울의 개구부는 가드를 통해서 신체의 일부분이 전단점이나 편치점에 도달하지 못하도록 제작되어야 한다.
⑤ 힌지(hinge), 피벗(pivot) 또는 수동으로 쉽게 제거될 수 있는 안전울은 인터로크시켜 작업자가 위험 지역에 접근하면 기계는 작동되지 않아야 한다.

1. 동력 전달부용 가드(완전 밀폐형 가드)

일반적으로 작업용 가드 설계에 필요한 원칙이 동력 전달부용 가드 설계에도 적용된다. 그러나 재료의 송급이나 가공재의 배출을 위한 개구부는 고려할 필요가 없다.
단지 고려해야 할 개구부는 윤활, 조정이나 검사를 위한 것들이다.
또한 동력 전달부용 가드는 신체의 일부와 움직이는 기계 부분과 접촉되지 않게 설계되어야 한다. 동력 전달 부분의 덮개나 바닥으로부터 2[m] 이상의 높이에 설치된 벨트로서 풀리간의 거리가 3[m] 이상 폭이 15[cm] 이상 및 속도가 매초 10[m] 이상일 때에는 고정식 울을 그 밑에 설치한다. 이러한 보호 덮개는 앵글로 틀을 만들고 철망을 부착한 것이 많고, 충분한 강도를 유지하고 견고하게 바닥이나 기계 프레임에 고정시켜야 한다.

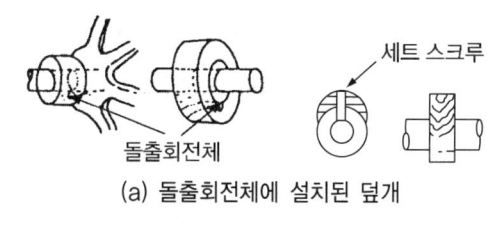
(a) 돌출회전체에 설치된 덮개

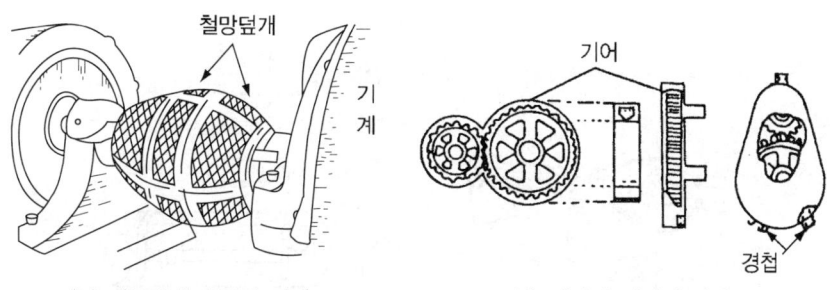
(b) 커플링에 설치된 덮개   (c) 치차에 설치된 덮개

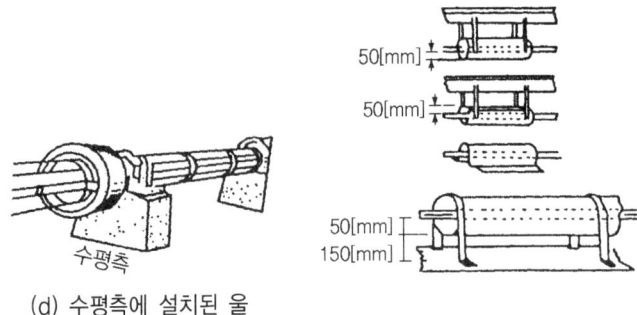

(d) 수평측에 설치된 울

[그림] 동력 전달부의 방호 덮개

회전축이나 회전체에 부착되는 것이며 특히 위험한 세트 볼트의 방호 덮개를 나타낸 것이다. (a)는 매두형으로 한 것이고 (b)와 (c)는 블록이나 덮개를 사용해서 걸리지 않게 한 것이며 (d)는 커플링에 사용되는 볼트부의 덮개이다.

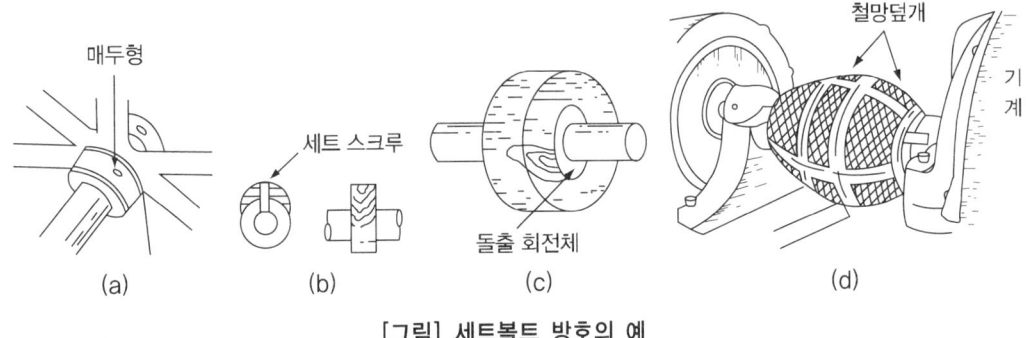

[그림] 세트볼트 방호의 예

다음은 슬리브와 덮개의 예를 보여 주고 있다.

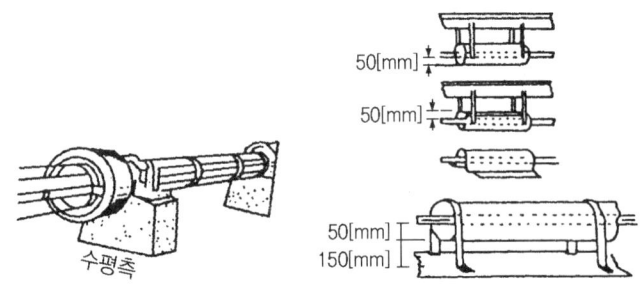

[그림] 덮개 및 울의 설치 예

2. 작업점용 가드

재료나 부품의 송급, 배출 등에 장애를 주지 않으면서 작업자가 위험점에 접근하지 못하도록 하는 가드로서 주로 1차 가공정에서 적용된다.

1차 가공정의 대표적인 기계로 프레스를 들 수가 있는데 작업시 금형 안으로 손이 들어가지 않게 하려면 가드가 좋은 대책이 된다. 이때 가공품의 배출은 슈트를 설치하면 효과적이다.

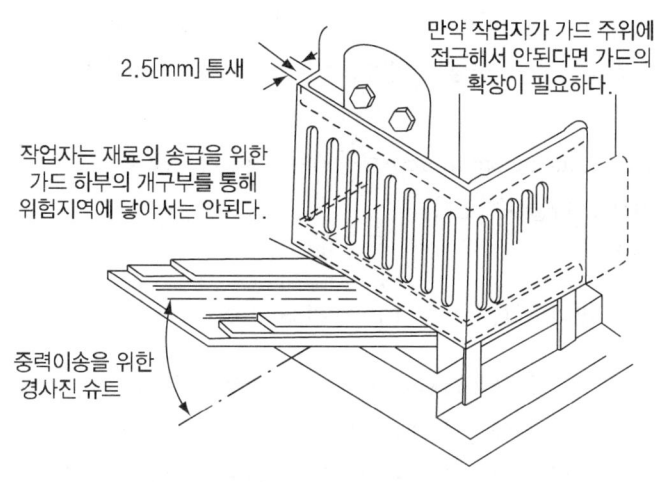

[그림] 작업점용 가드의 설치

2 연동 가드(interlocked guard)

가드를 자주 움직이거나 열 필요가 있는 곳에서는 그것을 고정시키는 것이 매우 불편하며 이때 이 가드들은 기계적, 전기적, 공기압식 등의 방법으로 전체 기계시스템 제어의 일부로 연동시킨다. 이 경우 2가지 요건을 갖추어야 한다.

첫째, 가드가 닫혀지기 전까지는 기계의 작동이 시작되면 안 되고,

둘째, 가드가 열리는 순간 기계의 작동의 멈추어져야 한다. 만약에 완전 정지까지 시간이 걸리는 경우는 지연 릴레이 장치(delay relay mechanism)를 설치할 필요가 있으며 예기치 않은 운동을 막기 위해서는 시동 제어(start control)와 결합되어 있어야 한다.

연동(interlocked)가드는 미끄럼운동을 하게 설치되고 때때로 제거할 수 있어야 하며, 이 메커니즘의 설계가 사고 방지에 가장 중요한 역할을 한다. 이 메커니즘은 신뢰성이 있어야 하며, 어떤 충돌이나 사고 등에도 견딜 수 있어야 하며 특히 그 시스템을 페일 세이프 개념으로 설계되어야 한다.

인터로크 가드는 작업자의 안전을 확신할 수 있어야 하며 또한 쉽게 접근할 수 있게 설치되어야 한다. 그러나 때로는 가드가 열렸을 때 기계가 움직이는 상황이 필요할 때도 있다. 예를 들면 기계의 설치, 청소, 고장 처리 등이며 이때 기계의 최소 속도 등이 엄격하게 지켜지는 상황하에서만 허용되어야 한다.

연결 방법(interlocking method)은 동력 공급 방식, 기계의 운전배열, 보호되어야 하는 위험의 정도, 그리고 안전 장치의 작동 불량에 따른 결과 등에 따라 선택된다. 선택된 시스템은 가능한 한 단순하여 직접적인 것이 좋다. 복잡한 시스템은 잠재적인 위험 요인을 가지고 있어 눈에 보이지 않는 작동 불량의 위험성을 가지고 있으며 이에 대한 이해와 보수·유지가 매우 어렵다.

연결 기구(interlocking mechainism)는 동력에 의해 가드를 닫는 경우와 그 자체 운동으로 가드를 닫는 것으로 나눌 수 있다.

1. 직접 수동 스위치 인터로크(direct manual switch interlock)

가드가 닫혀질 때까지 동력원(power sourse)인 스위치나 밸브가 작동될 수 없다.
또한 스위치가 '실행' 위치에 있을 때 가드는 열려지지 않는다.
그림은 그 예이며 스위치문은 기계가 작동하지 않을 경우에만 열려진다.

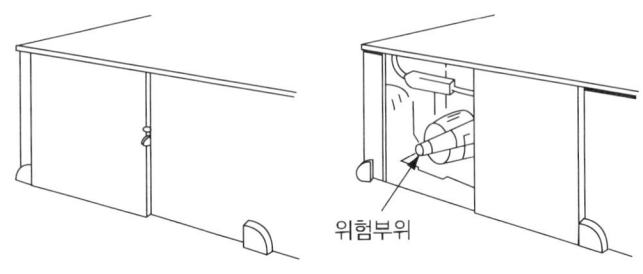

[그림] 직접 수동 스위치 인터로크

2. 기계적인 인터록(mechanical interlock)

가드로부터 동력이나 동력 전달 조절까지 직접적으로 연결되는 것으로 가장 일반적인 적용 예는 동력 프레스이다. 프레스 브레이크 가드가 크랭크 샤프트에 직접 연결되어 있는 경우이다.

3. 캠 구동 제한 스위치 인터로크(cam-operated limit switch interlock)

회전식 또는 왕복식 등이 사용되며 이러한 경우 안전 작동 위치에서 스위치는 느슨해지는 것이 특징이다. 즉 스위치 플런저는 눌려져 있지 않다. 안전 위치부터 가드가 움직이게 되면 스위치 플런저가 눌려지며 제어 기능을 작동시켜 기계를 멈추게 한다.

인터로크 스위치는 포지티브 모드(positive mode)에서 작동해야 하며, 네거티브 모드(negative mode) 작동은 허용되지 않는다. 그런데 어떤 위험한 영역에서는 포지티브 모드와 네거티브 모드의 조합이 추천된다. 예를 들면 그림에서와 같은 스위치 파손 검사 회로(switch failure monitoring circuit)로 사용할 수 있다.

인터로크 장치에 사용되는 전기 스위치 형태는 매우 중요하다. 안전 장치를 갖고 있어야 하며 회로에 최대 전류를 흐르게 할 수 있는 접점을 갖고 있는 포지티브 모드에서 작동하는 제한 스위치가 적격이다. 접촉에 의한 판스프링의 변위에 의존하는 마이크로 스위치는 사용하지 않는 것이 좋다.

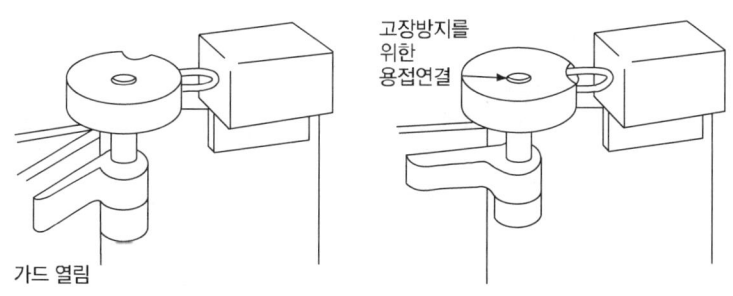

[그림] 회전식 캠 구동 제한 스위치 인터로크

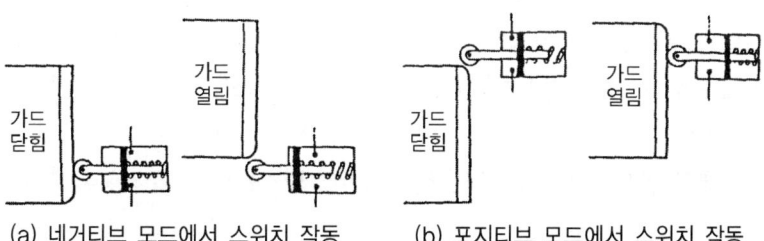

(a) 네거티브 모드에서 스위치 작동   (b) 포지티브 모드에서 스위치 작동

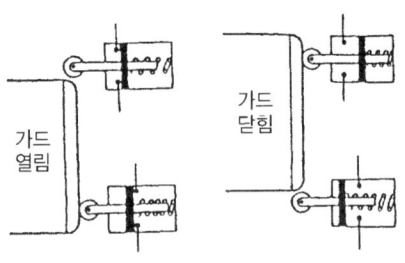

(c) (a)와 (b)의 복합적 사용

[그림] 왕복식 캠 구동 제한 스위치 인터록

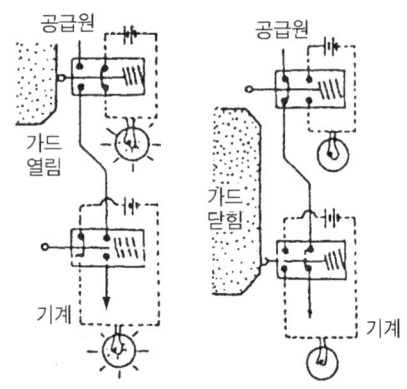

[그림] 스위치 파손검사회로

4. 열쇠 교환 시스템(key exchange system;trapped key interlocks)

이는 마스터 열쇠 상자에서 스위치를 통해서 기계류에 동력의 전달을 제어하는 마스터 열쇠가 개개의 가드에 대한 열쇠를 잠그기 전에는 OFF 위치에 있어야 하는 원리로 작동한다. 마스터 상자에서 개개의 열쇠들이 잠겨져야 마스터 스위치가 비로소 ON이 된다. 개개의 열쇠는 각각에 해당하는 방호문을 열 수 있으며 작업자가 기계 안에 들어갈 때 각각의 열쇠로 해당 번호문을 연다. 개개의 열쇠는 가드를 다시 닫을 때까지 방호문의 가드 자물쇠에 물려 있게 된다.

5. 캡티브 키 인터로크(captive key interlock)

전기 스위치와 기계적인 잠금 장치(mechanical lock)가 조합된 형태로 보통 이동형 가드에 부착된다. 가드가 닫혀 있을 때 열쇠는 스위치 스핀들(switch spindle)에 위치한다. 열쇠를 돌리면 처음에 기계적으로 가드를 닫게 하도록 계속 돌면 전기 스위치를 작동시켜 안전 회로가 구성된다.

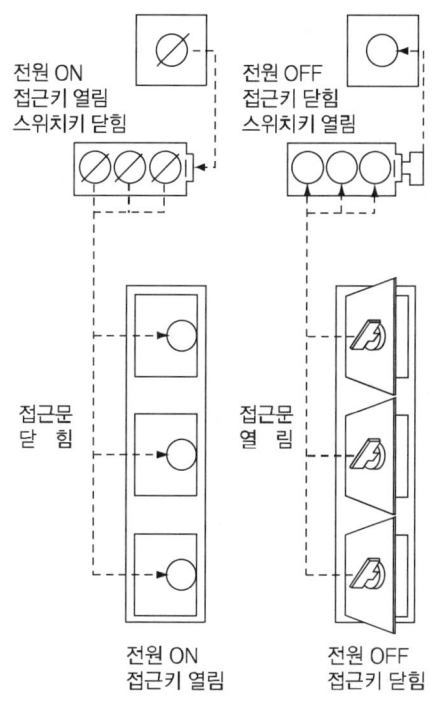

[그림] 열쇠 교환 시스템

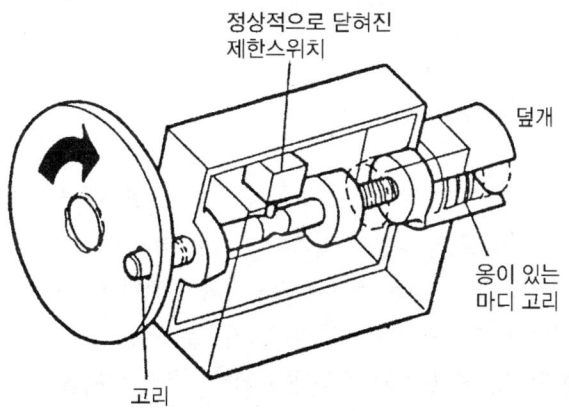

[그림] 캡티브 키 인터로크

6. 시간 지연 장치(time delay arrangement)

방호되어야 할 기계가 큰 관성을 가지고 있어 정지하는 데 오랜 시간이 필요할 때 사용된다. 볼트의 첫번째 움직임이 기계의 회로를 차단시키며 계속해서 상당한 거리 동안 풀려져야 비로소 가드가 열어진다. 이때 솔레노이드에 의해서 작동하는 볼트 나사를 시간 지연 장치와 함께 사용할 수도 있다.

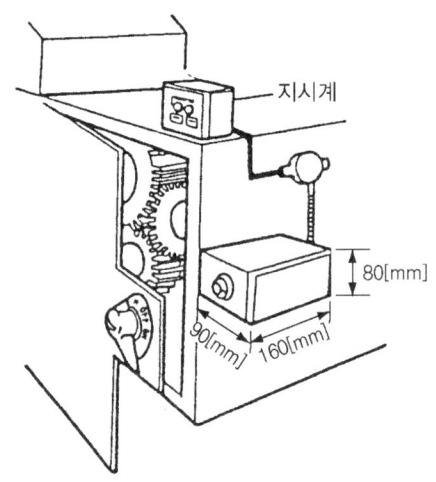

[그림] 시간 지연 장치

3 자동 가드(automatic guard)

자동 가드는 고정 가드나 인터로크 가드가 실용적이지 못할 때 사용된다. 그러한 가드는 작업자가 작업 중인 기계의 위험 부분에 접촉하는 것을 방지해 주어야 하고 위험한 경우 기계를 중단시킬 수 있어야 한다. 자동 가드는 작업자와 무관하게 기능하여야 하며 그것의 작동은 기계가 작동하는 한 반복되어져야 한다. 그러므로 연결 기구(linkage)나 레버(lever)를 통해 기계에 연결되어 기계에 의해 작동하게 된다. 손으로 제품의 이송·배출 등을 하여야 하는 경우 작업자는 반드시 수공구를 사용해야 한다.

정지 중에는 톱날 전부가 가드에 의해서 둘러싸여 있고 절단행정이 수립됨에 따라 차차 열리게 해주는 연결 시스템을 가지고 있는 가드이다. 매우 간단하고 튼튼한 연결 기구를 가지는 가드의 형태 변화는 한 가지 크기의 톱날만 사용하는 휴대용 기계에 매우 유리하다. 이 가드는 절단 행정이 진행됨에 따라 위아래로 움직이는 피벗(pivot)으로 구성되어 있는 회전할 수 있는 부분과 톱날의 절단 부분을 노출시키면서 동시에 위로 회전하는 가드를 유지·연결시켜 주는 고정 가드 형태의 2부분으로 구성되어 있다.

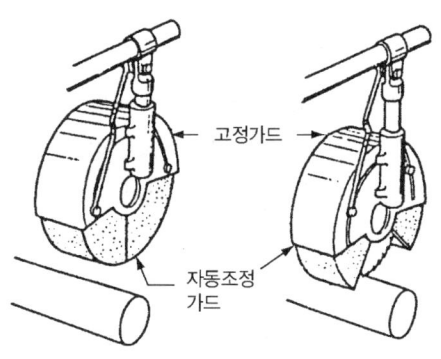

[그림] 목재 가공용 둥근톱 기계의 자동 가드 예

4 조정 가드(adjustable guard)

방호하고자 하는 위험 구역에 맞추어 적당한 모양으로 조절하는 것이며 기계에 사용하는 공구를 바꿀 때 이에 맞추어 조정하는 가드를 말한다. 예를 들면 동력식 수동 대패 기계의 날 접촉 예방 장치 및 목재 가공용 둥근톱의 톱니 접촉 예방 장치, 프레스의 안전울 등을 들 수 있다.

1. 조정 가드(adjustable guard)

이는 고정 가드와 함께 설치하나 작업자가 작업하는 일에 맞게 위치해야 하는 조절 가능한 요소들로 구성된다. 조정 가드를 사용할 때 작업자는 그것들로부터 보호를 받도록 조절하는 방법을 충분히 훈련받아야 한다.

그림은 둥근 톱기계에 사용된 예를 보여 주는 것으로 재료의 크기에 따라 가드의 위치를 조절하도록 되어 있으며 절단할 때 톱날 높이 조절 장치는 반드시 잠겨져야 한다.

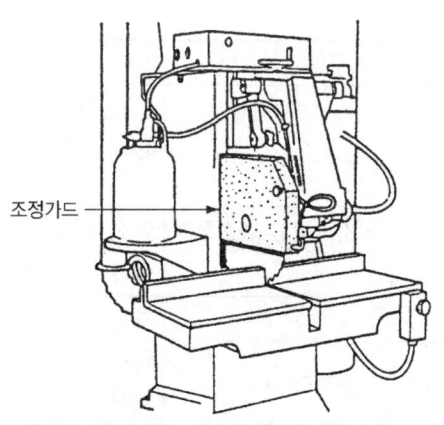

[그림] 둥근톱 기계에 설치된 조정 가드

2. 자기 조정 가드(self-adjustable guard)

자동 조정 가드는 재료의 이송에 의해서 가드가 열려지는 경우를 제외하는 위험지역에 작업자가 접근하는 것을 방지해 준다. 이들은 대개 스프링 등과 연결되어 사용된다. 다음 그림은 둥근톱 기계에 설치된 것으로 가드는 피벗되어 있어 재료가 이송될 때는 가드가 열려지고 절단시에는 완전히 안전한 형태로 작업자를 보호하게끔 기계적으로 연결되어 있다.

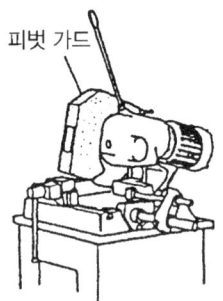

[그림] 피벗으로 고정된 자기 조정 가드

문제 16

위험 기계 기구별 방호 장치의 종류를 쓰시오.

산업안전보건법에 의한 위험 기계·기구에 설치해야 할 방호 장치의 종류는 다음과 같다.

(1) 방호 장치의 종류

번호	대상기계·기구명	방호장치의 종류
1	프레스 및 전단기	① 광전자식 ② 양수조작식 ③ 가드식 ④ 손쳐내기식 ⑤ 수인식
2	아세틸렌 용접장치 또는 가스집합 용접장치	안전기(역화방지기)
3	방폭용 전기기계·기구	방폭 구조 전기기계·기구
4	교류아크용접기	자동전격방지기
5	양중기(크레인, 승강기, 곤돌라, 리프트)	과부하 방지장치(① 전자식 ② 전기식 ③ 기계식) 및 고용노동부장관이 정하는 방호장치

번호	대상기계·기구명	방호장치의 종류
6	압력용기	압력방출장치
7	보일러	압력방출장치 및 압력제한스위치
8	롤러기	롤러 급정지장치(① 손조작식 ② 복부조작식 ③ 무릎조작식)
9	연삭기	덮개
10	목재가공용 둥근톱	① 반발예방장치 ② 날접촉예방장치
11	동력식 수동 대패기계	날접촉예방장치(① 기동식 ② 고정식)
12	산업용 로봇	안전매트 또는 방호울(방책)
13	정전 및 활선작업에 필요한 절연용 기구	절연용 방호구, 활선작업용 기구
14	추락 및 붕괴 등의 위험 방호에 필요한 가설기자재	비계, 파이프서포트 등 고용노동부장관이 정하는 가설기자재

(2) 동력으로 작동하는 기계·기구 조사사항

① 작동 부분의 돌기부분은 묻힘형으로 하거나 덮개를 부착할 것
② 동력전달부분 및 속도조절부분에는 덮개를 부착하거나 방호망을 설치할 것
③ 회전기계의 물림점(룰러·기어 등)에는 덮개 또는 울을 설치할 것

문제 17

프레스 및 전단기의 종류 및 위험성에 대한 대책을 쓰시오.

1 프레스의 종류

프레스 및 전단기는 국내 사업장에서 사용되는 기계들 중 가장 위험한 기계로 주로 금속 제품을 제조하는 사업장에서 많이 사용한다. 2개 이상 서로 대응하는 공구를 사용하여 그 공구 사이에 가공 재료를 놓고 공구(금형)가 가공재를 강한 힘으로 누름에 의해서 금속 또는 비금속 물질을 압축·절단 또는 성형하는 기계를 말하며 그 종류는 다음과 같다.

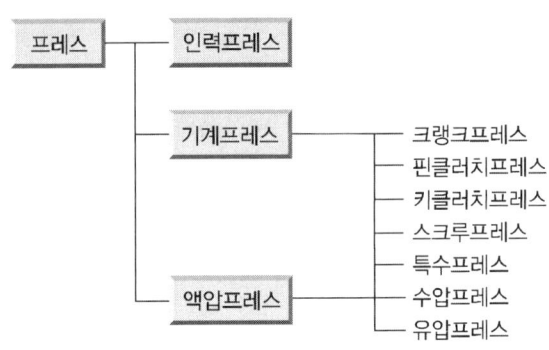

[그림] 프레스의 종류

① **전용 프레스** : 특정 용도에 사용되고 신체의 일부가 위험 한계에 들어가지 않는 구조의 동력 프레스
② **기계 프레스** : 기계적인 힘에 의해 슬라이드를 구동하는 프레스
③ **핀클러치 프레스** : 기계 프레스 중 클러치가 슬라이딩 핀구조로 된 것
④ **키클러치 프레스** : 기계 프레스 중 클러치가 롤링 키 구조로 된 것
⑤ **크랭크 프레스** : 기계 프레스 중 크랭크축에 편심 기구를 갖는 것
⑥ **자동 프레스** : 자동으로 재료의 송급, 가공 및 제품 등의 배출을 하는 동력 프레스
⑦ **안전 프레스** : 동력 프레스에서 슬라이드에 의한 위험을 방지하기 위한 기구를 가지고 있는 프레스
⑧ **액압 프레스** : 동력을 액압에 의해 전달하여 슬라이드를 구동하는 프레스로 유압프레스와 수압 프레스가 있다.

2 전단기

원재료를 자르기 위해 사용하는 기계로 회전 전단기는 제외한다.

3 작업의 위험성과 대책

1. 재해의 발생 원인

프레스와 전단기의 재해 발생 원인은 다음과 같다.

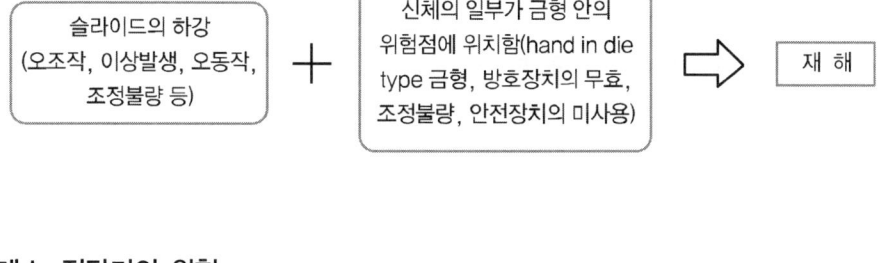

2. 프레스·전단기의 위험

① 작업의 위험성 : 재료의 송급, 배출 작업이 대부분 금형 사이에서 이루어지는 hand in die type에 많다.
② 기계 자체의 위험성 : 브레이크, 클러치 등이 충격, 마모 등에 의해 이상 행정 등 고장발생 빈도가 높으며 확동식 클러치의 경우는 하강 행정 중에 정지시킬 수 없는 등 기능상의 위험성이 있다.
③ 안전 조치의 미흡 : 프레스, 전단기는 전환키 스위치(key-switch)로 행정 형태를 변화하여 다양한 가공 작업을 할 수 있는 범용성이 우수한 기계이나 범용성에 대응하는 안전 조치가 미흡하다.
④ 비정상 작업 : 재료의 송급, 금형의 취부, 조정 작업, 해체 등 비정상적인 형태의 작업이 많아 이들 작업시에 수반되는 위험성이 많다.
⑤ 영세성과 다품종 소량 생산 : 프레스 제품 생산 업체는 대부분이 영세한 소기업이며 소량 다품종 생산으로 작업 조건의 변화가 많아 충분한 안전 조치가 되지 않고 있다.

3. 안전 대책

① 프레스의 금형은 no hand in die type으로 한다.
② hand in die type의 경우는 사전에 충분한 안전성을 확보한 후에 작업을 한다.
③ 전환 스위치에 의해 행정 및 조작 방식 등을 바꿀 때 안정성 확보를 우선적으로 한다.
④ 작업 방법, 기계 성능에 적합한 방호 장치를 부착한다.
⑤ 금형의 운반, 부착, 해체 등의 비정상적인 작업시에는 사전에 충분한 안전 조치를 한 후에 작업을 실시한다.
⑥ 프레스 작업자에게 지속적으로 안전 교육, 지도 감독을 강화한다.

문제 18

프레스(press) 기계의 방호 장치에 관하여 논하시오.

1 방호 장치의 종류와 용도

프레스 또는 전단기에는 다음에 규정하는 방호 장치를 설치하도록 되어 있다.
① 1행정 1정지 방식에는 양수 조작식 또는 게이트 가드식 방호 장치
② 행정 길이(stroke)가 40[mm] 이상의 것에는 수인식 또는 손쳐내기식 방호 장치
③ 슬라이드 작동 중 정지 가능한 구조에는 광전자식 방호 장치
④ 기타 안전 블록 등 방호 장치의 성능 검정 규격에 따른 방호 장치

[표] 프레스에 대한 안전 조치

no hand in die type	hand in die type

1. 안전울이 부착된 프레스
2. 안전금형을 부착한 프레스
3. 전용 프레스
4. 자동송급, 배출기구가 있는 프레스
5. 자동송급, 배출장치를 부착한 프레스
	1. 프레스의 종류, 압력능력, S.P.M. 행정길이, 작업방법에 상응하는 방호장치설치
	  가. 가드식
	  나. 수인식
	  다. 손쳐내기식
	2. 정지 성능에 상응한 방호장치 설치
	  가. 양수 조작식
	  나. 감응식, 광전자식(비접촉) interlock(접촉)

[표] 방호장치의 종류 및 용도

구 분	종 류	용 도
광전자식(광선식)	A-1	프레스(공, 유압용) 및 전단기
	A-2	동력프레스 및 전단기
양수조작식	B-1	프레스(공기밸브방식)
	B-2	프레스 및 전단기(전기버튼방식)
가드식	C-1	프레스 및 전단기(가드방식)
	C-2	프레스(게이트 가드방식)
손쳐내기식	D	프레스
수인식	E	프레스

2 클러치별 방호 장치 사용 기준

클러치별 방호장치 사용기준은 표와 같다.

[표] 클러치별 안전 장치 사용 기준

안전장치별 \ 클러치별	핀클러치 120SPM 미만	핀클러치 120SPM 이상	마찰클러치 120SPM 미만	마찰클러치 120SPM 이상
양수조작식	×	○	○	○
광전자식	×	×	○	○
손쳐내기식	○	×	○	×
수인식	○	×	○	×

3 방호 장치의 장단점 비교

구 분	장 점	단 점
광전자식	• 시계를 차단하지 않아서 작업에 지장을 주지 않는다. • 연속 운전작업에 사용할 수 있다.	• 핀 클러치 방식에는 사용할 수 없다 • 작업 중의 진동에 의해 위치 변동이 생길 우려가 있다. • 설치가 어렵다. • 기계적 고장에 의한 2차 낙하에는 효과가 없다.
양수조작식	• 행정수가 빠른 기계에 사용할 수 있다. • 다른 안전장치와 병용하는 것이 좋다. • 반드시 양손을 사용하여야 하므로 정상적인 사용에는 완전한 방호가 가능하다.	• 행정수가 느린 기계에는 사용이 부적당하다 • 기계적 고장에 의한 2차 낙하에는 효과가 없다.
가드식	• 완전한 방호를 할 수 있다. • 금형 파손에 의한 파편으로부터 작업자를 보호한다.	• 금형의 크기에 따라 가드를 선택하여야 한다. • 금형 교환 빈도수가 적은 기계에 사용 가능하다.
손쳐내기식	• 가격이 저렴하다. • 설치가 용이하다. • 수리·보수가 쉽다. • 기계적인 고장에 의한 슬라이드의 2차 낙하에도 재해 방지가 가능하다.	• 측면 방호가 불가능하다. • 작업자의 정신 집중에 혼란이 온다. • 스트로크의 끝에서 방호가 불충분하다. • 작업자의 손을 가격하였을 때 아프다. • 행정수가 빠른 기계에 사용이 곤란하다.
수인식	• 슬라이드의 2차 낙하에도 재해방지가 가능하다. • 끈의 길이를 적절히 조절하게 되면 수공구를 사용할 필요가 없다. • 가격이 저렴하다. • 설치가 용이하다.	• 작업 반경의 제한으로 행동의 제약을 받는다. • 작업자를 구속하여 사용을 기피한다. • 작업의 변경시마다 조정이 필요하다. • 스트로크가 짧은프레스는 되돌리기가 불충분하다.

문제 19

프레스 기계별 방호 장치의 종류, 성능, 설치 기준을 논하시오.

1 양수 조작식 방호 장치(안전장치)

① 성능 및 설치 : 1행정 1정지 방식 프레스에 사용하는 방호 장치로 기계의 가동시에 위험한 작업점에 손이 놓여지지 않도록 운전 단추나 조작 단추를 양손을 사용해서 동시에 눌러야 슬라이드가 작동하며 슬라이드가 하사점 가까이 달하기까지 양손으로 버튼 또는 레버를 계속 누르지 않으면 운전이 계속되지 않도록 되어 있다.

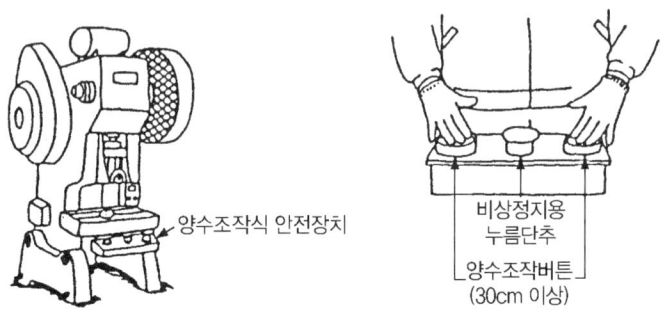

[그림] 양수 조작식 안전 장치

② 안전 거리 : 안전 거리는 스위치 조작 후(감응식의 경우 감지 후) 손이 도달할 수 있는 거리 로 스위치나 감지부가 위험점과 격리되어야 하는 최소한의 거리를 말하며 다음 식에 의해 계산한다.

$D = 1.6(T_l + T_s)[\text{mm}]$

D : 안전 거리[mm]

T_l : 스위치 조작 후(감지 후) 급정지 장치가 작동 개시까지 시간[ms]

T_s : 급정지 장치가 작동을 개시한 때부터 슬라이드가 정지할 때까지의 시간[ms]

1.6 : 손의 속도[mm/ms]

③ 방호 장치의 설치 조건
  ㉠ 누름 버튼 또는 조작부의 간격은 300[mm] 이상일 것
  ㉡ 누름 버튼의 윗면의 버튼 케이스 또는 보호링의 윗면보다 2~5[mm] 이상 함몰시킬 것

ⓒ 안전 거리(D) 이상의 위치에 설치할 것
ⓔ 상승 무효 개시를 조정할 수 있는 구조는 크랭크 각도가 일반적으로 슬라이드의 하사점 전 6[mm]에 상응하는 각도로 조절할 것

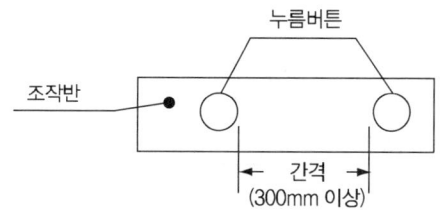

[그림] 양수조작식 방호 장치

④ 사용할 때 준수 사항
  ㉠ 클러치 및 브레이크의 상태가 완전히 기능하고 있는가를 점검한다.
  ㉡ 누름 단추의 간격이 300[mm] 이상인가 확인한다.
  ㉢ 공정 작업을 할 때 각자가 사용할 수 있는 누름 단추 스위치의 스탠드를 확보한 뒤에 작업을 실시한다.
  ㉣ 급정지 장치의 작동 상태를 확인하고 이상이 없으면 책임자에게 보고한다.
  ㉤ 1행정 1정지 기구가 확실한가를 수시로 확인한다.
  ㉥ 클러치 및 브레이크가 기능을 발휘하지 않으면 불안전히다는 것을 명심하고 작업한다.

⑤ 양수 조작식 안전 장치의 부착, 조정

[표] 양수 조작식 안전 장치의 부착 요령

구 분	부착요령	급소 및 유의사항
조작 누름단추	조작 누름단추는 작업하기 쉽고, 금형의 출입에 방해가 되지 않는 위치에 부착한다.	안전거리를 확보할 것
조작반	조작반은 보기 쉽고, 조작이 용이하며 가급적 기름, 먼지 등의 영향이 적은 장소이고 내부의 점검이 용이한 곳에 부착한다.	전기배선이 재료 또는 기물에 의해 손상을 받지 않도록 보호할 것
공기필터, 오일러 및 감압밸브	공기필터의 드레인 빼기를 하여야 하므로 드레인 배수에 영향이 없는 장소, 또 오일을 공급하는 데 용이한 장소를 선정하여 부착한다.	일정한 압력의 청정한 공기와 윤활유를 공기 실린더에 공급하도록 조정을 할 것

구 분	부착요령	급소 및 유의사항
클러치 조작용 공기 실린더	프레스의 클러치와 공기 실린더 사이에 엇갈림이 발생하지 않도록 부착, 공기 실린더가 원활하게 작동하도록 한다.	클러치 연결봉이 그 연장 방향으로 끌리도록 가급적 공기 실린더를 연장선에 따라서 부착할 것
1행정 1정지기구	프레스의 크랭크 핀 위치가 시동 후 30도 정도에서 리밋 스위치가 작동하도록 한다.	클러치 핀이 클러치 작동용 캠을 통과시킨 후는 가급적 빨리 클러치 작동용 캠을 복귀시킬 것

2 광전자식 방호 장치

① 성능 : 작업대의 바로 앞 양쪽 끝에 투광기와 수광기를 설치하여 항상 광선을 흐르게 해놓고 작업자가 광선을 차단하여 위험점으로 손 또는 신체의 일부가 들어갈 때 슬라이드의 작동을 즉시 멈추게 하는 장치로 일반적으로 슬라이드가 작동 중 정지 가능한 구조에만 사용된다.

② 구조
    ㉠ 투광기 : 광선(beam)을 발사해 주는 장치
    ㉡ 수광기 : 투광기에서 발사하는 빔을 받는 장치
    ㉢ 반사판 : 투광기에서 발사하는 빔을 반사하며 수광부에 보내는 장치
    ㉣ 방호 높이 : 위험 한계로 침범하는 것을 막을 수 있는 투광기와 수광기 사이의 높이

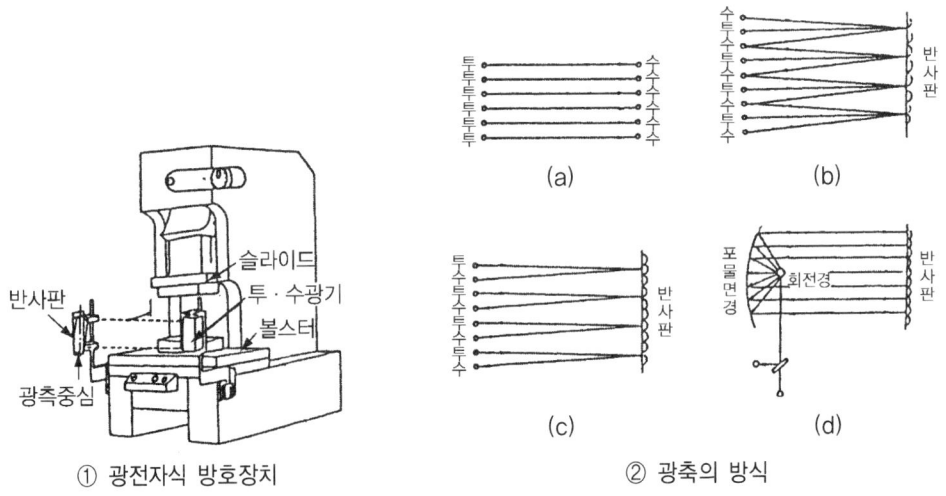

[그림] 광전자식 방호 장치 및 광축의 방식

③ 설치 방법
  ㉠ 위험 구역을 충분히 감지할 수 있도록 설치할 것
  ㉡ 광축수는 2개 이상이며 광축간의 간격은 50[mm] 이하일 것
  ㉢ 광축의 위치는 위험점에서 $1.6(T_l + T_s)$의 거리에 설치할 것

④ 위험 한계 : 광전 자식 방호 장치를 설치할 경우에는 손이 광선을 차단하여 기계의 위험 영역에 도달할 때까지의 시간에 급정지 또는 급상승 등으로 위험이 없는 상태가 되어야 하기 때문에 광축면과 사이에 기계의 급정지 시간과 근로자의 손의 속도에 대응한 안전 거리가 필요하며 다음과 같다.

$$D > V(T_l + T_s)$$
  D : 안전거리[mm]
  V : 손의 속도[mm/ms], 1.6[mm/ms]

⑤ 광전자식 안전 장치의 부착, 조정

[표] 광전자식 안전 장치의 부착 요령

구 분	부착요령	급소 및 유의사항
투광기, 수광기	일반 작업상태에서 슬라이드 아래로 손을 넣을 경우 확실하게 광선이 차단되는 위치에 설치한다.	안전거리를 확보할 것
제어반	보수, 점검, 조작이 쉽고 보기 쉬운 위치로 한다. 진동, 기름, 먼지의 부착이 적은 장소를 선정할 것	전기배선은 재료 또는 기물에 의해 손상을 받지 않도록 보호할 것
상승무효 장치	프레스 본체의 회전이 캠 박스의 리밋 스위치와 회전캠을 이용하여 슬라이드 상승시에 안전장치가 무효로 되도록 부착한다.	점검은 리밋 스위치에 캠을 대고 내접점이 ON이 되도록 세트하고 캠의 위치 이탈에 주의할 것 상승 무효 개시 각도는 하사점전에서 최대정지 시간에 상당하는 각도 이상 가깝게 하여서는 안 된다.
기 타		전환 키는 안전담당자 또는 책임자가 보관할 것

⑥ 광전자식 방호 장치 사용할 때 준수사항
  ㉠ 클러치 및 브레이크가 완전한 상태로 기능하고 있는가를 점검한다.
  ㉡ 광축의 맞춤이 적정한가를 작업 시작 전에 점검한다.
  ㉢ 사각 지점이 없는가 재차 점검한다.
  ㉣ 클러치 및 브레이크가 기능을 발휘하지 않으면 효과가 없다는 것을 명심하고 작업한다.

3 수인식 방호 장치

① 성능 : 프레스의 행정 길이가 40[mm] 이상인 것에 사용하는 방호 장치로 작업자의 손이 금형 속에 있을 때 또는 금형에 접근했을 때 슬라이드와 연동 기구에 의해 손을 빼내는 장치로 금형이 위험 한계에 도달하기 전에 손이 당겨지도록 되어 있다.

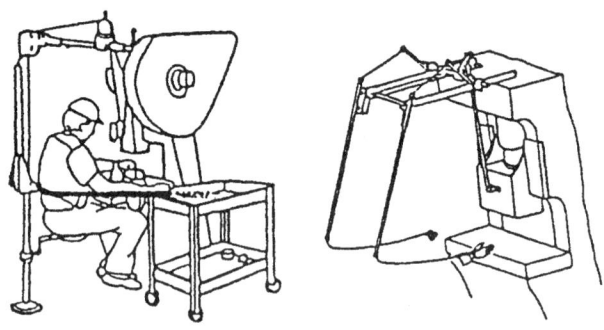

[그림] 수인식 방호 장치

② 설치 방법
   ㉠ wirst band의 재료는 유연한 내유성 피혁 또는 이와 동등한 재료를 사용한다.
   ㉡ wirst band는 착용감이 좋으며 쉽게 착용 가능한 구조로 한다.
   ㉢ 수인끈의 재료는 합성 섬유로 두께 4[mm] 이상으로 한다.
   ㉣ 끈의 길이는 조정할 수 있어야 한다.
   ㉤ 끈의 안내통은 끈이 마모, 손상이 되지 않도록 해야 한다.
   ㉥ 각종 레버는 경량이면서 충분한 강도를 가져야 한다.

③ 수인식 안전 장치의 부착, 조정

[표] 수인식 안전 장치의 부착 요령

구 분	부착요령	급소 및 유의사항
레 버	프레스 프레임의 상부에 지점축받이를 부착한다.	평면 위에 부착, 헐거워지지 않도록 한다.
암 파이프	프레스 베드 양쪽에 암 파이프를 부착한다.	암 파이프의 주름이나 수납기구가 방해되지 않도록 할 것
사이드 볼트부	암 파이프나 레버로부터의 와이어가 무리없이 당겨지는 위치에 부착한다.	

구 분	부착요령	급소 및 유의사항
끌어당기는 길이의 조정	상형과 하형이 맞닿기 전에 손가락이 위험 경계 밖으로 나오도록 레버의 비율을 변경시켜 조정한다. 수인끈의 끈의 양은 정반의 안길이의 1/2 이상이 클립이 되도록 플라이 휠을 돌리면서 조정한다.	플라이 휠을 회전시킬 때 손가락이 회전부나 금형에 끼이지 않도록 주의할 것 클립, 클램프는 헐겁지 않도록 확실하게 체결할 것
기 타	체결 볼트류를 풀림이 없을 것. 로프, 금구 등이 프레스 프레임에 접촉 되지 않도록 할 것	로프가 상하지 않도록 주의할 것

4 손쳐내기식 방호 장치

① 성능 : 기계가 작동할 때 레버 등에 연결된 손쳐내기봉이 위험 구역의 전면에 있는 작업자의 손을 좌 또는 우로 쳐내는 방호 장치로 손을 위험점에서 제거하는 방식에는 손쳐내기식과 밀어내기식 등이 있으며 수인식과 같이 손쳐내는 기구가 슬라이드와 연결되어 있어서 연속 낙하시에도 유효하며 수인식과 같이 행정 길이가 40[mm] 이상에 사용해야 한다.

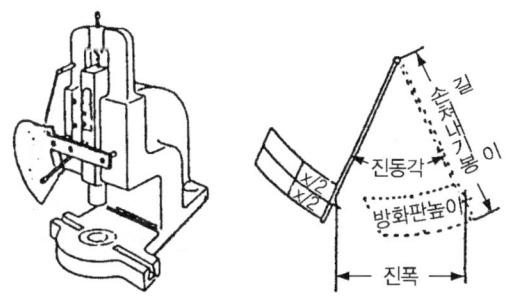

[그림] 손쳐내기식 방호 장치

② 설치 방법
  ㉠ 슬라이드 하행정 거리의 3/4 위치에서 손을 완전히 밀어내어야 한다.
  ㉡ 손쳐내기봉의 행정 길이를 금형의 크기에 따라 조절할 수 있고, 진동폭은 금형폭 이상이어야 한다.
  ㉢ 방호판 및 손쳐내기봉은 경량이면서 충분한 강도를 가져야 한다.
  ㉣ 방호판의 폭은 금형폭의 1/2 이상이어야 하고, 행정 길이가 300[mm] 이상의 프레스에는 방호판 폭은 300[mm]로 한다.

ⓜ 봉은 손접촉시 충격을 완화할 수 있는 완충재를 붙이는 등의 조치를 해야 한다.
③ 손쳐내기식 안전 장치의 부착, 조정

[표] 손쳐내기식 안전 장치의 부착 요령

구 분	부착요령	급소 및 유의사항
손쳐내기 본체	제수봉이 볼스터면보다 30[mm]정도의 위치로 격리시켜 스위프(sweep)되도록 본체를 부착한다.	
와이어 로프 및 연결봉 고정	연결개소의 체결 볼트, 너트류는 확실하게 체결한다.	
진폭조정	• 제수봉은 작업자의 손이 위험 상태로 되기 전에 쳐내도록 플라이휠을 손으로 돌려서 슬라이드를 하강시켜 조정한다. • 금형 및 작업상태에 따라서 제수봉의 길이를 조정할 것	• 제수봉 통과 후 금형 안으로 손이 들어가지 않도록 방호판이 부착되어 있을 것 • 플라이 휠을 손으로 회전시킬 때 회전부 및 금형에 손이 끼이지 않도록 주의할 것
기 타	와이어 로프 부착 공구, 제수봉이 작동 시 프레스 및 금형에 접촉되지 않도록 할 것	

5 가드식 방호 장치

① **성능** : 게이트 가드식이라고 하며, 연동식이 적용되어 있어서 기계를 작동하려면 에어 실린더에 의해 게이트가 금형 앞면에 먼저 내려온 후에 슬라이드가 작동하도록 되어 있는 것으로 구조가 간단하고 구멍이 크므로 1행정 1정지 방식 각종 크랭크 프레스에만 사용된다.

② **설치 방법**
　㉠ 가드는 금형의 착탈이 용이해야 하고, 용접 부위는 완전 용착되고 면이 매끄러워야 한다.
　㉡ 가드에 인체 접촉이 있는 부분은 부드러운 고무 등을 입혀야 한다.
　㉢ 가드가 열린 상태에서 슬라이드를 작동시킬 수 없고, 슬라이드가 작동중일 때는 가드를 열 수 없어야 한다.
　㉣ 슬라이드 작동용 리밋스위치는 신체의 일부나 재료 등의 접촉을 방지할 수 있는 구조이어야 한다.

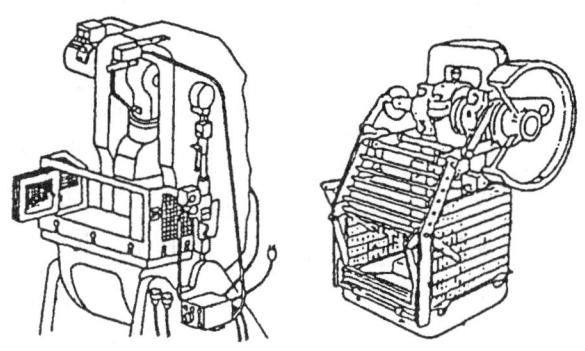

[그림] 가드식 방호 장치

③ 가드식 방호 장치 사용할 때 준수 사항
  ㉠ 금형의 크기에 따라 가드를 선택 사용한다.
  ㉡ 가드가 작업점을 닫고 있지 않은 상태에서 구동기구가 작동하면 즉시 책임자에게 보고한다.
  ㉢ 가드를 투명 플라스틱으로 사용하고 있을 때는 흐려지지 않도록 유지·관리한다.
④ 가드식 안전 장치의 부착

[표] 가드식 안전 장치의 부착 요령

구 분	부착요령	급소 및 유의사항
조작 누름 단추	조작누름단추는 작업하기 쉽고, 금형 출입, 재료의 출입에 방해가 되지 않는 위치에 설치한다.	
조작반	조작반은 보기 쉽고 조작이 용이하며, 가급적 기름, 먼지 진동의 영향이 적은 장소에서 내부의 점검과 조정이 용이한 곳에 고정한다.	전기배선이 재료 또는 기물에 의해 손상을 받지 않도록 보호할 것
공기필터 오일러 및 감압밸브	이들의 설치는 공기 필터의 드레인 빼기를 하게 되므로 배수 드레인을 하여도 영향이 없는 장소, 또 오일을 공급하는데 취급이 용이한 장소를 선정하여야 한다.	일정압의 청정한 공기와 윤활유를 공기 실린더에 공급하도록 조정할 것
클러치 조작용 공기실린더	프레스의 클러치와 공기실린더 사이에 엇갈림이 발생하지 않도록 부착하고 공기 실린더가 원활하게 작동하도록 한다.	클러치 연결봉이 연장방향으로 끌리도록 가급적 공기 실린더를 연장선에 따라 부착할 것

구 분	부착요령	급소 및 유의사항
1행정 1정지상태	프레스의 클러치 핀의 위치가 시동후 30도 정도에서 리밋스위치가 작용 하도록 한다.	클러치 핀이 클러치 작동용 캠을 통과후에는 가급적 빨리 클러치 작동용 캠을 복귀시킬 것
가드 본체	프레스 프레임에 가드 본체를 부착한다. 가드를 본체 설치에 의해 프레스의 조정이 힘들지 않도록 고려한다.	가드 판이 정반보다 15[mm] 이내의 위치에서 보전되며 더욱이 그 위치에 있어서 가드 하강 확인용 리밋스위치가 작동할 것
가드 인터로크용 리밋스위치	크랭크 샤프트와 연동하고, 슬라이드의 시동직후로부터 하사점에 이르기까지 가드가 닫혀져 있도록 한다.	접점은 상사점으로부터 하사점까지 리밋스위치가 ON하도록 조정한다. 리밋스위치는 외부에 의해 파손되지 않도록 한다.

문제 20

프레스 금형(Die)의 안전화에 대하여 논하시오.

1 서 론

프레스의 안전을 확보하기 위해서는 금형의 개발 연구 및 설계 단계에서부터 금형의 안전성과 작업상의 안전성을 함께 고려해야 한다.

2 금형의 안전 설계

① 금형에 의한 위험 방지
  ㉠ 금형 사이에 신체의 일부가 들어가지 않도록 상형과 하형의 간격을 8[mm] 이하로 하고 펀치와 고정 stripper 사이가 8[mm] 이상이면 그림과 같이 울을 설치한다.
  ㉡ 금형 사이에 손을 넣을 필요가 없도록 한다. 재료 또는 제품을 자동 또는 위험 한계를 벗어난 장소에서 송급한다.

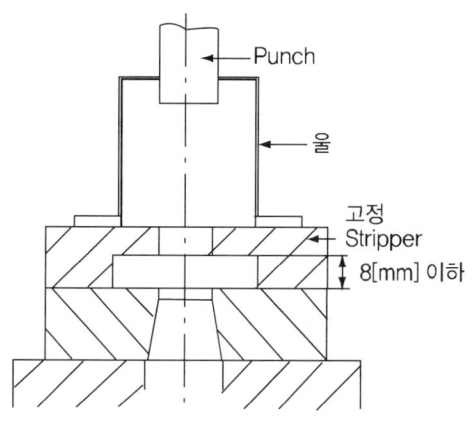

[그림] 펀치와 stripper 사이가 8[mm] 이상일 때 대책

② 금형 사이에 손을 넣게 될 경우의 위험 방지
  ㉠ 재료는 금형 밖에서 투입하게 하고 가드는 작업자가 직접 설치하거나 강제로 위치를 결정하지 못하게 한다.
  ㉡ 한 개의 가드로 할 수 없을 경우에는 먼저 roughguide(조(粗)가드)로 하고 나서 정밀 가드를 하는 등 순차적으로 한다.
  ㉢ pin guage 또는 pilot pin은 충분히 고정하고 이탈되지 않도록 조치를 한다.

3 금형의 파손에 위한 위험 방지

① 금형 부품의 정확한 조립
② 헐거움 방지 설계
③ 편하중 대책 : press의 하중 중심과 일치
④ 탄력방지 : safety pad, safety pin 이용

4 재료 송급·취출 장치의 자동화

프레스 작업의 공정 속에서 재료나 부품을 손으로 송급하고 가공 후 제품 등을 꺼낼 때 작업점 부근에서 재해를 입는 경우가 많다. 따라서 no hand in die를 원칙으로 한 안전 대책으로서 금형 내의 물품의 송급 및 배출을 자동으로 하는 것이 근원적 안전 대책 중 최선의 방법이다.

1. 자동 송급 장치

① rollfeeder(1차 가공용) : 상하 2개의 롤 사이에 재료를 물려 롤의 마찰력에 의해 재료를 송급하는 장치
② gripperfeeder(2차 가공용) : 판재를 위아래의 돌출날(jaw)로 집어서 이동하는 방식
③ hopperfeeder(2차 가공용) : 호퍼에 투입된 재료나 반제품을 회전 바구니나 진동을 이용하여 chute를 통해 송급하는 방식
④ pusherfeeder(2차 가공용) : 정해진 위치의 부품을 왕복운동하는 실린더의 플런저에 의해서 필요한 위치까지 송급하는 장치로서 수동 pusherfeeder, magazinefeeder가 있다.
⑤ dialfeeder : 크지 않은 소재나 반제품 등을 회전원판에 얹어서 작업적으로 송급하는 장치
⑥ slidingdie(2차 가공용) : pusherslider를 사용하지 않고 매행정마다 하형 전체가 수동 또는 자동으로 위험 한계 밖으로 인출되어 재료의 송급·취출 작업이 작업점 밖에서 이루어지도록 한 장치

2. 자동 배출 장치

재료를 가공 후 가공물을 중력이나 압축공기를 이용하여 밀어내거나 링크운동을 이용하여 움직이는 암의 이동에 의해 작업점에서 인출해내는 장치이다.

① shovel-ejector-chute를 공기 실린더에 연결해서 떨어지는 제품을 슈트로 유도하여 취출하는 장치
② 공기 및 스프링의 탄성을 이용하는 장치
③ 슬라이드에 연동시켜 각종의 기계 장치를 이용하는 방법이 있다.

5 수공구의 이용

no hand in die가 프레스 재해를 방지하기 위한 근본적인 방법이지만 손작업에 의존해야 하는 프레스 작업에서는 금형 사이에 손을 넣고 작업을 하는 경우가 많다. 이와 같이 손작업을 해야 하는 경우에는 자동화가 어려운 것이므로 손으로 송급·취출하는 대신에 수공구로 작업을 하도록 개선하는 것도 즉시 시행해야 할 안전 대책이다. 수공구가 안전 조치로서 충분히 사용되기 위해서는 해당 수공구에 대한 교육과 훈련을 필히 해야 한다. 수공구의 종류는 천차만별이지만 다음의 5개로 분류한다.

■ 수공구의 종류

① 누름봉, 갈고리류
② 핀셋류
③ 플라이어류
④ magnet 공구류
⑤ 진공 cup류

6 결 론

① 프레스 금형의 안전화를 위해서는 설계에서부터 안전화 금형을 설계해야 한다.
② 반드시 no hand in die 방식의 금형 및 프레스를 선택한다.
③ 재료의 송급을 자동화로 한다.
④ 안전한 수공구를 이용한다.
⑤ 프레스 작업자는 특별 교육을 실시하고 안전 담당자를 배치하여 key를 관리하게 한다.

문제 21

아세틸렌 및 가스집합 용접 장치에 관하여 논하시오.

1 서 론

아세틸렌 용접 장치란 카바이드에 물을 넣으면 아세틸렌 가스가 발생하게 되고 여기에 산소를 혼합, 고온의 산소-아세틸렌 불꽃을 만들어 용접하는 것이며, 가스집합 용접 장치란 용접용 가스를 다량으로 사용하는 작업장에서 일정한 장소에 산소 및 인화성 가스의 용접 용기를 다수 결합하여 압력을 낮춘 뒤 배관에 의해 작업장에 가스를 공급·용접하는 장치를 말한다.

2 용접 장치의 구조와 특성

1. 산소 용기

산소는 산소 용기에 35[℃], 150[kg/cm^2]의 고압으로 충전되어 필요한 때에 사용되며 산소병은 에르하트법 또는 만네스만법으로 제조되고 인장강도 57[kg/mm^2] 이상, 연신율 18[%] 이상의 강재가 사용된다.

① 충전 가스 용기의 도색

[표] 충전 가스 용기의 도색

가스의 명칭	도 색	가스의 명칭	도 색
산 소	녹 색	암모니아	백 색
수 소	주 황 색	아세틸렌	황 색
탄산가스	청 색	프로판	회 색
염 소	갈 색	아르곤	회 색

② 산소 용기 이동시 주의 사항
  ㉠ 밸브는 반드시 닫고 캡을 부착시켜 밸브의 손상을 방지하는 조치를 한 후에 이동한다.
  ㉡ 산소 용기는 충격을 최소화하기 위해 고무판이나 가마니 등을 이용하고 뉘어서 굴리거나 하여 충격을 주어서는 안 된다.
  ㉢ 가능한 운반구를 이용하고 이동시 넘어지지 않게 주의한다.

③ 산소 용기를 사용할 때 주의 사항
  ㉠ 가스 충전 후 24시간 후에 사용한다.
  ㉡ 반드시 사용 전에 누설 검사를 한다.
  ㉢ 화기로부터 4[m] 이상 떨어지게 한다.
  ㉣ 사용이 끝난 용기는 「빈병」이라 표시하고 실병과 구분하여 보관한다.
  ㉤ 통풍이 잘되고 직사 광선이 없는 곳에 40[℃] 이하를 유지하여 보관한다.
  ㉥ 용기 내 압력이 170[kg/cm^2] 이상이 되지 않도록 한다.
  ㉦ 산소 밸브가 동결이 된 경우는 화기를 사용하지 않고 더운 물, 증기 등으로 가열하여 녹인다.

2 압력 조정기

감압 조정기라고 하며 산소나 아세틸렌 용기 내의 압력은 고압이므로 재료와 토치능력에 맞추어 압력을 조정하며 보통 작업시에 산소 압력은 3~4[kg/cm^2], 아세틸렌가스 압력의 0.1~0.3[kg/cm^2] 정도로 한다.

① 산소 압력 조정기 : 산소 용기는 35[℃], 150[kg/cm^2]로 산소가 충전이 되어 있으므로 작업시 필요한 압력으로 맞추어 사용한다.
② 아세틸렌 압력 조정기 : 고압 산소의 압력보다 용해 아세틸렌의 압력이 낮으므로 훨씬 낮은 압력조정 스프링을 사용한다. 용기에는 15[℃], 15[kg/cm^2]로 아세틸렌이 충전되어 있으며 항상 일정한 압력이 되도록 한다.

3 방호 장치의 종류

아세틸렌 용접 장치 및 가스집합 용접 장치로 가스의 역화 및 역류를 방지할 수 있는 안전기를 설치하여야 한다. 안전기는 가스 용접 작업 중 취관에서 역화하거나, 취관 내에서 산소가 아세틸렌 통로로의 역류, 아세틸렌의 이상 압력 상승 등이 발생할 경우 국부적으로 한정되도록 하여 대형 사고가 되는 것을 방지하도록 되어 있는데 수봉식 안전기와 건식 안전기(역화 방지기라고도 한다)가 있다. 수봉식 안전기는 가스 압력에 따라 저압용과 중압용으로 나누어진다.

1. 안전기의 종류별 성능 및 사용

용접 장치의 방호 장치 성능 검정 규격에 의한 역화 방지기는 다음과 같다.

[표] 역화 방지기(안전기)의 종류

구 분	종 류	형 식
역화방지기(안전기)	수봉식 건식	저압용, 중압용(유효수주 50[mm] 이상) 소결 금속식, 우회로식

2. 안전기 사용할 때 준수 사항

① 수봉식 안전기는 1일 1회 이상 점검하고 항상 지정된 수위를 유지한다.

② 수봉부의 물이 얼었을 때는 더운 물로 용해하고 자주 얼 경우에는 에틸렌글리콜이나 글리세린 등과 같은 부동액을 첨가한다.
③ 중압용 안전기의 파열판은 상황에 따라서 적어도 연 1회 이상은 정기적으로 교환하는 것이 바람직하다. 이 작업은 휴일 또는 작업 중지시에 행하고 완전히 공기빼기를 하고 나서 한다.
④ 수봉식 안전기는 지면에 대해 수직으로 설치한다.
⑤ 건식 안전기는 아무나 함부로 분해하거나 수리하지 않도록 한다.

3. 아세틸렌 발생기

아세틸렌 발생기는 카바이드에 물을 작용시켜 아세틸렌 가스를 발생시키고 또 가스를 저장하는 장치를 말하며 카바이드 1[kg]에서 약 500[kcal]의 열이 발생한다. 이때 발생한 가스는 대단히 불안정한 가스이기 때문에 발화 폭발의 위험성이 있으므로 주의해야 하며 발생기 내의 물의 양이 충분하지 않아도 발생기가 과열되어 아세틸렌을 분해 폭발시키므로 물의 온도는 60[℃]를 넘지 않아야 한다.

4. 아세틸렌 용기

아세틸렌 용기는 고압이 걸리지 않으므로 용접하여 제작한다. 아세틸렌 가스는 기체 상태로 압축하면 위험하므로 아세톤을 흡수시킨 다공질 물질(목탄-규조토)을 넣고 아세틸렌을 흡수·압축시킨다. 아세틸렌 용기는 15[℃]에서 15[kg/cm^2]으로 충전하여 사용되며 취급시 유의 사항은 다음과 같다.
① 저장장소는 통풍이 잘되고 화기를 엄금하여 휴대 전등 이외는 등화하지 말 것
② 저장실의 전기 스위치 등은 방폭 구조일 것
③ 용기는 아세톤의 유출을 방지하기 위해 저장 중이나 사용 중에도 반드시 세워둘 것
④ 운반시 용기의 온도를 40[℃] 이하로 유지하며 반드시 캡을 씌울 것
⑤ 용기 밸브를 열 때는 전용 핸들로 1/4~1/2회전만 시키고 핸들은 밸브에 끼워 놓은 상태에서 작업할 것
⑥ 가설 누설 검사는 비눗물을 사용하며 사용 후에는 반드시 약간의 잔압(0.1[kg/mm^2])을 남겨 둘 것
⑦ 용기의 가용 안전 밸브는 70[℃]에서 녹게 되므로 끓는 물을 붓거나 증기를 쐬거나 난로 주위에 두지 말 것

4 결론

① 아세틸렌 및 산소 용기는 규정된 규격품을 사용한다.
② 압력 조정기는 규정된 압력 이상을 사용하지 않는다.
③ 작업시 안전기를 사용하여 역류, 역화를 방지한다.
④ 안전 담당자를 배치하고 특별 안전 교육을 실시한다.

문제 22

교류아크 용접기에 관하여 논하시오.

1 서론

① 아크 용접이란 홀더로 붙잡은 피복용 접봉과 피용접물(이것을 모재, base metal이라 함)간에 교류 또는 직류전압을 걸어 그 간격에 아크를 발생시켜 아크의 강열에 의하여 용접봉이 녹고 금속 증기 또는 용융 방울이 되어 용융풀에 용착되고 모재의 일부로서 융합되어 용접 금속을 만드는 것이다.
② 아크 용접기에는 직류기와 교류기가 있다.
③ 용접의 발달 초기에는 우수한 피복봉이 없었으므로 아크의 안전상 직류 용접기가 많이 쓰였으나 그후 피복 용접봉의 개량에 의하여 교류로 된 안정된 아크를 얻을 수 있게 되어 그 결과 교류 용접기가 많이 쓰이고 있다. 이와 같은 교류아크 용접기의 방호 장치로 자동 전격 방지기를 설치하도록 법적으로 규정되어 있다.

2 자동 전격 방지기 성능 및 설치

① 성능 : 교류아크 용접기용 자동 전격 방지기란 교류아아크 용접기의 아크발생을 중단시킬 때 단시간 내에 해당 교류 아크 용접기의 2차 무부하 전압을 자동적으로 1.0초 이내에 25볼트 이하로 바꿀 수 있는 전기적 안전 장치를 말한다.
그림은 자동 전격 방지기의 동작 원리를 나타낸 것이다. 무부하시(아크를 멈추고 있을 때)는 아크 용접기의 1차 회로에 설치한 주접점 S_1은 개방되고 보조 변압기(1차측 200

[V], 2차측 25[V]) 2차 회로의 접점 S_2는 개로되어 있으므로 홀더에 가해지는 전압은 25[V]로 되어 있다.

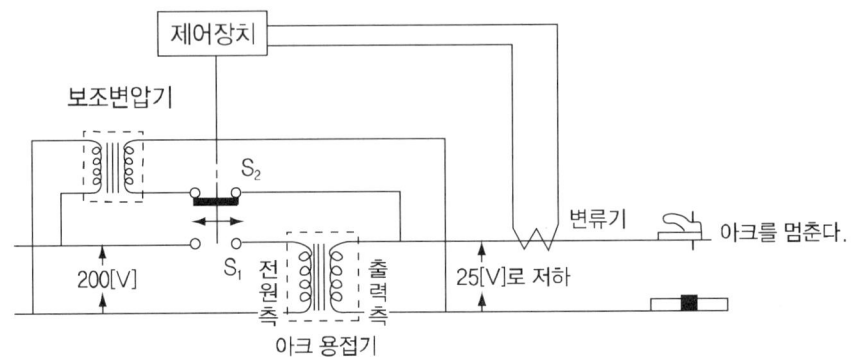

[그림] 자동 전격 방지기의 동작 원리

용접봉을 피용접물에 접촉시키면 보조 변압기의 2차 회로에 얼마간의 전류가 흐르고, 이 전류를 변류기에 의해서 검출하면 제어 장치 내의 특수한 릴레이가 동작해서 그것에 의해 S_2가 끊어지면서 동시에 S_1이 들어오고 용접기에 소정의 전압이 가해져 아크가 발생한다. 다음에 용접봉을 피용접물에서 떼면 아크가 끊어짐과 동시에 다시 릴레이가 동작하고 그것에 의해 이번에는 S_1이 끊어지고 S_2가 들어오며, 용접기의 전원측 회로가 개방됨과 동시에 홀더의 전압은 25[V]만이 되고 자동적으로 안전한 상태가 된다.

더욱이 특수한 릴레이는 작업 중 아주 짧은 시간(약 1초간), 간헐적으로 아크가 끊어져도 동작하지 않는 구조로 되어 있으므로 작업에는 아무런 지장이 없도록 되어 있다.

② 설치 방법 : 자동 전격 방지기(이하 "전격 방지기"라 한다)를 용접기에 부착할 때에는 견고하게 설치하여야 하며, 전격 방지기로 인한 감전 등의 재해가 없도록 다음 사항에 유의하여 설치한다.

㉮ 전격 방지기 용접기 부착
  ㉠ 직각으로 부착할 것. 다만 직각으로 하기 어려운 때는 직각에 대해 20도를 넘지 않을 것
  ㉡ 용접기의 이동, 진동, 충격으로 이완되지 않도록 이완 방지 조치를 취할 것
  ㉢ 전격 방지기의 작동 상태를 알기 위한 표시 등은 보기 쉬운 곳에 설치할 것
  ㉣ 전격 방지기의 작동 상태를 시험하기 위한 테스터 스위치는 조작하기 쉬운 위치에 설치할 것

④ **용접기 배선** : 용접기와 전격 방지기의 배선시에는 다음 사항에 유의하여야 한다.
  ㉠ 용접기의 전원에 접속하는 선과 출력측에 접속하는 선은 혼동되지 않도록 할 것
  ㉡ 접속 부분은 쉽게 이완되지 않도록 이완방지조취를 취하고 절연테이프 또는 절연 커버 등으로 둘러쌀 것
  ㉢ 전격 방지기는 접지 공사를 할 것
④ **용접기 설치 장소** : 전격 방지기를 부착한 용접기는 다음 조건에 적합한 장소에 설치하여야 한다.
  ㉠ 특수한 구조의 전격 방지기를 부착한 용접기를 제외하고는 주위 온도가 섭씨 10도 이상 40도 이하일 것
  ㉡ 습기가 많지 않을 것
  ㉢ 비나 강풍에 노출되지 않도록 할 것
  ㉣ 분진, 유해 부식성 가스 또는 다량의 염분을 포함한 공기 및 폭발성 가스가 없을 것
  ㉤ 이상 진동이나 충격이 가해질 위험이 없을 것
④ **용접기의 전원** : 전격 방지기를 부착한 용접기의 전원측 전압은 용접기 입력전압의 85[%]에서 110[%]까지의 범위가 되도록 한다.

③ **자동 전격 방지기(전격 방지기) 사용**
  ㉮ **용접시 주의사항**
    ㉠ 용접 중단시 용접봉 홀더의 노출된 부분에는 접촉되지 않도록 조치하여야 한다.
    ㉡ 용접 작업 종료시와 용접 작업 중단시에는 용접기의 전원을 차단하여야 한다.
    ㉢ 전격방지기와 고주파 발생 장치를 동시에 사용할 경우, 고주파 발생장치의 고주파 전류로 인해 전격 방지기에 이상 작동이 일어나지 않음을 확인한 후에 작업에 임하도록 하여야 한다.
  ㉯ **사용 전 점검 사항** : 전격 방지기를 부착한 용접기를 사용하기 전에는 다음 사항을 점검하고 이상을 발견하였을 때는 즉시 보수 또는 교환 등의 조치를 취하여야 한다.
    ㉠ 전격 방지기 외함의 접지 상태 이상 유무
    ㉡ 전격 방지기 외함의 변경·파손 및 결함 상태 이상 유무
    ㉢ 전격 방지기와 용접기의 배선 및 접속 부분 피복의 손상 유무
    ㉣ 전자 접촉기의 작동 상태 이상 유무
    ㉤ 소음발생의 유무

3 결론

① 아크용접은 고열을 이용하여 공작물을 용융시켜 접합하는 것이다.
② 용접 작업시 규정된 용접봉을 사용하고 자동 전격 방지가 부착된 용접기를 사용한다.
③ 용접 작업자는 규정된 보호구를 착용하고 안전 담당자를 배치한다.

문제 23

양중기를 분류하고 방호 장치를 쓰시오.

1 양중기의 분류

1. 양중기는 동력에 의해 화물을 인상 또는 인하할 수 있는 기계로 종류는 표와 같다.

2. 산업안전보건법 산업안전보건기준 제132조(양중기)에도 명확하게 표시하고 있다.

[표] 양중기의 종류

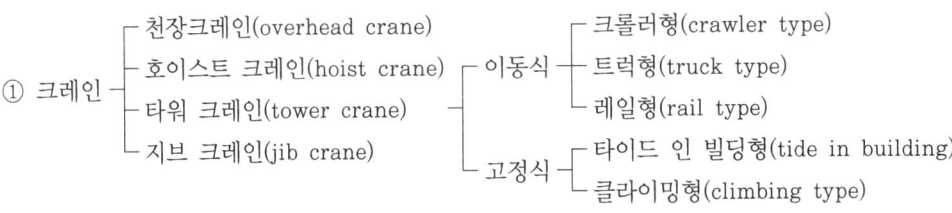

① 크레인 ─┬─ 천장크레인(overhead crane)
          ├─ 호이스트 크레인(hoist crane)   ─┬─ 이동식 ─┬─ 크롤러형(crawler type)
          ├─ 타워 크레인(tower crane)   ├─ 트럭형(truck type)
          └─ 지브 크레인(jib crane)   └─ 레일형(rail type)
                                              └─ 고정식 ─┬─ 타이드 인 빌딩형(tide in building)
                                                        └─ 클라이밍형(climbing type)

② 이동식 크레인 ─┬─ 휠 크레인(wheel crane)
                ├─ 크롤러 크레인(crawler crane)
                └─ 트럭 크레인(truck crane)

③ 리프트(lift) ─┬─ 건설용 리프트
               └─ 산업용 리프트

④ 곤돌라(gondolla)

⑤ 승강기(elevator) ─┬─ 승객용 엘리베이터
　　　　　　　　　　├─ 승객화물용 엘리베이터
　　　　　　　　　　├─ 화물용 엘리베이터
　　　　　　　　　　├─ 소형화물용 엘리베이터
　　　　　　　　　　└─ 에스컬레이터

2 양중기 방호 장치

양중기란 중량물을 제한된 거리 범위 내에서 들어올리거나 내리기 또는 이동하기 위한 양중 장비로서 산업안전보건법에 의한 방호 조치 대상 양중기에는 크레인, 이동식 크레인, 승강기, 곤돌라, 리프트의 5가지가 있으며 이와 같은 양중기에는 과부하 방지 장치 이외에 고용노동부장관이 정하는 방호 장치를 다음 표와 같이 설치하도록 되어 있으나 여기에서는 과부하 방지 장치에 대해서만 알아보기로 한다.

[표] 양중기의 방호 장치

양중기 종류	방호장치종류
크레인(이동식 크레인)	과부하방지장치, 권과방지장치, 비상정지장치, 브레이크, 해지장치
리 프 트	과부하방지장치, 권과방지장치
곤 돌 라	과부하방지장치, 권과방지장치, 제동장치
승 강 기	과부하방지장치, 파이널 리밋 스위치, 비상정지장치, 속도조절기

1. 과부하 방지 장치의 종류 및 성능

과부하 방지 장치란 양중기에 있어서 정격 하중 이상의 하중이 부하되었을 경우, 자동적으로 상승이 정지하면서 경보음 또는 경보등을 발생하는 장치로서 종류와 용도는 다음 표와 같다.

[표] 과부하 방지 장치 종류 및 원리

구 분	종 류	원 리	비 고
과부하 방지장치	전자식(J-1)	스트레인 게이지 등을 이용한 전자감응방식으로 과부하상태 감지	크레인, 곤돌라, 리프트, 승강기
	전기식(J-2)	권상모터의 부하변동에 따른 전류변화를 감지하여 과부하상태 감지	호이스트 크레인
	기계식(J-3)	스프링과 같은 기계·기구학적인 방법에 의하여 과부하 상태를 감지	곤돌라, 리프트, 승강기

2. 과부하 방지 장치의 공통적인 구조

① 과부하 방지 장치의 동작시 권상 버튼을 단속 또는 계속해서 누를 때에 권상 작업이 이루어지지 않아야 하며 이때 경보음, 경보등이 작동되어야 한다.
② 반드시 외함에 납봉인을 할 수 있는 구조가 있어야 한다.
③ 외함의 전선 접촉 부분은 반드시 고무 등으로 밀폐되어 물, 먼지 등이 들어가지 않도록 한다.

문제 24

압력 용기를 정의하시오.

---

1 용어의 정의

압력 용기란 화학 공장의 탑류, 반응기, 열교환기, 저장 용기 및 공기 압축기의 공기 저장 탱크로서 사용 압력이 $0.2[kg/cm^2]$ 이상이 되며, 상용 압력과 용기 내 용적을 곱한 것이 1이상인 압력 용기를 말한다.

「최고 사용 온도」란 장치(용기)의 운전을 정상 상태로 할 때 그 기능을 정상적으로 발휘하는 범위 내에서 사용될 수 있는 최상한의 온도를 말한다.

「최저 사용 온도」란 정상 운전중 운전 개시 및 운전을 정지할 때와 같은 경우에도 장치(용기) 내의 온도가 이보다 절대로 내려가지 않는다는 최하한의 온도를 말한다.

「최대 사용 압력」이란 장치(용기)의 운전을 정상 상태로 할 때, 그 기능을 정상적으로 발휘하는 범위내에서 사용될 수 있는 최고의 압력을 말한다.

「최저 사용 압력」이란 정상 운전 중 또는 운전 개시 및 운전 정지 때와 같은 경우에도 장치(용기) 내의 압력이 이보다 절대로 내려가지 않는다는 최하한의 압력을 말한다.

2 압력 용기 방호 장치

압력 용기에는 최고 사용 압력 이하에서 작동하는 압력 방출 장치(안전밸브 포함)를 설치한다. 공기 압축기에 설치해야 할 방호 장치는 압력 방출 장치(안전밸브) 및 언로더 밸브(압력 제한 스위치 포함)이다.

1. 압력 방출 장치

공기 압축기는 공기 탱크 내의 압력이 일정 압력 이상에 이르면 공기 탱크 내의 압력에 의해 압력 스위치(pressure switch)의 압력 조절 스프링이 밀어올려져 접점이 차단되어 모터가 정지한다. 동시에 압력 스위치의 레버가 움직여 릴리프 밸브를 열고 내부의 공기를 방출하는 장치

2. 언로드 밸브

공기 압축기의 공기 탱크 내 압력이 일정압으로 상승하면 자동적으로 언로드 밸브가 작동하여 공기 탱크 내로 공기 압송을 정지하는 무부하 운전이 되어 모터는 계속 가동되는 상태로서 압력만 상승되지 않으며 또, 압력이 일정압 이하로 내려가면 부하 운전을 하도록 한 장치이다.

3 압력 용기 방호 장치 사용할 때 준수 사항

1. 압력 방출 장치의 기능이 정상인가 정기적(1일 1회)으로 시운전하여 기능을 정상으로 유지한다.
2. 동력 전단 장치의 축이음의 덮개 등이 정상으로 부착되어 있는가 확인한다.
3. 언제나 표시 압력을 유지하도록 관리·유지한다.
4. 작업 시작전에 압력 방출 장치의 기능을 점검하고 안전한 것을 사용한다.
5. 파열판, 가용 합금 전의 상태를 비눗물을 점검하고 안전한 것을 사용한다.
6. 클러치 도어 방식의 압력 용기에 대해서는 도어(덮개)가 닫혀지지 않으면 송급할 수 없도록 되어 있는 연동 장치의 기능을 확인한다.
7. 압력 방출 장치는 압력 용기의 최고 사용 압력 이전에 작동되도록 설정되어 있어야 한다. 최고 사용 압력의 80[%] 수준으로 한다.

문제 25

보일러(Boiler)의 방호 장치에 관하여 논하시오.

1 서 론

보일러란 화기, 연소 가스, 기타 고온 가스 또는 전기에 의해서 불 또는 열매체를 가열하여 대기압을 넘는 증기(스팀) 또는 온수를 발생시켜 이것을 사용하는 곳으로 공급하는 장치를 말한다. 보일러는 보일러 본체 이외에 연소 장치, 연소실, 과열기, 절탄기, 공기 예열기, 통풍장치, 급수 장치, 자동 제어 장치, 기타 압력 방출 장치 등으로 구성되어 있다. 이 보일러는 증기를 발생시키는 증기 보일러와 온수를 만드는 온수 보일러의 2가지로 나누어진다.

2 방호 장치 [2023. 출제]

보일러의 과압 폭발이라는 재해를 예방하기 위해 설치해야 할 방호 장치에는 압력 방출 장치, 압력 제한 스위치, 고저 수위 조절 장치가 있다.

1. 압력 방출 장치

압력 방출 장치란 보일러 등의 운전 중에 여러 가지 이유로 장치나 드럼의 내압이 상승하여 파괴될 위험이 있을 경우 여분의 압력을 신속하게 방출하여 정상적인 운전압력으로 복귀시키는 장치이며, 보일러에는 통상 안전 밸브가 사용되고 있다.

2. 압력 제한 스위치

압력 제한 스위치는 보일러의 과열을 방지하기 위해 최고 압력과 상용 압력 사이에서 보일러의 연소를 차단할 수 있는 장치로 1일 1회 이상 작동 시험 실시를 해야 한다.

3. 고저 수위 조절 장치

보일러 동체 또는 기수 드럼 내의 수위가 지나치게 높으면 증기의 습도(wetness)가 증가되고, 지나치게 낮으면 과열이 되어 설계 압력을 초과하게 되며 이로써 소손을 일으키게 되고 급기야는 보일러가 폭발하게 된다. 이러한 장해를 방지하기 위해 수위가 고·저 위험 수위로 변하면 위험을 경보하는 장치를 말하고 있다.

3 방호 장치 사용할 때 준수 사항

1. 가동 중인 보일러는 작업자가 항상 정위치에 있어야 한다.
2. 압력 방출 장치, 압력 제한 스위치를 매일 작동 시험하여 정상 작동 여부를 점검하여야 한다.
3. 압력 방출 장치는 봉인된 상태에서 정상 작동되도록 1일 1회 이상 작동 시험을 한다.
4. 고저 수위 조절 장치와 급수 펌프와의 상호 기능 상태를 점검한다.
5. 보일러의 각종 부속 장치의 누설 상태를 점검하고 보수한다.
6. 노내의 환기 및 통풍 장치를 점검하고 보수한다.

4 결 론

① 보일러는 열매체를 이용하여 스팀이나 물을 사용한다.
② 방호 장치는 압력 방출 장치, 압력 제한 스위치, 고저 수위 조절 장치 등이 있다.
③ 보일러 관리자는 유자격자가 운전한다.

문제 26

롤러기의 방호 장치를 설치하시오.

1 서 론

롤러기란 원통상의 물체 2개 이상을 1조로 하여 좁은 간격을 두고 각기 반대 방향으로 회전시켜 금속 또는 비금속 재료를 그 간격으로 통하게 하여 압출, 분쇄, 성형, 평활, 광택, 인쇄 또는 압연 작업을 하는 기계이다.

2 방호 장치의 종류 및 성능

롤러기에는 급정지 장치를 설치하여야 하는데 급정지 장치란 롤러기의 전면에 위치한 작업자의 신체 부위가 롤러기 사이에 말려 들어가는 상태에서 작업자의 손이나 무릎, 복부 등에 쉽게 닿을 수 있는 조작부를 건드림으로써 브레이크 계통의 작동으로 롤러가 급정지되게 되어 있는 장치를 말하며 그 종류는 다음 표와 같다.

[표] 조작부의 설치 위치에 따른 종류

구 분	종 류	설치 위치	비 고
롤 러 급정지 장 치	손조작식	밑면에서 1.8[m] 이내	위치는 급정지장치의 조작부의 중심점을 기준
	복부조작식	밑면에서 0.8[m] 이상 1.1[m] 이내	
	무릎조작식	밑면에서 0.6[m] 이내	

1. 손으로 조작하는 로프식

이 장치는 롤러의 각 쌍을 가로질러 설치되며 작동자와 물림점 사이에 위치되어야 한다. 이는 롤러의 앞뒤에 장치되며 롤러의 앞 뒤 수직 접선에 5[cm] 이내로 위치해야 하며 지면에서 180[cm] 이하로 설치한다.

2. 복부로 조작하는 것

이 장치는 높이가 1.47[m] 이상인 롤러가 있는 밀(mill)기 전후에 장치되며 복부로 누르는 압력에 의하여 쉽게 작동된다.

3. 무릎으로 조작하는 것

이 장치는 밑면에서 0.6[m] 사이에 설치되어 작업자의 상체가 롤러 사이로 딸려 들어갈 때 자동적으로 무릎이 급정지 장치의 조작부를 건드려 롤러를 급정지시키는 장치이다.

롤러기의 급정지 장치는 롤러를 무부하로 회전시킨 상태에서도 다음과 같이 앞면 롤러의 표면 속도에 따라 규정된 정지 거리 내에서 해당 롤러를 정지시킬 수 있는 성능을 보유한 것이어야만 급정지하게 된다.

[표] 롤러의 속도와 급정지거리

앞면 롤러의 표면속도(m/분)	급정지거리
30 미만	앞면 롤러 원주의 1/3
30 이상	앞면 롤러 원주의 1/2.5

3 방호 장치 설치 방법

① 급정지 장치 중 로프식 급정지 장치 조작부는 롤러기 자체가 수평으로 설치되어 있을 때 전면 및 후면이 다함께 위험에 노출되어 있으므로 롤러의 전후면 각각에 1개씩 로프를 설치하고 그 길이는 롤러의 길이 이상이 되어 작업자가 쉽게 조작할 수 있어야 한다. 그러나 두 개의 롤러가 수평이 아닌 수직으로 설치되어 있을 때는 롤러가 회전되어 물려 들어가는 부분에만 조작부를 설치해도 된다.

② 조작부에 사용하는 줄은 사용 중에 늘어나거나 끊어지지 않는 강성이 있는 재료로 하되 직경이 4[mm] 이상이고 또 인장강도가 300[kg] 이상의 합성섬유 로프이어야 한다. 여기서 인장강도란 로프를 양쪽에서 물리고, 동일한 힘을 처음은 적게 주기 시작해서 로프가 파단되는 점에서의 가한 하중이 300[kg] 이상이 되는지 여부를 시험하는 재료 시험법이다.

③ 급정지 장치의 조작부는 그 종류에 따라 설치하고 또 작업자가 긴급시에 쉽게 조작할 수 있어야 한다.

4 방호 장치 사용할 때 준수 사항

① 롤러 사이로 가공재를 송급할 때는 안내 롤러의 상태를 점검한다.
② 급정지 장치의 설치된 상태(부위)를 점검하고 기능을 정상으로 유지한다.
③ 가공재 송급 테이블과 가드와 틈새를 정상으로 하고 기능을 유지한다.

④ 안내 롤러 급정지 장치는 안전 색채(노란색)로 도색하여 잘 나타나게 한다.

5 결 론

① 롤러는 2개 이상의 롤을 이용하여 작업을 하는 위험 기계이다.
② 방호 장치 설치위치에 따라 손조작식, 복부 조작식, 무릎 조작식 등이 있다.
③ 방호 장치는 작업자가 어느 위치에서도 작동할 수 있는 급정지 장치이어야 한다.

문제 27

연삭기의 방호 장치를 설치하시오.

1 서 론

연삭기의 파괴된 숫돌의 비산으로부터 작업자가 보호받을 수 있도록 숫돌의 직경이 5[cm] 이상인 것에는 반드시 덮개를 설치하여야 하며, 숫돌 파괴시에 견딜 수 있는 강도의 재료로 만들어야 하며 덮개의 두께는 숫돌 바퀴의 크기, 회전수 등을 고려하여 충분한 강도를 갖도록 제작되어야 한다.

2 방호 장치의 종류

연삭기의 방호 장치는 덮개이다. 이외에 취하여야 할 방호 조치는 다음과 같다.
① 연삭기 구조 규격에 적합한 덮개를 설치한다.
② 탁상용 연삭기의 경우 연삭숫돌과의 간격을 3[mm] 이하로 조정할 수 있는 워크 레스트를 설치한다.
③ 덮개의 상부 개구부 끝과 연삭숫돌의 주변과의 간격을 10[mm] 이하로 조정할 수 있는 조정편을 설치한다.
④ 연삭숫돌의 작업 시작전 1분 이상, 연삭숫돌을 교체한 경우 3분 이상 시운전할 수 있도록 조치한다.
⑤ 측면 사용을 목적으로 하는 연삭숫돌이 아닌 경우에는 측면 사용 금지할 수 있도록 조치한다.

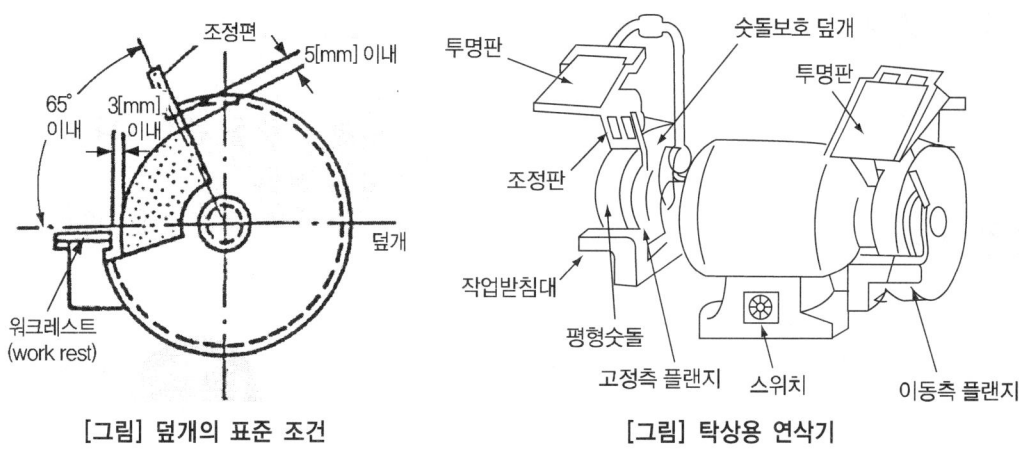

[그림] 덮개의 표준 조건   [그림] 탁상용 연삭기

3 연삭 작업 방법

① 숫돌 속도 제한 장치를 작업자 임의로 개조시키지 않아야 한다.
② 연삭기의 축 회전속도[r·p·m]는 영구히 지워지지 않도록 표시해야 하며, 그 위치는 작업자가 쉽게 볼 수 있는 위치에 표시해야 한다.
③ 연삭숫돌의 파괴시는 작업자는 물론 인근 근로자도 보호해야 하므로 안전 덮개와 인접한 근로자를 보호하기 위해서 칸막이나 격리된 작업장으로 보호되어야 한다.
④ 투명 비산 방지판은 항상 깨끗하게 유지한다.

4 결론

① 연삭숫돌의 3요소는 입자, 기공, 결합제이다.
② 연삭기의 방호 장치는 덮개이며 덮개가 설치되지 않은 연삭기를 사용해서는 안된다.
③ 연삭 작업자는 규정된 안전 기준을 준수한다.
④ 숫돌 대체시는 지정된 자가 한다.

문제 28

목재 가공용 둥근톱 기계의 방호 장치를 설치하시오.

1 서 론

목재 가공용 둥근톱은 강철 원판의 둘레에 톱니를 만들어 이것을 회전체에 부착, 회전시키면서 목재 가공 작업을 하는 기계를 말하며 톱의 노출 높이가 작업면에서 100[mm] 이상인 것에 한한다.

2 방호 장치의 종류

[표] 목재 가공용 둥근톱의 방호 장치

구 분	종 류	구 조
둥근톱 덮개	가동식 날 접촉 예방장치	이 형식은 덮개, 보조덮개가 가공물의 크기에 따라 상하로 움직이며 가공할 수 있는 것으로 그 덮개의 하단이 송급되는 가공재의 윗면에 항상 접하는 구조이며, 가공재를 절단하고 있지 않을 때는 덮개가 테이블 면까지 내려가 어떠한 경우에도 근로자의 손 등이 톱날에 접촉되는 것을 방지하도록 된 구조이다.
	고정식 날 접촉 예방장치	이 형식은 작업중에는 덮개가 움직일 수가 없도록 고정된 덮개로 비교적 얇은 판대를 가공할 때 이용하는 구조이다.
둥근톱 분할날	겸험식 분할날 현수식 분할날	분할날은 가공재에 쐐기작용을 하여 공작물의 반발을 방지할 목적으로 설치된 것으로 둥근톱의 크기에 따라 2가지로 구분된다.

3 방호 장치별 성능·설치 및 사용

1. 가동식 날 접촉 예방 장치

① 성능 : 가동식 날 접촉 예방 장치는 그 덮개의 하단이 송급되는 가공재의 상면에 항상 접하는 방식의 것이고 가공재가 절단을 하고 있지 않을 때는 덮개는 테이블 면까지 내려가므로 어떠한 경우에도 작업자의 손이 톱날에 접촉하는 것을 방지하도록 한 장치이다.

② 구조

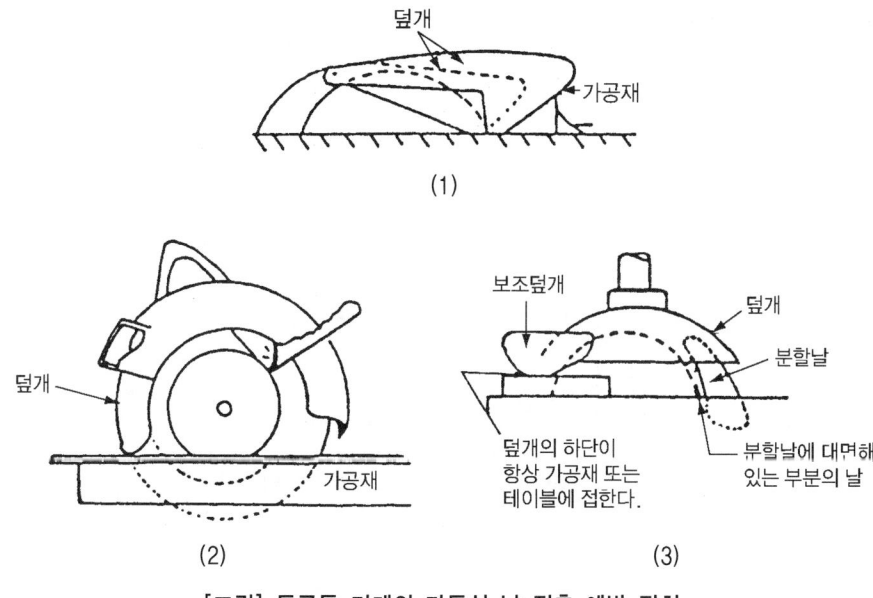

[그림] 둥근톱 기계의 가동식 날 접촉 예방 장치

가동식 날 접촉 예방 장치는 가공재의 절단에 필요한 날부분 이외의 날을 항상 자동적으로 덮을 수 있는 구조이어야 한다. 이를 위해 해당 장치는 상하로 조절되는 본체 덮개와 그 전후로 움직이는 보조 덮개에 의해 가공재의 두께에 따라 자동적으로 날의 방호를 하게 된다. 보조 덮개는 작업자의 손이 가공재의 송급에 의해서 톱날에 접근할 때 우선 보조 덮개에 닿아서 위험을 예비시키는 것이므로 가공재의 송급시에 가공재상면에 있는 손이 보조 덮개에 닿기 전에 톱니에 닿는 일이 있어서는 안 된다.

③ 사용상 준수 사항
㉠ 어떠한 경우에도 톱니를 덮고 있도록 조정하여야 한다.
㉡ 경사반의 둥근톱 기계는 그때마다 모든 장치를 조정한다.
㉢ 가공재의 송급이 완료될 즈음에는 밀대를 사용한다.

2. 고정식 날 접촉 예방 장치

① **성능** : 고정식 날 접촉 예방 장치는 비교적 얇은 가공재의 절단용이고 본체 덮개는 테이블 위의 일정한 위치에 고정해서 사용하는 것이다. 둥근톱 기계 작업중에 가동식 날 접촉 예방 장치를 달면 송재 저항이 커지거나 결이 고운 목재를 켜는 경우에 목재의 상면이 보조 덮개에 닿아서 상처를 입기 때문에 그 사용이 어려운 것이다.

② **구조** : 고정식 날 접촉 예방장치는 덮개 하단이 테이블면 위로 25[mm] 이상 높이로 올릴 수 없게 스토퍼를 설치해야 한다. 고정식 날 접촉 예방 장치의 경우 가공재를 송급하고 있지 않을 때는 덮개 하단과 테이블면 사이의 톱날이 노출해 있고 그 부분이 너무 크면 위험성이 있다. 이 때문에 덮개와 테이블 사이의 빈틈 간격의 최대치를 25[mm]로 제한하고 또 해당 장치의 구조가 이 제한치를 넘지 않게 되어 있어야 한다.

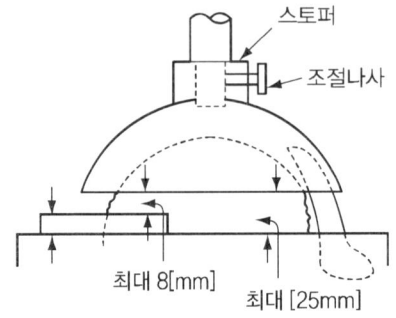

[그림] 둥근 톱기계의 고정식 날 접촉 예방 장치

③ **사용상의 준수 사항**
  ㉠ 덮개의 하단 높이는 테이블면으로부터 25[mm]로 제한한다.
  ㉡ 가공재의 두께는 25[mm] 이하의 것만 가공한다.
  ㉢ 가공재의 뒷면과 덮개 하단과의 틈새는 그때마다 8[mm] 이하가 되도록 조절한다.

3. 반발 예방 장치(분할날)

① **성능** : 분할날은 톱의 후면톱니 아주 가까이에 설치되고 갈라진 가공재의 홈에 먹혀 들어가 가공재의 모든 두께에 걸쳐 쐐기의 작용을 한다. 즉, 가공재가 톱 자체를 체결하지 않게 하는 것이다. 따라서 그 높이와 두께도 충분해야 한다. 이와 같은 분할날에는 겸형식 분할날과 현수식 분할날의 2종류가 있는데 톱니 직경이 610[mm]를 넘는 대형 둥근톱 기계에는 현수식을 사용해야 한다.

② 구조

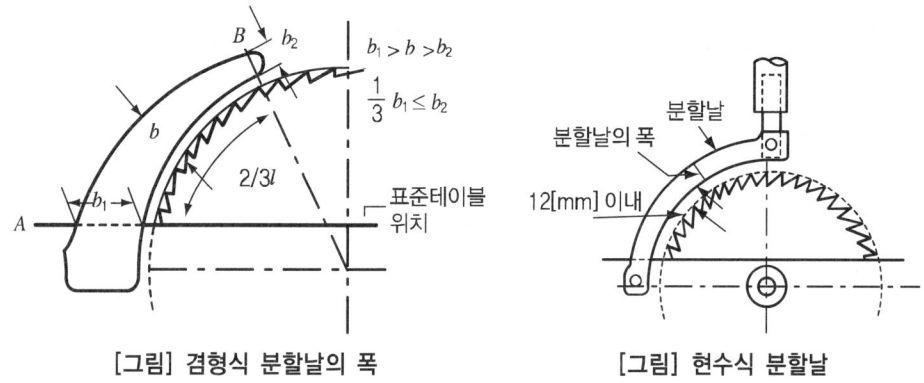

[그림] 겸형식 분할날의 폭   [그림] 현수식 분할날

㉠ 분할날은 가공재가 반발할 때 충격적으로 큰 힘을 받으므로 이에 대해 쉽게 변형하지 않을 수 있는 강도를 가져야 한다.
㉡ 분할날은 표준 테이블 면(승강반에 있어서는 테이블을 최대로 내린 때의 면)상의 톱의 후면날의 2/3 이상을 덮고 또 톱날과의 간격이 12[mm] 이내가 되는 형상의 것이어야 하며 설치부는 조절이 가능해야 한다.

③ 사용상의 준수 사항
㉠ 톱 비탈니의 2/3 이상을 덮고 있는가 점검한다.
㉡ 승강반의 경우는 예방 장치가 동시에 기능하도록 조징해야 한다.
㉢ 분할날과 톱니와의 간격은 어떠한 경우에도 12[mm] 이하가 되도록 유지한다.
㉣ 톱의 직경이 610[mm]를 넘는 것은 현수식 분할날을 사용한다.
㉤ 반발 방지 발톱 및 반발 방지 롤은 언제나 가공재에 밀착시켜야 한다.
㉥ 톱의 직경이 405[mm]를 넘는 둥근톱 기계에는 발톱이나 롤의 사용을 금지한다.
㉦ 분할날의 두께는 톱 두께의 1.1배 이상이어야 한다.

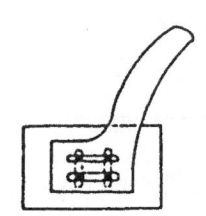

① 상하 및 좌우로 조절 되는 것

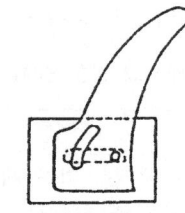

② 각도 및 좌우로 조절 되는 것

$1.1t_1 \leq t_2 < b$

t_1 : 톱의 두께
b : 치진폭
t_2 : 분할날의 두께

[그림] 분할날 설치부의 구조

4 결론

① 목재 가공용 둥근톱은 강철 원판에 톱니를 만든 것으로 노출 높이가 100[mm] 이상의 것에 한한다.
② 방호 장치는 가동식, 고정식 날 접촉 예방 장치, 겸형식, 현수식 분할날 등이 있다.
③ 작업자는 안전에 유의해야 한다.
④ 목재 가공 작업은 분진이 많이 발생하므로 작업장은 환기 설비, 작업자는 보호구를 착용한다.

문제 29

동력식 수동 대패기의 방호 장치를 설명하시오.

1 서론

대패란 회전축에 너비가 넓은 날을 2장 또는 4장 고정시켜 이것을 고속으로 회전시키면서 평면, 홈, 측면, 경사면 등을 깎는 기계를 말하며 목재의 표면을 초벌절삭하거나 중간 정도까지 대패질하는데 기계 대패를 사용하면 나뭇결, 재료의 경도 및 두께에 관계없이 능률적으로 대패질 할 수 있다.

2 방호 장치의 종류

대패의 덮개는 방호 장치의 운전 방식에 따라 다음과 같이 구분한다.

[표] 동력식 수동 대패기의 방호 장치

구분	종류	용도
가동식 덮개	가동식 날 접촉 예방 장치	대패날 부위를 가공 재료의 크기에 따라 움직이며 인체가 날에 접촉하는 것을 방지해 주는 형식
고정식 덮개	고정식 날 접촉 예방 장치	대패날 부위를 필요에 따라 수동·조정하도록 하는 형식

3 방호 장치별 성능·구조 및 사용

1. 가동식 날 접촉 예방 장치

① 성능 및 구조 : 가동식 날 접촉 예방 장치는 가공재의 절삭에 필요하지 않은 날부분을 항상 자동적으로 덮을 수 있는 구조의 것이다.

[그림]에 표시한 것처럼 덮개가 회전날부위 위를 수평으로 움직이는 것과 회전날부위 주변에 따라서 움직이는 것이 있다. 어느 것이나 덮개가 항상 테이블면에 덮여 있고 절삭되는 가공재의 폭에 상당하는 부분의 날만이 열려지고 그 이외의 날은 덮여져 있어야 한다.

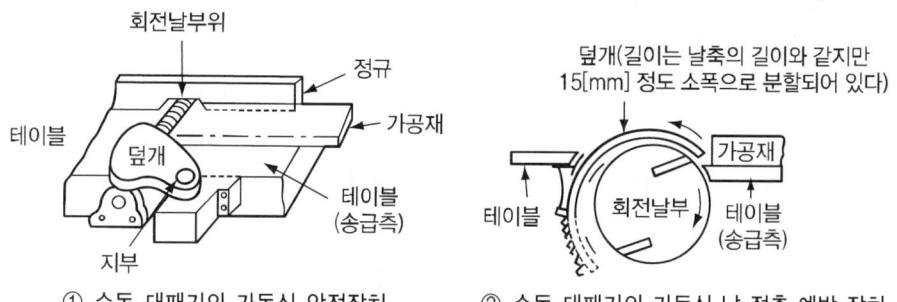

[그림] 가동식 날 접촉 예방 장치

또 덮개는 그 하면과 가공재를 송급하는 측의 테이블면과의 빈틈이 8[mm] 이하가 되어야 한다. 이것은 덮개 밑의 간격으로 손이 들어가지 않게 하기 위한 것이다. 더욱이 테이블 위의 안내판을 이동한 경우에 안내판의 뒤쪽 대패 동체가 노출하므로 이 부분에 대해서도 덮개를 설치할 필요가 있다.

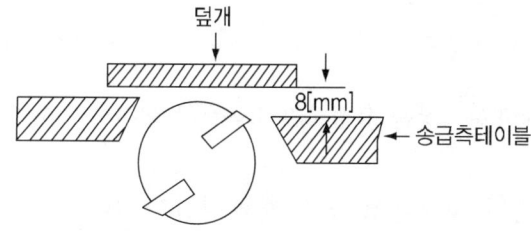

[그림] 덮개와 테이블의 간격

② 사용상 준수 사항
  ㉠ 작업 자세를 표준 동작의 자세를 유지한다.
  ㉡ 가동식 덮개의 원활한 작동을 위해 스프링에 주의한다. 특히 목재 분진에 의해서 기능이 저하된다는 점에 주의해야 한다.
  ㉢ 작은 것을 가공할 때는 위험 방지를 위해 밀기 막대를 이용하여 작업한다.

2. 고정식 날 접촉 예방 장치의 성능 및 구조

고정식 날 접촉 예방 장치는 가공재의 폭에 따라서 그때마다 덮개의 위치를 조절해 절삭에 필요한 날부분만을 남기고 덮는 구조로 한다. 따라서 덮개 설치부에는 조절이 가능하도록 조절 나사를 설치해야 한다.

또 가공재를 송급하고 있지 않을 때는 날부분 전체를 덮기 위해 덮개 길이는 날의 길이만큼 되어야 한다. 덮개와 가공재 송급측 테이블면 사이에 손이 들어가지 않게 그 빈틈을 8[mm] 이하로 해야 하는 것은 가동식의 경우와 같다.

안내판의 뒤쪽 대패 동체의 노출 부분에도 덮개를 설치해야 한다.

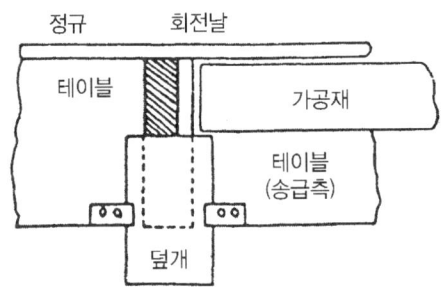

[그림] 대패기의 날 접촉 예방 장치

4 결론

① 대패는 날을 2장 또는 4장을 고정시켜 고속으로 회전시키면서 목재를 가공하는 기계이다.
② 방호 장치는 가동식·고정식 날 접촉 예방 장치가 있다.
③ 대패 작업시는 보호구를 착용하여 분진으로부터 건강을 예방한다.

문제 30

방폭용 전기 기계 기구에 관하여 논하시오.

1 서 론

방폭 구조의 전기 기계·기구란 전기 설비의 점화원을 적절한 방법으로 억제하여 화재·폭발이 일어나지 않도록 한 기계·기구를 말한다. 이 기계·기구에는 인화성 물질에 따라 가스·증기 방폭 구조와 분진 방폭 구조로 분류한다. 증기·가스 방폭 구조는 ① 내압 방폭 구조, ② 안전증 방폭 구조, ③ 압력 방폭 구조, ④ 본질안전 방폭 구조, ⑤ 유입 방폭 구조, ⑥ 특수 방폭 구조가 있으며 분진 방폭 구조에는 ㉠ 특수 방진 방폭 구조, ㉡ 보통 방진 방폭 구조, ㉢ 분진 특수 방폭 구조가 있다.

2 방폭구조의 종류별 성능 및 구조

가스·증기 방폭 구조의 종류와 기호는 다음 표와 같다.

[표] 가스·증기 방폭 구조의 종류와 기호

방폭 구조의 종류	기 호
내압 방폭 구조	d
압력 방폭 구조	p
안전증 방폭 구조	e
유입 방폭 구조	o
본질안전 방폭 구조	ia 또는 ib
특수 방폭 구조	s

1. 내압 방폭 구조

내압 방폭 구조는 가스·증기에 대한 전기 기기 방폭 구조의 하나의 형식이며, 이는 용기의 내부에서 폭발성 가스의 폭발이 일어날 경우에 용기가 폭발 압력에 견디고 또는 외부에 폭발성 분위기에 불꽃이 전파되지 않도록 한 방폭 구조를 말한다. 기기의 케이스는 전폐 구조로 하고, 이 용기 내에 외부의 폭발성 가스가 침입하여 내부에서 폭발하더라도 용기가 폭발 압력에 견뎌야 하고, 또 폭발한 고열가스가 용기의 틈새로부터 누설되어도 틈새의 냉각효과로 외부의 폭발성 가스에 착화될 우려가 없도록 만들어진 것이다. 언제나 점화원이 될 수 있는 스위치, 제어 및 지시장치 제어판, 전동기, 조명 기구 등의 스파크가 발생되는 부분을 구조물로 격리한 구조로 되어 있으며, 그 사례는 그림과 같다.

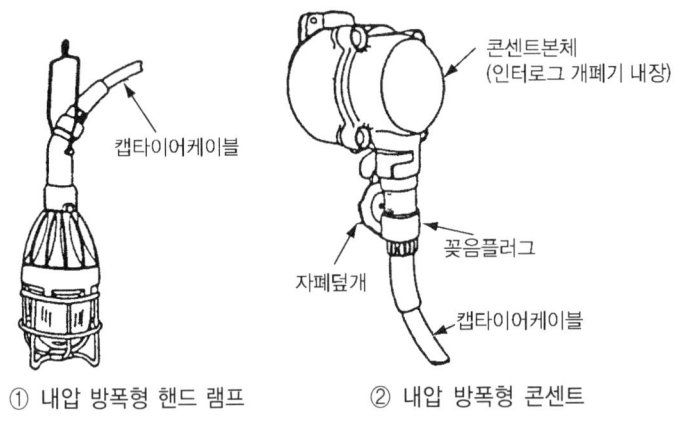

[그림] 내압 방폭 구조 기계·기구

2. 안전증 방폭 구조

안전증 방폭 구조는 가스·증기에 대한 전기 기기 방폭 구조의 하나의 형식으로 이는 정상적인 사용 조건에는 점화원이 될 수 있는 스파크, 고온 등이 발생하지 않도록 전기적·기계적 및 온도적으로 특별히 안전도를 높이는 방폭 구조로 되어 있다.

3. 압력 방폭 구조

압력 방폭 구조는 가스·증기에 대한 전기 기기 방폭 구조의 하나의 형식이며, 이는 점화원이 될 우려가 있는 부분을 용기내에 넣어 보호기체(신선한 공기 또는 불활성 기체)를 용기에 압입하여 폭발성 가스가 침입하는 것을 방지하도록 되어 있는 구조를 말한다. 압력 방폭 성능을 확보하기 위해서 용기 내의 압력은 대기압보다 5 이상 높은 압력을 유지하고 있다.

3 방폭 구조의 선정의 원칙

1. 방폭 지역의 분류

인화성 물질이 화재·폭발을 발생시킬 수 있는 농도로 대기 중에 존재하거나 존재할 수 있는 장소를 방폭 지역이라 하며, 이는 위험 분위기가 존재하는 시간과 빈도에 따라 몇 가지로 구분되며, 이러한 방폭 지역의 분류는 방폭기계·기구 및 배선 방법을 결정하는 데 중요한 사항이 된다.

방폭 지역은 0종, 1종, 2종 장소 외에 비방 폭지역으로 분류하고 있으며 표에 주요 국가별로 채택하고 있는 방폭 지역의 분류 예를 들었으며 선정 원칙은 표에 나타내었다.

[표] 주요 국가의 방폭 지역 분류

국가별 \ 위험분위기	지속적인 위험분위기	통상 상태하에서의 간헐적 위험분위기	이상 상태하에서의 위험분위기
IEC/CENELEC/유럽	Zone 0	Zone 1	Zone 2
북 미	Division 1		Division 2
한국/일본	0종 장소	1종 장소	2종 장소

[표] 방폭 구조 선정 원칙

위험장소	방폭구조
0종장소	본질안전 방폭구조
1종장소	내압방폭구조, 압력방폭구조, 유입방폭구조
2종장소	안전증 방폭구조, 유입 방폭구조

4 방폭 구조 전기 기계·기구 사용할 때 준수사항

① 전등의 조도가 나쁠 때는 책임자에게 보고, 교체토록 해야 한다.
② 책임자의 허락없이 조작하면 방폭 성능이 저하되므로 멋대로 덮개를 해체하거나 손질을 금지한다.
③ 이상이 있을 때는 책임자에게 보고한다.

5 결 론

① 방폭 구조는 전기 설비의 점화원을 적절한 방법으로 억제하여 화재나 폭발을 예방하는 조치이다.
② 방폭 구조의 종류는 기호로 d, p, e, o, ia, ib, s 등이 있다.
③ 방폭 지역은 0종, 1종, 2종, 비방폭 지역으로 분류한다.
④ 방폭 구조는 지정된 자만 관리, 취급한다.

문제 31

산업용 로봇(industrial robot)의 분류를 하시오.

1 용어의 정의

1. 산업용 로봇

머니퓰레이터 및 기억 장치를 가지고 기억 장치의 정보에 따라 머니퓰레이터의 신축, 굴신, 상하 이동, 좌우 이동, 선회 동작 또는 이들의 복합 동작을 자동적으로 할 수 있는 기계를 말한다.

2. 머니퓰레이터(manipulator)

인간의 팔과 같은 기능을 가지고 다음의 작업을 할 수 있는 것을 말한다.
① 그 선단에 해당하는 메커니컬 핸드, 흡착기 등에 의해 물체를 잡고 공간적으로 이동시키는 작업
② 그 선단부에 부착시킨 도장용 스프레이 건, 용접용 토치 등의 공구에 의한 도장, 용접 등의 작업
③ 기억 장치는 머니퓰레이터의 동작 순서, 위치, 속도 등의 정보를 기억하는 장치를 말하고 자기디스크, 집적 회로 등이 대표적이며 가변 시퀀스 제어장치 및 고정 시퀀스 제어장치도 핀보드, 캠 등에 의해 머니퓰레이터 정보를 가질 수 있기 때문에 기억 장치에 포함한다.

3. 가동 범위

기억 장치의 정보에 따라 머니퓰레이터, 기타 산업용 로봇의 각부의 구조상 움직일 수 있는 최대의 범위를 말한다.
단, 구조상 움직일 수 있는 최대의 범위내에 전기적 또는 기계적 스토퍼가 있는 경우는 해당 스토퍼에 의해 머니퓰레이터나 로봇의 각 부가 작동할 수 없는 범위는 제외한다.

4. 교 시

산업용 로봇의 머니퓰레이터의 동작 순서, 위치 또는 속도의 설정, 변경 그리고 확인하는 것을 말한다.

2 로봇의 역할과 발달

1. 공장자동화와 로봇

공장자동화(FA : Factory Automation)는 3단계로 구분된다. 제1단계가 기계적인 의미에서의 고정식 자동화(Fixed Automation), 제2단계가 산업용 로봇을 활용하는 FMS(Flexible Manufacturing System) 방식은 다량 소품종 업종뿐 아니라 소량 다품종 업종에까지 적용되어 그 효용성을 입증하고 있다.

로봇은 FA 생산 구조의 일부를 형성 하고 있기 때문에 완전한 FA 시스템을 통하여 그 역할이 확인된다. FMS가 CAM(Computer Aided Manufacturing), CAD(Computer Aided Design), MRP(Manufacturing Resources Planning) 세 분야로 이루어져 있는데, 로봇은 CAM 부문에서 대부분 이용되고 있다. 구체적으로는 제조 과정에서 조립, 용접, 검사 기능 등을 가장 효과적으로 수행하고 있는 것으로 평가되고 있다.

2. 로봇 기술의 발달 과정

세대별로 본 발달 과정은 다음과 같다.

[표] 로봇의 발달 과정

구 분	제1세대 로봇	제2세대 로봇	제3세대 로봇
형 식	운반조작 로봇	지각 로봇	학습 로봇
기 능	머니퓰레이터, 플레이백 일반적 이동형	센서, 피드백형, 감각, 시각 전방향 이동형	학습기능 보행형
용 도	PICK & PLACE, SPOT	아크용접, 도장, 조립 및 의료 등	가정용, 자동조립 자동작업 등
연 도	1960년	1980년	1990년

3 산업용 로봇의 분류

1. 입력 정보 교시에 의한 분류

산업용 로봇의 분류는 입력 정보, 교시(산업용 로봇에 작업의 순서, 위치 또는 경로 등의 정보를 설정하는 것. 즉 무엇을 어떻게 해서 하는가를 가르치는 것)가 어떤 것인가에 따라 분류하게 되어 있다. 산업용 로봇의 입력 정보, 교시에 의해 분류는 다음 표와 같다.

[표] 입력 정보 교시별

명 칭	정 의
매뉴얼 머니퓰레이션	인간이 조작하는 머니퓰레이터
고정 시퀀스 로봇	미리 설정된 순서와 조건 및 위치에 따라 동작의 각 단계를 차례로 거쳐나가는 머니퓰레이터이며 설정 정보의 변경을 쉽게 할 수 없는 것
가변 시퀀스 로봇	미리 설정된 순서와 조건 및 위치에 따라 동작의 각 단계를 차례로 거쳐나가는 머니퓰레이터로서 설정정보의 변경을 쉽게 할 수 있는 것
플레이백 로봇	인간이 머니퓰레이터를 움직여서 미리 작업을 수행함으로써 그 작업의 순서, 위치 및 기타의 정보를 기억시켜 이를 재생함으로써 그 작업을 되풀이할 수 있는 머니퓰레이터
수치 제어 로봇	순서, 위치 기타의 정보를 수치에 의해 지령받은 작업을 할 수 있는 머니퓰레이터 예 천공 종이 테이프 카드나 디지털 스위치 등에 의한 것
지능 로봇	감각기능 및 인식기능에 의해 행동결정을 할 수 있는 로봇
감각 제어 로봇	감각 정보를 가지고 동작의 제어를 행하는 로봇
적응 제어 로봇	적응 제어 기능을 가지는 로봇 적응 제어 기능이란 환경의 변화 등에 따라 제어 등의 특성을 필요로 하는 조건을 충족시키도록 변화시키는 제어기능을 말함
학습 제어 로봇	학습 제어 기능을 하는 로봇 학습 제어 기능이란 작업경험 등을 반영시켜 적절한 작업을 행하는 제어기능을 말함

 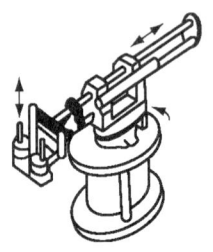

① 매뉴얼 머니퓰레이션 로봇   ② 고정 시퀀스 로봇

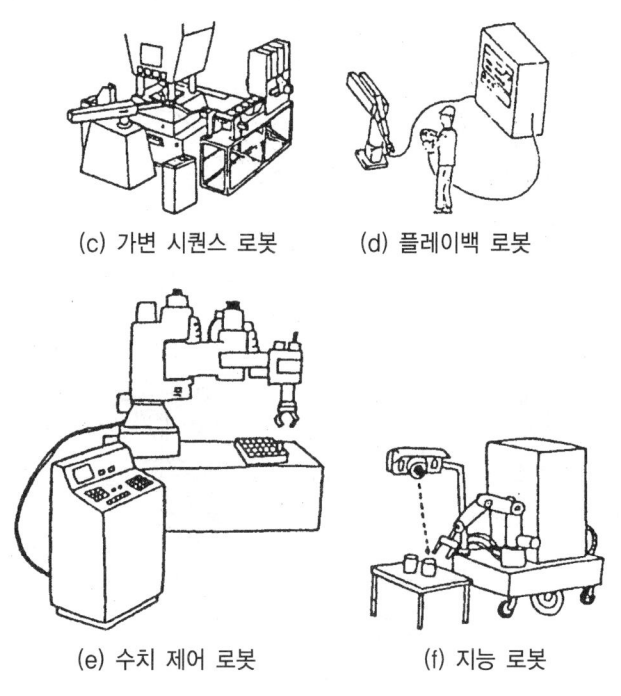

(c) 가변 시퀀스 로봇 (d) 플레이백 로봇

(e) 수치 제어 로봇 (f) 지능 로봇

[그림] 입력 정보 교시에 의한 분류

2. 동작형태에 의한 분류

몇 개의 단위 동작의 조합에 의해 산업용 로봇으로서의 형태는 결정된다. 여기에서 단위 동작이란 신축, 회전, 선회의 세 가지가 대부분이다. 「회전」은 축의 방향을 변화시키지 않고 축방향을 중심으로 하는 회전운동이며 「선회」는 축방향을 변화시키려고 하는 움직임이다. 인간의 손의 경우, 손목을 비트는 것이 회전이며 구부리는 것이 선회가 된다. 로봇의 동작 형태별 분류는 다음 표와 같다.

[표] 동작형태별 분류

용 어	의 미
원통좌표 Robot(Cylindrical Coordinates Robot)	팔의 자유도가 주로 원통좌표형식인 머니퓰레이터
극좌표 Robot(Polar Coordinates Robot)	팔의 자유도가 주로 극좌표형식인 머니퓰레이터
직각좌표 Robot(Cartesian Coordinates Robot)	팔의 자유도가 주로 직각좌표형식인 머니퓰레이터
다관절 Robot(Articulated Robot)	자유도가 주로 다관절인 머니퓰레이터

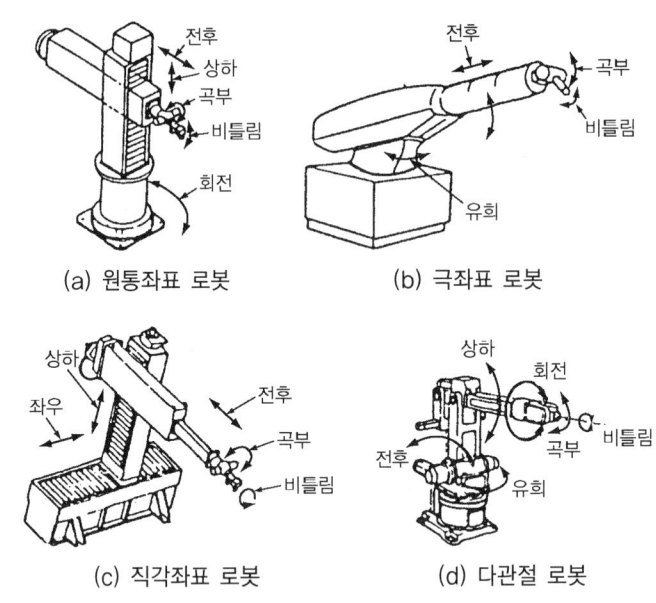

[그림] 동작형태별 로봇

3. 용도별 분류

용도별로 분류하면 다음 표와 같다.

[표] 용도별 종류

용 어	종 류
arc 용접	수직다관절(5축, 6축)
spot 용접	수직다관절(6축), 직교좌표형(4축)
조립	수직다관절, 원통좌표, 직각좌표
도장	수직다관절(전기식, 유압식)
handling	수직다관절, gantry
사출기 취출	취출로봇
transfer	전용기
palletizing	robot type palletizer

문제 32

산업용 로봇의 안전 대책을 논하시오.

1 머니퓰레이터와 가동범위

산업용 로봇의 큰 특징 중 한 가지는 인간의 팔에 해당되는 암(arm)이 기계 본체의 외부에 조립되어 암의 끝부분(인간이라면 손)으로 물건을 잡기도 하고 도구를 잡고 작업을 행하기도 한다.

이와 같은 기능을 갖는 암을 머니퓰레이터(manipulator)라 한다.

산업용 로봇에 의한 재해는 주로 이 머니퓰레이터에서 발생하고 있다. 머니퓰레이터가 움직이는 영역을 가동 범위라 하고 이때 머니퓰레이터가 동작하여 사람과 접촉할 수 있는 범위를 위험 범위라 한다.

그러므로 프로그램을 짤 때 산업용 로봇의 고장으로 인한 이상 상태에서 움직일 경우에 가동 범위를 중심으로 한 위험 지역 전체를 예측하지 않으면 안 된다.

2 로봇 방호의 기본사항

로봇의 방호에 관한 기본적 사항은 다음과 같다.

1. 로봇의 방호를 확보하기 위하여, 로봇 자신이 가지고 있는 방호 기능과 그 사용·관리에 있어서의 방호를 양립시킬 것
2. 로봇이 자동 상태에 있는 동안은 사람이 위험 영역에 침입하는 것을 저지하는 방호 울타리 등을 설치하거나 또는 위험 영역 내에 침입한 사람이 상해를 입기 전에 로봇을 정지시키는 등의 기능을 가지게 할 것
3. 방호는 작업자에 대해서 뿐만 아니라, 타인에 대하여도 재해를 예방할 수 있을 것
4. 방호에 관한 모든 설비 및 대책은 원칙적으로 페일 세이프(fail safe)로 하고, 또한 신뢰성을 높일 것
5. 로봇 및 그 주변에 부속시킨 방호 설비 및 방호 대책의 효력을 정당한 이유없이 저감시키거나 잃게 하지 않을 것
6. 개조·개선을 하였을 경우에는 새로운 위험을 수반할 우려가 있으므로, 필요하면 이에 대한 방호 설비 또는 방호 대책을 강구할 것

3 산업용 로봇의 안전기능

산업용 로봇에 의한 사망 재해는 로봇의 오작동에 의한 것과 로봇이 운전 상태에 있을 때 그 가동 범위 내에 신체가 들어간 경우에 주로 발생한 것이다.

1. 페일 세이프(fail safe) 기능

로봇은 다음의 페일 세이프 기능을 가져야 한다.
① 오작동에 의한 위험을 방지하기 위하여 제어 장치의 이상을 검출하여 로봇을 자동적으로 정지시키는 기능
② 유압, 공압 또는 전압의 변동, 정전 등의 이상시에는 로봇을 자동적으로 정지시키는 기능
③ 관련 기기의 고장시에 로봇을 자동적으로 정지시키는 기능

2. 기본적인 안전기능

① 작업자가 가동 범위 내에 침입한 것을 검출하여 로봇을 자동적으로 정지시키는기능
② 로봇 및 관련 기기의 이상에 의해서 로봇이 정지된 경우는 원칙적으로 외부에 알리는 기능을 가질 것
③ 사용상 필요한 부분을 제외하고 로봇에는 협착, 절단, 휘말림 등의 위험한 부분이 없도록 할 것
④ 교시 작업을 할 때는 머니퓰레이터의 속도가 자동적으로 낮아지고 또한 출력을 조정할 수 있는 것은 자동적으로 출력을 조절하는 기능을 가질 것
⑤ 특수한 환경하에서 사용되는 로봇에는 그 환경에 적합한 재료, 구조 및 기능을 가질 것
⑥ 근로자 등이 접촉하는 것에 의해 머니퓰레이터에 충격력이 가해진 경우에 자동적으로 운전을 정지하는 기능을 가질 것

4 산업용 로봇의 안전대책

1. 자동 운전 중

가장 중요한 것은 로봇과 작업자를 완전히 격리시켜서 로봇의 가동 범위 내에 작업자가 부주의로 출입할 수 없게 하며 의도적인 출입을 방지하도록 해야 한다.

① 안전울을 설치하여 작업자가 출입구 이외의 다른 곳으로부터 로봇의 가동범위 내로 들어오는 것이 불가능하게 한다. 교시나 점검, 조정 등의 필요가 있어서 울타리 안으로 작업자가 들어오는 경우에 머니퓰레이터와 안전울 사이에서 협착되는 것을 방지하기 위하여 가동 범위와 울타리 사이의 간격은 최소 40[cm] 이상을 유지해야 한다.
② 안전울의 출입문에는 안전 플러그를 사용한 인터로크를 설치하여 문을 열면 로봇이 정지하도록 한다. 또는 출입구에 광전자식 안전 장치나 안전 매트를 설치하여야 한다.
③ 가동 범위 내에 센서를 설치하여 예정에 없던 사람이나 물체가 접근하면 로봇을 정지시킨다.
④ 작업자가 가동 범위에 출입할 필요가 적도록 다음의 조치를 취한다.
　㉮ 울타리 안에 공구 상자, 작업대 등을 설치하지 않는다.
　㉯ 재료의 품질 검사를 충분히 실시하여 로봇에 불량품을 공급하지 않도록 한다.
　㉰ 재료 운반 장치의 신뢰성을 높인다.
⑤ 이상시에는 관리감독자로 지정된 사람에게 연락하고 임의로 정비하지 않는다.
⑥ 이상시에 비상 정지 장치가 기능을 하지 않는 경우는 즉시 대피하여 신속히 전원을 차단한다.

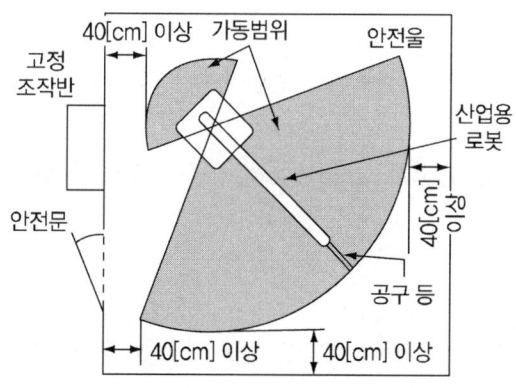

[그림] 안전 방책과 가동 범위 사이의 거리

2. 교시 작업

로봇의 교시 작업을 할 때는 로봇의 가동 범위 내로 들어가지 않고 할 수 있으면 안전하지만 전부 그렇게 할 수 있는 것은 아니다. 가동 범위 내에서 교시 작업을 하는 경우는 다음과 같이 해야 한다.

① 작업 시작전에 외부 전선의 피복 손상, 머니퓰레이터의 작동상황, 제동 장치, 비상 정지 장치의 기능을 반드시 점검해야 한다.
② 교시 방법은 로봇의 취급 설명서, 제조회사의 설명 등을 확실히 준수한다.
③ 교시 중에는 교시작업자 이외의 제3자가 스위치를 조작하지 않도록 조작반에 「교시중」의 표시, 키 스위치 또는 안전 플러그의 휴대 등의 조치를 취한다.
④ 머니퓰레이터의 속도를 느리게 한다.
⑤ 안전한 작업위치를 선정한 후 작업한다.
⑥ 여러 명이 작업할 때 1명은 감시한다.
⑦ 비상 정지 스위치를 교시 작업자에게 지참시킨다. 작업에 감시자를 둔 경우는 감시에 전념시키면서 비상 정지 스위치를 작업자 대신에 보관하도록 하여도 좋다.
⑧ 소음원이 되는 전자 개폐기나 동력선을 제어반 배선으로부터 충분히 띄워야 하며 용접기 2차측 접지 등도 제어반에 부착해서는 안 된다. 로봇의 동력원은 전용으로 하고 접지 단자에 제3종 접지를 한다.
⑨ 이상이 발생된 경우는 충분한 지식을 가진 사람이 작업 규정에 의한 순서에 따라 조치한다.
⑩ 재기동시에는 사전에 로봇의 가동 범위 내에 사람, 공구 등이 없도록 하며, 로봇과 관련 기기 및 재료가 바르게 준비되어 있는지를 확인하고 정해진 방법에 따라 신호를 한다.
⑪ 로봇이 불의의 작동, 오조작에 의한 위험상태와 그들의 안전한 조치 방법에 대해서 평소 사전 검토를 하여 놓을 것
⑫ 작업 방법, 위험 방지 조치 등에 대해서 준수 사항을 작업 규정에 정하여 놓을 것

3. 검사 등의 작업

① 로봇의 검사, 수리, 조정 등의 작업은 로봇의 안전 유지를 위하여 중요하지만 로봇에 의한 위험이 따르는 작업이다.
② 검사 등의 작업에 있어서 로봇의 정지의 종류(완전 정지, 조건 대기 정지, 고장 정지 또는 외관상 정지)를 올바르게 판단한다.

③ 가동 범위 내에서 검사 등을 하는 경우는 운전을 정지하고 한다.
④ 부득이 운전 중에 가동 범위 내에서 작업을 하는 경우는 다음 사항을 준수한다.
　㉮ 주위의 안전을 확인함과 더불어 주위의 안전을 확보한다.
　㉯ 작업자 또는 감시자에게 비상 정지 장치를 가지게 한다.
　㉰ 머니퓰레이터를 작동시키는 것은 가급적 피하고 가능한 한 파일럿 램프, 표시된 에러 코드 등에 의해 검사한다.
　㉱ 부득이 로봇을 작동시키는 경우에도 자동 운전을 하지 않는다.
⑤ 근접한 관련 기계도 정지시키고 작업한다.
⑥ 작업자 이외의 제3자가 기동 조작하지 않도록 키 스위치 또는 안전 플러그의 휴대,「작업 중」등의 표시를 한다.
⑦ 이상 발생시의 조치에 있어서 순서를 정하여 놓고, 이상이 생기면 반드시 그것에 따라서 조치한다.
⑧ 공압 장치는 잔압에 의한 위험을 방지하기 위하여 공기의 공급을 차단함과 더불어 갇혀 있는 잔압을 반드시 제거한다.
⑨ 재기동시에는 가동 범위 내의 안전을 충분히 확인한 후에 정해진 방법에 따라 신호한다.
⑩ 평상시에 각 로봇의 특성을 이해하고 있어야 하며 불의의 작동, 오조작에 의한 위험 상태와 그들의 안전한 조치 방법에 대하여 평소에 사전 검토를 하여 놓는다.
⑪ 작업 방법, 위험 방지 조치 능에 대하여 준수 사항을 작업 규정에 정해 놓는다.

4. 점검 항목

① 작업 시작 전 점검 : 산업용 로봇을 사용하여 작업을 행할 때는 작업 시작 전 다음 사항에 관해서 점검을 행할 것
　㉮ 제동 장치의 기능
　㉯ 비상 정지 장치의 기능
　㉰ 접촉 장비를 위한 설비와 산업용 로봇과의 인터록의 기능
　㉱ 관련 기기와 산업용 로봇의 인터록 기능
　㉲ 외부 전압, 배관 등의 손상의 유무
　㉳ 공급 전압, 공급유압 및 공급 공압의 이상 유무
　㉴ 작동의 이상 유무
　㉵ 이상음 및 이상 진동의 유무

② 정기 점검 : 다음 사항에 관해서 산업용 로봇의 설치 장소, 사용 빈도, 부품의 내구성 등을 감안, 검사 항목, 검사 방법, 판정 기준, 실시 시기 등의 검사 기준을 정하고 그것에 의해 검사를 행할 것
  ㉮ 주요 부품의 볼트 풀림의 유무
  ㉯ 가동 부분의 윤활 상태 기타 가동부분에 관한 이상 유무
  ㉰ 동력 전달 부분의 이상 유무
  ㉱ 유압 및 공압 계통의 이상 유무
  ㉲ 전기 계통의 이상 유무
  ㉳ 작동의 이상을 검출하는 기능의 이상 유무
  ㉴ encoder의 이상 유무
  ㉵ servo 계통의 이상 유무
  ㉶ stopper의 이상 유무

문제 33

로봇 작업자의 안전 교육 방법을 쓰시오.

1 서 론

로봇의 구조, 기능, 취급 등에 대하여 지식 부족이나 기능미숙 때문에 프로그램 미스나 조작 미스에 의한 사고를 일으킨 예가 적지 않다. 로봇의 위험성의 특징으로 보아서 로봇 작업자에 대한 안전 교육, 훈련의 중요성은 대단히 크다.

2 산업용 로봇의 재해 유형

산업용 로봇은 그 우수한 성능 못지 않게 위험성을 가지고 있기 때문에 재해가 발생하고 있는데 그 유형은 다음과 같다.

1. 작업자가 실수로 기계를 작동시켜서 재해 발생
2. 작동시 문제점을 발견한 작업자가 순간적으로 처리하려다가 재해 발생

3. 로봇의 작동(주행) 범위 내에 무방비 상태로 접근했을 때 로봇의 사각 지대로부터 충격을 받아 재해 발생
4. 로봇이 일시 정지하고 있을 때 문제점을 발견한 작업자가 안심하고 접근하였을 때 위험한 작동부가 작동하여 재해 발생
5. 이상을 발견하고 정지 중인 로봇에 접근하였을 때 불의에 작동 또는 정지하지 않아서 재해 발생

3 산업용 로봇의 운전시 준수사항

1. 자동 운전에서 명확한 「자동」과 「수동」의 전환을 하도록 한다.
2. 표준 안전 작업 방법에 의한 작업을 행한다.
3. 교시 작업을 조정할 때에는 감시자가 배치된 상태에서 한다.
4. 로봇의 일시 정지된 모습에 속지 말아야 하며 로봇에 접근할 때는 반드시 안전 플러그를 빼어 휴대하고 출입한다.
5. 머니퓰레이터의 가동부(위험부)에 들어갔을 때는 등을 돌리지 않는다.

4 결 론

[그림] 산업용 로봇의 출입시 방호 조치

① 로봇은 머니퓰레이터 및 기억 장치를 가지고 기억 장치의 정보에 의해 머니퓰레이터의 신축, 굴신, 상하, 좌우 선회 동작, 복합 동작을 자동적으로 할 수 있는 기계를 말한다.
② 로봇은 대단히 위험하므로 머니퓰레이터의 가동 범위를 정확히 알고 작업에 임해야 한다.
③ 로봇 작업자는 특별안전교육을 받고 작업을 하며 반드시 안전 담당자를 배치한다.
④ 사전에 로봇의 운전시 준수 사항을 철저히 지켜야 한다.

문제 34

일반 공작 기계의 종류와 안전 대책을 쓰시오.

1 선반(lathe)

1. 위험성

공작 기계의 대표격인 선반은 작업시 다음 표와 같은 위험성이 있다.

[표] 선반의 위험 요인

위험성	위험유발요인
비 산	1. 가공재료의 칩(chip) 2. 냉각유
회전말림	1. 긴 가공물의 돌출부 2. 리드 스크루
불안전한 행동	1. 회전 중 테이블 위 올라감 2. 회전 중 측정, 청소

2. 재해 예방 대책

선반은 가공 재료의 칩이나 냉각유 등의 비산으로 인하여 재해를 많이 발생하는기계로서 이를 방지하기 위해 전·후, 좌·우 위쪽으로 이동되는 플라스틱 제품의 덮개를 설치하는 것이 좋다.

선반의 칩(chip) 비산 방지 장치(shield)이다. 또한 그림은 척이나 척에 물린 가공물의 돌출부가 긴 것에 덮개를 설치한 예이다. 척이나 척에 물린 가공물의 돌출부가 긴 것은 덮개를 부착하여 재해를 예방하며 솔레노이드 회로를 설치하여 척에 덮개를 닫아야만 기계가 작동되도록 한 장치도 있다.

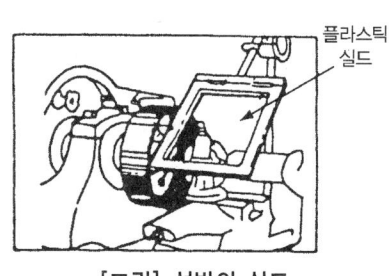

[그림] 선반의 실드

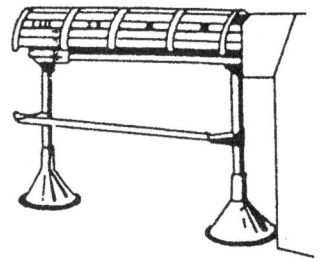

[그림] 선반의 덮개

2 밀링(milling)

1. 위험성

밀링커터가 회전하므로 다음 표와 같은 위험성이 있다.

[표] 밀링의 위험 요인

위험성	위험유발요인
비 산	1. 절삭유 2. 칩(chip)
회전말림	밀링 커터의 회전

2. 재해 예방 대책

밀링커터가 회전하고 있을 때 작업복이 말려 들어가거나 칩이 비산하여 일어나는 재해가 많으므로 상부 암에 덮개를 설치한다.

또한 칩의 제거를 위해서는 브러시를 사용하고 절삭유는 가공 부분에서 떨어진 커터의 상부에서 주입하도록 한다.

4-175

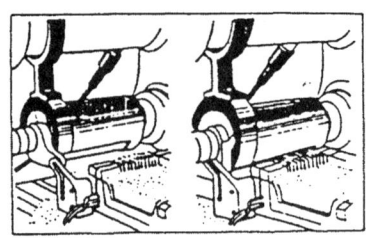

[그림] 밀링커터의 덮개

3 플레이너와 셰이퍼(planner and shaper)

1. 위험성

이 두 공작 기계는 그 특성상 긴 공작물을 횡방향으로 가공 작업을 하게 되어 테이블이나 램이 본래의 자체 길이를 벗어날 수 있기 때문에 통행인에게 위험이 된다.

[표] 플레이너와 셰이퍼의 위험요인

위험성	위험유발요인
충 돌	1. 플레이너의 왕복 테이블 2. 셰이퍼의 왕복 램
비 산	칩(chip)
공 구	플레이너의 프레임 중앙부 피트에 공구류 방치

2. 재해 예방 대책

플레이너와 셰이퍼의 방호 장치로는 칸막이, 방책, 칩받이, 급속 귀환 장치 등을 설치해야 하며 특히 플레이너와 같이 이동 테이블에는 제3자가 부딪치지 않도록 운동 범위를 명시하는 방책을 설치한다.

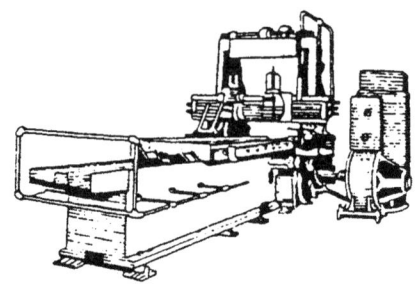

[그림] 플레이너의 방책

4 드릴(drill)

1. 위험성

드릴은 단축 또는 다축의 경우를 막론하고 고속 회전하는 축이 있기 때문에 회전말림의 재해가 자주 발생한다.

[표] 드릴의 위험성

위험성	위험유발요인
회전말림	회전 드릴 축
비산·충돌	1. 가공물의 고정 불량 2. 칩에 신체 접촉

2. 재해 예방 대책

드릴이 회전하고 있으면 거기에 접촉되지 않고 칩이 비산하는 것을 막기 위해 가드나 다축 드릴링에는 투명한 플라스틱 평판을 설치한다.

또한 가공물을 관통하기 전에 가공물이 회전하여 재해가 발생하므로 이를 방지하기 위해서는 바이스(vise)나 지그(jig)로 미리 고정한 후 작업을 해야 한다.

또한 간략한 방법으로 스프링형 코일 가드를 설치하여 사용하기도 한다.

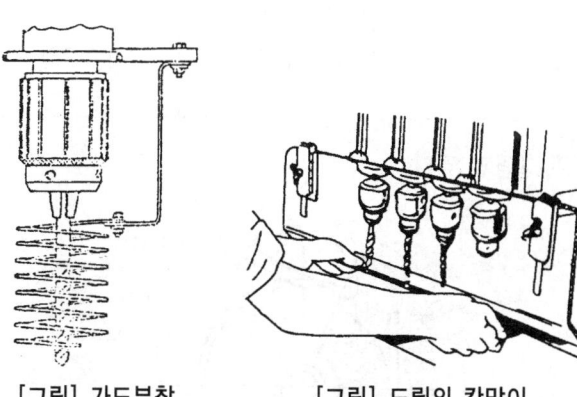

[그림] 가드부착   [그림] 드릴의 칸막이

5 연삭기(grinder)

1. 위험성

연삭기는 연삭용 숫돌을 동력의 구동체에 부착하여 고속으로 회전시키면서 가공 재료를 연마 또는 절삭하는 기계로서 다음 표와 같은 위험성이 있다.

[표] 연삭기의 위험성

위험성	위험유발요인
비 산	1. 숫돌의 파괴 2. 가공물의 파손
회전 말림	회전 숫돌에 휘말림
충돌	회전 숫돌에 신체 접촉

2. 재해 예방 대책

연삭기의 숫돌 직경이 5[cm] 이상인 것은 반드시 덮개를 설치하여야 하며 그 덮개는 숫돌 파괴시 충격에 견딜 수 있는 다음 표와 같은 재질의 덮개를 사용해야 한다.

[표] 덮개의 재료

연삭숫돌의 최고사용 주속도[m/min]	2,000 이하	3,000 이하	4,000 이하
재료	주철 가단주철 주강	– 가단주철 주강	– – 주강

덮개의 표준 조건은 그림과 같다.

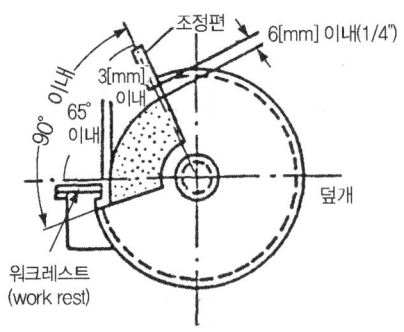

[그림] 덮개의 표준 조건

기타 연삭기의 재해 예방 대책으로는 연삭 작업시 시작 전에 1분 이상, 숫돌 교체시 3분 이상 시운전을 한 후 이상이 없을 때 작업을 한다. 작업 시작 전에 결함 유무를 확인한 후 사용하여야 하며 최고 사용 회전 속도를 초과해서 사용해서는 안되며, 측면 사용을 목적으로 하는 연삭숫돌 이외의 것은 측면을 사용해서는 안된다.

문제 35

크레인의 종류와 용도를 논하시오.

1 서 론

크레인은 용도에 따라 여러 가지 종류의 것이 있는데 대표적인 종류는 다음 표와 같다.

[표] 크레인의 종류와 용도 및 특성

번호	종류	용도 및 특성
1	천장 크레인(overhead crane)	고속, 고빈도, 중(重)작업용, 하중 지지 브레이크, 기계브레이크, 전기 또는 유압 브레이크
2	특수 천장 크레인	고빈도, 중작업용 공장 내 연기, 분진 등을 고려 운전성능·보수점검 등에 유의할 것
3	벽 크레인(wall bracket crane)	건물벽 등에 장착, 소형물(物) 하역용 360° 회전 가능(Jib 부착)
4	데릭(derrick)	재료가 적게 들며 각 부재의 각주는 해체 조립이 용이
5	해머형 크레인(hammer crane)	경사진 지브(Jib)가 없어 높은 양정과 긴 반경을 갖는다. 주로 조선소에서 사용
6	탑형 지브(Jib) 크레인	경미한 인입운동이 가능 빈도가 많은 하역작업에 적합
7	로코모티브 크레인(locomotive crane)	증기, 디젤동력, 레일대차 위에 Jib 크레인을 장치
8	모빌 크레인(mobile crane)	원동기가 있어 자유로이 작업현장을 바꿀 수 있는 이점이 있음
9	교량(가교)형 크레인(gantry crane)	교량식 크레인을 문(門)형 크레인이라고도 함
10	케이블 크레인(cable crane)	산간의 교량, 수문 등의 조립시 사용 원목 운반에 사용
11	언로더(unloader)	석탄, 광석 등을 선박에서 양륙(揚陸)시 사용
12	크롤러 크레인(crawler crane)	주행차가 복대식(crawler)의 이동식 등

2 구조의 기능

크레인은 물건을 매달거나 수직·수평 운동을 할 수 있으므로 한정된 작업장내에서 중량물 운반은 크레인에 의지하는 수가 많다. 크레인은 본체로 된 구조부분과 물건을 들어올려 운반하기 위한 작동 부분으로 대별된다. 구조 부분은 일반적으로 강판·형강·강관 등을 부재로 하여 이것을 용접 또는 볼트에 의해 설치하며 여러 가지 형상으로 만든다. 작동 부분은 권상 장치(hoisting unit : 물건을 매달아 올리는 장치), 주행 장치(travelling unit : 크레인 전체를 이동시키기 위한 장치), 횡행 장치(traversing unit : 물건을 매달아 크레인의 주행 방향과 직각 방향으로 움직이는 트롤리 대차를 이동시키는 장치), 선회 장치(swing unit : 지브의 선회 장치), 기복 장치(up and down unit : 기복을 행하는 장치) 등으로 되어 있고 주로 전동기에 의해 치차·와이어 로프 등과 같이 작동한다.

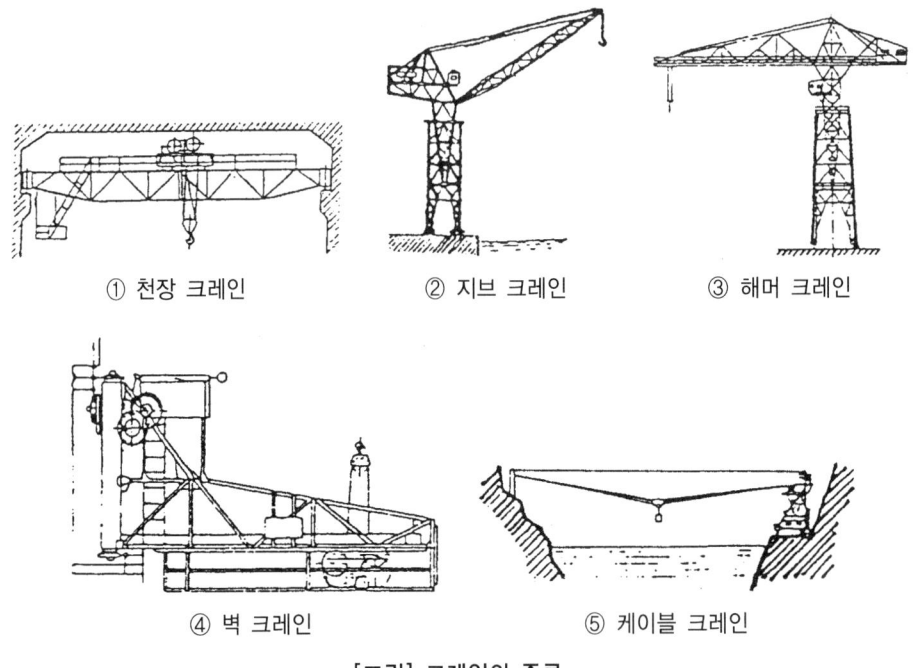

① 천장 크레인　② 지브 크레인　③ 해머 크레인

④ 벽 크레인　⑤ 케이블 크레인

[그림] 크레인의 종류

3 위험성

크레인 등에 의한 재해는 주로 기계의 구조 부분의 결함에 의한 것과 중량물의 취급 및 운전 기능의 미숙에 의해서 다음 표와 같이 발생한다.

[표] 크레인의 위험성

위험성	위험유발요인
매단 물건의 낙하	1. 와이어 로프의 절단 2. 화물이 로프 이탈 3. 난폭운전 및 운전미숙 4. 권상용 로프의 과다 감김으로 절단
작업자의 협착 • 크레인과 건물 사이 • 물건과 물건 사이	1. 운전 미숙 2. 운전 부주의 3. 고리걸이 불량
크레인의 전도	1. 정격하중 초과 인양 2. 지반 불안정(연약 지반) 3. 난폭한 운전
크레인의 파괴	1. 구조상 설계불량 2. 부재의 균열발생 3. 부재의 불량, 규격미달 4. 제작불량
작업자의 추락	1. 작업자 부주의 2. 안전조치 미실시
매단 물건과 충돌	1. 제한구역 출입 2. 작업자 부주의 3. 난폭운전

4 재해 예방 대책

1. 안전 장치의 기능 유지

산업안전보건법에서 설치 의무화한 과부하 방지 장치, 권과 방지 장치, 비상 정지 장치, 브레이크 장치, 해지 장치를 설치해야 하며 이들 중 국가의 성능 검정을 받아야 하는 것은 반드시 합격품을 사용해야 한다.

2. 와이어 로프의 안전조건

와이어 로프는 양질의 탄소강으로 가공한 소선(wire)을 수십 가닥 모아서 스트랜드(strand)를 만들고 이 스트랜드를 몇 가닥 가지고 심강(core)의 주위에 일정 피치로 꼬아서 만든 것이다. 로프의 끝마무리의 방법에 따라 로프자체의 파단 강도의 75~100[%]까지 성능이 나올 수 있다.

① 사용 제한 와이어 로프
  ㉮ 이음매가 있는 것
  ㉯ 와이어 로프의 한 꼬임[스트랜드(strand)를 말한다.]에서 끊어진 소선(素線)[필러(pillar)선은 제외한다)]의 수가 10퍼센트 이상(비자전로프의 경우에는 끊어진 소선의 수가 와이어 로프 호칭지름의 6배 길이 이내에서 4개 이상이거나 호칭지름 30배 길이 이내에서 8개 이상)인 것
  ㉰ 지름의 감소가 공칭지름의 7퍼센트를 초과하는 것
  ㉱ 꼬인 것
  ㉲ 심하게 변형되거나 부식된 것
  ㉳ 열과 전기충격에 의해 손상된 것

② 안전율

$$S = \frac{NP}{Q}$$

  S : 안전율
  P : 로프의 파단 강도[kg]
  N : 로프 가닥수
  Q : 안전 하중[kg]

종류별 와이어 로프의 안전율은 다음 표와 같다.

[표] 와이어 로프의 안전율

와이어 로프의 종류	안전율
권상용 와이어 로프	5.0
지브의 기복용 와이어 로프 및 케이블	
크레인의 주행용 와이어 로프	
지브의 지지용 와이어 로프	4.0
가이 로프 및 고정용 와이어 로프	
케이블 크레인의 메인 로프	2.7
메인로프	

③ 와이어 로프의 하중계산
  ㉮ **총하중** : 총하중(W) = 정하중(W_1) + 동하중(W_2)

  여기서 동하중 $(W_2) = \dfrac{W_1}{g} \cdot \alpha$

  α : 가속도

g : 중력가속도

㉑ 슬링 와이어 로프의 한 가닥에 걸리는 하중

$$하중 = \frac{하물의\ 무게(W_1)}{2} \div \cos\frac{\theta}{2}$$

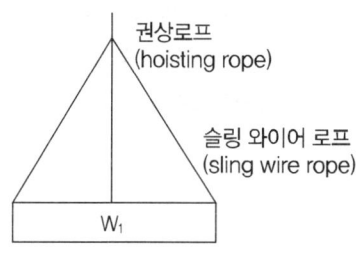

[그림] 와이어 로프의 하중

3. 달기 체인의 사용금지기준

① 달기 체인의 길이가 달기 체인이 제조된 때의 길이의 5퍼센트를 초과한 것
② 링의 단면지름이 달기 체인이 제조된 때의 해당 링의 지름의 10퍼센트를 초과하여 감소한 것
③ 균열이 있거나 심하게 변형된 것

4. 취급시 유의 사항

일상적인 취급에 대해서는 다음 사항에 유의해야 한다.
① 본체, 권상 와이어 로프, 매달기 기구의 정기 점검의 실시와 필요한 경우의 수리 및 교환
② 권과 방지 장치 등의 정비 점검 이행
③ 정격 하중의 준수
④ 매단 중량물의 이동 거리 내의 안전 확인
⑤ 매단 중량물을 내리는 장소, 놓아둘 장소의 안전 확인
⑥ 출입 금지 구역의 설정
⑦ 운전자의 사각에 들어갈 염려가 있을 경우의 접촉 방지 장치
⑧ 소정의 자격이 있는 운전자 및 고리걸이 작업자가 작업을 담당

5 결론

① 크레인의 종류는 용도에 따라서 분류한다.
② 크레인은 물건을 매달거나 수직, 수평운동을 할 수 있다.
③ 크레인의 위험성은 낙하, 협착, 전도, 파괴, 추락, 충돌 등이 있다.
④ 안전 대책으로 규정된 로프 사용, 지정된 유자격자 등이 운전한다.
⑤ 운반시 작업자는 유도자의 지시에 따른다.

문제 36

이동식 크레인의 종류를 쓰시오.

1 이동식 크레인의 종류

이동식 크레인은 육상, 수상, 레일상을 이동하는 것이 있으나 육상의 이동식 크레인은 다음과 같이 분류한다.

$$\text{이동식 크레인} \begin{cases} \text{크롤러 크레인(crawler crane)} \\ \text{트럭 크레인(truck crane)} \\ \text{휠 크레인(wheel crane)} \end{cases}$$

1. 크롤러 크레인

셔블계 굴삭기의 한 형식으로 크레인 붐으로 훅, 와이어 로프 등을 장치한 기계이다.

2. 트럭 크레인

트럭에 크레인을 장착한 것으로 트럭 새시에 모든 방향으로 선회하는 크레인 장치를 탑재한 것과 크레인용으로 제작된 크레인 캐리어에 크레인 장치만을 탑재한 것이다.

3. 휠 크레인

1개의 원동기로 크레인 권상과 주행을 겸한 장치로 아담한 형상의 기계이다.

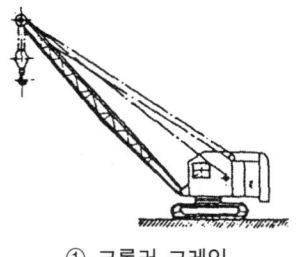 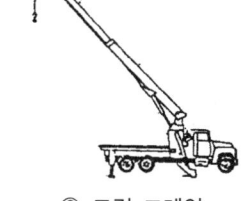 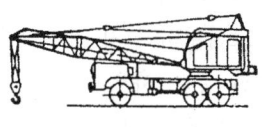

① 크롤러 크레인　　② 트럭 크레인　　③ 휠 크레인

[그림] 이동식 크레인의 종류

2 구조와 기능

이동식 크레인은 일정 지역에서 작업하는 천장 크레인 등의 주행 크레인이나 고정식 크레인과는 달리 이동할 수 있는 통로와 안전한 작업 장소가 있으면 매우 높은 기동성을 가진 하역 기계인 반면 비정상적인 작업을 하는 경우가 많기 때문에 다른 크레인 작업자에 비해 특별한 안전상의 배려가 필요하다.

이동식 크레인은 구조 부분과 작동 부분외에도 크레인 자체를 불특정 장소로 이동시키기 위한 대차, 크롤러, 선박 등을 갖춘다.

동력원으로는 내연 기관이 사용되고 유압을 병용한 설비도 많다.

3 위험성

이동식 크레인의 위험성은 다음 표와 같다.

[표] 이동식 크레인의 위험성

위험성	위험유발요인	
지브의 절손	1. 구조상 결함	2. 초과하중 인양(과부하)
크레인의 전도	1. 정격하중의 초과인양 3. 아우트리거의 미사용	2. 지반 불안정(연약지반) 침하
매단 물건의 낙하	1. 와이어 로프의 절단 3. 난폭운전	2. 화물의 로프 이탈
작업자 협착 및 충돌	1. 신호자 미대기 3. 운전미숙	2. 제한구역 내 출입

4 재해 예방 대책

크레인의 재해 예방 대책과 공통되는 사항이 많지만 기타의 사항으로는 특히 전도재해를 예방하기 위해서 다음 사항을 지키는 것이 중요하다.

1. 아우트리거(outrigger)의 사용 이행
2. 크레인의 설치 위치의 선정(연약 지반, 경사지를 피하고 땅을 고르게 할 수 없을 때는 나무판 등을 사용)
3. 과부하의 금지
4. 운전자의 기능 향상에 유의하고 운전자의 사각을 보충하기 위한 감시자의 배치

문제 37

데릭의 안전에 관하여 쓰시오.

1 데릭의 종류

데릭의 종류로는 가이 데릭, 진 폴 데릭 등이 있다.

1. 가이 데릭(guy derrick)

지주를 5~6개의 가이 로프로 받치는 데릭으로 붐이 주주보다 짧고 가이 로프에 방해가 되지 않으므로 360° 회전이 가능하다.

2. 진폴 데릭(gin pole derrick)

붐은 사용하지 않고 주주만으로 구성되며 그 선단은 가이 로프로 받쳐서 권상만을 하는 데릭을 말한다.

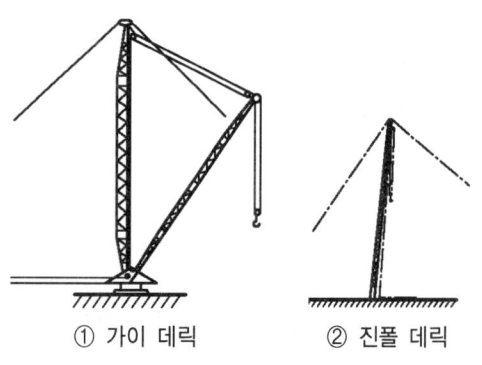

① 가이 데릭   ② 진폴 데릭

[그림] 데릭의 종류

2 구조와 기능

데릭은 동력을 이용하여 물건을 달아올리는 기계 장치로 주주(포스트, 마스트) 또는 붐(boom), 달아올리는 달기구와 이것들의 부속물로 구성되어 권상 및 선회를 시켜서 하역 작업을 하는 설비이다.

데릭은 일반적으로 보조로 지지된 주주 또는 붐(boom), 윈치, 와이어 로프, 달기 기구 및 이들의 부속물로 되어 건물벽의 철골, 건설용 리프트의 타워에 직접 붐을 설치한 기구의 것이다. 동력원으로는 전기 및 내연 기관이 주로 이용되고 있다.

3 위험성과 재해 예방 대책

1. 데릭에 의한 재해는 크레인에 비해 설치수가 적고 사용도 많지 않기 때문에 사업장에서 크게 문제되지는 않는다.
2. 재해 유형은 매단 짐의 낙하에 의한 재해와 본체의 도괴에 의한 재해 등이 있다.
3. 재해는 크레인 및 이동식 크레인과 같은 대책으로 예방할 수 있다.

문제 38

승강기(Elevator)의 안전대책을 쓰시오.

1 승강기의 종류

동력을 사용하여 운전하는 것으로 가이드 레일을 따라 승강하는 운반구 또는 카에 사람이나 화물을 상하 좌우로 이동, 운반하기 위한 기계·설비로서 종류로는 승객용 엘리베이터, 승객 화물용엘리베이터, 화물용엘리베이터, 소형화물용엘리베이터, 에스컬레이터가 있다.

2 승강기의 구조

승강기의 전체 조립도는 그림과 같다.

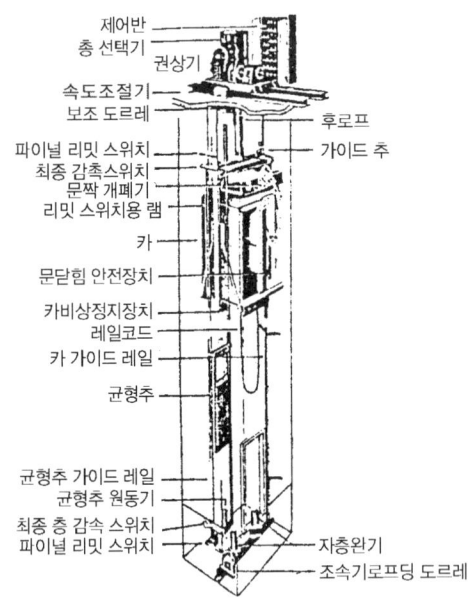

[그림] 승강기의 조립도

3 위험성

승강기의 위험성은 다음 표와 같다.

[표] 승강기의 위험성

위험성	위험유발요인
추 락	1. 와이어 로프 절단 2. 초과하중 적재 3. 비상정지장치 결함
협 착	1. 승강기의 불균형 이동 2. 건물구조의 결함 3. 작업자의 부주의

4 재해 예방 대책

1. 안전 장치의 기능 유지

성능 검정 합격품을 사용하여야 하며 평소 그 기능이 유지되어야 한다. 안전장치의 종류는 아래와 같다.

① 과부하 방지 장치(overload limit switch) : 정격 하중을 초과하면 자동적으로 신호 또는 버저(buzzer)가 울리면서 승강기가 작동하지 않도록 하는 장치
② 비상 정지 장치(emergency stop device) : 비상시에 긴급하게 수동으로 작동시키는 장치
③ 출입문 인터로크(door interlock)
  ㉠ 승강기문을 닫은 위치에서 잠기지 않으면 정상적인 기계 작동이 되지 않는다.
  ㉡ 카가 탑승구 내에 있지 않거나 정지 또는 정지 중에 있지 않으면 탑승지점에서 승강기가 열리지 않는다.
④ 경보 장치(alarm system) : 비상시에 비상벨을 눌러서 보고하고 인터폰으로 외부와 통화할 수 있는 장치
⑤ 파이널 리밋 스위치(final limit switch) : 카가 승강로의 상부에 있는 경우 바닥에 충돌하는 것을 방지하기 위한 장치
⑥ 속도조절기(governor) : 카가 과속되어 정격 속도의 130[%]를 넘는 경우 스위치를 열어 전동기의 전로를 차단하고 전자 브레이크를 동작시켜 승강기를 정지시키는 장치이며 디스크형 조속기와 플라이볼형 조속기가 있다.

2. 취급시 유의 사항

승강기 등에 대해서는 소정의 구조 요건을 구비한 안전한 것을 사용해야 하는 것은 물론 일상적인 취급에서도 다음 사항을 유의해야 한다.
① 운전자는 승강기의 구조·성능, 특히 안전 장치에 대해 충분한 지식을 갖추도록 할 것
② 작업 개시 전 시운전을 함과 동시에 주요한 부분은 정기적으로 점검할 것
③ 정원 또는 허용 적재 하중을 초과해서 운전하지 말 것
④ 조작 장치의 이상 발견시는 즉시 책임자에게 보고하고 지시를 받을 것

문제 39

리프트에 관하여 논하시오.

1 리프트의 종류

동력을 이용하여 사람이나 중량물을 달아올리거나 수평으로 운반하는 기계로 화물 전용 운반의 건설용 리프트, 자동차정비용 리프트, 이삿짐운반용 리프트가 있다.

2 구 조

건설작업용 리프트는 승강기 중 토목·건축 공사용에 사용되는 화물 전용 기구로서 반기(搬器)와 이것을 승강시키는 권상기, 로프, 가이드 레일로 구성된다.
리프트의 일반적인 구조는 그림과 같다.

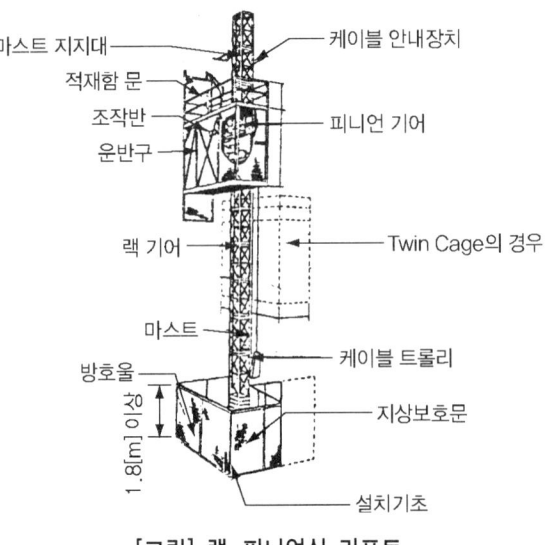

[그림] 랙·피니언식 리프트

3 위험성

승강기의 위험성과 같다.

4 재해 예방 대책

1. 안전 장치의 기능을 유지한다.
2. 성능 검정 합격품을 사용하여야 하며 안전 장치 종류와 조건은 다음과 같다.
    ① 권과 방지 장치와 달기 기구와 운반구 상면과의 간격 250[mm] 이상일 것
    ② 과부하 방지 장치 : 정격 하중보다 1.1배 이상시 작동한다.
    ③ 비상 정지 장치 : 정격 속도의 1.4배 이상시 작동한다.

문제 40

곤돌라(gondola)의 안전 대책을 쓰시오.

1 곤돌라의 종류

빌딩, 옥상 등에 고정되어 있는 것과 작업을 할 때나 설치하는 것이 있다.
곤돌라는 분류방법에 따라 다음 표와 같이 구분한다.

[표] 곤돌라의 종류

종 류	동력의 분류	보행의 분류
암 분형 곤돌라	수동식	궤도식
암 고정형 곤돌라		
모노레일형 곤돌라		
테크형 곤돌라	동력식·전동식	무궤도식
체어형 곤돌라	공기식	

2 구조와 기능

달기 발판 또는 케이지, 승강 장치, 기타의 장치 및 이들에 부속된 기계 부품에 의해 구성되고 와이어 로프 또는 달기 강선에 의하여 달기 발판이나 케이지가 전용의 승강 장치에 의하여 상승, 하강하는 설비이다.

3 위험성

승강기의 위험성과 같다.

4 재해 예방 대책

1. 안전 장치의 기능을 유지한다.
2. 성능 검정 합격품을 사용하여야 하며 종류로는 과부하 방지 장치, 권과 방지장치, 제동 장치, 경보 장치가 있다.

문제 41

지게차(fork lift)의 안전 대책을 논하시오.

1 서 론

지게차는 비교적 좁은 통로를 이용하여 하역 및 운반을 할 수 있는 편리한 기계이다. 저속이지만 차량 중량이나 동력이 크므로 부주의한 운전이나 난폭한 운전은 중대재해를 유발시키기 쉽다. 따라서 운전자와 유도자는 주위의 상황, 보행자, 높이 쌓인 물건 등에 대하여 주의하여야 한다.

2 지게차의 종류

1. 카운터 웨이트 형(counter weight type)

전방의 포크에 실은 하물과 평형을 유지하도록 운전석 옆에 엔진, 전동 장치, 주행 바퀴 등 평형추를 실어 균형을 유지하는 형식이다.

2. 리치형(reach type)

주행시는 전후 바퀴 사이에 마스트와 하중이 균형을 이루도록 되어 있는 것으로 마스트와 포크가 일체가 되어 움직이는 마스트 리치형과 포크만이 신축함으로써 움직이는 포크 리치형이 있다.

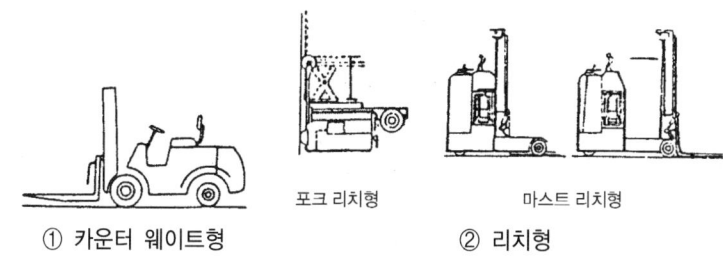

① 카운터 웨이트형   ② 리치형

[그림] 지게차의 종류

3 위험성

1. 지게차에 의한 재해

지게차에 인한 산업 재해 유발 요인은 표와 같다.

[표] 지게차에 의한 재해

번 호	재해유발요인	점유율
1	지게차와의 접촉사고	37[%]
2	화물의 낙하	27[%]
3	지게차의 전도	16[%]
4	지게차에서 추락	14[%]
5	기 타	6[%]

2. 위험성

지게차의 위험성은 다음 표와 같다.

[표] 지게차 작업에 따른 위험 요인

위험성	위험유발요인
물체의 낙하	1. 물체 적재의 불안정 2. 부적합한 보조구(attachment) 선정 3. 미숙한 훈련조작 4. 급출발·급정지
보행자 등과의 접촉	1. 구조상 피할 수 없는 시야의 악조건 2. 후륜 주행에 따른 후부의 선회반경
차량의 전도	1. 미정지된 요철바닥 2. 취급하물에 비해 소형의 차량 3. 물체의 과적재 4. 고속 급회전

4 재해 예방 대책

1. 안정성 조건

지게차의 안정성을 유지하기 위해서는 그림에 나타난 것과 같이 차의 모멘트(M_2)가 화물의 모멘트(M_1)보다는 커야 한다.

안전성의 조건은

$$M_1(W \times a) < M_2(G \times b)$$

여기서 M : 화물 중량
G : 지게차 차체 중량
a : 앞바퀴부터 화물의 중심까지의 거리
b : 앞바퀴에서 차의 중심까지의 거리

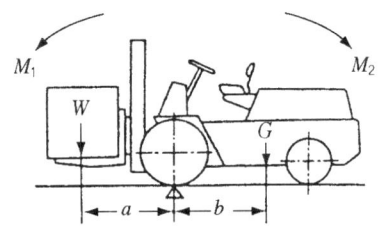

$M_1 = W \times a$: 화물의 모멘트
$M_2 = G \times b$: 차의 모멘트

[그림] 지게차의 안정성

2. 작업시 유의 사항

마스트를 후방으로 기울어지게 했을 때 운반하는 물건이 떨어져 운전자에게 상해를 입히는 일이 없도록 마스트의 배면에 낙하방지가드를 붙인다. 또한 만일의 경우, 물건이 낙하하는 경우를 생각해 운전자의 머리 위쪽에도 가드를 붙인다. 이것은 운전자의 방호에 필요한 강도의 크기로 하고 낙하물이 가드의 사이를 통과하지 못하게 간격이 6[cm] 이내가 되어야 한다.

5 결 론

① 지게차는 대체로 좁은 통로를 이용하여 운반하는 기계이다.
② 종류는 카운터웨이스트형, 리치형 등이 있다.
③ 위험성은 물체의 낙하, 보행자 접촉, 차량의 전도 등이 있다.
④ 재해 예방 대책은 운전자 안전 기준 준수, 작업시 유도자 배치 등이 있다.

문제 42

와이어 로프에 관하여 논하시오.

1 서 론

와이어 로프는 고장력의 강철선이 서로 조합되어서 구성된 것이므로 직경에 비하여 강도가 크고 소선(wire, 가닥)간의 미끄럼 때문에 가동성이 크고 드럼 등에 간단히 감을 수 있으므로 운반상 편리한 특징을 가져 철강, 기계, 건설, 토목, 광산 및 선반 등의 모든 분야에 사용되는 기계요소이다.

2 구 조

와이어 로프는 양질의 탄소강을 인발 가공한 소선(wire)을 수십가닥 모아서 스트랜드(strand)를 만들고 이 스트랜드를 몇 가닥 가지고 심강(core)의 주위에 일정 피치로 꼬아서 만든 것이다. 로프의 끝마무리 방법에 따라 로프 자체의 파단강도의 75~100[%] 까지 성능이 나올 수 있다.

1. 로프의 꼬임

로프의 꼬임 방법에는 보통 꼬임과 랭(lang) 꼬임이 있다.

보통 꼬임은 스트랜드(가닥선을 꼬아 놓은 작은 꼬임)의 꼬임 방향과 로프의 꼬임 방향이 반대로 된 것이며, 랭 꼬임은 그 방향이 동일한 것이다.

보통 꼬임은 가닥선과 외부와의 접촉면이 짧아 마모에 의한 영향은 어느정도 많지만 꼬임이 잘 풀어지지 않아야 하는 곳에 일반적으로 사용된다. 랭 꼬임은 그 반대의 성질이 있다.

꼬임 방향에는 그림과 같이 Z 꼬임과 S 꼬임이 있으며 일반적으로 Z 꼬임이 사용된다.

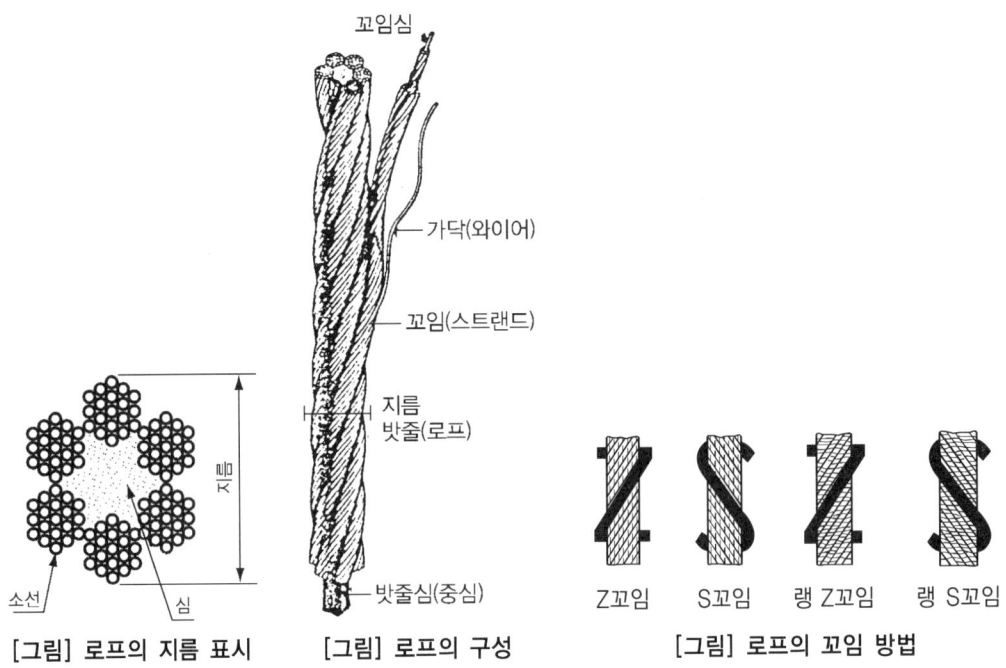

[그림] 로프의 지름 표시   [그림] 로프의 구성   [그림] 로프의 꼬임 방법

2. 밧줄심(로프심)

로프심은 로프의 중심부를 구성하는 것으로서 천연의 마를 사용하는 것이 대부분이나 근래에는 합성섬유를 사용하기도 한다. 심은 유분을 축적하여 가닥의 방청과 절곡시에 가닥끼리의 미끄럼 마찰에 대한 윤활의 역할을 한다.

3 단말처리 2023. 출제

로프의 단말 처리는 다음 여러 가지 방법이 있다.

1. 클립(clip) 고정

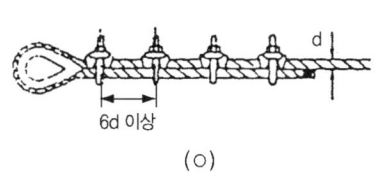

(○)

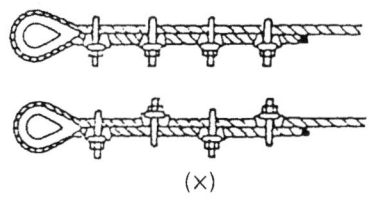

(×)

로프 직경 [mm]	클립수	비고
16 이하	4개	최소
28 이하	5개	
28 초과	6개 (최소)	

[그림] 클립 고정법

2. 소켓(socket) 내에 합금으로 채워 고정

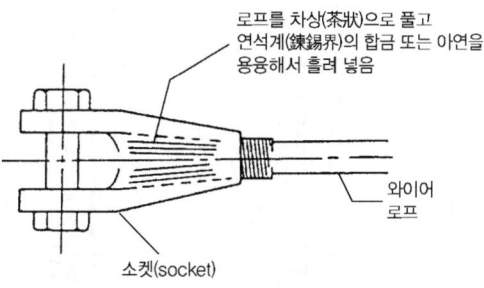

[그림] 소켓 고정법

3. 아이 스플라이스(eye splice) 고정

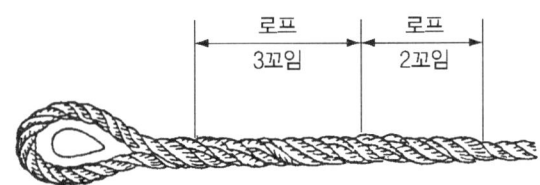

[그림] 아이 스플라이스 고정법

4. 압축 고정

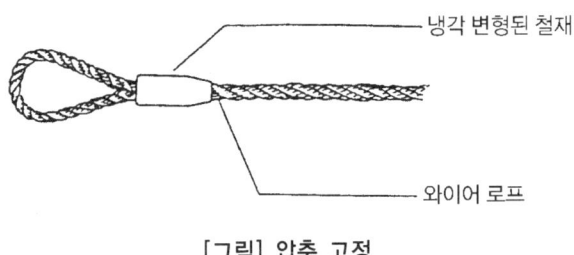

[그림] 압축 고정

5. 쐐기 고정

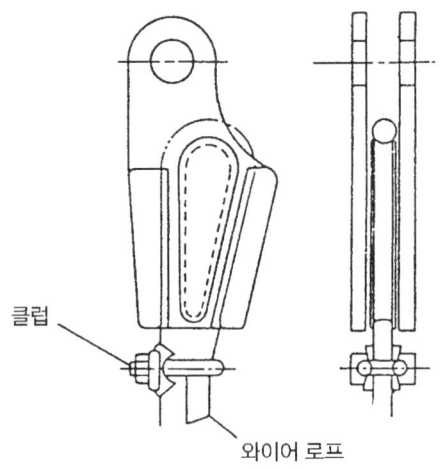

[그림] 쐐기 고정법

단말 처리 방법과 그 체결 효율은 다음 표와 같다.

[표] 체결 효율

단말 처리 방법	체결 효율
쐐기 고정	65~70[%]
아이 스플라이스 고정	75~90[%]
클립 고정	80~85[%]
압축 고정	100[%]
소켓 고정	100[%]

4 안전율

와이어 로프의 안전율은 다음 표에서 정한 값 이상으로 유지되어야 한다.

[표] 와이어 로프의 안전율

와이어 로프의 종류	안전율
갠트리 크레인의 거더 부양용	8
전동 크레인의 권상용	6
버킷 부착 크레인의 권상용	8
화염에 닿는 것	8
사람·화물 공용 승강기	10
스테이 로프	4
케이블 크레인의 주로프	2.7

와이어 로프의 소요 강도는 다음 식으로 계산한다.

$$p = \frac{Q \times S}{n}$$

여기서 P : 로프 1줄에 걸리는 힘[ton]

P는 로프의 파단하중 이하인 것을 택한다.

(KSD 3514 참조)

Q : 전하중[ton] S : 안전율

안전율 = $\dfrac{전달하중(P)}{사용하중(Q)}$

n : 로프를 거는 줄의 수

5 와이어 로프의 사용 기준

1. 와이어 로프의 한 꼬임(한 피치 내)에서 소선수의 10[%] 이상 절단되어서는 안 된다.
2. 와이어 로프의 감소율은 공칭 지름의 7[%] 미만이어야 한다.

   즉, 직경감소율 $= \dfrac{\text{공칭지름} - \text{측정지름}}{\text{공칭지름}} \times 100[\%]$ 이다.

   이때 직경을 재는 방법은 수직으로 재는 측정 방법이 옳으면 대각선으로 측정해서는 안 된다.
3. 킹크 현상 등이 없어야 한다.
   킹크(kink)란 와이어 로프가 꼬여서 뭉치거나 이에 준하는 상태로 되어 있는 것을 말한다.
4. 심한 마모, 부식, 변형 등이 있어서는 안 된다.

6 와이어 로프의 손상

와이어 로프는 사용함에 따라 점차 강도가 저하한다. 강도가 저하하는 율이나 손상의 정도는 로프와 접하는 것(시브, 드럼 등)의 재질, 경도, 표면의 거칠기, 하중의 대소, 와이어 로프의 취급과 손질 방법 등에 따라 차이가 크다.

7 운전 및 보수

와이어 로프를 새로 장착한 뒤에는 바로 정상 운전에 들어가지 말고 최초에 작은 짐을 매어 달고 저속으로 예비 운전을 행하고 차츰 하중과 속도를 올려서 정상운전에 들어가야 한다. 와이어 로프는 사용중 마모 및 모양이 망가지는 등 외관상의 부식의 정도, 단선 등에 관해서 정기적으로 검사를 실시해야 한다. 사용중에는 그리스를 바르는 것을 게을리하지 말아야 한다.

8 결론

① 와이어 로프는 고장력의 강철선을 꼬아서 만든 것이다.
② 꼬임 방식에 따라 보통 꼬임, 랭 꼬임, Z 꼬임, S 꼬임 등이 있다.
③ 단말 처리에는 압축 고정과 소켓 고정이 가장 좋다.
④ 와이어 로프로부터 재해를 방지하기 위해서는 안전율 준수, 사용 기준 준수 등이 필수적이다.
⑤ 와이어 로프의 손상을 방지하기 위해서 점검, 보수 등을 게을리해서는 안 된다.

문제 43

용접의 구조상 결함 사항을 들고 예방 대책을 설명하시오.

1 서론

① 용접결함 발생 원인은 장비의 잘못 사용과 전류·운봉 부적합, 개선 불량 등 여러 가지 요인에 의해 발생된다.
② 결함이 발생되면 품질뿐만 아니라 구조물의 안전성에 막대한 영향을 끼치게 되기 때문에 용접은 근본적으로 중요한 과제이다.

2 용접 결함의 종류

① **치수상 결함** : 변형, 치수 불량, 형상 불량
② **재질상 결함** : 기계적, 화학적 성질 불량
③ **구조상 결함** : 내부 결함, 형상 결함, 표면 결함, 균열 등이 있다.

3 구조상 결함의 종류, 원인, 대책

1. 내부 결함

① 초음파 이용 검사 가능. Blow hole, 융합 불량, 용입 불량, Slag 혼입이 있다.
② 육안 검사가 불가능하며 용접봉 불량 등의 원인에 기인

[표] 용접의 결함 및 대책

결함종류	특징(형태)	원 인	대 책
Blow hole	공극 발생 X레이 검사시 감광지에 점으로 나타남	1. 용접부에 수소 + CO_2 가스의 기포가 발생되는 현상 2. 산소와 질소의 결합 3. 냉각속도의 급랭 4. 내부공극에 수분발생(습윤시 H_2O 발생)	1. 좋은 용접봉 사용(Flux) 2. 용접봉 건조 3. 급랭방지 4. 용접봉은 예열 후 시공
융합불량	부재와 용접 이원화	1. 용접 및 부재가 일치하지 않는 불량 2. 용접기법 부족	용접사의 기량향상
용입불량	내부 용입 불량	1. 베벨링(개선) 불량 2. 운봉속도 고속 3. 용접사의 기능 부족 4. 용접봉 자체가 굵음 5. 저전류	1. 적정한 운봉 속도 2. 용접사의 기능 향상 3. 베벨링의 개선 4. 적정 굵기 용접봉 사용 5. 적정 전류 사용
Slag 혼입	용접부에 슬래그 부스러기(이물질)가 잔존하는 현상	1. 고속 운봉 2. 용접봉 불량 3. 저전류	1. 적정전류 2. 적정운봉 3. 용접봉 개선 4. 슬래그 제거 후 용접 5. 하향용접 실시

2. 형상 결함 : 육안으로 검사 가능

결함종류	특징(형태)	원 인	대 책
언더컷	모재를 깎아내는 듯한 형태	1. 고속운봉 2. 고전류 3. 용접시 파지 각도 불량	1. 적정한 전류 2. 적정한 운봉속도 3. 파지 각도 준수
overlap	일부구간 비대칭 용접량 과다	1. 저전류 2. 저속운봉 3. 용접사의 기능부족 4. 운봉이 부적절한 경우	1. 적정한 전류 2. 적정한 운봉 3. 개선 후 재용접 4. 용접사의 기능 향상
아크 스트라이크	모재 표면층	1. 용접사의 잘못된 습관 및 용접선 피복이 벗겨져 발생 2. 모재의 아크 발생 3. 용접사의 기능부족 4. 전선의 누전	1. 용접사의 잘못된 습관·개선 2. 전선의 누전방지 3. 아크용접
융착 과다	용접부위 과다 응력 발생	1. 용접부위 과다로 응력발생 우려 2. 용접사의 기능부족 3. 저전류 4. 저속운봉	1. 용접사의 기능향상 2. 그라인드 처리 후 개선 3. 고속전류(적정전류) 4. 고속운봉(적정운봉)

3. 표면 결함 : 모재 및 용접 부위 표면 결함

결함종류	특징(형태)	원 인	대 책
표면 결함	표면층	1. 용접사의 기능 부족 2. 온도 조절 못할 때	1. 용접자의 기능 향상 2. 적정 온도 조건
크레이터	분화구모양 용접길이를 항아리처럼 끝이 파지는 형태	1. 용접사의 기능 부족 2. 운봉 기능 저하	1. end lab설치 후 끝부분까지 커터기로 절단. 2. 운봉 기능 강화
스패터		1. 고전류 일 때(젖은 것 사용 금지) 2. 용접봉 수분 과다시	1. 전처리 철저 2. 적정 전류

4. 균열(육안가능)

종 류	특징 및 원인	대 책
hot crack	높은 고온에서 황 및 인이 녹아서 발생하는 균열	• 황인이 적은 용접봉사용 • 망간성분 용접봉사용
root 및 균열	(모가 생기는 부분) 1. 수소발생 2. 응력발생	• 수소 및 응력발생억제 • 예열 건조
cold crack	• 마르텐사이트가 발생하여 나올 수 있는 균열 • 수소발생에 의한 균열	• 마르텐사이트 • 수소 발생 억제

4 결론

① 최근 건축물의 고층화 및 대형화, 사회 간접 자본 투자에 따라 철골 구조물의 사용이 증가되고 있다.
② 철구조물의 대형화, 복잡화에 의한 용접의 중요성이 날로 증가되고 있어 현장에서는 시방에 따른 철저한 용접 관리가 요망된다.
③ 사업장에서는 용접 결함을 방지하고 용접에 대한 교육훈련과 연구개발에 보다 치밀한 방법이 선행되어야 한다.
④ 용접 작업자에게는 특별 안전 보건 교육을 실시한다.
⑤ 특별히 작업자에게는 최근 발생하는 직업병 및 산재 예방을 위해 보호구 착용을 의무화하고 관리감독자를 배치한다.

문제 44

금속 재료의 성질 중 물리적 성질과 기계적 성질을 쓰시오.

1. 물리적 성질

① 비중 : 어떤 물체의 무게와 4[℃]에 있어서 같은 체적의 물과 무게와의 비를 말한다. 금속 비중이 작은 것은 리튬 0.53에서 큰 것은 이리듐 22.5까지이고 백금은 21.5이다.
② 용융점 : 금속 중에서 용융점이 가장 높은 것은 텅스텐으로서 3,400[℃]이고, 가장 낮은 것은 수은으로서 −38.8[℃]이다.
③ 비열 : 어떤 금속 1[g]을 1[℃]만큼 올리는 데 필요한 열량이며 단위는 칼로리이다.
④ 열팽창 : 금속에서 열을 가하면 길이 및 체적이 증가한다. 이것을 열팽창이라 하고, 1[℃]의 온도가 올라감에 따라 길이가 늘어나는 것을 비율을 선팽창 계수라 하며 체적 비율을 체적 팽창 계수라 한다.
⑤ 열전도율 : 거리 1[cm]에 대하여 온도차가 있을 때 1[cm^2]의 단면을 통하여 1초간에 전해지는 열량, 즉 열이 전해지는 것을 열전도율이라 한다.

2. 기계적 성질

① 연성 : 가느다란 선으로 늘일 수 있는 성질로 그 순서는 다음과 같다.
  금, 은, 알루미늄, 구리, 백금, 납, 아연, 철, 니켈
② 전성 : 타격, 압연 작업에 의하여 얇은 판으로 넓게 퍼질 수 있는 성질로 그 순서는 다음과 같다.
  금, 은, 백금, 알루미늄, 철, 니켈, 구리, 아연,
③ 인성 : 굽힘이나 비틀림 작용을 반복하여 가할 때 이 외력에 저항하는 성질 즉, 끈기가 있고 질긴 성질을 인성이라 한다.
④ 취성(脆性) : 인성의 반대되는 성질, 즉 잘 부서지고 잘 깨지는 성질이다.
⑤ 강도 재료에 외력을 작용시키면 파괴된다. 외력에 대해서 재료 단면에 작용하는 최대 저항력을 강도라고 하며 [kg/mm^2]로 표시한다.
⑥ 가단성 : 단조, 압연, 인발 등에 의하여 변형할 수 있는 성질이다.
⑦ 가주성 : 가열했을 때에 유동성을 증가하여 주물로 내마멸성을 알 수 있는 자료가 된다.
⑧ 경도 : 재료의 단단한 정도를 나타내는 것으로 내마멸성을 알 수 있는 자료가 된다.
⑨ 피로 : 재료에 인장과 압축 하중을 오랜 시간 동안 연속적으로 되풀이하여 작용시키면 결국은 파괴된다. 이와 같은 현상은 재료가 피로를 일으켰다고 한다.

문제 45

유체 에서 레이놀즈(Reynolds)수와 무디(Moddy)수를 설명하시오.

1 레이놀즈(Reynolds)수

1883년에 레이놀즈는 층류에서 난류로 바뀌는 것을 여러 가지 장치로 조사하였다.

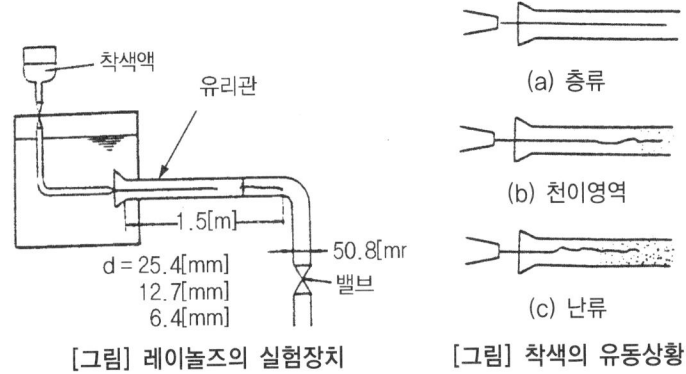

[그림] 레이놀즈의 실험장치   [그림] 착색의 유동상황

관 끝의 밸브를 조금 열어 느리게 한 후 착색 용액을 주입한 결과 선모양의 착색액은 확산됨이 없이 축과 평행으로 전반에 걸쳐 그림 (a)와 같이 층류를 이루었다. 다시 밸브를 조금 더 열어 유속을 빠르게 하였더니 착색액은 그림 (c)와 같이 관의 전단면에 걸쳐 확산되어 난류를 이루었다. 그림 (b)와 같이 층류와 난류의 경계를 이루는 구역을 천이 구역이라 한다. 이 결과를 종합하여 레이놀즈는 층류와 난류 사이의 천이 조건으로서 속도 v, 지름 d 및 유체의 점도 β가 관계됨을 확인하고 다음과 같은 식을 세웠다.

$$Re = \frac{pNd}{\mu} = \frac{Nd}{\mu}$$

이 Re를 레이놀즈 수(Reynolds number)라 하며, 단위가 없는 무차원수로서 실제 유체의 유동에서 점성력과 관성력의 비를 나타낸다.
실험 결과에 의하면 층류와 난류는 다음과 같이 구분된다.
- 층류 : $Re < 2100 (2320$ 또는 $2000)$
- 난류 : $Re > 4000$
- 천이 구역 : $2100 < Re < 4000$

1. 하임계 레이놀즈수

난류에서 층류로 천이하는 레이놀즈수로 약 2000 또는 2100, Schiller의 실험으로는 2320 정도이다.

2. 상임계 레이놀즈수

층류에서 난류로 천이하는 레이놀즈수로 약 4000 정도이다.

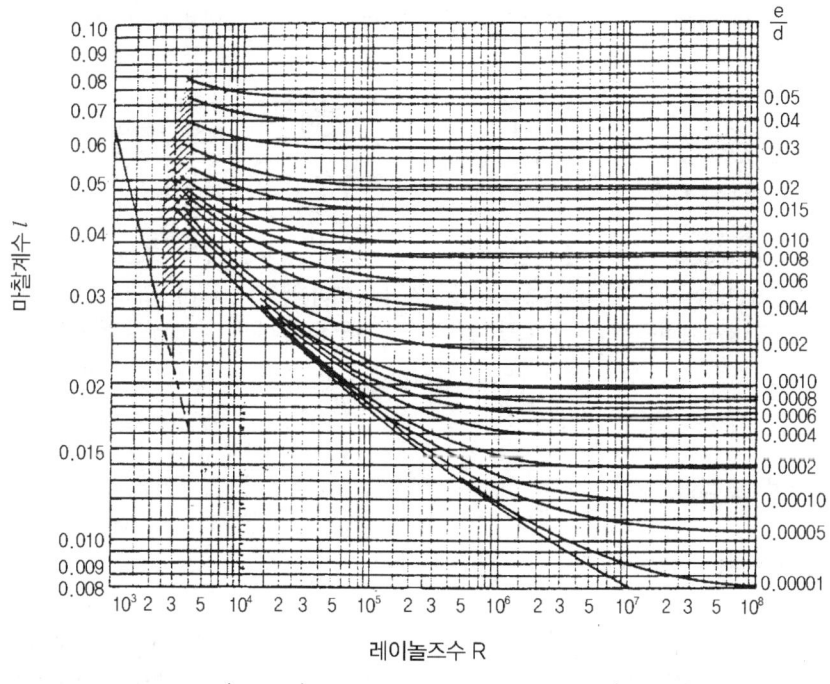

	(ε, mm)		(ε, mm)
리벳한 강	9.15~0.915	콘크리트	3.048~0.3048
목재판	0.915~0.913	주철	0.183
광금칠(함석)	0.152	아스팔트를 칠한 주철	0.122
상업용 강관	0.0457	diawing관	0.00152

[그림] 무디선도(Moody diagram)

문제 46

볼 베어링의 구성 요소를 설명하시오.

1 정 의

회전축을 떠받치는 부분을 베어링(bearing)이라 하며, 베어링과 접촉하고 있는 회전축의 부분을 저널(journal)이라 한다.

베어링은 축에 가해진 힘의 방향에 따라 분류하며, 또 접촉 방법에 따라 분류한다.

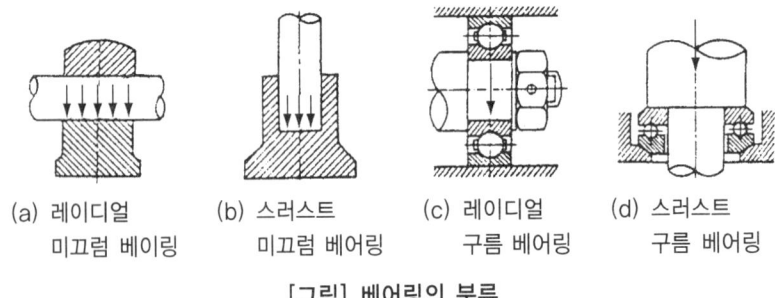

(a) 레이디얼 미끄럼 베이링 (b) 스러스트 미끄럼 베어링 (c) 레이디얼 구름 베어링 (d) 스러스트 구름 베어링

[그림] 베어링의 분류

2 볼 베어링(고정형)

1. 단열 깊은 홈형

가장 널리 사용되는 것으로 보통은 축을 내륜에 압입하고 외륜은 하우징에 고정되어 있다. 내륜과 외륜은 분리할 수 없다. 때로는 반대로 내륜 고정, 외륜 회전하는 수도 있다. 다소의 스러스트 하중도 받을 수 있다.

2. 마그넷형 볼 베어링

외륜 궤도면의 한쪽에 플랜지가 없고 분리형으로 분리 조립에 편리하다. 접촉각이 작고, 축 방향 변위를 허용하나, 부하하중은 작고 깊은 홈형보다는 경하중용이다.

3. 앵귤러 콘택트형

내륜, 외륜과 볼의 접촉점을 연결하는 선이 축과 직각인 선과 이루어 지는 각을 접촉각이라 하는데, 접촉각이 상당히 큰 20°, 30°, 40°의 것이 있다. 레이디얼 하중은 상당히 큰 스러스트 하중을 지지할 수 있다. 반대 방향으로 조합하나, 이것을 일체로 한 복열(複列)구조에서는 양방향의 스러스트 하중을 지지할 수 있다.

4. 자동 조심형

내륜에 2열의 궤도가 있고 외륜 궤도면이 구면상으로 되어 있으므로 자동적으로 중심을 맞추고 조정하는 조심성(調心性)이 있고 축과 하우징에 처짐이 생기는 경우에 적합하다.

5. 스트러스 볼 베어링

추력 하중만을 받칠 수 있는 베어링으로서 볼과 리테이너와의 마찰이 크게 되기 쉬우므로 리테이너 구멍의 직경을 볼 직경보다 약간 크게 하여 마찰을 작게 한다. 복식의 경우는 양방향의 추력을 받칠 수 있다. 높은 정밀도의 것은 얻어지지 않는다.

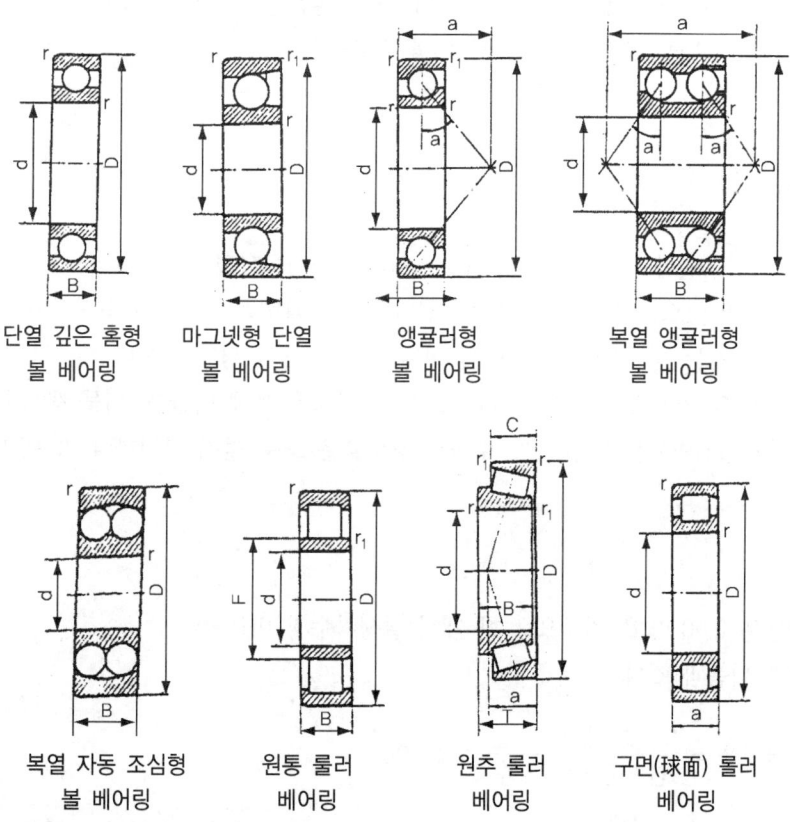

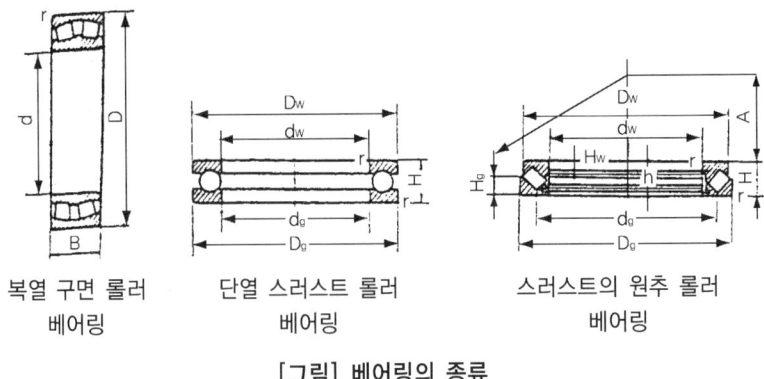

[그림] 베어링의 종류

문제 47

어떤 사업장에서 근로자가 입사하여 퇴직까지 작업했을 때 강도율이 [1.83], 도수율 [15]일 때 이 사람의 평생동안 재해건수와 근로 손실일수는 얼마인가? [단] 근로 시간 수 : 1일 8시간, 1년 : 300일, 잔업 시간 : 4,000시간

1 재해율

재해율은 크게 일람표식 방법(schedule system)과 경험식 방법(experience system) 두 가지로 나눌 수 있으나 전자는 주관적인 판단이 개재되므로 객관적인 신뢰성이 부족한 것이 결점이나 후자는 신뢰성이 높은 반면 현재 상황에 대한 평가가 아니라는 것이다.
경험식 방법의 평가 방법은 연천인율, 도수율, 강도율 등에 의한다. 이들 재해율 통계는 단위가 없고 연천인율은 정수로, 도수율과 강도율은 소수 둘째 자리까지 기록한다.

1. 연천인율

연천인율은 1,000명을 기준으로 한 재해 발생자수의 비율이다.
계산식은 다음과 같다.

$$\text{연천인율} = \frac{\text{재해자수}}{\text{연평균 근로자수}} \times 1,000$$

예로서 1년간 평균 500명의 상시 근로자를 두고 있는 기업체에서 연간 25명의 재해가 발생하였다면 연천인율은 50이다.

$$계산식 = \frac{25}{500} \times 1,000 = 50$$

그리고, 연천인율이 50이란 뜻은 그 작업의 수준으로 연간 1,000명이 작업한다면 50명의 재해가 발생된다는 뜻이다.

2 빈도율

빈도율(Freguency Rate of Injury : FR)이란 1,000,000인시(man·hour)를 기준으로 한 재해 발생건수의 비율로서, 도수율이라고도 한다.
계산식은 다음과 같다.

$$빈도율(도수율) = \frac{재해건수}{연근로시간수} \times 10^6$$

근로 총시간수는 실근로 시간으로 하여야 하나, 일반적으로 평균 근로자수에 1인당 연간 근로 시간수(8h × 300日 = 2,400h)를 곱하여 계산한다.
예로서 500인의 근로자를 채용하고 있는 사업장에서 연간 25건의 재해가 발생하였다면 빈도율은 20.83이 된다.

재해건수 = 5   평균 근로자수 = 500
1인 연간 근로 시간수 = 8시간 × 300일 = 2,400시간

$$도수율 = \frac{25}{500 \times 2400} \times 10^6 = 20.83$$

또한, 빈도율이 20.83라는 뜻은 1,000,000인시 작업하는 동안에 20.83건의 재해가 발생된다는 뜻이다.

3 강도율

강도율은 산재로 인한 근로 손실의 정도를 나타내는 통계로서 1,000인시당 근로 손실일수를 나타낸다.
강도율의 계산식은 다음과 같다.

$$강도율 = \frac{총요양근로손실일수}{연근로시간수} \times 1,000$$

근로 손실일수는 근로 기준법에 의한 법정 근로 손실일수(표참조)에 비장해 등급손실일수를 연 300일 기준으로 환산하여 가산한 일수로 한다.

즉, 「장해 등급별 근로 손실일수 + 비장해 등급 손실 × 300/365」로 계산한다.

[표] 등급별 근로 손실인수

신체장해등급	1~3	4	5	6	7	8	9	10	11	12	13	14
근로손실인수	7500	5500	4000	3000	2200	1500	1000	600	400	200	100	50

예로서 연평균 100인의 근로자를 가진 사업장에서 연간 5건의 재해가 발생하였는데 그중 사망 1명, 14급 2명, 1명은 30일 가료, 다른 1명은 7일 가료하였다면 강도율 31.73이 된다.

$$강도율 = \frac{7,500 + 50 \times 2 + 37 \times \frac{300}{365}}{100 \times 2,400} \times 10^6$$

이런 경우의 강도율 31.73이란 뜻은 1,000인시 작업하는 동안에 산업재해가 발생하여 31.73일의 근로 손실이 발생하였다는 뜻이다.

4 F.S.I

F.S.I.는 Frequency Severity Rate로서 빈도, 강도 지수 혹은 종합 재해 지수라고 한다. 안전성을 나타내는 지표로서 빈도율(F.R.)과 강도율(S.R.)이 있는데, 이 두 가지를 하나로 묶어서 나타낸 지수가 F.S.I이다.

이것은 기업체에서 각 부서별로 안전 경쟁 제도를 실시할 때의 안전 성적의 기준으로 삼으면 효과가 있을 것이다. 미국에서 널리 사용하고 있다.

① $F.S.I = \sqrt{F.R \times S.R}$

② 미국 $F.S.I = \sqrt{\dfrac{F.R \times S.R}{100}}$

5 Safe-T-Score

「세이프-티·스코어」는 안전에 관한 중대성의 차이를 비교하고자 사용하는 통계방식이다.

$$\text{Safe-T-Score} = \frac{F.R(현재) \times S.R(과거)}{\sqrt{\dfrac{F.R(과거)}{근로총시간수(현재)} \times 10^6}}$$

단위가 없으며 계산 결과 + 이면 나쁜 기록이고, -이면 과거에 비해 좋은 기록이다.
즉, +2.00 이상인 경우 : 과거보다 심각하게 나빠졌다.
　　+2.00에서 -2.00의 사이 : 과거에 비해 심각한 차이가 없다.
　　-2.00 이하인 경우 : 과거보다 좋아졌다.
어떤 작업장의 X부서와 Y부서의 재해율은 아래 표와 같다. 안전 관리 측면에서의 심각성 여부를 Safe-T-Score로서 측정하여 보면 다음과 같다.

연별 \ 부서별	X 부서	Y 부서
'98년	사고 : 10건 근로총시간수 : 10,000인시 F.R. : 1,000	사고 : 1,000건 근로총시간수 : 1,000,000인시 F.R. : 1,000
'99년	사고 : 15건 근로총시간수 : 10,000인시 F.R. : 1,500	사고 : 1,100건 근로총시간수 : 1,000,0000인시 F.R. : 1,100

- X부서의 Safe-T-Score = $\dfrac{1,500-1,000}{\sqrt{\dfrac{1,000}{10,000}\times 10^6}} = 1.58$

- Y부서의 Safe-T-Score = $\dfrac{1,100-1,000}{\sqrt{\dfrac{1,000}{1,000,000}\times 10^6}} = 3.16$

∴ X부서는 +1.58이므로 비록 재해는 50[%] 증가했으나 심각하지 않고, Y부서는 +3.16 이므로 재해는 10[%]밖에 증가하지 않았으나 안전 문제가 심각하다. 안전 대책이 시급한 부서이다.

문제 48

클러치에 대해서 종류를 들고 설명하시오.

1 개 요

원동축에서 종동축에 토크를 전달시킬 때, 간단히 두 축을 연결하기도 하고 분리시키기도 할 필요성이 있는 경우가 많다. 이와 같은 목적으로 사용되는 축이음을 클러치라 하는데 맞물림 클러치(claw cluth), 마찰 클러치, 유체 클러치, 마그네틱 클러치(magnetic clutch) 등이 있다.

1. 맞물림 클러치(claw clutch)

① 형식과 종류 : 확동 클러치 중에서 가장 많이 사용되는 것으로서 연결은 턱(jaw)과 턱의 물림으로써 행하여지므로 턱클러치라고도 부른다. 턱을 가지고 있는 플랜지를 1 개는 원동축에 키로써 고정하고, 다른 1 개는 페더 키(feather key)로써 종동축에 연결하여 축방향으로 이동시켜서 동력을 단속한다. 축방향의 이동은 종동축의 보스에 파여 있는 홈에 시프터(shifter)를 넣어서 행한다. 턱의 형상은 회전 방향의 하중의 대소 등에 의하여 여러 가지 형상이 있다.

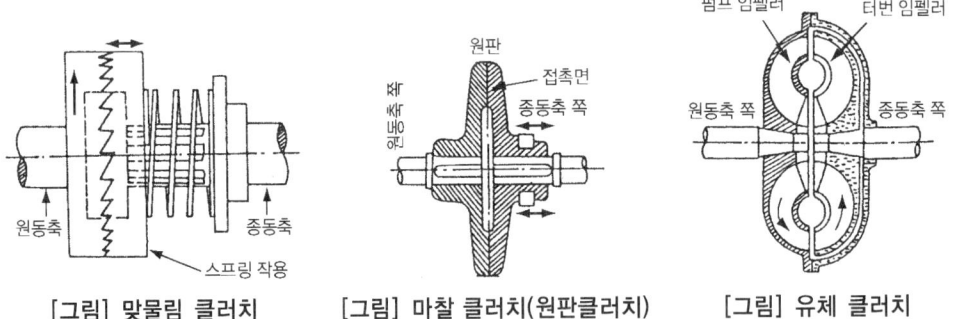

[그림] 맞물림 클러치   [그림] 마찰 클러치(원판클러치)   [그림] 유체 클러치

② 맞물림 클러치의 강도
㉮ 휨 강도의 검토 : 사각형에 대하여 클로, 즉 턱의 높이를 h, 폭을 b, 두께를 t라 하고, 다음 [그림]에서 보는 바와 같이 틈새 c로서 물고 있다고 한다.

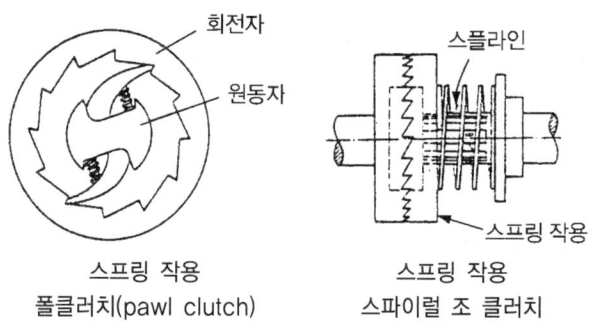

스프링 작용
폴클러치(pawl clutch)

스프링 작용
스파이럴 조 클러치

만약에 P_t가 턱의 선단에 작용하는 것으로 하면 턱의 뿌리에 작용하는 응력 σ_t는 다음과 같다.

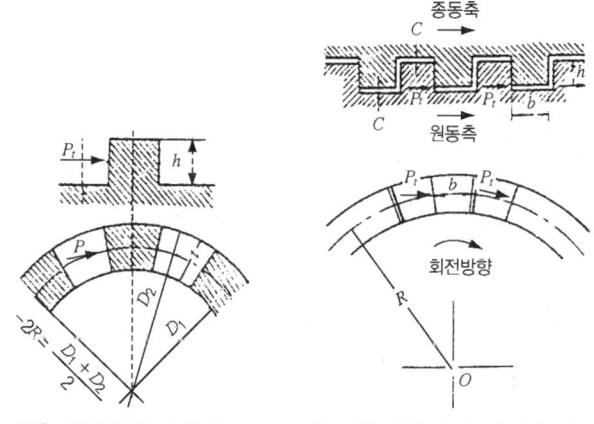

[그림] 맞물림 클러치의 토크   [그림] 맞물림 클러치의 강도

$$\sigma_t = \frac{P_t h}{tb^2/b} = \frac{6P_t h}{tb^2}$$

지금 Z개의 턱에 P_t가 균일하게 작용한다고 하면 전달 토크 $T[\text{kg-mm}]$는
D_2 : 클러치 원통의 외경 D_1 : 클러치 원통의 내경
$R : D_2 + D_1/4$ (평균 반경)이라면

$$T = ZP_t R = ZP_t \frac{D_1 + D_2}{4}$$

$$\rho + = \frac{6Th}{ZRtb^2} = \frac{24Th}{(D_2 + D_1)Ztb^2}$$

c는 보통 $(1/5 \sim 1/10)h$로 잡는다.

③ 회전토크의 계산 : 지금 턱의 한 개의 뿌리면의 단면적을 A[mm^2], 허용 전단 응력을 τ_a라 하면 회전 토크 T는 다음 식으로 구하여진다.

$$T = ZA\tau_a \frac{(D_1 + D_2)}{4}$$

$$ZA = \frac{1}{2}\pi(D_2^2 - D_1^2)/4 = \frac{1}{8}\pi(D_2^2 - D_1^2)$$

$$\therefore T = \frac{(D_2^2 - D_1^2)(D_1 + D_2)}{32}$$

④ 접촉면 압력 : 턱의 접촉면의 허용 압력을 P_a라 하면 P_a는 보통 강철이면 3[kg/mm^2] 정도 취급하면 된다. 물음의 실제 면적을 A[kg/mm^2]라 하면 다음 식이 성립한다.

$$A_c = (h-c)tZ = (h-c)\frac{(D_2 - D_1)}{2}Z$$

$$T = A_c P_a \frac{(D_1 + D_2)}{4} = (\frac{D_2^2 + D_1^2}{4})(h-c)ZP_a$$

이 식에서 c는 생략해도 지장은 없다. 턱의 개수(Z)는 함부로 취급되는 기계, 예를 들면 편칭 머신(Punching machine), 전단기(shearing machine) 등에 대하여는 $Z = 2 \sim 4$, 공작 기계와 같이 가끔 떼고 붙여야 되는 경우는 $Z = 24$까지 잡는다.

2. 마찰 클러치

축단에 설치되어 마찰면을 강하게 접촉시켜 그 사이의 마찰을 이용하여 회전을 전달시키는 클러치로서, 축방향 클러치와 원주 방향 클러치로 크게 나뉘고, 마찰면의 모양에 따라 원판, 원뿔, 원통, 분할 링, 띠 등의 종류가 있다. 마찰 클러치는 접촉면이 미끄러지면서 종동축을 천천히 가속시키므로, 원동력의 회전을 정지시키지 않고 충격도 없이 종동축을 연결할 수 있다.
또 일정량 이상의 과하중이 종동축에 작용하면 접촉면은 그 부분이 미끄러져서 일정량 이상의 하중이 종동축에 걸리지 않으므로 안전 장치의 구실도 하게 된다.
마찰면의 재료는 마찰 계수가 크고 내마멸성이 높으며, 높은 온도에 견딜 수 있고 오랫동안 변질되지 않아야 하며, 압축 및 그 밖의 기계적 성질이 우수한 것이어야 한다.
보통, 한쪽은 금속으로 하고 다른 쪽에 가죽, 고무, 석면, 직물, 목재, 금속 등을 사용한다.
마찰 클러치 설계시 고려해야 할 사항은 다음과 같다.

① 접촉면의 마찰 계수를 적당한 크기로 잡아야 한다.
② 관성을 작게 하기 위하여 소형이며 가벼워야 한다.
③ 마모가 생겨도 이것을 적당하게 수정할 수 있어야 한다.
④ 마찰에 의하여 생긴 열을 충분히 제거하고, 소착(燒着 : seizure)되지 않아야 한다.
⑤ 원활히 단속할 수 있도록 하여야 한다.
⑥ 단속할 때에 큰 외력을 필요하지 않게 하고 또 그 접촉면을 밀어붙이는 힘이 너무 크지 않게 한다.
⑦ 균형 상태가 좋아야 한다.

(1) 원판 클러치(disc clutch)

접촉면이 평면 원판인 클러치로서, 마찰력을 효과적으로 작용시키기 위하여 바깥 둘레 부분만을 접촉시키고 중앙부를 떼어 놓고 있다. 원판 B는 미끄럼 키로 설치하여, 원판 A에 밀어붙이기도 하고, 떨어뜨리기도 하여 동력의 전달을 단속한다. 전달할 수 있는 토크 T [kg·mm]는 다음식과 같이 계산 된다.

$$T = \mu F \cdot \frac{D_0}{2}$$

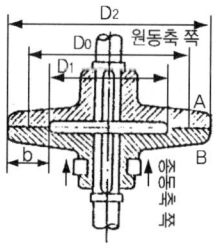

[그림] 원판 클러치

여기서, μ : 접촉면의 마찰 계수
F : 축 방향에 접촉면을 미는 힘(kg)
D_1, D_2 : 접촉면의 안지름 및 바깥 지름(mm)
D_0 : 접촉면이 평균 지름 $\frac{(D_1 + D_2)}{2}$(mm)

또, 접촉면의 평균 압력 f는

$$f = \frac{F}{\pi D_0 b}$$

여기서, b : 접촉면의 나비 $= \frac{(D_2 - D_1)}{2}$ (mm)

따라서 $T = \mu \pi b \cdot \frac{D_0^2}{2} f (\text{kg} \cdot \text{mm})$

$$T = \mu \pi \cdot \frac{D_2 - D_1}{2} \times \frac{f}{2} \times \frac{(D_2 - D_1)^2}{4}$$

$$= \mu \cdot \frac{\pi}{4}(D_2^2 - D_1^2) f \times \frac{D_1 - D_2}{4} (\text{kg} \cdot \text{mm})$$

다판의 경우 접촉면 수를 Z라 하면,

$$f = \frac{F}{\pi D_0 b Z} = \frac{2T}{\pi \mu D_0^2 b} (\text{kg} \cdot \text{mm})$$

실제의 경우 보통 전달 동력 H'(kW)와 회전수 n(rpm)이 어지므로,

$T = 974,000 \times \frac{H}{n} (\text{kg} \cdot \text{mm})$에서 T를 구하고, 이것을 위의 식에 대입 하여

f, μ 값을 적당히 주면 D_1, D_2가 결정된다.

$\frac{D_2}{D_1}$의 비가 주어지는데, 그 값은 1.5정도이다. 실제로 사용되는 원판 클러치는 접촉면이 1개인 단판식과 다판식이 있으며, 단판식 클러치는 건식이고, 다판식 클러치는 접촉면에 급유를 하는 습식인 경우가 많다. 습식은 건식에 비하여 마찰계수는 떨어지나, 연결이 원활하고 내구성이 좋다.

[표] μ와 f의 값

재 료	μ	f(kg/mm)
주철과 주철	0.15~0.20	0.02~0.03
강철과 청동	0.09(윤활)	0.005~0.01
주철과 가죽	0.15~0.30	0.007~0.013
강철과 석면	0.25(건식)	0.0025~0.02

(2) 원뿔 클러치(cone clutch)

마찰면을 원추형으로 한 것이고 축방향의 추력을 P, 마찰면의 합력을 Q라 하면 쐐기 작용

에 의하여 작은 P로 큰 Q가 얻어진다.

α : 원추 꼭지각의 절반

μ_c : 밀어박는 방향에 있어서의 마찰 계수 라고 하면

$P = P_1 + P_2 = Q\sin\alpha + \mu_c Q \cos\alpha$
$\quad = Q(\sin\alpha + \mu_c \cos\alpha)$

따라서, 원추 마찰면이 전달할 수 있는 회전 모멘트는 원판클러치의 경우와 같은 모양으로 다음 식으로 주어진다.

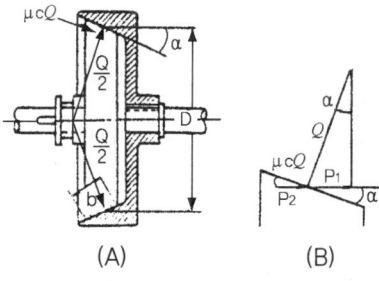

[그림] 원뿔 클러치의 역학 관계

$$T = \frac{\mu_c QD}{2}$$

D는 원추 마찰면의 평균 직경으로서 마찰이 원주에 집중하고 있다고 가정한 것이다. 실용 설계에 있어서는 마찰 계수의 허용치 μ_a를 사용한다.

$$T = \frac{\mu_a QD}{2}$$

$$\therefore P = Q(\sin\alpha + \mu_c \cos\alpha) = \frac{2T}{D} \cdot \frac{\sin\alpha + \mu_c \cos\alpha}{\mu_a}$$

μ_c의 값은 세밀히 따지자면 μ_a와 약간 다르나, 설계에서는 보통 간략히 하기 위하여 $\mu_a = \mu_c$로 계산한다.

$$Q = \frac{1432400 H}{n \mu_a D}$$

또, b : 원추 접촉면의 폭, q_a : 원추 접촉면 사이의 허용압력이라고 하면 다음 식이 얻어진다.

$$Q = \pi D b q_a \text{(kg)}$$

$b/D = x(x = 0.2 \sim 0.5)$의 관계가 있으므로 $D^3 = \dfrac{1432400H}{\pi\mu_a X q_a n}$

따라서, 전달 마력 H, 회전수 n, 마찰 계수 와 평균 압력이 결정되면 위의 식에서 D의 값을 알 수 있을 것이다. 일반적으로 $\tan\alpha \geq 1/6\mu$로 정하여 클러치를 떼기 쉽게 한다.

원추각 α가 작을 수록 P를 작게 할 수 있어 좋으나 너무 작아서 마찰각 또는 그 이하로 되면 시동할 때에 클러치가 물리는 상태가 너무 빨라 충격을 수반하고, 또는 내 원추를 잡아 뺄 때 힘이 들어서 불편하다. 따라서 는 보통 10~15° 정도로 한다.

3. 유체 클러치(fluid clutch)

① 유체 클러치의 일반 사항 : 유체 클러치 및 유체 토크 컨버터(torque converter)는 모두 원동축에 고정된 펌프의 날개 바퀴와 종동축에 고정된 터빈의 날개 바퀴 사이에 유체를 가득 채우고, 펌프를 구동함으로써 유체에 에너지를 공급하고 이것을 터빈에 흘려보내 터빈을 회전시키는 것이다.

② 유체 클러치의 구조와 작용 : 유체 클러치는 주요부분인 펌프 및 터빈의 날개 바퀴를 모두 직선 방사상(放射狀)의 날개를 그 날개의 안쪽에 원활히 흘러가게 하기 위하여 코링(coring)을 가지고 있다.

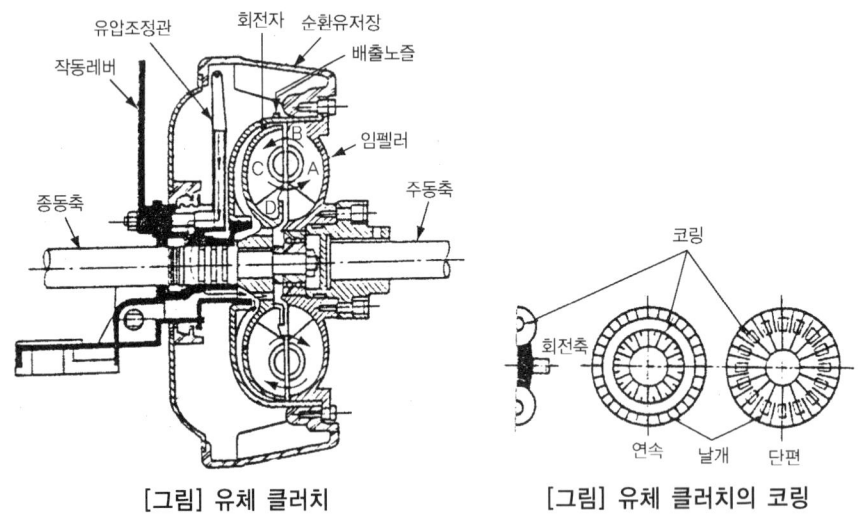

[그림] 유체 클러치　　　　[그림] 유체 클러치의 코링

연속 코링과 단편 코링을 나타낸것으로 날개는 고정밀도로 다듬질을 할 필요는 없고, 보통 구조 또는 프레스 공작을 하면 된다.

③ **토크 컨버터** : 토크 컨버터가 유체 클러치와 다른 점은 회로가 펌프, 터빈뿐만 아니라, 안내 바퀴 등 3종으로 구성되어 있다는 것이다. 펌프에서 유출되는 액체는 터빈을 통하여 안내 바퀴를 지나서 펌프에 되돌아간다. 안내 바퀴는 토크를 부담하므로 그 토크의 크기만큼 입력축과 출력축 사이에 토크차가 생긴다. 즉 토크 컨버터는 토크의 변환이 수반되는 변속 장치이다.

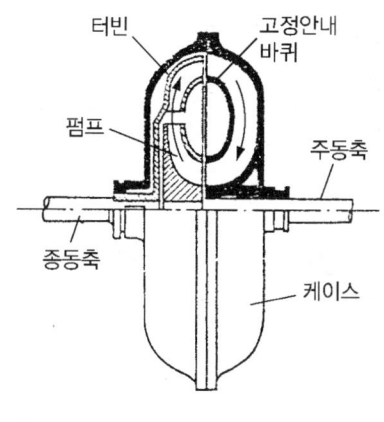

[그림] 토크컨버터의 구조

④ 유체 클러치의 특징
 ㉮ 원동기의 시동이 용이하다.
 ㉯ 과부하 상태가 발생하더라도 원동기를 보호하며 축의 충격을 완화한다.
 ㉰ 다수의 원동기로써 한 개의 부하를 쉽게 운전할 수 있고, 그 역(그 반대)도 가능하다.
 ㉱ 변속의 자동화를 행할 수 있다. 따라서 철도 차량, 자동차, 선박, 산업 기계 등의 동력의 전달에 널리 사용된다.

4. 전자 클러치

전자 클러치는 구동축의 회전력을 종동축에 전달하는 수단으로서 연결과 단절을 자유로 할 수 있다. 이 동작은 전자력을 이용하므로 전자 클러치라고 한다.

① **전자 클러치의 기능** : 기계 공업을 비롯한 전 산업의 자동화, 고속화에 각 전기 기계, 공작 기계 등에 널리 사용하게 되어, 그 자동화 능률화에 크게 기여하게 되었다. 최근의 기술 혁신에 수반하여 성능, 신뢰성도 향상하여 수치 제어, 서보 제어 등에 이용되어 급속히 발전되고 있다. 따라서, 전자 클러치는 원동기와 부하(負荷)사이의 회전력의 전달과 차단의 클러치 본래의 기능뿐만 아니라 기계적인 스위치로서 기계를 임의로 조

절하는 기능도 하고 있다.

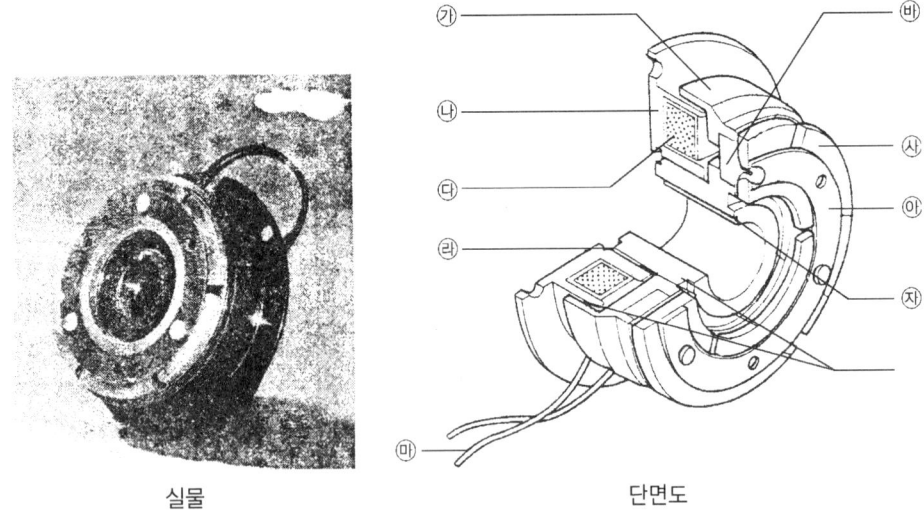

[그림] 전자 클러치

- ㉮ 로터(rotor) : 키에 의해서 축에 고정된 스테이터(stator)와 자극을 형성하고 아마추어(armature)를 흡인(吸引)한다.
- ㉯ 클러치 스테이터 : 코일을 내장하고 플랜지(flange)로써 정지부에 고정한다.
- ㉰ 코일 : 강력한 흡인력(吸引力)을 발생하는 근원
- ㉱ C형 멈춤륜(輪)의 홈 : 베어링을 사용해서 위치를 결정할 때 C형 멈춤륜을 삽입한다.
- ㉲ 리드선 : 직류 전원(정격 전압 24V)에 접촉한다.
- ㉳ 라이닝(lining) : 로터에 들어 있고, 아마추어가 흡입하면 마찰력을 발생한다.
- ㉴ 아마추어 : 코일에 전기를 통하면 로터를 통해서 자기 회로가 형성되어 로터에 흡인되어 회전력을 전달한다.
- ㉵ 정하중형(定荷重形) 판스프링 : 아마추어와 축을 연결해서 회전력을 전달함과 동시에 전류를 끊으면 아마추어를 정상 위치로 되돌아가게 한다.
- ㉶ 갭(gap) : 스타터(starter)와 로터 사이에 있는 약간의 공간으로서, 전류를 차단할 때 자로(磁路)를 끊는다.
② 판스프링 : 판스프링은 링(ring) 형상의 박판(薄板)으로서, 그 형상은 싱글(single)로서 수만번의 ON-OFF 동작에도 균열을 일으키지 않는다. 재질은 특수강으로서 부식에 의한 균열도 없다. 두들겨서 특수한 파장으로 예압을 주면 장기간 사용해도 스프링의 변화가 거의 없고 성능도 안전하다.

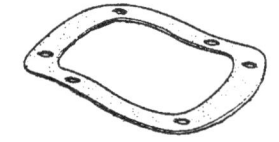
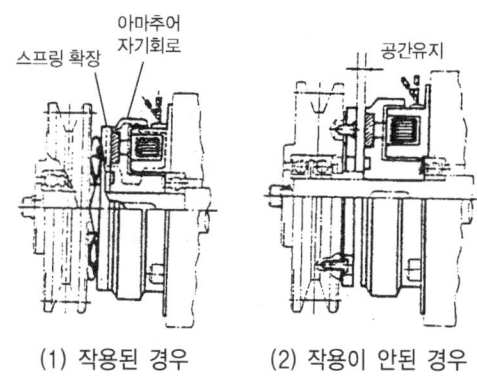

[그림] 판스프링의 형상(설치 전)　　[그림] 클러치의 동작

③ 클러치 동작 : 코일에 전류를 통하면 아마추어가 붙어서 연결된다. 이때 판스프링은 펴지게 되어 있고 다른 부분은 움직이지 않기 때문에, 부품의 마모나 흔들림이 없고, 확실한 동작을 할 수 있으며, 전류를 끊으면 스프링의 힘으로 아마추어 본래의 위치로 되돌아가게 해서 공간을 유지한다.

④ 전자 클러치의 동작
　㉮ 클러치의 단속을 전적으로 용이하게 할 수 있다.
　㉯ 전류의 가감에 의하여 접촉을 서서히 원활히 할 수 있다.
　㉰ 원격 제어(remote control)를 용이하게 할 수 있고 조작이 간단하다.
　㉱ 리밋 스위치(limit switch), 타이머(timer) 등과 조합하여 간단히 자동화할 수 있다.
　㉲ 기계의 임의의 곳에 달 수 있으므로 GD^2(부하의 플라이휠 효과 $[\text{kg}\cdot\text{m}^2]$) 를 작게 할 수 있어서 기계의 고속화가 가능하다.
　㉳ 기계의 조립 기구가 간단하여 전체가 소형이 되고, 간결한 설계를 할 수 있다.
　㉴ 기종에 따라 라이닝의 마모, 조정을 자동적으로 할 수 있어서 보수가 간단하다. 특히 습식형의 수명은 정상적으로 사용하면 반영구적이다.
　㉵ 전달 토크에 비하여 소비 전력이 적다.
　㉶ 토글(toggle), 유압, 공기압의 형식에서 보는 링크, 배관, 밸브, 미터 등의 부속 설비가 필요하지 않고 전기 배선만으로 간단히 사용할 수 있다.

5. 원심 클러치(centrifugal clutch)

원심 클러치는 주동축이 어느 회전수에 달하면 자동적으로 클러치가 작용하여 종동축에 회전을 한다. [그림]에서 A를 종동축, C를 주동축, B를 클러치편(片)이라 하고, B는 축 C에

링크 D로 결합되어 있다. E는 귀환 스프링(return spring)이다. C의 회전수가 증가하여 원심력이 커지면 클러치편 B는 A의 내주(內周)에 밀착하여 회전을 전한다.

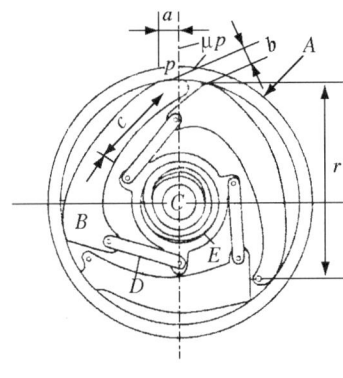

[그림] 원심 클러치

여기서, w : 클러치편 1개의 중량

v : 클러치편 중심의 주속도

r : 축심으로부터 클러치 중심까지의 거리

n : 회전수(rpm)

g : 중력의 가속도

F : 클러치편의 원심력

P : 마찰면에 작용하는 법선력

μ : 마찰계수

a, b, c : 도시된 치수라 하면

$$F = \frac{wv^2}{gr} = \frac{w}{g} \cdot \frac{(2\pi rn)^2}{3600r} ≒ \frac{w}{g} \cdot \frac{rn^2}{91.2}$$

일방 힘의 모멘트의 균형에서

$Fc - Pa - \mu Pb = 0$

$\therefore P = \dfrac{Fc}{a + \mu b}$

이것으로부터 클러치편 1개가 전달할 수 있는 토크 T는

$T = \mu PR = \dfrac{FRC}{b + a/\mu}$

로 된다.

2 결론

1. 클러치의 종류는 맞물림 클러치, 마찰 클러치, 유체 클러치, 전자 클러치, 원심클러치 등이 있다.
2. 클러치는 용도 및 특성에 따라 적절한 것을 선택해야 기계의 효율성, 안전성을 증가시킬수 있다.
3. 21C의 기계는 고속, 고하중의 기계로서 수명의 연장 등을 위해서는 용도에 적합한 베어링을 선택해야 한다.

문제 49

유압 기구의 구성 요소를 설명하시오.

1 유압의 개요

유압(oil hydraulics)이란 유압 펌프에 의하여 동력의 기계적 에너지를 유체의 압력 에너지로 바꾸어 유체 에너지에 압력, 유량, 방향의 기본적인 3가지 제어를 하여 유압 실린더나 유압 모터 등의 작동기를 작동시킨 후 다시 기계적 에너지로 바꾸는 역할을 하는 것이며, 동력의 변환이나 전달을 하는 장치 또는 방식을 말한다.

다시 말하면, 기름(작동유)이라는 액체를 잘 활용하여 기름에 여러가지 능력을 주어서 요구되는 일의 가장 바람직한 기능을 발휘시키는 것을 말하며, 최근 기계의 대형화 및 자동화의 요구에 따라 유압의 응용 범위가 대단히 넓어져 기계를 다루는 기술자는 유압에 관하여 충분히 이해하고 폭넓은 지식을 쌓아야 한다.

1. 유압의 원리

전동기 모니터를 이용하여 유압 펌프를 작동시켜 기름에 압력을 높여 유압 회로로 보내면 압력 제어 밸브가 압력을 제어하고, 유량 제어 밸브 및 방향 전환 밸브는 각각 유량을 제어하고, 방향을 전환하는 구조로 되어 있어 유압실린더나 모터 등의 운동을 제어할 수 있다. 액추에이터에 큰 힘을 요구할 때에는 압력을 높이는 방법과 용량을 크게 하는 방법이 있고, 액추에이터의 속도를 조절하려면 유량을 조절 또는 액추에이터의 용량을 줄이든지, 늘리든지 하여 조절할 수 있다.

한편 기름을 저장할 수 있는 탱크와 유압의 힘을 기계적으로 바꿀 수 있는 유압 액추에이터가 필요하게 된다. 이렇듯 어떠한 유압의 구조에서도 이상의 원리를 이용한다.

예를 들면 유압의 원리도에서 핸들을 오른쪽으로 이동하면 방향 전환 밸브가 오른쪽으로 이동하여 펌프에서 온 기름은 실린더 ①쪽으로 흘러 들어오고 테이블은 오른쪽으로 이동한다. ②쪽에 있던 기름은 파이프에서부터 전환 밸브를 지나 탱크로 귀환한다. 반대로 핸들을 왼쪽으로 돌리면 방향 전환 밸브가 왼쪽으로 이동하여 기름은 ②로 흐르고 테이블은 왼쪽으로 이동한다.

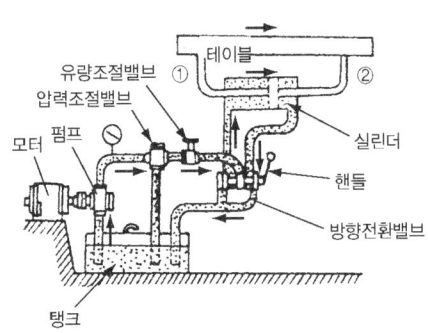

[그림] 유압의 원리도

이와 같이 테이블의 이동은 레버 하나로 움직인다는 것이 유압의 기본적인 원리라 하겠다.

2. 유압의 용도

유압은 앞으로 응용 범위가 대단히 넓어지겠으나 주된 용도를 알아보면 직선운동이나 회전운동 그리고 큰 힘이 필요한 곳이나 속도를 바꾸는 경우 등에 주로 사용된다.
① 건설 기계 : 굴삭기, 페이로더, 트럭, 크레인, 불도저
② 운반 기계 : 청소차, 덤프카, 콘크리트 믹서 트럭, 포크 리프트

③ 선박 갑판 기계 : 윈치, 조타기
④ 공작 기계 : 자동 조정 선반, 다축 드릴, 트랜스퍼 머신
⑤ 철강 기계 : 시어링, 권선기
⑥ 금속 기계 : 주조기
⑦ 합성 수지 : 사출, 압출, 발포 성형기
⑧ 목공 기계 : 핫 프레스, 목재 이송차
⑨ 제본·인쇄 기계 : 재단기, 옵셋 인쇄, 윤전기
⑩ 기타 : 소각로, 레저시설, 로켓트, 로봇

3. 유압의 특징

① 대단히 큰 힘을 아주 작은 힘으로 제어할 수 있다.
② 속도의 조정이 쉽다.
③ 힘의 무단 제어가 가능하다.
④ 운동의 방향 전환이 용이하다.
⑤ 과부하의 경우 안전 장치가 간단하다.
⑥ 에너지의 저장이 가능하다.
⑦ 윤활 및 방청 작용을 하므로 가동 부분의 마모가 적다.

2 유압 장치의 기본적인 구성

1. 기본 구성

① 유압 펌프 : 유압을 발생시키는 부분으로서 구조에 따라 회전식과 왕복식이 있으며, 기능에 따라서는 일정 용량형과 가변 용량형으로 구분된다.
② 유압 제어 밸브 : 제어하는 종류에 따라 압력 제어 밸브, 유량 제어 밸브, 방향 제어밸브 등이 있다.
③ 작동기 : 액츄에이터라고도 하며, 유압 실린더와 유압 모터 등이 있다.
④ 부속기기 : 기타의 기기를 말하며, 기름 탱크, 필터, 압력계, 배관 등이 있다. 유압 장치는 위의 부품으로 구성되어 있다.

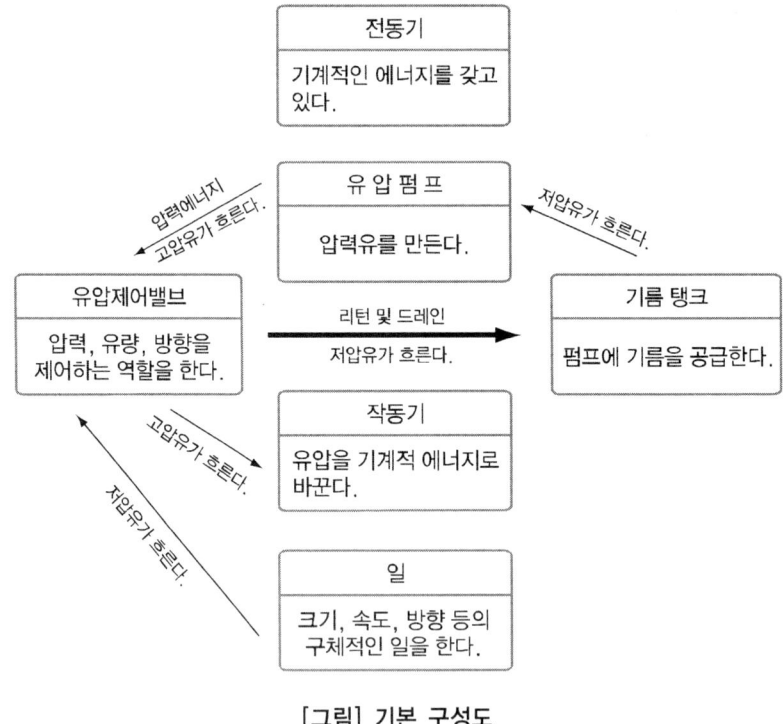

[그림] 기본 구성도

문제 50

스테인리스강의 대표적인 종류 3개를 설명하고 AISI TYPE 기호로 설명하고 SUS기호로 표시하시오.

1 스테인리스강

1913년 H. Breary가 발견한 이래 현재까지 공업용, 가정용으로 널리 이용되는 녹슬지 않는 강으로서 페라이트계, 마텐자이트계, 오스테나이트계 및 석출 경화형 합금이 개발되었다. Fe에 Cr 12[%] 이상 첨가된 것을 불수강(不銹鋼 : stainless steel)이라 하며 Cr 12[%] 이하인 것은 내식강(耐蝕鋼 : corrosion resisting steel)이라 한다. Cr강이 내식성을 갖는 것은 Cr_2O_3의 피막이 강 표면에 형성되어 재료 내부를 보호하기 때문이다.

1. 페라이트계 스테인리스강

Cr 12~17[%], C 0.2[%] 이하 함유된 페라이트 조직의 강으로서 ① 표면이 잘 연마된 것은 공기나 물 중에서 부식되지 않으며 ② 유기산과 질산에는 침식하지 않으나, 염산, 황산 등에는 침식된다. ③ 오스테나이트계에 비하여 내산성이 낮으며 ④ 담금질 상태의 것은 내산성이 좋으나 풀림 상태 또는 표면이 거친것은 부식되기 쉽다. C 0.1[%] 이하 Cr 12~17[%]의 크롬강으로서 페라이트 조직의 것은 스테인리스철이라 하며 연하고 단조가 용이하므로 강도와 용접성이 중요하지 않은 자동차 부품, 화학공업용 장치 등에 많이 사용된다. 스테인리스강은 열전도도가 낮으므로 서열, 서랭하여 균열을 방지 한다. Cr 17[%] 이상의 고크롬강은 고온에서 장시간 가열하면 475[℃] 부근에서 경도가 상승하여 취화하는데 이것을 475[℃] 취성이라 한다. 또한 45~52[%] Cr강은 700~800[℃]에서 경도를 상승시키는 δ 상이 생겨 δ 취성도 발생한다. 취성이 있는 강은 내식성이 저하하나 열처리하여 회복시킬 수 있다.

2. 마텐자이트계 스테인리스강

Cr 12~18[%], C 0.15~0.3[%] 첨가된 마텐자이트 조직의 강으로서 13[%] Cr강이 대표적다. 950~1020[℃]에서 담금질하여 마텐자이트 조직으로 하고 인성을 요할 때는 550~650[℃]에서 뜨임하여 소르바이트 조직으로 한다. 500[℃] 이상에서는 강도, 경도가 급감하고, 연성은 급증한다. 상온에서 강자성을 가지며 값도 저렴하나 내식성은 최저이다. 단조는 1000[℃] 정도에서 가능하며 기계 가공을 위한 연화는 760~790[℃]에서 서랭한다. 담금실 후 뜨임은 100~300[℃] 또는 650~720[℃]에서 행하며 뜨임시 500[℃]까지는 특수 탄화물의 석출로서 인장강도, 항복점이 증가하며 연신율은 감소한다.
Cr 16~80[%], Ni 1~3[%] 함유한 마텐자이트 조직의 스테인리스강을 S 80이라고 한다. 이 강의 내식성을 개량시키는 방법으로는 ① 탄소량의 감소와 크롬량의 증가 ② 니켈, 몰리브덴의 첨가 등이 있다. Mo, V, Nb을 첨가한 12[%] Cr계는 550[℃] 이하에서 오스테나이트강보다 인장강도, 내력, 크리프강도가 높고 내열성도 우수하다. 증기 터빈의 날개 밸브, 펌프축, 볼트 너트 가스 터빈 및 제트 엔진의 날개, 노부품, 항공기 부품, 로켓연소실, 칼, 의료용 기구 등에 쓰인다.

3. 오스테나이트계 스테인리스강

이 강은 내식성이 스테인리스강 중 가장 높고 비자성(非磁性)이다. 화학적 조성은 Cr 16~26[%], Ni 6~20[%], 나머지 Fe로 되어 있으나 Cr 18[%]-Ni 8[%]의 18-8 스테인리스강이 대표적이다. 이것은 내식성과 내충격성, 기계 가공성이 우수하고 선팽창 계수가 보통강의

1.5배, 열전기 전도도가 $\frac{1}{4}$ 정도이다. 단점은 염산, 염소 가스, 황산 등에 약하고 결정 입계 부식이 발생하기 쉬운 점이다. 용접은 비교적 잘 되며 가공성도 좋다.

입계 부식이 발생하는 것을 강의 예민화(sensitize)라 하며 용접 후 내식성을 감소시킨다. 입계 부식의 원인은 결정 입계 부근의 Cr 원자가 C 원자와 결합해서 70[%] Cr 이하의 Cr 탄화물(Cr_4C)을 형성하므로 결정 입계 부근의 조직은 Cr 12[%] 이하의 Cr 농도가 되어 그 부분이 결정 입자의 내부 조직에 비하여 양극적으로 작용하는 데 있다.

입계 부식의 방지법으로는 ① 고온으로 가열한 후 Cr 탄화물을 오스테나이트 조직 중에 용체화하여 급랭시킨다. ② 탄소량을 감소시켜 Cr_4C 탄화물의 발생을 저지시킨다. ③ Ti, V, Nb 등을 첨가하여 Cr_4C 대신 TiC, NbC, V_4C_3 등의 탄화물을 발생시켜 Cr의 탄화물화를 감소시킨다.

Ti, V, Nb 등을 첨가하여 입계 부식을 저지시킨 것을 안정화되었다고 한다. 내식강으로서 안정화한 강을 1100~1250[℃]에서 급랭하여 탄소가 용화된 상태로 존재할 때 약 600[℃]로 단시간에 가열하면 $(Cr, Fe)_{23}C_6$가 석출하여 입계(입간) 부식을 일으킨다. Mo, Si, Nb, Ti 등을 첨가한 18-8강은 경하고 취약한 δ상을 생성시키기 쉬우므로 유의해야 하며 σ상은 페라이트 조직에서 발생하므로 Ni 등을 첨가하여 안정한 스테이나이트 조직으로 하는 것이 좋다. Ni 12~13[%] 첨가한 강은 가공경화 속도가 감소되므로 강한 냉간 가공이 가능하다. 영하 처리(sube zero treatment) 온도의 가공에 의해서 마텐자이트 조직이 많이 나타나므로 400[℃] 정도로 가열하게 되면 스트레인 시효가 발생해서 인장강도, 항복점 등이 매우 증가한다. 18-8강의 탄소 함량은 0.08~0.2[%] 정도이며 절삭성을 개량하려면 S, P, Se 등을 첨가하고, 내산화성의 개량에는 Cr, Ni을 증가하거나 Si을 첨가한다. 또, 내산성의 개량은 Mo, Cu 등을 첨가하고, 가공 경화성 억제는 Ni량을 증가하며 가공 경화성 촉진은 Ni량을 저하시킨다.

4. 석출 경화형 스테인리스강

온도 상승에 따라 강도는 저하되지 않으며 내식성을 가지는 PH형(precipitation hardening type) 스테인리스강으로서 기지 조직(matrix)에 적당한 탄화물을 석출 분산시켜 재질을 강화한다. PH형 스테인리스강의 종류는 다음과 같다.

① 스테인리스 W : 1050[℃]에서 용체화 처리(sol ution treatment)하여 오스테나이트 단상으로 한 후 공랭시켜 120[℃] 이하에서 마텐자이트로 변태시키고 500~550[℃]에서 30분간 시효처리한 강이다. Cr 17[%], Ni 7[%], Ti 0.7[%], C 0.07[%], Al 0.2[%], Si 0.5[%], Mn 0.5[%]와 Fe이 합금된 것으로 인장강도 150[kg/mm^2], 연신율 10[%], HB 500 정도이다.

② 17-4 PH : 암코(Armco)회사 제품으로 Cu를 강화제로 첨가하여 내식성, 강도가 높으므로 단조재, 주조재로 사용한다. 열간 가공성이 좋으므로 1180~1210[℃]에서 단조하며 960[℃] 이상에서 단조 후 공랭, 유랭하면 용체화 처리를 하지 않아도 된다. 실온까지 냉각하면 마텐자이트가 발생하므로 대형, 복잡형 제품 등에는 단조 후 풀림 처리하여 변형, 균열을 방지한다.

이 강에 Si 1~2[%]를 첨가하면 유동성이 증가하고 강력한 내식 주물이 된다. Cr 16~18[%], Ni 4[%], Cu 4[%], C 0.05[%], Cd 0.3[%], Si 1[%]이하, Mn 1[%] 이하 나머지 Fe의 조성을 가지며 인장강도 140[kg/mm^2], 연신율 10[%], HRC 42 정도이다.

③ 17-7 PH : 경화제로 Al을 사용하며 마텐자이트 조직이 나타나지 않는 강으로 δ페라이트를 소량 함유한 오스테나이트 조직이므로 연하고 성형 가공성이 우수하다. 1030~1050[℃]로 가열 후 수랭 또는 공랭하는 용체화 처리를 하고 500[℃]에서 시효 처리한다. 석출 경화는 오스테나이트 조직 중에 Ni, Al화합물을 석출하고 Cr 17[%], Ni 7[%], Al 1.2[%], C 0.07[%], Si 1[%] 이하, Mn 1[%] 이하와 Fe의 합금이다.

④ V$_2$B : 마모에 강한 단조 합금으로 밸브, 펌프, 기어 등에 사용하며 1090[℃]에서 수랭하는 용체화 처리로 오스테나이트와 45[%]의 페라이트 조직으로 이루어진 강이다. 500[℃]에서 Be의 석출 경화가 발생하며 입계 부식을 방지하기 위하여 저탄소화한다. Cr 19[%], Ni 10[%], Mo 3[%], Be 1.5[%] C 0.05[%], Si 3[%], Mn 0.6[%]와 Fe의 합금이다.

⑤ PH 15-7 Mo : 판, 선재 등에 사용되며, 고온 강도, 내식성, 성형성이 양호하므로 항공기 재료에도 쓰인다. 17-7 PH와 같은 용체화 처리, 냉간 가공에 의해서 마텐자이트화 및 석출 경화하여 높은 경도를 얻을 수 있다. Cr 15[%], Ni 7[%], Mo 2.3[%], Al 1.2[%], C 0.07[%], Si 1[%] 이하와 Fe의 합금으로 인장강도 160[kg/mm^2], 연신율 5[%]를 나타낸다.

⑥ 17-10P : 내식성과 강도 이외에 투자율(透磁率)이 낮은 용도에 적합하며 1140[℃]에서 열간 가공한 후 1120[℃]에서 수랭하여 오스테나이트화하고 700[℃]에서 12시간 혹은 650[℃]에서 24시간 유지한 다음 수랭하면 오스테나이트에서 탄화물, 인화물이 석출한다. Cr 17[%], Ni 10[%], P 0.25[%], C 0.12[%], Si 0.4[%], Mn 0.6[%]와 Fe의 합금으로 인장강도 100[kg/mm^2], HRC 30 정도이다.

⑦ PH 55 : 1120[℃]에서 용체화 처리하여 오스테나이트와 페라이트의 2상 조직으로 되고 480[℃]에서 8시간 가열하여 페라이트 중에 δ상을 석출시켜 경화한다. 마모를 수반한 부식과 진동에 강하다. Cr 20[%], Ni 9[%], Mo 4[%], Cu 3[%], C 0.04[%], Si 3[%], Mn 1[%]와 Fe의 합금이다.

⑧ 마레이징(maraging)강 : 고Ni의 초고장력강이며 140~210[kg/mm^2]의 인장강도와 높은 인성을 가진다. 경화 방법은 PH형과 같으며 용체화 처리로 마텐자이트 중에 합금 원

소를 고용시키고 400~500[℃]에서 시효 경화한다. Ti과 이 강화 작용하여 17-7 PH와 비슷한 열처리를 한다. Ni 12~25[%]이며 Cr, Co, Mo, Ti, Al, Nb 등의 원소가 함유되었다.

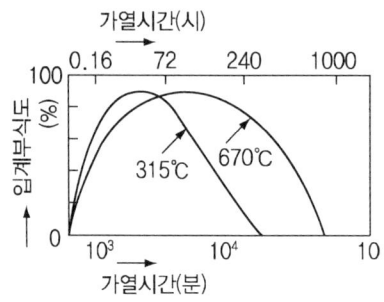
[그림] 18-8강의 가열에 의한 입계 부식도

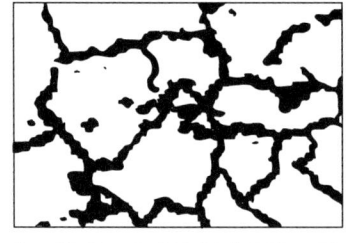
[그림] 18-8강의 입계부식 조직

문제 51

금속 열처리 중에서 기본 열처리 4가지를 설명시오.

1 개 요

금속 재료를 각종 사용 목적에 따라 기능을 충분히 발휘시키려면 합금만으로는 되지 않는다. 그러므로 충분한 기능을 발휘시키기 위해 금속을 적당한 온도로 가열 및 냉각시켜 특별한 성질을 부여하는 것을 열처리(heat treatment)라 한다.

2 기본 열처리의 종류

1. 담금질(quenching)

강(鋼)을 A_3 변태 및 A_1선 이상 30~50[℃]로 가열한 후 수랭 또는 유랭으로 급랭시키는 방법이며, A_1변태가 저지되어 경도가 큰 마텐자이트로 된다.
① 담금질 목적 : 경도와 강도를 증가시킨다.
② 담금질 조직
  ㉮ 마텐자이트(martensite)
    ㉠ 수랭으로 인하여 오스테나이트에서 C가 과포화된 페라이트로 된 것이다.

ⓒ 침상의 조직으로 열처리 조직 중 경도가 최대이고, 부식에 강하다.
   ⓒ Ar″ 변태 : 마텐자이트가 얻어지는 변태이다.
   ⓔ M_s, M_f점 : 마텐자이트 변태의 시작되는 점과 끝나는 점이다.
 ㉯ **트루스타이트(troostite)**
   ⊙ 유랭(수랭보다 냉각 속도가 늦다)으로 얻어진다.
   ⓒ 마텐자이트보다 경도는 작으나 강인성이 있어 공업상 유용하고 부식에 약하다.
   ⓒ Ar′변태 : 트루스타이트가 얻어지는 변태이다.
 ㉰ **소르바이트(sorbite)**
   ⊙ 트루스타이트보다 냉각이 느릴 때(공랭) 얻어진다.
   ⓒ 트루스타이트보다 경도는 작으나 강도, 탄성이 함께 요구되는 구조 강재에 사용 : 스프링 등
 ㉱ **오스테나이트(austenite)**
   ⊙ 냉각 속도가 지나치게 빠를 때 A_1 이상에 존재하는 오스테나이트가 상온까지 내려온 것(경도가 낮고 연신율이 큼. 전기 저항이 크나 비자성체임, 고탄소강에서 발생, 제거 방법 : 서브제로 처리)
   ⓒ 서브제로(심랭) 처리 : 담금질 직후(조직 성질 저하, 뜨임 변형 유발하는) 0[℃] 이하로 냉각하는 것(액체 질소, 드라이아이스로 −80[℃]까지 냉각함)

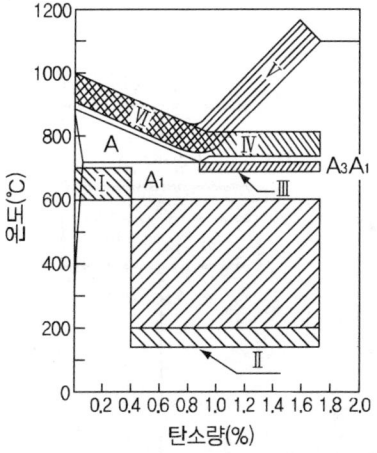

Ⅰ : 풀림(600 ~700℃)
Ⅱa, Ⅱb : 뜨임(150 ~200℃, 200~600℃)
Ⅲ : 풀림(700 ~720℃)
Ⅳ : 풀림(A_3 이상 30 ~50℃)
Ⅴ : 담금질(A_3 이상 30 ~50℃)
Ⅵ : 불림(A_3와 Acm 이상 30 ~60℃)

[그림] 강의 열처리와 온도

③ 담금질 질량 효과 : 재료의 크기에 따라 내·외부의 냉각 속도가 틀려져 경도가 차이나는 것[질량 효과가 큰 재료 : 담금질 정도가 작다(경화능이 작다)]
④ 각 조직의 경도 순서 : 시멘타이트(H_B 800) > 마텐자이트(600) > 트루스타이트(400) > 소르바이트(230) > 펄라이트(200) > 오스테나이트(150) > 페라이트(100)
⑤ 냉각속도에 따른 조직의 변화 순서 : $M_{(수랭)}$ > $T_{(유랭)}$ > $S_{(공랭)}$ > $P_{(노랭)}$
⑥ 펄라이트(pearlite) : 노(爐) 안에서 서랭한 조직(열처리 조직이 아님)
⑦ 담금질액
　㉮ 소금물 : 냉각 속도가 가장 빠름.
　㉯ 물 : 처음은 경화능이 크나 온도가 올라갈수록 저하(C강, Mn강, W강의 간단한 구조)
　㉰ 기름 : 처음은 경화능이 작으나 온도가 올라갈수록 커진다(20[℃]까지 경화능 유지)

2. 뜨임(tempering)

담금질된 강을 A_1 변태점 이하로 가열 후 냉각시켜 담금질로 인한 취성을 제거하고 경도를 떨어뜨려 강인성을 증가시키기 위한 열처리다.
① 저온 뜨임 : 내부 응력만 제거하고 경도 유지 150[℃]
② 고온 뜨임 : 소르바이트(sorbite) 조직으로 만들어 강인성 유지 500~600[℃]

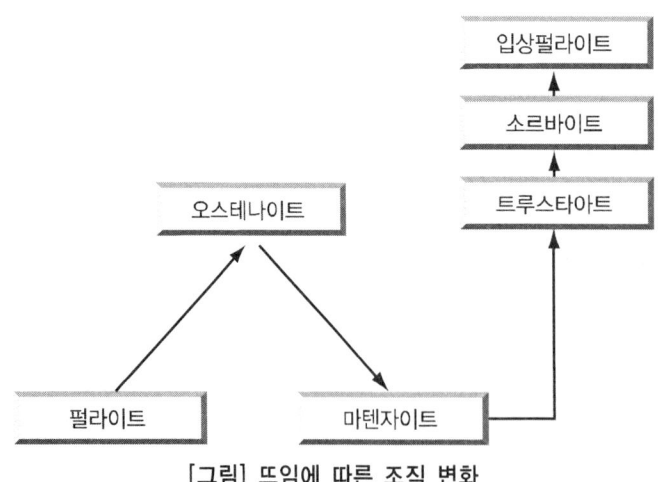

[그림] 뜨임에 따른 조직 변화

[표] 뜨임조직의 변태

온도	변태
100~300	A→M
200~400	M→T
400~600	T→S
600~700	S→P

3. 불림(normalizing)

① 목적 : 결정조직의 균일화(표준화), 가공 재료의 잔류 응력 제거
② 종류 : A_3, $A[cm]$ 이상 30~50[℃]로 가열 후 공기 중 방랭. 미세한 소르바이트(sorbite) 조직이 얻어짐.

4. 풀림(annealing)

① 목적 : 재질의 연화
② 종류
　㉮ 완전 풀림 : A_3, A_1 이상, 30~50[℃]로 가열 후 노(爐) 내에서 서랭 - 넓은 의미에서의 풀림
　㉯ 저온 풀림 : A_1 이하(650[℃]) 정도로 노내에서 서랭 - 재질의 연화
　㉰ 시멘타이트 구상화 풀림 : A_3, $A[cm]$ ± 20~30[℃]로 가열 후 서랭 - 시멘타이트 연화가 목적

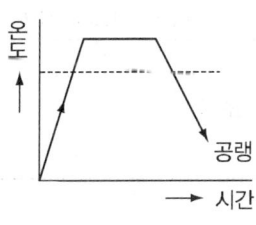

[그림] 불림(normalizing)

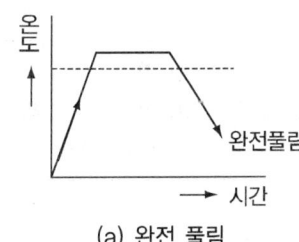

(a) 완전 풀림

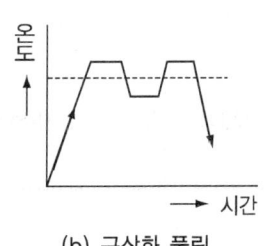

(b) 구상화 풀림

[그림] 풀림(annealing)

문제 52

프레스 기계의 급정지 기구와 비상 정지 기구의 정지 상태 작동 방법 등을 설명하시오.

1. 안전 장치의 종류

TYPE 구분	금형 안에 손이 들어가지 않는 구조 (No-Hand-in Die Type)		금형 안에 손이 들어가는 구조 (Hand-in Die Type)
제1항	1. 안전울이 부착된 프레스 2. 안전 금형을 부착한 프레스 3. 전용 프레스 4. 자동 송급, 배출기구가 있는 프레스 5. 자동송급, 배출장치를 부착한 프레스	제2항	1. 프레스기의 종류, 압력 능력, S.P.M. 행정길이·작업방법에 상응하는 방호 장치 　가. 가드식 　나. 수인식 　다. 손쳐내기식 2. 정지 성능에 상응하는 성능 　가. 양수 조작식 　나. 감응식 광전자식(비접촉) Inter-Lock(접촉)
제3항	전환 스위치(Switch)에 의한 행정, 조작, 방호장치 등의 전환 조치		

2. 안전대책

① 프레스 금형은 원칙적으로 금형 사이에 손을 넣을 필요가 없도록 No-Hand-in Die Type으로 하여야 한다.
② 금형 사이에 손이나 신체 일부가 들어갈 위험한 작업을 하게 되는 Hand-in Die Type은 작업 방법에 상응하는 충분한 안전 조치를 해야 한다.
③ 전환 Switch에 의해서 행정(行程), 조작 방식 등을 전환할 때 안전성의 확보를 우선적으로 고려해야 한다.
④ 작업 방법 기계의 성능에 적합한 안전 조치 특히 방호 장치를 선정하여야 한다.
⑤ 금형의 운반, 부착, 해체, 조정 등의 비정상 작업시에 안전 조치를 확고하게 한다.
⑥ 고장, 조정 불량 등에 대한 안전 조치를 강화한다.
⑦ 프레스 작업자에게 안전 교육, 훈련을 강화한다.

문제 53

와이어 로프(Wire rope)를 그림으로 그려서 설명하시오.

1. 와이어 로프의 개요

와이어 로프는 하역 작업에서 가장 중요한 위치를 차지하는 필수품이다. 하역분야에서는 와이어 로프로 인하여 일어나는 재해가 많을 뿐 아니라 안전 사고에 미치는 영향이 지대하나 일반적으로 하역 작업원들의 로프에 대한 관심이나 지식이 부족하므로 여기에서 기본적인 것만을 기술하기로 한다.

2. 구 조

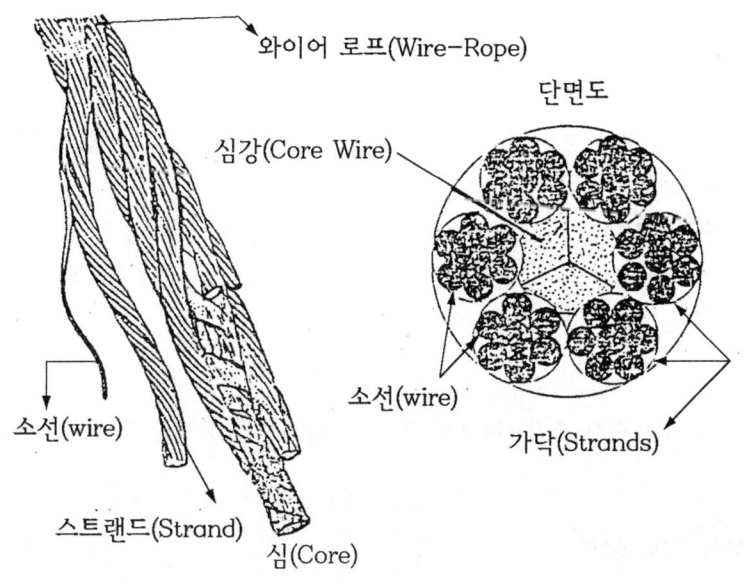

[그림] 와이어 로프의 구성

와이어 로프는 3개의 기본적인 요소로 이루어지며 ① 가닥(strand) 내의 소선(wire) ② 심(core)의 주위에 나선형으로 고여있는 소선의 집합체인 가닥(Stand) ③ 와이어 로프의 스트랜드 형태를 유지하는 심(Core)또는 심강(core-wire)흑색 및 적색 그리스(grease) 등이 있다. 즉 대부분의 로프는 소선, 스트랜드(strand) 및 심(Core)으로 구성되며 로프의 사용을 원활하게 하기 위하여 도유(塗油)를 하고 있다.

> **참고**
> ▶ 심의 종류
>
> ① 섬유심
> ② 철심
> ③ 스트랜드심

문제 54

프레스의 양수 조작식 안전 장치의 시간이 150[ms]일 때 안전 거리는 얼마인가?

1. 정 의

프레스의 방호 장치는 양수 조작식, 광전자식, 수인식, 손쳐내기식 등이 있으며 프레스 및 작업 특성에 맞게 설치되어야 한다.

양수 조작식은 각각 안전거리가 확보될 수 있도록 설치 조정되어야 한다. 안전거리는 스위치 조작 후(감응식의 경우 감지 후) 손의 도달 가능 거리로 스위치나 감지부가 위험점과 격리되어야 하는 최소한의 거리를 말하며 다음 식에 의해 계산된다.

안전 거리$(D) = 1.6(T_e + T_c)$[mm]

$T_e = T_c$: 스위치 조작 후(감지 후) 슬라이드가 급정지할 때까지의 지속시간[ms]

2. 양수 조작식 방호 장치

기계를 가동할 때 위험한 작업점에 손이 놓이지 않도록 누름 버튼이나 조작 레버를 2개 설치하고 양손으로 동시에 작동시키도록 한 것이 양수 조작식 방호 장치이다. 이대 누름 버튼이나 레버간의 거리는 300[mm] 이상 격리시켜야 한다.

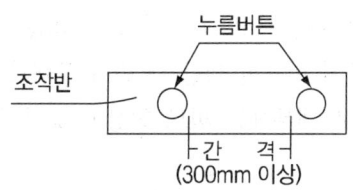 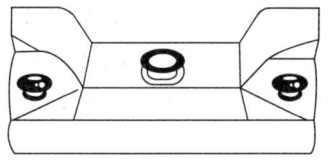

[그림] 양수 조작식 방호 장치

또한 조작이 용이하고 접촉, 진동 등으로 불의에 기계가 작동하며 다음과 같은 특징을 갖고 있다.

① 급정지 성능이 다양화 되거나 이상이 발생되지 않는 한 작업자를 슬라이드에 의한 위험으로부터 완전히 방호할 수 있다.
② 굽힘 가공 등 2차 가공에 사용되며 급정지 성능이 좋은 프레스인 경우 안전 거리를 짧게 하여 작업 능률에 지장이 없다.
③ 클러치, 브레이크 등의 고장에 의한 이상 행정시에는 방호가 불가능하다.

3. 양수 조작식 방호 장치 설치 조건

① 누름 버튼 간격은 좌우 분리형 및 간격을 조정할 수 있는 구조로 된 것도 300[mm] 이상 격리시켜 설치할 것
② 누름 버튼 윗면은 버튼 케이스 또는 보호링의 상면보다 2~5[mm] 이상 함몰시킬 것
③ 안전 1행정시 상승 무효 개시 위치를 조정할 수 잇는 구조의 것은 크랭크 각도가 슬라이드의 하사점 전 6[mm]에 상응하는 각도로 조절할 것
④ 유압프레스기에는 슬라이드(slide) 하한 위치(가압 종료 위치 부위)에 조절할 것

문제 55

피로 시험에서 연강의 S-N 곡선을 그려서 설명하시오.

1. 정 의

일반적으로 금속 재료는 정적 시험에 의해서 결정되는 파괴 강도보다 매우 작은 응력을 되풀이해서 작용시켰을 때 그 자료 전체에 걸쳐 혹은 국부적으로 슬립 변형이 생기고 이것이 시

간과 더불어 점차적으로 발전해 가는 현상을 피로라 하고 그로 인해 파괴되는 것을 피로 파괴라 한다. 즉 기계 및 구조물의 사용 중 하중의 변동이 생길 때 반복 응력과 변동 응력을 받게 되어 응력의 크기가 작은 값일 때도 재료 내부에는 피로 현상이 생기게 된다.

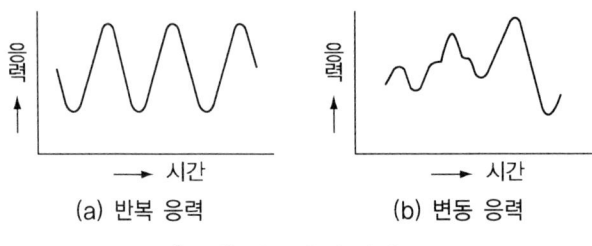

[그림] 피로 응력 사이클

피로 시험은 재료에 대한 피로 한도(fatigue limit)를 결정하는 데 그 목적이 있다. 피로 시험에 사용되는 피로 시험기는 여러 가지가 있으며 피로 하중 방법에 따라 분류하면 다음과 같다.
① 거듭 굽힘기식 피로 시험기 ················· Ono식, 센크식, 전자 진공식
② 거듭 비틀기식 피로 시험기 ················· 로젠하우젠식, Kuraisi식, Hisano식
③ 반복 인장, 압축식 피로 시험기 ··········· Hey식, Weller식, 로젠하우젠식
④ 반복 충격식 피로 시험기 ····················· Mathumura식

피로 시험은 많은 시료편에 대하여 하중을 바꾸어 시험한 후 응력-반복 횟수의 S-N 곡선을 그리고 피로 한도, 시간 한도를 구하는 시험으로 시험용 시료편은 7~8개 이상 준비하고 시험 하중을 바꾸어 각 시료편에 대하여 피로 파단시킨다.

시험 결과는 종축에 응력(S), 횡축에 반복 횟수(N)을 잡아 S-N 곡선을 정리하고 파단되지 않는 경우의 최대 시험 하중의 응력값을 피로 강도로 삼는다.

그림에서 ①은 피로 한도, 내구 한도 즉 피로 강도이며 ②, ③, ④, ⑤는 어떤 회전수에 견디는 반복 응력으로서 이것은 각 반복 횟수에 대한 시간 강도이다. 또, 다음 오른쪽 그림은 0.83[%] 탄소강의 S-N 곡선을 표시한 것이다.

S-N 곡선에서 직선이 수평으로 되는 점의 반복 횟수는 철강의 경우 $10^6 \sim 10^7$이므로 응력 반복기준 횟수를 $(10 \sim 15) \times 10^6$으로 하여 파괴되지 않는 것은 불파단으로 인정하고 반복 횟수 10^9에서도 수평이 생기지 않는 것은 보통 5×10^7에 대한 응력 값으로 내구 한도를 정한다. 그러나 피로 시험은 많은 시료편과 장시간을 요하므로 간단한 방법으로 결과를 추정하는 경우가 있으며 탄소강의 경우 회전 굽힘 피로 한도는 다음과 같이 산출한다.

$\sigma_f = 0.25 \times$ (항복점 + 인장강도) + 5[kg/mm]

또한 두랄루민 등의 비철 금속 재료에 대해서는 $10^7 \sim 10^8$의 반복 횟수에 견딜 수 있는 한도의 응력을 취하고 그 횟수에 대한 시간 한도를 결정한다.

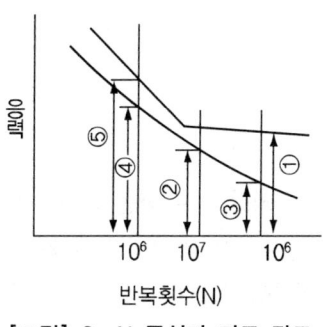

[그림] S-N 곡선과 피로 강도

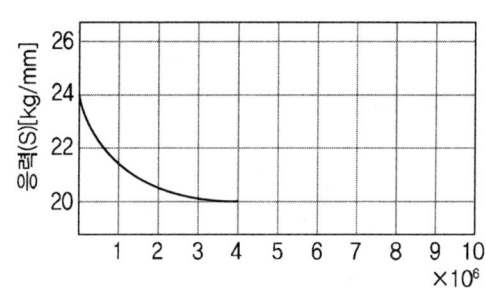

[그림] 탄소강의 S-N 곡선

문제 56

배관에서 Pipe 번호 스케줄 번호의 의미를 쓰시오.

1. 정 의

번호가 커질수록 관의 두께는 두꺼워진다. 스케줄 번호는 10~160을 정하고 30, 40, 80이 일반적으로 사용된다.

2. 예

① 스케줄(SCH) = $1,000 \times \dfrac{P}{S}$

  P : 사용 압력(kg/cm^2)

  S : 허용 응력(kg/cm^2)

② 인치단위의 경우 : SHC = $1,000 \times \dfrac{P}{S}$

③ 스케줄 번호(SCH#)와 두께(T)의 관계, $T = 1,000 \times \left(\dfrac{P}{S} + \dfrac{D}{175}\right) + 2.54$

문제 57

안전성 평가에서 정성적 평가와 정량적 평가를 비교 설명하시오.

1 안전성과 평가의 목적

화학 설비의 안전성의 평가의 목적은 화학 물질을 제조, 저장, 취급하는 화학 설비(건조 설비 포함)를 신설, 변경, 이전하는 경우, 설계단계에서 화학 설비의 안전성을 확보하기 위하여 안전성 평가를 실시함으로써 화학 설비의 사용시 발생할 위험을 근원적으로 예방하고자 하는 데 안전성 평가의 목적이 있다.

2 정성적 평가 항목과 정량적 평가 항목

1. 정성적 평가 항목

   ① 입지 조건
      ㉮ 지형은 적절한가, 지반은 연약하지 않은가, 배수는 적당한가
      ㉯ 지진, 태풍 등에 대한 준비는 충분한가
      ㉰ 물, 전기, 가스 등의 사용 설비는 충분히 확보되어 있는가
      ㉱ 철도, 공항, 시가지, 공공 시설에 관한 안전을 고려하고 있는가
      ㉲ 긴급시에 소방서, 병원 등의 방재 구급 기관의 지원 체제는 확보되어 있는가
   ② 공장 내의 배치
      ㉮ 공장 내에는 적정한 피난 기구가 마련되어 있는가, 또 발화원에서 충분히 떨어져 있는가
      ㉯ 경계로부터 가장 가까운 화학 설비에 있어서도 안전한 거리가 확보되어 있는가
      ㉰ 제조 시설 지구는 거주지, 창고, 사무소, 연구소 등에서 충분히 떨어져 있는가
      ㉱ 계기실의 안전은 확보되어 있는가
      ㉲ 장치간의 거리는 물질의 성질, 양, 조작 조건, 긴급 조치, 소화 활동 등을 고려하여 충분히 확보되어 있는가
      ㉳ 짐을 쌓고 내리는 지역은 화학 설비에서 충분히 떨어져 있는가, 또 발화원에서 충분히 떨어져 있는가

㉔ 저장 탱크는 경계에서 충분히 떨어져 있는 장소에 배치되어 있는가, 또, 상호의 간격은 지나치게 가깝지 않은가
㉕ 폐기물 처리 설비는 거주지에서 충분히 떨어져 있는가, 또 풍향을 배려하고 있는가
㉖ 긴급시에 있어 차의 출입에 충분한 통로는 있는가

③ 건조물
  ㉮ 기초 및 지반은 전 하중에 대해 충분한가
  ㉯ 구조물의 자재 및 지주의 강도는 충분한가
  ㉰ 바닥, 벽 등의 재료는 불연성의 것으로 되어 있는가
  ㉱ 엘리베이터, 공기 소화설비 및 환경 장치의 개구부와 같은 화재 확대요인은 최소한으로 없애고 있는가
  ㉲ 위험한 공정은 방화벽 또는 방폭벽에 의해 격리되어 있는가
  ㉳ 옥내에 위험 유해 물질이 누출될 염려가 있는 경우 그의 환기는 충분히 고려되어 있는가
  ㉴ 분명하게 표시된 비상 통로가 있는가
  ㉵ 건조물 내의 배수 설비는 충분한가

④ 소방 설비 등
  ㉮ 소화 용수는 확보되어 있는가
  ㉯ 살수 설비 등의 기능 및 비치는 적절한가
  ㉰ 살수 설비 등의 점검, 정비는 배려되어 있는가
  ㉱ 소화 활동을 위한 체제는 정비되어 있는가
  ㉲ 자위 소방대의 편성은 적절한가

⑤ 원재료, 중간체, 제품 등
  ㉮ 원재료는 화학 설비의 가장 위험성이 낮은 곳에 안전한 방법으로 들어오고 있는가
  ㉯ 원재료의 투입시 작업 규정은 있는가
  ㉰ 원재료, 중간체, 제품 등의 물리적·화학적 성질을 올바르게 파악하고 있는가
  ㉱ 원재료, 중간체, 제품 등에 대해 폭발성, 발화성, 위험성 및 인체에 미치는 영향은 알고 있는가
  ㉲ 원재료, 중간체, 제품 등에 부식성의 유무를 확인하고 있는가
  ㉳ 불순물의 존재가 원재료, 중간체, 제품 등에 미치는 영향에 대해 검토가 되어 있는가
  ㉴ 위험성이 높은 물질의 소재 및 양은 확인되어 있는가

⑥ 공정
  ㉮ 연구 단계에서 완공 단계까지의 문제점을 기록하여 활용하고 있는가
  ㉯ 공정 내에 보유하는 위험성이 높은 물질이 최소로 고려되어 있는가

㈐ 공정은 반응식 과정에 따라 적정하게 표시되어 있는가
　　　㈑ 공정 작업을 위한 작업 규정은 있는가
　　　㈒ 다음 사항의 이상 발견시 대책은 강구되어 있는가
　　　　　㉠ 온도　　　　　　　　　　　㉡ 압력
　　　　　㉢ 반응　　　　　　　　　　　㉣ 진동, 충격
　　　　　㉤ 원재료의 공급　　　　　　 ㉥ 원재료의 유동
　　　　　㉦ 물 또는 오염 물질의 혼입　 ㉧ 장치에서의 누출, 넘침
　　　　　㉨ 정전기
　　　㈓ 일어나고 있는 불안전한 반응은 확인되고 있는가
　　　㈔ 누출된 경우의 피해 범위는 확인되고 있는가
　⑦ 수송·저장 등
　　　㈎ 수송에 있어 안전 지침을 포함한 작업 규정은 있는가
　　　㈏ 취급되고 있는 물질의 잠재적 위험성은 충분히 알고 있는가
　　　㈐ 위험 물질의 불시 방출에 대한 예방 대책이 세워져 있는가
　　　㈑ 불안전 물질을 취급할 때 열·압력·마찰 등의 자극 요인을 최소한으로 억제할 대책이 세워져 있는가
　　　㈒ 탱크·배관 등의 재질은 충분한 내부식성을 가지고 있는가
　　　㈓ 모든 수송 작업에 대해 운전자의 안전이 확보되어 있는가
　　　㈔ 배관 내의 유속에 대해서는 충분히 고려되고 있는가
　　　㈕ 배출 잔액 등의 폐기는 적절한 폐기물 처리 설비로 행하여지고 있는가
　　　㈖ 하역설비의 가까운 곳에 샤워, 세안 설비 등이 마련되어 있는가
　⑧ 공정 기기
　　　㈎ 공정 기기의 선정에 있어 안전성 검토를 하였는가
　　　㈏ 공정 기기는 운전자가 감시 또는 조치하기 쉽게 설치되어 있는가
　　　㈐ 공정 기기 등에 대해서는 오조작 방지를 위한 인간 공학적 배려가 되어 있는가
　　　㈑ 공정 기기는 각각 상세한 진단항목을 갖추어 놓고 있는가
　　　㈒ 공정 기기는 충분한 안전제어가 될 수 있도록 설계되어 있는가
　　　㈓ 공정 기기는 설계 및 배치에 있어서 검사 및 보전이 쉽도록 배려되어 있는가
　　　㈔ 공정 기기는 이상시에 있어 예비 안전 기기에 의해 작동되도록 되어 있는가
　　　㈕ 검사 및 보전 계획은 충분 또는 적정한가
　　　㈖ 예비품 및 수리를 위한 준비 대책은 충분한가
　　　㈗ 안전 장치는 위험에서 충분히 보호되어 있는가
　　　㈘ 중요 설비의 조명은 충분한가, 또 정전시의 예비 조명도 충분히 확보되어 있는가

2. 정량적 평가 항목

당해 화학 설비의 취급 물질, 용량, 온도, 압력 및 조작의 5항목에 대해 A, B, C 및 D급으로 분류하여 A급은 10점, B급은 5점, C급은 2점, D급은 0점으로 점수를 부여한 후 5항목에 관한 점수들의 합을 구하고 점수 합산 결과 16점 이상은 위험 등급 Ⅰ로, 15점 이하는 위험 등급 Ⅱ로, 10점 이하는 위험 등급 Ⅲ으로 표시하여 각 위험 등급에 따라 안전 대책을 달리 강구하는 것으로서 5항목별 A, B, C 및 D급의 정량적 평가표는 다음과 같다.

[표] 정량적 평가법

점수 항목	A(2점)	B(5점)	C(2점)	D(0점)
1. 물질	1) 폭발성 물질 2) 발화성 물질 중 금속리튬, 금속칼륨, 금속나트륨, 황린 3) 인화성 가스 중 1[cm²]당 2[kg] 이상의 압력을 가진 아세틸렌 4) 위 1호~3호와 동일한 정도의 위험성이 있는 물질	1) 발화성의 물질 중 황린, 적린 2) 산화성의 물질 중 염소산염류, 과염소산염, 무기과산화물 3) 인화성 물질 중 인화점이 영하 30도 미만의 물질 4) 인화성 가스 5) 위 1호~4호와 동일한 정도의 위험성이 있는 물질	1) 발화성의 물질 중 셀룰로이드류, 탄화칼슘, 인화석회, 마그네슘분말, 알루미늄분말 2) 인화성의 물질 중 인화점이 영하 30도 이상 30도 미만의 물질 3) 위 1호~2호와 동일한 위험성이 있는 물질	A·B 및 C 어느 것에도 속하지 않는 물질
	여기서 말하는 물질이란 원재료, 중간체 및 생성물 중 가장 위험성이 큰 것을 말함 폭발하한계의 10퍼센트 미만의 물질을 미량으로 취급하는 경우는 고려하지 않음			
2. 화학설비의 용량	1) 1,000 이상	500 이상 1,000 이상	100 이상 500 미만	100 미만
	2) 100 이상	50 이상 100 미만	10 이상 50 미만	10 미만
	• 촉매 등을 충전한 반응장치 등에 관해서는 충전물을 제외한 공간체적으로 함. • 기액혼합계에 있어서의 반응장치에 관해서는 반응형태에 따라, 정제장치에 관해서는 정제형태에 따라 선택하되 화학반응이 일어나지 않는 정제장치 및 저장장치에 관해서는 1등급을 감하여 평가한다. 단, D급의 것에 대하여는 그대로 한다. 1) 기체로 취급하는 경우의 용량(단위 : m³) 2) 액체로 취급하는 경우의 용량(단위 : m³)			

점수 항목	A(2점)	B(5점)	C(2점)	D(0점)
3. 온도	1,000[°C] 이상으로 취급하는 경우에 그 취급온도가 발화 온도 이상의 경우	1) 1,000[°C] 이상으로 취급하는 경우에 그 취급온도가 발화온도 미만의 경우 2) 250[°C] 이상 1,000[°C] 미만에서 취급하는 경우에 그 취급온도가 발화온도 이상의 경우	1) 250°[°C] 이상 1,000[°C] 미만에서 취급하는 경우에 그 취급온도가 발화온도 미만의 경우 2) 250[°C] 미만에서 취급하는 경우에 그 취급온도가 발화온도 이상의 경우	250[°C] 미만에서 취급하는 경우에 그 취급 온도가 발화 온도 미만의 경우
4. 압력 (1제곱센티미터당 킬로그램)	1,000 이상	200 이상 1,000 미만	10 이상 200 미만	10 미만
5. 조작	폭발범위 또는 그 부근에서의 조작	1) 온도 상승 속도가 400 이상의 조작 2) 운전 조건이 통상의 조건에서 25[%] 변화하여 위 1호의 상태로 되는 조작 3) 운전자의 판단으로 조작이 행해지는 것 4) 설비에 공기 등의 불순물이 들어가 위험한 반응을 일으킬 가능성이 있는 조작 5) 분진폭발을 일으킬 염려가 있는 먼지 혹은 증기를 취급하는 조작 6) 위 1호~5호와 동일한 정도의 위험성이 있는 조작	1) 온도상승속도가 4 이상 400 미만의 조작 2) 운전 조건이 통상의 조건에서 25[%] 변화하면 위 1호의 상태로 되는 조작 3) 그 조작이 미리 기계에 프로그램화되어 있는 것 4) 정제조작 중 화학 반응이 따르는 것 5) 위 1호~4호와 동일한 정도의 위험성을 가진 조작	1) 온도상승 속도가 4 미만의 조작 2) 운전조건이 통상조건에서 25[%] 변화하면 위 1호의 상태로 되는 조작 3) 반응용기 내에 70[%] 이상의 물이 들어 있는 것 4) 정제조작 중 화학 반응이 따르지 않는 것 및 저장 5) 위 1호~4호 외에 A,B 및 C의 어느 것에도 속하지 않는 조작

(비고) 온도 상승 속도(1분당 섭씨 몇도) : A ÷ (B × C × D)
    A : 반응에 따른 발열속도(1분당 킬로칼로리 kcal/ min)
    B : 화학 설비 내의 물질의 비열(섭씨 1도 및 1kg당 킬로칼로리, [kcal/kg°C])
    C : 화학 설비 내의 물질의 밀도(1m³당 kg)
    D : 화학 설비 내의 용량(m³)

산업안전 지도사(기계안전공학)

제 5 편

산업 안전보건 용어 정리

제1장 산업 안전보건 용어 정리

제2장 예상문제 및 실전모의시험

제1장 산업 안전 보건 용어 정리

1 안전 점검의 정의(건설업에 해당)

시설물 안전 관리법 의거, 안전 점검이라 함은 일정한 경험과 기술을 갖춘 자가 육안 또는 점검 기구 등에 의하여 검사를 실시함으로써 시설물에 내재되어 있는 위험 요인을 조사하는 행위를 말한다.

2 정밀 안전 진단이란(건설업에 해당)

(1) 내 용

안전 점검을 실시한 결과 시설물의 재해 예방 및 안전성 확보 등을 위하여 관리 주체가 필요하다고 인정하거나 대통령령이 징하는 시설물에 관하여 물리적 기능적 결함을 발견하고 그에 대한 신속하고 적절한 조치를 하기 위하여 구조적 안정성 및 결함의 원인 등을 조사 측정 평가하여 보수, 보강 등의 방법을 제시하는 것

(2) 정밀 안전 진단을 실시해야 할 시설물

① 도로 시설 중 특수 교량(현수교, 아치교, 사장교 및 최대 경전장이 50[m] 이상인 교량을 말한다)과 연장 1,000[m] 이상인 터널
② 철도 시설 중 트러스 교량과 연장 1,000[m] 이상의 터널
③ 갑문 시설
④ 다목적 댐, 발전용 댐, 저수 용량 2천만톤 이상의 용수 전용 댐
⑤ 하수 뚝과 특별 시간안에 있는 직할 하천의 수문
⑥ 광역 상수도 및 그 부대 시설과 공업용 수도(공급 능력 100만톤 이상인 것) 및 그 부대 시설

3 에너지 소비량(Relative Metabolic Rate)

(1) 에너지 소모량 산출 방법

$$RMR = 노동 대사량 / 기초 대사량$$
$$= \frac{작업시의 손실 에너지 - 안정시의 손실에너지}{기초대사량}$$

(2) 육체 작업

① 0~2RMR : 경 작업
② 2~4RMR : 중(中) 작업
③ 4~7RMR : 중(重) 작업
④ 7RMR : 초중 작업

(3) 기초 대사량 산출 방법

$$A = H^{0.725} \times W^{0.425} \times 72.46$$
A = 몸표면적, H = 신장, W = 체중

4 안전 공학(safety engineering)

안전 공학이란 산업에 따르는 각종 사고의 발생 원인, 경과의 규명 및 그 방지 대책에 필요한 과학 및 기술에 관한 통계적인 지식 체계라고 정의되어 있다.

그러나 이 어구를 사용하는 대부분의 사람들의 안전에 관한 지식 체계 중 기계, 전기, 화학, 토목에서 안전성을 확보하기 위한 공학 체계 외에 인간 공학적인 심리적 현상 또는 사회적 현상도 깊이 관계하고 있다.

최근에도 공학이란 어구의 적용 범위가 대단히 넓어져 안전 공학도 사회 과학과 자연 과학, 인간 공학적인 인간 조직, 시스템 및 그들의 관리도 포함한 것으로 해석된다.

5 안전 기준(safety standards)

산업안전보건법에서 근로자의 위험 또는 건강 장해를 방지하기 위한 조치에 대해서 규정하고 있지만 이 중에서 안전에 관계되는 것 즉 근로자의 취업에 관계되는 건설물, 기계, 기구 등의 설비, 원재료, 가스, 증기 등의 안전 설비의 기준, 근로자가 안전하게 작업을 수행하기 위하여 지켜야 할 행위에 대한 기준, 감독자가 직무 수행에 필요한 안전상 완수할 사항의 기준 등이 있다.

이것이 협의적인 안전 기준이라고 하는 것이다. 안전 기준에는 법으로서 강제력이 있는 최고 최저 기준과 기업이나 재해 방지 단체에서 법 기준에 의거해서 보다 구체적으로 정한 기준 지침 등이 있다.

법령상의 기준은 앞에서 기록된 협의적인 안전 기준을 기본으로 삼아 규정된 산업 안전 기술에 관한 규칙 외에 고압 가스 안전 관리법, 도로 교통법 등에도 구체적으로 정해져 있다. 또 기술 지침 등으로는 재해 방지 단체가 제정하는 산업 재해 방제 규정 중의 안전 기준이나 기업이 정하는 안전 관리 규정, 작업 표준, 점검 정비 기준 등이 있다.

6 안전 코스트(safety cost)

기업 내의 안전을 유지하고 추진하기 위해 투자되는 비용을 말한다.
생산에 대한 원가를 산출할 때 당연히 계산에 넣어야 하는 것이다.
그러나 예를 들면 안전 포스터, 안전 표어, 안전 주간 행사 비용, 각종 안전 자료, 표창 비용 등 순전히 안전만의 것은 명확하지만 생산 직장에 있어서 모든 시설에 대한 안전 실시의 비용 등은 명확성을 상실할 우려가 있다.

7 안전보건표지(safety indication)

"안전보건표지"란 근로자의 안전 및 보건을 확보하기 위하여 위험장소 또는 위험물질에 대한 경고, 비상시에 대처하기 위한 지시 또는 안내, 그 밖에 근로자의 안전보건의식을 고취하기 위한 사항 등을 그림·기호 및 글자 등으로 표시하여 근로자의 판단이나 행동의 착오로 인하여 산업재해를 일으킬 우려가 있는 작업장의 특정 장소, 시설 또는 물체에 설치하거나 부착하는 표지를 말한다.

(1) 금지 표지

출입금지, 보행금지, 차량통행금지, 사용금지, 탑승금지, 금연, 화기금지, 물체이동금지 등으로 흰색 바탕에 기본 모형은 빨강, 관련 부호 및 그림은 검은색이다.

(2) 경고 표지

인화성물질 경고, 산화성물질 경고, 폭발성물질 경고, 급성독성물질 경고, 부식성물질 경고, 방사성물질 경고, 고압전기 경고, 매달린 물체 경고, 낙하물체 경고, 고온 경고, 저온 경고, 몸균형 상실 경고, 레이저광선 경고, 발암성·변이원성·생식독성·전신독성·호흡기과민성물질 경고, 위험장소 경고 등으로 바탕은 노란색, 기본 모형, 관련 부호 및 그림은 검은색이다.

(3) 지시 표지

보안경 착용, 방독마스크 착용, 방진마스크 착용, 보안면 착용, 안전모 착용, 귀마개 착용, 안전화 착용, 안전장갑 착용, 안전복 착용으로 바탕은 파란색으로 그 관련 그림은 흰색으로 나타난다.

(4) 안내 표지

녹십자표시, 응급구호표지, 들것, 세안장치, 비상구, 좌측 비상구, 우측 비상구 등으로 바탕은 흰색, 기본 모형 및 관련 부호는 녹색, 바탕은 녹색, 관련 부호 및 그림은 흰색으로 나타낸다.

(5) 관계자외 출입금지
   ① 허가대상물질작업장
   ② 석면취급/해체작업장
   ③ 금지대상물질의 취급 실험실 등

8 작업 환경 측정이란

(1) 개 요

작업 환경 측정이라 함은 작업 환경의 실태를 파악하기 위하여 근로자 또는 작업장에 대하여 사업주가 측정 계획을 수립하여 시료의 채취 및 분석 평가를 하는 것을 말한다.
작업 환경을 쾌적한 상태로 유지한다는 것은 건강 장애를 방지하기 위하여 보건상 유해한 가스 또는 분진이 작업장 주변의 공기 중에 포함되어 있지 않고 특히 작업에 필요한 온도,

습도, 채광, 조명 등이 적절히 유지되어 기분 좋게 작업할 수 있으며 피로의 감소와 건강 장애를 일으키지 않아야 한다.

유해한 작업 환경에서 근로자의 보건 건강을 확보하고 직업병 발생을 예방하고자 사업주는 유해한 작업장에 대하여 규칙적으로 작업 환경을 측정 평가하고 그 결과를 기록 보전하여야 하며 잘못된 것은 시정 개선해야 한다.

(2) 산업안전보건법상 작업 환경 측정 대상 사업장
① 분진이 현저하게 발생한 작업장
② 산소 결핍의 위험이 있는 작업장
③ 유기 용제 업무를 하는 실내 작업장
④ 격렬한 소음을 발생하는 옥내 작업장
⑤ 설비 장치에 대한 이상 유무의 점검

(3) 측정 결과 조치
작업 환경 측정 결과에 따라 시설 개선 등 적절한 조치를 하며 측정 결과를 30일 이내 지방 고용노동관서의 장에게 보고한다.

9 중대 재해란

산업 재해 중 사망 등 정도가 심한 것으로서 고용노동부령이 정하는 재해를 말하며 다음 각 호에 해당하는 재해를 말한다.
① 사망자가 1명 이상 발생한 재해
② 3개월 이상의 요양이 필요한 부상자가 동시에 2명 이상 발생한 재해
③ 부상자 또는 직업성 질병자가 동시에 10명 이상 발생한 재해

10 무재해 운동의 3원칙

무재해란 근로자가 업무에 기인하여 사망 또는 4일 이상 요양을 요하는 부상 또는 질병에 이환되지 않는 것을 말한다.
① 무의 원칙 : 무재해란 단순히 사망 재해, 휴업 재해만 없으면 된다는 소극적 사고가 아니고 물적, 인적 일체의 잠재 요인을 사전에 발견 파악 해결함으로써 근원적인 산업

재해를 없애는 데 있는 것이다.
② **참가의 원칙** : 작업에 따른 잠재적인 위험 요인을 발견하기 위하여 전원이 참가, 각자의 처지에서 문제 해결 등을 실천하는 것이다.
③ **선취의 원칙** : 무재해, 무질병의 사업장을 실현하고자 일체의 직장의 위험 요인을 사전에 발견, 파악 해결하여 재해를 방지하는 것을 말한다.

11 개인 보호구의 보관 방법과 구비 조건

(1) 개 요
개인 보호구는 필요한 때 어느 때라도 착용할 수 있도록 청결하고 성능이 유지된 상태로 보관되어야 한다.

(2) 보관 방법
① 햇빛이 들지 않고, 통풍이 잘되는 장소에 보관
② 발열체가 주변에 없는 곳
③ 부식성 액체, 유기 용제, 기름, 화장품, 산 등과 혼합하여 보관하지 않을 것
④ 모래, 진흙 등이 묻은 경우, 세척 후 그늘에 말려 보관
⑤ 땀, 이물질 등으로 오염된 경우에는 세탁하고, 건조시킨 후 보관

(3) 구비 조건
① 착용이 간편할 것
② 작업에 방해를 주지 않을 것
③ 유해, 위험 요소에 대한 방호가 완전할 것
④ 재료의 품질이 우수할 것
⑤ 구조 및 표면 가공이 우수할 것
⑥ 외관상 보기가 좋을 것

(4) 안전인증대상 보호구
① 추락 및 감전 위험방지용 안전모
② 안전화
③ 안전장갑
④ 방진마스크
⑤ 방독마스크
⑥ 송기마스크
⑦ 전동식 호흡보호구
⑧ 보호복

⑨ 안전대
⑩ 차광 및 비산물 위험방지용 보안경
⑪ 용접용 보안면
⑫ 방음용 귀마개 또는 귀덮개

(5) 자율안전확인대상 보호구
① 안전모(추락 및 감전 위험방지용 안전모 제외)
② 보안경(차광 및 비산물 위험방지용 보안경 제외)
③ 보안면(용접용 보안면 제외)
④ 잠수기(잠수헬멧 및 잠수마스크 포함)

12 에너지 대사율(RMR)

작업 대사율(Relative Metabolic Rate)이라고도 하며 작업시 에너지 대사량의 기초 대사량에 대한 비[RMR = (작업에 소요된 열량 - 안정시 열량/기초 대사량)]로서 어떤 작업을 하는 데 기초 대사의 몇 배의 에너지가 필요한가를 표기하는 것이다.
작업의 강도를 나타내는 데 쓰인다.
① 극히 경한 작업(0~1RMR)
② 경 작업(1~2RMR)
③ 중(中)경 작업(2~4RMR)
④ 중(重)작업(4~7RMR)
⑤ 격심한 작업(7~RMR)으로 구분하고 있다.

13 NSC(NATIONAL SAFETY COUNCIL)

미국 전국 안전 협회의 약칭이며, 1931년에 창립되었고, 1953년 연방 의회에서 법인 단체로 승인되었다.
미국에서 안전 운동의 핵심이 되는 조직이며, 사업장, 노동 조합, 단체, 학교, 병원, 개인 등이 개입하고 있다.
NSC의 목적은 미국 국내 모든 분야 사람들의 안전과 건강을 증진하기 위한 대책을 장려하고 촉진하는 것이고, 산업 안전에 한하지 않고, 교통 안전, 농업 안전, 학교 안전 등 광범위하게 취급하고 있다.
사업의 중요한 것은

① 재해에 관한 정보의 수집 분석
② 홍보, 출판
③ 기계 기구의 안전 기준 중 안전에 대한 조사 연구
④ 교육, 훈련

등이며, 매년 시카고 시에서 전국 안전 대회 및 보호구 등에 대한 전시회를 개최하고 있다.

14 근로자란

산업안전보건법 제2조에서는 근로자라 함은 근로 기준법 제2조 1항1호의 규정에 의한 근로자를 말하고 있다.

근로 기준법의 근로자란 직업의 종류를 불문하고 사업 또는 사업장에 임금을 목적으로 근로를 제공하는 자를 말한다.

즉 동거하는 친족만을 사용하는 사업장이나 사무소 또는 가사 사용인을 제외하고 일반 사업장 또는 사무소에서 사용되는 사람이며 임금, 급료, 수당, 상여 기타 명칭 여하를 불문하고 근로의 대상으로 하여 사용자가 지불하는 것을 받는 사람이 근로자이다.

사업 또는 사무소에 사용되는 사람이란 그 노무를 제공하는 자가 사용자의 지휘 명령하에 있는 것, 하나의 조직 속에 위치하고 있는 것일 것.

또는 경제적으로 종속 관계하에 있는 것 등을 중심 요소로 하고 있다. 모든 사용 종속 관계에 있는 사람을 말하는 것으로 되어 있다.

15 기계 환기(mechanical ventilation)

유기물(organic substance)이 발생하는 작업장에서는 환기를 실시할 필요가 있다.

그러나 온도 차이와 바람을 이용한 자연 환기에는 언제나 효율을 기대할 수 없으므로 기계에 의한 환기 장치(ventilating system)를 사용한 기계 환기, 인공 환기, 강제 환기를 실시할 필요가 있다.

기계 환기에는 유해물을 그 발생 장소에서 제거하는 국소 배기와 그것을 할 수 없는 장소에서 사용되는 전체 환기가 있다. 기계 환기의 이점은 환기 효과가 일정하게 유지될 수 있지만 결점은 건설비와 유지비가 높게 지불된다.

기계 환기에 사용되는 장치가 환기 장치이다.

16 노동 과학(labor science)

이 용어가 사용되기 시작한 것은 제1차 세계 대전 후이다.

첫째로, 현재의 노동 과학에 가까운 것은 벨기에서 1904년, 이탈리아 및 미국에서는 1910년부터 연구가 행하여지고 있었다.

제1차 대전 후에 발생한 경제 공황, 근로자 계급의 힘의 증대에 대해서 사용자 측은 산업합리화, 노동 능률을 극도로 끌어올리는 대책을 취했기 때문에 근로자 심신의 소모, 질병의 발생이 현저하였다.

구체적으로 기계 공구, 원재료 등의 물적 요인 및 성별, 연령, 교육, 생리적·정신적 피로, 작업 의사 등의 인적 요인을 연구 분석하여 최대 최선의 작업 결과를 발생시키도록 모든 사정을 인위적으로 조정하려고 하는 것이다.

즉, 근로자의 육체적 및 정신적인 영향을 최소로 하도록 근로 적정화를 도모하는 것을 목적으로 하는 과학이다.

17 산업 안전의 4원칙

① 손실 우연의 원칙   ② 원인 계기의 원칙
③ 예방 가능의 원칙   ④ 대책 선정의 원칙

>
> 3E → Engineering, Education, Enforcement

18 F.T.A.(Fault Tree Analysis)

(1) 개 요

결함수 분석, 결함 관련 수법, 고장의 목 분석법

(2) 특 징

재해 발생 후의 원인 규명보다는 재해 발생 전의 예측 기법

(3) 작성 시기

　　설비 설치 가동, 고장 우려, 재해 발생

(4) 순 서

　　Top 사상의 선정 – 사상마다 재해 원인 규명 – FT의 작성 – 개선 계획 작성

(나무 모양 기호)	Fault Tree Analysis
(사각형 기호)	결함 사상
(집 모양 기호)	통상 사상(불안전 상태, 행위)
(OR 게이트 기호)	OR gate : 두개 중 하나만 있어도 발생
(AND 게이트 기호)	AND gate : 두 개가 동시에 작용하여 발생
(육각형 기호)	제어 gate가 결정적 요소이다.

19 Heinrich의 도미노 이론

① 제1단계 : 사회적 유전적 요인 ② 제2단계 : 개인적 결함
③ 제3단계 : 불안전 상태 및 행동 ④ 제4단계 : 사고
⑤ 제5단계 : 재해

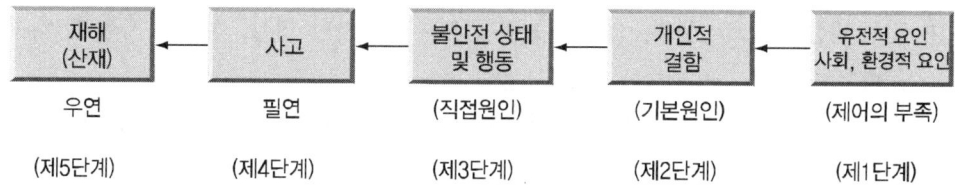

20 Bird의 도미노 이론

① 제1단계 : 관리 부족(제어 부족) ② 제2단계 : 기본 원인(기원)
③ 제3단계 : 직접 원인(징후) ④ 제4단계 : 사고(접촉)
⑤ 제5단계 : 상해(손해, 손실)

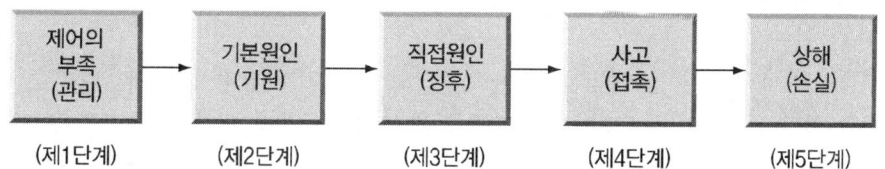

21 안전 진단 절차

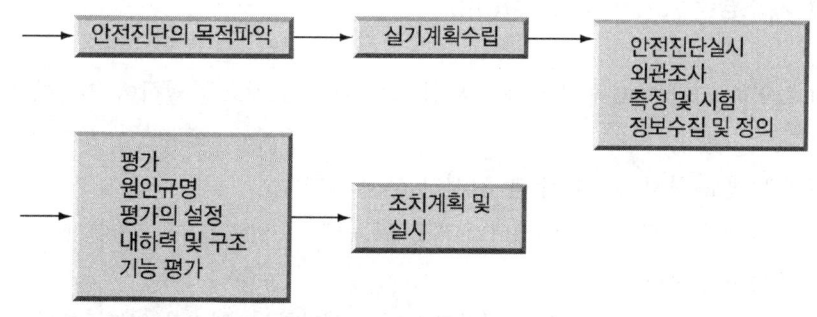

22 착 오

(1) 착오의 Mechanism

위치의 착오, 순서의 착오, 패턴의 착오, 형의 착오, 잘못 기억

(2) 착오의 원인

① 인지 과정의 착오 : 생리, 심리적 능력 한계, 감각 차단 현상, 정보량 저장 한계, 정보 부족
② 판단 과정의 착오 : 능력 부족, 정보 부족, 자기 합리화, 환경 조건의 불비
③ 조치 과정의 원인

(3) 실수 과오의 원인

① 능력 부족 : 적성, 기술, 지식, 인간 관계
② 주의 부족 : 개성, 감정, 습관성
③ 환경 조건 부적당 : 표준 불량, 규칙 불충분, 연락 의사 소통 작업 조건 불량

23 데릭(derrick)

동력을 사용해서 짐을 들어올리는 것을 목적으로 하는 기계 장치이며, 마스터 또는 붐을 구비하고 원동기를 설치하여 와이어 로프에 의해 조작되는 것을 말한다. 데릭은 구조 부분(마스터, 지브 등), 기계 장치(hoist 장치, 지브의 기복 선회 장치 등), 리프팅용 와이어 로프, hoisting accessory 및 안전 장치에 의해서 구성된다.

24 백업 시스템(back-up system)

인간이 작업하고 있을 때에 발생하는 위험 등에 대해서 경고를 발하여 지원하는 시스템을 말한다.
구체적으로 경보 장치, 감시 장치, 감시인 등을 말한다.
공공 작업의 경우나 작업자가 언제나 위치를 이동하면서 작업을 하는 경우에도 백업의 필요 유무를 검토하면 된다.
비정상 작업의 작업 지휘는 백업을 겸하고 있다고 생각할 수 있지만 외부로부터 침입해 오는

위험 기타 감지하기 어려운 위험이 존재할 우려가 있는 경우는 특히 백업 시스템을 구비할 필요가 있다.

백업에 의한 경고는 청각에 의한 호소가 좋으며, 필요에 따라서 점멸 램프 등 시각에 호소하는 것을 병용하면 좋다.

25 부주의(inattention)

일반적으로 재해가 발생하면 언제나 사고의 책임 소재가 추궁되며, 100[%]라고 하여도 좋을 정도로 거기에 주의, 부주의란 개념이 등장한다.

부주의라 하는 것은 바람직하지 않은 정신 상태를 총칭하는 말이며, 무의식의 상태가 있는 경우에는 결과적으로 부주의라고 부르게 된다.

우리들이 부주의 상태를 나타냈기 때문이라고 하여도 한마디로 그 사람의 주의가 산만하다고 단정할 수 없는 경우가 적지 않다.

어떤 부주의 상태가 보였을 경우, 안전면의 어떠한 조건과 환경 쪽의 어떠한 조건과 맞물려서 그 부주의가 일어났는가를 분석하여야 한다.

우리들이 나타내는 행동은 그때의 인적 조건과 환경적 조건과 복합된 조건에 대응해서 변한다는 데 유의히여어야 한다.

「부주의하면서 주의를 한다」는 것은 대책이 되지 못하며, 그 부주의의 발생을 사람과 환경 조건과의 맞물린 모습에서 잡아내어야 대책이 살아나게 된다.

26 시설물 안전 관리를 위한 관리 주체란(건설업에 해당)

(1) 개 요

관리 주체라 함은 해당 시설물의 관리자로서 규정된 자 또는 해당 시설물의 소유자를 말한다. 이 경우 해당 시설물의 소유자와의 관리 계약 등에 의하여 시설물의 관리 책임을 진 자는 이를 관리 주체로 보며 이는 공공 관리 주체와 민간 관리 주체로 구분한다.

(2) 공공 관리 주체

① 국가, 지방 자치 단체
② 정부 투자 기관 관리 기본법에 의한 정부 투자 기관 및 지방공기업법에 의한 지방 공기업
③ 그 밖의 대통령령이 정하는 자

(3) 민간 관리 주체

공공 관리 주체 외의 관리 주체를 말한다.

27 안전 심리 5대 요소란

① **동기** : 동기는 능동적인 감각에 의한 자극에서 일어나는 사고의 결과로서 사람의 마음을 움직이는 원동력을 말한다.
② **기질** : 인간의 성격, 능력 등 개인적인 특성을 말하는 것으로 성장시 생활 환경에서 영향을 받으며 주위 환경에 따라 달라진다.
③ **감정** : 지각, 사고 등과 같이 대상의 성질을 아는 작용의 희로애락 등의 의식을 말한다.
④ **습성** : 동기, 기질, 감정 등의 밀접한 관계를 형성하여 인간의 행동에 영향을 미칠 수 있도록 하는 것
⑤ **습관** : 성장 과정을 통해 형성된 특성 등에 자신도 모르게 습관화된 형상

28 자신 과잉이란

불안전 행동을 통한 사고 유발 행위, 즉 안전하고 옳은 방법을 알면서도 하지 않는 행위를 말한다. 자신 과잉에 관련된 사항은 아래와 같다.
① 작업과 안전 수단
② 자신 과잉
③ 주위의 영향
④ 피로하였을 때
⑤ 직장 분위기

자신 과잉에 대한 대책으로는 작업 규율 확립, 환경 정비, 안전 교육 훈련 철저로 방지할 수 있다.

29 최하사점이란

추락 방지용 보호구로 사용되는 안전띠는 적정 길이가 정규 상태인 와이어 로프를 사용하여야 추락시 근로자의 안전을 확보할 수 있다는 이론이다.

① 최하사점(h)

$$h = L + a \cdot L - L_1/2$$

L = rope길이

α = rope의 신장률

L_1 = 근로자의 신장

H = rope 매단 지점에서 바닥까지의 거리

$H > h$인 경우 → 안전 상태

30 사고(trouble event)

일상 생활에 있어서는 여러 가지 불상사를 모두 사고라고 한다.
산업 안전 분야에서는 이 사고의 정의는 이것과는 약간 취지를 달리하고 있다.
그 예를 들어 보면 H.W. Heinrich는 재해 발생의 기본적인 원리로서

① 사회적 환경
② 개인적 결함
③ 불안전 상태, 불안전 행동
④ 사고
⑤ 상해

의 관계, 5개 골패에 의해서 설명하고 있다.
즉, 상해는 사고에서 일어나며, 그 사고는 불안전 상태나 불안전 행동에 의해서 일어난다. 따라서 불안전 상태나 행동을 방지함으로써 사고를 없애는 것이 상해를 방지하기 위한 선결이라고 설명하고 있다.
여기서는 사고를 상해의 배경에 있는 변형된 사상(strained event)으로 받아들이고 있다.

31 산소 결핍(oxygen deficiency)

공기중의 산소 농도가 18[%] 미만인 상태를 말한다.
자연 환경의 공기는 질소가 78[%] 산소가 20.8[%] 정도 등 함유되어 이러한 환경을 벗어났을 때 신체적 유해 위험이 높아 사망에 이르게 할 수 있다.

32 산업 재해(industrial accident)

산업 활동에 수반해서 발생하는 사고이며, 인적, 물적 손해를 발생하는 것을 말하며, 노무제공자의 생명을 빼앗는 산업 재해이며 일반 대중에게 피해가 미치는 공중 재해 및 산업 시설만의 파손으로 분류된다.

33 안전 계수(safety factors)

하중이 걸리는 구조물 등의 부품 재료 등에 대해서 그 부품 재료에 허용하는 응력(허용응력)과 그 부품 재료의 파괴응력과의 비를 말한다.
허용응력은 재료의 성질, 하중의 종류, 조건 등이 복잡하기 때문에 어느 정도의 여유를 고려해서 정해야 한다.
이 여유를 안전 계수(안전율)라 한다.

34 Y 이론

행동 과학자 더글라스 맥그리거는 X 이론은 인간성을 무시하고 있다. 인간은 원래 일할 의지를 가지고 있다. 그리고 자신이 옳고 그름을 생각하여 비교한 것이 가치가 있다는 쪽으로 생각하였을 때야말로 생생하게 자율적으로 활동하는 것이다라고 반론하는 것이 Y 이론이다. Y 이론에 입각하면 인간이 목표를 달성하거나 높은 성과를 얻거나 하였을 때 자아 실현 욕구의 만족감이야말로 최대의 보수이며 그것을 체험하면 다시 자율적으로 행동하도록 된다는 것이다.
이 사고 방식에 의하면 특히 안전의 Rule로 속박할 것이 아니라 오히려 작업자 자신의 문제점을 발굴하고 그 해결책을 지도하도록 하는 것이 지금부터 안전 관리를 지향하여야 할 방향이라고 하게 된다.

35 우발 고장

제어계는 많은 계기 제어 장치가 결합되어 있다. 제어를 실시하려면 이것을 언제나 고장없이 안전하게 작동하는 것이 근본 문제이다.
우발 고장은 랜덤(random)인 간격에서 불규칙하며 또한 예기치 못할 때에 발생하는 고장이며 Break-in이나 보수 작업으로는 방지할 수 없는 성질의 것이다.
만약 각 요소의 우발 고장에 있어서 평균 고장 시간 t_0를 알고 있으면 제어계 전체로서의 고장을 일으키지 않는 신뢰도를 다음과 같이 하여 구할 수 있다.
평균 고장 시간 t_0가 되는 요소가 t 시간 고장을 일으키지 않는 확률 즉 신뢰도 $R(t)$는 다음 공식을 사용해서 구해진다.

$$R(t) = t/t_0$$

36 학습 목적의 3요소

학습 목적은 반드시 명확 간결하여야 하며 수강자들의 지식, 경험, 능력, 배경, 요구, 태도 등에 유의하여야 하고 한정된 시간 내에 강의를 끝낼 수 있도록 작성해야 한다. 학습 목적의 3요소는 다음과 같다.

(1) 목표(goal)

학습 목적의 핵심으로 학습을 통하여 달성하려는 지표를 말한다.

(2) 주제(subject)

목표 달성을 위한 테마(thema)를 의미한다.

(3) 학습 정도(level of learning)

학습 범위와 내용의 정도를 말하며 다음과 같은 단계에 의해 이루어진다.
① 인지(to aquaint) : ~을 인지하여야 한다.
② 지각(to know) : ~을 알아야 한다.
③ 이해(to understand) : ~을 이해하여야 한다.
④ 적용(to apply) : ~을 ~에 적용할 줄 알아야 한다.

37 재해(accident)

일반적으로 인간이 개채로서 또 집단으로서 어떤 의도를 수행하는 과정에 있어서 돌연 더욱이 인간 자신의 의지에 반해서 일시 또는 영구히 그 의도하는 행동을 정지시키도록 하는 현상(event)을 말한다.

이와 같은 현상이 발생되었을 경우 그 결과로서 인간이 상해를 받는 경우와 받지 않는 경우가 있다.

H.W. Heinrich에 의하면 그 경우 무상해로 되는 확률은 상해의 경우에 약 10배라 한다.

38 재해 손실(loss accident)

재해 발생 때문에 발생하는 직접적 및 간접적인 물적 손실 및 인적 손실을 말한다.
재해 손실을 경제적인 견지에서 평가한 것을 재해 cost라고 한다.
재해 cost의 평가 방식으로는 H.W.Heinrich, Rollin H. Simonds 방식이 유명하다.
우리나라에 있어서 재해 cost에 대해서 정설(theory)은 없지만 각 방법에서 여러 가지 발표가 되고 있다.

39 정격 하중(rated load)

크레인, 이동식 크레인 및 데릭의 매달아 올리는 하중에서 훅, grab, bucket 등의 hoisting accessory의 중량을 공제한 하중을 말한다.

정격 하중을 정하는 조건은 지브가 없는 크레인은 거더 등 위를 횡행하는 트롤 위치에 의해서 정해지며 거의 변화가 없으나 지브 크레인 및 데릭은 지브 길이 및 경사 각도 상태에 따라 정해져 다양하게 변한다.

40 착오(error)

착오란 「실수」 결국 「사실과 개념이 일치하지 않는 것」을 말한다.

착오에 기인한 행동은 사고의 원인이 된다. 착오를 일으키는 구조는 복잡하며, 현재 완전히 해명되어 있지 않지만, 현재까지 일반적으로 받아들이고 있는 지식을 근거로 해서 모든 조건을 갖추어져 착오의 기회를 되도록 경감하도록 노력하여야 한다.

인간의 착오가 사고로 이어지는 과정을 인간-기계의 입장에서 생각해 보면
① 기계나 장치의 가동 조건, 반응 조건, 계기의 지브, 경보음 기타 외적 정도 시스템
② 상기 ①의 정도를 감각을 통해서 받아들이거나 기억을 끌어내거나 하는 판단 중추로의 input
③ 중추 신경계의 작용과 거기에 악영향을 주는 모든 조건(간질, 약물 사용, 피로, 산소 부족, 가속도 등의 일시적 조건, 주의력의 감소나 경악(깜짝 놀램) 등의 순간적인 조건, 성격 기타
④ 중추 신경으로부터의 output(부적정한 출력이나 정밀도, 조작구의 선택 잘못)과 관계하고 있다.

이들의 모든 조건을 충분히 분석하고 대책을 고려할 필요가 있다.

41 페일 세이프(fail safe)

fail이란 영어에서 실패를 의미하지만 이 경우는 사람의 실패가 아니고 기계가 잘 작용하지 않는 것 결국 「고장」에 한정하고 있다.

결국 fail safe란 「기계가 고장난 경우 그대로 폭주해서 재해에 이어지는 것이 아니고 안전을 확보하는 기구」를 말한다.

이 경우의 안전 확보란 보통 「운전을 정지하면 바로 안전을 확보할 수 있다」는 것이다.

항공 기구 특히 여객기는 부품의 파손이나 어떤 기능이 고장나도 안전하게 착륙할 수 있도록 되어 있다.

고급 프레스 기계는 고장이 일어나면 슬라이드가 급정지하여 상해를 방지하도록 하는 기구가 되어 있다.

이러한 것은 어느 것이라도 fail safe이다. fail safe는 안전한 기계나 설비를 설계하는 데 있어서 반드시 고려해야 할 사항이다.

42 피로(fatigue)

작업을 실시한 뒤 정신 기능이나 신체 기능이 저하함으로써 오는 자각 증상(피로감)이 나타나는 경우 그러나 그 실태가 알려져 있지 않아 확실한 정의도 없다.

근로하는 인간 쪽의 조건(체력, 숙련, 연령, 성, 기질 등), 작업 조건(근로 시간의 장단, 근로의 강도, 작업 자세 등), 작업의 환경 조건, 통근, 수면, 생활 상태 등 여러 가지 사항이 피로에 영향을 준다.

피로는 생리적인 현상이며, 휴식에 의해서 다음 날이나 주초, 교대 초에 없어지면 좋지만 그렇지 못하면 피로가 축적(축적 피로)되어 과로 상태에 빠져 건강을 해치게 된다. 과격한 근로 뒤의 피로를 피곤하다고 말한다. 따라서 피로의 느낌을 과로, 피로하고 곤함의 방지에 필요하며 그 위험 신호라고도 할 수 있다.

피로는 근육 피로와 정신 피로, 국소 피로와 전신 피로 등으로 나뉘어진다. 이들의 분류 방법은 편의적인 것이다.

근육 피로는 근노동을 하여서 발생하는 신체적 피로이며, 정신 작업에 의해서 발생하는 정신의 피로가 정신적 피로이다. 최근에는 정신 피로가 보다 큰 문제로 되고 있다.

신체의 일부 예를 들면 손을 현저하게 사용하는 근로에서 발생하는 손의 피로는 국소 피로라 하며, 전신이 피로하는 경우가 전신 피로이다.

피로의 정도(피로도)를 재려면(피로 측정) 피로의 느낌, 생리적이거나 심리적인 기능의 측정을 하는 많은 방법이 도출되고 있으나 하나의 방법으로 모든 경우에 사용되는 것은 없다.

43 안전 관리 사이클(P → D → C → A)

(1) 계획을 세운다(Plan : P)

① 목표를 정한다.
② 목표를 달성하는 방법을 정한다.

(2) 계획대로 실시한다(Do : D)

① 환경과 설비를 개선한다.
② 점검한다.
③ 교육 훈련한다.
④ 기타의 계획을 실행에 옮긴다.

(3) 결과를 검토한다(Check : C)

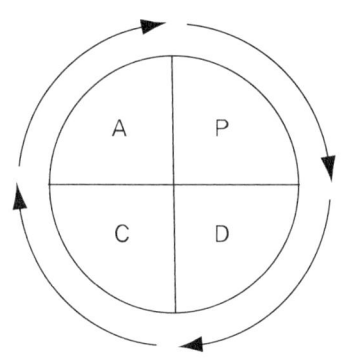

[그림] 안전관리 4-cycle

(4) 검토 결과에 의해 조치를 취한다(Action : A)
　① 정해진 대로 행해지지 않았으면 수정한다.
　② 문제점이 발견되었을 때 개선한다.
　③ 개선의 방법에는 방법 개선(Method Improvement)과 공정 변경(Process Change)의 2가지 방향이 있다.
　④ 더 좋은 개선책을 고안하여 다음 계획에 들어간다.
　　이 4가지 순서를 되풀이함으로써 관리의 수준이 향상될 수 있다.
　　또한, 관리 조건을 계획(Plan : P), 실시(Do : D), 평가(See : S)의 3단계로 구분하는 경우도 있다.

44 재해 누발자 4유형

① 미숙성 누발자
② 상황성 누발자
③ 습관성 누발자
④ 소질성 누발자

45 재해 예방 4원칙

① 손실 우연의 원칙
② 원인 계기의 원칙
③ 예방 가능의 원칙
④ 대책 선정의 원칙

46 하인리히의 사고 발생과 예방 원리 5단계

(1) 사고 발생 원리 5단계

재해 요인(accident factors)	요인의 설명(explanation of factors)
1. 유전적 요인 및 사회적 환경 (Ancestry and social envoronment)	무모, 완고, 탐욕, 기타 성격상의 바람직하지 못한 특징은 유전에 의해서 물려받았는지도 모른다. 환경은 성격상의 바람직하지 못한 특징을 조장하고 교육을 방해할 수 있다. 유전 및 환경은 함께 인적 결함의 원인으로 된다.
2. 개인적 결함(personal fault)	무모, 포악한 품성, 신경질, 흥분성, 무분별, 안전 수단에 대한 무지 등과 같은 선천적 또는 후천적인 결함은 불안전 행동을 일으키고 또는 기계적·물질적 위험성이 존재하는 데 있어서 가장 가까운 이유를 구성한다.
3. 불안전 행동과 또는 기계적 물리적 위험성 (unsafe act or mechanical and physical hazard)	매달린 물건의 밑에 선다, 경보 없이 기계를 움직인다, 야단 법석을 한다, 그리고 안전 장치를 제거하는 것과 같은 인간의 불안전 행동, 또 방호되어 있지 않은 톱니바퀴, 방호되어 있지 않은 작업점, 손잡이의 미설치, 불충분한 조명등과 같은 기계적 또는 물질적 위험성은 직접적으로 사고의 원인으로 된다.
4. 사고(accident)	사람의 추락, 비래물에 대한 타격 등과 같은 사상은 상해의 원인으로 되는 전형적인 사고이다.
5. 상해(injury)	좌상, 열상 등은 직접적으로 사고로부터 생기는 상해이다.

(2) 사고 예방 원리 5단계

제1단계	제2단계	제3단계	제4단계	제5단계
안전 조직	사실의 발견	분석	시정 방법의 선정	시정책의 적용
1. 경영자의 안전 목표 설정	1. 사고 및 활동기록의 검토	1. 사고 원인 및 경향성 분석	1. 기술적 개선	1. 교육적 대책
2. 안전 관리자의 선임	2. 작업 분석	2. 사고 기록 및 관계 자료 분석	2. 배치 조정	2. 기술적 대책
3. 안전의 라인 및 참모조직	3. 점검 및 검사	3. 인적, 물적, 환경적 조건 분석	3. 교육 훈련의 개선	3. 단속 대책
4. 안전 활동 방침 및 계획 수립	4. 사고 조사	4. 작업 공정 분석	4. 안전 행정의 개선	
5. 조직을 통한 안전 활동 전개	5. 각종 안전 회의 및 토론회	5. 교육 훈련 및 적정 배치 분석	5. 규정 및 수칙 등 제도의 개선	
	6. 근로자의 제안 및 여론 조사	6. 안전 수칙 및 보호 장비의 적부	6. 안전 운동의 전개 기타	

47 하인리히의 1 : 29 : 300 원칙

하인리히는 사고의 결과로서 야기되는 상해를 중상(major accident – 8일 이상 휴업~사망)·경상(minor accident)으로 정하여 중상, 경상, 무상해 사고의 비율이 1 : 29 : 300의 법칙의 의미 속에는 만약 사고가 330번 발생된다면, 그 중에 중상이 1건, 경상이 29건, 무상해 사고가 300건 포함될 것이라는 뜻이 내포되어 있다.

48 연천인율

① 연천인율이란 근로자 1,000인당 연간 발생한 재해자 수를 말한다.
② 연천인율 = (연간 재해자수/연 평균 근로자수) × 1,000
③ 변동 많은 사업장 적용 곤란
③ 산출, 사용이 용이하다.

49 도수율(빈도율)

① 도수율은 안전 사고의 발생 빈도를 표시하는 단위로 근로 시간 100만 시간당 발생하는 재해건수를 말한다.
② 도수율 = (재해건수/연근로시간수) × 1,000,000
③ 1개월, 6개월, 1년 기간으로 산정
※ 연천인율과 도수율 관계 : 연천인율 = 도수율 × 2.4

50 강도율

① 1,000인시 당 재해로 인한 근로 손실 일수
② 강도율 = (총요양근로손실일수/연근로시간수) × 1,000
③ 근로 손실일수 : 사망, 영구 근무 불능 : 7,500일

[표] 등급별 근로 손실일수

신체장해등급	1~3급	4	5	6	7	8	9	10	11	12	13	14
근로손실일수	7,500	5,500	4,000	3,000	2,200	1,500	1,000	600	400	200	100	50

> **참고**
> ㉮ 사망자의 평균 연령 : 30세
> ㉯ 근로 가능연령 : 55세
> ㉰ 근로 손실 연수 : 55-30 = 25년
> ㉱ 근로 손실 일수 : 300일
> ㉲ 사망으로 인한 근로 손실 일수 : 300 × 25 = 7,500일

51 재해 통계 분석

각 요인의 상호 관계와 분포 상태 등을 거시적(macro)으로 분석하는 방법이다.
① 파레토(pareto)도 : 사고의 유형, 기인물 등 분류 항목을 큰 순서대로 도표화한다. 문제나 이해에 편리하다.
② 특성 요인도 : 특성과 요인 관계를 도표로 하여 어골상으로 세분한다.
③ 클로즈(close)분석 : 2개 이상의 문제 관계를 분석하는 데 사용하는 것으로, 데이터를 집계하고 표로 표시하여 요인별로 결과 내역을 교차한 크로스 그림을 작성하여 분석한다.
④ 관리도 : 재해 발생건수 등의 추이를 파악하여 목표 관리를 행하는 데 필요한 월별 재해 발생 수를 그래프화하여 관리선을 설정 관리하는 방법이다. 관리선은 상방 관리 한계(ULC : upper control limit), 중심선(PN), 하방 관리선 한계(LCL : low control limit)으로 표시한다.

52 안전인증 보호구

① 추락 및 감전 위험방지용 안전모
② 안전화
③ 안전장갑
④ 방진마스크
⑤ 방독마스크
⑥ 송기마스크
⑦ 전동식 호흡보호구
⑧ 보호복
⑨ 안전대
⑩ 차광 및 비산물 위험방지용 보안경
⑪ 용접용 보안면
⑫ 방음용 귀마개 또는 귀덮개

[표] 안전모의 종류

종류기호	사용구분	모체의 재질	내전압성
AB	물체낙하, 날아옴, 추락에 의한 위험을 방지, 경감시키는 것	합성수지	비내전압성
AE	물체낙하, 날아옴에 의한 위험을 방지 또는 경감하고 머리부위 감전에 의한 위험을 방지하기 위한 것	합성수지 (FRP)	내전압성(주)
ABE	물체의 낙하 또는 날아옴 및 추락에 의한 위험을 방지하기 위한 것 및 감전 방지용	합성수지 (FRP)	내전압성

(주) 내전압성이란 7,000[V] 이하의 전압에 견디는 것을 말한다.
FRP : Fiber Glass Reinforced Plastic(유리섬유 강화 플라스틱)

[표] 안전모의 시험성능기준 및 부가성능 기준

항목	성능
시험성능기준	
내관통성	종류 AE, ABE종 안전모는 관통거리가 9.5[mm] 이하이고, AB종 안전모는 관통거리가 11.1[mm] 이하이어야 한다.(자율안전확인에서는 관통거리가 11.1[mm] 이하)
충격 흡수성	최고전달충격력이 4,450[N]을 초과해서는 안되며, 모체와 착장체의 기능이 상실되지 않아야 한다.
내전압성	AE, ABE종 안전모는 교류 20[kV]에서 1분간 절연파괴없이 견뎌야 하고, 이때 누설되는 충전전류는 10[mA] 이하이어야 한다.(자율안전확인에서는 제외)
내수성	AE, ABE종 안전모는 질량 증가율이 1[%] 미만이어야 한다.(자율안전확인에서는 제외)
난연성	모체가 불꽃을 내며 5조 이상 연소되지 않아야 한다.
턱끈풀림	150[N] 이상 250[N] 이하에서 턱끈이 풀려야 한다.
부가성능기준	
측면변형방호	최대 측면변형은 40[mm], 잔여변형은 15[mm] 이내이어야 한다.
금속 용융물분사방호	-용융물에 의해 10[mm] 이상의 변형이 없고 관통되지 않아야 한다. -금속 용융물의 방출을 정지한 후 5초 이상 불꽃을 내며 연소되지 않을 것(자율안전확인에서는 제외)

[표] 보안면의 종류

종류	사용구분	렌즈의 재질
용접용 보안면	아크 용접 및 가스 용접, 절단 작업시에 발생하는 유해한 자외선 가시선 및 적외선으로 부터 눈을 보호하고, 용접광 및 열에 의한 화상 또는 가열된 용재 등의 파편에 의한 화상의 위험에서 용접자의 안면, 머리 부분 및 목부분을 보호하기 위한 것	벌카나이즈드 파이버 및 유리 섬유 강화 플라스틱 또는 이와 동등 이상의 재질
일반 보안면	일반 작업 및 점용접 작업시 발생하는 각종 비산물과 유해한 액체로부터 얼굴(머리의 전면, 이마, 턱, 목 앞부분, 코, 입)을 보호하고 눈부심을 방지하기 위해 적당한 보안경 위에 겹쳐 사용하는 것	플라스틱

[표] 보안경의 종류

종류	사용구분	렌즈의 재질
차광 안경	눈에 대하여 해로운 자외선 및 적외선 또는 강렬한 가시광선(이하 "유해 광선"이라 한다)이 발생하는 장소로 부터 눈을 보호하기 위한 것	유리 및 플라스틱
유리 보호 안경	미분, 칩 기타 비산물로부터 눈을 보호하기 위한 것	유리
플라스틱 보호안경	미분, 칩 기타 비산물로부터 눈을 보호하기 위한 것	플라스틱
도수 렌즈 보호 안경	근시, 원시 혹은 난시인 근로자가 차광 안경, 유리 보호 안경, 플라스틱 보호 안경을 착용해야 하는 장소에서 작업하는 경우, 빛이나 비산물 및 기타 유해 물질로부터 눈을 보호함과 동시에 시력을 교정하기 위한 것	유리 및 플라스틱

[표] 방독마스크의 종류

종류	시험가스	정화통 외부측면 표시색
유기화합물용	시클로헥산(C_6H_{12}) 디메틸에테르(CH_3OCH_3) 이소부탄(C_4H_{10})	갈색
할로겐용	염소가스 또는 증기(Cl_2)	회색
황화수소용	황화수소가스(H_2S)	회색
시안화수소용	시안화수소가스(HCN)	회색
아황산용	아황산가스(SO_2)	노란색
암모니아용	암모니아가스(NH_3)	녹색

* 복합용 및 겸용의 정화통 : ① 복합용[해당가스 모두 표시(2층 분리)]
② 겸용[백색과 해당가스 모두 표시(2층 분리)]

53 무재해 운동

(1) 무재해란

근로자가 업무에 기인하여 사망 또는 4일 이상의 요양을 요하는 부상 또는 질병에 이환되지 않는 경우를 말한다.

(2) 무재해 운동의 3원칙

① 무의 원칙

② 선취의 원칙
③ 참가의 원칙

(3) 무재해 운동의 3기둥(추진 3요소)
① 톱의 엄격한 경영 자세
② 라인화의 철저
③ 직장 자주 활동의 활성화

(4) 무재해 운동 적용 범위
① 안전 관리자를 선임해야 할 사업장(상시 근로자 50인 이상인 사업장)
② 건설 공사의 경우 도급 금액 10억 이상 건설 현장
③ 해외 건설 공사의 경우 상시 근로자수 500인 이상이거나 도급 금액 1억불 이상인 건설 현장

(5) 무재해 실천 4단계
① 제1단계 : 인식 단계
　㉮ 경영 방침으로서 무재해 운동
　㉯ 생산성과의 관계
　㉰ 노사의 관계
　㉱ 무재해 운동의 성과
② 제2단계 : 준비 단계
　㉮ 무재해 운동 추진도 작성
　㉯ 방침 및 목표 설정
　㉰ 추진 체제 구축
　㉱ 세부 시행 방안 확정
③ 제3단계 : 개시 및 시행 단계
　㉮ 개시 선포
　㉯ 적극 추진 시행
④ 제4단계 : 목표 달성 및 시상
　㉮ 무재해 목표 달성 보고
　㉯ 무재해 목표 달성 사업장 확인 조사 실시
　㉰ 달성 조사 보고

54 T.B.M(Tool Box Meeting)

(1) T.B.M.의 방법

① 단시간 meeting : T.B.M.은 통상 작업 개시 전 5~15분 정도의 시간으로 행하여지며 작업 종료 후 3~5분 정도의 종업시 meeting도 T.B.M.의 하나이다.

② 인원수는 5~6명으로 구성 : T.B.M.은 5~6인 정도로 서로 이야기할 수 있는 인원수로 때와 장소를 막론하고 작은 원을 그리며 짧은 시간에 서서 필요에 따라 이루어지는 안전 meeting이다.

(2) T.B.M.의 단계

T.B.M.은 일방적인 지시, 명령의 방법이 아니고, 작업의 상황에 잠재된 위험을 스스로 납득하고 생각하는 예지의 방법이다. 즉, T.B.M.은 작업 상황의 위험에 대한 적극적이고 능동적인 대처 방안을 강구하는 것이다.

① 업무 개시의 T.B.M. : 도입 → 점검 정비 → 작업 지시 → 위험 예측 → 팀 목표 확인

② 업무 종료시의 T.B.M.
㉮ 작업 전의 T.B.M.에서의 지시 사항의 적정성 확인 개선
㉯ 해당 작업의 위험 요인 발굴, 보고
㉰ 해당 작업의 문제점 검토
㉱ 퇴근시의 재해 예방

(3) T.B.M.의 효과

① 직장 또는 작업의 상황에 내재된 위험 요인 발굴을 개인 수준에서 팀 수준으로 높이는 탁월한 방법이다.

② 발견된 위험을 해결하려는 팀의 문제 해결 능력을 향상시키는 실천적 기법

③ 안전을 선취하기 위해서는 직장에서의 적극적 화합이 선결 과제이다.

55 위험 예지 훈련

(1) 위험 예지 훈련의 의의

작업 과정에서 위험한 행동 또는 판단의 대부분은 근로자 자신에게 맡겨지는데 이런 상황을 위험하다고 느껴서 취하는 행동은 의식적인 행동이다.

위험 상황을 감지하고 적절한 대책을 강구하는 능력을 키우기 위해서는 잠재된 재해 요인을 분석함으로써 감수성을 키우고 판단력을 높이는 훈련이 필요하다.

이것이 바로 위험 예지 훈련이다.

작업에 잠재된 위험 요인을 인지할 수 있는 감수성은 현장에서 깨달아지고 강화되는 것이며, 이런 능력을 기르기 위한 예지 훈련은 작업의 의식적 동작으로 행하여지고 있는 동안에 그 효과를 신뢰할 수 있는 것이다. 즉, 위험 예지는 의식의 자각에서 나오는 자각 효과인 것이다.

(2) 위험 예지 훈련의 4단계

직장이나 작업의 상황을 그린 도해를 이용하여
① 제1단계 : 기초 정보
② 제2단계 : 위험 예보
③ 제3단계 : 예지 연습
④ 제4단계 : 예지의 실시

(3) 위험 예지의 범위

훈련의 대상은 실제 작업이 실시되는 상황이라는 가정하에 작업의 3요소인 인간, 재료, 설비 중에서 잠재되어 있는 모든 위험 요소를 대상으로 한다.

따라서 작업의 핵심인 기능과 태도를 예지의 범위로 하고 작업에 임하는 의욕, 책임, 협조 태도 등을 대상 항목으로 한다.

(4) 건설업 예지 연습의 대상

건설업에서는 현장 책임자가 작업 전이나 작업 중에 작업을 실시하면서 위험의 지적, 작업 순서의 지시 등 종적 구조에 의해 작업이 수행되고 있으므로 이러한 작업 수행 방법이 작업 행동의 규제 및 확립에 얼마나 효과를 보았는가 하는 의문이 있다.

56 위험 예지 훈련 기초 4라운드

라운드	문제해결의 4라운드	위험 예지 훈련의 4라운드	위험예지 훈련의 진행 방법
1R	현상 파악 • 사실을 파악한다. • BS를 실시하는 라운드	• 어떤 위험이 잠재 하고 있는가?	• 전원이 토의하여 도해의 상황 속에 잠재하고 있는 위험 요인을 발견하여 그 요인이 초래하는 현상을 생각한 후, 「-해서, - 이 된다.」, 「때문에 - 이 - 된다」와 같은 방법으로 발언해 간다.
2R	본질 추구 • 요인을 찾아낸다. • 가장 위험한 것을 함으로서 결정하는 라운드	• 이것이 위험의 포인트이다.	• 발견된 위험 요인 중 이것이 가장 중요하다고 생각되는 위험을 파악하여 ○표를 붙이고 다시 요약해서 ◉표를 붙이고 ◉표를 붉은 펜으로 밑줄을 그려 전원이 지적 확인 한다.
3R	대책 수립 • 대책을 세운다. • 보다 더 위험도가 높은 것에 대하여 BS로 대책을 세우는 라운드	• 당신이라면 어떻게 하겠는가?	• ◉표가 붙은 중요 위험을 해결하려면 어떻게 하면 좋은가를 생각해내고 구체적이고 실행 가능한 대책을 세운다.
4R	목표 달성(설정) • 행동계획을 정한다. • 수립한 대책 가운데 설정이 높은 항목에 합의하는 라운드	• 우리들은 이렇게 한다.	• 대책 중 중점 실시 항목을 좁혀 나가서 중요표(※)를 붙이고 그것을 실천하기 팀의 행동 목표를 설정하여 지적확인 한다. 또 그것을 one point로 줄여 지적확인을 3번 연습한다.

※ 1R : BS(양) → 2R(질), 3R : BS(양), 4R : 요약(질)(2R와 4R에서는 양 속에서 질을 농축시켜 합에 도달하는 라운드이다)

57 허세이의 피로의 원인 및 회복 대책

피로원인	피로회복 대책
1. 신체의 활동에 의한 피로	활동을 국한하는 목적 이외의 동작을 배제, 기계력의 사용, 작업대의 교대, 작업 중의 휴식
2. 정신적 노력에 의한 피로	휴식, 양성 훈련
3. 신체적 긴장에 의한 피로	운동 또는 휴식에 의해 긴장을 푸는 일, 기타 2항에 준한다.
4. 정신적 긴장에 의한 피로	주도면밀하고 현명하고, 동정적인 작업 계획을 세우는 것, 불필요한 마찰을 배제하는 일
5. 환경과의 관계에 의한 피로	작업장에서의 부적절한 제관계를 배제하는 일 가정, 생활의 위생에 관한 교육을 하는 일
6. 영양 및 배설의 불충분	조식, 중식 및 종업시 등의 관습의 감시, 건강식품의 준비, 신체의 위생에 관한 교육 및 운동의 필요에 관한 계몽
7. 질병에 의한 피로	빨리 유효 적절한 의료를 받게 하는 일 보건상 유해한 작업장의 조건을 개선하는 일 적당한 예방법을 가르치는 일
8. 기후에 의한 피로	온도, 습도, 통풍의 조절
9. 단조감, 권태감에 의한 피로	일의 가치를 가르치는 일 동작의 교대를 가르치는 일 휴식

58 교육 지도 8원칙

① 피교육자 입장에서
② 동기 부여
③ 쉬운 내용에서 어려운 내용으로
④ 한 가지씩
⑤ 시청각 교육 실시(인상의 강화)
⑥ 5감을 활용한다.
⑦ 반복해서 지도한다.
⑧ 기능적 이해를 돕는다.

59 용접 결함 12가지 및 대책

(1) 종 류

① Blow Hole
  ㉮ 원인 : 지나친 운봉
  ㉯ 대책 : 적정 운봉
② Under Cut
  ㉮ 원인 : 운봉 빠짐, 전류 과대, 용접봉 선택 불량
  ㉯ 대책 : 적정 운봉, 전류 적당, 적정 용접봉 선택
③ Crater : Arc에 의해 모재가 움푹 들어간 부분
  ㉮ 원인 : 과대 전류, 운봉 부족
  ㉯ 대책 : 적정 운봉, 전류
④ Crack
  ㉮ 원인 : 고온 터짐, 저온 터짐
  ㉯ 대책 : 적당 용접 봉사용, 적당한 용접 설계, 예열, 완전 전도
⑤ Over lap
  ㉮ 원인 : 전류 약할 때
  ㉯ 대책 : 적정 전류
⑥ 용입 불량
  ㉮ 원인 : 빠른 속도, 봉구경 대, 전류 과대
  ㉯ 대책 : 적당 속도, 봉경, 전류, 봉종류
⑦ Slag 말림
  ㉮ 원인 : 운봉 부적정, 전류 과소
  ㉯ 대책 : 적정 운봉, 전류
⑧ Fish eye(은점) : 둥근 은백색 반점. Blow Hole과 Slag 말림 계속 모여 발생
⑨ Pit : 기공 발생으로 용접면에 작은 구멍
  ㉮ 원인 : 녹, 모재의 화학적 성분
  ㉯ 대책 : 사전 녹제거, 모재 선택시 주의
⑩ 자기 불기(Magnetic)
  ㉮ 원인 : 직류이므로 자장이 Arc를 휘게 한다.
  ㉯ 대책 : 접지 위치를 바꾸는 전류 사용

⑪ Laminate : 각이음, T이음에 많이 발생
  ㉮ 원인 : MnS와 SiO 등의 비금속 개재물, 판두께 방향의 구속 응력
  ㉯ 대책 : 이음 형상 변경, 개선의 변경, 구속도의 감소
⑫ Over hung
  ㉮ 원인 : 용착 금속이 완전 용융 안 되어 부착된 상태
  ㉯ 대책 : Over Welding 금지, 모재 및 용접 방법 결정

(2) 종합 대책
① 용접 재료 : 모재 적당, 건조
② 용접 방법 : 적정 운봉, 적정 자세, 속도, 전류 개선
③ 기능도 양호 : 교육 훈련
④ 기상 조건
⑤ 용접 장소
⑥ 작업 환경
⑦ 검사 확인

60 시설물 관리법의 목적(건설용어)

(1) 개요(도입 배경)
① 성수대교 붕괴, 구포열차 사고, 삼풍백화점 붕괴 등 대형 사고가 잇따라 발생하여
② 정부에서는 1995년 1월에 시설물 안전 관리에 관한 특별법을 제정하였다.
③ 시설물 안전 점검 및 유지 관리를 통하여 재해를 예방하고, 국민의 공공복리 증진에 기여하고자 한다.

(2) 목 적
① 시설물의 안전 점검과 적정한 유지 관리를 통하여 재해를 예방한다.
② 시설물의 효용을 증진시킴으로써 공중의 안전을 확보한다.
③ 나아가 국민의 복리 증진에 기여한다.

(3) 도해 설명

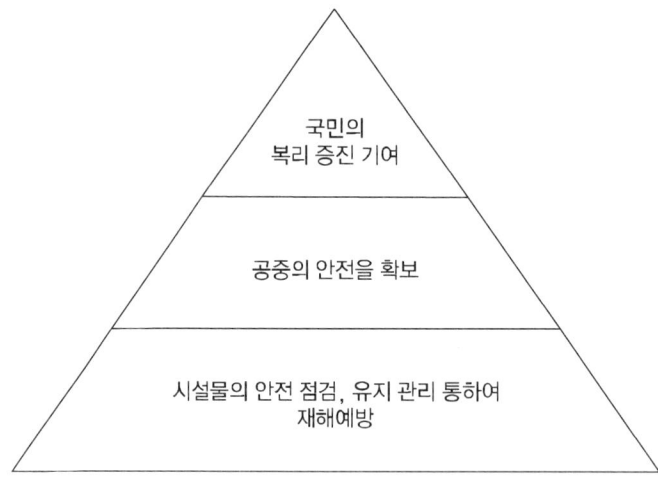

[그림] 시설물 관리법의 목적

61 의식 Level 단계 분류

단계	의식의 상태	주의의 작용	생리 상태	신뢰성
0	무신경 실신	0	수면, 뇌발작	0
I	이상 의식 불명	부주의	피로, 단조로움	0.9 이하
II	정상	수동적 심적 내향	안정기 휴식	0.99~0.9999
III	정상 명쾌	적극적 심적 외향	적극 활동	0.99999 이상
IV	과긴장	일점에 고집	감정 충분	0.9 이하

62 동작 경제의 3원칙

① 동작 능력 활용의 원칙
  ㉮ 발 또는 왼손 사용
  ㉯ 양손 동시 작업 시작 종료
② 작업량 절약의 원칙 : 적게 운동
  ㉮ 공구재료 : 인접 위치 배치
  ㉯ 동작 수량을 절약

㉰ 장시간 취급시 장구 사용
③ 동작 경제의 원칙
㉮ 자동적 리드미컬한 순서
㉯ 양손을 반대 방향으로 좌우 대칭으로 운동
㉰ 관성, 중력, 기계력
㉱ 높이 준수, 피로 억제

63 PHA(Preliminary Hazard Analysis) : 예비 위험 분석

① 개요 : 최초 단계의 위험 분석으로 system 내 위험 요소 상태를 정성적 평가
② 목표
㉮ system 내 모든 사고를 식별, 대충 말로 표시
㉯ 사고 초래 요인 식별
㉰ 사고가 생긴다고 가정 system
㉱ 식별된 사고 분류 : 파국적, 중대, 한계적, 무시 가능 단계

64 FTA(Fault Tree analysis)

① 개요 : 결함수법, 결함 관련 수법, 고장의 목분석법
② 특징 : 재해 발생 후의 원인 규명보다는 재해 발생 전에 예측 기법
③ 작성시기 : 설비 설치 가동, 고장 우려, 재해 발생
④ 순서 : Top 사상의 선정 → 사상마다 재해 원인 규명 → FT의 작성 → 개선 계획 작성

65 결함 사고 분석(FHA : Fair Hazards Analysis)

① 개요
㉮ sub system 분석에 사용
㉯ sub system : 전체 중의 한 구성 요소
② FHA기재사항
㉮ sub system 고장형 고장률 운용방식
㉠ 고장의 영향 2차 고장
㉡ 지배요인 위험 분류 고장 영향

66 FMEA(Failure Mode and Effectes Analysis) : 고장형태와 영향분석

① 개요 : 전형적인 정성적 귀납적 분석 기법, system에 미치는 고장 형태 분석 검토
② 장점 : 위험 분석 및 system 분석
③ 단점 : 논리 부족 동시 2가지 이상 요인 사고시 분석 곤란

67 Bio rhythm

① 개요 : Biological Rhythm의 준말로 인간의 생리적 주기에 관한 이론이며 히포크라테스가 환자 치료법으로 개발하여 운용하였다.
② 생체 리듬의 종류 특성
　㉮ 육체적 리듬(P)
　　㉠ 23일 주기로 반복
　　㉡ 11.5일은 활동기, 나머지 11.5일은 휴식기
　　㉢ 활동력, 지구력, 스태미너에 밀접
　㉯ 지성적 리듬(I)
　　㉠ 33일 주기
　　㉡ 16.5일은 지적사고 활동기, 나머지 16.5일은 저하기
　　㉢ 상담, 사고, 기억, 의지, 판단력
　㉰ 감성적 리듬(S)
　　㉠ 28일 주기 예비 기간
　　㉡ 14일 둔화 기간, 14일 정서, 창조감, 예감, 감정
　　㉢ 욕구의 구분

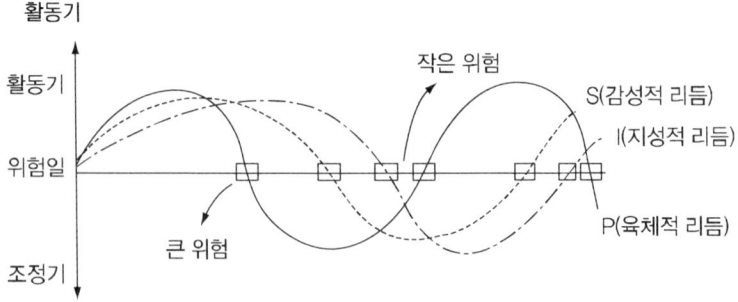

[그림] 바이오 리듬 곡선

> **참고**
>
> ● 동기 이론
>
> | Maslow | Herzberg | Alderfer | McGregor |
> |---|---|---|---|
> | self actualization need
self esteem need
beginning & love need
safety need
physiological need | 동기 : 경험, 지성, 합리 | 성장(graduation) | Y이론 : 선진국, 자발적,
성선설 |
> | | | 관계(relation) | |
> | | 위생 : 생리, 감정, 비합리 | 존재(exist) | X이론 : 후진국, 강제적,
성악설 |

68 레빈의 행동 법칙

레빈(Kurt Lewin)은 인간의 행동은 인간이 가지고 있는 조건과 주변의 심리적 환경과의 상호 함수 관계에 있다고 한다.

즉, 「B = f(P·E)」의 등식이 성립될 수 있다는 것이다.

이때 B는 behavior(행위), P는 person(연령, 경험, 심신 상태, 지능 기타), E는 environment(주변의 환경으로서 인간이 주관적으로 받아들이는 심리적 환경을 의미함)를 뜻하며, f는 function(함수 관계)으로서 적성 기타 P와 E에 영향을 미칠 수 있는 조건을 의미한다.

또한, 개체(P)와 심리적 환경(E)과의 통합체를 심리학적 상태라 하고 인간의 행동은 심리학적 상태에 긴밀히 의존하고 또 규정받는다고 한다. 그리고, 개체와 환경에 의해 성립되는 심리학적 상태를 「심리학적 생활공간(psychological life space)」 또는 간단히 생활 공간이라고 하며, B = f(P.L.S.)라는 공식으로 표현하기도 한다.

레빈에 의하여 인간의 행동은 어떤 순간에 있어서 어떤 행동, 어떤 심리학적 장애를 일으키느냐, 안 일으키느냐 하는 것은 심리학적 생활공간 구조에 따라 결정된다는 것이다.

여하튼, 인간의 행동은 개인이 가지고 있는 조건과 주변 환경에 의해 결정되는 것이며, 개인이나 주변 환경적 요소에 결함이 있는 경우에 행동상 실수나 과오가 발생되는 것이다.

69 McGregor의 X이론과 Y이론 비교

X이론	Y이론
① 인간 불신감(성악설)	① 상호 신뢰감(성선설)
② 저차적(물질적) 욕구	② 고차(정신적)의 욕구 만족에 의한 동기 부여
③ 명령 통제에 의한 관리(규제 관리)	③ 목표 통합과 자기 통제에 의한 관리
④ 저개발국형	④ 선진국형

70 건설 현장 안전 교육의 종류·내용·시간

(1) 정기 교육

 ① 관리 감독자 교육

  ㉮ 교육 대상자 : 해당 현장 소속 근로자 중 관리 감독자의 위치에 있는 사람

  ㉯ 교육 내용 : 관리 감독자의 업무 내용에 필요한 안전 보건 사항

  ㉰ 교육 시간 : 연간 16시간 이상

 ② 전체 근로자에 대한 교육

  ㉮ 교육 대상자 : 해당 현장 소속 전체근로자

  ㉯ 교육 내용 : 현장 관련 안전 보건 사항

  ㉰ 교육 시간 : 매 반기 12시간 이상

 ③ 건설업 기초안전 보건교육 : 4시간 이상

(2) 수시 교육

 ① 신규 채용시 교육 및 작업내용 변경시 교육

  ㉮ 교육 대상 및 시간 : 신규 채용 근로자로서 8시간 이상(일용근로자 1시간 이상)

  ㉯ 채용시의 교육 및 작업내용 변경시의 교육내용(공통)

   ㉠ 산업안전 및 사고 예방에 관한 사항

   ㉡ 산업보건 및 직업병 예방에 관한 사항

   ㉢ 위험성 평가에 관한 사항

   ㉣ 산업안전보건법령 및 산업재해보상보험 제도에 관한 사항

   ㉤ 직무스트레스 예방 및 관리에 관한 사항

   ㉥ 직장 내 괴롭힘, 고객의 폭언 등으로 인한 건강장해 예방 및 관리에 관한 사항

   ㉦ 기계·기구의 위험성과 작업의 순서 및 동선에 관한 사항

   ㉧ 작업 개시 전 점검에 관한 사항

   ㉨ 정리정돈 및 청소에 관한 사항

   ㉩ 사고 발생 시 긴급조치에 관한 사항

   ㉪ 물질안전보건자료에 관한 사항

 ② 작업 내용 변경시 교육

  ㉮ 교육 대상 및 근로 시간 : 일용근로자 1시간 이상, 일용근로자를 제외한 근로자 2시간 이상

  ㉯ 교육 내용 : 신규 채용시 교육과 동일

③ 특별 교육
  ㉮ 교육 대상 및 시간 : 산업안전보건법상 관리감독자를 지정해야 될 유해·위험 작업에 근로자를 투입할 경우, 16시간 이상
  ㉯ 교육 내용 : 해당 작업과 관련된 안전 보건 사항
  특별 교육을 받지 않는 자는 해당 작업에 종사시켜서는 안 된다.

71 관리감독자를 지정 해야 할 건설 작업장

① 고압실 내 작업 : 잠함 공법, shield 공법에 의해 대기압이 없는 기압 상태의 작업실, 수갱 내부에서의 작업
② 아세틸렌 용접 또는 가스집합 용접장치를 이용하여 금속의 용접, 용단 또는 가열 작업
③ 1[ton] 이상의 crane을 사용하는 작업장
④ 건설용 lift·곤돌라를 이용하는 작업
⑤ 콘크리트 파쇄기를 사용하여 하는 파쇄 작업
⑥ 굴착 높이가 2[m]를 초과하는 암석 굴착 작업
⑦ 거푸집 동바리의 조립 해체 작업
⑧ 비계의 조립·해체 또는 변경 작업
⑨ 건축물의 골조, 교량의 상부 구조를 조립·해체 또는 변경하는 작업
⑩ 흙막이 지보공의 보강 또는 동바리의 설치·해체 작업
⑪ Tunnel 내에서의 굴착 작업
⑫ 굴착면의 높이가 2[m] 이상 되는 지반의 굴착
⑬ 처마 높이가 5[m] 이상인 목조 건축물의 구조 부재 조립이나 건축물의 지붕 또는 외벽 밑에서의 설치 작업
⑭ 콘크리트 인공구조물(높이 2[m] 이상)의 해체 또는 파괴 작업
⑮ 밀폐공간에서의 작업

72 하베이(J.H.Harvey)의 3E란?

사고를 방지하고 안전을 도모하기 위하여 ① 안전 교육(Safety Education), ② 안전 공학(Safety Engineering)과 ③ 안전 단속(Safety Enforcement)의 강제 조치 등이 균형을 이루어야 한다.

73 안전 동기 부여 방안

① 안전의 근본 이념을 인식시킨다 : 인도 주의
② 안전 목표를 정확히 설정한다 : 근로자의 행동에 큰 영향
③ 안전 활동의 결과를 근로자에게 알려준다 - 안전 의식 고취
④ 상과 벌을 준다.
⑤ 경쟁과 협동을 유도한다.

74 법적 안전 교육의 종류·대상·시간

교육과정	교육대상		교육시간
가. 정기교육	1) 사무직 종사 근로자		매반기 6시간 이상
	2) 그 밖의 근로자	가) 판매업무에 직접 종사하는 근로자	매반기 6시간 이상
		나) 판매업무에 직접 종사하는 근로자 외의 근로자	매반기 12시간 이상
나. 채용 시의 교육	1) 일용근로자 및 근로계약기간이 1주일 이하인 기간제근로자		1시간 이상
	2) 근로계약기간이 1주일 초과 1개월 이하인 기간제근로자		4시간 이상
	3) 그 밖의 근로자		8시간 이상
다. 작업내용 변경 시의 교육	1) 일용근로자 및 근로계약기간이 1주일 이하인 기간제근로자		1시간 이상
	2) 그 밖의 근로자		2시간 이상
라. 특별교육	1) 일용근로자 및 근로계약기간이 1주일 이하인 기간제근로자: 별표 5 제1호라목(제39호는 제외한다)에 해당하는 작업에 종사하는 근로자에 한정한다.		2시간 이상
	2) 일용근로자 및 근로계약기간이 1주일 이하인 기간제근로자: 별표 5 제1호라목제39호에 해당하는 작업에 종사하는 근로자에 한정한다.		8시간 이상
	3) 일용근로자 및 근로계약기간이 1주일 이하인 기간제근로자를 제외한 근로자: 별표 5 제1호		가) 16시간 이상(최초 작업에 종사하기 전 4시간 이상 실

교육과정	교육대상	교육시간
	라목에 해당하는 작업에 종사하는 근로자에 한정한다.	시하고 12시간은 3개월 이내에서 분할하여 실시 가능) 나) 단기간 작업 또는 간헐적 작업인 경우에는 2시간 이상
마. 건설업 기초안전·보건교육	건설 일용근로자	4시간 이상

75 안전 보건 관리 책임자의 직무 사항

① 산업 재해 예방 계획의 수립에 관한 사항
② 안전 보건 관리 규정의 작성에 관한 사항
③ 근로자의 안전 보건 교육에 관한 사항
④ 작업 환경의 측정 등 작업 환경의 점검 및 개선에 관한 사항
⑤ 근로자의 건강 진단 등 건강 관리에 관한 사항
⑥ 산업 재해 원인 조사 및 재발 방지 대책의 수립에 관한 사항
⑦ 산업 재해에 관한 통계의 기록 유지에 관한 사항
⑧ 안전 보건에 관련되는 안전 장치 및 보호구 구입시의 적격품 여부 확인에 관한 사항
⑨ 근로자의 유해·위험 예방 조치에 관한 사항으로서 고용노동부령이 정하는 사항

76 관리 감독자의 직무 사항

① 사업장 내 관리감독자가 지휘·감독하는 작업(이하 이 조에서 "해당 작업"이라 한다)과 관련되는 기계·기구 또는 설비의 안전·보건점검 및 이상유무의 확인
② 관리감독자에게 소속된 근로자의 작업복·보호구 및 방호장치의 점검과 그 착용·사용에 관한 교육·지도
③ 해당 작업에서 발생한 산업재해에 관한 보고 및 이에 대한 응급조치
④ 해당 작업의 작업장의 정리정돈 및 통로확보의 확인·감독
⑤ 해당 사업장의 다음 각 목의 어느 하나에 해당하는 사람의 지도·조언에 대한 협조
   ㉮ 산업보건의

㉯ 안전관리자
㉰ 보건관리자
㉱ 안전보건관리담당자
⑥ 위험성평가를 위한 업무에 기인하는 유해·위험요인의 파악 및 그 결과에 따른 개선조치의 시행
⑦ 그 밖의 해당 작업의 안전·보건에 관한 사항으로서 고용노동부장관이 정하는 사항

77 안전 보건 총괄 책임자의 직무 사항

① 위험성 평가의 실시에 관한 사항
② 작업의 중지
③ 도급 시 산업재해 예방조치
④ 산업안전보건관리비의 관계수급인 간의 사용에 관한 협의·조정 및 그 집행의 감독
⑤ 안전인증대상기계등과 자율안전확인대상기계등의 사용 여부 확인

78 건설 기술 관리법의 목적

이 법은 건설 기술 연구·발전을 촉진하고 이를 효율적으로 이용·관리하게 함으로써 건설 기술 수준을 향상시키고 건설 공사 시공의 적정을 기하여 공공 복리의 증진과 국민 경제의 발전에 이바지함을 목적으로 한다.

79 감리원의 업무 범위 및 배치 기준(건설 용어)

① 감리원의 업무
  ㉮ 시공 계획·공정표·시공 상세 도면의 검토·확인
  ㉯ 설계 도면 및 시방서와 시공의 적합성 여부
  ㉰ 구조물 규격·사용 자재의 적합성 검토·확인
  ㉱ 품질관리 시험·실시 계획 지도·시험 성과에 관한 검토 확인
  ㉲ 재해 예방 대책 및 안전 관리의 확인
  ㉳ 설계 변경에 관한 사항의 검토 확인

⑷ 공사 진척 부분에 대한 조사 및 검사
⑸ 완공 도면의 검토 및 준공 검사
㉔ 하도급에 대한 타당성 검토
㉕ 설계 내용의 현장 조건 부합 및 실제 시공 가능 여부의 사전 검토
㉮ 기타 국토해양부령이 정하는 사항
② 감리원의 배치기준
㉮ 총공사비 200억원 이상 건설 공사 : 해당 공사 분야의 특급 감리원
㉯ 총공사비 50억원 이상 200억원 미만의 건설 공사 : 해당 공사 분야의 고급 감리원 이상의 감리원
㉰ 총공사비 50억원 미만의 건설 공사 : 해당 공사 분야의 중급 감리원 이상의 감리원
③ 발주청은 공사 예정 가격 88[%] 미만으로 낙찰된 공사로 부실 시공의 우려가 있는 공사에는 책임 감리 대가 기준에서 정한 감리원의 수보다 늘려서 배치하게 할 수 있음

80 구조상 주요 부분(건설 용어)

① 교량의 교좌 장치
② 터널의 복공 부위
③ 하천 제방의 수문 문비
④ 댐의 본체, 시공 이음부 및 여수로
⑤ 조립식 건축물의 연결 부위
⑥ 상수도 관로 이음부
⑦ 항만 시설 중 갑문비 작동 시설과 계류 시설의 구조체

81 안전 관리(safety management)

생산성의 향상과 손실(loss)의 최소화를 위하여 행하는 것으로 비능률적 요소인 사고가 발생하지 않는 상태를 유지하기 위한 활동, 즉 재해로부터 인간의 생명과 재산을 보호하기 위한 계획적이고 체계적인 제반 활동을 말한다.

82 안전 사고와 부상의 종류(classification of accidental injuries)

① 중상해 : 부상으로 인하여 2주 이상의 노동 손실을 가져온 상해 정도
② 경상해 : 부상으로 1일 이상 14일 미만의 노동 손실을 가져온 상해 정도
③ 경미 상해 : 부상으로 8시간 이하의 휴무 또는 작업에 종사하면서 치료를 받는 상해 정도

83 재해 정도의 국제적 구분(international classification of injury rates)

① 사망 : 안전 사고로 입은 부상의 결과로 생명을 잃는 것
② 영구 노동 불능 상해 : 부상 결과로 노동 기능을 완전히 잃게 되는 부상(신체 장해 등급 제1급~제3급에 해당)
③ 영구 부분 노동 불능 상해 : 부상 결과로 신체 부분의 일부가 노동 기능을 상실한 부상(신체 장해 등급 제4등급~제14등급에 해당)
④ 일시 부분 노동 불능 상해 : 의사의 진단으로 일정 기간 정규 노동에 종사할 수 없으나 휴무 상태가 아닌 상태 즉 일시 가벼운 노동에 종사하는 경우
⑤ 응급 조치 상해 : 부상을 입은 다음 치료를 받고 다음부터 정상 작업에 임할 수 있는 정도의 상해

84 공해와 사상(pollution and injury for private business)

① 공해 : 자연 환경을 인간 행위에 의하여 오염시키는 것으로서 공기 오염, 수질 오염, 토질 오염으로 구분한다.
② 사상 : 어느 특정인에게 주는 피해중에서 기관이나 타인과의 계약에 의하지 않고 자신의 업무 수행 중에 입은 상해로서 의료 및 기타 보상을 청구할 수 없는 것

85 직업병(occupational disease)

① 정의 : 직업의 특수성으로 인하여 발생하는 질병으로서, 작업의 종류, 환경 및 작업 방법의 불량으로 인하여 근로자의 건강을 해치는 것을 직업병이라고 한다.
② 직업병의 예방책 : 원칙적으로 직업병을 예방하기 위한 대책은 다음과 같다.

㉮ 유해 물질은 가능한 한 독성이 적은 물질 또는 독성이 없는 물질로 대체한다.
㉯ 오염 원인을 피복한다.
㉰ 유해 물질을 오염원으로부터 제거하기 위한 국소 배기 시설을 한다.
㉱ 오염원을 격리시킨다.
㉲ 폭로 시간을 단축시킨다.
㉳ 전체 환기 시설을 한다.
㉴ 개인적인 보호를 한다.
㉵ 개인 위생을 철저히 한다.

86 안전 보건 관리 책임자의 임무

(1) 선 임

① 안전보건관리책임자(이하 "관리책임자"라 한다)를 두어야 할 사업의 종류 및 규모는 상시 근로자 100명 이상을 사용하는 사업과 상시 근로자 100명 미만을 사용하는 사업 중 고용노동부령으로 정하는 사업으로 한다.
② 관리책임자는 해당 사업에서 그 사업을 실질적으로 총괄·관리하는 사람이어야 한다.
③ 사업주는 관리책임자를 선임하였을 때에는 그 사실을 증명할 수 있는 서류를 갖춰 둬야 한다.

(2) 업무 내용

① 산업 재해 예방 계획의 수립에 관한 사항
② 안전 보건 관리 규정의 작성 및 변경에 관한 사항
③ 근로자의 안전·보건 교육에 관한 사항
④ 작업 환경의 측정 등 작업 환경의 점검 및 개선에 관한 사항
⑤ 근로자의 건강 진단 등 건강 관리에 관한 사항
⑥ 산업 재해의 원인 조사 및 재발 방지 대책의 수립에 관한 사항
⑦ 산업 재해에 관한 통계의 기록 및 유지에 관한 사항
⑧ 안전 보건에 관련되는 안전 장치 및 보호구 구입시 적격품 여부 확인에 관한 사항
⑨ 근로자의 유해·위험 예방 조치에 관한 사항으로서 고용노동부령이 정하는 사항

87 안전 보건 총괄 책임자 임무

(1) 선 임
① 사업의 일부를 도급으로 사업주 근로자와 수급인 근로자가 같은 장소에서 작업시 생기는 재해 예방을 위해 업무를 총괄 관리하는 안전 보건 관리 책임자를 안전 보건 총괄 책임자로 지정
② 안전 보건 관리 책임자를 선임하지 않아도 되는 현장은 해당 사업의 총괄 관리자를 안전 보건 총괄 책임자로 선임

(2) 업무 내용
① 위험성 평가의 실시에 관한 사항
② 작업의 중지
③ 도급 시 산업재해 예방조치
④ 산업안전보건관리비의 관계수급인 간의 사용에 관한 협의·조정 및 그 집행의 감독
⑤ 안전인증대상기계등과 자율안전확인대상기계등의 사용 여부 확인

(3) 선임 대상 사업장
① 상시 근로자(수급 및 하수급 업체 포함) 50인 이상 사업장 중
　㉮ 1차 금속 제조업
　㉯ 선박 및 보트 건조업
　㉰ 토사석 광업
② 총공사 금액이 20억 이상인 건설업

88 안전 관리자 임무

(1) 선 임
① 안전에 관한 기술적 사항에 대해 지도 조언을 위해 선임
② 고용노동부 장관은 필요시 안전 관리자를 증원 교체임명 명령
　㉮ 해당 사업장의 연간재해율이 같은 업종의 평균재해율의 2배 이상인 경우
　㉯ 중대재해가 연간 2건 이상 발생한 경우
　㉰ 관리자가 질병이나 그 밖의 사유로 3개월 이상 직무를 수행할 수 없게 된 경우

③ 안전 관리 대행 기관에 위탁 가능
④ 선임 사유 발생시 지체없이 지방고용노동관서의 장에게 서류제출

(2) 선임 기준

규 모	인 원	비 고
상시 300명 이상	1명	자격증소지자
• 공사금액 800억원 이상 1,500억원 미만	2명	자격증소지자

(3) 업무 내용

① 산업안전보건위원회 또는 안전 및 보건에 관한 노사협의체에서 심의·의결한 업무와 해당 사업장의 안전보건관리규정 및 취업규칙에서정한 직무
② 위험성평가에 관한 보좌 및 지도·조언
③ 안전인증대상기계등과 자율안전확인대상기계등 구입시 적격품의 선정에 관한 보좌 및 지도·조언
④ 해당 사업장 안전교육계획의 수립 및 안전교육 실시에 관한 보좌 및 지도·조언
⑤ 사업장 순회점검, 지도 및 조치 건의
⑥ 산업재해 발생의 원인 조사·분석 및 재발 방지를 위한 기술적 보좌 및 지도·조언
⑦ 산업재해에 관한 통계의 유지·관리·분석을 위한 보좌 및 지도·조언
⑧ 법 또는 법에 따른 명령으로 정한 안전에 관한 사항의 이행에 관한 보좌 및 지도·조언
⑨ 업무 수행 내용의 기록·유지
⑩ 그 밖에 안전에 관한 사항으로서 고용노동부장관이 정하는 사항

(4) 자격 제한

① 국가 기술 자격법상 산업 안전 기사/산업기사 이상 자격 취득자
② 국가 기술 자격법상 건설 안전 기사/산업기사 이상 자격 취득자
③ 4년제 대학 이상에서 산업 안전 관련학과 전공 졸업자
④ 전문대 이상 학교에서 산업 안전 관련학과 전공 졸업자

89 관리 감독자의 임무

(1) 선 임

① 관리 감독자 : 경영 조직에서 생산과 관련되는 업무와 그 소속 직원을 직접 지휘 감독하는 부서의 장 또는 그 직위를 담당하는 자
② 사업주는 관리 감독자에게 해당 직무와 관계된 안전 보건상의 업무를 수행하도록 임명
③ 위험 방지가 특히 필요한 작업에서는 해당 작업의 관리 감독자를 추가로 수행

(2) 관리감독자 직무 내용

① 사업장내 관리감독자가 지휘·감독하는 작업(이하 이 저에서 "해당 작업"이라 한다)과 관련되는 기계·기구 또는 설비의 안전·보건점검 및 이상유무의 확인
② 관리감독자에게 소속된 근로자의 작업복·보호구 및 방호장치의 점검과 그 착용·사용에 관한 교육·지도
③ 해당 작업에서 발생한 산업재해에 관한 보고 및 이에 대한 응급조치
④ 해당 작업의 작업장의 정리정돈 및 통로확보의 확인·감독
⑤ 해당 사업장의 다음 각 목의 어느 하나에 해당하는 사람의 지도·조언에 대한 협조
  ㉮ 산업보건의
  ㉯ 안전관리자
  ㉰ 보건관리자
  ㉱ 안전보건관리담당자
⑥ 위험성평가를 위한 업무에 기인하는 유해·위험요인의 파악 및 그 결과에 따른 개선조치의 시행
⑦ 그 밖의 해당 작업의 안전·보건에 관한 사항으로서 고용노동부장관이 정하는 사항

90 관리감독자 배치 기준

(1) 선 임

관리감독자 : 조·반장의 지위에는 해당 작업을 직접 지휘 감독하는 자로 선임

(2) 관리감독자를 지정해야 하는 작업

① 프레스 등을 사용하는 작업
② 목재가공용 기계를 취급하는 작업

③ 크레인을 사용하는 작업
④ 위험물을 제조하거나 취급하는 작업
⑤ 건조설비를 사용하는 작업
⑥ 아세틸렌 용접장치를 사용하는 금속의 용접·용단 또는 가열작업
⑦ 가스집합용접장치의 취급작업
⑧ 거푸집 동바리의 고정·조립 또는 해체 작업/지반의 굴착작업/흙막이 지보공의 고정·조립 또는 해체 작업/터널의 굴착작업/건물 등의 해체작업
⑨ 달비계 또는 높이 5[m] 이상의 비계(飛階)를 조립·해체하거나 변경하는 작업
⑩ 발파작업
⑪ 채석을 위한 굴착작업
⑫ 화물취급작업
⑬ 부두와 선박에서의 하역작업
⑭ 전로 등 전기작업 또는 그 지지물의 설치, 점검, 수리 및 도장 등의 작업
⑮ 관리대상 유해물질을 취급하는 작업
⑯ 허가대상 유해물질 취급작업
⑰ 석면 해체·제거작업
⑱ 고압작업
⑲ 밀폐공간 작업

91 산업 안전 보건 위원회

(1) 위원회의 구성
　① 사업주는 안전 보건 관리 책임자의 업무를 심의하기 위해 근로자와 사용자 동수로 산업 안전 보건 위원회를 구성
　② 노사 협의회가 구성된 경우는 노사 협의회를 산업 안전 보건 위원회로 간주
　③ 사업주와 근로자는 위원회의 결정 사항을 성실히 이행
　④ 안전 관리자 등은 위원회에 출석하여 안전 보건에 관한 의견을 진출할 수 있다.

(2) 업무 내용
　① 안전 보건 관리 책임자의 업무를 심의
　② 해당 사업장의 근로자의 안전과 보건을 유지 증진시키기 위해 필요시 사업장의 안전 보건에 관한 사항을 결정

③ 단체 협약, 취업 규칙, 산업 안전 보건법 안전 보건 관리 규정에 위배해서는 안 된다.

(3) 산업안전보건위원회의 설치대상
① 상시 근로자 100명 이상을 사용하는 사업장. 다만, 건설업의 경우에는 공사금액이 120억원(「건설산업기본법 시행령」 토목공사업에 해당하는 공사의 경우에는 150억원) 이상인 사업장
② 상시 근로자 50명 이상 100명 미만을 사용하는 사업 중 다른 업종과 비교할 경우 근로자 수 대비 산업재해 발생 빈도가 현저히 높은 유해·위험 업종으로서 고용노동부령으로 정하는 사업장(이하 "유해·위험사업"이라 한다)

(4) 산업안전보건위원회 구성
① **근로자위원**
㉮ 근로자대표(근로자의 과반수로 조직된 노동조합이 있는 경우에는 그 노동조합의 대표자를 말하고, 근로자의 과반수로 조직된 노동조합이 없는 경우에는 근로자의 과반수를 대표하는 사람을 말하되, 해당 사업장에 단위 노동조합의 산하 노동단체가 그 사업장 근로자의 과반수로 조직되어 있는 경우에는 지부·분회 등 명칭 여하에 관계없이 해당 노동단체의 대표자를 말한다.)
㉯ 명예산업안전감독관(이하 "명예감독관"이라 한다)이 위촉되어 있는 사업장의 경우 근로자대표가 지명하는 1명 이상의 명예감독관
㉰ 근로자대표가 지명하는 9명 이내의 해당 사업장의 근로자(명예감독관이 근로자위원으로 지명되어 있는 경우에는 그 수를 제외한 수의 근로자를 말한다)

② **사용자위원**
㉮ 해당 사업의 대표자(같은 사업으로서 다른 지역에 사업장이 있는 경우에는 그 사업장의 최고 책임자를 말한다.)
㉯ 안전관리자(안전관리자를 두어야 하는 사업장으로 한정하되, 안전관리자의 업무를 안전관리대행기관에 위탁한 사업장의 경우에는 그 대행기관의 해당 사업장 담당자를 말한다) 1명
㉰ 보건관리자(보건관리자를 두어야 하는 사업장으로 한정하되, 보건관리자의 업무를 보건관리대행기관에 위탁한 경우에는 그 대행기관의 해당 사업장 담당자를 말한다) 1명
㉱ 산업보건의(해당 사업장에 선임되어 있는 경우로 한정한다)
㉲ 해당 사업의 대표자가 지명하는 9명 이내의 해당 사업장 부서의 장

③ 3개월마다 정기회, 필요시 임시회 개최
④ **회의록 작성내용**

㉮ 개최 일시 및 장소
㉯ 출석위원
㉰ 심의 내용 및 의결·결정 사항
㉱ 그 밖의 토의사항

92 안전 점검의 종류

(1) 일상 점검(수시 점검)

① 유지 관리를 책임지고 있는 자에 의해 일상적으로 행해지는 순찰과 유사한 성격의 점검
② 위험성이 있다고 판단되는 작업 개소 또는 공정에 대하여 상태의 악화 진행 여부를 주시할 목적
③ 매일 작업 전후 또는 작업 중에 작업자, 작업 책임자가 실시

(2) 정기 점검(계획점검)

① 분기, 월, 주간 점검 계획에 의거, 정기적으로 실시
② 모든 작업 현장의 파악과 기실시한 안전 점검의 상황을 비교하거나 단위별 안전 대책 전반에 관한 성과를 평가하고자 할 때 실시
③ 작업 책임자가 실시

(3) 특별 점검(긴급 점검)

① 실시 시기
  ㉮ 안전에 관한 특정한 문제가 발생하였다.
  ㉯ 작업 과정에서 작업 시설이 급격히 변화하여 위배할 때
  ㉰ 근로자의 안전을 위하여 특별히 점검이 필요시
  ㉱ 상사의 특별한 지시로 점검시
② **실시자** : 안전에 대한 기술 및 지식을 갖춘 자

(4) 확인 점검

① 정기 점검 및 특별 점검의 시정지시 사항에 대한 조치 결과를 확인하는 점검
② 진척 사항을 파악하고 그 시정 사항이 완전히 해결될 때

93 재해 발생시 응급 조치

(1) 개 요
  ① 이상 상태 : 불안전 상태와 불안전 행동이 사고, 산업 재해로 연결되는 상태
  ② 모든 근로자는,
    ㉮ 불안전 상태, 불안전 행동이 이상 상태임을 인식하고 불안전 상태, 행동을 배제하여 재해 예방에 노력
    ㉯ 모든 상황의 이상 유무에 관심을 가지고, 경험과 지식 및 정해진 기준을 충분히 활용하여 이상 상태의 조기 발견에 최선
  ③ 사고 발생 및 사고 발생의 우려가 있을시 긴급 조치→평상시 교육 훈련 실시

(2) 재해 발생시의 응급 조치
  ① 응급 조치 내용
    ㉮ 피재 기계의 정지
    ㉯ 피해자의 응급 처치
    ㉰ 관계자에게 통보
    ㉱ 2차 재해의 방지
    ㉲ 현장의 보존
  ② 인명의 구조
    ㉮ 피해자를 상해 발생 근원으로부터 격리
    ㉯ 재해 발생 목격자의 쇼크, 사기 저하로 인한 연쇄 사고 방지에 유의
    ㉰ 피해자는 지체없이 의무실로 후송하여 필요시 지혈법, 인공 호흡법 실시 및 병원 전문의 진찰
    ㉱ 중경상을 막론하고 임의 진단 및 진료 금지
    ㉲ 사고 원인 분석에 필요시 현장 보존
    ㉳ 현장에 관객이 모이거나 흥분이 고조되지 않도록 질서 유지
    ㉴ 현장의 피해가 확대되지 않도록 유의
  ③ 자산의 보전
    ㉮ 손실이 확대되지 않도록 긴급 조치
    ㉯ 분실, 도난 방지
    ㉰ 현장 보존에 유의
    ㉱ 지체없이 상급 부서, 인근 경찰서에 신고하여 도움 요청

(3) 사고 보고

① 재해 발생시 응급 조치 및 안전 전담 부서에 통보
② 안전 보건 담당 부서는 재해 통보 접수 후 즉시 병원, 소방서 및 최고 경영자에게 보고
③ 중대 재해 발생시 지체없이 이내 고용노동부 관할 사무소에 보고

94 안전 보건 개선 계획

(1) 개 요

① 안전 보건 개선 계획은 산업 안전법상의 제도
② 산업 재해 예방을 위해 종합적인 개선 조치를 강구하지 않으면 산업 재해의 효율적인 방지가 어려움을 의미
③ 설비, 관리, 교육의 전반에 걸친 개선 조치를 의미하나 사업장 일부에만 해당되는 경우도 있다.

(2) 안전보건 개선계획서 수립 대상 사업장

① 산업재해율이 같은 업종의 규모별 평균 산업재해율보다 높은 사업장
② 사업주가 필요한 안전조치 또는 보건조치를 이행하지 아니하여 중대재해가 발생한 사업장
③ 직업성 질병자가 연간 2명 이상(상시 근로자 1천명 이상 사업장의 경우 3명 이상) 발생한 사업장
④ 작업환경 불량, 화재·폭발 또는 누출사고 등으로 사회적 물의를 일으킨 사업장

(3) 안전 보건 개선 계획의 내용

① 안전 보건 시설, 안전 보건 교육, 안전 보건 관리 체제 산업 재해 방지 및 작업 환경 개선을 위해 필요 사항
② 생산, 하역, 운반, 굴삭용 등의 기계, 전기 설비, 화학 설비로 기타 설비 장치에 대한 개수, 대체, 신설 등의 조치
③ 유해물에 관계되는 기계, 설비, 건물 등의 국소 배기 및 환기 등의 조치
④ 유해물의 사용 후 처리 시설에 대한 조치
⑤ 작업 표준의 설치 및 구체적인 실시를 위한 교육 훈련 방법 등

(4) 개선 기간
　① 원칙 : 6개월 이내
　② 특수한 경우 연차별(3년) 실시 계획을 작성

(5) 안전 보건 개선 계획의 수립, 시행 지시
　① 개선 조치를 강구해야 할 사항, 기타 사항 및 작성 기한을 기재한 지시에 의하여 행사
　② 사업주는 계획을 작성하여 지시서를 받은 날로부터 60일 이내 관할 고용노동부 지방 사무 소장에게 제출

(6) 계획서 검토
　① 개선 계획에 지시된 내용의 준수 여부
　② 개선 지시 내용의 세부 시행 계획 수립 여부
　③ 개선 계획의 실현성 여부
　④ 개선 기일의 고의적 지연 여부

95 산재 보험의 성립에서 소멸까지

(1) 산재 보험의 성립
　① 모든 사업주는 산업 재해 보상 보험의 보험 가입자(단, 사업의 위험률, 규모 및 사업 장소 등 대통령령의 특정 사업은 고용노동부 장관의 승인을 얻어 보험 가입)
　② 산재 보험 관계의 성립은 건설 공사, 도급 계약일 또는 자체 공사인 경우 사업 허가일에 성립

(2) 산재 보험 성립 신고
　산재 보험 관계가 성립되는 날로부터 7일 이내 산재 보험 성립 신고서를 고용노동부 장관에게 제출

(3) 착공 신고서
　보험 가입자는 공사 착공일의 다음달 7일까지 착공 신고서, 대리인 선임 신고서, 공사 도급 계약서 사본을 고용노동부 지방 사무소장에게 제출

(4) 보험 관계 성립의 통지
　고용노동부 장관이 보험 관계 성립의 통지

(5) 보험 관계의 소멸

① 사업이 폐지된 다음 날
② 사업의 위험물, 규모, 사업 장소 등의 사유로 고용노동부 장관의 승인 후 보험 가입시는 고용노동부 장관의 승인을 얻어 보험 계약을 해약한 날의 다음 날
③ 그 밖의 사유로 보험 관계를 유지할 수 없다고 인정하여 보험 관계의 소멸을 결정, 통지한 경우에는 그 통지한 날의 다음 날

(6) 보험 관계 소멸의 신고

보험 관계가 소멸된 보험 가입자는 그 소멸된 날로부터 7일 이내 보험 관계 소멸 신고서를 고용노동부 장관에게 제출

(7) 보험 관계의 소멸 통지

고용노동부 장관은 보험 관계가 소멸된 보험 가입자에게 보험 관계 소멸을 통지

96 인간의 동작 특성

(1) 외적 조건

① 동적 조건 : 대상물의 동적 성질(최대 요인)
② 정적 조건 : 높이, 크기, 깊이 등
③ 환경 조건 : 기온, 습도, 소음 등

(2) 내적 조건

경력, 개인차, 생리적 조건(피로, 긴장 등)

(3) 동작 실패의 요인

① 물건을 잘못 잡은 오동작
② 판단을 잘못하는 오동작
③ 물건을 잘못보는 오동작
④ 순간적으로 깜박 잊어버림
⑤ 의식적 태만
⑥ 작업 기피 및 생략 행위

97 안전성 평가

(1) 평가

안전성 평가는 사업주가 자주적으로 실시해야 하며, 기업 내 설계 계획 담당자, 공사 담당자, 관리감독자 등 각 분야 전문가의 협력 체제에 의하여 실시

(2) 평가 순서(방법)

① 1단계
  기초 자료의 수집 : 안정성 평가를 위한 기초 자료를 충분히 수집
② 2단계
  기본적인 자료의 검토 : 공사 시공에 있어 필요한 안전을 확보하는 데 적절한 기본적인 대책이 강구되었나 확인
③ 3단계
  위험도의 평가 : 기본적인 자료에 대한 적절한 대책이 확인된 후에 해당 공사에 따라 재해가 빈발할 가능성이 높은 것에 관해서 시공 도중에 위험성이 있는가를 평가
④ 4단계 : 안전 대책의 검토
  ㉮ 평가에서 위험성 정도로 본 안전 대책을 검토
  ㉯ 시공 계획서에 충분히 고려되었나 확인
  ㉰ 위험도가 높은 것으로 판정된 것은 기본적 자료에서 검토한 적절한 기본적 대책이 수립되었나 확인
⑤ 확인 결과의 수치 표시
  ㉮ 기본적 자료에서 검토한 기본적 사항 및 위험도 평가에서 검토한 각각의 위험 요소에 관해서는 확인 시점에서 어느 정도 구체적인 계획 수립이 되었는가의 여부 확인
  ㉯ 계획 수립률

  $$= \frac{\text{구체적인 계획을 수립한 항목수}}{\text{계획을 수립하지 않으면 안되는 항목}} \times 100[\%]$$

(3) 안전성 평가시 유의 사항

① 현장마다 조건이 다르므로 공사 착공 전 수립된 안전 대책의 구체적 표현 여부를 획일적으로 나타내기는 곤란
② 산출된 계획 수립은 계획의 양부를 평가하기 위한 지표가 아니고, 안전성 평가의 시점에서 구체적으로 작성해야 할 계획 사항은 언제까지 어떻게 수립해야 하는가를 검토

98 안전화 성능 시험

(1) 안전화의 정의

   물체의 낙하, 충격 또는 날카로운 물체로 인한 위험으로부터 발 또는 발등을 보호하거나 감전 또는 정전기의 대전을 방지하기 위한 것

(2) 안전화의 성능 조건

   ① 내마모성
   ② 내열성
   ③ 내유성
   ④ 내약품성

(3) 안전화의 종류

   ① **가죽제 안전화** : 물체의 낙하, 충격 또는 날카로운 물체로 인한 위험으로부터 발 또는 발등을 보호하기 위한 것
   ② **고무제 안전화** : 물체의 낙하, 충격에 의한 위험으로부터 발을 보호하고 아울러 방수를 겸한 것
   ③ **정전기 대전 안전화** : 정전기의 인체 대전을 방지하기 위한 것
   ④ **발등 안전화** : 물체의 낙하 및 충격으로부터 발 및 발등을 보호
   ⑤ **절연화** : 저압의 전기에 의한 감전을 방지하기 위한 것
   ⑥ **절연 장화** : 저압, 고압에 의한 감전을 방지하기 위한 것

(4) 안전화 성능 시험의 종류

   ① **내압박 시험** : 평활한 기구, 강제의 내압박 평면에 2[ton]의 하중을 가하여 압박 상태 조사
   ② **충격 시험** : 무게 23[kg]의 철제 추를 소정의 높이에서 자유 낙하시켜 변형률을 측정
   ③ **겉창의 박리 시험** : 안전화의 선심을 꺼낸 후 고무 겉창 및 가죽의 가장자리를 인장 시험기에 고정시킨 후 서로 반대 방향으로 당겨 겉창의 박리 측정
   ④ **가죽의 은면 결렬 시험** : 직사광선을 피하고 540[Lux] 광원을 45°각 표면에 비추어 가죽의 은면 결렬 시험
   ⑤ **가죽의 크롬 함유량 시험** : 분석용 시료 1.5~2[g]에 질산, 황산, 과염소산 각 10[mℓ]를 가한 후 색깔 변화로 추정
   ⑥ **강제 선심의 내식 시험** : 강제 선심을 끓는 식염수에 15분간 담근 후 24시간 실온 중에 방치 후 미지근한 물에서 세정 48시간 방치 후 부식의 유무를 조사

⑦ 겉창 시험 : 겉창의 인장 및 경도 시험 추정
⑧ 봉합사의 인장 시험 : 적당한 길이로 채취하여 실 인장 시험기를 이용 측정
⑨ 내답발성 시험 : 철못을 안전화 바닥에 수직으로 세우고 걸어서 관통 여부 조사

99 안전 태도의 기본 과정

(1) 태도는 행동 이전의 마음 자세이며, 행동 결정을 판단하고 지시를 내리는 내적 행동 체계(inner behavior)이므로, 행동의 안전화는 인간의 태도에 달려 있다.

(2) 교육을 통한 안전 태도의 형성
   ① 청취한다(hearing).
   ② 이해한다(understand).
   ③ 모범을 보인다(example).
   ④ 권장한다(exhortation).
   ⑤ 칭찬한다(praise).
   ⑥ 벌을 준다(purnish).

(3) 조직의 기능적 작용에 의한 안전 태도 형성
   ① 안전 기준을 조직의 중요한 규범으로 성립시킨다.
   ② 조직의 구성원 상호간 접촉에 의해 안전 태도를 유도한다. 즉 안전 교육, 안전 회의, 안전 대화, 카운슬링 등에 의하여 좋은 안전 태도를 형성시킨다.

100 산업 안전 보건법상 용어 해설

(1) 산업 재해
   노무를 제공하는 사람이 업무에 관계되는 건설물·설비·원재료·가스·증기·분진 등에 의하거나 작업 또는 그 밖의 업무로 인하여 사망 또는 부상하거나 질병에 걸리는 것

(2) 근로자
   직업의 종류를 불문하고 사업 또는 사업장에 임금을 목적으로 근로를 제공하는 자(근로 기준법상)

(3) 사업주

근로자를 사용하여 사업을 행하는 자

(4) 근로자 대표

① 노동 조합이 조직된 경우는 노동 조합을
② 노동 조합이 조직되지 않은 경우는 근로자의 과반수를 대표하는 자

(5) 작업 환경 측정

작업 환경의 실태를 파악하기 위하여 해당 근로자 또는 사업장에 대하여 사업주가 측정 계획을 수립하여 시료의 채취 분석 및 평가를 하는 것

(6) 안전·보건 진단

산업 재해를 예방하기 위하여 잠재적 위험성의 발견과 그 개선 대책의 수립을 목적으로 고용 노동부 장관이 지정한 자가 실시하는 조사 및 평가

(7) 중대 재해

산업 재해 중 사망 등 재해의 정도가 심하거나 다수의 재해가 발생한 경우
㉮ 사망자가 1명 이상 발생한 재해
㉯ 3개월 이상 요양이 필요로 하는 부상자가 동시에 2명 이상 발생한 재해
㉰ 부상자 또는 직업성 질병자가 동시에 10명 이상 발생한 재해

(8) 안전 보건 표지

① 근로자의 안전 보건을 확보하기 위해
② 위험 장소
　㉮ 위험 물질에 대한 금지, 경고, 비상시에 대처하기 위한 지시와 안내
　㉯ 기타 근로자의 안전 보건 의식을 고취하기 위한 사항
③ 그림, 기호 및 글자 등으로 표시
④ 근로자의 행동의 착오
⑤ 산업 재해를 일으킬 우려가 있는 작업장의 특정 장소, 시설 및 물체에 설치 부착하는 표지

101 산업법상 정부의 책무

① 산업안전보건 정책의 수립·집행·조정 및 통제
② 재해 다발 사업장에 대한 재해 예방의 지원 및 지도
③ 유해하거나 위험한 기계·기구·설비 및 방호장치(防護裝置)·보호구(保護區) 등의 안전성 평가 및 개선
④ 유해하거나 위험한 기계·기구·설비 및 물질 등에 대한 안전보건상의 조치기준 작성 및 지도·감독
⑤ 사업의 자율적인 안전·보건 경영체제 확립을 위한 지원
⑥ 안전보건의식을 북돋우기 위한 홍보·교육 및 무재해운동 등 안전문화 추진
⑦ 안전보건을 위한 기술의 연구·개발 및 시설의 설치·운영
⑧ 산업재해에 관한 조사 및 통계의 유지·관리
⑨ 안전보건 관련 단체 등에 대한 지원 및 지도·감독
⑩ 그 밖에 근로자의 안전 및 건강의 보호·증진

102 안전보건 표지의 종류 및 형태

① 금지표지	101 출입금지	102 보행금지	103 차량통행금지	104 사용금지	105 탑승금지	106 금연	107 화기금지
108 물체이동금지	② 경고표지	201 인화성 물질경고	202 산화성 물질경고	203 폭발성 물질경고	204 급성독성 물질경고	205 부식성 물질경고	206 방사성 물질경고
207 고압전기 경고	208 매달린 물체경고	209 낙하물 경고	210 고온 경고	211 저온 경고	212 몸균형 상실경고	213 레이저 광선경고	214 발암성·변이원성·생식독성·전신독성·호흡기과민성 물질 경고

215 위험장소 경고	③ 지시표지	301 보안경 착용	302 방독마스크 착용	303 방진마스크 착용	304 보안면 착용	305 안전모 착용	306 귀마개 착용
307 안전화 착용	308 안전장갑 착용	309 안전복 착용	④ 안내표지	401 녹십자 표지	402 응급구호 표지	403 들것	404 세안장치
405 비상용기구	406 비상구	407 좌측비상구	408 우측비상구	⑤ 관계자외 출입금지	501 허가대상물질 작업장	502 석면취급/해 체작업장	503 금지대상물질의 취급 실험실 등
					관계자외 출입금지(허가물질명칭) 제조/사용/보관 중 보호구/보호복 착용 흡연 및 음식물 섭취 금지	관계자외 출입금지 석면 취급/해 체 중 보호구/보호복 착용 흡연 및 음식물 섭취 금지	관계자외 출입금지 발암물질 취급 중 보호구/보호복 착용 흡연 및 음식물 섭취 금지
⑥ 문자 추가시 예시문		▶내자신의 건강과 복지를 위하여 안전을 늘 생각한다. ▶내가정의 행복과 화목을 위하여 안전을 늘 생각한다. ▶내자신의 실수로 동료를 해치지 않도록 하기 위하여 안전을 늘 생각한다. ▶내자신이 일으킨 사고로 오는 회사의 재산과 과실을 방지하기 위하여 안전을 늘 생각한다. ▶내자신의 방심과 불안전한 행동이 조국의 번영에 장애가 되지 않도록 하기 위하여 안전을 늘 생각한다.					

※ 안전 보건 표지의 표시를 명백히 하기 위해 필요시 표지의 주위에 표시 사항을 글자로 부가 할 수 있다.
(글자 = 흰색 바탕 + 검은색 한글 고딕체)

103 안전 보건 관리 규정

(1) 목 적

① 사업주는 사업장의 안전, 보건을 유지하기 위해
② 안전 보건 관리 규정을 작성하여 각 사업장에 게시 또는 비치하고 이를 근로자에게 알려야 한다.

(2) 안전 보건 관리 규정의 내용

① 안전 보건 관리의 조직과 그 직무에 관한 사항
② 안전 보건 교육에 관한 사항
③ 작업장 안전 관리에 관한 사항
④ 작업장 보건 관리에 관한 사항
⑤ 사고 조사 및 대책 수립에 관한 사항
⑥ 그 밖의 안전 보건에 관한 사항

(3) 안전 보건 관리 규정의 작성
　① 대상 사업장 : 상시 근로자 100~300인 이상인 사업장
　② 작성 시기
　　㉮ 안전 보건 관리 규정을 작성해야 할 사유가 발생한 날로부터 30일 이내 작성
　　㉯ 변경할 사유가 발생시도 동일

(4) 타규칙과의 관계
　① 해당 사업장에 적용되는 단체 협약 및 취업 규칙에 반할 수 없다.
　② 단체 협약, 취업 규칙에 반하는 부분은 해당 단체 협약 및 취업 규칙에 정한 기준 적용

(5) 안전 보건 관리 규정의 준수
　① 사업주 및 근로자는 안전 보건 관리 규정의 준수 의무
　② 안전 보건 관리 규정에서 규정되지 않은 것은 그 성질에 반하지 않은 한 근로 기준법상 취업 규칙에 관한 규정 준용

(6) 작업 변경 절차
　① 사업주는 안전 보건 관리 규정을 작성 변경시는 산업 안전 보건 위원회의 심의를 거쳐야 한다.
　② 산업 안전 보건 위원회가 설치되지 않은 사업장은 근로자 대표의 의견 수렴

104 안전인증대상 보호구의 종류 및 내용

(1) 대 상
　① 추락 및 감전 위험 방지용 안전모 : 물체의 낙하 비래 또는 추락에 의한 위험을 방지 경감하거나 감전에 의한 위험 방지
　② 안전대 : 추락에 의한 위험을 방지하기 위해 로프, 고리, 급정지 기구와 근로자 몸에 묶은 띠 및 그 부속물
　③ 안전화 : 물체의 낙하, 충격 또는 날카로운 물체로 인한 위험으로부터 발, 발등을 보호하거나 감전, 정전기의 대전을 방지
　④ 차광 및 비산물 위험 방지용 보안경 : 날아오는 물체에 의한 위험 또는 위험물, 유해 광선에 의한 시력 장해를 방지
　⑤ 안전 장갑 : 전기에 의한 감전 방지

⑥ **용접용 보안면** : 용접시 불꽃 또는 날카로운 물체에 의한 위험 방지
⑦ **방진 마스크** : 분진이 호흡기를 통해 인체에 유입되는 것을 방지
⑧ **방독 마스크** : 유해 물질 흡수제 및 배기변이 있는 것
⑨ **방음용 귀마개 또는 귀덮개** : 소음으로부터 청력을 보호
⑩ **송기 마스크** : 산소 결핍으로 인한 위험 방지(잠수용은 제외)
⑪ **보호복** : 고열 작업에 의한 화상과 열중증을 방지
⑫ **전동식 호흡보호구**

(2) 품질 경영 촉진법상 안전 검사에 합격한 것으로 고용노동부 장관의 기준 이상의 것은 인증 대상에서 제외

(3) 보호구의 제조 수입자는 검정에 불합격 혹은 합격이 취소된 보호구와 동일 종류의 제품은 다시 검정을 신청할 수 없다.

105 작업 환경 측정

(1) 개 요
① 사업주는 인체에 해로운 작업을 하는 작업장은 유자격자로 하여금 작업 환경을 측정 평가하도록 한 후 그 결과를 기록 보전하고 고용노동부 장관에게 보고
② 측정시 근로자의 대표가 요구시 입회시켜 측정
③ 사업주는 작업 환경 측정을 지정 측정 기관에 위탁 가능

(2) 대상 작업장
① 분진이 현저히 발생하는 실내 작업장(갱내 포함)
② 산소 결핍 위험이 있는 작업장
③ 강렬한 소음이 발생하는 옥내 사업장
④ 고열, 한랭, 다습한 옥내 작업장

(3) 결과의 보고
① 사업주는 작업 환경의 측정을 완료한 날로부터 60일 이내 관할 지방 고용노동관서의 장에게 보고
② 작업 환경 측정 결과를 해당 작업장 근로자에게 알려야 하며, 그 결과에 따라 근로자의 건강 보호를 위해 해당 시설 및 설비의 설치 개선 등 필요한 조치

③ 산업 안전 보건 위원회 또는 근로자 대표가 요구시 측정 기관은 측정 결과에 대한 설명회 개최

(4) 지정 측정 기관

국가, 지방 자치 단체의 소속 기관, 대학 및 소속 기관, 비영리 법인 측정, 평가 대상인 사업장의 부속 기관으로 일정 이상의 인력과 시설을 갖춘 자

106 지도사의 직무 및 등록

(1) 지도사의 직무

① 업무 영역
㉮ 기계 안전
㉯ 전기 안전
㉰ 화공 안전
㉱ 건설 안전

② 업무 내용
㉮ 공정상 안전에 관한 평가 지도
㉯ 유해·위험의 방지대책에 관한 평가 지도
㉰ 상기와 관련된 계획서 및 보고서 작성
㉱ 그밖의 대통령령이 정한 사항
㉠ 규정에 의한 안전 보건 계획서의 작성
㉡ 그 밖에 산업 안전에 대한 자문에 대한 응답 및 조언

(2) 지도사의 자격 시험

① 고용노동부 장관이 시행하는 시험에 합격되어야 한다.
② 시험은 한국 산업 인력 공단에 위탁하여 실시

(3) 지도사의 등록

① 지도사의 등록
㉮ 지도사 업무 개시시는 일정 교육 이수 후 장관에게 등록
㉯ 등록한 지도사는 법인 설립
㉰ 등록 불가자
㉠ 금치산자 또는 한정치산자

ⓒ 파산선고를 받은 자로서 복권되지 아니한 자

ⓒ 금고 이상의 실형을 선고받고 그 집행이 끝나거나(집행이 끝난 것으로 보는 경우를 포함한다) 집행이 면제된 날부터 2년이 지나지 아니한 자

ⓔ 금고 이상의 형의 집행유예를 선고받고 그 유예기간 중에 있는 자

ⓜ 이 법을 위반하여 벌금형을 선고받고 1년이 지나지 아니한 자

ⓗ 제ⓔ항에 따라 등록이 취소된 후 2년이 지나지 아니한 자

(4) 지도사에 대한 지도

① 장관은 공단으로 하여금 지도

② 지도 내용

  ㉮ 지도사에 대한 지도·연락 및 정보의 공동이용체제의 구축·유지

  ㉯ 지도사의 업무 수행과 관련된 사업주의 불만·고충의 처리 및 피해에 관한 분쟁의 조정

  ㉰ 그 밖에 지도사 업무의 발전을 위하여 필요한 사항으로서 고용노동부령으로 정하는 사항

(5) 지도사의 의무

① 비밀 유지 : 직무상 알게 된 비밀의 누설 남용 금지

② 손해 배상의 책임

  ㉮ 업무상 고의 과실로 의뢰인에게 손해를 끼칠시 배상 의무

  ㉯ 손해 배상의 보장을 위해 보증 보험에 가입 혹은 필요 조치

③ 유사 명칭 사용 금지 : 규정에 의해 등록된 자가 아니면 산업 안전 지도사 또는 유사 명칭을 사용 금지

107 유해 광선의 종류

(1) 자외선

① 가시광선보다 파장이 짧은 광선으로

② 자극이 매우 강하고 안질환을 일으킨다.

③ 차광안경으로 보호

(2) 적외선

① 가시광선보다 파장이 긴 광선으로

② 빛의 투과력이 강하고 열작용을 하며 안질환을 일으킨다.

③ 차광안경으로 보호

(3) 방사선
① 방사선 : 물질 내 방사선이 투과할 때 물질을 구성하는 원자가 작용하여 전자를 튀어나오게 하는 전리 작용
② 방사선 동위 원소 : 전리 방사선을 방출하여 다른 원소로 변하는 원소
③ 방사선 물질 : 방사선 동위 원소를 함유한 물질

108 산업 안전 보건법 목적

(1) 개 요
① 국가 지도하의 산업 안전 보건법이 1980년 개정 이후 사업주 주도의 법으로 1999년 재개정 및 2024년 5월 17일 타법개정
② 개정된 산업 안전 보건법은 사업장의 자율 체제 통한 안전 강화로 제정

(2) 목 적
① 산업 안전 보건법은 산업 안전 보건에 관한 기준을 확립하고 그 책임의 소재를 명확하게 하여 산업 재해를 예방하고 쾌적한 작업 환경을 조성함으로써 노무를 제공하는 사람의 안전과 보건을 유지·증진함을 목적
② 산업 안전 보건법 도해 설명

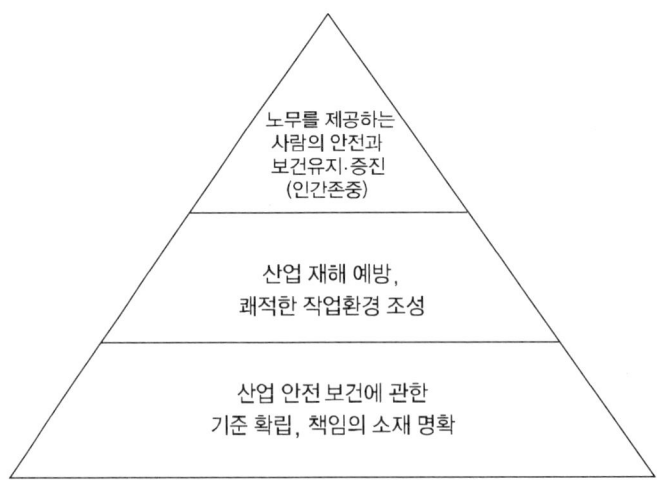

[그림] 산업 안전 보건법 목적

(3) 개선 방향
  ① 건설 안전 관련 타법령과 조화있게 법을 유지
  ② 제조업, 건설업 혼재한 산업 안전 보건법은 제조, 건설업 구분 편성하여야 한다.

109 무재해 운동 실천 4단계

① 1단계(인식 단계)
  ㉮ 경영 방침으로 무재해 운동 적용
  ㉯ 생산성과의 관계 인식
  ㉰ 노사 관계
  ㉱ 무재해 운동의 성과
② 2단계(준비 단계)
  ㉮ 무재해 운동 추진도 작성
  ㉯ 방침 및 목표 설정
  ㉰ 추진 체계 구축
  ㉱ 세부 시행 방안 확정
③ 3단계(개시 시행 단계)
  ㉮ 개시 선포
  ㉯ 적극 추진 시행
④ 4단계(목표 달성 및 시상)
  ㉮ 무재해 목표 달성 보고
  ㉯ 무재해 목표 달성 사업장 확인 조사 실시

110 주의와 부주의

(1) 주의와 부주의
  ① 주의란 행동의 목적에 의식 수준이 집중하는 심리 상태를 말한다.
  ② 부주의란 목적 수행을 위한 행동 전개 과정에서 목적에서 벗어나는 심리적, 신체적 변화의 현상을 말한다.

(2) 주의의 특징
  ① 선택성 : 여러 종류의 자극을 지각할 때 소수의 특정한 것에 한하여 선택하는 기능

② 방향성 : 주시점만 인지하는 기능
③ 주의에는 주기적으로 부주의의 리듬이 존재

(3) 주의력과 동작

인간의 동작은 주의력에 의해서 좌우되며, 비정상적인 동작(목적하는 동작의 실패)은 재해 사고를 발생시킨다.

(4) 동작 실패의 원인이 되는 조건
① 자세의 불균형 : 행동의 습관
② 피로도 : 신체 조건, 작업 속도, 스트레스 등
③ 작업 강도 : 작업량, 작업 속도, 작업 시간 등
④ 기상 조건 : 온도, 습도, 기타 기상 조건 등
⑤ 환경 조건 : 작업 환경, 심리적 환경

111 제조물 책임(Product Liability : PL)

(1) 개 요
① 제조물 책임이란 결함 제조물로 인해 인명 사고 및 재산 손해가 발생할 경우 제조업자 또는 판매업자가 그 손해에 대하여 배상 책임을 지는 것
② 유럽에서는 100여년의 역사를 가지고 있으며, 미국, 일본에서도 1960~70년대부터 사회 문제로 대두되어 "소비자 위험 부담 시대"에서 "판매 위험 부담 시대"로 변환
③ 제조업에서 사고 발생을 방지할 책임이 있기 때문에 결함 제조물에 대한 전적인 책임이 있다.

(2) 제조물 책임(PL)의 권리
① 1964년 미국의 케네디 대통령이 소비자의 4대 권리를 주장하고 법령으로 제정
② 소비자의 4대 권리
㉠ 알리는 권리(The Right to be Informed)
㉡ 안전의 권리(The Right to be Safety)
㉢ 선택의 권리(The Right to be Chosen)
㉣ 들어주는 권리(The Right to be Heard)

(3) PL의 방향

　① 미국 : PL 청구에 대한 관례법으로 손해를 배상하도록 책임 부여

　　㉮ 과실 책임

　　　㉠ 설계상의 과실

　　　㉡ 제조상의 과실

　　　㉢ 경고 과실의 과실

　　㉯ 담보 책임 : 명시 보증, 묵시 보증

　　㉰ 엄격 책임 : 불합리하고 위험한 상태의 제조물에 대한 책임

　② 일본 : 민법으로 손해 배상에 대한 청구를 심의

　　㉮ 계약 책임

　　㉯ 불법 행위 책임

　　㉰ 보증 보험

　　㉱ PL에 대한 형법 적용 : 업무상 과실 치사 등

(4) 대 책

　① 법률은 어떠한 경우라도 소비자에게 손해를 입혀서는 안 된다는 안전 이념이 철저해야 한다(제조업자, 판매업자의 안전 의식 토착화)

　② 우리나라에서도 하루 속히 이러한 법규들을 정리해서 안전이 국민 생활에 정착될 수 있도록 노력

112 인간의 장단점

구 분	장 점	단 점
감각입력 특징	• 지각 대상의 특성 및 신속 분석 • 다수의 감각 중에서 특정 대상을 직관적으로 인지	• 지각의 제한성 • 착시, 착각 현상 • 불가, 과잉 예측 우려
운동 출력	• 동작 운반의 자유도가 크다. • 다차원 동작 숙련 • 기능 발달	• 자세의 불안정, 현기증 유발 • 출력 • 외력에 약하다
중추 처리	• 기억 학습 능력 우수 • 유연 논리적 판단, 직선의 사고 • 변화, 행동의 억제 기능 • 창조적 연구, 관찰 발상 호기심 • 주체적 활동 의욕, 실천 능력	• 망각 동반 • 파악 시간이 늦고 판단이 흐려진다. • 동작, 반복 취약 • 의식 둔감, 피로 용이 • 습관 규율 경시 우려 • 욕구 만족시 무절제 • 처리 우려

113 인간 공학의 정의

(1) 인간이 사용할 수 있도록 설계하는 과정

(2) 단계별 정의

① 인간 공학의 초점 : 생활에 사용되는 물건, 기구 또는 환경을 설계하는 과정에서 인간 고려
② 인간 공학의 목표 : 실질적 효율 향상, 건강, 안전 등과 같이 인간의 가치 기준을 유지, 향상, 즉 복지 향상
③ 접근 방법 : 인간의 특성이나 행동에 관한 적절한 정보를 체계적으로 적용

(3) 인간 공학의 목적 : 안전과 능률 향상

① 안전성 향상과 사고 예방
② 기계 조작 능률성과 생산성 향상
③ 쾌적성

114 Human Error의 원인

(1) 인지 과정의 착오
 ① 인간의 생리, 심리적 능력의 한계
 ② **정보 처리량의 한계** : 급박한 상황하에서는 작업자가 인지, 판단해야 할 상황이 제시될 때 거부 반응이 발생
 ③ **감각 차단 현상** : 작업 내용의 변화가 없이 일정하고 단조롭게 장시간 지속될 때 작업자의 감각 기관이 둔화되는 현상
 ④ **정서적 불안정** : 외부 자극으로 인하여 발생되는 신체적, 심리적인 불안 상태
 ⑤ 신체적 소질

(2) 판단 과정의 착오
 ① 능력의 부족
 ② 정보의 부족
 ③ **합리화 현상** : 자신의 행위가 합리적이고 정당하며 훌륭하게 평가되기 위해 사회적으로 증명하기 위한 현상으로 상황을 자기에게 유리하게 판단하며 잘못을 인정하지 않으려는 행위
 ④ 습관적 행동
 ⑤ 자기 능력의 과시
 ⑥ 주변 환경의 영향

(3) 조치 과정의 착오
 ① 능력의 부족
 ② 주의 부족
 ③ 환경 조건의 부적당

115 안전검사 및 안전인증

(1) 안전인증대상 기계 및 설비
 ① 프레스
 ② 전단기(剪斷機) 및 절곡기
 ③ 크레인

④ 리프트
⑤ 압력용기
⑥ 롤러기
⑦ 사출성형기(射出成形機)
⑧ 고소(高所) 작업대
⑨ 곤돌라

(2) 안전인증대상 방호장치
① 프레스 및 전단기 방호장치
② 양중기용(陽重機用) 과부하방지장치
③ 보일러 압력방출요 안전밸브
④ 압력용기 압력방출용 안전밸브
⑤ 압력용기 압력방출용 파열판
⑥ 절연용 방호구 및 활선작업용(活線作業用) 기구
⑦ 방폭구조(防爆構造) 전기기계·기구 및 부품
⑧ 추락·낙하 및 붕괴 등의 위험 방지 및 보호에 필요한 가설기자재로서 고용노동부장관이 정하여 고시하는 것

(3) 자율확인대상 기계 및 설비
① 연삭기 또는 연마기(휴대형은 제외)
② 산업용 로봇
③ 혼합기
④ 파쇄기 또는 분쇄기
⑤ 식품가공용기계(파쇄·절단·혼합·제면기만 해당)
⑥ 케베이어
⑦ 자동차 정비용 리프트
⑧ 공작기계(선반, 드릴기, 평삭·형삭기, 밀링만 해당)
⑨ 고정형 목재가공용 기계(둥근톱, 대패, 루타기, 띠톱, 모떼기 기계만 해당)
⑩ 인쇄기

(4) 안전검사 대상 기계
① 프레스
② 전단기

③ 크레인[정격하중 2톤 미만인것은 제외한다.]
④ 리프트
⑤ 압력용기
⑥ 곤돌라
⑦ 국소배기장치(이동식은 제외한다)
⑧ 원심기(산업용에 한정한다)
⑨ 롤러기(밀폐형 구조는 제외한다)
⑩ 사출성형기[형 체결력(型 締結力) 294킬로뉴턴(kN) 미만은 제외한다.]
⑪ 고소작업대(「자동차관리법」제3조제3호 또는 제4호에 따른 화물자동차 또는 특수자동차에 탑재한 고소작업대로 한정한다.)
⑫ 컨베이어 ⑬ 산업용 로봇 ⑭ 혼합기 ⑮ 파쇄기 또는 분쇄기

(5) 안전보건진단 종류
① 안전진단
② 보건진단
③ 종합진단(안전진단과 보건진단을 동시에 진행하는 것)

(6) 대상사업장
① 중대재해(사업주가 안전보건조치의무를 이행하지 아니하여 발생한 중대재해만 해당한다)발생 사업장. 다만, 그 사업장의 연간 산업재해율이 같은 업종의 규모별 평균 산업재해율을 2년간 초과하지 아니한 사업장은 제외한다.
② 안전보건개선계획 수립·시행명령을 받은 사업장
③ 추락·폭발·붕괴 등 재해발생 위험이 현저히 높은 사업장으로서 지방고용노동관서의 장이 안전·보건진단이 필요하다고 인정하는 사업장

(7) 안전점검표(체크리스트)에 포함되어야 할 사항
① 점검대상
② 점검부분(점검개소)
③ 점검항목(점검내용 : 마모, 균열, 부식, 파손, 변형 등)
④ 점검주기 또는 기간(점검시기)
⑤ 점검방법(육안점검, 기능점검, 기기점검, 정밀점검)
⑥ 판정기준(법령에 의한 기준 등)
⑦ 조치사항(점검결과에 따른 결과의 시정)

116 안전 교육의 분류(3단계)

(1) 안전 지식 교육(제1단계)

① 작업장에 있어서의 기계, 공구의 구조 및 기능에 대한 안전 지식과 취급 방법에 관한 안전 교육
② 강의, 시청각 교육을 통한 지식의 전달과 이해
③ 기계, 전기, 화학 등 인간의 감각으로 위험성을 판단할 수 없는 분야
④ 전혀 무지한 자에 대한 작업 방법, 사용 기계, 공구에 대한 안전 지식을 받게 하는 안전 교육

(2) 안전 기능 교육(제2단계)

① 습득한 안전 지식을 실제로 시행할 수 있게 기능을 교육
② 기능을 몸에 익히기 위해 반복적으로 개인 지도

(3) 안전 태도 교육(제3단계)

습득한 안전 지식, 안전 기능을 체득 후 실행할 수 있도록 하는 의지 결정의 교육

종 류	내 용	교육중점
지식교육	• 취급 기계와 설비의 구조, 기능, 성능의 개념을 이해 • 재해 발생의 원리 이해 • 작업에 필요한 법규, 규정 기준 습득	• 알고 싶은 것의 개념 주지
기능교육	(실기 교육) • 작업 방법, 기계 장치, 계기류의 조작 행위를 몸으로 습득 (문제 해결의 종류) • 과거, 현재의 문제를 대상으로 하여 사실의 확인과 문제점의 발견원 탐구로부터 대책을 세우는 순서를 습득	• 실기를 주체로 시행
태도교육	• 안전 작업에 임하는 자세와 동작을 습득 • 직장 규칙, 안전 규칙을 몸으로 습득 • 의욕을 가지고 행한다.	• 가치관 형성 교육

117 학습 지도

(1) 학습 지도의 원리
  ① **자율 활동** : 수강자 자신이 자발적으로 학습에 참여해야 하는 데 중점을 둔 원리
  ② **개별화** : 수강자가 가지고 있는 각자의 욕구와 능력 등에 알맞은 학습 활동의 기회를 마련한다는 원리
  ③ **사회화** : 학습 내용을 현실 사회의 사상과 문제를 기반으로 하여 학교에서 경험한 것을 교류시키고 공동 학습을 통하여 협력적이고 우호적인 학습을 진행하는 원리
  ④ **통합** : 학습을 종합적인 전체로서 지도하자는 원리
  ⑤ **직관** : 구체적인 사물을 직접 제시하거나 경험시킴으로써 큰 효과를 얻을 수 있는 원리

(2) 지도 교육의 8원칙
  ① 상대방의 입장에서 지도 교육
  ② 동기 부여
  ③ 쉬운 것에서 어려운 것으로
  ④ 반복
  ⑤ 한 번에 하나씩
  ⑥ 5감의 활용
  ⑦ 인상의 강화
  ⑧ 기능적인 교육

(3) 교육 방법의 4단계
  ① 제1단계 : 도입(준비)
  ② 제2단계 : 제시(설명)
  ③ 제3단계 : 적용(응용)
  ④ 제4단계 : 확인(정리)

(4) 교육의 4분야
  ① 동작에 의한 교육
    • 반복 연습
    • 계속 교육
  ② 기억에 의한 교육
    • 반복 교육

- 시간을 분해 교육(전문 교육시)
③ 이해에 의한 교육
  - 해명 및 설명
  - 참가자의 자주성 신장
  - 다각적 검토 및 상관 관계 유지
④ 태도의 교육
  - 훈시보다 이론적 설명
  - 가치 체계의 반영
  - 이론적 설명보다 토의 관찰
  - 집단 사고의 유의
  - 토의 관찰보다 실행

118 산업 재해의 원인 3분류

(1) 기본 원인의 일반적 형태

기본원인	일반적 형태
인간적 요인 (Man)	① 심리적 원인 : 습관적 행동(망각, 주변적 동작, 고민, 무의식 행동, 위험 감각, 생략 행위 등), 억측 판단, 착각 및 부주의 ② 생리적 원인 : 피로, 수면 부족, 신체 기능, 질병 등 ③ 직장적 원인 : 직장 내 인간 관계, 통솔력 의사 소통 등
설비적 요인 (Machine)	① 기계 설비의 설계상 결함 ② 위험에 대한 방호 및 보호의 불량 ③ 근원적 안전 대책의 미흡 ④ 안전 점검 및 정비의 불량
작업적 요인 (Media)	① 작업 정보 및 작업 안전 기준의 부적절 ② 작업 자세, 작업 동작의 불량 ③ 작업 공간 및 작업대의 불량 ④ 작업 환경 조건의 불량

기본원인	일반적 형태
관리적 요인 (Management)	① 안전 관리 조직의 불량 ② 안전 관리 규정의 불비 ③ 안전 관리 계획의 미수립 ④ 안전 교육 훈련의 부족 ⑤ 적성 배치의 부적절 ⑥ 건강 관리의 불량 ⑦ 작업자에 대한 지도 감독 부족

(2) 간접 원인의 일반적 형태

간접원인	일반적 형태
기술적 원인 (Engineering)	① 기술적 결함(설비의 설계, 점검, 보전 등) ② 설비, 기계 장치의 상태 및 배치 불량 ③ 작업장 바닥의 정비 상태 불량 ④ 작업장의 조명, 환기 불량 ⑤ 위험 장소의 방호, 보호 설비의 배치, 정비 불량 ⑥ 안전 보호 장구의 상태 결함 ⑦ 작업 공간 및 작업대의 상태 불량
교육적 원인 (Education)	① 안전에 대한 지식, 경험 부족 ② 위험에 대한 무지 ③ 안전 작업 방법의 무지, 경시, 무시 ④ 작업에 대한 학습 또는 미경험
관리적 원인 (Enforcement)	① 관리 감독자의 책임감 부족 ② 안전 관리 조직상의 결함 ③ 작업 기준, 안전 수칙 미지정 및 불명확 ④ 인사 및 적성 배치의 부적절 ⑤ 안전 관리 계획의 작성, 실시, 평가 미흡 ⑥ 안전 점검, 안전 교육의 관리 부적절 ⑦ 재해 원인 분석, 위험 분석 미흡

(3) 간접 원인과 대책 선정

간접원인	대책선정
기술적 원인	공학적 대책(Engineering)
인간적 원인	교육적 대책(Education)
관리적 요인	규제적 대책(Enforcement)

119 위험의 분류

(1) 기계적 위험

　① **접촉적 위험** : 작업점 또는 동력전도 부분의 기계적 운동 한계 내 신체 일부가 접촉됨으로써 발생되는 위험
　② **물리적 위험** : 기계 작업으로 인한 래, 낙하의 위험
　③ **구조적 위험** : 그라인더 숫돌 등의 파괴, 보일러 파열 등의 위험

구 분	사고의 형
접촉의 위험	• 틈에 끼임·말려들어감·잘림, 스침·격돌 찔림
물리적 위험	• 비래·낙하·추락·전락
구조적 위험	• 파열·파괴·절단

(2) 화학적 위험

　① **폭발성 물질** : 가열, 충격, 마찰 등에 의해 다량의 가스 발생 및 폭발
　② **발화성 물질** : 공기 접촉 후 발화 및 물과 접촉하여 인화성 가스 발생
　③ **인화성 물질** : 인화성 액체의 증기가 점화원과 접촉, 폭발
　④ **산화성 물질** : 인화성 물질, 환원성 물질이 접촉하였을 때 발화, 폭발

구 분	사고의 형
폭발 화재	• 폭발성·발화성·인화성·인화성 물질, 가스
생리적 위험	• 부식성

(3) 에너지 위험

위험의 종류	사고의 형	위험물
전기적 위험	• 감전·과열·발화 • 눈의 장해	• 전기기계, 기구·전선, 배선
열 기타의 위험	• 화상·방사선 장애 • 눈의 장애	• 화염·보일러·화학 설비 • 중성선, 레이저 광선

(4) 작업적 위험

위험의 종류	사고의 형	위험 작업, 장소
작업 방법의 위험	• 추락, 전도 • 비래, 낙하물에 맞음 • 충돌·사이에 낌	• 운반 기계 설치·벌목, 집재 • 토석 채취·운송, 하역 작업 • 제조, 운반 작업

위험의 종류	사고의 형	위험 작업, 장소
장소적 위험	• 붕괴 낙하물에 맞음 • 추락·전도·충돌	• 작업장·발판·옥상 • 옥외 통로·재료 설치장 • 채취·하역장

120 재해의 직접 원인

(1) 불안전한 상태

① 개요 : 불안전한 상태의 재해, 사고를 일으키거나 그 요인을 만들어내는 물리적인 상태 혹은 환경

② 종류

㉮ 역학적인 불안전 요소
- 잠재 에너지
- 현재 에너지
- 운전 에너지
- 구속 에너지
- 중력 위치 에너지
- 체력, 근력
- 동물 에너지
- 자연 현상
- 지진, 낙뢰

㉯ 환경적 불안전 요소
- 유독, 유해 물질 : 가스, 유해 분진, 증기
- 유해 조건 : 산소 결핍, 이상 온습도, 이상 기압, 소음, 조명 부족, 진동
- 행동의 장애 조건 : 통행, 피난의 방법, 표시, 표지, 복장, 설비, 색채 등의 불안 요소

㉰ 에너지와 인체의 격리 상태
- 에너지원의 통제
- 에너지원과 사람 중간에서 격리, 차단
- 개인 보호구의 착용

③ 대책

㉮ 생산 에너지의 컨트롤

㉯ 기기 불안 제거, 설계 구조 방법 개선, 배열 및 저장의 합리화

(2) 불안전 행위
　① 개요 : 불안전 행동이란 재해 사고를 일으키거나, 그 요인을 만들어내는 근로자의 행동
　② 종류
　　㉮ 무의식적으로 행동 : 무지, 착오
　　㉯ 의식적으로 행하는 경우 : 고의
　③ 원인
　　㉮ 올바른 안전 방법을 모르기 때문
　　㉯ 올바른 안전 방법으로 할 수 없기 때문
　　㉰ 올바른 안전 방법으로 하지 않기 때문
　④ 대책
　　㉮ 지식, 기능의 교육
　　㉯ 작업 배치, 작업량 변화
　　㉰ 생리적, 정신적 대책 강구

121 인간에 의한 사고의 특징

(1) 사고의 경향성
　① 상황성 유발자의 재해 유발 요인
　　㉮ 작업이 어렵기 때문
　　㉯ 기계 설비의 결함
　　㉰ 환경적 집중 곤란
　　㉱ 심신에 근심
　② 소질성 유발자
　　㉮ 주의력 산만 및 지속 불능　　㉯ 저지능
　　㉰ 주의력 범위의 협소　　　　㉱ 불규칙, 흐리멍텅
　　㉲ 경시, 경솔　　　　　　　　㉳ 부정확
　　㉴ 흥분(침착 결여)　　　　　　㉵ 도전 결여
　　㉶ 소심(도전적)한 성격　　　　㉷ 감각 운동의 부적당
　③ 미숙성 누발자
　　㉮ 기능 미숙
　　㉯ 환경 미숙

④ 습관성 누발자
   ㉮ 신경 과민
   ㉯ 일종의 슬럼프

(2) 재해 빈발성
   ① 기회설 : 개인 영향(교육, 환경, 개선으로 치유)
   ② 성격 : 습관성 누발자의 형태
   ③ 재해 빈발 경향자설 : 재해 빈발 소질이 있는 자

(3) 안전과 심리
   ① 사고와 개성
   ② 동기
   ③ 감성
   ④ 도전적 소유자
   ⑤ 침착하고 숙고형

(4) 사고를 일으키지 않는 사람의 성격
   ① 개인 욕구, 절제, 관용, 친절, 책임감
   ② 온건, 통제
   ③ 판단력, 추진력
   ④ 의욕, 집착, 연구
   ⑤ 적극적 사고, 실망 방지
   ⑥ 능력 한계 파악, 안전 파악
   ⑦ 약간 내성적, 겸손, 수줍음
   ⑧ 능력 과시 없고 상급자 순종, 법규 준수

(5) 사고 유발자의 특징
   ① 지능이 낮고, 주의 산만
   ② 접촉 기피, 성격 괴팍
   ③ 그릇된 인생관, 가치관
   ④ 자제력 부족, 공격적
   ⑤ 자기 행동 정당화, 책임 회피
   ⑥ 좌절, 피해 망상
   ⑦ 비평 주의, 과오 비판
   ⑧ 긴장, 근심, 걱정

122 동작 분석 및 동작 경제 3원칙

(1) 정 의

작업 동작 분석으로 Loss 및 Risk 요인의 발견

(2) 분석 목적

① 동작 계열의 개선
② 표준 동작의 설계
③ Motion Mind 체질화

(3) 동작 분석법의 종류

① 서블리그(Therblig)법 : 동작분석시 Therblig 기호 이용
② 필름 분석법 : 작업을 분석하고 있는 작업자의 동작을 사진으로 촬영하여 적정 작업 방법으로서의 개선, 표준 시간의 개선 및 작업 교육 실시 등에 활용하는 방법
③ 목시 동작 분석법 : 작업자가 수행하고 있는 동작을 목시(目視)하여 관측 용지에 Therblig 기호를 이용하여 기록 분석하는 방법

(4) 동작 경제 3원칙

① 인체 사용에 대한 동작 경제 원칙
  ㉮ 두손 동시 사용
  ㉯ 두손 동시 쉬면 안 됨
  ㉰ 두팔 동작은 반대 방향 대칭으로 동시
  ㉱ 최소한 동작 분류
  ㉲ 관성 이용
  ㉳ 곡선 이동
  ㉴ 리듬 운동
② 작업량에 관한 동작 경제 원칙
  ㉮ 공구 재료는 정위치에 배치
  ㉯ 공구 재료는 작업 주변에 가까이 배치
  ㉰ 조명 확보
  ㉱ 공구 상자는 사용시 가까이 배치
  ㉲ 재료 공구는 연속 동작이 되도록 배치
  ㉳ 작업대 의자는 앉거나 서기에 편리

㈃ 좋은 자세의 의자 확보
㈄ 중력 공구 상자 용기는 재료를 사용 장소로 이동시 사용
㈅ 낙하 투입 송출 장치는 어느 곳에서나 이용될 수 있어야 한다.
③ 공구 설비 설계의 동작 경제 원칙
㉮ 발사용이 유리할 때는 손의 부담을 줄이도록 한다.
㉯ 2개 이상의 공구를 결합하여 사용
㉰ 공구 재료는 가능한 한 곳에 배치
㉱ 손가락에 고유의 동작 능력에 따라 부하하도록 한다.
㉲ 레버, 핸들 등은 몸전체를 움직이지 않게 배치

123 작업 표준

(1) 정 의
생산에 필요한 작업 방법, 관리 방법, 작업 조건, 사용 재료, 사용 설비 그 밖의 주의 사항 등에 관한 기준을 규정하는 것

(2) 작업 표준의 종류

구 분	내 용
기술표준	• 품질에 영향을 미치는 기술적 요인에 대해 그 구조 요건을 규정하는 것 • 작업 표준의 바탕
작업표준	• 기술 표준의 요구 조건을 만족시킨다. • 안전, 품질, 능률, 원가 등의 견지에서 통합 작업 및 단위 작업마다 사용 재료, 사용 설비, 작업자, 작업 조건, 작업 방법, 작업 관리 등을 규정
작업순서 작업 지시서	• 작업 표준을 받아 단위 작업 또는 요소 작업마다 사용 재료, 사용 설비, 사용자 공구, 개개 작업자가 행할 동작, 작업상의 주의 사항, 이상 발생시 보고 등을 규정

(3) 작업 표준의 구비 조건
① 작업 실정에 맞을 것
② 좋은 작업의 표준일 것
③ 구체적으로 표현
④ 생산성과 품질 특성에 맞을 것
⑤ 책임과 권한

⑥ 타 규정에 위배되지 말 것
⑦ 이상시의 조치에 대한 규정

(4) 작업 표준의 작성 순서
① 제1단계 : 작업의 분류 및 정리
② 제2단계 : 작업 분석
③ 제3단계 : 동작 순서 및 급소를 정한다.
④ 제4단계 : 작업 표준안 작성
⑤ 제5단계 : 작업 표준의 제정의 교육 실시

124 산업 재해의 발생 형태

일반적으로 재해 발생의 메커니즘(mechanism)은 다음 3가지의 구조적 요소를 갖고 있다.

(1) 단순 자극형
상호 자극에 의하여 순간적으로 재해가 발생하는 유형으로 재해가 일어난 장소에, 그 시기에 일시적으로 요인이 집중한다고 하여 집중형이라고 한다.

(2) 연쇄형
하나의 사고 요인이 또는 다른 요인을 발생시키면서 재해를 발생시키는 유형이다. 단순 연쇄형과 복합 연쇄형이 있다.

(3) 복합형 : 단순 자극형과 연쇄형의 복합적인 발생 유형이다.

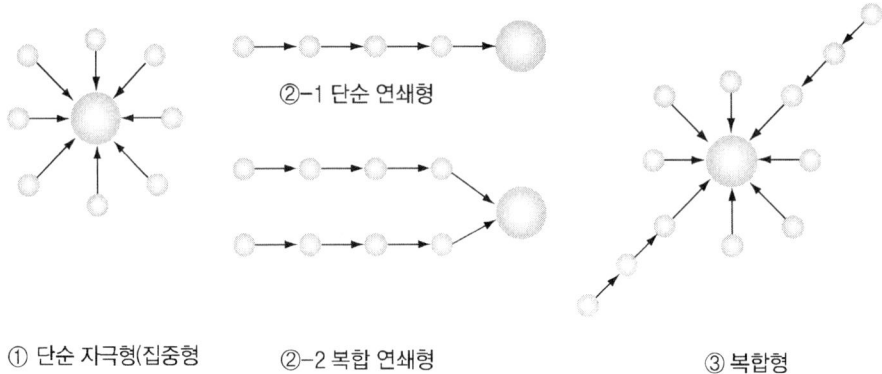

① 단순 자극형(집중형)   ②-1 단순 연쇄형   ②-2 복합 연쇄형   ③ 복합형

125 작업 위험 분석

(1) 작업 위험 분석 방법 및 순서

　① **면접법** : 해당 부문의 숙련된 기술자와 경험이 많은 장기 근속자와 작업 위험에 대한 의견 수집
　② **시찰법** : 작업자가 평상시에 하는 대로의 작업 양식을 당사자들이 의식하지 않은 상태에서 시찰하여 문제점을 발견
　③ **질문지법**
　　㉮ 작업 공정 및 작업 방법에 대한 적절한 문항을 작성하여 알아보는 방법
　　㉯ 개인의 태도 측정과 문제점의 비교에 적합한 방법
　④ **절충법** : 상기 방법을 상황에 따라 적절히 상호 보완

(2) 작업 위험 분석의 순서 5단계

　① 제1단계 : 기초 조사
　　㉮ 필요한 단서에 대한 기초 조사 및 연구가 선행
　　㉯ 관련 문헌 및 자료의 수집 분석
　　㉰ 재해 빈도 및 강도율
　　㉱ 사고 보고 기록에 나타난 취약 작업, 작업자, 장비 및 작업 환경의 검토
　② 제2단계 : 작업의 세분화
　　㉮ 작업 내용을 단위 작업 수준까지 세분화함으로써 분석할 문제점을 세분, 단순화
　　㉯ 작업 위험 분석의 내용에 따라 세분화
　　　㉠ 작업자 개인 단위별
　　　㉡ 작업 집단별
　　　㉢ 공정 및 절차별
　　　㉣ 조업별
　　㉰ 공정의 관련성에 따라 세분화
　　　㉠ 작업자간의 관련성
　　　㉡ 공정의 흐름
　　　㉢ 작업 흐름 도표
　　　㉣ 반복성
　　　㉤ 기계 작업과 수작업의 작업 방법 비교

③ 제3단계 : 위험성의 검토 및 분석
   ㉮ 세분화된 작업 내용을 검토하여 위험을 인지하고 사고의 잠재성을 찾아내어 안정 방안 강구
   ㉯ 검토 내용
      ㉠ 위험 요인의 필요성
      ㉡ 목적
      ㉢ 작업 순서 및 절차
      ㉣ 작업자의 위치 및 배치
      ㉤ 공정에 적합한 장비 작업자
④ 제4단계 : 신규 방법의 개발
   ㉮ 잠재적 사고 위험을 배제할 수 있는 새로운 작업 방법 개발
   ㉯ 불필요한 세부 작업 내용의 제거
   ㉰ 개선된 방법 및 절차로 위험성 배제
   ㉱ 모든 필요한 세부 작업 내용을 단순화
   ㉲ 위험을 조성하는 세부 작업 조건을 변경하거나 인간 공학적으로 개선
   ㉳ 신규 방법의 표준화
⑤ 제5단계 : 적용
   안전하고 생산적인 신규 방법을 작업에 적용할 수 있도록 표준 안전 작업을 정하고 실천

126 동기 부여 방법

(1) 안전의 근본 이념을 인식시킨다.
   ① 안전의 중요 목적은 인도주의이다.
   ② 근로자에게 그 목적을 인식시켜 진정한 안전 활동 유도

(2) 안전 목표를 정확히 설정
   ① 안전 목표는 안전 활동의 방향과 도달점을 설정
   ② 안전 활동은 근로자의 행동에 큰 영향

(3) 안전 활동의 결과를 근로자에게 알려준다.
   결과를 근로자에게 알려주고 근로자가 결과를 평가 점검하도록 기회를 주는 것이 안전 의식을 높인다.

(4) 상과 벌을 준다
　① 안전 수칙이나 안전 기준을 정하여 이를 준수 강요
　② 각종 안전 포상 제도를 실시
　③ 위반시에는 가차없이 질책

(5) 경쟁과 협동을 유도
　① 개인의 경쟁, 집단간의 경쟁, 자신 기록과의 경쟁을 유도하는 데는 개인 대 개인의 경쟁이 가장 효과적
　② 협동은 집단의 생산성을 질적 양적으로 향상시키고, 대인 관계의 개선, 의사 소통의 증대 등 안전 의식 고취에 효과

(6) 동기 유발 수준 유지

(7) 적절한 업무 배분

127 동기 유발을 위한 안전 활동 사항

(1) 책임과 권한의 명확화
　전 직원 하도급 관계자의 책임 및 권한의 명확화

(2) 작업 환경의 정비
　안전 통로, 안전화, 공정의 적정화, 휴식 장소

(3) 고용시 안전 의식 고취
　안전 준수 사항 준비, 안전상 주의 환기

(4) 조례실시 : 5분 미팅 실시

(5) 안전 모임(TBM) 실시
　① 작업 내용, 방법, 안전 대책
　② 위험 부분 대책
　③ 같은 장소 타작업시 주의 사항 전달
　④ 작업시 중점 요소
　⑤ 현장 작업자의 지시 현장, 안전 목표

⑥ 작업자 신변 재해
⑦ 건강 상태, 복장, 보호구 확인

(6) 안전 순찰 및 점검 실시
   ① 점검자 지명
   ② 시설, 작업 방법 점검
   ③ 불안 상태 개선 및 보고

(7) 안전 당번 제도
   ① 안전 당번 제도 채용
   ② 현장 순찰, 안전 점검

(8) 안전 작업 표준 활동
   ① 본사에서 안전 작업 표준 결정
   ② 현장에서 시행

(9) 제안 제도 실시
   안전 장치, 공구 발명, 작업 방법, 공정 개선, 환경 장비

(10) 안전 경쟁 실시
   ① 반직종 단위 안전 경쟁
   ② 우수자 표창

(11) 안전 표창 실시
   안정 성적 우수자 포함

(12) 현장 안전 위원회 개최
   ① 위원회 개최
   ② 재해 사례 검토, 안전 토의
   ③ 도급자, 현장 감독자 포함

(13) 안전 강습, 연수, 견학
   건설 기계, 신호 등 현장 작업자 강습 실시

(14) 안전 영화, 슬라이드 상영

(15) 안전 방송 실시

휴식 시간 이용, 음악 방송

(16) 특별 안전의 날 실시

① 매월 1~2회 실시, 전원 실시
② 안전 조례, 정리 정돈, 순찰

128 동기 부여 이론

(1) 맥그리거(McGregor)의 X, Y이론

① X, Y이론의 비교

X이론	Y이론
• 인간 불신감	• 상호 신뢰감
• 성악설	• 성선설
• 인간은 원래 게으르고 태만하여 남의 지배를 받기 원한다.	• 부지런하고 근면하며 적극적이고 자주적이다.
• 물질 욕구(저차적 욕구)	• 정신 욕구(고차적 욕구)
• 명령 통세에 의한 관리	• 목표 통합과 자기 통제에 의한 자율 관리
• 저개발국형	• 선진국형

② 동기 부여 측면에서는 Y이론이 효과적
③ 특징
- 환경 개선보다는 일의 자유화 추구
- 불필요한 통제 배제
- 특정 작업의 기회 부여
- 새롭고 힘든 과업 부여

(2) Davis의 동기 부여 이론

① 인간의 성과 × 물질의 성과 = 경영의 성과
② 지식(knowledge) × 기능(skill) = 능력(ability)
③ 상황(situation) × 태도(affitude) = 동기유발(motivation)
④ 능력 × 동기 유발 = 인간의 성과(humanperformance)

(3) 매슬로(Maslow)의 욕구 5단계

- 특징(1, 2단계 : 기본 욕구로서 동기 부여 불가
- 3, 4, 5단계 : 동기 부여 가능)
① 1단계(생리적 욕구) : 기아, 갈증, 호흡, 배설, 성욕 등
② 2단계(안전 욕구) : 안전을 구하려는 욕구
③ 3단계(사회적 욕구) : 애정, 소속에 대한 욕구
④ 4단계(인정받으려는 욕구) : 자기 존중의 욕구로 자존심, 명예, 성취 지위에 대한 욕구
⑤ 5단계(자아 실현의 욕구) : 잠재적인 능력의 실현 욕구

129 안전 심리 5대 요소

(1) 동기(Motive)

동기는 능동적인 감각에 의한 자극에서 일어나는 사고의 결과로서 사람의 마음을 움직이는 원동력

(2) 기질(Temper)

① 인간의 성격, 능력 등 개인적인 특성
② 성장시의 생활 환경에서 영향을 받는다.
③ 특히 여러 사람과의 접촉 및 환경에 따라 달라진다.

(3) 감정(Emotion)

① 감정이란 지각, 사고 등과 같이 대상의 성질을 아는 작용이 아니고 희로애락 등의 의식
② 사람의 감정은 안전과 밀접한 관계를 가지며, 사고를 일으키는 정신적 동기이다.

(4) 습성(Habits)

동기, 기질, 감정 등이 밀접한 연관 관계를 형성하여 인간의 행동에 영향을 미칠 수 있도록 하는 것을 말한다.

(5) 습관(custom)

성장과정을 통해 형성된 특성 등이 자신도 모르게 습관화된 현상을 말하며 습관에 영향을 미치는 요소로는 ㉮ 동기, ㉯ 기질, ㉰ 감정, ㉱ 습성 등이다.

130 피로의 종류, 증상, 회복, 대책

(1) 정 의

피로란 어느 정도 일정한 시간, 작업 활동을 계속하면 객관적으로 작업 능률의 감퇴 및 저하, 착오의 증가, 주관적으로는 주의력의 감소, 흥미의 상실, 권태 등으로 일종의 복잡한 심리적 불쾌감을 일으키는 현상을 말한다.

(2) 피로의 분류
  ① 정신 피로와 육체 피로
    ㉮ 정신 피로 : 정신적 건강에 의해서 일어나는 중추 신경계의 피로를 말한다.
    ㉯ 육체 피로 : 육체적으로 근육에서 일어나는 피로를 말한다(신체 피로).
  ② 급성 피로와 만성 피로
    ㉮ 급성 피로 : 보통의 휴식에 의해서 회복되는 것으로서 정상 피로 또는 건강 피로라고도 한다.
    ㉯ 만성 피로 : 오랜 기간에 걸쳐 축적되어 일어나는 피로로서 휴식에 의해서 회복되지 않으며, 축적 피로라고도 한다.

(3) 피로의 증상
  ① 신체적 증상(생리적 현상)
    ㉮ 작업에 대한 몸자세가 흐트러지고 지치게 된다.
    ㉯ 작업에 대한 무감각, 무표정, 경련 등이 일어난다.
    ㉰ 작업 효과나 작업량이 감퇴 및 저하된다.
  ② 정신적 증상(심리적 현상)
    ㉮ 주의력이 감소 또는 경감된다.
    ㉯ 불쾌감이 증가된다.
    ㉰ 긴장감이 해이 또는 해소된다.
    ㉱ 권태, 태만해지고, 관심 및 흥미감이 상실된다.

(4) 피로의 회복 대책
  ① 휴식과 수면을 취할 것(가장 좋은 방법)
  ② 충분한 영양(음식)을 섭취할 것
  ③ 산책 및 가벼운 운동을 할 것
  ④ 음악 감상, 오락 등에 의해 기분을 전환시킬 것
  ⑤ 목욕, 마사지 등 물리적 요법을 행할 것

제2장 예상문제 및 실전모의시험

문제 1
안전성 평가

1 개요

재해 사고의 대형화 현상에 따라 사전 안전성 평가 방법이 활발하게 진행되었으며 안전성 평가는 6단계로 나누면 아래와 같다.

1. **1단계** : 관계 자료의 작성 준비
2. **2단계** : 정성적 평가
3. **3단계** : 정량적 평가
4. **4단계** : 안전 대책
5. **5단계** : 재해정보에 의한 재평가
6. **6단계** : FTA에 의한 재평가

2 방법

안전성을 정량적으로 평가하는 방법에는 재해 상태에 의해 피해자 수를 확률적으로 예측하는 방법과 FTA나 ETA에 의해 종합적으로 평가하는 방법 등이 사용되고 있다.

3 안전성 평가의 관계 자료

1. 관계 자료의 양식

관계 자료는 공장 전체 배치도로부터 건조물, 구조물까지 도면을 포함한 일부의 것을 제외하고 양식은 자유이다.

2. 관계 자료의 조사 항목

① 입지 조건
② 공장 배치도
③ 구조 평면도, 단면도 및 입면도
④ 일어날 수 있는 반응
⑤ 공정 계통도
⑥ 공정 기기 리스트
⑦ 배관 및 계장 계통도
⑧ 안전 설비의 종류와 설치 장소
⑨ 운전 요령, 공정 조업 중단 및 유지 기준
⑩ 요원 배치 계획

3. 정량적 평가 항목

① 해당 화학설비의 취급물질
② 해당 화학설비의 취급용량
③ 온도
④ 압력
⑤ 조작

4. 위험도 등급 및 점수

① 1등급(16점 이상) : 위험도가 높다.
② 2등급(11~15점 이하) : 주위 상황, 다른 설비와 관련해서 평가한다.
③ 3등급(10점 이하) : 위험도가 낮다.

문제 2

허세이의 피로 분류에 대한 대책을 설명하시오.

허세이는 피로 분류를 9가지로 구분, 그에 대한 대책을 아래와 같이 기술하였다.

피로구분	피로 회복 대책
1. 신체의 활동에 의한 피로	활동을 국한하는 목적 이외의 동작을 배제, 기계력의 사용, 작업의 교대, 작업 중의 휴식
2. 정신적, 노력에 의한 피로	휴식, 양성 훈련
3. 운동 또는 긴장에 의한 피로	운동 또는 휴식에 의해 긴장을 푸는 일 기타, 2항에 준함
4. 정신적 긴장에 의한 피로	주도 면밀하고, 동적인 작업 계획을 세우는 것, 불필요한 마찰을 배제하는 일
5. 환경과의 관계에 의한 피로	작업장에서의 부적절한 제관계를 배제하는 일, 가정 생활의 행위에 관한 교육을 하는 일
6. 영양 및 배설의 불충분	조식, 중식 및 종업시 등의 관습의 감시, 건강식품의 준비 신체의 위생에 관한 교육 및 운동의 필요에 관한 계몽
7. 질병에 의한 피로	속히 유효 적절한 의료를 받게 하는 일, 보건상 유해한 작업상의 조건을 개선하는 일, 적당한 예방법을 가르치는 일
8. 기후에 의한 피로	온도, 습도, 통풍의 조절
9. 단조감, 권태감에 의한 피로	일의 가치를 가르치는 일, 동작의 교대를 가르치는 일, 휴식

문제 3

System안전의 5단계를 기술하시오.

1 개 요

① 시스템이란 2개 이상의 다른 기능의 요인을 하나의 목적을 이루어 기능을 발휘하도록 한 것이다.
② 시스템 안전이란 어떤 시스템에 있어서의 기능, 시간, cost의 일정 제약 조건하에서 인원 및 설비의 손상을 최소한으로 줄이는 것이라 정의할 수 있다.

2 System 안전의 5단계

1. **제1단계** : 구상 단계

    해당 설비에 어떤 기능이 요구되는가의 검토

2. **제2단계** : 사양 결정 단계

    ① 1단계의 검토 결과에 의해 사양 결정
    ② 달성해야 할 목표를 정한다.

3. **제3단계** : 설계 단계

    ① 기본 설계와 세부 설계로 나누어진다.
    ② 위험 상태를 최소화한다.

4. **제4단계** : 제작 단계

    ① 완성된 설계 도면에 의해 제작
    ② 작업 표준, 보전의 방식, 안전 점검 기준 검토

5. **제5단계** : 조업 단계

    ① 시운전을 실시, 필요한 자료 확보
    ② 시운전 결과에 의해 필요한 조치 후 정상 운전
    ③ 유지 관리 보존을 양호하게 한다.

문제 4

안전과 재해를 정의하시오.

1 개 요

① 산업 재해를 예방하기 위해서는 사전에 철저한 위험성 검토 및 대책 강구가 필요하다.
② 특히 산업재해는 대부분 중대 재해로, 이에 대한 철저한 관리가 요구된다.

2 안전 및 재해의 정의

1. 안 전

안전이라 함은 산업 재해를 예방하기 위하여 잠재적 위험성 발견과 그 개선책을 수립할 목적으로 고용노동부 장관이 지정하는 자가 실시하는 조사 평가를 말한다.

2. 재 해

재해라 함은 근로자 업무에 관계되는 건설물·설비·원재료·가스·증기·분진 등에 의하거나 작업, 또는 그 밖의 업무로 인하여 사망 또는 부상하거나 질병에 걸리는 것을 말한다.

문제 5

태도 교육의 뜻, 중요성, 기본 과정을 기술하시오.

1 개 요

① 안전 교육은 근로자의 지식, 기능 및 태도 향상을 도모하여 산업 현장의 재해예방을 하는 데 있다.
② 안전 교육의 3단계에는 지식, 기능, 태도 교육이 있으며 안전 사고 발생을 억제하기 위한 태도 교육을 철저히 해야 한다.

2 태도 교육의 뜻과 중요성

① 태도는 행위 이전에 마음의 자세이므로 행위 결정을 하고 지시를 내리는 행위 원점 또는 내적 행동 체계라고 할 수 있다.
② 안전 태도는 개인 대 개인의 교육이므로 그 효과를 거두는 데는 상대가 어떠한 성격을 지니고 있는가에 따라 구체적 방법을 취할 필요가 있다.
③ 안전에 대한 태도가 불량하면 무의미하여 안전 사고를 발생시키기 때문에 태도 교육이 제일 중요하다고 하겠다.

3 안전 교육의 3단계

① 제1단계 : 지식 교육 – 강의, 시청각 교육을 통한 지식의 전달과 이해
② 제2단계 : 기능 교육 – 시범, 실습, 견학을 통한 이해와 경험 체득
③ 제3단계 : 태도 교육 – 생활 지도, 작업 지도를 통한 안전의 습관화

4 안전 태도의 기본 과정

① **청취한다.** : 상대방의 말을 잘 들어 본 다음 소질 및 태도의 결함 발견
② **이해하고 납득한다.** : 상대방의 입장에서 이해 납득
③ **항상 모범을 보인다.**
④ **평가한다.**
⑤ **장려한다.**
⑥ **처벌한다.**

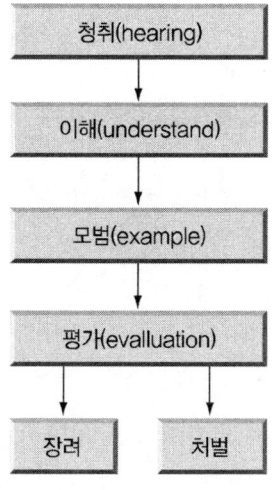

[그림] 태도 교육 4단계

문제 6

사업주의 의무는?

1 개 요

① 사업주라 함은(산업 안전 보건법 제2조 3항) 사업을 하는 자로 근로자를 사용하여 사업을 하는 자를 말한다.
② 사업주는 안전 관리 업무를 추진하는 데 가장 중요한 위치에 있는 경영주라 할 수 있다.

2 사업주의 범위

① 개인 기업에서는 경영 주체
② 법인 단체일 경우 그 단체 자체
③ 기업에 있어서는 기업을 운영하는 자
④ 기계, 자재, 원료 등을 제조 수입 설계하는 자를 포함하고 건설 공사의 발주자, 설계자, 시공자가 포함된다.

3 사업주의 의무

① 산업 재해 예방을 위한 기준 준수
② 근로조건의 개선을 통하여 적절한 작업 환경 조성
③ 근로자의 생명 보전
④ 안전 보건을 유지 증진
⑤ 국가에서 시행하는 산업 재해 예방 시책에 적극 협조

4 결 론

① 사업주는 안전에 가장 중요한 위치에 있는 사람이기 때문에 안전에 대한 의식 개혁이 필요하다.
② 안전 활동을 잘하면 생산성 및 품질이 향상된다는 것을 명심해야 하겠다.

문제 7

안전의 기둥 4M은?

1 개요

1. 모든 재해는 불완전한 상태와 행동에 의하여 발생되며 이는 4M에 의한 원인에 의하여 비롯된다.

2. 4M은, Man(인간), Machine(기계설비), Media(작업방법), Management(관리적 요인)으로 구성된다.

2 4M에 의한 재해의 원인

1. Man(인간)

인간의 과오, 망각, 무의식, 피로 등에 의한 재해 요인 발생

2. Machine(기계 설비)

기계 설비의 안전 방호 장치 미설치, 기계 설비의 결함

3. Media(작업 방법)

작업시 작업 순서, 작업 동작, 작업 방법, 작업 환경의 문제점이 결함으로 발생

4. Management(관리적 요인)

안전 관리 조직 및 안전 관리 규정의 미흡이 재해의 요인으로 발생

3 4M에 의한 대책

1. Man(인간)

인간관계 개선, 근로자의 욕구충족

2. Machine(기계 설비)

기계 설비의 안전 장치 설치, 기계 설비 정비, 철저한 점검 관리 등이 재해 예방에 효과적

3. Media(작업 방법)

작업 순서 및 작업 동작의 기준 정립, 작업 환경 개선

4. Management(관리적 요인)

안전 관리 조직 및 안전 관리 규정에 대한 체계적인 정립 및 준수가 재해 예방의 지름길이다.

문제 8

재해예방의 4원칙은?

1 개 요

1. 모든 재해는 직접 원인 및 간접 원인에 의한 재해의 발생 요인이 있다.

2. 이는 재해 예방의 4원칙인 손실 우연의 원칙, 원인 계기의 원칙, 예방 가능의 원칙, 대책 선정의 원칙에서 비롯된다.

2 재해 예방의 4원칙

1. 손실 우연의 원칙

재해 손실은 사고 발생시 사고 대상의 조건에 따라 달라지므로 한 사고의 결과로서 생긴 재해 손실은 우연성에 의하여 결정된다. 따라서 재해 방지의 대상은 우연성에 좌우되는 손실의 방지보다는 사고 발생 자체의 방지가 되어야 한다.

2. 원인 계기의 원칙

재해 발생은 반드시 원인이 있다. 즉, 사고와 손실과의 관계는 우연적이지만 사고와 원인 관계는 필연적이다.

3. 예방 가능의 원칙

재해는 원칙적으로 원인만 제거되면 예방이 가능하다.

4. 대책 선정의 원칙

재해 예방을 위한 가능한 안전 대책은 반드시 존재한다. 일반적으로 재해 방지를 위한 안전 대책은 다음과 같은 것이 있다.
① 기술(Engineering)적 대책(공학적 대책) : 안전 설계, 작업 행정의 개선, 안전 기준의 설정, 환경 설비의 개선, 점검 보존의 확립 등을 행한다.
② 교육(Education)적 대책 : 안전교육 및 훈련을 실시한다.
③ 규제(Enforcement)적 대책(관리적 대책) : 관리적 대책은 엄연한 규칙에 의해 제도적으로 시행되어야 하므로 다음의 조건이 충족되어야 한다.

3 사고 예방 대책의 기본 원리 5단계

1. 조직(1단계 : 안전 관리 조직)

경영층이 참여, 안전 관리자의 임명 및 라인 조직 구성, 안전 활동 방침 및 안전 계획 수립, 조직을 통한 안전 활동 등 안전 관리에서 가장 기본적인 활동은 안전기구의 조직이다.

2. 사실의 발견(2단계 : 현상 파악)

각종 사고 및 안전 활동의 기록 검토, 작업 분석, 안전 점검 및 안전 진단, 사고 조사, 안전 회의 및 토의, 종업원의 건의 및 여론 조사 등에 의하여 불안전 요소를 발견한다.

3. 분석 평가(3단계)

사고 보고서 및 현장 조사, 사고 기록, 인적·물적 조건의 분석, 작업 공정의 분석, 교육과 훈련의 분석 등을 통하여 사고의 직접 및 간접 원인을 규명한다.

4. 시정 방법의 선정(4단계 : 대책의 선정)

기술의 개선, 인사 조정, 교육 및 훈련의 개선, 안전 행정의 개선, 규정 및 수칙의 개선, 확인 및 통제 체제 개선 등 효과적인 개선 방법을 선정한다.

5. 시정책의 적용(5단계 : 목표 달성)

시정책은 3E 즉 기술(Engineering), 교육(Education), 독려(Enforcement)를 완성함으로써 이루어진다.

문제 9

재해조사의 순서는?

1 재해 조사의 목적

1. 재해의 원인과 자체의 결함 등을 규명함으로써 동종 재해 및 유사 재해의 발생을 막기 위한 예방 대책을 강구하기 위해서 실시한다.
2. 재해 조사는 조사하는 것이 목적이 아니고, 또 관계자의 책임을 추궁하는 것이 목적도 아니다.
3. 재해 조사에서 중요한 것은 재해 원인에 대한 사실을 알아내는 데 있다.

2 재해 조사사의 유의 사항

1. 사실을 수집한다. 이유는 뒤에 확인한다.
2. 목격자 등이 증언하는 사실 이외의 추측의 말은 참고로만 한다.
3. 조사는 신속하게 행하고 긴급 조치하여 2차 재해의 방지를 도모한다.
4. 사람·기계 설비, 양면의 재해 요인을 모두 도출한다.
5. 객관적인 입장에서 공정하게 조사하며, 조사는 2인 이상이 한다.
6. 책임 추궁보다 재발 방지를 우선하는 기본 태도를 갖는다.
7. 피해자에 대한 구급 조치를 우선한다.
8. 2차 재해의 예방과 위험성에 대한 보호구를 착용한다.

3 재해 조사의 방법

1. 재해 발생 직후에 행한다(현장 보전에 유의)
2. 현장의 물리적 흔적(물적 증거)을 수집한다.
3. 재해 현장은 사진을 촬영하여 보관하고, 기록한다.
4. 목격자, 현장 책임자 등 많은 사람들에게 사고시의 상황을 듣는다.
5. 재해 피해자로부터 재해 직전의 상황을 듣는다.
6. 판단하기 어려운 특수 재해나 중대 재해는 전문가에게 조사를 의뢰한다.

4 재해 원인 조사의 순서

1. **1단계(사실의 확인)** : 인적, 물적, 관리적 면에 관한 사실 수집
2. **2단계(재해 요인의 파악)** : 인적, 물적, 관리적 재해 요인 파악
3. **3단계(재해 요인의 결정)** : 재해 요인의 중요도 고려

5 산업 재해 발생시 조치 순서 7단계

1. **1단계(긴급 처리)** : 피재 기계 정지 및 피해자의 응급조치
2. **2단계(재해 조사)** : 잠재 재해 요인의 색출
3. **3단계(원인강구)** : 직접 및 간접 원인에 대한 조치 강구 필요
4. **4단** : 동종 및 유사 재해 방지
5. **5단계(대책 실시 계획)** : 6하 원칙
6. **6단계(실시)**
7. **7단계(평가)**

문제 10

불안전한 행동은?

1 개 요

1. 재해 원인은 불안전한 상태 및 불안전한 행동으로 나누어지며 특히 불안전한 행동은 전체 재해 원인의 88[%]를 차지하고 있다.
2. 불안전한 행동은 인적 원인으로 3E에 의한, 즉 기술적, 교육적, 관리적 대책 및 작업 표준의 완벽함에서 제거될 수 있다.

2 재해 발생의 메커니즘(Mechanism)

1. 사고의 발생 : 물체와 사람과의 접촉의 현상을 말한다.

① 물체가 사람에 직접 접촉한 현상
② 사람이 유해 환경하에 폭로된 현상

2. 기인물과 가해물

① 기인물 : 불안전한 상태에 있는 물질(환경 포함)
② 가해물 : 직접 사람에게 접촉되어 위해를 가한 물체

3 불안전한 상태와 불안전한 행동

1. 불안전한 상태

재해의 물적 원인으로, 사고를 일으키게 하는 상태 또는 사고의 요인을 만들어내고 있는 것과 같은 상태라 말하며 재해 원인의 10[%]를 차지한다.

2. 불안전한 행동

재해의 인적 원인으로, 재해 발생의 주요인이며 전체 재해 원인의 88[%]를 차지한다. 불안전한 행동별 원인은 다음과 같다.
① 안전 작업 표준 미완성 : 무단 작업 실시로 재해가 발생한다.
② 작업과 안전 작업 표준의 상이 : 설비, 작업의 수시 변경으로 재해가 발생한다.
③ 안전 작업 표준에 결함 : 작업 분석의 불완전으로 일어난다.
④ 안전 작업 표준의 불이해 : 안전 교육에 결함이 있다.
⑤ 안전 작업 표준의 불이행 : 안전 태도에 문제가 있다.

4 대 책

① 불안전 행동을 배제하기 위한 기술적(Engineering), 교육적(Education), 작업관리상(Enforcement)의 대책 필요
② 안전 작업 표준의 내실화
③ 최고 경영자 및 관리 감독자, 안전 관리자의 안전 의식 강화

문제 11

위험의 분류

1 개요

재해의 위험에 대한 산업 재해의 분류는 에너지 형태에 따라 화학적 위험, 물리적 위험, 전기적 위험, 건설적 위험으로 분류되며 각 위험별 내용은 아래와 같다.

2 에너지 형태에 따른 위험의 분류

1. 화학적 위험

① 화재 및 폭발 : 인화성 가스 및 액체, 폭발성 물질 및 유기과산화물, 물반응성 물질 및 인화성 고체 등
② 약물 중독 및 가스 누출 : 질식성 가스, 자극성 가스, 전신 중독성 가스, 유해 분진, 미스트, 발암성 물질, 부식성 물질, 독극물 등
③ 대기 오염 : 매연, 분진, 배출 가스, 악취 등

2. 물리적 위험

① 눈 장해 : 자외선, 적외선 등
② 방사선 장해 : α선, β선, γ선, X선, 중성자선 등
③ 열중증 및 동상 : 고온, 저온
④ 잠함병 및 고산병 : 고기압, 저기압
⑤ 난청 및 소음 공해 : 음파
⑥ 신경증 및 진동 공해 : 진동

3. 기계적 위험

① 파열, 분출 : 압축기, 고압 장치, 배관
② 낙하, 도괴 : 양중기
③ 진동, 파단 : 고속 회전기

④ 충돌, 탈선, 낙차 : 차륜, 운반기
⑤ 압박·진동 : 중량물
⑥ 전도, 추락 : 통로, 계단, 사다리, 발판, 작업 바닥
⑦ 접촉, 협착, 절상 : 모터, 동력 전도 장치, 제조 기계, 공작 기계

4. 전기적 위험

① 감전 : 전기 기기, 배선
② 발화 : 누전, 전기 불꽃, 정전기 방전

5. 건설적 위험

옹벽붕괴, 낙반, 침하, 도로 및 구축물 훼손, 균열 등 토목 시설의 위험

문제 12

인재의 분류에 대해 기술하시오.

1 개 요

산업 안전 보건법상 산업 재해란 "노무를 제공하는자가 업무에 관계되는 건설물·설비·원재료·가스·증기·분진 등에 의하거나 작업 또는 그 밖의 업무로 인하여 사망 또는 부상하거나 질병에 걸리는 것을 말한다."라고 정의하고 있으며, 우리나라에서는 3일 이상의 요양을 요하는 재해를 산업 재해 즉 재해로 인정하고 있다.

2 재해의 종류

일반적으로 인재에는 그 발생하는 장소에 따라 분류하면 다음과 같다.

1. 공장 재해

① 공장 재해를 현상면에서 파악하면 사람의 상처나 사상, 중독, 직업병에 기인한다.

② 화재, 폭발, 파열 등 기기, 설비의 파괴나 원료, 제품 등의 손실을 가져오는 물적인 것

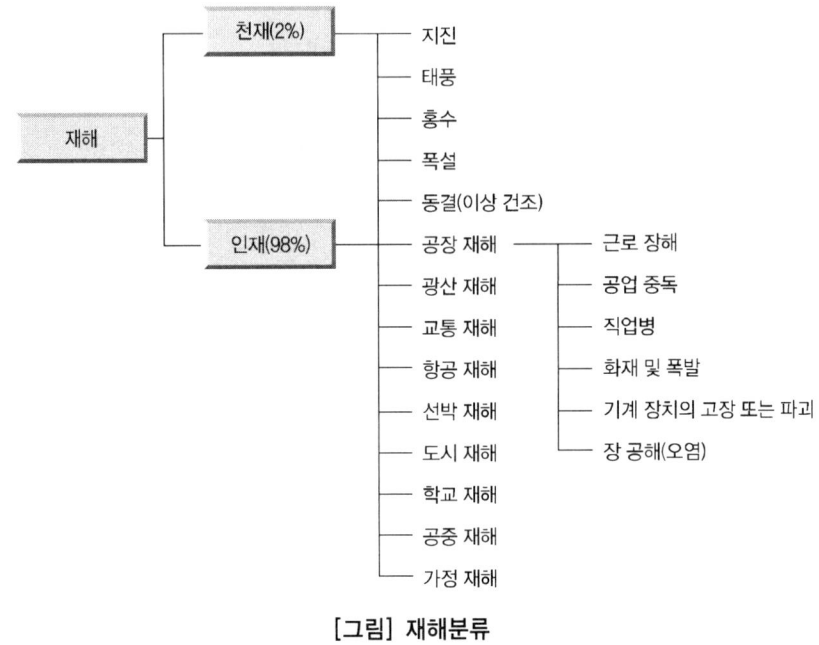

[그림] 재해분류

2. 광산 재해

광산에서의 낙반, 갱내 화재, 가스 돌출, 가스 탄진 폭발, 석탄 자연 발화, 광해 등

3. 교통 재해

도로상의 차량 또는 보행자의 전복, 충돌 등의 사고, 궤도상의 기차, 전차 등의 충돌, 탈선 등의 사고, 항공기의 추락 사고, 위험물 수송 사고 등

4. 선박 재해(해난)

선박의 화재, 폭발, 충돌, 침몰, 좌초, 표류 등의 사고

5. 도시 재해

도시의 주택, 점포, 공공건물 등의 화재 및 소화활동에 수반된 파괴

6. 공중 재해

7. 가정 재해

8. 항공 재해

　　항공기 폭발 등

문제 13
사고의 간접원인

1 개 요

1. 산업재해는 직접 원인과 간접 원인에 의하여 발생하며, 사고의 결과로 인간의 상해가 생기는 연쇄관계를 거쳐서 발생한다.

2. 따라서 재해를 방지하려면 이 연쇄관계를 중도에서 단절할 필요가 있으며 가장 쉬운 대상은 간접 원인을 배제하는 것이다.

2 사고의 간접 원인

① **기술적 원인** : 공장에 있어서의 건물, 구축물, 기계 장치, 기구 등의 기술상의 결함에 기인하는 것으로서 그들의 설계, 배치, 재료, 검사, 보전, 표준 조작 등에 결함이 있었을 경우
② **교육적 원인** : 근로자의 안전에 관한 지식 또는 경험의 부족에 기인된 것으로서 무지, 불이해, 경시, 미숙, 미경험 등에 의한 것
③ **신체적 원인** : 신체의 질병, 난청, 근시, 피로 등의 원인이 되는 것
④ **정신적 원인** : 인간의 착각, 태도 불안, 정신적 동요, 기타의 정신적인 결함에 의한 것
⑤ **관리적 원인** : 관리 조직상의 결함에 기인된 것으로서 최고 관리자의 책임감 결여를 비롯하여 조직, 제도, 기준, 인사, 노무, 예산 등에 있어서의 결함에 의한 것

3 결론

① 간접 원인을 제거하고 불안전 행위를 없애기 위해서는 기술적, 교육적, 신체적, 정신적, 관리적 원인이라는 5가지 간접 원인별로 대책을 강구할 필요가 있다.
② 교육적 대책은 안전 교육과 훈련, 신체적 대책은 휴양, 의료, 직장 이탈, 배치 전환이 있다.
③ 정신적 대책은 심리학적 조사, 규율 엄정, 훈계 징벌, 배치 전환이 있으며, 관리적 대책은 최고 관리자의 책임 자각, 안전 관리의 개선, 안전 교육 제도의 충실, 대책의 즉시 실시, 인사 관리의 개선, 근로 의욕의 향상이 있다.

문제 14

안전 교육 4단계란?

1 개 요

① 안전 교육은 교육의 8원칙 및 4단계를 활용, 피교육자에게 효율적으로 실시해야 한다.
② 교육의 4단계는 도입, 제시, 적용, 확인의 단계로 분류된다.

2 단계별 교육 지도 방법

1. 제1단계(도입)~학습 목표를 설명한다.

① 피교육자의 심신을 편하게 한다.
② 학습의 목적, 취지, 배경을 설명한다.
③ 타 과목과의 관련을 설명한다.

2. 제2단계(제시)

① 교육 내용에 체계와 그 중점을 명시한다.
② 교육 내용의 원리 원칙과 상관 관계를 분명하게 나타낸다.
③ 시청각 교재를 적극 활용한다.

3. 제3단계(응용)

① 교육 내용에 대한 정보 교환을 시킨다.
② 사례연구, 재해사례 등을 영화 슬라이드를 통해 연구발표시킨다.
③ 교육 내용의 직장 적용에 대한 질문을 받는다.

4. 제4단계(확인)

① 교육 내용의 이해 납득 소득의 정도를 확인한다.
② 향후 연수자의 실천 사항을 명시한다.
③ 연수자에 대한 기대와 결의를 나타내고 끝낸다.

문제 15

운반시 Lay out의 주요 사항은?

1 개 요

1. Lay out의 원칙은

취급 운반 재해의 위험 방지에 취급 운반 공정은 공장 창고 또는 건설 현장 등에서 물품의 이동 운반 및 보관에 부대하는 작업이다.

2. 최근에는 자동화 시스템화의 진전이 두드러진 분야이기는 하나 여전히 사람의 조작을 필요로 하는 경우가 많다.

2 Lay out의 원칙

1. 운반 관리에 있어 원칙이라고 하는 것이 여러 가지가 있으나 여기에는 취급운반 시스템을 검토함에 있어 필요한 원칙 중 하나로서 「배치의 원칙은 기계 설비, 하물의 놓는 장소 등 레이아웃을 적절하게 하여 운반을 효율적으로 행한다」는 원칙을 말한다.

2. 원칙의 종류로는 직선화 원칙, 정비의 원칙, 탄력성의 원칙, 안전의 원칙, 자중 경감의 원칙 등 작업의 적절한 운용에 있다.

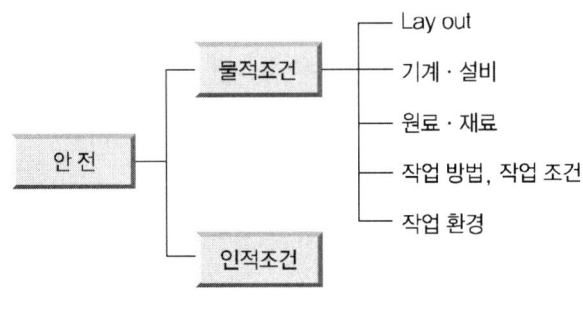

[그림] Layout 포함사항

문제 16

안전 순찰이란?

1 안전 순찰의 정의

① 안전 패트롤이란 사업장의 전 구역 또는 단위 작업장마다 기계 설비 등의 물적 조건 또는 작업 방법, 작업 환경 등의 위험의 적출, 지적을 행하고 이것을 시정하여 안전을 달성하고자 하는 직장 순시를 말한다.
② 직장 순시에는 사업장의 톱, 안전 보건 관리 책임자, 안전 관리자 등의 현장 순시와 라인의 관리, 감독자가 행하는 자기 직장의 순시, 안전 보건 위원회가 재해 방지를 위한 조사 심의의 필요상 행하는 안전 순시 등이 있으며, 안전관리기준이 철저히 이행되고 있는가, 작업 순시가 실행되고 있는가, 교육 사항이 준수되고 있는가 등을 엄격하게 체크함과 동시에 불완전한 상태는 확실하게 시정할 필요가 있다.

2 안전 순시의 효과적 방법

① 조직적으로 실시할 수 있는 연간 계획을 수립하고 그 계획에 따라 행한다. 계획에는 순시의 방법, 중점 사항, 지적 사항, 지적 사항의 처리, 시점의 확인 등에 관한 사항을 정한다.
② 라인의 관리, 감독자는 매일 1회는 자기가 담당한 부서를 순시한다. 특히, 작업자의

행동, 작업 방법의 적부 등에 대해서는 감독자의 수시 순시 횟수를 늘린다.
③ 체크 리스트를 작성하고 사용하는 것이 좋다.
④ 작업 행동은 끊임없이 변화하고 있으므로 불안전 요인을 철저히 확인하기 위하여 기계 조작의 방법, 공구나 보호구의 사용상황, 기타의 작업 행동, 작업 복장에 대해서도 반드시 체크한다.
⑤ 기계 설비도 눈에 보이는 위험 부분의 유무만이 아니라 조작 잘못이나 안전장치 등의 이상 유무를 체크한다.

문제 17

버드의 빙산이란?

최근 미국의 보험학자인 버드(Bird)는 빙산의 예를 들어 상해 사고와 관련되는 의료비나 보상비가 1달러라고 하면 그 상해 사고로 인해 생긴 시설이나 기계의 파손으로 인한 손해, 제품이나 원료의 손해, 생산의 지체, 사고 처리에 쓰여진 비용 등을 계산하면 5달러가 될 것이라고 기술하고 있다.
또 표면에 나타난 의료비나 보상비는 보험으로 보충되지만, 표면에 나타나지 않았던 간접비용은 보험으로는 보상되지 않는 기업의 손실이라고 기술하고 있다.

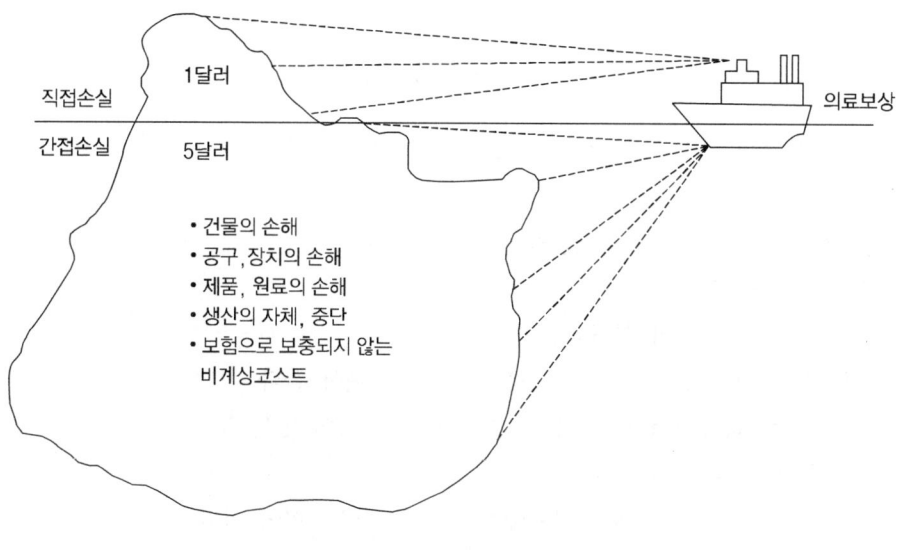

[그림] 버드의 빙산

문제 18

안전대 파기 기준은?

1 개요

안전대 검정 기준 및 파기 기준은 산업 안전 보건법, 동법 시행령 및 동법 시행 규칙에 의한 안전대 검정 규격 및 고용노동부 고시 등 추락 재해 방지 표준 안전 작업 지침의 규정에 의한 안전대 폐기 기준에 준한다.

2 본론

1. 추락 방지를 위한 안전대는 사용 방법에 따라 아래와 같이 구분된다.

종류	사용 구분
벨트식(B식)	U자걸이 전용
안전그네식(H식)	1개걸이 전용
안전그네식(H식)	안전블록(H식 적용)
	추락방지대(H식 적용)

2. 다음 각 호에 해당되는 안전대는 폐기 처리하여야 한다.

① 다음 각 목의 규정에 해당되는 로프는 폐기하여야 한다.
  ㉮ 소선에 손상이 있는 것
  ㉯ 페인트, 기름, 약품, 오물 등에 의해 변화된 것
  ㉰ 비틀림이 있는 것
  ㉱ 횡마로 된 부분이 헐거워진 것
② 다음 각 목의 규정에 해당되는 벨트는 폐기하여야 한다.
  ㉮ 끝 또는 폭에 4[mm] 이상의 손상 또는 변형이 있는 것
  ㉯ 양끝의 해짐이 심한 것
③ 다음 각 목의 규정에 해당되는 재봉 부분은 폐기하여야 한다.
  ㉮ 재봉 부분의 이완이 있는 것

㉯ 재봉실이 1개소 이상 단절되어 있는 것
　　㉰ 재봉실의 마모가 심한 것
④ 다음 각 목의 규정에 해당되는 D링 부분은 폐기하여야 한다.
　㉮ 깊이 1[mm] 이상 손상이 있는 것(특히 그림 부분)
　㉯ 눈에 보일 정도로 변형이 심한 것
　㉰ 전체적으로 녹이 슬어 있는 것

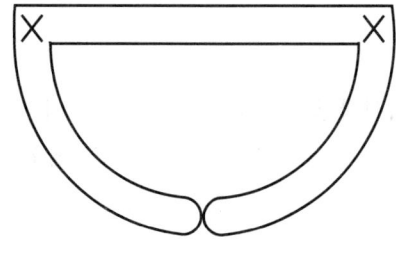

[그림] 안전대 D링

⑤ 다음 각 목의 규정에 해당되는 훅, 버클 부분은 폐기하여야 한다.
　㉮ 훅의 갈고리 부분의 안쪽에 손상이 있는 것(그림 X 부분)
　㉯ 훅 외측에 깊이 1[mm] 이상의 손상이 있는 것
　㉰ 이탈 방지 장치의 작동이 나쁜 것
　㉱ 전체적으로 녹이 슬어 있는 것
　㉲ 변형되어 있거나 버클의 체결 상태가 나쁜 것

[그림] 안전대 후크

3. 안전대 보관은 다음 각 호의 장소에 보관한다.

① 직사광선이 닿지 않는 곳
② 통풍이 잘되며 습기가 없는 곳
③ 부식성 물질이 없는 곳
④ 화기 등이 근처에 없는 곳

3 결론

고소 작업, 특히 철골 공사시에 많이 사용되는 안전대는 사용 방법 및 안전 수칙도 중요하지만 상기에서 열거한 바와 같이 사용 재료의 재질 또한 중요한 만큼 안전대 사용전 재료의 손상 유무 및 안전 장치를 필히 점검해야 하겠다.

문제 19

하인리히의 1 : 29 : 300이란?

1. 하인리히는 상해를 수반한 재해를 조사해 본 결과 상해가 뒤따르지 않는 유사한 사고가 상해를 수반한 사고보다 더 많이 일어난다는 사실을 알았다.

   같은 사람이 거의 비슷한 종류의 330건의 사고를 낸 가운데 300건은 무상해 사고였고 29건이 경상해 사고였으며 1건만이 중상해 사고였다.
   여기서 300의 무상해 제거의 중요성이 강조되고 안전은 자율(생산 부서)에서 이루어져야 한다는 것을 말해주며 또한 불가항력적인 원인 2[%]에 의한 사고 외에 98[%]의 사고는 예방이 가능하다.

2. 하인리히는 7,500건의 재해를 분석, 중대 재해는 8일 이상 상해, 경상해는 8일 미만, 무사고는 1일 미만의 재해로 구분했다.

   $\alpha = 1/(1 + 29 + 300)$
   ⟨α = 숨은 재해임⟩

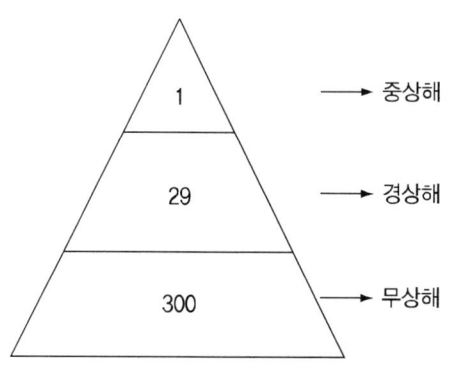

[그림] 하인리히의 상해분포도

문제 20

작업 환경 측정이란?

1 개 요

작업 환경 측정이라 함은 작업 환경의 실태를 파악하기 위하여 해당 근로자 또는 작업장에 대하여 사업주가 측정 계획을 수립하여 시료의 채취 및 분석 평가를 하는 것을 말한다.

작업 환경을 쾌적한 상태로 유지한다는 것은 건강 장애를 방지하기 위하여 보건상 유해한 가스 또는 분진이 작업장 주변의 공기 중에 포함되어 있지 않고 특히 작업에 필요한 온도, 습도, 채광, 조명 등이 적절히 유지되어 기분 좋게 작업할 수 있고 피로의 감소와 건강 장애를 일으키지 않아야 한다.

유해한 작업 환경에서 근로자의 보건 건강을 확보하고 직업병 발생을 예방하고자 사업주는 유해한 작업장에 대하여 규칙적으로 작업 환경을 측정 평가하고 그 결과를 기록 보전하여야 하며 잘못된 것은 시정 개선해야 한다.

2 건설 공사 중 작업 환경 측정 대상 사업장

1. 분진이 현저하게 발생한 작업장

2. 산소 결핍의 위험이 있는 작업

3. 유기용제 업무를 하는 실내 작업장

4. 격렬한 소음을 발생하는 옥내 사업장

5. 설비 장치에 대한 이상 유무의 점검

3 측정 결과 조치

작업 환경 측정 결과에 따라 시설 개선 등 적절한 조치를 하며 측정 결과를 30일 이내 지방고용노동관서의 장에게 보고한다.

문제 21

중대재해란?

산업 재해 중 사망 등 재해의 정도가 심한 것으로서 고용노동부령이 정하는 재해를 말하며 아래 각 호에 해당하는 재해를 말한다.
① 사망자가 1명 이상 발생한 재해
② 3개월 이상의 요양이 필요한 부상자가 동시에 2명 이상 발생한 재해
③ 부상자 또는 직업성 질병자가 동시에 10명 이상 발생한 재해

문제 22

무재해운동의 3원칙은?

무재해란 근로자가 업무로 인하여 사망 또는 4일 이상의 요양이 필요한 부상 또는 질병에 걸리지 않는 것을 말한다.

① **무의 원칙** : 무재해란 단순히 사망 재해 휴업 재해만 없으면 된다는 소극적 사고가 아니고 물적, 인적 일체의 잠재 요인을 사전에 발견, 파악 해결함으로써 근원적인 산업 재해를 없애는 데 있는 것이다.

② **참가의 원칙** : 작업에 따른 잠재적인 위험 요인을 발견하기 위하여 전원이 참가 각자의 처지에서 문제 해결 등을 실천하는 것이다.

③ **선취의 원칙** : 무재해, 무질병의 사업장을 실현하고자 일체의 직장의 위험 요인을 사전에 발견, 파악 해결하여 재해를 방지하는 것을 말한다.

문제 23

안전 보건 관리 책임자의 임무는?

1 서 론

산업 안전 보건법 및 동법 시행령에 준하여 사업주는 20억 이상의 건설 공사에 대하여 안전 보건 관리 책임자를 두어야 하며 안전 보건 관리 책임자는 하도급 시행시 "안전 보건 총괄 책임자"의 임무를 동시에 수행하며 현장을 총괄 관리하여야 한다.

2 본 론

1. 안전 보건 관리 책임자의 임무

① 산업 재해 예방 계획의 수립에 관한 사항
② 안전 보건 관리 규정의 작성 및 변경에 관한 사항
③ 근로자의 안전보건 교육에 관한 사항

④ 근로자의 건강 진단 등 건강 관리에 관한 사항
⑤ 산업재해 원인 조사 및 재발 방지 대책의 수립에 관한 사항
⑥ 산업재해에 관한 통계의 기록 및 유지에 관한 사항
⑦ 안전 보건에 관련되는 안전 장치 및 보호구 구입시 적격품 여부 확인에 관한 사항
⑧ 근로자의 유해·위험 예방 조치(안전 기준 및 보건 기준에 관한 규칙)에 관한 사항으로 고용노동부령으로 정하는 사실

3 결 론

안전 보건 관리 책임자는 안전 관리자와 보건 관리자를 지휘 감독하며 사업장의 유해·위험 요소에 대한 사전 조사 및 재해의 통계 기록 유지를 통하여 동종 재해 및 유사 재해를 방지하며 사업장의 안전에 대한 모든 업무를 관장하여 쾌적한 작업 환경을 유지하도록 노력해야 한다.

문제 24

시설물 안전 관리를 위한 관리 주체란?

1 개 요

① 관리 주체라 함은 해당 시설물의 관리자로서 규정된 자 또는 해당 시설물의 소유자를 말한다.
② 이 경우 해당 시설물의 소유자와의 관리 계약 등에 의하여 시설물의 관리책임을 진 자는 이를 관리 주체로 보며 이는 공공 관리 주체와 민간 관리 주체로 구분한다.

2 공공 관리 주체

1. 국가, 지방 자치 단체

2. 정부 투자 기관 관리 기본법 규정에 의한 정부 투자 기관 및 공기업법에 의한 지방 공기업

3. 그 밖의 대통령령이 정하는 자

3 민간관리 주체

공공관리 주체외의 관리주체를 말한다.

문제 25

개인 보호구의 보관 방법과 구비 조건은?

1 개 요

개인 보호구는 필요할 때 어느 때라도 착용할 수 있도록 청결하고 성능이 유지된 상태로 보관되어야 한다.

2 보관 방법

1. 햇빛이 들지 않고, 통풍이 잘되는 장소에 보관
2. 발열체가 주변에 없는 곳
3. 부식성 액체, 유기 용제, 기름, 화장품, 산 등과 혼합하여 보관하지 않을 것
4. 모래, 진흙 등이 묻은 경우, 세척 후 그늘에 말려 보관
5. 땀, 이물질 등으로 오염된 경우에는 세탁하고, 건조시킨 후 보관

3 구비 조건

1. 착용이 간편할 것
2. 작업에 방해를 주지 않을 것
3. 유해, 위험요소에 대한 방호가 완전할 것
4. 재료의 품질이 우수할 것

5. 구조 및 표면 가공이 우수할 것
6. 외관상 보기가 좋을 것

4 안전인증 보호구의 종류

(1) 안전인증대상 보호구
　　① 추락 및 감전 위험방지용 안전모
　　② 안전화
　　③ 안전장갑
　　④ 방진마스크
　　⑤ 방독마스크
　　⑥ 송기마스크
　　⑦ 전동식 호흡보호구
　　⑧ 보호복
　　⑨ 안전대
　　⑩ 차광 및 비산물 위험방지용 보안경
　　⑪ 용접용 보안면
　　⑫ 방음용 귀마개 또는 귀덮개

(2) 자율안전확인대상 보호구
　　① 안전모(추락 및 감전 위험방지용 안전모 제외)
　　② 보안경(차광 및 비산물 위험방지용 보안경 제외)
　　③ 보안면(용접용 보안면 제외)

문제 26

안전 심리 5대 요소란?

1. 동 기

동기는 능동적인 감각에 의한 자극에서 일어나는 사고의 결과로서 사람의 마음을 움직이는 원동력을 말한다.

2. 기 질

인간의 성격, 능력 등 개인적인 특성을 말하는 것으로서 성장시 생활환경에서 영향을 받으며 주위 환경에 따라 달라진다.

3. 감 정

지각, 사고 등과 같이 대상의 성질을 아는 작용이 아니고 희로애락 등의 의식을 말한다.

4. 습 성

동기, 기질, 감정 등이 밀접한 관계를 형성하여 인간의 행동에 영향을 미칠 수 있도록 하는 것

5. 습 관

성장 과정을 통해 형성된 특성 등이 자신도 모르게 습관화된 현상

문제 27

> 자신 과잉이란?

불안전 행동을 통한 사고 유발 행위, 즉 안전하고 옳은 방법을 알면서도 하지 않는 행위를 말한다. 자신 과잉에 관련되는 사항은 아래와 같다.
① 작업과 안전 수단
② 자신 과잉
③ 주위의 영향
④ 피로하였을 때
⑤ 직장 분위기로 자신 과잉에 대한 대책으로는 작업 규율 확립, 환경 정비, 안전 교육 훈련 철저로 방지할 수 있다.

문제 28

> 최하사점이란?

추락 방지용 보호구로 사용되는 안전띠는 적정 길이가 정규 상태인 와이어 로프를 사용하여야 추락시 근로자의 안전을 확보할 수 있다는 이론이다.

최하사점(h)

$h = 1 + \alpha \ell + \ell_1 / 2$

ℓ = rope의 길이
α = rope의 신장률
ℓ_1 = 근로자의 신장
H = rope매단 지점에 바닥까지의 거리
$H > h$인 경우 → 안전상태

문제 29

시설물 안전 점검의 정의

시설물 안전 관리법에 의한 안전 점검이라 함은 일정한 경험과 기술을 갖춘 자가 육안 또는 점검 기구 등에 의하여 검사를 실시함으로써 시설물에 내재되어 있는 위험 요인을 조사하는 행위임

문제 30

정밀 안전 진단이란?

1 개 요

안전 점검을 실시한 결과 시설물의 재해 예방 및 안전성 확보 등을 위하여 관리주체가 필요하다고 인정하거나 대통령이 정하는 시설물에 관하여 물리적, 기능적 결함을 발견하고 그에 대한 신속하고 적절한 조치를 하기 위하여 구조적 안전성 및 결함의 원인 등을 조사, 측정

2 정밀 안전 진단을 실시해야 할 시설물

① 도로 시설 중 특수 교량(현수교, 사장교, 아치교 및 최대 경간장이 50[m] 이상인 교량을 말한다)과 연장 1,000[m] 이상의 터널
② 철도 시설 중 트러스 교량의 연장 1,000[m] 이상의 터널
③ 갑문 시설
④ 다목적댐, 발전용 댐 및 저수용량 2천만톤 이상의 용수 전용댐
⑤ 하구둑과 특별시 안에 있는 직할 하천의 수문
⑥ 광역 상수도 및 그 부대 시설과 공업용 수도(공급 능력 100만톤 이상인 것으로 한다) 및 그 부대 시설

문제 31

사업주가 구조물, 시설물의 안전 진단 등 안전성 평가를 실시하여 근로자에게 미칠 위험성을 미리 제거해야 할 때는?

1 개 요

① 산업 안전 보건법 안전 보건기준에서 구축물 또는 이와 유사한 시설물의 안전성 평가를 하여 위험성을 미리 제거하여야 하는 경우를 구체적으로 명시하고 있다.
② 균열, 침하, 지진 등이 발생하여 구축물의 안전성이 의심이 갈 때나 잠재 위험이 내재되어 있어 방치하면 장래에 중대한 위험이 예상될 때는 안전성 평가를 실시하여야 한다.

2 안전성 평가 대상

① 구축물 또는 이와 유사한 시설물의 인근에서 굴착·항타 작업 등으로 침하·균열 등이 발생하여 붕괴의 위험이 예상될 경우
② 구축물 또는 이와 유사한 시설물에 지진·동해·부동 침하 등으로 균열·비틀림 등이 발생하였을 경우
③ 구축물 또는 이와 유사한 시설물에 설계 당시보다 과다한 중량이 부과되어 안전성을 검토하여야 할 경우
④ 화재 등으로 구축물 또는 이와 유사한 시설물의 내력이 현저히 저하된 경우
⑤ 오랜 기간 사용하지 아니하던 구축물 또는 이와 유사한 시설물을 재사용하게 되어 안전성을 검토하여야 할 경우
⑥ 기타 잠재 위험이 예상될 경우

3 결 론

① 위험이 있거나 잠재 위험이 있는 구축물 또는 유사 시설물에 대한 안전 진단 또는 안전성 평가를 하여 그 결과에 대하여는 신속하게 대책을 세워 시설 보완 등의 조치가 따라야 한다.
② 위험성에 대한 사전 안전성 평가는 대형 사고 예방에 큰 역할을 한다.

문제 32

생체 리듬(Biorhythm)이란?

1 개요

Biorhythm이란 인간의 생리 주기에 관한 이론이며 히포크라테스가 환자 치료법으로 개발 운용하였음.

2 생체 리듬의 중요성

1. 육체적 리듬(P) : 23일 주기로 반복, 청색(실선)

11.5일은 활동기, 나머지 11.5일은 휴식기
활동력, 지구력, 스태미너에 밀접

2. 지성적 리듬(I) : 33일 주기, 16.5일은 지적 사고 활동기, 녹색(2점 쇄선)

나머지 16.5일은 저하기
상상력, 사고, 기억, 의지, 판단력

3. 감성적 리듬(S) : 28일 주기, 예민 기간, 적색(점선)

14일 둔화 기간, 14일 정서, 창조감, 예감, 감정

3 생체 리듬의 변화

① 혈액의 수분, 염분량 : 주간 감소, 야간 증대
② 체온, 혈액, 맥박수 : 주간 상승, 야간 감소
③ 야간 체중 감소, 소화액 분비 불량

4 Bio-rhythm 곡선

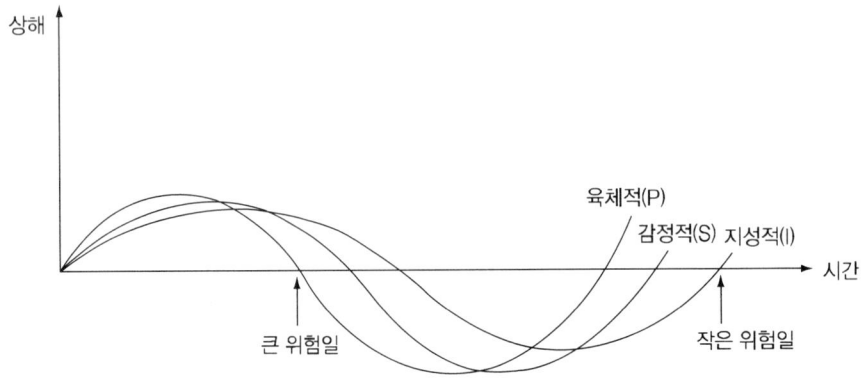

문제 33

FAIL SAFE란?

1. Fail safe

인간 또는 기계의 동작상의 실수가 있어도 사고가 발생하지 않도록 2중, 3중의 통제를 가하는 근본적 안전대책 한 부분의 결함이 중대 재해를 유발하지 않는 시스템 개념이다.

① 직렬 연결 : 자동차 운전

② 병렬 연결 : 열차, 항공기

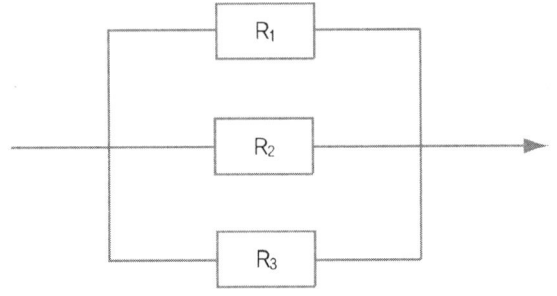

③ 요소 병렬

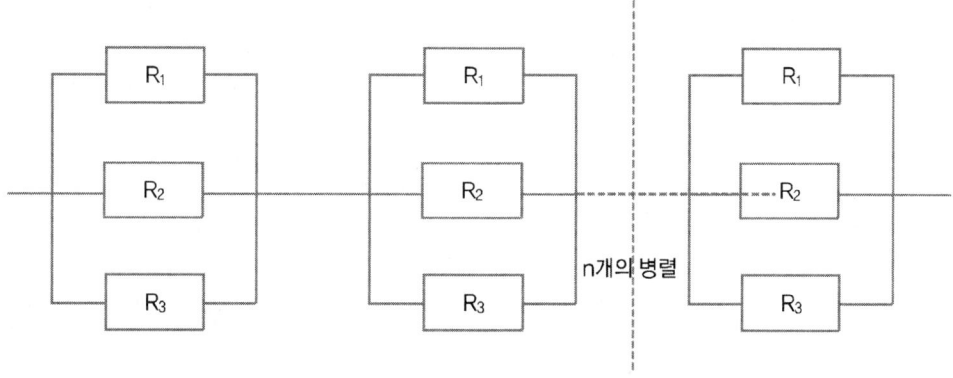

문제 34

위험예지 훈련의 기초 4라운드란?

1 개 요

직장이나 작업의 상황 속에 "어떠한 위험이 잠재하고 있는가"를 직장의 멤버끼리 대화를 나누는 경우 무재해 운동에서는 다음의 문제 해결 4라운드를 거쳐 단계적으로 진행해 나간다. 미팅의 진행 방법과 전원이 다함께 대화를 나누는 방법으로 다음의 세 가지에 주의해야 한다.
① 마음 편한 분위기로 할 것
② 전원이 발언을 한다.
③ 따지거나 비평하는 발언을 하거나 시켜서는 안 된다.

2 기초 4라운드

라운드	문제해결의 4라운드	위험예지 훈련의 4라운드	위험예지 훈련의 진행방법
1R (현상파악)	- 현상 파악 - 사실을 파악한다. - BS를 실시하는 라운드	- 어떤 위험이 잠재하고 있는가	- 전원이 토의하여 도해의 상황 속에 잠재하고 있는 위험요인을 발견하여 그 요인이 초래하는 현상을 생각한 후, "~해서는 …이 된다." "때문에 …이 된다"와 같은 방법으로 발언해 간다.
2R (본질추구)	- 요인을 찾아낸다. - 가장 위험한 것을 함으로써 결정하는 라운드	- 본질추구 - 이것이 위험의 포인트이다.	- 발견된 위험요인 중 이것이 중요하다고 생각되는 위험을 파악하고 ○표를 붙이고 다시 요약해서 ◉를 붙이고 ◉표를 붉은 펜으로 밑줄을 그어 전원이 지적 확인한다.
3R (대책수립)	- 대책 수립 - 대책을 세운다. - 보다 더 위험도가 높은 것에 대하여 BS로 대책을 세우는 라운드	- 당신이라면 어떻게 하겠는가?	◉표를 붙인 중요 위험을 해결하려면 어떻게 하면 좋은가를 생각해내고 구체적으로 실행 가능한 대책을 세운다.
4R (대책실시)	- 목표 달성(설정) - 행동 계획을 정한다. - 수립한 대책 가운데서 질이 높은 항목에 합의하는 라운드	- 우리들은 이렇게 한다.	대책 중 중점실시항목을 좁혀나가서 중요표(※)를 붙이고 그것을 실천하기 위한 팀의 행동 목표를 설정하여 지적 확인한다. 또, 그것을 one point로 줄여 지적확인을 3번 반복한다.

문제 35

안전 보건 진단에 포함되어야 할 내용은?

산업 안전 보건법 및 동법 시행령에 의거, 안전 보건 진단에는 다음 각 호의 사항을 포함하여야 한다.
① 재해 또는 사고의 발생 원인(재해 또는 사고가 발생한 경우에 한한다)
② 기계, 기구, 설비, 장치, 건설물, 시설물, 원재료 및 공정 등의 유해 또는 위험 요인
③ 온도, 습도, 환기, 소음, 진동, 분진 및 유해 광선 등의 유해 또는 위험 요인에 대한 측정 및 분석
④ 유해 물질 등의 사용, 보관 및 저장 상태
⑤ 작업 조건 및 작업 방법
⑥ 보호구 및 안전 보건 장비의 적정성
⑦ 기타 안전, 보건의 개선을 위하여 필요한 사항

문제 36

산업 안전 지도사의 직무 및 업무 영역은?

산업 안전 지도사의 직무 및 업무 영역
① 공정상의 안전에 관한 평가·지도
② 유해·위험의 방지 대책에 관한 평가 및 지도
③ 안전 및 유해·위험에 관련된 계획서 및 보고서의 작성
④ 그 밖의 산업안전에 관한 사항으로서 대통령령이 정하는 사항

문제 37

안전사고와 산업 재해는?

산업 안전 보건법 제2조에 의한 산업 재해와 안전 사고는 다음과 같다.
① 산업 재해 : 산업 재해란 사고의 최종 결과인 인명의 상해나 재산상의 손해를 가져온 것을 말한다. 산업 안전 보건법에서 "산업 재해란 노무를 제공하는 사람이 업무에 관계되는 건설물, 설비, 원재료, 가스, 증기, 분진 등에 의하거나 작업 업무로 인하여 사망 또는 부상하거나, 질병에 걸리는 것을 말한다."라고 규정되어 있으며, 국제노동기구(ILO)에서는 "재해란 사람이 물질 또는 사람과의 접촉 또는 그 작업 방법 등에 의해서 상해를 입는 것"이라고 규정하고 있고, 미국의 산업 안전 보건법(OSHA)에는 "재해란 작업으로 인한 상해 또는 작업 환경에 노출된 결과에 의해 발생된 절상, 골절, 염좌, 절단 등의 모든 상해를 말한다"라고 정의하고 있다. 산업 재해 중 그 피해 정도가 심하여 국가적 차원으로 특별관리하고 있는 재해를 중대 재해라고 하며, 우리나라 산업 안전 보건법에서는
  ㉮ 사망자 1명 이상 발생한 재해
  ㉯ 3개월 이상의 요양이 필요한 부상자가 동시에 2명 이상 발생한 재해
  ㉰ 부상자 또는 질병자가 동시에 10명 이상 발생한 재해를 중대 재해라 정의하고 있다.
② 안전사고 : 사고 또는 안전 사고란 고의성 없이 작업에 지장을 주거나 능률의 저하를 가져오며 직·간접으로 인명이나 재산상의 손실을 줄 수 있는 일을 말하며 다음과 같이 정의되기도 한다.
  ㉮ 원하지 않는 사상(undesired event) : 구미에서 사고를 "원하지 않는 사상(undesired event)"이란 용어를 사용하고 있는데, 사업체에서 일어나는 사망, 상해, 화재 및 폭발, 산업적 낭비(industrial waste, loss), 조업 시간의 상실, 각종 에너지 혹은 원자재의 감소, 기계 또는 장비의 과도한 마모 등과 오염 물질 및 유해 물질의 방출 등을 바로 사고로 보고 액시던트(accident) 대신 언디자이어드 이벤트(undesired event)라는 합리적인 말로 사용한다.
  ㉯ 비능률적 사상(unefficient event) : 뉴욕 대학의 안전관리학과 과장이었던 카터(Cutter)박사는 1950년대에 이미 비능률적인 사상(unefficient event)은 전부 사고의 범주에 속한다고 사고의 핵심개념을 지적하고 있다.
  ㉰ 변형된 사상(strained event) : 인간이 외부로부터 과도한 압력을 받으면 육체적으로나 심리적으로 긴장이 높아지고 견디기 어려운 한계에까지 도달되면 이성을 잃거나 과오를 범하기 쉽고 위험에 여유있게 대처할 수 없게 되는, 스트레인 상태에

빠지게 된다. 따라서 심리적으로 인간이 견딜 수 있는 스트레스의 한계를 넘어선 스트레인 이벤트(unefficient event)를 모두 사고라고 할 수 있다.

문제 38
우리나라 최고 경영자의 안전에 대한 관심도는?

1 개 요

우리나라 각 회사의 최고 경영자의 안전 관리에 대한 참여도는 결여되어 있다고 본다. 21C인 오늘의 안전 관심도는 점차 향상되고 있다.

2 최고 경영자의 안전에 대한 관심도를 측정하면

① 조직상 문제 : 안전 관리를 체계화하여 운영하는 사례는 적고 관리 자체를 부하 직원에게 일임하여 직접 진두 지휘하는 조직을 갖추지 못하고 있는 실정이다.
② 투자상 문제 : 예산상 안전 관리비 계상이 미미하고 과감한 투자를 기피하고 있는 실정이다.
③ 안전 관리의 실태 미확인 : 최고 경영자는 현장 방문시 또는 회사 운영시 이윤에만 관심을 갖고, 현장 안전에 대한 확인을 실시하고 있지 않은 실정이다.

3 개선 의견

① 조직상 문제 : 회사의 안전 관리 총책임자를 최고 경영자로 하여 직접 진두지휘할 수 있는 체제로 강화하고 만약 사고가 발생시는 그 책임을 직접 최고 경영자에게 물을 수 있도록 행정적인 제도가 요망된다.
② 조직상 문제 : 현장의 안전 관리에 필요로 하는 비용은 예산액에 대한 일정액을 투자할 수 있도록 입법을 통해 강제 규제를 실시하도록 한다.
③ 안전 관리 실태 미확인 : 최고 경영자가 현장 안전 관리에 관심을 갖도록 유도하고 사고가 발생시 최고 경영자가 총책임을 물을 수 있는 입법 조치가 되면 자연 관심도가 높아지리라 생각된다.

4 결론

안전 사고가 발생시에는 사회적인 무리가 발생함은 물론 재해 손실 비용으로 막대한 재산상의 피해와 인명을 손실하게 되므로 최고 경영자는 당장 눈앞의 이익에만 급급하지 말고 사회적인 차원에서 스스로 안전에 대한 관심을 가져야 할 것으로 생각된다. 21C 선진국에 진입하는 길은 안전과 환경 뿐이다.

문제 39

산업 안전 지도사의 직무와 건설 안전 분야의 업무 범위는?

1 개요

① 산업 현장에서의 재해의 종류는 다양하고 특히 건설업에서의 재해는 좀처럼 줄어들지 않고 있다. 이에 고용노동부 산하에 관인 한국산업안전보건공단에서는 산업 안전 지도사 제도를 신설, 건설 재해 예방을 이룰 수 있도록 지도사 제도를 신설했다.
② 독일 및 일본에서는 consulting업무가 매우 활발하여 산업 재해를 예방하는데 큰 역할을 하고 있다.
③ 정부 최고 안전 책임자인 고용노동부장관의 발언 역시 건설업에 사고가 발생하면 회사도 반드시 망한다고 기술한 바 있다.

2 지도사의 직무

① 공정상의 안전에 관한 평가·지도
② 유해·위험의 방지 대책에 관한 평가·지도
③ 사업장의 공정상의 안전에 관한 사항과 유해·위험 방지 대책에 관한 계획 및 보고서 작성
④ 그 밖에 산업안전에 관한 사항으로서 대통령으로 정하는 사항

3 건설 안전 분야의 업무 범위

1. 각종 계획서 작성, 지도에 관한 사항

① 유해·위험 방지 계획서
② 안전·보건 개선 계획서
③ 건설 현장 작업 계획서

2. 안전성 평가에 관한 사항

① 가설 구조물
② 시공 중인 구축물
③ 해체 공사
④ 건설 현장 주변
⑤ 건설 현장의 시설, 기계·기구, 가설 전기

3. 굴착 공사의 안전 시설, 갱내 또는 밀폐 공간의 환기, 배기 시설의 기술 지도

4. 기타 토목, 건축 등에 관한 교육 또는 기술 지도

4 결 론

① 건설 안전 지도사 제도가 정착되어 건설 현장의 재해 예방에 기여하기 위해서는 업무 영역에 대하여 법으로 보장하여야 하며, 지도사 수수료에 대하여 그 댓가를 법으로 규정하고 자질 향상을 위한 정기적인 교육이 제도적으로 마련되어야 할 것이다.
② 특히, 지도사 제도가 발전하기 위해서는 지도사 스스로 자질을 향상하고 자문 의뢰자에게 만족한 consulting이 되어 재해 예방에 실질적인 도움이 되게 하는 것이 무엇보다 중요하다.

문제 40

안전 보호구의 종류와 선택 및 사용 방법은?

1 서 론

인체의 상해에 대한 보호책은 적극적 보호 방법과 소극적 보호책으로 나누며 여기에서는 소극적 보호책으로 분류되며 자신의 상해에 대한 보호를 목적으로 하는 안전 보호구에 대해 보후구의 종류 및 선택, 사용할 때 유의 사항에 대하여 알아보기로 한다.

2 본 론

1. 종 류

인체에 대한 상해에 대하여 보호할 목적으로 만들어지는 안전 보호구는 다음과 같이 크게 두 가지로 구분할 수 있다.
① 인체에 대한 급성적인 상해를 방호하기 위한 것
② 인체에 대한 만성적인 상해를 방호하기 위한 것

2. 급성적 상해를 주는 에너지에 대한 방호 방식

① 정적 에너지가 동적 에너지로 되면서 에너지 흐름이 완화되는 방식 : 안전모, 안전화
② 전기 에너지를 절연체로 차단하는 방식 : 절연 장갑, 절연 안전모
③ 급성 유해 화학 에너지를 약제로 무해하게 하는 방식 : CO, CO_2 등 급성 유해가스용 마스크류
④ 작업자에게 신선한 공기를 공급하는 방식 : 호스와 필터가 부착된 마스크

3. 만성적 상해를 주는 에너지에 대한 방호방식

① 화학 에너지의 전달을 방지하는 방식 : 방호 의복, 각종 마스크
② 소음 에너지를 흡수, 차단하는 방식 : 귀마개, 귀덮개
③ 방사열 에너지를 차단하는 방식 : 방열 의복, 작업 의복
④ 반사 에너지를 차단하는 방식 : 보안경, 납판을 넣은 에어프런 등

4. 선 택

착용시의 작업의 용이성, 작업특성에 대한 완전한 방호성, 재료와 품질, 구조와 표면 가공성, 외관 등을 고려하여, 작업 중에 사용성(상시, 필요성, 임시)과 착용과 보관의 난이성, 크기, 사용, 목적 등을 고려하여 선택할 것

3 사용법

각 보호구의 특성에 따른 사용법을 따를 것. 특히 사용후에는 세척하여 건조시켜서 청결하고도 습기가 없는 장소에 보관하여 언제든지 사용할 수 있는 상태로 관리할 것이며 정기적인 점검을 실시할 것

4 결 론

안전 보호구는 보호구의 종류에 따라 인체 구조에 적합한 방식을 택하여야 하며 착용시 작업 및 방호 성능에 지장을 주지 않도록 하여 유해·위험 요소에 대해 대비할 수 있도록 하여야 하며 기술자로서 더욱 편리하고 방호 성능이 뛰어난 보호구의 연구개발에도 관심을 가져야 하겠다.

문제 41

안전모의 시험 성능 기준은?

1 시험 성능기준

1. 내관통성 시험

① 시험 안전모를 사람 모형에 장착 무게 0.45[kg]의 철재추를 높이 3.048[m] 모체 정부 중심 76[mm] 안에 자유낙하시켜 관통거리 측정
② AE, ABE 안전모의 관통 거리는 9.5[mm] 이하, AB종 안전모는 관통 거리가 11.1[mm] 이하이어야 한다.

2. 충격 흡수성 시험

① 시험 안전모 장착 후 무게 3.6[kg]의 철재 충격추를 모체 정부를 중심으로 직경 76[mm] 안에 되도록 1.524[m](5피트)에서 자유 낙하, 전달 충격력을 측정
② 최고 전달 충격력이 4,450N(1,000파운드)를 초과해서는 안 되며 모체와 장착제가 분리되거나 파손되지 않아야 한다.

3. 내전압성 시험

① 종류 AE, ABE 안전모를 수위가 동일하게 되도록 물을 넣은 후 체양과 끝부분은 수면 위로 상승시킴(모체 끝에서 최소 연면 거리가 30[mm])
② 이 상태에서 모체 내외의 수중에 전극을 담그고 이것을 주파수 60[Hz]의 정현파에 가까운 20[kW]의 전압을 가하고 충전 전류를 측정한다.
③ 종류 AE, ABE의 안전모는 1분간 견디고 또한 충전 전류가 10[mA]이하로 한다.

4. 내수성 시험

① 종류 AE와 ABE 안전모의 모체를 20~25[℃]의 수중에 24시간 담가놓은 후 대기 중에 꺼내어 마른 천 등으로 표면의 수분을 닦아내고 무게 증가율[%]을 산출하여 1[%] 미만이어야 한다.

$$무게증가율(\%) = \frac{담근후의\ 무게 - 담그기전의\ 무게}{담그기\ 전의\ 무게} \times 100$$

② 종류 AE, ABE의 안전모는 연소시 연소 시간이 연소를 계속할 때 또는 계속하지 않을 대 60초 이상이어야 한다.

5. 난연성 시험

① 종류 AE와 ABE의 안전모 모체로부터 너비 25[mm], 길이 125[mm]의 시험편을 취하고 표면에 25[mm]마다 표시한다. 시험편의 종축을 수평으로, 횡축을 수평면에 대해 45°가 되도록 고정한다.
② 알코올 램프의 불꽃을 높이 약 20[mm] 청색 불꽃으로 조절하고, 그 선단을 시험편의 자유단에 접촉시킨다.
③ 30초 후 램프 위 불꽃을 제거하고 시험편으로부터 약 450[mm] 이상 떼어 놓는다. 1회 점화로 불연소시 불꽃이 소멸한 후 다시 30초간 같은 방법으로 점화시킨다.

④ 1회 또는 2회의 점화로 시험편이 계속 연소시, 불꽃이 시험편의 하단 25[mm]의 표선에 달한 때부터 100[mm]의 표선 하단에 달할 때까지의 시간을 측정하고 연소 시간 [sec]로 한다.
⑤ 종류 AE, ABE의 안전모는 연소를 계속할 때 또는 계속하지 않을 때에 관계없이 연소 시간이 5초 이상이어야 한다.

6. 턱끈풀림

150[N] 이상 250[N] 이하에서 턱끈이 풀려야 한다.

2 부가성능기준

1. 측면변형방호

최대 측면변형은 40[mm], 잔여변형은 15[mm] 이내이어야 한다.

2. 금속 용융물 분사 방호

- 용융물에 의해 10[mm] 이상의 변형이 없고 관통되지 않아야 한다.
- 금속 용융물의 방출을 정지한 후 5초 이상 불꽃을 내며 연소되지 않을 것(자율안전확인에서는 제외)

[표] 안전모의 종류 및 용도

종류 기호	사용구분	모체의 재질	내전압성
AB	물체낙하, 날아옴, 추락에 의한 위험을 방지, 경감시키는 것	합성수지	비내전압성
AE	물체낙하, 날아옴에 의한 위험을 방지 또는 경감하고 머리부위 감전에 의한 위험을 방지하기 위한 것	합성수지(FRP)	내전압성(주)
ABE	물체의 낙하 또는 날아옴 및 추락에 의한 위험을 방지하기 위한 것 및 감전 방지용	합성수지(FRP)	내전압성

(주) 내전압성이란 7,000[V] 이하의 전압에 견디는 것을 말한다.
FRP : Fiber Glass Reinforced Plastic(유리섬유 강화 플라스틱)

산업안전 지도사(기계안전공학)

부록1

모범답안 작성(예)

■ 제1교시 : 100분   ■ 배점 : 문항당 5점   ■ 형태 : 단답형

최종 점검 — 산업안전 지도사(모범 답안 예)

문제 1

가공 경화에 대하여 쓰시오.

모범답안 가공 경과

펀치가 없을 때 철사를 끊으려면 철사를 여러번 반복하여 구부림으로써 절단이 된다. 이와 같은 현상은 철사에 외력을 가하여 변형시킴으로써 철사의 재질이 굳고 여리게(취성)되어 드디어 끊어지게 된다. 이와 같이 재료를 가공하는 도중에 힘이나 외력을 받아 재료가 단단해지는 것을 가공 경화(working hardening)라 한다. "끝"

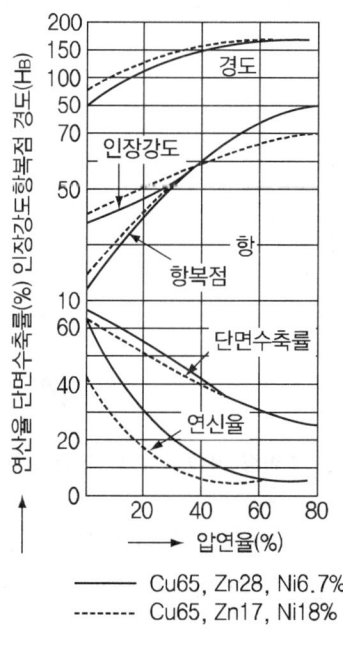

[그림] 가공 경화 현상

문제 2

재료의 응력 – 변형 선도에 대하여 쓰시오.

모범답안 응력 – 변형 선도(stress – strain diagram)

연강(mild steel)으로 된 시험편을 인장 시험기에 고정하고 하중을 가하면 축방향으로는 외력에 비례되는 연신이 생기고 이와 직각 방향으로는 수축이 생기면서 횡단면적이 변한다.

시험 초기에는 하중의 증가에 비례하여 연신이 증가되면 그림과 같이 직선적으로 탄성한계 E점에 이르게 된다. 이 탄성 한계 이내에서 하중을 제거하면 연신은 거의 0점이 되어 원상태로 복귀되는데 이런 성질을 탄성(elasticity)이라 하고 [그림]에서 OP는 비례한계 구간으로 응력에 대해 연신이 일정한 비례적으로 변한다.

실제로 P와 E점은 거의 일치되어 나타난다. 탄성한계 내에서는 후크의 법칙 $E = \sigma/\varepsilon$이 성립된다. 즉, 하중을 가하였을 때 단위면적에 작용하는 하중의 크기를 응력(stress)이라 하고 작용 하중에 대한 표점 거리의 변화량의 원표점 거리에 대한 비를 변형량(strain)이라 하며 후크의 법칙에 의하여 응력과 변형량의 비는 탄성한계 내에서 일정치가 된다. 이 일정치를 영률 또는 종 세로 탄성계수라 한다.

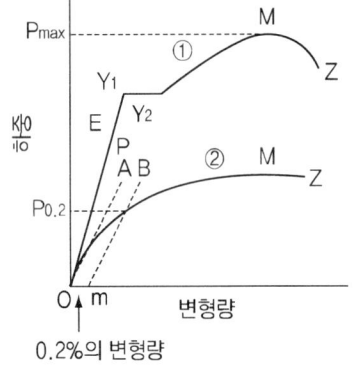

[그림] 인장시험의 하중 – 변형량 곡선   [그림] 각종 재료의 응력 – 변형선도

철강에서 $E(1.9 \sim 2.1) \times 10^6 [\text{kg/cm}^2]$이고 보통 하중 $P[\text{kg}]$의 단면적 $A_o[\text{cm}^2]$에 작용하여 원표점 거리 $l[\text{cm}]$의 변형을 주었다면 후크의 법칙에 따라 공칭 응력(nominal stress) σ_0는

$$\sigma_o = \frac{P}{A_o} [\text{kg/mm}^2]$$

실용력 σ_a(actual stress)는

$$\sigma_a = \frac{P}{A_a} [\text{kg/mm}^2]$$

또 길이 방향의 변형량(strain) ε는

$$\varepsilon = \frac{\triangle l}{l}$$

라고 할 때 탄성계수(영률, young's modulus) E는

$$E = \frac{\sigma}{\varepsilon} = \frac{P/A_o}{\triangle l/l} = \frac{Pl}{A_o \triangle l}$$

여기서 A_0 및 A_a는 시편의 원단면적과 파단부의 최소 단면적을 표시한 것이며, 탄성 한계를 지나 더욱 하중을 가해 주면 시편에 소성 변형(plastic defoemation)이 생기면서 상부 항복점(upper yielding point)에 이르게 되고, 이때 금속 내부의 슬립으로 인한 소성유동이 생기면서 전위 밀도가 상승되고 하부항복점 Y_L(lower yielding point)에 도달된다. Y_L을 지나면 영구 변형은 더욱 증가되고 하중을 제거하여도 원상태로 복귀되지 않는 소위 소성유동에 의한 변형이 생기므로 많은 영구 변형이 잔류하게 된다.

상부 항복점은 돌연적 응력변화에 따른 높은 응력이 요구되며 그 값은 표면의 다듬질 상태, 열처리 상태 및 하중속도 등의 영향을 받는다.

하부 항복점은 슬립의 진행으로 큰 연신율이 발생하기 시작하는 한계점이며 $Y_U Y_L$ 사이의 연산을 항복점 연신이라 부른다.

하중을 Y_L을 넘게 가해주면 최대하중 M에 이르게 되며 이 점에서는 최대 하중에 대응하는 최대 응력이 발생하는 점이다. 이 점을 지나면 외력의 증가 없이도 연신이 생겨 시편의 단면적 방향으로는 국부수축이, 길이 방향으로는 자동연신이 진행되어 B점의 파괴점에 이르러 시편은 파단된다.

인장시험은 하중을 가하기 시작하여 B점에 이르기까지의 재료 성질을 관찰하는데 그 주목적이 있는 것이다. 그중 최대 하중에 대한 강도(strength)를 그 재료의 인장 강도(tensile strength) 또는 최대 인장 응력(ultimate tensile-stress)이라고 부르며 인장시험한 시험 결과치는 다음 공식에 의해 산출된다.

① 인장 강도($\sigma_{\max}$) $= \dfrac{\text{최대하중}}{\text{원단면적}} = \dfrac{P_{\max}}{A_o} [\text{kg/mm}^2]$

② 항복 강도(σ_y) $= \dfrac{\text{상부항복하중}}{\text{원단면적}} = \dfrac{P_y}{A_o} [\text{kg/mm}^2]$

③ 연신율(ε) $= \dfrac{\text{연신된 길이}}{\text{표점 거리}} \times 100 = \dfrac{l - l_0}{l_0} \times 100 = \dfrac{\triangle l}{l_0} \times 100 [\%]$

④ 단면 수축률(ϕ) $= \dfrac{\text{원단면적} - \text{파단부 단면적}}{\text{원단면적}} \times 100 = \dfrac{A_o - A}{A_o} \times 100 [\%]$ "끝"

문제 3

비압축성유체, 비점성유체의 기체 상태 방정식을 설명 하시오.

모범답안

(1) 유체의 점성(viscosity)

　유체의 점성이란 유체가 유동할 때 흐름의 방향에 저항을 주어 응력을 일으키는 성질을 말한다. 이와 같이 유체가 흐를 때 손실 저하의 요인이 되는 유체의 점성은 유체 분자 상호간에 작용하는 여러 가지 힘에 기인되는 것이다.
　액체의 점성은 주로 분자간의 응집력 때문에 생긴다. 따라서 온도가 높아지면 분자의 간격이 다소 커지고 분자의 운동이 활발해져서 점성이 작아지게 된다. 한편, 기체도 점성을 가지고 있는데 분자의 활발한 운동이 점성의 주된 원인이 되며, 기체는 온도가 상승할수록 점성이 더욱 커진다.

(2) 기체의 상태 방정식

　보일-샤를의 법칙에 의하여 다음 식이 성립한다.

$$\frac{P \cdot v}{T} = R [\text{kg} \cdot \text{m/kg} \cdot \text{K}]$$

$$\therefore p \cdot v = R \cdot T, \ p \cdot V = G \cdot R \cdot T$$

　여기서 R : 기체상수, T : 절대 온도, v : 비체적,
　　　　　V : 체적, p : 절대 압력, G : 중량

이것을 이상 기체의 상태 방정식이라 한다.

또 $\gamma = \dfrac{l}{v}$ 이므로 다음과 같다.

$$p = \frac{l}{\gamma} = R \cdot T \text{이므로 } p = \gamma \cdot R \cdot T \cdot$$

$$\therefore \gamma = \frac{p}{R \cdot T}$$

SI 단위에서는 다음과 같다.

$$pv = RT, \ pV = mRT \ \text{여기서, } m : \text{질량}$$

$$\rho = \frac{p}{R \cdot T} [\text{kg/ml}] \ \text{"끝"}$$

문제 4

공작 기계의 기본 운동을 설명하시오.

모범답안

공작 기계가 목적으로 하는 절삭 가공을 수행하기 위해서는 절삭 운동, 이송 운동 및 위치 조정 운동의 3가지 기본 운동을 한다.

(1) 절삭 운동(cutting motion)

절삭할 때 철의 길이 방향으로 절삭 공구가 움직이는 운동으로서, 다음과 같은 절삭 운동이 있다.
① 공구를 일정 위치에 고정하고 가공물을 운동시키는 절삭 운동 : 선반, 플레이너 등
② 가공물은 일정 위치에 고정하고 공구를 운동시키는 절삭 운동 : 세이퍼, 드릴링, 밀링, 브로칭 등 절삭 공구가 가공물의 운동 속도와 차, 즉 상대 속도를 절삭 속도라 하며, 보통 단위는 [m/min]이다.

(2) 이송 운동(feed motion)

절삭 공구 또는 가공물을 절삭 방향으로 이송되는 운동이며, 절삭 단면을 알맞게 조절하기 위힌 목적으로 진행되는 운동이다. 일반적으로 다음과 같은 원칙이 있다.
① 1회의 이송량은 (feed) 공구의 폭보다 적게 한다.
② 이송 운동 방향은 절삭 운동 방향과 직각이며, 가공면과 평행 또는 직각으로 한다.
③ 이송 운동은 절삭 운동과 일정한 관계가 있고, 규칙적으로 진행된다.
　이송 운동의 속도는 1회전(또는 1왕복) 당의 피드량(mm)이며, 단순히 "피드"라 한다.

(3) 위치 조정 운동(position motion)

공작물과 공구간의 절삭 조건에 따른 절삭 깊이 조정을 말하며, 절삭 운동과 이송 운동을 시작하려면 다음과 같은 조정 작업이 필요한다.

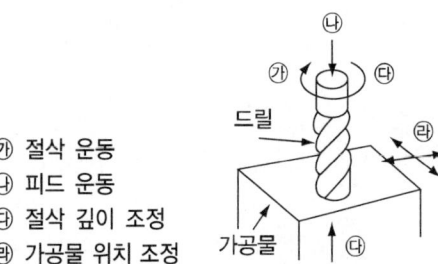

㉮ 절삭 운동
㉯ 피드 운동
㉰ 절삭 깊이 조정
㉱ 가공물 위치 조정

[그림] 공작 기계의 기본 운동(예)

① 기계의 운동 중심과 가공물의 중심 또는 가공면의 상대 위치 조정 작업이 필요하다.
② 이송 방향의 공구와 가공물간의 거리를 미리 단축시키는 작업이 필요하다.
③ 필요한 치수를 얻을 수 있도록 절삭 깊이와 피드 위치 조정 등이 필요하다.
   일반적으로 위치 조정에는 피드 장치나 보완 장치를 겸하여 사용한다.
   이와 같은 절삭 방식(기본 운동)의 예를 들면 [그림]과 같다.
   또한 공작 기계의 각종 가공 계열에 대한 기본 운동의 조합을 [표]에 나타내었다.

[표] 공작기계의 종류와 기본 운동의 조합

가공계열 명칭	공작기계의 명칭	절삭운동				피드운동			
		공구운동		가공물운동		공구운동		가공물운동	
		직선	회전	직선	회전	직선	회전	직선	회전
선삭(turning)	선 반	-	-	-	○	○	-	-	-
보링(boring)	보링 머신	-	○	-	-	○	-	-	-
드릴링(dirlling)	드릴링 머신	-	○	-	-	○	-	△ 단속	-
세이핑(shaping)	셰이퍼	○ 왕복	-	-	-	-	-	○ 단속	-
플레이닝(planing)	플레이너	-	-	○ 왕복	-	○ 단속	-	-	-
슬로팅(slotting)	슬로팅 머신	○ 왕복	-	-	-	-	-	-	-
밀링(milling)	밀링머신	-	-	-	-	-	-	○	-
소잉(sawing)	핵쏘오 머신	○ 왕복	-	-	-	○	-	-	-
호빙(hobbing)	호빙머신	-	○	-	-	○	-	-	-
브로칭(broching)	브로칭 머신	○ 편도	-	-	-	특수공구브로칭 사용 방법에 따라 피드운동			
연삭(grinding)	외경 연삭기	-	○	-	-	○	-	-	○
연삭(grinding)	평면 연삭기	-	○	-	-	-	-	○	○

"끝"

문제 5

용접 작업에서 용접부의 오버랩과 언더컷을 설명하시오.

모범답안

명 칭	형 상	상 태	주된 원인
오버랩		용융금속이 모재와 융합 되어 모재위에 겹쳐지는 상태	모재에 대해 용접봉이 굵을 때 운봉속도가 느릴 때 용접 전류가 약할 때
기공		융착 금속 속에 남아 있는 가스로 인한 구멍	용접 전류의 과대, 용접봉에 습기가 많을 때, 가스 용접시의 과열, 모재에 불순물이 부착
슬래그섞임		녹은 피복제가 융착금속 표면에 떠 있거나, 융착금속 속에 남아 있는 것	운봉 방법의 불량 피복제의 조성 불량 용접 전류, 속도의 부적당
언더컷		용접선 끝에 생기는 작은 홈	용접전류의 과대 운봉속도가 빠를 때 용접 전류, 속도의 부적당

"끝"

문제 6

운반 작업의 원칙을 쓰시오.

모범답안

(1) 인력 운반 작업이란(Manual Handling Operating)

운반물(load)을 손이나 인체의 힘에 들어 올리거나 내려 놓거나 밀거나, 당기거나 하여 옮겨 놓는 작업을 의미하며, 정지 자세에서의 운반물 운반과지지 등을 모두 포함하고, 저장 장소나 운반 차량 등에서 운반물을 내리기 작업 또는 다른 사람에서 던지기 작업도 포함한다.

(2) 운반물(load)이란

낱개 상태로 또는 따로 분리하여 운반 가능한 대상물을 의미하며, 넓은 의미로는 치료받고 있는 환자나 가축 또는 삽이나 포크 등을 이용하여 운반 가능한 흙, 모래 등도 포함한다.

인력 운반은 개인의 능력에 따라 차이가 있기 때문에 그 능력의 한계내에서 작업이 제한된다. 만일 그 한계를 초과하면 신체의 피로를 증대시켜 작업 능률을 저하시키고 산업 재해를 일으키게 된다.

이와 같은 결함을 제거하기 위하여 인력 운반의 동작 형태를 정확히 분석하여 근로조건을 개선하는 것이 인력 운반의 합리화이다. 그 결과 작업을 쾌적한 작업 환경에서 안전하게 능률적인 작업이 가능하게 된다.

인력 운반을 개선하기 위해서는 작업자의 동작 형태를 개선하는 것과 인력 작업을 기계화하는 두가지 방법이 있다.

(3) 운반에 의한 재해 예방 기본원칙(A.R.M.D.O.)

첫째, 운반 대상물 자체를 없앤다.(Avoid)
둘째, 운반 작업을 줄여라.(Reduce)
셋째, 운반 횟수(빈도) 및 거리를 최소, 최단화 한다.(Minimum)
넷째, 중량물의 경우는 1인 운반 대신 2~3인 운반으로 한다.(Divide)
다섯째, 운반 보조 기구 및 기계를 이용한다.(Operating)"끝"

문제 7

언로드 밸브(Unload Valve)에 대하여 쓰시오.

모범답안

(1) 공압 제어 시스템은 동력원, 신호 감지 요소, 제어 요소, 작업 요소 등으로 구성되어 있다. 이 중 신호 감지요소와 제어요소는 작업 요소들의 작동 순서에 영향을 미치며 이들을 밸브라 한다. 밸브들은 시작과 정지, 방향 제어, 유량과 압력을 제어 및 조절해주는 장치이다. 슬라이드 밸브, 볼 밸브, 디스크 밸브, 콕 밸브 등은 국제적으로 통용되는 명칭이며, 모든 설계에 일반적으로 적용된다. 밸브들은 기능에 다라 다음의 3개 그룹으로 구분된다.

- 압력 제어 밸브(pressure control valve)
- 유량 제어 밸브(flow control valve)
- 방향 제어 밸브(directional valve, way valve)

(2) 공기 실린터의 피스톤 면적에 압력을 작용시키면 피스톤 로드에 힘에 발생되며, 이 힘은 압력을 바꾸어 조절할 수 있다. 이 압력을 제어하는데 사용하는 것이 압력 제어 밸브이다.

기능으로는 감압 밸브, 안전 밸브(릴리프 밸브), 시퀀스 밸브, 압력 스위치, 언로드 밸브 등이 있으며, 공압 장치에서 압력 제어 밸브의 대부분은 감압 밸브로 되어 있다. 감압 밸브의 종류에는 직동형과 파일럿형이 있다. 직동형에는 릴리프식, 논블리드식, 블리드식이, 파일럿형에는 정밀형과 대용량형 등이 있다. 압력 제어 밸브의 특징은 다음과 같다.

① 적정한 공압을 사용하여 압축 공기의 소모를 방지한다.
② 공압 라인의 말단에서 공기 사용량의 변동에 따라 변화하는 공압을 일정한 압력값으로 제어해서 안정한 공기 압력을 공급한다.
③ 적정한 공압을 사용함에 따라 공압 기기의 인내성, 신뢰성을 확보한다.
④ 장치가 소정 이상의 공압으로 될 때에 공기를 빼내어 안전을 확보한다.
⑤ 공압의 유무를 전기 신호로 하여 공압력을 감시 또는 전자 밸브와 각종 기계의 압력 제어를 한다.

(3) 언로드 밸브(unload valve)

압축기에서 탱크 압력이 설정 압력에 달하면 압축공기를 내지 않고, 단순히 공기가 실린더 안을 출입만을 하는 무부하 운전에 사용되는 것으로 압축기에서 나온 압축 공기는 회로 안과 압축기에 비축되는데, 그 압력이 언로드 밸브의 설정 압력 이상이 되면 언로드 밸브가 열린다. 압축기로부터의 토출 공기는 회로 안으로 보내지 않고 다른 회로로 방출되며 회로 중의 압력, 즉 축입기 압력이 언로드 밸브의 조정 스프링 설정 압력보다 낮은 압력까지 내리면 언로드 밸브는 닫히고 다시 압축 공기가 회로 안으로 이송된다.

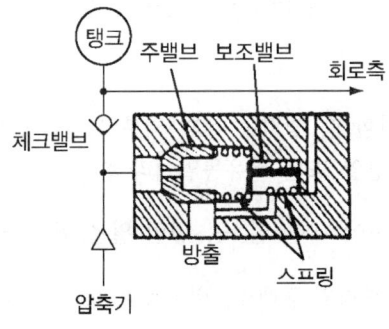

[그림] 간접 작동형 언로드 밸브

"끝"

문제 8

절대일(absolute work)과 공업 일(technical work)의 차이점을 설명하시오.

모범답안

(1) 절대일(absolute work)

가스가 상태 1로부터 상태 2까지 변화를 하는 경우 처음 체적 V_1으로부터 V_2까지 팽창하는 사이에 계(실린더 내의 기체)가 외부에 한 일을 다음 식으로 표시된다.

$$_1W_2 = \int_1^2 pdv = p(V_2 - V_1) \text{면적}(12341)$$

이 때의 일을 절대일이라 한다.

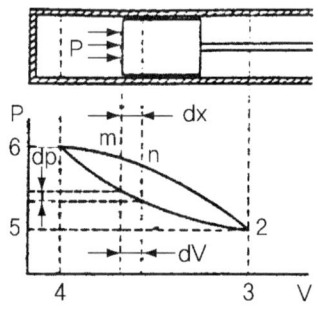

[그림] p-V 선도와 일

(2) 공업 일(technical work)

동작 물질이 개방계를 통과할 때 생기는 계의 외부의 일을 공업일, 압축일 또는 유동일이라 한다. 반대로 절대일은 팽창일 또는 비유동일이라 한다.

$p-V$ 선도상의 면적 12561에 대한 일 즉, 공업 일은 $W_t = -\int_1^2 vdp$로 표시된다.

공업일(압축일, 유동일)은 팽창일(절대일, 비유동일)에 대하여 반대이므로 부호는 (-)이다.

"끝"

문제 9

응력 집중(stress concentration)에 대하여 설명하시오.

모범답안

(1) 균일 단면에 축하중이 작용하면 응력은 그 단면에 균일하게 분포되는데, notch나 hole 등이 있으면 그 단면에 나타나는 응력 분포 상태는 불규칙하고 국부적으로 큰 응력이 발생되는 것을 응력 집중이라고 한다.

(2) 최대 응력 $\sigma_{\max}$과 평균응력 σ_n과의 비를 응력 집중 계수(factor of stress-concentration) 또는 형상 계수(form factor)라 부르며, 이것을 K_σ로 표시하면 다음과 같다.

$$K_\sigma = \frac{\sigma_{\max}}{\sigma_n}$$

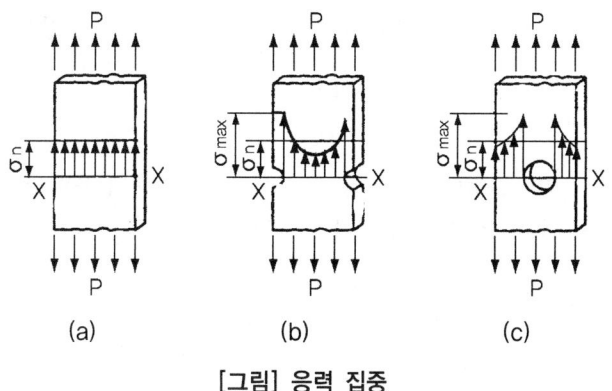

[그림] 응력 집중

문제 10

허용 응력(allowable stress)과 안전율(safety factor)을 설명하시오.

모범답안

(1) 허용 응력(allowalbe stree)

기계나 구조물에 사용되는 재료의 최대 응력은 언제나 탄성 한도 이하이어야만 하중을 가하고 난 후 제거했을 때 영구 변형이 생기지 않는다. 기계의 운전이나 구조물의 작용이 실제적으로 안전한 범위 내에서 작용하고 있는 응력을 사용응력(working stress : σ_w)이라 하고, 재료를 사용하는데 허용할 수 있는 최대 응력을 허용 응력(allowalbe stree : σ_a)이라 할 때 사용 응력은 허용 응력보다 작아야 한다.

(2) 안전율(safety factor)

안전율은 응력 계산 및 재료의 불균질 등에 대한 부정확을 보충하고 각 부분의 불충분한 안전율과 더불어 경제적 치수 결정에 대단히 중요한 것으로서 다음과 같이 표시된다.

$$S = \frac{최대응력\,(\sigma_u)}{허용응력\,(\sigma_a)} = \frac{최대응력\,(\sigma_y)}{허용응력\,(\sigma_a)}$$

안전율이나 허용 응력을 결정하려면 재질, 하중의 성질, 하중과 응력 계산의 정확성, 공작 방법 및 정밀도, 부품 형상 및 사용 장소 등을 고려하여야 한다.

안전율을 정하는 방식에는 $S = a \times b \times c \times d$가 있다.
여기서, a : 정하중, b : 반복 하중, c : 교번 하중, d : 충격 하중

재 료	정하중	반복하중	동하중 교번하중	충격하중
연강·단강	3	5	8	12
주강	3	5	8	15
주철, 취약금속	4	6	10	15
동, 연금속	5	6	9	15

"끝"

"이하여백"

최종 점검 | 산업안전 지도사(모범 답안 예)

■ 제1교시 : 100분　　■ 배점 : 문항당 25점　　■ 형태 : 논술형

참고 : 4문항 중 3문항 선택

문제 1

안전 점검 방법을 설명하시오.

모범답안

(1) 안전 점검의 정의

　안전 점검이란 안전을 확보하기 위해 실태를 명확히 파악하는 것으로서, 불안전 상태와 불안전 행동을 발생시키는 결함을 사전에 발견하거나 안전 상태를 확인하는 행동이다.

(2) 안전 점검의 목적
　① 결함이나 불안전 조건의 제거
　② 기계 설비의 본래 성능 유지
　③ 합리적인 생산 라인

(3) 안전 점검의 의의
　① 설비의 근원적 안전 확보
　② 설비의 안전 상태 유지
　③ 인적인 안전 행동의 유지 및 물적 인적 양면의 안전 형태 유지

(4) 안전 점검의 종류
　① 정기 점검(계획 점검) : 일정 기간마다 정기적으로 실시하는 점검으로 법적 기준 또는 사내 안전 규정에 따라 해당 책임자가 실시하는 점검
　② 수시 점검(일상 점검) : 매일 작업 전 작업 중 또는 작업 후에 일상적으로 실시하는 점검을 말하며 작업자 작업 책임자 관리 감독자가 실시하며 사업주의 안전 순찰도 넓은 의미에서 포함된다.
　③ 특별 점검 : 기계 기구 또는 설비의 신설 변경 또는 고장 수리 등으로 비정기적인 특정 점검을 말하며 기술 책임자가 실시한다.(산업 안전 보건 강조 기간에도 실시)
　④ 임시 점검 : 정기 점검 실시 후 다음 점검 기일 이전에 임시로 실시하는 점검의 형태를 말하며 기계 기구 또는 설비의 이상 발생시에 임시로 점검하는 점검을 임시점검이라 한다.

(5) 점검표에 포함시켜야 할 사항(체크 리스트 양식)
① 점검 상태
② 점검 부분
③ 점검 시기
④ 점검 항목 및 점검 방법
⑤ 판정 기준(자체 검사 기준, 법령에 의한 기준, KS 기준 등)
⑥ 판정 결과 조치사항
⑦ 조치

(6) 점검표 항목 작성시 유의사항(체크 리스트 유의사항)
① 사업장에 적합한 독자적 내용을 가지고 작성할 것
② 정기적으로 검토하여 설비나 작업방법이 타당성 있게 개조된 내용일 것(관계자 의견 청취)
③ 위험이 높은 순으로, 긴급을 요하는 순으로 작성할 것
④ 일정 양식을 정하여 점검 대상을 정할 것(점검 항목을 폭넓게 검토)
⑤ 점검 항목을 이해하기 쉽게 구체적으로 표현할 것

(7) 검검표 판정 기준을 정할 때 유의사항
① 판정 기준의 종류가 2종류 이상일 경우에는 적합 여부를 판정한다.
② 한 개의 절대척도나 상대척도에 의할 때는 수치를 나타낸다.
③ 복수의 절대척도나 상대척도로 조합된 항목은 기준 점수 이하로 나타낸다.
　예 10점으로 평점할 경우 4점 이하가 4개일 때는 불합격 처리한다.
④ 대안과 비교하여 양부를 결정한다.
⑤ 미경험 문제나 복잡하게 예측되는 문제 등은 관계자와 협의하여 판정한다.

(8) 안전점검의 대상
① 전반적 또는 작업방법에 관한 것
　㉮ 안전 관리 조직 체제 : 체제, 안전조직, 관리의 실태
　㉯ 안전 활동 : 계획, 추진상황
　㉰ 안전 교육 : 법정 및 일반교육의 계획 및 실시상황
　㉱ 안전 점검 : 제도, 실시상황
② 기계 및 물적 설비에 관한 것
　㉮ 작업 환경 : 온·습도, 환기 등의 일반환경, 유해 위험환경의 관리
　㉯ 안전 장치 : 법규와의 적합성, 목적에의 합치여부, 성능유지, 관리상황
　㉰ 보호구(방호) : 종류, 수량, 관리상황, 성능의 점검상황
　㉱ 정리 정돈 : 표준화, 실시상황

⑪ 운반 설비 : 표준화, 생력화, 성능과 취급 관리, 안전 표지
⑫ 위험물, 방화 관리 : 위험물의 표지, 표시, 분류, 저장, 보관, 자위소방대 편성

(9) 점검 방법에 의한 구분
① 외관 점검 : 기기의 적정한 배치, 설치상태, 변형, 균열, 손상, 부식, 볼트의 여유 등의 유무를 외관에서 시각 및 촉감 등에 의해 조사하고, 점검 기준에 의해 양부를 확인하는 것이다.
② 기능 점검 : 간단한 조작을 행하여 대상 기기의 기능적 양부를 확인하는 것이다.
③ 작동 점검 : 안전장치나 누전 차단 장치 등을 정해진 순서에 의해 작동시켜 상황의 양부를 확인하는 것이다.
④ 종합 점검 : 정해진 점검 기준에 의해 측정·검사를 행하고 또, 일정한 조건하에서 운전시험을 행하여 그 기계 설비의 종합적인 기능을 확인하는 것이다.

(10) 점검 작업시의 안전(비정상 작업과 정상 작업 비교)
① 작업 시간이 짧고 작업내용이 많은 종류에 이르기 때문에 위험에 노출되는 기회가 많다.
② 일반 기계 설비의 구조는 정상 작업을 대상으로 한 것이며, 비정상 작업에 대한 배려에 결함이 있는 것으로 보인다.
③ 기계 설비를 운전하면서 점검하는 기회가 발생하게 되어 가동부분에 접촉할 위험성이 있다.
④ 작업자의 자격, 작업범위가 불명확하면 불안전한 행동을 유발하기 쉬워진다는 등의 특징이 있기 때문에 안전작업에 주의할 필요가 있다.

(11) 안전점검실시시 유의사항
① 안전점검을 형식, 내용에 변화를 부여하여 몇 가지 점검방법을 병용할 것
② 점검자의 능력을 감안하고 거기에 따른 점검을 실시한다.
③ 과거의 재해 발생개소는 그 원인이 완전히 제거되어 있나 확인한다.
④ 불량개소가 발견되었을 경우는 다른 동종 설비에 대해서도 점검한다.
⑤ 발견된 불량개소는 원인을 조사하고 즉시 필요한 대책을 강구한다. 대책에 대해서는 관리자측에서 하는 사항을 먼저 실시하도록 유의하고, 또 대책을 완료하였을 경우 신속하게 관계 부서로 연락 및 보고한다.
⑥ 사소한 원인이라도 중대 사고로 연결될 수 있기 때문에 빠뜨리지 않도록 유의한다.
⑦ 안전 점검은 안전 수준의 향상을 목적으로 한다는 것을 염두에 두고 결점의 지적이나 문책적인 태도는 삼가도록 한다.

[표] 기계 설비의 안전 점검 기준표(예)

구분	번호	점검항목	점검사항	점검 방법	판정 기준	판정여부	비고
본체	1	부착정도	수평수직	수준기에 의한 측정	1[m]에서 0.05[mm] 이내	합·부	
	2	기초볼트	헐거움	너트에 헐거움 유무	충분히 조인다.	합·부	
	3	지지볼트(1)	고정상태	지지대의 헐거움 유무	충분히 조인다.	합·부	
	4	지지볼트(표)	손상, 부식, 마모	얕은 상태나 다른 지지용으로 지지하여 지장을 주고 있지 않은가	• 작업에 지장을 주지 않을 것 • 손상이 없을 것 • 부식이 없을 것	합·부	

"끝"

문제 2

양중기의 ① 권상 하중 ② 적재 하중 ③ 정격 하중 ④ 정격 속도 등의 용어를 정의하시오.

모범답안

1. 양중기의 법적 정의

(1) "양중기"라 함은 다음 각 호의 기계를 말한다.

① 크레인[호이스트(hoist)를 포함한다.]
② 이동식크레인
③ 리프트(이삿짐 운반용 리프트의 경우에는 적재함이 0.1톤 이상인 것으로 한정한다.)
④ 곤돌라 ⑤ 승강기

(2) 제(1)항의 각 호의 규정에 의한 기계의 정의는 다음 각 호에 정하는 바와 같다.

① "크레인"이라 함은 동력을 사용하여 중량물을 매달아 상하 및 좌우(수평 또는 선회를 말한다)로 운반하는 것을 목적으로 하는 기계 또는 기계 장치를 말한다.
② "리프트"라 함은 동력을 사용하여 사람이나 화물을 운반하는 것을 목적으로 하는 기계 설비로서 다음 각 목의 것을 말한다.
   ㉮ 건설용 리프트(동력을 사용하여 가이드 레일을 따라 상하로 움직이는 운반구를 매달아 화물을 운반할 수 있는 설비 또는 이와 유사한 구조 및 성능을 가진 것으로서 건설현장에서 사용하는 것을 말한다.)

㉯ 산업용 리프트 : 동력을 사용하여 가이드레일을 따라 상하로 움직이는 운반구를 매달아 화물을 운반할 수 있는 설비 또는 이와 유사한 구조 및 성능을 가진 것으로 건설현장 외의 장소에서 사용하는 것

㉰ 자동차정비용 리프트 : 동력을 사용하여 가이드레일을 따라 움직이는 지지대로 자동차 등을 일정한 높이로 올리거나 내리는 구조의 리프트로서 자동차 정비에 사용하는 것

㉱ 이삿짐운반용 리프트 : 연장 및 축소가 가능하고 끝단을 건축물 등에 지지하는 구조의 사다리형 붐에 따라 동력을 사용하여 움직이는 운반구를 매달아 화물을 운반하는 설비로서 화물자동차 등 차량 위에 탑재하여 이삿짐운반 등에 사용하는 것

(3) "곤돌라"라 함은 달기발판 또는 케이지·승강장치 기타의 장치 및 이들에 부속된 기계부품에 의하여 구성되고, 와이어 로프 또는 달기강선에 의하여 달기발판 또는 케이지가 전용의 승강장치에 의하여 상승 또는 하강하는 설비를 말한다.

(4) "승강기"란 건축물이나 고정된 시설물에 설치되어 일정한 경로에 따라 사람이나 화물을 승강장으로 옮기는 데에 사용되는 설비로서 다음 각 목의 것을 말한다.
① 승객용 엘리베이터 : 사람의 운송에 적합하게 제조·설치된 엘리베이터
② 승객화물용 엘리베이터 : 사람의 운송과 화물 운반을 겸용하는데 적합하게 제조·설치된 엘리베이터
③ 화물용 엘리베이터 : 화물운반에 적합하게 제조·설치된 엘리베이터로서 조작자 또는 화물취급자 1명은 탑승할 수 있는 것(적재용량이 300킬로그램 미만인 것은 제외한다.)
④ 소형화물용 엘리베이터 ; 음식물이나 서적 등 소형 화물의 운반에 적합하게 제조·설치된 엘리베이터로서 사람의 탑승이 금지된 것
⑤ 에스컬레이터(동력에 의하여 운전되는 것으로서 사람을 운반하는 연소계단이나 보도 상태의 승강기를 말한다.)

(5) (정격하중 등의 표시) 사업주는 양중기(승강기를 제외한다. 이하 이 절에서 같다)를 사용하여 작업하는 운전자 또는 작업자가 보기 쉬운 곳에 당해 기계의 정격하중·운전속도·경고표시 등을 부착하여야 한다.

(6) 신호
① 사업주는 양중기를 사용하여 작업하는 때에는 일정한 신호방법을 정하여 사용하도록 하고, 그 내용을 운전실 등 운전자가 보기 쉬운 곳에 부착하여야 한다.
② 사업주는 제(1)항의 작업에 종사하는 근로자에게 동항의 신호를 준수하도록 주지시켜야 하며, 근로자는 이를 준수하여야 한다.

(7) 운전 위치로부터 이탈금지
① 사업주는 양중기의 운전 도중에 당해 운전자로 하여금 운전 위치로부터 이탈하도록 하여서는 아니 된다.
② 양중기의 운전자는 운전 도중에 운전 위치를 이탈하여서는 아니 된다.

(8) 와이어로프 등 달기구의 안전계수

① 근로자가 탑승하는 운반구를 지지하는 달기와이어로프 또는 달기체인의 경우 : 10 이상
② 화물의 하중을 직접 지지하는 달기와이어로프 또는 달기체인의 경우 : 5 이상
③ 훅, 샤클, 클램프, 리프팅 빔의 경우 : 3 이상
④ 그 밖의 경우 : 4 이상

2. 용어 정의

(1) 권상 하중

크레인의 구조와 재료에 따라 부하하는 것이 가능한 최대 하중의 것으로, 이 가운데에는 훅, 그래브, 버킷 등 달아올리는 기구의 중량이 포함된다.

(2) 적재 하중

적재 하중이란 짐을 싣고 상승할 수 있는 최대의 하중을 말한다.

(3) 정격 하중

정격 하중이란 크레인으로서 지브가 없는 것은 매다는 하중에서, 지브가 있는 크레인에서는 지브의 경사각 및 길이와 지브 위의 도르래 위치에 따라 부하할 수 있는 최대의 하중에서 각각 훅, 그래브, 버킷 등의 달기기구의 중량에 상당하는 하중을 공제한 하중을 말한다.

(4) 정격 속도

정격 속도란 크레인에 정격 하중에 상당하는 짐을 싣고, 주행, 선회, 승강 또는 트롤리의 수평 이동시에 최고 속도를 말한다."끝"

문제 3

귀하가 경험한 중대 재해 1가지를 예를 들어 재해 발생 개요, 원인, 예방 대책을 설명하시오.

모범답안

(예) 안전장치 미부착 크레인 사용 중 와이어 로프 절단)

(1) 재해 발생 개요

1999년 5월 11일 오후 1시 30분경 ○○기업(주)가 시공하는 올림픽 대로 확장공사 제2공구 현장에서 4명이 1개조로 나뉘어 투명 방음벽의 뒷면(그림참조) 볼팅 작업을 위해 현장 제작 작업

발판에서(재해자 김○석이 탑승) 볼팅작업을 계속해 가고 있었다. 그러던 중 Pier 8지점 상부에서 볼팅작업이 완료되고, 작업발판을 교량상판으로 옮기려고 발판을 인양 중 와이어 로프의 쉬브 B부분 상부 클립 부위가 쉬브 A까지 권과되어 크레인의 와이어 로프가 절단(그림 참조), 재해자가 작업발판과 함께지면으로 추락, 요양 중 사망한 재해로 추정됨

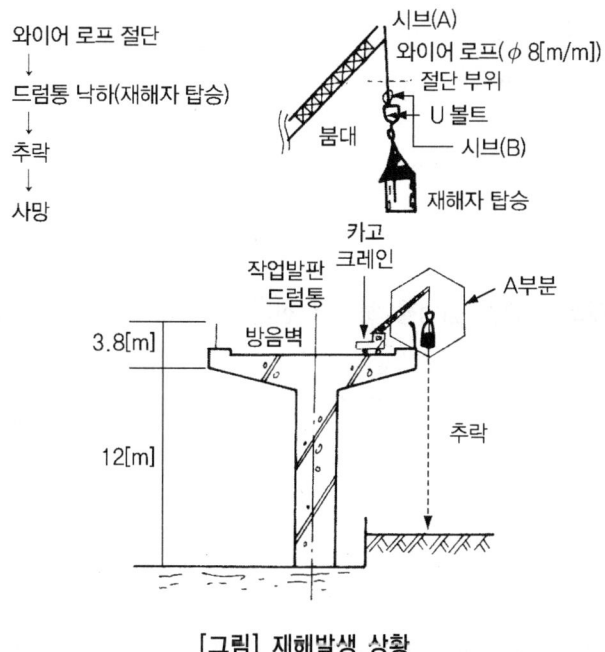

[그림] 재해발생 상황

(2) 재해 발생 상황

① 크레인에 안전 장치(권과 방지 장치 등)가 미설치되어 있었고, 와이어 로프의 절단 부위가 U볼트 체결 부위였고,

② 크레인 운전원이 작업 발판을 인양 중 교량에서 차선 작업을 하던 근로자와 이야기를 주고 받던 중(크레인 운전원 진술 참조) 와이어 로프가 절단된 것으로 보아 크레인 와이어 로프가 권과되어 그림의 시브(A)와 시브(B)의 와이어 로프 체결 부위가 크레인 인양력에 와이어 로프가 견디지 못하고 절단되어 작업발판과 함께 재해자가 지면으로 추락된 것으로 추정.

③ **와이어 로프의 제원** : 직경 8[m/m], 6 × 24번선 사용·절단하중(P_1) = 1.25톤(안전율 5)

④ 카고 크레인(이동식 크레인) 정격 하중 3톤

⑤ 작업시 하중(= 150[kg] = 작업발판(20[kg]) + 작업원(70[kg]) + 시브 B(40[kg]) + 기타(20[kg])) $P_1 > P_2$인 것으로 보아 작업시 하중이 와이어 로프의 정격 하중을 초과하지 않았음.

(3) 재해 발생 원인

① 안전 장치(권과 방지 장치 등) 미부착

② 크레인 운전원의 부주의
③ 안전 담당자 미배치

(4) 재해 예방 대책
① 안전 장치(권과 방지 장치, 과부하 방지 장치 등) 부착 사용
② 안전 담당자 배치
③ 운전시 주의 사항 교육 "끝"

문제 4

30[ton] 마찰 프레스의 월간 점검을 하려고 한다. check list를 작성하고 판정 기준을 내리시오.

모범답안

1. 개 요

(1) 프레스의 정의

프레스란 "2개 이상의 대상물이 이루는 금형 및 공구를 사용해서 그 금형 및 공구 사이에 가공재를 두고 금형 및 공구를 가공재에 강한 힘을 가하여 성형 가공을 하는 기계"를 말한다. 이때 가공재에 가해지는 힘의 반력은 기계 자체에서 지탱하도록 설계되어 있다. 다음 그림은 프레스 기계와 Hammer기의 힘의 분산을 표시한 것이다.

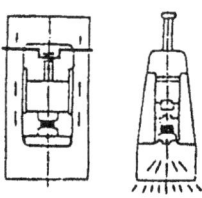

[그림] Press와 Hammer의 차이

2. 본 론

(1) 프레스의 종류

프레스의 형식 및 종류는 대단히 많다. 그 이유는 프레스의 기능에 크게 영향을 가진 구성 요

소가 많으며 그 구성 요소가 복합 조립되어 있다.
① 슬라이드(slide) 구동 : 동력원에 의한 종류

- 구동동력
  - 인력 프레스······인력의 힘
  - 기계 프레스······기계의 힘
  - 액압 프레스 – 기름······유압 프레스
  - 물········수압 프레스
  - 공압 프레스 – 공기의 힘

일반적으로 기계의 힘과 액압의 힘을 이용한 기계 프레스와 액압 프레스 2종을 주로하여 다루고자 한다.

② 슬라이드 수
  - 단동 프레스-슬라이드가 1개
    - 크랭크 복동
    - 토글 복동
  - 복동 프레스-슬라이드가 2개
    - 캠 복동
  - 3동 프레스-슬라이드가 3개
    - 보텀 복동
  - 4동 프레스-슬라이드가 4개

(2) 프레스 재해의 특성

프레스 및 전단기로 금형 또는 전단날을 이용하여 금속, 비금속 재료를 굽힘, 전단, 드로잉 등 소성 가공을 하는 기계이다. 주로 크랭크 기구를 이용하여 슬라이드를 왕복 운동시키고 금형 등을 슬라이드 부위에 장착하여 강한 압축력으로 제품을 가공한다. 이와 같은 프레스, 전단기로 작업 속도가 매우 빠르며 큰 에너지를 충격적으로 이용하고 안전과 밀접한 연관을 갖고 있는 금형을 이용한다는 등의 특징을 갖고 있다. 이와 같은 특징에서 알 수 있듯이 신체 일부가 작업점에 노출되면 절단, 협착되는 등의 재해를 입는 위험성이 매우 높은 기계이다.

3. 프레스 Check List

Press Check List					분류 No.	
회사명	○○산업(주)		기계명	Press	검사년월일	2000. 0. 0
기계설비 소속	○○공장 1부 3과		압력능력	50ton	대행기관명	없음
프레스의 종류	1. Crank-P/S(C형고) 2. Crank-P/S(C형가) 3. Crank-P/S(STR-SD) 4. Crank-Less-P/S 5. Knuckle-P/S	6. Link-P/S 7. Cam-P/S 8. 편심-P/S 9. 기타 Press	클러치의 종류	1. SLid' G-pim(R) 6. Friction 2. SLid' G-(P) (Single)-(Wet) 3. Roll' G-Key 4. Roll' G-Key 5. Friction(Dry)	브레이크의 종류	1. Band-B 2. Shoe 3. Disc

검사항목		검사방법	판정기준	검사결과	판정	조치 측정방법
대분류	소분류					
101 기계 몸체	01 외관	1. 기계몸체 이상유무 육안 검사	균열, 손상이 없을 것	볼스터 T-홈손상	△	일상점검 시 주의
				기타 외관상 손상 없음		
		2. 표시판 덮개 등 이상 유무 육안 검사	균열, 손상이 없을 것	주) 치차 측면 덮개 없음	△	부착
				표시판의 제조 No.가 없음	△	
		3. 푸트 스위치 등 덮개 이상 유무	균열, 손상이 없을 것	페달 덮개가 없음	ϕ	제작
					△	
	02 볼트 및 너트	1. 몸체 각부 볼트, 너트풀림 유무, 스패너 검사	적절하게 체결되어 있을 것	각 체결부위에 조정 볼트의 이완이 없음	○	일상 점검
102 동력 전달 장치	01 크랭크 축 및 베어링	1. 외관상 이상 유무 육안 검사	현저한 손상 마모 등이 없어야 한다.	외관상 이상 없음	○	
		2. 크랭크축 웨브의 간격을 치수 측정 검사	$a-v<\dfrac{L}{50}$ 이어야 한다.	$a=100[m/m]$ $b=99.7$ $L=150$ $a-b=0.3 < 150/50=3.0$	○	
	02 플라이휠과 주기어와 베어링	1. 기계운전으로 이상 유무 육안, 소음측정·표면 온도 검사	이상음, 발열이 없으며 윤활상태가 양호할 것	5분간 운전시 이상 없음 외관 육안 검사시 이상 없음	○	육안 청각, 솔
		2. 손으로 서서히 돌려 횡진량을 다이얼 게이지로 검사	미끄럼 베어링 진폭은 1[mm] 이하, 구름 베어링 진폭은 0.5[mm] 이하	주기어 $S=0.3[mm]<0.7[mm]$ 플라이휠 $S=0.2[mm]<0.46[mm]$	○	$\gamma=350/500$ $=0.7$ $\gamma=460/100$ $=0.46$
	03 회전 캠 스위치 작동 상태	1. 공회전시의 이상 유무	흔들림, 연결부분의 풀림 등이 없어야 한다.			
		2. 작동시 체인의 작동 및 변형 육안 검사	정상 상태이어야 한다.			
030 슬라이 딩핀 클러치	01 클러치 핀	1. 핀을 뽑아 마모부분 R-게이지 검사	30[ton] 이하 $3R$, 30-100[ton] $4R$, 100[ton] 이상 $5R$ 이하이어야 함	실측치 $1.5R$ 판정치 $4R$ $1.5R<4R$	○	R 게이지
		2. 기타 이상 유무 육안검사	파손 또는 균열이 없어야 한다.	경도HRC 54로써 이상 없음	○	경도계 측정
	02 클러치 핀받침대	1. 파손 균열 등 이상 유무 육안 검사	파손 또는 균열이 없어야 한다.	파손 또는 균열이 없음	○	
		2. 분해하여 받침대 마모 부분을 R-게이지 검사	압력 능력기준 30[ton] 이하 $2R$, 100[ton] $3R$, 100[ton] 이상 $4R$ 이하	실측치 $3.75R$, 판정치 $4R$ $3.75R>3R$	□	틈새 게이지

부록1 모법답안 작성(예)

검사항목 대분류	검사항목 소분류	검사방법	판정기준	검사결과	판정	조치 측정방법
030 슬라이딩핀 클러치	03 클러치 작동용 캠	1. 클러치를 떼었을 때 캠의 압축거리 측정	30[ton] 이하 1[mm], 30~100[ton] 이하 1.5[mm], 100[ton] 2.0[mm] 이하	실측치 0.6 0.6<1.5 이상 없음	○	스패너 V/C육안
	04 클러치 브래킷	1. 캠, 슬라이드 부분의 마모 틈새 게이지 검사	전후, 좌우방향의 틈새가 0.3[mm] 이하 이어야 한다.	전후 0.1, 좌우 0.15<0.3 외관 육안상 이상 없음	○	틈새 게이지
	05 스프링 이완 상태	1. 이상 유무·육안 검사	파손 등 이상이 없어야 한다.	육안상 작동상태 이상 없음	○	V/C육안
	06 클러치 커플링의 고정 키	1. 핀의 지름 및 핀 구멍을 V/C 측정	핀지름과 구멍과의 차이가 1[mm] 이하일 것	작동 캠 구멍 10.1, 연결봉 10.6, 핀 10.0 측정후 이상 없음	○	V/C 육안
	07 클러치 커플링의 슬라이드면	1. 슬라이드 하사점 정지후 클러치축의 주위 틈새	30[ton] 0.5[m/m], 30~100[ton] 1[m/m], 100[ton] 1.5[m] 이하일 것	0.4[m/m] < 1.0[m/m] 판정치로써 육안 이상 없음	○	V/C 육안
	08 보스면 과카플링면	1. 손상면을 육안 검사	손상 면적이 전면적의 1/3 이하일 것	전면이 손상 되었음	φ	기계가공 제작요
	09 핀과 커플링의 슬라이드면	1. 골의 폭과 구멍 직경, 핀폭과 핀구멍의 차이, V/C 측정	차이가 1[m/m] 이하일 것	폭 30.4-핀 30 = 0.4, 0.4 < 1.0 이상 없음	○	V/C육안
031 롤링키 클러치	01 롤링키 및 백롤링 키의 R부분	1. R 세이지로 키의 마모 상태 측정 검사	30[ton]이하 2.5R, 30~100[ton] 5R, 100[ton] 이상 6R 이하			
	02 중앙 클러치링의 상태	1. R 게이지로 링 마모 상태측정 검사	30[ton] 이하 3R, 30~100[ton] 미만 6R 100[ton] 이상 7R 이하			
	03 작동용 캠과 내측 클러치 링	1. 내측 클러치 링의 외주와의 틈새 게이지 검사	틈새가 3[mm] 이하일 것			
검사원 의견	축 메탈과 슬라이드 작동 부위에 주유하고 있으나 순환되지 않고 있어 주유구 및 호스 등의 파손, 파단을 확인할 것		안전 보건 위원회 의견	1. 자체 검사원이 검사시 생산 라인에서 기계 및 설비의 중지 및 작동 검사를 할 수 있도록 충분한 시간을 배려할 것 2. 기계및 설비의 보전이 안전과 생산의 지름길이다.		

안전 보건 관리 책임자				자체 검사원			표기	양호	불량			
직위	공장장	성명	㉮	직위	반장	성명	㉮		○	조정 △	교환 □	제작 φ	폐기 ×

합격 Key 본 checklist는 산업안전 지도사의 시험 대비용이므로 실제 차이가 있으며 똑같이 할 필요는 없습니다.

4. 판정 기준 및 처리 요령

(1) 안전 검사표 서식을 먼저 만든다.

사업장에서 안전 검사실시 대상 기계 기구별로 서식의 각 항목에 준한 내용을 예시한 서식처럼 2부가 작성되도록 규격화한다.
① 연간 정기 검사 계획
② 안전 검사표
③ 안전 검사 실시 보고서

(2) 안전 검사표 작성 요령
① 분류 및 고유 번호 : 사업장에 고유로 정해진 검사 대상 기계의 번호를 기록한다.
② 설비 소속 : 검사 대상 기계 및 설비가 설치되어 있는 장소 및 소속을 기록한다.
　예 제1공장 생산부 생산과 제작반
③ 대상 설비명 : 검사를 실시하고자 하는 대상기계 및 설비명을 상세하게 기록한다.
④ 능력 및 규격 : 기계 및 설비의 능력 및 규격을(공칭 규격 또는 KS 규격 등) 기록한다.
⑤ 검사일시 : 대상 기계 및 설비의 안전 검사를 실시 완료한 연월일을 기록한다.
⑥ 검사 기관명 : 기업 내에서 자체적으로 검사 실시가 불가하여 검사를 타기관 및 대행 기관에 의뢰하여 검사를 실시한 경우에 그 기관명을 기록한다.
　예 한국산업안전공단, 대한 산업안전 협회

(3) 검사 구분 설명
① 검사 항목

검사항목		
대분류	중분류	소분류
기계프레스	브레이크	라이닝

예시한 서식에 준하여 대, 중, 소의 검사 부문 항목을 기업의 특성에 적합하게 작성하여 사용할 수 있도록 한다.

② 검사 방법

검사방법
1) 검사 부분의 검사개소 및 방법을 알기 쉽게 기록
2) 육안 및 기기 검사가 필요한 곳을 지적하고 방법을 설명

③ 판정 및 조치

판 정	조 치
※ 판정에 따른 조치 내용 기록	

㉮ 판정란에는 양호, 조정, 교환 제작, 폐기 등을 판정한 표기만을 기록한다.
㉯ 조치란에는 검사 판정시 조치 후 사용할 수 있는 경우 조치 필요사항 등 기록
  ㉠ 조정, 복구 내용 등을 기록
  ㉡ 수리나 보수 등의 내용 기록
  ㉢ 구매 교체시 교체품의 규격 등을 상세하게 기록
㉰ 판정 표기
  ㉠ 판정 표기는 반드시 표시하여야 하고 검사를 실시하지 않은 항목에 임의로 표기하면 인적 및 물적 재해를 자초한다는 것을 명심하여야 한다.
  ㉡ 측정 계측치 및 계산치 등의 기록을 철저히 할 것
  ㉢ 표기 범례

구 분	양 호	폐 기	조 정	교 환	제 작
표기	○	×	△	□	φ
약정	원형	×표	정삼각	정사각	파이
조치내용	정상가동	완전폐기	현장 조정가능	부품의 구매 교환	기계가공 제작 교환

  ㉣ 폐기 판정된 설비로서 정상 가동이 될 수 있도록 원상 회복, 복구, 조장되었다 하더라도 재가동 전에 필히 안전 검사를 실시하여 안전성 여부를 확인하여야 한다.
㉱ 판정 기록 표기의 적용 기준

표시 방법		적용기준
표시	표기의 적용 기준 구분	
○	양호	1. 검사 결과 이상 없음 2. 측정치도 기준 내 있음 3. 사용한 후 문제가 없다.
△	조정	1. 조정, 청소 등에 의하여 기준 내로 복원되는 것 2. 현상태는 기준내에 있지만 계속 사용시 1년 이내 조치요
□	교 환	1. 기준을 벗어나므로 즉시 수정하여야 하는 것 2. 부품을 교환하지 않으면 안 되는 것
⌀	제작	1. 기계 가공 등 장기 제작에 의하여 정상 복원되는 것
×	폐기	1. 설비 가동 중지, 완전 폐기 2. 재가동시 자체 검사후 사용

④ 의견 제시 및 확인 : 기계 및 설비의 자체 검사를 실시한 검사원과 대행 기관의 검사원 의견을 제시, 기록하고 확인 서명을 한다.

(4) 안전 검사서 작성 포인트 5가지
① 기록 누락이 없을 것
② 검사 누락이 없을 것
③ 판정의 오차가 없을 것
④ 기록시 착오가 없을 것
⑤ 종합 판정 기록을 잊지 말 것 "끝"

문제 5

기계 설비의 방호 중 방호 원리에 대하여 설명하시오.

모범답안 방호 원리의 기본사항

① 위험 제거 : 잠재 위험 요인이 원칙적으로 발생될 수 없게 하는 것을 위험 제거라 한다.
  예 신호 표시 장치 등에 쓰이는 전압을 낮추어 저전압으로 대체한다든지 건설 작업에서 접착 물질이나 나사 등을 사용해서 끝이 뾰족한 못의 사용을 피하는 방법 등이 있다.
② 차단(위험 해지 및 상태의 제거) : 이는 위험성이 존재하고 있지만 재해의 발생은 불가능하다. 왜냐하면 위험으로부터 작업자가 격리되어 있기 때문이다. 다시 말하면 작업을 수행하는 사람과 재해를 유발시키는 기인들이 서로 마주치지 않고 떨어져 있음을 뜻한다.
③ 덮어씌움(위험해지 및 상태의 삭감) : 위험은 여전히 존재하지만 재해 발생 가능성은 희박해진다. 위험해지는 상태를 제거하는 차단 방법과 같이 사람과 기인물이 겹쳐지는 재해 가능 영역의 한쪽을 안전하게 덮어 씌운다.
  예 위험한 작업점에 대한 방호 덮개, 전기 설비를 차폐가 가능한 문을 사용하여 외부 접근 자와 격리하는 등 덮어씌우는 방법, 벙커를 이용하여 발파작업을 수행하는 사람을 보호하는 방법, 작업자에게 개인 보호구를 착용시키는 방법 등 사람을 덮어씌우는 방법이 있다.
④ 위험에의 적용
  예 제어 시스템 글자판을 쉽게 읽을 수 있도록 개선한다든지 위험에 대한 정보 제공, 안전한 행동을 위한 동기부여, 교육 훈련 등이 이에 해당된다.

"이하여백"

산업안전 지도사(모범 답안 예)

■ 제1교시 : 100분　　■ 배점 : 문항당 25점　　■ 형태 : 논술형

최종 점검

문제 1

천장 크레인의 안전 장치를 설명하시오.

모범답안 가공 경과

1. 크레인의 개요

크레인은 수직, 수평 운동을 할 수 있으므로 한정된 작업장 내에서의 중량물의 운반은 크레인에 의지하는 경우가 많다.

따라서 그 용도도 넓고 종류도 다양하지만 그 반면 크레인 작업에 의한 재해가 빈번하게 발생하고 있다.

일반적으로 크레인이란, 이동식 크레인과 데릭 이외의 것을 말하고 있지만 그의 구조, 형상에 따라 천장 크레인, 교량형 크레인, 지브 크레인, 케이블 크레인 등으로 분류되고 있다.

2. 본론(안전장치 종류 및 특징)

(1) 과부하 방지 장치

정격 하중 이상의 하중이 부하되었을 경우 자동적으로 상승이 정지하면서 경보음 또는 경보등을 발생하는 장치로서 최대허용 하중의 10% 이상일 때 과적재를 알리면서 자동으로 운반작업이 이루어지지 않는 중요한 안전장치이다.

과부하장치에는 과부하를 감지하는 기능의 종류에 따라 3가지로 분류할 수 있다.

① 기계식 : 스프링의 처짐을 이용하여 마이크로스위치를 동작시켜 과부하 감지
② 전기식 : 권상 모터의 부하 변동에 따른 전류[A] 변화에 따라 과부하 상태 감지
③ 전자식 : 스트레인 게이지를 이용한 하중 감지로 과부하 상태 감지

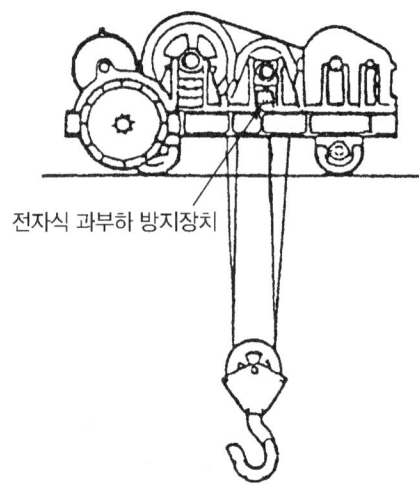

[그림] 과부하 방지 장치 전자식

(2) 권과방지장치

물건을 달아 감아올릴 때 잘못하여 와이어 로프를 너무 감게 되면 물건이 기계에 충돌하여 로프가 끊어지거나 물건이 떨어지게 되어 재해를 유발하게 되는데 이러한 위험을 방지하기 위해서는 일정 한도 이상으로 와이어 로프가 드럼에 감겨서 위험 상태에 이르기전에 자동적으로 전원이 끊겨서 모터를 멈추게 하는 장치로서, 이 장치가 미비할 경우에는 추락 등 중대한 재해가 발생될 위험을 안고 있다.

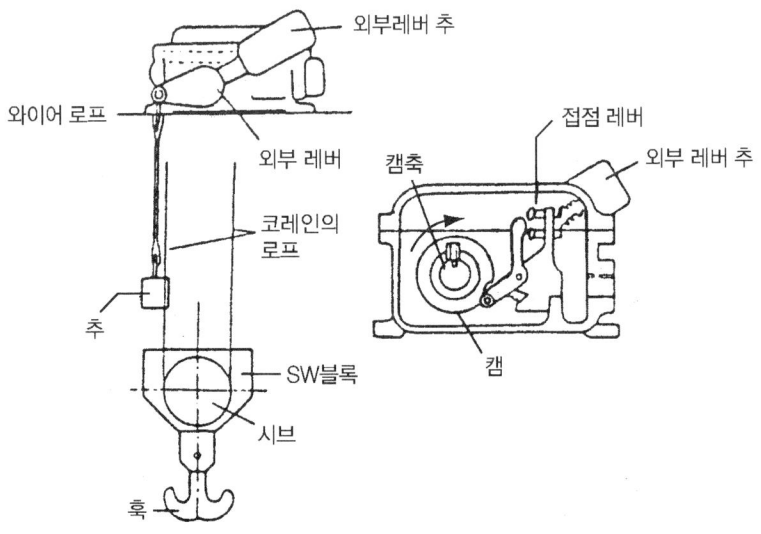

[그림] 권과 방지 장치(추형)

(3) 비상 정지 장치

근로자가 크레인을 이용하여 화물을 권상시킬 때 위험한 상황에서 작업 안전을 위해 급정지시킬 수 있도록 설치되어 있는 안전 장치이다.
천장크레인(탑승용)의 경우 운전실에 부착되어 운전자가 쉽게 조작할 수 있는 구조로 되어 있다.

(4) 지상 컨트롤용 천장 크레인, 호이스트, 기타 등은 권상, 권하 버튼 상부에 부착되어 있어 근로자가 쉽게 급정지시킬 수 있도록 되어 있다.

3. 크레인의 작업 안전

크레인으로 취급하는 물건은 무게가 무겁고 높은 곳을 이동하는 위치 에너지가 큰 특성을 갖기 때문에 이러한 물건이 하중의 진동 등으로 낙하하게 되면 대형 사고를 유발하게 된다. 따라서 크레인 운전자는 작업을 시작할 때나 작업이 끝날 때는 다음 사항을 확인해야 한다.

(1) 작업 시작시
① 정전 시간은 피하여 작업할 수 있도록 정기 정전과 임시 정전 시간 등을 확인하여 작업계획을 수립한다.
② 전압이 규정된 상태로 유지되고 있는지를 확인하여 규정 전압보다 10%이상 낮을 때는 작업하지 않는다.
③ 화물을 달지 않은 무하중에서 시운전을 실시하여 각종 안전 장치의 작동상태를 확인한다.
④ 급유 상태의 이상 유무와 운전실, 기계실에 관계자 이외의 사람이 침입한 흔적의 유무를 확인한다.

(2) 작업 종료시
① 기계를 지정된 위치에 정지시킨다.
② 제어기, 집전 장치, 브레이크, 접촉기, 전자 브레이크 등을 반드시 점검 정비해 놓는다.
③ 다음번 운전에 대비하여 충분히 급유해 놓는다.
④ 스위치가 꺼져 있는지를 확인하고 운전실과 기계실은 잠근다.
⑤ 작업 일지를 작성한다.

(3) 교대 운전시
2교대, 3교대 등의 작업장에서 전 운전자와의 인계 인수시 다음 사항에 유의한다.
① **운전시의 이상 유무** : 운전 상황, 이상 상태와 그 처치 등
② **운전 중의 작업 내용** : 통상 작업인가, 임시 또는 수리 작업인가 등
③ **작업장 내의 상태** : 공사 또는 수리 등에 의한 장해물의 유무 등

(4) 안전 점검시

크레인 작업을 하는 경우에는 작업개시전에 반드시 점검표에 의한 점검을 행하여야 하는데, 검검할 시에는 다음사항에 유의해야 한다.

① 점검 실시 전에 표시하고 동시에 크레인 가드에 "점검 중"이라는 안전 표시판을 부착하여 일반 작업자에게 주지시킬 것
② 스위치에는 "점검 중 스위치 조작 금지"의 표시 또는 시건 장치를 할 것
③ 동일 주행상에 복수의 크레인이 있을 경우는 주행 레일 양측면에 가설 스토퍼를 설치하고 근접 크레인의 충돌을 방지할 것
④ 점검을 능률적으로 하기 위해 점검자가 2명 이상일 경우에는 사전에 개인별 점검 범위를 정할 것

4. 크레인 운전시 준수 사항

크레인 작업은 운전자와 훅공과의 공동 작업이고, 양자의 긴밀한 관계가 요구된다. 운전자 및 관리, 감독자 측면에서 준수해야 할 안전상의 유의점은 다음과 같다.

(1) 운전자

① 유자격자 이외 출입 금지
② 과부하의 제한
③ 크레인에 의한 근로자의 탑승 운반 금지
④ 권상 작업 중 매달린 화물 아래로 출입 금지
⑤ 작업개시전 점검의 이행
⑥ 점검시의 이상에 대한 처치
⑦ 크레인 각 장치의 기능 상태의 파악

(2) 관리, 감독자

① 크레인 운전자에 대한 특별 교육 계획 각성 및 교육 실시
② 크레인에 의한 근로자의 운반 및 탑승 작업의 금지 지시. 단, 부득이한 경우 근로자의 탑승을 인정한 경우의 감독, 지도
③ 권상 작업에서의 매달린 화물 아래로 출입금지의 지시
④ 작업 개시전 점검 기준 작성 및 점검 지시
⑤ 이상시의 처치 기준 작성 및 지시

5. 크레인의 안전 수칙

(1) 과부하 및 경사각의 제한, 기타 안전 수칙에 정해진 사항을 준수한다.
(2) 운전자 교체시 인수 인계를 확실히 하고 필요 조치를 행한다.
(3) 크레인 승강은 지정된 사다리를 이용한다.
(4) 매일 작업 개시 전 권과 방지 장치, 브레이크, 클러치 컨트롤러 기능, 와이어로프의 이상 여부 등을 점검한다.
(5) 크레인을 주행시킬 때는 경적이나 경광을 밝힌다.
(6) 수리점검시에는 반드시 안전 표시를 부착한다.
(7) 권상시에는 화물을 혹 중심에 똑바로 되도록하여 움직인다.
(8) 화물 위에 작업자가 탑승하지 않도록 한다.
(9) 크레인 운전자는 신호수와 호흡을 맞춰 운전한다.
(10) 주행, 횡행 운전시 급격한 이동을 금지한다.
(11) 운전 중에 정지할 경우에는 컨트롤러를 정지 위치에 놓고 메인 스위치를 내린다.
(12) 운전 중에 점검, 송유 등을 하지 않는다.
(13) 운전실을 이탈하지 않는다. 이탈시는 필히 스위치를 내린다. "끝"

문제 2

기계의 운전 중 진동, 충격 등으로 Bolt, Nut 등의 파손마모가 발생한다. Bolt Nut의 이완(풀림) 방지 대책을 쓰시오.

모범답안

1. 볼트 너트(나사)의 풀림방지

좽용 나사에서는 꼭 죌 때 끼워 맞춰지는 접촉면에 생기는 마찰 때문에 나사가 자연히 풀리지 않는 피치를 사용하고 있다. 그러나, 진동과 충격을 받으면 순간적으로는 접촉 압력이 감소하여 마찰력이 거의 없어지는 수가 있다. 이와 같은 일이 반복되면 나사가 풀리는 원인이 된다.

2. 풀림 방지 방법

(1) 와셔를 사용하는 방법

스프링 와셔나 이붙이 와셔 등의 특수 와셔를 사용하여 너트가 잘 풀리지 않게 한다.

(2) 로크 너트에 의한 방법

2개의 너트를 충분히 죈 다음, 위의 너트를 스패너로 물려 놓고 아래 너트를 약간 풀어 놓으면 2개의 너트가 서로 미는 상태에 있으므로, 볼트의 죄는 힘이 감소하더라도 나사면의 접촉 압력은 잃지 않고 남는다. 이때, 아래쪽의 너트를 로크 너트(lock nut)라 한다.

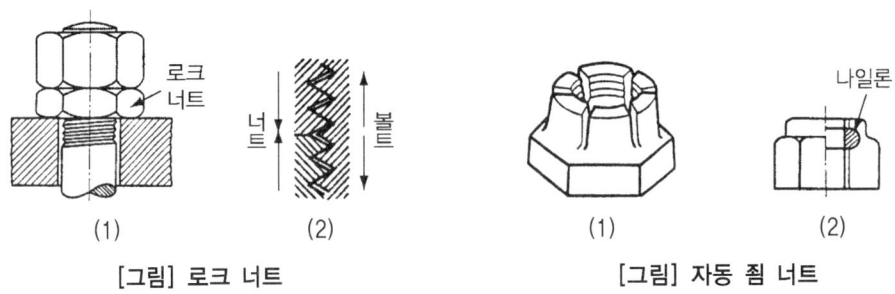

[그림] 로크 너트   [그림] 자동 죔 너트

나사의 본래 하중은 위쪽의 너트가 받으므로 위쪽 너트는 보통 너트와 같은 높이의 것을 쓰고, 로크 너트는 낮은 것을 사용한다.

(3) 자동 죔 너트(self-locking nut)에 의한 방법

되돌아가는 것을 방지하는 특수한 모양의 너트, 즉 자동 죔 너트에는 그림과 같은 여러 가지 종류가 있다. 위의 그림 (a)는 6개의 다리가 안쪽으로 굽혀지고, 이 부분의 나사산이 볼트를 압축한다. 그림 (b)는 삽입한 나일론 부분에 나사를 깎지 않고 볼트를 넣어서 죄면 나사가 깎여지도록 되어 있다.

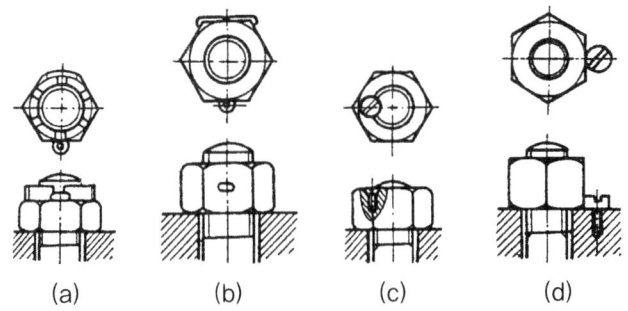

[그림] 핀, 작은나사, 멈춤 나사를 이용한 방법

(4) 핀, 작은나사, 멈춤 나사 등에 의한 방법

위의 그림과 같이 너트와 볼트에 핀을 꽂아 풀림을 방지하는 방법인데, 이 방법은 너트가 죄어져 끝나는 위치에 제한을 받고, 또 볼트를 약하게 하는 단점이 있다.
[그림] (a)와 (b)는 팬을 사용한 보기이고 [그림] (c)와 (d)는 작은 나사 또는 멈춤나사를 사용한 보기이다.

(5) 철사에 의한 방법

핀 대신 그림과 같이 철사로 감아 매어서 풀림을 방지한다.

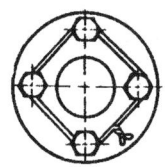

[그림] 철사에 의한 방법 "끝"

문제 3

보일러의 이상 원인인 플라이밍(Flyming) 및 포밍(Foaming)의 원인 및 대책을 논하시오.

모범답안

1. 보일러의 구성

(1) 정 의

보일러는 일반적으로 강철재 용기내의 물에 연료의 연소열을 전하여 소요증기를 발생시키는 장치를 말한다.

(2) 구 성

① **연소 장치와 연소실** : 연료를 연소시켜 열을 발생시키기 위한 장치
② **보일러 본체** : 내부에 물을 넣어두고 외부에서 연소열을 이용하여 가열, 소정 압력의 증기를 발생시키는 본체
③ **과열기** : 보일러 본체에서 발생된 포화 증기를 다시 포화 온도 이상까지 과열하여 과열 증기로 만드는 장치

④ 이코노마이저(절탄기) : 보일러 본체에 넣어지는 물을 연통에서 버려지는 연소가스가 갖고 있는 여열로 가열하기 위한 장치
⑤ 공기 예열기 : 연소실로 보내지는 연소용 공기를 연통에서 버려지는 연소가스가 갖고 있는 여열로 가열하여 온도를 올리기 위한 장치
⑥ 통풍 장치 : 연소 장치에 연소용 공기를 보내고 또 배기 연소가스를 보일러 본체, 과열기, 절탄기, 공기 여열기 등에 유통시켜 연통으로 방출될 때까지의 사이에 받는 유체의 저항에 이겨낼 수 있는 압력차를 공기나 연소가스에 주기 위한 장치
⑦ 자동 제어 장치 : 보일러 내부에 압력을 일정하게 유지해 주거나 보일러 부하에 따라 연료의 양이나 통풍을 자동적으로 가감하기 위한 장치
⑧ 급수 장치 : 보일러에 급수하기 위한 급수 펌프나 배관, 밸브를 포함한 장치, 기타 부속 장치와 부속품이 있다.

(3) 보일러의 종류와 형식 `2023. 출제`

보일러의 종류와 형식은 다음과 같다.

[표] 보일러 종류 및 형식

종 류		형 식
원통 보일러	수직형 보일러 노통 보일러 연관 보일러 노통 연관 보일러	횡관식, 수직연관식, 횡수관식, 노튜브식 코니시 보일러, 랭커셔 보일러 횡형연관 보일러, 기관차형 보일러 노통연관 보일러, 스코티 보일러
수관 보일러	자연순환식 수관보일러 강제순환식 수관보일러 관류 보일러	직관식, 곡관식, 조합식 등 라몬트식, 베록스식, 조정순환식 등 벤슨식, 스르저식, 기타 각종 소형
기타 보일러	온방용 보일러 특수 보일러	주철제 조합식, 수관식 등 폐열 보일러, 특수연료보일러, 특수유체보일러 간접가열보일러, 기타

(4) 보일러의 장해 및 사고 원인
① 플라이밍(flyming) : 보일러 부하의 급변, 수위의 과승(過乘) 등에 의해 수분이 증기와 분리되지 않아 보일러 수면이 심하게 솟아올라 올바른 수위를 판단하지 못하는 현상
② 포밍(foaming) : 보일러 수중에 유지류, 용해 고형물, 부유물 등에 의해 보일러 수면에 거품이 생겨 올바른 수위를 판단하지 못하는 현상
③ 캐리오버(carry-over) : 보일러 수중에 용해 고형분이나 수분이 발생 증기 중에 다량 함유되어 증기의 순도를 저하시킴으로써 관내 응축수가 생겨 워터 해머의 원인이 되고 증기과열기나 터빈 등의 고장의 원인이 된다. 캐리오버의 발생 원인은 다음과 같다.
㉮ 보일러의 구조상 공기실이 적고 증기 수면이 좁을 때

㉯ 기수(氣水) 분리 장치가 불완전한 경우
㉰ 보일러 수면이 너무 높을 때
㉱ 주(主)증기를 멈추는 밸브를 급히 열었을 경우
㉲ 보일러 부하가 과대한 경우

④ **불완전 연소** : 연료의 연소 상태가 현저하게 불완전하거나 진동 연소할 경우에 일어나는 현상으로 불완전 연소의 원인은 다음과 같다.
㉮ 연소용 공기량이 부족할 경우
㉯ 압입, 흡입 통풍에 과부족이 있어 불균형할 경우
㉰ 연료에 수분이 함유된 경우
㉱ 버너 팁(Tip)이 더러워져 있는 경우
㉲ 연료의 공급이 불완전한 경우
㉳ 연료의 온도가 너무 높든가 낮은 경우
㉴ 연료 밸브가 너무 조여져 있는 경우

⑤ **역화(back-fire)** : 화구(火口)에서 화염이 갑자기 노(爐) 밖으로 나오는 현상으로 원인은 다음과 같다.
㉮ 댐퍼를 너무 적게 열어 흡입 통풍이 부족할 경우
㉯ 압입 통풍이 너무 강할 경우
㉰ 점화할 때 착화가 너무 늦어졌을 경우
㉱ 연료 밸브를 급히 열었을 경우
㉲ 공기보다 먼저 연료를 공급했을 경우
㉳ 연소 중 화염이 갑자기 꺼져 노의 여열로 다시 착화했을 경우

⑥ **2차 연소** : 불완전 연소에 의해 발생한 미연소 가스가 연소실 내에서 다시 연소하는 것을 말하며 미연소 그을음이 연도 내에 다량으로 축적되어 있다가 연소하는 현상으로 원인은 다음과 같다.
㉮ 연료의 노내에서 불완전 연소할 경우
㉯ 배도에 가스 포켓(gas pocket) 부분이 있어 미연소분이 축적될 경우
㉰ 배플 등의 손상으로 연소 가스가 단락된 경우
㉱ 공기의 누설이 있을 경우

⑦ **연소가스의 누설** : 가압연소방식 보일러에서 노벽의 기밀이 파열되어 연소가스가 새어나오는 현상으로 원인은 다음과 같다.
㉮ 부식
㉯ 과열변형

⑧ **노의 진동음** : 연소중 화로나 연도 내에서 연속적으로 가스의 과류에 의해 공명음을 발하는 현상으로 원인은 다음과 같다.
㉮ 연도 내에 칸막이가 없거나 부적당한 경우

㉯ 연도 내에 와류를 발생케 하는 포켓이 있을 경우
㉰ 통풍력이 부적당한 경우
㉱ 연소 부하가 크고 연소 상태가 불완전한 경우

(5) 운전 방법의 교육

사업주는 보일러의 안전 운전을 위하여 다음 각 호의 사항을 근로자에게 교육시켜야 한다.
① 가동 중인 보일러에는 작업자가 항상 정위치를 떠나지 아니할 것
② 압력 방출 장치, 압력 제한 스위치를 매일 작동 시험하여 정상 작동 여부를 점검할 것
③ 압력 방출 장치는 봉인된 상태에서 정상 작동되도록 하고 1일 1회 이상 작동시험할 것
④ 고저 수위 조절 장치와 급수 펌프의 상호 기능 상태를 점검할 것
⑤ 보일러의 각종 부속 장치의 누설상태를 점검할 것
⑥ 노내의 환기 및 통풍 장치를 점검할 것

2. 보일러 안전대책

① 가동 중인 보일러에는 작업자가 항상 정위치를 떠나지 아니할 것
② 압력 방출 장치·압력제한 스위치를 매일 작동시험하여 정상작동 여부를 점검할 것
③ 압력 방출 장치는 1년에 1회 이상씩 표준 압력계를 이용하여 토출 압력을 시험한 후 납으로 봉인하여 사용할 것
④ 압력 방출 장치는 봉인된 상태에서 정상 작동 되도록 하고 1일 1회 이상 작동시험을 할 것
⑤ 고저 수위 조절 장치와 급수 펌프와의 상호 기능 상태를 점검할 것
⑥ 보일러의 각종 부속 장치와 누설 상태를 점검할 것
⑦ 노내의 환기 및 통풍 장치를 점검할 것
⑧ 보일러의 각종 부속 장치와 누설 상태를 점검할 것
⑨ 적정한 블로를 실시하여 보일러물의 농축과 슬래그 퇴적에 의한 장애를 막는다.
⑩ 결수(結水) 수질 및 보일러물의 수질 감시를 철저히 하고 약액 주입량의 조절 등을 올바르게 한다.
⑪ 보일러의 방호 장치기능 등을 충분히 이해하고 있어야 한다.
⑫ 급수 중의 Ca, Mg의 화합물은 보일러 내에서 스케일이 되는데 이를 막기 위해서는 급수 처리를 해야 한다.
⑬ 정기 검사 때의 부식 정도, 스케일 분석, 피트(pit) 등을 철저히 분석 검사한다.
⑭ 증기관, 급수관은 다른 보일러와의 연락을 확실히 차단하도록 한다.
⑮ 보일러수의 온도가 90[℃] 이하로 된 다음 분출 밸브를 열어 아침 가동 전에 보일러수를 배출시킨다(자동 분출 장치시 제외).

⑯ 맨홀의 뚜껑을 벗길 경우에는 내부에 압력이 남아 있는 경우도 있고, 또 부압으로 되어 있는 경우도 있으므로 이 점에 주의하지 않으면 안된다.
⑰ 뚜껑을 열고 나서 몸체의 내부에 충분히 공기가 유통하도록 구멍이나 관 스탠드 부분을 개방하여 환기한다.
⑱ 보일러 내에 사람이 들어갈 경우에는 반드시 충분히 식힌 다음에 들어가야 하고, 감시인을 밖에 배치하며 증기 정지 밸브 등에는 조작 금지 표시를 한다.
⑲ 보일러 내에 사람이 없는가의 여부를 소리를 내어 확인하고 난 뒤 맨홀 등의 뚜껑을 닫는다.
⑳ 보일러의 연도가 다른 보일러와 연락하고 있는 경우는 댐퍼를 닫고 연소가스의 역류를 방지한다.
㉑ 연도 내에서는 가스 중독의 위험이 많으므로 외부에 감시인을 둔다.
높은 곳의 배플(baffle) 등에 고여 있는 뜨거운 재의 낙하에 의한 화상이 없도록 조치하다.
㉒ 보일러의 출입문은 2개 이상(불변성 재료로 된) 밖으로 여는 문을 단다.
점화시에는 미연소 가스를 배출(프리퍼지)시키고 측면에서 점화한다. "끝"

문제 4

로봇의 설계·계획단계 안전 방호 장치를 설명하시오.

모범답안

1. 로봇의 역할과 발달

(1) 공장 자동화와 로봇

공장 자동화(FA : Factory Automation)는 진척되는 단계에 따라 3단계로 구분된다. 제1단계가 기계적인 의미에서의 자동화(Fixed Automation), 제2단계가 산업용 로봇을 활용하는 FMS(Flexible Manufacturing System), 제3단계가 하드웨어를 직접 효율적으로 관리, 조작할 수 있는 소프트웨어 개발 단계로 구성된다. 유연성이 없던 종래의 Fixed Automation 방식에 비해 로봇을 포함한 FMS(Flexible Manufacturing System) 방식은 다량 소품종 업종뿐 아니라 소량 다품종 업종에까지 적용되어 그 효용성을 입증하고 있다.

로봇은 FA 생산 구조의 일부를 형성하고 있기 때문에 완전한 FA 시스템을 통하여 그 역할이 확인된다. FMS가 CAM(Computer Aided Manufacturing), CAD(Computer Aided Design), MRP(Manufacturing Resources Planning) 세 분야로 이루어져 있는데, 로봇은 CAM 부문에서 대부분 이용되고 있다. 구체적으로는 제조 과정에서 조립, 용접, 검사 기능 등을 가장 효과적으로 수행하고 있는 것으로 평가되고 있다.

구 분	제1세대 로봇	제2세대 로봇	제3세대 로봇
형식	운반조작로봇	지각 로봇	학습로봇
기능	머니퓰레이터, 플레이백 일반적 이동형	센서, 피드백 형 감각, 시각 전방향 이동형	학습기능 보행형
용도	Pick&Place, Spot	Arc 용접, 도장, 조립 및 의료 등	가정용, 자동조립, 자동작업 등
년도	1960	1980	1990

(2) 정기 검사

사업주는 다음에 정해진 것을 산업용 로봇에 관해서 정기적으로 검사 또는 확인하여야 한다.

① **교시 등 작업시 확인 사항**
  ㉮ 로봇의 조작 방법 및 순서
  ㉯ 작업 중의 머니퓰레이터의 속도
  ㉰ 2인 이상의 근로자에게 작업을 시킬 때의 신호 방법
  ㉱ 이상을 발견한 때의 조치
  ㉲ 이상을 발견하여 로봇의 운전을 정지시킨 후 이를 재가동시킬 때의 조치
  ㉳ 기타 로봇의 불의의 작동 또는 오조작에 의한 위험을 방지하기 위하여 필요한 조치
  ㉴ 이상을 발견시 로봇의 운전을 정지시키기 위한 조치를 하는 것
  ㉵ 작업을 하고 있는 동안 "작업 중"이라는 표시를 하는 등 필요한 조치를 하는 것

② **작업 시작전 점검**
  ㉮ 외부 전선의 피복 또는 외장의 손상 유무
  ㉯ 머니 퓰레이터 작동의 이상 유무
  ㉰ 제동 장치 및 비상 정지 장치의 기능
  ㉱ 전압, 유압 및 공압 이상 유무
  ㉲ 이상음 및 이상 진동의 유무

(3) 수리 등 작업시의 조치

로봇의 작동 범위 내에서 당해 로봇의 수리, 검사, 조정(고시 등은 제외), 청소, 급유 또는 결과에 대한 확인 작업을 하는 때에는 당해 로봇의 운전을 정지함과 동시에 당해 작업을 하고 있는 동안 로봇의 기동스위치를 열쇠로 잠근 후 그 열쇠를 별도관리하거나 당해 로봇의 기동 스위치에 작업중이란 취지의 표지판을 부착하는 등 당해 작업에 종사하고 있는 근로자 외의 자가 당해 기동 스위치를 조작할 수 없도록 필요한 조치를 하여야 한다. 다만 로봇의 운전중에 작업을 하지 않으면 안되는 경우로서 당해 로봇의 불의의 작동 또는 오동작에 의한 위험을 방지하기 위하여 교시 등 작업시 확인 사항을 조치한 경우는 예외이다.

2. 산업용 로봇의 안전

(1) 머니퓰레이터와 가동 범위

산업용 로봇의 큰 특징 중 한 가지는 인간의 팔에 해당하는 암(arm)이 기계 본체의 외부에 조립되어 암의 끝부분(인간이라면 손)으로 물건을 잡기도 하고 도구를 잡고 작업을 행하기도 한다. 이와 같은 기능을 갖는 암을 머니퓰레이터(manipulator)라 한다.

산업용 로봇에 의한 재해는 주로 이 머니퓰레이터에서 발생하고 있다. 머니퓰레이터가 움직이는 영역을 가동 범위라 하고 이때 머니퓰레이터가 동작하여 사람과 접촉할 수 있는 범위를 위험범위라 한다.

그러므로 프로그램을 짤 때 산업용 로봇의 고장으로 인한 이상 상태에서 움직일 경우에 가동 범위를 중심으로 한 위험 지역 전체를 예측하지 않으면 안 된다.

(2) 로봇 안전 방호의 기본 사항

로봇의 안전방호에 관한 기본적 사항은 다음과 같다.
① 로봇의 안전 방호를 확보하기 위하여 로봇 자신이 가지고 있는 안전 방호기능과 그 사용·관리에 있어서의 안전 방호를 양립시킬 것
② 로봇이 자동의 상태에 있는 동안은 사람이 위험 영역에 침입하는 것을 저지하는 안전 방호 울타리 등을 설치하거나 또는 위험 영역 내에 침입한 사람이 상해를 입기전에 로봇을 정지 시키는 등의 기능을 가지게 할 것
③ 안전 방호에 관한 모든 설비 및 대책은 원칙으로 페일 세이프로 하고, 또한 신뢰성을 높일 것
④ 안전 방호 및 그 주변에 부수시킨 안전 방호 설비 및 안전 방호 대책의 효력을 정당한 이유 없이 저감시키거나 잃게 하지 않을 것
⑤ 개조·개선을 하였을 경우 새로운 위험을 수반하는 우려가 있으므로, 필요하면 이에 대한 안전 방호 설비 또는 안전 방호 대책을 강구할 것.

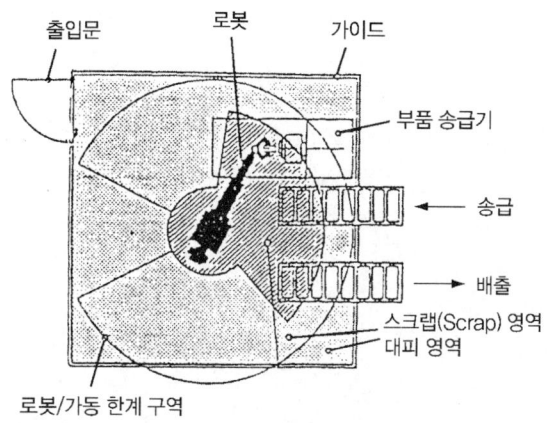

[그림] 로봇 작업시 안전 방호

(3) 로봇 작업시의 안전 방호 사항

로봇을 사용하는 단계에서는 다음의 각 항에 의거한 안전방호를 위한 조치를 취하여야 한다.
① 로봇의 사용조건에 따라 위험영역을 명확히 함과 동시에 안전 방호 울타리 등을 설치하여 로봇이 자동의 상태로 운전 또는 대기하고 있는 동안, 사람이 쉽게 위험 영역에 들어갈 수 없도록 할 것
② 로봇이 자동의 상태로 운전 또는 대기하고 있는 동안은 그 상태에 있다는 것을 광학적 수단 등에 의하여 주위에 명시할 것
③ 높이가 2m 이상인 곳에서 로봇, 그 밖의 설정, 조정, 보전 등의 작업을 실시할 필요가 있는 경우에는 플랫폼을 설치할 것
④ 위험 영역 안에 작업자가 있는 경우에는 자동의 상태로 사용하지 않을 것. 또한 교시 등의 경우에는 안전한 속도로 억제하여 실시할 것 "끝"

"이하여백"

> ■ 제1교시 : 100분   ■ 배점 : 문항당 25점   ■ 형태 : 논술형

최종 점검 — 산업안전 지도사(기계안전)(모범 답안 예)

문제 1

비파괴 검사의 종류 및 특징을 쓰시오.

모범답안 가공 경과

1. 정의

압력 용기나 주물 및 단조품(鍛造品)의 시험에는 파괴를 하지 않고 완성된 제품의 결함을 검사하는 시험을 비파괴 시험(non-destructive test)이라 한다. 기계 부품이나 용접물의 균열 검사에 이 방법이 이용되고 있다.

2. 종류

(1) 타진법

검사할 재료를 해머로 두들겨서 나오는 청탁음으로 결함을 판정하는데, 음파는 1초 동안에 공기 중에서는 340[m]이나 금속 재료 중에서는 매우 빠른 속도가 되는데, 재료를 해머로 두들겼을 때 금속 중에 전파된 음파가 홈에 이르면 대부분의 음파는 반사되고 대단히 적은 음파만이 홈을 통하여 전달되므로 탁음을 내게 된다.

(2) 유중 침지식

검사할 재료를 석유나 경유 속에 담가 두었다가 꺼내어 재료 표면의 기름을 깨끗이 닦은 다음 백묵이나 석회를 재료 표면에 칠하면 균열부 속에 들어 있던 기름이 나와 검은 선이 나타나므로 결함을 알아볼 수 있다.

(3) 형광 탐상법

검사하려고 하는 기계 부품을 형광(螢光) 물질을 함유한 용액 중에 담그었다가 꺼내어 표면에 묻은 형광 물질을 깨끗이 닦은 다음 건조시켜 자외선을 쬐면 균열부는 형광물이 끼어 있어 밝은 빛을 낸다.

(4) 자기 탐상법

강이나 주철에 결함이 있을 때 재료를 자화시키면 결함이 있는 부분에서 자력이 샌다. 이때 작은 입자의 산화철분을 석유에 녹인 액체를 재료 표면에 바르면 자력선이 새는 곳에는 산화철의 분말이 붙게 되므로 이것으로 결함을 발견할 수 있다.

(5) 초음파 탐상법

투과법과 임펄스법이 있는데 투과법은 검사 재료의 한 면에서 연속 초음파를 입사시켜 다른 끝면에 도달하는 초음파의 세기를 비교하여 그 결함을 추정하고, 임펄스법은 초음파를 재료 속에 투과시켜 밑면에서 반사된 반사파를 전압으로 바꾸고, 증폭(增幅)하면 브라운관에 파형이 나타나므로 결함의 위치와 크기를 알 수 있다.

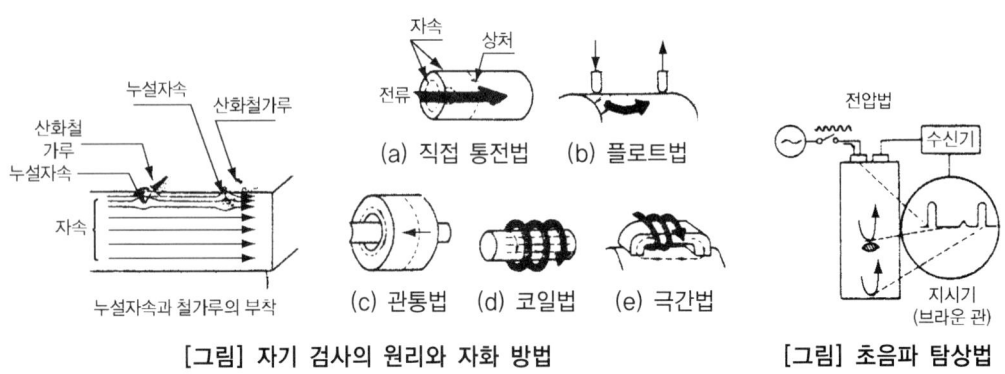

[그림] 자기 검사의 원리와 자화 방법   [그림] 초음파 탐상법

(6) 방사선 탐상법

방사선을 금속 재료에 투과시키면 방사선이 금속 재료를 뚫고 통과할 때 결함이 있는 부분에는 통과를 많이 하므로 금속 재료에 방사선을 투과하는 반대쪽에 필름을 놓으면 감광되어 결함이 있는 부분이 진하게 나타난다. 방사선으로 X선과 γ선을 사용하는데, X선이 많이 사용되고 있다.

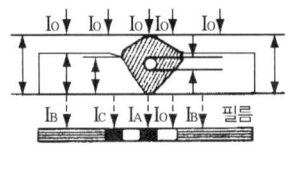

[그림] 방사선 탐상법

"끝"

문제 2

산업 재해의 정의를 쓰고 사고 사례를 설명하시오.

모범답안

1. 정 의

"산업재해"라 함은 노무를 제공하는 사람이 업무에 관계되는 건설물·설비·원재료·가스·증기·분진 등에 의하거나 작업 또는 그 밖의 업무로 인하여 사망 또는 부상하거나 질병에 걸리는 것을 말한다.

2. 사고 사례(핸드 그라인더에 감전)

(1) 재해 개요

1999. 7. 18. 11 : 00시경. 충남 천안시 소재 (주) ○○아파트 현장 옥상계단참에서 견출하도업체 소속 근로자가 아파트 벽면갈이 작업 중 Grinder 내부의 피복이 손상된 전선이 Grinder 몸체에 통전되어 이 기구를 잡은 재해자(견출공, 30)가 감전되어 사망한 재해임.

[그림] 자기 검사의 원리와 자화 방법

(2) 재해 원인

① Hand Grinder 분해 조립시 전원 선로 피복 손상에 의한 감전 : Hand Grinder 분해 조립시 전원 리드선 1가닥이 Grinder Cover와 본체에 눌린상태로 조립되어 전선 피복이 손상을 입어 감전됨.
② 누전 차단기 감도 저하로 작동 불량
③ 개인 보호구(절연 장갑) 미착용

(3) 동종 재해 예방 대책
 ① 전동 기계·기구 분해 조립시 또는 장시간 미사용시에는 사용전에 절연 저항 측정 후 사용
 ② 누전 차단기 성능 수시 점검 : 정격 강도 전류(30[mA]), 동작 시간(0.03[sec])을 테스터로 측정 확인 후 이상 발견시 즉시 신품 교체
 ③ 개인 보호구 착용 철저 : 하절기 작업시 절연 장갑 착용 "끝"

문제 3

용접부의 결합 검사 중 구조적 검사(비파괴 검사)를 실시해야 할 결함의 원인 및 대책을 쓰시오.

모범답안

1. 용접부의 검사

(1) 작업 검사
 ① 용접 전의 검사 : 용접 설비, 용접봉, 모재, 용접 준비. 시공 조건, 용접공의 기량
 ② 용접 중의 검사 : 각 층의 융합 상태, 슬래그섞임, 균열, 비드 겉모양, 크레이터 처리, 변형 상태, 용접봉 건조 상태, 용접 전류, 용접 순서, 운봉법, 용접자세, 예열 온도, 층간 온도의 점검
 ③ 용접 후의 검사 : 후열 처리, 변형 교정 작업의 점검, 균열, 변형, 치수 등

(2) 완성 검사

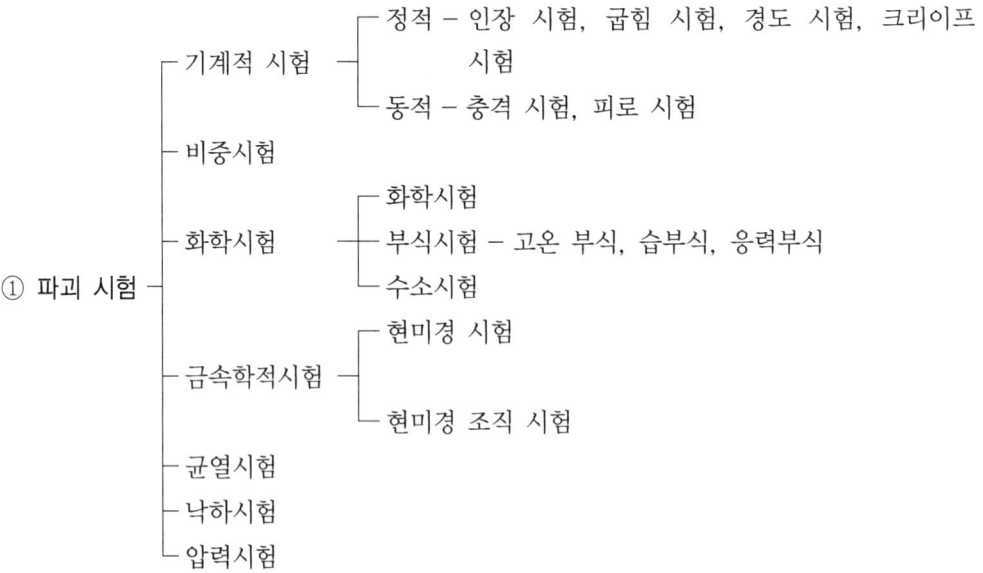

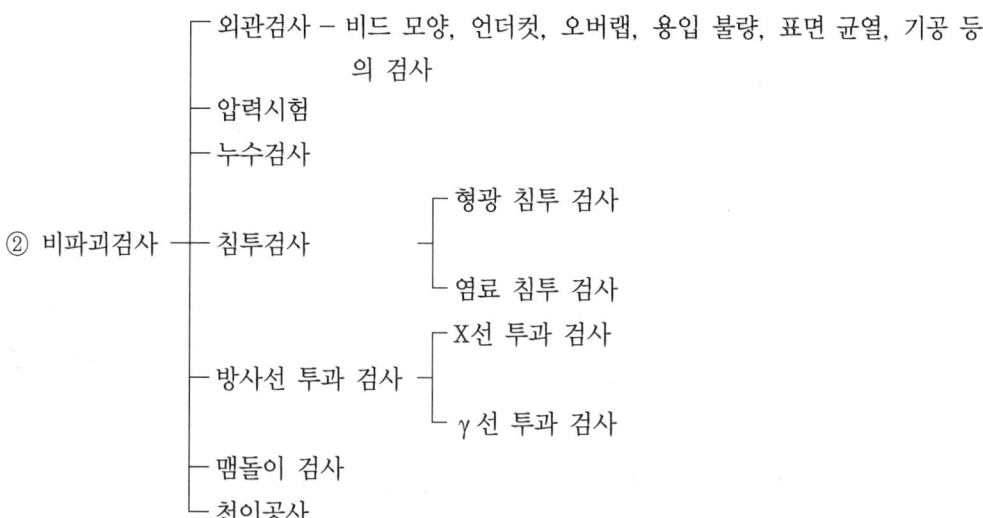

2. 파괴 시험법

(1) 기계적 시험

① 인장 시험

㉮ 인장 시험기로 인장, 파단시켜 시험편의 항복점, 인장 강도, 연신율, 단면 수축률 등을 측정한다.

㉯ 인장 강도$(\sigma) = \dfrac{P}{A}[\text{kg/mm}^2]$

A : 최초의 단면적[mm^2]

P : 최대 하중[kg]

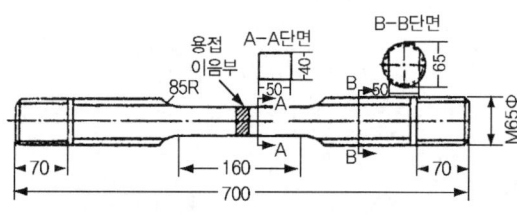

[그림] 용접 인장 시험편

㉰ 연신율 $(\varepsilon) = \dfrac{l - l_0}{l_0} \times 100[\%]$

l_0 : 최초의 표점 거리

l : 늘어난 표점 거리

㉣ 항복점 $(\sigma_y) = \dfrac{Y점의 하중}{A}$ [kg/mm²]

㉤ 단면 수축률 $(\phi) = \dfrac{A_0 - A}{A_0} \times 100$

A_0 : 최초의 단면적[mm²]

A : 시험후의 단면적[mm²]

② 굽힘 시험

㉠ 모재 및 용접부의 연성, 결함의 유무를 시험하는 방법
㉡ 표면 굽힘, 이면 굽힘, 측면 굽힘의 3종류가 있다.
㉢ 용접봉의 작업성 및 용접공의 기능 검정 시험은 형틀 굽힘 시험을 한다.

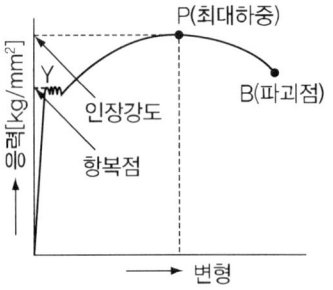

[그림] 연강의 응력 변형도

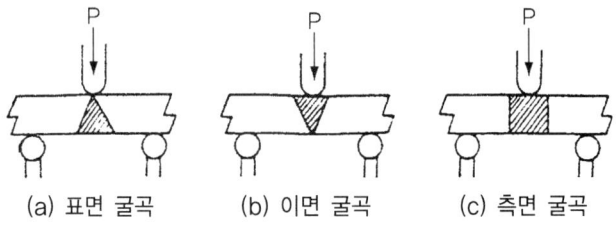

(a) 표면 굴곡　　(b) 이면 굴곡　　(c) 측면 굴곡

[그림] 용접 이음의 굴곡 시험

③ 경도 시험

㉠ 브리넬 경도 시험(H_B) : 지름이 10[mm] 또는 5[mm]의 담금질된 고탄소강의 강구를 금속 표면에 500~300[kg]의 하중으로 압입한 후 브리넬 경도용 확대경(20배)의 스케일로써 압입 자국의 평균 직경을 측정하여 경도를 산출하며 공식은 다음과 같다.

$$H_B = \dfrac{P}{A} = \dfrac{P}{\pi D h} = \dfrac{2P}{\pi D (D - \sqrt{D^2 - d^2})} \text{[kg/mm}^2\text{]}$$

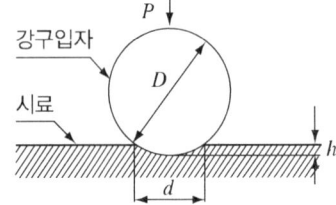

W : 하중(kg)
A : 오목 부분의 표면적(mm²)
D : 강구의 지름
d : 오목 부분의 지름(mm²)
h : 오목부분의 깊이(mm)

[그림] 브리넬 경도 시험

㉯ 비커스 경도 시험(H_V) : 내면각이 130°인 다이아몬드 사각뿔형의 압입자로 시험편을 압입하여 압입된 부분의 대각선을 측정하여 경도를 구한다.

$$H_V = \frac{하중[\text{kg}]}{자국의\ 표면적[\text{mm}^2]} = 1.8544\frac{P}{d^2} = \frac{2P^{\sin\frac{\theta}{2}}}{d^2}[\text{kg}/\text{mm}^2]$$

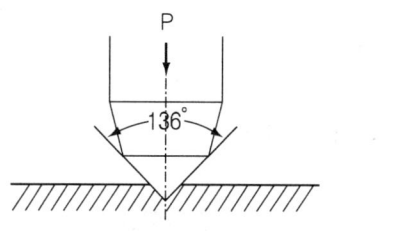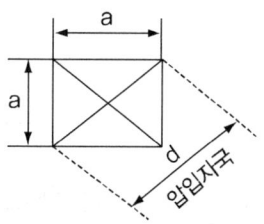

[그림] 비커스 경도 압입체와 압입 자국

㉰ 록크웰 경도 시험(H_R)

스케일	압입체	시험 하중	경도 계산식	적용	기호
B스케일	지름 약 1.5[mm](1/16″)	100[kg]	130~500Δt	플림한 연질 재료	H_{RB}
C스케일	꼭지각 120° 다이아몬드 원추	150[kg]	100~500Δt	담금질된 굳은 재료	H_{RC}

㉱ 쇼어경도 시험(H_s) : 전단에 작은 다이아몬드를 고정시킨 해머를 10inch의 높이로부터 자유 낙하하여 발발한 높이로 경도를 측정하는 방법

$$H_S = \frac{10000}{65} \times \frac{h}{h_0}$$

h : 튀어오른 높이 [mm]

h_0 : 떨어뜨린 높이 [mm]

④ 충격 시험

㉮ 시험 목적 : 인성과 취성의 시험

㉯ 종류 : 샤르피식과 아이조드식이 있다.

흡수된 에너지(E) : $WR(\cos\beta - \cos\alpha)[\text{kg}-\text{m}]$

W : 드럼 해머의 중량[kg]

R : 회전 중심에서 해머 중심까지의 거리[m]

β : 해머의 처음 높이 h_1에 대한 각도

α : 해머의 2차 높이 h_2에 대한 각도

$$충격치(U) = \frac{E}{A} = \frac{WR(\cos\beta - \cos\alpha)}{A} [\text{kg} - \text{m}/\text{cm}^2]$$

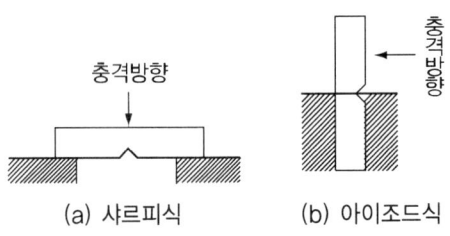

[그림] 충격 시험의 형식

⑤ **크리프 시험** : 재료의 인장 강도보다 적은 일정한 하중을 가했을 때 시간의 경과와 더불어 변화하는 현상인 크리프 현상을 이용하여 변형을 검사하는 시험법

⑥ **피로 시험($S-N$ 곡선)** : 재료의 안전 하중으로 반복 작용을 하였을 때 재료에 피로 현상이 생겨 재료가 파괴된다. 응력과 반복 횟수와의 관계를 나타낸 곡선이 $S-N$ 곡선이다.

(2) 화학적 시험

① 화학 분석

② **부식 시험** : 습부식 시험, 고온 부식 시험(건부식), 응력 부식 시험

③ 스테인리스강의 부식 시험의 부식제

 ㉮ 65[%] 아세트산 비등액

 ㉯ 50[g]의 결정 황산구리

 ㉰ 500[cc] 황산을 420[cc]의 증류수에 녹인 비등액

④ 수소 시험

 ㉮ 용접부에 용해된 수소 : 기공, 비드 균열, 은점, 선상 조직 등의 원인

 ㉯ 45[℃] 글리세린 치환법과 진공 가열법이 있다.

(3) 금속학적 시험

① **파면 시험** : 모재나 용착 금속의 파면에 대한 결정의 조밀, 균열, 슬래그섞임, 기공, 선상 조직, 은점 등을 육안으로 관찰

② **매크로 조직 시험** : 용접부 단면을 연삭기 또는 샌드 페이퍼로 연마하고 적당한 매크로에칭(macro-etching)을 한 다음 육안이나 저배율(10배 이내)의 확대경으로 관찰하여 용입의 양부, 열영향부의 범위, 결함의 유무, 각 층의 상태 등을 알 수 있다. 철강에 사용되는 에칭액은 염산 : 물(1 : 1)의 액, 염산 : 황산 : 물(3.8 : 1.2 : 5.0)의 액, 아세트산 : 물(1 : 3)의 액이 쓰이며 에칭 후에 수세, 건조하여 시험한다.

③ 현미경 시험 : 시험편을 충분히 연마하여 매끈하게 광택을 낸 후 세척 건조하고 적당한 부식액으로 부식하여 50~2,000배의 광학 현미경으로 조직이나 미소 결함을 관찰한다. 부식제는 각 금속에 따라 다음과 같은 것이 사용된다.

㉮ 철강용
　㉠ 피크로산알코올 용액(피크로산 4[g], 알코올 100[cc])
　㉡ 아세트산 알코올 용액(진한 아세트산 1~5[cc], 알코올 100[cc])

㉯ 스테인리스강용
　㉠ 왕수, 알코올 용액
　㉡ 구리, 구리 합금용 염화철액(염화제이철 10[g], 염산 30[cc], 물 120[cc])
　㉢ 염화암모늄액(염화구리암몬 10[g], 물 120[cc])
　㉣ 과황산암모늄액(과황산암모늄 10[g], 염화암몬 3[g], 물 120[cc])

㉰ 알루미늄 및 그 합금용
　㉠ 플루오르화수소액(플루오르화수소산 1[g], 물 10~20[cc])
　㉡ 수산화나트륨 또는 수산화칼륨액(수산화나트륨 또는 칼륨 20[g], 물 100[cc])

3. 비파괴 시험(NDT, NDI)

① 용접부의 결함

[표] 용접 결함의 종류

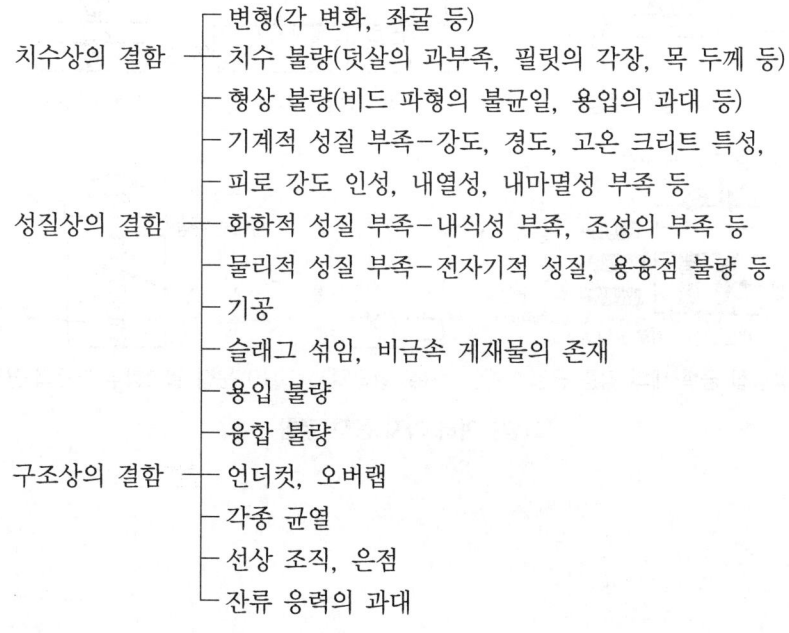

㉮ 수축과 변형의 종류

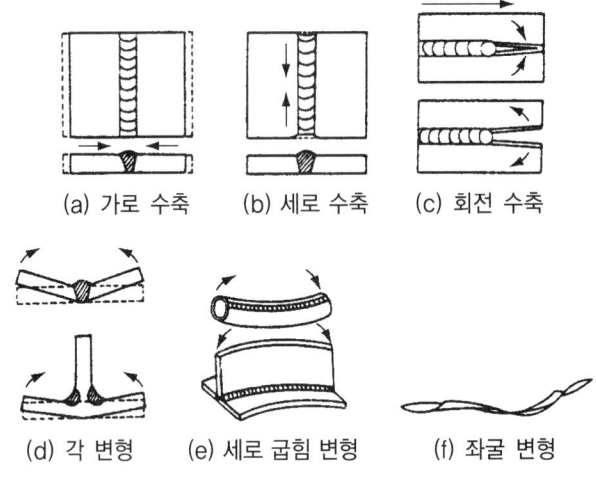

[그림] 수축과 변형의 종류

㉯ 각종 용접 결함

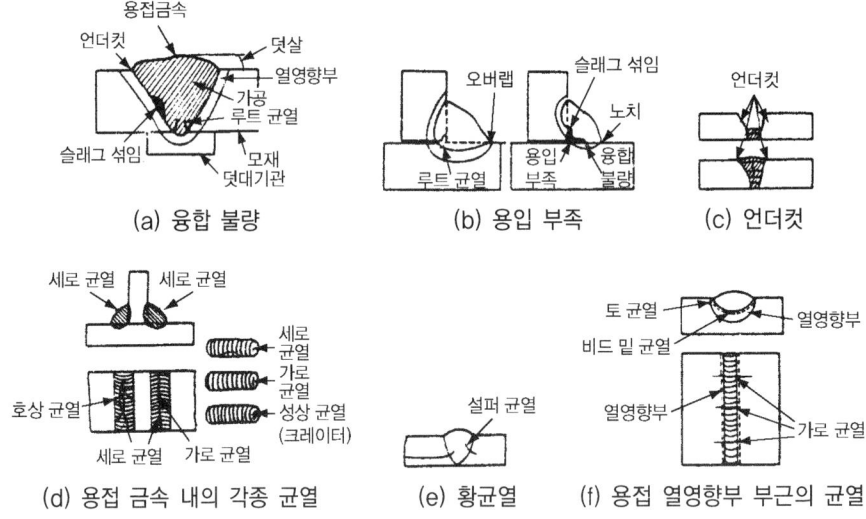

[그림] 여러 가지 용접 결함

㈑ 용접 결함의 시험과 검사법

용접 결함	결함 종류	대표적인 시험과 검사
치수상 결함	변형	게이지를 사용하여 외관 육안 검사
	치수 불량	게이지를 사용하여 외관 육안 검사
	형상 불량	게이지를 사용하여 외관 육안 검사
구조상 결함	기공	방사선 검사, 자기 검사, 맴돌이 전류 검사, 초음파 검사, 파단 검사, 현미경 검사, 마이크로 조직 검사
	슬래그 섞임	방사선 검사, 자기 검사, 맴돌이 전류 검사, 초음파 검사, 파단 검사, 현미경 검사, 마이크로 조직 검사
	융합 불량	방사선 검사, 자기 검사, 맴돌이 전류 검사, 초음파 검사, 파단 검사, 현미경 검사, 마이크로 조직 검사
	용입 불량	외관 육안 검사, 방사선 검사, 굽힘시험
	언더컷	외관 육안 검사, 방사선 검사, 초음파 검사, 현미경 검사
	용접 균열	마이크로 조직 검사, 자기 검사, 침투 검사, 형광 검사, 굽힘 시험
	표면 결함	외관 검사
성질상 결함	기계적 성질 부족	기계적 시험
	화학적 성질 부족	화학 분석 시험
	물리적 성질 부족	물성 시험, 전자기 특성 시험

② **외관 검사** : 비드외 외관, 나비, 높이 및 용입, 언더컷, 오버랩, 표면 균열 등의 외관 양부를 검사하는 방법
③ **누설 검사** : 기밀, 수밀, 유밀 및 일정한 내압을 요하는 제품에 이용되는 검사법으로 수압, 공기압을 이용하나 특별한 경우 할로겐 가스, 헬륨 가스, 화학 지시약 등을 이용한다.
④ **침투 검사** : 표면의 미세한 균열, 피트 등의 결함에 침투액을 표면 장력의 힘으로 침투시켜 세척한 후 현상액을 발라 결함을 검출하는 방법으로 간단하며 자기 탐상 검사가 곤란한 재료에 이용된다.
　㈎ **형광 침투 검사** : 검사할 부분을 비누액, 사염화탄소 산세액 등으로 청결하게 청정하고 형광 침투액을 분사하여 침투시킨 후 최저 약 30분 정도 경과한 다음 물로 세척한다. 다음에 현상액(탄산칼슘, 규소 분말, 산화마그네슘, 알루미늄의 혼합 분말 또는 물, 알코올에 녹인 현탁액)을 바르고 건조한 다음 초고압 수은 등으로 검사한다.
　㈏ **염료 침투 검사** : 형광 침투액 대신 적색 염료를 침투하는 방법으로 전등이나 햇빛에서 검사가 가능하므로 현장에서 주로 사용한다.
⑤ **초음파 검사**
　㈎ 0.5~1.5[MHz]의 초음파를 검사물 내부에 침투시켜 내부의 결함, 불균일층의 유무를 검사하는 방법

⑭ 종류 : 투과법, 펄스 반사법, 공진법
　　일반적으로 펄스 반사법이 널리 쓰임.
⑮ 특징
　㉠ 두께, 길이가 큰 물체에 적합하며 검사원에게 위험이 없다.
　㉡ 한쪽에서도 탐상할 수 있다.
　㉢ 결함 위치의 길이는 알 수 없으며 표면의 요철이 심한 것 얇은 것은 검출이 곤란하다.
⑥ 자기 검사 : 표면에 가까운 곳의 균열, 편석, 기공, 용입 불량, 게재물 등의 검출에 사용되나 작고 무수히 존재한 결함, 오스테나이트계 스테인리스강과 같은 비자성체는 곤란하다.
　㉮ 자화 방법 : 극간법, 축통전법, 코일법
　㉯ 검사 방법
　　㉠ 연강 : 자력을 움직이는 동안에 생기는 누설 자속 사용

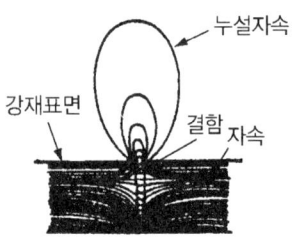

[그림] 자기 검사의 원리

　　㉡ 합금강, 담금질된 강 : 잔류 자기에 의한 누설 자속 사용
　㉰ 자화 전류
　　㉠ 교류 : 표면 결함 검출
　　㉡ 직류 : 내부 결함 검출
　㉱ 자분 : 철 또는 자성 산화철(Fe_{304})의 약 0.1[mm](150mesh) 이하의 분말을 적, 흑, 백 등으로 착색
⑦ 방사선 투과 검사 : 매크로적 결함 검출로 가장 확실하고 널리 사용한다.
　㉮ X선 투과 검사
　　㉠ 균열, 융합 불량, 용입 불량, 기공, 슬래그섞임, 비금속 게재물, 언더컷 등의 결함 검출에 사용된다.
　　㉡ 미소 균열이나 모재면에 평행한 라미네이션 등의 검출은 곤란하다.
　　㉢ X선 발생 장치 : 관구식(설치식, 가반식), 베타트론식
　　㉣ X선은 유해하므로 혈액 검사를 자주 받아야 한다.

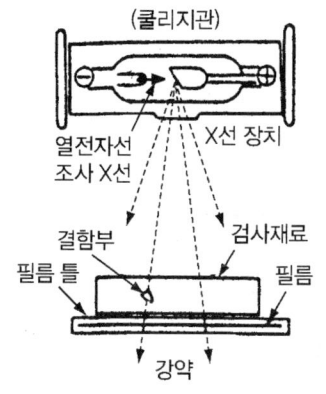
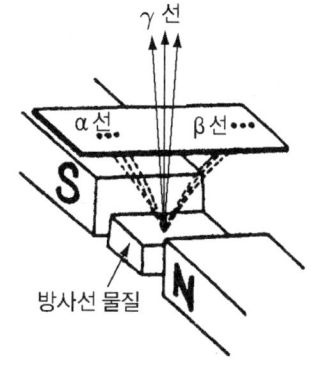

[그림] X선 투과 사진 촬영 법의 원리   [그림] γ선의 발생

　㉯ γ선 투과 검사
　　　㉠ X선으로 투과하기 힘든 후판에 사용한다.
　　　㉡ γ선원 : 라듐, 코발트 60, 세슘 134
⑧ 맴돌이 전류 검사(와류 검사)
　㉮ 금속 내에 유기된 와류 전류를 이용한 검사법
　㉯ 새로운 비파괴 검사로 자기 탐상 검사가 곤란한 비자성 금속의 결함 검출에 사용한다.
　㉰ 표면 및 표면에 가까운 내부 결함, 조직 변화, 기계적, 열적 이력을 조사할 수 있다. (균열, 기공, 개재물, 피트, 언더컷, 오버랩, 용입 불량, 융합 불량)
⑨ 그 밖의 시험(용접성 시험) : 용접 구조물의 안전성, 신뢰성을 높이기 위해 노치취성 시험, 용접 연성 시험, 구속 균열 시험을 한다.
　㉮ 노치 취성 시험 : 샤르피 충격 시험으로 시험한다.
　㉯ 용접 연성 시험
　　　㉠ 코메렐 시험 : 종(縱)비드 굽힘 시험
　　　㉡ 킨젤 시험 : 종비드 노치 굽힘 시험
　㉰ 용접 균열 시험
　　　㉠ 리하이형 구속 균열 시험
　　　㉡ CTS 균열 시험
　　　㉢ 피스코 균열 시험
　　　㉣ T형 필릿 용접 균열 시험 "끝"

문제 4

그림과 같은 외팔보에서 B지점의 굽힘 모멘트를 구하시오.

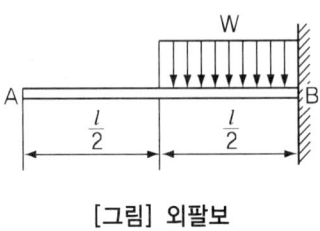

[그림] 외팔보

모범답안

(1) 정 의

축선에 수직 방향으로 하중을 받으면 구부러지는데 이러한 굽힘 작용을 받는 봉을 보(beam)라 한다. 보에는 정역학적 평형조건으로서 반력(reaction forece) 등을 구할 수 있는 정정보(statically determinate beam)와 평형조건만으로는 해결할 수 없는 부정정보(statically indeterminate beam)가 있다.

(2) 정정보의 종류

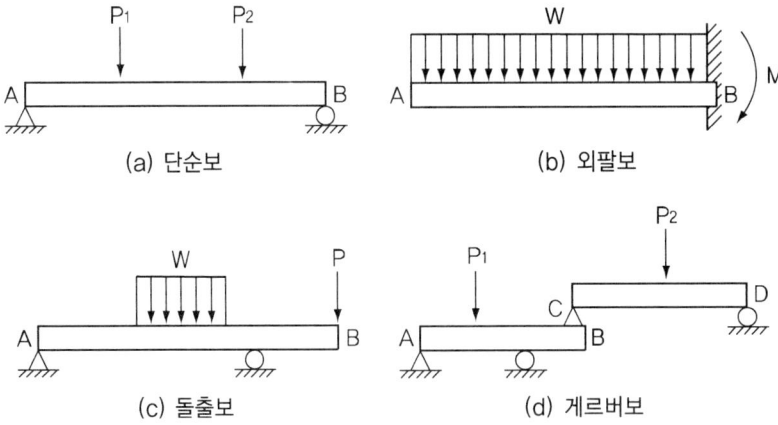

[그림] 정정보의 종류

① 단순보(simple beam) : 한 끝이 부동한 힌지 위에 지지되어 있고, 다른 끝이 가동 힌지점 위에 지지되어 있는 보
② 외팔보(cantilever beam) : 한 끝이 고정되어 있고 다른 끝이 자유로 되어 있는 보

③ 돌출보(over hanging beam) : 내다지보라고도 하며, 한 끝이 부동힌지점 위에 지지되어 있고, 보의 중앙 근방에 가동 힌지점이 지지되어 있어 보의 한 부분이 지점 밖으로 돌출되어 있는 보
④ 게르버보(gerber beam) : 돌출보와 단순보가 조합하여 이루어진 보

(3) 부정정보의 종류

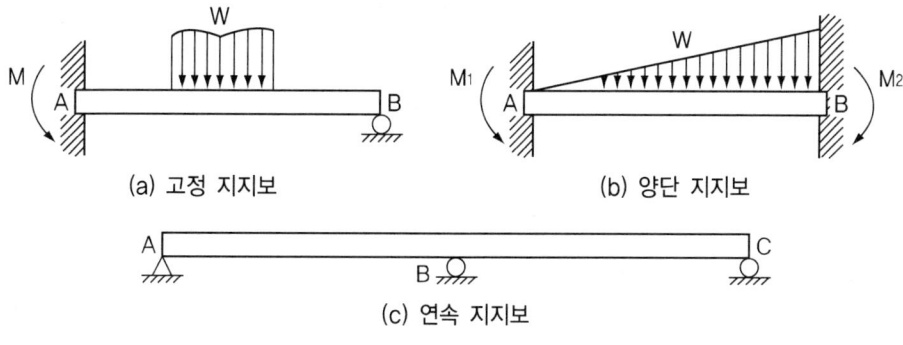

[그림] 부정정보의 종류

① 고정 지지보(one end fixed other end surpported beam) : 한 끝이 고정되어 있고 타단이 가동 힌지점 위에 지지된 보
② 양단 지지보(both ends fixed beam) : 양단이 고정되어 있는 보
③ 연속보(continuous beam) : 한 개의 부동 힌지점과 2개 이상의 가동 힌지점이 연속하여 지지되어 있을 때의 보

[해설] 전하중 $P = \dfrac{Wl}{2}$ 이고, 고정단으로부터 $\dfrac{(1일)}{4}$ 인 곳에 작용하므로

$$M_B = \dfrac{Wl}{2} \times \dfrac{(1일)}{4} = \dfrac{Wl^2}{8}$$

"끝"

문제 5

그림과 같은 외팔보에서 최대 굽힘 모멘트는 얼마인지 계산하시오

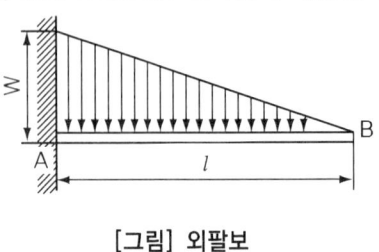

[그림] 외팔보

> 모범답안

1. 외팔보(cantilever beam)

(1) 집중하중을 받는 경우

    ① 반력 : $\sum F_i = 0$에서 $-P + R_B = 0$

        ∴ $R_B = P$

      $\sum M_i = 0$에서 $-Pl + M = 0$

        ∴ $M = Pl$

    ② 전단력 : $F = -P$

    ③ 굽힘 모멘트 : $M = -Px$

    ④ SFD와 BMD : SFD는 전단력 F가 일정한 값을 가지며, B.M.D는 x에 관한 일차 함수이므로 다음 [그림]과 같이 그려진다.

      최대 굽힘 모멘트는 $x = l$일 때 $M_{mas} = -Pl$

      그러므로 다음 그림의 반대인 왼쪽 고정, 오른쪽 자유단일 때에는 전단력의 부호는 (+), 굽힘 모멘트 부호는 (-)가 된다.

(2) 등분포 하중을 받는 경우

    ① 반력 : $\sum F_i = 0$에서 $-Wl + R_B = 0$

        ∴ $R_B = Wl$

      $\sum M_i = 0$에서 $-Wl + M = 0$

        ∴ $M = Wl$

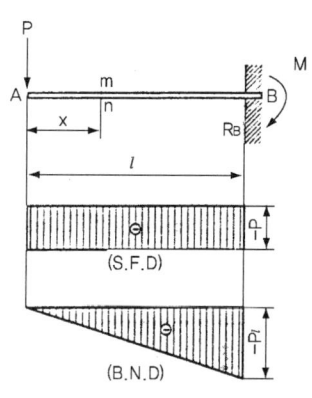

[그림] 집중 하중을 받는 외팔보

② 전단력 : $M = -Wx$

③ 굽힘 모멘트 : $M = -Wx \cdot \dfrac{x}{2} = \dfrac{Wx^2}{2}$

④ SFD와 BMD : SFD는 x의 1차 함수, BMD는 x의 2차 함수로 x에 비례하는 곡선으로 아래 [그림 2]과 같이 그려진다.

최대 굽힘 모멘트는 $x = l$일 때 $M_{\max} = -\dfrac{Wl^2}{2}$

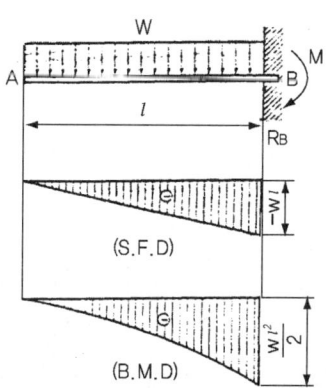

[그림] 등분포 하중을 받는 외팔보

[해설] 외팔보의 최대 굽힘 모멘트는 고정단에서 생기고, 전단력 $F_A = \dfrac{Wl}{2}$ 이므로

$M_{\max} = F_A \times$ 도심까지의 거리 $= \dfrac{Wl}{2} \times \dfrac{1}{3} = \dfrac{Wl^2}{6}$ "끝"

"이하여백"

산업안전 지도사(기계안전공학)

부록2

산업안전지도사 자격시험(과년도문제)

- 제 5회 2015년 7월 27일
- 제 6회 2016년 6월 25일
- 제 7회 2017년 6월 24일
- 제 8회 2018년 8월 16일
- 제 9회 2019년 6월 15일
- 제10회 2020년 11월 4일
- 제11회 2021년 6월 15일
- 제12회 2022년 6월 11일
- 제13회 2023년 6월 17일
- 제14회 2024년 6월 8일
- 제15회 2025년 6월 14일

2015년도 7월 27일

산업안전지도사 제5회 기출문제 NCS 분석

1. 시험과목 및 배점

구분	시험과목	시험시간	문제유형		배점	비고
2차 전공	기계안전공학	100분	주관식		총점 : 100점	과락없음 60점이면 합격
			1) 단답형 : 5문제	1) 단답형 : 5문제×5점=25점		
			2) 논(서)술형 : 4문제 중 3문제 선택 (필수2, 선택1)	2) 논(서)술형 : 3문제×25점=75점		

2. NCS 적용문제 분석

대분류	중분류	소분류	문제내용(세세분류)	비고
단답형	법령	산업안전보건 기준에 관한 규칙	문제 1) 산업용 로봇의 작동범위에서 해당 로봇에 관하여 교시 등의 작업을 하는 경우에는 해당 로봇의 예기치 못한 작동 또는 오조작에 의한 위험을 방지하기 위하여 지침을 정하고 그 지침에 따라 작업을 하여야 한다. 이 경우, 지침에 포함되어야 할 사항 5가지를 쓰시오.	안전보건규칙 제222조(교시)
	기계안전	연삭기	문제 2) 연삭숫돌에 표시된 WA46H8V 의미를 쓰시오.	연삭숫돌 표시
	산업안전보건법	시행규칙	문제 3) 산업안전보건법 제80조 제1항에 의하여 방호조치를 해야 하는 기계·기구의 종류 6가지와 설치하여야 하는 해당 방호장치를 쓰시오.	시행규칙 제98조(방호조치)
	내연기관	디젤발전기	문제 4) 디젤발전기 엔진에서 화재발생 가능성이 있는 발화요인 4가지를 쓰시오.	발화요인 4가지
	비파괴 시험	종류	문제 5) 비파괴시험의 종류 6가지를 쓰시오.	종류 6가지
논(서)술형	기계안전	위험요소	문제 1) 기계설계시 고려하여야 하는 위험요소 (hazards) 7가지와 각각의 원인 및 그 결과에 관하여 쓰시오.	사고체인 2023년 출제
	산업안전보건법	산업안전보건기준에 관한 규칙	문제 2) 기계설비의 정비(maintenance) 종류와 산업안전보건기준에 관한 규칙 제92조에서 정한 정비작업시 조치하여야 할 안전수칙 4가지를 쓰시오.	안전보건규칙 제92조

이동식크레인	재해유형 및 방지대책	문제 1) 이동식 크레인에서 발생할 수 있는 재해유형을 서술하고, 재해방지대책 4가지를 쓰시오.	안전보건규칙 제147조, 제148조, 제149조
유공압	안전사항	문제 2) 공작기계에 사용하는 유공압장치가 공통으로 구비해야 할 안전사항 8가지를 쓰시오.	기술상의 지침 제18조 고시 2020-32호

3. 응시 및 합격현황

2015년		1차			2차			3차		
		대상	응시	합격	대상	응시	합격	대상	응시	합격
소계		612	498	44	30	29	12	25	25	19
안전	기계	147	116	7	5	5	3	4	4	4
	전기	86	72	3	3	3	2	2	2	2
	화공	79	64	14	9	9	4	9	9	6
	건설	300	246	20	13	12	3	10	10	7
소계		189	147	8	5	5	3	6	6	5
보건	작업환경	35	22	1	1	1	1	1	1	1
	산업위생	154	125	7	4	4	2	5	5	4

┌ 2015년도 7월 27일 ─────────────────────────

산업안전지도사 2차 국가자격시험

시간	응시분야	수험번호	성명
100분	기계안전	20150727	도서출판 세화

※ 다음 단답형 5문제를 모두 답하시오.(각 5점)

문제 1

산업용 로봇의 작동범위에서 해당 로봇에 관하여 교시 등의 작업을 하는 경우에는 해당 로봇의 예기치 못한 작동 또는 오조작에 의한 위험을 방지하기 위하여 지침을 정하고 그 지침에 따라 작업을 하여야 한다. 이 경우, 지침에 포함되어야 할 사항 5가지를 쓰시오.

정 답

① 로봇의 조작방법 및 순서
② 작업 중의 매니퓰레이터의 속도
③ 2명 이상의 근로자에게 작업을 시킬 경우의 신호방법
④ 이상을 발견한 경우의 조치
⑤ 이상을 발견하여 로봇의 운전을 정지시킨 후 이를 재가동시킬 경우의 조치
⑥ 그 밖에 로봇의 예기치 못한 작동 또는 오조작에 의한 위험을 방지하기 위하여 필요한 조치 "끝"

참고

① 산업안전지도사 p.1-120
② 산업안전지도사 p.4-162(문제 31번~문제 33번)

정답근거

산업안전보건기준에 관한 규칙

제222조(교시 등) 사업주는 산업용 로봇(이하 "로봇"이라 한다)의 작동범위에서 해당 로봇에 대하여 교시 등 매니퓰레이터(manipulator)의 작동순서, 위치·속도의 설정·변경 또는 그 결과를 확인하는 것을 말한다. 이하 같다)의 작업을 하는 경우에는 해당 로봇의 예기치 못한 작동 또는 오(誤)조작에 의한 위험을 방지하기 위하여 다음 각 호의 조치를 하여야 한다. 다만, 로봇의 구동원을 차단하고 작업을 하는 경우에는 제2호와 제3호의 조치를 하지 아니할 수 있다.

① 다음 각 목의 사항에 관한 지침을 정하고 그 지침에 따라 작업을 시킬 것
  ㉮ 로봇의 조작방법 및 순서
  ㉯ 작업 중의 매니퓰레이터의 속도
  ㉰ 2명 이상의 근로자에게 작업을 시킬 경우의 신호방법
  ㉱ 이상을 발견한 경우의 조치
  ㉲ 이상을 발견하여 로봇의 운전을 정지시킨 후 이를 재가동시킬 경우의 조치
  ㉳ 그 밖에 로봇의 예기치 못한 작동 또는 오조작에 의한 위험을 방지하기 위하여 필요한 조치
② 작업에 종사하고 있는 근로자 또는 그 근로자를 감시하는 사람은 이상을 발견하면 즉시 로봇의 운전을 정지시키기 위한 조치를 할 것
③ 작업을 하고 있는 동안 로봇의 기동스위치 등에 작업 중이라는 표시를 하는 등 작업에 종사하고 있는 근로자가 아닌 사람이 그 스위치 등을 조작할 수 없도록 필요한 조치를 할 것

223조(운전 중 위험 방지) 사업주는 로봇의 운전(제222조에 따른 교시 등을 위한 로봇의 운전과 제224조 단서에 따른 로봇의 운전은 제외한다)으로 인하여 근로자에게 발생할 수 있는 부상 등의 위험을 방지하기 위하여 높이 1.8미터 이상의 울타리(로봇의 가동범위 등을 고려하여 높이로 인한 위험성이 없는 경우에는 높이를 그 이하로 조절할 수 있다)를 설치하여야 하며, 컨베이어 시스템의 설치 등으로 울타리를 설치할 수 없는 일부 구간에 대해서는 안전매트 또는 광전자식 방호장치 등 감응형(感應形) 방호장치를 설치하여야 한다. 다만, 고용노동부장관이 해당 로봇의 안전기준이 「산업표준화법」 제12조에 따른 한국산업표준에서 정하고 있는 안전기준 또는 국제적으로 통용되는 안전기준에 부합한다고 인정하는 경우에는 본문에 따른 조치를 하지 아니할 수 있다.〈개정 2018. 8. 14.〉

제224조(수리 등 작업 시의 조치 등) 사업주는 로봇의 작동범위에서 해당 로봇의 수리·검사·조정(교시 등에 해당하는 것은 제외한다)·청소·급유 또는 결과에 대한 확인작업을 하는 경우에는 해당 로봇의 운전을 정지함과 동시에 그 작업을 하고 있는 동안 로봇의 기동스위치를 열쇠로 잠근 후 열쇠를 별도 관리하거나 해당 로봇의 기동스위치에 작업 중이란 내용의 표지판을 부착하는 등 해당 작업에 종사하고 있는 근로자가 아닌 사람이 해당 기동스위치를 조작할 수 없도록 필요한 조치를 하여야 한다. 다만, 로봇의 운전 중에 작업을 하지 아니하면 안되는 경우로서 해당 로봇의 예기치 못한 작동 또는 오조작에 의한 위험을 방지하기 위하여 제222조 각 호의 조치를 한 경우에는 그러하지 아니하다.

> **합격자의 조언**
>
> ① 부분점수 있다.　　　　　　　　② 5개×각 1점=5점
>   예 1개 정답이면 1점, 2개 정답이면 2점 등
> ③ 기사와 동일 모든 문제 부분 점수 적용합니다.

문제2

연삭숫돌에 표시된 WA46H8V 의미를 쓰시오.

정답

① WA : 입자의 종류(숫돌의 종류) : 알루미나계 연삭제
② 46 : 입도
③ H : 결합도
④ 8 : 조직
⑤ V : 결합제 "끝"

참고

① 산업안전지도사 p.1-78(연삭기)
② 암기방법 : 자도도직제(입자/입도/결합도/조직/결합제)

보충설명

연삭기

1. 서론

공구에 의한 절삭에는 공작물의 경도에 제한을 받는다. 즉 재질이 너무 단단하거나 취성이 있는 경우에는 일반 기계 가공으로는 충분한 정확도로 가공하기는 곤란한 경우가 있다. 이러한 경우에는 입자를 이용한 연삭 가공이나 호닝, 래핑 및 슈퍼 피니싱을 한다.

연삭 입자는 예리한 모서리가 있고 작고 단단한 입자로서, 지금까지 설명한 절삭 공구와는 달리 불규칙한 형상을 가지고 있다. 이러한 연삭 입자는 공작물 표면의 재료를 조금씩 제어할 수 있는데 이는 미세한 칩을 생성하는 일종의 절삭 가공이라 할 수 있다.

연삭 가공은 통상적으로 제품의 최종 마무리 공정으로 사용함이 일반적이다.

연삭 입자는 아주 단단하므로 경도가 큰 열처리된 부품의 마무리 작업, 세라믹이나 유리와 같은 경도가 높은 비금속 재료의 성형, 불필요한 용접 비드의 제거, 봉재, 석재, 콘크리트 등의 절단 작업에 사용된다.

2. 연삭 가공의 개요

연삭은 연삭 숫돌을 고속 회전시켜 이것을 공구로 사용하고 숫돌 표면에 있는 입자의 예리한 모서리로 공작물의 표면으로부터 미소한 칩을 깎아내는 고속 절삭 작업을 말하며 이에 사용되는 기계를 연삭기(grinding machine)라고 한다.

연삭 작업의 특징

① 연삭 숫돌은 보통의 금속 재료뿐만 아니라 담금질강, 초경합금 등의 고경도 재료를 자유롭게 가공할 수 있으며 또한 부드러운 고무류도 가공할 수 있는 특징이 있다.
② 입자(粒子 : abrasive) 하나 하나가 모두 절삭날의 역할을 하므로 칩의 크기가 매우 작다. 따라서 가공면의 거칠기나 정밀도는 일반 바이트나 밀링 커터로 절삭한 것에 비해서 우수하다.

③ 절삭 속도가 매우 빠르다. 1,500[m/min]가 표준으로 되어 있어서 바이트나 밀링 커터로 절삭하는 것에 비해서 10~15배 정도 빠르므로 가공 효율이 좋다.
④ 절삭날의 자생 작용이 있다.

3. 연삭 숫돌

(1) 연삭 숫돌의 구성 요소

연삭 숫돌(grinding wheel)의 구성은 입자, 결합제, 기공의 3요소로 되어 있다. 입자는 밀링 커터의 절삭날과 같은 공작물을 깎아내는 경도가 높은 광물질의 결정체이며, 결합제는 입자를 고정한다. 입자와 결합제 사이의 기공은 절삭칩이 빠져나가는 길이 되며, 연삭열을 억제하는 효과가 있다.

이상의 3요소는 5가지의 인자(因子)로 구성되어 있다.

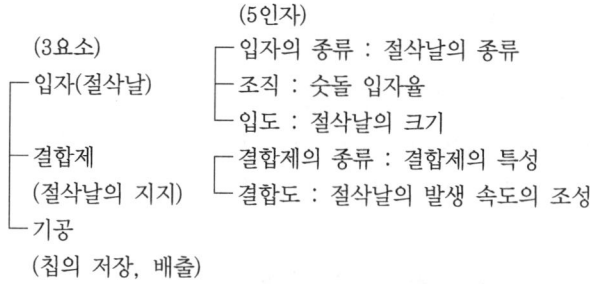

[그림] 연삭 숫돌의 구성

① 연삭 입자(abrasive)
  ㉮ 천연 입자
  - 사암, 석영
  - 에머리, 50~60[%] Al_2O_3 결정체+산화철
  - 코런덤, 75~90[%] Al_2O_3 결정체+산화철
  - 다이아몬드

과거에는 연삭 숫돌을 제조할 때 천연산 숫돌 입자에 의존하였다. 사암은 수동식 숫돌에 사용되고 있다.

에머리와 코런텀은 연삭에 오랜 기간 사용되어 왔지만 이것은 사암과 같이 결합이 불균일해서 고속도 연삭에는 부적당하다.

다이아몬드 숫돌은 결합제로 베이크라이트(bakelite)를 사용하며, 특히 초경합금 공구를 연삭하는 데 적합하다. 가격은 고가이나 연삭 능률이 높고 마멸이 적으므로 경제적이다.

④ 인조 입자

```
┌─ 탄화규소(SiC)
├─ 산화알루미늄(Al₂O₃)
└─ 탄화붕소(boron carbide)
```

현재 널리 사용되는 것은 알루미나(Alumina, Al_2O_3)계와 탄화규소계의 2종이다. 산화알루미늄 재질의 숫돌 입자는 산화알루미늄 원료를 원통형의 강제(鋼製) 전기로에 넣어, 전호(電弧)의 열로써 용융하여 만든다.

이것은 모스 경도(Moh's hardness)가 약 9이며, 강과 같이 인장강도가 큰 금속의 연삭에 좋다. 이것으로 만든 것을 A숫돌(A wheel)이라고 하며, 연한 갈색을 띄고 있다.

순수한 알루미나(함유량 99.5[%] 이상)의 것을 백색 산화알루미늄질 숫돌, 혹은 WA 숫돌(WA wheel)이라고 한다. 노튼 회사(Norton Co.)에서는 No.38이라고 한다.

탄화규소계의 숫돌의 상품명에는 카보런덤(carborundum), 크리스트론(crystlon)이 있으며 탄소 15, 규사(SiO_2) 25의 비율로 혼합시킨 제품이다. 탄화규소질 숫돌 혹은 C숫돌(C wheel)이라고 하며 청자색이나 흑색의 광택이 많이 난다. 순수한 탄화규소질은 GC숫돌이라 하며 알런덤보다 경도가 커서, 모스 경도가 약 9.5이며 다이아몬드 다음으로 경도가 크다.

[표] 연삭 입자의 종류 및 특징

연삭 숫돌용 연삭제		숫돌입자 기호	용도	기호	경도	취성
인조연삭제	산화 알루미늄질	A	거친 연삭용, 일반강재, 가단주철, 청동(샌드페이퍼)	2A	점점 경(硬)해진다 ↓	점점 취(脆)해진다 ↓
		WA	경연삭용, 담금질강, 특수강, 고경도강재, 고속도강	4A		
		(SA)단결정입자	담금질강, 고속도강, 합금강			
	탄화 규소질 (SiC)	C	주철동합금, 경합금, 비철금속, 비금속	2C		
		GC	경연삭용, 특수주철, 칠드주철, 초경합금, 유리	4C		
	탄화붕소질 (BC)	B	메탈본드숫돌, 일래스틱숫돌, D숫돌입자의 대용 랩제			
	다이아몬드 (MD)	D	D숫돌용			
천연연삭제	다이아몬드 (ND)	D	메탈일래스틱, 비트리파이드, 연삭숫돌, 석재, 유리, 보석의 절단, 랩제, 연질 금속절삭용 바이트, 초경합금 연삭			
	에머리, 코란덤, 카넷트프린트		연삭숫돌에는 사용 안함, 연마제 및 샌드페이퍼용			

② 입도(grain size)

숫돌 입자는 일반적으로 메시(mesh)로써 나타내며, 입자의 크기를 입도라고 한다. 이것을 메시 번호로 표시한다.

예를 들면 No.30은 체의 길이 1인치에 30의 눈, 즉 1제곱인치당 900의 눈금을 가진 체에는 통과하고, No.31의 체에는 남은 입자이다. 숫돌에는 반드시 입도를 표시하고 있으나, 등립(等粒)만이 아니라 상이한 입도를 혼합한 것도 많이 있다.

[표] 숫돌 입자의 입도

거친 눈 (粗 : coarse)	보통 눈 (中 : medium)	보통 가는 눈 (細 : fine)	가는 눈 (微 : very fine)	아주 가는 눈 (極微 : super fine)
8	30	70	150	280
10	36	80	180	320
12	46	90	220	400
14	60	100	240	500
16		120		600
20				
24				

연삭 작업의 목적에 따라 적당한 입도의 연삭 숫돌을 선택하게 되는 실용 예

- 거친 연삭 작업에서 연삭 깊이 및 이송이 큰 경우에는 입도가 큰 것을 택하며, #10~30을 사용한다.
- 완성 가공 및 공구의 연삭에는 입자가 작은 #36~80을 사용한다.
- 경도가 크고 취성이 있는 재질에는 작은 미세 입자의 연삭 숫돌을 사용하고, 연하고 연성이 있는 재질에는 거친 입자를 사용한다.
- 한 개의 연삭 숫돌을 사용하여 황삭 및 다듬질 연삭을 할 때는 혼합 입자의 연삭 숫돌을 사용하는 것이 능률적이다.
- 연삭 숫돌과 공작물의 접촉면이 적을 때에는 미세한 입자를, 접촉면이 클 때에는 거친 입자를 각각 사용한다.
- 초정밀 연삭, 호닝, 래핑 등의 작업에는 #200 이상에서 #400~800까지의 미세 입자를 사용한다.

③ 결합도(grade)

무른 연삭 숫돌은 입자의 끝이 많이 마멸되기 전에 결합제와 함께 숫돌 입자가 탈락하는 것은 경제적이다. 너무 굳으면 쉽게 탈락하지 않으므로 눈메움(loading)을 일으키고 가공 정밀도가 저하한다. 따라서 공작물의 재질과 가공 정밀도에 따라 적당한 결합도의 숫돌을 선택할 필요가 있다.

[표] 연삭 숫돌의 결합도 분류

극연(very soft)	연(soft)	중(medium)	경(hard)	극경(very hard)
E, F, G	H, I, J, K	L, M, N, O	P, Q, R, S	T, U, V, W, X, Y, Z

[표] 결합도에 따른 숫돌의 선택 기준

결합도가 높은 숫돌(굳은 숫돌)	결합도가 낮은 숫돌(낮은 숫돌)
① 연질 재료의 연삭	① 경질 재료의 연삭
② 숫돌차의 원주 속도가 느릴 때	② 숫돌차의 원주 속도가 빠를 때
③ 연삭 깊이가 얕을 때	③ 연삭 깊이가 깊을 때
④ 접촉면이 작을 때	④ 접촉면이 클 때
⑤ 재료 표면이 거칠 때	⑤ 재료 표면이 치밀할 때

④ 조직(structure)

연삭 숫돌의 단위 체적당의 입자수를 밀도라 하고 이것으로 조직을 표시한다. 동일한 결합도를 가진 연삭 숫돌이라도 조직이 거침(粗), 중간(中), 치밀(密) 등의 구별이 있다.

(a) 거친 조직　　　(b) 중간 조직　　　(c) 치밀 조직

[그림] 연삭 숫돌의 조직

[표] 조직의 선택

입자의 밀도	거친 것(組)	중(中)	조밀(密)
KS 기호	w	m	c
노튼(Norton)기호	12, 11, 10, 9, 8, 7	6, 5, 4	3, 2, 1, 0
입자율(%)	42 미만	42~50	50 이상

[표] 거친것과 조밀한 것의 선택기준

조직이 거친 것을 사용하는 경우	조직이 조밀한 것을 사용하는 경우
① 연하고 점성이 있는 재료	① 굳고 조밀하며 취성이 있는 재료
② 거친 연삭	② 다듬질 연삭, 총형 연삭
③ 접촉면이 큰 작업	③ 접촉면이 작은 작업

⑤ 결합제(bond)
　㉮ 무기질 결합제
　　㉠ 비트리파이드(vitrified bond)
　　　　결합제의 주성분은 점토이고, 이 방법으로 제조된 연삭 숫돌이 가장 많이 사용되고 있다. 점토에 용제를 첨가하여 연삭 입자들과 충분히 혼합하고, 성형 건조하여 1,300~1,350[℃]에서 연속 2~3일간 가열하여 결합제를 자기질화 한다.
　　　　이 방법으로 각종 용도의 제품이 생산되며 현존하는 약 90[%]가 이에 의존하고 있다. 그러나 탄성이 적고 또한 얇은 절단 숫돌의 생산에 적용할 수 없는 결점이 있다. 기호는 'V'로 표시한다.
　　㉡ 실리케이트(silicate bond)
　　　　실리케이트 숫돌은 천연 숫돌과 같은 성질을 가지며, 주수(注水)하여 사용하면 계속 미량의 물유리가 용출하여 알칼리성의 윤활 작용을 나타낸다. 비트리파이트 숫돌로 제조할 수 없는 대형의 숫돌(바깥 지름 1[m] 이상)도 만들 수 있다. 경하고 얇은 판상의 공작물이나 고속도강 등과 같이 열의 영향을 받아 표면이 변질하거나 균열이 생기기 쉬운 재료를 연삭할 때나, 기타 연삭에 따른 발열을 피하여야 할 작업에 사용된다. 비교적 얇은 숫돌로 하거나 중연삭을 행하는 데는 적당하지 않다. 경도는 규산소다의 사용량과 금속형의 다짐 정도에 의하여 조절되며 기호는 'S'로 표시한다.
　㉯ 유기질 결합제
　　㉠ 셸락(shellac bond)
　　　　천연의 셸락 수지 분말과 입자를 혼합하여 압축 성형하고, 150[℃] 정도로 가열한 것이며 절단용이거나 리머의 날이나 톱날 같은 얇은 날의 공구 연삭 및 롤의 경면 다듬질 등에도 적합하다. 기호는 "E" 또는 "Shel"로 사용된다.
　　㉡ 고무(rubber bond)
　　　　천연 고무 또는 인조 고무에 황 등 기타를 첨가하여 입자와 충분히 섞어 다지고, 롤로 박판으로 민 것을 원형으로 잘라내서 가열 고화시킨 것이다. 절단용 숫돌이나 센터리스 연삭기의 조정 숫돌로 사용된다. 시간이 경과하면 노화하므로 주의를 요한다. 기호는 "R" 또는 "Rub"로 표시한다.
　　㉢ 레지노이드(resinoid or bakelite bond)
　　　　페놀 수지(베이크라이트 등)와 같은 열경화성 수지를 결합제로 한 것이다. 각종의 용제, 기름, 증기 등에 안전하며 열에 의한 연화도 없고, 절단용 숫돌로 사용되는 외에, 최근 소재의 결함 제거, 기타 자유 연삭용으로 널리 사용되게 되었다. 강인하고 탄성이 크며, 높은 연삭 압력과 연삭 열로 결합제가 적당히 연소하여 날의 자생 작용을 돕는다. 알코올, 아세톤에 용해되고 알칼리성의 연삭 액에 침식된다.

기호는 "B", 또는 "Res"로 표시한다.
  ㉣ 비닐(vinyl bond)
    폴리비닐 알코올의 아세틸화된 스폰지 모양의 비닐론으로 연삭 입자를 결합한 것으로, 초탄성 숫돌이다. 폴리비닐 알코올 농용액(濃溶液)에 연삭 입자를 혼합하고, 그 중에 미세한 기포를 혼재시켜 균질의 점액으로 만들고, 포르말린을 첨가하여 탈수 작용을 시켜 아세탈화한 것을 형틀에 넣어 결합시킨 후 수세하여 완성시킨다. 무르게 작용하므로 연마에 좋은 효과가 있다. 비철과 스테인리스강에 적합하다. 기호는 "PVA"로 표시한다.
⑥ 결합제의 필요한 조건
  ㉮ 입자간에 기공이 생길 수 있도록 할 것
  ㉯ 균일한 조직으로 임의의 형상이나 크기로 만들 수 있을 것
  ㉰ 고속회전에 대한 안전한 강도를 가질 것
  ㉱ 발생하는 열에 대하여 안전할 것

(2) 연삭 숫돌의 표시법

연삭 숫돌의 규격은 다음 순서로 표시한다.
① 숫돌 입자의 종류, 입도, 결합도, 조직, 결합제
② 모양 및 치수(외경×두께×구멍지름)
③ 회전 시험 원주 속도, 사용 원주 속도 범위
④ 제조자명, 제조 번호, 제조 일자
산화알루미늄질 숫돌의 표시 보기는 다음과 같다.

WA	80	K	m	V
(숫돌입자)	(입도)	(결합도)	(조직)	(결합제)
1호	A	203 ×	16 ×	19.1
(모양)	(연삭면모양)	(바깥지름)	(두께)	(구멍지름)

1,000[m/min]　　　1,700~2,000[m/min]
(회전시험 원주속도)　　(사용원주 속도범위)

[표] 연삭 숫돌의 선택 기준(초경합금)

작업의 종류		입자의 종류	입도	결합도 P(S)종	결합도 K(G)종	조직	결합제
손작업	거친 연삭	GC D	60 100	G, H, I N	H, I, J N	m 50	V M, B, V
	다듬 연삭	GC D	100~120 220	G, H N	H, I N	m 50~100	V M, B, V
강(鋼)의 연삭	거친 연삭	A	46~46	K, M		m	V
	다듬 연삭	WA	60~80	M		m	V
기계작업	원통 연삭	거친 연삭	GC	60	G, H	H, I	m	V
		다듬 연삭	GC	80~100	G, H	H, I	m	V
	평면 연삭	건식 거친 연삭	GC	60	G, H	H, I	m	V
		건식 다듬 연삭	GC	100~120	G, H	H, I	m	V
		습식 거친 연삭	D	100	L	L	50	B, V
		습식 다듬 연삭	D	200	L	L	100	B, V
		습식 총형 연삭	GC	100~120	I, J	J, K	m	V
래핑	일반	D	220~320	L	L	50~100	B
	정밀 다듬질	D	400~500	L	L	100	B

(3) 연삭기 재해 유형

상해 형태	① 그라인더면에 접촉 ② 연삭칩이 눈에 튀어 들어가는 경우 ③ 그라인더 몸체 파열 ④ 가공물을 떨어뜨리는 경우
숫돌의 파괴 원인	① 숫돌의 회전속도가 너무 빠를 때 ② 숫돌 자체에 균열이 있을 때 ③ 숫돌에 과대한 충격을 가할 때 ④ 숫돌의 측면을 사용하여 작업할 때 ⑤ 숫돌의 불균형이나 베어링 마모에 의한 진동이 있을 때 ⑥ 숫돌 반경 방향의 온도 변화가 심할 때 ⑦ 플랜지가 현저히 작을 때 ⑧ 작업에 부적당한 숫돌을 사용할 때 ⑨ 숫돌의 치수가 부적당할 때

(4) 연삭기 구조면에 있어서의 안전 대책

① 구조 규격에 적당한 덮개를 설치할 것
② 플랜지의 직경은 숫돌직경의 1/3 이상인 것을 사용하며 양쪽을 모두 같은 크기로 할 것

(플랜지 안쪽에 종이나 고무판을 부착하여 고정시 종이나 고무판의 두께는 0.5~1[mm] 정도가 적합하며, 숫돌의 종이라벨은 제거하지 않고 고정)
③ 숫돌 결합시 축과는 0.05~0.15[mm] 정도의 틈새를 둘 것
④ 칩 비산 방지 투명판(shield), 국소배기장치를 설치할 것
⑤ 탁상용 연삭기는 워크레스트와 조절편을 설치할 것(워크레스트와 숫돌과의 간격은 3[mm] 이내)
⑥ 덮개의 조절편과 숫돌과의 간격은 10[mm] 이내
⑦ 작업 받침대의 높이는 숫돌의 중심과 거의 같은 높이로 고정
⑧ 숫돌의 검사 방법
   ㉮ 외관 검사
   ㉯ 타음 검사
   ㉰ 시운전 검사
⑨ 최고 회전속도 이내에서 작업할 것
   숫돌의 원주속도(m/분) = $\pi D n$
      D : 숫돌의 직경(m)
      n : 회전수(rpm)

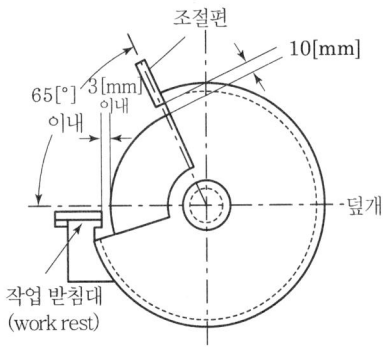

[그림] 연삭기의 덮개

(5) 연삭 숫돌의 안전기준
① 덮개의 설치 기준 : 직경이 50[mm] 이상인 연삭 숫돌
② 작업 시작하기 전 1분 이상, 연삭 숫돌을 교체한 후 3분 이상 시운전(숫돌파열이 가장 많이 발생하는 경우는 스위치를 넣는 순간)
③ 시운전에 사용하는 연삭 숫돌은 작업시작 전 결함유무 확인 후 사용
④ 연삭 숫돌의 최고 사용회전속도 초과 사용금지
⑤ 측면을 사용하는 것을 목적으로 하는 연삭 숫돌 이외의 연삭 숫돌은 측면 사용금지
⑥ 연삭기 표시 및 덮개의 시험방법

연삭기의 표시사항	㉠ 숫돌사용 주속도 ㉡ 숫돌회전방향
덮개의 시험 (작동시험)	㉠ 연삭 숫돌과 덮개의 접촉여부 ㉡ 덮개의 고정상태, 작업의 원활성, 안전성, 덮개노출의 적합성 여부 ㉢ 탁상용 연삭기는 덮개, 워크레스트 및 조절편 부착상태의 적합성 여부

(6) 연삭기의 방호장치

① 덮개의 성능

㉮ 덮개는 인체의 접촉으로 인한 손상이 없어야 한다.

㉯ 덮개에는 그 강도를 저하시키는 균열 및 기포 등이 없어야 한다.

㉰ 탁상용 연삭기의 덮개에는 워크레스트 및 조절편을 구비해야 하며 워크레스트는 연삭 숫돌과의 간격을 3[mm] 이하로 조정할 수 있는 구조이어야 한다.

② 덮개의 설치 방법

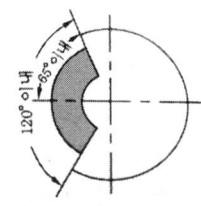

㉮ 일반연삭작업 등에 사용하는 것을 목적으로 하는 탁상용 연삭기의 덮개 각도

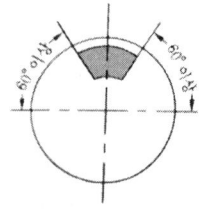

㉯ 연삭 숫돌의 상부를 사용하는 것을 목적으로 하는 탁상용 연삭기의 덮개 각도

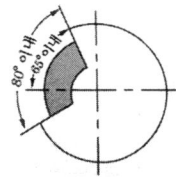

㉰ ㉮ 및 ㉯ 이외의 탁상용 연삭기, 기타 이와 유사한 연삭기의 덮개 각도

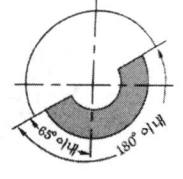

㉱ 원통연삭기, 센터리스연삭기, 공구연삭기, 만능연삭기, 기타 이와 비슷한 연삭기의 덮개 각도

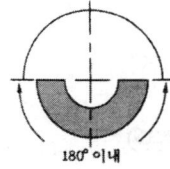

㉲ 휴대용 연삭기, 스윙연삭기, 슬래브연삭기, 기타 이와 비슷한 연삭기의 덮개 각도

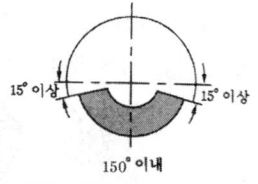

㉳ 평면연삭기, 절단연삭기, 기타 이와 비슷한 연삭기의 덮개 각도

(7) 글레이징 및 로딩

구분	글레이징(glazing)	로딩(loading)
현상	숫돌차의 입자가 탈락되지 않고 마모에 의해 납작하게 된 상태에서 연삭되는 현상	연삭작업 중 숫돌입자의 표면이나 기공에 쇳가루가 차 있는 상태
원인	㉮ 숫돌의 결합도가 크다. ㉯ 숫돌의 회전속도가 너무 빠르다. ㉰ 숫돌의 재료가 공작물의 재료에 부적합하다.	㉮ 숫돌입자가 너무 잘다. ㉯ 조직이 너무 치밀하다. ㉰ 연삭깊이가 깊다. ㉱ 숫돌차의 회전속도가 너무 느리다.
결과	㉮ 연삭성이 불량하다. ㉯ 공작물이 발열한다. ㉰ 표면변질이 발생한다.	㉮ 연삭성이 불량하다. ㉯ 연삭면이 거칠어진다. ㉰ 숫돌입자가 마모되기 쉽다.

> **참고**
>
> 셰딩(shedding) : 숫돌의 결합도가 약할 때는 공작물을 깎아내는 가공량에 비하여 숫돌의 손모량(損耗量)이 커지는 불량

(8) 숫돌 수정방법

① 드레싱(dressing) : 숫돌면의 표면층을 깎아서 절삭성이 불량한 숫돌면에 새롭고 날카로운 날이 생기도록 하는 방법

㉮ 성형 드레서(star dresser)

강판제의 성형 원판을 간격재를 사이에 두고 여러 장 겹쳐서 고정구 핀에 헐겁게 맞춘 것이다. 자루를 잡고 회전하는 숫돌 표면에 대고 강판의 돌기가 숫돌 표면을 두드려 드레싱을 하게 된다. 그러나 정밀한 드레싱은 되지 않는다.

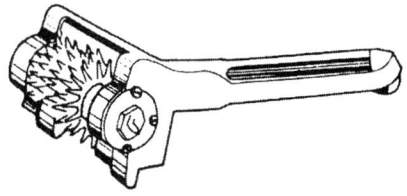

[그림] 성형 드레서

㉯ 정밀강 드레서(precision steel dresser)

다이아몬드 대신 사용되며, 정밀 연삭기용으로 적합하다.

[그림] 정밀강 드레서

㈐ 입자봉 드레서(abrasive dresser)

자루를 손으로 잡고 입자부를 숫돌면에 대어 드레싱을 한다.
자루를 고정구에 설치할 때도 얇은 숫돌의 드레싱과 트루잉(truing)에 적합하다.

[그림] 입자봉 드레서

㈑ 다이아몬드 드레서(diamond dresser)

가장 많이 사용되는 드레서로 1개 혹은 몇 개의 다이아몬드를 동시에 연삭 숫돌면에 접촉해서 사용되며, 절삭 깊이는 0.025[mm], 이송량은 250[m/min]를 넘지 않도록 사용한다. 다이아몬드 드레서 작업은 숫돌면에 대하여 약간 기울여 사용한다.

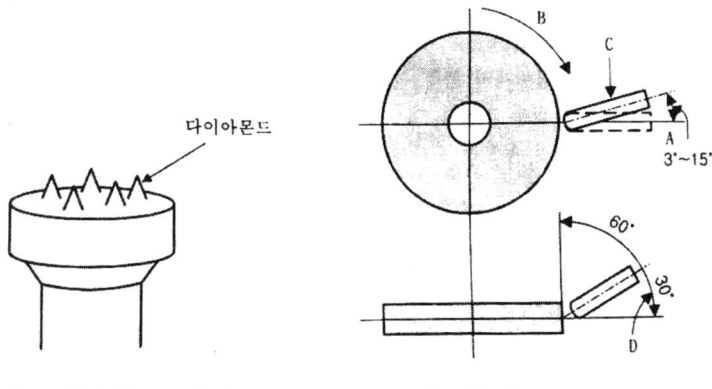

[그림] 다이아몬드 드레서　　　　[그림] 다이아몬드 드레서 작업

㈒ 라운드 드레서 및 사인 드레서(round dresser and sine dresser)

연삭 숫돌을 반경 모양으로 드레싱할 때, 적정 각도로 드레싱할 때 사용되는 드레서이다.

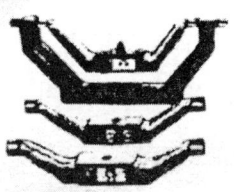　　

[그림] 라운드 드레서　　　　[그림] 사인 드레서

② 트루잉(truing)

보통 연삭 중에 진동이 생기던가 또는 연삭 표면에 파(波)형상의 흔적이 생기는 중요한 원인은 연삭 숫돌의 주축과 베어링 사이에 생긴 간격 때문이거나, 숫돌의 균형이 맞지 않았거나, 숫돌 형상의 변형 등에 기인된다. 이때 연삭 숫돌의 외형을 수정하여 규격에 맞는 제품으로 만드는 과정을 트루잉이라고 한다.

㉮ 크러시롤러(cush roller) : 총형 연삭을 할 때 숫돌을 일감의 반대모양으로 성형하며 드레싱하기 위한 강철롤러로 저속회전하는 숫돌바퀴에 접촉시켜 숫돌면을 부수며 총형으로 드레싱과 트루잉으로 할 수 있다.

㉯ 자생작용 : 연삭 작업을 할 때 연삭 숫돌의 입자가 무디어졌을 때 떨어져 나가고 새로운 입자가 나타나 연삭을 하여줌으로써 마모, 파쇄, 탈락, 생성이 숫돌 스스로 반복하면서 연삭하여 주는 현상이다.

[표] 연삭 작업의 결함원인 및 대책

결함	원인	대책
진원도 불량	센터와 센터 구멍의 불량	센터 구멍의 홈, 먼지를 제거, 센터와 센터 구멍의 연삭 중심 압축
	공작물의 불균형	전체를 거친 연삭을 하여 편심을 제거, 불규칙한 공작물에는 균형 추를 붙인다.
	진동 방진구의 사용법 불량	공작물의 크기, 형상에 적합한 진동 방진구를 사용한다.
원통도 불량	테이블 운동의 정도 불량	정도(精度)검사, 수리, 미끄럼면의 윤활을 양호하게 한다.
	작업법 불량	수직 이송 연삭에서는 공작물에서 떨어지지 않도록 플런지 컷에서는 숫돌의 폭을 공작물보다 크게 한다.
떨림 (chattering)	숫돌, 숫돌축 관계 불균형	숫돌차의 정형을 하고, 숫돌면 측면 트루잉, 벨트 풀리의 평행 검사를 할 것.
	숫돌의 결합도가 단단함	숫돌을 연한 것으로 하고 공작물의 속도를 빠르게 한다.
	숫돌의 눈메움	숫돌을 드레싱한다.
	센터, 방진구의 사용법 불량	센터 수정, 윤활을 정확히 하고 방진구를 정확히 사용한다.
거친 가공면 이송 흔적 (무늬)	숫돌의 결합도가 연함	단단한 숫돌을 사용한다. 공작물의 속도를 늦게 한다.
	숫돌의 입도가 거침	가는 입도의 숫돌을 사용한다.
	숫돌차 고정의 풀림 연삭기의 정밀도 불량	새로운 흡수지를 플랜지 안쪽에 끼운다. 정밀도를 검사하여 정확한 윤활을 한다.
	공작물과 숫돌차 면의 불평형	드레서의 고정을 올바르게 확실히 한다.
	공작물과 숫돌차 면의 불균형	드레싱 마지막에는 절입하지 말고 숫돌면을 왕복시킨다.

(9) 연삭액

① 연삭액의 구비조건
⑦ 감마성, 냉각성 및 침유성이 뛰어날 것
㉯ 금속에 산화, 부식 등 유해한 작용을 하지 않을 것
㉰ 화학적으로 안정하고 장시간의 사용에 견딜 수 있을 것
㉱ 유동성이 좋고 칩이나 숫돌면의 세척작용을 할 것
㉲ 연삭칩의 침전, 청정이 빨리 될 것
㉳ 거품이 일어나지 않을 것
㉴ 연삭열에 증발하지 않을 것

② 연삭액의 종류
⑦ 물 : 냉각성은 좋으나 산화가 잘된다.
㉯ 수용액 : 붕사, 탄산염, 규산염 및 인산염 등을 70~100배로 녹인 것으로 투명하고 냉각성이 우수하며 로딩을 적게 한다.
㉰ 황화유 : 물에 1/50~1/100의 유지를 혼합하여 황화촉진제를 첨가한 것이다.
㉱ 불수용성유 : 가공면이 깨끗하며 광유, 혼합유, 극압첨가제, 첨가광유 등이 있다.

문제3

산업안전보건법 제80조 제1항에 의하여 방호조치를 해야 하는 기계·기구의 종류 6가지와 설치하여야 하는 해당 방호장치를 쓰시오.

정 답

기계·기구	방호장치
예초기	날접촉예방장치
원심기	회전체 접촉예방장치
공기압축기	압력방출장치
금속절단기	날접촉 예방장치
지게차	헤드가드, 백레스트(backrest), 전조등, 후미등, 안전벨트
포장기계	구동부 방호연동장치

"끝"

정답근거

산업안전보건법

    제80조(유해하거나 위험한 기계·기구에 대한 방호조치) ① 누구든지 동력(動力)으로 작동하는 기계·기구로서 대통령령으로 정하는 것은 고용노동부령으로 정하는 유해·위험 방지를 위한 방호조치를 하지 아니하고는 양도, 대여, 설치 또는 사용에 제공하거나 양도·대여의 목적으로 진열해서는 아니 된다.

    ② 누구든지 동력으로 작동하는 기계·기구로서 다음 각 호의 어느 하나에 해당하는 것은 고용노동부령으로 정하는 방호조치를 하지 아니하고는 양도, 대여, 설치 또는 사용에 제공하거나 양도·대여의 목적으로 진열해서는 아니 된다.

    1. 작동 부분에 돌기 부분이 있는 것
    2. 동력전달 부분 또는 속도조절 부분이 있는 것
    3. 회전기계에 물체 등이 말려 들어갈 부분이 있는 것

    ③ 사업주는 제1항 및 제2항에 따른 방호조치가 정상적인 기능을 발휘할 수 있도록 방호조치와 관련되는 장치를 상시적으로 점검하고 정비하여야 한다.

    ④ 사업주와 근로자는 제1항 및 제2항에 따른 방호조치를 해체하려는 경우 등 고용노동부령으로 정하는 경우에는 필요한 안전조치 및 보건조치를 하여야 한다.

산업안전보건법 시행령

    제70조(방호조치를 해야 하는 유해하거나 위험한 기계·기구)법제80조제1항에서 "대통령령으로 정하는 것"이란 별표 20에 따른 기계·기구를 말한다.

산업안전보건법 시행규칙

    제6장 유해·위험 기계등에 대한 조치

제98조(방호조치) ① 법 제80조제1항 및 영 제70조 및 영 별표 20의 기계·기구에 따른 기계·기구에 설치하여야 할 방호장치는 다음 각 호와 같다.
1. 영 별표 20 제1호에 따른 예초기에는 날접촉예방장치
2. 영 별표 20 제2호에 따른 원심기에는 회전체 접촉예방장치
3. 영 별표 20 제3호에 따른 공기압축기에는 압력방출장치
4. 영 별표 20 제4호에 따른 금속절단기에는 날접촉예방장치
5. 영 별표 20 제5호에 따른 지게차에는 헤드가드, 백레스트(backrest), 전조등, 후미등, 안전벨트
6. 영 별표 20 제6호에 따른 포장기계에는 구동부 방호연동장치

② 법 제80조제2항에서 "고용노동부령으로 정하는 방호조치"란 다음 각 호의 방호조치를 말한다.
1. 작동 부분의 돌기부분은 묻힘형으로 하거나 덮개를 부착할 것
2. 동력전달부분 및 속도조절부분에는 덮개를 부착하거나 방호망을 설치할 것
3. 회전기계의 물림점(롤러·기어 등)에는 덮개 또는 울을 설치할 것
4. 제1항 각 호에 따른 방호장치를 설치할 것

③ 제1항 및 제2항에 따른 방호조치에 필요한 사항은 고용노동부장관이 정하여 고시한다.

문제4

디젤발전기 엔진에서 화재발생 가능성이 있는 발화요인 4가지를 쓰시오.

정답

① 엔진계통 : 엔진 및 배기장치 과열
② 전기계통 : 배선단락이나 전기기기에 기인한 원인
③ 연료계통 : 연료·오일계통에 기인한 원인
④ 배기관계통 : 배기관의 발열이나 가연물 낙하에 기인한 화재 "끝"

보충학습

디젤발전기(diesel engine driven generator, diesel-engine generator, -發電機)

(1) 개요

디젤엔진을 원동기로 한 발전기를 말한다. 1회전 중의 토크가 고르지 않기 때문에 큰 플라이휠 효과를 가진 회전자가 필요하다.

(2) 디젤기관의 특징

디젤기관은 경유 또는 중유를 연료로 압축·점화에 의해서 작동하는 왕복운동형 내연기관으로 디젤엔진·압축점화기관이라고도 한다.

먼저 실린더 내에 공기를 흡입·압축해서 고온·고압으로 한다. 여기에 액체연료를 분사하여 자연발화시킨 다음 피스톤을 작동시킴으로써 동력을 얻는 내연기관이다. 디젤기관은 1893년 독일의 기술자 R.디젤에 의해서 제작되었다. 디젤은 처음 중유(重油)를 사용했으나, 회전수(回轉數)의 증가 등 그 개량(改良)이 진전됨에 따라서, 착화성(着火性)이 양호한 경유(輕油)를 사용하게 되었다. 현재는 매분 4,000회전 이상에 이르는 것도 있다. 처음에는 육상용(陸上用)뿐이었으나, 1930년 이후 선박·자동차·철도차량에도 동력원으로서 사용되게 되었다. 열효율(熱效率)도 좋아서 현재는 50[%] 정도의 것이 사용되고 있다.

디젤기관은 저급연료도 사용이 가능하므로 연료비가 적게 드는 장점이 있다. 반면, 마력당 중량, 초기비용, 대기오염물질과 냄새의 방출, 작동소음이나 진동 등이 크다는 단점이 있다. 디젤기관은 가솔린기관보다 값이 싼 중유·경유 등의 연료를 사용할 수 있고, 연료 소비량이 적으므로 운전비가 싸다. 또 기동도 쉬워서 내연기관 중에서 가장 널리 사용되고 있다. 대형은 대형선박의 주기관으로 사용되며, 5,000마력 이상으로 2사이클의 것이 많다. 중형은 발전용·선박용으로 사용되고 있다. 1,000마력 이상의 것에는 2사이클도 사용되고 있지만, 일반적으로 4사이클이 사용된다. 소형의 것은 자동차용·철도차량용·소형선박용·건설기관용 등 그 용도가 매우 넓다. 또 경운기·관개용 펌프·분무기 등의 농업용이나 압축기 구동, 양수펌프 구동, 비상용 통신 전원 등에도 사용되고 있다. 이 밖에 도로공사 등에 사용되는 토사운반용 컨베이어의 구동에도 사용되고 있다. 또 큰 빌딩이나 학교·병원 등에서 정전시에 자동적으로 디젤기관이 가동된다. 이는 발전기를 회전시켜 송전함으로써 사고를 방지하는 데 사용되고 있다.

① 장점
　㉮ 연료 소비율이 적고 열효율이 높다.
　㉯ 연료의 인화점이 높아서 화재의 위험성이 적다.
　㉰ 전기 점화장치가 없어 고장률이 적다.
　㉱ 2사이클이 비교적 유리하다.
　㉲ 경부하 때의 효율이 그다지 나쁘지 않다.
　㉳ 저질 연료를 사용할 수 있으므로 연료비가 싸다.
　㉴ 회전력의 변화가 적고 저속회전이 가능하다.
　㉵ 전기 점화장치가 없으므로 라디오, 텔레비전의 수신이 편리하다.
　㉶ 배기가스의 유독성이 적다.
② 단점
　㉮ 회전수를 그다지 높일 수 없다.
　㉯ 마력당의 무게가 크다.
　㉰ 저속 운전에서는 진동이 크다.
　㉱ 시동이 비교적 곤란하다.
　㉲ 연료 공급장치에 세밀한 조정이 필요하다.
　㉳ 폭발압력이 높기 때문에 소음이 크다.
　㉴ 과부하 운전 때 불완전연소가 되기 쉽고, 따라서 흑연(黑煙)을 내기 쉽다.
　㉵ 보수 및 정비비가 비싸다.

문제5

비파괴시험의 종류 6가지를 쓰시오.

정 답

① 육안검사
② 누설검사
③ 침투검사
④ 초음파검사
⑤ 자기탐상검사
⑥ 음향검사
⑦ 방사선투과검사   "끝"

보충설명

비파괴검사의 종류 및 특징

(1) 육안검사(Visual Inspection)

① 원칙적으로 육안으로 보고 확인하는 것이지만 필요한 경우 계측기기를 사용
② 확대경, 전용게이지 등을 사용하는 균열, 피트 등의 유무 확인
③ 용접부의 돋움살의 높이나 언더컷의 깊이 등을 측정하기도 함

[표] 비파괴검사의 종류별 특징

시험 방법	적용 원리	적용 특성	주 적용 예
방사선투과검사	투과선량차에 의한 필름 농도차	재료 특성 및 형상 특성 영향이 적다.	복잡한 형상, 조립품
초음파탐상검사	초음파의 반사 및 투과	탄성체 매끈한 표면 필요	용접부, 주조품, 단조품
액체침투탐상시험	액체의 표면장력과 모세관 현상에 의한 액체침투	거친 표면 및 다공성 재료 적용불가	철강, 비철, 비금속 재료
자분탐상시험	누설 자장에 자분부착	자성재료만 적용	철강 재료

[표] 결함위치에 따른 분류

표면 결함 검출을 위한 비파괴 시험	내부 결함 검출을 위한 비파괴시험
㉮ 육안검사 ㉯ 자분탐상시험 ㉰ 액체침투탐상시험 ㉱ 와전류탐상시험	㉮ 방사선투과시험 ㉯ 음향방출시험 ㉰ 초음파탐상시험

(2) 누설검사

① 시험체의 내부와 외부의 압력차를 만들어 유체가 결함을 통해 흘러 들어가거나 나가는 것을 검지하는 방법
② 압력용기, 배관 등의 검사에 유효한 비파괴검사방법

③ 검사할 물체를 기름 속에 오래 담가두면 결함이 있는 부위에 기름이 검지되는데 이것을 건져내어 깨끗이 처리한 후 기름이 새어나오는 상태를 확인하여 결함의 깊이 및 크기를 추정하는 것도 누설시험의 한 방법

(3) 침투검사(P.T)
    ① 정의
        ㉮ 시험물체를 침투액속에 넣었다가 다시 집어내어 결함을 육안으로 판별하는 방법
        ㉯ 침투액에 형광물질을 첨가하여 더욱 정확하게 검출할 수도 있다.(형광시험법)
    ② 적용대상
        철강이나 비철을 포함한 모든 재료와 비금속재료의 표면에 열려있는 결함이 존재할 경우
    ③ 침투검사 시험방법
        ㉮ 균열부에 침투할 수 있는 형광물질을 함유한 용액중에 검사할 부품을 침지
        ㉯ 과잉액을 표면에서 제거하고 건조한 후에 자외선으로 시험
        ㉰ 균열부는 형광으로 인해 광휘 있는 빛이 나타남
    ④ 염색 침투 탐상제
        ㉮ 특징
            ㉠ 많이 사용하는 방법으로 특수한 장치 불필요
            ㉡ 실내 및 야외에서 사용할 수 있어 미숙련자도 사용가능
            ㉢ 육안으로 보기 힘든 미세한 결함도 선명한 적색으로 관찰가능
            ㉣ 검사물이 재질이나 형상에 무관하며 원터치에어로졸 형식
            ㉤ 사용이 간단하고 휴대하기에 편리
        ㉯ 사용방법

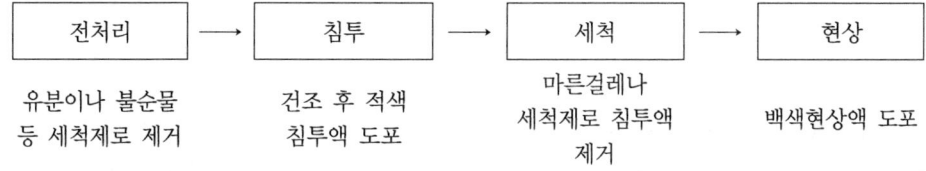

| 전처리 | → | 침투 | → | 세척 | → | 현상 |

유분이나 불순물 등 세척제로 제거 / 건조 후 적색 침투액 도포 / 마른걸레나 세척제로 침투액 제거 / 백색현상액 도포

        ㉰ 염색 침투 탐상제의 구성
            ㉠ 세척액(450[cc] 3개)   ㉡ 침투액(450[cc] 1개)
            ㉢ 현상액(450[cc] 2개)

(4) 초음파검사(U.T)
    높은 주파수(보통 1~5[MHz] : 100만[Hz]~500만[Hz])의 음파, 즉 초음파의 펄스(pulse)를 탐촉자로부터 시험체에 투입시켜 내부 결함을 반사에 의해 탐촉자에 수신되는 현상을 이용하여, 결함의 소재나 결함의 위치 및 크기를 비파괴적으로 알아내는 방법으로써 결함 탐상 이외에 기계가공에서 초음파 구멍 뚫기, 초음파 절단, 초음파 용접 작업 등에 사용되고 있다.

[표] 종류

반사식	검사할 물체에 극히 짧은 시간에 충격적으로 초음파를 발사하여 결함부에서 반사되는 신호를 받아 그 사이의 시간지연으로 결함까지의 거리 측정
투과식	검사할 물체의 한쪽면의 발진장치에서 연속으로 초음파를 보내고 반대편의 수진장치에서 신호를 받을 때 결함이 있을 경우 초음파의 도착에 이상이 생기는 것으로 결함의 위치와 크기들을 판정(50[mm] 정도까지 적용)
공진식	발진장치의 파장을 순차로 변화하여 공진이 생기는 파장을 구하면, 결함이 존재할 경우 결함까지 거리가 파장의 1/2의 정수배가 될 때에 공진이 생기므로 결함위치를 파악(보통 결함의 깊이 측정에 사용, 결함이 옆으로 있을 때 적합)

[표] 탐촉자의 개수에 따른 분류

1탐촉자 방식	한 개의 검출기가 송신용과 수신용으로 겸용(일반적인 방법)
2탐촉자 방식	두 개의 검출기 사용, 한쪽을 송신용 다른 쪽을 수신용으로 사용 (용접부의 옆으로 갈라진 곳 검출)
다탐촉자 방식	4개 이상의 탐촉자 사용(원자로, 압력용기 등)

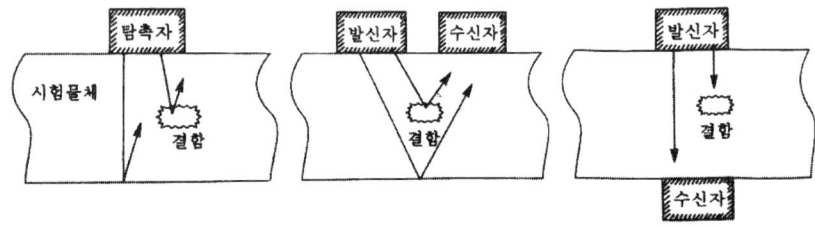

1탐촉자 방식　　　　2탐촉자 방식

(5) 자기 탐상검사(M.T)

강자성체(Fe, Ni, Co 및 그 합금)에 발생한 표면 크랙을 찾아내는 것으로, 결함을 가지고 있는 시험에 적절한 자장을 가해 자속(磁束)을 흐르게 하여, 결함부에 의해 누설된 누설자속에 의해 생긴 자장에 자분을 흡착시켜 큰 자분 모양으로 나타내어 육안으로 결함을 검출하는 (시험물체가 강자성체가 아니면 적용할 수 없지만 시험물체의 표면에 존재하는 균열과 같은 결함의 검출에 가장 우수한 비파괴시험방법)

[표] 자분탐상 방법

직각 통전법	시험품의 축에 대해 직각인 방향에 직접 전류를 흘려서 전류 주위에 생기는 자장을 이용하여 자화시키는 방법
극간법	시험품의 일부분 또는 전체를 전자석 또는 영구자석의 자극간에 놓고 자화시키는 방법
축 통전법	시험품의 축 방향의 끝단에 전류를 흘려, 전류 둘레에 생기는 원형 자장을 이용하여 자화시키는 방법
자속 관통법	시험품의 구멍등에 철심을 놓고 교류 자속을 흘림으로써 시험품 구멍 주변에 유도 전류를 발생시켜, 그 전류가 만드는 자장에 의해서 시험품을 자화시키는 방법

(6) 음향검사

① 정의

재료가 변형될 때에 외부응력이나 내부의 변형과정에서 방출하게 되는 낮은 응력파를 감지하여 공학적인 방법으로 재료 또는 구조물이 우는(cry)것을 탐지하는 기술방법

② 음향검사의 측정범위
㉮ 응력측정
㉯ 스트레인 변화 측정
㉰ 피로, 크랙, 재료내의 결함 탐지 및 위치파악
㉱ 응력부식의 영향 측정

③ 음향검사의 특징
㉮ 작용하중을 증가시키면서 서브 크리티컬 크랙(Subcritical crack)성장의 탐지
㉯ 일정 하중하에서의 크랙 성장의 탐지
㉰ 연속적인 음향검사의 모니터링을 통하여 교반하중으로 인한 성장의 탐지
㉱ 간헐적인 과도응력을 이용하여 교반하중으로 인한 크랙 성장의 탐지 및 응력, 부식, 연구에 음향검사를 이용

(7) 방사선투과검사(R.T)

① 원리 및 방법
㉮ X선 이나 γ선 등의 방사선은 물질을 잘 투과하기 쉬우나 투과 도중에 흡수 또는 산란을 받게 되어, 투과 후의 세기는 투과 후의 세기는 투과 전의 세기에 비해 약해지며 이 약해진 정도는 물체의 두께, 물체의 재질 및 방사선의 종류에 따라 달라진다.
㉯ 검사하고자 하는 물체에 균일한 세기의 방사선을 조사시켜 투과한 다음 사진 필름에 감광시켜 현상하면, 결함과 내부 구조에 대응하고 진하고 엷은 모양의 투과 사진이 생긴다.
㉰ 이와 같은 투과 사진을 관찰하여 결함의 종류, 크기 및 분포 상황 등을 알아내는 시험이 방사선투과시험이다.

② 방사선투과시험 방법

직접촬영	X선, γ선의 투과상을 직접 X선 필름에 촬영하는 방법
간접촬영	X선, γ선의 투과상을 형광판이나 가시상으로 바꾸어, 간접적으로 카메라의 필름에 촬영하는 방법
투과법	X선, γ선의 투과상을 형광판 또는 형광증배판에 의해 가시상으로 바꾸어 육안 또는 카메라 등으로 관찰하는 방법

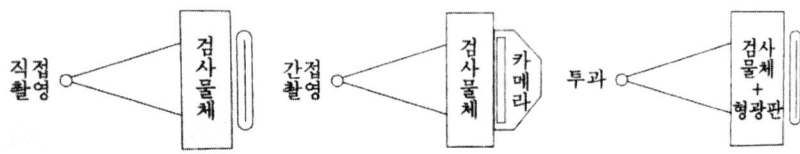

[그림] 방사선 투과시험

※ 다음 논술형 2문제를 모두 답하시오.(각 25점)

문제1

기계설계시 고려하여야 하는 위험요소(hazards) 7가지와 각각의 원인 및 그 결과에 관하여 쓰시오. 2023. 출제

정답

(1) 사고 체인(accident chain)의 구성요소

사고를 분석하는 데 중요한 점은 사고에 관련된 많은 구성요소들의 규명과 평가이다. 사고 방지를 위해서 안전담당자(safety personnel)와 관리자는 사고의 분석, 사고의 결과, 직접원인 그리고 간접원인들을 깊이 연구해야 한다. 이러한 4가지 구성요소들은 다음과 같다. 사고(accident)는 사고의 동인(動因)을 분석하기 위하여 기계의 위험부를 나타내려는 많은 노력들이 이루어져 왔다. 그 중 자주 사용되는 것은 헨리 헵번(Henry Hepburn)에 의해서 분류하는 브리티시 스탠더드(British Standard)가 있다. 한편 이들의 단점을 보완하기 위하여 OSHA기계방호 가이드(OSHA machinery guarding guide)는 기계의 운전형태(회전, 왕복…)와 기계의 작동(절단, 펀칭, 전단, 굽힘…)에 의해 분류하는 방법을 제시하였으나 기계의 위험부를 결정하는 가장 좋은 방법은 아마 기계 요소에 의해서 사람이 어떻게 상해를 입느냐를 기준으로 분류하는 방법인 것이다.

(2) 위험요소(hazards) 분류

① 1요소 : 함정(Trap)

기계의 운동에 의해서 트랩점(trapping point)이 발생할 가능성이 있는가? 즉 기계의 일반적인 작업점인 트랩의 위험성을 조사한다.

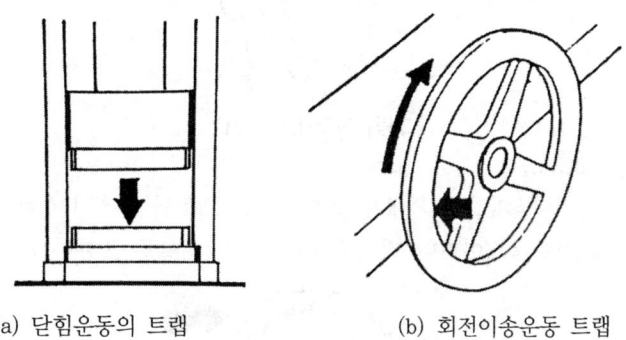

(a) 닫힘운동의 트랩   (b) 회전이송운동 트랩

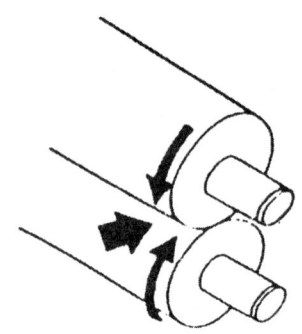

(c) 닙(nip)점의 트랩

[그림] 함정(Trap)

㉮ 손·발등이 들어가는 닙점(in-running nip point) 등의 트랩에 끼어드는 곳이 없는가?
㉯ 손·발등이 닫힘운동이나 이송운동에 의해서 쉽게 트랩되는 곳이 있는가?

② 2요소 : 충격(Impact)

운동하는 어떤 기계요소들과 사람이 부딪혀 그 요소의 운동에너지에 의해 사고가 일어날 가능성이 없는가?

사람과 물건의 접촉, 충격에는 다음과 같은 세 가지 유형으로 구분할 수 있다.

㉮ 고정된 물체에 사람이 이동 충돌 : [人 ⟶ 物]
㉯ 움직이는 물체가 작업자에 충격을 주는 충돌 : [物 ⟶ 人]
㉰ 사람과 물체가 상호움직임 상태에서 쌍방 충돌 : [人 ⇌ 物]

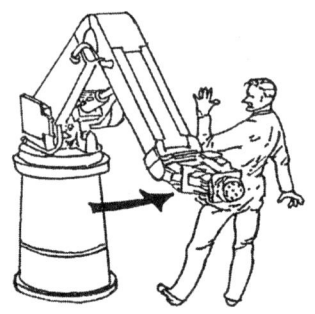

[그림] 충격(Impact)

③ 3요소 : 접촉(Contact)

날카롭거나 뜨겁거나, 차갑거나 또는 전류가 흐름으로써 접촉시 상해가 일어날 요소들이 있는가?(접촉상해로 움직이거나 정지해 있는 기계를 모두 포함한다.)

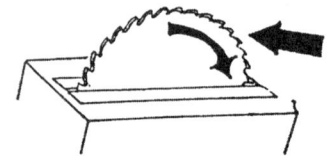

[그림] 접촉(Contact)

④ 4요소 : 얽힘 또는 말림(Entanglement)

머리카락, 옷소매, 장갑, 넥타이, 고리 등이 작동중인 기계설비에 말려들어갈 가능성이 있는가? 즉 작업자를 기계설비에 말려들게 하는 사고를 일으킬 수 있는 경우이다.

[그림] 얽힘 또는 말림(Entanglement)

⑤ 5요소 튀어나옴(Ejection)

기계요소와 피가공재가 기계로부터 튀어나올 위험이 있는가?

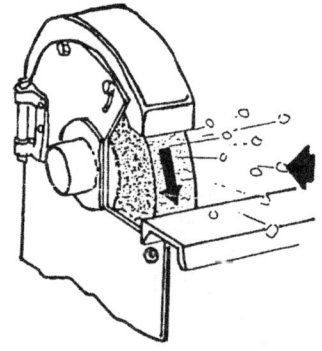

[그림] 튀어나옴(Ejection)

(3) 결론

사고는 보통 복잡성을 띠게 되고 다음과 같은 점들이 관찰될 수 있다. 첫째 어떠한 사고는 위에서 나열한 것들 중 2개 또는 그 이상의 조합으로 인하여 발생된다는 점이다. 예를 들면, 얽힘이 트랩 또는 접촉사고를 유도하는 것 등이다. 둘째, 사고에 대한 고려는 기계가동이 정상적인 때뿐만 아니라 기계요소의 파손에 의한 부수적인 위험들을 포함하여 기계 기능손실에 따른 직접적 결과에 대해서도 이루어져야 한다. "끝"

> 합격키

2023년 단답형 출제

문제2

기계설비의 정비(maintenance) 종류와 산업안전보건기준에 관한 규칙 제92조에서 정한 정비작업시 조치하여야 할 안전수칙 4가지를 쓰시오.

정답

(1) 기계설비 정비(maintenance : 保全)의 개요

 기계설비는 사용함에 따라 마모·부식 또는 파손 등으로 열화현상이 나타난다. 이 열화의 진도는 수리나 정비, 즉 보전을 적절히 행함으로써 시간적으로 다소 지연시킬 수 있다. 즉, 이 열화의 진도를 가급적 느리게 하여 기계설비를 경제적으로 유효하게 활용토록 하는 것이 설비보전업무이다. 설비보전업무는 고장의 발생시점을 기준으로 하여 볼 때 사전보전(예방보전)과 사후보전(수리)으로 대별할 수 있다.
 넓은 의미에서는 전 생산시스템 혹은 어떤 특정설비를 가동 가능한 상태로 유지해 놓은 것을 말한다.

(2) 보전방식의 종류

 ① 예방보전(Preventive Maintenance : PM) : 근대적 기업에서는 가능한 한 성능저하나 생산성의 휴지시간을 적게 하고, 유휴손실의 감소에 노력해야 한다. 그러기 위해서 미리 검사·조정 등의 보전활동을 하는 것을 말한다.
 ② 일상보전(Routine Maintenance : RM) : 이것은 매일, 매주로 점검·급유·청소 등의 작업을 함으로써 열화나 마모를 가능한 한 방지하도록 하는 것이다.
 ③ 개량보전(Corretive Maintenance : CM) : 교정보전이라고도 하는데, 이는 설비고장시에 단지 수리하는 것뿐만 아니라 보다 좋은 부품교체 등을 통하여 설비의 열화, 마모의 방지는 물론 수명의 연장을 기하도록 하는 활동이다.
 ④ 사후보전(Breakdown Maintenance : BM) : 어느 정도로 예방보전을 빈번히 행하여도 설비는 고장나는 것이 당연하다. 따라서 수리에 대한 여러 대책을 확립해 둘 필요가 있다. 수리부품을 준비해 둔다든지 수리를 외주하든지 또는 예비 기계를 설치하는 것이 필요하다.
 ⑤ 예측보전(Predictive Maintenance) : 보전활동을 기계를 써서 행하도록 하는 방식이다. 예를 들면, 진동분석기, 광학측정기 등의 계측기를 기계고장의 발생이 쉬운 곳에 설치하여 보전에 사용하도록 하는 것을 말한다.

(3) 안전수칙 4가지

 ① 사업주는 공작기계·수송기계·건설기계 등의 정비·청소·급유·검사·수리·교체 또는 조정 작업 또는 그 밖에 이와 유사한 작업을 할 때에 근로자가 위험해질 우려가 있으면 해당 기계의 운전을 정지하여야 한다. 다만, 덮개가 설치되어 있는 등 기계의 구조상 근로자가 위험해질 우려가 없는 경우에는 그러하지 아니하다.

② 사업주는 제1항에 따라 기계의 운전을 정지한 경우에 다른 사람이 그 기계를 운전하는 것을 방지하기 위하여 기계의 기동장치에 잠금장치를 하고 그 열쇠를 별도 관리하거나 표지판을 설치하는 등 필요한 방호 조치를 하여야 한다.
③ 사업주는 작업하는 과정에서 적절하지 아니한 작업방법으로 인하여 기계가 갑자기 가동될 우려가 있는 경우 작업지휘자를 배치하는 등 필요한 조치를 하여야 한다.
④ 사업주는 기계·기구 및 설비 등의 내부에 압축된 기체 또는 액체 등이 방출되어 근로자가 위험해질 우려가 있는 경우에 제1항부터 제3항까지의 규정 따른 조치 외에도 압축된 기체 또는 액체 등을 미리 방출시키는 등 위험 방지를 위하여 필요한 조치를 하여야 한다. "끝"

참고

산업안전보건기준에 관한 규칙 제92조(정비 등의 작업 시의 운전정지 등)

보충설명

설비관리(設備管理 : plant engineering)

(1) 개요

기업이 무한경쟁의 시대에서 살아남고, 이윤을 창출하기 위해서 저비용·고효율의 전략을 선택해야 한다. 과거에는 원가절감과 매출증대에 역점을 두었지만 최근에는 기술 혁신에 따라 생산방식이나 설비의 발전으로 설비관리(設備管理, plant engineering)의 중요성이 더욱 커졌으며, 그 중요성은 기업경영에 있어서 점점 큰 비중을 차지하고 있다. 설비는 대규모 투자를 요구하는 것이므로 합리적인 설비의 도입이나 보전이 기업의 성패를 좌우할 수 있다. 설비보전을 위하여 체계적인 설비계획(facilities planning)이 필요하며, 설비계획의 과오에 의한 손실은 기업의 성패를 좌우한다.

설비란 제품을 생산하지 위하여 사용되는 기계, 기구, 토지, 건물 등을 말하며, 자본을 투입한 유형고정자산을 의미한다.

설비관리의 목표는 기업의 생산성 향상이므로 설비계획 단계에서 최초의 투자로 최대의 수익을 얻을 수 있는 계획 수립이 필요하고, 설비보전 단계에서는 최소의 보전비로써 최대의 제품을 생산할 수 있도록 관리하는 일이 무엇보다 중요하다.

설비관리의 목적은 최고경영자로부터 제일선의 종업원에 이르기까지 전원이 참가하여 설비를 관리함으로써 생리계획의 달성, 품질향상, 원가절감, 납기준수, 재해예방, 환경개선 등을 이루어 종업원의 근무의욕을 높일 수 있고, 회사의 이윤 증대 효과를 꾀하는 것이다. 최근의 설비는 자동화, 다기능화, 대형화되고 있다. 설비를 하나의 유닛(unit)으로 취급하지 않고 몇 개의 유닛을 조합시킴에 따라 시스템적인 연구방법이 강구되어야 한다.

설비의 돌발적인 고장이 발생한다면 다음과 같은 손실이 있을 수 있다.
① 생산 정지 시간 동안 감산에 의한 손실
② 돌발 고장시 수리비의 지출
③ 정지 기간 중 작업자가 기다리는 손실

④ 가동 중 원재료의 손실
⑤ 제품 불량에 의한 손실
⑥ 품질 저하에 의한 손실
⑦ 고장 수리 후부터 정상적인 생산에 들어가기까지 복구 기간 중의 저능률 조업에 따른 복구 손실
⑧ 생산 계획 착오로 인한 납기 연장, 신용 저하 등에서 오는 유·무형의 손실

설비관리의 필요성은 다음과 같다.

[표] 설비관리의 필요성

설비규모의 증대	설비기술의 고도화	생산주체의 변화
설비의 대형화 · 자동화 · 기계화	설비 기술의 혁신	인간의 손
고성능화 · 초정밀 복잡화 · 고도화	신재료, 구성 부품의 발달	설비
설비 투자비 증대	신뢰성 보전성화 · 내열성, 내압성, 내부식성 요구	

(2) 설비관리 이론의 발전과정

① 사후보전(BM : Breakdown Maintenance)
고장으로 인한 정지 또는 성능 저하로 인해 발생한 문제를 사후에 수리를 통하여 처리하는 보전활동 방법이다.

② 예방보전(PM : Preventive Maintenance)
정기적인 점검과 조기 수리를 통해 고장을 미연에 방지하여 설비의 수명을 연장하는 보전활동 방법이다.

③ 개량보전(CM : Corrective Maintenance)
설비의 신뢰성, 보전성, 경제성, 조작성, 안전성 등의 향상을 목적으로 설비의 재질이나 형태를 개량하는 보전활동 방법이다.

④ 보전예방(MP : Maintenance Prevention)
신설비의 계획이나 건설시 신뢰성, 보전성, 경제성, 조작성, 안정성 등을 고려하여 보전이나 열화손실을 적게 하려는 보전활동 방법이다.

⑤ 생산보전(PM : Productive Maintenance)
설비의 수명기간이란 설비의 설계, 제작에서 가동에 이르기까지를 말한다. 생산보전이란 설비의 수명기간 동안 설비 자체의 일체 유지, 보전 비용과 열화에 의한 손실 비용을 관리해 기업의 생산성을 높이려는 보전 활동 방법으로 사후보전, 예방보전, 개량보전, 보전예방을 통해 기업의 생산성을 향상시키려는 보전활동을 총칭함이다.

⑥ 종합설비보전(TPM : Total Productive Maintenance)
　　최고의 설비효율을 목표로 하여 예방보전, 개량보전, 보전예방 등 설비의 일생을 대상으로 한 생산보전의 종합적인 시스템을 확립하고 설비의 계획부문, 사용부문, 보전부문에 걸쳐 최고관리자로부터 현장 종업원에 이르기까지 전원이 참여하는 중복 소집단의 자주보전 활동에 의해 생산보전을 추진하는 보전활동 방법이다.

(3) 설비계획

설비계획은 조달, 생산 및 판매물류뿐만 아니라 병원, 서비스업 또는 행정시스템 전반에 대한 문제이다. 설비계획은 새로운 사업의 개발, 제품의 품종 변경 또는 설계변경이나 생산규모를 변경할 경우에 항상 실시된다. 또한 설비는 산업이 발전함에 따라 구모델이 되므로 공장의 생산 능률과 설비의 경제성을 고려하여 설비의 신설과 교체에 대해 계획할 필요가 있다.

즉, 설비계획이란 설비들을 활용하는 기업의 생산성 향상에 최대한 기여할 수 있도록 설비의 설치와 운용방법을 계획하는 활동이다.

① 설비계획의 분류

　　설비계획에 포함되는 주요 분야는 다음과 같다.

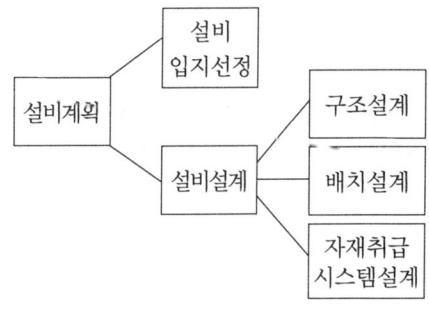

[그림] 설비계획의 분야

② 설비계획의 목적
　㉮ 자재취급과 관리를 개선하여 효율적으로 조직의 목표를 달성한다.
　㉯ 인력, 장비, 공간 및 에너지의 활용도를 극대화한다.
　㉰ 설비의 활용도를 높인다.
　㉱ 미래의 시장 변화에 탄력적이며 유지·보수를 용이하게 한다.
　㉲ 작업자의 안전 및 만족을 최대한 향상시킨다.

③ 입지 선정시 고려사항
　㉮ 교통시설
　㉯ 인력확보의 용이성
　㉰ 부지의 가용성
　㉱ 시장과의 근접성
　㉲ 기존 공장과의 근접도

㉕ 유틸리티 확보의 용이성
㉖ 원자재 조달의 용이성
㉗ 지형적 조건 및 기후관계
㉘ 자산가치의 상승 가능성
④ 신공장의 구비조건
㉮ 신공장은 안전하고 위생적으로 설계되어, 근로자들이 만족하여 의욕적으로 업무를 수행할 수 있어야 한다.
㉯ 생산 목표를 확보해야 한다.
㉰ 공정 균형(line balancing)을 이루어 생산지연이 없어야 한다.
㉱ 공간 이용률이 향상되어야 한다.
㉲ 물자의 취급과 이동이 합리적으로 행해지도록 하여 그 부담을 없애야 한다.
㉳ 인적 및 물적(기계/설비) 가동률 향상을 위한 계획을 세워야 한다.
㉴ 재공품을 줄여야 한다.
㉵ 제조 기간이 단축해야 한다.
㉶ 사무 작업, 기타 간접 업무가 경감되어야 한다.
㉷ 관리 및 감독이 용이해야 한다.
㉸ 혼란을 초래하지 않아야 한다.
㉹ 확장, 적합성, 변환성을 포함해서 변화에 적응하기 쉽도록 융통성이 있어야 한다.
㉺ 지역 사회, 특히 광범위한 지역에 대해서 악영향을 미치지 않아야 한다.
㉻ 가능한 한 재료, 부품 및 제품의 손상이나 불량품 발생을 방지해야 한다.
㉮ 경비 보전이 용이해야 한다.
㉯ 모든 면에서 경제성에 대한 충분한 배려가 필요하다.

(4) 안전점검

안전점검이란 안전의 확보를 위하여 작업장 내 실태를 파악하여 설비의 불안전한 상태에서 생기는 결함을 발견하고 안전 대책의 이행을 확인하는 수단이며 종류는 다음과 같다.
① 일상점검

구분	작업 전	작업 중	작업 종료시
점검 내용	주변의 정리정돈, 설비본체, 구동부분, 전기스위치, 청소상태, 주유상태, 방호장치 가동	이상소음, 냄새, 진동, 기름누출, 가스누출, 과열, 품질의 이상 유무, 작업자의 복장, 안전수칙 준수여부	기계의 청소, 정비, 스위치 차단, 방호장치 작동상태, 주변의 정리정돈, 환기
주안점	설비상태	위험요소 중심	다음날 작업위주

② 정기점검

일정기간(1개월, 6개월, 1년)을 정하여 주요부분의 마모상태, 부식, 손상, 균열 등 설비의 변화나 이상 유무 등을 기계 또는 설비의 가동 중지 상태에서 정밀하게 점검하는 것을 말한다.

③ 임시점검

정기점검 실시 후 다음 점검일 이전에 임시로 실시하는 점검의 형태로서 기계, 기구 및 설비의 갑작스런 이상이 발생되었을 때 실시한다.

④ 특별점검

기계, 기구 및 설비를 신설하거나 변경 또는 고장, 수리 등을 할 경우에 행하는 부정기적인 점검이며 정기점검의 대상이 되는 기계, 기구 및 설비에 대해 점검기간이 지나도록 사용하지 않던 것을 다시 사용하고자 하는 경우 재사용 전에 점검할 필요가 있다.

(5) 고장의 유형

고장(failure)은 정해진 기능이 발휘되지 않는 것을 의미한다. 즉, 고장은 사용기간, 환경, 기타 조건들에 따라 기능과 능력의 한계를 넘고 약화되어 제 기능을 발휘할 수 없는 상황이 되어버린 경우를 말한다. 설비에 가해지는 스트레스는 기계, 전기에 의해 엔진이 받는 응력 등이 그 한 예이며, 환경 스트레스는 설비에 의해 가해지는 진동, 습도, 온도 등 환경적인 요소에 의한 것이다.

고장의 유형은 다음과 같다.

① 손상(damage) : 한 부품이 신품 싱대에 비하여 형질 변형의 축적이 관찰되는 경우로 이 부품은 사용 가능한 상태이다.
② 파손(fracture) : 금이나 흠이 시작된 상태로 절단이 한 예이다.
③ 절단(break) : 파손의 일종으로 두 개 또는 그 이상의 조각으로 분리되는 형상이다.
④ 파열(rupture) : 깨져 갈라진 상태로 특별한 상태의 절단을 의미한다. 온도에 예민한 자재가 늘어난 결과 발생되는 것도 파열이다.
⑤ 조립 및 설비 내외적 변형 : 조립 또는 설치할 때 기준을 무시하거나 무리한 작업 및 설계 오류에 의한 것
⑥ 설계 외적 또는 부적절한 서비스 상태 : 설비 사용 환경의 변화, 사용 한계 이상의 설비 운전, 기준 사이클 이상의 운전, 설계 기준 이상의 품질 요구 등에 의한 것
⑦ 자타에 의한 불충분한 보전 : 보전 매뉴얼의 지시를 따르지 않은 보전 또는 보전매뉴얼 부재, 보전 요원의 능력 부족 또는 과로 등이 원인이다.
⑧ 부적절한 운전 : 설비운전자의 실수 또는 운전 미숙이 원인이다.

(6) 6대 로스(loss)

설비를 가장 효율적으로 가동한다고 하는 것은 설비가 가지고 있는 기능과 성능을 최고로 발휘하는데 있으나, 다른 한편 효율을 방해하고 있는 로스를 없앰으로써도 가능하다.

① 고장 로스

큰 결함이 고장을 유발하는 것은 사실이지만, 작은 결함들이 결합해 고장을 일으키는 경우도 많다.

② 준비 · 조정 로스

올바른 개선활동으로 일반적인 작업 현장의 경우에 준비 · 조정 로스는 70~80[%]까지 줄일 수 있다.

③ 트러블에 의한 정지 · 공회전 로스

이는 보통 정지와는 다른, 일시적인 트러블에 의한 설비의 정지나 공회전의 상태를 말한다.

④ 속도 로스

속도 로스란 설비 설계시의 스피드와 실제 스피드와의 차이로 인해 발생하는 로스이다.

⑤ 불량 · 수정 로스

불량 중 돌발 불량은 원인이 쉽게 나타나므로 대책수립이 쉽지만, 만성적인 불량은 원인을 알 수 없고 여러 가지 대책에도 효과가 없는 경우가 많기 때문에 방치되는 경우가 많다. 특히, 수정 로스는 설비효율의 큰 장애물이므로 6대 로스 중 특히 중요하다.

⑥ 초품 생산 로스

이는 생산 개시 시점부터 생산이 안정될 때까지 발생하는 로스이다. 가공조건의 불안정, 치구와 금형의 정비 불량, 작업자의 기능 등에 따른 로스로서 의외로 발생량이 많은 로스지만 잘 나타나지 않기 때문에 유의하여 점검해야 한다.

(7) 종합설비보전(TPM)

종합설비보전(TPM : Total Productive Maintenance)이란 설비의 효율을 최고로 높이기 위하여 설비의 라이프사이클을 대상으로 한 종합시스템으로 설비의 계획, 사용, 보전 등의 모든 부문에 걸쳐 최고경영자부터 제일선의 작업자에 이르기까지 전원이 참가하여 소집단의 자주활동에 의하여 생산보전을 추진해 나가는 것이다.

① 종합설비보전(TPM)의 활동

㉮ 설비효율화를 위한 개선활동 : 효율화를 저해하는 6대 로스 추방

㉯ 작업자의 자주 보전 체제의 확립 : 설비에 강한 작업자를 육성하여 작업자의 보전체제를 확립할 것

㉰ 계획보전 체제의 확립 : 보전부문이 효율적 활동을 할 수 있는 체제를 확립할 것

㉱ 기능교육의 확립 : 작업자의 기능 수준 향상을 도모할 것

㉲ MP설계와 초기 유동관리 체제의 확립 : 보전이 필요 없는 설비를 설계하여 가능한 한 빨리 설비의 안전 가동을 할 것

		현장의 체질 개선 인간·기계의 극한 상태의 발휘			
	설비 효율화를 위한 개별 개선-6대 로스의 추방-(고장, 준비·조정, 정지·공회전, 속도, 불량·수정, 초품 생산)	자주 보전 체제의 확립	계획 보전 체제의 확립	운전·보전반의 기능 교육의 확립	MP 설계와 초기유동 관리 체제의 확립
목적	• 고장·불량 등 '0'를 실현 • 설비 가동률의 극한 상태 발휘	• 설비에 강한 작업자 육성 • 자신의 설비는 자신이 지킨다.	6대 로스를 발생시키지 않기 위한 보전부문의 효과	작업자, 보전반의 기능 향상	고장·불량을 발생하지 않는 설비의 설계와 초기 안정화
대상	• 스태프 • 라인 리더	• 작업자(operator) • 라인 리더	• 보전부문의 스태프 • 리더 • 보전요원	• 작업자(operator) • 리더 • 보전요원	• 생산 기술 스태프 • 보전 스태프
구체적 내용	• 6대 로스 파악 • 종합 효율 산출과 목표 설정 • 현상의 해석 관련 요인 재검토 • PM 분석 실시 • 설비의 바람직한 상태를 철저하게 추구	• 7단계 실시 • 조기 청소 • 발생원·곤란 요소 대책 • 청소·급유 기준 작성 • 자주 점검 • 총점검 • 정리 정돈 • 실지한 목표 관리	• 일상 대책 • 정기 보전 • 예지 보전 • 수명 연장 개선 • 예비품 관리 • 고장 해석과 재발 방지 • 윤활유 관리	• 보전기초과제 • 체결 작업 • 축받침 보전 • 전동부품 보전 • 누설 방지	• 설계 목적 달성 • 자주보전성 • 보전성 • 조작성(MP에 반영) • 신뢰도 • LCC검토 • 설계·도면의 작성·제작 설치 단계의 문제점 지적 • 디버깅 실시

[그림] 종합설비보전(TPM)의 전체 흐름도

② 종합설비보전(TPM)의 목표

㉮ 인간-기계 체제(man-machine system)의 극대화

기계의 고장, 일시정지 등이 발생하지 않도록 해야 하며, 최대한의 설비가동률을 유지하기 위해서는 다음을 고려해야 한다.

㉠ 설비의 성능을 항상 최고의 상태로 유지한다.

㉡ 그 상태를 장시간에 걸쳐서 유지한다.

㉯ 현장의 체질개선

현장의 체질개선을 위해서는 사물을 바라보는 법, 생각하는 법을 바꾸고 고장, 불량발생은 현장의 수치라고 생각하는 마음가짐을 가져야 한다. 즉 종합설비보전(TPM)의 목표는 설비, 사람, 현장의 변화이다.

(8) 주요 용어

① 고정자산(固定資産, fixed asset): 건물, 토지 등 기업이 비교적 장기간에 걸쳐 영업활동에 사용하고자 취득한 자산이다.

② 구조설계: 공장건설과 관련되어 지반공사, 건물구조 등의 설계와 전기, 급수, 조명 등의 지원시설 등과 관련된 문제들에 대한 사항이다.

③ 납기(納期) : 공과금이나 세금 또는 물건 등을 내는 정해진 기한이다.
④ 배치설계 : 설비의 설치 목적을 충족시킬 수 있도록 모든 관련 시설 및 장비를 설비의 배치 범위 내에서 설비 위치를 결정하는 의사결정의 문제이다.
⑤ 생산성(生産性, productivity) : 생산의 효율성을 측정하는 척도이다.
⑥ 시스템(system) : 어떤 목적을 위하여 체계적으로 짜서 이룬 조직이나 제도이다.
⑦ 열화(劣化) : 절연체가 외부 혹은 내부의 영향에 따라 화학적, 물리적 성질이 나빠지는 현상을 말한다.
⑧ 유틸리티(utility) : 전기·가스·수도 등의 공공시설이다.
⑨ 인간-기계 체제(man-machine system) : 어떠한 환경 속에서 인간과 기계가 특정한 목적을 수행하기 위하여 결합된 집합체이다.
⑩ 자본(資本, capital) : 기계, 설비, 원료 등의 생산 수단 내지는 그것을 만들어 내는 데 드는 비용. 토지, 노동과 함께 생산의 3요소 중 하나이며, 그 자체가 직접 소비에 충당되지는 않으나 생산에 이용됨으로써 노동의 생산성을 크게 향상시키는 요소이다.
⑪ 자산(資産, asset) : 개인이나 기업이 소유하고 있는 경제적 가치가 있는 유형, 무형의 재산이다.
⑫ 자재취급설계 : 설비 내 배치된 각종 생산 장비들의 생산성을 향상시키기 위하여 원자재, 부품, 재공품 및 제품 등의 운반, 정체 및 보관 등의 비효율적 생산요소를 최소화할 수 있도록 적절한 자재취급 장비의 선정, 사양의 결정, 운영방법에 관한 의사결정을 하는 것이다.
⑬ 재공품(在工品) : 현재 제조하는 과정에 있는, 아직 완성되지 않은 물품이다.

※ 다음 논술형 2문제 중 1문제를 선택하여 답하시오.(각 25점)

문제1

이동식 크레인에서 발생할 수 있는 재해유형을 서술하고, 재해방지대책 4가지를 쓰시오.

정답

(1) 개요

① 이동식 크레인이란 동력을 이용하여 하물을 기중하여 이것을 수평으로 운반하는 것을 목적으로 하는 기계장치이므로 원동기를 내장하고 불특정 장소에서 이동시킬 수 있도록 되어 있는 것을 말한다.
② 육상이동이 가능한 것으로는 트럭 크레인(truck crane), 휠 크레인(wheel crane), 크롤러 크레인(crawler crane) 등이 있고, 레일(rail)상을 이동하는 것으로는 철도 크레인이 있다.
③ 수상을 이동할 수 있는 것으로는 부동 크레인(선박 크레인)이 있다. 이 외에도 도로나 작업대 위를 자유로이 주행하도록 차량에 실어진 구조의 것을 이동식 크레인이라 한다.

(2) 주행방식에 따른 분류

① 트럭 크레인(truck crane)
트럭 크레인은 트럭(truck)의 차대 혹은 트럭 크레인 전용 차체에 제작된 것으로 캐리어(carrier : 섀시) 위에 크레인 장치(상부 선회체)를 설치한 것이다. 이것은 트럭 운전실과 크레인 운전실이 별도로 설치되어 있으며 원동기도 트럭 운전용과 크레인 운전용으로 나누어져 있다.(유압식 트럭 크레인에는 상부 선회체에 원동기를 별도로 설치하고 트럭의 원동기에 의하여 크레인을 작동시키는 것도 있다.)

② 휠 크레인(wheel crane)
휠 크레인은 고무 타이어용의 견고한 대형 차체에 크레인(상부 선회체)을 장치한 것이다. 휠 크레인은 원동기가 한 개로서 크레인의 작동과 주행을 할 수 있어 운전사 1명이 한곳에서 조작이 가능하므로 매우 편리하다. 또 가벼운 물건일 경우 기중된 그대로 이동할 수 있으나 주행속도는 트럭 크레인에 비하여 느리다.

③ 크롤러 크레인(crawler crane)
크롤러 크레인은 크롤러(피대)를 장치한 차대 위에 크레인 장치(상부 선회체)를 설치한 것으로 좌우의 크롤러의 폭이 넓어 안정성이 좋고 지반이 고르지 않거나 연약한 지반에서 사용할 수 있는 특징이 있다.
주행속도는 1~3[km/h] 정도이다.

④ 철도 크레인
철도 또는 구내 궤도의 레일(rail) 위를 주행하는 지브 크레인으로 레일 주행용 대차 위에 크레인 장치를 설치한 것이다. 이것은 철도의 복구 및 역이나 공장 구내에서 일반 화물의 취급용으로 사용되며 특수용으로는 교량의 가설에 사용되는 것도 있다.

⑤ 부동 크레인(floating crane)

지브 크레인을 장방형으로 배에 장치한 것으로 자항식(自航式)이다. 이것은 수면 위를 자유로이 이동할 수 있고 대형으로 제작되어 있으므로 항만(港灣)의 대형 중량물을 하역하거나 침몰 선박의 인양, 선박의 건조, 축항 토목용 등 그 이용 범위가 넓다.

⑥ 이동식 교형(橋形) 크레인

구조와 기능은 일반 이동식 크레인과는 다르나 고정식 교형 크레인과 같이 빔을 양 다리로 지지하여 다리에 차륜(車輪)을 붙여 주행시키도록 된 것으로 컨테이너나 긴 물체 등을 운반하는 데 사용된다.

(3) 작동 방식에 따른 분류

이동식 크레인의 하부 구조는 각 용도에 따라 다르지만 상부의 크레인 장치(상부 선회체)는 거의 비슷하다. 작동 방식에는 기계식, 유압식 및 전기식이 있으며 구조, 기능은 약간 다르다.

① 기계식 : 기계식 크레인은 크레인의 작동 대부분이 기계식 기구에 의해서 움직이는 것으로 원동기의 동력을 축, 체인, 기어에 의하여 전달하여 클러치의 단속으로 작동을 행한다.

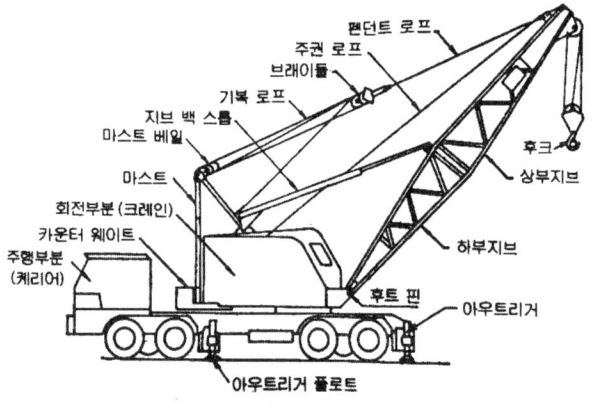

[그림] 기계식 크레인

기계식 크레인을 운전 조작 방식에 따라 분류하면 다음과 같다.

㉮ 수동 기계식 : 조작 레버(control lever)의 운동을 로드 링크 등에 의하여 직접 클러치 및 브레이크를 단속하는 방식

㉯ 수동 유압식 : 조작 레버로 유압 실린더의 피스톤을 눌러 이 유압으로 유압실린터를 움직여 클러치 및 브레이크를 단속하는 방식

㉰ 동력 유압식 : 유압펌프에서 발생한 유압을 이용하여 조작 밸브(control valve)를 개폐시켜 작동 실린더에 유압을 전달하여 클러치 및 브레이크를 단속하는 방식

㉱ 공기 제어식 : 공기 압축기(air compressor)에서 발생한 공기압을 이용하여 조작 밸브를 개폐시켜 작동 실린더에 공기압을 전달하여 클러치 및 브레이크를 단속하는 방식

㉲ 전기식 : 전기 스위치 또는 컨트롤러(contriller)에 의하여 전기로 조작하는 방식

㉥ 조합식 : 이상의 것을 조합시킨 방식
② 유압식 : 유압식 크레인은 크레인 작동의 전부 또는 대부분을 유압 기구에 의하여 행하는 것으로 기관에 의하여 유압 펌프를 구동하고 그 유압을 유압 실린더 및 유압 모터에 전달시켜 크레인의 작동을 행한다. 운전 조작은 유압 조작 밸브를 개폐하여 이루어진다.
근래에는 트럭 크레인, 휠 크레인에 많이 사용되고 있다.
③ 전기식 : 전기식 크레인은 작동의 전부 또는 대부분을 전기로 행하는 것으로 외부 전력을 이용하거나 자체의 기관으로 발전기를 돌려 발생시킨 전력을 이용하여 전동기를 회전시켜 크레인을 작동한다.
부독 크레인, 철도 크레인, 크롤러 크레인 등에 일부 사용된다.

(4) 재해 유형의 순위
① 크레인의 전도(가장 많음)
② 매단 물건의 낙하
③ 협착에 의한 재해

(5) 재해방지 대책
① 아우트리거(Outrigger)의 사용 이행
② 크레인의 설치위치 선정에 유의(연약 지반이나 경사지를 피하고 땅을 고르게 할 수 없을 때에는 나무판 등 사용)
③ 과부하의 금지
④ 면허 소지자가 운전하고 사각지대를 위해 감시인 배치

(6) 산업안전보건기준에 관한 재해방지 대책
제147조(설계기준 준수) 사업주는 이동식 크레인을 사용하는 경우에 그 이동식 크레인의 구조 부분을 구성하는 강재 등이 변형되거나 부러지는 일 등을 방지하기 위하여 해당 이동식 크레인의 설계기준(제조자가 제공하는 사용설명서)을 준수하여야 한다.
제148조(안전밸브의 조정) 사업주는 유압을 동력으로 사용하는 이동식 크레인의 과도한 압력상승을 방지하기 위한 안전밸브에 대하여 최대의 정격하중을 건 때의 압력 이하로 작동되도록 조정하여야 한다. 다만, 하중시험 또는 안전도시험을 실시할 때에 시험하중에 맞는 압력으로 작동될 수 있도록 조정한 경우에는 그러하지 아니하다.
제149조(해지장치의 사용) 사업주는 이동식 크레인을 사용하여 하물을 운반하는 경우에는 해지장치를 사용하여야 한다.
제150조(경사각의 제한) 사업주는 이동식 크레인을 사용하여 작업을 하는 경우 이동식 크레인 명세서에 적혀 있는 지브의 경사각(인양하중이 3톤 미만인 이동식 크레인의 경우에는 제조자가 지정한 지브의 경사각)의 범위에서 사용하도록 하여야 한다. "끝"

문제2

공작기계에 사용하는 유공압장치가 공통으로 구비해야 할 안전사항 8가지를 쓰시오.

정 답

1. 공압장치의 장·단점
   ① 장점
      ㉮ 공기의 양이 무한하므로 에너지로서 간단히 얻을 수 있다.
      ㉯ 무단변속이 가능하다.
      ㉰ 힘의 전달이 간단하고 증폭이 용이하다.
      ㉱ 작업 속도가 빠르다.
      ㉲ 배관이 간단하다.
      ㉳ 인화의 위험이 없다.
      ㉴ 압축공기의 저장이 가능하다.
      ㉵ 온도의 변화에 둔감하다.
   ② 단점
      ㉮ 공기의 압축성으로 효율이 좋지 않다.
      ㉯ 큰 힘을 전달할 수 없다(보통 30[kN] 이하).
      ㉰ 공기의 압축성 때문에 저속에서 일정한 속도를 유지하기 어렵다(stick-slip 현상 발생).
      ㉱ 응답속도가 늦다.
      ㉲ 배기 소음이 크다.

2. 유압장치의 장·단점
   ① 장점
      ㉮ 정확한 위치제어
      ㉯ 크기에 비해 큰 힘을 발생
      ㉰ 뛰어난 제어 및 조절성
      ㉱ 부하와 무관한 정밀한 운동
      ㉲ 과부하 방지 가능
      ㉳ 정숙한 작동과 반전 및 열 방출성
      ㉴ 광범위한 무단변속 용이
      ㉵ 원격제어 가능
      ㉶ 신속한 응답성과 자유로운 출력제어

② 단점
   ㉮ 기계 장치마다 동력원이 필요
   ㉯ 작동유의 점도 변화로 인한 정밀한 속도 제어가 곤란
   ㉰ 소형화 곤란
   ㉱ 화재의 위험이 있으며, 냉각장치가 필요
   ㉲ 기름 누출에 의한 주변 환경 오염 우려
   ㉳ 기름의 온도변화에 따른 엑츄에이터의 속도 변화
   ㉴ 먼지 및 이물의 혼입 방지 조치 필요

[표] 제어방식별 비교

항목 \ 형식		기계식	전기식	전자식	유압식	공기압식
조작력		과히 크지 않다	과히 크지 않다	작다	크다	약간 작다
조작속도		느리다	빠르다	빠르다	약간 빠르다 (1[m/s] 정도)	빠르다 (10[m/s] 정도)
부하에 대한 특성의 변화		거의 없다	거의 없다	거의 없다	약간 있다	특히 있다
동작성(위치결정)		좋다	좋다	좋다	좋은 편이다	나쁘다
구조		보통	약간 복잡	복잡	약간 복잡	간단
배선배관		없다	비교적 간단	복잡	복잡	간단
환경	온도	보통	주의한다	주의한다	70[℃]까지 보통	100[℃]까지 보통
	습도	보통	주의한다	주의한다	보통	드레인에 주의
	부식성	보통	주의한다	주의한다	보통	산화에 주의
	진동	보통	주의한다	특히 주의한다	괜찮다	괜찮다
보수		간단	기술을 요함	특시 기술을 요함	간단	간단
위험성		특히 없다	누전에 주의	특히 없다	인화성에 주의	없는 편이다
신호변화		곤란	용이	용이	곤란	비교적 곤란
원격조작		곤란	특히 양호	특히 양호	양호	양호
동력원고장시		작동치 않음	작동치 않음	작동치 않음	어큐뮬레이터로 약간 작동	약간 작동
설치위치의 자유도		적다	있다	있다	있다	있다
무단변속		약간 곤란	약간 곤란	양호	양호	약간 양호
속도조정		약간 곤란	용이	용이	용이	약간 곤란
가격		보통	약간 높다	높다	약간 높다	보통 공압 이론

3. 유공압 장치 안전사항

① 정전 또는 전기적 고장이 발생하였을 경우에 근로자에게 위험을 미칠 우려가 없는 구조로 하여야 한다.
② 자동운전 상태에서 비상시에 긴급정지를 할 수 있고, 또한 그 뒤 가능한 한 수동운전을 할 수 있어야 한다.
③ 압력스위치를 설치하는 등 압력변동에 의한 위험을 방지하기 위한 조치가 강구되어 있어야 한다.
④ 안전하게 점검할 수 있는 구조로 하여야 한다.
⑤ 각 부품은 가능한 한 압력 등이 안전한 작업범위를 벗어나게 조정할 수 없도록 하여야 한다.
⑥ 어큐뮬레이터를 사용하는 회로는 전원이 차단되었을 경우에도 작동회로에 관계없이 어큐뮬레이터가 필요로 하는 압력을 유지하도록 연동되어 있어야 한다.
⑦ 플렉시블 호스는 파손시 근로자에게 위험하지 않도록 조치를 강구하는 것이 바람직하다.
⑧ 배관의 잘못 접속을 방지하기 위하여 관 및 접속구를 색깔별로 구별하는 등의 조치가 강구되어야 한다.
⑨ 방향제어밸브는 명판을 부착하는 등 작동방향을 표시하기 위한 조치가 강구되어 있어야 한다.
⑩ 압력계는 회로명 및 사용압력이 표시되어 있어야 한다.
⑪ 압력제어밸브 및 유량제어밸브는 작업자가 보기 쉬운 곳에 사용목적 및 조절방향이 표시되어 있어야 한다.
⑫ 압력제어밸브 및 유량제어밸브는 이 제어밸브를 구비한 회로가 안전하게 작동할 수 있는 범위 이상의 압력 또는 유량을 쉽게 조정할 수 있는 구조로 하여야 한다.
⑬ 1[m] 떨어진 위치에서 측정한 연속음이 소음수준(레벨)이 가능한 한 85[dB(A)] 이하가 되어야 한다. "끝"

보충설명

공작기계안전기준일반에 관한 기술상의 지침

[시행 2020. 1. 16.] [고용노동부고시 제2020-32호, 2020. 1. 15., 일부개정]

제1조(목적) 이 고시는 「산업안전보건법」 제27조에 따라 금속가공용 공작기계에 의한 재해를 방지하기 위한 공작기계의 일반적 안전에 관하여 사업주에게 지도·권고할 기술상의 지침을 규정함을 목적으로 한다.

제2조(안전방호통칙) ① 제조자, 판매자, 관리자 및 작업자는 금속가공용 공작기계(이하 "공작기계"라 한다) 및 기계가공에 부수되는 안전방호장치 및 안전방호대책에 대한 조치를 포함하여 다음 사항에 대하여 유의해야 한다.

1. 제조자, 판매자, 관리자 및 작업자는 공작기계 및 기계가공에 따른 상해를 방지하기 위하여 이 지침에 따르는 적절한 조치를 강구하여야 한다.
2. 공작기계의 외면(바깥면)에 위험한 부분이 없어야 한다.
3. 전압, 유압 또는 공기압의 변동, 정전 그 밖의 이상 발생시에 공작기계에 의한 위험을 방지하기 위하여 페일-세이프 등의 기능을 구비하고 있어야 한다.
4. 필요한 강도를 가져야 한다.
5. 인간공학적인 배려에 의하여 작업의 안전성을 확보하여야 한다.
6. 작업자뿐 아니라 타인에 대하여도 상해를 방지할 수 있도록 하여야 한다.
7. 정비가 용이하도록 하여야 한다.
8. 나사로 고정된 부품은 운전중 시동 또는 제동 등의 충격에 의하여 헐거워지지 않도록 하여야 한다.
9. 직선운동부분 주위에 발생되는 틈새의 최소간격은 충분히 크거나 충분히 작게 하여 끼임을 방지함으로써 안전방호대책을 생략할 수 있다.
10. 누구라도 공작기계 및 기계가공에 부수된 안전방호장치 및 안전방호대책의 효력을 정당한 이유없이 상실시켜서는 아니 된다.
11. 관리자는 작업자에 대하여 안전방호에 관한 교육훈련을 실시하여야 한다.
12. 관리자는 작업자 및 다른 사람에 대하여 안전방호에 관한 감독을 태만히 해서는 아니 된다.
13. 작업자는 작업싱 지켜야 할 규칙에 따라 작업하여야 한다.
14. 정비, 점검, 수리, 조정 등에 있어서 이미 설치된 안선방호장치 또는 아전방호대책이 기능을 잃을 우려가 있을 경우에는 별도의 안전방호조치를 강구하여야 한다.
15. 정비, 점검, 수리, 조정 등의 작업중에 부주의하게 운전이 개시되지 않도록 조치하여야 한다.
16. 정비, 점검, 수리, 조정 등을 실시한 후에는 안전보호장치 또는 안전방호대책이 그 기능을 회복하였는지에 여부를 반드시 확인하여야 한다.
17. 개조, 개선을 실시한 경우에는 새로운 위험을 수반할 가능성이 있으므로 필요할 때에는 이것에 대한 안전방호장치 또는 안전방호대책을 강구하여야 한다.

제3조(발주시 안전에 관한 조건의 명시) 사업주가 공작기계를 발주할 때는 제2조 각 호의 사항에 유의하고 이 고시에 따라 필요한 안전에 관한 조건을 발주서에 명시하도록 노력하여야 한다.

제4조(동력차단장치) ① 공작기계에는 작업자가 그 작업위치를 이탈하지 않고도 조작할 수 있는 위치에 동력차단장치를 설치하여야 한다.

② 제1항의 동력차단장치는 쉽게 조작할 수 있어야 하며, 접촉, 진동 등에 의하여 뜻하지 않게 공작기계가 가동할 우려가 없어야 한다.

③ 2명 이상의 작업자에 의하여 운전되는 공작기계는 모든 시동스위치를 동시에 누르지 않으면 작동되지 않아야 한다.

제5조(브레이크) ① 공작기계에는 동력을 차단시켰을 때 회전 중인 주축을 정지시키기 위한 브레이크를 설치하는 것이 바람직하다. 다만, 연삭기계의 숫돌축에 대해서는 그렇지 않다.
② 제1항의 브레이크는 다음 각 호에 정하는 바에 적합하여야 한다.
1. 주축이 최고속도에서 회전하고 있는 경우에는 빨리 정지시킬 수 있는 제동력을 구비하여야 한다.
2. 마찰관 라이닝, 전기자, 그 밖의 마모부품을 쉽게 확인 또는 교체할 수 있는 구조로 되어 있어야 한다.

제6조(덮개 등) ① 공작기계의 동력전달부분 등과 같이 접촉에 의하여 근로자에게 위험을 미칠 우려가 있는 부분 및 공작기계 운전중에 가공물, 부품 등의 비래에 의하여 근로자에게 위험을 미칠 우려가 있는 부분에는 덮개를 설치하여야 한다.
② 제1항의 덮개는 다음에 정하는 바에 따라야 한다.
1. 확실한 방호기능을 구비하고 있어야 한다.
2. 장기간 사용에 견딜 수 있는 견고한 구조로 하여야 한다.
3. 공작기계의 청소, 주유, 수리 등의 정비작업(이하 "정비작업"이라 한다) 및 조정작업에 방해가 되지 않는 구조로 하여야 한다.
4. 공구를 사용치 않고는 제거하거나 열 수 없는 구조로 하여야 한다.
5. 원칙적으로 고정형으로 하여야 한다. 끼워맞춤형으로 할 때는 쉽고 견고하게 끼워맞출 수 있어야 한다.
6. 접촉에 의하여 근로자에게 위험을 미칠 우려가 있는 날카로운 모서리, 돌기부 등이 없어야 한다.
7. 공작기계의 작동부분과의 틈새에 손과 같은 것이 끼어들지 못하도록 하여야 한다.
8. 개폐식의 덮개는 그 개폐를 공작기계의 운전과 가능한 한 연동되도록 하여야 한다.
③ 공작기계 회전부분 등의 고정구 등은 묻힘형으로 하거나 덮개를 설치하여야 한다.

제7조(칩 처리장치) ① 공작기계의 작동 중에 칩을 제거하여야 하는 경우 칩을 제거하기 위해 근로자의 신체 일부가 공구 또는 작동물체에 가까이 가지 않을 수 있는 구조로 하여야 한다.
② 자동공작기계의 칩 공간은 큰 구조로 하고, 칩 후드, 칩 슈트 등과 같은 칩 처리장치를 가능한 한 설치하여야 한다.
③ 칩 콘베어와 같은 별도의 칩 제거장치가 있는 경우, 작업자가 이를 작동하도록 하여야 하며, 방호장치 등을 열거나 기계의 작동을 정지시키면 칩 제거장치도 정지하여야 한다.
④ 공작기계에는 칩 및 절삭유에 의한 근로자의 위험을 방지하기 위해 가능한 한 덮개 또는 울을 설치하여야 하며, 자동공작기계에는 반드시 울 또는 덮개를 설치하여야 한다.
⑤ 제4항의 덮개 또는 울은 가능한 한 그 일부에 견고한 투명재료를 사용하여 가공상황을 관찰할 수 있도록 하여야 한다. 덮개 중에 투명재료를 사용한 부분은 쉽게 교체할 수 있는 구조로 하여야 한다.

제8조(동력에 의한 공작물이나 공구 고정장치) ① 동력원에 이상이 있을 때 공작물이나 공구를 계속 고정시키고 있어야 한다.

② 운전을 개시할 때 공작물이나 공구가 확실하게 물려져 있지 아니하거나 동력이 가해지지 않아서 근로자에게 위험을 줄 수 있을 때에는 다음 각 호 중 하나 이상의 조치를 하여야 한다.
1. 공정상태를 기계의 작동과 연동시킨다.
2. 공작물이나 공구가 튀어 나가는 것을 방지하기 위한 충분한 강도의 덮개를 설치한다.
3. 작업자가 정상작업 위치에서 공정상태를 알 수 있도록 표시 등, 경부 등의 조치를 한다.

③ 기계가 작동 중에는 공작물이 풀리지 않도록 설계되어야 하며, 이로 인하여 위험을 발생시킬 수 있을 때에는 공작물이나 공구를 안전하게 유지시킬 수 있는 충분한 강도의 방호물을 설치하거나 안전하게 기계를 정지시킬 수 있는 장치를 구비하여야 한다.

④ 기계가 작동 중에는 공작물이나 공구를 풀기 위한 조작이 불가능하도록 하여야 한다. 다만, 이를 풀음으로써 근로자의 위험을 줄일 수 있거나 위험을 초래하지 않는 경우는 그러하지 아니하다.

제9조(냉각제 및 절삭유 관련장치) ① 저장탱크는 이물질이 들어가지 않도록 덮개를 설치하여야 한다.

② 냉각제 및 절삭유통이나 저장탱크 등은 쉽게 청소할 수 있는 구조로 설계하여야 한다.
③ 냉각제 및 절삭유의 개폐장치나 유량조절장치는 노즐 가까이에 있지 않도록 하여야 한다.
④ 냉각제 및 절삭유가 비산될 우려가 있을 때 이를 방지할 수 있는 장치를 구비하여야 한다.

제10조(윤활시스템) ① 윤활유를 주입하거나 레버를 조작하는 등, 윤활시스템을 정상적으로 작동하게 하기 위한 장치는 쉽게 조작할 수 있고 위험하지 않은 위치에 있어야 한다.

② 자동윤활시스템을 사용하는 경우, 이 장치에 고장이 발생하였을 때 이를 경고하거나 조치할 수 있는 방법을 알리는 장치가 부착되어 있어야 한다.

제11조(오동작 등에 대한 안전장치) 공작기계에는 오동작 또는 운동부분의 오버런에 의한 위험을 방지하기 위하여 가능한 한, 전기적 연동장치 또는 이송정지용 리미트 스위치, 그 밖의 안전장치를 설치하여야 한다.

제12조(조작 또는 조정을 안전하게 하기 위한 조치) ① 공작기계의 작업위치는 가능한 한 작업자의 피로가 가장 적은 높이로 하여야 한다.

② 기계의 운동부위에 공구나 측정구 등이 떨어지지 않도록 가능한 한 공구대를 설치하여야 한다.

③ 스토퍼, 도그, 지브 등의 조정, 가공물의 착탈, 절삭공구의 교체등의 작업을 쉽고 또한 안전하게 할 수 있는 구조로 해당부위를 설계하여야 한다.

④ 제어반은 안전하고 쉽게 조작할 수 있는 위치에 두어야 하며, 충분한 공간을 확보하여야 한다.

⑤ 제어반은 분명하고 쉽게 서로의 기능이 구분될 수 있도록 공작기계의 조작표시기호(KS B 4205)를 따라야 한다.

⑥ 조작방향은 공기계의 조작방향을 따르며, 가능한 한 레버, 핸들의 조작방향과 기계가동부분의 운동방향과를 일치시켜야 하고, 조작할 때 부주의로 인한 오조작을 방지할 수 있는 위치에 이들을 설치하여야 한다.

⑦ 주축속도 및 이송을 변환하기 위한 레버 등은 지정된 위치를 이탈하지 않는 구조로 하여야 한다.

⑧ 운전개시 조작버튼은 부주의로 작동되지 않도록 위치나 구조를 선정하여야 한다.

⑨ 자동공작기계에는 운전방식 전환스위치를 설치하고 자동운전 또는 수동운전의 어느 방식으로 전환하였을 경우 다른 운전방식으로 운전할 수 없도록 연동시킨 구조로 하여야 한다.

⑩ 제어반은 조정, 점검, 수리 등의 작업을 할 때에 오조작을 방지하기 위해 자물쇠를 잠그는 등 전원을 확실하게 차단할 수 있는 구조로 하여야 한다.

⑪ 발로 작동하는 스위치는 낙하 또는 운동하는 물체나 다른 사람이 우발적으로 이를 작동시킬 수 없도록 방호되어야 한다. 움직일 수 있는 페달은 한 방향에서만 진입이 가능하도록 하여야 한다.

⑫ 트랜스퍼장치는 다음 각 호의 사항을 따라야 한다.
1. 멀티스테이션의 트랜스퍼장치에 있어서 각 스테이션을 조정하거나 수동으로 운전할 때에는 작업자에게 그 취지를 경보하기 위한 장치를 설치하여야 한다.
2. 긴 멀티스테이션의 트랜스퍼장치 등에 있어서는 기계의 중간을 횡단하기 위한 건널다리를 설치하여야 한다.
3. 제2호의 건널다리는 상부난간대의 높이가 90[cm] 이상이며, 중간대가 부착된 것으로 충분한 강도를 가져야 한다.

⑬ 중량이 10[kg]을 초과하는 가공물들을 빈번하게 취급하는 작업을 필요로 하는 공작기계는 가능한 한 이를 취급하기 위한 인양장치 등을 설치하여야 한다.

⑭ 압력계, 유면계 기타 계기는 보기 쉬운 곳에 설치하여야 한다.

⑮ 공작기계는 작업을 안전하게 할 수 있도록 조명장치를 구비하고 특히 정기적인 보수작업이 필요한 곳의 조명이 불충분할 때 국부조명장치를 부착할 수 있는 구조로 하여야 한다.

⑯ 제15항의 조명장치 조도는 「산업안전보건기준에 관한 규칙」에 따라야 하고, 광원으로 백열전구(KS C 7501) 또는 안전기내장형램프(KS C 7621) 등 고효율 조명기기를 사용하여야 하며 그렇지 않는 경우에는 회전체가 정지해 보이거나 어른거려 위험할 수 있으므로 주의하여야 한다.

⑰ 작업대 또는 운전대에 설치된 의자는 충분한 강도를 갖고 등받이 등을 설치 위험할 수 있으므로 방지하여야 한다. 필요한 경우 안전대 및 발받침대를 설치하여야 한다.

⑱ 작업자가 통상의 작업위치에서는 80[℃]를 넘는 고온의 물체와 직접 접촉하지 않도록 방호하여야 하며, 60[℃]를 넘는 부분과 작업자가 접촉하여 반사운동에 의한 상해를 입지 않도록 배려하여 설계하여야 한다.

제13조(정비를 용이하게 하기 위한 조치) ① 급유나 일상점검은 위험지역 내에 들어가지 않아도 되도록 설계하여야 한다.
② 높이가 2[m] 이상의 공작기계에서 정비작업, 조정작업 등을 할 필요가 있는 것에는 그들 작업을 안전하게 하기 위한 계단 및 계단참 등을 설치하여야 한다.
③ 제2항의 계단 및 계단참에는 높이가 90[cm] 이상인 상부난간대와 중간대가 부착된 난간을 설치하여야 한다.
④ 공작기계를 안전하게 운반할 수 있도록 리프팅 볼트, 훅 등을 고정하여 끼워넣는 구멍을 설치하는 등의 조치를 강구하여야 한다.
⑤ 수직 또는 경사진 슬라이드 면을 따라서 오르내리는 중량물을 가진 공작기계에는 그 중량물의 자중에 의한 강하, 부품의 파손에 의한 낙하 등에 의한 위험을 방지하기 위한 조치를 강구하여야 한다.
⑥ 설치, 또는 조정을 하기 위한 장치가 되어 있는 자동기계는 조정하는 사람을 보호하기 위하여, 스위치를 누르고 있는 동안만 작동되거나, 스위치를 누르면 제한된 양만큼만 이동하는 장치를 설치하여야 한다.
⑦ 가능한 한 설치, 조작, 조정작업 및 보수작업을 안전하게 하기 위해 필요한 작업절차 및 작업공간을 정하여야 한다.

제14조(전기장치 일반사항) ① 공작기계의 일부를 구성하는 모든 전기기계기구(이하 "전기장치"라 한다.)는 가능한 한 공작기계의 전기장치(KS B 4006) 또는 산업용 기계류의 안전성-기계의 안전장비(KS C IEC 60204-1)를 따라야 한다.
② 전기장치는 싱하한 각각 10[%] 이내이 전압변동범위에 대하여 정상으로 작동하여야 한다.
③ 전기장치는 가능한 한 단일전원에 접속시켜야 한다. 전기장치 내의 전자장치, 전자클러치 등이 서로 다른 전압 등을 필요로 하는 경우에는 그 전기장치에 변압기, 정류기 등의 변환기기를 내장하여 필요한 전압 등을 얻는 방법이 고려되어야 한다.
④ 전기장치에는 비상정지장치 및 전원개폐기를 설치하여야 한다. 단, 비상정지장치에 의한 전원차단이 근로자에게 위험이 미치지 않는 경우에는 전원개폐기를 설치하지 않을 수 있다.
⑤ 비상정지장치는 다음 각 호의 사항을 따라야 한다.
1. 근로자에게 위험을 미칠 우려가 있는 경우에는 기계와 그와 관련된 모든 장치를 가능한 한 신속하게 정지시킬 수 있어야 한다.
2. 공작기계의 최대과부하전류를 차단할 수 있어야 한다.
3. 전자체크회로, 브레이크 시스템, 공작물 고정장치, 급속정지를 위한 제어회로, 그 밖에 전원의 차단이 근로자에게 위험을 미칠 우려가 있는 장치는 비상정지장치에 의하여 차단되지 않아야 한다.
4. 비상정지장치를 복귀하여서 기계가 재가동되어서는 아니 되며, 주전원의 제어에 의하여만 가능하도록 하여야 한다.

5. 비상정지 후에는 수동으로 기계를 복귀시키기 전에는 기계를 재가동할 수 없도록 하여야 한다. 다만, 공작기계 작동부문의 복귀작동이 위험을 감소시킬 수 있거나 위험을 미칠 우려가 없는 경우에는 비상정지 후 복귀작동이 개시될 수 있어야 한다.
6. 비상정지장치를 작동시키기 위한 누름단추 스위치, 손잡이 등의 비상정지 스위치는 적색을 사용하여 명확하게 표시하고 또한 작업자가 그 작업위치를 떠나지 아니하고 바로 작동시킬 수 있는 위치에 설치되어 있어야 한다.
7. 제6호의 누름단추 스위치의 형상은 버섯형(돌출)으로 하여야 한다.
8. 둘 이상의 작업위치를 가지고 있는 공작기계는 각각의 작업위치에 제6호의 누름단추 스위치, 손잡이 등의 비상정지 스위치를 설치하여야 한다.

⑥ 전원개폐기는 다음 각 호의 사항을 따라야 한다.
1. 공작기계의 정비작업을 하는 경우 또는 장기간 사용하지 않는 경우 등에는 전기장치의 전원을 차단(전원 OFF)할 수 있어야 한다.
2. 전원개폐의 차단용량은 공작기계의 최대 과부하 전류를 차단할 수 있어야 한다.

⑦ 공작기계에서 외부의 부속품으로 전기배선을 하는 경우 퓨즈 또는 배선용 차단기를 설치하여야 한다.

제15조(전기장치 보호) ① 전기장치에서 50[V]를 초과하는 전압이 걸려있는 충전부분에는 덮개를 설치하고 근로자에게 위험을 미칠 우려가 없도록 다음 각 호의 어느 하나 이상의 조치를 하여야 한다.
1. 전원개폐기는 차단(OFF)하지 않으면 덮개를 열 수 없도록 전원개폐기와 덮개를 연동시키는 방법
2. 공구 또는 키를 사용하지 않으면 열 수 없도록 덮개를 설치하는 방법
3. 덮개가 열려져 있을 때라도 근로자가 접촉할 우려가 없도록 절연재료를 사용하여 모든 충전부분이 노출되지 않도록 하는 방법

② 전동기는 원칙적으로 각각의 과부하 보호장치를 구비하고 있어야 한다.
③ 정전된 뒤 전원이 회복되었을 때에 자동적으로 재가동되거나, 전압이 변하였을 때에 오동작에 의하여 근로자에게 위험을 미칠 우려가 있는 것은 보호계전기를 설치하는 등 위험을 방지하기 위한 조치를 강구하여야 한다.
④ 직류전동기에 있어서 정격속도를 초과할 위험이 있는 것은 이로 인한 위험을 방지하기 위한 조치를 강구하여야 한다.

제16조(제어회로) ① 제어회로는 공작기계가 잘못 조작된 경우에도 근로자의 안전을 확보할 수 있도록 되어 있어야 한다.
② 제어회로에 대한 전압은 가능한 한 110[V] 이하로 하여야 한다.
③ 칩의 제거, 윤활 등의 보조기능을 하는 기계기구의 고장으로 인하여 근로자에게 위험을 미칠 우려가 있는 경우, 공작기계의 제어회로는 이 기계기구의 고장과 사고원인이 될 수 있는 다른 기계기구의 작동과 가능한 한 연동시켜야 한다.

④ 전동기의 회전방향을 제어하는 정역 접속기는 전환할 때 단락이 일어나지 않도록 조치되어 있어야 한다.
⑤ 전동기는 역상제동하지 않는 것으로 하고, 또한 전동기가 정지상태에 있을 때는 전동기의 축을 손으로 움직여도 전기적으로 작동하지 않는 것으로 하여야 한다.

제17조(접지) ① 전기장치를 내장하는 공작기계 및 이것과 따로 배치된 부속장치에는 설치하여야 한다.
② 제1항에 따라 설치된 접지단자 중 주 접지단자는 전원단자 가까이에 설치하여야 한다.
③ 접지선 및 접지단자는 산업용 기계류의 안전성-기계의 안전장비(KS C ICE 60204-1) 규정에 따른다.

제18조(유공압장치 공통사항) ① 정전 또는 전기적 고장이 발생하였을 경우에 근로자에게 위험을 미칠 우려가 없는 구조로 하여야 한다.
② 자동운전 상태에서 비상시에 긴급정지를 할 수 있고, 또한 그 뒤 가능한 한 수동운전을 할 수 있어야 한다.
③ 압력스위치를 설치하는 등 압력변동에 의한 위험을 방지하기 위한 조치가 강구되어 있어야 한다.
④ 안전하게 점검할 수 있는 구조로 하여야 한다.
⑤ 각 부품은 가능한 한 압력 등이 안전한 작업범위를 벗어나게 조정할 수 없도록 하여야 한다.
⑥ 어큐뮬레이터를 사용하는 회로는 전원이 차단되었을 경우에도 작동회로에 관계 없이 어큐뮬레이터가 필요로 하는 압력을 유지하도록 연동되어 있어야 한다.
⑦ 플렉시블 호스는 파손시 근로자에게 위험하지 않도록 조치를 강구하는 것이 바람직하다.
⑧ 배관의 잘못 접속을 방지하기 위하여 관 및 접속구를 색깔별로 구별하는 등의 조치가 강구되어야 한다.
⑨ 방향제어밸브는 명판을 부착하는 등 작동방향을 표시하기 위한 조치가 강구되어 있어야 한다.
⑩ 압력계는 회로명 및 사용압력이 표시되어 있어야 한다.
⑪ 압력제어밸브 및 유량제어밸브는 작업자가 보기 쉬운 곳에 사용목적 및 조절방향이 표시되어 있어야 한다.
⑫ 압력제어밸브 및 유량제어밸브는 이 제어밸브를 구비한 회로가 안전하게 작동할 수 있는 범위 이상의 압력 또는 유량을 쉽게 조정할 수 있는 구조로 하여야 한다.
⑬ 1[m] 떨어진 위치에서 측정한 연속음이 소음수준(레벨)이 가능한 한 85[dB(A)] 이하가 되어야 한다.

제19조(유압장치) ① 주위의 온도가 40[℃] 이하인 경우, 가능한 한 유압유의 온도가 65[℃]를 넘지 않는 회로 및 구조로 하여야 하며, 65[℃]를 넘는 것에는 유압장치에 덮개를 설치하여야 한다.

② 유압유가 누설될 우려가 없는 구조로 하여야 한다.

③ 유압유를 다량으로 사용하는 개방형의 유압장치는 인화 또는 폭발의 우려가 없는 구조로 하고 또한 근로자가 보기 쉬운 곳에 취급상의 주의사항이 표시되어 있어야 한다.

④ 유압장치에는 안전밸브를 설치하여야 한다. 단, 가변토출펌프를 사용하는 유압장치에 대하여는 그러하지 아니하다.

⑤ 유압배관, 유압실린더 등은 공기를 쉽게 뺄 수 있는 구조로 하여야 한다.

⑥ 급유구는 유압유를 쉽게 공급할 수 있는 위치에 설치하고 또한 급유구 가까이에는 사용하는 유압유의 종류를 표시하여야 한다.

⑦ 호스 어셈블리에는 정격압력이 표시되어 있어야 한다.

제20조(공기압장치) 공기압장치에는 가능한 한 소음기를 설치하여야 한다.

제21조(안전방호물) ① 울, 덮개 등과 같이 위험점에 접근하거나 위험구역 안의 진입을 방지하기 위한 안전방호물(이하 "안전방호물"이라 한다.)의 구조 및 기능은 다음에 따른다.

1. 안전방호물은 작업 중에 발생하는 힘이나 환경조건에 충분히 견딜만큼 완강하고, 쉽게 조정하거나 철거할 수 없는 구조로 하여야 한다.
2. 안전방호물에는 톱니모양 또는 예리한 모서리·돌기 등 위험부분이 있으면 아니 된다. 또한, 안전방호물은 가능한 한 삽입부나 전단부를 갖고 있지 않아야 한다.
3. 안전방호물은 원칙적으로 고정식으로 하여야 한다.
4. 안전방호물을 통해서 공작물을 출입시킬 필요가 있을 경우에는, 안전방호물에 출입부를 설치한다. 출입부와 위험점 사이는 안전방호상 필요한 충분한 거리로 하고, 공작물과 출입부 사이에는 말려들 위험이 없도록 그 치수에 주의하여야 한다. 경우에 따라서는 출입부의 위치와 크기를 조절할 수 있는 방식으로 한다.
5. 작업의 성질상 위험점에 접근하거나, 위험지역 안에 진입할 필요가 있을 경우에는 가능한 한 안전방호물을 여는 것과 기계의 정지와 연동시켜야 한다.
6. 관성에 의한 운동시간이 긴 기계의 안전방호는 위의 연동장치로서 운동장치를 확인할 때까지나 예상되는 관성운동기간 중이거나 또는 안전방호물을 열거나 동력을 끊음으로써 브레이크가 작동하여 가능한 한 관성운동을 빨리 정지시키는 등의 기능을 갖도록 하여야 한다.
7. 제5항의 경우에는 안전방호물을 설치하는 것이 적당하지 않을 경우에는 잡아끌거나, 누르거나, 만지거나, 또는 광선을 차단하는 등의 동작에 따라서 동력이 끊어지는 기능을 갖는 장치를 가능한 한 구비하여야 한다.

제22조(공작기계의 주위공간) 공작기계의 주위공간은 다음에 따른다.

① 공작기계의 주위에는 다음과 같은 작업공간을 확보하여야 한다. 다만, 이 작업 공간에는 공구함, 로커 등을 놓기 위한 공간은 포함하지 않는다. 또한 로더, 언로더 등은 공작기계의 일부로 간주한다.

1. 가공을 하기 위하여 필요한 공간
2. 정비, 점검, 조정, 청소 등을 위한 필요한 공간

② 제1항의 작업공간은 소재의 보관이나 차량의 통로로서 사용해서는 아니된다.
③ 제1항의 작업공간은 미끄러지기 쉬운 상태로 해두어서는 아니된다.
④ 작업의 필요상 피트를 설치할 경우에는 전락을 방지하기 위한 조치를 강구하여야 한다.
⑤ 복수의 공작기계 또는 복수의 작업자에 대하여 공통의 작업공간을 설치할 경우에도 위의 제1항부터 제4항까지의 규정에 따른다.

제23조(표시) 공작기계(연삭기는 별도의 규정에 따른다.)에는 보기 쉬운 곳에 다음 각 호의 사항이 표시되어야 한다.
① 제조자명
② 제조연월
③ 정격전압 및 정격주파수
④ 회전속도 및 회전방향
⑤ 중량
⑥ 그 밖의 필요한 사항

제24조(취급설명서) 공작기계의 취급설명서 등에는 다음 각 호의 사항이 기재되어 있어야 한다.
① 공작기계 사용상의 유의사항
② 안전장치의 종류, 성능 및 사용상의 유의사항
③ 안전하게 운반하기 위한 조치의 개요
④ 설치, 조작, 조정 등의 작업 및 정비작업을 안전하게 하기 위해 필요한 작업절차 및 작업면적
⑤ 소음레벨
⑥ 관계법령 그 밖의 필요한 사항

제25조(재검토기한 3년) 고용노동부장관은 「훈령·예규 등의 발령 및 관리에 관한 규정」에 따라 이 고시에 대하여 2018년 7월 1일 기준으로 매 3년이 되는 시점(매 3년째의 6월 30일까지를 말한다)마다 그 타당성을 검토하여 개선 등의 조치를 하여야 한다.

부칙〈제2020-36호, 2020. 1. 15〉
이 고시는 2020년 1월 16일부터 시행한다.

2016년도 6월 25일
산업안전지도사 제6회 기출문제 NCS 분석

1. 시험과목 및 배점

구분	시험과목	시험시간	문제유형	배점	비고
2차 전공	기계안전공학	100분	주관식 1) 단답형 : 5문제 2) 논(서)술형 : 4문제 중 3문제 선택 (필수2, 선택1)	총점 : 100점 1) 단답형 : 5문제×5점=25점 2) 논(서)술형 : 3문제×25점=75점	과락없음 60점이면 합격

2. NCS 적용문제 분석

대분류	중분류	소분류	문제내용(세세분류)	비고
단답형	산업안전보건법	산업안전보건 기준에 관한 규칙	문제 1) 산업안전보건기준에 관한 규칙에서 정하고 있는 구내운반차를 사용하여 작업을 할 때 작업시작 전 점검사항 5가지를 쓰시오	안전보건 규칙 [별표 3]
	산업안전보건법	산업안전보건 기준에 관한 규칙	문제 2) 산업안전보건기준에 관한 규칙에서 정하고 있는 크레인 작업 시 사업주가 관계 근로자에게 준수하도록 해야 할 조치사항 5가지를 쓰시오.	안전보건규칙 제146조
	산업용로봇	로봇종류	문제 3) 입력정보 교시에 의한 산업용 로봇 종류 5가지를 쓰시오.	종류 5가지 2015년 출제
	산업안전보건법	시행규칙	문제 4) 산업안전보건법령상 유해하거나 위험한 기계·기구 중 동력으로 작동하는 기계·기구에 추가적인 방호조치를 해야 할 해당부분 3가지와 그 방호조치를 쓰시오.	시행규칙 제98조 2015년 출제
	산업안전보건법	시행령	문제 5) 산업안전보건법령상 안전검사 대상기계 10가지를 쓰시오.	시행령 제78조
논(서)술형	컨베이어	안전장치	문제 1) 산업현장에서 사용되는 컨베이어(conveyer)의 안전장치 및 보수상의 주의사항을 쓰시오.	안전장치 보수상 주의사항
	산업안전보건법	산업안전보건기준에 관한 규칙	문제 2) 산업안전보건기준에 관한 규칙에서 정하고 있는 고소작업대 설치 시 사업주가 조치해야 할 설치사항 6가지를 쓰시오.	안전보건규칙 제186조

용어정의	페일세이프	문제 1) 기계·기구에 적용되는 페일세이프(fail safe)의 정의와 기능적 측면에서 3단계로 분류하여 각각 쓰시오.	정의 및 기능적 측면 3단계
선반	선반의 방호 장치	문제 2) 선반의 방호장치 3가지와 작업 시 안전대책 10가지를 쓰시오.	방호장치 및 안전대책

3. 응시 및 합격현황

2016년		1차			2차			3차		
		대상	응시	합격	대상	응시	합격	대상	응시	합격
소계		608	499	140	91	86	22	69	69	33
안전	기계	169	133	39	27	27	5	16	16	8
	전기	77	64	14	10	10	4	8	8	6
	화공	94	83	31	21	20	7	16	16	7
	건설	268	219	56	33	29	6	29	29	12
보건	소계	160	130	33	22	22	5	16	16	8
	작업환경	23	17	3	3	3	1	1	1	1
	산업위생	137	113	30	19	19	4	15	15	7

2016년도 6월 25일

산업안전지도사 2차 국가자격시험

시간	응시분야	수험번호	성명
100분	기계안전	20160625	도서출판 세화

※ 다음 단답형 5문제를 모두 답하시오.(각 5점)

문제 1

산업안전보건기준에 관한 규칙에서 정하고 있는 구내운반차를 사용하여 작업을 할 때 작업시작 전 점검사항 5가지를 쓰시오.

정답

① 제동장치 및 조종장치 기능의 이상 유무
② 하역장치 및 유압장치 기능의 이상 유무
③ 바퀴의 이상 유무
④ 전조등·후미등·방향지시기 및 경음기 기능의 이상 유무
⑤ 충전장치를 포함한 홀더 등의 결합상태의 이상 유무 "끝"

정답근거
산업안전보건기준에 관한 규칙 [별표 3] 작업시작전 점검사항

문제 2

산업안전보건기준에 관한 규칙에서 정하고 있는 크레인 작업 시 사업주가 관계 근로자에게 준수하도록 해야 할 조치사항 5가지를 쓰시오.

정 답

① 인양할 하물(荷物)을 바닥에서 끌어당기거나 밀어내는 작업을 하지 아니할 것
② 유류드럼이나 가스통 등 운반 도중에 떨어져 폭발하거나 누출될 가능성이 있는 위험물 용기는 보관함(또는 보관고)에 담아 안전하게 매달아 운반할 것
③ 고정된 물체를 직접 분리·제거하는 작업을 하지 아니할 것
④ 미리 근로자의 출입을 통제하여 인양 중인 하물이 작업자의 머리 위로 통과하지 않도록 할 것
⑤ 인양할 하물이 보이지 아니하는 경우에는 어떠한 동작도 하지 아니할 것(신호하는 사람에 의하여 작업을 하는 경우는 제외한다.) "끝"

정답근거

산업안전보건기준에 관한 규칙 제146조(크레인 작업시의 조치)

보충학습

사업주는 조종석이 설치되지 아니한 크레인에 대하여 다음 각 호의 조치를 하여야 한다.
① 고용노동부장관이 고시하는 크레인의 제작기준과 안전기준에 맞는 무선원격제어기 또는 펜던트 스위치를 설치·사용할 것
② 무선원격제어기 또는 펜던트 스위치를 취급하는 근로자에게는 작동요령 등 안전조작에 관한 사항을 충분히 주지시킬 것

2016년 6월 25일 시행

문제 3

입력정보 교시에 의한 산업용 로봇 종류 5가지를 쓰시오.

정답

입력정보 교시에 의한 분류

산업용 로봇의 입력정보, 교시(산업용 로봇의 작업순서, 경로 또는 위치 등의 정보를 설정하는 것)에 의한 로봇

종류	기능
매뉴얼 매니퓰레이터 로봇	인간이 조작하는 매니퓰레이터
지능 로봇	감각기능 및 인식기능에 의해 행동결정을 할 수 있는 로봇
감각제어 로봇	감각 정보를 가지고 동작의 제어를 행하는 로봇
플레이백 로봇	인간이 매니퓰레이터를 움직여서 미리 작업을 수행하는 것으로 그 작업의 순서, 위치 및 기타의 정보를 기억시켜 이를 재생함으로써 그 작업을 되풀이 할 수 있는 매니퓰레이터
수치제어 로봇	순서, 위치 기타의 정보를 수치에 의해 지령받는 작업을 할 수 있는 매니퓰레이터
적응제어 로봇	환경의 변화 등에 따라 제어 등의 특성을 필요로 하는 조건을 충족시키기 위하여 변화되는 적응 제어기능을 가지는 로봇
학습제어 로봇	작업경험 등을 반영시켜 적절한 작업을 행하는 제어기능을 가지는 로봇
고정시퀀스 로봇	미리 설정된 순서와 조건 및 위치에 따라 동작의 각 단계를 차례로 거쳐나가는 매니퓰레이터이며 설정정보의 변경을 쉽게 할 수 없는 로봇
가변시퀀스 로봇	미리 설정된 순서와 조건 및 위치에 따라 동작의 각 단계를 차례로 거쳐나가는 매니퓰레이터로서 설정정보의 변경을 쉽게 할 수 있는 로봇

"끝"

합격자의 조언

정답은 설명없이 종류 5가지 쓰면 됩니다.

합격키

2015년 7월 27일 단답형(문제 1번)

> 보충학습

1. 로봇의 구분

(1) 산업용로봇

플레이트 및 기억장치를 가지고 기억장치 정보에 의해 매니퓰레이트의 굴신, 신축, 상하이동, 좌우이동, 선회동작 및 이들의 복합동작을 자동적으로 행할 수 있는 장치

(2) 시퀀스 로봇

기계의 동작상태가 설정한 순서, 조건에 따라 진행되어, 한 가지 상태의 종료가 다음 상태를 생성하는 제어시스템

[표] 산업용 로봇의 동작형태별에 의한 분류

종류	기능
극좌표 로봇(Robot polar coordinates robot)	팔의 자유도가 주로 극좌표 형식인 매니퓰레이터
직각좌표 로봇(Robot cartesian coordinates robot)	팔의 자유도가 주로 직각좌표 형식인 매니퓰레이터
관절 로봇(Robot articulated robot)	팔의 자유도가 주로 다관절인 매니퓰레이터
원통좌표 로봇(Robot cylinderical coordinates robot)	팔의 자유도가 주로 원통좌표 형식인 매니퓰레이터

[표] 산업현장에서 쓰이고 있는 로봇 용도별에 의한 분류 (2024년 논술형 ★)

용도	사용가능 로봇
스폿(Spot)용접	직각 좌표형(4축), 수직 다관절(6축)
아크(Arc)용접	수직 다관절(5축, 6축)
도장	수직 다관절(유압식, 전기식)
조립	직각좌표, 원통좌표, 수직 다관절
사출기 취출	취출 로봇
핸들링(Handling)	겐트리, 수직 다관절

2. 산업용 로봇의 안전관리

(1) 매니퓰레이터

　　산업용 로봇의 재해발생에 대한 주된 원인이며, 본체의 외부에 조립되어 인간의 팔에 해당되는 기능

(2) 로봇의 작동범위 내에서 교시 등의 작업을 하는 때 작업 시작 전 점검사항
　　① 외부 전선의 피복 또는 외장의 손상 유무
　　② 매니퓰레이터 작동의 이상 유무
　　③ 제동장치 및 비상정지장치의 기능

(3) 산업용 로봇의 정기점검

　　산업용 로봇의 설치장소, 사용빈도, 부품의 내구성 등을 감안하여 검사항목, 검사방법, 판정기준, 실시시기 등의 점검기준을 정하고 점검하여야 한다.
　　① 동력전달부분의 이상 유무
　　② 주요부품의 볼트 풀림의 유무
　　③ 전기계통의 이상 유무
　　④ 유압 및 공압 계통의 이상 유무
　　⑤ 서보(Servo) 계통의 이상 유무
　　⑥ 스토퍼(Stopper)의 이상 유무
　　⑦ 엔코더(Encoder)의 이상 유무
　　⑧ 작동의 이상을 검출하는 기능의 이상 유무
　　⑨ 가동부분의 윤활상태 기타 가동부분에 관한 이상유무

(4) 산업용 로봇작업 안전수칙

　　산업용 로봇의 작동범위 내에서 당해 로봇에 대하여 교시 등의 작업을 하는 때에는 당해 로봇의 불의의 작동 또는 오조작에 의한 위험을 방지하기 위하여 조치를 하여야 한다.
　　① 작업지침을 정하고 그 지침에 따라 작업을 시킬 것
　　　　㉮ 로봇의 조작방법 및 순서
　　　　㉯ 작업중의 매니퓰레이터의 속도
　　　　㉰ 2명 이상의 근로자에게 작업을 시킬 경우의 신호방법
　　　　㉱ 이상을 발견한 경우의 조치
　　　　㉲ 이상을 발견하여 로봇의 운전을 정지시킨 후 이를 재가동시킬 경우의 조치
　　　　㉳ 그 밖에 로봇의 예기치 못한 작동 또는 오조작에 의한 위험을 방지하기 위하여 필요한 조치
　　② 작업에 종사하고 있는 근로자 또는 그 근로자를 감시하는 사람은 이상을 발견하면 즉시 로봇의 운전을 정지시키기 위한 조치를 한다.

③ 작업을 하고 있는 동안 로봇의 기동스위치 등에 작업을 종사하고 있는 근로자가 아닌 사람이 그 스위치 등을 조작할 수 없도록 필요한 조치를 한다.

④ 운전중의 위험방지 : 로봇을 운전하는 경우에 근로자가 로봇에 부딪힐 위험이 있을 때에는 안전매트 및 높이 1.8[m] 이상의 울타리를 설치하여야 한다.

⑤ 수리 등 작업 시의 조치 : 로봇의 작동범위에서 해당 로봇의 수리, 검사, 조정, 청소, 급유 또는 결과에 대한 확인작업을 하는 경우에는 해당 로봇의 운전을 정지함과 동시에 그 작업을 하고 있는 동안 로봇의 기동스위치를 열쇠로 잠근 후 열쇠는 별도관리하거나 해당 로봇의 기동스위치에 작업 중이란 내용의 표시판을 부착하는 등 해당 작업에 종사하고 있는 근로자가 아닌 사람이 해당 기동스위치를 조작할 수 없도록 필요한 조치를 한다.

㉮ 작업을 하고 있는 동안 로봇의 기동스위치 등에 "작업중"이라는 표시를 하여야 한다.

㉯ 해당 작업에 종사하고 있는 근로자의 안전한 작업을 위하여 작업종사자 외의 사람이 기동스위치를 조작할 수 없도록 하여야 한다.

㉰ 로봇을 운전하는 경우에 근로자가 로봇에 부딪힐 위험이 있을 때에는 안전매트 및 높이 1.8[m] 이상의 방책을 설치하는 등 필요한 조치를 하여야 한다.

㉱ 로봇의 작동범위에 해당 로봇의 수리, 검사, 조정, 청소, 급유 또는 결과에 대한 확인작업을 하는 경우에는 해당 로봇의 운전을 정지함과 동시에 그 작업을 하고 있는 동안 로봇의 기동스위치를 열쇠로 잠근 후 열쇠를 별도관리하여야 한다.

(5) 산업용 로봇작업을 수행할 때의 안전조치사항

① 자동운전 중에는 안전방책의 출입구에 안전플러그를 사용한 인터록이 작동하여야 한다.
② 액추에이터의 잔압 제거 시에는 사전에 안전블록 등으로 강하방지를 한 후 잔압을 제거한다.
③ 로봇의 교시작업을 수행할 때에는 작업지침에서 정한 매니퓰레이터의 속도를 따른다.
④ 작업개시 전에 외부 전선의 피복손상, 비상정지장치를 반드시 검사한다.

(6) 자동화에 있어 송급배출장치의 종류

① 다이얼 피더
② 슈트
③ 푸셔 피더
④ 호퍼 피더
⑤ 슬라이딩 다이롤 피더
⑥ 그리퍼 피더

(7) 에어분사장치의 종류

① 셔플 이젝터
② 산업용 로봇
③ 자동배출장치

3. 산업용 로봇의 기타 안전대책

(1) 로봇의 오동작을 일으키게 하는 환경조건

　　① 소음
　　② 온도
　　③ 전자파

(2) 산업용 로봇의 위험한계 내에 근로자가 들어갈 때 입력 등을 감지할 수 있는 방호장치

　안전매트

(3) 산업용 로봇의 매니퓰레이터와 안전울타리의 최소간격

　40[cm] 이상

(4) 산업용 로봇을 운전하는 경우 방호장치 및 방책

　안전매트

(5) 공기압 구동식 산업용 로봇에 대하여 안전조치를 취해야 될 이상 현상

　　① 압력저하
　　② 공기누설
　　③ 물방울의 혼입

문제 4

산업안전보건법령상 유해하거나 위험한 기계·기구 중 동력으로 작동하는 기계·기구에 추가적인 방호조치를 해야 할 해당부분 3가지와 그 방호조치를 쓰시오.

정답

① 작동 부분의 돌기부분은 묻힘형으로 하거나 덮개를 부착할 것
② 동력전달부분 및 속도조절부분에는 덮개를 부착하거나 방호망을 설치할 것
③ 회전기계의 물림점(롤러나 톱니바퀴 등 반대방향의 두 회전체에 물려 들어가는 위험점)에는 덮개 또는 울을 설치할 것 "끝"

정답근거

산업안전보건법 시행 규칙 제98조(방호조치)

합격키

2015년 7월 27일 단답형(문제 3번)

문제 5

산업안전보건법령상 안전검사 대상기계 10가지를 쓰시오.

정 답

① 프레스
② 전단기
③ 크레인(정격 하중이 2톤 미만인 것은 제외한다)
④ 리프트
⑤ 압력용기
⑥ 곤돌라
⑦ 국소 배기장치(이동식은 제외한다.)
⑧ 원심기(산업용만 해당한다.)
⑨ 롤러기(밀폐형 구조는 제외한다.)
⑩ 사출성형기[형 체결력(型 締結力) 294[kN] 미만은 제외한다.]
⑪ 고소작업대[「자동차관리법」제3조제3호 또는 제4호에 따른 화물자동차 또는 특수자동차에 탑재한 고소작업대(高所作業臺)로 한정한다.]
⑫ 컨베이어
⑬ 산업용 로봇
⑭ 혼합기
⑮ 파쇄기 또는 분쇄기

정답근거

산업안전보건법 시행령 제78조(안전검사 대상 기계 등)

참고

⑭, ⑮는 2026년 6월 26일부터 적용

※ 논술형 2문제를 모두 답하시오.(각 25점)

문제 1

산업현장에서 사용되는 컨베이어(conveyer)의 안전장치 및 보수상의 주의사항을 쓰시오.

정답

1. 정의

컨베이어는 물품을 연속적으로 옮기기(운반하기) 때문에 효율적인 운반 방법으로서 각 방면에 널리 쓰이고 있으나 때로는 작업자에게 스트레스도 크고, 또 위험한 기계이기도 하기 때문에, 노무관리나 안전 관리 측면에서 특별한 주의가 요망된다.

(1) 컨베이어의 주요 구성품

① 롤러(Roller)
② 벨트(Belt)
③ 체인(Chain)

(2) 벨트 컨베이어의 특징

① 연속적으로 물건을 운반할 수 있다.
② 무인화작업이 가능하다.
③ 운반과 동시에 하역작업이 가능하다.
④ 컨베이어 중 가장 널리 쓰인다.
⑤ 대용량의 운반수단으로 이용된다.
⑥ 경사각도가 30[°]이하인 경우에 사용된다.

[표] 컨베이어의 종류 및 구조

종류	구조	용도
롤러 컨베이어 (Roller conveyor)	롤러 또는 휠을 많이 배열한 후 이것을 이용하여 화물을 운반하는 컨베이어	시멘트 포장품 이동
벨트 컨베이어 (Belt conveyor)	프레임의 양끝에 설치한 풀리에 벨트를 엔드리스로 설치하여 그 위로 화물을 싣고 운반하는 컨베이어	시멘트, 토사, 골재 등 운반
스크류 컨베이어 (screw conveyor)	스크류에 의해 관속의 화물을 운반하도록 되어있는 컨베이어	시멘트 운반
체인 컨베이어 (chain conveyor)	엔드리스(Endless)로 감아서 걸은 체인에 의하거나 또는 체인에 슬래드(Slat), 버켓(Bucker)등을 부착하여 화물을 운반하는 컨베이어	시멘트, 토사, 골재 등 운반

종류	구조	용도
유체 컨베이어 (fluid conveyor)	관속의 유체를 매체로 하여, 화물을 운반하게 되어 있는 컨베이어	시멘트 등 분체운반
진동 컨베이어 (Vibrating conveyor)	관을 진동하여 화물을 운반하게 되어있는 컨베이어	소형부품 및 시멘트 등 분체운반
공기필름 컨베이어 (Air film conveyor)	공기막에 의하여 마찰을 경감시켜 화물을 운반하게 되어있는 컨베이어	시멘트 등 분체운반
엘리베이팅 컨베이어 (Elevating conveyor)	급경사 또는 수직으로 화물을 운반하게 되어있는 컨베이어	시멘트 골재 등 운반

2. 안전(방호)장치

비상정지장치, 덮개 울을 부착시키고, 이탈 및 역주행방지장치로 롤러식, 전자식, 라쳇식이 있으며 전자식 브레이크, 유압조작식 브레이크 같은 이탈방지장치가 있다. 또한 운전중인 컨베이어 등의 위로 근로자를 넘어가도록 하기 위한 건널 다리가 있다.

(1) 분야별 안전장치

① 컨베이어의 안전장치 : 비상정지장치
② 화물의 낙하 위험 방지 : 덮개 및 울 설치
③ 컨베이어의 역전 방지 장치
  ㉮ 기계식 : 라쳇식, 롤러식, 벤드식, 웜기어식
  ㉯ 전기식 : 전기브레이크, 슬러스트 브레이크

[표] 안전장치 종류 및 기능

종류		기능
이탈 등의 방지(정전, 전압강하 등에 의한 화물 또는 운반구의 이탈 및 역주행 방지장치)	역전방지장치 및 브레이크	기계인인 것 : 라쳇식, 롤러식, 밴드식, 웜기어식 등
		전기적인 것 : 전기브레이크, 슬러스트브레이크 등
	화물 또는 운반구의 이탈 방지장치	컨베이어 구동부 측면에 롤러형 안내가이드 등 설치
	화물 낙하 위험시	덮개 또는 낙하방지용 울 등 설치
비상정지장치부착		근로자의 신체의 일부가 말려드는 등 근로자가 위험해질 우려가 있는 경우 및 비상시에 즉시 정지할 수 있는 장치
낙하물에 의한 위험방지		화물이 떨어져 근로자가 위험해질 우려가 있는 경우 덮개 또는 울 설치
통행의 제한		① 운전중인 컨베이어 등의 위로 근로자를 넘어가도록 하는 경우 건널다리 설치 ② 동일선상에 구간별 설치된 컨베이어에 중량물을 운반하는 경우 충돌에 대비한 스토퍼를 설치하거나 작업자 출입금지
트롤리 컨베이어		트롤리와 체인 및 행거가 쉽게 벗겨지지 아니하도록 확실하게 연결

(2) 컨베이어의 일반적인 주의사항

① 인력으로 적하하는 컨베이어 적하장에는 하중, 무게의 제한 표시를 하여야 한다.
② 기어, 사슬, 활차, 또는 기타 이동부에는 상해 예방용 가드나 덮개가 장치되어 있어야 한다.
③ 컨베이어의 모든 기계 부분을 정기적으로 점검하여 과도하게 파손된 곳이 발견될 때에는 즉시 교체하여야 한다.
④ 지면으로부터 2[m] 이상 높이에 설치된 컨베이어는 승강 계단을 설치하여야 한다.
⑤ 지하도나 피트(pit) 내에 이동하는 컨베이어는 점검, 급유, 보수 작업을 안전하게 할 수 있는 도장, 조명, 배기 또는 대피구가 마련되어 있어야 한다.

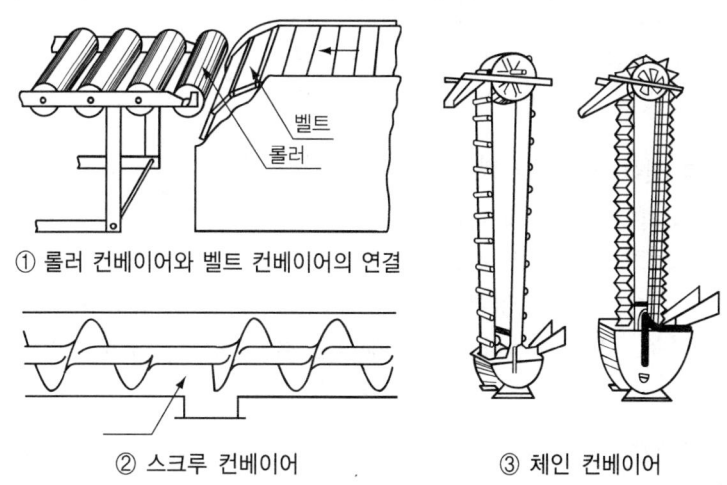

[그림] 컨베이어의 종류

(3) 컨베이어의 사용상 주의사항

① 조작 스위치는 전체 컨베이어를 주시하기 쉬운 곳에 설치하여야 한다.
② 계층을 달리하거나 벽으로 가려진 장소를 통과하도록 설계되어 있는 컨베이어는 칸막이 장소별로 시동 또는 정지장치가 되어 있어야 한다.
③ 쉽게 조작이 가능한 장소에 비상 정지 장치를 설치하여야 한다.
④ 정전 시나 고장 발생 시에 대비하여 통행 이동 방지 장치가 되어 있어야 한다.
⑤ 시계를 방해할 정도로 심한 가루나 먼지를 발생시키는 컨베이어 상부에는 배기 후드를 설치하는 한편, 작업에 지장이 없을 정도의 충분한 조명 장치를 하여야 한다.
⑥ 인화성 물질을 운반하는 컨베이어 부근에는 발화 내지 폭발하는 온도 이하의 온도가 유지되도록 하고 모든 전기 시설은 방폭형으로 하여야 한다. 먼지나 분압의 폭발을 대비하여 발화원 또는 발열원을 엄금하여야 한다.
⑦ 컨베이어 시설에는 정전 시 발생 위험 예방을 위한 접지 및 결합 장치를 하여야 한다.

⑧ 컨베이어 부근에서 작업하는 근로자의 복장은 몸에 알맞은 것으로 착용시키고 말려들거나 이동하는 기계 부분에 접촉될 우려가 있는 물품을 휴대시켜서는 안 되며 가급적 안전화를 착용시켜야 한다.
⑨ 컨베이어 부근에서 발생되는 사고 중 컨베이어가 가동 중에 떨어지는 물체로 인하여 상해를 당하는 사례가 가장 많음을 감안하여 물체를 안전하게 올려 놓도록 하여야 한다.

(4) 포터블 벨트 컨베이어 운전 시 준수사항
① 공회전하여 기계의 운전상태를 파악한다.
② 정해진 조각스위치를 사용하여야 한다.
③ 운전 시작 전 주변 근로자에게 경고하여야 한다.
④ 하물적재 전 몇 번씩 시동·정지를 반복 테스트한다.

(5) 컨베이어 작업 시작 전 점검사항
① 원동기 및 풀리 기능의 이상 유무
② 이탈 등의 방지장치 기능의 이상 유무
③ 비상정지장치 기능의 이상 유무
④ 원동기, 회전축, 기어 및 풀리 등의 덮개 또는 울 등의 이상 유무

3. 보수상의 주의사항

① 보수 작업 시에는 전원 스위치를 내리고 개폐기 자물쇠 장치를 하여야 한다. 여러 명이 동시에 작업에 임할 때에는 감독자가 열쇠를 보관하여야 한다.
② 가동 중에는 일체의 보수나 급유를 엄금하여야 한다.
③ 기점과 종점에는 "보수 작업 중" 표시를 게시하여야 한다.
④ 정전기가 발생한 우려가 있는 개소에는 정전기 제거기를 설치하고 접지시켜야 한다. "끝"

참고
산업안전지도사[기계안전공학] p.1-124(제2절 컨베이어)

문제 2

산업안전보건기준에 관한 규칙에서 정하고 있는 고소작업대 설치 시 사업주가 조치해야 할 설치사항 6가지를 쓰시오.

정답

1. 고소(高所)작업

일반적으로 2[m] 이상 높이에서 작업하는 것을 고소작업이라고 하는데, 추락재해로 인한 사망재해가 많이 발생하고 있다.

2. 고소작업대 설치 시 사업주가 조치하여야 할 사항

(1) 사업주는 고소작업대를 설치하는 경우에는 다음 각 호에 해당하는 것을 설치하여야 한다.
   ① 작업대를 와이어로프 또는 체인으로 올리거나 내릴 경우에는 와이어로프 또는 체인이 끊어져 작업대가 떨어지지 아니하는 구조여야 하며, 와이어로프 또는 체인의 안전율은 5 이상일 것
   ② 작업대를 유압에 의해 올리거나 내릴 경우에는 작업대를 일정한 위치에 유지할 수 있는 장치를 갖추고 압력의 이상저하를 방지할 수 있는 구조일 것
   ③ 권과방지장치를 갖추거나 압력의 이상상승을 방지할 수 있는 구조일 것
   ④ 붐의 최대 지면경사각을 초과 운전하여 전도되지 않도록 할 것
   ⑤ 작업대에 정격하중(안전율 5 이상)을 표시할 것
   ⑥ 작업대에 끼임·충돌 등 재해를 예방하기 위한 가드 또는 과상승방지장치를 설치할 것
   ⑦ 조작반의 스위치는 눈으로 확인할 수 있도록 명칭 및 방향표시를 유지할 것

(2) 사업주는 고소작업대를 설치하는 경우에는 다음 각 호의 사항을 준수하여야 한다.
   ① 바닥과 고소작업대는 가능하면 수평을 유지하도록 할 것
   ② 갑작스러운 이동을 방지하기 위하여 아웃트리거 또는 브레이크 등을 확실히 사용할 것

(3) 사업주는 고소작업대를 이동하는 경우에는 다음 각 호의 사항을 준수하여야 한다.
   ① 작업대를 가장 낮게 내릴 것
   ② 작업대를 올린 상태에서 작업자를 태우고 이동하지 말 것. 다만, 이동 중 전도 등의 위험예방을 위하여 유도하는 사람을 배치하고 짧은 구간을 이동하는 경우에는 그러하지 아니하다.
   ③ 이동통로의 요철상태 또는 장애물의 유무 등을 확인할 것

(4) 사업주는 고소작업대를 사용하는 경우에는 다음 각 호의 사항을 준수하여야 한다.
   ① 작업자가 안전모·안전대 등의 보호구를 착용하도록 할 것
   ② 관계자가 아닌 사람이 작업구역에 들어오는 것을 방지하기 위하여 필요한 조치를 할 것
   ③ 안전한 작업을 위하여 적정수준의 조도를 유지할 것

④ 전로(電路)에 근접하여 작업을 하는 경우에는 작업감시자를 배치하는 등 감전사고를 방지하기 위하여 필요한 조치를 할 것
⑤ 작업대를 정기적으로 점검하고 붐·작업대 등 각 부위의 이상 유무를 확인할 것
⑥ 전환스위치는 다른 물체를 이용하여 고정하지 말 것
⑦ 작업대는 정격하중을 초과하여 물건을 싣거나 탑승하지 말 것
⑧ 작업대의 붐대를 상승시킨 상태에서 탑승자는 작업대를 벗어나지 말 것. 다만, 작업대에 안전대 부착설비를 설치하고 안전대를 연결하였을 때에는 그러하지 아니하다.(2024년 논술형 ⓒ)

정답근거

산업안전보건기준에 관한 규칙 제186조(고소작업대 설치 등의 조치)

※ 다음 논술형 2문제 중 1문제를 선택하여 답하시오.(25점)

문제 1

기계 · 기구에 적용되는 페일세이프(fail safe)의 정의와 기능적 측면에서 3단계로 분류하여 각각 쓰시오.

정 답

1. 페일 세이프(fail safe)의 정의

(1) 기계 등에 고장이 발생했을 경우에도 그대로 사고나 재해로 연결되지 아니하고 안전을 확보하는 기능을 말한다.

(2) 인간이나 기계 등에 과오나 동작상의 실수가 있더라도 사고 · 재해를 발생시키지 않도록 철저하게 2중, 3중으로 통제를 가하는 것이다.

(3) 본질 안전화의 또 하나의 요건인 페일세이프(fail safe)란 기계나 그 부품에 고장이나 기능 불량이 생겨도 항상 안전하게 작동하는 구조와 그 기능을 말한다.

(4) 좁은 의미로는 기계를 안전하게 작동한다는 것은 기계를 정지시키는 것으로 생각되고 있으나, 넓은 의미로는 반드시 정지에만 한정되지는 않는다.

2. 기능적 안전화 및 본질적 안전화

(1) 기능적 안전화

기계설비가 이상이 있을 때 기계를 급정지시키거나 방호장치가 작동되도록 하는 것과 전기회로를 개선하여 오동작으로 방지하거나 별도의 완전한 회로에 의해 정상기능을 찾을 수 있도록 하는 것이다.
① 소극적 대책 : 이상 시 기계의 급정지로 안전화 도모, 방호장치의 작동
② 적극적 대책 : 페일세이프(fail safe), 회로를 개선하여 오동작 방지 별도의 완전한 회로에 의해 정상기능 회복

(2) 본질적 안전화

근로자가 동작상 과오나 실수를 하여도 사고나 재해가 일어나지 않도록 하는 것이다. 또한 기계설비에 이상이 생겨도 안전성이 확보되어 사고나 재해가 발생하지 않도록 설계되는 기계설비 안전화의 기본이념인 것이다.

기계설비의 본질적 안전화를 추구하기 위한 사항으로는 다음과 같은 것이 있다.
① 가능한 한 조작상 위험이 없도록 설계할 것
② 안전기능이 기계설비에 내장되어 있을 것
③ 페일세이프(fail safe)의 기능을 가질 것
④ 풀 프루프(fool proof)의 기능을 가질 것
⑤ 인터록(interlock)의 기능을 가질 것

3. fail safe의 기능적 측면 3단계

① fail passive : 부품이 고장나면 통상 기계는 정지하는 방향으로 이동한다.
② fail active : 부품이 고장나면 기계는 경보를 울리는 가운데 짧은 시간 동안의 운전이 가능하다.
③ fail operational : 부품의 고장이 있어도 기계는 추후의 보수가 될 때까지 안전한 기능을 유지한다. 이것은 병렬 계통 또는 대기 여분(stand-by redundancy) 계통으로 한 것이다. 기계 운전 중에서 fail operational이 운전상 제일 선호하는 방법이고 산업 기계에서는 일반적으로 fail passive를 많이 채택하고 있다. fail safe 기구는 강도와 안전성을 유지할 목적으로 구조적 fail safe와 기능의 유지를 목적으로 하는 기능적 fail safe가 있으며, 후자는 다시 기계적 fail safe와 전기적 fail safe로 나뉘어진다.

4. 구조적, 기능적 fail safe

(1) 구조적 fail safe

구조적 fail safe의 대표적인 예는 항공기이다.

〈항공기의 fail safe 대책〉
① 다경로 하중 구조(多經路荷重構造) : 하중을 전달하는 부재가 여러 개 있어 일부가 파괴되어도 나머지 부재가 지탱하는 구조
② 분할 구조(分割構造) : 한 개의 큰 부재가 통상 점유하는 장소를 2개 이상의 부재를 조합시켜 하중을 분산 전달하는 구조
③ 떠맡는(교대) 구조 : 어떤 부재가 파괴되면 그 부재가 받던 하중을 다른 부재가 떠맡는 구조
④ 하중 경감 구조(荷重輕減構造) : 구조물의 일부가 파손되면 파손부의 하중이 다른 부분으로 옮겨가게 되어 하중이 경감되므로 파괴가 되지 않는 구조

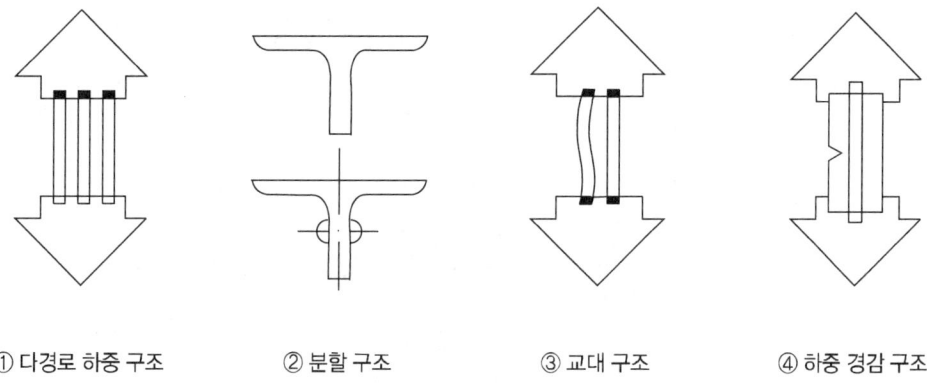

① 다경로 하중 구조　② 분할 구조　③ 교대 구조　④ 하중 경감 구조

[그림] 구조적 fail safe

(2) 기능적 fail safe

기능적 fail safe의 대표적인 예는 철도신호이다. 철도 신호는 고장이 발생했을 때 청색 신호가 반드시 적색 신호가 되어 열차가 정지하는 것으로 끝나지만, 만일 적색 신호로 있어야 할 신호가 청색으로 된다면 중대 재해가 발생하게 된다. 이처럼 철도 신호가 고장이 났을 때는 반드시 적색 신호로 되는 것이 fail safe이다. 기능적 fail safe는 산업 안전의 목적으로도 여러 곳에 사용되고 있다. 특히 기계적 fail safe는 대기 여분(stand-by redundancy)의 개념이 전제되어야 한다.

〈기계적 fail safe의 예〉

① 증기보일러의 안전 밸브와 급수 탱크를 복수로 설치하는 것
② 프레스 제어용으로 설치된 복식 전자 밸브 중 한쪽의 밸브가 고장이 나면 클러치, 브레이크의 압축 공기를 배기시켜 프레스를 급정지시키도록 함
③ 화학 설비에 안전 밸브 또는 긴급 차단 장치를 설치하여 이상 시에는 이들이 작동하여 설비를 보호하는 것
④ 석유 난로가 일정 각도 이상으로 기울어지면 자동적으로 불이 꺼지도록 소화 기구를 내장시킨 것
⑤ 승강기 정전 시 마그네틱 브레이크가 작동하여 운전을 정지시키는 경우와 정격 속도 이상의 주행 시 속도조절기(governor)가 작동하여 긴급 정지시키는 것

[표] 안전 설계 방법

종류	작동 방법 및 특징
Fail safe	설비 또는 장치의 일부가 고장이라도 안전한 방향으로 동작하는 방법
Back up	주된 기능의 뒷면에 대기하다가 주기능의 고장 시 그의 기능을 대신하는 방법
다중계화(多重系化)	단일 또는 동일한 기능을 다중으로 설치하여 선택적으로 바꾸기도 하고 병렬로도 사용하는 방법
고장진단 및 회복설비	설비 및 장치가 고장난 경우 고장을 찾아 가능한 한 빨리 기능을 회복하는 방법
Fool proof	사람이 작업하는 시스템에서 작업자가 실수를 하거나 오조작을 하여도 안전하게 유지되게 하는 방법
안전율 적용	정격치보다 낮은 값으로 사용하는 등 안전 여유를 갖고 설계하여 사용하는 방법
위험부위 고장의 감소	위험한 부위의 출력에 직결되는 고장 빈도율을 적게 하는 방법

⑥ 크레인의 하중계와 같이 직접 하중을 받는 스프링과 프레스의 카운터 밸런스용의 스프링을 압축 스프링으로 한 것

전기적 fail safe의 예로는 개폐 시의 예비 회로를 예로 들 수 있다. 예비 회로는 병렬 회로와 직렬 회로가 있어 각각의 개폐와 fail safe 회로를 구성되어 있다. 예비 회로는 보통 때에는 작동을 하지 않다가 주회로가 고장이 났을 때만 작동하는 것으로 대기 여분 회로라고도 한다. "끝"

참고

산업안전지도사[기계안전공학] p.1-13(3. fail safe)

보충학습

(1) 풀 프루프(Fool Proof)

기계장치 설계단계에서 안전화를 도모하는 기본적 개념이며, 근로자(미숙련자)가 기계 등의 취급을 잘못해도 그것이 바로 사고나 재해와 연결되는 일이 없도록 하는 확고한 안전기구를 말한다. 즉 인간의 착오·실수 등 이른바 인간과오(Human Error)를 방지하기 위한 것이다.
예 금형의 가드, 사출기의 인터록장치, 카메라의 이중촬영방지기구 등

(2) 인터록장치(Interlock System)

일종의 연동(連動)기구로 걸림장치라고도 하며, 어떤 목적을 달성하기 위하여 한 동작 또는 수개 동작을 행하는 경우도 있으며, 동작 종료 시에는 자동적으로 안전상태를 확보하는 기구로 기계적, 전기적 구조 등으로 되어 있다.

인터록장치의 종류는 다음과 같다.

① 기계적인 인터록(Mechanical Interlock) : 가드로부터 동력이나 동력전달 조절까지 직접적으로 연결되는 것으로 동력프레스는 가장 일반적인 적용 예라고 할 수 있다.

② 직접수동스위치 인터록(Direct Manual Switch Interlock) : 가드가 닫혀질 때까지 동력원인 밸브나 스위치가 작동될 수 없고, 스위치가 '실행' 위치에 있을 때는 가드가 열려지지 않는 방식이다.
③ 캠구동제한스위치 인터록(Cam Operated Limit Switch Interlock) : 안전위치로부터 가드가 움직이게 되면 스위치 플런저가 눌려지면서 제어기능을 작동시켜 기계를 멈추게 하는 방식이다. 매우 효과적이며 잘 파손되지 않아 다양하게 활용되고 있다.
④ 캡티브 키 인터록(Captive Key Interlock) : 처음 열쇠를 돌리면 기계적으로 가드를 닫게 하고 계속 돌리면 전기스위치를 작동시켜 안전회로를 구성하는 방식이다. 기계적인 잠금장치와 전기스위치가 조합된 형태로 보통 이동형 가드에 많이 부착된다.
⑤ 열쇠교환시스템(Ket Exchange System) : 마스터상자에서 개개의 열쇠들이 잠겨져야 마스터스위치가 비로소 작동이 되는 방식이다. 개개의 열쇠는 각자 해당되는 방호문을 열 수 있으며, 작업자가 기계 안에 들어갈 때 개개의 열쇠로 해당 방호문을 연다.
⑥ 시간지연장치(Time Delay Arrangement) : 볼트의 첫 번째 움직임이 기계의 회로를 차단시키며, 계속하여 상당한 시간동안 풀려져야 비로소 가드가 열리는 방식이다. 방호되어야 할 기계가 큰 관성을 가지고 있어 정지하는 데 있어서 장시간이 소요될 때 사용된다.

(3) 인터록기구

기계의 각 작동부분 상호간을 전기적, 기구적, 공유압 장치 등으로 연결해서 기계의 각 작동부분이 정상적으로 작동하기 위한 조건이 만족되지 않을 경우 자동적으로 그 기계를 작동할 수 없도록 하는 것

문제 2

선반의 방호장치 3가지와 작업 시 안전대책 10가지를 쓰시오.

정답

1. 선반(Lathe)의 정의

선반은 원형(환봉) 공작물을 주로 가공하는 기계이며 위험성은 고속으로 회전하는 일감에 잘못 접촉하여 작업복이나 끼고 있던 장갑이 말려 들어가 재해를 당하는 일이 많으며 또한 칩이 끊어지지 않고 꼬불꼬불 나오게 되어 작업자의 팔이나 신체의 일부에 심한 부상을 입히는 경우도 있다.

(1) 선반의 종류
   ① 보통선반 ② 정면선반
   ③ 탁상선반 ④ 수직선반
   ⑤ 터릿선반 ⑥ 자동선반

(2) 선반의 구성

주축대, 심압대, 왕복대, 베드, 다리 등으로 구성되어 있다.

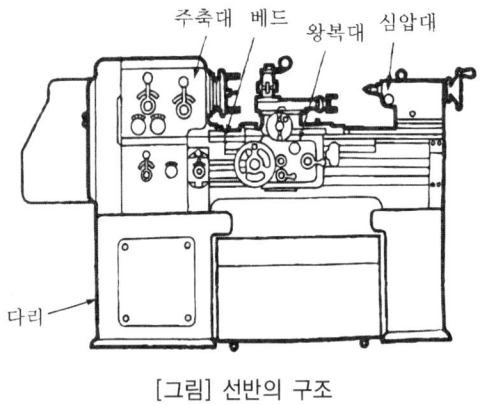

[그림] 선반의 구조

(3) 선반의 크기 표시 방법
   ① 최대 가공물의 크기
   ② 양 센터 사이의 크기
   ③ 본체 위의 스윙의 크기

2. 선반의 방호장치

(1) 칩 브레이커(Chip Breaker) : 선반에서 절삭가공 시 발생하는 칩을 짧게 끊어지도록 공구에 설치되어 있는 칩 제거기구

   ① 연삭형
   ② 클램프형
   ③ 자동조정식

(2) 브레이크

(3) 실드(Shield)

(4) 덮개 또는 울

(5) 고정 브리지

(6) 척 커버(Chuck Cover)

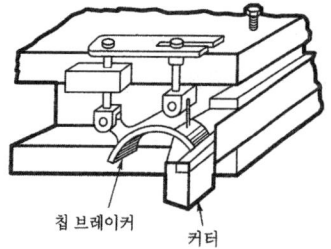

[그림] 선반의 칩 브레이커

3. 선반작업 시 안전 대책

① 회전 중에 가공물을 직접 만지지 않을 것
② 칩(Chip)이나 부스러기를 제거할 때는 반드시 브러시를 사용할 것
③ 사용 중인 공구는 선반의 베드 위에 공구를 놓지 말 것
④ 공작물의 측정은 기계를 정지시킨 후 실시할 것
⑤ 작업 시 공구는 항상 정리해 둘 것
⑥ 운전 중에 백 기어(Back Gear)를 사용하지 않을 것
⑦ 시동 전에 심압대가 잘 죄어져 있는가를 확인할 것
⑧ 보링작업이나 암나사를 깎을 때 구멍 안에 손가락을 넣어 소제하지 말 것
⑨ 양 센터 작업을 할 때는 심압센터에 자주 절삭유를 주어 열의 발생을 막을 것
⑩ 칩(chip)이 비산할 때는 보안경을 쓰고, 방호판을 설치하여 사용할 것
⑪ 가공물의 길이가 지름의 12배 이상이면 방진구를 사용할 것

> **방진구** 선반작업에서 가공물의 길이가 외경에 비하여 과도하게 길 때, 처짐·휨 절삭사항에 의한 떨림을 방지하기 위한 장치

⑫ 바이트는 가급적 짧게 설치하여 진동이나 휨을 막을 것
⑬ 일감의 센터구멍과 센터는 반드시 일치시킬 것
⑭ 가능한 한 절삭방향을 주축대 쪽으로 할 것
⑮ 작업 중 장갑을 착용하여서는 안된다.
⑯ 공작물의 설치가 끝나면 척에서 렌치류는 곧바로 제거할 것
⑰ 돌리개는 적정 크기의 것을 선택하고 심압대 스핀들은 가능하면 짧게 나오도록 할 것

⑱ 보안경을 착용하고 작업할 것
⑲ 일감의 치수측정, 주유 및 청소를 할 때에는 반드시 기계를 정지시키고 할 것

4. 원통의 내면을 선반으로 절삭 시 안전상 주의할 점

① 공작물 회전 중에 치수를 측정하지 않는다.
② 절삭유가 튀므로 면장갑을 착용하지 않는다.
③ 절삭바이트는 공구대에서 짧게 나오도록 설치한다.
④ 보안경을 착용하고 작업한다. "끝"

"이하여백"

참고

산업안전지도사[기계안전공학] p.1-65(제1절 선반)

2017년도 6월 24일
산업안전지도사 제7회 기출문제 NCS 분석

1. 시험과목 및 배점

구분	시험과목	시험시간	문제유형	배점	비고
2차 전공	기계안전공학	100분	주관식 1) 단답형 : 5문제 2) 논(서)술형 : 4문제 중 3문제 선택 (필수2, 선택1)	총점 : 100점 1) 단답형 : 5문제×5점=25점 2) 논(서)술형 : 3문제×25점=75점	과락없음 60점이면 합격

2. NCS 적용문제 분석

대분류	중분류	소분류	문제내용(세세분류)	비고
단답형	윤활유	용어정의	문제 1) 윤활유의 점도지수(Viscosity Index)에 관하여 쓰시오.	점도지수
	산업안전보건법	산업안전보건기준에 관한 규칙	문제 2) 산업안전보건기준에 관한 규칙에서 정하고 있는 고소작업대를 사용하여 작업을 할 때 작업시작 전 점검사항 5가지를 쓰시오.	안전보건 규칙 [별표 13]
	산업안전보건법	산업안전보건기준에 관한 규칙	문제 3) 고속회전체의 회전시험을 하는 경우 고속회전체의 파괴로 인한 위험을 방지하기 위하여 지켜야 할 안전기준과 비파괴검사를 실시하여야 할 대상을 쓰시오.	안전보건 규칙 제114조, 제115조
	로봇	센서	문제 4) 로봇 및 자동화 기계설비에 사용되는 물체 감지용 센서의 종류 3가지를 쓰시오.	감지용센서 3가지
	산업안전보건법	산업안전보건기준에 관한 규칙	문제 5) 산업안전보건기준에 관한 규칙에서 정하고 있는 중량물의 취급작업시 작성해야 하는 작업계획서 내용 5가지를 쓰시오.	안전보건규칙 [별표 4]
논(서)술형	와셔와 너트	용도 및 풀림 방지법	문제 6) 평와셔(Plain Washer)의 용도를 쓰고 너트(Nut)의 풀림방지법 5가지를 쓰고 설명하시오.	와셔와 너트
	산업용 로봇	방호장치와 안전 대책	문제 7) 산업용 로봇의 위험성과 방호장치의 종류, 사용 단계에서의 안전대책을 쓰시오.	안전보건규칙 제222, 223, 224조

산업안전보건법	산업안전보건기준에 관한 규칙	문제 8) 산업안전보건기준에 관한 규칙에서 정하는 안전난간의 구조 및 설치요건 5가지를 쓰시오.	안전보건규칙 제13조
공장자동화	PLC	문제 9) 공장자동화 기계설비에 사용하는 PLC (Programmable Logic Controller) 기능에 관하여 5가지를 쓰시오.	PLC 기능 5가지

3. 응시 및 합격현황

2017년		1차			2차			3차		
		대상	응시	합격	대상	응시	합격	대상	응시	합격
소계		720	729	43	29	29	17	29	29	23
안전	기계	201	173	15	12	12	6	9	9	6
	전기	82	73	5	3	3	2	3	3	2
	화공	117	104	10	7	7	5	8	8	7
	건설	320	379	13	7	7	4	9	9	8
소계		167	139	1	1	1	1	1	1	1
보건	작업환경	21	13	–	–	–	–	–	–	–
	산업위생	146	126	1	1	1	1	1	1	1

2017년도 6월 24일

산업안전지도사 2차 국가자격시험

시간	응시분야	수험번호	성명
100분	기계안전	20170624	도서출판 세화

※ 다음 단답형 5문제를 모두 답하시오.(각 5점)

문제 1

윤활유의 점도지수(Viscosity Index)에 관하여 쓰시오.

정답

① 온도 변화에 따른 윤활유의 점성률(점도) 변화를 표시하는 지수이다.
② 변화가 작은 펜실베이니아계 기름의 점도 지수를 100, 변화가 큰 결프코스트계 기름의 점도 지수를 0으로 임의로 정하고, 100[℃]에서의 점도가 시료와 동일한 표준 점도 지수 기름에 대해 40[℃]에서 측정한 점도의 차에서 일정한 계산식으로 구한다.
③ 점도 지수 100 이상인 시료에 대해서는 별도의 계산식에 의한다.
④ 엔진유 등 사용 온도 범위가 넓은 윤활유에서는 이 값이 높은 것이 요구된다. "끝"

보충학습

점도지수란 온도변화에 따른 점도변화를 나타내는 수치인데 다음과 같이 구한다.

점도지수 = $\dfrac{37.8'}{98.9'} \times 100$

그 값이 100에 가까울수록 온도에 따른 점도변화가 적다고 할 수 있다.

문제 2

산업안전보건기준에 관한 규칙에서 정하고 있는 고소작업대를 사용하여 작업을 할 때 작업시작 전 점검사항 5가지를 쓰시오.

정답

① 비상정지장치 및 비상하강 방지장치 기능의 이상 유무
② 과부하 방지장치의 작동 유무(와이어로프 또는 체인구동방식의 경우)
③ 아웃트리거 또는 바퀴의 이상 유무
④ 작업면의 기울기 또는 요철 유무
⑤ 활선작업용 장치의 경우 홈·균열·파손 등 그 밖의 손상 유무 "끝"

정답근거

산업안전보건기준에 관한 규칙 [별표3] 작업시작 전 점검사항

문제 3

고속회전체의 회전시험을 하는 경우 고속회전체의 파괴로 인한 위험을 방지하기 위하여 지켜야 할 안전기준과 비파괴검사를 실시하여야 할 대상을 쓰시오.

정 답

(1) 안전기준
   ① 전용의 견고한 시설물의 내부
   ② 견고한 장벽 등으로 격리된 장소

(2) 실시대상 : 회전축의 중량이 1[t]을 초과하고 원주속도가 120[m/s]이상 "끝"

정답근거

산업안전보건기준에 관한 규칙

제114조(회전시험 중의 위험 방지) 사업주는 고속회전체[(터빈로터·원심분리기의 버킷 등의 회전체로서 원주속도(圓周速度)가 초당 25미터를 초과하는 것으로 한정한다. 이하 이 조에서 같다)]의 회전시험을 하는 경우 고속회전체의 파괴로 인한 위험을 방지하기 위하여 전용의 견고한 시설물의 내부 또는 견고한 장벽 등으로 격리된 장소에서 하여야 한다. 다만, 고속회전체(제115조에 따른 고속회전체는 제외한다)의 회전시험으로서 시험설비에 견고한 덮개를 설치하는 등 그 고속회전체의 파괴에 의한 위험을 방지하기 위하여 필요한 조치를 한 경우에는 그러하지 아니하다.

제115조(비파괴검사의 실시) 사업주는 고속회전체(회전축의 중량이 1톤을 초과하고 원주속도가 초당 120미터 이상인 것으로 한정한다)의 회전시험을 하는 경우 미리 회전축의 재질 및 형상 등에 상응하는 종류의 비파괴검사를 해서 결함 유무(有無)를 확인하여야 한다.

2017년 6월 24일 시행

문제 4

로봇 및 자동화 기계설비에 사용되는 물체 감지용 센서의 종류 3가지를 쓰시오.

정답

① 화학센서
  효소센서, 미생물센서, 면역센서, 가스센서, 습도센서, 매연센서, 이온센서
② 물리센서
  온도센서, 광센서, 방사선센서, 칼라(색)센서, 전기센서, 자기센서
③ 역학센서
  길이센서, 변위센서, 압력센서, 진공센서, 속도·가속도센서, 진동센서, 하중센서
④ 능동형센서
  레이져센서, 일반적인 광센서
⑤ 수동형센서
  초전센서, 적외선센서   "끝"

보충학습

로봇(자동제어)의 3가지 구성요소

(1) 작동장치(Actuator, 출력부)

  사람의 관절과 팔 등에 해당하는 부분으로 일정한 운동을 한다.
  예 로봇의 팔

(2) 감지장치(Sensor, 입력부)

  외부의 자극을 받아들여 반응하는 것으로, 근접센서, 광센서, 접촉센서(리미트스위치)가 있다.
  ① 근접센서 : 물체가 접근한 것을 무접촉으로 검출하는 스위치
  ② 광전센서 : 빛을 매체로 투광부에서 빛을 내보내고 수광부에서 빛을 검출하는 방식
  ③ 접촉센서 : 물리적인 접촉에 의해 레버가 움직이면 스위치가 구동하는 방식

(3) 처리장치(Processor, 제어부)

  명령을 차례로 해석하고 필요한 신호를 보내 각 장치의 동작을 지시한다. 제어방식에 따라서 시퀀스 제어, 피먹임 제어로 구분된다.

문제 5

산업안전보건기준에 관한 규칙에서 정하고 있는 중량물의 취급작업시 작성해야 하는 작업계획서 내용 5가지를 쓰시오.

정답

① 추락위험을 예방할 수 있는 안전대책
② 낙하위험을 예방할 수 있는 안전대책
③ 전도위험을 예방할 수 있는 안전대책
④ 협착위험을 예방할 수 있는 안전대책
⑤ 붕괴위험을 예방할 수 있는 안전대책 "끝"

정답근거

산업안전보건기준에 관한 규칙 [별표 4] 사전조사 및 작업계획서의 내용

※ 다음 논술형 2문제를 모두 답하시오.(각 25점)

문제 6

평와셔(Plain Washer)의 용도를 쓰고 너트(Nut)의 풀림방지법 5가지를 쓰고 설명하시오.

정 답

1. 개요
① 체결(결합)용 나사의 리드각은 나사면의 마찰각보다 작게 적용하여 자립 상태를 유지할 수 있도록 설계되어 있으므로 나사의 축방향에 하중이 걸려도 체결된 나사가 회전하는 경우는 없을 것이다.
② 실제의 경우는 운전 중 진동과 충격 등이 수반되는 기계에서 흔히 너트의 고정이 불완전하고 어느 순간에 이르러서 너트는 풀어지기 쉽게 된다.

2. 평와셔(Plain Washer)
① 평와셔(Plain Washer)의 용도는 나사 또는 볼트 머리 아래에 놓여 압력을 분산시켜 작업 표면을 보호한다.
② 일반적인 와셔의 용도는 너트 및 볼트와 고정시킬 부분 사이에 들어가는 고리 모양의 부품 · 압력을 분산한다.

[그림] 평와셔

3. Nut(너트)의 풀림방지 방법 5가지

(1) 록 너트(Lock Nut)에 의한 방법
① 록 너트는 더블너트라고도 하며 산업기계에서 많이 사용되는 대표적인 방법이다.
② 볼트와 너트의 나사산 사이에는 다소 틈새가 있으므로 너트 한 개로 조이면 자연적으로 풀릴 수도 있다.
③ 풀림을 방지하기 위하여 2개의 너트를 사용하여 충분히 죈 다음에 밑에 있는 너트(록 너트 : 높이가 조금 낮은)를 조금 반대 방향으로 돌려서 상하의 너트를 서로 반력으로 누르게 하여 나사면의 마찰력을 증가시켜 너트에 풀림을 방지한다.

[그림] 록 너트에 의한 방법

(2) 특수와셔에 의한 방법

① 스프링와셔에 의한 방법
스프링와셔는 일반적으로 자주 쓰이는 것이며 동일한 형상을 하고 있다. 이 와셔는 반복 사용함으로써 죔면을 손상시키거나 와셔의 절단부분이 마모되거나 또 탄력성이 저하되거나 하면 풀림방지효과가 감소되므로 고속회전체나 고진동체에는 부적당하다. 보통 정지상태의 구조물의 조립 등에 많이 쓰인다.

② 이붙이와셔에 의한 방법
이붙이와셔는 스프링와셔의 절단부를 증가했다고 볼 수 있으나 여러 가지 형상이 있다. 이 와셔도 반복사용에 의한 죔면이나 절단부에 손상이 심해서 그때마다 풀림방지효과가 감소되므로 잘 점검해서 교체시기를 조절해야 한다.

③ 국화꽃와셔에 의한 방법
국화꽃와셔는 주로 베어링너트의 풀림방지에 사용된다. 반복사용할 경우에는 균열, 변형에 충분한 주의를 해서 확실히 시공하면 신뢰성은 매우 높다.

④ 혀붙이 와셔에 의한 방법
혀의 부분을 따라 굽히고 다른 쪽을 볼트 또는 너트를 따라 굽히는 것이다. 체결 후 확실히 구부려두면 신뢰성도 높고 만일 풀려 있을 경우에도 쉽게 발견할 수 있다. 굽히는 부분의 열화를 생각해서 반복 사용치 말고 매번 새 것과 바꾸어 쓰면 안전하지만 장착부품의 치수, 형상에 맞추어 많은 종류를 갖고 있지 않으면 부품관리가 어렵다.

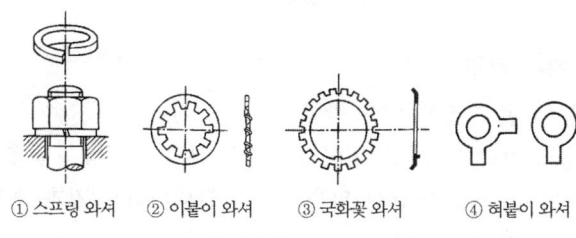

[그림] 특수와셔에 의한 방법

(3) 세트 나사에 의한 방법

너트의 옆면에 나사 구멍을 뚫어서 여기에 세트나사(Set Screw)를 끼워 볼트 나사부를 고정시키는 방법

(4) 분할핀에 의한 방법

볼트, 너트에 구멍을 뚫고 분할핀을 끼워 너트를 고정시키는 방법

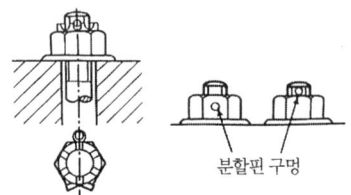

[그림] 분할핀에 의한 고정 방법

(5) 와이어고정에 의한 방법

주로 조임볼트에 쓰이는 것이며 6각 머리에 구멍을 내고 아연도금 연철선으로 잡아매는 방법이다. 지나치게 잡아매면 철선의 곡부에서 절단되거나 균열이 일어나 실패한다. 잡아매는 방향을 정확하게 해야 한다.

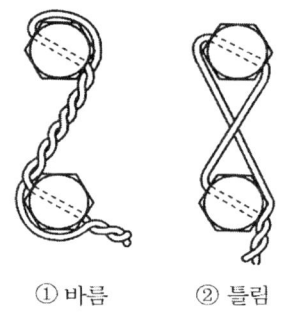

[그림] 와이어 고정

(6) 풀림방지 너트에 의한 방법

① 홈붙이 너트, 분할 핀 고정에 의한 방법
 극히 일반적으로 쓰이는 확실한 방법이지만 홈과 분할핀 구멍을 맞출 때 너트를 되돌려 맞추지 말 것, 사이즈에 적합한 분할 핀을 쓸 것, 그때마다 새것과 바꿀 것, 선단을 충분히 굽힐 것 등을 지켜 확실한 시공을 하면 안전하다.

② 절삭너트에 의한 방법
 절삭너트는 너트의 일부를 절삭하여 미리 내측으로 약간 변형시켜두고 볼트에 비틀어 넣었을 때 나사부가 꽉 압착되게 한다.

[그림] 절삭너트에 의한 방법

4. 결론

산업현장에서 한 개의 볼트와 너트가 풀려서 설비의 성능저하나 혹은 고속회전체에서 부품이 튀어나와 인적·물적 재해가 발생하거나 큰 설비사고와 연결되는 경우는 현실적으로 대단히 많이 발생되고 있다. 이를 방지하기 위하여 설비의 설계·제작·조립 시에 풀리지 않는 방법으로 볼트, 너트를 사용하여야 한다. 즉 풀림을 방지하는 기구를 장착해 두는 것도 중요하며 사용장소나 사용조건상 적절한 방법을 선택해서 확실하게 시공하는 것이 중요하며 안전제일이다. "끝"

> 정답근거

산업안전보건기준에 관한 규칙

제97조(볼트·너트의 풀림 방지) 사업주는 기계에 부속된 볼트·너트가 풀릴 위험을 방지하기 위하여 그 볼트·너트가 적정하게 조여져 있는지를 수시로 확인하는 등 필요한 조치를 하여야 한다.

문제 7
산업용 로봇의 위험성과 방호장치의 종류, 사용 단계에서의 안전대책을 쓰시오.

정답

1. **정의**

   산업용 로봇이란 여러 가지 다양한 직무를 수행하는 다기능 매니퓰레이터(Manipulator) 기억 장치를 가지고, 그 정보에 따라 매니퓰레이터의 신축, 굴신, 상하좌우의 이동, 선회동작 또는 이들의 복합동작을 자동으로 이루어지는 장비를 말한다.

2. **산업용 로봇의 위험요인(위험성)**

   ① 작업영역이 커 작업자가 로봇의 작업영역에 들어가 있는 경우가 많으며 운동의 형태를 예상하기 힘들어 충돌할 위험이 크다.
   ② 교시나 보수시, 불의의 작동 또는 순서를 무시한 초기화에 의한 충돌위험이 있다.
   ③ 로봇이 동작 중 주변기기의 이상이나 작업을 기다리고 있는 등으로 정지하고 있을 때 고장으로 오인하여 위험구역 내로 진입하여 위험을 초래할 수 있다.

3. **방호장치 종류**

   산업용 로봇(이하 "로봇"이라 한다)의 작동범위에서 해당 로봇에 대하여 교시(敎示) 등 [매니퓰레이터(manipulator)의 작동순서, 위치·속도의 설정·변경 또는 그 결과를 확인하는 것을 말한다. 이하 같다]의 작업을 하는 경우에는 해당 로봇의 예기치 못한 작동 또는 오(誤)조작에 의한 위험을 방지하기 위하여 다음 각 호의 조치를 하여야 한다. 다만, 로봇의 구동원을 차단하고 작업을 하는 경우에는 제2호와 제3호의 조치를 하지 아니할 수 있다.

   1. 다음 각 목의 사항에 관한 지침을 정하고 그 지침에 따라 작업을 시킬 것
      가. 로봇의 조작방법 및 순서
      나. 작업 중의 매니퓰레이터의 속도
      다. 2명 이상의 근로자에게 작업을 시킬 경우의 신호방법
      라. 이상을 발견한 경우의 조치
      마. 이상을 발견하여 로봇의 운전을 정지시킨 후 이를 재가동시킬 경우의 조치
      바. 그 밖에 로봇의 예기치 못한 작동 또는 오조작에 의한 위험을 방지하기 위하여 필요한 조치
   2. 작업에 종사하고 있는 근로자 또는 그 근로자를 감시하는 사람은 이상을 발견하면 즉시 로봇의 운전을 정지시키기 위한 조치를 할 것
   3. 작업을 하고 있는 동안 로봇의 기동스위치 등에 작업 중이라는 표시를 하는 등 작업에 종사하고 있는 근로자가 아닌 사람이 그 스위치 등을 조작할 수 없도록 필요한 조치를 할 것

4. 사용단계 안전대책

(1) 운전 중 위험 방지

사업주는 로봇의 운전(제222조에 따른 교시 등을 위한 로봇의 운전과 제224조 단서에 따른 로봇의 운전은 제외한다)으로 인하여 근로자에게 발생할 수 있는 부상 등의 위험을 방지하기 위하여 높이 1.8미터 이상의 울타리(로봇의 가동범위 등을 고려하여 높이로 인한 위험성이 없는 경우에는 높이를 그 이하로 조절할 수 있다)를 설치하여야 하며, 컨베이어 시스템의 설치 등으로 울타리를 설치할 수 없는 일부 구간에 대해서는 안전매트 또는 광전자식 방호장치 등 감응형(感應形) 방호장치를 설치하여야 한다. 다만, 고용노동부장관이 해당 로봇의 안전기준이 「산업표준화법」 제12조에 따른 한국산업표준에서 정하고 있는 안전기준 또는 국제적으로 통용되는 안전기준에 부합한다고 인정하는 경우에는 본문에 따른 조치를 하지 아니할 수 있다. 〈개정 2016. 4. 7., 2018. 8. 14.〉

(2) 수리 등 작업 시의 조치 등

사업주는 로봇의 작동범위에서 해당 로봇의 수리·검사·조정(교시 등에 해당하는 것은 제외한다)·청소·급유 또는 결과에 대한 확인작업을 하는 경우에는 해당 로봇의 운전을 정지함과 동시에 그 작업을 하고 있는 동안 로봇의 기동스위치를 열쇠로 잠근 후 열쇠를 별도 관리하거나 해당 로봇의 기동스위치에 작업 중이란 내용의 표지판을 부착하는 등 해당 작업에 종사하고 있는 근로자가 아닌 사람이 해당 기동스위치를 조작할 수 없도록 필요한 조치를 하여야 한다. 다만, 로봇의 운전 중에 작업을 하지 아니하면 안되는 경우로서 해당 로봇의 예기치 못한 작동 또는 오조작에 의한 위험을 방지하기 위하여 제222조 각 호의 조치를 한 경우에는 그러하지 아니하다.

정답근거

① 산업안전보건기준에 관한 규칙 제222조(교시 등)
② 산업안전보건기준에 관한 규칙 제223조(운전 중 위험방지)
③ 산업안전보건기준에 관한 규칙 제224조(수리 등 작업시의 조치 등)

5. 그 밖의 방호대책

(1) 페일세이프(Fail-Safe) 기능

① 오작동에 의한 위험을 방지하기 위해 제어장치의 이상을 검출해 로봇을 자동적으로 정지시킬 것
② 유압, 공압 또는 전압의 변동에 의한 오조작이나 정전 등에 의해 구동원이 차단될 때 로봇을 자동적으로 정지시킬 것
③ 로봇 및 관련기기에 고장 발생 시 로봇을 자동적으로 정지시키고 이를 외부에 알릴 수 있을 것
④ 작업자가 가동범위 내로 침입할 경우 감지해서 자동으로 정지시킬 것

(2) 동력차단장치
    ① 동력차단장치(스위치, 클러치, 유공압 제어밸브 등)는 다른 기기와 독립되어 있을 것
    ② 접촉이나 진동 때문에 갑자기 작동 또는 복귀하지 않을 것
    ③ 동력차단장치는 자동적으로 복귀하지 않고 또 작업장의 부주의로 복귀시킬 수 없을 것

(3) 비상정지기능
    ① 비상정지 누름 버튼은 조작하였을 경우 로봇을 빠르고 확실하게 정지시키는 기능을 가질 것
    ② 비상정지 누름 버튼은 작업자가 쉽게 확인 조작 가능토록 빨간색으로 할 것
    ③ 작업자가 작업위치를 떠나지 않고 쉽게 조작할 수 있는 위치에 설치할 것
    ④ 비상정지기능을 작동한 후 자동적으로 복귀하지 않고 또 작업자가 부주의로 복귀시킬 수 없을 것

(4) 안전방호 울타리
    ① 안전방호 울타리 등은 작업 중에 발생하는 진동, 충격, 그 밖의 환경조건에 충분히 견딜 수 있는 강도를 가질 것
    ② 안전방호 울타리 등은 예리한 가장자리, 돌출부분 등의 위험부분이 없을 것
    ③ 매니퓰레이터와 울타리 사이에서 협착되는 위험이 없도록 최소 40cm 이상 격리시킬 것
    ④ 안전울타리의 출입구에는 안전플러그 등의 연동장치를 설치하여 문을 열면 로봇이 정지하도록 할 것

(5) 안전매트
    위험지역 입구바닥에 설치하여 임의로 접근하여 이를 밟을 경우 압력을 감지하여 비상정지장치를 작동시키도록 되어 있는 매트임
    ① 이상 시 즉시 운전을 정지하는 것이 가능할 것
    ② 운전을 정지한 경우 재가동조작을 하지 않으면 운전이 재개시 되지 않을 것

(6) 광선식 안전장치
    ① 확산반사형 : 발광기로부터 발하는 빛을 사람에게 반사시켜 그 반사광을 수광하여 감지
    ② 투과형 : 마주하고 있는 발광, 수광기 사이에 빛이 통하고 있어 그 광선을 사람이 차단하면 수광기출력이 off로 됨

(7) 초음파센서
    초음파를 발사하여 그 반사파를 수신해서 출력이 ON으로 되는 구조

6. 결론

① 로봇은 매니퓰레이터 및 기억 장치를 가지고 기억 장치의 정보에 의해 매니퓰레이터의 신축, 굴신, 상하, 좌우 선회 동작, 복합 동작을 자동적으로 할 수 있는 장치를 말한다.
② 로봇은 대단히 위험하므로 매니퓰레이터의 가동 범위를 정확히 알고 작업에 임해야 한다.
③ 로봇 작업자는 특별안전교육을 받고 작업을 하며 반드시 관리감독자를 배치한다.
④ 사전에 로봇의 운전시 준수 사항을 철저히 지켜야 한다. "끝"

참고

① 산업안전지도사[기계안전공학] p.4-162(문제31번)
② 산업안전지도사[기계안전공학] p.4-167(문제32번)
③ 산업안전지도사[기계안전공학] p.4-172(문제33번)

※ 다음 논술형 2문제 중 1문제를 선택하여 답하시오. (각 25점)

문제 8

산업안전보건기준에 관한 규칙에서 정하는 안전난간의 구조 및 설치요건 5가지를 쓰시오.

정답

1. 안전난간의 구조

(1) 개요

안전난간은 작업자가 추락위험이 있는 지역에 추락예방을 위한 방호장치로, 계단 참, 작업면, 발판 사다리, 통로 등에 설치된다. 안전난간의 구성요소는 상부난간대, 중간난간대, 난간기둥, 발끝막이판 등 4가지로 구성된다.

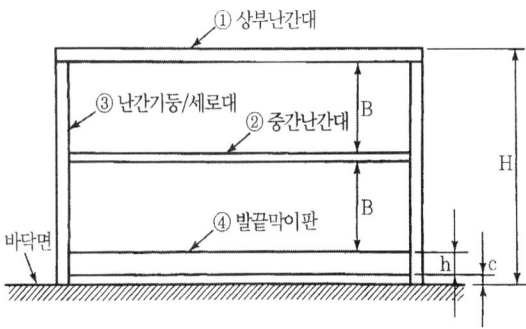

[그림] 안전난간의 구조

① 상부난간대: 몸을 지지하기 위해 손으로 잡는 난간의 윗부분의 구성요소
② 중간난간대: 몸의 통행에 대한 임시의 방호를 제공하고, 손잡이 파이프 등과 일련으로 위치된 난간의 요소
③ 난간 기둥: 계단이나, 작업면 등의 난간에 고정된 수직 구조 요소, 난간의 다른 요소들(상부난간대, 중간난간대, 발끝막이판)이 난간 기둥에 부착되어 있어야 한다.
④ 발끝막이판: 난간 바닥의 물체가 낙하하는 것을 예방하기 위하여 난간 바닥면으로부터 10[cm] 이상의 높이를 유지하도록 한다.

(2) 수평안전난간

① 추락 위험성이 있는 곳에는 안전난간을 설치해야 한다.
② 높이 50[cm] 이상의 추락할 위험이 있는 통행로에는 안전난간을 설치해야 한다.
③ 작업대와 기계 또는 벽체의 구조물과의 사이가 20[cm] 이내인 경우와, 안전난간과 동등한 구조의 방호장치가 있는 경우에는 안전난간을 설치하지 않아도 된다.
④ 작업대와 인접한 구조물 사이의 틈새가 3[cm] 이상일 때에는 발끝막이판을 설치하여야 한다.

⑤ 바닥면에서 상부난간대까지의 높이(H)는 90[cm] 이상 120[cm] 이하이어야 한다.
⑥ 안전난간에는 1개 이상의 중간난간대를 설치하거나 다른 방법의 안전조치를 하여야한다.
⑦ 중간난간대는 상부난간대와 바닥면의 중간지점에 설치한다.
⑧ 중간난간대 대신에 수직으로 된 지주를 설치할 경우에는 각 지주 간의 간격은 18[cm]를 초과하여서는 안 된다.
⑨ 발끝막이 판의 높이(h)는 10[cm] 이상이어야 하며, 바닥면과의 틈새(c)는 3[cm]이하이어야 한다.
⑩ 지주(세로대) 사이의 간격은 150[cm] 이내이어야 하며 만약 이 간격 이상이 되면 지주를 보강하거나 고정장치를 설치하는 등 난간에 특별한 위험성이 없도록 하여야 한다.
⑪ 상부난간대가 도중에서 가로막히거나 중단된 경우에는 두 부분의 틈새는 12[cm]를 넘어서는 안된다. 이때 개구부가 크면 자동 폐쇄 문을 설치해야 한다.

2. 설치요건

사업주는 근로자의 추락 등의 위험을 방지하기 위하여 안전난간을 설치하는 경우 다음 각 호의 기준에 맞는 구조로 설치해야 한다.
① 상부 난간대, 중간 난간대, 발끝막이판 및 난간기둥으로 구성할 것. 다만, 중간 난간대, 발끝막이판 및 난간기둥은 이와 비슷한 구조와 성능을 가진 것으로 대체할 수 있다.
② 상부 난간대는 바닥면·발판 또는 경사로의 표면(이하 "바닥면등"이라 한다)으로부터 90센티미터 이상 지점에 설치하고, 상부 난간대를 120센티미터 이하에 설치하는 경우에는 중간 난간대는 상부 난간대와 바닥면등의 중간에 설치해야 하며, 120센티미터 이상 지점에 설치하는 경우에는 중간 난간대를 2단 이상으로 균등하게 설치하고 난간의 상하 간격은 60센티미터 이하가 되도록 할 것. 다만, 난간기둥 간의 간격이 25센티미터 이하인 경우에는 중간 난간대를 설치하지 않을 수 있다.
③ 발끝막이판은 바닥면 등으로부터 10센티미터 이상의 높이를 유지할 것. 다만, 물체가 떨어지거나 날아올 위험이 없거나 그 위험을 방지할 수 있는 망을 설치하는 등 필요한 예방조치를 한 장소는 제외한다.
④ 난간기둥은 상부 난간대와 중간 난간대를 견고하게 떠받칠 수 있도록 적정한 간격을 유지할 것
⑤ 상부 난간대와 중간 난간대는 난간 길이 전체에 걸쳐 바닥면 등과 평행을 유지할 것
⑥ 난간대는 지름 2.7센티미터 이상의 금속제 파이프나 그 이상의 강도가 있는 재료일 것
⑦ 안전난간은 구조적으로 가장 취약한 지점에서 가장 취약한 방향으로 작용하는 100킬로그램 이상의 하중에 견딜 수 있는 튼튼한 구조일 것

정답근거

산업안전보건기준에 관한 규칙 제13조(안전난간의 구조 및 설치요건)(2024년.06.12 적용)

3. 결론
① 안전난간은 상부난간대, 중간난간대, 난간기둥 발끝막이판으로 구성된다.
② 설치요건은 산업안전보건기준을 적용해야 한다. "끝"

문제 9

공장자동화 기계설비에 사용하는 PLC(Programmable Logic Controller) 기능에 관하여 5가지를 쓰시오.

정답

1. PLC의 정의

PLC(Programmable Logic Controller)란, 종래에 사용하던 제어반 내의 릴레이 타이머, 카운터 등의 기능을 LSI, 트랜지스터 등의 반도체 소자로 대체시켜, 기본적인 시퀀스 제어 기능에 수치 연산 기능을 추가하여 프로그램 제어가 가능하도록 한 자율성이 높은 제어 장치이다. 미국 전기 공업회 규격(NEMA : National Electrical Manufactrurers Association)에서는 "디지털 또는 아날로그 입출력 모듈을 통하여 로직, 시퀀싱, 타이밍, 카운팅, 연산과 같은 특수한 기능을 수행하기 위하여 프로그램 가능한 메모리를 사용하고 여러 종류의 기계나 프로세서를 제어하는 디지털 동작의 전자 장치"로 정의하고 있다.

2. PLC 기능

① 논리연산 기능 ② 시퀀스 제어 기능
③ 지연(Relay) 기능 ④ 산술연산 기능
⑤ 제어동작 기능

3. PLC의 적용 분야

설비의 자동화와 고 능률화의 요구에 따라 PLC의 적용 범위는 확대 되고 있다. 특히 공장 자동화와 FMS(Flexible Manufacturing System)에 따른 PLC의 요구는 과거 중규모 이상의 릴레이 제어반 대체 효과에서 현재 고기능화, 고속화의 추세로 소규모 공작 기계에서 대규모 시스템 설비에 이르기까지 적용되고 있다.
[표]는 PLC제어 대상에 따른 적용 분야를 나타낸 것이다.

4. PLC를 제어 장치로 사용함으로써 얻어지는 효과

① 설계의 단순화 ② 신뢰성의 향상
③ 정비의 용이성 ④ 소형화 및 표준화
⑤ 제어내용 보존성의 향상

[표] PLC 적용 분야

분야	제어대상
식료품 산업	컨베이어 총괄 제어, 생산라인 자동 제어
제철, 제강 산업	작업장 하역 제어, 원료 수송 제어, 압연 라인 제어, 하역 운반 제어
섬유, 화학공업	원료 수입 출하 제어, 직조 염색 라인 제어
자동차 산업	전송 라인 제어, 자동 조립 라인 제어, 도장 라인 제어, 용접기 제어
기계 산업	산업용 로봇 제어, 공작 기계 제어, 송·배수 펌프 제어
상하수도	정수장 제어, 하수 처리 제어, 송·배수 펌프 제어
물류 산업	자동 창고 제어, 하역 설비 제어, 반송 라인 제어
공장 설비	압축기 제어
공해 방지사업	쓰레기 소각로 자동 제어, 공해 방지기 제어

5. 결론

① PLC는 설비의 자동화, 고능률화의 요구에 따라 공장자동화 기계설비에 필수적으로 적용되고 있다.
② PLC의 기능은 특수 기능 모듈, 연속제어기능, PID 기능 모듈로 대별할 수 있다.
③ PLC의 가장 큰 장점은 현재의 상태를 모니터링 할 수 있다는 게 가장 좋다.
④ 실제 전기의 흐름을 모두 표현하는 것은 아니지만 동작의 상호 인과관계를 프로그래머가 눈으로 볼 수 있다는 건 정말 디버깅을 할 때 유용하게 사용할 수 있다. "끝"

"이하여백"

2018년도 8월 16일
산업안전지도사 제8회 기출문제 NCS 분석

1. 시험과목 및 배점

구분	시험과목	시험시간	문제유형	배점	비고
2차 전공	기계안전공학	100분	주관식 1) 단답형 : 5문제 2) 논(서)술형 : 4문제 중 3문제 선택 (필수2, 선택1)	총점 : 100점 1) 단답형 : 5문제×5점=25점 2) 논(서)술형 : 3문제×25점=75점	과락없음 60점이면 합격

2. NCS 적용문제 분석

대분류	중분류	소분류	문제내용(세세분류)	비고
단답형	산업안전보건법	산업안전보건 기준에 관한 규칙 2021. 단답형 출제	문제 1) 산업안전보건기준에 관한 규칙에 따라 로봇의 운전 중(교시 및 수리 등을 위한 운전 제외) 위험을 방지하기 위해 필요한 조치사항을 쓰시오.	안전보건규칙 제223조 2015년 출제
	산업안전보건법	산업안전보건 기준에 관한 규칙 2023. 단답형 출제	문제 2) 산업안전보건기준에 관한 규칙에 따라 과부하방지장치, 권과방지장치, 비상정지장치 및 제동장치, 그 밖의 방호장치가 정상적으로 작동될 수 있도록 미리 조정해두어야 하는 양중기의 종류 5가지를 쓰시오.(단, 승강기는 제외한다.)	산업안전보건규칙 제132조
	프레스	방호장치 2021. 단답형 출제	문제 3) 프레스 및 전단기의 방호장치 5가지를 쓰시오.	방호장치 5가지
	풀프루프	풀프루프 2020. 논술형 출제	문제 4) 기계·기구에 주로 사용되는 풀프루프(fool Proof)의 종류 5가지를 쓰시오.	종류 5가지
	산업안전보건법	산업안전보건 기준에 관한 규칙	문제 5) 산업안전보건기준에 관한 규칙에 따라 분진 등을 배출하기 위한 국소배기장치(이동식 제외)의 덕트(duct) 설치기준 5가지를 쓰시오.	안전보건규칙 제73조
논(서)술형	욕조곡선	고장유형	문제 6) 기계·기구의 고장률과 사용시간의 관계를 나타내는 욕조곡선의 고장종류 3가지와 그 정의, 이와 연관된 고장유형을 쓰시오.	욕조곡선 2020. 단답형 출제
	산업안전보건법	산업안전보건 기준에 관한 규칙	문제 7) 산업안전보건기준에 관한 규칙에 따라 화학설비와 그 부속 설비를 사용하여 작업 시 사업주가 근로자의 위험을 방지하기 위해서 작성하여야 하는 작업계획서의 내용 10가지를 쓰시오.	안전보건규칙 [별표 7]

자동제어장치	구성요소	문제 8) 자동제어장치의 주요 구성 요소 3가지에 관하여 설명하시오.	구성요소 3가지
산업안전보건법	시행규칙	문제 9) 산업안전보건법령상 로봇작업 시 특별안전보건교육 내용 4가지를 쓰시오.(단, 채용 시와 작업내용 변경 시 해당되는 교육 내용은 제외한다.)	시행규칙 [별표 5]

2018년도 8월 16일

산업안전지도사 2차 국가자격시험

시간	응시분야	수험번호	성명
100분	기계안전	20180816	도서출판 세화

※ 다음 단답형 5문제를 모두 답하시오.(각 5점)

문제 1

산업안전보건기준에 관한 규칙에 따라 로봇의 운전 중(교시 및 수리 등을 위한 운전 제외) 위험을 방지하기 위해 필요한 조치사항을 쓰시오.

정 답

① 높이 1.8[m] 이상의 울타리 설치
② 안전 매트 설치
③ 감응형 방호 장치 설치 "끝"

참고

2015년 7월 27일 (문제1번)

정답근거

산업안전보건기준에 관한 규칙

제223조(운전 중 위험 방지) 사업주는 로봇의 운전(제222조에 따른 교시 등을 위한 로봇의 운전과 제224조 단서에 따른 로봇의 운전은 제외한다)으로 인하여 근로자에게 발생할 수 있는 부상 등의 위험을 방지하기 위하여 높이 1.8미터 이상의 울타리(로봇의 가동범위 등을 고려하여 높이로 인한 위험성이 없는 경우에는 높이를 그 이하로 조절할 수 있다)를 설치하여야 하며, 컨베이어 시스템의 설치 등으로 울타리를 설치할 수 없는 일부 구간에 대해서는 안전매트 또는 광전자식 방호장치 등 감응형(感應形) 방호장치를 설치하여야 한다. 다만, 고용노동부장관이 해당 로봇의 안전기준이 「산업표준화법」 제12조에 따른 한국산업표준에서 정하고 있는 안전기준 또는 국제적으로 통용되는 안전기준에 부합한다고 인정하는 경우에는 본문에 따른 조치를 하지 아니할 수 있다.〈개정 2016. 4. 7., 2018. 8. 14.〉

문제 2

산업안전보건기준에 관한 규칙에 따라 과부하방지장치, 권과방지장치, 비상정지장치 및 제동장치, 그 밖의 방호장치가 정상적으로 작동될 수 있도록 미리 조정해두어야 하는 양중기의 종류 5가지를 쓰시오.(단, 승강기는 제외한다.)

정답

① 크레인
② 이동식 크레인
③ 리프트
④ 곤돌라 "끝"

참고

2022.10.18 기준법으로 승강기는 제외하며 4가지임.

정답근거

산업안전보건기준에 관한 규칙

제132조(양중기) ① 양중기란 다음 각 호의 기계를 말한다.

1. 크레인[호이스트(hoist)를 포함한다]
2. 이동식 크레인
3. 리프트(이삿짐운반용 리프트의 경우에는 적재하중이 0.1톤 이상인 것으로 한정한다)
4. 곤돌라
5. 승강기

② 제1항 각 호의 기계의 뜻은 다음 각 호와 같다.

1. "크레인"이란 동력을 사용하여 중량물을 매달아 상하 및 좌우[수평 또는 선회(旋回)를 말한다]로 운반하는 것을 목적으로 하는 기계 또는 기계장치를 말하며, "호이스트"란 혹이나 그 밖의 달기구 등을 사용하여 화물을 권상 및 횡행 또는 권상동작만을 하여 양중하는 것을 말한다.
2. "이동식 크레인"이란 원동기를 내장하고 있는 것으로서 불특정 장소에 스스로 이동할 수 있는 크레인으로 동력을 사용하여 중량물을 매달아 상하 및 좌우(수평 또는 선회를 말한다)로 운반하는 설비로서 「건설기계관리법」을 적용 받는 기중기 또는 「자동차관리법」제3조에 따른 화물·특수자동차의 작업부에 탑재하여 화물운반 등에 사용하는 기계 또는 기계장치를 말한다.
3. "리프트"란 동력을 사용하여 사람이나 화물을 운반하는 것을 목적으로 하는 기계설비로서 다음 각 목의 것을 말한다.

    가. 건설용 리프트: 동력을 사용하여 가이드레일을 따라 상하로 움직이는 운반구를 매달아 사람이나 화물을 운반할 수 있는 설비 또는 이와 유사한 구조 및 성능을 가진 것으로 건설현장에서 사용하는 것

나. 산업용리프트 : 동력을 사용하여 가이드레일을 따라 상하로 움직이는 운반구를 매달아 화물을 운반할 수 있는 설비 또는 이와 유사한 구조 및 성능을 가진 것으로 건설현장 외의 장소에서 사용하는 것
다. 자동차정비용 리프트 : 동력을 사용하여 가이드레일을 따라 움직이는 지지대로 자동차 등을 일정한 높이로 올리거나 내리는 구조의 리프트로서 자동차 정비에 사용하는 것
라. 이삿짐운반용 리프트: 연장 및 축소가 가능하고 끝단을 건축물 등에 지지하는 구조의 사다리형 붐에 따라 동력을 사용하여 움직이는 운반구를 매달아 화물을 운반하는 설비로서 화물자동차 등 차량 위에 탑재하여 이삿짐 운반 등에 사용하는 것
4. "곤돌라"란 달기발판 또는 운반구, 승강장치, 그 밖의 장치 및 이들에 부속된 기계부품에 의하여 구성되고, 와이어로프 또는 달기강선에 의하여 달기발판 또는 운반구가 전용 승강장치에 의하여 오르내리는 설비를 말한다.
5. "승강기"란 건축물이나 고정된 시설물에 설치되어 일정한 경로에 따라 사람이나 화물을 승강장으로 옮기는 데에 사용되는 설비로서 다음 각 목의 것을 말한다.
  가. 승객용 엘리베이터 : 사람의 운송에 적합하게 제조·설치된 엘리베이터
  나. 승객화물용 엘리베이터 : 사람의 운송과 화물 운반을 겸용하는데 적합하게 제조·설치된 엘리베이터
  다. 화물용 엘리베이터 : 화물 운반에 적합하게 제조·설치된 엘리베이터로서 조작자 또는 화물취급자 1명은 탑승할 수 있는 것(적재용량이 300킬로그램 미만인 것은 제외한다)
  라. 소형화물용 엘리베이터 : 음식물이나 서적 등 소형 화물의 운반에 적합하게 제조·설치된 엘리베이터로서 사람의 탑승이 금지된 것
  마. 에스컬레이터: 일정한 경사로 또는 수평로를 따라 위·아래 또는 옆으로 움직이는 디딤판을 통해 사람이나 화물을 승강장으로 운송시키는 설비

제134조(방호장치의 조정) ① 사업주는 다음 각 호의 양중기에 과부하방지장치, 권과방지장치(捲過防止裝置), 비상정지장치 및 제동장치, 그 밖의 방호장치[(승강기의 파이널 리미트 스위치(final limit switch), 속도조절기, 출입문 인터 록(inter lock) 등을 말한다]가 정상적으로 작동될 수 있도록 미리 조정해 두어야 한다.〈개정 2017. 3. 3.〉
1. 크레인
2. 이동식 크레인
3. 「자동차관리법」에 따라 차량 작업부에 탑재되는 이삿짐운반용 리프트
4. 간이리프트(자동차정비용 리프트는 제외한다)
5. 곤돌라
6. 승강기

② 제1항제1호 및 제2호의 양중기에 대한 권과방지장치는 훅·버킷 등 달기구의 윗면(그 달기구에 권상용 도르래가 설치된 경우에는 권상용 도르래의 윗면)이 드럼, 상부 도르래, 트롤리프레임 등 권상장치의 아랫면과 접촉할 우려가 있는 경우에 그 간격이 0.25미터 이상[(직동식(直動式) 권과방지장치는 0.05미터 이상으로 한다)]이 되도록 조정하여야 한다.
③ 제2항의 권과방지장치를 설치하지 않은 크레인에 대해서는 권상용 와이어로프에 위험표시를 하고 경보장치를 설치하는 등 권상용 와이어로프가 지나치게 감겨서 근로자가 위험해질 상황을 방지하기 위한 조치를 하여야 한다.

문제 3

프레스 및 전단기의 방호장치 5가지를 쓰시오.

정 답

① 수인식
② 손쳐내기식
③ 양수조작식
④ 가드식
⑤ 광전자식 "끝"

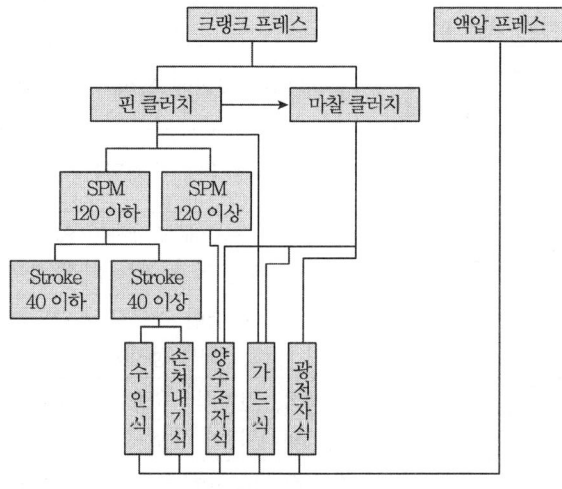

[그림] 안전 장치의 선택 기준

참고

① 산업안전지도사[기계안전공학] p.1-90(제1절 프레스재해방지의 근본적인 대책)
② 산업안전지도사[기계안전공학] p.4-122 (문제 18번) 프레스 기계의 방호장치에 관하여 논하시오.

2018년 8월 16일 시행

문제 4

기계·기구에 주로 사용되는 풀프루프(fool Proof)의 종류 5가지를 쓰시오.

정 답

[표] 절삭 가공 기계에 사용되는 주된 fool proof 기구

구 분	Fool Proof	방호영역
가 드 (guard)	고정 가드 (fixed guard)	개구부로부터 가공물과 공구 등을 넣어도 손은 위험 영역에 머무르지 않는다.
	조정 가드 (adjustable guard)	가공물과 공구에 맞도록 형상과 크기를 조절한다.
	경고 가드 (warning guard)	손이 위험 영역에 들어가기 전에 경고한다.
	인터록 가드 (interlock guard)	기계가 작동중에 개폐되는 경우 기계가 정지한다.
조작기구	양수 조작식	양손으로 동시에 조작하지 않으면 기계가 작동하지 않고 손을 떼면 정지 또는 역전 복귀한다.
	인터록 가드 (interlock guard)	조작기구를 겸한 가드로서 가드를 닫으면 기계가 작동하지 않고, 열면 정지한다.
(interlock기구) (lock기구)	인터록	기계식, 전기식, 유공압식 또는 이들의 조합으로 2개 이상의 부분이 상호 구속된다.
	키식 인터록 (key type interlock)	열쇠를 사용하여 한쪽을 잠그지 않으면 다른 쪽이 열리지 않는다.
	키 록 (key lock)	1개 또는 상호 다른 여러 개의 열쇠를 사용한다. 전체의 열쇠가 열리지 않으면 기계가 조작되지 않는다.
트립 기구 (trip 기구)	접촉식 (contact type)	접촉판, 접촉봉 등에 신체의 일부가 접촉하면 기계가 정지 또는 역전 복귀한다.
	비접촉식 (non-contact-type)	광전자식, 정전 용량식 등으로 신체의 일부가 위험영역에 접근하면 기계가 정지 또는 역전 복귀한다. 신체의 일부가 위험 영역에 들어가면 기계는 작동하지 않는다.

구 분	Fool Proof	방호영역
오버런 기구 (overrun 기구)	검출식 (dectecting)	스위치를 끈 후 관성 운동과 잔류 전하를 감지하여 위험이 있는 동안은 가드가 열리지 않는다.
	타이밍식 (timing)	기계식 또는 타이머 등을 이용하여 스위치를 끈 후 일정 시간이 지나지 않으면 가드가 열리지 않는다.
밀어내기 기구 (push&pull 기구)	자동가드	가드의 가동부분이 열렸을 때 자동적으로 위험 영역으로부터 신체를 밀어낸다.
	손을 밀어냄 손을 끌어당김	위험한 상태가 되기 전에 손을 위험 지역으로 밀어내거나 끌어당겨 제자리로 온다.
기동 방지 기구	안전블록	기계의 기동을 기계적으로 방해하는 스토퍼 등으로서 통상 안전블록과 같이 쓴다.
	안전플러그	제어 회로 등으로 설계된 접점을 차단하는 것으로 불의의 작동을 방지한다.
	레버 로크	조작 레버를 중립 위치에 놓으면 자동적으로 잠긴다.

"끝"

> **참고**

산업안전지도사[기계안전공학] p.1-13(2. 기계 설비의 풀 프루프)

2018년 8월 16일 시행

문제 5

산업안전보건기준에 관한 규칙에 따라 분진 등을 배출하기 위한 국소배기장치(이동식 제외)의 덕트(duct) 설치기준 5가지를 쓰시오.

정답

① 가능하면 길이는 짧게 하고 굴곡부의 수는 적게 할 것
② 접속부의 안쪽은 돌출된 부분이 없도록 할 것
③ 청소구를 설치하는 등 청소하기 쉬운 구조로 할 것
④ 덕트 내부에 오염물질이 쌓이지 않도록 이송속도를 유지할 것
⑤ 연결 부위 등은 외부 공기가 들어오지 않도록 할 것 "끝"

정답근거

산업안전보건기준에 관한 규칙

제72조(후드) 사업주는 인체에 해로운 분진, 흄(fume), 미스트(mist), 증기 또는 가스 상태의 물질(이하 "분진등"이라 한다)을 배출하기 위하여 설치하는 국소배기장치의 후드가 다음 각 호의 기준에 맞도록 하여야 한다.
1. 유해물질이 발생하는 곳마다 설치할 것
2. 유해인자의 발생형태와 비중, 작업방법 등을 고려하여 해당 분진등의 발산원(發散源)을 제어할 수 있는 구조로 설치할 것
3. 후드(hood) 형식은 가능하면 포위식 또는 부스식 후드를 설치할 것
4. 외부식 또는 리시버식 후드는 해당 분진등의 발산원에 가장 가까운 위치에 설치할 것

제73조(덕트) 사업주는 분진등을 배출하기 위하여 설치하는 국소배기장치(이동식은 제외한다)의 덕트(duct)가 다음 각 호의 기준에 맞도록 하여야 한다.
1. 가능하면 길이는 짧게 하고 굴곡부의 수는 적게 할 것
2. 접속부의 안쪽은 돌출된 부분이 없도록 할 것
3. 청소구를 설치하는 등 청소하기 쉬운 구조로 할 것
4. 덕트 내부에 오염물질이 쌓이지 않도록 이송속도를 유지할 것
5. 연결 부위 등은 외부 공기가 들어오지 않도록 할 것

※ 다음 논술형 2문제를 모두 답하시오.(각 25점)

문제 6
기계·기구의 고장률과 사용시간의 관계를 나타내는 욕조곡선의 고장종류 3가지와 그 정의, 이와 연관된 고장유형을 쓰시오.

정답

1. 개요
제어계에는 많은 계기 및 제어 장치가 조합되어 만들어지고, 고장없이 항상 안전하게 작동하는 것이 중요하며 고장이 기계의 신뢰를 결정한다.

2. 고장의 유형
(1) 초기 고장

① 설계상, 구조상 결함, 불량 제조·생산 과정 등의 품질관리 미비로 생기는 고장 형태
② 점검작업이나 시운전작업 등으로 사전에 방지할 수 있는 고장
③ 감소형 고장(decreasing failure rate)이라고 한다.
④ 디버깅(debugging) 기간 : 기계의 결함을 찾아내 고장률을 안정시키는 기간
⑤ 번인(burn-in) 기간 : 물품을 실제로 장시간 가동하여 그 동안에 고장난 것을 제거하는 기간
⑥ 초기고장의 제거방법 : 디버깅, 번인

(2) 우발 고장

① 일정형(constant failure rate)
② 과사용, 사용자의 과오, 디버깅 중에 발견되지 않은 고장 등 때문에 발생한다.
③ 예측할 수 없을 때 생기는 고장으로 시운전이나 점검작업으로는 방지할 수 없다.
④ 극한 상황을 고려한 설계, 안전계수를 고려한 설계 등으로 우발 고장을 감소시킬 수 있으며, 정상 운전 중의 고장에 대해 사후보전을 실시하도록 한다.

(3) 마모 고장

① 증가형(increasing failure rate)
② 점차적으로 고장률이 상승하는 형으로 볼 베어링 등 기계적 요소나 부품의 마모, 부식이나 산화 등에 의해서 나타난다.
③ 고장이 집중적으로 일어나기 직전에 교환을 하면 고장을 사전에 방지할 수 있다.
④ 장치의 일부가 수명을 다해서 생기는 고장으로 안전 진단 및 적당한 보수에 의해서 방지할 수 있는 고장이다.

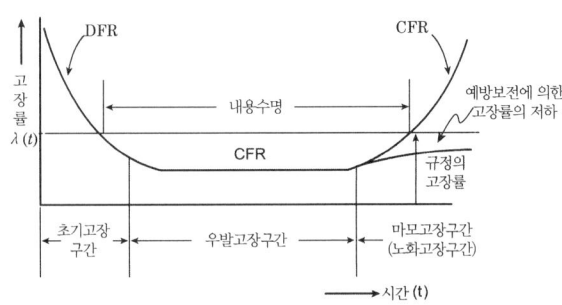

[그림] 고장의 발생과 유형

3. 기계고장률(Failure rate)의 기본 모형과 신뢰도

기계고장률은 어느 시간까지 동작해온 시스템, 기계기구, 부품 등이 다음 시간내에 고장을 일으키는 비율을 말하며, 단위시간당 불량률로 나타낸다.

$$고장률(\lambda) = \frac{기간 중의 고장건수(r)}{총가동시간(t)}$$

여기서 총가동시간(t)은 전체수량×가동시간이다.

[표] 기계설비의 고장원인분석과 대책

구분	원인분석	대책
초기고장	• 조잡한 제작 또는 수리에 의하여 발생한다. • 설계 및 제조 오류, 결함 취급 및 운반에 의한 파손 등	• 사용전 시험 및 시험운전에서 제거 • 제조메이커의 품질보증에 의존
우발고장	• 설계강도 이상의 급격한 스트레스가 축적되어 발생 • 진동에 의한 충격 등에 의하여 발생	• 설계 및 정상운전으로 방지 • 예방보전으로 방지할 수 없음 • 사후보전 실시
마모고장	마모나 피로열화, 절연열화 등의 특성열화에 의하여 발생	예방보전에 의하여 방지할 수 있음

4. 결론

① 기계설비의 고장유형은 초기고장·우발고장·마모고장 등이다.
② 초기고장은 감소하지만 마모고장은 증가하고 있어 예방보전이 요구된다.
④ 기계고장율은 어느 시간까지 동작해 온 시스템, 기계·기구 부품등이 다음 시간 내에 고장을 일으키는 비율을 말한다. "끝"

문제 7

산업안전보건기준에 관한 규칙에 따라 화학설비와 그 부속 설비를 사용하여 작업 시 사업주가 근로자의 위험을 방지하기 위해서 작성하여야 하는 작업계획서의 내용 10가지를 쓰시오.

정답

1. 화학설비의 종류 및 안전기준
(1) 반응기

① 조작방식에 의한 반응기의 분류

회분식(batch) 균일상 반응기	여러물질을 반응하는 교반을 통하여 새로운 생성물을 회수하는 방식으로 1회로 조작이 완성되는 반응기(소량 다품종 생산에 적합)
반회분식(semi-batch) 반응기	① 반응물질의 1회 성분을 넣은 다음, 다른 성분을 연속적으로 보내 반응을 진행한 후 내용물을 취하는 형식 ② 처음부터 반응성분을 전부 넣어서, 반응에 의한 생성물 한가지를 연속적으로 빼내면서 종료 후 내용물을 취하는 형식
연속식(continuous) 반응기	원료액체를 연속적으로 투입하면서 다른 쪽에서 반응 생성물인 액체를 취하는 형식(농도·온도·압력의 시간적인 변화는 없다)

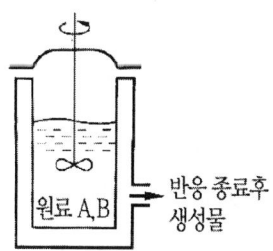

[그림] 회분식 반응기

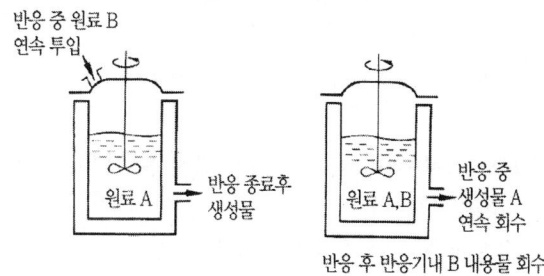

[그림] 반회분식 반응기

② 구조방식에 의한 반응기의 분류

관형 반응기 (tubular reactor, plug flow)	반응기의 한쪽으로 원료를 연속적으로 보내어 반응을 진행시키면서 다른 쪽에서 생성물을 연속적으로 취하는 형식(대규모 생산에 사용)
탑형 반응기 (tower type reactor)	직립 원통형으로 탑의 위나 아래쪽에서 원료를 보내고 다른쪽에서 생성물을 연속적으로 취하는 형식(불완전 혼합류에서 사용)
교반조형 반응기 (stirred reactor)	교반기를 부착한 것으로 회분식, 반회분식, 연속식이 있으며 반응물 및 생성물의 농도가 일정하며, 단점으로는 반응물 일부가 그대로 유출

③ 반응기의 3가지 역할
  ㉮ 열의 전달
  ㉯ 교반 실시
  ㉰ 상간(interphase)혼합
④ 반응을 위한 조작조건
  ㉮ 관여하는 물질
  ㉯ 반응온도
  ㉰ 농도
  ㉱ 압력
  ㉲ 시간
  ㉳ 촉매 등

(2) 증류탑

① 증류탑의 개요
  ㉮ 증기압이 다른 액체 혼합물에서 끓는점 차이를 이용해서 특정성분을 분리해내는 장치
  ㉯ 증류탑
    ㉠ 공장에서 대량의 액체 화합물을 분리하는 데 사용하며, 내부의 칸막이에서 여러번 분별 증류가 일어나도록 설계되어 있다.
    ㉡ 끓는점이 낮은 물질이 위쪽에서 분리되고 끓는점이 높은 물질이 아래쪽에서 분리된다.
  ㉰ 분별증류
    ㉠ 서로 잘 섞이는 두 가지 이상의 액체가 섞여 있는 혼합물을 각 성분 물질로 분리하는 방법
    ㉡ 혼합물을 가열하면 끓는점이 낮은 액체가 먼저 분리되어 나오고, 끓는점이 높은 액체는 나중에 분리되어 나온다.
    ㉢ 성분 물질의 끓는점 차이가 클수록 분리하기 쉽다.

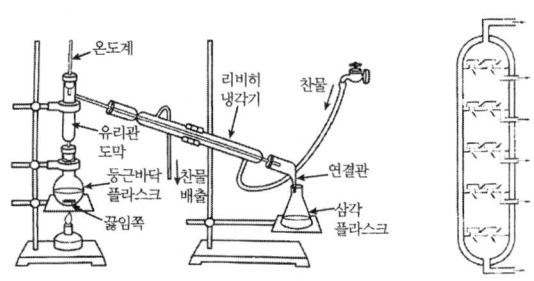

[그림] 분별 증류 　　　　[그림] 증류탑의 구조

② 증류탑의 종류
　㉮ 충전탑
　　㉠ 고체의 충전물을 탑 내에 충전하고 증기와 액체와의 접촉면적으로 크게 하는 것
　　㉡ 탑 지름이 작은 증류 탑이나 부식성이 심한 물질의 증류에 사용.
　　㉢ 충전물의 종류 : 가장 일반적으로 사용되는 라시히링(Raschig ring)은 직경 1/2~3 (inch), 높이 1~1/2(inch) 정도의 원통형으로 카본제, 철제 등이 있다.
　㉯ 단탑
　　㉠ 특정한 구조로된 수개 또는 수십개의 단으로 세워져 있음.
　　㉡ 각각의 단을 단위로 하여 증기와 액체가 접촉하도록 된 구조
　㉰ 포종탑
　　㉠ 포종이 단상에 다수 배열되어 증기는 상승하여 포종의 내측에서 하향되고 포종내의 액면을 slot높이 이하로 눌러서 slot에서 분출하여 기액이 혼합
　　㉡ 액체는 상단에서 강하관으로 흘러들어 하단에서 유출
　　㉢ 액체가 강하관에 유입하는 곳에 넘쳐흐르는 둑이 설치되어 선반 위에는 이 높이 이상에 액체가 체류
　㉱ 다공판 탑
　　작은 구멍을 여러개 뚫은 선반으로 포종을 작은 구멍으로 대치한 것으로 강하관이나 넘쳐흐르는 둑은 같은 구조로 구성
　㉲ 닛플트레이 (nipple tray)
　　㉠ 다공판을 좌형으로 하여 1단 마다 방향을 변화시켜 탑내에 매단 것.
　　㉡ 다공판탑과 차이점은 강하관이 없고 구부러진 사이에서 액체가 강하하고 탑의 전면에서 증기가 상승
③ 운전시 주의사항
　㉮ 원액의 농도와 공급단　　　㉯ 환류량의 증감
　㉰ 압력구배　　　　　　　　㉱ 온도 구배
　㉲ 증류탑의 적정 운전부하

④ 특수한 증류방법

감압증류 (진공증류)	상압하에서 끓는점까지 가열할 경우 분해 할 우려가 있는 물질의 증류를 감압하여 물질의 끓는점을 내려서 증류하는 방법
추출증류	① 분리하여야 하는 물질의 끓는점이 비슷한 경우 ② 용매를 사용하여 혼합물로부터 어떤 성분을 뽑아 냄으로 특정 성분을 분리
공비증류	① 일반적인 증류로 순수한 성분을 분리시킬 수 없는 혼합물의 경우 ② 제3의 성분을 첨가하여 별개의 공비 혼합물을 만들어 rmfgsms 점이 원용액의 끓는 점보다 충분히 낮아지도록 하여 증류함으로 증류잔류물이 순수한 성분이 되게 하는 증류 방법
수증기증류	물에 용해되지 않는 휘발성 액체에 수증기를 직접 불어넣어 가열하면 액체는 원래의 끓는점보다 낮은 온도에서 유출

⑤ 증류탑의 조작 (시운전시 주의사항)
  ㉮ 필요한 Line, Line up을 확인한다.
  ㉯ 응축기에 냉각수를 통수한다.
  ㉰ 증류탑으로 원료 액의 공급을 개시, 이때 유량은 최대규정량의 반이하로 한다.
  ㉱ 액이 탑저에 고이게 되면 리 보일러에 스팀을 통기하여 가열을 개시한다. 단, 그림과 같은 리 보일러도 있으며 이 경우는 탑저에 액이 고이는 시간에 비해 리 보일러에 액이 고이는 시간이 다시 다소 지연되기 때문에 리 보일러의 가열에 주의해야 한다.

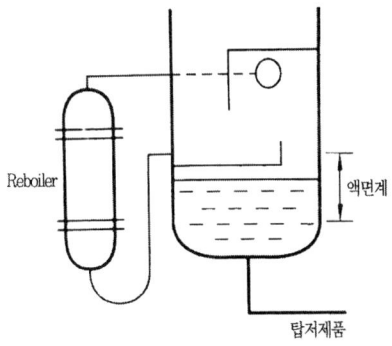

[그림] 리 보일러 설치의 예

(3) 열교환기

① 정의
  ㉮ 고온의 유체와 저온의 유체와의 사이에서 열을 이동시키는 장치.
  ㉯ 보유한 열에너지가 서로 다른 두 유체가 경계면 사이를 흐르면서 두 유체 사이에서 열에너지를 교환하는 장치

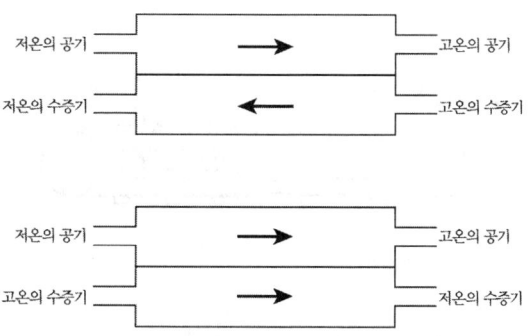

[그림] 열교환기의 원리

② 열 교환기의 종류
㉮ 사용 목적에 의한 분류

열교환기	폐열의 회수를 목적으로 하는 경우
냉각기	고온측 유체의 냉각을 목적으로 하는 경우
가열기	저온측 유체의 가열을 목적으로 하는 경우
응축기	증기의 응축을 목적으로 하는 경우
증발기	저온측 유체의 증발을 목적으로 하는 경우

㉯ 구조에 의한 분류
  ㉠ 다관식 열 교환기
  ㉡ 이중관식 열 교환기
  ㉢ coil식 열 교환기

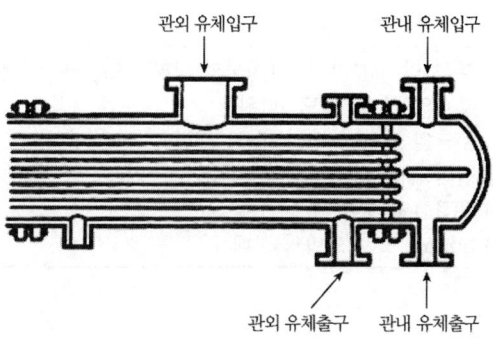

[그림] 다관식 열교환기

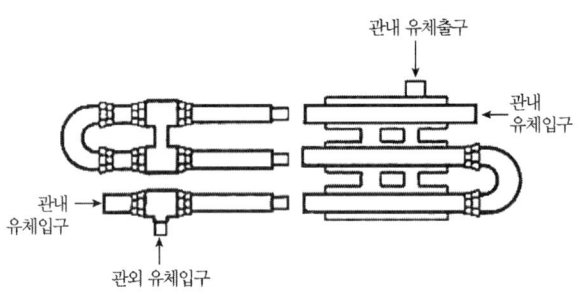

[그림] 이중관식 열교환기

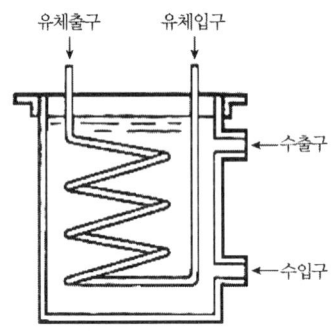

[그림] Coil식 열교환기

③ 열 교환기의 점검 항목

일상점검 항목	① 보온재 및 보냉재의 파손상황 ② 도장의 노후 상황 ③ Flange부, 용접부 등의 누설여부 ④ 기초볼트의 조임 상태
정기적 개방점검 항목	① 부식 및 고분자 등 생성물의 상황, 또는 부착물에 의한 오염의 상황 ② 부식의 형태, 정도, 범위 ③ 누출의 원인이 되는 비율, 결점 ④ 칠의 두께 감소정도 ⑤ 용접선의 상황 ⑥ Lining 또는 코팅의 상태

2. 작업계획서의 내용

① 밸브·콕 등의 조작(해당 화학설비에 원재료를 공급하거나 해당 화학 설비에서 제품 등을 꺼내는 경우만 해당한다)
② 냉각장치·가열장치·교반장치(攪拌裝置) 및 압축장치의 조작

③ 계측장치 및 제어장치의 감시 및 조정
④ 안전밸브, 긴급차단장치, 그 밖의 방호장치 및 자동경보장치의 조정
⑤ 덮개판·플랜지(flange)·밸브·콕 등의 접합부에서 위험물 등의 누출 여부에 대한 점검
⑥ 시료의 채취
⑦ 화학설비에서는 그 운전이 일시적 또는 부분적으로 중단된 경우의 작업방법 또는 운전 재개 시의 작업방법
⑧ 이상 상태가 발생한 경우의 응급조치
⑨ 위험물 누출 시의 조치
⑩ 그 밖에 폭발·화재를 방지하기 위하여 필요한 조치

정답근거
산업안전보건기준에 관한 규칙 [별표4] 사전조사 및 작업계획서의 내용

3. 화학설비 및 부속설비의 종류
① 화학설비의 종류
　㉮ 반응기·혼합조 등 화학물질 반응 또는 혼합장치
　㉯ 증류탑·흡수탑·추출탑·감압탑 등 화학물질 분리장치
　㉰ 저장탱크·계량탱크·호퍼·사일로 등 화학물질 저장설비 또는 계량설비
　㉱ 응축기·냉각기·가열기·증발기 등 열교환기류
　㉲ 고로등 점화기를 직접 사용하는 열교환기류
　㉳ 캘린더·혼합기·발포기·인쇄기·압출기 등 화학제품 가공설비
　㉴ 분쇄기·분체분리기·용융기 등 분체화학물질 분리장치
　㉵ 결정조·유동탑·탈습기·건조기 등 분체화학물질 분리장치
　㉶ 펌프류·압축기·이젝터 등의 화학물질 이송 또는 압축 설비
② 화학설비의 부속설비
　㉮ 배관 · 밸브 · 관 · 부속류 등 화학물질 이송관련 설비
　㉯ 온도 · 압력 · 유량 등을 지시 · 기록 등을 하는 자동제어 관련설비
　㉰ 안전밸브 · 안전판 · 긴급차단 또는 방출밸브 등 비상조치 관련설비
　㉱ 가스누출감지 및 경보관련 설비
　㉲ 세정기 · 응축기 · 벤트스택 · 플레어스택 등 폐가스처리설비
　㉳ 사이클론 · 백필터 · 전기집진기 등 분진처리 설비
　㉴ 가목부터 바목까지의 설비를 운전하기 위하여 부속된 전기관련설비
　㉵ 정전기 제거장치, 긴급 샤워설비 등 안전관련 설비 "끝"

정답근거
산업안전보건기준에 관한 규칙 [별표7] 화학설비 및 부속설비의 종류

※ 다음 논술형 2문제 중 1문제를 선택하여 답하시오.(각 25점)

문제 8

자동제어장치의 주요 구성 요소 3가지에 관하여 설명하시오.

정답

1. 개요

공장 자동화(Factory Automation : FA)는 설계, 제작, 검사, 출하를 온라인으로 결합한 통합 생산, 관리 시스템에 의한 유연생산시스템을 지향하는 무인공장화를 말한다. 공장자동화를 위한 자동화 시스템은 소재나 부품을 이동, 저장하는 물류장치, 필요한 작업을 수행하는 작업장치, 작업결과를 검사하는 검사장치, 각 장치를 제어하는 제어장치 등으로 구성된다.

2. 제어

(1) 제어(control)

어떤 목적에 적합하도록 되어 있는 대상에 필요한 조작을 가하는 것

(2) 제어량(controlled variable)

제어하려는 물리량으로 전압, 전류, 주파수, 시간, 속도, 온도, 유량, 유압, 위치, 방향 등을 말한다.

(3) 제어 명령

① 정성적 제어 : 제어 회로를 ON/OFF 또는 유무상태의 두 동작 중 한 동작에 의하여 제어명령이 내려지는 제어
② 정량적 제어 : 제어량을 가리키는 지시계와 목표값을 가리키는 지시계를 달아놓고, 양자의 지시량을 비교하여 제어량이 목표값에 일치되도록 하는 제어

3. 자동화 시스템의 구성 요소 3가지

자동화 시스템은 입력부와 제어부, 출력부로 구성되어 있고, "외부로부터의 에너지를 공급받아 공간상으로 제한된 운동을 함으로써 인간의 노동을 대신하는 구조물"이란 기계의 정의에서 자동화 기계는 외부의 에너지를 공급받아 일하는 액추에이터(actuator, 작동요소)와 액추에이터의 작업완료 여부 및 상태를 감지하여 제어부(controller)에 공급하여 주는 센서(sensor) alc 센서로부터 입력되는 제어 정보를 분석하고 처리하여 필요한 제어 명령을 주는 제어 신호 처리 장치(Signal processor)의 3부분으로 크게 나눌 수 있다. 기계는 작업을 수행하는 액추에이터가 제한된 공간 내에서 제한된 운동을 하는데 이 구속 장치가 기계구조(mechanism)가 된다.

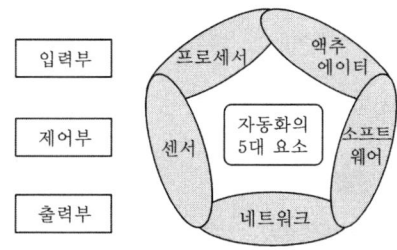

[그림] 자동화시스템 구성요소

센서와 액추에이터는 서로 고정되어야 하나 제어신호 처리장치는 제어정보(control signal)를 주고받는 선으로만 연결되어도 충분하다. 자동화 장치를 하드웨어(hardware)만을 의미하므로 소프트웨어(software)기술과 네트워크(network), 인터페이스(interface)기술 등이 동반되어야 한다. 따라서 자동화의 펜타곤(pentagon)이라 칭하는 5대 요소로 표현할 수 있다.

[그림] 자동화의 5대요소

4. 자동제어의 종류

(1) 시퀀스 제어(sequence control)

미리 정해진 순서에 따라 제어의 각 단계를 순차적으로 행하는 제어로 개루프 제어(open roop control)라 한다.

(2) 되먹임 제어(feedback contrl)

출력의 결과를 목표치와 비교하여 앞 단계로 되돌려 수정하는 제어 기능으로 정량적 제어에 속하며 닫힌 제어회로(closed loop control)라고도 한다.
① 장점
㉮ 외부 조건의 변화에 대한 영향을 줄일 수 있다.
㉯ 제어기의 성능에 큰 영향을 받지 않는다.
㉰ 제어계의 특성을 향상시킬 수 있다.
㉱ 목표값에 정확히 도달할 수 있다.

② 단점
　㉮ 제어계가 복잡해진다.
　㉯ 제어기의 값이 비싸진다.
　㉰ 전체 제어계가 불안전해질 수 있다.

[표] 시퀀스 제어와 되먹임 제어의 비교

자동 제어	제어량	제어 신호	회로	특성
시퀀스 제어	정성적 제어	디지털 신호	개루프 회로	연속성
되먹임 제어	정량적 제어	아날로그 신호	폐루프 회로	목표값

6. 공장 자동화의 종류

(1) 저투자성 자동화

운영 및 보수 유지가 간단하고 적당한 정도의 노력이 필요한 자동화

(2) 유연 생산 시스템

① FMC(Flexible Manufacturing Cell) : 1대의 NC 공작기계를 핵심으로 하여 자동공구 교환장치, 자동 팰릿 교환장치, 팰릿 매거진을 배치한 것

② FMS(Flexible Manufacturing System) : 복수의 공작기계가 가변 루트인 자동반송 시스템으로 연결되어 유기적으로 제어한 것

③ FTL(Flexible Transfer Line) : 다축 헤드 교환방식 등의 유연한 기능을 가진 공작기계군을 고정 루트인 자동반송장치로 연결한 것 "끝"

문제 9

산업안전보건법령상 로봇작업 시 특별안전보건교육 내용 4가지를 쓰시오.(단, 채용 시와 작업내용 변경 시 해당되는 교육 내용은 제외한다.)

정답

1. 산업용 로봇의 개요
플레이트 및 기억 장치를 가지고 기억 장치 정보에 의해 머니플레이트의 굴신, 신축, 상하이동, 좌우 이동, 선회 동작 및 이들의 복합 동작을 자동적으로 행할 수 있는 장치를 말한다.

2. 산업용 로봇의 안전 기준
(1) 산업용 로봇의 사용 지침 작성시 내용
① 로봇의 조작 방법 및 순서
② 작업 중의 근로자에게 작업을 시킬 때의 신호 방법
③ 2인 이상 근로자에게 작업을 시킬 때의 신호 방법
④ 이상 발견시 조치
⑤ 이상 발견시 로봇을 정지시킨 후 이를 재가동시킬 때의 조치

[그림] 매뉴얼 로봇

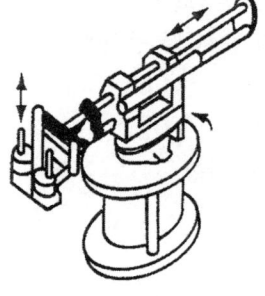

[그림] 고정시퀀스 로봇

[표] 조립용 로봇의 용도별 분류 `2024 논술형 출제`

용도	종류
Arc용접	수직다관절(5축, 6축)
Spot용접	수직다관절(6축), 직교좌표형(4축)
조립	수직다관절, 원통좌표, 직각좌표
도장	수직다관절(전기식, 유압식)
handling	수직다관절, GANTRY
사출기 취출	취출 로봇
transfer	전용기
palletizing	Robot Type Palletizer

3. 특별안전보건교육 4가지

① 로봇의 기본원리·구조 및 작업방법에 관한 사항
② 이상 발생 시 응급조치에 관한 사항
③ 안전시설 및 안전기준에 관한 사항
④ 조작방법 및 작업순서에 관한 사항

정답근거

산업안전보건법 시행규칙 [별표 5] 교육대상별 교육내용

〈채용시의 교육 및 작업내용 변경 시의 교육〉
① 산업안전 및 산업재해 예방에 관한 사항(화재·폭발 사고 발생 시 대피에 관한 사항을 포함한다)
② 산업보건 및 건강장해 예방에 관한 사항
③ 위험성 평가에 관한 사항
④ 산업안전보건법령 및 산업재해보상보험 제도에 관한 사항
⑤ 직무스트레스 예방 및 관리에 관한 사항
⑥ 직장 내 괴롭힘, 고객의 폭언 등으로 인한 건강장해 예방 및 관리에 관한 사항
⑦ 기계·기구의 위험성과 작업의 순서 및 동선에 관한 사항
⑧ 작업 개시 전 점검에 관한 사항
⑨ 정리정돈 및 청소에 관한 사항
⑩ 사고 발생 시 긴급조치에 관한 사항
⑪ 물질안전보건자료에 관한 사항

참고

2025년 5월 30일 개정

4. 결론

일하는 사람(근로자)이 안전하게 업무를 수행할 수 있도록 하기 위해 안전의 중요성을 인식시키고, 또 구체적으로 주어진 작업에 대해서 안전작업방법의 지식이나 기능을 습득하도록 교육, 훈련을 하고, 또 작업에 대한 안전태도를 양성하는 것을 말한다. 산업재해를 방지하려면, 시설, 환경 등의 개선이나 완비를 도모함과 동시에 근로자의 필요한 기능이나 지식의 향상, 안전기준이나 작업매뉴얼의 준수 등을 도모할 필요가 있다. 즉, 물적인 면에서의 물적 대책, 인적인 면에서의 인적대책의 철저를 도모하는 것이 필요하지만, 인적대책의 중요한 부분을 점하고 있는 것이 안전보건교육이다. 안전보건교육은 모든 근로자에게 안전의 중요성을 인식시키고 직장에서 안전규율을 확립하기 위해 여러 가지 교육 및 훈련을 실시한다. 안전보건교육의 대상자는 일반 근로자만에 한정되는 것이 아니고 감독자는 물론이며, 기계 등의 설계기술자, 건설공사의 계획참여자 등 사업장의 모든 부분의 사람들이 포함된다. "끝"

"이하여백"

참고

산업안전보건법 제31조(안전보건교육)

2019년도 6월 15일
산업안전지도사 제9회 기출문제 NCS 분석

1. 시험과목 및 배점

구분	시험과목	시험시간	문제유형		배점		비고
2차 전공	기계안전공학	100분	주관식		총점 : 100점		과락없음 60점이면 합격
			1) 단답형 : 5문제 2) 논(서)술형 : 4문제 중 3문제 선택 (필수2, 선택1)		1) 단답형 : 5문제×5점=25점 2) 논(서)술형 : 3문제×25점=75점		

2. NCS 적용문제 분석

대분류	중분류	소분류	문제내용(세세분류)	비고
단답형	법령	고시 2022. 자율안전고시	문제 1) 위험기계·기구 안전인증 고시에 따라 고소작업대의 무게중심 및 주행장치를 분류하고 설명하시오.	안전인증 고시 제16조
	기계·기구·설비	응력집중 계수 2021. 단답형 출제	문제 2) 기계·기구·설비의 설계 제작에 관련된 응력집중 계수(Stress Concentration Factor)에 관하여 쓰시오.	응력집중 계수
	산업안전보건법	산업안전보건 기준에 관한 규칙	문제 3) 산업안전보건기준에 관한 규칙에 따라 다음 사례의 재해를 예방하기 위해 지게차에 있어야 하는 장치 명칭과 장치의 3가지 설치기준을 쓰시오. 산업현장에서 좌승식 전동지게차에 의한 중대재해가 발생하여, 현장을 확인해보니 지게차에는 화물이 적재되어 있지 않은 상태였으며, 현장 목격자 진술에 의하면 현장에 적재된 화물이 지게차 운전자에 낙하되어 재해가 발생하였다고 진술하였다.	안전보건규칙 제180, 181 182조
	산업안전보건법	산업안전보건 기준에 관한 규칙	문제 4) 산업안전보건기준에 관한 규칙에 따라 금속의 용접·용단 또는 가열에 사용되는 가스 등의 용기를 취급하는 경우, 사용·설치·저장 또는 방치하지 않아야 할 3가지 장소에 관하여 쓰시오.	안전보건규칙 제234조
	펌프	방지대책	문제 5) 다음과 같이 설치된 펌프에서 발생할 수 있는 문제를 방지하기 위한 5가지 대책을 쓰시오. 저장조에 저장된 물질을 운반하기 위한 원심펌프가 설치된 제조업체 현장을 점검한 결과, 펌프의 설치위치가 흡수면으로부터 약 6[m] 정도 높게 설치되어 있고, 흡입배관의 설치 형태가 복잡하게 설치되어 있는 것을 확인하였다.	방지대책

논(서)술형	산업안전보건법	산업안전보건 기준에 관한 규칙	문제 6) 산업안전보건기준에 관한 규칙에 따라 공기압축기를 가동할 때 작업을 시작하기 전에 관리감독자가 확인할 점검사항에 관하여 쓰시오.	안전보건규칙 [별표 3]
	크레인	안전계수	문제 7) 아래 그림과 같이 크레인을 이용하여 2줄걸이 방법으로 2[ton]의 중량물을 달아 올리는 작업을 할 때, 다음 물음에 답하시오. 1) 줄걸이용 와이어로프의 안전계수를 구하고, 산업안전보건기준에 관한 규칙에 따른 줄걸이용으로 사용가능 여부를 판단하시오.(단, 와이어로프의 절단하중은 8[ton], 단말고정 이음효율은 70[%]이며 값은 소수점 셋째자리에서 반올림하여 둘째자리까지 구한다.) 2) 산업안전보건기준에 관한 규칙에 따라 줄걸이용 와이어로프의 고리부분을 꼬아넣기[아이 스플라이스(Eye Splice)]로 제작하는 방법에 관하여 쓰시오.	안전보건규칙 제170조 2023. 단답형 출제
	산업용로봇	구성요소 2020. 단답형 출제	문제 8) 공장 자동화에 필요한 산업용 로봇의 4가지 구성 요소에 관하여 쓰시오.	구성요소 4가지
	천정 주행 크레인	단면 2차 모멘트	문제 9) 제조업 산업현장에서 중량물을 운반하기 위하여 작업장내 설치되는 천장주행 크레인의 거더(Girder) 단면의 형상이 아래 그림과 같을 때, 단면 2차 모멘트(I_x, I_y)와 단면계수(Z_x, Z_y)의 값을 구하시오. (단, 단위 I_x, I_y는 [mm^4], Z_x, Z_y는 [mm^3]이며 값은 소수점 셋째자리에서 반올림하여 둘째자리까지 구한다.) 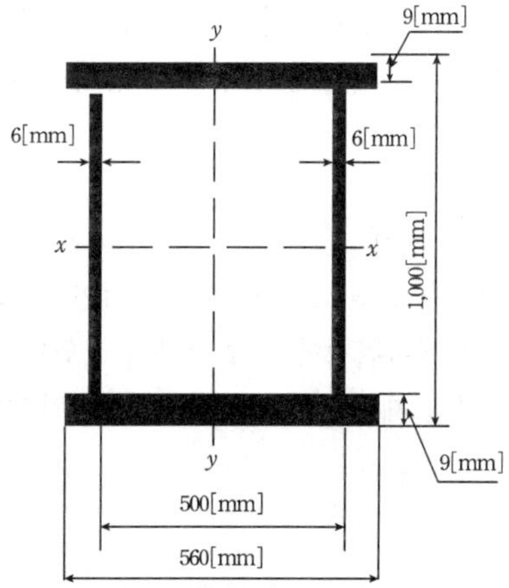	

2019년도 6월 15일
산업안전지도사 2차 국가자격시험

시간	응시분야	수험번호	성명
100분	기계안전	20190615	도서출판 세화

※ 다음 단답형 5문제를 모두 답하시오.(각 5점)

문제 1

위험기계·기구 안전인증 고시에 따라 고소작업대의 무게중심 및 주행장치를 분류하고 설명하시오.

정답

(1) 무게 중심에 의한 분류
   ① A그룹 : 적재화물 무게중심의 수직 투영이 항상 전복선(tippingline) 안에 있는 고소작업대
   ② B그룹 : 적재화물 무게중심의 수직 투영이 전복선(tipping line) 밖에 있을 수 있는 고소작업대

(2) 주행 장치에 따른 분류
   ① 제1종 : 적재위치(stowed position)에서만 주행할 수 있는 고소작업대
   ② 제2종 : 차대의 제어위치에서 조작하여 작업대를 상승한 상태로 주행할 수 있는 고소작업대
   ③ 제3종 : 작업대의 제어위치에서 조작하여 작업대를 상승한 상태로 주행할 수 있는 고소작업대 "끝"

정답근거
위험기계·기구 안전 인증 고시 제16조(정의)

보충학습
"고소작업대(mobile elevated work platform ; NEWP)"란 작업대, 연장구조물, 차대로 구성되며 사람을 작업 위치로 이동시켜주는 설비를 말한다.

문제 2

기계·기구·설비의 설계 제작에 관련된 응력집중 계수(Stress Concentration Factor)에 관하여 쓰시오.

정답

① 균일단면에 축하중이 작용하면 응력은 그 단면에 균일하게 분포하는데, Notch나 Hole 등이 있으면 그 단면에 나타나는 응력분포상태는 불규칙하고 국부적으로 큰 응력이 발생되는 것을 응력집중이라고 한다.

② 최대응력(σ_{max})과 평균응력(σ_n)의 비를 응력집중계수(Factor of Stress Concentration) 또는 형상계수(Form Factor)라 부르며, 이것을 α_k로 표시하면 다음 식과 같다.

$$\alpha_k = \frac{\sigma_{max}}{\sigma_n}$$

여기서 α_k : 응력집중계수(형상계수), σ_{max} : 최대응력, σ_n : 평균응력(공칭응력)

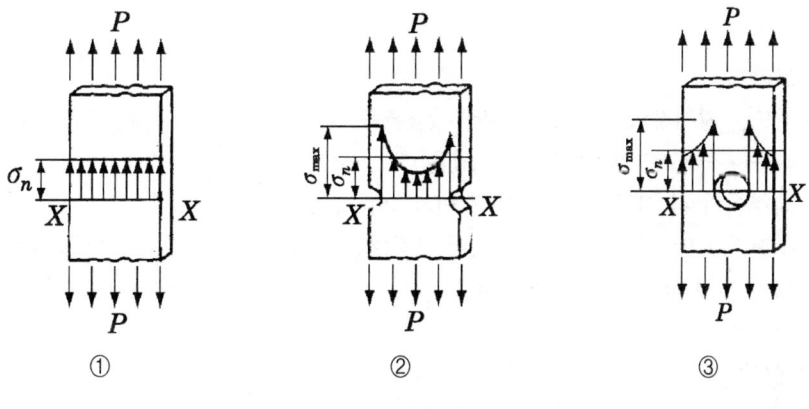

[그림] 응력집중

③ 그림 ②에서 판에 가해지는 응력은 구멍에 가까운 부분에서 최대가 되고 또 구멍에서 떨어진 부분이 최소가 된다.
④ 응력집중계수의 값은 탄성률 계산 또는 응력측정시험(Strain Gauge, 광탄성시험)으로부터 구할 수 있다.
⑤ 응력집중은 정하중일 때 최성재료 특히 주물에서는 크게 나타나고 반복하중이 계속되는 경우에는 노치에 의한 응력집중으로 피로균열이 많이 발생하고 있다. "끝"

문제 3

산업안전보건기준에 관한 규칙에 따라 다음 사례의 재해를 예방하기 위해 지게차에 있어야 하는 장치 명칭과 장치의 3가지 설치기준을 쓰시오.
산업현장에서 좌승식 전동지게차에 의한 중대재해가 발생하여, 현장을 확인해보니 지게차에는 화물이 적재되어 있지 않은 상태였으며, 현장 목격자 진술에 의하면 현장에 적재된 화물이 지게차 운전자에 낙하되어 재해가 발생하였다고 진술하였다.

정 답

(1) 장치명칭 3가지

① 헤드가드
② 백레스트
③ 팔레트

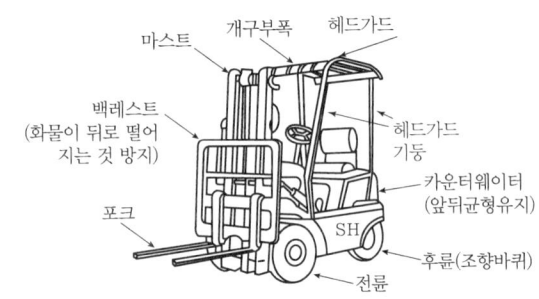

[그림] 포크리프트(지게차)

(2) 설치기준

① 헤드가드
  ㉮ 강도는 지게차의 최대하중의 2배 값(4톤을 넘는 값에 대해서는 4톤으로 한다)의 등분포정하중(等分布靜荷重)에 견딜 수 있을 것
  ㉯ 상부틀의 각 개구의 폭 또는 길이가 16[cm] 미만일 것
  ㉰ 운전자가 앉아서 조작하거나 서서 조작하는 지게차의 헤드가드는 「산업표준화법」 제12조에 따른 한국산업표준에서 정하는 높이 기준 이상일 것(좌식 : 0.903[m], 입식 : 1.88[m])
② 백레스트
③ 팔레트
  ㉮ 적재하는 화물의 중량에 따른 충분한 강도를 가질 것
  ㉯ 심한 손상·변형 또는 부식이 없을 것 "끝"

정답근거

① 산업안전보건기준에 관한 규칙 제180조(헤드가드)
② 산업안전보건기준에 관한 규칙 제181조(백레스트)
③ 산업안전보건기준에 관한 규칙 제182조(팔레트 등)

문제 4

산업안전보건기준에 관한 규칙에 따라 금속의 용접·용단 또는 가열에 사용되는 가스 등의 용기를 취급하는 경우, 사용·설치·저장 또는 방치하지 않아야 할 3가지 장소에 관하여 쓰시오.

정답

① 통풍이나 환기가 불충분한 장소
② 화기를 사용하는 장소 및 그 부근
③ 위험물 또는 인화성 액체를 취급하는 장소 및 그 부근 "끝"

정답근거

산업안전보건기준에 관한 규칙 제234조 1호 가, 나, 다 목(가스 등의 용기)

문제 5

다음과 같이 설치된 펌프에서 발생할 수 있는 문제를 방지하기 위한 5가지 대책을 쓰시오. 저장조에 저장된 물질을 운반하기 위한 원심펌프가 설치된 제조업체 현장을 점검한 결과, 펌프의 설치위치가 흡수면으로부터 약 6[m] 정도 높게 설치되어 있고, 흡입배관의 설치 형태가 복잡하게 설치되어 있는 것을 확인하였다.

정답

① 펌프의 설치 위치를 가능한 수원보다 작게
② 흡입 배관의 마찰 손실을 최대한 작게
③ 임페러 회전 속도를 작게
④ 흡입배관 관경을 크게
⑤ 단흡입 보다 양흡입 펌프를 사용
⑥ 펌프를 두대 이상 설치
⑦ 지나친 고양정 펌프 사용을 지양 "끝"

> 보충학습

공동현상(Cavitation)

(1) 개요

① 공동현상 또는 캐비테이션(cavitation)이란 유체의 속도 변화에 의한 압력변화로인해 유체 내에 공동이 생기는 현상을 말하며 공동현상이라고도 한다.
② 공동현상은 빠른 속도로 액체가 운동할 때 액체의 압력이 증기압 이하로 낮아져서 액체 내에 증기 기포가 발생하는 현상이다. 증기 기포가 벽에 닿으면 부식이나 소음 등이 발생하므로 설계자는 공동현상을 피하도록 설계해야 한다.
③ 공동현상이란 문자 그대로 이해하면 물속에 빈곳(공동, cavity)이 생긴다는 뜻이다. 이렇게 부르는 것은 물과 수증기의 밀도의 비가 약 1000:1인 것을 감안할 때 공동의 내부는 역학적 관점에서 상대적으로 빈곳이라고 부를 수 있기 때문이다.

(2) 발생원인

① 펌프의 흡입측 수두가 클 경우
② 펌프의 마찰 손실이 클 경우
③ 펌프의 흡입관경이 유체의 증기압보다 낮은 경우
④ 펌프의 흡입 압력이 유체의 증기압보다 낮은 경우
⑤ 펌프의 임펠러 속도가 너무 클 경우
⑥ 배관내의 유체가 고온일경우

(3) 공동현상 발생의 문제

① 펌프내부에 기포가 발생하게 되면 임펠러 회전력에 문제가 발생한다.
② 일정하게 유체를 밀던 힘이 공기와 만나면 힘에 변화가 생길수 있다.
③ 발생 기포가 임펠러에 부딪히면서 진동과 소음이 발생하며, 기포가 압력이 다시 높아지는 곳에서 붕괴를 일으키며 직접적으로 임펠러에 침식을 일으킬 수 있다.
④ 단순히 소음 진동의 발생이 끝이 아니며 진동은 기계의 피로를 누적시켜 임펠러, 샤프트, 씰 등의 수명을 단축시킬수 있다.

(4) 해결방법 및 예방법

① 펌프를 선정할때 요구하는 흡입압력과 실제 가동 환경에서 제공하는 흡입압력을 알아야한다.
② 펌프의 요구흡입압력이라는 것은 펌프가 정상회전을 할 때 유체의 증기압만큼 압력저하가 일어나지 않는 압력을 의미한다.
③ 펌프 시스템의 흡입조건을 펌프설계시 정확히 전달하는 것이 중요하다.
④ 운전되고 있을 때 운전되고있는 펌프가 특정 상황에서 공동현상이 일어나는 경우 여러가지를 고려할 수 있다.

※ 다음 논술형 2문제를 모두 답하시오.(각 25점)

문제 6

산업안전보건기준에 관한 규칙에 따라 공기압축기를 가동할 때 작업을 시작하기 전에 관리 감독자가 확인할 점검사항에 관하여 쓰시오.

정답

1. 공기압축기(air compressors : 空氣壓縮機) 개요

① 공기압축기는 공기를 압축 생산하여 높은 공압으로 저장하였다가 이것을 필요에 따라서 각 공압 공구에 공급해 주는 기계이다.
② 통상의 가공 현장에서 사용되고 있는 공기압축기는 압축기 본체와 압축 공기를 저장해 두는 탱크로 구성되어 있다.

2. 사양

공기압축기의 사양은 매분 당 공기 토출량(단위:NL/min)와 탱크 용량으로 표시되는 경우가 많다. 압축한 공기는 칩의 청소 등에 사용되는 에어건 등에 쓰인다. 또한, 공기를 압축할 때 공기 중의 수분이 응축되어 압축 공기 중에 물이 고이는 경우가 있다. 그래서 수분을 제거할 필요가 있을 때는 공기압축기에 드라이어(건조기)를 접속하는 경우가 있다.

3. 형식

공기압축기는 압축 공기를 생산하는 방식에 따라 피스톤식과 베인식으로 분류된다. 피스톤식은 1, 2차 실린더에서 생산된 압축 공기를 냉각기로 보내 냉각 팬으로 냉각시킨 다음 이것을 3차 고압 실린더로 보내 다시 압축하는 방식이다. 베인식은 여과기를 통해서 저압 펌프로 들어가 압축된 공기를 냉각기로 보내 냉각시켜서 고압 펌프로 보내 다시 압축한 후 공기 탱크에 저장하는 방식이다.

4. 관리감독자 작업시작전 점검사항

① 공기저장 압력용기의 외관 상태
② 드레인밸브(drain valve)의 조작 및 배수

③ 압력방출장치의 기능
④ 언로드밸브(unloading valve)의 기능
⑤ 윤활유의 상태
⑥ 회전부의 덮개 또는 울
⑦ 그 밖의 연결 부위의 이상 유무

정답근거

산업안전보건기준에 관한 규칙 [별표 3] 작업시작전 점검 사항

5. 관리감독자의 유해·위험 방지 업무

① 사업주는 법 제16조제1항에 따른 관리감독자(건설업의 경우 직장·조장 및 반장의 지위에서 그 작업을 직접 지휘·감독하는 관리감독자를 말한다. 이하 같다)로 하여금 별표 2에서 정하는 바에 따라 유해·위험을 방지하기 위한 업무를 수행하도록 하여야 한다.
② 사업주는 별표 3에서 정하는 바에 따라 작업을 시작하기 전에 관리감독자로 하여금 필요한 사항을 점검하도록 하여야 한다.
③ 사업주는 제2항에 따른 점검 결과 이상이 발견되면 즉시 수리하거나 그 밖에 필요한 조치를 하여야 한다. "끝"

정보제공

산업안전보건기준에 관한 규칙 제35조(관리감독자의 유해·위험 방지 업무 등)

[그림] 공기압축기

부록2 산업안전지도사 자격시험

문제 7

아래 그림과 같이 크레인을 이용하여 2줄걸이 방법으로 2[ton]의 중량물을 달아 올리는 작업을 할 때, 다음 물음에 답하시오.

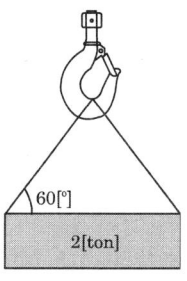

1) 줄걸이용 와이어로프의 안전계수를 구하고, 산업안전보건기준에 관한 규칙에 따른 줄걸이용으로 사용가능 여부를 판단하시오.(단, 와이어로프의 절단하중은 8[ton], 단말고정 이음효율은 70[%]이며 값은 소수점 셋째자리에서 반올림하여 둘째자리까지 구한다.)

정답

와이어 로프의 개요

와이어 로프는 하역작업에서 가장 중요한 위치를 차지하는 필수품이다. 하역분야에서는 와이어 로프로 인하여 일어나는 재해가 많을뿐 아니라 안전사고에 미치는 영향이 매우 크다.

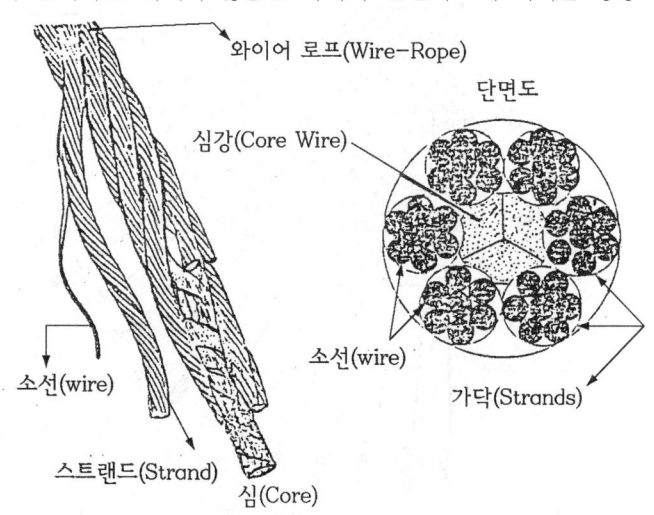

[그림] 와이어 로프의 구성

제163조(와이어로프 등 달기구의 안전계수) ① 사업주는 양중기의 와이어로프 등 달기구의 안전계수(달기구 절단하중의 값을 그 달기구에 걸리는 하중의 최대값으로 나눈 값을 말한다)가 다음 각 호의 구분에 따른 기준에 맞지 아니한 경우에는 이를 사용해서는 아니 된다.
1. 근로자가 탑승하는 운반구를 지지하는 달기와이어로프 또는 달기체인의 경우: 10 이상
2. 화물의 하중을 직접 지지하는 달기와이어로프 또는 달기체인의 경우: 5 이상
3. 훅, 샤클, 클램프, 리프팅 빔의 경우: 3 이상
4. 그 밖의 경우: 4 이상
② 사업주는 달기구의 경우 최대허용하중 등의 표식이 견고하게 붙어 있는 것을 사용하여야 한다.

(1) 안전계수 = $\dfrac{\text{달기구에 걸리는 절단하중의 값}}{\text{달기구에 걸리는 하중의 최대값}} = \dfrac{8}{1.15} = 6.96$

경사진 1본에 걸리는 하중 = $\dfrac{1}{2} \times$ 수직전하중 $\times$ 하중계수

$= \dfrac{1}{2} \times 2[\text{ton}] \times 1.1547 = 1,154.7[\text{kg}]$

(2) 사용가능 여부 판단 : 사용가능

판단기준

하물의 하중을 직접지지하는 달기와이어로프 또는 달기체인의 경우 안전계수 : 5 이상

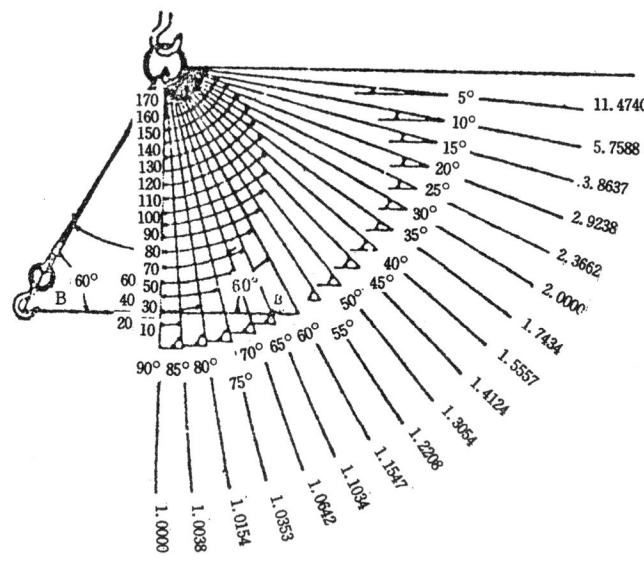

[그림] 슬링 로프의 각도

2) 산업안전보건기준에 관한 규칙에 따라 줄걸이용 와이어로프의 고리부분을 꼬아넣기[아이 스플라이스(Eye Splice)]로 제작하는 방법에 관하여 쓰시오.

> **정 답**

제170조(링 등의 구비) ① 사업주는 엔드리스(endless)가 아닌 와이어로프 또는 달기 체인에 대하여 그 양단에 훅·샤클·링 또는 고리를 구비한 것이 아니면 크레인 또는 이동식 크레인의 고리걸이용구로 사용해서는 아니 된다.

② 제1항에 따른 고리는 꼬아넣기[(아이 스플라이스(eye splice)를 말한다. 이하 같다)], 압축멈춤 또는 이러한 것과 같은 정도 이상의 힘을 유지하는 방법으로 제작된 것이어야 한다. 이 경우 꼬아넣기는 와이어로프의 모든 꼬임을 3회 이상 끼워 짠 후 각각의 꼬임의 소선 절반을 잘라내고 남은 소선을 다시 2회 이상(모든 꼬임을 4회 이상 끼워 짠 경우에는 1회 이상) 끼워 짜야 한다. "끝"

※ 다음 논술형 2문제 중 1문제를 선택하여 답하시오.(각 25점)

문제 8

공장 자동화에 필요한 산업용 로봇의 4가지 구성 요소에 관하여 쓰시오.

정답

1. 개요

공장 자동화(Factory Automation : FA)는 설계, 제작, 검사, 출하를 온라인으로 결합한 통합 생산, 관리 시스템에 의한 유연생산시스템을 지향하는 무인공장화를 말한다. 공장자동화를 위한 자동화 시스템은 소재나 부품을 이동, 저장하는 물류장치, 필요한 작업을 수행하는 작업장치, 작업결과를 검사하는 검사장치, 각 장치를 제어하는 제어장치 등으로 구성된다.

2. 제어

(1) 제어(control)

어떤 목적에 적합하도록 되어 있는 대상에 필요한 조작을 가하는 것

(2) 제어량(controlled variable)

제어하려는 물리량으로 전압, 전류, 주파수, 시간, 속도, 온도, 유량, 유압, 위치, 방향 등을 말한다.

(3) 제어 명령

① 정성적 제어 : 제어 회로를 ON/OFF 또는 유무상태의 두 동작 중 한 동작에 의하여 제어명령이 내려지는 제어
② 정량적 제어 : 제어량을 가리키는 지시계와 목표값을 가리키는 지시계를 달아놓고, 양자의 지시량을 비교하여 제어량이 목표값에 일치되도록 하는 제어

3. 산업용 로봇의 4가지 구성요소

로봇은 일반적으로 기구(機構)부와 그것을 제어하는 제어장치(制御裝置)부로 구성되어 있으며, 기구부분을 다시 세분하면 자리잡기 기구, 자세(姿勢)제어기구, 파지(把持)기구, 이동(移動)기구 등이 된다. 그러나 로봇 중에는 이렇게 명확하게 각 구분으로 분할할 수 없는 것도 있으며, 또 이들 전부의 기구로 구성되지 않은 것도 있다.

[그림] 산업용로봇의 구성

"끝"

문제 9

제조업 산업현장에서 중량물을 운반하기 위하여 작업장내 설치되는 천장주행 크레인의 거더(Girder) 단면의 형상이 아래 그림과 같을 때, 단면 2차 모멘트(I_x, I_y)와 단면계수(Z_x, Z_y)의 값을 구하시오. (단, 단위 I_x, I_y는 [mm^4], Z_x, Z_y는 [mm^3]이며 값은 소수점 셋째자리에서 반올림하여 둘째자리까지 구한다.)

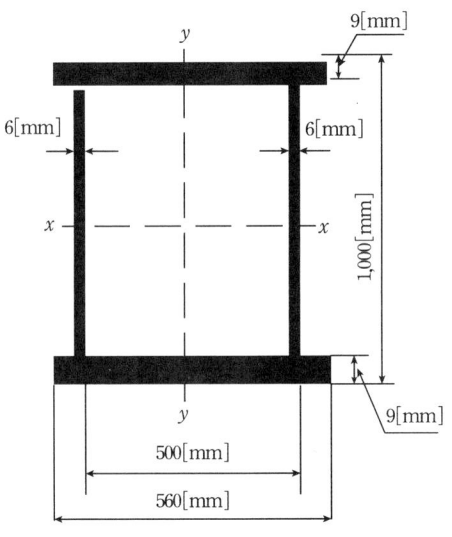

정답

(1) 단면 2차 모멘트

① $I_x = \dfrac{bh^3}{12} = \dfrac{56 \times 1,000^3}{12} = 4,666,666,666.67\,[\text{mm}^4]$

② $I_y = \dfrac{hb^3}{12} = \dfrac{1,000 \times 56^3}{12} = 14,634.67\,[\text{mm}^4]$

(2) 단면계수

① $Z_x = \dfrac{bh^2}{6} = \dfrac{560 \times 1,000^2}{6} = 93,333,333.33\,[\text{mm}^3]$

② $Z_y = \dfrac{bh^2}{6} = \dfrac{1,000 \times 560^2}{6} = 52,266,666.67\,[\text{mm}^3]$

보충학습

기본단면의 2차 모멘트와 단면계수

기본 단면의 2차 모멘트	사각형	삼각형	원형
• : 도심(G) X_c : 도심축 X축 : 상하, 하단측	X_c ──●── h	X_c ──●── h	X_c ──●── D
도심축	$\dfrac{bh^3}{12}$	$\dfrac{bh^3}{36}$	$\dfrac{\pi D^4}{64} = \dfrac{\pi r^4}{4}$
하단X축	$\dfrac{bh^3}{3}$	$\dfrac{bh^3}{12}$	$\dfrac{5\pi D^4}{64} = \dfrac{5\pi r^4}{4}$
상단X축		$\dfrac{bh^3}{4}$	

[그림] 기본 단면의 2차 모멘트

단면계수(도심축 기준)	사각형	삼각형	원형
• : 도심(G) X_c : 도심축	y_1 / y_2, b	y_1 / y_2, b	y_1 / y_2
Z_1	$\dfrac{bh^3}{12} \times \dfrac{1}{y_1} = \dfrac{bh^2}{6}$	$\dfrac{bh^3}{36} \times \dfrac{1}{y_1}$	$\dfrac{\pi D^4}{64} \times \dfrac{1}{y_1} = \dfrac{\pi D^3}{32}$
Z_2	$\dfrac{bh^3}{12} \times \dfrac{1}{y_2} = \dfrac{bh^2}{6}$	$\dfrac{bh^3}{36} \times \dfrac{1}{y_2}$	$\dfrac{\pi D^4}{64} \times \dfrac{1}{y_2} = \dfrac{\pi D^3}{32}$

[그림] 단면계수 Z

2020년도 11월 4일
산업안전지도사 제10회 기출문제 NCS 분석

1. 시험과목 및 배점

구분	시험과목	시험시간	문제유형	배점	비고
2차 전공	기계안전공학	100분	주관식 1) 단답형 : 5문제 2) 논(서)술형 : 4문제 중 3문제 선택 (필수2, 선택1)	총점 : 100점 1) 단답형 : 5문제×5점=25점 2) 논(서)술형 : 3문제×25점=75점	과락없음 60점이면 합격

2. NCS 적용문제 분석

대분류	중분류	소분류	문제내용(세세분류)	비고
단답형	산업안전보건법	산업안전보건기준에 관한 규칙	문제 1) 산업안전보건기준에 관한 규칙상 로봇의 작동 범위에서 그 로봇에 관하여 교시 등(로봇의 동력원을 차단하고 하는 것은 제외)의 작업을 할 때, 작업시작 전 점검사항 3가지를 쓰시오.	안전보건규칙 [별표 3]
	자동화	수치제어	문제 2) 생산공정 자동화에 이용되는 수치제어(NC : numerical control) 공작기계의 작동원리에 대하여 설명하시오.	작동원리
	유압시스템	유압저하	문제 3) 유압시스템의 고장 증상 중 유압의 저하(실린더 추력의 감소) 원인 5가지를 쓰시오.	원인 5가지
	욕조곡선	3가지 구간	문제 4) 기계의 고장률 추이를 나타내는 욕조곡선(bath-tub curve)의 3가지 구간을 쓰고, 전동기 베어링이 미스얼라인먼트(misalignment)로 파손되었다면 이것은 욕조곡선의 어느 구간에 속하는지 쓰시오.	미스얼라인먼트 2018. 논술형 출제
	하중	반복하중 크리프 현상	문제 5) 다음 각각의 현상에 대한 용어를 쓰시오. 1) 하중이 1회 작용하여서는 부품이 파단되지 않았지만, 그 하중이 반복하여 작용함에 따라, 균열이 발생하고 성장하여 부품이 파단되는 현상 2) 하중을 더 증가시키지 않고 유지만 하여도 부품의 변형이 계속 증가하는 현상으로 주로 고온에서 발생	반복하중 크리프 현상
논(서)술형	법령	고시	문제 6) 프레스의 광전자식 방호장치를 레이저식으로 설치하는 경우 설치기준 2가지와 시험 만족 기준 3가지를 쓰시오.	안전인증고시 [별표 1]

설비신뢰성	용어정의	문제 7) 설비의 신뢰성을 나타내는 척도로 신뢰도, 평균 고장 간격 시간, 평균 고장 수리시간, 고장률이 있다. 다음 물음에 답하시오. 1) 신뢰도, 평균 고장 간격 시간, 평균 고장 수리시간, 고장률 각각의 정의를 쓰시오. 2) 평균 고장 간격 시간과 고장률은 어떤 관계인지를 쓰시오.	용어정의
산업안전보건법	산업안전보건기준에 관한 규칙	문제 8) 산업안전보건기준에 관한 규칙상 지게차 헤드가드(head guard) 안전기준 2가지와 양중기에 사용하는 와이어로프 등 달기구의 안전계수 기준 3가지를 쓰시오.(단, 지게차 헤드가드 안전기준 중 운전자가 앉아서 조작하거나 서서 조작하는 지게차의 헤드가드는 「산업표준화법」제12조에 따른 한국산업표준에서 정하는 높이 기준 이상일 것과 양중기에 사용하는 와이어로프 등 달기구의 안전계수 기준 중 그 밖의 경우는 작성하지 말 것	안전보건 규칙 제180조
풀프루프와 페일 세이프	풀프루프와 페일 세이프	문제 9) 기계설비의 안전화 방안으로 풀 프루프(fool proof)와 페일 세이프(fail safe)가 있다. 다음 물음에 답하시오. 1) 풀 프루프와 페일 세이프 각각의 정의를 쓰시오. 2) 풀 프루프와 페일 세이프에 해당하는 사례를 각각 3가지씩 쓰시오.	풀프루프와 페일 세이프

2020년도 11월 4일

산업안전지도사 2차 국가자격시험

시간	응시분야	수험번호	성명
100분	기계안전	20201104	도서출판 세화

※ 다음 단답형 5문제를 모두 답하시오. (각 5점)

문제 1

산업안전보건기준에 관한 규칙상 로봇의 작동 범위에서 그 로봇에 관하여 교시 등(로봇의 동력원을 차단하고 하는 것은 제외)의 작업을 할 때, 작업시작 전 점검사항 3가지를 쓰시오.

정 답

① 외부 전선의 피복 또는 외장의 손상 유무
② 매니퓰레이터(manipulator) 작동의 이상 유무
③ 제동장치 및 비상정지장치의 기능

 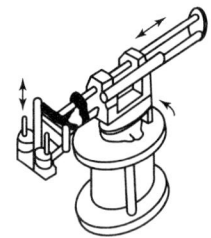

(1) 매뉴얼 로봇   (2) 고정시퀀스 로봇

[그림] 로봇의 종류 "끝"

정답근거

산업안전보건기준에 관한 규칙 [별표 3] 작업시작 전 점검사항(제35조 제2항 관련)

문제 2

생산공정 자동화에 이용되는 수치제어(NC : numerical control) 공작기계의 작동원리에 대하여 설명하시오.

정 답

① 수치 제어는 NC라고도 하는데, NC는 Numerical Control의 약자로서 "공작물에 대한 공구의 위치를 수치화하여 펄스 형태의 수치 정보로 지령하여 제어"하는 방식을 말한다.
② 수치정보에 의해 공작물의 형상에 따라 공구의 위치를 제어하고 가공 조건을 지령함으로써 자동으로 공작물을 가공하는 생산방식이다.
③ 수치 제어 공작 기계는 범용 공작 기계에서 하던 작업을 자동화하여 제품을 가공할 수 있는 장점을 지니고 있다.
④ 수치 제어 장치는 선반, 밀링 머신, 드릴링 머신, 머시닝 센터, 와이어컷 방전 가공기, 로봇 등의 다품종 소량 생산 자동화 기계에 널리 사용되고 있으며, NC, CNC, DNC, FMS로 발전되어 공장 자동화에 이용되고 있다. "끝"

보충학습

NC(Numerical Control)

수치제어를 뜻하며 주소와 수치로 구성된 수치 정보로 기계의 운전을 자동으로 제어하는 것으로, 개별 전자부품으로 조립된 전자회로로 구성 된다.

문제 3

유압시스템의 고장 증상 중 유압의 저하(실린더 추력의 감소) 원인 5가지를 쓰시오.

정답

① 릴리프 밸브의 작동 불량 또는 조정 불량
② 각종 밸브의 작동, 조정 불량
③ 내부 누설의 증가
④ 외부 누설의 증가
⑤ 펌프의 흡입 불량
⑥ 펌프의 고장 또는 성능 저하
⑦ 구동 동력의 부족 "끝"

정답근거

산업안전지도사(기계안전공학) p.3-23(2. 유압시스템의 고장원인)

문제 4

기계의 고장률 추이를 나타내는 욕조곡선(bath-tub curve)의 3가지 구간을 쓰고, 전동기 베어링이 미스얼라인먼트(misalignment)로 파손되었다면 이것은 욕조곡선의 어느 구간에 속하는지 쓰시오.

정답

(1) 욕조곡선(bath-tub curve) 3가지 구간

구분	특징
초기고장	품질관리의 미비로 발생할 수 있는 고장으로 작업시 작전 점검, 시운전 등으로 사전예방이 가능한 고장 ① debugging 기간 : 초기고장의 결함을 찾아서 고장율을 안정시키는 기간 ② burn in 기간 : 제품을 실제로 장시간 사용해보고 결함의 원인을 찾아내는 방법
우발고장	예측할 수 없을 경우 발생하는 고장으로 시운전이나 점검으로 예방불가(낮은 안전계수, 사용자의 과오 등)
마모고장	장치의 일부분이 수명을 다하여 발생하는 고장(부식 또는 마모, 불충분한 정비 등)

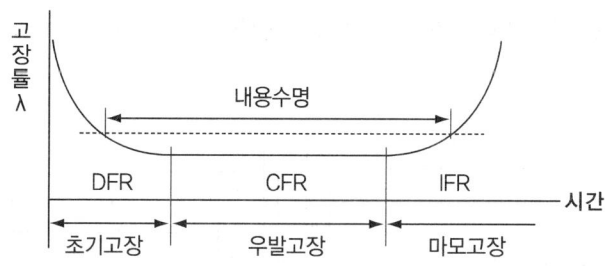

[그림] 기계의 고장률(욕조곡선)

(2) 미스얼라인먼트(misalingment) 구간 : 우발고장 "끝"

정답근거
산업안전지도사(기계안전공학) p.1-10[표] 기계고장률의 기본모형)

합격 key
2018년 8월 16일(문제 6번)

보충학습

misalignment

(1) 개요

미스얼라인먼트는 축, 커플링, 베어링 등의 중심선 정렬이 적절하게 이루어지지 않았을 경우 발생된다. 미스얼라인먼트에는 각 미스얼라인먼트와 평행 미스얼라인먼트, 그리고 두 가지가 결합된 형태의 미스얼라인먼트가 있다.

(2) 각 미스얼라인먼트

각 미스얼라인먼트는 두 축이 아래 그림과 같이 정렬된 상태로 축에 굽힙력이 작용하는 커플링 정렬 형태이다.

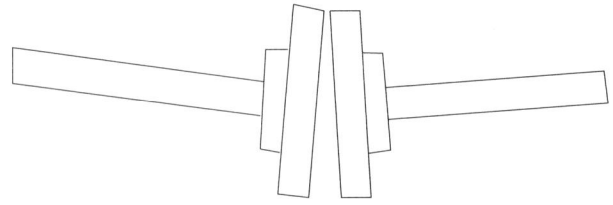

[그림] 각 미스얼라인먼트

(3) 평행 미스얼라인먼트

평행 미스얼라인먼트는 그림과 같이 두 축의 중심선이 서로 평행으로 어긋나게 배열될 때 발생한다.

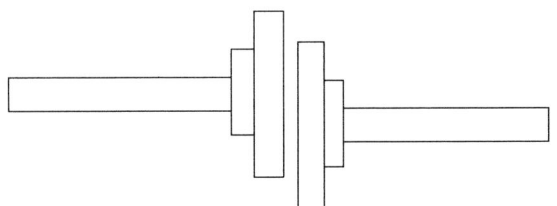

[그림] 평행 미스얼라인먼트

(4) 미스얼라인먼트의 발생 원인

① 열 팽창은 터빈과 같이 열을 발생시키며 작동되는 기계에 작용된다. 대부분의 기계는 'Cold' 상태에서 축 정렬이 이루어진 후, 가동되므로 온도가 상승하게 된다. 따라서, 이러한 열팽창은 오 정렬(미스얼라인먼트)을 야기시키게 된다.
② 기계가 직접적으로 적절한 정렬이 이루어지지 않았을 경우
③ 힘이 파이프와 지지대등에 의해 기계에 전달될 때
④ 기초가 평평하지 않거나, 들린 경우 또는 침식된 경우

(5) 미스얼라인먼트의 영향

미스얼라인먼트는 일반적으로 베어링이 설계 사양보다 더 높은 부하 하에서 운전되게 하고, 이런 피로로 인해 베어링 손상을 초래하게 한다. 피로는 부하가 작용되는 표면 바로 아래에 순간적으로 응력이 작용된 결과이다. 이 피로는 금속 표면에 스폴링(Spalling)으로 관찰된다.

(6) 진단 방법

데이터 측정기(Microlog)을 통하여 미스얼라인먼트가 의심되는 설비를 측정한다.

(7) 커플링 사용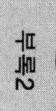

① 커플링에는 토크를 전달하는 힘과 미스얼라인먼트의 허용이 요구되는 경우이다.
② 미스얼라인먼트는 커플링으로 연결되는 2축의 축심 오차를 뜻한다. 미스얼라인먼트에는 편각, 편심, 엔드플레이가 있는데 2축의 미스얼라인먼트가 기재된 허용값 이하가 되도록 축의 얼라이먼트를 조정(센터링)해 준다.
③ 축과 축을 맞추려면 정확한 심 조정(얼라이먼트 조정)이 필요하지만 커플링에 유연성 및 굴곡성을 부여하면 미스얼라인먼트를 흡수할 수 있게 된다.

문제 5

다음 각각의 현상에 대한 용어를 쓰시오.

1) 하중이 1회 작용하여서는 부품이 파단되지 않았지만, 그 하중이 반복하여 작용함에 따라, 균열이 발생하고 성장하여 부품이 파단되는 현상
2) 하중을 더 증가시키지 않고 유지만 하여도 부품의 변형이 계속 증가하는 현상으로 주로 고온에서 발생

정답

① 반복하중
② 크리프(creep) 현상 "끝"

정답근거

① 산업안전지도사(기계안전공학) p.1-27([표] 하중의 종류 및 특징)
② 산업안전지도사(기계안전공학) p.1-29(6. 크리프현상과 안전율)

보충학습

(1) 하중의 종류 및 특징

종류		특징
정하중		정지상태에서 힘을 가했을 때 변화하지 않는 하중 또는 서서히 변화하는 하중
동하중 (하중의 크기가 수시로 변화)	반복하중	하중이 주기적으로 반복하여 작용하는 하중
	교번하중	하중의 크기 및 방향이 변화하는 인장력과 압축력이 서로 연속적으로 거듭되는 하중
	충격하중	비교적 짧은 시간이 급격히 작용하는 하중(안전율을 가장 크게)

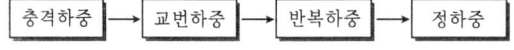

[그림] 하중에 따른 안전율의 크기 순서

(2) 크리프 현상

금속재료에 일정한 하중이 작용하면 그 응력에 대한 변형은 일정하다고 생각하였지만 이것은 탄성한계 이하의 응력으로서 상온의 경우이고, 고온이 되면 시간과 더불어 변형률이 커지고 연속적으로 변형하며 장시간 이와 같은 상태가 계속되면 파괴되는 현상

※ 다음 논술형 2문제를 모두 답하시오.(각 25점)

문제 6

프레스의 광전자식 방호장치를 레이저식으로 설치하는 경우 설치기준 2가지와 시험 만족 기준 3가지를 쓰시오.

정답

(1) 설치기준 2가지

① 가동금형과 레이저 빔 사이에는 14[mm]의 검출능력이 제공되어야 하며, 가동금형의 중심선에서 뒤로 2.5[mm]를 초과하지 않아야 한다.
② 방호장치의 상태를 표시하는 표시등을 구비하여야 한다.

(2) 시험만족기준 3가지

① 가동금형과 가장 가까운 레이저 빔 사이의 간격은 14[mm] 이하여야 한다.
② 금형 위에 10[mm]의 시험편을 올려놓은 상태에서 방호장치가 작동하여 스트로크가 정지한 후 열려있는 스트로크의 간격은 15[mm] 이상이어야 한다.
③ 금형 위에 35[mm]의 시험편을 올려놓은 상태에서 최대속도로 스트로크가 닫히는 동안 방호장치가 작동하여 스트로크가 정지하였을 때 가동금형은 35[mm] 시험편에 닿지 않아야 한다. "끝"

정답근거

위험기계·기구안전인증고시(고용노동부고시2020-41호)[별표 1] 프레스 등 제작 및 안전기준

2020년 11월 4일 시행

문제 7

설비의 신뢰성을 나타내는 척도로 신뢰도, 평균 고장 간격 시간, 평균 고장 수리시간, 고장률이 있다. 다음 물음에 답하시오.

1) 신뢰도, 평균 고장 간격 시간, 평균 고장 수리 시간, 고장률 각각의 정의를 쓰시오.
2) 평균 고장 간격 시간과 고장률은 어떤 관계인지를 쓰시오.

정 답

(1) 설비의 신뢰성

신뢰성이란 한 계통의 설비 전부나 한 대의 설비 또는 한 개의 부품 같은 것들의 기능이 얼마 동안이나 안정하게 사용될 수 있는지에 대한 정도나 성질을 말하며 설비 보전이나 비싼 설비장치의 관리에서는 매우 중요한 척도가 된다. 신뢰성을 척도(%)로 표시하는 경우에 신뢰도라 한다.

① 신뢰성을 나타내는 척도로는 다음과 같은 것이 있다.
　㉮ 신뢰도
　㉯ 평균 고장 간격 시간(Mean Time Between Failure)
　㉰ 평균 고장 수리 시간(Mean Time To Repair)
　㉱ 고장률

② 신뢰성으로 설비를 설명하면 다음과 같은 편리한 점들이 있다.
　㉮ 사용시간과 고장발생과의 관계를 알 수 있다.
　㉯ 운전 조업중인 설비의 장래 가동 상황을 예측하고 수정할 수 있다.
　㉰ 설비의 수명이 판명된다.
　㉱ 설비의 운전 조업 계획에 참고가 된다.
　㉲ 설비의 운전 조업을 시간적으로 예측할 수 있으므로 정비수리나 생산계획 수립에 도움이 된다.

　이러한 이유로 설비관리에서는 신뢰성이 주요한 척도로 많이 활용되고 있다.

③ 정의
　㉮ 신뢰도(Reliability : Rt)
　　㉠ 체계 또는 부품이 주어진 운용조건하에서 의도하는 사용기간 중에 의도한 목적에 만족스럽게 작동할 확률
　　㉡ 신뢰도 = $\dfrac{\text{설비 또는 한 계통 설비의 총 수} - \text{운전하고자 하는 시간까지의 고장 수}}{\text{설비 또는 한 계통 설비의 총 수}}$ × 100[%]

　㉯ MTBF(평균고장간격시간 : Mean Time Between Failures)
　　㉠ 고장이 발생되어도 다시 수리를 해서 쓸 수 있는 제품을 의미 : 무고장 시간의 평균
　　㉡ 고장에서 고장까지의 정상 상태에 머무르는 무고장 동작 시간의 평균치

ⓒ 평균고장 발생의 시간 길이로 수리하면서 사용하는 제품의 신뢰도 척도
ⓔ 고장 사이의 작동시간 평균치 : 보전성 개선 목적(보전기록자료)
ⓜ MTBF(평균 고장 간격 시간)

x_i : 각 고장까지의 시간

r : 고장 발생수

$$\text{MTBF} = \frac{x_1 + x_2 + x_3 + \cdots + x_i + \cdots + x_n}{r}$$

㉥ MTTR(평균 고장 수리 시간 : Mean Time To Repair)
ⓐ 체계의 고장발생 순간부터 수리가 완료되어 정상적으로 가동을 시작하기까지의 평균 고장시간이며 지수분포를 따른다.
ⓑ MTTR(평균 고장 수리 시간)

x_t : 각 고장 수리 시간

r : 고장 발생수

$$\text{MTTR} = \frac{x_1 + x_2 + x_3 + \cdots + x_t + \cdots + x_n}{r}$$

㉦ 고장률(Hazard rate : ht) : 단위시간당 시간구간 초에 정상 작동하던 체계가 그 시간구간 내에 고장나는 비율

(2) 고장률은 MTBF(평균 고장 간격 시간)의 역비이다. "끝"

정답근거

산업안전지도사(기계안전공학) p.3-12(2. 설비의 신뢰성)

※ 다음 논술형 2문제 중 1문제를 선택하여 답하시오.(각 25점)

문제 8

산업안전보건기준에 관한 규칙상 지게차 헤드가드(head guard) 안전기준 2가지와 양중기에 사용하는 와이어로프 등 달기구의 안전계수 기준 3가지를 쓰시오.(단, 지게차 헤드가드 안전기준 중 운전자가 앉아서 조작하거나 서서 조작하는 지게차의 헤드가드는 「산업표준화법」제12조에 따른 한국산업표준에서 정하는 높이 기준 이상일 것과 양중기에 사용하는 와이어로프 등 달기구의 안전계수 기준 중 그 밖의 경우는 작성하지 말 것

정답

(1) 지게차 헤드 가드(head guard) 안전기준 2가지

　① 강도는 지게차의 최대하중의 2배 값(4톤을 넘는 값에 대해서는 4톤으로 한다)의 등분포정하중(等分布靜荷重)에 견딜 수 있을 것

　② 상부틀의 각 개구의 폭 또는 길이가 16[cm] 미만일 것

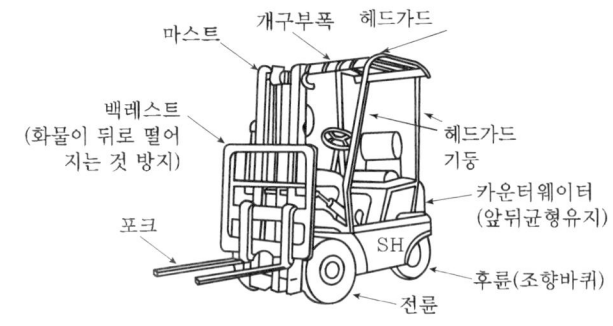

[그림] 지게차의 구조

정답근거

산업안전보건기준에 관한 규칙(약칭 : 안전보건규칙)
[시행 2021.1.16][고용노동부령 제273호, 2019.12.26., 일부개정]
제180조(헤드가드)

합격 key

2019년 6월 15일(문제 3번) 출제

(2) 와이어로프 등 달기구의 안전계수 3가지

　① 근로자가 탑승하는 운반구를 지지하는 달기와이어로프 또는 달기체인의 경우 : 10 이상

　② 화물의 하중을 직접 지지하는 달기와이어로프 또는 달기체인의 경우 : 5 이상

　③ 훅, 샤클, 클램프, 리프팅 빔의 경우 : 3 이상   "끝"

정답근거

산업안전보건기준에 관한 규칙 제163조(와이어로프 등 달기구의 안전계수)

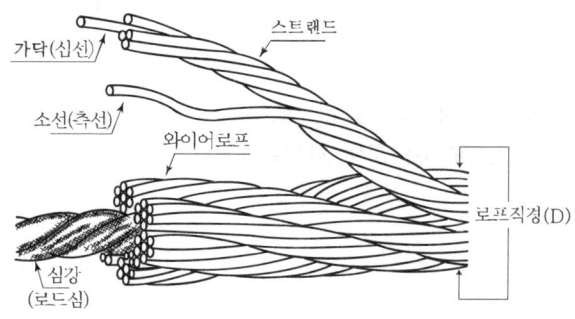

[그림] 로프의 형태

합격 key

2019년 6월 15일(문제 7번)

문제 9

기계설비의 안전화 방안으로 풀 프루프(fool proof)와 페일 세이프(fail safe)가 있다. 다음 물음에 답하시오.

1) 풀 프루프와 페일 세이프 각각의 정의를 쓰시오.
2) 풀 프루프와 페일 세이프에 해당하는 사례를 각각 3가지씩 쓰시오.

정 답

(1) 정의

① 풀 프루프(Fool Proof)

기계장치 설계단계에서 안전화를 도모하는 기본적 개념이며, 근로자(미숙련자)가 기계 등의 취급을 잘못해도 그것이 바로 사고나 재해와 연결되는 일이 없도록 하는 확고한 안전기구를 말한다. 즉 인간의 착오·실수 등 이른바 인간과오(Human Error)를 방지하기 위한 것이다.

② 페일 세이프(fail safe)의 정의

㉮ 기계 등에 고장이 발생했을 경우에도 그대로 사고나 재해로 연결되지 아니하고 안전을 확보하는 기능을 말한다.

㉯ 인간이나 기계 등에 과오나 동작상의 실수가 있더라도 사고·재해를 발생시키지 않도록 철저하게 2중, 3중으로 통제를 가하는 것이다.

㉰ 본질 안전화의 또 하나의 요건인 페일세이프(fail safe)란 기계나 그 부품에 고장이나 기능불량이 생겨도 항상 안전하게 작동하는 구조와 그 기능을 말한다.

㉱ 좁은 의미로는 기계를 안전하게 작동한다는 것은 기계를 정지시키는 것으로 생각되고 있으나, 넓은 의미로는 반드시 정지에만 한정되지는 않는다.

(2) 사례 각각 3가지씩

① 풀프루프의 사례

종류	형식	기능
가드 (Guard)	고정 가드 (Fixed Guard)	개구부로부터 가공물과 공구 등을 넣어도 손은 위험영역에 머무르지 않는 상태
	조절 가드 (Adjustable Guard)	가공물과 공구에 맞도록 형상과 크기를 조절하는 형태
	경고 가드 (Warning Guard)	손이 위험영역에 들어가기 전에 경고를 하는 형태
	인터록 가드 (Interlock Guard)	기계가 작동 중에 개폐되는 경우 정지하는 형태
록기구 (Lock 기구)	인터록 (Interlock)	기계식, 전기식, 유공압식 또는 이들의 조합으로 2개 이상의 부분이 상호 구속되는 형태
	키식 인터록 (key type Interlock)	열쇠를 사용하여 한쪽을 잠그지 않으면 다른 쪽이 열리지 않는 형태

예 금형의 가드, 사출기의 인터록장치, 카메라의 이중촬영방지기구 등

② Fail safe 사례

㉮ 구조적 fail safe

구조적 fail safe의 대표적인 예는 항공기이다.

〈항공기의 fail safe 대책〉

㉠ 다경로 하중 구조(多經路荷重構造) : 하중을 전달하는 부재가 여러 개 있어 일부가 파괴되어도 나머지 부재가 지탱하는 구조

㉡ 분할 구조(分割構造) : 한 개의 큰 부재가 통상 점유하는 장소를 2개 이상의 부재를 조합시켜 하중을 분산 전달하는 구조

㉢ 떠맡는(교대) 구조 : 어떤 부재가 파괴되면 그 부재가 받던 하중을 다른 부재가 떠맡는 구조

㉣ 하중 경감 구조(荷重輕減構造) : 구조물의 일부가 파손되면 파손부의 하중이 다른 부분으로 옮겨가게 되어 하중이 경감되므로 파괴가 되지 않는 구조

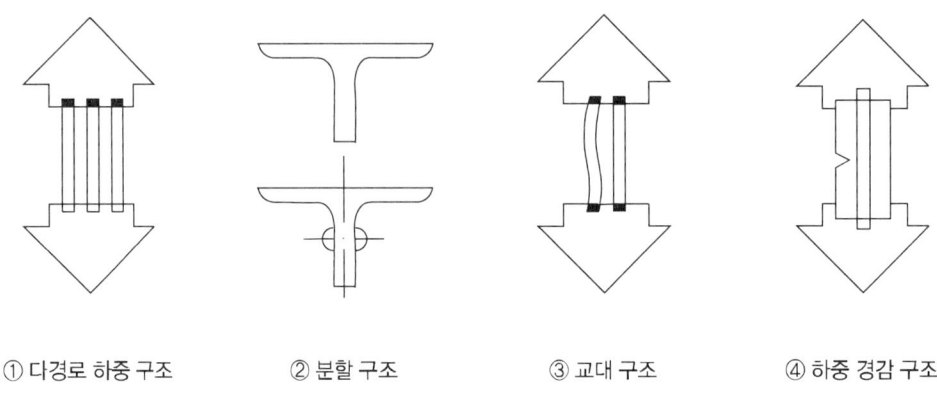

| ① 다경로 하중 구조 | ② 분할 구조 | ③ 교대 구조 | ④ 하중 경감 구조 |

[그림] 구조적 fail safe

㉯ 기능적 fail safe

기능적 fail safe의 대표적인 예는 철도신호이다. 철도 신호는 고장이 발생했을 때 청색 신호가 반드시 적색 신호가 되어 열차가 정지하는 것으로 끝나지만, 만일 적색 신호로 있어야 할 신호가 청색으로 된다면 중대 재해가 발생하게 된다. 이처럼 철도 신호가 고장이 났을 때는 반드시 적색 신호로 되는 것이 fail safe이다. 기능적 fail safe는 산업 안전의 목적으로도 여러 곳에 사용되고 있다. 특히 기계적 fail safe는 대기 여분(stand-by redundancy)의 개념이 전제되어야 한다.

〈기계적 fail safe의 예〉

㉠ 증기보일러의 안전 밸브와 급수 탱크를 복수로 설치하는 것
㉡ 프레스 제어용으로 설치된 복식 전자 밸브 중 한쪽의 밸브가 고장이 나면 클러치, 브레이크의 압축 공기를 배기시켜 프레스를 급정지시키도록 함
㉢ 화학 설비에 안전 밸브 또는 긴급 차단 장치를 설치하여 이상 시에는 이들이 작동하여 설비를 보호하는 것
㉣ 석유 난로가 일정 각도 이상으로 기울어지면 자동적으로 불이 꺼지도록 소화 기구를 내장시킨 것
㉤ 승강기 정전 시 마그네틱 브레이크가 작동하여 운전을 정지시키는 경우와 정격 속도 이상의 주행 시 속도조절기(governor)가 작동하여 긴급 정지시키는 것   "끝"

합격 key

2016년 6월 25일(논술형) 문제 1번

"이하여백"

2021년도 6월 15일
산업안전지도사 제11회 기출문제 NCS 분석

1. 시험과목 및 배점

구분	시험과목	시험시간	문제유형	배점	비고
2차 전공	기계안전공학	100분	주관식 1) 단답형 : 5문제 2) 논(서)술형 : 4문제 중 3문제 선택 (필수2, 선택1)	총점 : 100점 1) 단답형 : 5문제×5점=25점 2) 논(서)술형 : 3문제×25점=75점	과락없음 60점이면 합격

2. NCS 적용문제 분석

대분류	중분류	소분류	문제내용(세세분류)	비고
단답형	절삭가공	절삭제	문제 1) 절삭가공에서 절삭제의 사용목적 3가지를 쓰시오.	절삭제3대 작용
	기계공학	용어정의	문제 2) 기계·기구·설비의 설계 제작에 관련된 사용응력(Working Stress) 및 허용응력(Allowable Stress)에 관하여 각각 쓰시오.	사용응력 허용응력
	산업안전보건법	안전보건규칙	문제 3) 산업안전보건기준에 관한 규칙상 진동작업에 해당하는 작업 3가지를 쓰시오.	제512조(정의)
	산업용로봇	동작형태별 분류	문제 4) 산업용 로봇을 동작 형태별로 분류할 때, 그 종류 4가지를 쓰시오.	동작형태 4가지
	산업안전보건법	안전보건규칙	문제 5) 산업안전보건기준에 관한 규칙상 항타기 또는 항발기를 조립할 때 점검사항 3가지를 쓰시오.	제207조 (조립시 점검)
논(서)술형	산업안전보건법	안전보건규칙	문제 6) 산업안전보건기준에 관한 규칙상 용접·용단 작업 등의 화재위험작업을 할 때 작업을 시작하기 전에 관리감독자가 확인할 점검사항 5가지를 쓰시오.	[별표 3] 작업시작전 점검사항
	산업안전보건법	시행규칙	문제 7) 지게차 재해방지대책 중 방호장치 5가지를 쓰고, 각 장치에 관하여 설명하시오.	제98조 (방호조치)
	산업안전보건법	안전보건 규칙	문제 8) 산업안전보건기준에 관한 규칙상 건축물이나 고정된 시설물에 설치되어 일정한 경로에 따라 사람이나 화물을 승강장으로 옮기는 데에 사용되는 설비(기계) 5가지를 쓰고, 각 설비(기계)에 관하여 설명하시오.	제132조(양중기)

| 기계안전 | 기계설비 위험점 | 문제 9) 기계의 운동형태에 따라 기계설비의 위험점을 분류할 때, 6가지 위험점을 쓰고 각 위험점에 관하여 설명하시오. | 위험점 6가지 |

2021년도 6월 15일

산업안전지도사 2차 국가자격시험

시간	응시분야	수험번호	성명
100분	기계안전	20210615	도서출판 세화

※ 다음 단답형 5문제를 모두 답하시오.(각 5점)

문제 1

절삭가공에서 절삭제의 사용목적 3가지를 쓰시오.

정답

절삭제(유)제 3대 작용

(1) 냉각작용

　① 바이트와 공삭물의 냉각
　② 정밀도 저하방지
　③ 공구수명 연장

(2) 윤활작용

　① 마찰고 마모감소

(3) 세척작용

　① 가공 표면을 세척한다.
　② 칩으로 인한 다듬질면에 상처를 주지 않는다.
　③ 가공표면 방청 "끝"

문제 2

기계·기구·설비의 설계 제작에 관련된 사용응력(Working Stress) 및 허용응력(Allowable Stress)에 관하여 각각 쓰시오.

정답

① 허용응력(Allowable Stress) : $\dfrac{\text{극한하중(UlitmateStress)}}{\text{안전계수(SafetyFactor)}}$

② 사용응력(Working Stress) : 기계·기구·설비가 정상적으로 동작할 때 발생하는 응력
　'사용응력〈허용응력'이 되도록 해야 함.　"끝"

문제 3
산업안전보건기준에 관한 규칙상 진동작업에 해당하는 작업 3가지를 쓰시오.

정답
① 착암기
② 동력을 이용한 해머
③ 체인톱
④ 엔진 커터(engine cutter)
⑤ 동력을 이용한 연삭기
⑥ 임팩트 렌치(impact wrench)
⑦ 그 밖에 진동으로 인하여 건강장해를 유발할 수 있는 기계·기구 "끝"

정답근거
산업안전보건기준에 관한 규칙 제512조(정의)

문제 4

산업용 로봇을 동작 형태별로 분류할 때, 그 종류 4가지를 쓰시오.

정답

(1) 직각좌표 로봇

① 작업의 정도가 높다.
② 제어가 쉽다.

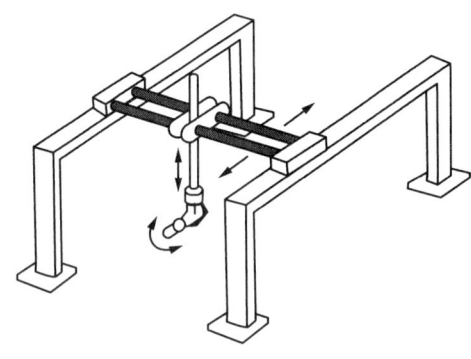

[그림] 직각좌표로봇

(2) 원통작업 로봇

① 작업의 영역이 넓다.
② 수평면에서는 좌표변환 자세제어가 필요하다.

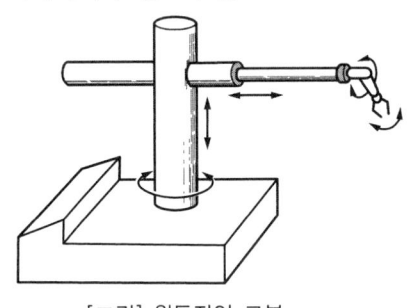

[그림] 원통작업 로봇

(3) 극좌표 로봇

① 작업의 영역, 자세가 넓다.
② 3차원에서의 좌표변환 자세제어가 필요하다.

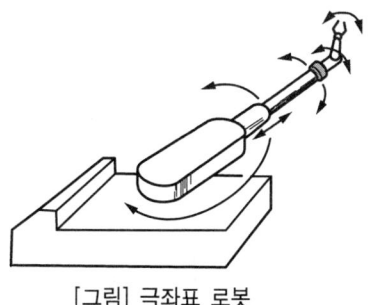

[그림] 극좌표 로봇

(4) 다관절 로봇

① 복잡한 작업을 할 수 있다.
② 제어가 복잡하다.

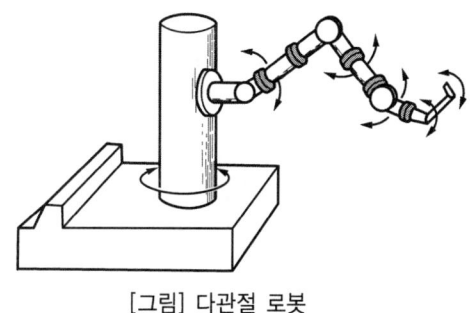

[그림] 다관절 로봇

"끝"

보충학습

(1) 산업용 로봇

생체 운동부의 기능에 유사한 유연한 동작기능을 갖고 또한 지적 기능을 갖춘 것으로 인간의 요구에 따라서 동작하는 것을 로봇이라 한다. 주로 공장 등에서 생산성 향상이나 노동력 절감을 위하여 산업용 로봇을 사용한다.

(2) 입력 정보·교시에 의한 분류

① 매뉴얼 매니퓰레이터(manual manipulator)
② 고정 시퀀스 로봇
③ 가변 시퀀스 로봇
④ 플레이 백 로봇
⑤ 수치 제어 로봇
⑥ 지능 로봇

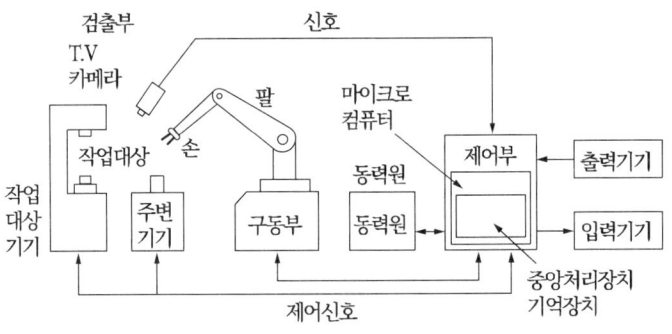

[그림] 산업용로봇의 구성

참고문헌

네이버 지식백과 (도해 기계용어사전)

문제 5

산업안전보건기준에 관한 규칙상 항타기 또는 항발기를 조립할 때 점검사항 3가지를 쓰시오.

정 답

① 본체 연결부의 풀림 또는 손상의 유무
② 권상용 와이어로프·드럼 및 도르래의 부착상태의 이상 유무
③ 권상장치의 브레이크 및 쐐기장치 기능의 이상 유무
④ 권상기의 설치상태의 이상 유무
⑤ 버팀의 방법 및 고정상태의 이상 유무 "끝"

합격정보

산업안전보건기준에 관한 규칙 제207조(조립 시 점검)

※ 다음 논술형 2문제를 모두 답하시오.(각 25점)

문제 6

산업안전보건기준에 관한 규칙상 용접·용단 작업 등의 화재위험작업을 할 때 작업을 시작하기 전에 관리감독자가 확인할 점검사항 5가지를 쓰시오.

정 답

① 작업 준비 및 작업 절차 수립 여부
② 화기작업에 따른 인근 가연성물질에 대한 방호조치 및 소화기구 비치 여부
③ 용접불티 비산방지덮개 또는 용접방화포 등 불꽃·불티 등의 비산을 방지하기 위한 조치 여부
④ 인화성 액체의 증기 또는 인화성 가스가 남아 있지 않도록 하는 환기 조치 여부
⑤ 작업근로자에 대한 화재예방 및 피난교육 등 비상조치 여부 "끝"

정답근거

산업안전보건기준에 관한 규칙 [별표 3] 작업시작 전 점검사항(제35조제2항 관련)

문제 7

지게차 재해방지대책 중 방호장치 5가지를 쓰고, 각 장치에 관하여 설명하시오.

정 답

① 헤드가드
② 백레스트(backrest)
③ 전조등
④ 후미등
⑤ 안전벨트 "끝"

정답근거

산업안전보건법 시행규칙 제98조(방호조치)

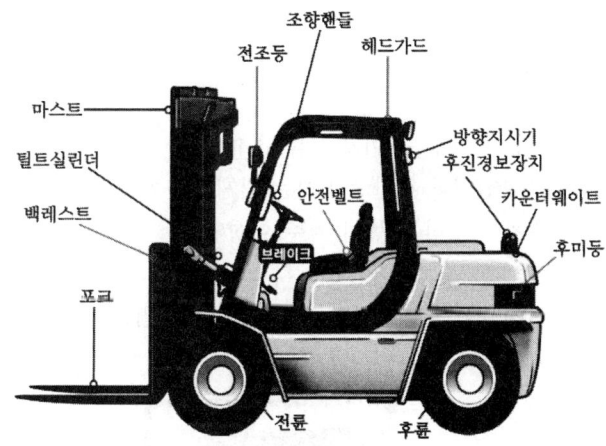

[그림] 지게차 주요구조부

1. 법적 방호장치

(1) 전조등 및 후미등 설치

① 사업주는 전조등과 후미등을 갖추지 아니한 지게차를 사용해서는 아니된다. 다만, 작업을 안전하게 수행하기 위하여 필요한 조명이 확보되어 있는 장소에서 사용하는 경우에는 그러하지 아니하다.

② 사업주는 지게차 작업 중 근로자와 충돌할 위험이 있는 경우에는 지게차에 후진경보기와 경광등을 설치하거나 후방감지기를 설치하는 등 후방을 확인할 수 있는 조치를 해야한다.

2021년 6월 15일 시행

⟨전조등 및 후미등⟩
야간작업 시 조명 확보와 지게차 위치 확인을 통해 안전한 작업이 되도록 설치하는 등화장치

(2) 헤드가드

사업주는 다음 각 호에 따른 적합한 헤드가드를 갖추지 아니한 지게차를 사용해서는 아니된다. 다만, 화물의 낙하에 의하여 지게차의 운전자에게 위험을 미칠 우려가 없는 경우에는 그러하지 아니하다.
① 강도는 지게차의 최대하중의 2배 값(4톤을 넘는 값에 대해서는 4톤으로 한다)의 등분포정하중(等分布靜荷重)에 견딜 수 있을 것
② 상부틀의 각 개구의 폭 또는 길이가 16[cm] 미만일 것
③ 운전자가 앉아서 조작하거나 서서 조작하는 지게차의 헤드가드는 「산업표준화법」제12조에 따른 한국산업표준에서 정하는 높이 기준 이상일 것

⟨헤드가드⟩
운전자 위쪽에서 적재물이 떨어져 운전자가 다치는 위험을 막기 위해 머리 위에 설치하는 덮개

(3) 백레스트

사업주는 백레스트(backrest)를 갖추지 아니한 지게차를 사용해서는 아니된다. 다만, 마스트의 후방에서 화물이 낙하함으로써 근로자가 위험해질 우려가 없는 경우에는 그러하지 아니하다.

〈백레스트〉
지게차 마스트를 뒤로 기울일 때 화물이 마스트 방향으로 떨어지는 것을 방지하기 위한 짐받이 틀

(4) 좌석 안전띠의 착용 등
  ① 사업주는 앉아서 조작하는 방식의 지게차를 운전하는 근로자에게 좌석 안전띠를 착용하도록 하여야 한다.
  ② 제1항에 따른 지게차를 운전하는 근로자는 좌석 안전띠를 착용하여야 한다.

〈좌석 안전띠〉
지게차가 넘어질 경우 근로자가 운전석으로부터 이탈되어 발생할 수 있는 재해를 예방하기 위한 안전벨트

> **참고**
> 방호장치(권고)

대형후사경 및 룸미러

사이렌(음성경보장치)

경광등

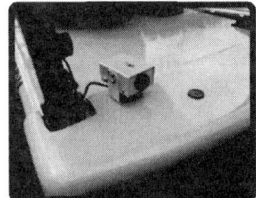
후방센서

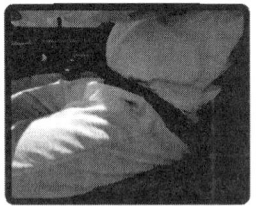
주행연동 안전벨트

레이저위치표시기(블루라이트)

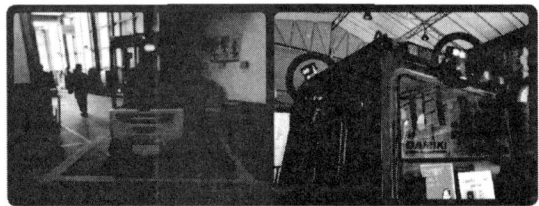
레이저위치표시기(라인빔)

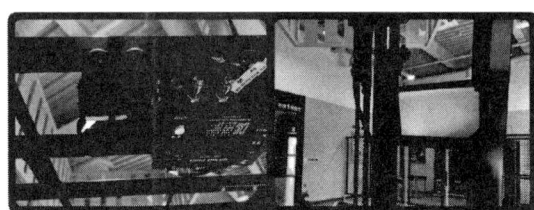
후방감지장치(카메라, 모니터)

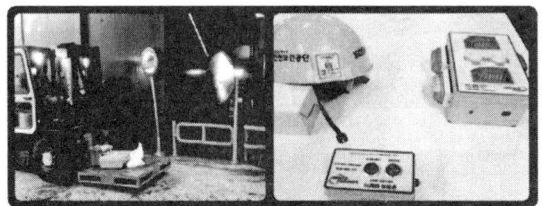
양방향 접근 경보기

※ 위 방호장치는 산업안전보건법에서 강제하고 있지 않으나, 지게차에 기인한 안전사고를 예방하기 위해 설치 권고

(2) 관련법규 및 안전조치

팔레트 등 : 사업주는 지게차에 의한 하역운반작업에 사용하는 팔레트(pallet) 또는 스키드(skid)는 다음 각 호에 해당하는 것을 사용하여야 한다.
① 적재하는 화물의 중량에 따른 충분한 강도를 가질 것
② 심한 손상·변형 또는 부식이 없을 것

관련근거

네이버 블로그(박새로이)

(3) 안전보건규칙

제179조(전조등 등의 설치) ① 사업주는 전조등과 후미등을 갖추지 아니한 지게차를 사용해서는 아니 된다. 다만, 작업을 안전하게 수행하기 위하여 필요한 조명이 확보되어 있는 장소에서 사용하는 경우에는 그러하지 아니하다. 〈개정 2019. 1. 31., 2019. 12. 26.〉
② 사업주는 지게차 작업 중 근로자와 충돌할 위험이 있는 경우에는 지게차에 후진경보기와 경광등을 설치하거나 후방감지기를 설치하는 등 후방을 확인할 수 있는 조치를 해야 한다. 〈신설 2019. 12. 26.〉[제목개정 2019. 12. 26.]

제180조(헤드가드) 사업주는 다음 각 호에 따른 적합한 헤드가드(head guard)를 갖추지 아니한 지게차를 사용해서는 아니 된다. 다만, 화물의 낙하에 의하여 지게차의 운전자에게 위험을 미칠 우려가 없는 경우에는 그러하지 아니하다. 〈개정 2019. 1. 31.〉
1. 강도는 지게차의 최대하중의 2배 값(4톤을 넘는 값에 대해서는 4톤으로 한다)의 등분포정하중(等分布靜荷重)에 견딜 수 있을 것
2. 상부틀의 각 개구의 폭 또는 길이가 16센티미터 미만일 것
3. 운전자가 앉아서 조작하거나 서서 조작하는 지게차의 헤드가드는 「산업표준화법」 제12조에 따른 한국산업표준에서 정하는 높이 기준 이상일 것
4. 삭제 〈2019. 1. 31.〉

제181조(백레스트) 사업주는 백레스트(backrest)를 갖추지 아니한 지게차를 사용해서는 아니 된다. 다만, 마스트의 후방에서 화물이 낙하함으로써 근로자가 위험해질 우려가 없는 경우에는 그러하지 아니하다.

제182조(팔레트 등) 사업주는 지게차에 의한 하역운반작업에 사용하는 팔레트(pallet) 또는 스키드(skid)는 다음 각 호에 해당하는 것을 사용하여야 한다.
1. 적재하는 화물의 중량에 따른 충분한 강도를 가질 것
2. 심한 손상·변형 또는 부식이 없을 것

제183조(좌석 안전띠의 착용 등) ① 사업주는 앉아서 조작하는 방식의 지게차를 운전하는 근로자에게 좌석 안전띠를 착용하도록 하여야 한다.
② 제1항에 따른 지게차를 운전하는 근로자는 좌석 안전띠를 착용하여야 한다.

※ 다음 논술형 2문제 중 1문제를 선택하여 답하시오. (각 25점)

문제 8

산업안전보건기준에 관한 규칙상 건축물이나 고정된 시설물에 설치되어 일정한 경로에 따라 사람이나 화물을 승강장으로 옮기는 데에 사용되는 설비(기계) 5가지를 쓰고, 각 설비(기계)에 관하여 설명하시오.

정답

① "크레인"이란 동력을 사용하여 중량물을 매달아 상하 및 좌우[수평 또는 선회(旋回)를 말한다]로 운반하는 것을 목적으로 하는 기계 또는 기계장치를 말하며, "호이스트"란 훅이나 그 밖의 달기구 등을 사용하여 화물을 권상 및 횡행 또는 권상동작만을 하여 양중하는 것을 말한다.

② "이동식 크레인"이란 원동기를 내장하고 있는 것으로서 불특정 장소에 스스로 이동할 수 있는 크레인으로 동력을 사용하여 중량물을 매달아 상하 및 좌우(수평 또는 선회를 말한다)로 운반하는 설비로서「건설기계관리법」을 적용 받는 기중기 또는「자동차관리법」제3조에 따른 화물·특수자동차의 작업부에 탑재하여 화물운반 등에 사용하는 기계 또는 기계장치를 말한다.

③ "리프트"란 동력을 사용하여 사람이나 화물을 운반하는 것을 목적으로 하는 기계설비로서 다음 각 목의 것을 말한다.

㉮ 건설용 리프트 : 동력을 사용하여 가이드레일(운반구를 지지하여 상승 및 하강 동작을 안내하는 레일)을 따라 상하로 움직이는 운반구를 매달아 사람이나 화물을 운반할 수 있는 설비 또는 이와 유사한 구조 및 성능을 가진 것으로 건설현장에서 사용하는 것

㉯ 산업용 리프트 : 동력을 사용하여 가이드레일을 따라 상하로 움직이는 운반구를 매달아 화물을 운반할 수 있는 설비 또는 이와 유사한 구조 및 성능을 가진 것으로 건설현장 외의 장소에서 사용하는 것

㉰ 자동차정비용 리프트 : 동력을 사용하여 가이드레일을 따라 움직이는 지지대로 자동차 등을 일정한 높이로 올리거나 내리는 구조의 리프트로서 자동차 정비에 사용하는 것

㉱ 이삿짐운반용 리프트 : 연장 및 축소가 가능하고 끝단을 건축물 등에 지지하는 구조의 사다리형 붐에 따라 동력을 사용하여 움직이는 운반구를 매달아 화물을 운반하는 설비로서 화물자동차 등 차량 위에 탑재하여 이삿짐 운반 등에 사용하는 것

④ "곤돌라"란 달기발판 또는 운반구, 승강장치, 그 밖의 장치 및 이들에 부속된 기계부품에 의하여 구성되고, 와이어로프 또는 달기강선에 의하여 달기발판 또는 운반구가 전용 승강장치에 의하여 오르내리는 설비를 말한다.

⑤ "승강기"란 건축물이나 고정된 시설물에 설치되어 일정한 경로에 따라 사람이나 화물을 승강장으로 옮기는 데에 사용되는 설비로서 다음 각 목의 것을 말한다.

㉠ 승객용 엘리베이터 : 사람의 운송에 적합하게 제조·설치된 엘리베이터

㉡ 승객화물용 엘리베이터 : 사람의 운송과 화물 운반을 겸용하는데 적합하게 제조·설치된 엘리베이터

㉢ 화물용 엘리베이터 : 화물 운반에 적합하게 제조·설치된 엘리베이터로서 조작자 또는 화물취급자 1명은 탑승할 수 있는 것(적재용량이 300킬로그램 미만인 것은 제외한다)

㉣ 소형화물용 엘리베이터: 음식물이나 서적 등 소형 화물의 운반에 적합하게 제조·설치된 엘리베이터로서 사람의 탑승이 금지된 것

㉤ 에스컬레이터 : 일정한 경사로 또는 수평로를 따라 위·아래 또는 옆으로 움직이는 디딤판을 통해 사람이나 화물을 승강장으로 운송시키는 설비 "끝"

정답근거

산업안전보건기준에 관한 규칙 제132조(양중기)

문제 9

기계의 운동형태에 따라 기계설비의 위험점을 분류할 때, 6가지 위험점을 쓰고 각 위험점에 관하여 설명하시오.

정답

기계·기구 설비의 위험점

(1) 정의

기계의 운동은 형태에 따라서 분류하면 회전운동, 왕복운동 또는 미끄럼운동, 회전과 미끄럼운동의 조합, 진동운동으로 나눌 수 있다.

(2) 위험점의 분류

① 협착점(Squeeze-point) : 왕복운동을 하는 동작부분과 움직임이 없는 고정부분 사이에서 형성되는 위험점
  - 예) 프레스기, 전단기, 성형기, 조형기, 굽힘기계(bending machine) 등
② 끼임점(Shear-point) : 고정부분과 회전하는 동작부분이 함께 만드는 위험점
  - 예) 연삭숫돌과 덮개, 교반기의 날개와 하우징, 프레임에서 암의 요동운동을 하는 기계부분 등
③ 절단점(Cutting-point) : 고정부분과 운동부분이 만드는 위험점이 아니고 회전하는 운동부 자체의 위험이나 운동하는 기계 부분 자체의 위험에서 초래되는 위험점
  - 예) 밀링의 커터, 띠톱이나 둥근톱의 톱날, 벨트의 이음 부분 등
④ 물림점(Nip-point) : 회전하는 두 개의 회전체에는 물려 들어가는 위험성이 존재한다. 이때 위험점이 발생되는 조건은 회전체가 서로 반대방향으로 맞물려 회전되어야 한다.
  - 예) 롤러와 롤러의 물림, 기어와 기어의 물림 등
⑤ 접선물림점(Tangential Nip-point) : 회전하는 부분의 접선방향으로 물려 들어갈 위험이 존재하는 점
  - 예) 벨트와 풀리, 체인과 스프로킷, 랙과 피니언 등
⑥ 회전말림점(Trapping-point) : 회전하는 물체에 작업복, 머리카락 등이 말려드는 위험이 존재하는 점
  - 예) 회전하는 축, 커플링, 돌출된 키나 고정나사, 회전하는 공구 등

① 협착점　　　　　　② 끼임점

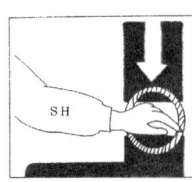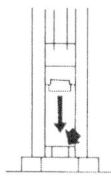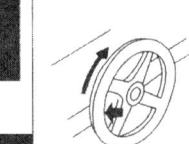

③ 절단점 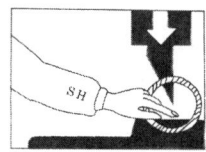  ④ 물림점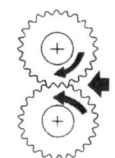

⑤ 접선물림점 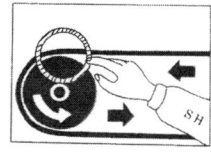  ⑥ 회전말림점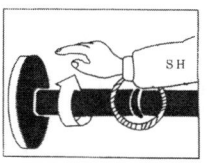

[그림] 기계설비 위험점 6가지 "끝"

"이하여백"

2022년도 6월 11일
산업안전지도사 제12회 기출문제 NCS 분석

1. 시험과목 및 배점

구분	시험과목	시험시간	문제유형	배점	비고
2차 전공	기계안전공학	100분	주관식 1) 단답형 : 5문제 2) 논(서)술형 : 4문제 중 3문제 선택 (필수2, 선택1)	총점 : 100점 1) 단답형 : 5문제×5점=25점 2) 논(서)술형 : 3문제×25점=75점	과락없음 60점이면 합격

2. NCS 적용문제 분석

대분류	중분류	소분류	문제내용(세세분류)	비고
단답형	법령	자율안전 확인 고시	문제 1) 위험기계·기구 자율안전확인 고시에 따라 산업용 로봇의 보기 쉬운 곳에 쉽게 지워지지 않는 방법으로 표시해야 하는 사항 중 5가지를 쓰시오.	고시 제2020-37호 2020.7.25 출제
	소성가공	압연가공 2023. 출제	문제 2) 압연가공 시 위험요인 4가지를 쓰시오.	롤러기
	법령	산업안전보건기준에 관한 규칙	문제 3) 산업안전보건기준에 관한 규칙상 기계설비 설치를 위하여 사업주가 사다리식 통로 등을 설치하는 경우 준수하여야 하는 사항에 관하여 다음 (ㄱ) ~ (ㅁ)에 들어갈 숫자를 쓰시오. 1) 발판과 벽과의 사이는 (ㄱ)센티미터 이상의 간격을 유지할 것 2) 폭은 (ㄴ)센티미터 이상으로 할 것 3) 사다리의 상단은 걸쳐놓은 지점으로부터 (ㄷ)센티미터 이상 올라가도록 할 것 4) 사다리식 통로의 길이가 10미터 이상인 경우에는 (ㄹ)미터 이내마다 계단참을 설치할 것 5) 사다리식 통로의 기울기는 (ㅁ)도 이하로 할 것. 다만, 고정식 사다리식 통로의 기울기는 90도 이하로 하고, 그 높이가 7미터 이상인 경우에는 바닥으로부터 높이가 2.5미터 되는 지점부터 등받이울을 설치할 것	안전보건규칙 제24조
	공장자동화	방호대책 2023. 출제	문제 4) 공장자동화 추진 시 안전을 위한 방호대책 중 5가지를 쓰시오.	방호대책

	소성가공	S-N곡선	문제 5) 기계·기구·설비를 설계할 때 사용하는 $S-N$ 곡선과 관련하여 다음 물음에 답하시오. 1) $S-N$ 곡선의 가로축의 의미를 쓰시오. 2) $S-N$ 곡선의 세로축의 의미를 쓰시오. 3) $S-N$ 곡선의 수평부분에 해당하는 세로축 값을 무엇이라고 부르는지 쓰시오.	응력반복 횟수
논(서)술형	산업설비	보일러 2023. 출제	문제 6) 보일러 가동시 발생증기 이상 요인으로서 프라이밍(priming), 포밍(foaming), 캐리오버(carry over) 현상에 대하여 각각 설명하고, 캐리오버(carry over) 방지대책 중 5가지를 쓰시오.	발생증기 이상 요인 3가지
	법령	산업안전보건기준에 관한 규칙	문제 7) 산업안전보건기준에 관한 규칙에 따른 기어 및 감속기의 유지보수에 관한 기술 지침상 "기어 및 감속기의 보수시 유의사항" 중 5가지를 쓰시오.	안전보건규칙 제87조
	법령	산업안전보건기준에 관한 규칙	문제 8) 컨베이어에 관하여 다음 물음에 답하시오. 1) 컨베이어의 종류 중 5가지를 쓰시오. 2) 컨베이어 작업 시작 전 점검사항 4가지를 쓰시오. 3) 컨베이어 작업 시 안전작업수칙 중 5가지를 쓰시오.	안전보건규칙 [별표 3]
	법령	산업안전보건기준에 관한 규칙	문제 9) 산업안전보건기준에 관한 규칙상 동력을 사용하는 항타기 또는 항발기에 대하여 무너짐을 방지하기 위하여 사업주가 준수하여야 하는 사항 중 5가지를 쓰시오.	안전보건규칙 제212조

2022년도 6월 11일

산업안전지도사 2차 국가자격시험

시간	응시분야	수험번호	성명
100분	기계안전	20220611	도서출판 세화

※ 다음 단답형 5문제를 모두 답하시오.(각 5점)

문제 1

위험기계·기구 자율안전확인 고시에 따라 산업용 로봇의 보기 쉬운 곳에 쉽게 지워지지 않는 방법으로 표시해야 하는 사항 중 5가지를 쓰시오.

정답

① 제조자의 이름과 주소, 모델 번호 및 제조일련번호, 제조연월
② 중량
③ 전기 또는 유·공압시스템에 대한 공급사양
④ 이동 및 설치를 위한 인양 지점
⑤ 부하 능력 "끝"

정답근거

위험기계기구 자율안전확인 고시 [별표 2] 산업용 로봇의 제작 및 안전기준(18번) 제2020-37호(2020.1.15)

문제 2

압연가공 시 위험요인 4가지를 쓰시오.

정답

① 압연기 투입작업 중 협착·비래 위험
  - 철선 끝단 압연작업 중 롤러에 협착 위험
  - 압연기 투입 중 철선의 반동으로 철선이 신체를 가격할 위험
② 철선다발을 천장크레인을 이용하여 운반 중 낙하 위험
  - 줄걸이로프 파단에 의한 낙하
  - 철선을 매단 상태에서 압연기 투입작업 중 충돌 위험
③ 작업 중 발생소음에 의한 건강장해 위험
④ 이상온도 노출, 접촉(열간 압연의 경우)
  - 고온 환경 또는 물체에 노출, 접촉 "끝"

정답근거

① 한국산업안전보건공단 자료
② 산업안전지도사(기계안전공학) p.1-102(제1절 롤러기)

보충학습

압연(Rolling)

회전하는 한쌍의 롤러 사이로 재료를 통과시켜 압축하중을 가하여 두께를 줄이고, 단면의 형상을 변형시켜 각종 판재, 봉재, 단면재를 생산하는 가공법을 "압연"이라고 한다.

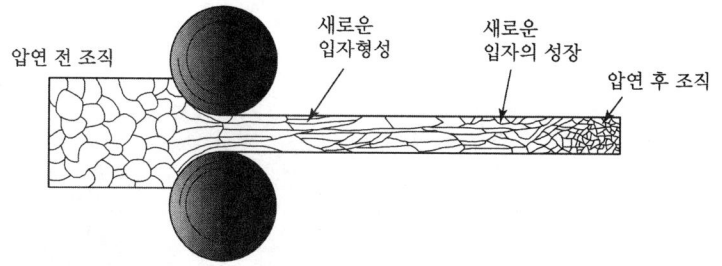

[그림] 열간압연 조직변화 과정

문제 3

산업안전보건기준에 관한 규칙상 기계설비 설치를 위하여 사업주가 사다리식 통로 등을 설치하는 경우 준수하여야 하는 사항에 관하여 다음 (ㄱ) ~ (ㅁ)에 들어갈 숫자를 쓰시오.

1) 발판과 벽과의 사이는 (ㄱ)센티미터 이상의 간격을 유지할 것
2) 폭은 (ㄴ)센티미터 이상으로 할 것
3) 사다리의 상단은 걸쳐놓은 지점으로부터 (ㄷ)센티미터 이상 올라가도록 할 것
4) 사다리식 통로의 길이가 10미터 이상인 경우에는 (ㄹ)미터 이내마다 계단참을 설치할 것
5) 사다리식 통로의 기울기는 (ㅁ)도 이하로 할 것. 다만, 고정식 사다리식 통로의 기울기는 90도 이하로 하고, 그 높이가 7미터 이상인 경우에는 바닥으로부터 높이가 2.5미터 되는 지점부터 등받이울을 설치할 것

정답

㉠ 15　㉡ 30　㉢ 60　㉣ 5　㉯ 75　"끝"

정답근거

산업안전보건기준에 관한 규칙 제24조(사다리식 통로 등의 구조)

문제 4

공장자동화 추진 시 안전을 위한 방호대책 중 5가지를 쓰시오.

정답

① 안전장치에 대한 방호능력 부여 : 안전장치 제거 시 기계가 작동하지 않도록 구성
② 작업자의 불안전 행동이나 기계의 오작동에 대하여 감지 및 표시할 수 있는 능력 부여
③ 독립적이고 상호 보완적인 능력 부여(Fail Safe, Fool Proof)
④ 신뢰성이 높은 기기 사용
⑤ 고장 발생 시 정지 상태 설정
⑥ 어렵고 과다한 복합기능 배제
⑦ 고장에 대한 대체성이 있을 것
⑧ 보전성이 좋을 것
⑨ 외부환경에 견딜 수 있는 구조로 설계 시공할 것 "끝"

보충학습

자동화 설비의 장점과 단점

(1) 장점

① 작업자가 위험 영역에 들어가지 않고 복잡한 제어를 쉽게 함으로써 안전성을 향상시킴
② 중량물의 운반 등에 의한 육체적인 피로를 감소시킴
③ 유해가스, 분진, 고·저온, 소음, 진동 등이 조건에서 작업자를 해방시킴
④ 진공, 고압력, 방사선 등의 환경 속에서도 안전하게 작업 가능

(2) 단점

① 단조로운 노동 등 비인간적인 작업을 가져오게 한다.
② 자동화되지 않은 작업이 남는다.
③ 고장에 의한 재해의 위험성 [고장에 따른 수리작업 시의 조치사항 : 제224조]
④ 대형화, 고속화에 대한 위험성
⑤ 작업자의 근로의욕 저해

참고

산업안전지도사(기계안전공학) p.2-3(제1장 공장자동화 설비)

문제 5

기계·기구·설비를 설계할 때 사용하는 $S-N$ 곡선과 관련하여 다음 물음에 답하시오.

1) $S-N$ 곡선의 가로축의 의미를 쓰시오.
2) $S-N$ 곡선의 세로축의 의미를 쓰시오.
3) $S-N$ 곡선의 수평부분에 해당하는 세로축 값을 무엇이라고 부르는지 쓰시오.

정답

1) 재료가 파괴할 때까지의 응력 반복한 횟수의 대수(對數)
2) 응력진폭(應力振幅)
3) 피로한도 "끝"

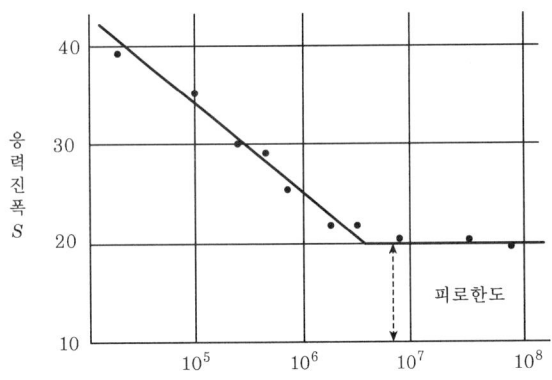

[그림] 응력 반복횟수 N의 로그

보충학습

$S-N$ 곡선($S-N$ curve, 曲線)

평균 응력 σ_m이 일정할 때 σ_k의 진폭(振幅)을 가진 응력이 반복하여 작용한 회수의 대수(對數)를 가로축에, σ_k를 세로축에 놓고 그래프를 그린 것이 $S-N$선도이다. $S-N$선에서 사선 부분의 응력을 그 반복 횟수에 있어서의 피로 강도(疲勞强度)라고 하고, 수평을 이루는 한계의 응력을 피로 한도(疲勞限度)라고 한다. 일반적인 자료는 피로 강도나 피로 한도 모두 $\sigma_m = 0$인 경우의 값을 표시하고 있다. 이와같이 곡선이 수평이 되기 시작하는 곳의 횟수는 강재(綱材)에서 $10^6 \sim 10^7$회이다. 이 $S-N$ 곡선이 수평이 되는 한계의 응력을 재료의 피로한도(疲勞限度) 또는 내구한도(耐久限度)라고 한다.

참고

산업안전지도사(기계안전공학) p.1-34(3. 재료시험)

※ 다음 논술형 2문제를 모두 답하시오. (각 25점)

문제 6

보일러 가동시 발생증기 이상 요인으로서 프라이밍(priming), 포밍(foaming), 캐리오버(carry over) 현상에 대하여 각각 설명하고, 캐리오버(carry over) 방지대책 중 5가지를 쓰시오.

정 답

1. 보일러의 개요

화기, 연소가스, 기타 고온가스 또는 전기에 의해 물 또는 열매(熱媒)를 가열해서 대기압을 넘는 증기(steam) 또는 온수를 발생시키고, 이것을 다른 곳으로 공급하는 장치를 말하며, 보일러 본체 외에 연소장치, 연소실, 과열기, 절탄기, 공기 예열기, 통풍장치, 급소장치, 자동제어장치, 기타 안전밸브 등의 부속장치들로 구성되어 있다. 보일러는 증기를 발생시키는 증기 보일러와 온수를 만드는 온수 보일러의 2가지로 나누어진다. 또, 일반 증기보일러는 증기 부위와 물 부위를 보유하고 있지만, 이 중에서 거의 물 부위를 보유하지 않는 관류보일러(기수(氣水) 분리기를 보유하는 것은 그 용량이 일정규모 이하의 것에 한한다.)가 있다.

2. 프라이밍, 포밍, 캐리오버 현상

(1) 프라이밍(priming)

보일러 부하의 급변으로 수위가 급상승하여 증기와 분리되지 않고 수면이 심하게 솟아올라 올바른 수위를 판단하지 못하는 현상이며 이유는 다음과 같다.
① 보일러 관수의 농축
② 주증기 밸브(主蒸氣, main steam valve)의 급개(急開, 급격한 개방)
③ 보일러 부하의 급변화 운전

(2) 포밍(foaming)

포밍은 보일러수에서 세차게 기포가 발생하여 보일러수의 표면을 뒤덮고, 그 표면의 거품이 소멸되기도 전에 끊임없이 계속 발생하여 보일러수의 표면 전체가 거품더미가 되어 심할 때에는 보일러 증기부 전체가 거품으로 덮여서 증기와 더불어 거품도 증기관으로부터 배출되어 버리는 현상

(3) 캐리오버(carry over)
① 캐리오버는 기수공발이라고도 한다.
② 프라이밍이 발생하면 그 결과로서 보일러로부터 증기관으로 들어가는 증기에는 많은 물방울이 혼입되어 있으며 증기와 함께 물방울이 옮겨지는 것을 캐리오버라고 한다.
③ 증기속에 다량의 불순물이 함유되면 증기관에서 불순물이 관내의 곡선부나 밸브 등에 충돌하여 금속음을 내기도 한다.

3. 캐리오버(carry over) 방지대책
① 보일러 수위를 너무 높지 않게 한다.
② 보일러수 농축 방지 블로우 다운(blow down)
③ 증기밸브 급개폐 금지
④ 기수분리기 사용
⑤ 유지분이나 불순물이 많은 보일러수 사용 금지

4. 보일러 안전대책
보일러는 물을 가열해서 증기를 얻는 장치이지만, 예를 들면 급수부족에 의해 열 균형이 무너지면 온도와 증기압력은 급(急)상승한다. 이때 자동적 또는 인위적으로 필요한 수단을 강구하지 못할 때는 증기압력이 상승하여 압력이 보일러 본체의 강도를 상회하거나 또는 약화되어 파열사고를 일으킨다. 보일러의 재해를 방지하기 위해 보일러 및 압력용기 안전규칙이 있으며, 구조에 대해서는 증기 보일러, 온수 보일러 및 소형보일러의 구조면이 규제되고 있다. 압력계통의 압력이 설정한 압력 이상의 고압이 되거나 또는 외기(外氣)압 이상의 이상압력에 되었을 때 설비의 파열이나 파괴를 방지하고 작업자의 안전을 도모하기 위해 다음과 같은 안전장치가 사용되고 있다.
① 안전밸브, 탈출관(safety valve, escape pipe)
② 압력계
③ 수면측정장치
④ 자동제어장치
⑤ 보일러 사고와 방지 : 보일러는 그 내부에 다량의 고온, 고압의 물(촉매)을 보유하고 있어서 강도 부족에 의해 파열되었을 때는 중대재해로 이어질 우려가 있다. 또 다량의 연료를 소비하며, 더구나 대부분이 기름이라는 데서 연료폭발에 의한 사고가 발생된다. 이 사고를 방지하기 위해 기준의 준수와 인적 안전교육에 의한 대책이 필요하다. "끝"

참고
산업안전지도사(기계안전공학) p.1-114(제4절 보일러)

부록2 산업안전지도사 자격시험

문제 7

산업안전보건기준에 관한 규칙에 따른 기어 및 감속기의 유지보수에 관한 기술 지침상 "기어 및 감속기의 보수시 유의사항" 중 5가지를 쓰시오.

정답

1. 감속기의 개요
감속기라는 것은 속도를 줄이는 기계라는 뜻이다.
엘리베이터의 줄이 너무 빨리 풀리면 아래로 내려갈 때 속도가 빨라지면서 위험하게 된다. 크레인의 와이어가 너무 빨리 내려가게 되면 중량화물이 바닥으로 추락할 수 있다.
이렇듯 빠르게 회전하는 모터의 회전수를 줄여 감속하게 하는 기계가 바로 감속기이다. 승강기용, 로봇용, 싸이클로이드감속기, 산업용감속기, 곤돌라시스템, 기어드모터, 풍력발전설비부품, 선박용터닝기어, 정밀기어, 굴착기회전축 등 다양한 부분에서 감속기가 사용되고 있다.

2. 기어 및 감속기의 주요 유해·위험요인 및 점검시 유의사항
(1) 주요 유해·위험요인
   ① 기어 및 감속기의 회전부 물림점에 의한 끼임
   ② 중량물취급에 따른 떨어짐

(2) 기어의 안전한 사용
   ① 설계 허용치보다 높은 하중 또는 빠른 속도 구간에서 사용금지
   ② 기어의 정격 동력을 초과하는 구동설비 사용금지

(3) 기어의 손상과 손상방지
   ① 과부하 및 피로에 의한 손상 방지를 위한 강도 유지
   ② 피팅, 박리, 마멸 등을 방지할 수 있는 면압강도 유지
   ③ 과열 등에 의한 손상 및 열에 의한 직·간접적인 영향 방지를 위해 적절한 열방산 또는 냉각 등을 유지 "끝"

참고

기어 손상의 종류
   －마멸, 소성항복, 스코오링(Scoring), 표면피로, 버닝, 간섭, 절손, 균열 등

(4) 가동 중 점검시 유의사항
   ① 점검사항
      ㉮ 기어와 피니언의 원활한 운전 여부
      ㉯ 감속기 케이스의 변형 및 비틀어짐 여부

㉰ 기초의 상태 및 변형, 볼트의 풀림 등 점검
　　　㉱ 윤활이 적절히 이루어지고 있는지 점검
　　　㉲ 마멸, 벗겨짐, 부식, 파손, 갈라짐, 이물질의 끼임 등이 없는지 점검
　　　㉳ 진동 및 소음 측정
　　　㉴ 윤활유 내의 마멸된 입자 분석 실시
　② 감시 및 기록유지 사항
　　　㉮ 윤활유 공급 압력
　　　㉯ 윤활유 온도와 레벨 : 윤활유 온도가 10[℃] 이상 증가시 정밀검사 실시
　　　㉰ 베어링 온도
　　　㉱ 오일필터의 압력차 : 필터부품 변형 및 윤활유 오염으로 필터를 막은 경우 등
　　　㉲ 진동 : 주파수 분석을 통한 기어 정밀검사 실시

3. 산업안전보건기준에 관한 규칙에 따른 기어 및 감속기의 유지보수에 관한 기술지침상 "기어 및 감속기의 보수시 유의사항" 중 5가지

① 과부하 등의 문제가 발생되면 부하에 견딜 수 있는 기어로 교체하거나 부하를 줄여주어야 한다.
② 감속기의 용량과 각 부품에 미칠 수 있는 영향을 고려하지 않고 기어 재료를 변경하게 되면 기어에 전달되는 부하의 분배가 변경될 수 있으므로, 임의로 기어 재료를 변경하거나 추가하지 아니한다.
③ 용접이나 그라인딩 등 열이 가해지는 보수작업은 기어 재료에 영향을 주어 성능이 저하될 수 있으므로 주의하여야 한다.
④ 윤활유의 성분을 조정하거나 첨가제를 넣어 피팅, 용착, 부식 현상 등을 개선할 수 있으나, 베어링과 분사 노즐 등에서의 원활한 흐름을 저해할 수도 있으므로 종합적으로 검토한 후 조치하여야 한다.
⑤ 국부적인 과부하를 해소하기 위한 치면 연마는 피이닝, 용착, 피팅, 균열 등의 문제를 해결할 수는 있으나, 치면 형상의 변경으로 인하여 예기치 않은 부위에 과부하를 유발시킬 수도 있으므로 충분한 검토가 필요하다.
⑥ 잔류응력 제거나 재료의 성질 개선을 위한 열처리 시에는 뒤틀림이 발생되지 않도록 주의하여야 한다.
⑦ 기어의 기하학적 형상과 작은 틈새로 인하여 기어에 손상이 발생되면 손상이 빠른 속도로 확산될 수 있으므로 엄격한 검사와 유지보수가 필요하다.
⑧ 대형 기어의 경우 조달하는 데 많은 시간이 소요되므로 일정한 주기마다 철저한 점검을 필요로 한다.
⑨ 한 쌍의 기어 중에서 한 쪽이 손상되었을 경우 치합 등을 고려하여 양 기어를 동시에 교체하는 것이 바람직하다.

부록2 산업안전지도사 자격시험

정답근거

① 산업안전보건기준에 관한 규칙 제87조(원동기·회전축 등의 위험방지), 제92조(정비 등의 작업 시의 운전정지 등)
② KOSHA GUIDE M-148-2012 「기어 및 감속기의 유지보수에 관한 기술지침」

보충학습

[표] 감속기의 종류 및 특징

감속기의 종류	특징
유성 기어 감속기	유성 기어 감속기는 태양 기어(Sun gear)와 링 기어(Ring gear) 그리고 유성 기어(Planetary gear)라는 세가지 요소로 구성되어 있다. 다양한 감속비 및 높은 동력전달 효율을 갖고 있기에 일반산업용 감속기부터 공작기계, 자동차, 항공기 등 다양한 곳에 사용되고 있다. [장점] 1) 우선 유성 기어 감속기는 크기가 작고 무게가 가볍다. 2) 태양 기어와 유성 기어 그리고 링 기어가 맞물려있는 구조 특성으로 인해 단위 체적당 높은 동력전달효율을 전달할 수 있다. 이를 쉽게 말하면 같은 크기의 장비를 사용해도 더 많은 동력을 전달할 수 있다. 3) 유성 기어 감속기는 입력축과 출력축을 동심으로 구성할 수 있어, 동력전달 효율이 높으며, 장비 무게 절감 및 소형화에 이점이 있다. [단점] 1) 속도가 높아짐에 따른 소음이 발생한다. 2) 구조가 복잡하고, 부품수가 많아 가격이 높다. 3) 설계 제작 및 가공에 높은 수준의 기술이 필요하다.
웜 기어 감속기	웜 기어를 활용한 감속기로, 조용한 동작을 구현해야 하는 응용사례에 주로 사용된다. 웜 기어 양쪽에 볼 베어링이 삽입되어있는 구조를 취하고 있으며, 내부 재질은 동이나 철이 일반적이다. 제한적인 토크에서 오랜 수명을 보장할 수 있는 반영구적인 윤활제가 도포되어 있다. 웜 감속기는 축방향이 90°의 각도를 유지하는 것이 특징이다. 구동축은 나사로 되어있는데, 나사가 회전하면서 나사에 물려있는 기어를 작동시키는 원리이다. [장점] 1) 가격이 저렴하며 사용이 간편한 것이 가장 큰 특징이다. 2) 일반적으로 고속, 저토크 입력을 사용하여 더 높은 토크 값으로 저속 출력을 생성한다. 3) 작은 직경으로 인해 가장 매끄러운 감속 기어 박스 중 하나이므로 공간 절약이 가능하다. 4) 기어 박스 크기에 비해 가장 낮은 감소값과 가장 높은 출력 토크 비율 중 하나를 제공한다. 5) 웜 기어 감속기는 뛰어난 충격 하중 기능과 낮은 초기 비용을 보여준다.

감속기의 종류	특징
웜 기어 감속기	[단점] 기어 박스 크기와 관련하여 낮은 마력 등급이 필요하다. 이로 인해 베벨 및 헬리컬 기어와 같은 고입력 전력 유형과 비교할 때 이러한 감속기의 장기 효율 등급이 약간 낮아지는 경향이 있다.
사이클로이드 감속기	사이클로이드 감속기는 그 치형에서 이름을 차명한 것이며, 현재 상용되고 있는 감속기의 작동원리는 사이클로이드 치형에 핀과 로울러를 사용하여 편심판이 굴러가면서 원주 길이의 차이에 의한 운동량의 차이, 즉 차동으로 감속을 하는 방식이다. 차동 방식 감속기는 특히 위치 정밀도가 높아야 하므로, 사이클로이드 치형이든 인볼류트 치형이든 차동 방식의 감속기는 제조 공정 정밀도의 차이가 운전 성능의 차이로 직결된다. [장점] 소형, 경량으로 큰 감속비가 가능하다. 고장이 적고, 수명이 길다. 운전이 원활하고, 소음이 적다. [단점] 가격이 높다.

※ 다음 논술형 2문제 중 1문제를 선택하여 답하시오. (각 25점)

문제 8

컨베이어에 관하여 다음 물음에 답하시오.

1) 컨베이어의 종류 중 5가지를 쓰시오.
2) 컨베이어 작업 시작 전 점검사항 4가지를 쓰시오.
3) 컨베이어 작업 시 안전작업수칙 중 5가지를 쓰시오.

정답

1. 컨베이어의 개요

(1) 컨베이어란, 공장, 물류창고, 건설현장, 광산 등 여러 곳에서 제품 운반, 택배 물류 운반, 토사 운반 등의 여러가지 물품을 동력, 혹은 무동력을 이용하여 연속적으로 수송, 운반하는 기구이다. 컨베이어는 사용 목적에 따라서 다양하게 분류되는데 사용되는 벨트의 재질, 이송방식, 컨베이어의 형태 등에 따라 구분한다.

(2) 컨베이어는 사용 용도에 따라 모터, 재질 크기 등을 변경할 수 있으며 인버터, 센서, 분류 장치 등의 부가 장치를 장착할 수 있다.

(3) 컨베이어란 재료·반제품·화물 등을 동력에 의하여 자동적으로 연속 운반하는 기계장치를 말하며, 주요구조부는 다음과 같다.
   ① 구동축
   ② 벨트, 체인 등 이송장치
   ③ 지지기둥 또는 지지대

2. 본론

(1) 컨베이어 종류 5가지

① 벨트 또는 체인컨베이어 : 벨트 또는 체인을 이용하여 물체를 연속으로 운반하는 컨베이어
② 나사(screw)컨베이어 : 나사를 회전시켜 물체를 이동시키는 컨베이어
③ 버킷(bucket)컨베이어 : 쇠사슬이나 벨트에 달린 버킷을 이용하여 물체를 낮은 곳에서 높은 곳으로 운반하는 컨베이어
④ 롤러(roller)컨베이어 : 자유롭게 회전이 가능한 여러 개의 롤러를 이용하여 물체를 운반하는 컨베이어
⑤ 트롤리(trolley)컨베이어 : 공장 내의 천장에 설치된 레일 위를 이동하는 트롤리에 물건을 매달아서 운반하는 컨베이어
⑥ 진동(shaking)컨베이어 : 홈통 또는 관의 진동을 이용하여 물체를 조금식 움직이게 하는 컨베이어

(2) 컨베이어 작업시작 전 점검사항 4가지
① 원동기 및 풀리(Pulley) 기능의 이상 유무
② 이탈 등의 방지장치 기능의 이상 유무
③ 비상정지장치 기능의 이상유무
④ 원동기·회전축·기어 및 풀리 등의 덮개 또는 울 등의 이상 유무

(3) 컨베이어 작업 시 안전작업수칙 중 5가지
① 컨베이어는 설계시의 사용목적 이외의 목적으로는 사용하지 않아야 한다. 또한 그 취급설명서 등에 기재된 조건 이외의 조건으로도 사용하지 않아야 한다.
② 작업장 및 통로는 정리되고 청소되어 있어야 한다.
③ 정지스위치 주위에는 장애물을 놓아두지 않아야 한다.
④ 컨베이어의 운전은 사업주가 지명한 자가 하여야 한다.
⑤ 화물의 공급은 컨베이어가 과부하 되지 않도록 하여야 한다.

3. 보수상의 주의 사항
① 보수작업 시에는 전원스위치를 내리고 개폐기 자물쇠장치를 하여야 한다. 여러명이 동시에 작업에 임할 때에는 감독자가 열쇠를 보관하여야 한다.
② 가동 중에는 일체의 보수나 급유를 엄금하여야 한다.
③ 기점과 종점에는 "보수작업 중" 표시를 게시하여야 한다.
④ 정전기가 발생할 우려가 있는 개소에는 정전기 제거기를 설치하고 접지시켜야 한다. "끝"

> [참고]
> 산업안전지도사(기계안전공학) p.1-124(제2절 컨베이어)

> [정답근거]
> ① 산업안전보건기준에 관한 규칙 [별표 3] 작업시작 전 점검사항
> ② KOSHA CODE : M-7-2001(컨베이어 안전에 관한 기술지침)

문제 9

산업안전보건기준에 관한 규칙상 동력을 사용하는 항타기 또는 항발기에 대하여 무너짐을 방지하기 위하여 사업주가 준수하여야 하는 사항 중 5가지를 쓰시오.

정답

1. 개요

① "항타기"라 함은 붐에 파일을 때리는 부속장치를 붙여서 드롭 해머나 디젤 해머 등으로 강관파일이나 콘크리트파일 등을 때려 넣는데 사용되는 건설기계를 말하며, 종류로는 에너지 공급방식에 따라 드롭 해머, 증기 또는 압축공기 해머, 디젤 또는 가솔린 해머, 진동 항타기 등으로 분류된다.

② "항발기"라 함은 주로 가설용에 사용된 널말뚝, 파일 등을 뽑는데 사용되는 기계를 말한다. 항발기는 항타기의 반대이므로 통상의 항타기에 부속장치를 부착하면 항발기로도 사용할 수 있다.

참고

"차량계 건설기계"라 함은 동력원을 사용하여 특정되지 아니한 장소로 스스로 이동할 수 있는 건설기계로서 산업안전보건기준에 관한 규칙 [별표 6](차량계 건설기계)에서 정한 도저형 건설기계, 모터그레이더, 로더, 스크레이퍼, 크레인형 굴착기계, 굴착기, 항타기 및 항발기, 천공용 건설기계, 지반 압밀침하용 건설기계, 지반 다짐용 건설기계, 준설용 건설기계, 콘크리트 펌프카, 덤프트럭, 콘크리트 믹서 트럭, 도로포장용 건설기계 또는 이들과 유사한 구조 또는 기능을 갖는 건설기계로서 건설작업에 사용하는 것을 말한다.

2. 산업안전보건기준에 관한 규칙상 동력을 사용하는 항타기 또는 항발기에 대하여 무너짐을 방지하기 위하여 사업주가 준수하여야 하는 사항 중 5가지

① 연약한 지반에 설치하는 경우에는 아웃트리거, 받침 등 지지구조물의 침하를 방지하기 위하여 깔판·받침목 등을 사용할 것

② 시설 또는 가설물 등에 설치하는 경우에는 그 내력을 확인하고 내력이 부족하면 그 내력을 보강할 것

③ 아웃트리거, 받침 등 지지구조물이 미끄러질 우려가 있는 경우에는 말뚝 또는 쐐기 등을 사용하여 아웃트리거, 받침 등 지지구조물을 고정시킬 것

④ 궤도 또는 차로 이동하는 항타기 또는 항발기에 대해서는 불시에 이동하는 것을 방지하기 위하여 레일클램프 및 쐐기 등으로 고정시킬 것

⑤ 상단 부분은 버팀대·버팀줄로 고정하여 안정시키고, 그 하단 부분은 견고한 버팀·말뚝 또는 철골 등으로 고정시킬 것

3. 항타기, 항발기의 위험방지에 관한 일반사항

항타기, 항발기 사용 작업 전에는 산업안전보건기준에 관한 규칙 제207조(조립시 점검)에서 제221조(가스배관 등의 손상방지)에 따라 점검하고, 필요시 수리·교체 후 그 결과를 작업계획서의 특기사항에 기록한다. "끝"

"이하여백"

> **정답근거**
> ① 산업안전보건기준에 관한 규칙 제209조(무너짐의 방지), 2022.8.18 개정법 적용
> ② KOSHA GUIDE : C-101-2014

2023년도 6월 17일
산업안전지도사 제13회 기출문제 NCS 분석

1. 시험과목 및 배점

구분	시험과목	시험시간	문제유형	배점	비고
2차 전공	기계안전공학	100분	주관식	총점 : 100점	과락없음 60점이면 합격
			1) 단답형 : 5문제 2) 논(서)술형 : 4문제 중 3문제 선택 (필수2, 선택1)	1) 단답형 : 5문제×5점=25점 2) 논(서)술형 : 3문제×25점=75점	

2. NCS 적용문제 분석

대분류	중분류	소분류	문제내용(세세분류)	비고
단답형	법령	안전보건규칙	문제 1) 크레인의 방호장치 중 권과방지장치(Over-hoisting limiter)와 과부하방지장치(Overload limiter)에 대하여 각각 설명하시오.	안전보건규칙 제134조
	기계위험요소	사고체인 2015.07.27 출제	문제 2) 기계 위험요소 사고체인(accident chain)의 5요소를 쓰고, 각 요소에 대하여 설명하시오	위험요소 5가지
	기계안전	와이어로프	문제 3) 줄걸이용 와이어로프 단말처리 방법 5가지를 쓰고, 각각 설명하시오.	와이어로프 단말처리 5가지 2019. 논술형 출제
	공장자동화	FMS 2023. 출제	문제 4) 공장자동화에서 FMS(Flexible Manufacturing System)로서 구비하여야 할 기본기능에 대하여 5가지만 쓰시오.	FMS 기본 기능 5가지
	법령	안전인증고시	문제 5) 위험기계·기구 안전인증 고시에 따라 사출성형기에 사용되는 Ⅲ형식(type Ⅲ) 방호장치의 작동 설계조건 4가지를 쓰시오.	기술지침 사출기
논(서)술형	법령	안전보건규칙	문제 6) 산업안전보건기준에 관한 규칙상 이동식 크레인을 사용하여 근로자를 운반하거나 근로자를 달아 올린 상태에서 작업에 종사시켜서는 안된다. 다만, 작업 장소의 구조, 지형 등으로 고소작업대를 사용하기가 곤란하여 이동식 크레인 중 기중기를 한국산업표준에서 정하는 안전기준에 따라 사용하는 경우는 제외한다. 이 때 한국산업표준에 따라 기중기에 체결하여 근로자를 운반하기 위한 탑승설비(플랫폼)의 설계와 설치 규격에 대하여 설명하시오.	안전보건규칙 제86조

산업설비	보일러 2022. 출제	문제 7) 보일러 관리와 관련하여 다음 물음에 답하시오. 물음 1) 불순물이 포함된 보일러수를 사용한 경우의 문제점을 설명하시오. 물음 2) 보일러에서 발생하는 이상 연소현상 4가지를 쓰고, 각각에 대하여 설명하시오. 물음 3) 보일러의 방호장치 중 고저수위 조절장치에 대하여 설명하시오.	안전보건규칙 제118조 제119조
소성가공	소성가공종류 2022. 단답형 출제	문제 8) 금속재료의 소성가공과 관련하여 다음 물음에 답하시오. 물음 1) 압연(rolling), 인발(drawing), 압출(extrusion), 전조(form rolling), 판금가공(sheet metal working)에 대하여 각각 설명하시오. 물음 2) 압출가공 시 발생되는 위험요인에 대하여 설명하시오.	소성가공 5가지
법령	안전보건규칙	문제 9) 산업안전보건기준에 관한 규칙에 따라 다음 물음에 답하시오. 물음 1) 작업장 출입구 설치 시 준수해야 할 사항 5가지를 쓰시오. 물음 2) 동력으로 작동되는 문의 설치 조건 5가지를 쓰시오. 물음 3) 가설통로를 설치하는 경우 준수해야 할 사항 5가지만 쓰시오.	안전보건규칙 제11조

2023년도 6월 17일

산업안전지도사 2차 국가자격시험

시간	응시분야	수험번호	성명
100분	기계안전	20230617	도서출판 세화

※ 다음 단답형 5문제를 모두 답하시오.(각 5점)

문제 1

크레인의 방호장치 중 권과방지장치(Over-hoisting limiter)와 과부하방지 장치(Overload limiter)에 대하여 각각 설명하시오.

정답

① 권과방지장치(Over Winding-proof device, 卷過防止裝置)

크레인은 하중을 매달아 올릴 때 와이어로프를 드럼에 감아서 기능을 수행하지만, 잘못해서 와이어로프를 드럼에 지나치게 감으면 하중이 크레인에 충돌해서 낙하하여 중대한 재해를 발생하므로, 일정 이상의 짐을 권상하면 그 이상 권상되지 않도록 자동적으로 정지하는 장치

② 과부하 방지장치(Overload limiter, 過負荷防止裝置)

크레인에 허용 이상의 부하가 가해졌을 때에, 그 동작을 정지 또는 방지하기 위해 안전 쪽으로 작동시키는 장치를 말하며, 대표적인 것으로는 지브 크레인의 정격 총 하중을 초과하는데 따른 전도·파괴를 미연에방지하기 위한 안전장치로서 과부하방지장치(moment limiter)가 있다. 인양할 수 있는 하중이 지브의 길이, 각도, 보조 지브의 조건 등에 따라 다른 지브 크레인의 과부하방지장치에 있는 크레인 작업 중, 인양하고 있는 하중이 정격 총 하중에 근접하면 경보로써 운전자에 주의를 환기시킴과 동시에, 그 이상의 위험쪽으로 동작을 자동적으로 정지시키도록 하고 있다. "끝"

보충학습

① 권(券)은 인양와이어가 감기는 것을 의미한다. 과(過)는 과하다는 의미이다.
② 권과방지는 와이어가 과하게 감기는 것을 방지하는 것이다. 방지 장치 이상으로 감길 경우 상승이 정지된다.
③ 와이어로프가 지나치게 감길 경우 호이스트의 비정상적 운영으로 중량물 낙하 및 근로자 위험이 발생할 수 있다.
④ 권과를 방지하기 위해 훅, 버킷 등의 달기구의 윗면돠 드럼, 트롤리 프레임 등의 권상장치의 아랫면 간격을 25[cm] 이상이 되도록 규정하고 있다.(직동식은 5[cm])

정답근거

산업안전보건기준에 관한 규칙 제134조(방호장치의 조정)

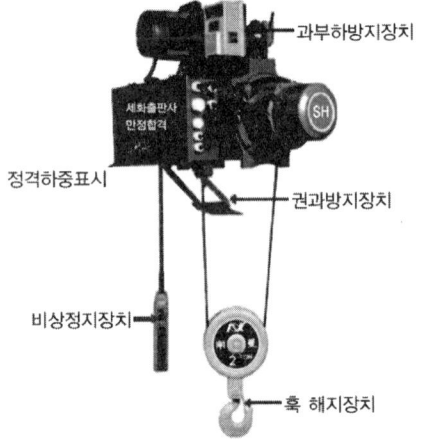

[그림] 크레인 방호장치

문제 2

기계 위험요소 사고체인(accident chain)의 5요소를 쓰고, 각 요소에 대하여 설명하시오.

정답

사고체인(Accident Chain) 5요소

(1) 1요소 : 함정(trap)

　　기계 요소의 운동에 의해서는 트랩점(trapping point)이 발생하지 않는가?
　　① 닫힘운동(closing movement)이나 이송운동(passing movement)에 의해서 손과 발 등이 쉽게 트랩되는 곳
　　② 손과 발등이 끌려 들어가는 트랩("inrunning nip" point)

(2) 2요소 : 충격(impact)

　　움직이는 속도에 의해서 사람이 상해를 입을 수 있는 부분은 없는가?
　　① 고정된 물체에 사람이 이중 충돌(人 → 物)
　　② 움직이는 물체가 사람에게 충돌(物 → 人)
　　③ 사람과 물체가 쌍방 충돌(人 ⇄ 物)

(3) 3요소 : 접촉(contact)

　　날카로운 물체, 연마체, 뜨겁거나 차가운 물체 또는 흐르는 전류에 사람이 접촉함으로써 상해를 입을 수 있는 부분은 없는가?(접촉 상태로 움직이거나 정지해 있는 기계 모두 포함)

(4) 4요소 : 말림, 얽힘(entanglement)

　　머리카락, 장갑, 옷, 넥타이 등이 움직이는 기계 설비에 말려 들어갈 위험은 없는가?

(5) 5요소 : 튀어나옴(ejection)

　　가공 중인 기계로부터 기계 요소나 가공물이 튀어나올 위험은 없는가?　"끝"

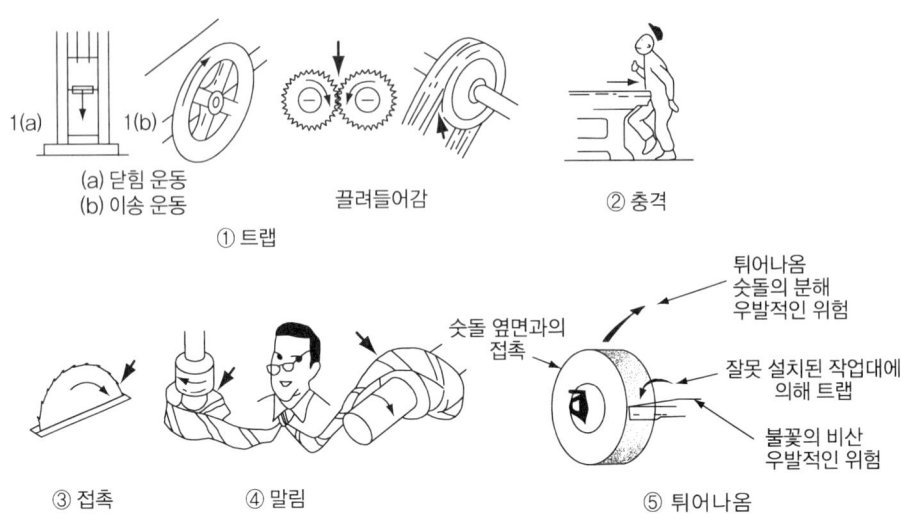

[그림] 기계 설비 위험 5요소

정답근거

산업안전지도사 기계안전공학 p.1-5(3. 위험의 5요소)

문제 3

줄걸이용 와이어로프 단말처리 방법 5가지를 쓰고, 각각 설명하시오.

정답

(1) 소켓[Socket(효율 : 100%)]

와이어로프의 스트랜드를 풀고 그 스트랜드의 소선을 모두 푼 다음 소켓에 넣어 용융금속을 주입시켜 가공하는 방법으로 이음효율이 가장 좋다.

소켓의 고정력은 용융금속의 주입길이와 그 재료의 종류에 따라 영향을 받으나 간단히 산출할 수 있는 식은 고정력 $F(kgf) = \pi \cdot d \cdot L \cdot B \cdot N$이다.

d : 소선직경[mm]

L : 용융금속의 부착 길이[mm], 소켓길이의 3/4

B : 용융금속의 부착력(일반적으로 $0.87[kgf/mm^2]$)

N : 로프의 소선 수

① 현수교 등 하중이 크게 걸리는 곳에 주로 사용
② 정확히 가공하면 효율이 100[%]
③ 소켓의 종류는 개방형과 밀폐형이 있음

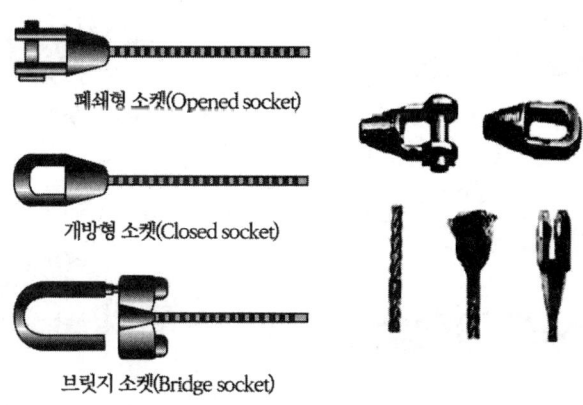

[그림] 소켓(Socket)가공

(2) 팀블(Thimble) (효율 : 95[%])

① 와이어로프의 형상 붕괴는 물론 킹크, 마모 등을 막아주는 줄걸이 작업의 한 요소로서 와이어로프의 아이 스플라이스(Eye splice)에 필수품이다. 일반적으로 강(Steel), 주물, 스테인리스로 된 제품이 시판되고 있으며, 모든 와이어로프 아이 스플라이스에 팀블을 하지 않는 상태는 줄걸이 용구라고 할 수 없다.

② 파이프 형태의 알루미늄 합금 또는 강재의 슬리브에 로프를 넣고 프레스로 압축하여 슬리브가 로프 표면에 밀착되어 마찰에 의해 로프 성질의 손상 없이 로프를 완전히 체결하는 방법

이다. 로프의 절단하중과 거의 동등한 효율을 가지며 주로 슬링용 로프에 많이 사용된다.

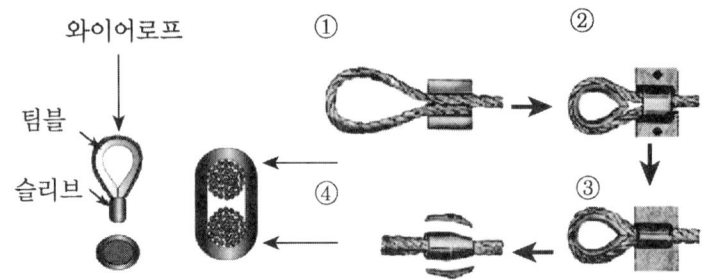

[그림] 팀블(Thimble) 가공

(3) 웨지(Wedge) (효율 : 75~90[%])

쐐기의 일종으로 쐐기에 로프를 감아 케이스에 밀어 넣어 결속하는 방법이다.
① 작업이 간편하고 현장에서 쉽게 적용할 수 있는 가공방법
② 장력을 받는 로프의 방향을 직선이 되도록 유의
③ 로프 직경에 비해 웨지가 작을 경우 로프형태가 파괴되고 효율 저하

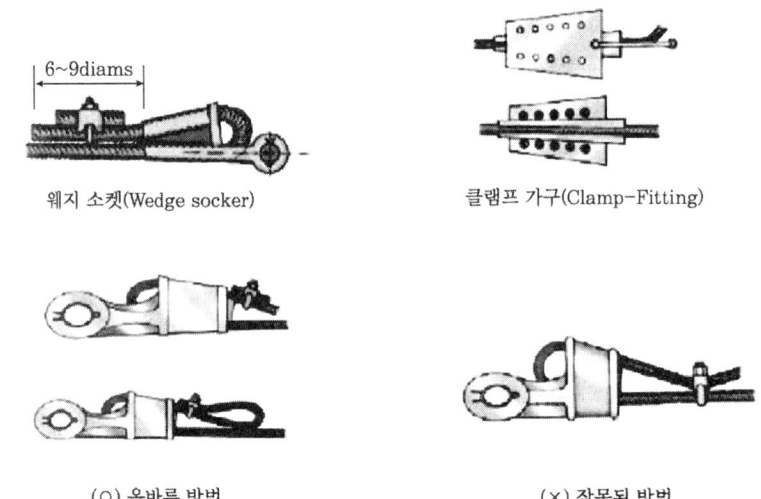

[그림] 웨지(Wedge) 가공

(4) 아이 스플라이스(Eye splice) (효율 : 80~90[%])

아이 스플라이스(Eye splice) 가공은 로프의 단말을 링 형태로 가공하는 방법으로 주로 슬링용 로프에 이용된다.
① 가공방법에는 단말부의 스트랜드를 로프의 꼬임방향대로 꼬아넣는 감아넣기와 꼬임 반대방향으로 밀어넣는 엮어넣기가 있다.
② 엮어넣기는 가공표면이 바구니처럼 엮어 놓은 모양으로 1가닥으로 사용하는 경우나, 로프가 회전하는 경우에 사용된다.

③ 아이(EYE)부위에 팀블(Thimble)을 넣는 경우는 반드시 용접된 상태이어야 한다

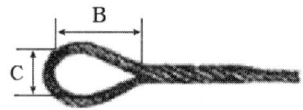
EYE부의 표준

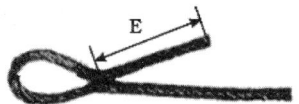
가공부의 로프 소요길이

[그림] Eye Splice의 표준

B의 길이 : 로프직경의 20배 E 50[mm] 이하 : 로프직경의 40배
C의 길이 : 로프직경의 5배   E 50[mm] 초과 : 로프직경의 50배

감아넣기 가공   엮어넣기 가공

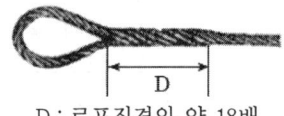

D : 로프직경의 약 18배   D : 로프직경의 약 20배

[그림] Splice 완성 후 가공부의 길이

(5) 클립(Clip)(효율 : 75~80[%])

가장 많이 사용되는 방법이나, 클립결속이 정확하지 않으면 극단적으로 저하된다. 크립의 결속 유지력은 로프의 구조, 크립의 수, 크립 취부간격 및 볼트의 조임력인 토크에 영향을 받는다. 클립의 결속 유지력은 클립의 수가 많을 수록, 조임력이 증가될수록 커지나 조임력이 너무 크면 로프 손상이 생겨 유지력을 저하시키게 된다. 취부(고정, clamping)간격이 너무 길거나 짧아도 유지력이 감소된다.   "끝"

보충학습

클립 체결 방법을 사용 시에는 다음과 같은 주의사항을 염두에 두어야 한다.
① 클립의 새들은 로프의 힘이 걸리는 쪽에 있을 것
② 클립 수량과 간격은 로프 직경의 6배 이상, 수량은 최소 4개 이상일 것
③ 하중을 걸기 전후에 단단하게 조여 줄 것
④ 가능한 팀블(Thimble)을 부착할 것

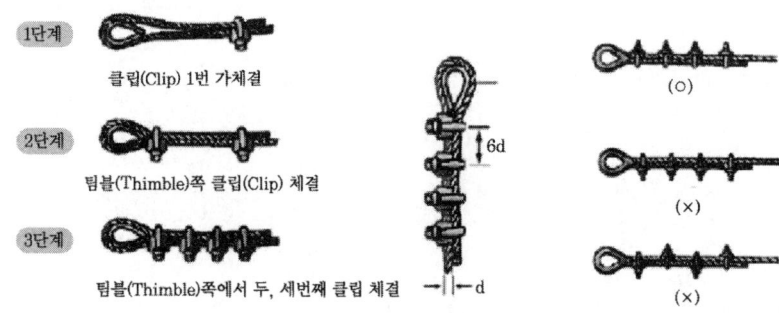

[그림] 클립(Clip) 체결

⑤ 남은 부분을 시징(Seizing) 할 것
⑥ 팀블 접합부가 이탈되지 않도록 할 것

[표] 와이어 로프의 단말 처리(고정)방법

방법	형태	효율
소켓(Socket)		100[%]
팀블(Thimble)		24[mm] : 95[%]
웨지(Wedge)		75~90[%]
아이스플라이스(Socket)		6[mm] : 90[%] 9[mm] : 88[%] 12[mm] : 86[%] 18[mm] : 82[%]
클립(Clip)		75~80[%]

문제 4

공장자동화에서 FMS(Flexible Manufacturing System)로서 구비하여야 할 기본기능에 대하여 5가지만 쓰시오.

정답

① 계층제어방식 DNC 공작기계군(群) 기능
② 자동 물류시스템 기능
③ 자동 창고 기능
④ 자동 시스템 보전 기능
⑤ 종합 소프트웨어 시스템 기능 "끝"

보충학습

FMS(Flexible Manufacturing System)

다품종 소량생산을 가능하게 하는 생산 시스템.

① 공장자동화(Factory Automation)의 기반이 되는 시스템화 기술이다. 여기서 자동화란 전기적 명령어 시퀀스(릴레이, PLC), 마이크로프로세서 또는 컴퓨터에 의해서 제어되는 기기, 수치제어 가공기, 자동조립기, 로봇, CAD/CAM 등의 자동화 기기와 이를 이용하여 생산성과 유연성을 높일 수 있도록 하는 생산공정의 시스템화를 의미한다.
② FMS의 효시는 1967년 영국 모린스에서 개발한 시스템이고 FMS라는 말을 처음으로 사용한 것은 미국 공작기계 제조회사인 카네 앤드 트레키로 다품종 소량생산에 대응하는 자동화 시스템의 상품명으로 사용했다.
③ FMS는 부품가공 시스템을 가리키는 경우가 많은데, 부품가공 FMS는 머시닝 센터 등의 NC 공작기계, 가공 대상물의 로더·언로더, 무인반송차, 자동창고, 제어용 컴퓨터 등의 하드웨어로 구성된다. 이러한 하드웨어는 생산계획 소프트웨어, 기계제어 소프트웨어 등에 의해 관리된다.
④ 사람이 직접 기계를 조작하는 단계를 지나 1970년대 수치제어(Numeric Control)가 가능한 가공기를 제작하면서 자동화의 가능성이 대두되었다. 이때 수치제어 가공기는 테이프와 유사한 입력장치에 가공기가 수행하여야 할 명령어 집합을 입력시켜 사용하는 장비였으나, 컴퓨터 기술이 발전되면서 통신망을 통해 컴퓨터로부터 직접 명령을 내려 가공기를 가동하는 일이 가능해졌다.

용어정의

DNC(direct numerical control)

1대 이상의 수치제어 기계의 NC프로그램을 공통의 기억장치에 격납하여 수치 제어기계의 요구에 따라 필요한 프로그램을 그 기계에 분배하는 기능을 가진 수치제어 방식

문제 5

위험기계·기구 안전인증 고시에 따라 사출성형기에 사용되는 Ⅲ형식(type Ⅲ) 방호장치의 작동 설계조건 4가지를 쓰시오.

정답

① 서로 독립된 2개의 연동장치가 부착된 형태로서, 연동장치 중 하나는 Ⅱ형식 방호장치와 동일하게 작동되고 나머지 연동장치는 위치검출스위치(position switch)를 사용하여 직접 또는 간접적으로 전원회로를 개폐할 것
② 가드가 닫힌 경우 위치검출스위치는 작동이 중지되고 폐회로가 구성되어, 전원회로를 차단시키지 않을 것
③ 가드가 열린 경우 위치검출스위치는 가드에 의해 직접 작동되며 2차 차단장치를 경유하여 전원회로를 차단시킬 것
④ 두 개의 연동장치 작동상태를 가드의 운동주기마다 감시하여, 한 개의 연동장치에서 결함이 감지된 경우에는 사출 성형기의 작동이 정지될 것 "끝"

정답근거

사출성형기 방호조치에 관한 기술지침(M-187-2016)

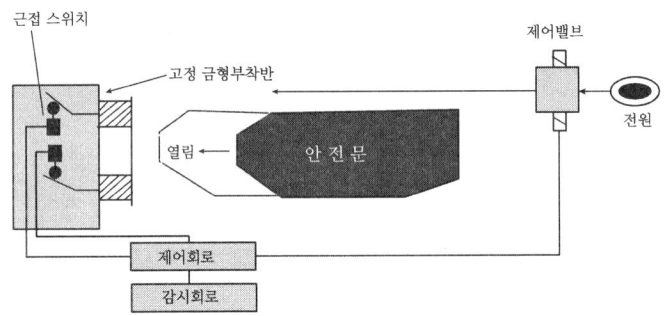

[그림] 동력으로 작동되는 가드의 연동시스템

보충학습

(1) 사출성형기 Ⅰ형식(type Ⅰ)방호조치

① 한 개의 위치검출스위치(position switch)가 부착된 가동형 연동장치로써 전원회로의 주 차단장치를 작동시킬 것
② 가드가 닫힌 경우 위치검출스위치는 작동되지 않으며 폐회로가 구성되어 사출성형기가 동작될 것
③ 가드가 열리는 경우 위치검출스위치가 직접 작동되고, 전원회로가 개방되어 사출성형기가 정지될 것
④ 위치검출스위치 제어회로 상에서 단일결함이 발생되는 경우 사출성형기의 작동이 정지될 것

(2) 사출성형기 Ⅱ형식(type Ⅱ)방호장치 설계조건
① 두 개의 위치검출스위치(position switch)가 부착된 가동형 연동장치로써 전원회로의 주차단장치를 작동시킬 것
② 첫 번째 위치검출스위치는 Ⅰ형식 방호장치와 동일하게 작동되고, 가드가 닫힌 경우 두 번째 위치검출 스위치의 접점이 닫히고 폐회로가 구성되어 사출성형기가 동작될 것
③ 가드가 열린 경우 두 번째 위치검출스위치의 접점이 열리게 되고 사출 성형기 작동이 정지될 것
④ 두 개의 위치검출스위치 작동상태가 가드의 운동주기마다 각각 감시되어야 하며, 어떤 한 개의 스위치에서 결함이 감지된 경우에는 사출 성형기의 작동이 정지될 것

※ 다음 논술형 2문제를 모두 답하시오.(각 25점)

문제 6

산업안전보건기준에 관한 규칙상 이동식 크레인을 사용하여 근로자를 운반하거나 근로자를 달아 올린 상태에서 작업에 종사시켜서는 안된다. 다만, 작업 장소의 구조, 지형 등으로 고소작업대를 사용하기가 곤란하여 이동식 크레인 중 기중기를 한국산업표준에서 정하는 안전기준에 따라 사용하는 경우는 제외한다. 이 때 한국산업표준에 따라 기중기에 체결하여 근로자를 운반하기 위한 탑승설비(플랫폼)의 설계와 설치 규격에 대하여 설명하시오.

정 답

① 적합하고 경험 많은 설계자가 탑승설비 설계를 담당할 것
② 탑승 인원은 3명으로 제한
③ 탑승설비와 연결장치는 최소 안전율을 5로 하여 설계
④ 빈차 질량, 최대 탑승인원, 정격용량을 새긴 명판을 설치
⑤ 탑승설비는 적합한 울타리(높이 1[m] 이상의 철망이나 이와 유사한 형태)를 가질 것
⑥ 그래브 레일은 손의 노출을 최소화하기 위해 탑승설비 안쪽에 위치시킬 것
⑦ 탑승설비 측면은 바닥에서 중간레일까지 막혀 있을 것
⑧ 출입문은 탑승설비 안쪽으로 열리게 하고 갑작스럽게 열리는 것을 막는 장치가 설치되어 있을 것
⑨ 탑승설비 머리 위쪽에 위험요소가 있을 시 작업자나 조종사의 시야를 방해하지 않는 한도 내에서 보호시설을 설치할 것
⑩ 탑승설비는 높은 선명도를 가진 색깔이나 표시로 쉽게 식별가능할 것
⑪ 탑승설비는 연결고리, 훅(빗장이나 끈이 있는), 쐐기형과 소켓형 연결장치(부하선의 자유단에 집게가 있는)등이 설치되어 있는 것을 사용할 것
⑫ 서스펜션 장치는 작업자 이동으로 인한 탑승설비 기울기를 최소화 시킬 수 있을 것
⑬ 모든 거친 모서리는 곡면 처리할 것
⑭ 모든 용접은 전문 용접공에 의해 작업이 이루어질 것
⑮ 모든 용접부위는 전문가에 의해 조사될 것 "끝"

정답근거

① 산업안전보건기준에 관한 규칙 제86조(탑승의 제한)
② KS B ISO 12480-1
③ KOSHA GUIDE C-48-2022

문제 7

보일러 관리와 관련하여 다음 물음에 답하시오.
물음 1) 불순물이 포함된 보일러수를 사용한 경우의 문제점을 설명하시오.
물음 2) 보일러에서 발생하는 이상 연소현상 4가지를 쓰고, 각각에 대하여 설명하시오.
물음 3) 보일러의 방호장치 중 고저수위 조절장치에 대하여 설명하시오.

정답

물음 1) 불순물이 포함된 보일러수를 사용할 경우 문제점

보일러에 사용하는 물을 말하며, 불순물을 포함하지 않아야 하나 부득이 수질이 부적당한 물을 사용할 때는 이온 교환법에 의한 연화, 탈기, pH 조절, 보일러 청정제의 투입을 해야하며 문제점은 보일러의 방식(防蝕)과 스케일, 캐리오버(carry over)가 발생된다.

물음 2) 보일러에서 발생하는 이상 연소현상 4가지

이상현상	설 명
플라이밍(priming)	보일러수가 극심하게 끓어서 수면에서 계속하여 물방울이 비산하고 증기부가 물방울로 충만하여 수위가 불안정하게 되는 현상
포밍(foaming)	보일러수에 불순물이 많이 포함되었을 경우, 보일러수의 비등과 함께 수면부위에 거품층을 형성하여 수위가 불안정하게 되는 현상
캐리오버(carry over)	보일러에서 증기관 쪽에 보내는 증기에 대량의 물방울이 포함되는 경우로 프라이밍이나 포밍이 생기면 필연적으로 발생, 캐리오버는 과열기 또는 터빈 날개에 불순물을 퇴적시켜 부식 또는 과열의 원인이 된다.
워터햄머(water hammer)	증기관 내에서 증기를 보내기 시작할 때 해머로 치는 듯한 소리를 내며 관이 진동하는 현상, 워터햄머는 캐리오버에 기인한다.

물음 3) 고저수위 조절장치

① 고저 수위 지점을 알리는 경보등·경보음 장치 등을 설치 – 동작상태 쉽게 감시
② 자동으로 급수 또는 단수 되도록 설치
③ 종류 : 플로우트식, 전극식, 차압식 등   "끝"

합격 key

2022년 출제

합격정보

산업안전보건기준에 관한 규칙

제118조(고저수위 조절장치) 사업주는 고저수위(高低水位) 조절장치의 동작 상태를 작업자가 쉽게 감시하도록 하기 위하여 고저수위지점을 알리는 경보등·경보음장치 등을 설치하여야 하며, 자동으로 급수되거나 단수되도록 설치하여야 한다.

제119조(폭발위험의 방지) 사업주는 보일러의 폭발 사고를 예방하기 위하여 압력방출장치, 압력제한스위치, 고저수위 조절장치, 화염 검출기 등의 기능이 정상적으로 작동될 수 있도록 유지·관리하여야 한다.

보충학습

종류	특징
압력방출 장치	① 보일러 규격에 적합한 압력방출장치를 1개 또는 2개 이상 설치하고 최고사용압력(설계압력 또는 최고허용압력) 이하에서 작동되도록 한다. ② 압력방출장치가 2개 이상 설치된 경우 최고사용압력 이하에서 1개가 작동되고, 다른 압력방출장ㄷ치는 최고사용압력 1.05배 이하에서 작동되도록 부착 ③ 매년 1회 이상 교정을 받은 압력계를 이용하여 설정압력에서 압력방출장치가 적정하게 작동하는지 검사 후 납으로 봉인(공정안전보고서 이행상태 평가결과가 우수한 사업장은 4년 마다 1회 이상 설정압력에서 압력방출장치가 적정하게 작동하는지 검사할 수 있다.)
압력제한 스위치	보일러의 과열방지를 위해 최고사용압력과 상용압력 사이에서 버너연소를 차단할 수 있도록 압력 제한 스위치 부착 사용
화염검출기	연소상태를 항상 감시하고 그 신호를 프레임 릴레이가 받아서 연소차단밸브 개폐

※ 다음 논술형 2문제 중 1문제를 선택하여 답하시오.(각 25점)

문제 8

금속재료의 소성가공과 관련하여 다음 물음에 답하시오.
물음 1) 압연(rolling), 인발(drawing), 압출(extrusion), 전조(form rolling), 판금가공(sheet metal working)에 대하여 각각 설명하시오.
물음 2) 압출가공 시 발생되는 위험요인에 대하여 설명하시오.

정답

물음 1) 압연, 인발, 압출, 전조, 판금가공

① 압연(rolling)
재료를 열간 또는 냉간가공하기 위하여 회전하는 롤러 사이를 통과시켜 예정된 두께, 폭 또는 직경으로 가공

② 인발(drawing)
금속 파이프 또는 봉재를 다이(Die)를 통과시켜, 축방향으로 인발하여 외경을 감소시키면서 일정한 단면을 가진 소재로 가공하는 방법

③ 압출(extrusion)
상온 또는 가열된 금속을 실린더 형상을 한 컨테이너에 넣고, 한쪽에 있는 램에 압력을 가하여 가공한다.

④ 전조(form rolling)
작업은 압연과 유사하나 전조 공구를 이용하여 나사(Thread), 기어(Gear) 등을 성형하는 방법

⑤ 판금(Sheet Metal Working)
판상 금속재료를 형틀로써 프레스(Press) 펀칭, 압축, 인장 등으로 가공하여 목적하는 형상으로 변형 가공하는 것

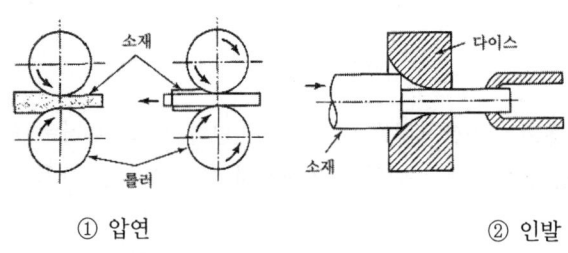

① 압연　　　　　　　　　② 인발

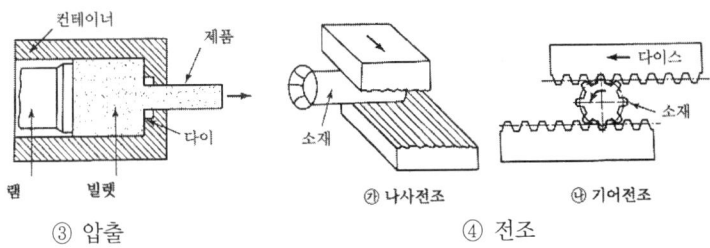

③ 압출　　　　　㉮ 나사전조　　④ 전조　　㉯ 기어전조

합격 key

2022년 단답형 출제

물음2) 압출가공시 발생되는 위험요인

(1) 감김·끼임

① 플라스틱 가공제품 제조 과정에서 자주 나타나는 재해로 주로 사출성형된 제품을 금형에서 빼는 과정에서 손 등 신체의 일부가 감기거나 끼일 수 있음

② 금형을 탈·부착한 후 조정하는 과정에서도 발생

(2) 절단·베임

플라스틱 가공제품 제조 과정 중 사출성형 공정, 성형된 제품을 후가공하기 위해 프레스를 이용한 버(burr)제거 및 후가공, 칼 등을 사용한 사상 공정, 조립 공정에서 발생

(3) 넘어짐

작업장 내에서 물품 운반 또는 이동 중 미끄러지거나 걸려 넘어짐

(4) 부딪힘

① 사출성형된 제품을 취출하는 공정에서 취출용 로봇을 사용할 때 발생하는 사고로 한정된 작업 공간에서 기계와 작업자가 혼재되어 작업하거나 작업공간이 분리되지 않아 작업자가 부딪히는 재해가 발생

② 작업장 내에 원료 및 제품의 운반을 위해 지게차 등의 운반기계를 운행하는 과정에서 작업자와 부딪힘

(5) 물체에 맞음

사출성형 과정에서 사용되는 사출금형은 인력으로 운반하기에는 무거운 중량물이 많고, 중량물을 지게차 크레인 등을 이용해 운반하는 과정에서 물체에 맞는 사고가 발생

(6) 떨어짐

사출성형기를 이용해 제품을 생산하기 위해서는 열가소성 등의 프라스틱 원료를 사출성형기 호퍼부에 인력으로 투입 시 작업자가 떨어짐

(7) 기타
    ① 근골격계 질환 : 부적절한 작업 자세 및 중량물 취급으로 인한 요통 등
    ② 화상 : 사출성형기 히터부 등 기계의 고온부에 접촉
    ③ 교통사고 : 원료 및 제품을 차량으로 운반 중 발생
    ④ 감전재해 : 사출성형기 등 기계 설비의 누전 및 통전부 접촉
    ⑤ 소음성 난청 등 건강장해 : 좁은 작업장 내 소음 발생기계(사출성형기 및 분쇄기 등)가 집중적으로 배치 "끝"

문제 9

산업안전보건기준에 관한 규칙에 따라 다음 물음에 답하시오.
물음 1) 작업장 출입구 설치 시 준수해야 할 사항 5가지를 쓰시오.
물음 2) 동력으로 작동되는 문의 설치 조건 5가지를 쓰시오.
물음 3) 가설통로를 설치하는 경우 준수해야 할 사항 5가지만 쓰시오.

정답

물음1) 작업장 출입구 설치 시 준수해야 할 사항 5가지

① 출입구의 위치, 수 및 크기가 작업장의 용도와 특성에 맞도록 할 것
② 출입구에 문을 설치하는 경우에는 근로자가 쉽게 열고 닫을 수 있도록 할 것
③ 주된 목적이 하역운반기계용인 출입구에는 인접하여 보행자용 출입구를 따로 설치할 것
④ 하역운반기계의 통로와 인접하여 있는 출입구에서 접촉에 의하여 근로자에게 위험을 미칠 우려가 있는 경우에는 비상등·비상벨 등 경보장치를 할 것
⑤ 계단이 출입구와 바로 연결된 경우에는 작업자의 안전한 통행을 위하여 그 사이에 1.2미터 이상 거리를 두거나 안내표지 또는 비상벨 등을 설치할 것. 다만, 출입구에 문을 설치하지 아니한 경우에는 그러하지 아니하다.

물음2) 동력으로 작동되는 문의 설치 조건 5가지

① 동력으로 작동되는 문에 근로자가 끼일 위험이 있는 2.5[m] 높이까지는 위급하거나 위험한 사태가 발생한 경우에 문의 작동을 정지시킬 수 있도록 비상정지장치 설치 등 필요한 조치를 할 것. 다만, 위험구역에 사람이 없어야만 문이 작동되도록 안전장치가 설치되어 있거나 운전자가 특별히 지정되어 상시 조작하는 경우에는 그러하지 아니하다.
② 동력으로 작동되는 문의 비상정지장치는 근로자가 잘 알아볼 수 있고 쉽게 조작할 수 있을 것
③ 동력으로 작동되는 문의 동력이 끊어진 경우에는 즉시 정지되도록 할 것. 다만, 방화문의 경우에는 그러하지 아니하다.
④ 수동으로 열고 닫을 수 있도록 할 것. 다만, 동력으로 작동되는 문에 수동으로 열고 닫을 수 있는 문을 별도로 설치하여 근로자가 통행할 수 있도록 한 경우에는 그러하지 아니하다.
⑤ 동력으로 작동되는 문을 수동으로 조작하는 경우에는 제어장치에 의하여 즉시 정지시킬 수 있는 구조일 것

물음 3) 가설통로 설치하는 경우 준수해야 할 사항 5가지
① 견고한 구조로 할 것
② 경사는 30도 이하로 할 것. 다만, 계단을 설치하거나 높이 2미터 미만의 가설통로로서 튼튼한 손잡이를 설치한 경우에는 그러하지 아니하다.
③ 경사가 15도를 초과하는 경우에는 미끄러지지 아니하는 구조로 할 것
④ 추락할 위험이 있는 장소에는 안전난간을 설치할 것. 다만, 작업상 부득이한 경우에는 필요한 부분만 임시로 해체할 수 있다.
⑤ 수직갱에 가설된 통로의 길이가 15미터 이상인 경우에는 10미터 이내마다 계단참을 설치할 것
⑥ 건설공사에 사용하는 높이 8미터 이상인 비계다리에는 7미터 이내마다 계단참을 설치할 것
"끝"

"이하여백"

정답근거

산업안전보건기준에 관한 규칙
① 제11조(작업장의 출입구)
② 제12조(동력으로 작동되는 문의 설치조건)
③ 제23조(가설통로의 구조)

2024년도 6월 8일

산업안전지도사 제14회 기출문제 NCS 분석

1. 시험과목 및 배점

구분	시험과목	시험시간	문제유형		배점	비고
2차 전공	기계안전공학	100분	주관식		총점: 100점	과락없음 60점이면 합격
			1) 단답형: 5문제 2) 논(서)술형: 4문제 중 3문제 선택 (필수2, 선택1)		1) 단답형: 5문제×5점=25점 2) 논(서)술형: 3문제×25점=75점	

2. NCS 적용문제 분석

대분류	중분류	소분류	문제내용(세세분류)	비고
단답형	법령	위험기계	문제1) 위험기계·기구 방호조치 기준상 원심기의 회전체 접촉예방장치 설치방법 3가지를 쓰시오.	고시 제10조
	법령	시행규칙	문제 2) 산업안전보건법령상 안전인증대상기계등이 아닌 유해·위험기계등의 안전인증의 표시 및 표시방법 5가지를 서술하시오.	[별표 15]
	법령	시행규칙	문제 3) 산업안전보건법령상 유해·위험 방지를 위한 방호조치가 필요한 기계·기구를 5가지만 쓰시오.	시행규칙 제98조 2015. 출제
	법령	KOSHA GUIDE	문제 4) 프레스 금형작업의 안전에 관한 기술지침(KOSHA GUIDE M-138-2012)에 따라 금형 해체 시 위험방지를 위한 안전규칙 3가지를 쓰시오.	M-138-2012
	법령	안전보건규칙	문제 5) 산업안전보건기준에 관한 규칙상 사업주가 양중기에 사용해서는 안 되는 와이어로프의 사용 금지 기준을 5가지만 쓰시오.	제63조
논(서)술형	법령	안전보건규칙	문제 6) 공장자동화설비를 위한 산업용 로봇에 관련하여 다음 물음에 답하시오. 물음 1) 산업용 로봇을 사용용도별로 분류할 때 5가지 사용용도와 해당 로봇을 쓰시오. 물음 2) 산업용 로봇 방호장치 중 안전방책 설치방법 5가지를 쓰시오. 물음 3) 산업용 로봇 방호장치 중 안전매트 설치방법 3가지를 쓰시오.	안전보건규칙 제223조
	법령	보일러 2022. 출제	문제 7) 산업안전보건기준에 관한 규칙상 차량계 하역운반기계인 고소작업대를 사용하는 경우 사업주가 준수하여야 할 사항 8가지를 서술하시오.	안전보건규칙 제186조 제4항

법령	위험기계	문제 8) 위험기계·기구방호조치 기준상 동력에 의해서 구동되고 토출압력이 0.2[MPa] 이상으로 토출량이 분당 1세제곱미터 이상인 공기압축기에 설치하는 안전밸브의 적합요건 2가지와 설치방법 3가지를 각각 서술하시오.	제12조, 제13조
법령	KOSHA GUIDE	문제 9) 산업용 로봇의 사용 등에 관한 안전 기술지침(KOSHA GUIDE M-61-2017)에 따라 사업주가 산업용 로봇에 대한 정기 검사시 점검사항을 8가지만 서술하시오.	M-61-2017

3. 합격자 현황

구분		1차			2차			3차		
2024년		응시	합격	합격률	응시	합격	합격률	응시	합격	합격률
소계		7,232	2,559	35%	2,078	587	28%	1,504	423	28%
안전	기계				559	31	6%	121	38	31%
	전기				93	35	38%	94	17	18%
	화공				188	24	13%	73	37	51%
	건설				1,238	497	40%	1,216	331	27%

2024년도 6월 8일

산업안전지도사 2차 국가자격시험

시간	응시분야	수험번호	성명
100분	기계안전	20240608	도서출판 세화

※ 다음 단답형 5문제를 모두 답하시오.(각 5점)

문제 1

위험기계·기구 방호조치 기준상 원심기의 회전체 접촉예방장치 설치방법 3가지를 쓰시오.

정답

① 회전체 접촉 예방장치가 작동 중 열리지 않도록 잠금장치를 설치할 것
② 작동 중 기계의 진동에 의한 이탈, 이완의 위험이 없도록 체결볼트에는 와셔 등을 이용하여 풀림방지조치를 할 것
③ 급정지로 인하여 기계에 파손위험이 있는 경우에는 순차정지회로를 구성하는 등의 조치를 할 것 "끝"

정답근거

위험기계기구방호장치 기준고시 제10조(설치방법)

보충학습

산업안전보건법 시행규칙
제98조(방호조치) ① 법 제80조제1항에 따라 영 제70조 및 영 별표 20의 기계·기구에 설치해야 할 방호장치는 다음 각 호와 같다.
  1. 영 별표 20 제1호에 따른 예초기: 날접촉 예방장치
  2. 영 별표 20 제2호에 따른 원심기: 회전체 접촉 예방장치
  3. 영 별표 20 제3호에 따른 공기압축기: 압력방출장치
  4. 영 별표 20 제4호에 따른 금속절단기: 날접촉 예방장치

5. 영 별표 20 제5호에 따른 지게차: 헤드 가드, 백레스트(backrest), 전조등, 후미등, 안전벨트
6. 영 별표 20 제6호에 따른 포장기계: 구동부 방호 연동장치

② 법 제80조제2항에서 "고용노동부령으로 정하는 방호조치"란 다음 각 호의 방호조치를 말한다.
1. 작동 부분의 돌기부분은 묻힘형으로 하거나 덮개를 부착할 것
2. 동력전달부분 및 속도조절부분에는 덮개를 부착하거나 방호망을 설치할 것
3. 회전기계의 물림점(롤러나 톱니바퀴 등 반대방향의 두 회전체에 물려 들어가는 위험점)에는 덮개 또는 울을 설치할 것

③ 제1항 및 제2항에 따른 방호조치에 필요한 사항은 고용노동부장관이 정하여 고시한다.

합격 key

2024년 단답형(문제 3번) 출제

문제 2

산업안전보건법령상 안전인증대상기계등이 아닌 유해·위험기계등의 안전인증의 표시 및 표시방법 5가지를 서술하시오.

정 답

① 표시의 크기는 유해·위험기계등의 크기에 따라 조정할 수 있다.
② 표시의 표상을 명백히 하기 위하여 필요한 경우에는 표시 주위에 한글·영문 등의 글자로 필요한 사항을 덧붙여 적을 수 있다.
③ 표시는 유해·위험기계등이나 이를 담은 용기 또는 포장지의 적당한 곳에 붙이거나 인쇄하거나 새기는 등의 방법으로 해야 한다.
④ 표시는 테두리와 문자를 파란색, 그 밖의 부분을 흰색으로 표현하는 것을 원칙으로 하되, 안전인증표시의 바탕색 등을 고려하여 테두리와 문자를 흰색, 그 밖의 부분을 파란색으로 표현할 수 있다. 이 경우 파란색의 색도는 2.5PB 4/10으로, 흰색의 색도는 N9.5로 한다[색도기준은 한국산업표준(KS)에 따른 색의 3속성에 의한 표시방법(KS A 0062)에 따른다].
⑤ 표시를 하는 경우에 인체에 상해를 입힐 우려가 있는 재질이나 표면이 거친 재질을 사용해서는 안 된다.

안전인증대상기계등이 아닌 유해·위험기계등의 안전인증의 표시 및 표시방법(제114조 제2항 관련)

 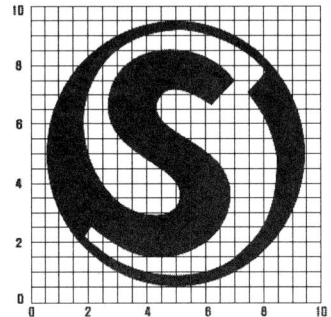

"끝"

정답근거

산업안전보건법 시행규칙 제114조 제2항 [별표 15]

문제 3

산업안전보건법령상 유해·위험 방지를 위한 방호조치가 필요한 기계·기구를 5가지만 쓰시오.

정답

① 예초기
② 원심기
③ 공기압축기
④ 금속절단기
⑤ 지게차
⑥ 포장기계(진공포장기, 래핑기로 한정한다.) "끝"

정답근거

① 산업안전보건법 시행령 [별표 20]
② 산업안전보건법 시행규칙 제98조(방호조치)

합격 key

① 2024년 단답형(문제 1번) 확인
② 2015년 7월 27일(문제 3번) 출제

2024년 6월 8일 시행

문제 4

프레스 금형작업의 안전에 관한 기술지침(KOSHA GUIDE M-138-2012)에 따라 금형 해체 시 위험방지를 위한 안전규칙 3가지를 쓰시오.

정 답

① 모든 다이 쿠션 공기가 배출되었으며 내림(Down)의 위치에 있는지를 확인한다.
② 금형이 분리된 이후 프레스가 스트로크의 상부로 조금씩 접근함에 따라 상부 금형 끼움쇠가 램(슬라이드)에 매달려 있지 않도록 주의한다.
③ 프레스에 QDC(신속 다이 교체)장치가 설치되어 있다면, 금형을 제거하기 전에 전원을 끄고 주 차단스위치를 잠근다. "끝"

정답근거

KOSHA GUIDE M-138-2012

문제 5

산업안전보건기준에 관한 규칙상 사업주가 양중기에 사용해서는 안 되는 와이어로프의 사용 금지 기준을 5가지만 쓰시오.

정답

① 이음매가 있는 것
② 와이어로프의 한 꼬임에서 끊어진 소선의 수가 10[%] 이상인 것
③ 지름의 감소가 공칭 지름의 7[%]를 초과하는 것
④ 꼬인 것
⑤ 심하게 변형되거나 부식된 것
⑥ 열과 전기충격에 의해 손상된 것   "끝"

정답근거

산업안전보건기준에 관한 규칙 제63조 제1항 제1호(달비계의 구조)

참고

기계안전공학 p.1-143(3. 와이어 로프의 사용기준)

※ 다음 논술형 2문제를 모두 답하시오.(각 25점)

문제 6

공장자동화설비를 위한 산업용 로봇에 관련하여 다음 물음에 답하시오.
물음 1) 산업용 로봇을 사용용도별로 분류할 때 5가지 사용용도와 해당 로봇을 쓰시오.
물음 2) 산업용 로봇 방호장치 중 안전방책 설치방법 5가지를 쓰시오.
물음 3) 산업용 로봇 방호장치 중 안전매트 설치방법 3가지를 쓰시오.

정 답

물음 1) 사용용도에 의한 분류 5가지

① 스폿(Spot)용접 : 직교좌표(4축), 수직관절(6축)
② 아크(Arc)용접 : 수직관절(5, 6축)
③ 도장 : 수직관절(전기식, 유압식)
④ 조립 : 수직관절, 원통좌표, 직각좌표
⑤ Handling : 수직관절, 갠트리
⑥ 사출기 취출 : 취출 로봇
⑦ Transfer : 전용기
⑧ Palletizing : Robt type Palletizer

물음 2) 안전울타리(방책) 설치방법 5가지

① 울타리 등은 예리한 가장자리, 돌출부 등의 위험이 없을 것
② 울타리 등은 진동, 충격 등의 충분한 강도를 가질 것
③ 울타리 등은 출입문에 인터락(연동장치)을 연동할 것
④ 울타리 등은 높이 1.8[m] 이상의 울타리를 설치할 것
　(최소 1.4[m] 이상, 근거 : KS B ISO 13857)
⑤ 울타리(출입문)은 옆으로 열리거나 위험원으로부터 멀어지는 방향으로 열려야 할 것

물음 3) 안전매트 설치방법 3가지

① 재기동 장치(방호장치의 리셋만으로 기계가 재기동 되지 않도록 할 것)
② 위험한계 범위 이내를 충분히 방호 가능한 크기로 설치할 것
③ 안전인증품(KCs)를 사용할 것　"끝"

> 참고
> ① 산업안전보건기준에 관한 규칙 제223조(운전중 위험방지)
> ② 기계안전공학 p.1-120 ([표] 조립용로봇의 용도별 분류)

[출처] 한국산업안전보건공단

문제 7

산업안전보건기준에 관한 규칙상 차량계 하역운반기계인 고소작업대를 사용하는 경우 사업주가 준수하여야 할 사항 8가지를 서술하시오.

정답

① 작업자가 안전모·안전대 등의 보호구를 착용하도록 할 것
② 관계자가 아닌 사람이 작업구역에 들어오는 것을 방지하기 위하여 필요한 조치를 할 것
③ 안전한 작업을 위하여 적정수준의 조도를 유지할 것
④ 전로(電路)에 근접하여 작업을 하는 경우에는 작업감시자를 배치하는 등 감전사고를 방지하기 위하여 필요한 조치를 할 것
⑤ 작업대를 정기적으로 점검하고 붐·작업대 등 각 부위의 이상 유무를 확인할 것
⑥ 전환스위치는 다른 물체를 이용하여 고정하지 말 것
⑦ 작업대는 정격하중을 초과하여 물건을 싣거나 탑승하지 말 것
⑧ 작업대의 붐대를 상승시킨 상태에서 탑승자는 작업대를 벗어나지 말 것. 다만, 작업대에 안전대 부착설비를 설치하고 안전대를 연결하였을 때에는 그러하지 아니하다. "끝"

정답근거

산업안전보건 기준에 관한 규칙 제186조 제4항

보충학습

제186조(고소작업대 설치 등의 조치) ① 사업주는 고소작업대를 설치하는 경우에는 다음 각 호에 해당하는 것을 설치하여야 한다.
1. 작업대를 와이어로프 또는 체인으로 올리거나 내릴 경우에는 와이어로프 또는 체인이 끊어져 작업대가 떨어지지 아니하는 구조여야 하며, 와이어로프 또는 체인의 안전율은 5 이상일 것
2. 작업대를 유압에 의해 올리거나 내릴 경우에는 작업대를 일정한 위치에 유지할 수 있는 장치를 갖추고 압력의 이상저하를 방지할 수 있는 구조일 것
3. 권과방지장치를 갖추거나 압력의 이상상승을 방지할 수 있는 구조일 것
4. 붐의 최대 지면경사각을 초과 운전하여 전도되지 않도록 할 것
5. 작업대에 정격하중(안전율 5 이상)을 표시할 것
6. 작업대에 끼임·충돌 등 재해를 예방하기 위한 가드 또는 과상승방지장치를 설치할 것
7. 조작반의 스위치는 눈으로 확인할 수 있도록 명칭 및 방향표시를 유지할 것

② 사업주는 고소작업대를 설치하는 경우에는 다음 각 호의 사항을 준수하여야 한다.
1. 바닥과 고소작업대는 가능하면 수평을 유지하도록 할 것
2. 갑작스러운 이동을 방지하기 위하여 아웃트리거 또는 브레이크 등을 확실히 사용할 것

③ 사업주는 고소작업대를 이동하는 경우에는 다음 각 호의 사항을 준수해야 한다.
1. 작업대를 가장 낮게 내릴 것
2. 작업자를 태우고 이동하지 말 것. 다만, 이동 중 전도 등의 위험예방을 위하여 유도하는 사람을 배치하고 짧은 구간을 이동하는 경우에는 제1호에 따라 작업대를 가장 낮게 내린 상태에서 작업자를 태우고 이동할 수 있다.
3. 이동통로의 요철상태 또는 장애물의 유무 등을 확인할 것
④ 사업주는 고소작업대를 사용하는 경우에는 다음 각 호의 사항을 준수하여야 한다.
1. 작업자가 안전모·안전대 등의 보호구를 착용하도록 할 것
2. 관계자가 아닌 사람이 작업구역에 들어오는 것을 방지하기 위하여 필요한 조치를 할 것
3. 안전한 작업을 위하여 적정수준의 조도를 유지할 것
4. 전로(電路)에 근접하여 작업을 하는 경우에는 작업감시자를 배치하는 등 감전사고를 방지하기 위하여 필요한 조치를 할 것
5. 작업대를 정기적으로 점검하고 붐·작업대 등 각 부위의 이상 유무를 확인할 것
6. 전환스위치는 다른 물체를 이용하여 고정하지 말 것
7. 작업대는 정격하중을 초과하여 물건을 싣거나 탑승하지 말 것
8. 작업대의 붐대를 상승시킨 상태에서 탑승자는 작업대를 벗어나지 말 것. 다만, 작업대에 안전대 부착설비를 설치하고 안전대를 연결하였을 때에는 그러하지 아니하다.

합격 key

2016년 6월 25일 논술형 출제

※ 다음 논술형 2문제 중 1문제를 선택하여 답하시오.(각 25점)

문제 8

위험기계·기구방호조치 기준상 동력에 의해서 구동되고 토출압력이 0.2[MPa] 이상으로 토출량이 분당 1세제곱미터 이상인 공기압축기에 설치하는 안전밸브의 적합요건 2가지와 설치방법 3가지를 각각 서술하시오.

정 답

(1) 적합요건 2가지
   ① 안전인증(KCs)을 받은 것일 것
   ② 내후성이 좋고 장기간 정지하여도 밸브시트에 접착되지 않을 것

(2) 설치방법 3가지
   ① 안전밸브의 조정너트는 임의로 조정할 수 없도록 봉인되어 있을 것
   ② 설정압력은 설계압력을 초과하지 아니하고, 작동압력은 설정압력치의 ±5[%] 이내일 것
   ③ 설정압력 등이 포함된 표지를 식별이 쉬운 곳에 견고하게 부착할 것 "끝"

정답근거

위험기계기구 방호조치 기준고시 제12조, 제13조

문제 9

산업용 로봇의 사용 등에 관한 안전 기술지침(KOSHA GUIDE M-61-2017)에 따라 사업주가 산업용 로봇에 대한 정기 검사시 점검사항을 8가지만 서술하시오.

정답

① 주요부품의 볼트 풀림 여부
② 가동 부분의 윤활상태, 기타 가동 부분에 관한 이상 유무
③ 동력 전달 부분의 이상 유무
④ 유압 및 공압 계통의 이상 유무
⑤ 전기계통의 이상 유무
⑥ 작동 이상을 검출하는 기능의 이상 유무
⑦ 인코더의 이상 유무
⑧ 서보 계통의 이상 유무
⑨ 스토퍼의 이상 유무 "끝"

"이하여백"

참고

(1) KOSHA Guide란

① KOSHA Guide는 산업안전보건법령에서 정한 최소한의 수준이 아니라, 사업장의 자기규율 예방체계 확립을 지원하고, 좀 더 높은 수준의 안전보건 향상을 위해 참고할 수 있는 기술적 내용을 기술한 자율적 안전보건가이드이다.
② KOSHA Guide는 산업안전보건법과 같은 강제적인 법률이 아닌 권고 기술기준으로써 한국산업안전보건공단에 의해서 제·개정되고 있는 지침이다.
③ KOSHA Guide는 사업장의 안전·보건을 확보하기 위하여 위험설비·공정, 작업에 대한 선진 각국의 기술수준 및 국제표준을 참고하여 우리나라 실정에 맞게 일반, 기계, 전기, 화공, 건설, 보건 등 전문분야별로 세분화하여 안전보건기술지침(KOSHA Guide)으로 제정·공표하여 사업장에 보급·활용되고 있다.

(2) KOSHA Guide 법적효력

KOSHA Guide는 법적 기준이 아닌 사업장의 이해를 돕기 위해 작성된 기술적 권고 지침으로써, 법적 구속력(효력)은 없다.

(3) KOSHA Guide 활용방법 소개

「KOSHA Guide(기술지침) 길라잡이」를 저장 및 출력하여 KOSHA Guide 활용방법을 열람하실 수 있다.

(4) KOSHA Guide 활용방법 소개

「KOSHA Guide(기술지침) 길라잡이」를 저장 및 출력하여 KOSHA Guide 활용방법을 열람하실 수 있다.
KOSHA Guide(기술지침)길라잡이 다운로드 가능(한국산업안전보건공단)

(5) 외국사례

산업안전보건법령의 현장 안착을 위해 일본, 영국 및 호주 등 국가에서 기술지침 등 가이드라인을 개발 및 보급하고 있다.

구분		한국	일본	영국(호주)	독일	미국
법령체계	법	법	노동안전위생법	Act	Gesetz	Act
	시행령	시행령	시행령	Regulation	verodnung	Regulation
	시행규칙	시행규칙	시행규칙	–	BGV	–
	고시	고시	고시	Order	–	–
		–	–	ACoP	DIN, VDE 등	ANSI, NFPA등
		KOSHA Guide	기술기준	Guidance, Standard	–	–

2025년도 6월 14일

산업안전지도사 제15회 기출문제 NCS 분석

1. 시험과목 및 배점

구분	시험과목	시험시간	문제유형	배점	비고
2차 전공	기계안전공학	100분	주관식	총점 : 100점	과락없음 60점이면 합격
			1) 단답형 : 5문제 2) 논(서)술형 : 4문제 중 3문제 선택 (필수2, 선택1)	1) 단답형 : 5문제×5점=25점 2) 논(서)술형 : 3문제×25점=75점	

2. NCS 적용문제 분석

대분류	중분류	소분류	문제내용(세세분류)	비고
단답형	기본안전공학	위험점	문제 1) 기계의 위험 원인 중 운동형태(회전운동, 왕복운동, 미끄럼운동, 회전운동+미끄럼운동, 진동운동)에 따른 위험점 6가지를 쓰시오.	2021. 출제
	법령	기술지침	문제 2) 전단기 작업의 안전수칙을 5가지만 쓰시오.	
	기본안전공학	비파괴시험	문제 3) 표면결함뿐만 아니라 내부결함의 검출이 가능한 비파괴시험방법을 2가지만 쓰시오.	2015. 출제
	기계공학	끼워맞춤	문제 4) 축과 구멍의 끼워맞춤 종류 3가지를 쓰시오.	
	법령	방호조치 기준	문제 5) 위험기계·기구방호조치 기준상 지게차에 관한 다음 물음에 답하시오. 물음 1) 전조등 설치 기준을 2가지만 쓰시오. 물음 2) 후미등 설치 기준을 3가지만 쓰시오.	
논(서)술형	법령	안전보건규칙	문제 6) 공장자동화 및 로봇작업에서 불의의 동작 및 오조작 방호조치에 대하여 서술하시오.	2016. 출제
	법령	안전보건규칙	문제 7) 산업안전보건기준에 관한 규칙상 높이 7미터 이상인 고정식 사다리식 통로의 등받이울이 있어 근로자 이동이 곤란한 경우에는, 한국산업표준에서 정하는 기준에 적합한 개인용 추락 방지 시스템 설치와 전신안전대를 사용하여 근로자 추락방지조치를 하고 있다. 한국산업표준상 개인용 추락방지 시스템에 관한 다음 물음에 답하시오.	

		물음 1) 영구 수직 구명줄의 설계기준 5가지를 쓰시오. 물음 2) 임시 수직 구명줄의 설계기준 5가지를 쓰시오. 물음 3) 미끄럼 타입 추락 방지시스템의 설계기준 5가지를 쓰시오.
기계공학	최소판두께	문제 8) 원통형 내압 용기에 관한 다음 물음에 답하시오. 조건 1) 내압 : p[MPa], 판의 인장강도 : s[MPa], 안지름 d[mm], 판 두께 : t[mm], 부식여유 : c[mm], 판 이음효율 : e, 안전계수 : F 조건 2) 원통형 내압용기의 판 두께는 지름에 비하여 작다. 물음 1) 위의 조건을 고려하여 안전한 판의 최수두께를 식으로 구하시오. 물음 2) 내압 0.5[MPa] 안지름 900[mm], 판의 인장강도 200[MPa], 판 이음효율 0.9, 안전계수 2, 부식여유 1[mm]일 때, 위 물음 1)식에 근거하여 판의 최소 두께[mm]를 구하시오.(단, 소수점 둘째 자리에서 반올림하여 구하시오.)
법령	고시	문제 9) 안전검사 고시상 산업용 로봇에 관한 다음 물음에 답하시오. 물음 1) 저속제어 정의 물음 2) 협동운전 요구사항 4가지를 쓰시오. 물음 3) 로봇 시스템배치설계 7가지를 쓰시오.

2025년도 6월 14일

산업안전지도사 2차 국가자격시험

시간	응시분야	수험번호	성명
100분	기계안전	20250614	도서출판 세화

※ 다음 단답형 5문제를 모두 답하시오.(각 5점)

문제 1

기계의 위험 원인 중 운동형태(회전운동, 왕복운동, 미끄럼운동, 회전운동+미끄럼운동, 진동운동)에 따른 위험점 6가지를 쓰시오.

정 답

(1) 협착점(squeeze point)

왕복운동을 하는 동작 부분과 움직임이 없는 고정 부분 사이에서 형성되는 위험점으로 사업장의 기계 설비에서 많이 볼 수 있다. 예를 들면 프레스기, 전단기, 성형기, 조형기, 굽힘 기계(bending machine) 등이 있다.

(2) 끼임점(shear point)

고정 부분과 회전하는 동작 부분이 함께 만드는 위험점으로 연삭숫돌과 덮개, 교반기의 날개와 하우징, 프레임에서 암의 요동 운동을 하는 기계 부분 등이다.

(3) 절단점(cutting point)

고정 부분과 운동 부분이 만드는 위험점이 아니고 회전하는 운동부 자체의 위험이나 운동하는 기계 부분 자체의 위험에서 초래되는 위험점이다. 예를 들면 밀링의 커터, 띠톱이나 둥근 톱의 톱날, 벨트의 이음 부분 등이다.

(4) 물림점(nip point)

회전하는 두 개의 회전체에는 물려 들어가는 위험성이 존재한다. 이때 위험점이 발생되는 조건은 회전체가 서로 반대 방향으로 맞물려 회전되어야 한다. 예를 들면 롤러와 롤러의 물림, 기어와 기어의 물림 등이 있다.

(5) 접선 물림점((tangential nip point)

회전하는 부분의 접선 방향으로 물려 들어갈 위험이 존재하는 점이다. 예를 들면 벨트와 풀리, 체인과 스프로킷, 랙과 피니언 등이 맞물리는 부분이다.

(6) 회전 말림점(trapping point)

회전하는 물체에 작업복, 머리카락 등이 말려드는 위험이 존재하는 점이다. 예를 들면, 회전하는 축, 커플링, 돌출된 키나 고정나사, 회전하는 공구 등이 이에 해당된다.

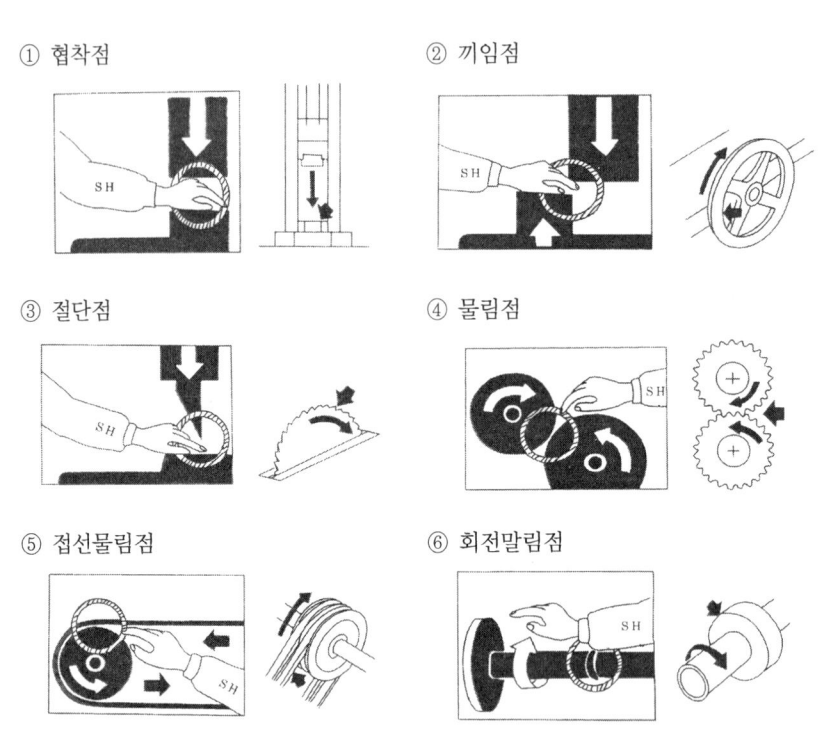

[그림] 기계 설비 위험점

"끝"

정답근거

산업안전지도사 p.1-4(2. 기계·기구·설비의 위험점)

합격자의 조언

① 설명, 그림 등은 논술형 대비입니다.
② 위험점만 쓰시면 됩니다.(예 협착점)

기출제년도

2021년 6월 15일(문제 9번)

문제 2

전단기 작업의 안전수칙을 5가지만 쓰시오.

정답

① 작업 표준을 준수하여 작업 실시
② 전단기 사이에 신체 삽입 금지
③ 재료 송급, 추출 시에는 반드시 수공구를 사용
④ 운전 중 이상 발생 시 즉시 정지 후 점검
⑤ 보수점검, 청소 작업 시 기계의 전원을 차단 후 실시
⑥ 작업 전 비상정지장치 작동 유무 확인
⑦ 안전모 등 보호구를 착용할 것 "끝"

정답근거

M-22-2012 금속전단기 방호에 관한 기술지침

문제 3

표면결함뿐만 아니라 내부결함의 검출이 가능한 비파괴시험방법을 2가지만 쓰시오.

정답

① 방사선투과검사(RT)
② 음향방출시험(AET)
③ 자분탐상검사(MT)
④ 와류탐상검사(ECT) "끝"

보충학습

(1) 방사선 투과검사(R. T)

① X선이나 γ선 등의 방사선은 물질을 잘 투과하기 쉬우나 투과 도중에 흡수 또는 산란을 받게 되어, 투과 후의 세기는 투과 전의 세기에 비해 약해지며 이 약해진 정도는 물체의 두께, 물체의 재질 및 방사선의 종류에 따라 달라진다.

② 검사하고자 하는 물체에 균일한 세기의 방사선을 조사시켜 투과한 다음 사진 필름에 감광시켜 현상하면, 결함과 내부 구조에 대응하는 진하고 엷은 모양의 투과사진이 생긴다.

③ 투과 사진을 관찰하여 결함의 종류, 크기 및 분포 상황 등을 알아내는 시험이 방사선 투과시험이다.

[표] 방사선 투과시험 방법

구분	특징
직접촬영	X선, γ선의 투과상을 직접 X선 필름에 촬영하는 방법
간접촬영	X선, γ선의 투과상을 형광판이나 가시상으로 바꾸어, 간접적으로 카메라의 필름에 촬영하는 방법
투과법	X선, γ선의 투과상을 형광판 또는 형광증배판에 의해 가시상으로 바꾸어 육안 또는 카메라 등으로 관찰하는 방법

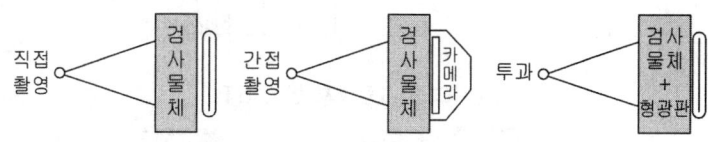

[그림] 방사선 투과시험

(2) 초음파검사(U.T)

① 높은 주파수(보통 1~5[MHz] : 100만[Hz]~500만[Hz])의 음파, 즉 초음파의 펄스(pulse)를 탐촉자로부터 시험체에 투입시켜 내부 결함을 반사에 의해 탐촉자에 수신되는 현상을 이용
② 결함의 소재나 결함의 위치 및 크기를 비파괴적으로 알아내는 방법으로써 결함 탐상 이외의 기계가공에서 초음파 구멍 뚫기, 초음파 절단, 초음파 용접 작업 등에 적용

[표] 초음파검사 종류

구분	특징
반사식	검사할 물체에 극히 짧은 시간에 충격적으로 초음파를 발사하여 결함부에서 반사되는 신호를 받아 그 사이의 시간지연으로 결함까지의 거리 측정
투과식	검사할 물체의 한쪽면의 발진장치에서 연속으로 초음파를 보내고 반대편의 수진장치에서 신호를 받을 때 결함이 있을 경우 초음파의 도착에 이상이 생기는 것으로 결함의 위치와 크기들을 판정(50[mm] 정도까지 적용)
공진식	발진장치의 파장을 순차로 변화하여 공진이 생기는 파장을 구하면, 결함이 존재할 경우 결함까지 거리가 파장의 1/2의 정수배가 될 때에 공진이 생기므로 결함위치를 파악(보통 결함의 깊이 측정에 사용, 결함이 옆으로 있을 때 적합)

[표] 탐촉자의 개수에 따른 분류

구분	특징
1탐촉자 방식	한 개의 검출기가 송신용과 수신용으로 겸용(일반적인 방법)
2탐촉자 방식	두 개의 검출기 사용, 한쪽을 송신용 다른 쪽을 수신용으로 사용(용접부의 옆으로 갈라진 곳 검출)
다탐촉자 방식	4개 이상의 탐촉자 사용(원자로, 압력용기 등)

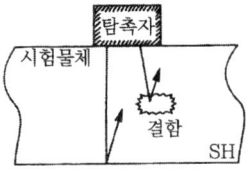

[그림] 1탐촉자 방식 UT

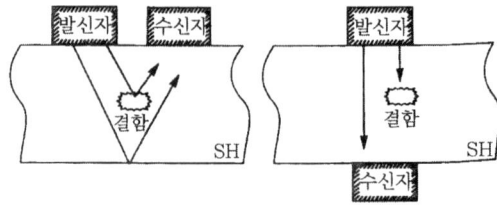

[그림] 2탐촉자 방식 UT

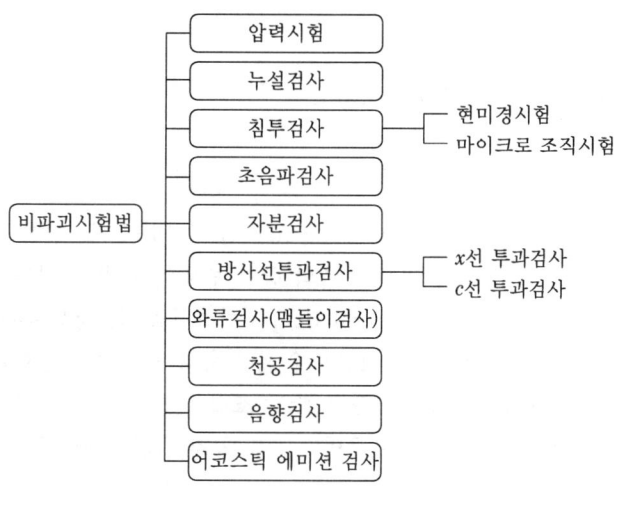

[그림] 비파괴 시험

기출제년도

2015년(문제 5번)

문제 4

축과 구멍의 끼워맞춤 종류 3가지를 쓰시오.

정답

① 헐거운 끼워맞춤(clearance fit, running fit) : 조립하였을 때, 항상 틈새가 생기는 끼워맞춤. 즉, 구멍의 공차 범위가 완전히 축의 공차 범위의 위쪽에 있는 끼워맞춤
② 억지 끼워맞춤(interference fit, tight fit) : 조립하였을 때, 항상 죔새가 생기는 끼워 맞춤으로 도시된 경우에 구멍의 공차 범위가 완전히 축의 공차 범위의 아래쪽에 있는 끼워맞춤
③ 중간 끼워맞춤(transition fit, sliding fit) : 조립하였을 때, 구멍과 축의 실 치수에 따라 틈새와 죔새를 갖는 끼워맞춤으로 구멍과 축의 공차 범위가 완전히, 또는 부분적으로 겹치는 끼워맞춤

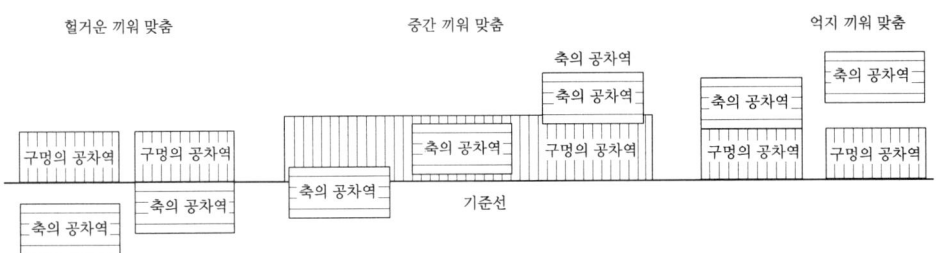

[그림] 끼워맞춤의 종류

"끝"

문제 5

위험기계·기구방호조치 기준상 지게차에 관한 다음 물음에 답하시오.
물음 1) 전조등 설치 기준을 2가지만 쓰시오.
물음 2) 후미등 설치 기준을 3가지만 쓰시오.

정 답

물음 1) 전조등 설치기준

① 좌우에 1개씩 설치할 것
② 등광색은 백색으로 할 것
③ 점등 시 자체의 다른 부분에 의하여 가려지지 아니할 것

물음 2) 후미등 설치기준

① 지게차 뒷면 양쪽에 설치할 것
② 등광색은 적색으로 할 것
③ 지게차 중심선에 대하여 좌우대칭이 되게 설치할 것
④ 등화의 중심을 기준으로 외측의 수평각 45도에서 볼 때에 투영일 것 "끝"

정답근거

위험기계·기구 방호조치 기준 제19조(설치방법)

※ 다음 논술형 2문제를 모두 답하시오.(각 25점)

문제 6
공장자동화 및 로봇작업에서 불의의 동작 및 오조작 방호조치에 대하여 서술하시오.

정답

① 다음 각 목의 사항에 관한 지침을 정하고 그 지침에 따라 작업시킬 것
  ㉮ 로봇의 조작방법 및 순서
  ㉯ 작업 중의 매니퓰레이터의 속도
  ㉰ 2명 이상의 근로자에게 작업을 시킬 경우의 신호방법
  ㉱ 이상을 발견한 경우의 조치
  ㉲ 이상을 발견하여 로봇의 운전을 정지시킨 후 이를 재가동시킬 경우의 조치
  ㉳ 그 밖에 로봇의 예기치 못한 작동 또는 오조작에 의한 위험을 방지하기 위하여 필요한 조치
② 작업에 종사하고 있는 근로자 또는 그 근로자를 감시하는 사람은 이상을 발견하면 즉시 로봇의 운전을 정지시키기 위한 조치를 할 것
③ 작업을 하고 있는 동안 로봇의 기동스위치 등에 작업 중이라는 표시를 하는 등 작업에 종사하고 있는 근로자가 아닌 사람이 그 스위치 등을 조작할 수 없도록 필요한 조치를 할 것

"끝"

정답근거

① 안전보건규칙
제222조(교시 등)
사업주는 산업용 로봇의 작동범위에서 해당 로봇에 대하여 교시(敎示) 등의 작업을 하는 경우에는 해당 로봇의 예기치 못한 작동 또는 오(誤)조작에 의한 위험을 방지하기 위하여 다음 각 호의 조치를 하여야 한다.
② KOSHA GUIDE M-61-2017

기출제년도

2016년 (문제 3번)

문제 7

산업안전보건기준에 관한 규칙상 높이 7미터 이상인 고정식 사다리식 통로의 등받이울이 있어 근로자 이동이 곤란한 경우에는, 한국산업표준에서 정하는 기준에 적합한 개인용 추락 방지 시스템 설치와 전신안전대를 사용하여 근로자 추락방지조치를 하고 있다. 한국산업표준상 개인용 추락방지 시스템에 관한 다음 물음에 답하시오.

물음 1) 영구 수직 구명줄의 설계기준 5가지를 쓰시오.
물음 2) 임시 수직 구명줄의 설계기준 5가지를 쓰시오.
물음 3) 미끄럼 타입 추락 방지시스템의 설계기준 5가지를 쓰시오.

정답

물음 1) 영구 수직 구명줄의 설계기준 5가지를 쓰시오.
① 사다리나 다른 구조물의 위, 아래 끝단에 장착할 수 있어야 하며 필요 시, 설치에 관한 제조자의 설명서에 권고되는 간격에 맞추어 여러 개의 고정 장치로 고정할 수 있어야 한다.
② 설치되면 제조자의 사용설명서에 따라 장력을 줄 수 있어야 한다.
③ 미끄럼 타입 추락 방지 시스템이 필수 요소로 설계 되어 있지 않다면 구명줄에 미끄럼 타입 추락 방지 시스템을 장착하고 떼어낼 수 있어야 한다.
④ 미끄럼 타입 추락 방지 시스템이 위, 아래로 저항 없이 움직일 수 있도록 해야 한다. 특히 중간 고정 장치에서 저항이 없어야 한다.
⑤ 구명줄로부터 미끄럼타입 추락 방지 시스템의 외도되지 않은 이탈을 방지해야 힌다.

물음 2) 임시 수직 구명줄의 설계기준 5가지를 쓰시오.
① 제조자의 설치 설명서에 따라 천장의 고정점에 고정할 수 있어야 한다.
② 미끄럼 타입 추락 방지 시스템이 필수 요소로 설계되어 있지 않다면 구명줄의 아래쪽 끝단에 미끄럼 타입 추락 방지 시스템을 장착하고 떼어낼 수 있어야 한다.
③ 미끄럼 타입 추락 방지 시스템이 위, 아래로 저항 없이 움직일 수 있도록 해야 한다.
④ 구명줄로부터 미끄럼 타입 추락 방지 시스템의 의도되지 않은 이탈을 방지해야 한다.
⑤ 아래쪽 끝에 장력추를 장착하거나 여타의 안정화 장치를 갖추어야 한다.

물음 3) 미끄럼 타입 추락 방지시스템의 설계기준 5가지를 쓰시오.
① 미끄럼 타입 추락 방지 시스템은 자동 잠금의 특성을 갖추어야 한다. 이러한 특성은 추락하는 동안 수직 레일이나 수직 구명줄에서 시스템이 급락하는 것을 제동 장치가 작동하여 방지할 수 있도록 하는 특성이다. 자동 잠금 기능은 오직 관성에 따라서만 작동지는 않는다.
② 미끄럼 타입 추락 방지 시스템은 구명줄이 팽팽하거나 느슨함에 상관없이 수직 구명줄 위에서 잠길 수 있어야 한다.

③ 미끄럼 타입 추락 방지 시스템이 수동 잠금 특성을 갖는다면 잠금 기능이 무시될 가능성이 없도록 설계 되어야 한다.
④ 미끄럼 타입 추락 방지 시스템에 개구 장치가 있다면 이것은 적어도 2개의 연속된 수동 동작에 의해서만 수직 레일과 수직 구명줄에서 떼어낼 수 있도록 설계 되어야 한다. 개구 장치는 평상시 사용할 때 미끄럼 타입 추락 방지 시스템이 의도되지 않게 수직 레일이나 수직 구명줄에서 이탈되는 것을 방지하기 위해 잠금 장치가 작동되어 자동으로 잠기도록 설계 되어야만 한다.
⑤ 미끄럼 타입 추락 방지 시스템이 수직 레일이나 수직 구명줄의 어느 지점에 실수에 의해 거꾸로 장착되어 추락 방지 기능을 수행할 수 없거나 추락 방지 능력이 약화될 수 있다. 따라서 미끄럼 타입 추락 방지 시스템이나 수직 레일, 수직 구명줄은 이러한 가능성을 방지할 수 있도록 설계되어야 하고 시스템에는 이러한 위험에 대한 분명한 경고 문구를 써놓아야 한다. "끝"

정답근거

KS G ISO 10333-4[미끄럼 타입 추락 방지 장치와 연결된 수직 레일 및 구명줄]

※ 다음 논술형 2문제 중 1문제를 선택하여 답하시오.(각 25점)

문제 8

원통형 내압 용기에 관한 다음 물음에 답하시오.
조건 1) 내압 : p[MPa], 판의 인장강도 : s[MPa], 안지름 d[mm], 판 두께 : t[mm], 부식여유 : c[mm], 판 이음효율 : e, 안전계수 : F
조건 2) 원통형 내압용기의 판 두께는 지름에 비하여 작다.
물음 1) 위의 조건을 고려하여 안전한 판의 최수두께를 식으로 구하시오.
물음 2) 내압 0.5[MPa] 안지름 900[mm], 판의 인장강도 200[MPa], 판 이음효율 0.9, 안전계수 2, 부식여유 1[mm]일 때, 위 물음 1)식에 근거하여 판의 최소 두께[mm]를 구하시오.(단, 소수점 둘째 자리에서 반올림하여 구하시오.)

정답

물음 1) 위의 조건을 고려하여 안전한 판의 최소두께를 식으로 구하시오.

$$\text{허용인장응력} = \frac{\text{인장강도}}{\text{안전계수}} = \frac{S}{F}$$

$$\text{최소두께}(t) = \frac{P \times d}{\left(\frac{2S}{F} \times e\right)} + c$$

물음 2) 내압 0.5[MPa] 안지름 900[mm], 판의 인장강도 200[MPa], 판 이음효율 0.9, 안전계수 2, 부식여유 1[mm]일 때, 위 물음 1)식에 근거하여 판의 최소 두께[mm]를 구하시오.(단, 소수점 둘째 자리에서 반올림하여 구하시오.)

$$\text{최소판두께}(t) = \frac{P \times d}{\left(\frac{2S}{F} \times e\right)} + c = \frac{0.5 \times 900}{\left(\frac{2 \times 200}{2} \times 0.9\right)} + 1 = 3.5 [\text{mm}]$$

"끝"

정답근거

KSB6750(압력용기 설계 및 제조일반)

문제 9

안전검사 고시상 산업용 로봇에 관한 다음 물음에 답하시오.
물음 1) 저속제어 정의
물음 2) 협동운전 요구사항 4가지를 쓰시오.
물음 3) 로봇 시스템배치설계 7가지를 쓰시오.

정답

물음 1) 저속제어 정의

  저속제어란 로봇의 동작속도를 250[mm/sec]이하로 제한하는 로봇동작 제어모드를 말함

물음 2) 협동운전 요구사항 4가지를 쓰시오.

① 협동운전을 위해 설계된 로봇에는 협동운전 상태임을 표시할 수 있는 시각 표시가 설치되어 있을 것
② 작업자가 로봇과 직접적으로 접촉할 수 있는 협동운전 영역은 바닥표시 등으로 명확하게 표시되어 있을 것
③ 협동운전 로봇시스템의 로봇 팔, 부가 장치, 작업물 등으로부터 주변 건축물, 방책 등까지는 최소 0.5[m] 이상의 여유공간이 있거나, 여유공간이 없을 경우 근로자가 갇힘 또는 끼임 위험을 방지하기 위하여 로봇 동작을 중지시키는 부가 보호장치가 설치되어 있을 것
④ 협동운전 동안 작업자는 언제든지 단순 동작으로 로봇작동을 정지시킬 수 있거나 협동운전 영역에서 빠져나오는데 방해 받지 않는 수단이 있을 것

물음 3) 로봇 시스템 배치설계 7가지를 쓰시오.

① 로봇의 최대 영역을 확인하여 제한 영역 및 작업 영역을 설정하고, 로봇과 건물 기둥 등의 장애물 사이에 여유 공간이 있을 것
② 보행자 통로 등 안전한 통행을 위한 통로가 확보되어 있을 것
③ 제어시스템 접근 및 경로가 안전할 것
④ 점검, 청소, 수리, 유지보수 등을 위한 접근 시의 안전통로가 확보되어 있을 것
⑤ 배선 또는 기타 위험원으로 인한 미끄러짐, 헛디딤, 넘어짐 위험이 없을 것
⑥ 전선 선반(cable tray)등으로 인한 위험이 없을 것
⑦ 자동운전 동안 접근이 필요한 운전 제어기와 보조장비(용접 제어기, 공압 밸브 등)는 보호 영역 외부에 위치할 것) "끝"

―이하여백―

정답근거

안전검사 고시[별표 12]

산업안전 지도사 (기계안전공학)

특별
부록

- 답안지 양식 및 답안 작성 시 유의사항
- 참고문헌

(총 권중 번째)

1교시(과목)

(20   )년도 (   )시험 답안지

과목명	

수험자 확인사항	1. 답안지 인적사항 기재란 외에 수험번호 및 성명 등 특정인임을 암시하는 표시가 없음을 확인하였습니다. 확인 ☐ 2. 연필류, 유색필기구 등을 사용하지 않았습니다. 확인 ☐ 3. 답안지 작성시 유의사항을 읽고 확인하였습니다. 확인 ☐

답안지 작성시 유의사항

가.	답안지는 **표지, 연습지, 답안내지(16쪽)**로 구성되어 있으며, 교부받는 즉시 쪽 번호 등 정상 여부를 확인하고 연습지를 포함하여 1매라도 분리하거나 훼손해서는 안 됩니다.
나.	답안지 표지 앞면 빈칸에는 시행년도·자격시험명·과목명을 정확하게 기재하여야 합니다.
다. 채점 사항	1. 답안지 작성은 반드시 **검정색 필기구만 사용**하여야 합니다.(그 외 연필류, 유색필기구 등을 사용한 **답항은 채점하지 않으며 0점 처리**됩니다.) 2. 수험번호 및 성명은 반드시 연습지 첫 장 좌측 인적사항 기재란에만 작성하여야 하며, **답안지의 인적사항 기재란 외의 부분에 특정인임을 암시하거나** 답안과 관련 없는 특수한 표시를 하는 경우 **답안지 전체를 채점하지 않으며 0점 처리**합니다. 3. **계산문제는 반드시 계산과정, 답, 단위를 정확히 기재하여야 합니다.** 4. 요구한 가지(문제) 수 이상을 답란에 표기한 경우, 답란 기재 순으로 요구한 가지(문제) 수만 채점합니다. 5. 답안 정정 시에는 두 줄(=)을 긋고 다시 기재 또는 수정테이프 사용이 가능하며 수정액을 사용할 경우 채점상의 불이익을 받을 수 있으므로 사용하지 마시기 바랍니다. 6. 기 작성한 문항 전체를 삭제하고자 할 경우 반드시 해당 문항의 답안 전체에 명확하게 X표시하시기 바랍니다.(**X표시 한 답안은 채점대상에서 제외**) 7. 채점기준 및 모범답안은 「공공기관의 정보공개에 관한 법률」제9조제1항제5호에 의거 공개하지 않습니다.
라. 일반 사항	1. 답안 작성 시 문제번호 순서에 관계없이 답안을 작성하여도 되나, 문제번호 및 문제를 기재(긴 경우 요약기재 가능)하고 해당 답안을 기재하여야 합니다. 2. 각 문제의 답안작성이 끝나면 바로 옆에 "**끝**"이라고 쓰고, 최종 답안작성이 끝나면 줄을 바꾸어 중앙에 "**이하여백**"이라고 써야합니다. 3. 수험자는 시험시간이 종료되면 즉시 답안작성을 멈춰야 하며, 종료시간 이후 계속 답안을 작성하거나 감독위원의 답안지 제출지시에 불응할 때에는 **당회 시험을 무효처리합니다.** 4. 답안지가 부족할 경우 추가 지급하며, 이 경우 먼저 작성한 답안지의 16쪽 우측하단 [ ]란에 "**계속**"이라고 쓰고, 답안지 표지의 우측 상단(총 권 중 번째)에는 답안지 **총 권수, 현재 권수**를 기재하여야 합니다.(예시: 총 2권 중 1번째)

HRDK 한국산업인력공단

부정행위 처리규정

다음과 같은 행위를 한 수험자는 부정행위자 응시자격 제한 법률 및 규정 등에 따라 **당회 시험을 정지 또는 무효**로 하며, 그 시험 시행일로부터 **일정 기간 동안 응시자격을 정지**합니다.

1. 시험 중 다른 수험자와 시험과 관련한 대화를 하는 행위
2. 시험문제지 및 답안지를 교환하는 행위
3. 시험 중에 다른 수험자의 문제지 및 답안지를 엿보고 자신의 답안지를 작성하는 행위
4. 다른 수험자를 위하여 답안을 알려주거나 엿보게 하는 행위
5. 시험 중 시험문제 내용을 책상 등에 기재하거나 관련된 물건(메모지 등)을 휴대하여 사용 또는 이를 주고 받는 행위
6. 시험장 내·외의 자로부터 도움을 받고 답안지를 작성하는 행위
7. 사전에 시험문제를 알고 시험을 치른 행위
8. 다른 수험자와 성명 또는 수험번호를 바꾸어 제출하는 행위
9. 대리시험을 치르거나 치르게 하는 행위
10. 수험자가 시험시간 중에 통신기기 및 전자기기(휴대용 전화기, 휴대용 개인정보 단말기(PDA), 휴대용 멀티미디어 재생장치(PMP), 휴대용 컴퓨터, 휴대용 카세트, 디지털 카메라, 음성파일 변환기(MP3), 휴대용 게임기, 전자사전, 카메라 펜, 시각표시 이외의 기능이 부착된 시계)를 휴대하거나 사용하는 행위
11. 공인어학성적표 등을 허위로 증빙하는 행위
12. 응시자격을 증빙하는 제출서류 등에 허위사실을 기재한 행위
13. 그 밖에 부정 또는 불공정한 방법으로 시험을 치르는 행위

[연습지]

※ 연습지에 성명 및 수험번호를 기재하지 마십시오.(기재할 경우, 0점 처리됩니다.)
※ 연습지에 기재한 사항은 채점하지 않으나 분리하거나 훼손하면 안됩니다.

[연습지]

※ 연습지에 성명 및 수험번호를 기재하지 마십시오.(기재할 경우, 0점 처리됩니다.)
※ 연습지에 기재한 사항은 채점하지 않으나 분리하거나 훼손하면 안됩니다.

번호	

수험생 여러분의 합격을 기원합니다!

※ 여기에 기재한 사항은 채점하지 않으나, 분리하거나 훼손하면 안됩니다.
※ 채점기준 및 모범답안은 「공공기관의 정보공개에 관한 법률」
  제9조제1항제5호에 의거 공개하지 않습니다.

HRDK 한국산업인력공단

부록 참고문헌

1. Campbell.A.,M.,$Alexander,M.1995.
2. ORP연구소, 직무능력중심 채용과 NCS, ORP연구소, 2016.
3. 고명훈, 생산관리시스템, 선학출판사, 2003.
4. 공민선, 기업정리력, 라온북, 2015.
5. 공업진흥청, ISO/IEC 인증제도에 관한 이론과 실제, 공업진흥청, 1995.
6. 권혁기외, 인전자원관리, 도서출판청람, 2015.
7. 김두환외 6인, 안전관리대사전, 한국안전연구원, 1993.
8. 김민준, 신인전자원관리, 법학사, 2016.
9. 김병석외 1인, 시스템안전공학, 형설출판사, 2006.
10. 김병진외 3인, 산업안전관리(공통), 한국산업안전공단, 1995.
11. 김병철, 프로젝트관리의 이해, 도서출판세화, 2010
12. 김영재외, 경영학개론, 한올출판사, 2017.
13. 김원경, 전략적인전자원관리, 형설출판사, 2005.
14. 김태경, 지금당장 경영학 공부하라, 한빛비즈, 2014.
15. 나기현, 전략적인전자원관리, 부산외국어대학교 출판부, 2014.
16. 독학사학위연구소, 인전자원관리, (주)시대고시기획, 2017.
17. 李炯秀, 電氣安全工學槪論, 신광문화사, 1993.
18. 문용갑외, 조직갈등관리, 학지사, 2016.
19. 박재희외, 인간공학, 한경사, 2010.
20. 박필수, 産業安全管理論, 중앙경제사, 1993.
21. 서광석, 산업위생관리기사, 도서출판대학서림, 2004.
22. 서영민, 산업위생관리기사, 성안당, 2012.
23. 서창호외, 산업위생관리기술사 기출문제 예상문제해설, 한솔아카데미, 2017.
24. 손희주역, 심리학에 속지말라, 부키, 2014.
25. 양성환, 인간공학, 형설출판사, 2006.
26. 염경철, 품질경영기사, 성안당, 2013.
27. 염영하, 표준기계공작법, 동명사, 1997.
28. 오병권외4인, 인간과 환경, 경기도교육청, 2006.
29. 윤두열, 인전자원관리론, 무역경영사, 2016.
30. 이근희, 인간공학, 창지사, 1985.
31. 이덕수, 위험물기능장필기, (주)시대고시기획, 2015.
32. 이덕수외 1인, 위험물기능사필기, 도서출판 책과상상, 2015.
33. 이순룡외, 생산운영관리, 법문사, 2016.
34. 이영순외3인, 화공안전공학, 대영사. 1994.
35. 이우헌외, 경영학원론, 신영사, 2017.
36. 이종대, 알기쉬운산업보건학, 고려의학, 2004.
37. 이평원, 행정조직관리, 청목출판사, 2016.
38. 이헌, 생산관리, GS인터버전, 2016.
39. 日本總合安全硏究所, FTA安全工學, 機電硏究社, 2007.
40. 정병용외1인, 현대인간공학, 민영사, 2005.
41. 정순진, 경영학연습, 법문사, 2010.
42. 정일구, 도요다처럼 생산하고 관리하고경영하라, 시대의창, 2008.
43. 정재수, 산업안전보건, 한국산업인력공단, 2002
44. 정재수, 건설안전기사 실기작업형, 도서출판세화, 2017
45. 정재수, 건설안전기사 실기필답형, 도서출판세화, 2017
46. 정재수, 건설안전기사 필기, 도서출판세화, 2024
47. 정재수, 건설안전기술사, 도서출판세화, 2024
48. 정재수, 건설안전산업기사 필기, 도서출판세화, 2024
49. 정재수, 고등학교 산업안전공학, 서울교과서, 2015
50. 정재수, 기계안전기술사, 도서출판세화, 2024

51. 정재수, 산업보건지도사필기1.2.3., 도서출판세화, 2024
52. 정재수, 산업안전기사 실기작업형, 도서출판세화, 2024
53. 정재수, 산업안전기사 실기필답형, 도서출판세화, 2024
54. 정재수, 산업안전기사필기, 도서출판세화, 2024
55. 정재수, 산업안전기사필기동영상, 한국방송통신대학교, 2024
56. 정재수, 산업안전산업기사필기, 도서출판세화, 2024
57. 정재수, 산업안전지도사실기(건설), 도서출판세화, 2024
58. 정재수, 산업안전지도사실기(기계), 도서출판세화, 2024
59. 정재수, 산업안전지도사필기1.2.3., 도서출판세화, 2024
60. 정재수, 재난안전방재 관계법규, 도서출판세화, 2024
61. 정재수, 전기안전기술사200점, 도서출판세화, 2024
62. 정재수, 화공안전기술사200점, 도서출판세화, 2024
63. 주상윤, 산업심리학, 울산대학출판부, 2009.
64. 진종순외, 조직형태론, 대영문화사, 2016.
65. 편집부, 보건산업100년사, 보건신문사, 2016.
66. 한국고시회편집부, NCS(국가직무능력표준)NHIS 국민건강보험공단NCS직업기초능력평가, 한국고시회, 2016.
67. 한국능률협회, 안전보건경영시스템 추진 실무과정, 한국능률협회, 1999.
68. 한국방재학회, 재난관리론, 도서출판구미서관, 2014.
69. 한국산업안전공단, 건설업 공종별 위험성 평가 모델, 한국산업안전공단, 2007.
70. 한국산업안전공단, 산업재해예방 기술에 관한연구, 한국산업안전공단, 2000.
71. 한국산업안전공단, 전기작업의 안전, 한국산업안전공단, 1993.
72. 한국산업안전학회, 불안전한 행동 인간특성에 관한연구, 한국산업안전학회, 1996.
73. 한국산업인력공단, 국가직무능력표준생산관리(공정관리), 진한엠엔비, 2015.
74. 한국산업인력공단, 국가직무능력표준생산관리(구매조달), 진한엠엔비, 2015.
75. 한국산업인력공단, 국가직무능력표준생산관리(자재관리), 진한엠엔비, 2015.
76. 한국생산성본부, 생산자동화 성공사례집, 한국생산성본부, 1999.
77. 한국표준협회, 표준화, 한국표준협회, 1999.
78. 한국표준협회, 품질경영, 한국표준협회, 1999.
79. 한돈희, 산업보건위생, 동화기술교역, 2011.
80. 한돈희외, 산업보건위생, 신광문화사, 2013.
81. 홍성수역, 생산관리, 새로운제안, 2007.

저자약력

정재수(靑波:鄭再琇)

인하대학교 공학박사/GTCC 명예교육학 박사/한양대학교 공학석사/공학사/문학사/각종국가고시 출제, 검토, 채점, 감독, 면접위원 역임/매경TV/EBS/KBS라디오 출연 및 강사/중소기업진흥공단 강사/대한산업안전협회 강사/호원대학교, 신성대학교, 대림대학교, 수원대학교 외래교수/울산대학교, 군산대학교, 한경대학교 등 특강/한국폴리텍Ⅱ대학 산학협력단장, 평생교육원장, 산학기술연구소장, 디자인센터장/한국폴리텍 대학 교수/한국폴리텍대학남인천캠퍼스 학장/대한민국산업현장 교수/(사)대한민국에너지상생포럼 집행위원장/(사)한국안전돌봄서비스협회 회장/(사)대한민국 청렴코리아 공동대표/협성대학교 IPP추진기획단 특별위원/인천광역시 새마을문고 회장/한국요양신문 논설위원/생명살림운동 강사/GTCC 대학교 겸임교수/한국방송통신대학교 및 한국 폴리텍 대학 공동선정 동영상 강의

[저서]

- 산업안전공학(도서출판 세화)
- 건설안전기술사(도서출판 세화)
- 건설안전기사필기, 실기 필답형, 작업형)(도서출판 세화)
- 산업보건지도사 시리즈(도서출판 세화)
- 공업고등학교안전교재(서울교과서)
- 한국방송통신대학과 한국폴리텍대학 선정 동영상 촬영
- 기계안전기술사(도서출판 세화)
- 산업안전기사(필기, 실기 필답형, 작업형)(도서출판 세화)
- 산업안전지도사 시리즈(도서출판 세화)
- 산업안전보건(한국산업인력공단)
- 산업안전보건동영상(한국산업인력공단) 등 60여권 저술

[상훈]

대한민국 근정 포장(대통령)/국무총리 표창/행정자치부 장관표창/300만 인천광역시민상 수상 및 효행표창 등 7회 수상/
인천광역시 교육감 상 수상/Vision2010교육혁신대상수상/2018년 대한민국청렴대상수상/
30년이상봉사 새마을기념장 수상/몽골 옵스 주치사 표창 수상

[출강기업(무순)]

삼성(전자, 건설, 중공업, 조선, 물산)/현대(건설, 자동차, 중공업, 제철)/대우(건설, 자동차, 조선), SK(정유, 건설)/GS건설/에스원(S1)/두산(건설, 중공업), 동부(반도체), POSCO건설, 멀티캠퍼스, e-mart, CJ, 한국수자원공사 등 100여기업/이상 안전자격증특강

산업안전지도사(기계안전공학)

13판 13쇄 발행 2025. 7. 10.	6판 6쇄 발행	2020. 9. 10.
12판 12쇄 발행 2024. 7. 10.	5판 5쇄 발행	2019. 9. 10.
11판 11쇄 발행 2024. 2. 20.	5판 4쇄 발행	2019. 1. 10.
10판 10쇄 발행 2023. 4. 01.	4판 3쇄 발행	2017. 4. 30.
9판 9쇄 발행 2022. 9. 10.	3판 2쇄 발행	2016. 3. 20.
8판 8쇄 발행 2022. 4. 01.	2판 1쇄 개정증보판 발행	2012. 5. 10.
7판 7쇄 발행 2021. 4. 20.	1판 1쇄 발행	2000. 3. 20.

지은이 정재수
펴낸이 박 용
펴낸곳 도서출판 세화   주소 경기도 파주시 회동길 325-22(서패동 469-2)
영업부 (031)955-9331~2
편집부 (031)955-9333
FAX   (031)955-9334
등 록 1978. 12. 26(제 1-338호)

정가 **70,000원**
ISBN 978-89-317-1334-3   13530

본 도서의 내용 문의 및 궁금한 점은 더 정확한 정보를 위하여 저자분에게 문의하시고, 저희 홈페이지 수험서 자료실이나 저자 이메일에 문의바랍니다.
저자명 정재수(jjs90681@naver.com) TEL 010-7209-6627

산업안전, 건설안전, 기술사, 지도사 등 안전자격증취득 준비는 이렇게 하세요

기초부터 차근차근 다져나가는 것이 중요합니다.
이론 습득을 정확히 한 후 과년도 기출문제 풀이와 출제예상문제로 반복훈련하십시오.

기사 · 산업기사

STEP 1 | 기초이론 | 기사 산업기사 필기
과목별 필수요점 및 이론 학습과 출제예상문제 풀이로 개념잡고 최근 과년도 기출문제 풀이로 유형잡는 필기 수험 완벽 대비서

⬇

STEP 2 | 기출문제풀이 | 기사 산업기사 필기과년도
과년도 기출문제를 상세한 백과사전식 문제풀이로 필기 수험 출제경향을 미리 알고 대비할 수 있는 최고·최상의 수험준비서

⬇

STEP 3 | 실기대비 | 실기 필답형
요점 및 예상문제 합격작전과 과년도기출문제 풀이로 준비하는 실기 필답형시험 완벽 대비서

⬇

STEP 4 | 실전테스트 | 실기 작업형
요점 및 예상문제 합격작전과 과년도기출문제 풀이로 준비하는 실기 작업형시험 완벽 대비서

지도사 · 기술사

STEP 1 | 공통필수 | 1차 필기
과목별 필수요점과 출제예상문제 풀이 및 과년도 기출문제 풀이로 준비하는 1차 필기시험 완벽 대비서

⬇

STEP 2 | 전공필수 | 2차 필기
전공별 필수요점과 출제예상문제 풀이 및 과년도 기출문제 풀이로 준비하는 2차 필기시험 완벽 대비서
(기술사 STEP 1,2 동시)

⬇

STEP 3 | 실기 | 3차 면접
각 자격증별 면접의 시작부터 면접 사례까지, 심층면접 대비를 위한 면접합격 가이드

건설안전

「일품」 건설안전기사 필기, 건설안전산업기사 필기

2색 컬러 B5_합격요점 포함 [필기수험 대비 01]
- 본서의 요점정리는 간단하고 명료하게 구체적으로 표현을 했다.
- 본서는 최근 심도있게 거론이 되고 있는 출제예상문제를 빠짐없이 수록하여 타 교재와 차별화가 되도록 구성하였다.
- 건설안전기사(산업기사) 자격 취득의 결론은 본서의 요점과 예상문제 합격작전으로 합격을 보장할 수 있도록 엮었다.
- 최근까지 출제된 과년도 출제 문제를 수록하여 수험준비에 만전을 기하였다.

「일품」 건설안전기사필기 과년도, 건설안전산업기사필기 과년도

2색 컬러 B5_계산문제총정리, 미공개문제 포함 [필기수험 대비 02]
- 제1회의 해설에서 이해하지 못했다면 제2, 제3의 문제해설을 통하여 반드시 이해할 수 있도록 하였다.
- 한 문제(1항목)를 이해하여 열 문제(10항목)를 해결할 수 있게 구성하였다.
- 건설안전기사(산업기사) 자격취득의 결론은 본서의 문제와 해설의 합격작전으로 합격을 보장할 수 있도록 엮었다.
- 최근까지 출제된 과년도 출제 문제를 수록하여 수험준비에 만전을 기하였다.

「일품」 건설안전(산업)기사실기 필답형, 건설안전(산업)기사실기 작업형

2색 컬러 B5_최종정리 포함 [실기수험 대비 01] | _전면컬러 B5 [실기수험 대비 02]
- 본서의 요점정리는 간단하고 명료하게 구체적으로 표현을 했다.
- 본문의 요점에서 이해하지 못했다면 예상문제 합격작전에서 반드시 이해할 수 있도록 하였다.
- 한 문제(1항목)를 이해하면 열 문제(10항목)를 해결할 수 있도록 구성하였다.
- 참고 및 고시 등을 수록하여 단원마다 중요점을 재강조하였다.
- 본서는 최근 심도있게 거론이 되고 출제가 예상되는 모든 문제를 빠짐없이 수록하여 타 교재와 차별화가 되도록 구성하였다.
- 건설안전 자격취득의 결론은 본서의 요점과 예상문제 합격작전이 합격을 보장한다.

산업안전지도사

「일품」 산업안전지도사 1차필기

총 3단계로 구성 _1색 B5 [1차 필기수험 대비]
- [Ⅰ] 산업안전보건법령, [Ⅱ] 산업안전 일반, [Ⅲ] 기업진단·지도, 산업안전지도사(과년도)
- 본서의 요점정리는 간단하고 명료하게 구체적으로 표현을 했다.
- 본문의 요점에서 이해하지 못했다면 출제예상문제에서 반드시 이해할 수 있도록 하였다.
- 본서는 최근 심도있게 거론이 되고 있는 출제예상문제를 빠짐없이 수록하여 타 교재와 차별화가 되도록 구성하였다.
- 산업안전지도사 자격 취득의 결론은 본서의 요점과 예상문제 합격작전으로 합격을 보장할 수 있도록 엮었다.

「일품」 산업안전지도사 2차 전공필수 및 3차 면접

총 4과목 중 택1 _1색 B5 [2차 전공필수수험 대비]
- 본서의 요점정리는 간단하고 명료하게 구체적으로 표현을 했다.
- 본문의 요점에서 이해하지 못했다면 출제예상문제에서 반드시 이해할 수 있도록 하였다.
- 산업안전지도사 자격 취득의 결론은 본서의 요점과 예상문제·실전모의시험 합격작전으로 합격을 보장할 수 있도록 엮었다.

산업안전

「일품」 산업안전기사 필기, 산업안전산업기사 필기

2색 컬러 B5_합격요점 포함 [필기수험 대비 01]

- 본서의 요점정리는 간단하고 명료하게 구체적으로 표현을 했다.
- 본서는 최근 심도있게 거론이 되고 있는 출제예상문제를 빠짐없이 수록하여 타 교재와 차별화가 되도록 구성하였다.
- 산업안전기사(산업기사) 자격 취득의 결론은 본서의 요점과 예상문제 합격작전으로 합격을 보장할 수 있도록 엮었다.
- 최근까지 출제된 과년도 출제 문제를 수록하여 수험준비에 만전을 기하였다.

「일품」 산업안전기사필기 과년도, 산업안전산업기사필기 과년도

2색 컬러 B5_계산문제총정리, 미공개문제 포함 [필기수험 대비 02]

- 제1회의 해설에서 이해하지 못했다면 제2, 제3의 문제해설을 통하여 반드시 이해할 수 있도록 하였다.
- 한 문제(1항목)를 이해하여 열 문제(10항목)를 해결할 수 있게 구성하였다.
- 산업안전기사(산업기사) 자격취득의 결론은 본서의 문제와 해설의 합격작전으로 합격을 보장할 수 있도록 엮었다.
- 최근까지 출제된 과년도 출제 문제를 수록하여 수험준비에 만전을 가하였다.

「일품」 산업안전(산업)기사실기 필답형, 산업안전(산업)기사실기 작업형

2색 컬러 B5_최종정리 포함 [실기수험 대비 01] | _전면컬러 B5 [실기수험 대비 02]

- 본서의 요점정리는 간단하고 명료하게 구체적으로 표현을 했다.
- 본문의 요점에서 이해하지 못했다면 예상문제 합격작전에서 반드시 이해할 수 있도록 하였다.
- 한 문제(1항목)를 이해하면 열 문제(10항목)를 해결할 수 있도록 구성하였다.
- 참고 및 고시 등을 수록하여 단원마다 중요점을 재강조하였다.
- 본서는 최근 심두있게 거론이 되고 출제가 예상되는 모든 문제를 빠짐없이 수록하여 타 교재와 차별화가 되도록 구성하였다.
- 산업안전 자격취득의 결론은 본서의 요점과 예상문제 합격작전이 합격을 보장한다.

기술사

「일품」 기계안전기술사, 건설안전기술사, 화공안전기술사, 전기안전기술사

1색 B5 [기술사 필기수험 대비]

- 본서의 요점정리는 간단하고 명료하게 구체적으로 표현을 했다.
- 본문의 요점에서 이해하지 못했다면 출제예상문제에서 반드시 이해할 수 있도록 하였다.
- 본서는 최근 심도있게 거론이 되고 있는 출제예상문제를 빠짐없이 수록하여 타 교재와 차별화가 되도록 구성하였다.
- 기술사 자격 취득의 결론은 본서의 요점과 예상문제 합격작전으로 합격을 보장할 수 있도록 엮었다.
- 최근까지 출제된 과년도 출제 문제를 수록하여 수험준비에 만전을 기하였다.

기술사 200점

「일품」 기계안전기술사, 건설안전기술사, 화공안전기술사, 전기안전기술사

1색 B5 [기술사 필기수험 대비]

- 본서의 요점정리는 간단하고 명료하게 구체적으로 표현을 했다.
- 본문의 요점에서 이해하지 못했다면 출제예상문제에서 반드시 이해할 수 있도록 하였다.
- 본서는 최근 심도있게 거론이 되고 있는 시사성문제 및 모범답안을 빠짐없이 수록하여 타 교재와 차별화가 되도록 구성하였다.
- 기술사 자격 취득의 결론은 본서의 요점과 예상문제 합격작전으로 합격을 보장할 수 있도록 엮었다.
- 최근까지 출제된 과년도 출제 문제를 수록하여 수험준비에 만전을 기하였다.

안전관리 수험서의 대표기업　　　　　　　　도서출판 세화

기사 · 산업기사

> 우리나라 국내 각종 안전관리자격증 수험에 대비하려면 이러한 내용들을 학습해야 합니다. 대부분의 내용이 자격증 취득에 많은 도움을 주도록 알찬 내용들로 꾸며져 있습니다. 추천감수 : 대한산업안전협회 기술안전이사 공학박사 이백현

「일품」 건설안전분야 수험서

건설안전기사 필기	건설안전산업기사 필기	건설안전기사필기 과년도	건설안전산업기사필기 과년도	건설안전(산업)기사 실기 필답형	건설안전(산업)기사 실기 작업형

「일품」 산업안전분야 수험서

산업안전기사 필기	산업안전산업기사 필기	산업안전기사필기 과년도	산업안전산업기사필기 과년도	산업안전(산업)기사 실기 필답형	산업안전(산업)기사 실기 작업형

지도사 · 기술사

「일품」 산업안전지도사 수험서

1차 필기　　　　　　　　　　　　　　2차 전공필수　　　　　　　　　3차 면접

[I] 산업안전보건법령	[II] 산업안전 일반	[III] 기업진단 · 지도	기계안전공학	건설안전공학	

「일품」 기술사 200(300)점 수험서　　　　　「일품」 기술사 수험서

기계안전기술사 300점	건설안전기술사 300점	화공안전기술사 200점	전기안전기술사 200점	기계안전기술사	건설안전기술사

www.sehwapub.co.kr
에서 주문하세요!!